¹³C-NMR-Spektroskopie

^{13}C-NMR-Spektroskopie

Hans-Otto Kalinowski
Stefan Berger
Siegmar Braun

142 Abbildungen, 200 Tabellen

1984
Georg Thieme Verlag Stuttgart · New York

Dr. Hans-Otto Kalinowski
Institut für Organische Chemie
der Justus-Liebig-Universität
Heinrich-Buff-Ring 58
6300 Gießen 1

Dr. Stefan Berger
Fachbereich Chemie
der Universität
Hans-Meerwein-Straße
3550 Marburg

Dr. Siegmar Braun
Institut für Organische Chemie und Biochemie
der Technischen Hochschule
Petersenstraße 22
6100 Darmstadt

CIP-Kurztitelaufnahme der Deutschen Bibliothek
Kalinowski, Hans-Otto:
[C-NMR-Spektroskopie]
^{13}C-NMR-Spektroskopie / Hans-Otto Kalinowski ;
Stefan Berger ; Siegmar Braun. – Stuttgart ;
New York : Thieme, 1984.
NE: Berger, Stefan:; Braun, Siegmar:

Geschützte Warennamen (Warenzeichen) werden *nicht* besonders kenntlich gemacht. Aus dem Fehlen eines solchen Hinweises kann also nicht geschlossen werden, daß es sich um einen freien Warennamen handele.

Alle Rechte, insbesondere das Recht der Vervielfältigung und Verbreitung sowie der Übersetzung, vorbehalten. Kein Teil des Werkes darf in irgendeiner Form (durch Photokopie, Mikrofilm oder ein anderes Verfahren) ohne schriftliche Genehmigung des Verlages reproduziert oder unter Verwendung elektronischer Systeme verarbeitet, vervielfältigt oder verbreitet werden.

© 1984 Georg Thieme Verlag, Rüdigerstraße 14, D-7000 Stuttgart 30.
Printed in Germany
Satz und Druck: Tutte Druckerei GmbH, Passau-Salzweg, gesetzt auf Monotype-Lasercomp.

ISBN 3-13-632801-9

Vorwort

Die ^{13}C-NMR-Spektroskopie hat sich 27 Jahre nach der Aufnahme des ersten Spektrums und über 13 Jahre nach Auslieferung der ersten kommerziellen ^{13}C-NMR-Spektrometer nicht nur zu einer etablierten, gut dokumentierten Methode entwickelt, sondern ist im Begriff, mit den durch die Puls-Methodik gegebenen Möglichkeiten über zunehmend komplexere organische und biologische Systeme immer detailliertere Informationen zu liefern.

Diesen Stand der Technik darzustellen – im Hinblick sowohl auf die Methodik als auch auf die Anwendung bei chemischen Problemen – ist die Intention der Autoren. Sie sind sämtlich Organiker und als Leiter der NMR-spektroskopischen Laboratorien verschiedener Hochschulen in der Praxis der ^{13}C-NMR-Spektroskopie und ihrer Vermittlung tätig. So ist das vorliegende Buch aufgrund des in Vorlesungen, Kursen und Seminaren erarbeiteten Materials entstanden und primär für Organiker bestimmt, sowohl für Diplomanden und Doktoranden als auch insbesondere für in der Forschung tätige Chemiker.

Entsprechend steht die Behandlung der Strukturabhängigkeit der NMR-Parameter, nämlich der ^{13}C-chemischen Verschiebung, der ^{13}C,X-Spin,Spin-Kopplung sowie in eingeschränktem Maße der Relaxationszeit T_1, im Vordergrund. Diesen Kapiteln vorangestellt ist außer einer Einführung in die physikalischen Grundlagen des Kernresonanzexperiments eine ausführliche Darstellung der Meßtechnik, die allein auf die für Heterokerne, wie z. B. ^{13}C, übliche Puls-Fourier-Transform-Technik (PFT-Technik) beschränkt ist; das klassische Verfahren der kontinuierlichen Anregung (CW-Methode) bleibt völlig unberücksichtigt. Eine gewisse Ausführlichkeit dieses Teils schien uns auch für den Praktiker durchaus angebracht, denn gerade bei der PFT-Technik ist der Weg von der in einem Kernspin-System enthaltenen Information bis zum endgültigen Spektrum, das diese Information widerspiegelt, besonders weit und kann voller Fußangeln sein. Ein Einblick in diesen Weg sollte den Anwender befähigen, die meist im Service-Betrieb gemessenen Routine-^{13}C-NMR-Spektren kritischer zu betrachten und weitere experimentelle Möglichkeiten zur Lösung seines Problems nutzen zu können. Ferner sollte eine Grundlage geschaffen werden, um einen besseren Einblick in die ständig wachsende Zahl neuartiger Pulsexperimente gewinnen zu können.

Ein besonderes Anliegen der Autoren war es, dem Leser einen möglichst direkten Zugang zur Originalliteratur zu ermöglichen, indem jedem Kapitel ein umfangreiches Literaturverzeichnis angefügt wurde, das auch Hinweise auf die Herkunft der Meßdaten liefert. In dem Bestreben, nicht zu viele, aber möglichst neue, auch die ältere Literatur umfassende Zitate zu bringen, konnte das sonst übliche „Urheberrecht" natürlich nicht immer berücksichtigt werden.

Was die Begriffsbildung und den Sprachgebrauch angeht, wurde auf die Schöpfung neuer deutscher Fachausdrücke verzichtet. Vielmehr wurde der im Deutschen übliche Begriff, falls vorhanden, benutzt und der angelsächsische Ausdruck sowie seine Abkürzung angeführt, der dann auch häufig im Text weiter verwendet wurde (vgl. bereits den Ausdruck NMR-Spektroskopie!).

Das SI-System wurde durchweg berücksichtigt und entsprechend das Symbol B_0 herangezogen, welches jedoch inkorrekterweise, aber üblichem Sprachgebrauch folgend, als Magnetfeld statt als magnetische Induktion bezeichnet wird.

Bei der Diskussion der ^{13}C-chemischen Verschiebung war es das Ziel, die allgemeinen Gesetzmäßigkeiten nicht nur an wenigen Systemen für eine beschränkte Anzahl von Substituenten darzustellen. Daher wurden die einzelnen Verbindungsklassen ähnlich wie in einem Lehrbuch der organischen Chemie abgehandelt und außer den jeweiligen Charakteristika und eventuell ausgearbeiteten Inkrementsystemen die Daten zahlreicher Verbindungen aufgeführt. Die notwendige Beschränkung wurde dadurch erzielt, daß primär die ^{13}C-chemischen Verschiebungen der einfacheren Verbindungen angegeben wurden, während komplexere Strukturen wie Naturstoffe sowie Randgebiete der organischen Chemie, z. B. Übergangsmetallkomplexe, weniger ausführlich besprochen wurden. Bei der Erörterung der Substituenteneffekte auf die ^{13}C-chemischen Verschiebungen wurde Inkrementsystemen auf der Grundlage der α-, β-, γ-... Effekte gegenüber solchen mit einer linearen Abhängigkeit der Vorzug gegeben, da sich im ersten Falle eher ein konsistentes und am strukturellen Denken des Chemikers orientiertes Bild ergibt. Außer Begriffen wie „Verschiebung zu höheren bzw. niedrigeren Frequenzen" werden weiterhin die im Labor-Sprachgebrauch tief verwurzelten Ausdrücke „Tieffeld- bzw. Hochfeldverschiebung" verwendet, obwohl PFT-Experimente bei konstanter Feldstärke durchgeführt werden; dabei erhalten die entsprechenden Verschiebungsänderungen $\Delta\delta$ positive bzw. negative Vorzeichen.

Ebenfalls sehr viel ausführlicher als üblich wurde die Strukturabhängigkeit, insbesondere auch die stereochemischen Aspekte, der Kopplungen der ^{13}C-Kerne mit anderen Nukliden mit Kernspin $I = \frac{1}{2}$ behandelt. Denn die ^{13}C,X-Spin,Spin-Wechselwirkungen $J^-(^{13}C, X)$ sind nicht nur im Falle der häufigen Spin-$\frac{1}{2}$-Elemente ^{19}F und ^{31}P von Interesse, sondern haben in den letzten Jahren auch für ^{1}H sowie für ^{13}C selbst als Kopplungspartner eine sehr große Bedeutung als Strukturparameter erlangt, nicht zuletzt infolge der höheren Empfindlichkeit und Dispersion der modernen Hochfeldspektrometer sowie neuartiger Techniken zu ihrer Ermittlung. Entsprechend ihrer Wichtigkeit im Bereich der organischen Chemie liegt der Schwerpunkt auf den Kopplungen von ^{13}C mit den vier genannten Elementen sowie ferner mit ^{15}N, auch wenn für die ^{13}C, ^{15}N-Kopplung eine ^{15}N-Anreicherung noch unumgänglich erscheint. Weniger ausführlich sind die Angaben über Kopplungen mit weiteren, in typisch metallorganischen Verbindungen auftretenden Hauptgruppen-Elementen, während die Übergangsmetalle als Kopplungspartner von ^{13}C nur kurz gestreift werden.

Entgegen einer allgemeinen Empfehlung, aber entsprechend der Tatsache, daß der ^{13}C-Kern im Mittelpunkt dieses Buches steht, wird dieser Kern bei der Angabe von Kopplungen immer zuerst genannt, auch wenn der Kopplungspartner ein schwereres Element ist, z. B. $J(^{13}C, ^7Li)$ und $J(^{13}C, ^{11}B)$, aber auch $J(^{13}C, ^{15}N)$ (s.o.) und $J(^{13}C, ^{31}P)$ usw. Auch wird der besseren Lesbarkeit wegen und zur klareren Unterscheidung von ^{1}H bei den Kopplungen für Deuterium das Symbol D statt ^{2}H benutzt.

Dabei werden im Gegensatz zum Kapitel „^{13}C-chemische Verschiebungen" nicht die einzelnen Verbindungsklassen, sondern die verschiedenen Kopplungstypen $^nJ(^{13}C, X)$ mit $n = 1, 2, 3 ...$ besprochen, die z.T. in Anlehnung an die entsprechenden H,H-Kopplungen als unmittelbare („nicht direkte!"), geminale, vicinale und weitreichende ($n \geq 4$) Kopplungen bezeichnet werden. Obwohl ihre Vorzeichen im allgemeinen nicht direkt aus den Spektren abgelesen werden können, wurden sie soweit wie möglich berücksichtigt, da sich nur so Vergleiche anstellen und z. B. strukturelle Gemeinsamkeiten erkennen lassen.

Zur Vertiefung und Erweiterung des vermittelten Stoffes sind den einzelnen Abschnitten Aufgaben angefügt, deren Lösungen entweder direkt im Anhang angegeben sind oder aufgrund von Literaturangaben in der Originalliteratur nachgeschlagen werden können.

Sicher wird diese Darstellung auch Anlaß zu kritischen Anmerkungen und Verbesserungsvorschlägen geben, die jederzeit willkommen sind.

Abschließend sei dem Verlag für die gute Zusammenarbeit und seine Bereitschaft gedankt, entsprechend dem Wunsch der Autoren für die zahlreichen Verbindungen möglichst detaillierte und optisch gut erfaßbare Strukturformeln zu verwenden.

Unser besonderer Dank gilt den Herren Prof. Dr. H. Günther, Siegen, Dr. F. K. Bär, Marburg, sowie Dr. K. Wilhelm, Münster für die kritische Durchsicht von Teilen des Manuskripts.

Januar 1984

| *H.-O. Kalinowski* | *S. Berger* | *S. Braun* |
| Gießen | Marburg | Darmstadt |

Inhaltsverzeichnis

Kapitel 1
Grundlagen der kernmagnetischen Resonanz 1

1. Historische Entwicklung. 1
2. Quantelung des Drehimpulses. 2
3. Zusammenhang zwischen Drehimpuls und magnetischem Moment 3
4. Energie eines Kernspins im Magnetfeld. 5
5. Die Larmor-Frequenz. 5
6. Das Kernresonanz-Experiment 8
7. Besetzungszahlen und Kernspinrelaxation. 9
8. Die Blochschen Gleichungen. 11

Kapitel 2
Experimentelle Techniken der ^{13}C-NMR-Spektroskopie 14

1.   Aufbau des Spektrometers. 14
1.1 Der Magnet und seine Stabilisierung. 14
1.1.1 Der Elektromagnet. 14
1.1.2 Der supraleitende Magnet 16
1.2 Das Spektrometer 16
1.2.1 Der Meßkanal. 17
1.2.2 Der Lockkanal 18
1.2.3 Der Entkopplungskanal 20
1.3 Der Meßkopf. 20
1.4 Datenverarbeitung im FT-NMR-Spektrometer 21
1.4.1 Analog-Digital-Converter 21
1.4.2 Quadratur-Phasendetektion. 24
1.4.3 Der Computer. 26
1.4.4 Digital-Analog-Converter 27
2.   Fourier-Transform-Technik 28
2.1 Das Felgett-Prinzip. 29
2.2 Fourier-Analyse. 30
2.3 Fourier-Transformation 31
2.4 Digitale Fourier-Transformation. 36
2.5 Digitale Filterung 36
2.5.1 Exponentielle Multiplikation. 38
2.5.2 Convolution Difference 39
2.5.3 Die Gauß-Multiplikation. 40
2.5.4 Apodisation 40

2.6	Phasenkorrektur	41
2.7	Optimaler Pulswinkel	42
3.	Doppelresonanz-Methoden in der ^{13}C-NMR-Spektroskopie	43
3.1	Grundlagen der Entkopplung	43
3.2	^{1}H-Breitband-Entkopplung	44
3.2.1	Gated-Decoupling	46
3.2.2	Inverses Gated-Decoupling	46
3.3	^{1}H-Off-Resonance-Entkopplung	47
3.3.1	^{1}H-Noise-Off-Resonance-Entkopplung (NORD)	52
3.4	Selektive ^{1}H-Entkopplung	52
3.5	Selective-Population-Transfer (SPT)	54
3.6	Tripelresonanz und Homoentkopplung	56
4.	Neuartige Anregungsverfahren	57
4.1	Selektive Anregung	57
4.2	Zweidimensionale ^{13}C-NMR-Spektroskopie	59
4.2.1	2D-J-aufgelöste ^{13}C-NMR-Spektroskopie	59
4.2.2	^{13}C,^{1}H-Korrelationsspektroskopie	61
4.3	INEPT-,Spin-Echo- und DEPT-Verfahren	63
4.4	Messung von ^{13}C,^{13}C-Spin,Spin-Kopplungskonstanten (INADEQUATE)	66
4.5	^{13}C-NMR-Spektroskopie an Festkörpern	68
5.	Praktische Durchführung von ^{13}C-NMR-Messungen	71
5.1	Probenzubereitung	71
5.2	Standardisierung	73
5.3	Lösungsmittel	73

Kapitel 3
Die chemische Verschiebung ... 77

1.	Ursachen der chemischen Verschiebung	78
2.	Berechnung der ^{13}C-chemischen Verschiebung	84
3.	Empirische Korrelationen und Berechnungen	88
4.	Chemische Verschiebungen einzelner Substanzklassen	97
4.1	Alkane	97
4.1.1	Cycloalkane	102
4.1.2	Polycycloalkane	106
4.2	Alkene	114
4.2.1	Lineare und verzweigte Alkene	115
4.2.2	Cycloalkene	122
4.3	Alkine und Allene	129
4.4	Aromatische Kohlenwasserstoffe	134
4.5	Substituierte Alkane	149
4.5.1	Halogenalkane	149
4.5.2	Aliphatische Sauerstoff- und Schwefel-Verbindungen	155
4.5.3	Aliphatische Stickstoff- und Phosphor-Verbindungen	199
4.5.4	Organometall-Verbindungen	229
4.6	Substituierte Cycloalkane und Bicycloalkane	236

4.7	Substituierte Alkene und Cycloalkene	262
4.8	Substituierte Alkine und Allene	273
4.9	Annulenone, Chinone	277
4.10	Substituierte aromatische Verbindungen	283
4.10.1	Benzol-Derivate	283
4.10.2	Substituierte Naphthaline	308
4.11	Heterocyclen	314
4.11.1	Gesättigte Heterocyclen	314
4.11.2	Ungesättigte Heterocyclen	334
4.11.3	Heteroaromaten	347
4.12	Ionische Verbindungen	370
4.12.1	Carbonationen	370
4.12.2	Carbanionen	375
4.13	Organo-Übergangsmetall-Verbindungen	380
4.14	Naturstoffe	385
4.15	Polymere	405

Kapitel 4
^{13}C,X-Spin,Spin-Kopplungen ... 420

1.	Grundlagen	420
2.	^{13}C,^{1}H-Kopplungen	424
2.1	Ermittlung von ^{13}C,^{1}H-Kopplungskonstanten	424
2.1.1	Auswertung von ^{1}H-NMR-Spektren	424
2.1.2	Auswertung von ^{13}C-NMR-Spektren 1. Ordnung	426
2.1.3	Vollständige Analyse von ^{13}C-NMR-Spektren höherer Ordnung	431
2.1.4	Methoden zur Spektrenvereinfachung	437
2.1.5	Zuordnung und Vorzeichen von ^{13}C,^{1}H-Kopplungen	441
2.2	Strukturabhängigkeit der ^{13}C,^{1}H-Kopplungen	444
2.2.1	^{13}C,^{1}H-Kopplungen über eine Bindung	445
2.2.2	Geminale ^{13}C,^{1}H-Kopplungen	461
2.2.3	Vicinale ^{13}C,^{1}H-Kopplungen	475
2.2.4	Weitreichende ^{13}C,^{1}H-Kopplungen	490
2.2.5	Lösungsmitteleinflüsse auf ^{n}J(C,H)	491
3.	^{13}C,^{13}C-Kopplungen	493
3.1	Strukturabhängigkeit der ^{13}C,^{13}C-Kopplungen	496
3.1.1	^{13}C,^{13}C-Kopplungen über eine Bindung	496
3.1.2	Geminale ^{13}C,^{13}C-Kopplungen	503
3.1.3	Vicinale ^{13}C,^{13}C-Kopplungen	505
3.1.4	Weitreichende ^{13}C,^{13}C-Kopplungen	512
4.	^{13}C,^{15}N-Kopplungen	512
4.1	Strukturabhängigkeit der ^{13}C,^{15}N-Kopplungen	513
4.1.1	^{13}C,^{15}N-Kopplungen über eine Bindung	513
4.1.2	Geminale ^{13}C,^{15}N-Kopplungen	517
4.1.3	Vicinale ^{13}C,^{15}N-Kopplungen	518
5.	^{13}C,^{19}F-Kopplungen	520
5.1	Strukturabhängigkeit der ^{13}C,^{19}F-Kopplungen	520
5.1.1	^{13}C,^{19}F-Kopplungen über eine Bindung	520

5.1.2 Geminale $^{13}C, ^{19}F$-Kopplungen 524
5.1.3 Vicinale $^{13}C, ^{19}F$-Kopplungen.................................. 526
5.1.4 Weitreichende $^{13}C, ^{19}F$-Kopplungen........................... 529

6. $^{13}C, ^{31}P$-Kopplungen 530
6.1 Strukturabhängigkeit der $^{13}C, ^{31}P$-Kopplungen 530
6.1.1 $^{13}C, ^{31}P$-Kopplungen über eine Bindung........................ 530
6.1.2 Geminale $^{13}C, ^{31}P$-Kopplungen 534
6.1.3 Vicinale $^{13}C, ^{31}P$-Kopplungen.................................. 535
6.1.4 Weitreichende $^{13}C, ^{31}P$-Kopplungen........................... 537

7.   Kopplungen von ^{13}C mit weiteren Hauptgruppenelementen 538
7.1 $^{13}C, ^{6}Li$-Kopplungen 538
7.2 $^{13}C, ^{11}B$- und $^{13}C, ^{205}Tl$-Kopplungen 541
7.3 $^{13}C, ^{29}Si$-, $^{13}C, ^{73}Ge$-, $^{13}C, ^{119}Sn$- und $^{13}C, ^{207}Pb$-Kopplungen........... 543
7.4 $^{13}C, ^{77}Se$- und $^{13}C, ^{125}Te$-Kopplungen............................ 547

8.   Kopplungen von ^{13}C mit Übergangsmetallen $(I = {}^1/_2)$ 550

Kapitel 5
^{13}C-Spin-Gitter-Relaxation und Kern-Overhauser-Effekt................ 559

1.   Grundlagen 559
1.1 Dipolare Relaxation T_{1-DD} 559
1.1.1 Autokorrelationsfunktion und spektrale Dichte....................... 560
1.1.2 Zusammenhang zwischen quantenmechanischer Übergangswahrscheinlichkeit und Molekülbewegung 562
1.2 Der Kern-Overhauser-Effekt 563
1.2.1 Spin-Dynamik im CH-System.. 564
1.2.2 Definition des NOE-Effekts... 566
1.2.3 Qualitative Abschätzung der dipolaren Relaxationszeit 567
1.3 Andere Relaxationsmechanismen 568
1.3.1 Spin-Rotations-Relaxation 568
1.3.2 Relaxation durch Anisotropie der Abschirmung 569
1.3.3 Relaxation durch skalare Kopplung................................. 569
1.3.4 Relaxation durch paramagnetische Spezies.......................... 571
1.3.5 Unterscheidung zwischen den Relaxationsmechanismen.............. 572

2.   Messung der Spin-Gitter-Relaxationszeit 572

3.   Anwendungen von Spin-Gitter-Relaxationszeiten 575
3.1 T_1-Werte als Zuordnungskriterien in der ^{13}C-Spektroskopie 575
3.2 Spin-Gitter-Relaxation und Molekülbewegung 576
3.3 Anisotropie der molekularen Beweglichkeit 576
3.4 Segmentbeweglichkeit und Methyl-Gruppen-Rotation 578
3.5 Relaxationszeit-Messungen an kettenförmigen Verbindungen, Polymeren und Biopolymeren 579

Kapitel 6
Dynamische ^{13}C-NMR-Spektroskopie................................. 584

1.   Die NMR-Zeitskala 584

2.   Theoretische Grundlagen... 585

2.1 Experimentelle Besonderheiten der ^{13}C-NMR-Spektroskopie 586
2.2 Linienform-Analyse 586

3. Anwendungen der dynamischen ^{13}C-Spektroskopie 588
3.1 Valenz-Isomerisierungen... 588
3.2 Ring-Inversionen.. 590
3.3 Metallcarbonyle... 592
3.4 Gehinderte Rotationen... 594
3.4.1 Rotation um die C(sp^3)-C(sp^3)-Einfachbindung 594
3.4.2 Rotation um die C(sp^3)-C(sp^2)-Einfachbindung 595
3.4.3 Rotation um die C(sp^2)-C(sp^2)-Einfachbindung 596
3.4.4 Rotationen um Kohlenstoff-Heteroatom-Bindungen.................. 600

4. Isotopenstörung von Gleichgewichten 600

Kapitel 7
Anwendung von Lanthaniden-Shift-Reagenzien
in der ^{13}C-NMR-Spektroskopie 603

1. Einleitung 603

2. Theoretische Grundlagen 603

3. Auswahl des LSR... 605

4. Auswertungsverfahren... 605

5. Computerprogramme zur Auswertung der McConnell-Gleichung 607

6. Anwendungen in der ^{13}C-NMR-Spektroskopie 607
6.1 Signalzuordnungen mit Hilfe von LSR.............................. 607
6.2 LSR-Daten für Strukturuntersuchungen 608
6.3 Konformationsanalysen mit LSR-Daten 609

Kapitel 8
^{13}C-NMR-Spektroskopie zur Aufklärung von
Reaktionsabläufen 611

1. Einführung 611

2. Nachweis von Reaktionszwischenprodukten 612

3. ^{13}C-CIDNP... 613

4. ^{13}C-Untersuchungen zur Biosynthese 616

Anhang A: Lösungen der Aufgaben 620

Anhang B: Literaturangaben zur NMR-Spektroskopie 645

Anhang C: Abkürzungsverzeichnis 647

Substanzregister 648

Sachverzeichnis 677

Kapitel 1
Grundlagen der kernmagnetischen Resonanz

1. Historische Entwicklung
2. Quantelung des Drehimpulses
3. Zusammenhang zwischen Drehimpuls und magnetischem Moment
4. Energie eines Kernspins im Magnetfeld
5. Die Larmor-Frequenz
6. Das Kernresonanzexperiment
7. Besetzungszahlen und Kernspinrelaxation
8. Die Blochschen Gleichungen

1. Historische Entwicklung

Der erste experimentelle Nachweis der Richtungsquantelung des Elektronenspins gelang Stern und Gerlach 1924 an einem Strahl von Silber-Atomen[1]. 15 Jahre später folgte das erste magnetische Resonanzexperiment zum Nachweis des Kernspins an einem Strahl von Lithiumchlorid-Molekülen durch Rabi und Mitarbeiter[2]. Schließlich konnten die Gruppen von Purcell[3] und Bloch[4] 1945 den Kernresonanzeffekt auch an kondensierter Materie auffinden (Nobelpreis 1952).

Das große Interesse der Chemie an diesen physikalischen Experimenten begann mit der Entdeckung der chemischen Verschiebung[5], denn damit ließ sich die NMR-Methode als praktische Spektroskopie zur Untersuchung chemischer Verbindungen benutzen.

Der Einführung der ersten kommerziellen NMR-Spektrometer mit Beginn der 60er Jahre folgte ein ungeheurer Aufschwung dieser neuen Technik vor allem auf dem Gebiet der Protonenresonanz.

Ein zweiter vergleichbarer Sprung in der Entwicklung der NMR-Technik setzte zu Beginn der 70er Jahre ein. Zwar hatte Lauterbur[6] schon 1957 das erste ^{13}C-NMR-Spektrum erhalten, jedoch war die Aufnahme solcher Spektren äußerst mühsam und nur wenigen Laboratorien vorbehalten. Der Grund dafür liegt in der geringen natürlichen Häufigkeit des ^{13}C-Kerns von 1,1% und in dem gegenüber dem Proton um den Faktor 4 kleineren gyromagnetischen Verhältnis γ. Da in die Beziehung für die relative Empfindlichkeit eines Kernspins das gyromagnetische Verhältnis in der Form γ^3 eingeht, ist die ^{13}C-Resonanz gegenüber der Protonenresonanz etwa um den Faktor 6000 unempfindlicher[7].

Fortschritte wurden durch die Einführung der Protonenentkopplung sowie der Datenakkumulation erzielt, die durch die Entwicklung der Feld-Frequenz-Stabilisierung durch ein NMR-Signal (NMR-**Lock**) ermöglicht wurde.

Der entscheidende Durchbruch für die ^{13}C-Resonanz gelang aber erst, nachdem nach

Vorarbeiten von Lowe und Norberg[8] durch Ernst und Anderson[9] die **Puls-Fourier-Transform-Technik** (PFT-Technik) in die NMR-Spektroskopie eingeführt wurde.

Inzwischen ist es in der chemischen Literatur zum Standard geworden, neue Strukturen kohlenstoffhaltiger Verbindungen auch durch ^{13}C-NMR-Daten zu belegen.

Mit dem Beginn der 80er Jahre erfolgt in den meisten NMR-Laboratorien ein Austausch der FT-NMR-Geräte der ersten und zweiten Generation durch moderne Spektrometer, die oft einen supraleitenden Magneten besitzen und durch weitgehende Integration des Gerätecomputers in das Spektrometer gekennzeichnet sind. Parallel zu dieser Entwicklung hat die Erprobung neuer Pulstechniken einen fast unüberschaubaren Fortschritt erzielt.

Entsprechend diesem Stand der Technik wird bei der Beschreibung der magnetischen Grundlagen in Kap. 1 und der experimentellen Techniken in Kap. 2 (S. 14 ff.) ausschließlich der Puls-Spektroskopie Rechnung getragen.

2. Quantelung des Drehimpulses

Aus den Postulaten der Quantenmechanik folgt, daß der Drehimpuls eines isolierten Partikels, also auch eines Atomkerns, nicht beliebige Werte annehmen kann. Seine Größe wird durch eine Kerndrehimpuls-Quantenzahl I nach Gl. (1.1) festgelegt:

$$|\boldsymbol{p}| = \hbar\sqrt{I(I+1)} \tag{1.1}$$

$$\left[\hbar = \frac{h}{2\pi}\right].$$

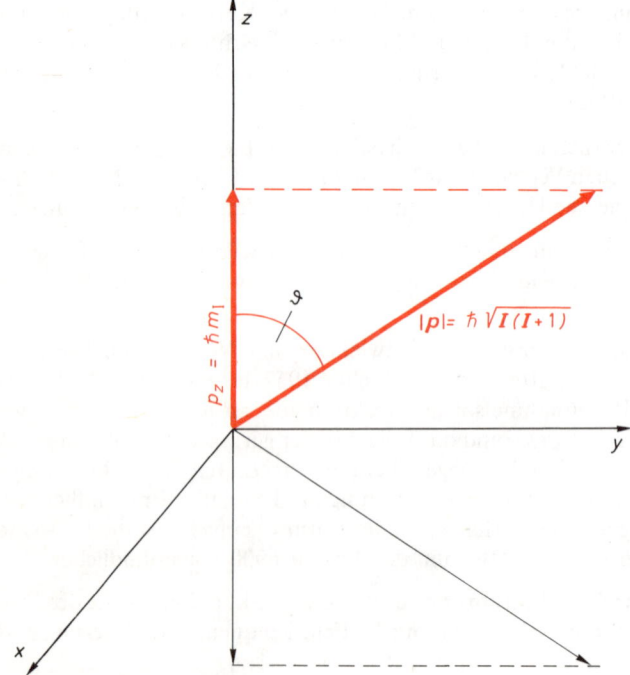

Abb. 1.1 Richtungsquantelung des Drehimpulses

Da der Drehimpuls p eine Vektorgröße darstellt, muß zu seiner vollständigen Beschreibung neben der Größe auch noch die Richtung angegeben werden.

Gegenüber einer Vorzugsrichtung, hier willkürlich die z-Achse eines kartesischen Koordinatensystems, kann der Vektor jedoch nicht beliebige Orientierungen annehmen. Seine Einstellung wird mit Hilfe einer magnetischen Quantenzahl m_I beschrieben, wobei für p_z, die Projektion des Vektors, Gl. (1.2) erfüllt sein muß.

$$p_z = \hbar m_I \tag{1.2}$$

In Gl. (1.2) kann m_I alle sich um 1 unterscheidenden Werte von $-I$ bis $+I$ annehmen:

$$m_I = I, I-1, I-2, \ldots, -I \tag{1.3}$$

Es gibt also $2I + 1$ mögliche Projektionen des Drehimpulses auf die Vorzugsrichtung. In Abb. 1.1 ist die Situation für ein Partikel mit der Drehimpuls-Quantenzahl $I = \frac{1}{2}$, wie es für den ^{13}C-Kern zutrifft, veranschaulicht.

Aus der Darstellung folgt, daß der Winkel ϑ zwischen dem Vektor p und seiner Projektion auf die z-Achse durch Gl. (1.4) gegeben ist.

$$\cos\vartheta = \frac{m_I}{\sqrt{I(I+1)}} \tag{1.4}$$

3. Zusammenhang zwischen Drehimpuls und magnetischem Moment

Es zeigt sich, daß Atomkerne mit gerader Massen- und Kernladungszahl wie z. B. ^{12}C oder ^{16}O (sog. gg-Kerne) keinen Drehimpuls, hier auch Kernspin genannt, besitzen, während Atomkerne mit ungerader Massen- oder Kernladungszahl wie z. B. ^{1}H, ^{13}C, ^{17}O (ug-, gu- oder uu-Kerne) einen Kernspin aufweisen.

Nach den Gesetzen der klassischen Physik verursacht die Bewegung elektrischer Ladung ein magnetisches Feld. Verläuft der Strom in einem geschlossenen Kreis, so ist ein magnetisches Dipolmoment mit ihm verknüpft.

Diese Verhältnisse gelten im Prinzip auch für Atomkerne, und demnach besitzen Atomkerne mit einem Kernspin auch ein magnetisches Moment μ, das nach Gl. (1.5) dem Drehimpuls proportional ist.

$$\boldsymbol{\mu} = \gamma \boldsymbol{p} \tag{1.5}$$

Die Größe γ heißt gyromagnetisches Verhältnis und ist durch das Kernresonanzexperiment direkt zugänglich. Die γ-Werte für einige Kerne sind in Tab. 1.1 angegeben.

Durch Einsetzen der Gln. (1.1) und (1.2) in Gl. (1.5) folgen die wichtigen Beziehungen zwischen dem magnetischen Moment bzw. seiner z-Komponente und der Kerndrehimpulsquantenzahl I bzw. der magnetischen Quantenzahl m_I:

$$|\boldsymbol{\mu}| = \gamma\hbar\sqrt{I(I+1)} \tag{1.6}$$

$$\mu_z = \gamma\hbar m_I \tag{1.7}$$

Tab. 1.1 γ-Werte von einigen Kernen

Isotop	Spin	natürliche Häufigkeit (%)	γ ($\cdot 10^7$ rad·T^{-1}s^{-1})	NMR-Frequenz[1] (MHz)	Quadrupolmoment Q ($\cdot 10^{-28}$ m^2)
^{1}H	$\frac{1}{2}$	99,98	26,751	100,0	
^{2}H	1	0,015	4,1064	15,351	$2,73 \cdot 10^{-3}$
^{6}Li	1	7,42	3,9366	14,716	$6,9 \cdot 10^{-4}$
^{7}Li	$\frac{3}{2}$	92,58	10,396	38,862	$-3 \cdot 10^{-2}$
^{10}B	3	19,58	2,8748	10,747	$7,4 \cdot 10^{-2}$
^{11}B	$\frac{3}{2}$	80,42	8,583	32,084	$3,55 \cdot 10^{-2}$
^{13}C	$\frac{1}{2}$	1,108	6,7263	25,144	
^{14}N	1	99,63	1,9324	7,224	$1,6 \cdot 10^{-2}$
^{15}N	$\frac{1}{2}$	0,37	$-2,7107$	10,133	
^{17}O	$\frac{5}{2}$	0,037	$-3,6266$	13,557	$-2,6 \cdot 10^{-2}$
^{19}F	$\frac{1}{2}$	100	25,1666	94,077	
^{23}Na	$\frac{3}{2}$	100	7,076	26,451	0,14
^{29}Si	$\frac{1}{2}$	4,7	$-5,314$	19,865	
^{31}P	$\frac{1}{2}$	100	10,829	40,48	
^{35}Cl	$\frac{3}{2}$	75,53	2,6212	9,798	$-7,89 \cdot 10^{-2}$
^{37}Cl	$\frac{3}{2}$	24,47	2,182	8,156	$-6,21 \cdot 10^{-2}$
^{57}Fe	$\frac{1}{2}$	2,19	0,8644	3,231	
^{77}Se	$\frac{1}{2}$	7,58	5,101	19,068	
^{79}Br	$\frac{3}{2}$	50,54	6,7021	25,054	0,33
^{81}Br	$\frac{3}{2}$	49,46	7,2245	27,006	0,28
^{89}Y	$\frac{1}{2}$	100	$-1,3106$	4,899	
^{103}Rh	$\frac{1}{2}$	100	$-0,842$	3,147	
^{107}Ag	$\frac{1}{2}$	51,82	$-1,0825$	4,046	
^{109}Ag	$\frac{1}{2}$	48,18	$-1,2445$	4,652	
^{111}Cd	$\frac{1}{2}$	12,75	$-5,6727$	21,205	
^{113}Cd	$\frac{1}{2}$	12,26	$-5,934$	22,182	
^{117}Sn	$\frac{1}{2}$	7,61	$-9,5301$	35,625	
^{119}Sn	$\frac{1}{2}$	8,58	$-9,9708$	37,27	
^{127}J	$\frac{5}{2}$	100	5,351	20,007	$-0,69$
^{169}Tm	$\frac{1}{2}$	100	$-2,213$	8,272	
^{171}Yb	$\frac{1}{2}$	14,31	4,712	17,614	
^{183}W	$\frac{1}{2}$	14,4	1,1131	4,161	
^{187}Os	$\frac{1}{2}$	1,64	0,616	2,303	
^{195}Pt	$\frac{1}{2}$	33,8	5,75	21,494	
^{199}Hg	$\frac{1}{2}$	16,84	4,769	17,827	
^{205}Tl	$\frac{1}{2}$	70,5	15,438	57,71	
^{207}Pb	$\frac{1}{2}$	22,6	5,5968	20,92	

[1] Für ein Feld von 2,3487 Tesla

4. Energie eines Kernspins im Magnetfeld

Ohne Anwesenheit eines äußeren Magnetfeldes sind die verschiedenen Orientierungen von μ entartet. Im Magnetfeld B ist die Energie E eines magnetischen Dipols klassisch durch die Beziehung (1.8) gegeben.

$$E = -\boldsymbol{\mu} \cdot \boldsymbol{B} \tag{1.8}$$

Besitzt das Magnetfeld die Komponenten $B_x = 0$, $B_y = 0$, $B_z = B_0$, so ergibt das skalare Produkt der Vektoren in Gl. (1.8) die Gl. (1.9).

$$E = -\mu_z B_0 \tag{1.9}$$

Aus dieser ist mit Hilfe von Gl. (1.7) die in Gl. (1.10) gezeigte Beziehung ableitbar.

$$E = -\gamma \hbar m_I B_0 \tag{1.10}$$

Gl. (1.10) besagt, daß die Energie eines Kernspins im Magnetfeld von seiner magnetischen Quantenzahl m_I bestimmt wird. In Abb. 1.2 ist die Situation für den ^{13}C-Kern mit $I = \frac{1}{2}$ veranschaulicht.

Für die Übergänge zwischen den Energieniveaus ergibt sich aus Gl. (1.10) mit der Auswahlregel $\Delta m_I = 1$ und der Bohrschen Frequenzbedingung $\Delta E = h\nu = \hbar\omega$ die Grundgleichung der kernmagnetischen Resonanz:

$$\omega = -\gamma B_0 \tag{1.11}$$

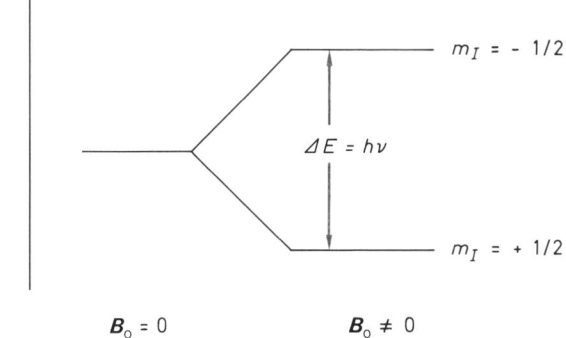

Abb. 1.2 Energieniveauschema eines Kerns mit $I = \frac{1}{2}$

5. Die Larmor-Frequenz

Klassisch gesehen übt ein Magnetfeld B auf einen Körper mit einem magnetischen Dipol μ ein Drehmoment D aus und versucht, diesen parallel zur Magnetfeldrichtung zu stellen.

$$\boldsymbol{D} = \boldsymbol{\mu} \times \boldsymbol{B} \tag{1.12}$$

Befindet sich der magnetische Dipol jedoch selbst in einer Drehbewegung, so resultiert eine Präzession um die Richtung des Magnetfeldes in Analogie zur Kreiselbewegung im Schwerefeld der Erde. Diese Bewegung eines Kernspins um die Richtung des Magnetfeldes wird nach dem englischen Physiker Sir Joseph Larmor (1857–1942) auch Larmor-Präzession genannt. In Abb. 1.3 sind die Verhältnisse veranschaulicht. Der Winkel ϑ, den das magnetische Moment mit der Feldrichtung bildet, ist durch Gl. (1.4), s. S. 3, gegeben, womit die klassischen Anschauungen zur Präzession mit den quantenmechanischen Ergebnissen in Einklang gebracht werden.

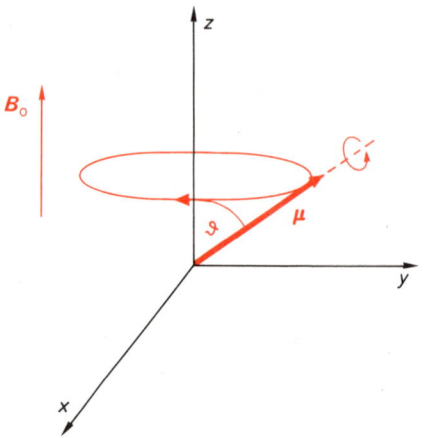

Abb. 1.3 Larmorpräzession eines Kernspins um die Richtung des Magnetfeldes

Zur Berechnung der Präzessionsfrequenz ω_0 wird Gl. (1.12) mit Hilfe der in Gl. (1.13) formulierten allgemein gültigen Beziehung unter Berücksichtigung von Gl. (1.5) zu Gl. (1.14) umgeformt:

$$D = \frac{d\boldsymbol{p}}{dt} \tag{1.13}$$

$$\frac{d\boldsymbol{\mu}}{dt} = \boldsymbol{\mu} \times \gamma \boldsymbol{B} \tag{1.14}$$

Die Lösung der vektoriellen Differentialgleichung (1.14) erfolgt am einfachsten, indem man sich eines mathematischen Tricks, nämlich der Einführung des sogenannten **rotierenden Koordinatensystems** bedient. Dieses besitzt keine physikalische Wirklichkeit, sondern ist lediglich ein mathematisches System, in dem sich die in diesem Abschnitt zu behandelnden Gleichungen und auch Abbildungen besonders einfach darstellen lassen.

Eine beliebige Vektorfunktion G soll auf ihre Zeitabhängigkeit untersucht werden (Gl. (1.15)).

$$\boldsymbol{G} = \boldsymbol{i}G_x + \boldsymbol{j}G_y + \boldsymbol{k}G_z \tag{1.15}$$

Die Zeitabhängigkeit der Einheitsvektoren des rotierenden Systems $\boldsymbol{i}, \boldsymbol{j}, \boldsymbol{k}$ kann keine Änderung ihres Betrages, sondern nur eine Rotation mit einer Winkelgeschwindigkeit $\boldsymbol{\omega}$ bedeuten, und es gelten hierfür die folgenden Beziehungen (1.16).

$$\frac{d\boldsymbol{i}}{dt} = \boldsymbol{\omega} \times \boldsymbol{i}; \quad \frac{d\boldsymbol{j}}{dt} = \boldsymbol{\omega} \times \boldsymbol{j}; \quad \frac{d\boldsymbol{k}}{dt} = \boldsymbol{\omega} \times \boldsymbol{k} \tag{1.16}$$

Somit folgt mit Gl. (1.16) aus Gl. (1.15) nach den Regeln der partiellen Differentiation:

$$\frac{d\boldsymbol{G}}{dt} = \boldsymbol{i}\frac{dG_x}{dt} + G_x(\boldsymbol{\omega} \times \boldsymbol{i}) + \boldsymbol{j}\frac{dG_y}{dt} + G_y(\boldsymbol{\omega} \times \boldsymbol{j}) + \boldsymbol{k}\frac{dG_z}{dt} + G_z(\boldsymbol{\omega} \times \boldsymbol{k})$$

$$\frac{d\boldsymbol{G}}{dt} = \frac{\partial \boldsymbol{G}}{\partial t} + \boldsymbol{\omega} \times \boldsymbol{G} \qquad (1.17)$$

In Gl. (1.17) bedeutet der Ausdruck $\frac{\partial \boldsymbol{G}}{\partial t}$ offenbar die Relativbewegung des Vektors $\boldsymbol{G}$ zu einem Koordinatensystem mit den Vektoren $\boldsymbol{i}, \boldsymbol{j}$ und $\boldsymbol{k}$, das mit ω rotiert.

Behandelt man die Bewegungsgleichung (1.14) nach dem gleichen Formalismus, so folgt die Beziehung (1.18), die sich leicht zu Gl. (1.19) umformen läßt:

$$\frac{\partial \boldsymbol{\mu}}{\partial t} + \boldsymbol{\omega} \times \boldsymbol{\mu} = \boldsymbol{\mu} \times \gamma \boldsymbol{B} \qquad (1.18)$$

$$\frac{\partial \boldsymbol{\mu}}{\partial t} = \boldsymbol{\mu} \times (\gamma \boldsymbol{B} + \boldsymbol{\omega}) \qquad (1.19)$$

Der Vergleich der Gl. (1.14) mit Gl. (1.19) zeigt, daß im rotierenden Koordinatensystem offensichtlich ein zusätzliches Magnetfeld auftritt, das man auch als das effektive Magnetfeld $\boldsymbol{B}_{\text{eff}}$ bezeichnet und das durch die im folgenden gezeigte Beziehung (1.20) wiedergegeben wird. Gl. (1.19) läßt sich dann in der Form der Gl. (1.21) schreiben.

$$\boldsymbol{B}_{\text{eff}} = \boldsymbol{B} + \frac{\omega}{\gamma} \qquad (1.20)$$

$$\frac{\partial \boldsymbol{\mu}}{\partial t} = \boldsymbol{\mu} \times \boldsymbol{B}_{\text{eff}} \qquad (1.21)$$

Mit diesen Beziehungen kann man die Bewegungsgleichung (1.14) einfach lösen. Befindet sich der Vektor $\boldsymbol{\mu}$ in einem statischen Magnetfeld mit den Komponenten $B_x = 0$, $B_y = 0$ und $B_z = B_0$, so kann man im rotierenden Koordinatensystem ω so wählen, daß $\boldsymbol{B}_{\text{eff}} = 0$ ist. Dies ist offensichtlich für die Bedingung (1.22) erfüllt.

$$\omega = \omega_0 = -\gamma B_0 \qquad (1.22)$$

Wird Gl. (1.22) in Gl. (1.19) eingesetzt, so wird $\frac{\partial \boldsymbol{\mu}}{\partial t} = 0$.

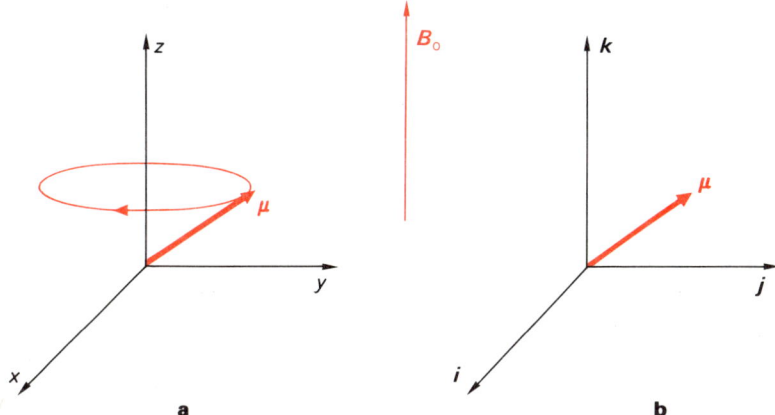

Abb. 1.4 Kernspin im Laborkoordinatensystem (a) und im rotierenden Koordinatensystem (b)

Dies bedeutet, daß in bezug auf ein Koordinatensystem mit den Vektoren i, j, k, das mit der Frequenz ω_0 rotiert, das magnetische Moment μ fixiert bleibt. Vom Laborkoordinatensystem aus heißt das aber, daß das magnetische Moment mit der durch Gl. (1.22) gegebenen Larmor-Frequenz präzediert. In den Abb. 1.4a und 1.4b sind die Verhältnisse für die zwei Koordinatensysteme veranschaulicht.

6. Das Kernresonanz-Experiment

In Abschn. 4 (s. S. 5ff.) wurde gezeigt, daß der Energieunterschied zwischen den zwei möglichen Zuständen eines Kernspins mit $I = \frac{1}{2}$ im Magnetfeld sich durch $\omega = -\gamma B_0$ (Gl. (1.11) s. S. 5) beschreiben läßt. Diese Gleichung ist identisch mit Gl. (1.22), der Bestimmungsgleichung für die Larmor-Frequenz. Hierauf beruht das Prinzip der kernmagnetischen Resonanzmethode. Wenn die eingestrahlte Radiofrequenz identisch, d. h. in Resonanz mit der Larmor-Frequenz der Kernspins im Magnetfeld ist, können Energieübergänge induziert werden.

Man wählt die Anordnung im Spektrometer so, daß die Sendespule für das Radiofrequenzfeld B_1 senkrecht zum statischen Magnetfeld angeordnet ist. Für B_1 läßt sich dann die Beziehung (1.23) angeben.

$$B_1 = B_x \cos \omega t - B_y \sin \omega t \tag{1.23}$$

Im rotierenden Koordinatensystem gilt dann für das effektive Feld statt Gl. (1.20), s. S. 7, die Gl. (1.24).

$$B_{\text{eff}} = B_0 + \frac{\omega}{\gamma} + B_1 \tag{1.24}$$

Wählt man nun die Frequenz ω des rotierenden Koordinatensystems so, daß sie mit der Frequenz der angelegten Radiofrequenz übereinstimmt, bleibt der Vektor des B_1-Feldes gegenüber den Koordinaten i, j und k in Ruhe, und man kann z. B. die x- bzw. i-Achse willkürlich für die Richtung der Radiofrequenz auswählen. Somit wird aus der Bewegungsgleichung für die magnetischen Momente, Gl. (1.19), jetzt Gl. (1.25).

$$\frac{\partial \mu}{\partial t} = \mu \times (\gamma B + \omega) k + \gamma B_1 i \tag{1.25}$$

Wird die Radiofrequenz und damit auch wieder die Frequenz des rotierenden Koordinatensystem $\omega = -\gamma B_0$ identisch mit der Larmor-Frequenz, so daß die Beziehung (1.22), s. S. 7, erfüllt ist, dann wird aus Gl. (1.25) die Beziehung (1.26).

$$\frac{\partial \mu}{\partial t} = \mu \times \gamma B_1 \tag{1.26}$$

Im rotierenden Koordinatensystem „sieht" das magnetische Moment also nur das Radiofrequenzfeld und präzediert in der yz-(jk-)Ebene um das Radiofrequenzfeld.

Makroskopisch ist das magnetische Moment eines einzelnen Kernspins nicht meßbar, sondern nur die Magnetisierung M, die sich aus der Summe der einzelnen magnetischen Momente ergibt.

$$M = \sum_i^N \mu_i \tag{1.27}$$

Aus einer Vielzahl von magnetischen Momenten nach Abb. 1.4b (s. S. 7) ergibt sich für den Gleichgewichtszustand die resultierende Magnetisierung $M = M_0$ in z-Richtung, wie sie in Abb. 1.5a angegeben ist.

Schaltet man das Radiofrequenzfeld nur sehr kurzzeitig durch einen Hochfrequenzpuls ein, so wird M nur um einen bestimmten Winkel α aus der z-(k-)Richtung ausgelenkt werden, der durch die Stärke des B_1-Feldes und seine Einschaltzeit t_p gegeben ist:

$$\alpha = \gamma B_1 t_p \tag{1.28}$$

Demnach lassen sich Bedingungen finden, bei denen M z. B. genau um 90° ausgelenkt wird.

In Abb. 1.5 ist ein solcher 90°-Puls veranschaulicht.

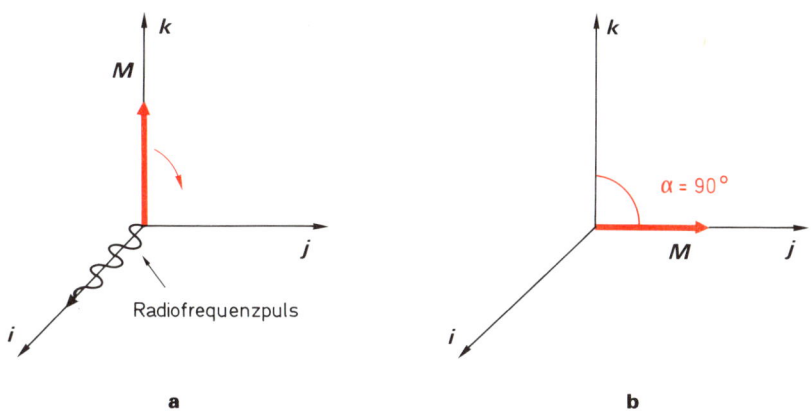

Abb. 1.5 Wirkungsweise eines 90°-Pulses im rotierenden Koordinatensystem
a Magnetisierung vor dem Puls, **b** danach

Vom Standpunkt des Laborkoordinatensystems aus gesehen präzedieren die magnetischen Momente nach Anwendung eines 90°-Pulses „frei", d. h. ohne Einfluß eines Radiofrequenzfeldes um die Richtung des statischen Magnetfeldes B_0 in der xy-Ebene. In der Empfangsspule, die bei den heute üblichen FT-Geräten identisch mit der Sendespule ist, wird durch diese Präzession eine Spannung induziert, die die Frequenz der Präzessionsfrequenz besitzt.

Diese Spannung wird aufgrund von Relaxationseffekten bald abfallen, man spricht daher auch vom freien Induktionsabfall (**free induction decay**, FID), der vom Spektrometer registriert wird; manchmal wird auch die Bezeichnung **Interferogramm** verwendet.

7. Besetzungszahlen und Kernspinrelaxation

Neben den durch die Radiofrequenz induzierten Übergängen muß es auch thermische Übergänge für Kernspins im Magnetfeld geben. Diese sorgen zum einen dafür, daß nach Einbringen einer Probe in das Magnetfeld ein Populationsunterschied zwischen den beiden Energieniveaus nach Abb. 1.6 aufgebaut wird, und zum anderen stellen sie nach der Kernresonanzanregung das thermische Gleichgewicht wieder her.

Bezeichnet man die Summe aller Kernspins mit N und gemäß Abb. 1.6 die Anzahl der Kernspins mit $m_I = -\frac{1}{2}$ als N_- sowie die mit $m_I = +\frac{1}{2}$ als N_+, so gelten die Beziehungen

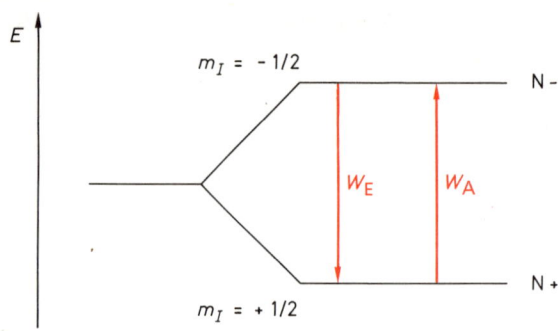

Abb. 1.6 Bezeichnung der Besetzungszahlen und Übergangswahrscheinlichkeiten für Kerne mit $I = \frac{1}{2}$ im Magnetfeld

(1.29), wobei n die Populationsdifferenz zwischen den beiden Termen darstellt. Die Gln. (1.29) lassen sich leicht zu (1.30) umformen. Die Änderung der Besetzungszahl N_+ ist formal durch die Beziehung (1.31) gegeben, wobei W_E und W_A die in Abb. 1.6 eingezeichneten Übergangswahrscheinlichkeiten bedeuten (Absorption und Emission).

$$N = N_+ + N_-$$
$$n = N_+ - N_- \tag{1.29}$$

$$N_+ = \tfrac{1}{2}(N + n)$$
$$N_- = \tfrac{1}{2}(N - n) \tag{1.30}$$

$$\frac{dN_+}{dt} = N_- W_E - N_+ W_A \tag{1.31}$$

Für die thermischen Prozesse sind W_E und W_A einander nicht gleich, weil ein Kernspin beim Übergang vom oberen zum unteren Energieniveau an seine Umgebung Energie abgeben muß. Dies ist thermodynamisch nur dann möglich, wenn das ihn umgebende Medium, hier auch das Gitter genannt, diese Energie aufnehmen kann. Die Gleichgewichtspopulationen N_+^0 und N_-^0 sind dann erreicht, wenn ihr Quotient der Temperatur des Gitters entspricht, wie es von der Boltzmann-Verteilung gefordert wird:

$$\frac{N_-^0}{N_+^0} = e^{\frac{-\Delta E}{kT}} = e^{\frac{-\gamma \hbar B}{kT}} \tag{1.32}$$

Einsetzen der Werte für einen ^{13}C-Kern bei einem Feld von 2,35 Tesla entsprechend der Resonanzfrequenz von 25,14 MHz in Gl. (1.32) ergibt bei Raumtemperatur für N_+^0/N_-^0 den Faktor 1,000004. Wegen der geringen Energiedifferenz von $\Delta E = 1{,}6 \cdot 10^{-3}$ J · mol^{-1} ist die Populationsdifferenz also sehr gering.
Unter Benutzung von Gl. (1.29) läßt sich Gl. (1.31) zu Gl. (1.33) umformen.

$$\frac{dn}{dt} = N(W_E - W_A) - n(W_E + W_A) \tag{1.33}$$

Gl. (1.33) kann mit den Abkürzungen der Gln. (1.34) und (1.35) in der Form der Gl. (1.36) geschrieben werden.

$$\frac{1}{T_1} = W_E + W_A \tag{1.34}$$

$$n_0 = N \frac{(W_E - W_A)}{(W_E + W_A)} \tag{1.35}$$

$$\frac{dn}{dt} = \frac{n_0 - n}{T_1} \tag{1.36}$$

Die Lösung der Differentialgleichung (1.36) zeigt, daß sich der Populationsunterschied nach Einbringen einer Probe in das Magnetfeld nach einem exponentiellen Zeitgesetz aufbaut, wobei T_1 die sogenannte Spin-Gitter-Relaxationszeit darstellt (Gl. (1.37), C = Integrationskonstante).

$$n = n_0 + C \cdot e^{-\frac{t}{T_1}} \tag{1.37}$$

Die verschiedenen Mechanismen, die zur Spin-Gitter-Relaxationszeit beitragen, werden in Kap. 5 (s. S. 559ff.) behandelt.

Im Gegensatz zu den thermischen Übergängen gilt für die durch die Radiofrequenz stimulierten Übergänge, daß $W_A = W_E = W$ ist, und somit wird aus Gl. (1.33), s. S. 10, die Beziehung (1.38), so daß die vollständige Differentialgleichung für die Populationsdifferenz in der Form der Gl. (1.39) geschrieben werden kann.

$$\frac{dn}{dt} = -2W \tag{1.38}$$

$$\frac{dn}{dt} = -2W + \frac{n_0 - n}{T_1} \tag{1.39}$$

8. Die Blochschen Gleichungen

Es liegt nahe, die Magnetisierung M_z in Richtung des statischen Magnetfeldes B_0 mit der Populationsdifferenz n aus Gl. (1.29) in Zusammenhang zu bringen; daher gilt in Analogie zu Gl. (1.36)

$$\frac{dM_z}{dt} = \frac{M_0 - M_z}{T_1}, \tag{1.40}$$

wobei M_0 die Gleichgewichtsmagnetisierung darstellt.

In Abschn. 6 (s. S. 8) wurde gezeigt, daß die magnetischen Momente nach einem 90°-Puls in der xy-Ebene präzedieren. Makroskopisch bedeutet dies eine Quermagnetisierung M_x bzw. M_y. Bloch hat für den Zerfall dieser Quermagnetisierung eine eigene Zeitkonstante T_2, die transversale oder auch Spin-Spin-Relaxationszeit, nach den Gln. (1.41) definiert.

$$\frac{dM_x}{dt} = -\frac{M_x}{T_2}$$
$$\frac{dM_y}{dt} = -\frac{M_y}{T_2} \tag{1.41}$$

Während bei der Spin-Gitter- oder auch longitudinalen Relaxation Energie mit der Umgebung ausgetauscht wird, ist dies bei der Spin-Spin-Relaxation nicht der Fall. Sie ist vielmehr die Zeitkonstante, mit der die einzelnen magnetischen Momente, nachdem sie durch den Hochfrequenzpuls „gebündelt" und in die xy-Ebene des rotierenden Koordinatensystems gedreht wurden, ihre Phasenbeziehung untereinander durch magnetische Wechselwirkungen der Kernspins verlieren. Im rotierenden Koordinatensystem bedeutet dies, wie Abb. 1.7 zeigt, daß die einzelnen magnetischen Momente auffächern und eine statistische Verteilung einnehmen.

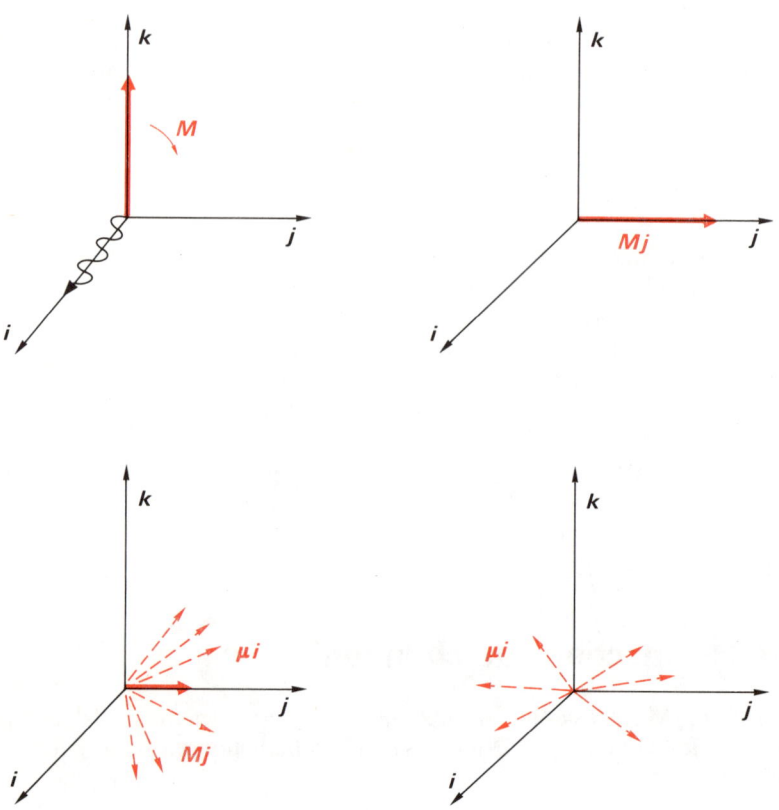

Abb. 1.7 Wirkung der Spin-Spin-Relaxation im rotierenden Koordinatensystem

Wenn M_z wieder zu M_0 relaxiert ist, kann auch keine Quermagnetisierung mehr vorhanden sein, es gilt daher die Beziehung (1.42):

$$T_2 \leqq T_1 \tag{1.42}$$

Der auf S. 9 beschriebene free induction decay (FID) besitzt demnach die Zeitkonstante T_2 und fällt exponentiell ab, da die Integration der Gln. (1.41) wieder exponentielle Zeitgesetze ergibt. Da, wie im nächsten Kapitel (s. S. 31 ff.) gezeigt werden wird, die Fourier-Transformierte einer abklingenden e-Funktion eine Lorentz-Resonanzkurve darstellt, folgt, daß T_2 die natürliche Linienbreite der Kernresonanzlinie bestimmt, die in der Form der Halbwertsbreite nach Gl. (1.43) angegeben wird.

$$\Delta v_{\frac{1}{2}} = \frac{1}{\pi T_2} \tag{1.43}$$

In der Praxis verwendet man oft eine Konstante T_2^*, in die neben der eigentlichen T_2-Zeit noch die Magnetfeldinhomogenitäten nach Gl. (1.44) eingehen, wobei T_2^{inhom} die apparativ verursachte Linienverbreiterung berücksichtigt.

$$\frac{1}{T_2^*} = \frac{1}{T_2} + \frac{1}{T_2^{\text{inhom}}} \quad (1.44)$$

Durch Zusammenfassung der Gl. (1.14) mit Gl. (1.39), Gl. (1.40) und Gl. (1.41), läßt sich die Beziehung (1.45) formulieren, die die Gesamtbewegung des Magnetisierungsvektors unter Einfluß des statischen Magnetfeldes, des Radiofrequenzfeldes sowie der Spin-Gitter- und Spin-Spin-Relaxation wiedergibt (Blochsche Gleichung).

$$\frac{d\mathbf{M}}{dt} = \mathbf{M} \times \gamma \mathbf{B} - \frac{M_x \mathbf{i} + M_y \mathbf{j}}{T_2} - \frac{M_z - M_0}{T_1} \mathbf{k} \quad (1.45)$$

Die Lösung dieser Gleichung für schwache Anregungsfelder, die im Vorschub-Verfahren (**sweep**) angewendet werden, ergibt wiederum eine Lorentz-Resonanzkurve für die M_x- bzw. M_y-Komponente. Auf die Durchführung dieser Lösung wird hier verzichtet, da sie für das Pulsverfahren unerheblich ist.

Aufgaben

1.1 Gesetzt den Fall, alle anderen Spektrometereigenschaften bleiben konstant, um wieviel empfindlicher müßte ein ^{13}C-NMR-Experiment sein, wenn man es bei $-100\,°C$ durchführt?

1.2 Zeichne ein Vektordiagramm für den Fall, daß die Radiofrequenz oder die Frequenz des rotierenden Koordinatensystems geringfügig kleiner als die Larmor-Frequenz ist. Beschreibe die Präzession von $\mathbf{M}$ um $\mathbf{B}_{\text{eff}}$ (s. Gl. (1.24), S. 8).

1.3 Welche Wirkung hat ein 360°-Puls?

1.4 Was könnte unter einer negativen Spintemperatur verstanden werden?

1.5 Unterscheidet sich der free induction decay nach einem 90°-Puls von dem nach einem 270°-Puls?

Literatur

Für die Darstellung der magnetischen Grundlagen wurden im wesentlichen die im Anhang (S. 645) zitierten Werke 1, 5, 6, 9, 13 und 25 verwendet.

[1] Gerlach, W., Stern, O. (1924), Ann. Phys. 74, 673.
[2] Rabi, I.I., Zacharias, J.R., Millman, S., Kusch, P. (1938), Phys. Rev. 53, 318; (1939), 55, 526.
[3] Purcell, E.M., Torrey, H.C., Pound, R.V. (1946), ibid. 69, 37.
[4] Bloch, F., Hansen, W.W., Packard, M. (1946), ibid. 69, 127.
[5] Knight, W.D. (1949), ibid. 76, 1259
Proctor, W.G., Yu, F.C. (1950), ibid. 77, 717
Dickinson, W.C. (1950), ibid. 77, 736.
[6] Lauterbur, P.C. (1957), J. Chem. Phys. 26, 217.
[7] Lee, K., Anderson, W.A. (1967), in CRC Handbook of Chemistry and Physics (Weast, R.C., Herausgeb.), 61th Edition, 1980, E-71.
[8] Lowe, J., Norberg, R.E. (1957), Phys. Rev. 107, 46.
[9] Ernst, R.R., Anderson, W.A. (1966), Rev. Sci. Instrum. 37, 93.

Kapitel 2
Experimentelle Techniken der ^{13}C-NMR-Spektroskopie

1. Aufbau des Spektrometers
2. Fourier-Transform-Technik
3. Doppelresonanz-Methoden in der ^{13}C-NMR-Spektroskopie
4. Neuartige Anregungsverfahren

1. Aufbau des Spektrometers

Kernresonanzgeräte sind im Prinzip Radioapparate, die zusätzlich mit einem Sender, einem Magneten und einem Minicomputer direkt verbunden sind. Je nach Baujahr, Hersteller und Spezialisierung sind diese Grundbausteine eines modernen NMR-Gerätes mehr oder weniger ineinander integriert. Zum Verständnis der Arbeitsweise diskutiert man diese Funktionen jedoch besser getrennt.

1.1 Der Magnet und seine Stabilisierung

Für die hochauflösende ^{13}C-NMR-Spektroskopie benötigt man homogene Magnetfelder von besonderer Konstanz, da häufig über mehrere Stunden sowie bei verdünnteren Proben über Nacht Resonanzsignale akkumuliert werden müssen. Von den drei bekannten NMR-Magnettypen, dem Permanent-, Elektro- und supraleitenden Magneten, kommen deshalb im allgemeinen nur die beiden letzteren zum Einsatz.

1.1.1 Der Elektromagnet

Der Elektromagnet besteht nach Abb. 2.1 aus einem Magnetjoch (**1**), um dessen Polköpfe (**2**) die wassergekühlten Erregerspulen (**3**) gelegt sind. Für die Grundhomogenität des Magnetfeldes sorgen die Polschuhe (**4**), deren polierte Oberfläche einen gleichförmigen Austritt der Feldlinien garantiert. Für die für NMR-Zwecke benötigte Hochauflösung ist jedoch noch ein Satz von Homogenitätsspulen (**5**) erforderlich, die die Feldgradienten in den drei Raumrichtungen x, y, z sowie Feldgradienten höherer Ordnung (y^2, y^3, y^4, x^2-y^2, x^2-z^2 usw.) beim Durchtritt der Feldlinien durch Meßkopf und NMR-Röhrchen kompensieren sollen. Diese Homogenitätsspulen sind entweder auf den Polschuhen oder direkt am Meßkopf montiert. Sie werden von einem stabilen Gleichstrom durchflossen, der über Präzisionspotentiometer eingestellt wird. Die Einstellung dieser „**shims**"* ist

---

* „shim" bedeutete ursprünglich die mechanische Ausrichtung der Polschuhe zueinander

nicht unproblematisch und sollte außer *y* dem geübten Operateur überlassen werden, da sich alle Gradienten gegenseitig beeinflussen.

Für die Stabilität des Magnetfeldes sorgt zunächst ein geregeltes Stromversorgungsgerät (**power supply**). Feinere Magnetfeldschwankungen werden von einer zweiten elektronischen Regeleinrichtung, die den Magnetfluß konstant hält, (**flux stabilizer**) nach dem Induktionsprinzip erkannt. Eine Spule (**6**) stellt die Magnetfeldänderung fest, und die induzierte Spannung wird benutzt, um über eine weitere Spule (**7**) das Magnetfeld auszuregeln. Für Langzeitmessungen sind diese Maßnahmen jedoch noch nicht ausreichend, zumal nach dem Induktionsprinzip nur relativ schnelle Magnetfeldschwankungen festge-

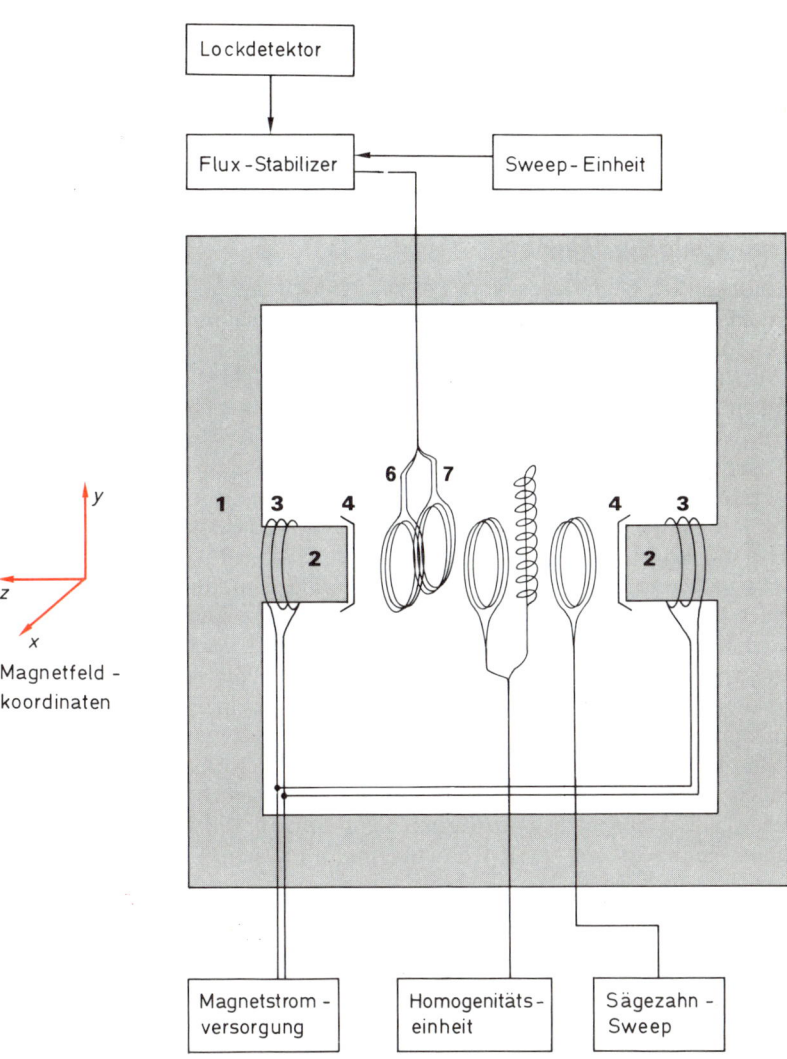

Abb. 2.1 Schematischer Aufbau eines NMR-Eisenmagneten
1 Magnetjoch   4 Polschuh
2 Polkopf   5 Homogenitätsspulen
3 Erregerspule 6 und 7 Spulen zur Magnetfeldregelung

stellt werden können, nicht aber sehr langsame Veränderungen (**drift**). Ein dritter Regelkreis, der „**lock**", sorgt letztlich für die Langzeitkonstanz. Er beruht auf einem parallel zum eigentlichen Meßvorgang stattfindenden NMR-Experiment und wird daher in Zusammenhang mit den anderen Hochfrequenzbauteilen besprochen. (s. Abschn. 1.2.2, S. 18)

Moderne NMR-Geräte verändern bei feststehendem Magnetfeld die Frequenz der Hochfrequenzsender, um die Resonanz der zu messenden Kerne aufzufinden. Dennoch besitzen auch sie Vorrichtungen, die es ermöglichen, das Magnetfeld kontinuierlich zu verändern (**sweep**) oder mit einer Sägezahnspannung zu überlagern, um etwa ein Signal oszillographisch darzustellen.

Obwohl die meisten NMR-Geräte mit Elektromagneten ausgerüstet sind, wiegen deren Nachteile schwer. Hohe Strom- und Wasserkosten, die Notwendigkeit einer sorgfältigen Wartung, der hohe elektronische Regelaufwand sowie die maximal erreichbare Feldstärke von ca. 2,35 Tesla, entsprechend einer Protonenresonanzfrequenz von 100 MHz, lassen den Elektromagneten gegenüber einer neuen Magnettechnologie, dem supraleitenden Magneten, langsam zurücktreten.

1.1.2 Der supraleitende Magnet

Im Gegensatz zum Elektromagnet besitzt der supraleitende Magnet, auch Kryomagnet genannt, kein geschlossenes Joch. Als unmittelbare Folge ist das Magnetfeld auch nach außen voll wirksam, so daß besondere **Sicherheitsvorkehrungen** in der näheren Umgebung eines solchen Magneten getroffen werden müssen. Das Magnetfeld wird über eine Spule aus einer speziellen Nb-Legierung erzeugt, deren Drähte sich in einer Cu-Matrix befinden. Die Magnetspule hängt in einem mit flüssigem Helium gefüllten Dewar (siehe Schnittbild in Abb. 2.2). Dem supraleitenden Prinzip zufolge wird das Magnetfeld mit einem externen Stromversorgungsgerät nur einmal erzeugt; sodann kann die Stromversorgung abgeschaltet werden. Die einzige wesentliche Verbrauchsgröße stellt die Abdampfrate des Heliums dar, die bei modernen Geräten auf weniger als einen halben Liter flüssiges Helium pro Tag gedrückt werden kann; zudem ist es möglich, das abgedampfte Helium zurückzugewinnen. Bei den Homogenitätsspulen des Supraleiters unterscheidet man zwischen supraleitenden und Raumtemperatur-**shims**; nur die letzteren werden vom Operator im Normalbetrieb bedient. Die Magnetfeldstabilisierung durch einen **flux stabilizer** entfällt, jedoch existiert wie bei den Elektromagneten eine Lockeinheit. Prinzipieller Unterschied zu den Elektromagneten ist die verschiedene Lage des Magnetfeldes zur Achse des NMR-Röhrchens, die im Falle des Kryomagneten parallel, im Falle der Elektromagnete senkrecht zur Drehachse des NMR-Röhrchens verläuft. Hieraus ergeben sich einige technische Unterschiede in der Meßspulengeometrie und damit einige praktische Konsequenzen wie z. B. die höhere Füllhöhe der NMR-Röhrchen im Supraleiter.

Kommerziell werden derzeit (1983) Geräte mit einem Magnetfeld von 2,3 bis zu 11,5 Tesla angeboten, entsprechend einer Protonenresonanzfrequenz von 100 bis 500 MHz.

1.2 Das Spektrometer

Das NMR-Spektrometer erzeugt die notwendigen Frequenzen, sendet diese in den im Magnet befindlichen Meßkopf (**probe**), verstärkt das erhaltene NMR-Signal und leitet es dem Gerätecomputer zur weiteren Verarbeitung zu. Kernstück eines jeden modernen FT-NMR-Spektrometers ist der Mutterquarz, von dem alle benötigten Frequenzen phasenstarr abgeleitet sind. Man unterscheidet drei Kanäle: einen Meß- (f_1), einen Lock- (f_0)

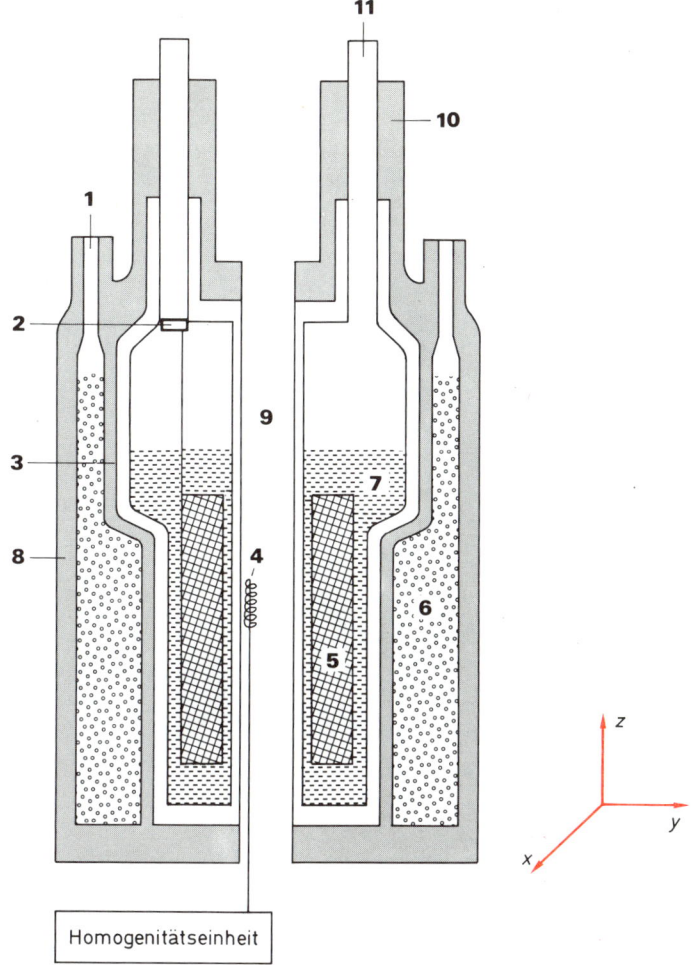

Abb. 2.2 Schematischer Aufbau eines NMR-Kryomagneten
1 Stickstoff-Füllstutzen
2 Stromstecker
3 Isolierschild
4 Raumtemperatur-Homogenitätsspulen
5 supraleitende Spulen und Kryoshims
6 flüssiger Stickstoff
7 flüssiges Helium
8 Vakuum
9 Magnetbohrung
10 Mantel aus Edelstahl
11 Helium-Füllstutzen

sowie einen Entkopplungskanal (f_2), der im Gegensatz zu den beiden anderen Kanälen jedoch nur aus dem Sendeteil besteht.

1.2.1 Der Meßkanal

Ausgehend vom Mutterquarz wird die Sendefrequenz synthetisiert und gemäß Abb. 2.3 über einen Pulsverstärker im vom Computer vorgegebenen Takt der im Meßkopf befindlichen Sendespule zugeleitet. Wie in der Radiotechnik üblich erzeugt ein Oszillator (**local oscillator**) eine um den Betrag der Zwischenfrequenz ZF $\approx 2 - 10$ MHz höhere Frequenz ($f_1 + $ ZF) und führt diese einer Mischstufe (**mixer**) zu.

Das hochfrequente NMR-Signal aus der Sende-Empfangsspule wird im Vorverstärker verstärkt und ebenfalls dem Mixer zugeleitet. Nach der Mischung verbleibt somit lediglich die Zwischenfrequenz, belegt mit dem niederfrequenten Anteil des NMR-Signals.

Diese Maßnahme hat folgende Vorteile:

– Alle Verstärkerzüge des Spektrometers sind unabhängig vom gemessenen Kern und somit fest auf die Zwischenfrequenz abgestimmt.

– Die Zwischenfrequenz ermöglicht in der Demodulationsstufe einen Phasenvergleich mit der Phase des Senders.

Nach der Niederfrequenzverstärkung wird das NMR-Signal über den Analog-Digital-Wandler (**analog digital converter,** ADC) dem Computer zugeführt. Dieser gibt nach der Fourier-Transformation das NMR-Spektrum über einen Digital-Analog-Wandler (DAC) auf das Oszilloskop oder an einen Schreiber aus.

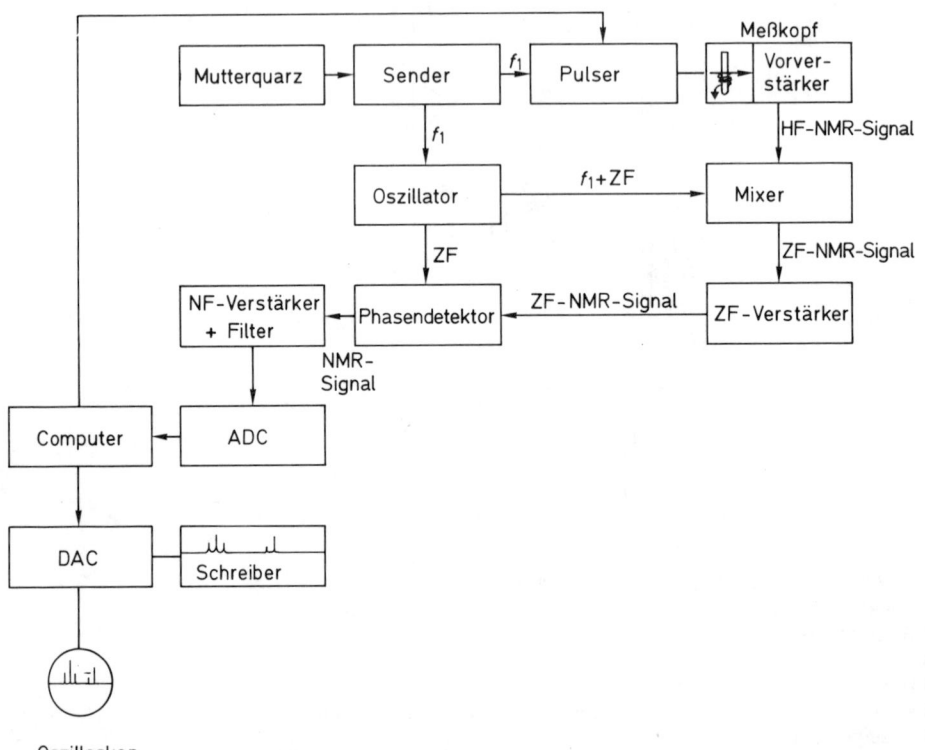

Abb. 2.3 Schematischer Aufbau des Meßkanals
(HF = Hochfrequenz, ZF = Zwischenfrequenz, NF = Niederfrequenz, f_1 = Meßfrequenz)

1.2.2 Der Lockkanal

Bei der Datenakkumulation muß verhindert werden, daß Magnet und Hochfrequenzsender – beides Instrumente mit Neigung zum Drift – sich unabhängig voneinander verändern. Man muß daher ein „Schloß" (**lock**) zwischen sie setzen, damit das **Feld-Frequenz-Verhältnis** immer konstant bleibt.

Dies geschieht am einfachsten, wenn man ein eigenes NMR-Experiment dazu verwendet, also die Resonanz einer NMR-Linie beobachtet und an deren Signalposition Veränderungen des Magnetfeldes oder des Senders elektronisch feststellt. Da das Magnetfeld einfacher als ein Hochfrequenzoszillator zu regeln ist, schließt man dieses an den Locksender an. Der Locksender ist wie alle anderen Sender vom Mutterquarz abgeleitet; die Lockfrequenz wird meist in gepulster Form dem Probenkopf zugeleitet.

Der Lockkanal (vgl. Abb. 2.4) ist völlig analog zum Meßkanal aufgebaut mit dem Unterschied, daß das demodulierte Signal nicht dem Computer und dem Schreiber zugeführt wird, sondern im Lockdetektor intern als Dispersionssignal verwendet wird. Bei Frequenz- oder Feldveränderung ergibt sich eine positive oder negative Fehlerspannung, die man dazu benutzt, das Magnetfeld in die entsprechende Richtung zu korrigieren, um die Resonanzbedingung zu gewährleisten.

Für ^{13}C-Messungen verbietet sich der aus Protonen-Hochauflösungsmessungen bekannte ^{1}H-TMS-Lock, da man häufig unter Bedingungen der Protonenentkopplung mißt. Für die meisten Zwecke hat sich daher der Deuterium-Lock durchgesetzt, bei dem ein ^{2}H-Signal des deuterierten Lösungsmittels als Locksignal verwendet wird (**interner Lock**).

Vor bzw. nach dem eigentlichen Lockvorgang, der im Jargon des NMR-Operateurs „**einlocken**" genannt wird, benutzt man das Locksignal jedoch noch zu einem anderen Zweck. Entweder als Absorptionssignal auf dem Oszilloskop oder als integrierte Signalanzeige auf einem Meßinstrument dient es zur Homogenisierung des Magnetfeldes. Unter Beobachtung des Locksignals oder seiner Signalhöhe verändert der Operator die Shim-Ströme bis zum Optimum. Während des anschließenden Meßvorgangs kann eine sogenannte Autoshim-Einheit einen oder mehrere Gradienten des Magnetfeldes mit Hilfe des Locksignals auf dem optimalen Wert halten.

Wird das Locksignal nicht von im Meßröhrchen befindlichen Kernen erzeugt, so spricht man von einem externen Lock. Hierbei befindet sich im Probenkopf neben dem **Insert** für

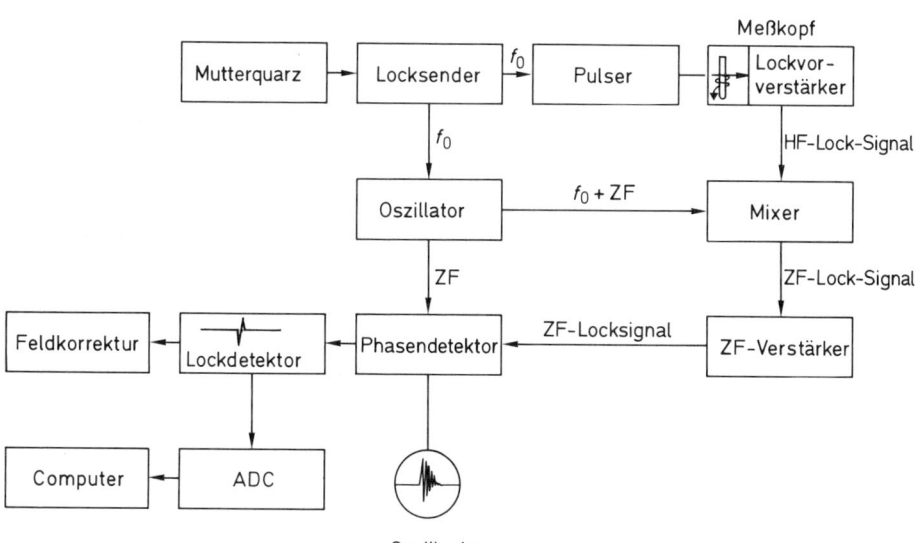

Abb. 2.4 Schematischer Aufbau des Lockkanals
(HF, ZF = Hoch-, Zwischenfrequenz, f_0 = Lockfrequenz)

die Meßlösung ein abgeschmolzenes Röhrchen mit der Locksubstanz, etwa Hexafluorbenzol (C_6F_6), mit deren Hilfe das Feld-Frequenz-Verhältnis konstant gehalten wird. Allerdings erlaubt eine solche Anordnung nicht die Aufnahme hochaufgelöster Spektren.

1.2.3 Der Entkopplungskanal

Der Entkopplungskanal besitzt nach Abb. 2.5 im Vergleich zu den beiden zuerst beschriebenen Hochfrequenzkanälen keinen eigenen Empfänger, da man den Effekt der Entkopplung auf das Spektrum mit dem Meßkanal beobachtet. Vom Mutterquarz wird ein Frequenzgenerator (**synthesizer**) angesteuert, der die Entkopplungsfrequenz, im Falle der ^{13}C-NMR-Spektroskopie meist die Protonenfrequenz, erzeugt. Der Gerätecomputer kann in einigen Instrumenten die Frequenz des Entkopplungssenders verändern, in allen FT-NMR-Geräten ist es aber möglich, die Entkopplung rechnergesteuert ein- und auszuschalten.

Die Entkopplerfrequenz kann noch mit Rauschen moduliert werden (**noise generator**). Sinn dieser Modulation ist es, nicht nur ein bestimmtes Proton, sondern alle Protonen einer Probe gleichzeitig zu entkoppeln. Hinsichtlich der effektivsten Form der Entkopplungsmodulation ist die apparative und methodische Entwicklung noch nicht abgeschlossen[1-3]. Ziel ist eine möglichst geringe Entkopplerleistung, um ein dielektrisches Aufheizen der Meßlösung zu verhindern.

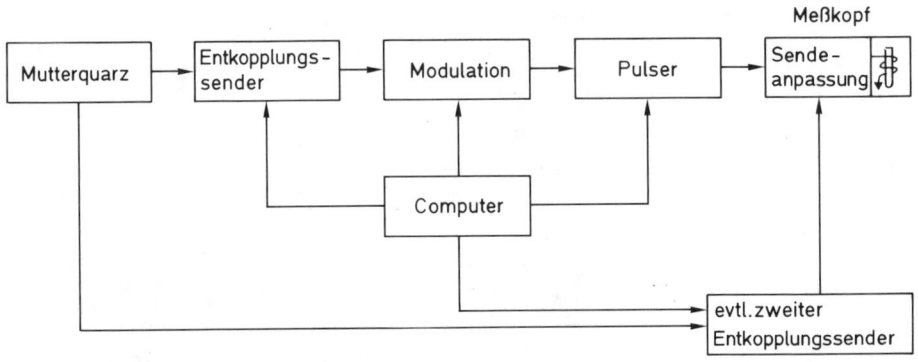

Abb. 2.5 Schematischer Aufbau des Entkopplungskanals

Nach der Endverstärkung läuft das Entkopplersignal über eine Sendeanpassung zur Entkopplerspule. Bei einigen Geräten ist die Einspeisung einer zweiten Entkopplerfrequenz für Tripelresonanz-Experimente, wie z. B. ^{13}C{^{1}H, ^{31}P} oder ^{13}C{^{1}H, ^{2}H}, möglich. Hierbei benutzt man zur Erzeugung der zweiten Entkopplerfrequenz einen ebenfalls an den Mutterquarz angeschlossenen Synthesizer. Rauschmodulation entfällt, da sich in den zu untersuchenden Molekülen oft nur ein weiterer Heterokern befindet, dessen Frequenz man genau einstellt. Die verschiedenen Doppelresonanz-Methoden werden in Abschn. 3, S. 43, diskutiert.

1.3 Der Meßkopf

Der Meßkopf ist der zentrale Baustein eines jeden NMR-Instruments, dessen Güte wesentlich die Leistungsfähigkeit des gesamten Gerätes bestimmt; er ist deshalb mit besonderer Sorgfalt zu behandeln. Der Meßkopf trägt die Sendeanpassungen für Entkopplungs-, Meß- und Lockkanal, die Sende- und Empfangsspulen für diese Kanäle, sowie manchmal Vorverstärker für das Lock- und das Meßsignal. Das NMR-Röhrchen wird in einem Spinnergehäuse gehalten und durch Druckluft in Drehung versetzt.

Die Sende- und Empfangsspulen sind auf einem Dewar montiert, in dem das NMR-Röhrchen temperiert werden kann. Hierzu wird es von einem vorgekühlten N_2-Strom umspült, der von einem Heizelement aufgeheizt und dessen Temperatur von einem Temperaturfühler geregelt wird.

1.4 Datenverarbeitung im FT-NMR-Spektrometer

Bevor der Gerätecomputer das analoge NMR-Signal verarbeiten kann, muß dieses im Analog-Digital-Wandler (**analog digital converter**, ADC) digitalisiert werden, d.h. eine punktweise Umsetzung des Spektrums in Zahlenwerte erfolgen. Das Verständnis dieses Gerätes ist von besonderer Bedeutung für die Grenzen und Möglichkeiten eines PFT-NMR-Experimentes.

1.4.1 Analog-Digital-Converter

Die heute in NMR-Geräten verwendeten ADC's arbeiten nach dem Prinzip der sukzessiven Approximation, das in Abb. 2.6 verdeutlicht ist. Gesteuert von einem Zeitgeber (**timer**) wird das NMR-Signal an ein „**sample and hold modul**" übergeben. Hierbei wird im Prinzip ein Kondensator aufgeladen, der die Spannung hält, bis in der anschließenden Schaltung der digitale Wert gebildet ist. Danach wird das „sample and hold modul" erneut mit dem NMR-Signal verbunden usw.

Die eigentliche Digitalisierung beginnt damit, daß der Zeitgeber in einem Rechenwerk (**register**) das MSB (**most significant bit**) = 1 setzt. Dieser Wert des in Abb. 2.6 sechsstelligen Registers wird über einen DAC (**digital analog converter**) in eine Spannung verwandelt und einem Komparator zugeführt. Dieser vergleicht, ob die Spannung des NMR-Signals vom „sample and hold modul" größer oder kleiner als die vom DAC gelieferte Spannung ist; entsprechend bleibt dieses Bit gesetzt oder wird wieder gelöscht.

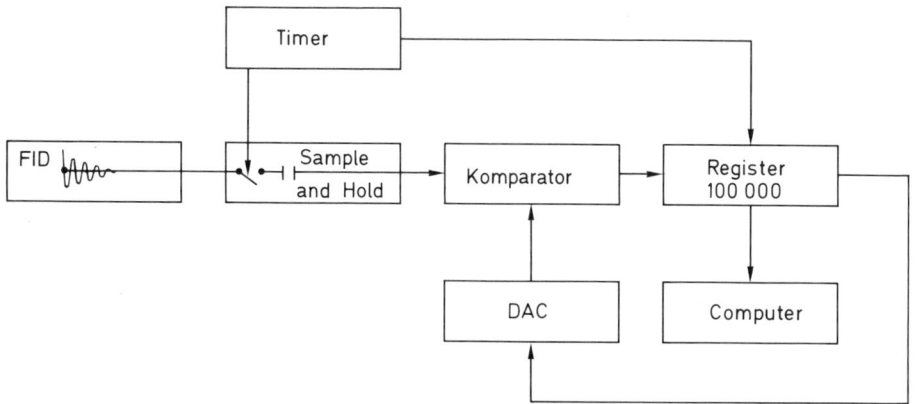

Abb. 2.6 Schematischer Aufbau eines Digital-Analog-Wandlers nach dem Prinzip der sukzessiven Approximation

Daraufhin setzt der Timer das nächste Bit im Register, und der Prozeß wiederholt sich, bis schließlich der gesamte Registerwert der Signalspannung am besten entspricht.

Diese Registereinstellung wird vom Computer abgefragt und in dem Speicherplatz, der dem betrachteten Meßpunkt entspricht, gespeichert bzw. zum an diesem Speicherplatz schon vorhandenen Wert addiert. Aus dieser Funktionsweise folgen zwei Probleme:

- Die analoge Spannung wird in einen digitalen Wert endlicher Stellenzahl, nämlich entsprechend der Wortlänge des Registers, umgeformt.
- Die Verarbeitung eines Meßwertes erfordert eine bestimmte Zeit.

Beides hat Konsequenzen für die sinnvolle Durchführung eines NMR-Experiments, die mit den Begriffen dynamischer Bereich (**dynamic range**) und Nyquist-Frequenz verknüpft sind. Diese sollen im folgenden beschrieben werden.

Dynamischer Bereich des ADC

Zum näheren Verständnis des dynamic range-Problems betrachtet man am besten das Beispiel in Abb. 2.7, bei dem in einem 6-Bit-ADC eine abklingende Sinuswelle digitalisiert werden soll.

Ein 6-Bit-ADC benutzt das erste Bit zur Festlegung des Vorzeichens und hat somit fünf weitere für die eigentliche Digitalisierung. Normieren wir die maximale Eingangsspannung auf ± 10 V, so bedeutet dies, daß wir nur in Stufen von $10/2^5 - 1 = 0{,}323$ V digitalisieren können. Rauschen unter 0,645 V Gesamtspannung oder Signale über 10 V können

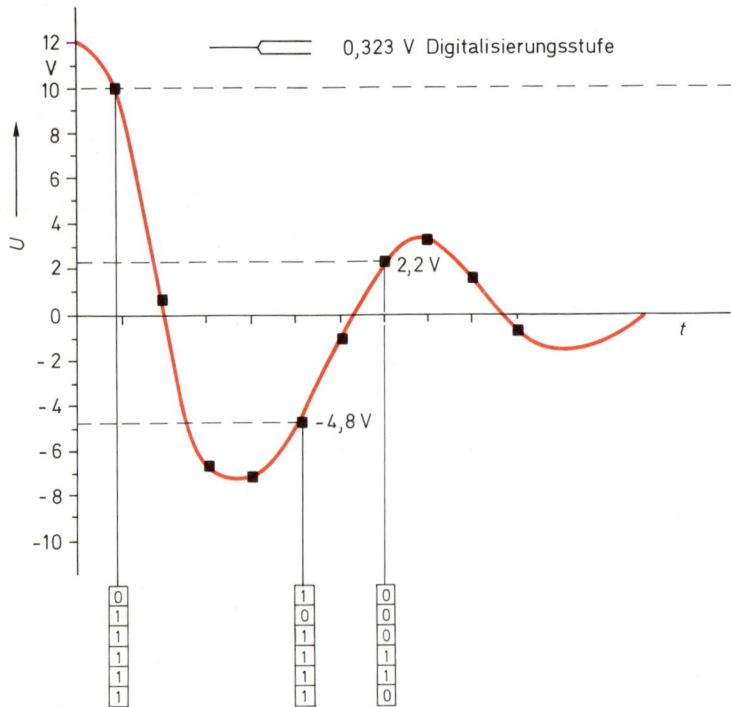

Abb. 2.7 Digitalisierung einer abklingenden Sinus-Funktion in einem 6 Bit-ADC, Eingangsspannung normiert auf 10 Volt, Vorzeichenbit 0 = positiv

nicht einwandfrei digitalisiert werden. Das Signal-Rausch-Verhältnis im Eingangssignal für diesen ADC sollte daher unter 15 : 1 liegen. Es wird sofort einsichtig, daß eine solche Anordnung zur Messung sehr schwacher Signale neben gleichzeitig ankommenden starken Signalen ungeeignet ist, wenn das Rauschen unter der Stufenhöhe liegt.

In NMR-Geräten werden üblicherweise ADC's mit bis zu 13 Bit Wortlänge benutzt, in Ausnahmefällen auch mit 16 Bit Wortlänge. Das Problem des dynamischen Bereichs wird jedoch nicht allein vom ADC bestimmt, sondern tritt auch bei der Datenakkumulation im Computer auf (s. Abschn. 1.4.3, S. 26).

Nyquist-Frequenz des ADC

Die Digitalisierung eines Spannungswertes benötigt eine bestimmte Zeit; andererseits steht aber dieser Spannungswert gar nicht lange zur Verfügung, sondern ist selbst Teil einer abklingenden Zeit-Funktion. Diese beiden Zeitabläufe müssen offensichtlich aufeinander abgestimmt sein, damit ein korrektes Ergebnis resultiert.

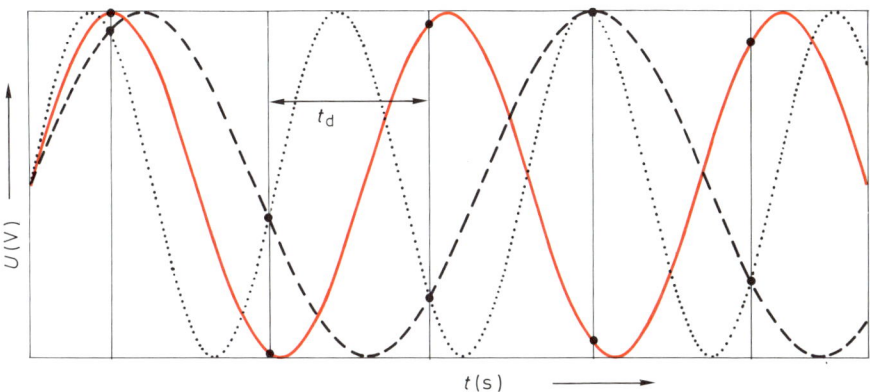

Abb. 2.8 Nyquist-Frequenz eines Analog-Digital-Wandlers. Rote Kurve: korrekt digitalisierte Frequenz mit zwei Datenpunkten pro volle Periode. Gestrichelte Kurve: Frequenz um ΔF kleiner, drei Datenpunkte pro volle Periode. Gepunktete Kurve: Frequenz um ΔF größer, Digitalisierungspunkte wie für die gestrichelte Kurve, daher keine Unterscheidung zur gestrichelten Kurve möglich und infolgedessen spektrale Rückfaltung im Fourier-transformierten Spektrum

Anhand von Abb. 2.8 läßt sich veranschaulichen, daß mindestens zwei Punkte pro volle Periode einer Sinus-Funktion benötigt werden, um diese eindeutig darzustellen; eine um den Betrag ΔF größere Frequenz würde als identisch mit einer um ΔF niedrigeren Frequenz erkannt und nach der Fourier-Transformation als sogenannte Rückfaltung im Spektrum auftreten. Es gilt daher als wichtige Beziehung für die Digitalisierung von zeitabhängigen Spannungswerten

$$f_{max} = \frac{1}{2t_d}. \qquad (2.1)$$

Die maximale Frequenz f_{max}, die noch korrekt digitalisiert werden kann (Nyquist-Frequenz), ist gleich der halben reziproken **dwell time** t_d des ADC, also der Zeit, die der ADC für die Digitalisierung eines Datenpunktes benötigt.

In der NMR-Spektroskopie wird aus f_{max} die spektrale Breite SW*, und aus Gl. (2.1) ergibt sich, daß man für ein ^{13}C-Spektrum von beispielsweise SW = 5 kHz eine Digitalisierungsfrequenz $v_d = \dfrac{1}{t_d}$ von 10 kHz benötigt.

Die Aquisitionszeit AT, also die Zeit, die man benötigt, um einen gesamten FID zu digitalisieren, ist gegeben durch

$$AT = Nt_d \quad (2.2)$$

Dabei ist N die Anzahl der verwendeten Datenpunkte des Computers. Aus Gl. (2.2) und (2.1) folgt

$$SW = \dfrac{N}{2\,AT} \quad (2.3)$$

Gl. (2.3) ist die grundlegende Beziehung für die PFT-Technik, die die drei Variablen

– Anzahl der Computerdatenpunkte,
– spektrale Breite und
– Aquisitionszeit

miteinander verknüpft. Diese Beziehung ist jedoch nur für die in Abb. 2.3 (S. 8) angegebene Einphasendetektion gültig.

1.4.2 Quadratur-Phasendetektion

Die einfache Phasendetektion nach Abb. 2.3 (S. 18) hat einige wesentliche Nachteile. Die Frequenz des Sendepulses muß immer außerhalb aller spektralen Resonanzen liegen, da mit dieser Meßanordnung prinzipiell nur die Differenzfrequenz zum Sender festgestellt werden kann, nicht aber, ob ein Signal bei höherer oder tiefer Frequenz liegt.

Signale auf der „falschen Seite" des Sendeimpulses würden dann in das Spektrum zurückgefaltet. Aber nicht nur die Signale, sondern auch das Rauschen auf dieser Seite des

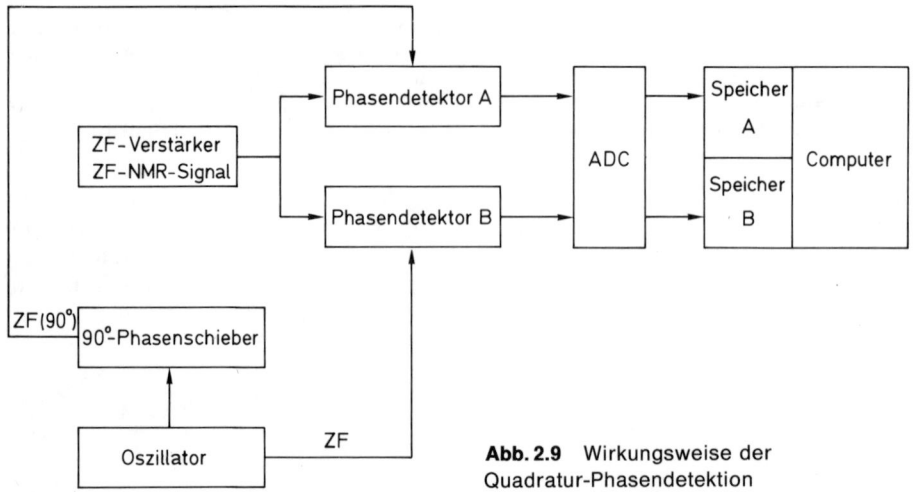

Abb. 2.9 Wirkungsweise der Quadratur-Phasendetektion

---

* Der Ausdruck **sweepwidth** oder Sweepbreite sollte in der FT-Technik nicht mehr verwendet werden.

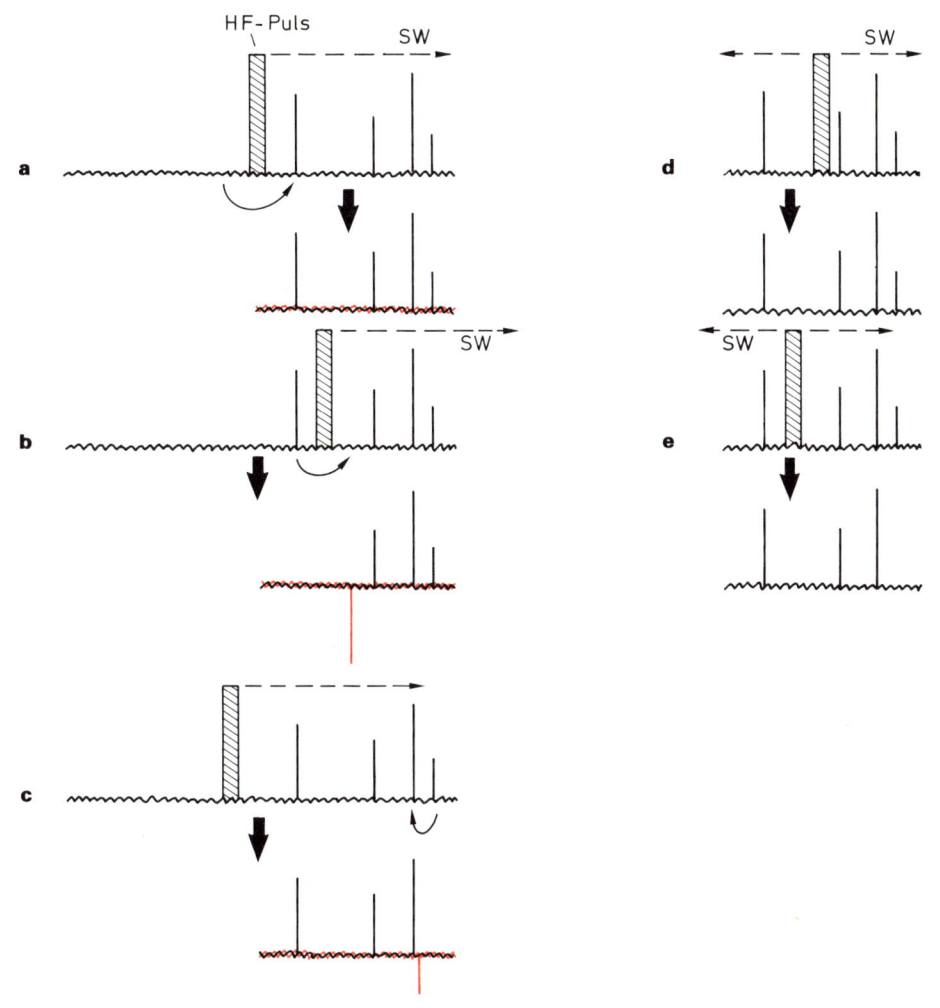

Abb. 2.10 Signal- und Rauschfaltungen bei Einphasendetektion (a, b, c) und bei Quadratur-Phasendetektion (d, e)
a korrekte Frequenz des HF-Pulses und korrekte spektrale Breite
b falsche HF-Frequenz,
c zu geringe spektrale Breite,
d korrekte Frequenz und spektrale Breite,
e zu geringe spektrale Breite

Senders (vgl. Abb. 2.10) würde gefaltet. Ein weiterer Nachteil ist die ungünstigere Radiofrequenzverteilung über das Anregungsgebiet, wenn die Frequenz des HF-Pulses am oberen oder unteren Ende des zu untersuchenden Frequenzbereichs liegt. Diese Probleme lassen sich mit der **quadrature phase detection** umgehen[4].

Das Prinzip dieser Schaltung ist in Abb. 2.9 gezeigt. Die Oszillator-Frequenz wird in zwei Züge aufgeteilt, von denen der eine mit einem Phasenschieber um 90° versetzt wird. In den zwei Phasendetektoren werden somit zwei um 90° versetzte FID-Signale erzeugt, die in zwei Kernspeicherbereichen des Computers gespeichert werden.

Mit einer komplexen Fourier-Transformation ist es möglich zu unterscheiden, ob ein Signal bei höherer oder niedrigerer Frequenz vom HF-Puls liegt. Damit kann dessen Frequenz nun in die Mitte des zu messenden Bereichs gesetzt werden (Abb. 2.10). Die maximale Frequenz f_{max}, die der ADC erkennen muß, ist nur noch die halbe spektrale Breite SW, so daß schließlich in Gl. (2.3), der Faktor 2 entfällt. Man kommt also mit geringeren Digitalisierungsraten aus, was vor allem bei Hochfeldgeräten von Interesse ist.

Da kein Rauschen von der „falschen Seite" des Senders zurückgefaltet wird, ergibt sich mit diesem Verfahren ein theoretischer Signal-Rausch-Gewinn von $\sqrt{2}$. Jedoch zeigen sich auch bei diesem Verfahren Probleme. Die beiden Teilkanäle müssen völlig identisch und exakt um 90° versetzt sein, anderenfalls kommt es zu Spiegelungen (**images**) und einem Zentralsignal an der Stelle der Sendefrequenz. In der Praxis lassen sich diese Probleme umgehen, indem man die Phase des Anregungspulses nach jedem zweiten Puls um 180° versetzt und das entstehende NMR-Signal im Wechsel auf die beiden Teilkanäle verteilt. In modernen FT-Geräten hat sich die sogenannte **digital quadrature detection** mit einem Vierphasenzyklus weitgehend durchgesetzt.

1.4.3 Der Computer

Der Computer eines NMR-Instruments hat im wesentlichen vier Aufgaben:

– Kontrolle und Steuerung bestimmter Gerätefunktionen (Steuerimpulse für Meßsender und Entkoppler, Kontrolle des Lockkanals und Schreibers (**recorder**) u.ä.),
– Akkumulation des FID,
– Fourier-Transformation,
– Ausschreiben des Spektrums über einen DAC, Speicherung von Information auf externen Massenspeichern.

Ein Hauptdiskussionspunkt in der Geräteentwicklung ist die Frage nach der sinnvollen Größe eines NMR-Computers, sowohl in bezug auf die Zahl der zur Verfügung gestellten Datenpunkte pro Spektrum als auch in bezug auf die Wortlänge eines Speicherplatzes, d.h. den erreichbaren dynamischen Bereich (vgl. Abschn. 1.4, S. 22).

Die Beantwortung dieser Frage ist eng mit der spezifischen Problemstellung für ein bestimmtes Spektrometer verknüpft, d.h. sie wird davon abhängen, ob man mit einem Hochfeld-Spektrometer bei 400 MHz im wesentlichen Protonenmessungen an biologischem Material durchführen möchte oder ob man ausschließlich ^{13}C-Routinemessungen mit einem 80-MHz-Spektrometer durchzuführen hat. Allgemein sollte die **digitale Auflösung** (Hz pro Datenpunkt im transformierten Spektrum) mindestens so gut sein wie die Homogenität des verwendeten Magnetsystems.

Die Beantwortung der Frage nach der sinnvollen Wortlänge bedarf einer eingehenderen Diskussion:
Führt man ein Experiment mit einem Computer von 16 Bit Wortlänge durch und benutzt gleichzeitig einen 13-Bit-ADC, der vom NMR-Signal voll ausgesteuert wird, so sind unter Berücksichtigung der jeweiligen Vorzeichen-bits $2^{15-12} = 2^3 = 8$ Akkumulationen möglich, bis die Computerworte – zumindest diejenigen am Anfang des FID-Signals – gefüllt sind. Nun besteht das Signal jedoch nicht nur aus NMR-Information, sondern auch aus Rauschen. Man kann daher weiter akkumulieren, wenn man vorher die schon im Computer befindlichen Daten durch 2 dividiert und auch die ADC-Auflösung entsprechend skaliert, damit die neu hinzukommenden Daten dieselbe Signifikanz behalten (**down scaling**). Dies ist unproblematisch, solange durch die Skalierung nur Rauschen eliminiert wird. Wenn aber schwache Signale davon betroffen werden, ist es nutzlos, weiter Daten zu

akkumulieren. In extremen Fällen bedient man sich der Blockakkumulation (**block averaging**), bei der nach einer bestimmten Anzahl von Datenakkumulationen eine Fourier-Transformation durchgeführt wird und die so erhaltenen Spektren (Blöcke) additiv gespeichert werden.

Bei der Diskussion des dynamischen Bereichs kommt es vor allem auf das Signal-Rausch-Verhältnis des FID-Signals an und ob sehr starke neben sehr schwachen NMR-Signalen gemessen werden müssen.

In der Routine-^{13}C-NMR-Spektroskopie liegt das Signal-Rausch-Verhältnis des FID oft unter 1, und meist ist kein besonders starkes Signal vorhanden, so daß hier gravierende dynamic-range-Probleme im allgemeinen nicht auftreten. Dennoch ist grundsätzlich eine möglichst große Computerwortlänge wünschenswert, da NMR-Geräte häufig für die Beobachtung mehrerer Kernsorten eingesetzt werden.

Die Computerwortlänge läßt sich an einigen Geräten auch noch durch **double precision software** verdoppeln, allerdings nur unter erheblichem Zeitaufwand für den dann notwendigen Datentransfer zur Platte, wenn man die digitale Auflösung in horizontaler Richtung behalten möchte.

Die Programme der heutigen Gerätecomputer sind alle in benutzerorientierten NMR-Kürzeln geschrieben, so daß von daher keine Bedienungsprobleme auftreten. Schwieriger wird es, wenn man selbst in die vom Hersteller gelieferte Software eingreifen und diese ergänzen möchte. Leider sind immer noch die meisten Gerätecomputer in ihrer maschinenspezifischen Assembler-Sprache programmiert, was die Kompatibilität von Programmen zwischen verschiedenen NMR-Laboratorien oder den Einbau von Spezialwünschen des Benutzers weitgehend unmöglich macht.

1.4.4 Digital-Analog-Converter

Nach der Fourier-Transformation wird das Spektrum über einen Digital-Analog-Converter (DAC) an das Oszilloskop oder an den Schreiber ausgegeben oder aber in digitaler Form auf Magnetband oder -platte gespeichert. Der DAC ist somit das Gegenstück zum ADC, birgt aber für das Verständnis der NMR-Spektroskopie keine spezifischen Probleme, so daß auf die Spezialliteratur verwiesen werden kann[5].

Aufgaben

2.1 Typische Verbrauchsdaten eines Elektromagneten für 2,35 Tesla sind 12 kVA und 20 l H_2O/min. Für einen Kryomagneten gilt etwa eine Abdampfrate von $\frac{1}{2}$ Liter flüssigem Helium pro Tag. Berechne die Verbrauchskosten für beide Magnetsysteme pro Jahr unter Zugrundelegung der gültigen Strom-, Wasser- und Heliumkosten.

2.2 Warum ist ein externer Lock (Kapillare in Meßröhrchen oder externe Kapillare im Meßkopf) schlechter als ein interner Lock?

2.3 Welcher Lock ist für das Tripelresonanz-Experiment ^{13}C{^{1}H, ^{2}H} geeignet?

2.4 Wie groß darf bei einem 13-Bit-ADC das Signal-Rausch-Verhältnis maximal sein, um größtes Signal und Rauschen noch korrekt zu digitalisieren?

2.5 Warum kann man nach Akkumulation ein Signal beobachten, das im einzelnen FID völlig im Rauschen verborgen ist? – Diskutiere anhand der Auffüllung eines Computerwortes.

2.6 Berechne die Aquisitionszeit bei Quadratur-Detektion für ein 6-kHz-Spektrum und 16-K-Datenpunkte.

2.7 Wieso ist Blockakkumulation für die Messung schwacher neben sehr starken Signalen günstig?

2.8 Führe die restlichen Digitalisierungen in Abb. 2.7 (S. 22) durch.

2. Fourier-Transform-Technik

Bei der Betrachtung eines einfachen zeitlichen Vorgangs verfügt man über zwei Darstellungsmöglichkeiten. So läßt sich z.B. ein System von zwei schwingenden Pendeln (Abb. 2.11a) in Form von zwei zeitabhängigen Funktionen der Auslenkungen $x(t)$ der Pendel (Abb. 2.11b) wiedergeben. Andererseits kann man sich auch für die Amplituden $I(v)$ der Schwingungsanteile bestimmter Frequenzen interessieren (Abb. 2.11c). Im ersten Fall spricht man von der Zeitdomäne (**time domain**), im zweiten Fall von der Frequenzdomäne (**frequency domain**). Die Funktionen $x(t)$ und $I(v)$ bilden ein Fourierpaar, d.h. sie sind ineinander überführbar.

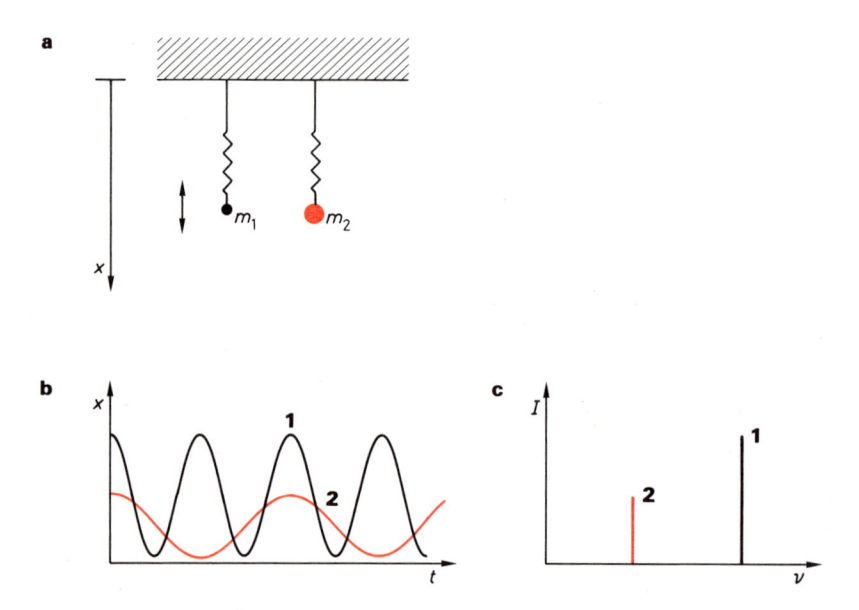

Abb. 2.11 System zweier schwingender Pendel (**a**). Darstellung als Funktion der Zeit (**b**) und der Frequenz (**c**) (Dämpfung vernachlässigt)

Im Anwendungsbereich der magnetischen Resonanz ist es Aufgabe der Fourier-Transformation, sich überlagernde Zeitfunktionen nach Abb. 2.11 in eine Amplituden-Frequenzdarstellung zu überführen. Ein Beispiel aus der Physiologie soll dies verdeutlichen. Während das menschliche Auge nicht in der Lage ist, die unterschiedlichen Frequenzen des weißen Lichtes getrennt zu erfassen, ist das Ohr bis zu einem gewissen Grad durchaus fähig, aus einem angeschlagenen Gitarrenakkord die einzelnen Frequenzen zu bestimmen. Dies beruht darauf, daß das Ohr im Sinne eines harmonischen Analysators arbeitet.

Während die klassische Kernresonanz mit dem kontinuierlichen Frequenzvorschub in diesem Zusammenhang am besten mit dem einzelnen Anzupfen verschiedener Gitarrensaiten zu vergleichen ist, könnte man die Pulsspektroskopie, bei der alle Resonanzfrequenzen gleichzeitig angeregt werden, mit einem Gitarrenakkord symbolisieren. Der entscheidende Vorteil dieses Verfahrens ist in der Literatur als Felgett-Prinzip bekannt geworden.

2.1 Das Felgett-Prinzip

Nach Felgett[6] kann man die Zahl der Meßpunkte M bei einem normalen CW-Spektrometer (CW = **continous wave**) mit der in Gl. (2.4) aufgezeigten Beziehung definieren, wobei v_1 und v_2 die Grenzfrequenzen des Meßbereichs und Δv die Auflösung des Spektrometers darstellen.

$$M = \frac{(v_1 - v_2)}{\Delta v} \qquad (2.4)$$

Bei einer Gesamtmeßzeit T verweilt man daher an einem Informationselement die Zeit $\frac{T}{M}$, und die Signalstärke S ist somit proportional zu $\frac{T}{M}$, s. Gl. (2.5).

$$S \sim \frac{T}{M} \qquad (2.5)$$

Aus der Theorie[7] des weißen Rauschens (**noise**) R folgt

$$R \sim \sqrt{\frac{T}{M}} \qquad (2.6)$$

und somit für das Signal-Rausch-Verhältnis bei einem CW-Spektrometer Gl. (2.7).

$$\frac{S}{R} \sim \sqrt{\frac{T}{M}} \qquad (2.7)$$

Bei der gleichzeitigen Anregung aller Frequenzen im PFT-NMR-Spektrometer gilt, da man die Signale nicht in Schritten M abtastet, die Beziehung (2.8) und analog zu Gl. (2.6) die Gl. (2.9), so daß das Signal-Rausch-Verhältnis eines Puls-Spektrometers durch Gl. (2.10) gegeben ist.

$$S \sim T \qquad (2.8)$$

$$R \sim \sqrt{T} \qquad (2.9)$$

$$\frac{S}{R} \sim \sqrt{T} \qquad (2.10)$$

Den Vergleich beider Spektrometer-Typen liefert Gl. (2.11), die angibt, daß der Empfindlichkeitsgewinn bei der PFT-Technik gegenüber dem CW-Verfahren mit der Wurzel aus der Anzahl der Meßpunkte ansteigt.

$$\frac{S/R(\text{PFT})}{S/R(\text{CW})} \sim \sqrt{M} = \sqrt{\frac{(v_1 - v_2)}{\Delta v}} \qquad (2.11)$$

Dies kann jedoch nicht ins Unendliche gehen, sondern findet dort seine Grenze, wo die Anzahl der Datenpunkte beim PFT-Verfahren in der Frequenzdomäne die durch Gl. (2.11) gegebene Datenpunktzahl übersteigt. Auch einige andere Voraussetzungen der formalen Ableitung des Felgett-Prinzips sind nicht immer erfüllt. Einsetzen typischer Daten sagt für ein ^{13}C-NMR-Spektrum etwa eine 150fache Verbesserung des Signal-Rausch-Verhältnisses bei gleicher Meßzeit voraus, die experimentell jedoch nicht erreicht wird. Da jedoch auch schon geringere als von dieser Theorie vorausgesagte Signal-Rausch-Verbesserungen für die NMR-Spektroskopie wesentlich sind, hat das FT-NMR-Spektrometer alle Abtastverfahren verdrängt.

2.2 Fourier-Analyse

Eine mathematische Funktion $f(x)$ läßt sich oft in eine Potenzreihe nach x entwickeln.

$$f(x) = \sum_{n=0}^{\infty} c_n x^n = c_0 + c_1 x + c_2 x^2 + c_3 x^3 + \ldots \tag{2.12}$$

Nach Jean Baptiste Fourier (1769–1830) gibt es die Möglichkeit, eine periodische Funktion statt in Potenzen von x in eine Reihe von Sinus- und Cosinus-Funktionen zu entwickeln:

$$f(t) = \sum_{n=0}^{\infty} \{a_n \cdot \cos n\omega t + b_n \cdot \sin n\omega t\}; \tag{2.13}$$

durch Abtrennen des Summanden mit $n = 0$ erhält man

$$f(t) = a_0 + \sum_{n=1}^{\infty} \{a_n \cdot \cos n\omega t + b_n \cdot \sin n\omega t\} \tag{2.14}$$

Mit Hilfe der Eulerschen Sätze läßt sich Gl. (2.13) auch zu Gl. (2.15) umformen; zwischen den Konstanten a, b und c gibt es einfache Beziehungen.

$$f(t) = \sum_{n=-\infty}^{n=+\infty} c_n \cdot e^{in\omega t} \tag{2.15}$$

Aufgabe der sogenannten harmonischen Analyse ist es, bei gegebener Funktion $f(t)$ die Koeffizienten (Amplituden), z. B. den Satz a_0, a_n und b_n in Gl. (2.14), zu bestimmen.

Allgemein gültige Formeln für die Bestimmung dieser Koeffizienten werden in Lehrbüchern der Mathematik abgeleitet. Für Gl. (2.14) gelten die folgenden Bestimmungsgleichungen:

$$a_0 = \frac{1}{\tau} \oint f(t) \cdot dt \tag{2.16}$$

$$a_n = \frac{2}{\tau} \oint f(t) \cdot \cos n\omega t \cdot dt \tag{2.17}$$

$$b_n = \frac{2}{\tau} \oint f(t) \cdot \sin n\omega t \cdot dt \tag{2.18}$$

$$\oint \triangleq \int_{-\tau/2}^{+\tau/2}$$

$\tau =$ Periode der Funktion

An dem Beispiel einer Darstellung der Dreieckfunktion sei die Durchführung der harmonischen Analyse näher verdeutlicht:

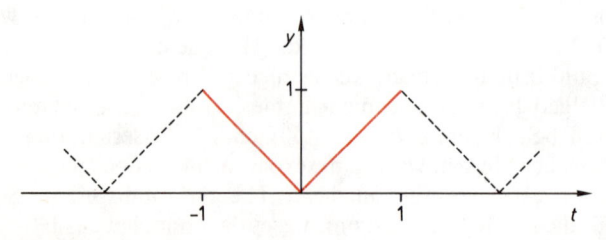

Abb. 2.12 Dreieckfunktion

Gegeben sei eine Dreieckfunktion (Abb. 2.12, S. 30) mit der Periode $\tau = 2$ in den Grenzen von $t = -1$ bis $t = +1$, für die analytisch die Gln. (2.19) und (2.20) gelten.

$$f(t) = t \quad \text{für} \quad 0 \leq t \leq 1 \tag{2.19}$$

$$f(t) = -t \quad \text{für} \quad -1 \leq t \leq 0 \tag{2.20}$$

Somit ergibt sich für a_0 nach Gl. (2.16)

$$a_0 = \tfrac{1}{2}(\int_{-1}^{0} -t \cdot dt + \int_{0}^{1} t \cdot dt \tag{2.21}$$

$$a_0 = \tfrac{1}{2}$$

und für a_n nach Gl. (2.17)

$$a_n = \int_{-1}^{0} -t \cdot \cos n\omega t + \int_{0}^{1} t \cdot \cos n\omega t \tag{2.22}$$

Nach den Regeln der Produktintegration mit $\int uv' = uv - \int u'v$ und $u = t, v' = \cos n\omega t$, $v = \dfrac{1}{n\omega} \sin n\omega t, u' = 1$ folgt

$$a_n = -\left\{\frac{t}{n\omega}\sin n\omega t - \frac{1}{n^2\omega^2}\cos n\omega t\right\}_{-1}^{0} + \left\{\frac{t}{n\omega}\sin n\omega t + \frac{1}{n^2\omega^2}\cos n\omega t\right\}_{0}^{1}, \tag{2.23}$$

mit $\omega = 2\pi v$ und $v = \dfrac{1}{\tau} = \dfrac{1}{2}$

folgt nach Einsetzen der Grenzen

$$a_n = -\frac{2}{n^2\pi^2} + \frac{2}{n^2\pi^2}\cos n\pi \tag{2.24}$$

Da für geradzahlige n $\cos n\pi = 1$ und für ungradzahlige n $\cos n\pi = -1$ ist, folgt

$$a_n = \begin{cases} 0 & n = 0, 2, 4, 6, \ldots \\ \dfrac{-4}{n^2\pi^2} & n = 1, 3, 5, \ldots \end{cases} \tag{2.25}$$

Analog läßt sich zeigen, daß b_n für alle n gleich 0 ist.

Setzt man die Lösungen für a_0, a_n und b_n in Gl. (2.14), S. 30, ein, so ergibt sich die Fourier-Reihe (2.26) zur Darstellung der Dreieckfunktion. Graphisch sieht man aus Abb. 2.13, wie gut die Funktion schon mit drei Gliedern angepaßt wird.

$$f(t) = \frac{1}{2} - \frac{4}{\pi^2}\left(\cos\pi t + \frac{1}{9}\cos 3\pi t + \frac{1}{25}\cos 5\pi t + \ldots\right) \tag{2.26}$$

2.3 Fourier-Transformation

In der **Fourier-Analyse** wurde eine periodische Funktion als unendliche Reihe von harmonischen Frequenzen – also diskreten, ganzen Vielfachen der Grundfrequenz – dargestellt. Fourier hat gezeigt, daß sich auch aperiodische Funktionen nach einem ähnlichen Verfahren darstellen lassen. An die Stelle der **Reihe** tritt nun das **Fourier-Integral**, an die Stelle der Koeffizienten treten Frequenzfunktionen.

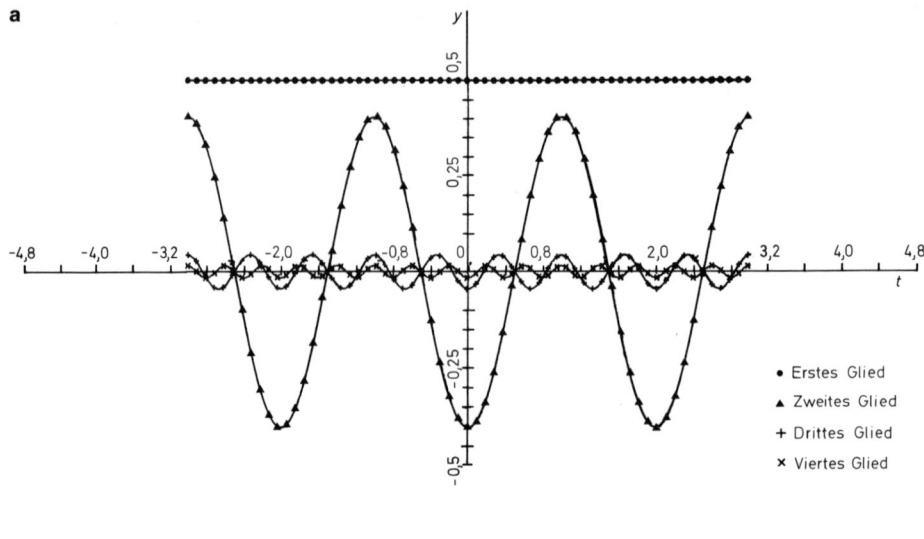

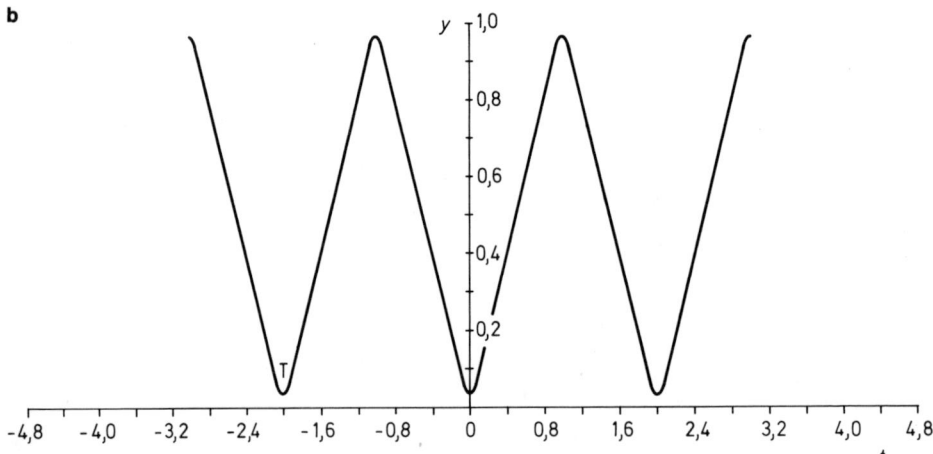

Abb. 2.13 Fourier-Analyse einer Dreieckfunktion
a Darstellung der einzelnen Reihenglieder getrennt
b Summation der Reihenglieder aus **a**

In Analogie zu den Gln. (2.13) oder (2.15), S. 30, läßt sich daher schreiben:

$$f(t) = \int_0^\infty \{A(\omega)\cos\omega t + B(\omega)\sin\omega t\}\,d\omega \tag{2.27}$$

$$f(t) = \frac{1}{2\pi} \int_{-\infty}^{+\infty} E(\omega) e^{i\omega t}\,d\omega \tag{2.28}$$

Die Gln. (2.13) und (2.15) sind wieder nur verschiedene Schreibweisen, und zwischen $E(\omega)$ und $A(\omega)$ sowie $B(\omega)$ gibt es einfache Beziehungen. In Lehrbüchern der Mathematik werden die Bestimmungsgleichungen für diese Funktionen abgeleitet. Für Gl. (2.28) lautet die Lösung für $E(\omega)$

$$E(\omega) = \int_{-\infty}^{+\infty} f(t) e^{-i\omega t}\,dt \tag{2.29}$$

Es fällt sofort auf, daß die Gln. (2.28) und (2.29) einander sehr ähneln: in der Tat werden mit ihnen $f(t)$ und $E(\omega)$ ineinander übergeführt. Man nennt Gl. (2.29) daher auch eine inverse Fourier-Transformation*.

Zur Verdeutlichung des Verfahrens soll die Fourier-Transformation einer Rechteckfunktion durchgeführt werden. In der Fourier-Spektroskopie ist dies die Umhüllende des Hochfrequenzpulses. Um die Aufgabe rechnerisch zu vereinfachen, soll der Rechteckpuls symmetrisch zur Zeit $t = 0$ sein (Abb. 2.14). Analytisch gilt:

$$f(t) = 1 \quad \text{für} \quad -\frac{\tau}{2} \leq t \leq \frac{\tau}{2} \tag{2.30}$$

Mit Gl. (2.29) folgt für $E(\omega)$

$$E(\omega) = \int_{-\tau/2}^{+\tau/2} e^{-i\omega t} dt \tag{2.31}$$

$$= -\frac{1}{i\omega} e^{-i\omega t} \Big|_{-\frac{\tau}{2}}^{+\frac{\tau}{2}}$$

$$E(\omega) = \frac{\sin \pi \nu \tau}{\pi \nu} \quad \text{für alle Frequenzen } \nu: \infty \leq \nu \leq \infty \tag{2.32}$$

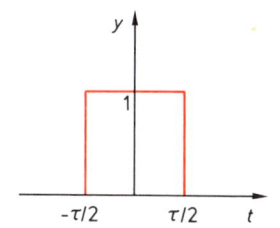

Abb. 2.14 Rechteckfunktion

In Abb. 2.15 ist die Fourier-Transformierte der Rechteckfunktion wiedergegeben. Das Ergebnis, Gl. (2.32), muß noch in Gl. (2.28), S. 32, eingesetzt werden, um zu einer der Gl. (2.19) analogen Darstellung des Rechteckpulses zu kommen. Gl. (2.33) bedeutet somit anschaulich ein Kontinuum von Cosinus-Funktionen mit den Amplituden $\sin \pi \nu \tau / \pi \nu$.

$$f(t) = \frac{1}{2\pi} \int_{-\infty}^{+\infty} \frac{\sin \pi \nu \tau}{\pi \nu} e^{i 2 \pi \nu t} d\nu \tag{2.33}$$

Die Fourier-Transformation des Rechteckpulses ergibt also eine symmetrisch zu seiner Grundfrequenz liegende kontinuierliche Frequenzverteilung, die im Stande ist, alle Kernspins anzuregen, deren Resonanzfrequenz in der Nähe der Trägerfrequenz liegt.

Um die Anregungsenergie für alle Kernspins in etwa gleich zu halten, wird man möglichst schmale Hochfrequenzpulse anwenden.

---

* In Lehrbüchern der Mathematik besteht keine verbindliche Vorzeichenregelung für die Gln. (2.28) und (2.29). Da in mathematischen Texten die Fourier-Transformation nicht auf die Paare Zeit und Frequenz beschränkt ist, wird aus Symmetriegründen der Ausdruck $\frac{1}{\sqrt{2\pi}}$ vor beide Integrale geschrieben.

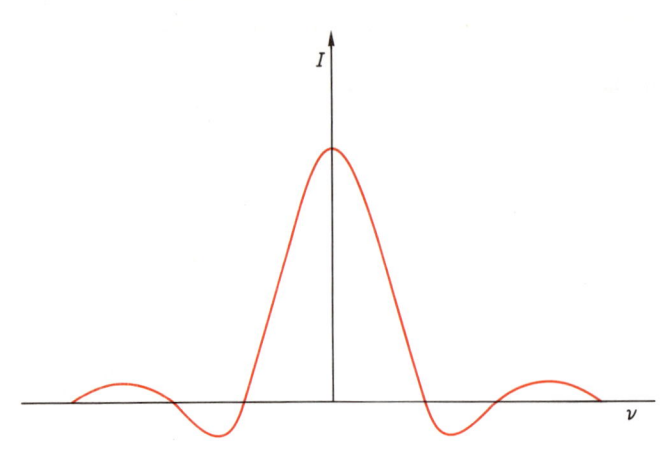

Abb. 2.15 Fourier-Transformierte der Rechteckfunktion

In der NMR-Spektroskopie hat man es mit Zeitfunktionen zu tun, die bei $t = 0$ beginnen, also nur in der positiven Richtung der Zeitachse verlaufen. Wenn der Wertebereich somit durch die experimentellen Randbedingungen eingeschränkt ist, lassen sich die Gln. (2.28) und (2.29), S. 32, zu Gl. (2.34) und Gl. (2.35) umformen:

$$f(t) = \sqrt{\frac{2}{\pi}} \int_0^\infty F_c(\omega) \cos \omega t \, d\omega \tag{2.34}$$

$$f(t) = \sqrt{\frac{2}{\pi}} \int_0^\infty F_s(\omega) \sin \omega t \, d\omega \tag{2.35}$$

mit

$$F_c(\omega) = \sqrt{\frac{2}{\pi}} \int_0^\infty f(t) \cos \omega t \, dt \tag{2.36}$$

$$F_s(\omega) = \sqrt{\frac{2}{\pi}} \int_0^\infty f(t) \sin \omega t \, dt \tag{2.37}$$

Die Gln. (2.34) und (2.35) heißen auch Cosinus- und Sinus-Transformationen. Der durch einen Hochfrequenzpuls erzeugte FID ist nach den Blochschen Gleichungen (vgl. Kap. 1, S. 11) eine mit der Relaxationszeit T_2 abklingende e-Funktion. Diese soll als Beispiel für die Anwendung von Gl. (2.34) transformiert werden. Abb. 2.16a zeigt den FID, Abb. 2.16b seine Fourier-Transformierte. Wie die Rechnung zeigt, ist die Fourier-Transformierte einer abklingenden e-Funktion eine Lorentz-Funktion. Einsetzen in Gl. (2.34) ergibt

$$F_c(\omega) = \sqrt{\frac{2}{\pi}} \int_0^\infty e^{-t/T_2} \cos \omega t \, dt$$

und mit

$$\int_0^\infty e^{-ax} \cos bx \, dx = \frac{a}{a^2 + b^2} \tag{2.38}$$

folgt

$$F_c(\omega) = \sqrt{\frac{2}{\pi}} \frac{1/T_2}{(1/T_2)^2 + \omega^2} \tag{2.39}$$

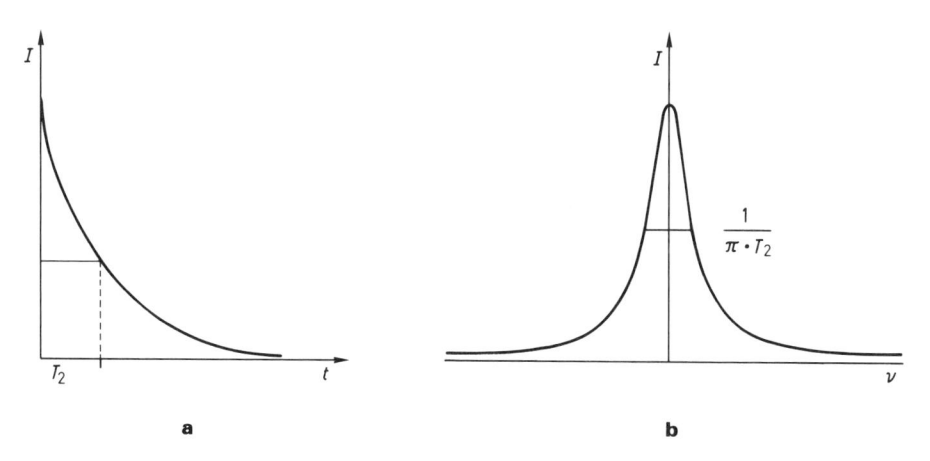

Abb. 2.16 Abklingende Exponentialfunktion (a) und ihre Fourier-Transformierte (b)

In diesem Beispiel war vorausgesetzt, daß die Frequenz des HF-Pulses gleich der Resonanzfrequenz der beobachteten Linie ist. Dies trifft üblicherweise in der Praxis nicht zu, und man beobachtet daher, wie in Abb. 2.17a skizziert, eine abklingende Cosinus-Funktion. Deren Fourier-Transformierte ist dann eine um den Frequenzabstand v vom Nullpunkt versetzte Lorentz-Kurve (Abb. 2.17b).

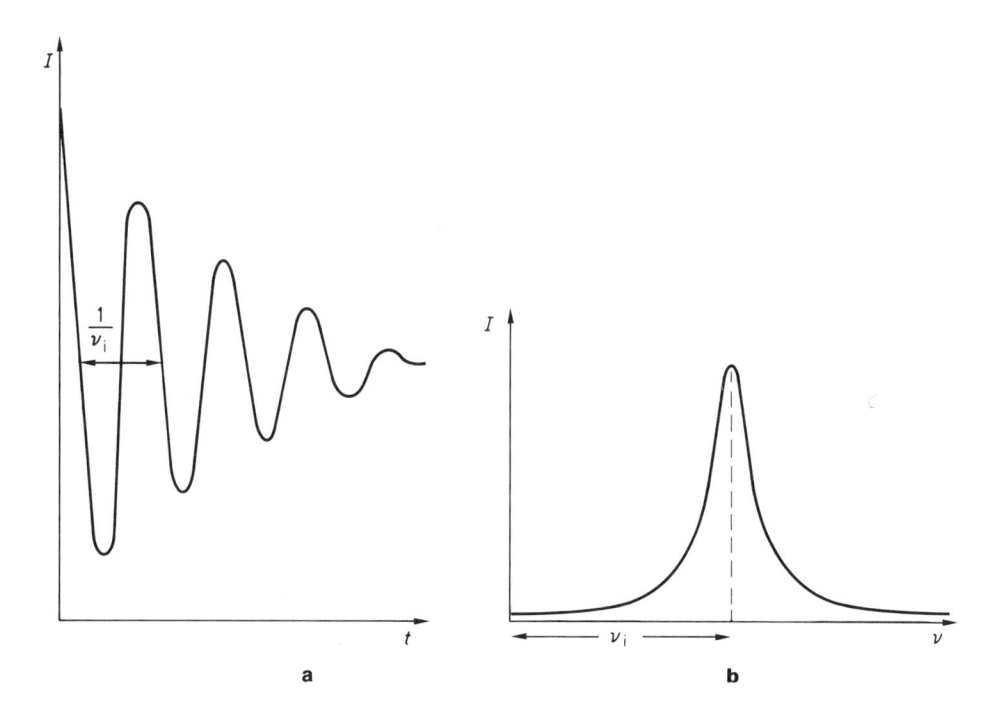

Abb. 2.17 Exponentiell abklingende cos-Funktion (a) und ihre Fourier-Transformierte (b)

2.4 Digitale Fourier-Transformation

Die in Abschn. 2.3 (s. S. 31ff.) angegebenen analytisch-mathematischen Funktionen zur Fourier-Transformation werden im Computer nicht als solche bearbeitet, da der FID nicht als kontinuierliche Funktion, sondern in digitaler Form auf einer endlichen Anzahl von Stützpunkten zur Verfügung steht. Zur Verarbeitung im Computer muß Gl. (2.29) in Gl. (2.40) umgeformt werden. In Gl. (2.40) repräsentiert k die Datenpunkte in der Frequenzdomäne und m die Datenpunkte in der Zeitdomäne.

$$E(k) = \frac{1}{N} \sum_{m=0}^{N-1} f(m) e^{\frac{-i2\pi}{N} km} \tag{2.40}$$

Statt des Integrals in Gl. (2.29), s. S. 32, tritt in der digitalen Form eine Summe über die endliche Anzahl der Datenpunkte auf, die mit dem Faktor $\frac{1}{N}$ normiert wird. Der Rechner muß nun für jeden Datenpunkt k die Summation über alle Produkte $f(m)\, e^{\frac{-i2\pi}{N} km}$ durchführen und diesen Wert $E(k)$ an der Stelle k abspeichern.

Wenn der Datenvektor $f(m)$ die gesamte zur Verfügung stehende Datenfläche einnimmt, muß dies „in place" geschehen, da zur Abspeicherung von $E(k)$ kein freier Platz zur Verfügung steht. Hierzu sind besondere Programmiertechniken notwendig. Die Berechnung von Gl. (2.40) erfordert N^2 Multiplikationen. Bei einem typischen ^{13}C-NMR-Spektrum mit $16k$ Datenpunkten bedeutet dies $256 \cdot 10^6$ Multiplikationen. In einem Computer mit 2 μs Zykluszeit würde dies achteinhalb Minuten dauern und bei Verwendung von noch mehr Datenpunkten unerträglich anwachsen. Daher benutzen alle Rechenprogramme einen Algorithmus der sogenannten Fast-Fourier-Transformation (FFT), der schon von Runge und König 1924 vorgeschlagen wurde, damals ohne die Verfügbarkeit von Rechnern jedoch bedeutungslos blieb und von Cooley und Tukey 1965 wiederentdeckt wurde[8]. Statt N^2 Multiplikationen sind bei diesem Algorithmus $2N \log_2 N$ Multiplikationen notwendig, was für das obige Beispiel zu 416000 Multiplikationen führt und daher nur noch 0,83 s benötigt. Schließlich gibt es bei der Behandlung im Digitalrechner noch zwei prinzipielle Rechenmethoden, nämlich die Berechnung der Gl. (2.40) mit Gleitpunktzahlen (**floating point-Methode**) oder nur in ganzen Zahlen, Festpunktarithmetik (**integer mathematics**). Die letztere ist, da sie dem Aufbau eines Computers besser angepaßt ist, deutlich schneller, und die obigen Zeitangaben beziehen sich auf die integer-FFT. Sie kann aber zum Teil zu beträchtlichen Rundungsfehlern für die Intensitäten führen, die sich bei Problemen mit hohem dynamischen Bereich und relativ kurzer Wortlänge des Rechners bemerkbar machen. Vor allem im Hinblick auf den enormen Rechenaufwand für die zweidimensionale NMR-Spektroskopie (vgl. Abschn. 4.2, s. S. 59) werden neuerdings sog. **array**-Prozessoren angeboten, die die Fourier-Transformation erheblich beschleunigen.

2.5 Digitale Filterung

Ziel einer Filterung ist es, die verrauschten Lorentz-Linien des NMR-Spektrums zu glätten, ohne daß deren Linienform prinzipiell geändert wird. Einen solchen Filter nennt man auch „matched Filter"[9]. Die Digitaltechnik bietet dazu besonders elegante Möglichkeiten, welche die aus der CW-Technik (s. S. 29) bekannten RC-Filter übertreffen. Bei allen mathematischen Manipulationen des FID muß jedoch klar sein, daß sie keine neue Information hervorbringen, sondern nur Teilinformationen auf Kosten anderer hervorheben. In Abb. 2.18 ist der FID, bestehend aus zwei Frequenzen und Rauschen, schematisch in seine Bestandteile aufgegliedert. Man sieht, daß am Anfang des FID das Signal-Rausch-

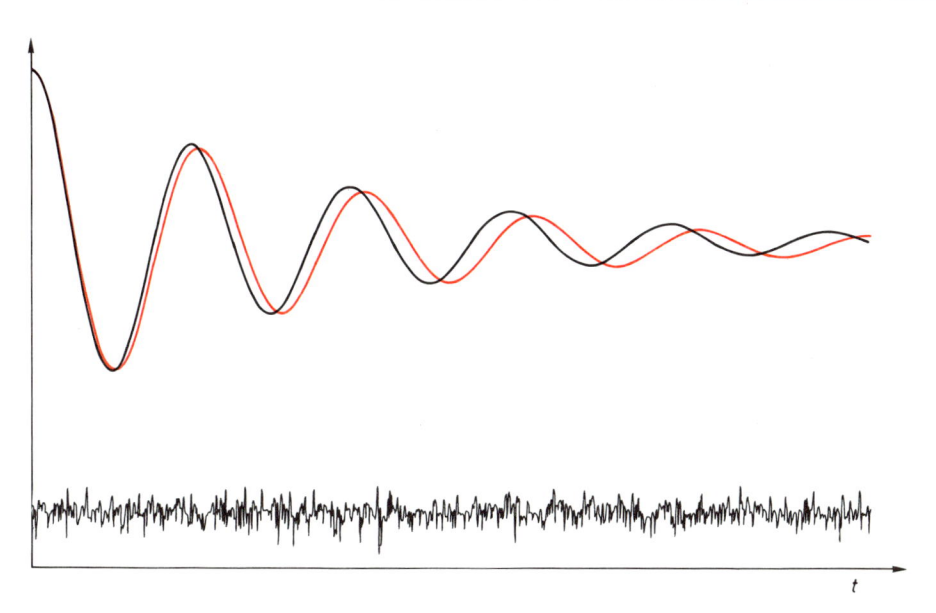

Abb. 2.18 Schematische Auftrennung eines FID in zwei exponentiell abklingende cos-Funktionen unterschiedlicher Frequenz und in Rauschen

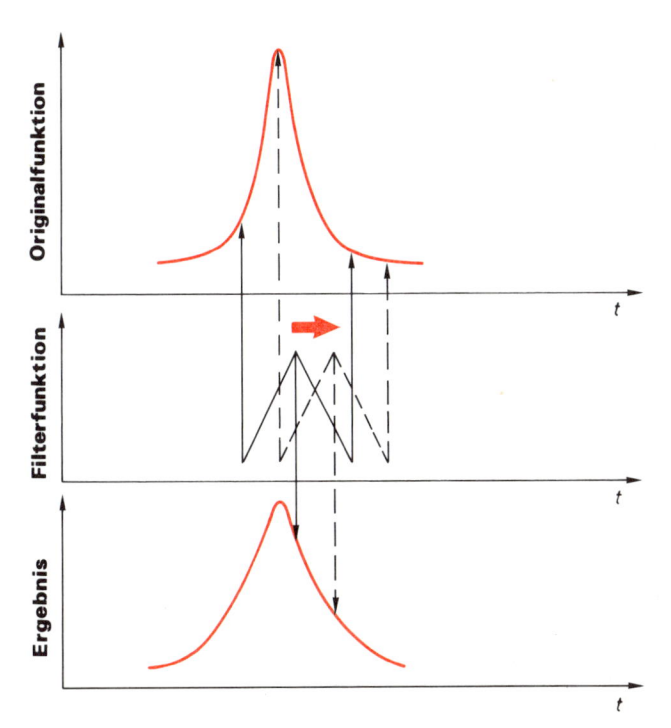

Abb. 2.19 Schematische Darstellung der Faltung einer Lorentz-Kurve mit einer Dreieckfunktion

Verhältnis gut, die Auflösung aber schlecht ist. Gegen Ende des FID ist das Gegenteil der Fall. Jeweils eine dieser Eigenschaften kann man durch mathematische Behandlung betonen.

Mathematisch erreicht man die Filterung durch eine Faltung (**convolution**) nach Gl. (2.41)

$$F(x) \otimes G(x) = \int_{-\infty}^{+\infty} F(x_1) \cdot G(x - x_1) \mathrm{d}x_1 \qquad (2.41)$$

In Abb. 2.19 ist als Beispiel die Faltung einer Kurve mit einer Dreiecksfunktion angegeben. Hierbei wird die Dreiecksfunktion sukzessiv an der Kurve vorbeigeführt, aus den Funktionswerten an den Fußpunkten des Dreiecks wird ein Mittelwert gebildet und als neuer Funktionswert mit dem Abszissenwert der Spitze des Dreiecks ausgegeben. Dies führt zu einer Glättung, aber auch zu einer Verbreiterung der ursprünglichen Kurve.

2.5.1 Exponentielle Multiplikation

Es läßt sich beweisen, daß die Fourier-Transformierte einer Faltung zweier Funktionen nach Gl. (2.41) gleich dem Produkt der Fourier-Transformierten dieser Funktionen ist.

Da, wie in Abschn. 2.3 (s. S. 31) gezeigt, die Fourier-Transformierte einer Lorentz-Funktion eine e-Funktion darstellt, kann man den FID mit einer abfallenden e-Funktion multiplizieren und danach erst Fourier-transformieren. Damit hat man das Ziel des angepaßten Filters, d. h. Faltung einer Lorentz-Linie mit einer anderen Lorentz-Linie, erreicht.

In Abb. 2.20 ist das Ergebnis in der Frequenz- und Zeitebene dargestellt.

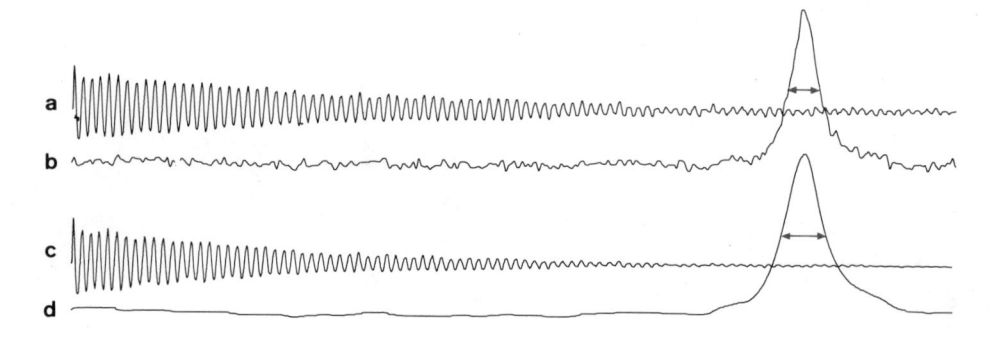

Abb. 2.20 a Unbehandelter und c exponentiell gefilterter FID, b, d die entsprechenden Fourier-Transformierten (↔ Halbwertsbreite)

Es schließt sich die Überlegung an, welches Ausmaß an **exponential weighting**, wie das Verfahren im englischen Sprachgebrauch auch heißt, für die ^{13}C-NMR-Spektroskopie sinnvoll ist.

Hierbei wird nach dem optimalen Signal-Rausch-Verhältnis in Abhängigkeit der verwendeten Aquisitionszeit AT, der angewandten exponentiellen Filterung und der effektiven transversalen Relaxationszeit T_2 gefragt. In Abb. 2.21 ist das Ergebnis veranschaulicht[10]. Ohne digitale Filterung ($f = 0$) erhält man das beste Signal-Rausch-Verhältnis, wenn die Aquisitionszeit etwa das 1,2fache der vorhandenen transversalen Relaxationszeit beträgt.

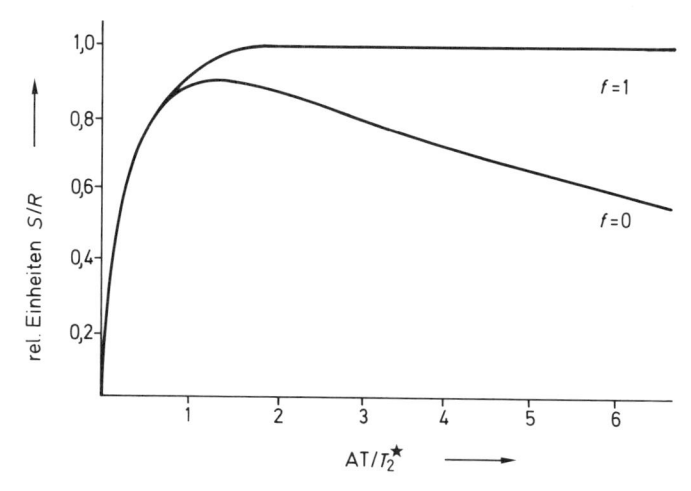

Abb. 2.21 Signal-Rausch-Verhältnis in Abhängigkeit vom Verhältnis der Aquisitionszeit zur effektiven transversalen Relaxationszeit und als Funktion der exponentiellen Filterung, $f = 0$ keine Filterung, $f = 1$ matched filter (vgl. Text)[10]

Bei Anwendung des angepaßten exponentiellen Filters, d. h. Multiplikation des FID mit einer e-Funktion entsprechend der Linienbreite der NMR-Signale ($f = 1$), ist es sinnvoll, die Aquisitionszeit etwa $2\,T_2$ zu wählen. Man erreicht, wie die Abb. 2.21 zeigt, hierbei ein Plateau relativ guten Signal-Rausch-Verhältnisses. Das Arbeiten auf einem solchen Plateau ist wichtig, da bei allen Berechnungen dieser Art eine definierte NMR-Absorption vorausgesetzt wird, während in der Praxis das ^{13}C-NMR-Spektrum aus einer Vielzahl von Linien unterschiedlicher Relaxationszeiten besteht.

Für die Routine-^{13}C-NMR-Spektroskopie ergeben sich etwa folgende Daten: Einer Linienbreite von ca. 0,4 Hz entspricht nach Gl. (1.43), S. 12, ein T_2^* von ca. 0,8 s. Daraus ergibt sich eine Aquisitionszeit von 1,6 s (falls genügend Datenfläche im Computer zur Verfügung steht) und eine exponentielle Filterung mit einer Zeitkonstante von 0,8 s.

Leider ist der direkte Vergleich der an verschiedenen Geräten durchgeführten Filterung schwierig, da die Hersteller in ihren FT-Programmen verschiedene Symbole und Algorithmen zur exponentiellen Filterung verwenden[11].

Statt mit einer abfallenden e-Funktion kann der FID auch mit einer ansteigenden e-Funktion multipliziert werden. Dies führt zu einer Betonung des rechten Teils des FID in Abb. 2.21, zu einer Verschlechterung des Signal-Rausch-Verhältnisses, aber auch zu einer Linienverschärfung.

2.5.2 Convolution Difference

Eine Anwendung des exponentiellen Filterns stellt die sogenannte Convolution-Difference-Methode[12] dar. Sind in einem ^{13}C-NMR-Spektrum scharfe Signale von sehr breiten Absorptionen überlagert, etwa den Signalen von mit Bor substituierten Kohlenstoff-Atomen oder bei Spektren von biologischem Material, so kann man mit diesem Verfahren die breiten Signale eliminieren, um dadurch etwa die Feinstruktur der scharfen Signale sichtbar zu machen. Da diese eine lange transversale Relaxationszeit haben, werden sie durch eine geeignete exponentielle Filterung unterdrückt, ohne daß die schnell abklingenden Signale betroffen werden. Subtrahiert man den behandelten FID vom noch unbehandelten FID, so bleibt als Resultat im wesentlichen nur der langsam abklingende Teil des FID übrig und nach der Fourier-Transformation das Spektrum mit den scharfen Signalen.

2.5.3 Die Gauß-Multiplikation

Eine besonders effektive Methode zur Auflösungsverbesserung ist die Gauß-Multiplikation[9], bei welcher der FID mit einer Funktion der Form e^{-at-bt^2} multipliziert wird. Setzt man $a = -\dfrac{1}{T_2^*}$, so verbleibt nach der Multiplikation und Fourier-Transformation eine Gauß-Linienform e^{-bt^2}, die wesentlich schärfere Linien, vor allem an den Signalfüßen, liefert. Durch geeignete Wahl der Parameter a und b lassen sich wie bei der Convolution-Difference-Methode scharfe Signale von breiten Untergrundsignalen ablösen[13].

Neben den hier beschriebenen Methoden zur rechnerischen Behandlung des FID sind in der Literatur noch weitere Verfahren vorgeschlagen und diskutiert worden[14].

2.5.4 Apodisation

Nimmt man ein ^{13}C-NMR-Spektrum bei guter Auflösung des Magneten, jedoch mit zu geringer Aquisitionszeit auf, so wird der FID durch die Beendigung der Datenaufnahme abrupt abgebrochen, bevor er völlig ausgeklungen ist. Dies entspricht im Prinzip (vgl. Abb. 2.22) einer Faltung des FID mit einer Rechteckfunktion. Da die Fourier-Transformierte einer Rechteckfunktion entsprechend Abb. 2.15 (s. S. 34) eine Funktion der Form

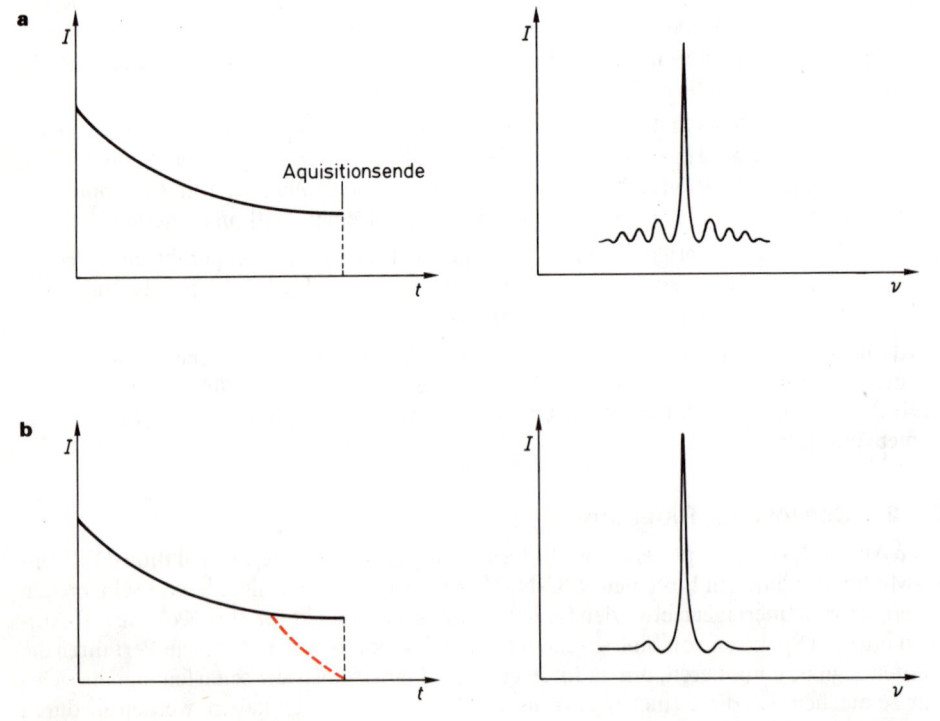

Abb. 2.22 a Ungenügend lange Datenaufnahme und daraus resultierende Signalform, **b** Apodisation

$\dfrac{\sin x}{x}$ darstellt, ist zu erwarten, daß die transformierten NMR-Signale Anteile dieser Linienform erhalten; sie haben „Füße". Das Verfahren der Apodisation ($\pi o\delta \acute{o}\sigma$ = Fuß) faltet den Endteil eines so abgeschnittenen FID's unabhängig von der exponentiellen Multiplikation mit einer relativ schnell abklingenden Funktion, um diese Effekte zu verringern.

2.6 Phasenkorrektur

Bevor das transformierte NMR-Spektrum auf dem Geräteschreiber ausgeschrieben werden kann, muß in der Regel eine Phasenkorrektur der Signale erfolgen. Unterschiedliche Phasenlagen der NMR-Signale eines Spektrums resultieren aus der unterschiedlichen Laufzeit nieder- und höherfrequenter Signale durch das gesamte Spektrometer und hängen zum Teil auch von der Güte des Anregungsimpulses und der Verzögerung zwischen Ende des HF-Pulses und Beginn der Datenaufnahme (**preaquisition delay**) ab. Die Phasenlage ist daher meist eine lineare Funktion der Frequenz (vgl. Abb. 2.23) und kann mit einem linearen Ansatz s. Gl. (2.42) näherungsweise korrigiert werden.

$$\varphi = A + B\omega \qquad (2.42)$$

Meist werden die Werte A und B an zwei Potentiometern eingestellt, deren Spannungswerte über den ADC in den Computer eingegeben werden, der damit die neue Phasenlage ausrechnet und das Spektrum wieder auf dem Oszilloskop abbildet. Neuerdings wird bei einigen Geräten die Phasenkorrektur automatisch vollzogen.

Die Phasenkorrektur entfällt, wenn nicht nur der reelle Anteil (cos-FT) nach Gl. (2.34) des Fourier-transformierten Spektrums ausgeschrieben wird. Die FT-Programme aller Hersteller erlauben es, sogenannte **„absolute value-"** oder **„magnitude"**-Spektren zu berechnen, wobei Sinus- und Cosinus-Anteil quadriert und addiert werden. Diese Verfahren führen allerdings zu starken Intensitätsverzerrungen.

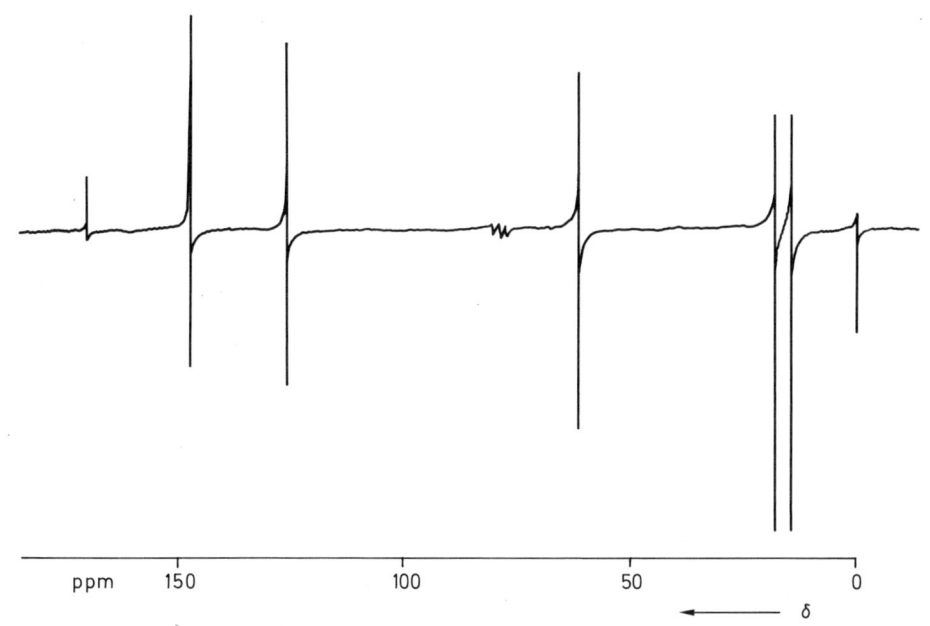

Abb. 2.23 ^{13}C-NMR-Spektrum des Crotonsäureethylesters **1** ohne Phasenkorrektur

2.7 Optimaler Pulswinkel

Zum Schluß dieses Abschnitts soll noch die Frage der korrekten Anregung durch die Hochfrequenzpulse erörtert werden. Ein extremer, aber sicherer Standpunkt wäre die Anwendung von 90°-Pulsen jeweils nach einer Wartezeit von fünf longitudinalen Relaxationszeiten T_1 aller NMR-Signale. Hierbei tritt keine Sättigung ein, und keine NMR-Absorption geht verloren. Jedoch ist dieses Verfahren sehr zeitaufwendig. Es wurde daher untersucht[10,15], ob bei schnelleren Repetitionszeiten ein optimaler Pulswinkel gefunden werden kann, der weniger zeitaufwendige Aufnahmen von ^{13}C-NMR-Spektren gestattet. Bereits nach vier Pulsen mit einer Repetitionszeit, die geringer als die longitudinale Relaxationszeit T_1, jedoch, um Spin-Echo-Effekte zu vermeiden, 2–3mal größer ist als die transversale Relaxationszeit T_2, wird ein Gleichgewichtszustand erreicht. Der Magnetisierungsvektor bewegt sich nach jedem Puls nur noch zwischen zwei festliegenden Endwerten. Unter diesen Bedingungen gilt für das optimale Signal-Rausch-Verhältnis die Gl. (2.43), die man nach dem Pulswinkel ableiten kann. Der optimale Winkel (Gl. 2.44) ist als sogenannter Ernst-Winkel bekannt geworden.

$$\frac{S}{R} = \frac{M_0 (1 - e^{-\tau/T_1}) \sin\alpha}{r^{1/2}(1 - e^{-\tau/T_1} \cdot \cos\alpha)} \qquad \begin{array}{l} r = \text{Repetitionszeit} \\ \alpha = \text{Pulswinkel} \end{array} \qquad (2.43)$$

$$\cos\alpha_{opt} = e^{-\tau/T_1} \qquad (2.44)$$

Bei Benutzung dieses Winkels kann man bei gleicher Gesamtaufnahmezeit Signal-Rausch-Verbesserungen von 58% gegenüber dem 90°-Puls/5T_1-Verfahren erreichen. Jedoch gilt für diese Berechnungen, ebenso wie für die beim exponentiellen Filtern beschriebenen Verhältnisse, die Einschränkung, daß in Routine-^{13}C-NMR-Proben bei weitem keine einheitlichen T_1-Werte in Lösung vorliegen. In Abb. 2.24 ist die Lage des Ernst-Winkels für verschiedene Verhältnisse der Repetionszeit zur longitudinalen Relaxationszeit T_1 angegeben.

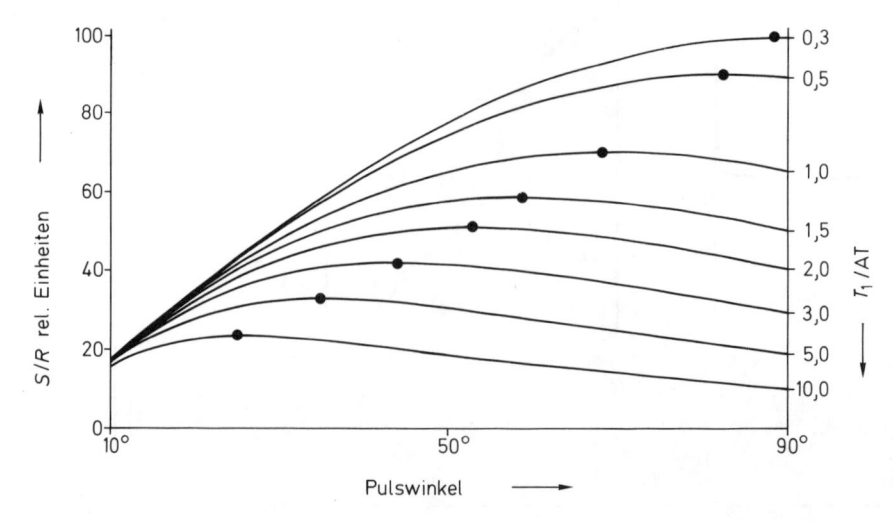

Abb. 2.24 Signal-Rausch-Verhältnis als Funktion des Pulswinkels in Abhängigkeit vom Verhältnis von longitudinaler Relaxationszeit zur Aquisitionszeit (Aquisitionszeit hier = Repetitionszeit)

Anhand von zwei Beispielen soll die Problematik verdeutlicht werden:
Mißt man z. B. Proben, die nur mit Wasserstoff substituierte Kohlenstoff-Atome besitzen, so kann man für T_1 etwa 2 s annehmen; $\frac{T_1}{AT}$ bei einer typischen Aquisitionszeit von 1,6 s beträgt somit etwa 1 und der optimale Pulswinkel 70°. Besitzt die Probe jedoch noch ein Carbonyl-Kohlenstoff-Atom oder ein substituiertes Ethin-Kohlenstoff-Atom mit einer T_1-Zeit von etwa 20 s, so ergibt $\frac{T_1}{AT}$ etwa 10, und damit beträgt der zugehörige Ernst-Winkel nur noch 25°.
Allerdings liegen die Kurven in Abb. 2.24 relativ flach, so daß man mit einer falschen Abschätzung selten in Schwierigkeiten gerät.

Aufgaben

2.9 Zeige, daß für die Fourier-Analyse einer Dreieckfunktion nach Gl. (2.14) (s. S. 30) alle Koeffizienten b_n gleich 0 sind.

2.10 Berechne die Fourier-Transformation einer exponentiell abklingenden Cosinus-Funktion nach Abb. 2.17 (s. S. 35).

2.11 Zeige, daß die Fourier-Transformierte nach Gl. (2.42) gleich dem Produkt der Fourier-transformierten der Funktionen G und F ist.

2.12 Entwirf Abbildungen zum Verständnis der Convolution Difference Spectroscopy.

3. Doppelresonanz-Methoden in der ^{13}C-NMR-Spektroskopie

3.1 Grundlagen der Entkopplung[16]

Zwischen magnetischen Kernspins besteht eine Wechselwirkung, die durch Gl. (2.45) gegeben ist:

$$E = h \cdot J_{AX} \cdot I_A \cdot I_X \tag{2.45}$$

Hierin bedeutet J_{AX} die indirekte Spin, Spin-Kopplungskonstante. Die Kopplung eines ^{13}C-Kerns mit den Protonen führt zum Teil zu komplizierten Multipletts für jede ^{13}C-Absorption, deren genaue Analyse zwar sehr weitgehende Aussagen über Struktur und Konformation der Moleküle ermöglicht (vgl. Kap. 4, s. S. 444), deren Komplexität aber bei einer ersten Annäherung an das gegebene Strukturproblem unerwünscht ist. In der Regel wird daher die erste Aufnahme eines ^{13}C-NMR-Spektrums unter ^{1}H-Entkopplungsbedingungen geschehen, d.h. jedes unterscheidbare Kohlenstoff-Atom liefert nur eine Resonanzlinie. Erreicht wird diese Entkopplung durch Einstrahlen eines zusätzlichen Radiofrequenzfeldes mit der Protonenresonanzfrequenz. Oft benutzt man als Abkürzung für dieses Aufnahmeverfahren das Symbol ^{13}C{^{1}H}.

In einem rotierenden Koordinatensystem (vgl. Kap. 1, S. 6), das mit der Frequenz des Entkopplungsfeldes rotiert, sehen die Protonen als effektives Magnetfeld nur das Entkopplungsfeld und sind daher in Richtung des Entkopplungsfeldes gequantelt. Bedingt durch die Spulengeometrie steht das Entkopplungsfeld jedoch senkrecht zum statischen Magnetfeld B_0, in dessen Richtung die ^{13}C-Kerne gequantelt sind. Somit ist das skalare

Produkt der Vektoren $I_A \cdot I_X$ in Gl. (2.45) gleich Null, wenn man für A = ^{1}H und X = ^{13}C setzt.

Eng verknüpft mit der Entkopplung ist eine Intensitätszunahme der ^{13}C-Absorptionen, die nicht nur durch den Zusammenfall der Multipletts zu einer einzigen Linie bedingt ist, sondern zusätzlich aus den veränderten Besetzungszahlen der CH_n-Spin-Systeme hervorgeht. Diese Intensitätszunahme, **Nuclear-Overhauser-Effekt** (NOE-Effekt) genannt[*], wird in Kap. 5 (s. S. 563ff.) genauer behandelt. Historisch gesehen hat die gleichzeitige Entkopplung aller Protonen mit der durch den NOE-Effekt bedingten Signal-Rausch-Verbesserung den raschen Durchbruch der ^{13}C-Kernresonanz erst ermöglicht.

3.2 ^{1}H-Breitband-Entkopplung

Zur ^{1}H-Breitband-Entkopplung[18] dient ein moduliertes Hochfrequenz-Signal (vgl. S. 20), um für alle Protonen der Probe Entkopplungsleistung zur Verfügung zu stellen. Ein ^{1}H-Breitband-entkoppeltes ^{13}C-NMR-Spektrum von Crotonsäureethylester (**1**) ist in Abb. 2.25 wiedergegeben. Neben den sechs Signalen für die sechs verschiedenen Typen von Kohlenstoff-Atomen von **1** ist noch das Triplett des Lösungsmittels $CDCl_3$ zu sehen (Kopplung mit einem ^{2}H-Atom, Kernspin $I = 1$) sowie bei höchstem Feld das Signal des internen Standards, Tetramethylsilan (TMS).

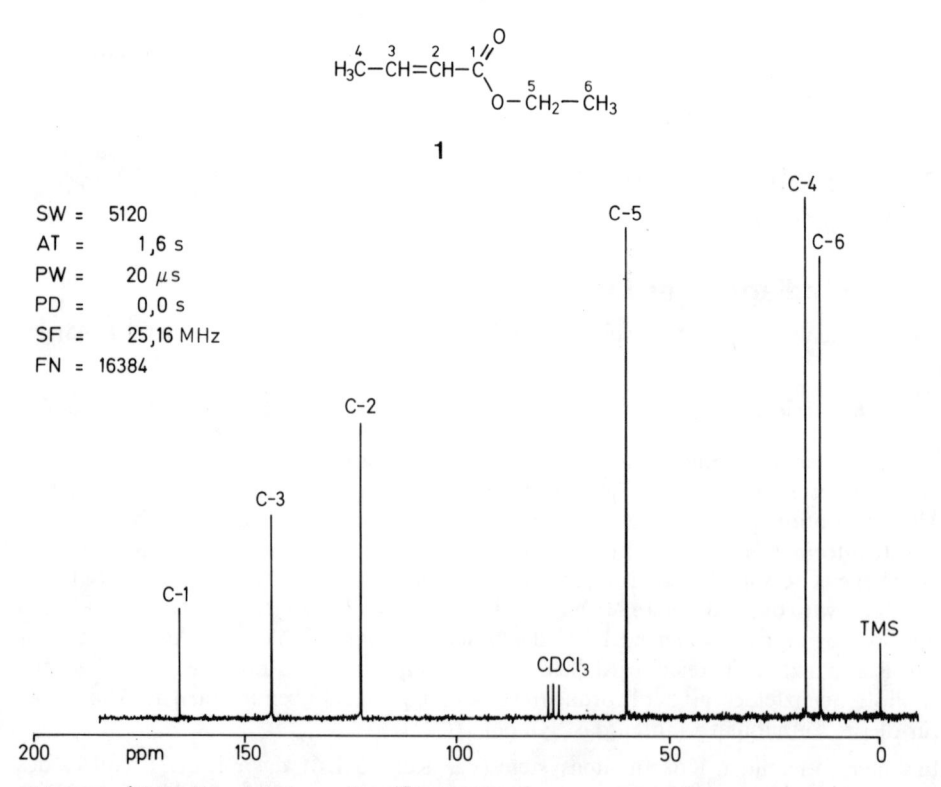

Abb. 2.25 ^{1}H-Breitband-entkoppeltes ^{13}C-NMR-Spektrum von Crotonsäureethylester **1**

---

[*] Overhauser hat die Polarisation von Kernspins in Metallen bei Sättigung der Elektronenspins beschrieben[17].

Die Intensitätsunterschiede der ^{13}C-Signale in Abb. 2.25 beruhen auf den unterschiedlichen Spin-Gitter-Relaxationszeiten sowie den durch die Entkopplung bedingten NOE-Effekten. Eine quantitative Auswertung solcher Routinespektren ist daher nicht möglich. Die Pulssequenz zur Aufnahme des Spektrums ist in Abb. 2.26 wiedergegeben. Der Ausdruck PD steht für die Wartezeit (**pulse delay**) nach Beendigung der Aquisitionszeit AT bis zum Beginn des nächsten Pulses mit der Breite PW (**pulse width**).

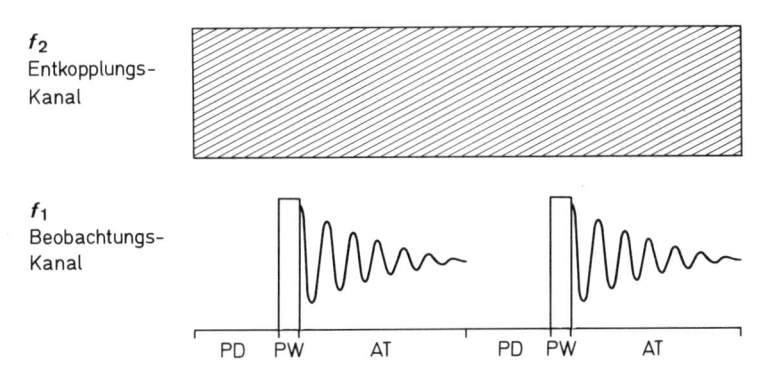

Abb. 2.26 Aufnahmeschema für ^{1}H-Breitband-entkoppelte ^{13}C-NMR-Spektren

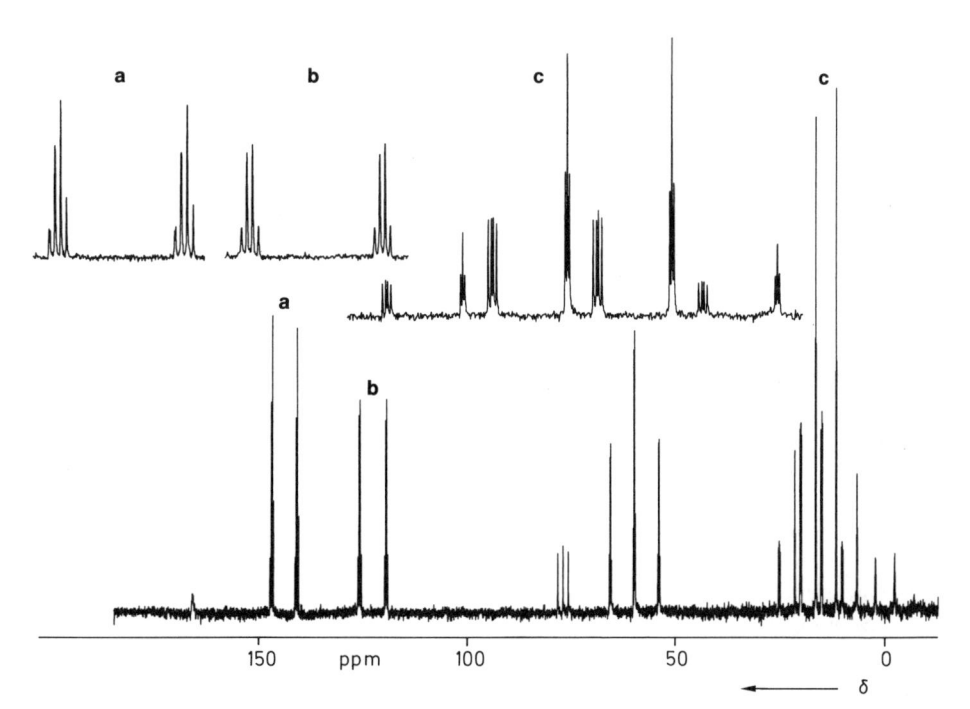

Abb. 2.27 Gated-Decoupling-^{13}C-NMR-Spektrum von Crotonsäureethylester **1** (25,16 MHz) **a, b, c** sind gedehnte Ausschnitte der angegebenen Bereiche

3.2.1 Gated-Decoupling

Bei der Aufnahme eines ^{1}H-gekoppelten ^{13}C-NMR-Spektrums erhält man die Intensitätserhöhungen durch den NOE-Effekt nicht, was hier besonders schwer wiegt, da die ^{13}C-Absorptionen als Multipletts auftreten. Deswegen wurde ein Verfahren angegeben[19-21], bei dem gekoppelte ^{13}C-NMR-Spektren unter weitgehender Wirksamkeit des NOE-Effektes gemessen werden können. Die ^{1}H-Breitband-Entkopplung wird gemäß Abb. 2.28 nur während einer Wartezeit PD eingestrahlt, aber nicht während der Aquisitionszeit AT.

Die Methode beruht darauf, daß die Kopplungsinformation sofort nach Abschalten des Entkopplerfeldes vorhanden ist, während die günstigeren Besetzungszahlen der ^{13}C-Niveaus mit den Spin-Gitter-Relaxationszeiten T_1 abklingen (vgl. Kap. 5, s. S. 564). Während der Wartezeit PD, die man im allgemeinen in der Größenordnung der Aquisitionszeit AT wählt, baut sich die günstige Besetzung der ^{13}C-Niveaus auf, so daß ein gekoppeltes Spektrum mit NOE-Effekt erhalten werden kann. Gekoppelte Spektren sollten wegen des wesentlich höheren Zeitaufwandes und der oft schwierigen Interpretation der Multipletts (vgl. Kap. 4, s. S. 426) nur unter bester Auflösung des Magneten und unter Ausnutzung der gesamten Datenfläche des Computers (maximale Aquisitionszeit) aufgenommen werden. In Abb. 2.27 ist das ^{1}H-gekoppelte Spektrum des Crotonsäureethylesters wiedergegeben, das in Kap. 4 (s. S. 429) analysiert wird.

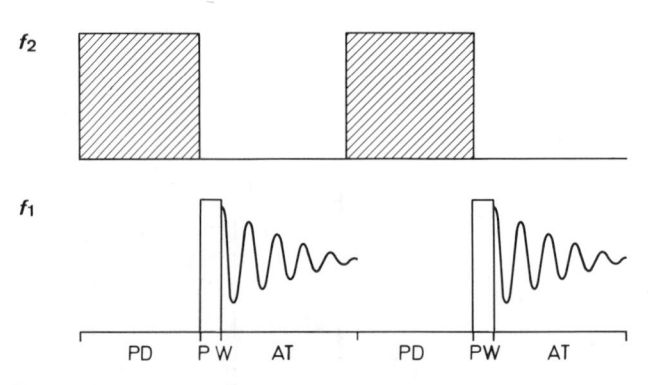

Abb. 2.28 Aufnahmeschema für Gated-Decoupling-^{13}C-NMR-Spektren

3.2.2 Inverses Gated-Decoupling

Für die Auswertung von ^{13}C-Relaxationszeitmessungen ist es wesentlich, eine genaue Messung des NOE-Effektes vorzunehmen. Da ein Integralvergleich von Singuletts mit Multipletts ungenau ist, die mit bzw. ohne Entkopplung resultieren, wird dazu die umgekehrte Version des Gated-Decoupling benutzt[22]. Das Pulsschema aus Abbildung 2.29 verdeutlicht, daß entkoppelte Signale ohne NOE-Effekt erhalten werden. Besetzungsunterschiede, die sich während der kurzen Aquisitionszeit aufbauen, klingen im Verlauf der langen Wartezeiten wieder ab. Für eine korrekte Bestimmung des NOE-Effektes muß PD etwa 10 Spin-Gitter-Relaxationszeiten betragen[23].

Da reproduzierbare Intensitätsmessungen sehr schwierig sind, kombiniert man die Aufnahmen eines Spektrums mit NOE-Effekt und eines nach dem hier beschriebenen Verfahren erhaltenen zu einer einzigen Aufnahmesequenz, wobei (vgl. Abb. 2.30) die Signale aus der Aquisition 1 und 2 getrennt akkumuliert und anschließend im Rechner verarbeitet werden. Dieses Verfahren erlaubt auch Temperaturunterschiede auszugleichen, die zwangsläufig zwischen einem Breitband-entkoppelten und einem Gated-Decoupling-Spektrum auftreten.

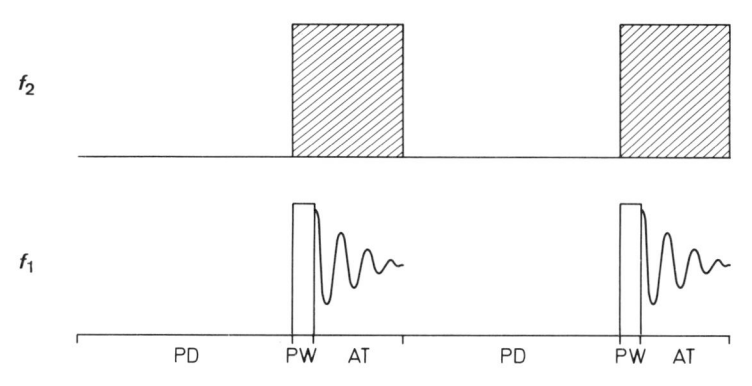

Abb. 2.29 Aufnahmeschema für ^{13}C-NMR-Spektren nach der Methode des inversen Gated-Decoupling

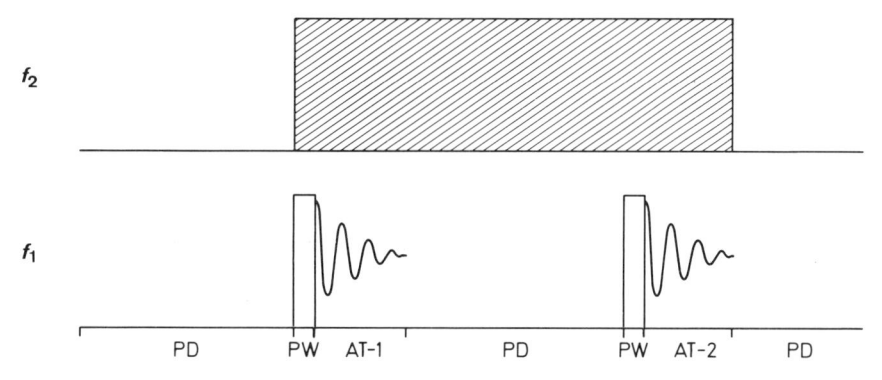

Abb. 2.30 Kombination der Aufnahmeverfahren nach Abb. 2.26 und 2.29

3.3 ^{1}H-Off-Resonance-Entkopplung

Für Zuordnungszwecke ist man oft nur an der Anzahl der direkt gebundenen Wasserstoff-Atome, aber nicht an den wahren ^{13}C,^{1}H-Kopplungskonstanten interessiert. Statt des zeitaufwendigen Gated-Decoupling-Verfahrens kann man das ^{13}C-NMR-Spektrum auch unter Off-Resonance-Entkopplung[18] (SFORD = **single frequency off resonance decoupling**) aufnehmen. Dies führt unter weitgehender Beibehaltung des NOE-Effektes zu Linienmultipletts, deren ^{13}C,^{1}H-Kopplung über eine Bindung je nach Entkopplerleistung und -frequenz etwa um den Faktor 10 verringert ist. Geminale und vicinale Kopplungen werden dabei meist eliminiert. Die erhaltenen Multipletts haben den Vorteil, daß sie sich häufig nicht mehr überlappen; sie sind daher besonders einfach auswertbar und geben aufgrund der beobachteten Multiplizität (Singulett, Dublett, Triplett oder Quartett) Auskunft, ob es sich um das ^{13}C-Signal eines quartären C-Atoms, einer CH-, CH$_2$- oder CH$_3$-Gruppe handelt.

Zur Durchführung des Experiments wird die ^{1}H-Entkopplungsfrequenz typischerweise etwa 1–4 ppm außerhalb (**„off resonance"**) des Protonenresonanz-Spektrums gewählt und ohne Breitbandmodulation, aber mit voller Signalstärke angewandt. Ansonsten gilt das Aufnahmeverfahren nach Abb. 2.26 (s. S. 45). Die Wirkungsweise dieses Experiments ist in Abb. 2.31 schematisch dargestellt, in der die Verhältnisse für die **Protonen** wiedergegeben sind.

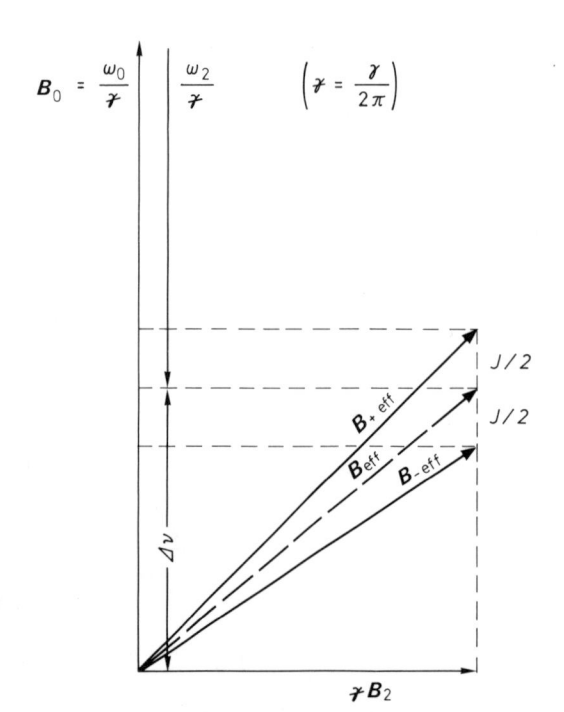

$$B_0 = \frac{\omega_0}{\not\gamma} \qquad \frac{\omega_2}{\not\gamma} \qquad \left(\not\gamma = \frac{\gamma}{2\pi}\right)$$

Abb. 2.31 Vektordiagramm zur Wirkungsweise der ^{1}H-Off-Resonance-Entkopplung

In dem mit der Off-Resonance-Entkopplerfrequenz ω_2 rotierenden Koordinatensystem ist dem äußeren Feld B_0 das Feld ω_2/γ entgegengesetzt, so daß die Protonen in Richtung des effektiven Feldes $\boldsymbol{B}_\text{eff}$ gequantelt sind. Zusätzlich erfahren sie eine Aufspaltung durch die Kopplung mit dem Kohlenstoff-Atom. Für das effektive Feld der Protonen, die an ^{13}C-Kerne mit der Spinorientierung $m = +\frac{1}{2}$ gebunden sind, gilt Gl. (2.46) und für die Protonen, die mit ^{13}C-Kernen mit $m = -\frac{1}{2}$ verknüpft sind, gilt Gl. (2.47).

$$\not\gamma B_{+\text{eff}} = \sqrt{\left(\Delta v + \frac{J}{2}\right)^2 + (\not\gamma B_2)^2} \tag{2.46}$$

$$\not\gamma B_{-\text{eff}} = \sqrt{\left(\Delta v - \frac{J}{2}\right)^2 + (\not\gamma B_2)^2} \tag{2.47}$$

Hierbei ist Δv die Frequenzdifferenz zwischen Protonenresonanz und Entkopplerposition.

Der Frequenzunterschied zwischen diesen beiden Protonensorten oder die verringerte Kopplungskonstante J_r ergibt sich somit nach Gl. (2.48).

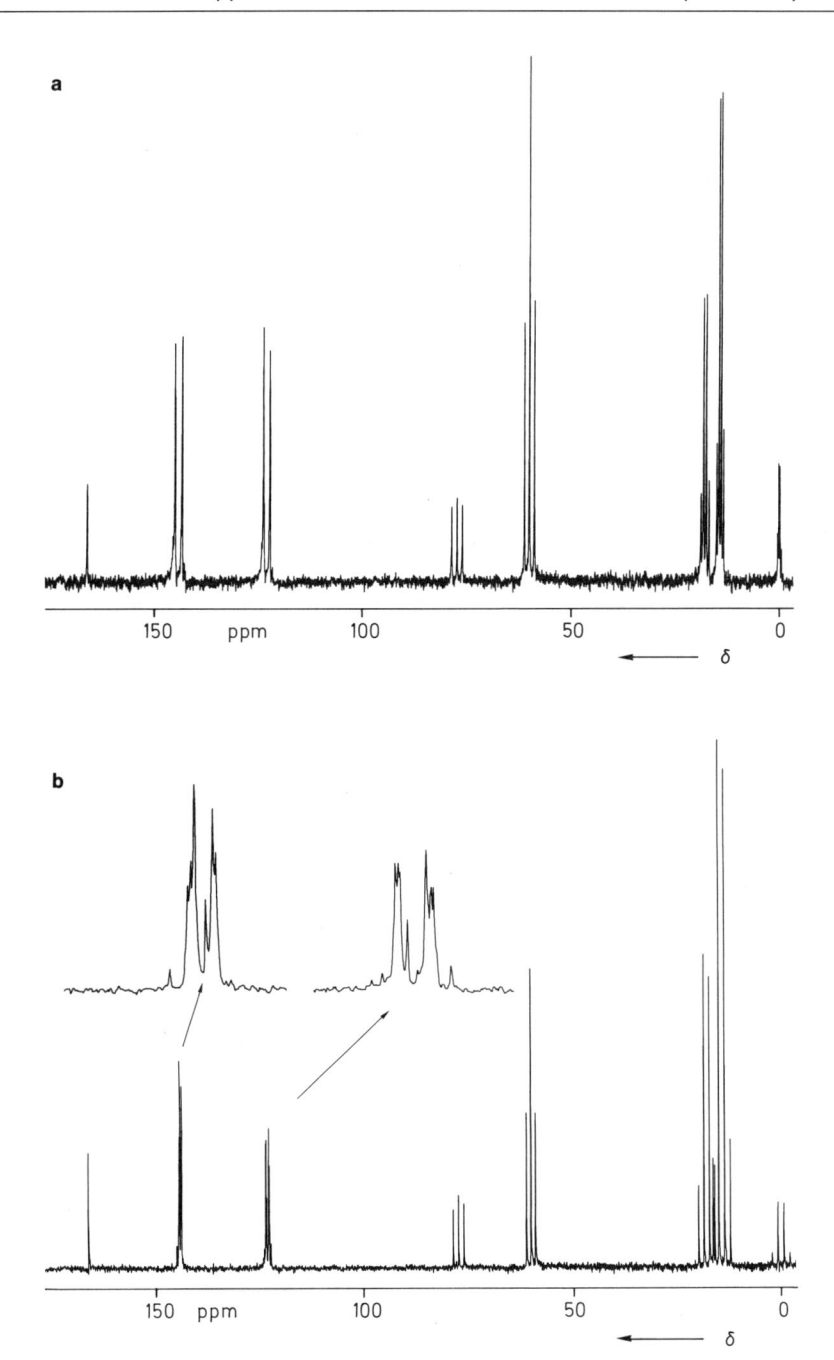

Abb. 2.32 ¹H-Off-Resonance-entkoppelte ^{13}C-NMR-Spektren von **1** (Erläuterung vgl. Aufg. 2.13)

$$J_r = \gamma B_{+\text{eff}} - \gamma B_{-\text{eff}}$$

$$= \sqrt{\left(\Delta v + \frac{J}{2}\right)^2 + (\gamma B_2)^2} - \sqrt{\left(\Delta v - \frac{J}{2}\right)^2 + (\gamma B_2)^2} \qquad (2.48)$$

Man kann beweisen (s. Aufgabe 2.16, S. 57), daß sich Gl. (2.48) zu Gl. (2.50) vereinfacht, wenn die Beziehung (2.49) gilt.

$$(\gamma B_2)^2 \gg \left(\Delta v + \frac{J}{2}\right)^2 \qquad (2.49)$$

$$J_r = \frac{J \Delta v}{\gamma B_2} \qquad (2.50)$$

Neben Gl. (2.50) sind in der Literatur[24] auch andere Vereinfachungen von Gl. (2.48) vorgeschlagen worden.

Gl. (2.50) zeigt, daß es keine optimale Off-Resonance-Position des Entkopplers für alle Protonen bzw. Kohlenstoff-Atome einer Probe gibt. Für kompliziertere Aufgaben wird man daher, wie Abb. 2.32 für Crotonsäureethylester zeigt, zwei Experimente durchführen, bei denen die Frequenz des Entkopplers einmal auf die Hochfeld- und einmal auf die Tieffeldseite des Protonenspektrums gesetzt wird.

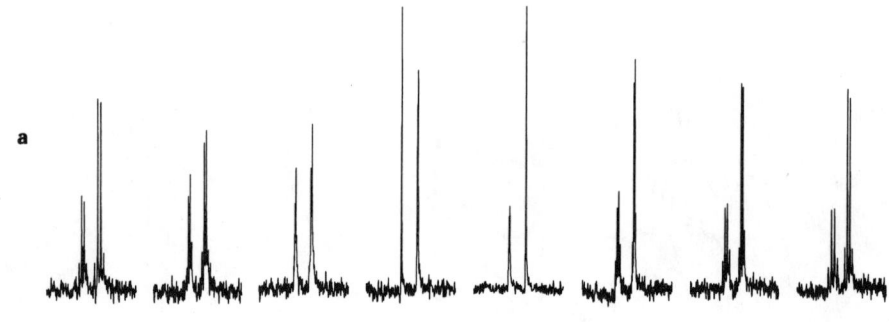

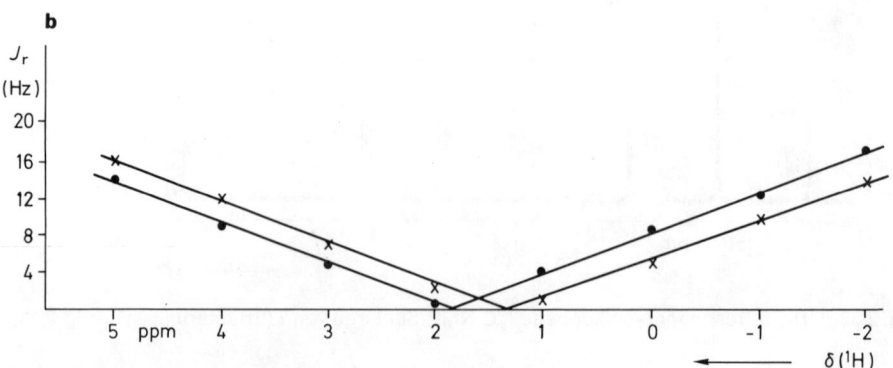

Abb. 2.33 Schrittweise ^{1}H-Off-Resonance-Entkopplung
a ^{13}C-NMR-Spektren (Methyl-Bereich)
b Auftragung von ^1J_r aus **a** gegen Einstrahlort im ^{1}H-NMR-Spektrum, (•,x: Werte für linke bzw. rechte Absorption)

Bei linienreichen Spektren ist es manchmal angebracht, ganze Serien von ¹H-Off-Resonance-entkoppelten Spektren aufzunehmen („schrittweise off-resonance")[25]. In Abb. 2.33 ist dies für die beiden Methyl-Gruppen des Crotonsäureethylesters durchgeführt worden, gleichzeitig wird J_r als Funktion der Entkopplerschritte, hier Schritte von 1 ppm, aufgetragen. Aus den Schnittpunkten der Geraden mit der Abszisse ergibt sich die Protonenresonanzposition und eine eindeutige Korrelation zwischen ¹H- und ¹³C-Resonanz. Diese Methode kann daher auch dazu benutzt werden, die Resonanzposition eines unter anderen ¹H-Signalen verborgenen Protons aufzufinden[26].

In einzelnen Fällen können ¹H-Off-Resonance-entkoppelte ¹³C-NMR-Spektren jedoch auch komplizierter als die zugehörigen gekoppelten ¹³C-NMR-Spektren werden[27]. Dies ist häufig bei CH_2—CH_2-Gruppierungen der Fall (s. z.B. β-Ethoxyethanol (**2**) in Abb. 2.34), die im ¹H-Off-Resonance-Spektrum statt zweier Tripletts kompliziertere Muster liefern. Dies liegt daran, daß hier der X-Teil eines AA'BB'X-Systems gemessen wird, in dem die ursprüngliche Bedingung $J_{AX} \gg J_{AA'}$ und $J_{BB'}$ infolge der Off-Resonance-Einstrahlung nicht mehr gilt. Das Auftreten solcher Signalmuster ist ein starker Hinweis auf zwei einander benachbarte CH_2-Gruppen. Wie Abb. 2.32b (s. S. 49) zeigt, gilt dies im Prinzip auch für die CH=CH-Gruppierung[27c]. Effekte dieser Art können gegebenenfalls auch zur Vorzeichenbestimmung der Spin, Spin-Kopplungen dieser Spinsysteme benutzt werden[28] (vgl. Kap. 4, S.431).

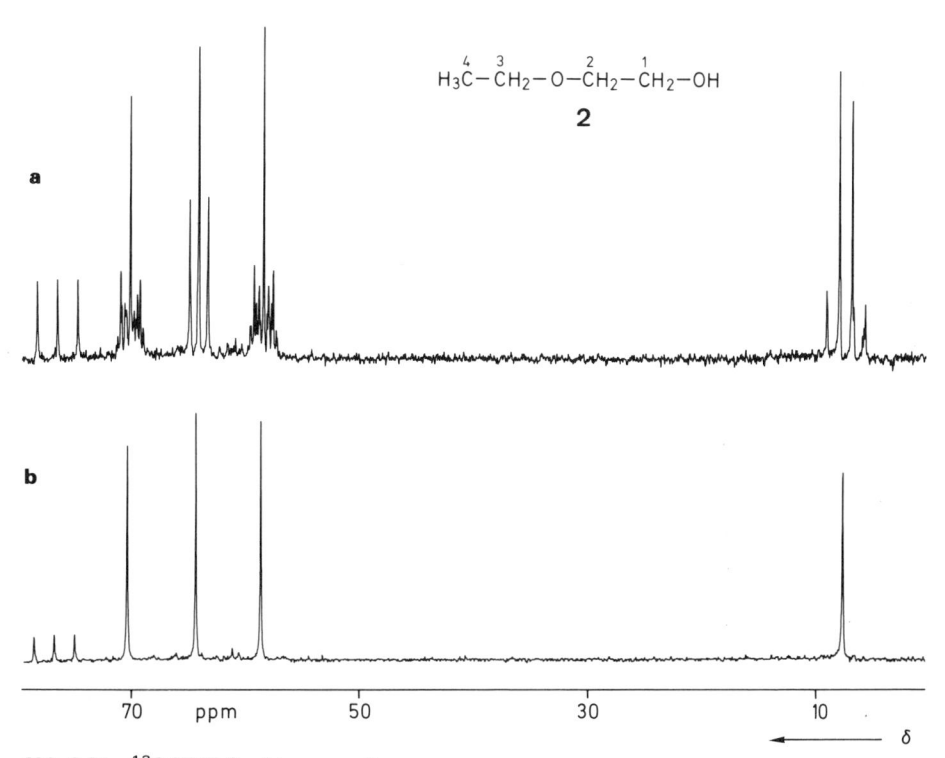

$$H_3\overset{4}{C}-\overset{3}{C}H_2-O-\overset{2}{C}H_2-\overset{1}{C}H_2-OH$$

2

Abb. 2.34 ¹³C-NMR-Spektren von **2**
a ¹H-Off-Resonance-entkoppelt
b ¹H-Breitband-entkoppelt (vgl. Aufg. 2.15)

Neben dem bereits klassischen Off-Resonance-Verfahren zur Bestimmung der Multiplizität von ^{13}C-Signalen sind seit kurzem auch weitere Methoden bekannt, die entweder alle ^{13}C,^{1}H-Kopplungen um den gleichen Betrag reduzieren (**scaled decoupling**[29]) oder aber ^{13}C-Signale unterschiedlicher Multiplizität als Singuletts, aber in Emission oder Absorption erscheinen lassen. Letztere werden in Abschn. 4 (s. S. 63) besprochen.

3.3.1 ^{1}H-Noise-Off-Resonance-Entkopplung (NORD)

Zur Identifizierung der Signale quartärer Kohlenstoff-Atome, die z. B. durch starke Absorptionen eng aneinander liegender aromatischer ^{13}C-Resonanzen verborgen sind, und zur Erkennung von CH_2-Gruppen dient ein Verfahren[18], bei dem die Entkopplungsfrequenz wesentlich weiter vom Protonenresonanz-Spektrum entfernt und mit geringer Leistung, aber breitbandmoduliert, eingestrahlt wird.

Primäre und tertiäre Kohlenstoff-Atome liefern stark verbreiterte Signale, während die Absorptionen von quartären und sekundären Kohlenstoff-Atomen scharf bleiben.

Die geringe Entkopplerleistung genügt, um geminale und vicinale ^{13}C, H-Kopplungen der quartären Kohlenstoff-Atome aufzuheben.

Für eine $^{13}CH_2$-Gruppe mit isogamen Protonen (s. Kap. 4, S. 431) kann man das AX_2-Spinsystem auch als Summe zweier Teilspektren, eines 1:1:1-Tripletts und zweier antisymmetrischer Übergänge mit der Mittenfrequenz des Tripletts, auffassen. Das Triplett wird wie die Signale der primären und tertiären C-Atome verbreitert, während die beiden antisymmetrischen Übergänge nicht beeinflußt werden[30].

Eine Variante des NORD-Verfahrens wendet den Entkoppler mit geringer Leistung, rauschmoduliert, aber im Zentrum des Protonenspektrums wie bei der ^{1}H-Breitband-Entkopplung an. Ein solches Spektrum von Crotonsäureethylester ist in Abb. 2.35 wiedergegeben. Neben dem hier beschriebenen Verfahren sind in der Literatur noch weitere Off-Resonance-Varianten bekannt geworden[30].

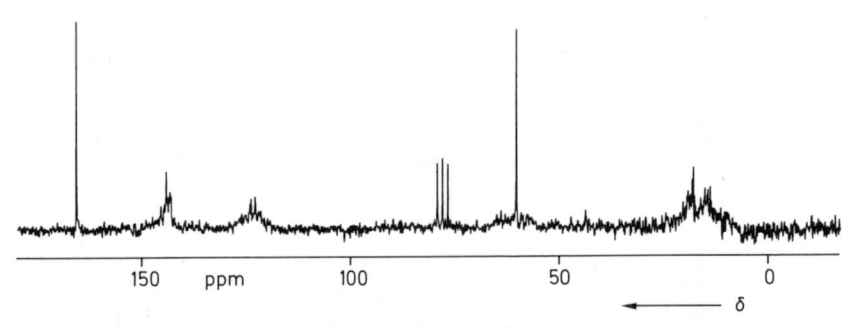

Abb. 2.35 ^{1}H-Noise-Off-Resonance-entkoppeltes ^{13}C-NMR-Spektrum von Crotonsäureethylester **1**

3.4 Selektive ^{1}H-Entkopplung

Neben der ^{1}H-Breitband- und der ^{1}H-Off-Resonance-Entkopplung ist es möglich, Entkopplerleistung und -position genau so einzustellen, daß nur bestimmte Wasserstoff-Atome einzeln entkoppelt werden. Die Entkopplerleistung γB_2 (in Hz) wird hierfür auf etwa 150 Hz oder aber auf ca. 20 Hz eingestellt, je nachdem, ob man $^1J(CH)$ oder weiterreichende Kopplungen eliminieren will.

Für in der Nähe absorbierende Wasserstoff-Atome kommt es dabei zu Off-Resonance-Effekten. Zur Durchführung der selektiven Entkopplung muß vor der Aufnahme des ^{13}C-NMR-Spektrums möglichst von der gleichen Lösung ein Protonenspektrum aufgenommen werden, um die exakte Protonenfrequenz festzulegen. In Abb. 2.36 ist für **1** das selektive Entkopplungsexperiment wiedergegeben, bei dem die Methylprotonen an C-1 mit höherer Leistung entkoppelt wurden.

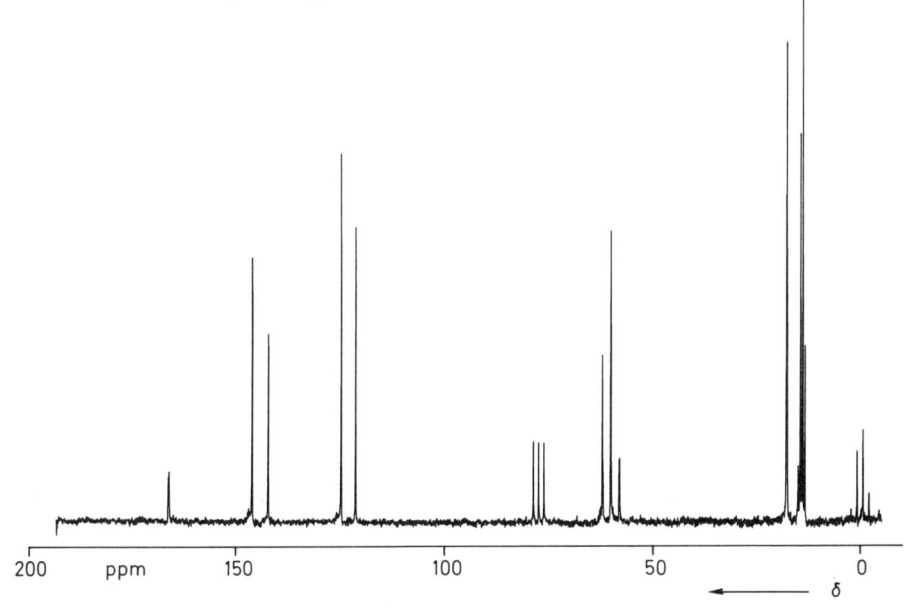

Abb. 2.36 ^{13}C-NMR-Spektrum von **1** mit selektiver ^{1}H-Entkopplung einer Methyl-Gruppe

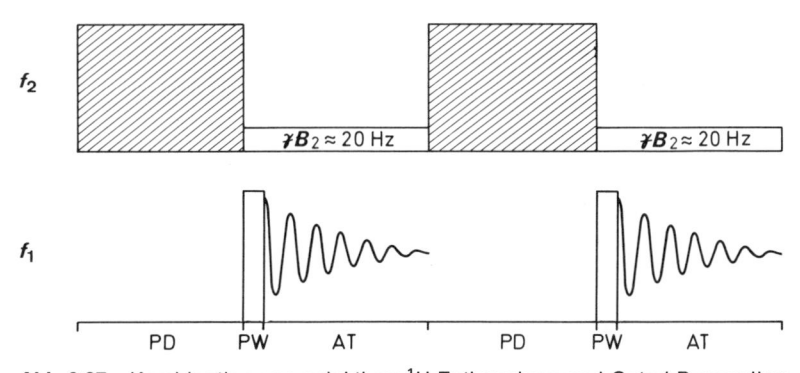

Abb. 2.37 Kombination von selektiver ^{1}H-Entkopplung und Gated-Decoupling

Auf diese Weise können Protonen- und ^{13}C-Signale eindeutig miteinander korreliert werden.

Die selektive Entkopplung mit geringerer Entkopplungsleistung dient vor allem der Vereinfachung von Multipletts; hierbei würde man aber den NOE-Effekt verlieren. Um dies zu umgehen, wird die Gated-Decoupling-Methode mit der selektiven Entkopplung kombiniert[31]. Wie aus dem Pulsschema in Abb. 2.37 hervorgeht, wird während der Wartezeit der Entkoppler auf hohe Leistung und Breitband-Modulation, während der Aquisitionszeit jedoch auf die Bedingungen der selektiven Entkopplung umgeschaltet. Durch die Kombination mit der Breitband-Entkopplung während der Wartezeit wird der NOE-Effekt erhalten; gleichzeitig wird verhindert, daß sich durch die selektive Entkopplung Populationsdifferenzen aufbauen. In Abb. 2.38 ist ein Spektrum von Crotonsäureethylester, das nach diesem Verfahren unter Bestrahlen des Protons an C-3 aufgenommen wurde, wiedergegeben.

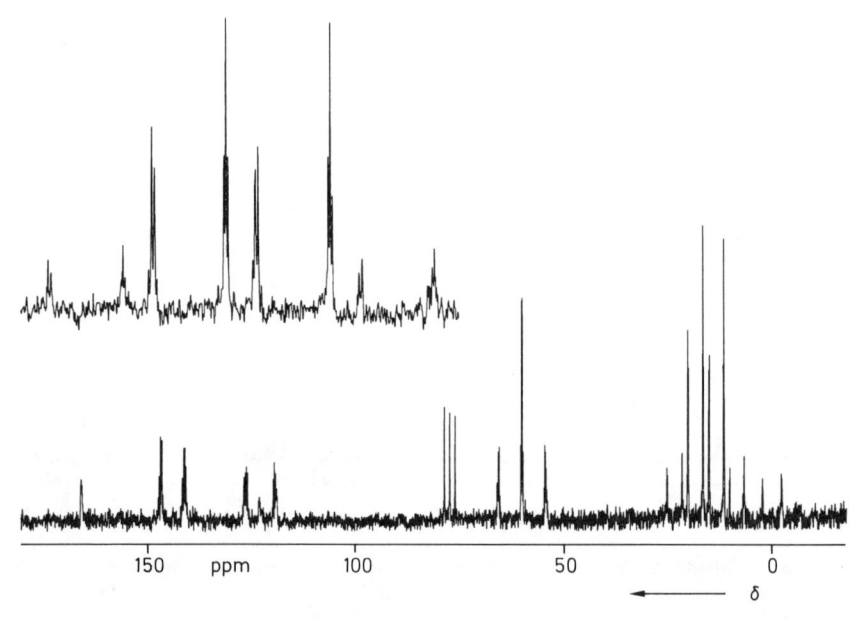

Abb. 2.38 ^{13}C-NMR-Spektrum mit selektiver Entkopplung des Protons an C-3 zur Aufhebung der geminalen Kopplung ^2J (C-4, H-3), vgl. die Feinstruktur des Signals von C-4 mit der in Abb. 2.27 (S. 45)

3.5 Selective-Population-Transfer (SPT)

Neben den bisher beschriebenen Entkopplungsverfahren gibt es auch Doppelresonanz-Methoden, bei denen die Entkopplerleistung nicht kontinuierlich oder alternierend, wie beim Gated Decoupling, sondern in gepulster Form und mit sehr geringer Leistung (γB_2 entspricht ca. der Linienbreite einer Multiplett-Linie) angewandt wird. Diese Methode, **selective population transfer** (SPT)[32] genannt, kann unter bestimmten Bedingungen auch bis zur vollständigen Inversion einer Linie führen (**selective population inversion**, SPI).

Die Pulssequenz für SPT ist in Abb. 2.39 angegeben, und Abb. 2.40 zeigt SPT-Spektren von Chloracrylsäure **3**.

3

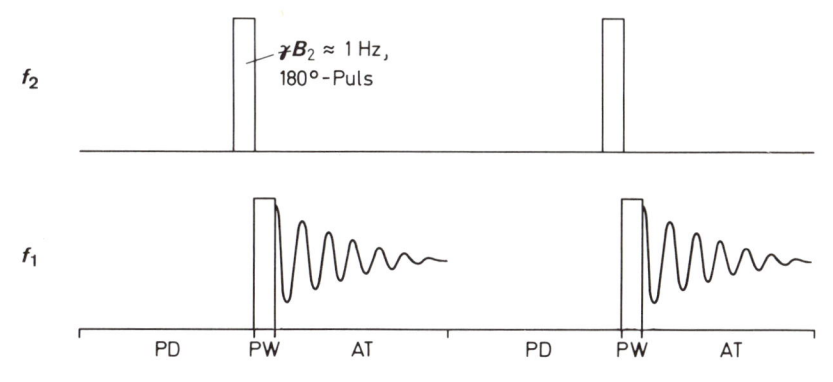

Abb. 2.39 Aufnahmeschema für das SPT-Verfahren (s. Text)

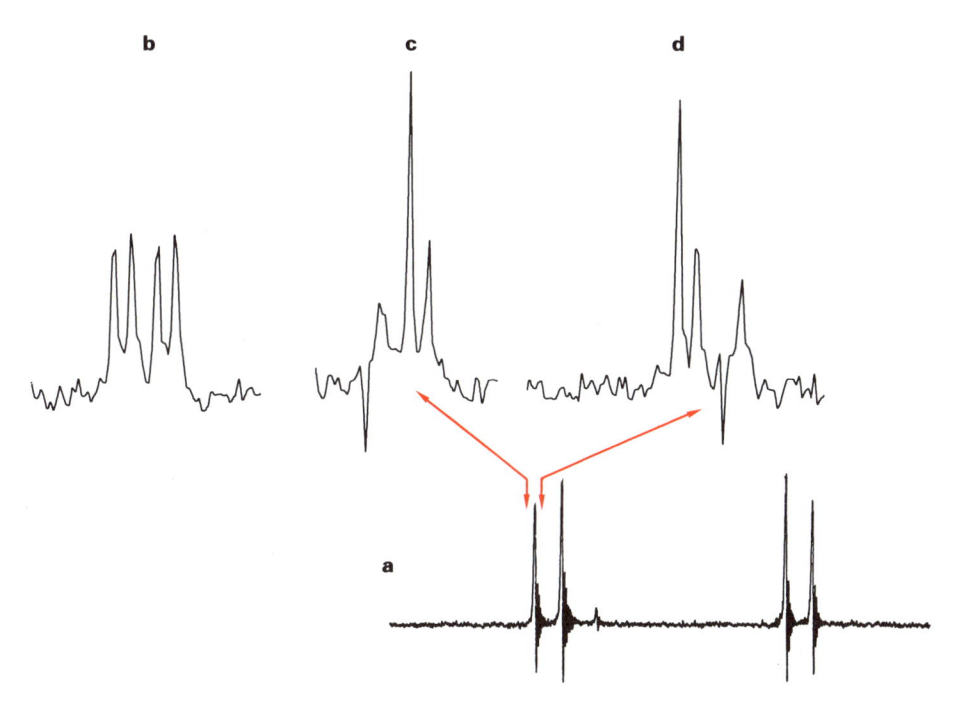

Abb. 2.40 SPT-Experiment an Chloracrylsäure **3**
a ^{1}H-NMR Spektrum der ^{12}C-Spezies von **3** (Olefin-Bereich)
b ^{13}C-NMR-Spektrum von C_X
c + d ^{13}C-NMR-Spektren von C_X bei Einstrahlung an den angegebenen Stellen im ^{1}H-NMR-Spektrum

Die Funktionsweise dieser Methode ist im Falle eines AX-Systems anhand von Abb. 2.41 verständlich: Die Besetzungszahlen der im Boltzmann-Gleichgewicht befindlichen Energieniveaus 1, 2, 3 und 4 werden durch einen selektiven 180° Puls in den X_1-Übergang so gestört, daß eine Umbesetzung der Energieniveaus 1 und 2 stattfindet. Der analytische Puls, der anschließend die Übergänge A_1 und A_2 anregt, findet daher für die Linie A_1 ein negatives Signal, da infolge der Umbesetzung Energieniveau 3 höhere Besetzungszahlen als Energieniveau 1 aufweist. Der Übergang A_2 ist aus analogen Gründen verstärkt positiv. Die Besetzungszahlen in einem heteronuklearen AX-Spinsystem werden durch den Quotienten $\frac{\gamma_X}{\gamma_A}$ bestimmt (vgl. Kap. 5, S. 564). Die im SPT-Verfahren erreichbaren Intensitätsveränderungen sind daher ebenfalls von diesem Quotienten abhängig.

In AMX-Spektren, wie dem der abgebildeten Chloracrylsäure (s. Abb. 2.40), lassen sich mit dieser Methode die relativen Vorzeichen der Kopplungen bestimmen (vgl. Kap. 4, S. 442).

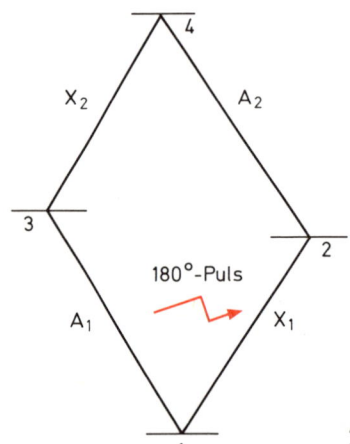

Abb. 2.41 Zum Verständnis des SPT-Verfahrens: Energieniveauschema eines AX-Spinsystems

Die SPT-Methode kann mit der Differenz-Spektroskopie verbunden werden, d.h. die Pulssequenz kann so gestaltet werden, daß je eine Aufnahme nach dem SPT-Verfahren und je eine Aufnahme unter normalen Bedingungen einander folgen[33]. Die resultierenden FID's werden voneinander subtrahiert, so daß in dem transformierten Spektrum nur der Effekt der Intensitätsänderungen durch das SPT-Experiment sichtbar ist; diese Methode wurde auch Pseudo-INDOR genannt[34].

3.6 Tripelresonanz und Homoentkopplung

Neben den in diesem Kapitel beschriebenen Doppelresonanz-Methoden gibt es noch eine Reihe anderer Verfahren, auf die im Rahmen dieses Buches jedoch nicht eingegangen werden kann. Besonders erwähnt werden sollen nur noch die Tripelresonanz (vgl. S. 20), bei der neben der Protonen-Entkopplung noch ein weiterer Kern bestrahlt wird. Dies kann in besonderen Fällen für Zuordnungszwecke[35], zur Vorzeichenbestimmung der Kopplungskonstanten[36] und zur spektralen Vereinfachung nützlich sein. Eine besondere Form der Tripelresonanz stellt die Homoentkopplung bei ^{13}C vom Typ $^{13}C\{^{13}C, {}^1H\}$ dar, bei der unter ^1H-Breitband-Entkopplung noch ein bestimmtes ^{13}C-Signal bestrahlt wird. Dies dient neben dem Studium von ^{13}C, ^{13}C-Kopplungen bei mehrfach markierten Verbindungen besonders auch zur Beobachtung dynamischer Phänomene bei austauschenden ^{13}C-Signalen[37] (Sättigungstransfer, s. Kap. 6, S. 588ff.).

Aufgaben

2.13 Bestimme, auf welcher Seite des Protonen-Spektrums der Entkoppler bei der Aufnahme der Off-Resonance-Spektren für die Abb. 2.32a und b (s. S. 49) stand.

2.14 Um wieviel Hz muß die Entkopplerfrequenz verändert werden, wenn man die gleiche Substanz statt in Deuterochloroform in Deuteroaceton an einem 400 MHz-Instrument messen will?

2.15 Ordne die Signale der CH_2-Gruppen in Abb. 2.34 (s. S. 51) zu.

2.16 Gl. (2.48) hat die allgemeine Form:

$$x = \sqrt{(a+b)^2 + c^2} - \sqrt{(a-b)^2 + c^2}$$

Zeige, daß $x = \dfrac{2ab}{c}$ für $a, b \ll c$ ist.

2.17 Schlage ein Verfahren vor, mit dem man die Entkopplerleistung kalibrieren kann.

4. Neuartige Anregungsverfahren

Bei den bisher beschriebenen Meßmethoden wird ausnahmslos ein einziger energiereicher und damit nicht selektiver Hochfrequenzpuls zur Anregung des ^{13}C-NMR-Spektrums benutzt. Daneben existieren heute jedoch eine ganze Reihe anderer Pulsverfahren, die gekoppelt mit den beschriebenen Doppelresonanz-Methoden eine neuartige Anregung des ^{13}C-NMR-Spektrums ermöglichen[38a]. Von der Vielzahl der bislang publizierten Multipulsmethoden sollen hier jedoch nur diejenigen beschrieben werden, die für die Zukunft eine breitere Anwendung voraussehen lassen.

4.1 Selektive Anregung

Die Analyse von protonengekoppelten ^{13}C-NMR-Spektren ist infolge Überlappung der Multipletts meist recht schwierig. Dies ist besonders dann der Fall, wenn nur Geräte mit relativ geringer Feldstärke zur Verfügung stehen.

Daher ist ein Verfahren erarbeitet worden, bei dem nur ein Signal des entkoppelten ^{13}C-NMR-Spektrums angeregt und dessen ^{1}H-gekoppeltes Multiplett ohne Überlappung

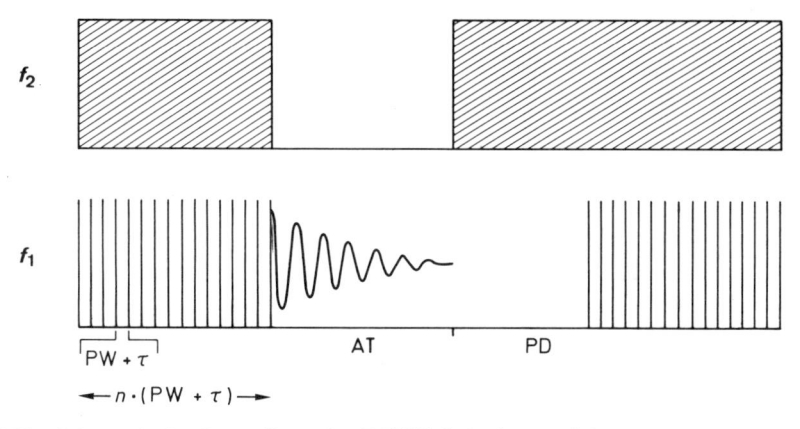

Abb. 2.42 Schematische Darstellung des DANTE-Aufnahmeverfahrens

durch benachbarte Linien aufgenommen wird. Diese Methode[38b], deren Wirkungsweise in Abb. 2.42 gezeigt wird, hat den Kunstnamen DANTE (**delayed alternation with nutations for tailored exitation**) erhalten. Hierbei wird die Meßlösung mit einer Serie von meist 100 Pulsen ($n = 100$) mit einem sehr kleinen Pulswinkel (1–4°) im Abstand τ bestrahlt. Die Frequenz des Senders wird so gewählt, daß sie $\left\{\dfrac{n}{\tau}\right\}$ Hz von der selektiv anzuregenden ^{13}C-Linie entfernt ist.

Um die Wirkungsweise dieser Anregungsmethode zu verstehen, betrachtet man am besten eine Fourier-Transformation der Pulssequenz. Diese ergibt eine Trägerfrequenz v_0 mit Seitenbändern, die im Abstand $\dfrac{1}{\tau}, \dfrac{1}{2\tau} \ldots$ jeweils ein Maximum an Intensität besitzen. Ist die Sendefrequenz so gewählt, daß v_0 auf keine Linie, das selektiv anzuregende Signal aber auf die erste Seitenbande fällt, so erhält man das selektiv angeregte ^{13}C-NMR-Spektrum. Nach Abschluß der Pulssequenz wird die ^{1}H-Breitband-Entkopplung ausgeschaltet, und man erhält wie bei der Gated-Decoupling-Methode das ^{1}H-gekoppelte Spektrum unter Beibehaltung des NOE-Effektes. In Abb. 2.43 ist ein Beispiel für ein selektiv angeregtes ^{13}C-NMR-Spektrum wiedergegeben.

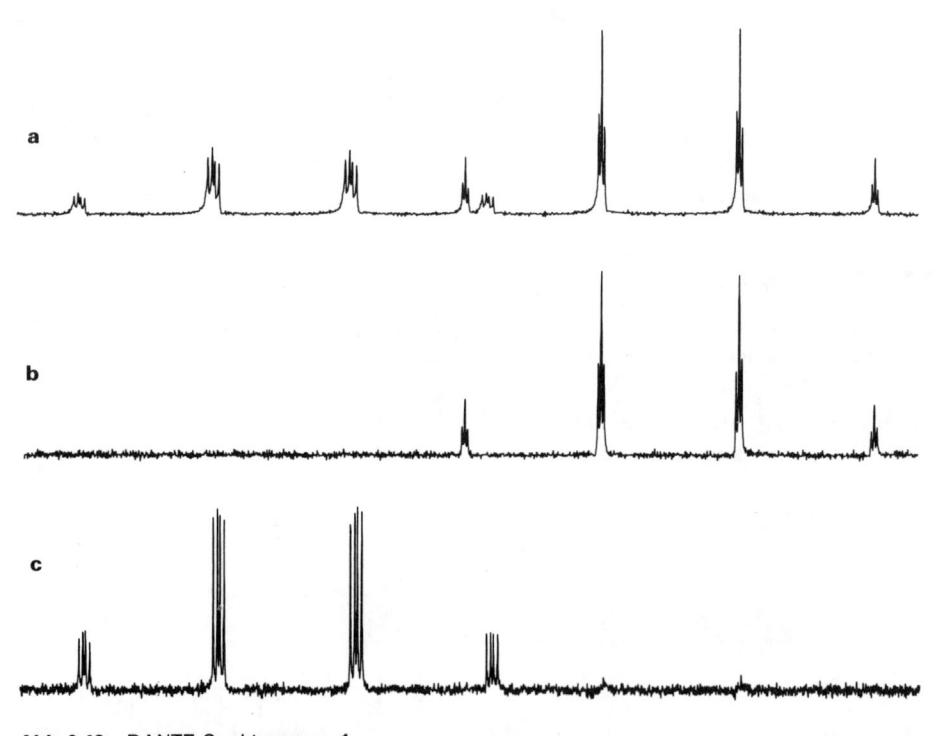

Abb. 2.43 DANTE-Spektren von **1**
a normales Gated-Decoupling mit partieller Überlappung der Multipletts
b und **c** selektive Anregung je einer Methyl-Gruppe

4.2 Zweidimensionale ^{13}C-NMR-Spektroskopie

In allen bisher hier beschriebenen ^{13}C-NMR-Verfahren war die spektrale Information als Funktion **einer** Frequenz erhalten worden. Neuerdings werden Meßmethoden vorgeschlagen, bei denen die spektrale Information als Funktion **zweier** Frequenzen entsteht. Die resultierende Aufzeichnung ist dann im Prinzip dreidimensional, nämlich die spektrale Intensität als Funktion der chemischen Verschiebung δ auf der x-Achse und der zweiten Frequenz auf der y-Achse.

Wird auf dieser zweiten Frequenzachse die Spin, Spin-Kopplung dargestellt, so spricht man von der 2D-J-aufgelösten NMR-Spektroskopie (Abschn. 4.2.1), wird die ^{1}H-chemische Verschiebung auf der zweiten Frequenzachse wiedergegeben, so erhält das Verfahren den Namen ^{13}C, ^{1}H-Korrelationsspektroskopie (Abschn. 4.2.2, s. S. 61). Die zweite Achse kann jedoch auch wieder die ^{13}C-chemische Verschiebung enthalten; in diesem Falle handelt es sich um die zweidimensionale Variante der INADEQUATE-Technik (Abschn. 4.4, s. S. 66).

Neben der aus der normalen eindimensionalen FT-NMR-Spektroskopie bekannten Aquisitionszeit AT, die hier als Laufzeit t_2 bezeichnet wird, gibt es eine zweite Periode t_1, deren Dauer in einem 2D-Experiment entsprechend der gewünschten Auflösung schrittweise erhöht wird, d. h., es wird eine ganze Serie von FID's aufgenommen. Doppelte Fourier-Transformation in bezug auf t_1 und t_2 führt dann zum zweidimensionalen NMR-Spektrum mit der Intensität als Funktion zweier Frequenzen.

Die zweidimensionale NMR-Spektroskopie führt zu einer deutlichen Vereinfachung von NMR-Spektren, da alle spektralen Informationen sofort und einfach ablesbar bzw. vom Computer als Projektionen aus dem zweidimensionalen Spektrum ausgegeben werden können. Nachteile dieser Methode sind der hohe Datenverarbeitungsaufwand sowie die Vorbedingung, daß die Spin, Spin-Kopplungen der Protonen untereinander meist weitgehend erster Ordnung sein sollten. Aus diesen und aus Empfindlichkeitsgründen ist die breitere Anwendung auf Hochfeldspektrometer mit genügend großem externen Datenträger beschränkt.

4.2.1 2D-J-aufgelöste ^{13}C-NMR Spektroskopie

Eine weitere Methode, die Überlappung von Multipletts aufzuheben, stellt die 2D-J-aufgelöste ^{13}C-NMR-Spektroskopie dar[39,40]. Hierbei wird im Gegensatz zur selektiven Anregung nicht eine bestimmte Linie ausgewählt, sondern für alle Absorptionen zwischen chemischer Verschiebung und Spin, Spin-Kopplung so getrennt, daß diese beiden Informationen auf verschiedenen Achsen des Spektrums erscheinen.

Um die Wirkungsweise der 2D-J-aufgelösten Spektroskopie zu verstehen, muß man zunächst die Funktionsweise des Spin-Echo-Experimentes betrachten, das von Hahn und Maxwell schon 1952 durchgeführt wurde[41]. Wie Abb. 2.44 zeigt, gelangt der Magnetisierunsvektor im rotierenden Koordinatensystem durch einen 90°-x-Puls in die xy-Ebene (Abb. 2.44b). Nach einer Wartezeit τ haben die einzelnen Spins aufgrund ihrer unterschiedlichen Präzessionsfrequenz, infolge der unterschiedlichen chemischen Verschiebungen sowie der Spin, Spin-Kopplung ihre Phasenkohärenz verloren (Abb. 2.44c).

Wendet man nun einen 180°-y-Puls an, so werden die einzelnen Spins um die y-Achse um 180° gedreht (Abb. 2.44c). Nach der gleichen Wartezeit τ refokussieren sie daher wieder; ein Effekt, den man Spin-Echo nennt. In Abb. 2.44e ist somit für den Augenblick $t = 2\tau$ die Information der chemischen Verschiebung wieder verloren gegangen.

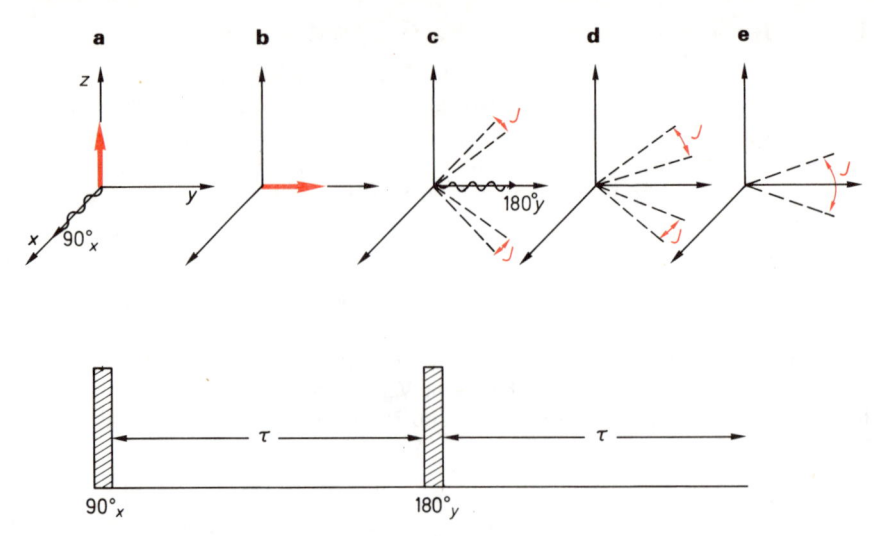

Abb. 2.44 Schematische Darstellung einer Spin-Echo-Sequenz (vgl. Text)

Für das weitere Verständnis ist jedoch wesentlich, daß für den **homonuklearen** Fall die Spin-Echo-Amplitude die Spin, Spin-Kopplungsinformation noch trägt oder, wie man sagt, J-moduliert ist. Der $180°$-y-Puls hat nicht nur die Spinvektoren in ihre Spiegelbildpositionen bezüglich der yz-Ebene gedreht, sondern auch die Spinzustände im Energiediagramm invertiert. Für die **hetereonukleare** Spin, Spin-Kopplung kann die J-Modulation des Spin-Echos auf verschiedenen Wegen (vgl. Aufgabe 2.22, s. S. 71) wieder eingeführt werden, so etwa durch einen mit dem $180°$-y-Puls gleichzeitig erfolgenden $180°$-Puls für die Protonen. In Abb. 2.45 ist die gesamte Pulssequenz für das zweidimensionale ^{13}C-^1H-Experiment dargestellt. Außer für den $180°$-Puls zur Zeit $t_1 = \tau$ wird der Entkoppler während der Wartezeit PD eingeschaltet, um den NOE-Effekt zu gewährleisten.

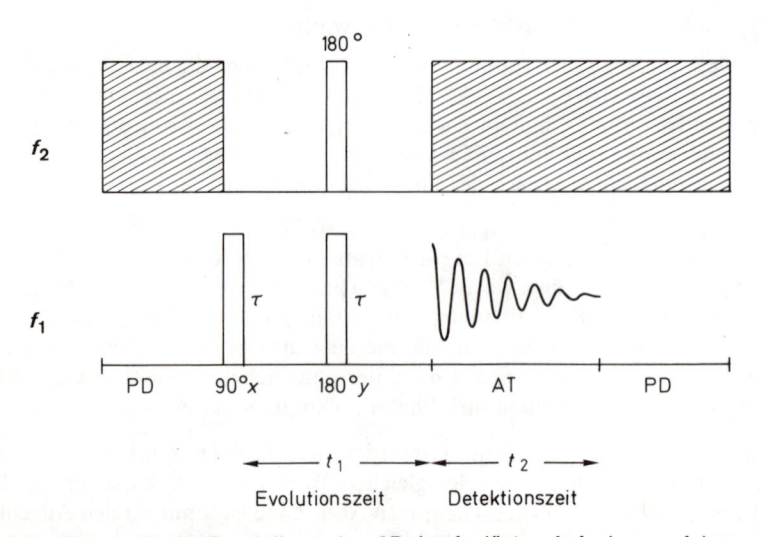

Abb. 2.45 Schematische Darstellung des 2D-J-aufgelösten Aufnahmeverfahrens

In Abb. 2.46 ist ein 2D-J-aufgelöstes ^{13}C-NMR-Spektrum der Methyl-Gruppen des Crotonsäureethylesters (1) wiedergegeben.

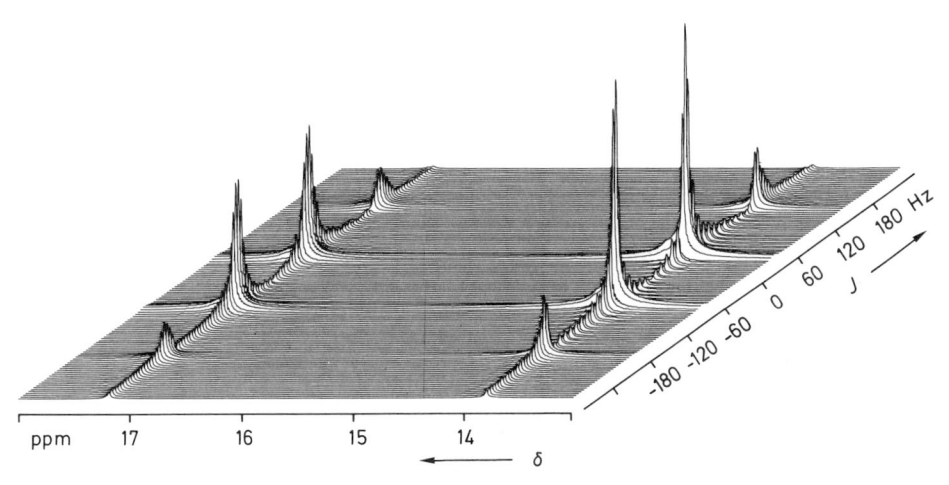

Abb. 2.46 2D-J-aufgelöstes ^{13}C-NMR-Spektrum der Methyl-Gruppen von 1

4.2.2 ^{13}C,^{1}H-Korrelationsspektroskopie

In Abschn. 3.3 (s. S. 47) wurde gezeigt, wie man durch schrittweise ^{1}H-Off-Resonance-Entkopplung Protonen- und ^{13}C-chemische Verschiebung miteinander korrelieren kann. Dies ist eleganter auch mit einer Form der 2D-Spektroskopie möglich[42,43]. Bei dieser Methode wird zunächst das Protonen-Spektrum durch zwei 90°-Pulse im Abstand der variablen Zeit t_1 angeregt (vgl. Abb. 2.47).

Im rotierenden Koordinatensystem lenkt hierbei der erste 90°-Puls die Protonenmagnetisierung in die xy-Ebene aus, wo die einzelnen Protonenspins aufgrund ihrer verschiedenen

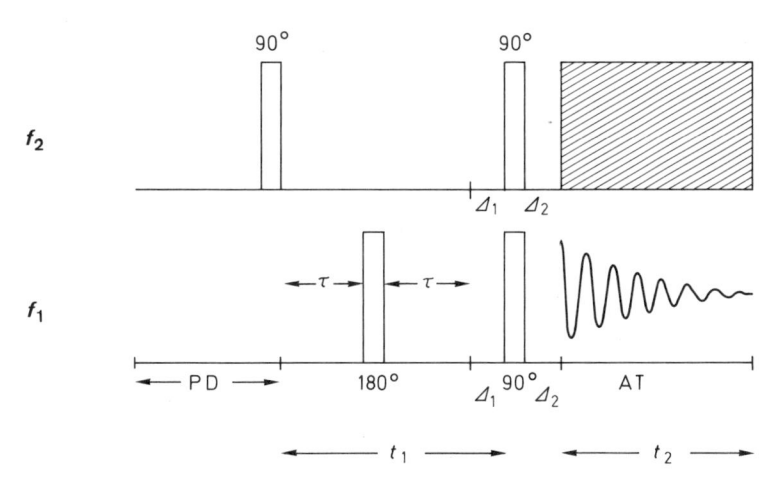

Abb. 2.47 Schematische Darstellung des Aufnahmeverfahrens für die ^{13}C,^{1}H-Korrelationsspektroskopie

chemischen Verschiebung defokussieren. Der zweite 90°-Puls transferiert die jeweiligen y-Komponenten wieder in longitudinale Magnetisierung.

Für die ^{13}C-Kernspins, die gemeinsame Energieniveaus mit den Protonen besitzen, werden dadurch Populationsveränderungen hervorgerufen, die vom analytischen 90°-Puls für die ^{13}C-Kerne „gelesen" werden.

Die Variation von t_1 ermöglicht also die Modulation des ^{13}C-Signals mit der chemischen Verschiebung der Protonen. Ein ^{13}C-180°-Puls zur Zeit $t_1 = \tau$ sorgt für die Aufhebung der ^1J(C, H)-Kopplung im Protonen-Spektrum, wobei der feste Abstand $\varDelta_1$ dafür verantwortlich ist, daß sich die in umgekehrter Phase befindlichen Komponenten der ^{13}C, ^{1}H-Multipletts nicht gegenseitig auslöschen. Dies gilt analog auch für die Wartezeit $\varDelta_2$, die vor die ^{1}H-Breitband-Entkopplung während der Aquisitionszeit eingeschaltet wird. Doppelte Fourier-Transformation liefert ein Diagramm mit den chemischen Verschiebungen von ^{13}C und ^{1}H als x- und y-Achse, wobei Intensitäten nur da auftreten, wo ^{13}C und ^{1}H direkt verknüpft sind.

In Abb. 2.48 ist ein Korrelationsspektrum für Crotonsäureethylester wiedergegeben. Im Gegensatz zu Abb. 2.46 (s. S. 61) wurde hier für die Darstellung ein Höhenliniendiagramm (**contour plot**) gewählt, dessen Auswertung einfacher ist.

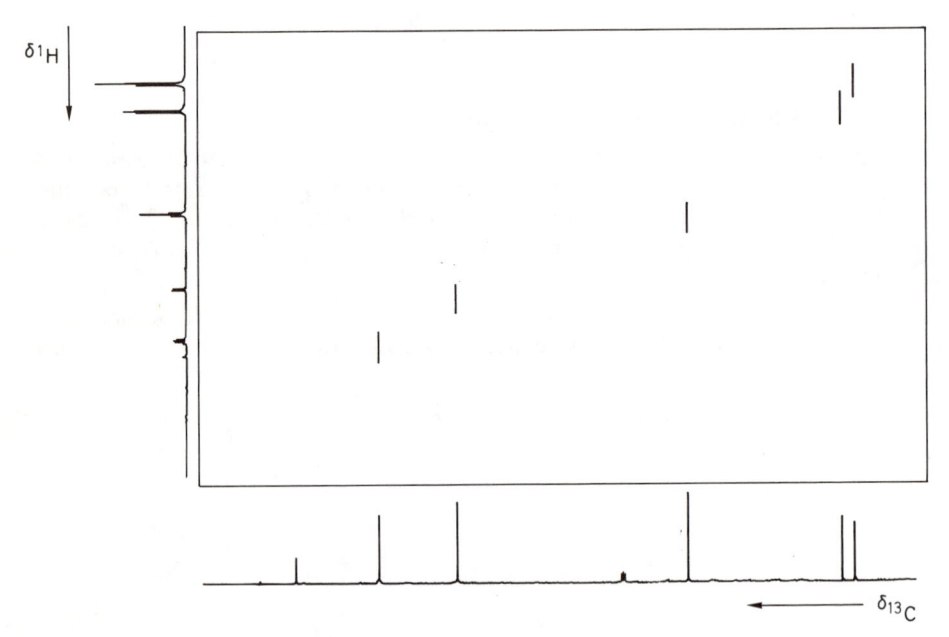

Abb. 2.48 ^{13}C, ^{1}H-Korrelationsspektrum von **1**

Eine wichtige Variante dieser Korrelationsmethode, **relayed coherence transfer** genannt[44], überträgt zunächst Magnetisierung zwischen zwei Protonen, die miteinander gekoppelt sind, und sodann auf das Kohlenstoff-Atom, das an eines dieser beiden Protonen direkt gebunden ist. Die Analyse des zweidimensionalen Spektrums erlaubt es daher, Segmente der Art zuzuordnen, was in komplizierten Fällen eine wesentliche Hilfe bei der Strukturaufklärung sein kann.

4.3 INEPT-, Spin-Echo- und DEPT-Verfahren

Eine Weiterentwicklung des SPT-Experiments (s. Abschn. 3.5, S. 54) ist unter dem Namen INEPT (**insensitive nuclei enhanced by polarisation transfer**) bekannt geworden. Während dieses Verfahren in seiner ursprünglichen Version[45] im wesentlichen für die ^{1}H-gekoppelten Spektren von ^{15}N oder ^{29}Si von Bedeutung ist, dient eine Modifizierung[46], die als „**refocussed** INEPT" bezeichnet wird, als Alternative zum ^{1}H-Off-Resonance-Verfahren. Diese Pulssequenz erlaubt es, die Multiplizität von ^{13}C-Signalen zu bestimmen ohne den Nachteil der beim Off-Resonance-Spektrum üblichen Linienverbreiterungen oder Multiplett-Überlappungen. Bei dieser Anregungsform werden nach wie vor Protonen-entkoppelte ^{13}C-NMR-Spektren erhalten, jedoch werden nur die Signale bestimmter Multiplizität ausgewählt bzw. in verschiedener Phase erhalten. Die Pulssequenz ist in Abb. 2.49 wiedergegeben, und die Bewegung der Spinvektoren wird in Abb. 2.50 gezeigt.

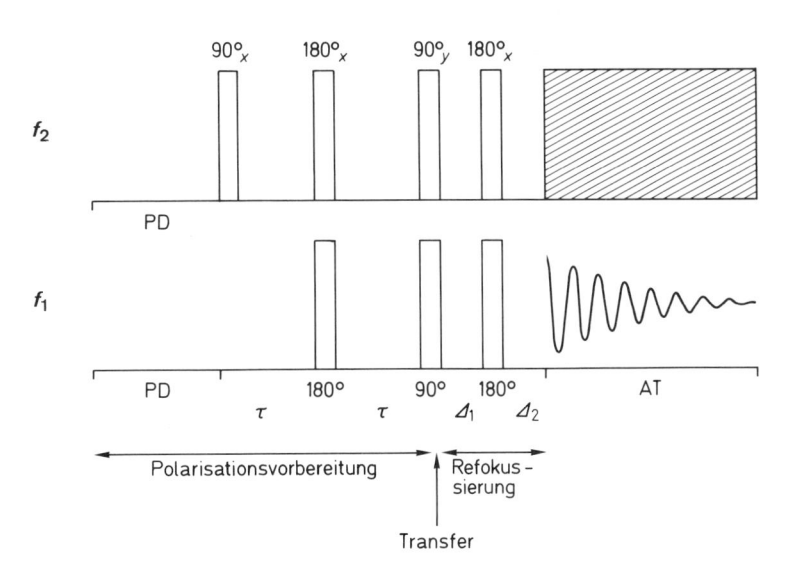

Abb. 2.49 Schematische Darstellung des refokussierten INEPT-Aufnahmeverfahrens

Betrachtet man der Einfachheit halber ein mit einem Proton gekoppeltes Kohlenstoff-Atom, so entspricht die 90°-x, τ, 180°-x, τ-Pulsfolge für die Protonen dem bekannten Spin-Echo-Experiment (s. S. 59), wobei der 180°-Puls statt aus der y- aus der x-Richtung erfolgt. Wählt man hierbei $\tau = \frac{1}{4}$ $^1J(C, H)$ (typischerweise 2 ms), so sind die Phasendifferenzen der Protonen-Spin-Vektoren aufgrund der ^{13}C, ^{1}H-Kopplung gerade so, daß diese nach 2τ in die positive bzw. negative x-Achse des rotierenden Koordinatensystems weisen (vgl. Abb. 2.50e). Durch den 180°-Puls für ^{13}C (Abb. 2.50c) werden die ^{13}C-Vektoren in die negative z-Achse gedreht und somit dafür gesorgt, daß die Komponenten des ^{13}C, ^{1}H-Dubletts nicht wie die der chemischen Verschiebungen refokussieren.

Der 90°-y-Protonenpuls (Abb. 2.50e, Entkopplungskanal) transferiert die Magnetisierung in die z-Richtung. Diese Situation der Protonenvektoren (Abb. 2.50f) entspricht für

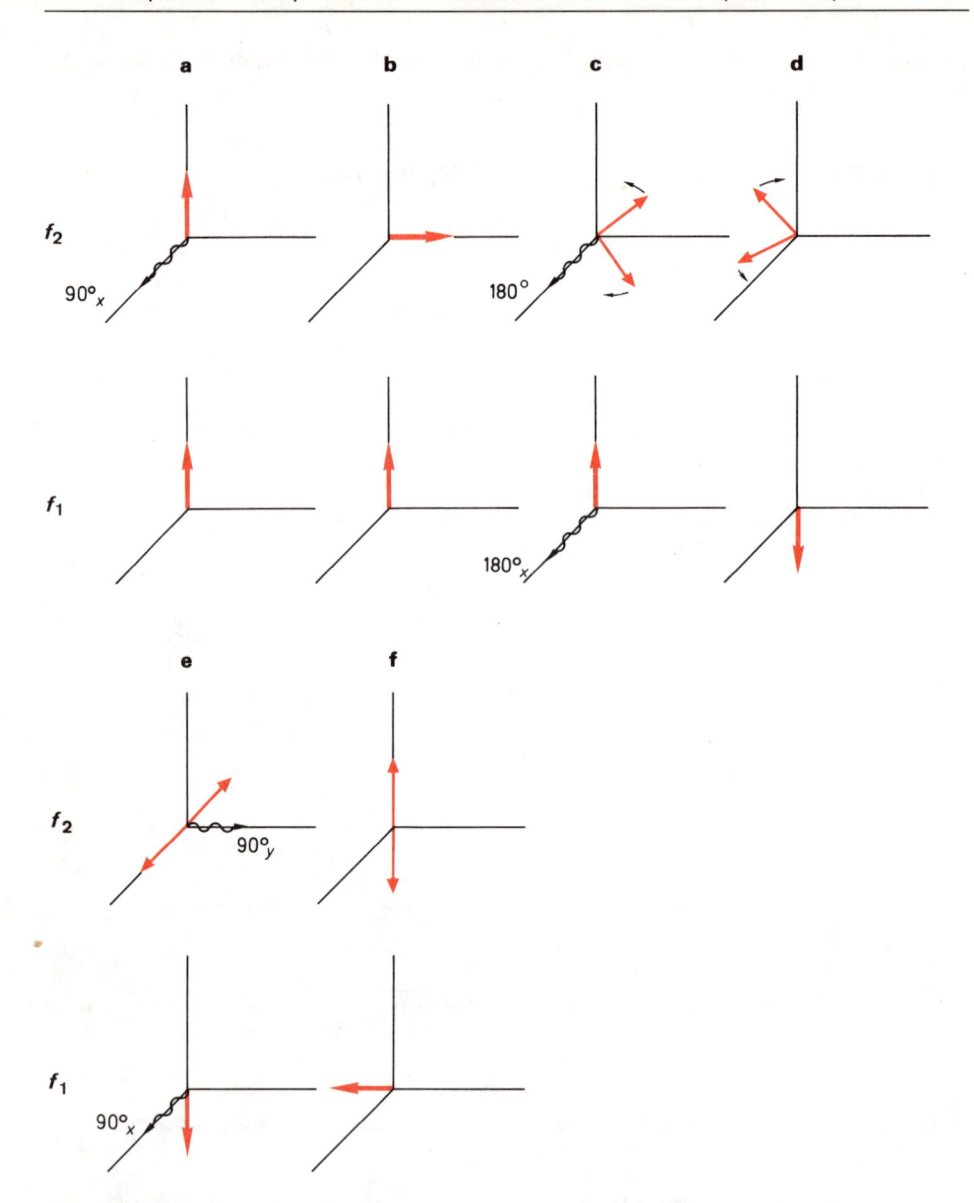

Abb. 2.50 Bewegung der Spinvektoren im rotierenden Koordinatensystem für ein normales INEPT-Experiment, f_2 = Entkopplungskanal, f_1 = Beobachtungskanal
a Ausgangszustand, 90° ^{1}H-Puls
b Zustand direkt nach erfolgtem ^{1}H-Puls in **a**
c Zustand nach Wartezeit τ, Auffächerung der Komponenten des ^{13}C, ^{1}H-Dubletts, 180° ^{13}C- und ^{1}H-Pulse
d Zustand direkt nach erfolgten 180°-Pulsen in **c**
e Zustand nach Wartezeit 2τ, 90° ^{13}C- und ^{1}H-Pulse, Polarisierungstransfer
f Zustand direkt nach erfolgten 90°-Pulsen in **e**

einen der beiden ^{13}C-Übergänge der Gleichgewichtsbesetzung, für den anderen jedoch einer Inversion der Besetzungszustände. Ein 90°-Puls für ^{13}C und anschließende Aquisition würde daher ein um den Faktor $\frac{\gamma(C)}{\gamma(H)}$, verstärktes Dublett ergeben, dessen eine Linie negativ ist (normales INEPT).

^{1}H-Breitband-Entkopplung während der Datenaufnahme würde dann zu einer totalen Auslöschung der ^{13}C-Signale führen. Schaltet man jedoch vor Beginn der Datenaufnahme und Entkopplung eine weitere Wartezeit Δ ein, erhält man Singuletts, und es gelingt je nach Länge der Wartezeit, Signale der Kohlenstoff-Atome verschiedener Multiplizität zu unterscheiden.

Dies beruht darauf, daß die Spins von CH_n-Multipletts relativ zur chemischen Verschiebung unterschiedlich schnell präzedieren, je nachdem, ob es sich um eine CH-, CH_2- oder CH_3-Gruppe handelt.

Für die praktische Anwendung in Mehrlinienspektren wird auch die Wartezeit Δ noch einmal in Δ_1 und Δ_2 unterteilt und auf beiden Kanälen je ein Refokussierungspuls angewandt, um die Effekte der chemischen Verschiebung zu kompensieren.

In Abb. 2.51 ist eine Serie von INEPT-Spektren für Crotonsäureethylester wiedergegeben.

Neben dem experimentell relativ aufwendigen INEPT-Verfahren sind inzwischen eine Reihe weiterer Pulssequenzen vorgeschlagen worden, die ebenfalls zu ^{1}H-entkoppelten ^{13}C-Spektren führen, deren Phasenlage abhängig ist von der Multiplizität der ^{13}C-Signale[47,48,49].

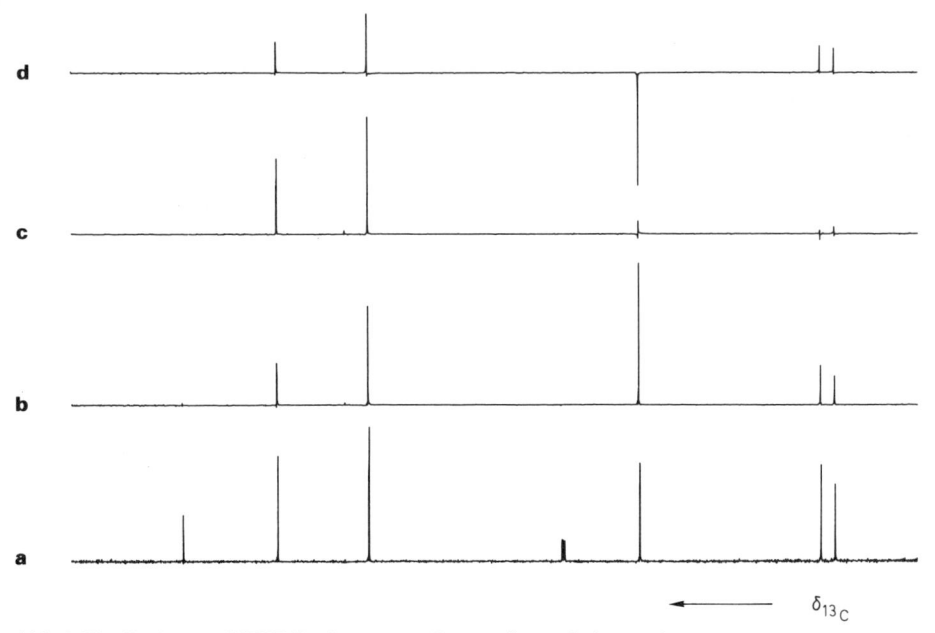

Abb. 2.51 Serie von INEPT-Spektren von Crotonsäureethylester 1
a Normales ^{1}H-Breitband-entkoppeltes ^{13}C-NMR-Spektrum
b Signale quartärer C-Atome unterdrückt
c Signale von quartären C-Atomen, von CH_2- und CH_3-Gruppen unterdrückt
d Signale von quartären C-Atomen unterdrückt, Signale von CH_2-Gruppen negativ

Wegen seiner Einfachheit besonders hervorzuheben, da auch an NMR-Instrumenten älterer Bauart durchzuführen, ist die Aufnahme von ^{13}C-NMR-Spektren mit einer Spin-Echo-Sequenz[48]. Hierbei benutzt man für die Spin-Echo-Pulsfolge einen τ-Wert von $\frac{1}{^1J(C,H)} \approx 8\,\text{ms}$ und schaltet die ^{1}H-Breitband-Entkopplung erst zum Zeitpunkt des 180°-Pulses im Beobachtungskanal ein. Dieses Verfahren, auch als J-moduliertes Spin-Echo-Experiment bezeichnet, liefert für die Signale quartärer und sekundärer C-Atome eine positive, für die Signale tertiärer und primärer C-Atome eine negative Phasenlage. Als Nachteile dieser Technik werden Phasenfehler durch unterschiedliche $^1J(C,H)$-Spin, Spin-Kopplungskonstanten sowie die Ununterscheidbarkeit zwischen Signalen von primären und tertiären bzw. sekundären und quartären C-Atomen angeführt.

Die DEPT-Aufnahmetechnik[49] (**distortionless enhancement by polarization transfer**) soll Nachteile des INEPT sowie des Spin-Echo-Verfahrens weitgehend aufheben. Neuartig an dieser Methode im Vergleich zu INEPT ist, daß die Phasenlage der ^{13}C-Signale nicht über den Delay Δ, sondern über den Pulswinkel des letzten Pulses im Entkopplungskanal gesteuert wird. Nach Aufnahme einer Serie von drei DEPT-Spektren mit verschiedenem Entkopplerpulswinkel werden durch Summen- bzw. Differenzbildung vier ^{13}C-Spektren erzeugt, von denen eines dem konventionellen ^{1}H-Breitband-entkoppelten entspricht, während die drei übrigen jeweils nur die Signale von primären, sekundären oder tertiären C-Atomen in positiver Phase zeigen.

Ob und welche der hier beschriebenen Entkopplungstechniken in der Praxis der Routine-^{13}C-NMR-Spektroskopie das herkömmliche ^{1}H-Off-Resonance-entkoppelte ^{13}C-NMR-Spektrum verdrängen und sich schließlich durchsetzen wird, muß noch abgewartet werden.

4.4 Messung von ^{13}C,^{13}C-Spin, Spin-Kopplungskonstanten (INADEQUATE)

Zur Messung von ^{13}C,^{13}C-Kopplungskonstanten an Proben mit natürlicher Häufigkeit müßte man wie in der ^{1}H-NMR-Spektroskopie zur Messung der ^{13}C,^{1}H-Kopplungen das Spektrum soweit verstärken, daß die Signalsatelliten sichtbar werden, die von den Isotopomeren mit zwei ^{13}C-Atomen im gleichen Molekül herrühren. Dies ist für ^{13}C im Prinzip auch möglich und wurde für die Messung von $^1J(C,C)$ auch weitgehend benutzt[50].

Die ^{13}C,^{13}C-Kopplungen über mehr als eine Bindung (Größenordnung 1–10 Hz) gehen jedoch im Bandenfuß des Hauptsignals verloren, so daß zu deren Messung bisher meist eine zum Teil aufwendige Markierung nötig war. Dieses Problem scheint jetzt durch eine neuartige Pulssequenz gelöst, die es erlaubt, die Signale der Mono-^{13}C-Isotopomeren zu unterdrücken und nur die Signale von Isotopomeren im Spektrum erscheinen zu lassen, die zwei ^{13}C-Atome in natürlicher Häufigkeit enthalten[51].

In Abb. 2.52 ist die dazu entwickelte Pulssequenz wiedergegeben.

Durch die Aufeinanderfolge von zwei 90°-x-Pulsen wird das Spinsystem so präpariert, daß die **Doppelquantenübergänge** im AB-System (A, B = ^{13}C) angeregt sind[52]. Der Abstand τ wird für die zu messende bzw. zu erwartende Kopplungskonstante $J(C,C)$ nach der Gl. (2.51) optimiert.

$$\tau = \frac{2n+1}{4J(C,C)} \qquad n = \text{ganze Zahl} \qquad (2.51)$$

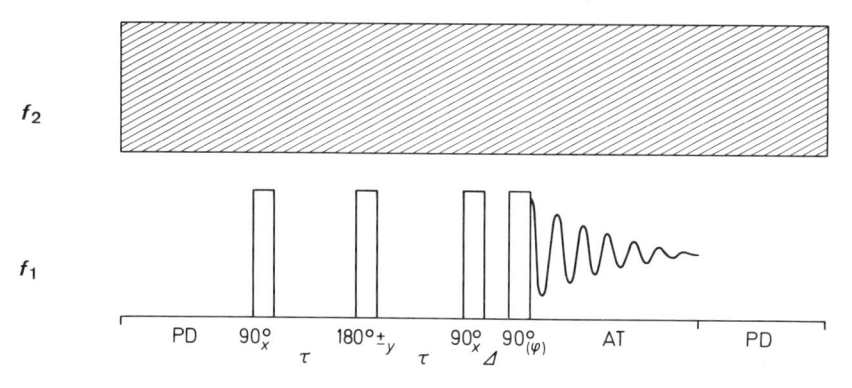

Abb. 2.52 Schematische Darstellung des INADEQUATE-Aufnahmeverfahrens

Ein in sehr kurzem Abstand folgender 90°-Puls transferiert die Doppelquantenkohärenz in beobachtbare Magnetisierung. Da die Doppelquantenkohärenzen empfindlicher auf Magnetfeldinhomogenitäten reagieren, wird zwischen den ersten beiden 90°-Pulsen noch ein 180°-Puls zur Refokussierung angewendet. Die Unterdrückung des Hauptsignals gelingt durch die Phasensteuerung des phasenempfindlichen Detektors, da Doppelquantenkohärenzen im Gegensatz zum normalen ^{13}C-Signal auf Phasenschiebungen des letzten 90°-Pulses um φ mit 2φ reagieren.

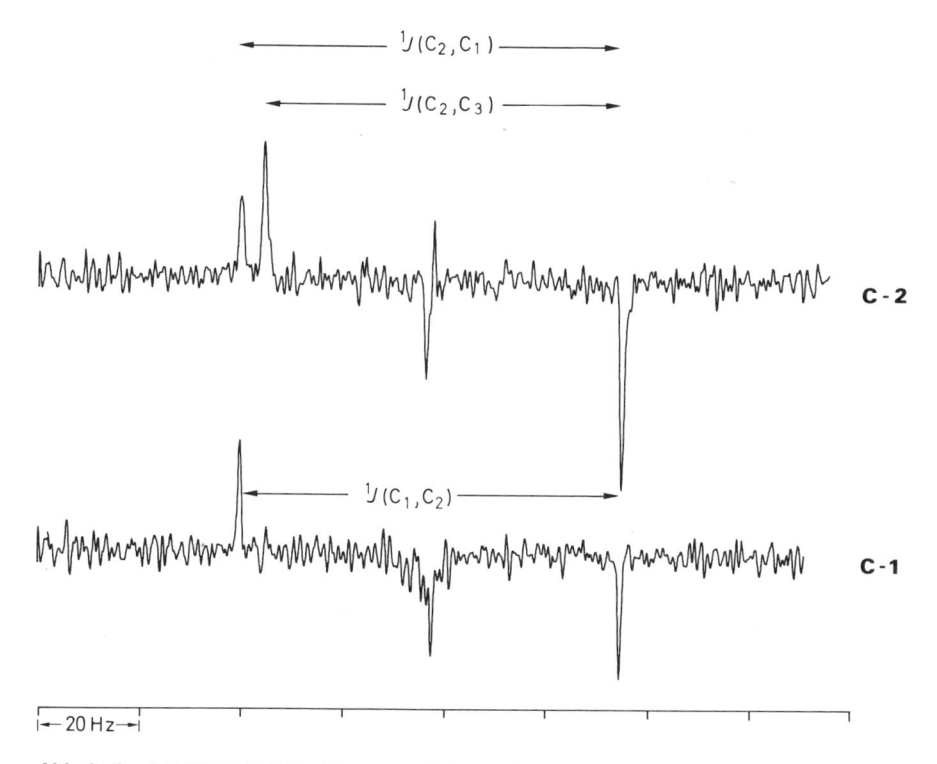

Abb. 2.53 INADEQUATE-Spektren von C-1 und C-2 des Crotonsäureethylesters **1**

Da exakte Pulswinkel und Phasen nicht realisierbar sind, wiederholt man zur Kompensation von Phasenfehlern die Sequenz viermal, wobei die Phase des analytischen Pulses um je $\pi/2$ gedreht wird; zusätzlich ändert man beim nächsten Durchgang die Phase des 180°-Pulses nach $-y$. Schließlich zyklisiert man die so erhaltene Abfolge noch einmal mit allen Puls- und Referenzphasen in jeweils 90°-Schritten, so daß für eine Aufnahmeeinheit 32 Sequenzen, nach Abb. 2.52 durchlaufen werden.

Dieses Verfahren hat den Namen INADEQUATE erhalten (**incredible natural abundance double quantum transfer experiment**). In Abb. 2.53 ist das spektrale Ergebnis für C-1 und C-2 von Crotonsäureethylester wiedergegeben.

Da durch derartige Experimente die Kopplungskonstanten $^1J(C,C)$ relativ einfach zugänglich werden, kann auf diese Weise die Verknüpfung eines Kohlenstoff-Gerüstes festgelegt werden. Hierzu wendet man zweidimensionale Varianten von INADEQUATE an[53]. Auf beiden Achsen des zweidimensionalen Spektrums wird die ^{13}C-chemische Verschiebung wiedergegeben. Intensitäten treten dort auf, wo ^{13}C-Atome über eine $^1J(C,C)$ direkt verbunden sind. Da bei diesem Verfahren die ^{13}C-Signale und ihre Zuordnung direkt gemessen werden, dürfte es, sofern das Empfindlichkeitsproblem gelöst wird, alle anderen Techniken weitgehend verdrängen. Ferner ist zu erwarten, daß INADEQUATE bei der Bedeutung der ^{13}C, ^{13}C-Kopplungen über mehr als eine Bindung breitere Anwendung finden wird.

4.5 ^{13}C-NMR-Spektroskopie an Festkörpern

Während früher die hochauflösende Kernresonanz auf Lösungen beschränkt war, sind inzwischen Meßverfahren gefunden worden, die es ermöglichen, gut aufgelöste ^{13}C-NMR-Spektren auch von Festkörpern zu erhalten[54]. Diese Form der ^{13}C-NMR-Spektroskopie ist besonders wichtig für die Untersuchung von Polymeren[55] und Biopolymeren[56]. Weitere Anwendungsgebiete finden sich in der Kohleforschung und verwandten Gebieten sowie in der Oberflächenchemie. Aber auch die physikalisch-organische Chemie dürfte von dieser neuen Methode Problemlösungen erwarten können; erwähnt sei nur die Untersuchung instabiler Zwischenstufen in einer Tieftemperatur-Lösungsmittelmatrix[57], die Chiralitätsbestimmung in Kristallen[58] sowie die Messung der Tensorkomponenten der chemischen Verschiebung[59].

Die normale hochauflösende FT-NMR-Spektroskopie ist aus drei Gründen am Festkörper nicht möglich:

– Dipolare Kopplungen zwischen ^{13}C und Protonen, die die Größenordnung von einigen kHz erreichen, führen zu einer starken Linienverbreiterung, während sie in Lösung durch die Molekularbewegung ausgemittelt werden.

– Die chemische Verschiebung ist ein Tensor zweiter Ordnung, seine Anisotropie führt im Festkörper zu einer starken Bandenverbreiterung, während in flüssiger Phase nur die Spur des Tensors gemessen wird.

– Die Spin-Gitter-Relaxationszeiten der ^{13}C-Atome im Festkörper sind extrem lang, da hier die über die Molekülbewegung vermittelte dipolare Relaxation mit den Protonen im wesentlichen ausfällt (vgl. Kap. 5, S. 559).

Alle drei Probleme sind durch Meßverfahren gelöst, die sich zusammenfassend unter dem Namen CPMAS-NMR-Spektroskopie schildern lassen (**cross polarisation magic angle spinning**)[60].

Die dipolare Kopplung kann man durch Entkopplung mit besonders hoher Senderfeldstärke (100 W) eliminieren. Hierzu ist allerdings eine besondere Konstruktion des Probenkopfes notwendig. Die Anisotropie der chemischen Verschiebung sowie auch Anteile der dipolaren Kopplung werden durch extrem schnelle Rotation der festen Probe unter einem sogenannten **magischen Winkel** von 54° 44' zur z-Richtung des Magnetfeldes aufgehoben. Dies rührt daher, daß die dipolaren Wechselwirkungen wie auch die Anisotropie des chemischen Verschiebungstensors mit dem Faktor $(3\cos^2 \vartheta - 1)$ verknüpft sind und daher die z-Komponente des magnetischen Dipolfeldes gerade bei $\vartheta_{magisch} = 54° 44'$ zu Null wird.

In der normalen, hochauflösenden FT-NMR-Spektroskopie rotiert die Probe mit einer Frequenz von 20–50 Hz, um Linienverbreiterungen dieser Größenordnung zu eliminieren. Ganz analog muß man in der Festkörperresonanz Umdrehungen von der Größenordnung einiger kHz erreichen, um die Linienverbreiterung durch die Anisotropie der chemischen Verschiebung auszuschalten. Hierbei auftretende Rotationsseitenbanden lassen sich neuerdings mit einem Verfahren unterdrücken, das den Namen TOSS (**total suppression of sidebands**) erhalten hat[61].

Durch einen besonderen Kunstgriff wird schließlich die Relaxation der ^{13}C-Atome beschleunigt. In der in Abb. 2.54 angegebenen Pulsfolge wird zunächst für die Protonen ein 90°-Puls angewandt, danach aber direkt die Bestrahlung der Protonen nach einer Phasenverschiebung von 90° fortgesetzt. Die Protonen geraten dadurch in die sogenannte **Spin-Lock-Situation**, d. h. sie präzedieren um die Richtung des ^{1}H-B_1-Feldes. Wendet man während dieser Zeit, auch Kontaktzeit genannt, einen ^{13}C-Puls unter Beachtung der Hartmann-Hahn-Bedingung[60], s. Gl. (2.52), an, so haben ^{13}C und ^{1}H gleiche Präzessionsfrequenzen um ihre jeweiligen effektiven B_1-Felder und können daher Energie austauschen.

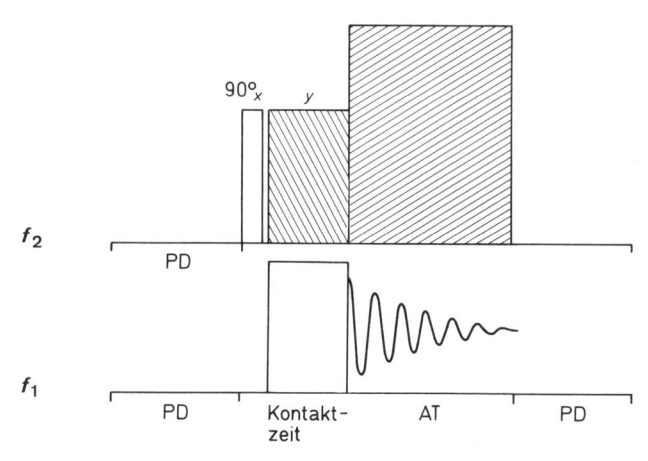

$$\gamma_C B_{1C} \approx \gamma_H B_{1H} \tag{2.52}$$

Abb. 2.54 Schematische Darstellung des ^{13}C-CPMAS-Verfahrens

Da die in großer Mehrzahl vorhandenen Protonen rascher relaxieren können als die ^{13}C-Kerne, sind sie in der Lage, die im Sinne der Boltzmann-Verteilung (vgl. Kap. 1, S. 10) „heißen" ^{13}C-Spins abzukühlen. Somit kann man das Pulsexperiment nach kurzer Zeit wiederholen. In Abb. 2.55 ist ein „normales" Festkörperspektrum einem Spektrum der gleichen Substanz gegenübergestellt[55], das nach dem CPMAS-Verfahren aufgenommen wurde.

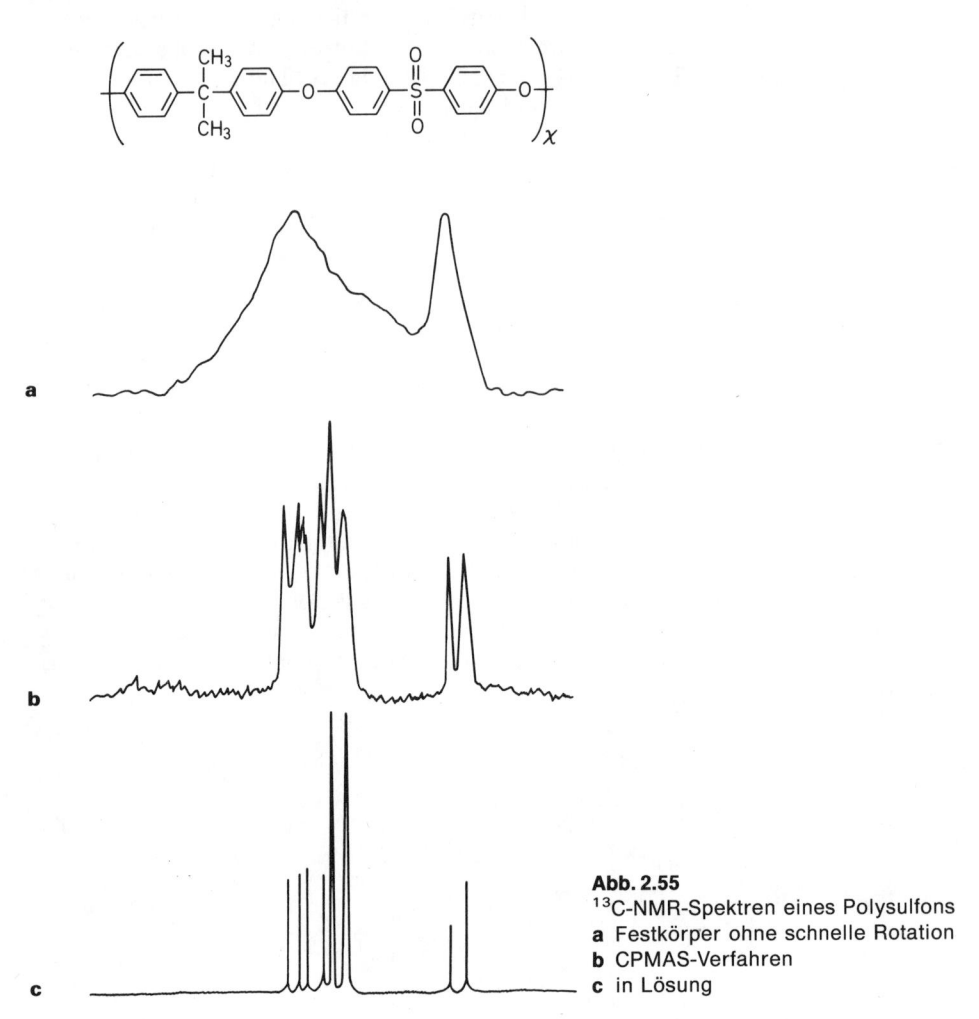

Abb. 2.55
^{13}C-NMR-Spektren eines Polysulfons
a Festkörper ohne schnelle Rotation
b CPMAS-Verfahren
c in Lösung

Aufgaben

2.18 Wie würde man zweckmäßigerweise bei Quadratur-Phasendetektion den Offsett des Transmitters für die DANTE-Sequenz wählen?

2.19 Wieso trägt ein Spin-Echo, das mit einer $90°, \tau, 180°, \tau$-Sequenz erzeugt wurde, keine heteronukleare J-Modulation?

2.20 Wieso kann man für die Festkörper-CPMAS-Spektroskopie die Feldstärke des Magneten nicht wesentlich über 5 Tesla steigern?

2.21 Berechne den Datenspeicherbedarf für ein 2D-J-aufgelöstes ^{13}C-Spektrum (200 ppm) bei einer Feldstärke von 4,6 Tesla für eine digitale Auflösung von ca. 1 Hz/Punkt in der f_2-Dimension und für eine von ca. 2 Hz/Punkt in der f_1-Dimension (maximale ^{13}C, ^{1}H-Kopplungskonstante ca. 160 Hz).

2.22 Eine Variante des in Abschn. 4.2.1 (s. S. 59) beschriebenen Verfahrens, die sich in der Praxis durchgesetzt hat, läßt an Stelle des ^{1}H-180°-Pulses den Entkoppler während der ersten Wartezeit τ an und schaltet ihn gleichzeitig mit dem ^{13}C-180°-Puls ab. Dieses Verfahren liefert weniger Artefakte, jedoch sind alle CH-Kopplungskonstanten nur halb so groß. Warum?

5. Praktische Durchführung von ^{13}C-NMR-Messungen

5.1 Probenzubereitung

Obwohl bei der Aufnahme von Routine-^{13}C-NMR-Spektren Verunreinigungen wie ungelöste Bestandteile, Filterpapierreste u. ä. nicht so sehr stören wie in der Protonenresonanz, sollten Proben für ^{13}C-Messungen trotzdem besonders sorgfältig vorbereitet werden. Dies gilt vor allem dann, wenn Langzeitmessungen über Nacht geplant sind, da durch die Probe verursachte Störungen die Geräte oft das Locksignal verlieren lassen und somit wertvolle Meßzeit ungenutzt bleibt.

Die Konzentration der zu messenden Proben darf für Routinezwecke sehr hoch sein, denn entsprechend reagiert die ^{13}C-Spektroskopie auch auf Konzentrationseffekte wesentlich geringfügiger mit Linienverbreiterung als die Protonenresonanz. Dieser Umstand macht aber den Nutzen der sogenannten Dualsonden für ^{13}C und ^{1}H fragwürdig, denn entweder lassen sich vom selben Meßröhrchen die ^{13}C-NMR-Spektren in relativ kurzer Zeit messen, wobei man dann stark verbreiterte Protonenspektren in Kauf nimmt, oder man verdünnt die Probe weitgehend, um ein akzeptables Protonenspektrum zu erhalten, muß dann aber entsprechend lange für das ^{13}C-Spektrum akkumulieren.

Im allgemeinen ist es nicht notwendig, NMR-Röhrchen für ^{13}C-Messungen zu entgasen und abzuschmelzen. In besonders gelagerten Fällen, wo wiederholt Intensitätsmessungen (Relaxationszeitmessungen u.ä.) oder besonders hochaufgelöste Spektren notwendig sind, ist die vollständige Entfernung von gelöstem Sauerstoff wichtig. Von den verschiedenen hierzu verwandten Techniken (Spülen mit N_2 oder Ar, Verschließen des NMR-Röhrchens mit Paraffin usw.) ist das sorgfältige Entgasen und Abschmelzen noch immer die sicherste Maßnahme. Richtig und sorgfältig durchgeführt, kann ein NMR-Röhrchen zu diesem Zweck durchaus mehrfach benutzt werden.

Die Technik des Entgasens soll hier kurz beschrieben werden.

WARNUNG: Ohne Hochvakuum in flüssigem Stickstoff oder flüssiger Luft abgekühlte und abgeschmolzene NMR-Röhrchen entwickeln sich nach dem Auftauen zu gefährlichen Splitterbomben!

Ein mit angeschmolzenem Schliff versehenes NMR-Röhrchen wird an einer Hochvakuum-Apparatur nach Abb. 2.56 befestigt. Durch Eintauchen in flüssigen Stickstoff werden Substanz und Lösungsmittel eingefroren. Durch Öffnen des Hahns **1** wird am Hochvakuum abgepumpt. Danach wird der Hahn geschlossen und die Lösung aufgetaut. Hierbei entweichen eingeschlossene Luft sowie Lösungsmitteldämpfe in den Gasraum des NMR-Röhrchens. Anschließend wird wieder eingefroren und erneut abgepumpt. Nach vier Zyklen (**freeze thaw cycle**) wird das NMR-Röhrchen im Hochvakuum abgeschmolzen und gekennzeichnet.

In der ^{13}C-NMR-Spektroskopie werden heute meistens Röhrchen von 5, 10 und 12 mm äußerem Durchmesser verwendet. Bei den letzteren empfiehlt es sich, das Hochsteigen des Lösungsmittels infolge der Probenrotation durch einen Teflonstopfen zu verhindern.

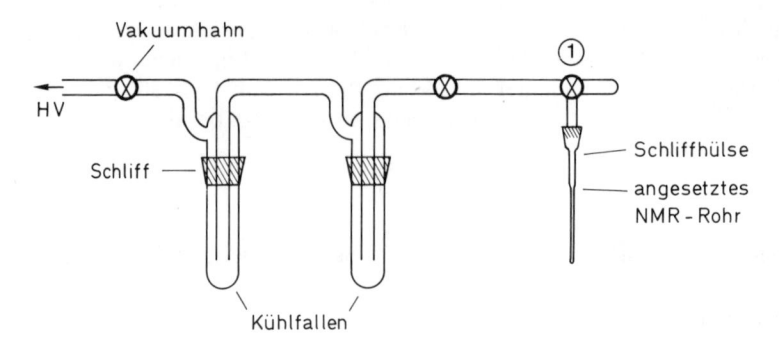

Abb. 2.56 HV-Anlage zum Entgasen und Abschmelzen eines NMR-Röhrchens

Durch Benutzen dieser Vortexstopfen* lassen sich große Mengen Lösungsmittel einsparen. Dies ist vor allem deswegen wichtig, weil in der ^{13}C-NMR-Spektroskopie fast ausnahmslos deuterierte Lösungsmittel verwendet werden. Zum einen dient an den meisten Geräten das Deuterium des Lösungsmittels als Locksignal (vgl. Abschn. 1.2.2, S. 18), zum anderen aber wird durch die vollständige Deuterierung die Spin-Gitter-Relaxation (vgl. Kap. 5, S. 568) der Lösungsmittel-Kohlenstoff-Atome verlangsamt, wodurch sich die Intensitäten ihrer Signale stark verringern. Daher können in deuterierten Lösungsmitteln auch geringe Substanzmengen ohne Dynamic-Range-Probleme (vgl. Abschn. 1.4.1, S. 22) gemessen werden. In Ausnahmefällen, z. B., wenn ein wichtiges ^{13}C-Signal genau auf die Absorption des Lösungsmittels fällt, die Wahl eines anderen Lösungsmittels jedoch aus chemischen Gründen ausgeschlossen ist, sind auch ^{13}C-abgereicherte, deuterierte Lösungsmittel erhältlich, mit denen diese Meßprobleme gelöst werden können. Für spezielle Messungen kann man auch auf nichtdeuterierte Lösungsmittel ausweichen (z. B. CCl_4, CF_3COOH, H_2SO_4, HSO_3F/SbF_3). Für diese Messungen muß aber das Locksignal extern zur Verfügung gestellt werden. Dies ist an einigen Geräten durch einen externen Lock möglich (s. S. 19).

Eine andere Möglichkeit bietet die Zentrierung einer Kapillaren mit Locksubstanz und eventuell mit einem Standard mittels durchbohrter Teflonstopfen im NMR-Röhrchen (vgl. Abb. 2.57). Für die Standardisierung ist hier eine Suszeptibilitätskorrektur notwendig.

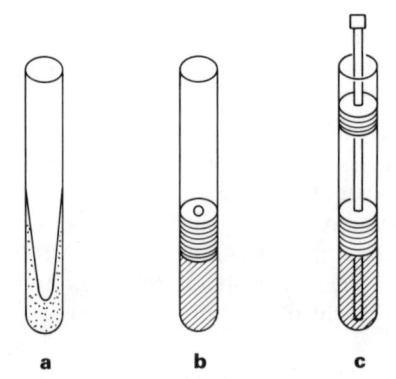

Abb. 2.57 NMR-Röhrchen mit Vortex-Kegel (**a**), mit Teflon Stopfen zur Verhinderung des Rotationskegels (**b**), mit separater Kapillare für Lock und Standard (**c**)

---

* vortex: Strudel

Die Suszeptibilitätskorrektur wird nach Gl. 2.53 für Eisenmagneten und nach Gl. 2.54 für Supraleiter durchgeführt.

$$\delta_{korr} = \left[\delta_{gem} + \frac{2\pi}{3}\right][\chi(\text{Ref}) - \chi(\text{Lösung})] \qquad (2.53)$$

$$\delta_{korr} = \left[\delta_{gem} + \frac{4\pi}{3}\right][\chi(\text{Ref}) - \chi(\text{Lösung})] \qquad (2.54)$$

Die angegebenen Gleichungen gelten für koaxial angeordnete Kapillaren bzw. Röhrchen, gefüllt mit der Referenzsubstanz. Für kugelförmige Behälter entfällt die Korrektur. Die Volumensuszeptibilitäten von organischen Verbindungen können, falls sie nicht aus Tabellen[62] zu entnehmen sind, mit Hilfe der Pascalschen-Konstanten berechnet werden[63].

5.2 Standardisierung

Die chemischen Verschiebungen $\delta^{13}C$, s. Gl. (2.55) werden wie in der ^{1}H-NMR-Spektroskopie auf Tetramethylsilan (TMS) als Referenz bezogen[64], wobei das positive Vorzeichen eine Verschiebung zu tiefem Feld (Entschirmung) bedeutet.

$$\delta = \frac{v_x - v_{Ref}}{v_{Ref}} \cdot 10^6 \text{ ppm} \qquad (2.55)$$

Alle Literaturwerte werden heute bezogen auf TMS ($\delta = 0,0$ ppm) angegeben; Spin,Spin-Kopplungen sind wie in der Protonenresonanz direkt in Hz wiederzugeben. Neben TMS existieren eine Reihe sekundärer Standards, vor allem für Lösungsmittel wie z. B. D_2O, in dem TMS nicht verwendet werden kann. Häufig verwendet wird Dioxan mit 67,4 ppm oder auch Trimethylsilyl-tetradeuteropropionsäure-Natriumsalz (TSP) mit 1,7 ppm. Aus Bequemlichkeitsgründen hat es sich in der Routine-^{13}C-NMR-Spektroskopie eingebürgert, daß die meisten Proben ohne inneres TMS vermessen werden. Hierbei dienen dann die Lösungsmittelabsorptionen als sekundärer Standard. Es muß allerdings darauf hingewiesen werden, daß solche Umrechnungen Ungenauigkeiten bis zu 1 ppm enthalten können. Für das am häufigsten verwendete Lösungsmittel $CDCl_3$ sind je nach Konzentration und Art des gelösten Stoffes δ_C-Werte von 76,5 bis 77,4 ppm gemessen worden.

5.3 Lösungsmittel

In Tab. 2.1 sind die in der ^{13}C-NMR-Spektroskopie gebräuchlichsten Lösungsmittel aufgeführt. Die Schmelz- und Siedepunkte beziehen sich, soweit die Daten erhältlich sind, bereits auf die deuterierten Verbindungen und weichen daher von anderen publizierten Tabellen z. T. erheblich ab (Toluol 10°). Neben den ^{13}C-Daten sind auch die ^{1}H-chemischen Verschiebungen wiedergegeben, da diese die Position des Deuterium-Locksignals und somit alle anderen frequenzabhängigen Einstellungen des NMR-Instruments bestimmen.

Tab. 2.1 NMR-Lösungsmittel

Lösungsmittel	Fp (°C)	Kp (°C)	$\delta(^1H)$ (ppm)	$\delta(^{13}C)$ (ppm)	$J(C,D)$ (Hz)
Aceton-d_6	− 94,5	55	2,04	206	0,9
				29,8	20
Acetonitril-d_3	− 42	79	1,93	118,2	21
				1,3	
Arsentrichlorid[65]	− 8,5	1130,2			
Benzol-d_6	6,7	79	7,15	128,0	24
Bromoform-d_1	8,3	149,5	6,8	12,4	32
Chloroform-d_1	− 64	60,3	7,24	77,0	32
Cyclohexan-d_{12}	4,1	79	1,38	26,4	19
Deuteriumoxid	3,8	101,4	4,8		
Diethylether-d_{10}	−116	33	3,34	65,3	21
			1,07	14,5	19
Dimethylether-d_6	−139	−24	3,24	59,4	
Dimethylformamid-d_7	− 60	152	8,01	167,7	21
			2,91	35,2	
			2,74	30,1	
Dimethylsulfoxid-d_6	20,2	189	2,49	39,5	21
Dioxan-d_8	12	100	3,53	66,6	22
Freon-12 (CCl_2F_2)	−158	−29,8		126,2	
Hexafluoracetondeuterat	14		5,26	122,5	$J(C,F)=287$
Hexamethylphosphorsäuretriamid-d_{18}	4	98	2,53	38,8	21
Methanol-d_4	− 98,8	65	4,78	49,0	21
Methylenchlorid-d_2	− 96	39	5,32	53,8	27
Nitrobenzol-d_5	5,7	210,8	8,11	148,0	24,5
			7,67	134,8	25
			7,50	129,5	26
				123,5	
Nitromethan-d_3	− 29	101	4,33	62,8	22
Pyridin-d_5	− 41	114	8,71	149,9	27,5
			7,55	135,5	24,5
			7,19	123,5	25
Schwefeldioxid	− 72,7	− 10			
Schwefelkohlenstoff	−112	46		192,7	
Schwefelsäure-d_2	3	338			
1,1,2,2-Tetrachlorethan-d_2	− 36	146	5,91	74,2	
Tetrachlorkohlenstoff	− 23	77		96,0	
Tetrahydrofuran-d_8	−108	64	3,58	67,4	22
			1,73	25,2	20,5
Trifluoressigsäure-d_1	− 15,2	72,4		164,4	$J(C,F)=44$
				116,5	$J(C,F)=283$
Toluol-d_8	− 84,4	109	7,09	137,5	23
			7,0	128,9	24
			6,98	128,0	24
			2,03	125,2	19
				20,4	

Aufgaben

2.23 Berechne die Suszeptibilitätskorrektur für eine 1 mol Glycin-Lösung in D_2O, gemessen gegen externes Tetramethylsilan.

2.24 Warum ist es gefährlich, NMR-Röhrchen ohne Hochvakuum abzuschmelzen?

2.25 Warum kann man NMR-Röhrchen mit Teflon-Vortex-Stopfen nicht abschmelzen?

2.26 Im CW-Verfahren kann man notfalls in einem Lösungsmittel wie $CHCl_3$ ^{1}H-NMR-Spektren aufnehmen, solange man nur am aliphatischen Bereich interessiert ist. Warum gilt dies für das PFT-Verfahren nicht, und warum muß man daher für PFT-^{13}C-NMR-Spektren auf deuterierte Lösungsmittel zurückgreifen?

Literatur

Für Kapitel 2 wurden insbesondere die im Anhang zitierten Werke 23, 24, 25, 29, 30 und 31 verwendet.

[1] Grutzner, J. B., Santini, R. E. (1975), J. Magn. Reson. 19, 173.
[2] Basus, V. J., Ellis, P. D., Hill, H. D. W., Waugh, J. S. (1979), ibid. 35, 19; Dykstra, R. W. (1982), ibid. 46, 503.
[3] Levitt, M. H., Freeman, R. (1981), ibid. 43, 502
 Levitt, M. H., Freeman, R., Frenkiel, T. (1982), ibid, 47, 328
 Waugh, J. S. (1982), ibid. 50, 30
 Jakobs, J. W. M., van Os, J. W. M., Veeman, W. S. (1983), ibid. 51, 56.
[4] Stejskal, E. O., Schaefer, J. (1974), ibid, 14, 160.
[5] s. Lehrbuch Nr. 31, Anhang B.
[6] Felgett, P. (1958), J. Phys. Radium 19, 158.
[7] Ernst, R. R. (1965), Rev. Sci. Instrum. 36, 1689.
[8] Cooley, J. W., Tukey, J. W. (1965), Math. Comput. 19, 297.
[9] Ernst, R. R. (1966), Adv. Magn. Reson. 2, 1.
[10] Becker, E. D., Feretti, J. A., Gambhir, P. N. (1979), Anal. Chem. 51, 1413.
[11] Cooper, J. W. (1976), Top. ^{13}C-NMR Spectr. 2, 391.
[12] Campbell, I. D., Dobson, C. M., Williams, R. J. P., Xavier, A. V. (1973), J. Magn. Reson. 11, 172.
[13] Lindon, J. C., Ferrige, A. G. (1981), J. Magn. Reson. 44, 566.
[14] Lindon, J. C., Ferrige, A. G. (1980), Prog. Nucl. Magn. Reson. Spectr. 14, 27.
[15] Ernst, R. R., Anderson, W. A. (1966), Rev. Sci. Instrum. 37, 93.
[16] Hoffman, R. A., Forsén, S. (1966), Prog. Nucl. Magn. Reson. Spectrosc. 1, 15
[17] Philipsborn, W. v. (1971), Angew. Chem. 83, 470.
[18] Overhauser, A. W. (1953), Phys. Rev. 89, 689.
[19] Ernst, R. R. (1966), J. Chem. Phys. 45, 3845.
[20] Feeney, J., Shaw, D. (1970), J. Chem. Soc. Chem. Commun., 554.
[21] Freeman, R., Hill, H. D. W. (1971), J. Magn. Reson., 5, 278.
[22] Gansow, O. A., Schittenhelm, W. (1971), J. Am. Chem. Soc. 93, 4294.
[23] Freeman, R., Hill, H. D. W., Kaptein, R. (1972), J. Magn. Reson. 7, 327.
[24] Canet, D. (1976), J. Magn. Reson. 23, 361
 Harris, R. K., Newman, R. H. (1976), ibid, 24, 449
 Opella, S. J., Nelson, D. J., Jardetzky, O. (1976), J. Chem. Phys. 64, 2533.

[24] Pachler, K. G. R. (1972), J. Magn. Reson. 7, 442.
[25] Birdsall, B., Birdsall, N. J. M., Feeney, J. (1972), J. Chem. Soc. Chem. Commun., 316.
[26] McCabe, P. H., Nelson, C. R. (1976), J. Magn. Reson. 22, 183.
[27a] Newmark, R. A., Hill, J. R. (1973), J. Am. Chem. Soc. 95, 4435;
[b] Grutzner, J. B. (1974), J. Chem. Soc. Chem. Commun. 64;
[c] Radeglia, R. (1977), Org. Magn. Reson. 9, 164.
[28] Fritz, H., Sauter, H. (1974), J. Magn. Reson. 15, 177; (1975), 18, 527.
[29] Freeman, R. Kempsell, S. P., Levitt, M. H. (1979), ibid. 35, 447.
[30] Roth, K. (1977), Org. Magn. Reson. 9, 414
 Roth, K. (1977), ibid. 10, 56
 Sadler, I. H. (1973), J. Chem. Soc. Chem. Commun., 809
 Cookson, D. J., Smith, B. E., White, N. (1981), J. Chem. Soc. Chem. Commun. 12.
[31] Bock, K., Pedersen, C. (1977), J. Magn. Reson. 25, 227.
[32] Pachler, K. G. R., Wessels, P. L. (1973), J. Magn. Reson. 12, 337
 Sørensen, S., Hansen, R. S., Jakobsen, H. J. (1974), ibid. 14, 243
 Dekker, T. G., Pachler, K. G. R., Wessels, P. L. (1976), Org. Magn. Reson. 8, 530
 Linde, S. A., Jakobsen, H. J., Kimber, B. J. (1975), J. Am. Chem. Soc. 97, 3219.
[33] Chalmers, A. A., Pachler, K. G. R., Wessels, P. L. (1974), J. Magn. Reson. 15, 415
 Bundgaard, T., Jakobsen, H. J. (1975), ibid. 18, 209.
[34] Feeney, J., Partington, P. (1973), J. Chem. Soc. Chem. Commun., 611.
[35] Kämpchen, T. (1979), Material- und Struktur-Analyse, 6.
[36] Zozulin, A. J., Jakobsen, H. J., Moore, T. F., Garber, A. R., Odom, J. D. (1980), J. Magn. Reson. 41, 458.
[37] Schaefer, J. (1972), ibid. 6, 670; Mann, B. E. (1976), ibid. 21, 17.
[38a] Benn, R., Günther, H. (1983), Angew. Chemie 95, 381.
[38b] Morris, G. A., Freeman, R. (1978), J. Magn. Reson. 29, 433.

[39] Aue, W.P., Bartholdi, E., Ernst, R.R. (1976), J. Chem. Phys. 64, 2229.
[40] Bodenhausen, G. Freeman, R., Niedermeyer, R., Turner, D.L. (1977), J. Magn. Reson. 26, 133
Bendall, M.R., Pegg, D.T., Doddrell, D.M. (1981), ibid. 45, 8.
[41] Hahn, E.L., Maxwell, D.E. (1952), Phys. Rev. 88, 1070.
[42] Freeman, R., Morris, G.A. (1978), J.Chem.Soc. Chem. Commun., 684.
[43] Morris, G.A., Hall, L.D. (1981), J. Am. Chem. Soc. 103, 4703
Bax, A., Morris, G.A. (1981), J. Magn. Reson. 42, 501
Bendall, M.R., Pegg, D.T., Doddrell, D.M., Thomas, D.M. (1982), ibid., 46, 43
Bolton, P.H. (1983), ibid. 51, 134.
[44] Bolton, P.H. (1982), ibid. 48, 336.
[45] Morris, G.A., Freeman, R. (1979), J. Am. Chem. Soc. 101, 760.
[46] Doddrell, D.M., Pegg, D.T. (1980), J. Am. Chem. Soc. 102, 6388
Morris, G.A. (1980), ibid. 102, 428
Burum, D.P., Ernst, R.R. (1980), J. Magn. Reson. 39, 163.
[47] Freeman, R., Levitt, M.H. (1980), ibid. 39, 533.
[48] Le Cocq, C., Lallemand, J.Y. (1981), J.Chem.Soc. Chem. Commun. 150
Brown, D.W., Nakashima, T.T., Rabenstein, D.L. (1981), J. Magn. Reson. 45, 302.
[49] Bendall, M.R., Doddrell, D.M., Pegg, D.T. (1981), J. Am. Chem. Soc. 103, 4603
Doddrell, D.M. Pegg, D.T. Bendall, M.R. (1982), J. Magn. Reson. 48, 323.
[50] Wray, V., Ernst, L., Lund, T., Jakobsen, H.J. (1980), J. Magn. Reson. 40, 55.
[51] Bax, A. Freeman, R., Kempsell, S.P. (1980), J. Amer. Chem. Soc. 102, 4849
Bax, A., Freeman, R., Kempsell, S.P. (1980), J. Magn. Reson. 41, 349
Bax A., Freeman, R. (1980), ibid. 41, 507.
[52] Wokaun, A., Ernst, R.R. (1977), Chem. Phys. Lett. 52, 407
Bodenhausen, G., Vold, R.L., Vold, R.R. (1980), J. Magn. Reson. 37, 93
Pouzard, G., Sukumar, S., Hall, L.D. (1981), J. Am. Chem. Soc. 103, 4209

Bax, A., Freeman, R., Frenkiel, T.A., Levitt, M.H. (1981), J. Magn. Reson. 43, 478
Bodenhausen, G. (1980), Prog. Nucl. Magn. Reson. Spectrosc. 14, 137.
[53] Bax, A., Freeman, R., Frenkiel, T.A. (1981), J. Am. Chem. Soc. 103, 2103
Mareci, T.H., Freeman, R. (1982), J. Magn. Reson. 48, 158.
[54] Pines, A., Gibby, M.G., Waugh, J.S. (1973), J. Chem. Phys. 59, 569
Andrew, E.R. (1972), Prog. Nucl. Magn. Reson. Spectrosc. 8, 2
Van der Hart, D.L., Earl, W.L., Garroway, A.N. (1981), J. Magn. Reson. 44, 361.
Yannoni, C.S. (1982), Acc. Chem. Res. 15, 201.
[55] Schaefer, J., Stejskal, E.O. (1979), Top. Carbon-13 NMR-Spectrosc. 3, 283.
[56] Miller, R.D., Yannoni, C.S. (1980), J. Am. Chem. Soc. 102, 7396.
[57] Taki, T., Yamashita, S., Satoh, M., Shibata, A., Yamashita, T., Tabeta, R., Saito, H. (1981), Chem. Lett., 1803.
Lyerla, J.R., Jannoni, C.S., Fyfe, C.A. (1982), Acc. Chem. Res. 15, 208.
[58] Hays, G.R., Huis, R., Coleman, B., Clague, D., Verhoeven, J.W., Rob, F. (1981), J. Am. Chem. Soc. 103, 5140.
[59] Zilm, K.W., Conlin, R.T., Grant, D.M., Michl, J. (1980), ibid. 102, 6672.
[60] Mehring, M. (1976), High Resolution NMR Spectroscopy in Solids, Springer Verlag, Berlin, Heidelberg, New York.
Haeberlen, U. (1976), Adv. Magn. Reson. Suppl.1, 1976.
[61] Dixon, W.T., Schaefer, J., Sefcik, M.D., Stejskal, E.O., McKay, R.A. (1982), J. Magn. Reson. 49, 341.
[62] Handbook of Chemistry and Physics, CRC Press, 62th Edition.
[63] Landolt-Börnstein (1951), Zahlenwerte und Funktionen, Springer Verlag, Berlin, Heidelberg, New York, Bd. 4, S. 532.
[64] ASTM Standard (1976), Designation E 386–76, Pure and Applied Chemistry 45, 217.
[65] Bose, A.K., Sugiura, M., Srinivasan, P.R. (1975), Tetrahedron Lett., 1251.

Kapitel 3
Die chemische Verschiebung

1. Ursachen der chemischen Verschiebung
2. Berechnung der chemischen Verschiebung
3. Empirische Berechnungen und Korrelationen
4. Chemische Verschiebungen einzelner Substanzklassen

Die vollständige Interpretation von ^{13}C-NMR-Spektren verlangt die Diskussion folgender spektraler Parameter:

– **Chemische Verschiebung** δ
– **Kopplungskonstante** J
– **Signalintensität** I und damit verbunden der **Relaxationszeit** T_1
– **Linienbreite** $\Delta v_{1/2}$ und damit verbunden der **Relaxationszeit** T_2

Während die chemische Verschiebung δ und unter bestimmten Voraussetzungen (vgl. Kap. 4, S. 420ff.) auch die Kopplungskonstanten $J(^{13}C,X)$ relativ schnell erhalten werden, erfordert die Bestimmung der Intensität eines ^{13}C-NMR-Signales, die durch NOE (vgl. Kap. 5, S. 559) und unterschiedliches Relaxationsverhalten (vgl. Kap. 5, S. 563) beeinflußt wird, bzw. die Bestimmung der longitudinalen und transversalen Relaxationszeiten T_1 und T_2 spezielle Aufnahmetechniken (s. S. 572). So ist es auch zu verstehen, daß zu Beginn der ^{13}C-NMR-FT-Spektroskopie aufgrund der apparativen Möglichkeiten im wesentlichen die chemischen Verschiebungen der ^{13}C-NMR-Signale (Aufnahme der Spektren unter Breitband-Protonen-Entkopplung) für die Diskussion der Struktur organischer Verbindungen herangezogen wurden. Erst mit der weiteren Steigerung der Empfindlichkeit der Spektrometer und Verbesserung der Computer hat die Kopplungskonstante J als weiterer spektraler Parameter eine ähnliche Bedeutung für Strukturuntersuchungen chemischer Verbindungen erlangt wie in der ^{1}H-NMR-Spektroskopie.

Die ^{13}C-chemischen Verschiebungen werden wie in Kap. 2, Abschn. 5.2 (s. S. 73) diskutiert auf Tetramethylsilan (TMS) bezogen. Ein Nachteil der Verwendung von TMS als Referenzsubstanz ist die Lösungsmittelabhängigkeit der Signallage (s. S. 81). In Tab. 2.1 (s. S. 74) sind oft benutzte deuterierte und nichtdeuterierte Lösungsmittel und Referenzsubstanzen mit den zugehörigen δ-Werten aufgeführt. Bis 1970 wurde häufig CS_2 (intern: $\delta = 192,8$ ppm; extern: $\delta = 193,7$ ppm), Benzol oder Cyclohexan als Referenzsubstanz benutzt.

1. Ursachen der chemischen Verschiebung

In einem diamagnetischen Molekül ist die Verschiebung der Resonanzfrequenz eines Kernes i bei einem angelegten Magnetfeld B_0 auf die magnetische Abschirmung, hervorgerufen durch die im Magnetfeld induzierte Bewegungen der Elektronenhülle des Atomkernes (Ströme im Elektronensystem des Atoms; *Lenz'sche Regel*), zurückzuführen.

$$B_i = B_0 \cdot (1 - \sigma_i) \qquad (3.1)$$

Die sogenannte **Abschirmungskonstante** σ_i* läßt sich übersichtlicherweise, wie erstmalig von Saika und Slichter[2] diskutiert, als Summe entwickeln.

$$\sigma_i = \sigma_i^{dia} + \sigma_i^{para} + \sum_{i \neq j} \sigma_j \qquad (3.2)$$

In der Gl. (3.2) stellt σ_i^{dia} den diamagnetischen, σ_i^{para} den paramagnetischen Abschirmungsterm dar. Der dritte Term umfaßt die Summe aller Beiträge von intra- und interatomaren Strömen, die in anderen Atomen induziert werden; dieser Term enthält somit auch den Einfluß des Lösungsmittels σ_i^{solv} auf die Abschirmung des Kernes i und die Konzentrationsabhängigkeit der chemischen Verschiebungen. Der Vollständigkeit halber sei hier auch auf die Temperaturabhängigkeit der chemischen Verschiebung hingewiesen. σ_i^{dia} und σ_i^{para} sind von Ramsay[3], Pople[4] sowie Karplus und Pople[5] theoretisch ausführlich behandelt worden. Der **diamagnetische Abschirmungsterm**, der die ungestörte Bewegung der Elektronen mit sphärischer Symmetrie beschreibt, läßt sich danach für ein isoliertes Atom durch die *Lamb-Formel*[6] darstellen.

$$\sigma_i^{dia} = \frac{\mu_0 e^2}{4\pi \cdot 3 m_e} \langle \psi_0 | \sum_n r_n^{-1} | \psi_0 \rangle \qquad (3.3)$$

Gl. (3.3) enthält neben den Konstanten für die Elementarladung e, die Masse des Elektrons m_e und die Permeabilitätskonstante μ_0 nur die Wellenfunktion des Grundzustandes ψ_0, was sich für die Berechnung dieses Terms als günstig erweist. Da nach (3.3) nur eine kugelsymmetrische Ladungsverteilung der Elektronen berücksichtigt wird, nimmt der diamagnetische Verschiebungsanteil insbesondere in der ^{1}H-NMR-Spektroskopie eine dominierende Rolle ein. Der **paramagnetische Abschirmungsterm**, der als Korrekturterm für die nicht ungestörte Bewegung und nicht sphärische Ladungsverteilung der Elektronen zu betrachten ist, läßt sich in der Dirac'schen Schreibweise durch Gl. (3.4) wiedergeben (Die konjugiertkomplexe Größe unter dem Summenzeichen ist der Übersicht wegen weggelassen):

$$\sigma_i^{para} = -\frac{\mu_0 e^2}{4\pi 3 m_e} \sum \frac{\langle \psi_0 | \sum L_n | \psi_k \rangle \langle \psi_k | \sum L_n r_n^{-3} | \psi_0 \rangle}{E_k - E_0} \qquad (3.4)$$

---

* σ_i wird exakt durch einen Tensor 2. Ordnung (3 × 3 Matrix) beschrieben:

$$\begin{vmatrix} \sigma_{xx} & \sigma_{xy} & \sigma_{xz} \\ \sigma_{yx} & \sigma_{yy} & \sigma_{yz} \\ \sigma_{zx} & \sigma_{zy} & \sigma_{zz} \end{vmatrix}$$

Im isotropen Medium wird eine gemittelte Größe ($\frac{1}{3}$ der Spur des Tensors) $\sigma = \frac{1}{3}(\sigma_{xx} + \sigma_{yy} + \sigma_{zz})$ gemessen[1].

σ_i^{para} umfaßt neben den schon erwähnten Konstanten Wellenfunktionen des Grundzustandes ψ_0 und aller angeregten Zustände ψ_k mit dem Energieunterschied ΔE_k. Die Vektoren L und r stehen für das Bahnmoment und den Abstand des n-ten Elektrons von einem freigewählten Koordinatenursprung. Das negative Vorzeichen zeigt an, daß σ_i^{para} dem diamagnetischen Abschirmungsterm entgegengesetzt ist. Diese Tatsache ist auch für die Benennung dieses Terms als „paramagnetisch" verantwortlich. Es sei hier darauf hingewiesen, daß dieser paramagnetische Term *nichts* mit dem Paramagnetismus (positive Suszeptibilitätskonstante) zu tun hat. Der paramagnetische Term wird Null für Elektronen, die kein Bahnmoment besitzen (kugelsymmetrische Elektronenverteilung). Gl. (3.4) ist in der angegebenen Form äußerst unhandlich und kann nach Karplus und Pople[5] unter der Annahme einer mittleren Anregungsenergie ΔE in Gl. (3.5) überführt werden, die für die ^{13}C-NMR-Spektroskopie eine etwas übersichtlichere Form darstellt.

$$\sigma_i^{\text{para}} = -\frac{\mu_0 \mu_B^2}{2\pi \Delta E} \langle r^{-3} \rangle [Q_i + \sum_{i \neq j} Q_j] \tag{3.5}$$

Neben dem Bohrschen Magneton μ_B und dem Radius r des 2p-Orbitals des betrachteten Kohlenstoff-Atoms enthält diese Gleichung mit Q_i und Q_j Größen für die Elektronendichte bzw. Bindungsordnung, wie sie sich aus der MO-Theorie ergeben[4]. Die mittlere Anregungsenergie ΔE stellt in dieser Form zwar nur eine schätzbare Größe dar, die bei Interpretationen von chemischen Verschiebungen als letzter Parameter den gemessenen Werten angepaßt wird, jedoch läßt sich bei tiefliegenden angeregten Elektronenzuständen oft die nach Gl. (3.5) geforderte umgekehrte Proportionalität zwischen σ_i^{para} bzw. δ und der Anregungsenergie für $n \to \pi^*$-, $\pi \to \pi^*$- oder $\pi \to \sigma^*$-Übergänge erkennen. Ein Beispiel für diesen Sachverhalt ergibt sich aus dem Vergleich der chemischen Verschiebungen der C=O- bzw. C=S-Gruppe von Campher **1** und Thiocampher **2** mit den $n - \pi^*$-Übergängen der C=O- bzw. C=S-Gruppe[7]. Thiocampher absorbiert im sichtbaren Bereich (geringe Anregungsenergie) und zeigt für das C=S-Kohlenstoff-Atom gegenüber dem Campher, der im UV-Bereich absorbiert (höhere Anregungsenergie), eine Verschiebung von $\Delta\delta = 53{,}4$ ppm zu tiefem Feld.

1

2

δ_{CO} = 215,6 ppm δ_{CS} = 269,0 ppm
$\lambda_{\max}^{n-\pi^*}$ = 292 nm $\lambda_{\max}^{n-\pi^*}$ = 492 nm
$\Delta E_{n-\pi^*}$ = 401,5 kJ/mol $\Delta E_{n-\pi^*}$ = 234,5 kJ/mol

Entsprechende Beobachtungen wurden auch an anderen Carbonyl- und Thiocarbonyl-Verbindungen gemacht (s. S. 150). So zeigt der 2,4,6-Tri-t-butylthiobenzaldehyd für die HC=S-Gruppe eine Verschiebung von 250,4 ppm, der entsprechende Benzaldehyd eine solche von 202,7 ppm[7a]. Für lineare und cyclische Ketone konnte empirisch eine lineare Korrelation zwischen chemischer Verschiebung und $n - \pi^*$-Übergang gefunden werden[8] (s. S. 177).

Der paramagnetische Abschirmungsterm stellt für alle Kerne außer Wasserstoff den dominierenden Verschiebungsanteil dar. Der dritte Term in Gl. (3.2) $\sum_{i \neq j} \sigma_j$ (s. S. 78), der den Einfluß aller Nachbaratome, -atomgruppen und -moleküle beschreibt, trägt insgesamt nur einige ppm (ca. 10%) zur chemischen Verschiebung von ^{13}C-Atomen bei. Prozentual ist der Beitrag somit sehr viel kleiner als in der ^{1}H-NMR-Spektroskopie[9]; bei der Diskussion struktureller oder stereochemischer Probleme ist er jedoch nicht zu vernachlässigen. Dieser Term läßt sich zerlegen in einen **Anisotropie**-[10], einen **Ringstrom**-[11], einen **Elektrischen Feld**-[12] und einen **Lösungsmittelanteil**[13]. **Anisotropieeffekte** werden an zu sp-hybridisierten Kohlenstoff-Atomen benachbarten Kohlenstoff-Atomen, so z. B. in Acetylenen (s. S. 129) und Nitrilen (s. S. 227), beobachtet.

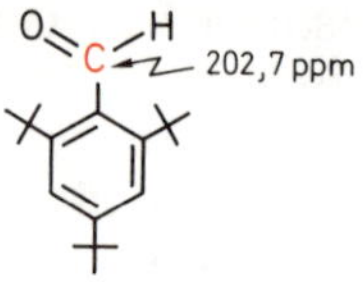

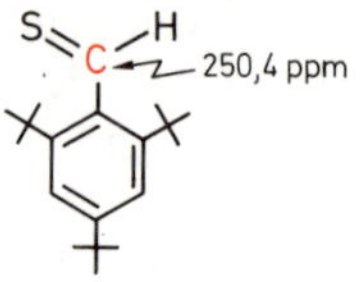

Ringstromeffekte werden in der ^{13}C-NMR-Spektroskopie i. a. von anderen Effekten überdeckt (s. S. 134). Die unterschiedliche Beeinflussung der ^{1}H- und ^{13}C-chemischen Verschiebungen durch den „Ringstromeffekt" wird deutlich am Beispiel des [2$_4$]-Paracyclophantetraen **3** sowie dessen Di- und Tetraanion **4** bzw. **5**[14]. Die ^{1}H-Verschiebungen ändern sich beim Übergang zum geladenen $(4n+2)\pi$- und $(4n)\pi$-System bis zu 300%, während die ^{13}C-Werte nur eine etwa 10%ige Änderung erfahren.

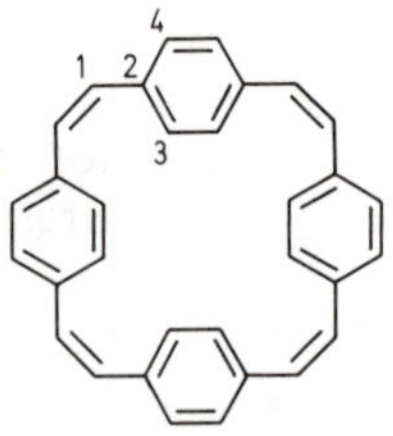

	3	4 (Dianion)	5 (Tetraanion)
H-1	6,48	9,56	2,09 (4,48)
H-3	7,37	9,26	4,48 (2,09)
H-4	7,37	−7,07	12,76
C-1	129,9	108,8	95,9 (122,4)
C-2	136,2	119,8	133,3
C-3	129,3	123,9	122,4 (95,9)
C-4	129,3	116,5	121,6

Polare Gruppen in einem Molekül stören aufgrund ihres elektrischen Feldes die molekulare Elektronenverteilung, so daß die Abschirmungskonstanten in einem anderen Teil des Moleküls beeinflußt werden, wobei man eine lineare und quadratische Abhängigkeit der chemischen Verschiebungen von der elektrischen Feldstärke $[\sigma_E = (-AE_z) - (BE^2)]$* diskutiert. Elektrische Feldeffekte sind z. B. für die *Anisochronie* der olefinischen Koh-

---

* E ist das Elektrische Feld der polaren Gruppe, E_z seine Komponente entlang der polaren Bindung.

lenstoff-Atome in langkettigen ungesättigten Fettsäure-Derivaten wie z. B. 9-*cis*-Hexadecensäuremethylester **6** verantwortlich[15].

$$\overset{132,6132,4}{\diagup\!\!\diagdown\!\!\diagup\!\!\diagdown\!\!\diagup\!\!\diagdown\!\!\underset{C=C}{}\diagup\!\!\diagdown\!\!\diagup\!\!\diagdown\!\!\diagup\!\!\diagdown\!\!COOCH_3}$$

6

Verschiebungseffekte elektrischer Felder sind besonders in ungesättigten Verbindungen wirksam und können hier nach Berechnungen bis zu 7 ppm ausmachen[16].

Die ungewöhnlichen Hochfeldverschiebungen, die bei der Protonierung von Aminen (s. S. 205f.) beobachtet werden, lassen sich ebenfalls auf einen elektrischen Feldeffekt, hervorgerufen durch das positive Stickstoff-Atom, zurückführen.

Der **Einfluß des Lösungsmittels** auf die chemische Verschiebung σ_i^{solv} läßt sich wiederum aufteilen in einen **Anisotropieanteil** σ_a, einen **van der Waals-Wechselwirkungsanteil** σ_w, einen Anteil für **polare Effekte** σ_E (Elektrisches Feld), einen **Wasserstoff-Brückenbindungsanteil** σ_H und einen **Volumensuszeptibilitätsanteil** σ_B[13,17]. Die Schwierigkeit in der Interpretation von Lösungsmitteleffekten liegt demnach in der Separierung der experimentellen Verschiebungen in die einzelnen Beiträge, wobei noch zu berücksichtigen ist, daß für exakte Unterscheidungen die Verschiebungen in der Gasphase benötigt werden. Von den angegebenen Anteilen zur Lösungsmittelabhängigkeit ist nur $\sigma_B = \frac{2}{3}\chi_v$ berechenbar. Für den van der Waals-Term existiert eine mathematische Beziehung zum Brechungsindex des Lösungsmittels[18], die für die chemischen Verschiebungen z. B. von Pentan in 17 verschiedenen Lösungsmitteln nachgewiesen werden konnte $\left(\sigma_w \sim \left(\frac{n^2-1}{2n^2+1}\right)^2\right)$[19]. Ebenso existiert für den polaren Effekt σ_E eine Abhängigkeit von der Dielektrizitätskonstante ε des Mediums $\left(\sigma_E \sim \frac{2\varepsilon-2}{2\varepsilon+1}\right)$[20].

Tab. 3.1 ^{13}C-chemische Verschiebungen von TMS(ppm) bei unendlicher Verdünnung, gemessen gegen externes Cyclohexan[23]

Lösungsmittel	TMS[a]	TMS[b]
CCl$_4$	−1,35	−1,21
C$_6$H$_6$	−0,11	−0,14
Dioxan	−0,18	−0,22
CHCl$_3$	−1,11	−0,88
CH$_2$I$_2$	−4,68	−3,58
CH$_3$COOH	+0,58	+0,42
CH$_2$Cl$_2$	−0,70	−0,48
Pyridin	−0,04	−0,07
Aceton	+0,51	+0,16
HMPT	−1,11	−1,00
CH$_3$OH	+0,69	+0,49
CH$_3$CN	+0,25	+0,06
DMF	−0,13	−0,24
DMSO	−1,56	−1,55
C$_2$Cl$_4$	−1,14	−0,77

[a] ohne Suszeptibilitätskorrektur
[b] mit Suszeptibilitätskorrektur

Der Einfluß aromatischer Lösungsmittel auf die chemischen Verschiebungen (*ASIS* = **aromatic solvent induced shift**), der in der ^{1}H-NMR-Spektroskopie u. a. zur Beseitigung zufälliger *Isochronie* oder als Zuordnungshilfe benutzt wird[21], ist in der ^{13}C-NMR-Spektroskopie bisher wegen der schwierigen Interpretationen der Effekte selten gezielt eingesetzt worden[22].

Tab. 3.1 zeigt die Lösungsmittelabhängigkeit von δ_C des Tetramethylsilans[23], die immer dann zu berücksichtigen ist, wenn Verschiebungen in verschiedenen Lösungsmitteln verglichen werden.

Die **Temperaturabhängigkeit** der chemischen Verschiebung ist aufgrund der Vielfalt der zu berücksichtigenden Parameter (Änderung von Konformerengleichgewichten, Änderung der Population von Schwingungs- und Elektronenzuständen, Änderung der Wechselwirkung Solvens-Substrat bzw. Substrat-Substrat) ebenfalls schwierig zu interpretieren.

Tab. 3.2 zeigt die Temperaturabhängigkeit der δ-Werte einiger einfacher organischer Verbindungen[18]. Auffällig ist die stärkere Temperaturabhängigkeit der polaren Verbindungen wie die Halogenalkane, die auf **elektrische Feldeffekte** zurückgeführt werden

Tab. 3.2 Temperaturabhängigkeit der chemischen Verschiebung einiger Kohlenwasserstoffe und Halogen-Verbindungen[a] nach Lit.[24] bezogen auf TMS ($\Delta\delta/\Delta T \equiv 0$)

Verbindung		$\Delta\delta/\Delta T$ $10^4 \cdot$ ppm $\cdot$ K^{-1}
Cyclohexan		30
(Decalin)	1	40
	2	46
	9	64
(1,3-Dimethylcyclohexan)	1	35
	2	50
	3	−13
cyclo-C$_7$H$_{14}$		40
cyclo-C$_8$H$_{16}$		30
H$_3$C−CH$_2$−CH$_3$	1	5
	2	5
CBr$_4$[b]		−118
CH$_3$I		−200
H$_3\overset{2}{C}-\overset{1}{C}H_2-$Br	1	−122
	2	−17
H$_3$C−CH$_2$−Br[c]	1	−70
	2	−7

[a] Positives Vorzeichen bedeutet Tieffeldverschiebung mit steigender Temperatur; reine Substanzen unter Zusatz von Lock- und Referenzsubstanz. Die Genauigkeit liegt zwischen ±2 und 6 · 10^{-4} ppm · K^{-1}.
[b] 5 mol% in Pentan
[c] 3 mol% in Pentan

kann. So kann die für diese Effekte geforderte Abhängigkeit von der Dielektrizitätskonstanten ε [in Form von $(\varepsilon - 1/\varepsilon + 2)$] nachgewiesen werden[24,25].

Die absolute Temperaturabhängigkeit ($-60\,°C$ bis $+20\,°C$) von reinem Tetramethylsilan kann durch Gl. (3.6) beschrieben werden[26].

$$\delta_{T°C} - \delta_{0°C} = -10{,}69 \cdot 10^{-3} \frac{\text{ppm}}{\text{Grad}} \cdot T - 2{,}668 \frac{\text{ppm}}{\text{Grad}^2} \cdot T^2 \qquad (3.6)$$

Für eine 10%ige Lösung von TMS in $CDCl_3$ findet man, gemessen zusammen mit reinem TMS, eine nahezu lineare Abhängigkeit von der Temperatur, so daß man auf einen ähnlichen T^2-Term für TMS und $CDCl_3$ schließen kann. Die Steigungen betragen $-5{,}14$ bzw. $-4{,}63 \cdot 10^{-3}$ ppm/Grad für den gleichen Temperaturbereich von $-60\,°C$ bis $+20\,°C$[26].

Die Temperaturabhängigkeit von ^{13}C-chemischen Verschiebungen kann in Analogie zum Methanol- und Glykol-Thermometer der ^1H-NMR-Spektroskopie zur Bestimmung der Temperatur während der Aufnahme des Spektrums benutzt werden[27]. Hier sind die Iodalkane erwähnenswert. Für Diiodmethan und Iodmethan konnten die in den Gln. (3.7) und (3.8) aufgezeigten Beziehungen zwischen Temperatur und Verschiebung bestimmt werden[28].

– Diiodmethan; Temperaturbereich: 290–370 K

$$\frac{1}{T} = 0{,}0220027 - 0{,}000223362 \cdot \Delta\delta\,(\text{ppm}) \qquad (3.7)$$

$\Delta\delta = \delta_{CH_2I_2} - \delta_{Cyclooctan} \qquad (5:1/V:V)$

– Iodmethan; Temperaturbereich: 210–290 K

$$\frac{1}{T} = 0{,}0161165 - 0{,}000570057 \cdot \Delta\delta\,(\text{ppm}) \qquad (3.8)$$

$\Delta\delta = \delta_{CH_3I} - \delta_{TMS} \qquad (3:1/V:V)$

Aufgaben

3.1 Diskutiere die einzelnen Beiträge zur chemischen Verschiebung der ^{13}C-Atome im Vergleich zur chemischen Verschiebung von Protonen!

Bibliographie

Ditchfield, R., Ellis, P. D. (1974), Theory of ^{13}C Chemical Shifts, Top. Carbon-13 NMR Spectrosc. 1,1.

Martin, G. J., Martin, M. L., Odiot, S. (1975), Theoretical and Empirical Calculations of the Carbon Chemical Shifts in Terms of the Electronic Distribution in Molecules, Org. Magn. Reson. 7,2.

Mason, J. (1976/1979), Correlations in Nuclear Magnetic Shielding, Adv. Inorg. Chem. Radiochem. 18, 197; 22,199.

Mason, J. (1971), The Interpretation of Carbon NMR Shifts, J. Chem. Soc. [A] 1038.

Pople, J. A. (1962), The Theory of Chemical Shifts, Discuss. Faraday Soc. 34,7.

Pople, J. A. (1963), The Theory of Carbon Chemical Shifts in NMR, Mol. Phys. 7, 301.

Stothers, J. B. (1972), Carbon-13 NMR Spectroscopy, Kap. 4, Academic Press, New York.

Raynes, W. T. (1977), Theoretical and Physical Aspects of Nuclear Shielding in Nuclear Magnetic Resonance, Vol. 6–10, Chem. Soc. Specialist Periodical Reports (Abraham, R. J., Ed.).

Lösungsmittelabhängigkeit:

Ando, I., Webb, G. A. (1981), Some Quantum Chemical Aspects of Solvent Effects on NMR Parameters, Org. Magn. Reson. 15, 111.

Jallali Heravi, M., Webb, G. A. (1980), A Theoretical Study of Solvent Effects on the Carbon-13 Chemical Shifts of some Polar Molecules, Org. Magn. Reson. 13, 116

Sugiura, M., Takao, N., Ueji, S. (1982), A New Method for Differentiating Between Solvent Effect Mechanisms on ^{13}C-Chemical Shifts, Org. Magn. Reson. 18, 128.

Van de Ven, L.J.M., de Haan, J.W., Bucinska, A. (1982), Conformational Equilibriums of Normal Alkanes, 1-Alkenes, and some (E)- and (Z)-2-Alkenes in Neat Liquids and in some Selected Solvents. A Carbon-13 NMR Study, J. Phys. Chem. 86, 2516.

Rummens, F.A.H. (1975), Van der Waals Forces and Shielding Effects, in NMR, Basic Principles and Progress, Vol. 10, Springer Verlag, Berlin, Heidelberg, New York.

Jackowski, K., Raynes, W.T. (1980), Temperature Dependence of ^{13}C-NMR Shielding in Some Aliphatic Alcohols, Org. Magn. Reson. 13, 438.

2. Berechnung der ^{13}C-chemischen Verschiebung

Die Vielzahl und mathematische Komplexität der in Abschn. 1, S. 78 diskutierten Beiträge zur chemischen Verschiebung macht die theoretische Berechnung der Abschirmungskonstanten zu einer äußerst umfangreichen und schwierigen Aufgabe. Die bisher durchgeführten Rechnungen beziehen sich fast ausschließlich auf die beiden ersten Terme von Gl. (3.2), S. 78, den dia- und paramagnetischen Abschirmungsterm. σ^{dia} und σ^{para} sind zahlenmäßig etwa gleich groß, besitzen jedoch entgegengesetztes Vorzeichen, so daß bei Berechnungen die Summe aus beiden einen Wert ergibt, der mit einem recht großen Fehler behaftet ist. Der **diamagnetische Abschirmungsanteil σ^{dia}** ist nach Flygare[29], basierend auf Ramsay's Theorie[3], durch Erweiterung von Gl. (3.3), S. 78, die nur für ein isoliertes Atom gilt, nach Gl. (3.9) für Kerne in Molekülen mit einer Genauigkeit von ±1 bis 2 ppm berechenbar. $\sigma^{dia}_{is.Atom}$-Werte sind tabelliert[30]; für das isolierte Kohlenstoff-Atom (Kern + 6 Elektronen) beträgt dieser σ^{dia}_C = 260,74 ppm. In Gl. (3.9) stellt Z_j die Ordnungszahl des Elementes in der direkten Nachbarschaft zum betrachteten Kohlenstoff-Atom und r_{ij} den zugehörigen Abstand dar.

$$\sigma_i^{dia} = \sigma_{is.Atom}^{dia} + \frac{\mu_0 e^2}{4\pi \cdot 3 m_e} \sum \frac{Z_j}{r_{ij}} \tag{3.9}$$

Mit Hilfe der nach Gl. (3.9) berechneten diamagnetischen Abschirmungskonstanten für Kohlenmonoxid – dieser Wert weicht nur um 0,8 ppm von dem aus *ab initio*-Rechnungen erhaltenen ab – und dem experimentell aus *Mikrowellenspektren* über die Spin-Rotations-Konstante bestimmbaren paramagnetischen Abschirmungsterm σ^{para}_{CO} = 323,2 ± 0,27 ppm läßt sich die **absolute Abschirmungskonstante*** für Kohlen-

Tab. 3.3 ^{13}C-Abschirmungskonstanten einiger gasförmiger Verbindungen bezogen auf σ_{CO} = 3,2 ppm[34]

Verbindung	σ (ppm)
CH_4[a]	194,15
H_3C-CH_3[a]	179,90
$H_3C-CH_2-CH_3$	169,9 (C–1); 168,3 (C–2)
CH_3F	115,3
CH_2F_2	76,6
CHF_3	67,5
CF_4	63,5
$H_2C=CH_2$[a]	63,59
CO_2[a]	57,80

[a] Die Abschirmungsdifferenzen sind extrapoliert auf eine unendlich kleine Dichte. Die Fehler der Messungen liegen für alle angegebenen Werte bei etwa 0,1 ppm.

---

* Nach Gl. 2.55 (Kap. 2) wird üblicherweise $\delta_C \cong \Delta\sigma = \sigma - \sigma_{Ref.}$ gemessen

monoxid zu $\sigma_{CO} = 3{,}20 \pm 0{,}27$ ppm angeben[31]. Damit läßt sich eine absolute Abschirmungsskala festlegen, die den Vorteil hat, daß mit zunehmender Abschirmung auch der Zahlenwert zunimmt. Mit der chemischen Verschiebung von Kohlenmonoxid $\delta = 182{,}2$ ppm, bezogen auf TMS, können die δ-Werte näherungsweise mit Hilfe von $\sigma = 185{,}4 - \delta$ in die Abschirmungskonstanten umgerechnet werden. In Tab. 3.3 sind Abschirmungskonstanten einfacher gasförmiger Verbindungen, bezogen auf Kohlenmonoxid, zusammengestellt. σ^{para} ist analog zu Kohlenmonoxid experimentell bestimmt worden.

Eine weitere Verbesserung in der Berechnung von σ^{dia} besteht darin, daß man lokale diamagnetische Terme, die die effektive Kernladung des Kohlenstoff-Atoms berücksichtigen, anstatt des konstanten Betrages $\sigma_C^{dia} = 260{,}74$ ppm verwendet[32]. Tab. 3.4 gibt für eine Reihe von Verbindungen diese lokalen diamagnetischen Anteile an. Abweichungen $\Delta\sigma^{dia}$ bis zu 7 ppm sind insbesondere bei Fluor-Substitution zu beobachten. $\Delta\sigma_C^{dia}$-Werte können aus Photoelektronenspektren über die C-1s-Bindungsenergie experimentell bestimmt werden[32].

Tab. 3.4 Der lokale diamagnetische Term $\sigma_{C\,im\,Molekül}^{dia}$ und dessen Differenz gegenüber Methan für einfache organische Verbindungen[32]

Verbindung	$\sigma_{C\,im\,Molekül}^{dia}$ berechnet (ppm)	$\Delta\sigma^{dia}$ (ppm)	$\Delta\sigma_C^{dia}$ aus Photoelektronenspektren
CH_4	261,42	0,0	0,0
C_2H_6	261,26	−0,16	+0,12
C_2H_4	261,31	−0,4	+0,03
C_2H_2	261,50	+0,08	−0,26
C_6H_6	260,83	−0,59	+0,33
CH_3NH_2	260,87	−0,55	−
CH_3OCH_3	260,60	−0,82	−0,91
CH_3OH	260,27	−1,15	−1,14
CH_3NO_2	260,40	−1,02	−1,36
HCN	260,31	−1,11	−1,70
CH_3F	259,77	−1,65	−1,83
CH_2O	258,90	−2,52	−2,28
CH_2F_2	258,11	−3,31	−3,60
CHF_3	256,24	−5,18	−5,36
CF_4	254,20	−7,22	−7,20

Bei einem anderen, von Yonezawa[33] vorgeschlagenen Weg zur Berechnung des diamagnetischen Abschirmungstermes werden die Gln. (3.10) und (3.11) benutzt, worin Z^* die effektive Kernladung und q_i die s-Elektronendichte bedeutet. Die so berechneten Werte unterscheiden sich zahlenmäßig von den nach Gl. (3.9) berechneten; da aber immer nur Differenzen verglichen werden bzw. eine willkürliche Referenzsubstanz benutzt wird, hat dieser Sachverhalt keine Bedeutung.

$$\sigma_i^{dia} = 4{,}45 \cdot Z^* \cdot q_i \qquad (3.10)$$

$$Z^* = 3{,}25 - 0{,}35(q_i - 4) \qquad (3.11)$$

Die Berechnung des **paramagnetischen Abschirmungsanteils** σ_i^{para} nach Gl. (3.4), s. S. 78, ist wegen der Unkenntnis aller Energiezustände und der zugehörigen Wellenfunktionen bis zum Kontinuum nicht möglich. Eine wesentliche Vereinfachung ergibt sich, wie schon erwähnt, aus der Annahme einer mittleren Anregungsenergie ΔE, wobei häufig ein Wert $\Delta E = 10$ eV[a] für das Kohlenstoff-Atom angesetzt wird[4]. Um diese beinahe willkürliche Festlegung von ΔE zu umgehen, kann bei Berechnungen von σ_i^{para} ΔE auch als Proportionalitätsfaktor zur Anpassung der theoretisch errechneten Werte an die experimentell bestimmten benutzt werden[35]. Zur Berechnung der erforderlichen Elektronendichten und Bindungsordnungen sind *ab initio-* und *halbempirische Methoden* benutzt worden. Tab. 3.5 gibt eine Zusammenfassung der nach verschiedenen Rechenmethoden erhaltenen Ergebnisse sowie den Vergleich mit den experimentell gewonnenen chemischen Verschiebungen.

Tab. 3.5 Theoretisch berechnete ^{13}C-chemische Verschiebungen einiger ausgewählter Verbindungen[36, a]

Verbindung	ab initio SCF	STO-5G	LEMAO 5G	4-31G	INDO	INDO[b]	MINDO	POPLE	$\delta_{exp.}$[c] (ppm)
CH_4	0,0	0,0	0,0	0,0	0,0	0,0	0,0		0,0
C_2H_6	−9,0	11,8	−2,0	7,4	−1,3	3,0	−1,3		8,0
CH_3F	41,3	50,5	75,0	65,4	−2,4	59,7			77,5
C_2H_4	126,3	111,6	152,5	130,8	40,1		87,8	46	125,6
H_2CO	207,0	147,9	250,4	199,6	60,7			185	197,0
C_2H_2	78,2	56,9	90,0	75,2	−10,1	80,5	56,7	110	76,0
$H_3\mathbf{C}-CHO$	7,9			30,9					33,3
$H_3C-\mathbf{C}HO$	175,9			214,2					201,7
$H_2\mathbf{C}=C=CH_2$	−			76,2	31,4	89,7	66,2		77,1
$H_2C=\mathbf{C}=CH_2$	−			227,5	50,4	182,7	107,6	80	215,8
$H_3\mathbf{C}-C\equiv CH$	−9,2			4,1		2,2	1,8		7,3
$H_3C-\mathbf{C}\equiv CH$	40,1			79,6		92,4	40,7		84,7
$H_3C-C\equiv\mathbf{C}H$	86,8			73,5		78,6	46,6		72,4

[a] Umgerechnet auf die δ-Skala, $\delta_{CH_4} = 0$ gesetzt; in der Originalliteratur sind die Abschirmungskonstanten σ angegeben.
[b] Verbesserte INDO-Parameter
[c] Chemische Verschiebung von Methan gleich Null gesetzt.

Die Tab. 3.5 zeigt, daß der Trend der chemischen Verschiebungen im wesentlichen richtig wiedergegeben wird. Zahlenmäßig sind die Abweichungen jedoch so groß, daß man theoretisch berechnete Verschiebungen gegenwärtig noch nicht als Zuordnungshilfen bei der Interpretation von ^{13}C-NMR-Spektren ansehen kann.

Der Berechnung des dritten Terms von Gl. (3.2), S. 78 (Einflüsse von Nachbaratomen bzw. -molekülen), ist wegen der Dominanz des paramagnetischen Abschirmungstermes und des Fehlens von theoretisch abgesicherten mathematischen Beziehungen nur wenig Beachtung zugekommen. Seideman und Maciel konnten mit einer Modellrechnung (Monopol bzw. Dipol im Abstand von 0,5 nm vom Mittelpunkt der C−C-Bindung in Ethan, Ethen, Ethin) den **Einfluß des elektrischen Feldes** auf die Verschiebung deutlich machen[16]. Drei gewählte Anordnungen zeigt Abb. 3.1.

```
        B
        •
        ┊
A •----C₁—┼—C₂
       ╱
      •
      C
```

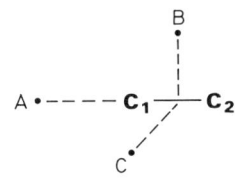

Abb. 3.1 Anordnung des Monopols bzw. Dipols in 0,5 nm Abstand vom Zentrum der Bindung[16]

Für Ethan ergaben sich nur geringe Veränderungen der chemischen Verschiebung. Für Ethylen und Acetylen sind die berechneten Verschiebungseinflüsse in Tab. 3.6 zusammengefaßt. Die großen Veränderungen bei den ungesättigten Verbindungen – insbesondere bei der Anordnung A (Abb. 3.1) – werden auf die Polarisierbarkeit der σ- und π-Bindungen zurückgeführt.

Tab. 3.6 Einfluß der Anordnungen von Monopol (M) bzw. Dipol (D) auf die ^{13}C-chemische Verschiebung von Ethylen und Acetylen (in ppm)[16]

Mono- bzw. Dipolanordnung	$H_2C=CH_2$ $\Delta\delta$		$H-C\equiv C-H$ $\Delta\delta$	
	C-1	C-2	C-1	C-2
M_A	6,90	-7,18	7,45	-4,75
M_B	-0,10	-0,10	0,14	0,14
M_C	0,17	0,17	0,14	0,14
D_A	2,62	-2,71	3,23	-1,32
D_B	-0,03	-0,03	0,33	0,33
D_C	0,08	0,08	0,33	0,33

Aufgaben

3.2 Berechne σ^{dia} für Kohlenmonoxid (Bindungsabstand C=O 113 pm) und für Methan (Bindungsabstand C–H 110 pm).

Bibliographie

Ditchfield, R., Ellis, P.D. (1974), Theory of ^{13}C-Chemical Shifts, Top. Carbon-13 NMR Spectrosc. 1, 1.

Martin, G.J., Martin, M.L., Odiot, S. (1975), Theoretical and Empirical Calculations of the Corban Chemical Shift in Terms of the Electronic Distribution in Molecules, Org. Magn. Res. 7,2.

Mason, J. (1976/1979), Correlations in Nuclear Magnetic Shielding, Adv. Inorg. Chem. Radiochem. 18, 197; 22, 199.

Tokuhiro, T., Fraenkel, G. (1969), J. Am. Chem. Soc. 91, 5005.

Alger, T.D., Grant, D.M., Paul, E.G. (1966), J. Am. Chem. Soc. 88, 537.

Pople, J.A. (1963), Mol. Phys. 7, 301.

Chesnut, D.B., Whitehurst, F.W. (1980), J. Comp. Chem. 1, 36.

Cheney, B.V., Grant, D.M. (1967), J. Am. Chem. Soc. 89, 5319.

Reilly, D.E.O. (1967), Chemical Shift Calculation, Prog. Nucl. Magn. Reson. Spectrosc. 2, 1.

Ebraheem, K.A.K., Webb, G.A. (1977), Calculation of Some ^{13}C-Nuclear Screening Constants, Org. Magn. Reson. 9, 241.

Jallali-Heravi, M., Webb, G.A., Witanowski, M. (1979), Some Calculations of the Local Diamagnetic Contributions to Nuclear Screening Constants, Org. Magn. Reson. 12, 274.

Aminova, R.M., Zoroatskaya, H.I., Samitov, Y.Y.

(1979), Calculation of Nuclear Magnetic Shielding Constants by the Method of Gauge Invariant Atomic Orbitals Using Gaussian Functions, J. Magn. Reson. 33, 497.

Van Dommelen, M. E., De Maan, J. W., Buck, M. M.

(1980), Linear Electric Field Effects in ^{13}C-NMR; Some Model Calculations on 5-Chloro-1-Pentene, Org. Magn. Reson. 14, 497.

Schindler, M., Kutzelnigg, W. (1983), Theorie of Magnetic Susceptibilities, J. Am. Chem. Soc. 105, 1360.

3. Empirische Korrelationen und Berechnungen

Die Schwierigkeiten bei der in Abschn. 2 (S. 84) diskutierten theoretischen Berechnung von ^{13}C-chemischen Verschiebungen und die Probleme, die sich bei der Interpretation der Verschiebungen anhand der Gln. (3.3), (3.4) und (3.5), S. 78 ff. ergeben, haben dazu geführt, daß *empirische* und *halbempirische Korrelationen* in der ^{13}C-NMR-Spektroskopie eine besondere Rolle spielen. Großes Interesse hat dabei der quantitative Zusammenhang zwischen **chemischer Verschiebung** und **Elektronendichte** eines Kohlenstoff-Atoms beansprucht[37–40]. Dieser Zusammenhang, der bereits aus den Gleichungen für den dia- bzw. paramagnetischen Abschirmungsterm (Abschn. 1, s. S. 78) hervorgeht, ist für eine Reihe von Verbindungsklassen unter der Annahme einer linearen Beziehung der Form (3.12) untersucht worden.

Tab. 3.7 Korrelationen zwischen ^{13}C-chemischer Verschiebung und Elektronendichte für einige Verbindungsklassen; zur Definition von q_c s. Originalliteratur

Verbindungs-klasse	Rechen-methode	Korrelation bezogen auf TMS, wenn nicht anders vermerkt	Lit.
Alkane, Cyclohexan, Adamantan	ab initio STO-3G	$\delta_C = -237{,}1\, q_C^{rel} + 242{,}64$	41, 42, 43
Alkene	ab initio	$\delta_C = -0{,}291\, q_C + 142{,}0$	44
Benzoyl-Kationen	CNDO/2	$\Delta\delta_{CO} = -629\, \Delta q$	45
Phenyl-carbenium-Ionen	CNDO/2	$\delta_{C\text{-}4} = -282{,}1\, q^{total} + 126{,}7$ $\delta_{C\text{-}4} = -166{,}6\, q^\pi + 127{,}8$	46
$(4n+2)\pi$-Aromaten	HMO	$\Delta\delta = -160\, \Delta q^\pi$	47
subst. Nitrobenzole	CNDO/2	$\delta = -148\, q^{total} - 460$	48
5-Ring-Heterocyclen	EHT	$\Delta\delta = -60\, \Delta q^{total}$	49
6-Ring-Heterocyclen	EHT	$\Delta\delta = -64\, \Delta q^{total}$	49
	CNDO	$\Delta\delta = -155\, \Delta q^{total}$	50
	HMO	$\delta = -306(1-q^\pi) - 32$	51
Methylazulene	EHT	$\Delta\delta = -121{,}63\, \Delta q$	52
Pyridin-Derivate	INDO	$\delta = -147{,}5\, q_e + 127{,}9$	53
	CNDO/2	$\delta = -199\, q_e + 130{,}9$	53
subst. Benzole	CNDO/SCF	$\delta = -127{,}1\, q_C^{total} + 127{,}7$	54

$$\delta = aq_C + \delta^0 \tag{3.12}$$

Die Elektronendichte q_C kann nach den verschiedensten MO-Rechenmethoden erhalten werden. Tab. 3.7 gibt eine Zusammenstellung solcher Korrelationen für einige ausgewählte Verbindungsklassen. Die Bedeutung von q_C in Tab. 3.7 ist nicht immer die gleiche; häufig ist Ladungsüberschuß bzw. -defizit gemeint, weiterhin wird zwischen σ- und π-Elektronendichte unterschieden. Es darf auch nicht übersehen werden, daß die Güte der linearen Korrelation von der verwendeten Rechenmethode abhängt.

Die lineare δ-q-Beziehung scheint durch die Fülle des Datenmaterials überzeugend nachgewiesen und ist u. a. im Falle der Stickstoffheterocyclen wie Pyridin[50] sogar theoretisch begründet worden, eine Verallgemeinerung der Korrelation ist jedoch nicht zulässig. So schwankt bereits für die in Tab. 3.7 angegebenen Verbindungsklassen die Steigung der Geraden zwischen **60** und **629 ppm/Ladungsdichteeinheit**. Die angegebenen Korrelationen haben also nur für die jeweilige Verbindungsklasse ohne Berücksichtigung sterischer, Anisotropie- oder elektrischer Feld-Effekte Gültigkeit. Abb. 3.2 zeigt die ursprünglich von Spiesecke und Schneider gefundene Abhängigkeit der ^{13}C-chemischen Verschiebungen von der π-Elektronendichte für monocyclische $(4n+2)\pi$-Elektronensysteme[47,55]. Die Steigung beträgt **160 ppm/π-Elektron**. Dieser Wert ist häufig zur Abschätzung von Elektronendichten aus δ-Werten in anderen Verbindungsklassen benutzt worden. Berücksichtigt man die andersartige Hybridisierung des Cyclopropenylium-Systems, so nimmt die Steigung der Gerade um 30 ppm/π-Elektron zu[38]. Bezieht man Verbindungen wie Cycloheptatrien, Cyclooctatetraen, Anthracen und Azine in die Korrelation mit ein und benutzt die aus *CNDO/S*-Rechnungen zugänglichen Gesamtelektronendichten, so erhält man **263 ppm/e**[56]. Dies zeigt deutlich, wie stark solche Korrelationen von den Randbedingungen abhängen.

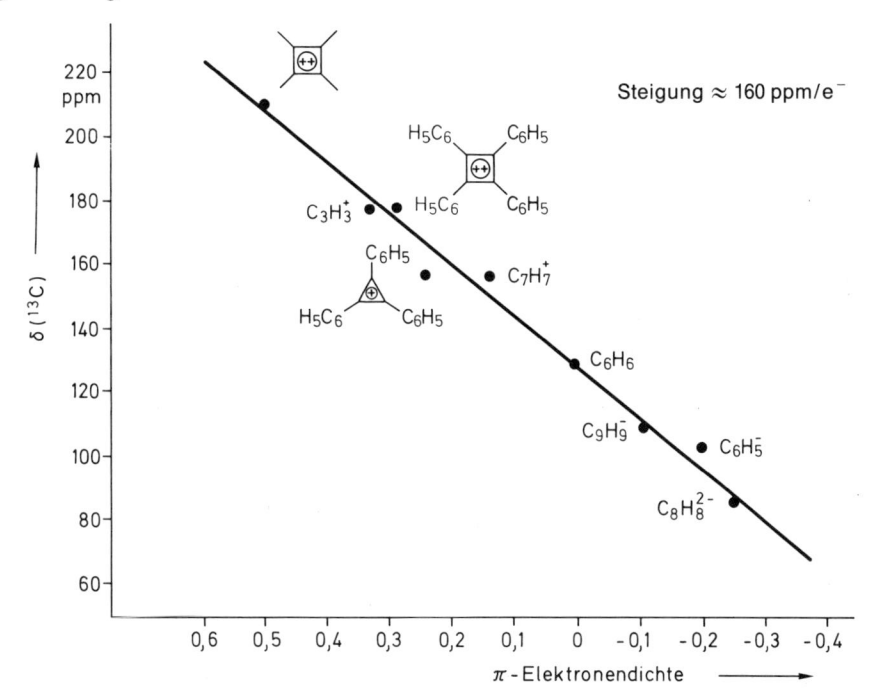

Abb. 3.2 Abhängigkeit der ^{13}C-chemischen Verschiebung von der π-Elektronendichte für einfache monocyclische Aromaten[47,55]

Für kondensierte Aromaten wie Naphthalin, Phenanthren oder Pyren wird nach der Theorie von Pople[5] eine Beziehung mit drei Variablen – **σ- und π-Elektronendichte** (q^σ bzw. q^π) sowie **Bindungsordnung P** – vorgeschlagen[57], s. Gl. (3.13). Dabei ist die Bezugsverbindung das Benzol.

$$\Delta\delta_C = 100\,\Delta q^\pi + 67\,\Delta q^\sigma - 76\,\Delta P \qquad (3.13)$$

Diese Beziehung, die die relevanten Größen des paramagnetischen Abschirmungskernes (vgl. Gl. (3.5), S. 79) enthält – ΔE wird mit 8 eV angesetzt –, liefert jedoch für die Kohlenstoff-Atome an den Verknüpfungsstellen der kondensierten Aromaten nur schlechte Übereinstimmung mit den experimentellen Daten; zur Berechnung von q^σ, q^π und P werden *HMO-*, *CNDO/2-* und *EHT*-Rechnungen benutzt.

Ebenfalls in Anlehnung an Pople's Gleichung (3.5) werden auch funktionelle Ansätze des Typs Gl. (3.13a) verwendet. In dieser Gleichung bedeuten q_i die Ladungsdichte, P_{ij} die Bindungsordnung und q_i^π die π-Elektronendichte[40].

$$\delta_i = a + bq_i + cP_{ij} + dq_i^\pi P_{ij} \qquad (3.13a)$$

Im Falle der substituierten Fluorbenzole liegt die Standardabweichung der Regressionsanalyse zwischen 5 und 8 ppm[40].

Sardella hat für π-Systeme die Beziehung zwischen den Differenzen der chemischen Verschiebung $\Delta\delta$ und den **Atom-Atom-Polarisierbarkeiten** π_{ij} aus der Störungstheorie entwickelt[58] (vgl. (Gl. 3.14)).

$$\Delta\delta_i = K_i \pi_{ij} \qquad (3.14)$$

Die Atom-Atom-Polarisierbarkeiten π_{ij} als Maß für die Ladungsdichte sind aus *HMO*-Rechnungen zugänglich.

Neben der direkten Beziehung zwischen chemischer Verschiebung und Elektronendichte existieren eine Anzahl von Korrelationen zwischen δ_{13C} und Größen, die indirekt mit der Elektronendichte zusammenhängen. Hier sind stellvertretend der Zusammenhang zwischen der ^{13}C-chemischen Verschiebung monosubstituierter Benzole und den *Hammett-Substituentenkonstanten* σ bzw. den *Taft'schen induktiven* und *mesomeren Konstanten* σ_I und σ_R^0 zu nennen. Befriedigende lineare Korrelationen liefern jedoch nur die *meta*-(C-3/5)- und *para*-(C-4)-Positionen; die *ortho*-C-Atome (C-2/6) und das *ipso*-C-Atom (C-1) ergeben wegen der sterischen Einflüsse, Anisotropie- und elektrische Feldeffekte keinen linearen Zusammenhang mit den Substituentenkonstanten (s. S. 283ff.). Abbildung 3.3 zeigt den Zusammenhang zwischen δ_{C-4} und σ_p für eine Reihe von monosubstituierten Benzolen **6**, basierend auf den Daten, die in der Tabelle 3.66, (S. 292) aufgeführt sind. Die Gerade erfüllt mit einem Korrelationskoeffizienten von 0,922 die Gl. (3.15).

$$\delta_{C-4} = 9{,}86\,\sigma_p - 2{,}25 \qquad (3.15)$$

Diese Gleichung kann dazu benutzt werden, die Substituentenkonstanten von bisher nicht tabellierten Substituenten zu bestimmen.

Für die Bestimmung von σ^+-Werten wird die Gleichung (3.16) vorgeschlagen, die für *para*-substituierte Benzylidenmalonitrile ($XC_6H_4CH=C(CN)_2$) in $CDCl_3$ abgeleitet wurde[59].

$$\sigma^+ = 0{,}16\,\delta_{C(CN)_2} - 13{,}4 \qquad (r = 0{,}998) \qquad (3.16)$$

Die **Zwei-Parameter-Korrelation (DSP-Analyse ≙ dual substituent-parameter)**, Gl. (3.17) (Aufteilung der Hammett-Konstante in einen **Induktiv-** und **Resonanzanteil** σ_I bzw. σ_R^0), wie sie von Taft[60,61] vorgeschlagen wird, führt für C-4 in monosubstituierten Benzolen **6**

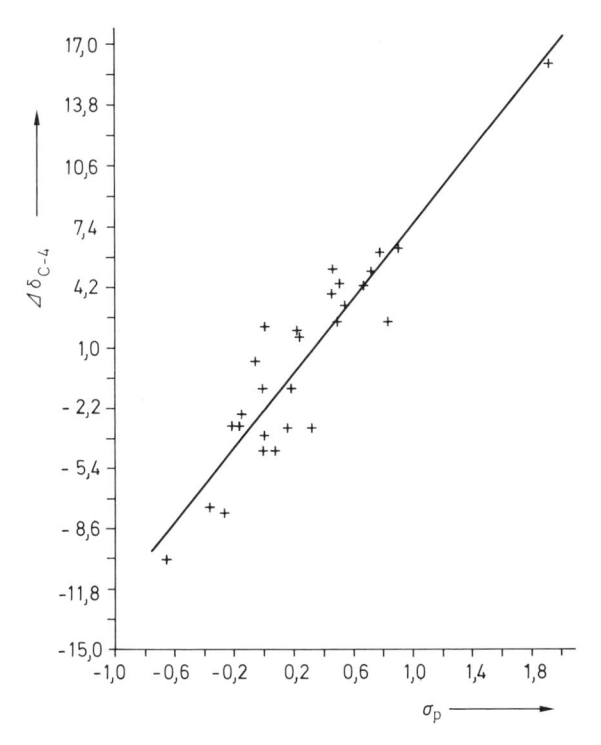

Abb. 3.3 Hammett-Korrelation σ_p gegen δ_{C-4} unter Verwendung der Daten aus Tab. 3.66

zu den in Tab. 3.8 für verschiedene Lösungsmittel aufgeführten Parametern. Beide Parameterkonstanten a und b nehmen mit der Polarität des Lösungsmittels zu. Diese Lösungsmittelabhängigkeit zeigt, daß bei der Aufstellung von Verschiebungskorrelationen der Lösungsmitteleinfluß nicht ohne weiteres vernachlässigt werden darf.

$$\delta_C = a\sigma_I + b\sigma_R^0 + c \tag{3.17}$$

Tab. 3.8 Parameter für die Korrelation der Verschiebung des para C-Atoms in monosubstituierten Benzolen mit σ_I und σ_R^0 nach Gleichung (3.17), bezogen auf die Verschiebung von Benzol $(\delta_{C_6H_6} = 0)^{61}$. σ_I und σ_R^0 sind in Tab. 3.66 aufgeführt.

Lösungsmittel	a (ppm)	b (ppm)	Standardabweichung (± ppm)
Cyclohexan	3,35	20,55	0,07
CCl$_4$	3,73	20,72	0,06
CDCl$_3$	4,54	21,54	0,11
Aceton	4,95	21,81	0,22
DMF	5,32	21,93	0,27
DMSO	5,48	22,21	0,28

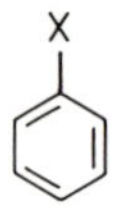

6 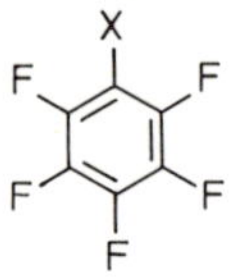 **7**

Die ebenfalls nach der *DSP*-Methode durchgeführte Analyse der Abhängigkeit der Verschiebung $\delta_{C\text{-}4}$ vom Substituenten in Pentafluorbenzolen **7** liefert Gl. (3.18) (bezogen auf Hexafluorbenzol)[62].

$$\delta_{C\text{-}4} = 4{,}01\,\sigma_I + 10{,}41\,\sigma_R^0 + 3{,}07 \tag{3.18}$$

Im Gegensatz zu den monosubstituierten Benzolen **6** (Tab. 3.8) ist in **7** der Einfluß des Resonanzeffektes im Vergleich zum Einfluß des Induktiveffektes ($b:a$, Gl. (3.17)) nur etwa halb so groß; der induktive Einfluß spielt also bei Fluorbenzolen eine weitaus größere Rolle.

Für aliphatische Systeme ergeben sich lineare Korrelationen zwischen δ_C und den *Taft*schen Polaritätskonstanten σ^*; so gilt für substituierte Cyclohexane **8**, bezogen auf TMS, Gl. (3.19)[63].

$$\delta_{C\text{-}4} = -0{,}37\,\sigma^* + 27{,}2 \tag{3.19}$$

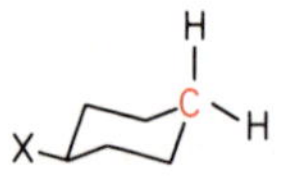

8

Der Zusammenhang zwischen chemischer Verschiebung und Elektronegativität E_x eines Substituenten ist in den bereits diskutierten monosubstituierten Benzolen für das *ipso*-C-Atom nachweisbar. Nach der Anisotropie-Korrektur ergibt sich ein linearer Zusammenhang zwischen Verschiebung $\delta_{C\text{-}1}$ und Elektronegativität[64]. Ebenfalls linear ist die Korrelation für die Benzylderivate **9**, für die Gl. (3.20), bezogen auf TMS, gilt[65].

$$\delta_{CH_2} = 27{,}8\,E_x - 27{,}9 \tag{3.20}$$

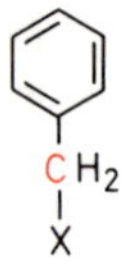

9

Weitere Beziehungen zwischen δ_C und Elektronendichten, Substituentenkonstanten, Bindungslängen[66], Elektronenanregungsenergien oder Verschiebungen anderer Elemente ($\delta_{^1H}$, $\delta_{^{14}N}$, $\delta_{^{15}N}$, $\delta_{^{17}O}$, $\delta_{^{19}F}$, $\delta_{^{31}P}$ usw.) werden, sofern sie einen größeren Gültigkeitsbereich haben, im Zusammenhang mit den einzelnen Verbindungsklassen diskutiert.

Eine dritte Gruppe von empirischen Zusammenhängen umfaßt die Berechnungen von chemischen Verschiebungen mit Hilfe eines **Inkrementensystemes**. Hierbei geht man im allgemeinen von der Voraussetzung aus, daß die Substituenteneffekte **additiv** sind. Solche Beziehungen haben üblicherweise die Form der Gl. (3.21).

$$\delta_k^{\text{ber}} = B + \Sigma A_1 n_{k1} + \Sigma S_{k1} n_{k1} \qquad (3.21)$$

In Gleichung 3.21 bedeutet δ_k die berechnete chemische Verschiebung des k-ten C-Atomes, B ein Grundwert je nach Substanzklasse, A_1 das Substituenteninkrement des Substituenten in der Position l, n die Anzahl der Substituenten in dieser Position und S_{k1} eventuell zu berücksichtigende sterische oder auch elektronische Korrekturterme. Je nach Anzahl der Bindungen zwischen dem Substituenten und dem betrachteten C-Atom spricht man von α-, β-, γ-, δ oder ε-Effekten (s. nachfolgende Formel). Die Konstanten A_1 und S_{k1} sind durch lineare Mehrparameter-Regressionsanalysen bestimmbar. Andere Formen der Datenanalyse wie die Faktoren- und Komponentenanalyse werden ebenfalls benutzt (siehe Bibliographie).

Qualitativ läßt sich der Einfluß eines Substituenten auf das unmittelbar gebundene C-Atom (**α-Effekt**) mit der Elektronegativität des Substituenten in Beziehung setzen (Quantitative Zusammenhänge, s. S. 92).

Für den **β-Effekt** existiert dagegen noch keine befriedigende theoretische Deutung. In Methylsubstituierten polycyclischen Aromaten konnte ein linearer Zusammenhang zwischen Bindungsordnung der $C_\alpha - C_\beta$-Bindung und dem **β-Effekt** der Methyl-Gruppe gefunden werden[67]. **γ- und δ-Effekte**, die eine Verschiebung zu hohem Feld bewirken können, werden u. a. auf **sterische Wechselwirkung** der Atome in 1,4- bzw. 1,5-Stellung zurückgeführt, wobei diese nichtbindende Wechselwirkung eine Polarisierung der Valenzelektronen des betrachteten Kohlenstoff-Atoms hervorruft.

Dies allein reicht aber nicht aus, um alle beobachteten γ-Effekte zu erklären. So wird für die Substituenten X = CH_3, OH, NH_2, Cl und Br zwar eine sehr grobe lineare Korrelation mit dem Diederwinkel des C-C-C-X-Fragmentes gefunden[68], in der der γ-Effekt bei einem Diederwinkel von etwa 160° das Vorzeichen wechselt. Für kleine Diederwinkel (0–60°) ist der γ-Effekt negativ (ca. -10 bis -5 ppm), für Winkel zwischen 60 und 120° beträgt er -5 bis -2 ppm, und für den Bereich 120°–180° ist er ca. -2 bis $+2$ ppm. Für die Substituenten Fluor und Iod streuen jedoch die Werte total. Der γ-Effekt hängt zudem auch vom Substitutionsgrad der C-Atome auf dem Transmissionsweg ab[68]. Erwähnenswert ist auch lineare Abhängigkeit des γ-Effekts von der Elektronegativität von X, wie sie in 3,3-Dimethylheterocyclohexanen beobachtet wird (X = CH_2, NH, NCH_3, O, S, Te)[68].

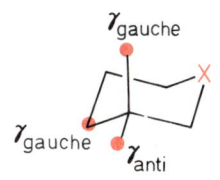

Der γ-anti Effekt ist bei Kohlenwasserstoffen ($X = -\overset{|}{\underset{|}{C}}-$) positiv; für Heterosubstituenten wie F, OH oder NH$_2$ werden dagegen negative **γ-anti-Effekte** beobachtet (s. S. 248ff.). Ein für gesättigte *und* ungesättigte Kohlenwasserstoffe gültiges empirisches Berechnungsverfahren haben Savitsky und Namikawa entwickelt[69]. Die entsprechenden Parameter sind in Tabelle 3.9 zusammengestellt.

Tab. 3.9 Empirische Parameter zur Berechnung der ^{13}C-NMR-Verschiebungen von gesättigten und ungesättigten Kohlenwasserstoffen nach Savitsky und Namikawa[69]

$$\delta = \sum_i s_i + \sum_i d_i + t_i + K^{\,a}$$

	Strukturelement		Verschiebungsparameter (ppm)
	a	H	$-31{,}8$
	b	$-CH_3$	$-24{,}7$
s_i	c	$-CH_2-$	$-16{,}2$
	d	$-CH{<}$	$-9{,}3$
	e	$-\overset{|}{\underset{|}{C}}-$	$-3{,}5$
	f	$-CH{=}$	$-16{,}9$
	g	$-C{\lessdot}$	$-15{,}8$
d_i	h	$=CH_2$	$+57{,}1$ (-42 für *sp*-Kohlenstoff)
	i	$=CH-$	$+49{,}9$ (-39 für *sp*-Kohlenstoff)
	j	$=C{<}$	$+44{,}4$
	k	$=C=$	$+11{,}0$
	l	$\equiv CH$	-27
t_i	m	$\equiv C-$	-29

[a] K hängt von der Referenzsubstanz ab; $K = 0$ für Benzol als Referenzsubstanz; $K = +128{,}5$ ppm für TMS als Referenz

Beispiele: H_3C-CH_3
$\delta = 3a + b + K = 8{,}5$ exp.: 5,7 (bezogen auf TMS)
$H_2C=CH_2$
$\delta = 2a + h + K = 122{,}0$ exp.: 123,5
$H_3C-C\equiv C-CH_3$
$\delta = b + l + K = 76{,}8$ exp.: 73,6

Dieses Verfahren gestattet die Berechnung der Verschiebung, auch die von Aromaten*, mit einer Abweichung von etwa ± 4 ppm. Hierbei werden nur Parameter benutzt, die das Strukturelement der direkten Nachbaratome (α-Positionen) kennzeichnen.

---

* Bei der Berechnung der Verschiebung von Aromaten wird nur *eine* Kekulé-Struktur zu Grunde gelegt.

Tab. 3.10 Substituenteneffekte auf die ^{13}C-chemische Verschiebung von Alkanen

X	α	β	γ	δ	ε
D	− 0,4	− 0,12	−0,02	−	−
D_2	− 0,7	− 0,24	−0,08	−	−
D_3	− 0,9	− 0,36	−0,16	−	−
Li	− 1,9	6,8	6,3	0,6	−
Mg	− 6,6	6,1	5,5	−0,1	0,3
CH_3	9,1	9,4	−2,5	0,3	−
$H_2C=CH-$	22,3	6,9	−2,2	0,2	−
−HC=CH-*cis*	14,2	7,3	−1,5	−	−
−HC=CH-*trans*	19,7	7,2	−1,6	−	−
−C≡CH	4,5	5,5	−3,5	−	−
C_6H_5	22,3	8,6	−2,3	0,2	−
CHO	31,9	0,7	−2,3	−	−
$COCH_3$	30,9	2,3	−0,9	2,7	1,4
CO_2H	20,8	2,7	−2,3	1,0	1,2
CO_2^-	22,5	4,5	−1,7	1,2	−
CO_2Me	20,4	2,3	−1,9	1,2	0,8
COCl	33,7	2,2	−3,3	−	−
CN	3,6	2,0	−3,1	−0,5	−
NH_2,	28,6	11,5	−4,9	0,3	0,4
NH	36,7	7,6	−4,2	0,5	0,3
N	40,8	5,2	−4,2	0,5	0,3
NH_3^+	26,0	7,5	−4,6	−	−
NC	28,0	6,2	−5,4	−	−
NCO	29,6	8,5	−5,1	−	−
NCS	31,4	−	−	−	−
NO_2	64,5	3,1	−4,7	−1,0	−
OH, 1° [a]	48,3	10,2	−5,8	0,3	0,1
OH, 2° [b]	44,5	9,7	−3,3	0,2	0,2
OH, 3° [c]	39,7	7,3	−1,8	0,3	0,3
OR	58,0	8,1	−4,7	1,4	−
$OCOCH_3$	51,1	7,1	−4,8	1,1	0,8
SH	11,1	11,8	−2,9	0,7	−
S^-	11,7	14,0	−2,3	0,4	−
SMe	21,1	6,4	−3,0	0,5	−
S^+Me_2	30,1	1,1	−3,0	0,7	−
SOMe	41,8	− 0,3	−2,7	0,5	−
SO_2Me	41,0	− 0,2	−2,9	0,3	−
SCN	20,6	6,9	−3,8	0,2	−
F	70,1	7,8	−6,8	0,0	−
Cl	31,2	10,5	−4,6	0,1	0,5
Br	20,0	10,6	−3,1	0,1	0,5
I	− 6,0	11,3	−1,0	0,2	1,0
$Sn(CH_3)_3$	− 1,7	4,1	0,9	0,1	−

[a] primärer Alkohol
[b] sekundärer Alkohol
[c] tertiärer Alkohol

Einen allgemeinen Anwendungsbereich zur Abschätzung der chemischen Verschiebungen von mono- bzw. polysubstituierten Alkanen haben auch die in Tab. 3.10 zusammengestellten Substituenteneffekte. Nach Gleichung 3.22 gilt hier (s. auch S. 93 Gl. 3.21):

$$\delta_k = -2{,}3 + \Sigma A_l n_{kl} \tag{3.22}$$

Die Genauigkeit liegt bei ± 3 ppm. Größere Abweichungen treten bei Verschiebungen oberhalb von 100 ppm auf.

Weitere Inkrementsysteme zur Berechnung von δ-Werten sind bei den jeweiligen Substanzklassen zu finden, soweit sie sich als Zuordnungshilfen für die chemischen Verschiebungen bewährt haben.

Basierend auf der Additität von Substituenteneffekten existieren eine Anzahl von Computer-Programmen, die mit Hilfe der Verschiebungsdaten gespeicherter Spektren die Abschätzung von δ-Werten erlauben[70-78].

Aufgaben

3.3 Berechne die σ^+-Substituentenkonstante für die Mesylat-Gruppe (OSO_2CH_3) aus dem δ-Wert des entsprechenden Benzyliden-Malonitrils (($CN)_2C=CH-C_6H_4OSO_2CH_3$; $\delta = 83{,}1$ ppm).

Bibliographie

Martin, G. J., Martin, M. L., Odiot, S. (1975), Theoretical and Empirical Calculations of the Carbon Chemical Shifts in Terms of the Electronic Distribution in Molecules, Org. Magn. Reson. 7, 2.

Raynes, W. T. (1977), Theoretical and Physical Aspects of Nuclear Shielding, in Chem. Soc. Specialist Periodical Reports, (Abraham, R. J., Ed.), Nucl. Magn. Reson. 1–10.

Nelson, G. L., Williams, E. A. (1976), Electronic Structure and ^{13}C-NMR, Prog. Phys. Org. Chem. 12, 229.

Hehre, W. J., Taft, R. W., Tompson, R. D. (1978), Ab initio Calculations of Charge Distributions in Monosubstituted Benzenes and in *Meta*- and *Para*-Substituted Fluoro-Benzenes. Comparison with ^1H-, ^{13}C-, and ^{19}F-NMR Substituent Shifts, Prog. Phys. Org. Chem. 12, 159.

Dubois, J. E., Carabedian, M. (1980), Modelling of the Alkyl Environment Effects on the ^{13}C Chemical Shift, Org. Magn. Reson. 14, 265.

Fliszar, S., Cardinal, G., Beraldin, M. T. (1982), Charge Distributions and Chemical Effects. Relationships between NMR Shifts and Atomic Charges, J. Am. Chem. Soc. 104, 5287.

Wiberg, K. B., Pratt, W. E., Bailey, W. F. (1980, 1981), Nature of Substituent Effects in Nuclear Magnetic Resonance Spectroscopy, Factor Analysis, J. Org. Chem. 45, 4936; 46, 4219.

Eliasson, B., Edlund, U. (1981), The ^{13}C Nuclear Magnetic Resonance Substituent Chemical Shifts of 2-Substituted Indenes. Interpretation by a Multivariate Data Analysis Method, J. Chem. Soc. Perkin Trans. 2, 403

Johnells, D. et al (1983), Clustering of Aryl Carbon-13 Nuclear Magnetic Resonance Substituent Chemical Shifts. A Multivariate Data Analysis using Principal Components, J. Chem. Soc. Perkin Trans. 2, 863.

4. Chemische Verschiebungen einzelner Substanzklassen

4.1 Alkane

Die chemischen Verschiebungen der ^{13}C-Atome unsubstituierter linearer und verzweigter Kohlenwasserstoffe umfassen einen Bereich von etwa **60 ppm**, wobei die Verschiebung bezogen auf TMS in der Reihenfolge $CH_3 < CH_2 < CH < -\overset{|}{\underset{|}{C}}-$ zunimmt. In Tab. 3.11 sind die chemischen Verschiebungen der C-Atome von einfachen Alkanen zusammengestellt. Für die höheren linearen Alkane sind die δ-Werte ab n-Nonan praktisch konstant (s. Tab. 3.11). Für die Zuordnung der Signale haben sich die von Grant und Paul[79] sowie Lindeman und Adams[80] durch Regressionsanalyse erhaltenen Inkrementensysteme als nützlich erwiesen. Diese empirischen Beziehungen erlauben die Vorhersage der chemischen Verschiebungen von Alkanen mit einer Genauigkeit, die häufig besser als ±1 ppm ist.

Tab. 3.11 ^{13}C-chemische Verschiebungen von Alkanen[a, b, c]

Verbindung	δ_C (ppm)						
	C-1	C-2	C-3	C-4	C-5	C-6	C-7
CH$_4$	−2,3						
H$_3$C−CH$_3$	6,5						
H$_3$C−CH$_2$−CH$_3$	16,1	16,3					
H$_3$C−CH$_2$−CH$_2$−CH$_3$	13,1	24,9					
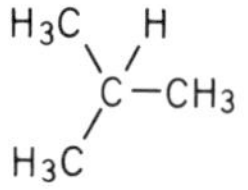 (H$_3$C)$_2$CH−CH$_3$	24,6	23,3					
H$_3$C−CH$_2$−CH$_2$−CH$_2$−CH$_3$	13,5 (13,8)[b]	22,2 (22,8)	34,1 (34,7)				
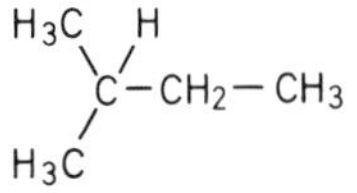 (H$_3$C)$_2$CH−CH$_2$−CH$_3$	21,9	29,9	31,6	11,5			
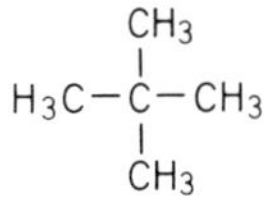 H$_3$C−C(CH$_3$)$_2$−CH$_3$	27,4	31,4					
H$_3$C−CH$_2$−CH$_2$−CH$_2$−CH$_2$−CH$_3$	13,7 (14,1)[b]	22,7 (23,2)	31,7 (32,2)				
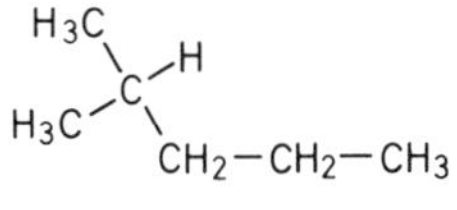 (H$_3$C)$_2$CH−CH$_2$−CH$_2$−CH$_3$	22,7	27,9	41,9	20,8	14,3		
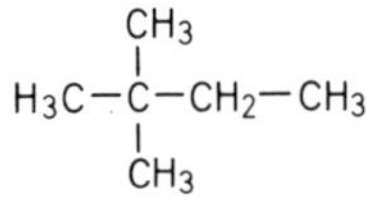 H$_3$C−C(CH$_3$)$_2$−CH$_2$−CH$_3$	28,7	30,3	36,1	8,5			

Tab. 3.11 Fortsetzung

Verbindung	δ_C (ppm)						
	C-1	C-2	C-3	C-4	C-5	C-6	C-7
H₃C–CH(CH₃)–CH(CH₃)–CH₃	19,2	34,0					
H₃C–CH₂–CH(CH₃)–CH₂–CH₃	11,4	29,4	36,8			18,7	
H₃C–CH₂–CH₂–CH₂–CH₂–CH₂–CH₃	13,7 (14,2)[b]	22,6 (23,3)	32,0 (32,6)	29,0 (29,8)			
H₃C–C(CH₃)₂–CH(CH₃)–CH₃	27,0	32,7	37,9	17,7			
H₃C–CH(CH₃)–CH₂–CH₂–CH₂–CH₃	22,4	28,1	38,9	29,7	23,0	13,6	
H₃C–CH₂–CH(CH₃)–CH₂–CH₂–CH₃	10,6	29,5	34,3	39,0	20,2	13,9	18,8
H₃C–C(CH₃)₂–CH₂–CH₂–CH₃	29,5	30,6	47,3	18,1	15,1		
H₃C–CH(CH₃)–CH(CH₃)–CH₂–CH₃ (1,2,3,4,5 with CH₃ at 6,7)	20,0	31,9	40,6	26,8	11,6	17,7	14,5
H₃C–CH(CH₃)–CH₂–CH(CH₃)–CH₃	22,7	25,7	49,0				
H₃C–CH₂–C(CH₃)₂–CH₂–CH₃	7,7	33,4	32,2			25,6	
H₃C–CH₂–CH(H)(C₂H₅)–CH₂–CH₃	10,5	25,2	42,4				
H₃C–CH₂–CH₂–CH₂–CH₂–CH₂–CH₂–CH₃	13,6	22,7	32,1	29,4			
H₃C–CH₂–CH(CH₃)–CH(CH₃)–CH₂–CH₃ [d]	11,8	27,6	38,5			13,8	
H₃C–CH₂–CH(CH₃)–CH(CH₃)–CH₂–CH₃ [e]	11,8	25,8	39,5			15,8	
H₃C–C(CH₃)₂–C(CH₃)₂–CH₃	25,6	35,0					

Tab. 3.11 Fortsetzung

Verbindung	δ_C (ppm)						
	C-1	C-2	C-3	C-4	C-5	C-6	C-7
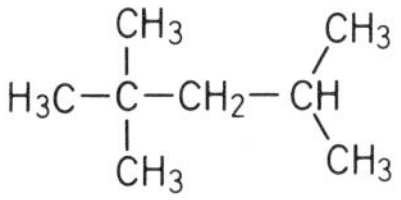 H₃C-C(CH₃)₂-CH₂-CH(CH₃)₂	29,9	30,9	59,3	25,3	24,7		
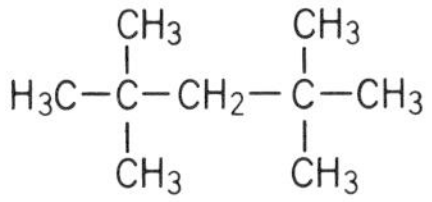 H₃C-C(CH₃)₂-CH₂-C(CH₃)₂-CH₃	31,8	32,4	56,5				
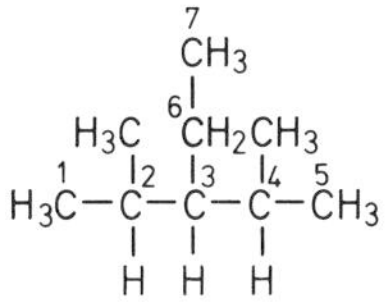 H₃C-CH-CH-CH(CH₂CH₃)(CH₃)-CH₃ (mit 7-CH₃)	20,0	29,0	56,8			21,1	14,5
H₃C-CH₂-CH₂-CH₂-CH₂-CH₂-CH₂-CH₂-CH₃	3,8	22,7	32,0	29,4	29,6		
H₃C-CH₂-CH₂-CH₂-CH₂-CH₂-CH₂-CH₂-CH₂-CH₃	14,0	22,8	33,3	29,8	30,1		
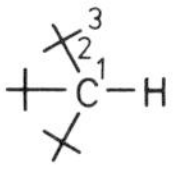 (t-Bu)₃C-H	65,0	38,6	34,9				

^a Gemessen in 1:1-Mischung Alkan/1,4-Dioxan.
^b Die für Pentan, Hexan und Heptan in Klammern angegebenen Werte beziehen sich auf die reine Flüssigkeit und geben somit einen Anhaltspunkt über die Lösungsmittelabhängigkeit der Verschiebungen der Alkane.
^c Daten aus Lit.[79,80] und den auf Seite 101 angegebenen Literaturstellen.
^d Racemat
^e meso

Tab. 3.12 Empirische Berechnung der ^{13}C-chemischen Verschiebungen von Alkanen nach Grant und Paul[79]

Additive Verschiebungs-parameter für C-Atome in Position I zum betrachteten C-Atom (k)		sterische Korrekturterme für verzweigte Alkane: S_{kl} [a]	
I	A_I ppm	k l	S_{kl}
α	9,1	1° (3°)	− 1,1
β	9,4	1° (4°)	− 3,4
γ	−2,5	2° (3°)	− 2,5
δ	0,3	2° (4°)	− 7,5
ε	0,1	3° (2°)	− 3,7
		3° (3°)	− 9,5
Konstanter Term		4° (1°)	− 1,5
(Verschiebung von		4° (2°)	− 8,4
Methan)		4° (2°)	− 8,4
$B = -2,3$ ppm		3° (4°)	−15,0
		4° (3°)	−15,0
		4° (4°)	−25,0

$\delta_{C(k)} = B + \sum A_I n_{kI} + S_{kl}$

[a] 1° = primäres, 2° = sekundäres, 3° = tertiäres, 4° = quartäres C-Atom.

Beispiel: Berechnung der ^{13}C-Verschiebungen von 2,2,4,4-Tetramethylpentan

$\delta_{C-1} = -2,3 + A_\alpha + 3A_\beta + 3A_\gamma + S_{1°(4°)}$
$\quad = -2,3 + 9,1 + 28,2 - 2,5 + 0,9 - 3,4 = 30,0$
$\quad\quad\quad\quad\quad\quad\quad\quad\quad\quad\quad\quad\text{exp.} = 31,8$

$\delta_{C-2} = -2,3 + 4\alpha + b + 3\gamma + 3S_{4°(1°)}$
$\quad = -2,3 + 36,4 + 9,4 - 7,5 - 4,5 \quad\quad = 31,5$
$\quad\quad\quad\quad\quad\quad\quad\quad\quad\quad\quad\quad\text{exp.} = 32,4$

$\delta_{C-3} = -2,3 + 2\alpha + 6\beta + 2S_{2°(4°)}$
$\quad = -2,3 + 18,2 + 56,4 - 16,8 \quad\quad = 55,5$
$\quad\quad\quad\quad\quad\quad\quad\quad\quad\quad\quad\quad\text{exp.} = 56,5$

$$\underset{}{H_3C}\overset{1}{}-\underset{\underset{CH_3}{|}}{\overset{\overset{CH_3}{|}}{\underset{2}{C}}}-\overset{3}{CH_2}-\underset{\underset{CH_3}{|}}{\overset{\overset{CH_3}{|}}{C}}-CH_3$$

Nach Grant und Paul[79] (s. Tab. 3.12) verursacht die Substitution eines Wasserstoff-Atoms durch eine Methyl-Gruppe für das direkt betroffene C-Atom eine Tieffeldverschiebung von ca. 9 ppm (α-Effekt) und für das β-ständige C-Atom überraschenderweise ebenfalls eine Tieffeldverschiebung um etwa den gleichen Betrag. Eine Methyl-Gruppe in γ-Stellung führt dagegen bei freier Rotation um die $C_\alpha-C_\beta$-Bindung zu einer Hochfeldverschiebung von 2,5 ppm (s. Abb. 3.4). Für fixierte Konformationen wie z. B. in A und B ist dieser Wert noch größer (s. Abschn. 4.1.1, S. 102). Vereinfacht[81] wird diese Hochfeldverschiebung auf die nicht bindende Wechselwirkung der CH-Gruppierungen

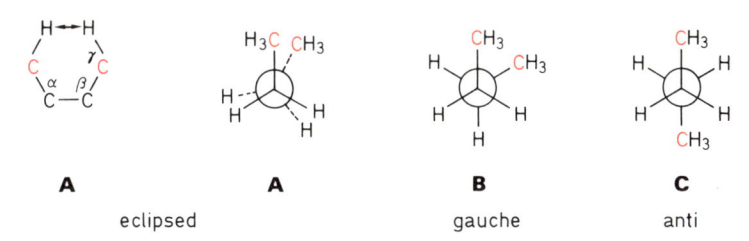

Abb. 3.4 γ-Effekt beim *n*-Butan, Konformere A und B zeigen im Vergleich zu C eine Hochfeldverschiebung der Methyl-C-Atome[81]

zurückgeführt, die durch Elektronenabstoßung eine Polarisierung der C—H-Bindungen unter Erhöhung der Elektronendichten an den beiden beteiligten Kohlenstoff-Atomen verursacht (s. Abb. 3.4). Die in Tab. 3.11 aufgeführten chemischen Verschiebungen sind, da sie sich auf Raumtemperatur beziehen, naturgemäß über alle Konformere gemittelte Werte. Die Verschiebungen energiegünstiger Konformationen können durch Messung bei Temperaturen unterhalb von −160 °C erhalten werden[82,83]. Für das anti- und gauche-Konformere des 2,3-Dimethylbutans **10** sind die δ_C-Werte im Formelbild aufgeführt: bei tiefen Temperaturen überwiegt das gauche-Konformere, womit dieses Isomere als energiegünstigere Form eindeutig nachgewiesen ist. Aus der Temperaturabhängigkeit der vicinalen Kopplungskonstante $^3J(H,H)$ lagen bereits Hinweise auf diese Tatsache vor[84] (s. auch S. 594).

10 a anti 2,3-Dimethylbutan **10 b** gauche 2,3-Dimethylbutan

gemessen in 1-Monodeuteropropan bei 85 K (−188 °C)[82].

Bibliographie

Grant, D. M., Paul, E. G. (1964), Carbon-13 Magnetic Resonance: Chemical Shift Data for the Alkanes, J. Am. Chem. Soc., 86, 2984

Cheney, B. V., Grant, D. M. (1967), The Theory of Carbon-13 Chemical Shifts Applied to Saturated Hydrocarbons, J. Am. Chem. Soc., 89, 5319.

Mason, J. (1976), The Alkane Shielding Parameters, and Absolute Scale for Carbon Shielding, J. Chem. Soc., Perkin Trans. 2, 1671.

Lindeman, L. P., Adams, J. A. (1971), Chemical Shifts For The Paraffins Through C_9, Anal. Chem., 43, 1245.

Lachance, P., Brownstein, S., Eastham, A. M. (1979), Alkanes With Multiple Asymmetric Centers, Syntaesis Identification and ^{13}C Nuclear Magnetic Resonance Spectra, Can. J. Chem., 57, 367.

Beierbeck, H., Saunders, J. K. (1977), Conformational and Configurational Analysis of Hydrocarbon Chains, Based on Time-Averaged Carbon-13 Chemical Shifts, Can. J. Chem., 55, 771

Takaishi, K., Ando, I., Kondo, M., Chujo, R., Nishioka, A. (1974), Calculation of the Carbon-13 NMR Chemical Shifts of Linear and Branched Paraffins, Bull. Chem. Soc. Jpn, 47, 1559.

Seidmann, K., Maciel, G. E. (1977), Proximity and Conformational Effects on ^{13}C Chemical Shifts at the γ-Position in Hydrocarbons, J. Am. Chem. Soc., 99, 659.

Beierbeck, H., Saunders, J. K. (1980), Analysis of ^{13}C Nuclear Magnetic Resonance Chemical Shifts of Acyclic Hydrocarbons, Can. J. Chem. 58, 1258.

Dubois, J. E., Carabedian, M. (1980), Modelling of the Alkyl Environment Effects on the ^{13}C Chemical Shift, Org. Magn. Reson. 14, 264.

Wiberg, K. B., Pratt, W. E., Bailex, W. F. (1980), Nature of Substituent Effects in NMR Spectroscopy: 1. Factor Analysis of Carbon Chemical Shifts in Aliphatic Halides (Verschiebungen einfacher Kohlenwasserstoffe), J. Org. Chem. 45, 4936.

Schwarz, R. M., Rabjohn, N. (1980), ^{13}C-NMR Chemical Shifts of some Highly Branched Acyclic Compounds, Org. Magn. Reson. 13, 9.

4.1.1 Cycloalkane

Die chemischen Verschiebungen der unsubstituierten Cycloalkane sind in Tab. 3.13 zusammengestellt. Mit Ausnahme des Cyclopropans absorbieren die C-Atome der übrigen Cycloalkane in einem sehr engen Bereich, wobei das Cyclobutan aufgrund seiner Bindungsverhältnisse und die mittleren Ringe (C_{10}-C_{14}-Ring) aufgrund sterischer Einflüsse deutlich zu hohem Feld verschoben sind (s. Tab. 3.13). Mit zunehmender Ringgröße (bis $C_{96}H_{192}$) nähert sich die chemische Verschiebung dem Wert der zentralen CH_2-Gruppen von langkettigen unverzweigten Alkanen $\delta_{CH_2} = 29{,}7$[85,86].

Tab. 3.13 Chemische Verschiebung der unsubstituierten Cycloalkane bezogen auf TMS

Verbindung	δ_C (ppm)
Cyclopropan	−2,8
Cyclobutan	22,4
Cyclopentan	25,8
Cyclohexan	27,0
Cycloheptan	28,7
Cyclooctan	26,8
Cyclononan	26,0
Cyclodecan	25,1
Cycloundecan	26,3
Cyclododecan	23,8
Cyclotridecan	26,2
Cyclotetradecan	25,2
Cyclopentadecan	27,0
Cyclohexadecan	26,9
Cyclooctadecan	27,5
$C_{20}H_{40}$	28,0
$C_{24}H_{48}$	28,7
$C_{30}H_{60}$	29,3
$C_{40}H_{80}$	29,4
$C_{72}H_{144}$	29,7

Für die methylsubstituierten Cyclohexane – die δ_C-Werte einiger ausgewählter Verbindungen sind zusammen mit denen anderer Alkylcycloalkane in Tab. 3.14 zusammengestellt – lassen sich die chemischen Verschiebungen mit Hilfe eines Inkrementsystems vorausberechnen[87], dessen Parameter in Tab. 3.15 aufgeführt sind. Besonders hervorzuheben ist der *γ*-**Effekt** einer **axial**-ständigen Methyl-Gruppe von −**5,4 ppm** und der im Vergleich zu den Alkanen stärker ausgeprägte und abschirmende *δ*-**Effekt**. Beide sind auf die im Cyclohexansystem vorliegenden Konformationsverhältnisse zurückzuführen.

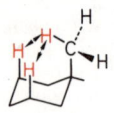

Die Ringinversion, die zu einem Austausch **equatorial**- und **axial**-ständiger Methyl-Gruppen führt, kann im Methylcyclohexan **11** bei −100° (2,3 T) eingefroren werden. Für **11a**

zeigen die CH$_3$-Gruppe wie die Ring-C-Atome (3,5) gegenüber **11e** Hochfeldverschiebungen um 6 ppm[88].

11e   ⇌   **11a**

Diese Werte, wie auch die aus Tieftemperatur-Messungen[89] erhaltenen Verschiebungen für 1,2- und 1,4-Dimethylcyclohexan **12** und **13**, stimmen gut mit den aus der Regressionsanalyse erhaltenen Werten (s. Tab. 3.15) überein.

12   **13**

Die Berechnung der chemischen Verschiebungen von Methylcyclohexanen erfordert neben den Substituentenkonstanten Korrekturterme für eine **geminale** bzw. *cis-vicinale* Anordnung von Methyl-Gruppen. Die Übertragung des in Tab. 3.15 vorgestellten Inkrementensystems auf andere Cycloalkane ist wegen der unterschiedlichen Konformationen nicht möglich.

Aus Tieftemperatur-^{13}C- und -^{1}H-NMR-Messungen ($T < -100\,°C$) ergeben sich für die mittleren und größeren Ringe die folgenden energiegünstigen Konformationen und Verschiebungen.

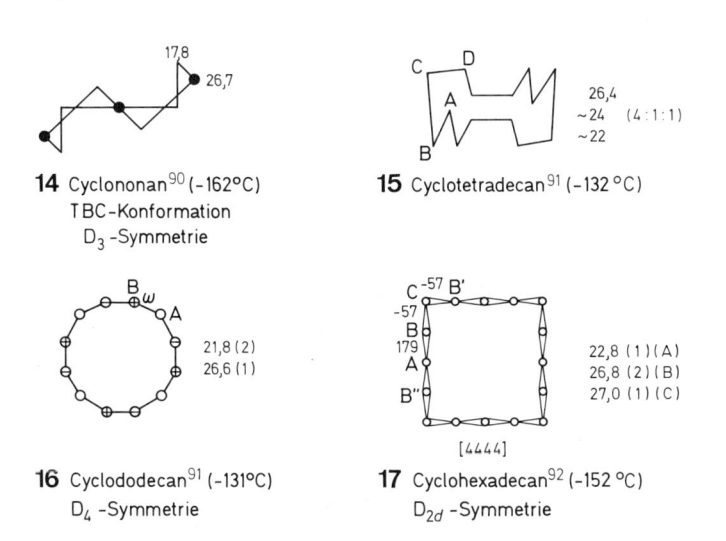

14 Cyclononan[90] (-162°C)
TBC-Konformation
D_3-Symmetrie

15 Cyclotetradecan[91] (-132°C)

16 Cyclododecan[91] (-131°C)
D_4-Symmetrie

17 Cyclohexadecan[92] (-152°C)
D_{2d}-Symmetrie

Cycloundecan, -tridecan und -pentadecan zeigen bis $-135\,°C$ im 63 MHz-^{13}C-NMR-Spektrum scharfe Singuletts[91]; Cyclooctan (boat-chair-Konformation) zeigt selbst bei $-170\,°C$ noch ein Singulett und somit noch schnelle Pseudorotation des Ringes, allerdings liegt bei etwa $-120\,°C$ 0,3% des „crown"-Konformeren vor[93].

Tab. 3.14 ¹³C-chemische Verschiebungen alkylsubstituierter Cyclopropane, Butane, Pentane Hexane, Heptane

Verbindung	δ(ppm)								
	C−1	C−2	C−3	C−4	C−5	C−6	C−7	CH₃	−C−
Methylcyclopropan	4,9	5,6						19,4	
1,1-Dimethylcyclopropan	11,3	13,7						25,5	
c-1,2-Dimethylcyclopropan	9,3	13,1						12,8	
tr-1,2-Dimethylcyclopropan	13,9	14,2						18,9	
1,1,2-Trimethylcyclopropan	15,1	18,4	20,9					27,4 (tr)	
								19,5 (c)	
								14,0 (2)	
Methylcyclobutan	31,2	30,2	18,3					22,1	
1,1-Dimethylcyclobutan	35,9	34,9	14,8					29,4	
c-1,2-Dimethylcyclobutan	32,2		26,6					15,4	
tr-1,2-Dimethylcyclobutan	39,2		26,8					20,5	
c-1,3-Dimethylcyclobutan	26,9	38,5						22,5	
tr-1,3-Dimethylcyclobutan	26,1	36,4						22,0	
Octamethylcyclobutan	41,1							22,3	
Methylcyclopentan	35,8	35,8	26,4					21,4	
1,1-Dimethylcyclopentan	40,1	42,3	25,8					30,0	
tr-1,2-Dimethylcyclopentan	43,7		36,0	24,3				19,7	
c-1,2-Dimethylcyclopentan	38,6		34,2	24,2				16,1	
tr-1,3-Dimethylcyclopentan	34,2	48,2		36,2				22,4	
c-1,3-Dimethylcyclopentan	36,3	46,0		35,3				22,1	
Methylcyclohexan	33,1	35,8	26,6	26,4				22,7	
1,1-Dimethylcyclohexan	30,0	39,8	22,6	26,7				28,8	
tr-1,2-Dimethylcyclohexan	39,6		36,0	26,9				20,2	
c-1,2-Dimethylcyclohexan	34,4		31,5	23,7				15,7	
tr-1,3-Dimethylcyclohexan	27,1	41,5		33,9	20,8			20,5	
c-1,3-Dimethylcyclohexan	32,8	44,7		35,5	26,5			22,8	
tr-1,4-Dimethylcyclohexan	30,1	30,9						20,1	
c-1,4-Dimethylcyclohexan	32,6	35,6						22,6	
1,1,3-Trimethylcyclohexan	30,8	49,4	28,3	35,7	22,6	39,5		24,9 (tr)	
								33,7 (c)	
								23,1 (3)	
t-Butylcyclohexan	48,7	28,0	27,6	27,0				27,5	32,5
tr-1,4-Di-t-Butylcyclohexan	48,4	28,1						27,7	32,1
c-1,4-Di-t-Butylcyclohexan	42,8	23,8						27,8	32,8
Methylcycloheptan	34,9	37,5	26,9	28,9				24,4	
1,1-Dimethylcycloheptan	33,3	42,6	23,8	30,8				30,8	
tr-1,2-Dimethylcycloheptan	41,3		35,8	26,7	29,7			22,6	
c-1,2-Dimethylcycloheptan	37,5		34,0	26,6	29,2			17,9	
tr-1,3-Dimethylcycloheptan	31,1	44,8		37,5	29,1			24,3	
c-1,3-Dimethylcycloheptan	34,2	46,9		37,4	26,5			24,9	
tr-1,4-Dimethylcycloheptan	35,2	36,6*			36,8*	24,1		24,3	
c-1,4-Dimethylcycloheptan	34,2	33,5			38,4	27,0		24,3	

* Zuordnung nicht gesichert

Tab. 3.14 Fortsetzung

Verbindung	δ(ppm)								
	C–1	C–2	C–3	C–4	C–5	C–6	C–7	CH_3	$-\overset{|}{\underset{|}{C}}-$
1,1,2-Trimethylcycloheptan	35,6	43,2	32,4	29,7*	30,4*	22,8	43,9	29,7 (tr)	
								23,7 (c)	
								18,8 (2)	
1,1,3-Trimethylcycloheptan	33,6	52,6	30,7	40,6	31,3	24,7	30,7	30,7 (tr)	
								33,6 (c)	
								26,9 (3)	
1,1,4-Trimethylcycloheptan	34,5	41,8	33,2	38,1	41,2	23,7	43,8	32,4 (tr)	
								31,8 (c)	
								25,3 (4)	

* Zuordnung nicht gesichert

Tab. 3.15 Empirische Berechnung der ^{13}C-chemischen Verschiebung methylsubstituierter Cyclohexane nach Dalling und Grant[81]

$\delta_{C(k)} = 26,5 + \sum A_l \cdot n_{kl} + \sum S_i$

Methyl-Verschiebungsinkremente A für die Position l zum betrachteten C-Atom (k)

Korrekturen S_i für geminale (z. B. $\alpha_a \alpha_e$) und vicinale (z. B. $\alpha\beta$) Substitution

l	A_l	Typ	S_i
α_e	5,96	$\alpha_a \alpha_e$	–3,80
α_a	1,40	$\beta_a \beta_e$	–1,27
β_e	9,03	$\gamma_a \gamma_e$	2,02
β_a	5,41	$\alpha_e \beta_e$	–2,45
γ_e	0,05	$\alpha_e \beta_a$	–2,91
γ_a	–6,37	$\alpha_a \beta_e$	–3,43
δ_e	–0,22	$\beta_e \gamma_a$	–0,80
δ_a	–0,06	$\beta_a \gamma_e$	1,57

Beispiel:

H_3C — Cyclohexan mit CH$_3$ an Position 1 und CH$_3$ an Position 2, Nummerierung 1–6

$\delta_{C-1} = 26,5 + \alpha_e + \beta_a + \delta_e + \alpha_e \beta_a$
$= 26,5 + 5,96 + 5,41 - 0,22 = 34,73$
$\delta_{C-2} = 26,5 + \alpha_a + \beta_e + \gamma_e + \alpha_a \beta_e = 33,55$
$\delta_{C-3} = 26,5 + \beta_e + \alpha_a + \gamma_e + \beta_a \gamma_e = 42,56$
$\delta_{C-4} = 26,5 + \alpha_e + \gamma_a + \delta_e = 25,87$
$\delta_{C-5} = 26,3 + \beta_e + \gamma_e + \delta_a + \beta_e \gamma_a = 34,45$
$\delta_{C-6} = 26,5 + \beta_e + \gamma_a + \gamma_e + \beta_e \gamma_a = 28,41$

Tab. 3.16 Empirische Berechnung der δ-Werte von Methyl-Gruppen in methylsubstituierten Cyclohexanen

$$\delta_{CH_3(k)} = B + \sum A_l n_{kl}$$

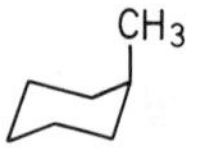

	CH₃ axial	CH₃ äquatorial
B	18,8 ppm	23,1 ppm
α	6,4	10,4
β_e	−6,8	−2,8
β_a	−2,8	−2,8
γ_a	2,0	0,0
γ_e	0,0	0,0

Bibliographie

Burke, J.J., Lauterbur, P.C. (1964), Cycloalkane, J. Am. Chem. Soc. 86, 1870.
Dalling, D.K., Grant, D.M. (1967), Methylcyclohexane, J. Am. Chem. Soc. 89, 6612.
Christl, M., Reich, H.J., Roberts, J.D. (1971), Methylcyclopentane, J. Am. Chem. Soc. 93, 3463.
Mann, G., Kleinpeter, E. Werner, H. (1978), Methylcyclohexane, Org. Magn. Reson. 11, 561.
Christl, M., Roberts, J.D. (1972), Methylcycloheptane, J. Org. Chem. 37, 3443.
Loomes, D.J., Robinson, M.J.T. (1977), Alkylcyclohexan, Tetrahedron 33, 1149.
Smith, D.H., Jurs, P.C. (1978), Prediction of chemical shifts, J. Am. Chem. Soc. 100, 3316.
Jancke, H., Engelhardt, G., Radeglia, R., Werner, H., Mann, G. (1975), Tetramethylcyclohexan, Z. Chem. 15, 310.
Schneider, H.J., Freitag, W. (1979), 1,1-Di- und 1,1,3,3-Tetramethylcyclohexan, Chem. Ber. 112, 16.
Pehk, T., Lippmaa, E. (1979) Mono-Subst. Cyclohexane, Org. Magn. Reson. 3, 679.
Eliel, E.L., Pietrusiewicz, K.M. (1980), Methylcyclobutane, Org. Magn. Reson. 13, 193.

4.1.2 Polycycloalkane

Die chemischen Verschiebungen der **Bi-, Tri-, Tetra-** und **Pentacycloalkane** erstrecken sich über einen Bereich von ca. 60 ppm, wobei das Tetracyclo[4.1.0.0^{2,4}0^{3,5}]heptan **18** für das Kohlenstoff-Atom C-4 den niedrigsten δ-Wert ($\delta_{C-4} = -4{,}0$ ppm; um 1,2 ppm gegenüber Cyclopropan zu hohem Feld verschoben) zeigt. Die ^{13}C-Verschiebungen unsubstituierter Polycycloalkane sind in Schema 3.1 zusammengestellt. Besonders auffällig sind die Hoch- bzw. Tieffeldverschiebungen in den Systemen **18–25** mit annelliertem Cyclopropan-Ring. So zeigt das Tetracyclo[4.1.0.0^{2,4}0^{3,5}]heptan **18** für C-3 und C-4 eine Differenz der chemischen Verschiebung $\Delta\delta_{C-3,C-4} = 26{,}1$ ppm, wobei das zum Cyclopropan-Ring syn-ständige C-3-Atom stark abgeschirmt ist ($-4{,}0$ ppm) gegenüber dem C-4-Atom mit δ_C 22,1 ppm.

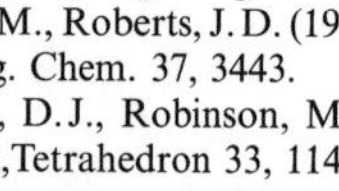

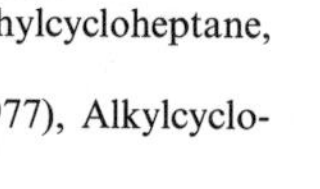

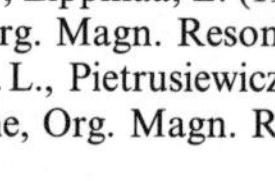

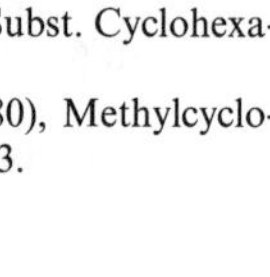

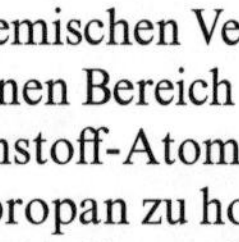

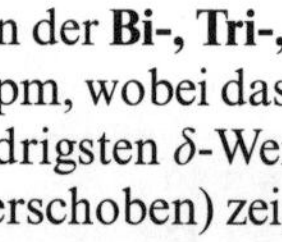

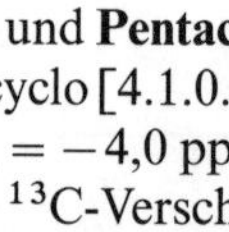

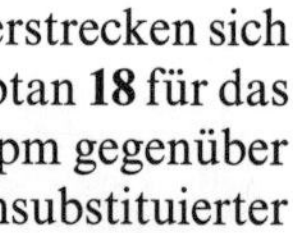

Entsprechende Differenzen findet man auch bei den Tricyclo[3.2.1.0^{2,4}]octanen **20** und **21** ($\Delta\delta_{C-8}$ = 26,9 ppm), den Tetracyclo[3.3.1.0^{2,4}.0^{6,8}]nonanen **22** und **23** ($\Delta\delta_{C-9}$ = 27,1 ppm) sowie den Tricyclo[3.2.1.0^{2,4}]octenen **24** und **25** ($\Delta\delta_{C-8}$ = 26,3 ppm), wenn man jeweils **exo**- und **endo**-Anordnung des Cyclopropan-Ringes vergleicht. Die Hochfeldverschiebung der Methano-Brücke bei syn-ständigem Cyclopropan-Ring (exo-Anordnung: **20** gegenüber **26**; **22** gegenüber **27** oder **24** gegenüber **28**) läßt sich zwanglos auf den schon bei den Alkanen und Cycloalkanen diskutierten γ-$_{syn}$-**Effekt** (sterische Ladungspolarisation) zurückführen. Die Entschirmung der Methano-Brücke (C-3 in **18**, C-8 in **21** und **25**, C-9 in **23**) bei anti-ständigem Dreiring (endo-Anordnung, γ-$_{anti}$-**Effekt**) kommt dagegen durch die Elektronenakzeptorwirkung des Cyclopropan-Ringes zustande.[94]

Nach Abbildung 3.5 (**A**) führt die Wechselwirkung des niedrigsten unbesetzten *Walsh-Orbitals* (**LUMO**) an C-1 und C-5 mit den besetzten Orbitalen (**HOMO**) der C-2–C-3- bzw. C-4–C-3-Bindung zu einer Elektronendichteverminderung in der Methano-Brücke. Bei einer Ethano-Brücke (**B**) ist die parallele Anordnung der Orbitale nicht mehr gegeben, so daß hier die Tieffeldverschiebung durch die Elektronenakkzeptorwirkung des Cyclopropan-Ringes nicht mehr so stark ausgeprägt ist.

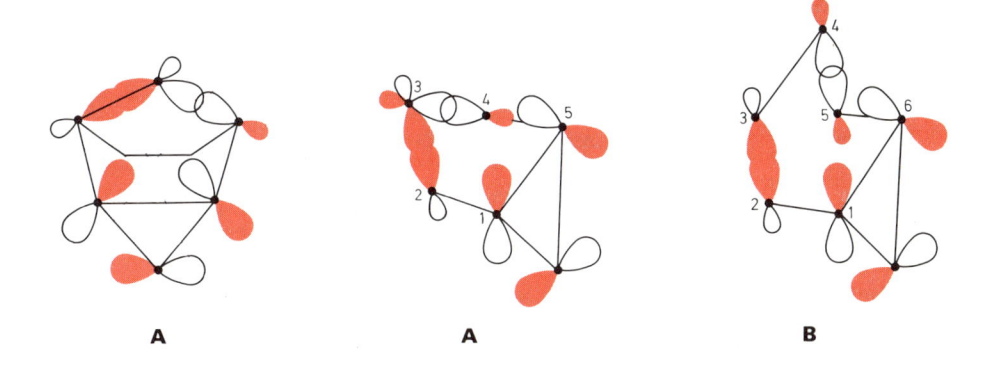

Abb. 3.5 Wechselwirkung der Walsh-Orbitale (LUMO) mit den besetzten Orbitalen (HOMO) der C-2,3-, C-3,4- bzw. C-2,3-, C-4,5-Bindungen in cyclopropan-annelierten Systemen.

Bicyclo [1.1.0] butan
−3,0; 33,0

Bicyclo [2.1.0] pentan
23,5; 13,8; 15,9

Bicyclo [3.1.0] hexan
27,6; 20,2; 5,8; 16,7

Bicyclo [4.1.0] heptan
23,9; 10,3; 21,5; 9,4

Bicyclo [4.2.0.] octan
26,5 (22,9); (28,1); 29,4; (24,6); 45,4 (33,3)
Werte in ( ) : cis

Bicyclo [4.3.0.] nonan
(32,4); (31,7); (28,0); (29,9); 27,1 (23,8); 22,1 (22,6); 47,3 (39,9)
Werte in ( ) : cis

Bicyclo [3.3.0] octan
26,3; 43,2; 34,2

cis,trans Decalin
Bicyclo [4.4.0] decan
34,7 (29,6); 27,1 (24,6); 44,2; (36,9)
Werte in ( ): cis

Bicyclo [4.4.1] undecan
37,0; 34,3; 27,0; 36,5

Bicyclo [2.1.1] hexan
39,3; 26,5; 39,9

Bicyclo [2.2.1] heptan
Norbornan
38,3; 21,5; 36,3

Bicyclo [2.2.2] octan
23,9; 25,9

Bicyclo [3.1.1] heptan
29,3; 15,9; 33,2; 34,1

Bicyclo [3.2.1] octan
39,7; 32,8; 19,1; 28,9; 35,2

Bicyclo [3.3.1] nonan
35,4; 32,0; 23,0; 28,4

Bicyclo [3.2.2] nonan
25,9; 22,4; 35,7; 29,0

Tricyclo [2.1.1.0^{5,7}] hexan
2,4; 34,0; 26,1

Tricyclo [3.1.1.0^{6,7}] heptan
5,9; 21,6; 40,3; 21,0

Tricyclo [3.1.0.0^{2,4}] hexan
23,7; 18,1

Tricyclo [3.2.2.0^{2,4}] nonan
13,8; 2,8; 24,2; 26,3; 24,4

Tricyclo [2.2.1.0^{2,6}] heptan
Nortricyclan
29,7; 9,9; 33,4; 9,9

Tricyclo [2.2.2.0^{2,6}] octan
16,8; 28,2; 30,5; 31,4; 13,0; 16,8

Tricyclo [3.3.1.1^{3,7}] decan
Adamantan
38,4; 28,8

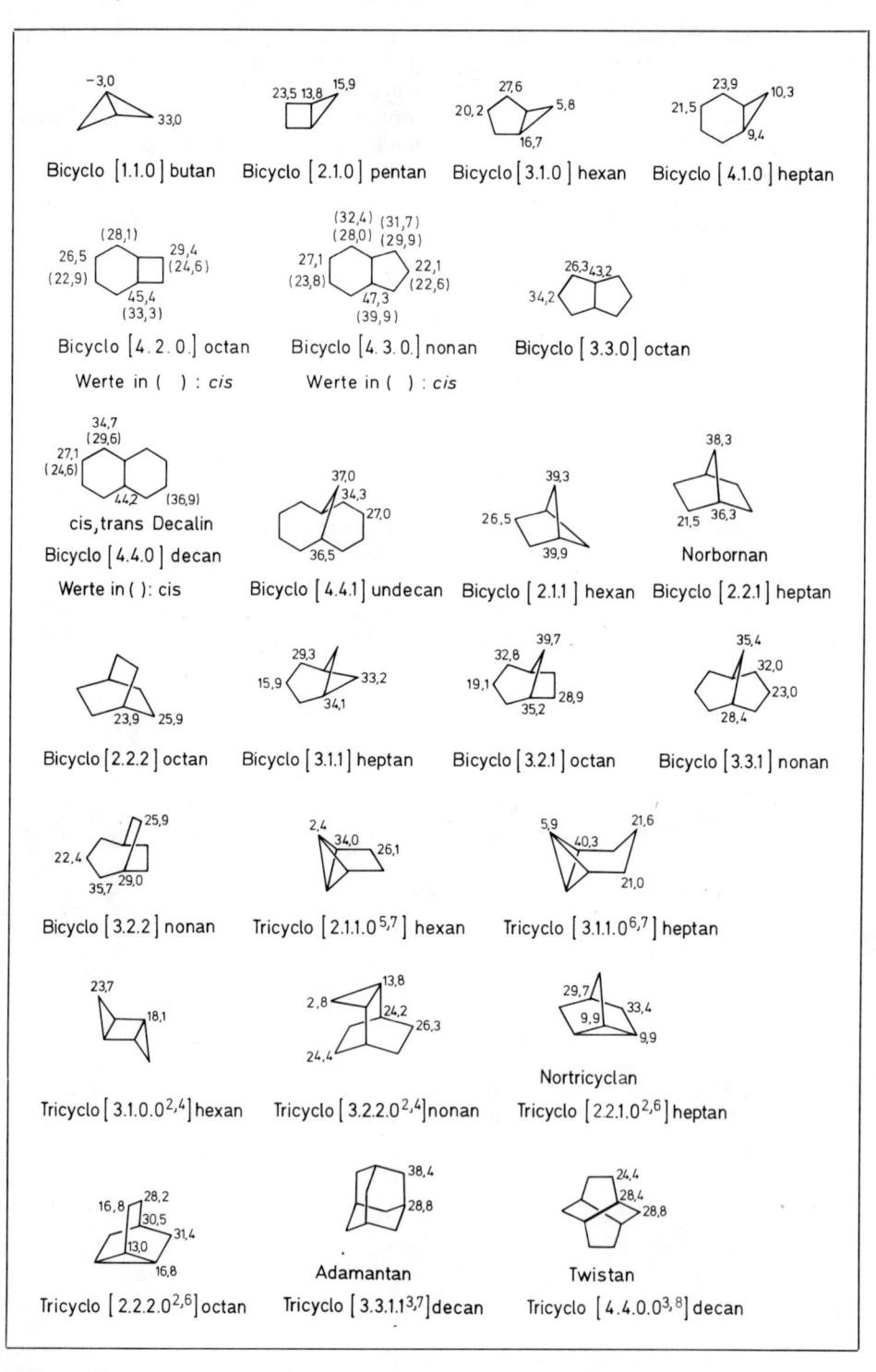

Tricyclo [4.4.0.0^{3,8}] decan
Twistan
24,4; 28,4; 28,8

Schema 3.1 Chemische Verschiebungen unsubstituierter Polycycloalkane

Chemische Verschiebungen einzelner Substanzklassen

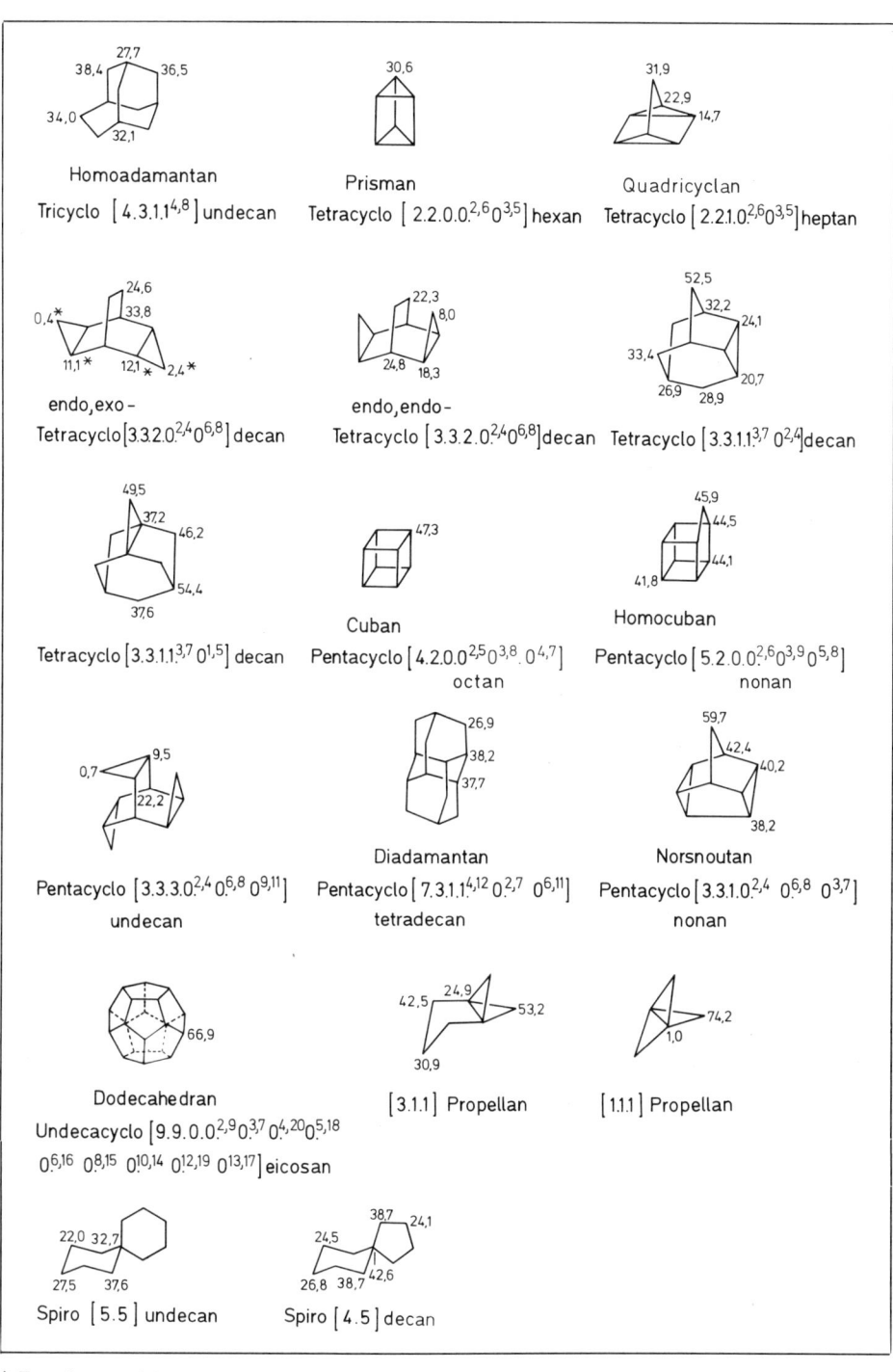

Homoadamantan
Tricyclo [4.3.1.1^{4,8}] undecan
(38,4; 27,7; 36,5; 34,0; 32,1)

Prisman
Tetracyclo [2.2.0.0^{2,6}0^{3,5}] hexan
(30,6)

Quadricyclan
Tetracyclo [2.2.1.0^{2,6}0^{3,5}] heptan
(31,9; 22,9; 14,7)

endo,exo-
Tetracyclo[3.3.2.0^{2,4}0^{6,8}] decan
(0,4*; 24,6; 33,8; 11,1*; 12,1*; 2,4*)

endo,endo-
Tetracyclo [3.3.2.0^{2,4}0^{6,8}] decan
(22,3; 8,0; 24,8; 18,3)

Tetracyclo [3.3.1.1^{3,7} 0^{2,4}] decan
(52,5; 32,2; 24,1; 33,4; 26,9; 28,9; 20,7)

Tetracyclo [3.3.1.1^{3,7} 0^{1,5}] decan
(49,5; 37,2; 46,2; 54,4; 37,6)

Cuban
Pentacyclo [4.2.0.0^{2,5}0^{3,8}.0^{4,7}] octan
(47,3)

Homocuban
Pentacyclo [5.2.0.0^{2,6}0^{3,9}0^{5,8}] nonan
(45,9; 44,5; 44,1; 41,8)

Pentacyclo [3.3.3.0^{2,4} 0^{6,8} 0^{9,11}] undecan
(0,7; 9,5; 22,2)

Diadamantan
Pentacyclo [7.3.1.1^{4,12} 0^{2,7} 0^{6,11}] tetradecan
(26,9; 38,2; 37,7)

Norsnoutan
Pentacyclo [3.3.1.0^{2,4} 0^{6,8} 0^{3,7}] nonan
(59,7; 42,4; 40,2; 38,2)

Dodecahedran
Undecacyclo [9.9.0.0^{2,9}0^{3,7} 0^{4,20}0^{5,18} 0^{6,16} 0^{8,15} 0^{10,14} 0^{12,19} 0^{13,17}] eicosan
(66,9)

[3.1.1] Propellan
(42,5; 24,9; 53,2; 30,9)

[1.1.1] Propellan
(74,2; 1,0)

Spiro [5.5] undecan
(22,0; 32,7; 27,5; 37,6)

Spiro [4.5] decan
(38,7; 24,1; 24,5; 26,8; 38,7; 42,6)

* Zuordnung nicht gesichert.

Schema 3.1 Fortsetzung

Weiterhin nimmt der γ-$_{anti}$-Effekt des annelierten Rings ab, wenn man vom Cyclopropan- zum Cyclobutan-, Cyclopentan- oder Cyclohexan-System übergeht, da in dieser Reihenfolge der *p*-Charakter der als Akkzeptor wirkenden Orbitale stark abnimmt (**29–34**).

Der sterische Einfluß auf die Verschiebung (γ_{syn}- bzw. γ_{gauche}-Effekt) wird auch beim Vergleich der drei 2,3-Dimethylnorbornane **35–37** deutlich[95]. Bei exo-ständiger CH_3-Gruppe wird das Kohlenstoff-Atom der Methano-Brücke C-7 um 2,8 bzw. 8. ppm zu hohem Feld verschoben, während durch stärkere Wechselwirkung zwischen der CH_3-Gruppe und C-5 und C-6 diese um 8,5 ppm hochfeld verschoben werden. Die Wechselwirkung der beiden Methyl-Gruppen untereinander bewirkt einen Beitrag von ca. 4–5 ppm auf die Verschiebung der Methyl-Gruppen selbst.

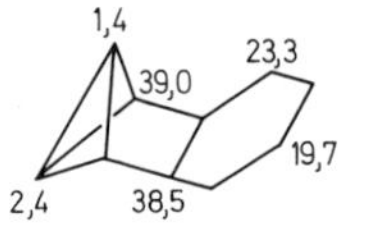

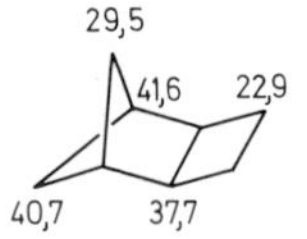

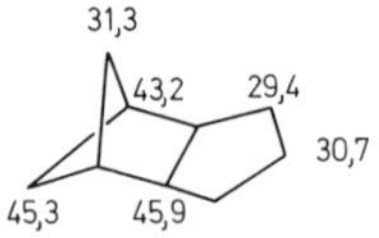

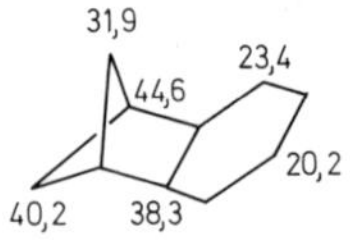

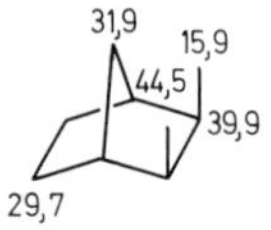

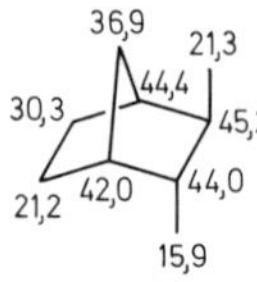

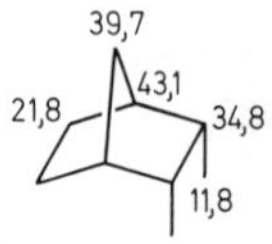

Für Methyldecaline, Perhydrophenanthrene und -anthracene ist von Dalling, Grant und Paul ein Inkrementsystem entwickelt worden, das sich für die Interpretation der ^{13}C-NMR-Spektren von **Steroiden** (s. Kap. 4.14) als sehr nützlich erwiesen hat. Die aus der Regressionsanalyse resultierenden empirischen Parameter sind in Tab. 3.17 zusammengestellt (Abweichungen ± 1 ppm).

Tab. 3.17 Parameter für die empirische Berechnung von Verschiebungen in Methyldecalinen[96,97], -perhydroanthracen, -naphthacen, -phenanthren, -pyren[97]

$\delta_{C(k)} = B + \sum A_l n_{kl}$ (n_{kl} = Anzahl der Elemente)

		Methyldecalin	Perhydroanthracen -naphthacen -phenanthren, -pyren,
Grundwert B		$-3{,}07$	$-2{,}49$
Strukturelement		Verschiebungsinkrement A für die Position l zum betrachteten C-Atom k	
		A_l	A_l
α		9,94	9,43
β	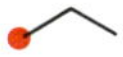	8,49	8,81
T		$-2{,}91$	$-1{,}13$
Q		$-9{,}04$	
V_g		$-3{,}50$	$-3{,}38$
V_{tr}			$-0{,}79$
V_e			$-8{,}19$
$\beta_g \gamma_{tr}$		$-1{,}91$	
$\gamma_{H \cdots H}$	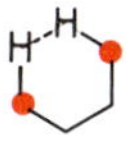	$+1{,}91$	$-5{,}53$
$\gamma_{2H \cdots H}$	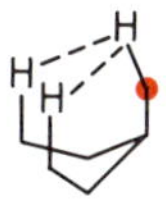	$-4{,}56$	$-3{,}01$
γ_p	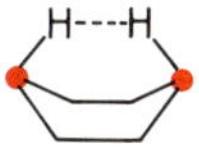	$-3{,}95$	$-11{,}01$
δ_{Synaxial}	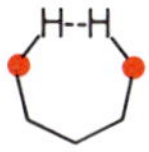		$-3{,}65$

Beispiel: Berechnung der ^{13}C-Verschiebungen von 2-Methyl-*trans*-decalin

$$\delta_{C-2} = B + 3\alpha + 2\beta + T + 2V_g$$
$$= -3{,}07 + 29{,}82 + 16{,}98 - 2{,}91 - 7{,}00 = 33{,}82$$
$$\text{exp.} = 33{,}1$$

$$\delta_{C-9} = B + 3\alpha + 4\beta + T + 4V_g$$
$$= -3{,}07 + 29{,}82 + 33{,}96 - 2{,}91 - 14{,}00 = 43{,}80$$
$$\text{exp.} = 43{,}5$$

(siehe auch Aufgabe S. 114).

Die empirischen Parameter in Tab. 3.17 zeigen deutlich den Einfluß der sterischen Anordnung des *γ*-**Substituenten** auf die Verschiebung ($V_e > V_g > V_t$ bzw. $\gamma_p > \gamma_{H---H} > \gamma_{2H---H}$). Bei einer *trans*-**Anordnung** (Diederwinkel 180°, V_t) macht die Hochfeldverschiebung nicht einmal 1 ppm aus, während die „**eclipsed**" bzw. **Bootkonformation** (V_e, γ_p) Hochfeldverschiebungen von 8 bzw. 11 ppm bewirken; dies sind Verschiebungsbeiträge, die in der Größenordnung der **α-** bzw. *β*-**Effekte** allerdings mit umgekehrten Vorzeichen liegen. Diese *γ*-**Effekte** sind dafür verantwortlich, daß in cyclischen Verbindungen (s. Zusammenstellung S. 112f.) häufig Signale von Methin- oder Methylen-Kohlenstoff-Atomen bei höherem Feld als die von CH$_2$- bzw. CH$_3$-Gruppen zu finden sind. Wie wertvoll die Kenntnis solcher Effekte ist, zeigt die Gegenüberstellung der Steroid-Grundgerüste mit *trans*- und *cis*-verknüpften A/B-Ringen (Androstan, Cholestan, Coprostan). Die chemischen Verschiebungen erlauben nicht nur bei den Grundkörpern eine eindeutige Zuordnung zur **α-** oder *β*-**Reihe** (*cis*- bzw. *trans*-**Verknüpfung** von A- und B-Ringen im Cyclopentanoperhydrophenanthren-System). Die Verschiebungsunterschiede betragen bis zu 15 ppm (für C-9).

Schema 3.2 enthält die *δ*-Werte einiger Alkyl-substituierter Polycycloalkane.

Das Tetra-*t*-butyltetrahedran **38** zeigt für das quartäre C-Atom ($\delta = 28{,}3$ ppm) der *t*-Butyl-Gruppen eine Hochfeldverschiebung im Vergleich zu den Methyl-Gruppen ($\delta_{CH_3} = 32{,}3$ ppm), was auf die besonderen Bindungsverhältnisse im Tetrahedran (hoher *s*-Charakter der Bindungsorbitale, große Winkelspannung) zurückzuführen ist[98]. Im Di-*t*-butylacetylen wird die gleiche Beobachtung gemacht.

Eine starke Abschirmung quartärer C-Atome wird auch in Dihydroadamantanen beobachtet, die **invertierte** Kohlenstoff-Atome enthalten. So sind die C-Atome C-2 und C-4 im 2,4-Methano-2,4-dehydro-adamantan **39** gegenüber den entsprechenden C-Atomen in **40** um 14,3 ppm abgeschirmt.[99]

Aufgaben

3.4 Berechne den diamagnetischen Verschiebungsanteil für die Substitution eines H-Atoms durch eine CH$_3$-Gruppe. Vergleiche den Wert mit dem A_α-Wert in Tabelle 3.12 (s. S. 100).

3.5 Berechne die Verschiebungen von 2,4-Dimethyl- und 2,2-Dimethylpentan (Tab. 3.12).

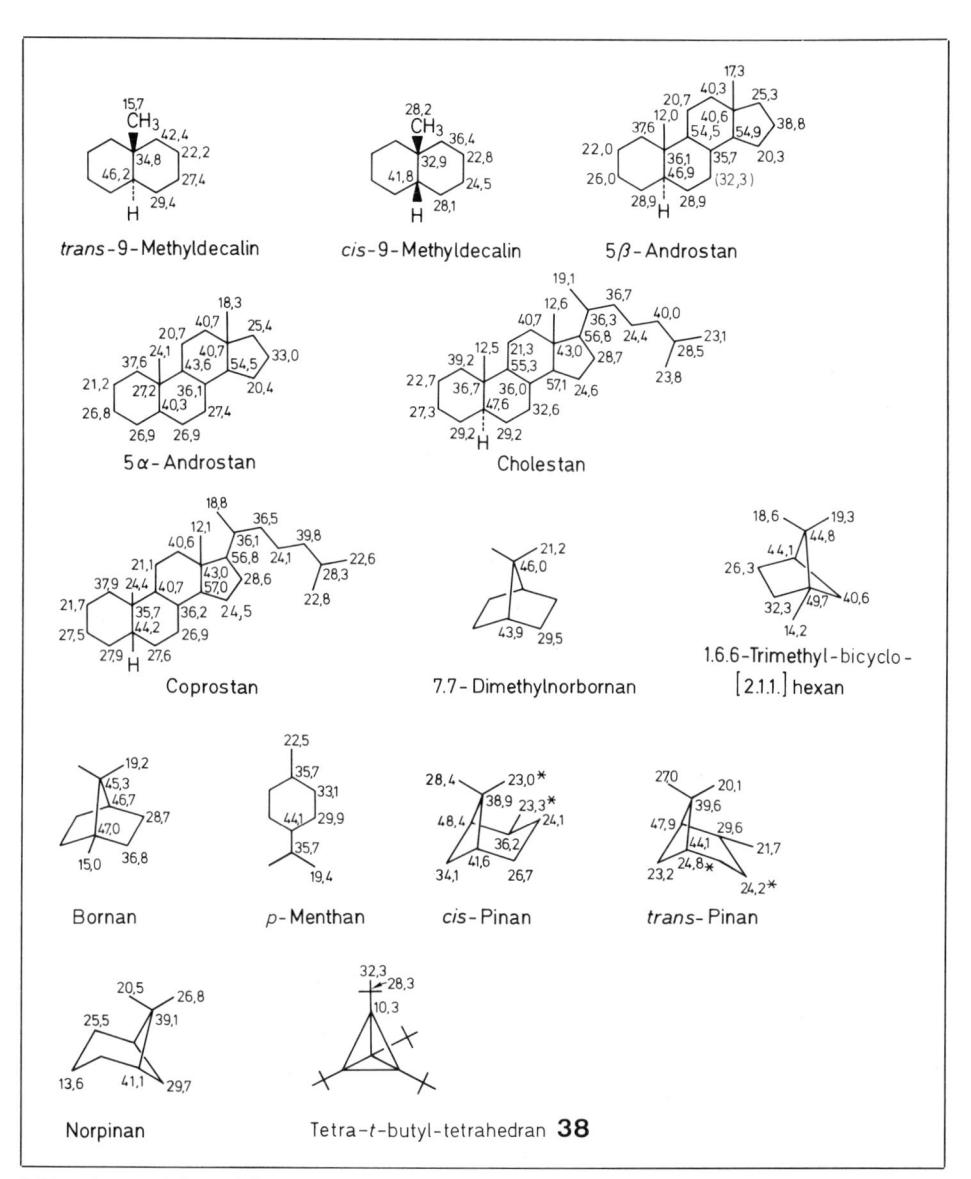

Chemische Verschiebungen einzelner Substanzklassen   113

<!-- Schema 3.2: structural formulas with chemical shift values -->

trans-9-Methyldecalin: CH₃ 15,7; 42,4; 22,2; 34,8; 27,4; 46,2; 29,4

cis-9-Methyldecalin: CH₃ 28,2; 36,4; 22,8; 32,9; 24,5; 41,8; 28,1

5β-Androstan: 17,3; 20,7; 40,3; 25,3; 12,0; 40,6; 37,6; 54,5; 54,9; 38,8; 22,0; 36,1; 35,7; 20,3; 26,0; 46,9; (32,3); 28,9; 28,9

5α-Androstan: 18,3; 20,7; 40,7; 25,4; 37,6; 24,1; 40,7; 54,5; 33,0; 21,2; 27,2; 43,6; 20,4; 26,8; 36,1; 27,4; 40,3; 26,9; 26,9

Cholestan: 19,1; 12,6; 36,7; 40,7; 36,3; 40,0; 56,8; 24,4; 23,1; 39,2; 12,5; 21,3; 43,0; 28,5; 22,7; 36,7; 55,3; 28,7; 23,8; 27,3; 36,0; 57,1; 24,6; 47,6; 32,6; 29,2; 29,2

Coprostan: 18,8; 12,1; 36,5; 40,6; 36,1; 39,8; 56,8; 24,1; 21,1; 43,0; 28,6; 22,6; 37,9; 24,4; 40,7; 57,0; 28,3; 21,7; 35,7; 36,2; 24,5; 22,8; 27,5; 44,2; 26,9; 27,9; 27,6

7.7-Dimethylnorbornan: 21,2; 46,0; 43,9; 29,5

1.6.6-Trimethyl-bicyclo-[2.1.1.]hexan: 18,6; 19,3; 44,8; 44,1; 26,3; 32,3; 49,7; 40,6; 14,2

Bornan: 19,2; 45,3; 46,7; 47,0; 28,7; 15,0; 36,8

p-Menthan: 22,5; 35,7; 33,1; 44,1; 29,9; 35,7; 19,4

cis-Pinan: 28,4; 23,0*; 38,9; 23,3*; 48,4; 24,1; 36,2; 34,1; 41,6; 26,7

trans-Pinan: 27,0; 20,1; 39,6; 47,9; 29,6; 44,1; 21,7; 23,2; 24,8*; 24,2*

Norpinan: 20,5; 26,8; 25,5; 39,1; 13,6; 41,1; 29,7

Tetra-t-butyl-tetrahedran 38: 32,3; 28,3; 10,3

* Zuordnung nicht gesichert.

Schema 3.2 Chemische Verschiebungen einiger alkylsubstituierter Polycycloalkane

3.6 Berechne mit Hilfe der empirischen Parameter (Tab. 3.17) die Verschiebungen für das 9-Methyl-*trans*-decalin.
gemessen (ppm): 42,8; 22,2; 27,4; 29,4; 34,8; 46,2;

Bibliographie

Beierbeck, H., Saunders, J. K. (1975), steroide Methyldecaline, Can. J. Chem. 53, 1307; (1977), 55, 2813.
Smith, D. H., Jurs, P. C. (1978), Prediction of Chemical Shifts, J. Am. Chem. Soc. 100, 3316.
Christl, M. (1975), Bicyclo [n.1.0]alkane, Chem. Ber. 108, 2781.
Bicker, R., Kessler, H., Zimmermann, G. (1978), Norbornane, Chem. Ber. 111, 3200.
Wüthrich, K., Meiboom, S., Snyder, L. C. (1970), Bicyclo [1.1.0]butan, J. Chem. Phys. 52, 230.
Stothers, J. B., Tan, C. T. (1976), Bicyclo[2.2.2]octane, Can. J. Chem. 54, 917.
Stothers, J. B., Tan, C. T., Teo, K. C. (1973), Bicyclo[2.2.1]heptane, Can. J. Chem. 51, 2893
Wiseman, J. R., Krabbenhoft, H. O. (1977), Bicyclo[3.3.1]nonane, J. Org. Chem. 42, 2240.
Schneider, H. J., Ansorge, W. (1977), Bicyclo[3.3.1]nonane, Tetrahedron 33, 265
Kutschan, R. (1977), Spiro[4.5]alkane, Tetrahedron 33, 1833
Christl, M., Buchner, W. (1978), Tetracyclo[4.1.0.0^{2,4}0^{3,5}]heptan Tetracyclo[5.1.0.0^{2,4}0^{3,5}]octan, Org. Magn. Reson. 11, 461.
Wiberg, K. B., Wacker, F. W. (1982), [1.1.1.]Propellane, J. Am. Chem. Soc. 104, 5239.
Farnia, M., Disilvestro, G.
Mantica, E., Botta, D., Triveri, G. L. (1979), Perhydronaphthacen-, phenanthren-, -anthracen, Pyren.
Fringuelli, F., Hagaman, E. W., Moreno, L. N., Tatiochi, A., Wenkert, E. (1977), Cyclopropanodecaline, J. Org. Chem. 42, 3168.
Whitesell, J. K., Matthews, R. S. (1977), Bicyclo[3.3.0]octane, J. Org. Chem. 42, 3878.
Christl, M., Reich, H. J., Roberts, J. D. (1971), Cyclopentan, Alkylcyclopentane, J. Am. Chem. Soc. 93, 3463.
De Meijere, A., Schallner, O., Weitemeyer, C., Spielmann, W. (1979), Cyclopropananneliertle Bicyclo[2.2.2]octane, Chem. Ber. 112, 908.
Nelsen, S. F., Weisman, G. R., Clennan, E. L., Peacock, V. E. (1976), 9-Methyl-bicyclo[3.3.1]nonane, J. Am. Chem. Soc. 98, 6893.
Takaishi, K., Ando, I., Kondo, M. Chujo, R., Nishioka, A. (1974), Berechnung der Verschiebungen von Cyclohexan-Derivaten, Bull. Chem. Soc. Jpn. 47, 1559.
Ayer, W. A., Browne, L. M., Fung, S., Stothers, J. B. (1978), Substituierte 10-Methyl-*trans*-decaline, Org. Magn. Reson. 11, 73.

Metzger, P., Casadevall, E. Pouet, M. J. (1982), Bicyclo[4.n.0]alkane, Org. Magn. Reson. 19, 229.
Cheng, A. K., Stothers, J. B. (1977), Tricyclo[3.2.1.0^{2,4}]octan-Derivate, Org. Magn. Reson. 9, 355.
Schneider, H. J., Keller, T., Price, R. (1972), ^{13}C-NMR Tieftemperatur-Untersuchungen an Cyclooctan-Konformeren, Org. Magn. Reson. 4, 907.
Christl, M., Herbert, R. (1979), Bicyclo[2.1.0]hexane, Org. Magn. Reson. 12, 150.
Gay, I. D., Kriz, J. F. (1978), ^{13}C-NMR von gasförmigen C-4-Alkanen, J. Phys. Chem. 82, 319.
Schleyer, P. v. R., et al (1974), Homoadamantan, Chem. Ber. 107, 1237.
Pincock, R. E., Fung, F. N. (1980), 1,3-Dehydroadamantane, Tetrahedron Lett., 19.
Günther, H. et al (1980), Cyclopropananneliertle Bicyclo[2.2.2]octane, J. Org. Chem. 45, 4329.
Gassman, P. G., Proehl, G. S. (1980), [3.1.1] Propellan J. Am. Chem. Soc. 102, 6863.
Dheu, M. L., Gagnier, D., Duddeck, H., Hollowood, F., McKervey, M. A. (1979), Diamantan, Triamantan, J. Chem. Soc. Perkin Trans. 2, 357.
Weigand, E. F., Schneider, H. J. (1979), Bicyclo[3.1.1]heptane, Org. Magn. Reson. 12, 637.
Peter, J. A., van der Toorn, J. M., van Bekkum, H. (1977), Bicyclo[3.3.1]nonane, Tetrahedron 33, 349.
Cory, R. M., Stothers, J. B. (1978), Tricyclo[3.2.1.0^{2,7}]octan, Org. Magn. Reson. 11, 252.
Pincock, R. E., Fung, F. N. (1980), 1,3-Dehydroadamantan (invertierte C-Atome), Tetrahedron Lett., 19.
Majerski, Z., Mlinaric-Majerski, K., Meic, Z. (1980), 2,4-Dehydroadamantan (invertierte C-Atome), Tetrahedron Lett., 4117.

Weitere Korrelationen

Roberge, R., Fliszar, S. (1975), Can. J. Chem. 53, 2400; Kean, G., Gravel, D., Fliszar, S., (1976), J. Am. Chem. Soc. 98, 4749.

$\delta_{^{13}C} = -237,1\, q_C + 242,64$

q_C = relative Ladungsdichte

Pehk, T., Lippmaa, E. (1971), Linearer Zusammenhang zwischen Verschiebung δ_{C-1} (Cyclohexan) und dem entsprechenden C-Atom von Isopropyl-Derivaten, Org. Magn. Reson. 3, 679.

4.2 Alkene

Die chemischen Verschiebungen der sp^2-C-Atome von **Alkenen** ohne Heterosubstitution umfassen den **Bereich** zwischen etwa **75 und 175 ppm**, wenn man die cyclischen und polycyclischen Verbindungen mit einbezieht. Sie liegen damit in dem Bereich, in dem auch die aromatischen Kohlenstoff-Atome absorbieren.

4.2.1 Lineare und verzweigte Alkene

Die chemischen Verschiebungen einfacher linearer und verzweigter Alkene sowie einiger Diene und Triene sind in Tab. 3.18 zusammengefaßt. Es zeigt sich, daß das C-Atom einer olefinischen Methylen-Gruppe ($=CH_2$) im Vergleich zu den olefinischen C-Atomen, die Alkyl-Gruppen tragen, zu hohem Feld, üblicherweise im Bereich zwischen 105 und 120 ppm, verschoben ist. Andererseits findet man das substituierte olefinische C-Atom von *gem*-disubstituierten Alkenen im Bereich von 140–165 ppm. Vergleicht man die α-, β- und γ-Effekte der Aliphaten (s. S. 100) mit denen der Alkene, so liegt der **α-Effekt** (z.B. $H_2C=CH_2 \rightarrow H_2C=CH-CH_3$) mit **10 ppm** in der gleichen Größenordnung. Der *β*-**Effekt** über die **π-Bindung** (β^π) ($H_2C=CH_2 \rightarrow H_2C=CH-CH_3$) führt jedoch zu einer **Abschirmung** von **ca. 7 ppm**. Ist der β-Effekt über eine σ-**Bindung** wirksam, beobachtet man wie bei den Aliphaten eine **Tieffeldverschiebung**.

Tab. 3.18 ^{13}C-chemische Verschiebungen linearer und verzweigter Alkene

Verbindung				δ_C (ppm)			
	C–1	C–2	C–3	C–4	C–5	C–6	C–7
H₂C=CH₂	123,5						
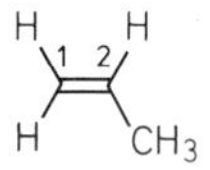 H₂C=CH–CH₃	115,9	133,4	19,4				
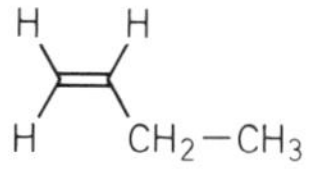 H₂C=CH–CH₂–CH₃	113,5	140,5	27,4	13,4			
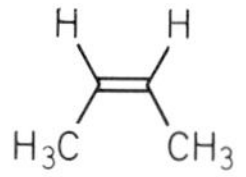 H₃C–CH=CH–CH₃ (cis)	11,4	124,2					
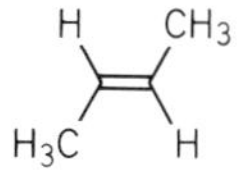 H₃C–CH=CH–CH₃ (trans)	16,8	125,4					
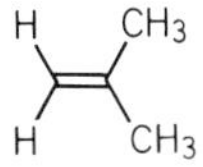 (CH₃)₂C=CH₂	111,3	141,8	24,2				
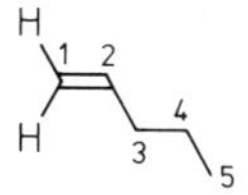 H₂C=CH–CH₂–CH₂–CH₃	114,5	139,0	36,2	22,4	13,6		
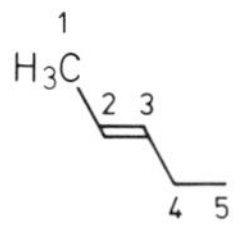 H₃C–CH=CH–CH₂–CH₃	17,3	123,5	133,2	25,8	13,6		
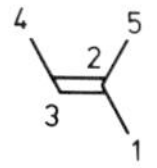 verzweigtes Penten	25,5	131,6	118,6	13,3	17,1		
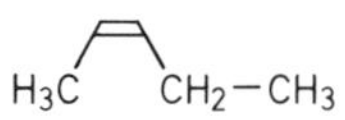 H₃C–CH=CH–CH₂–CH₃ (isomer)	12,0	122,8	132,4	20,3	13,8		

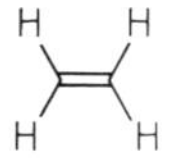

Tab. 3.18 Fortsetzung

Verbindung	C-1	C-2	C-3	δ_c (ppm) C-4	C-5	C-6	C-7
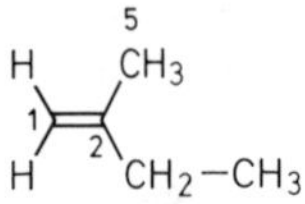 H₂C=C(CH₃)-CH₂-CH₃	109,1	147,0	31,1	12,5	22,5		
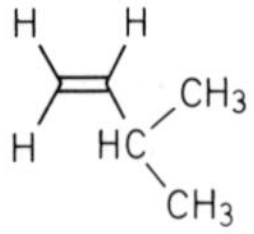 H₂C=CH-CH(CH₃)₂	111,4	145,9	32,7	22,3			
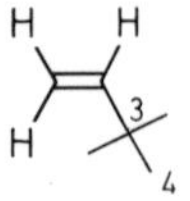 H₂C=CH-C(CH₃)₃	108,5	149,3	33,8	29,41			
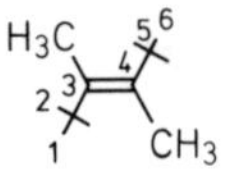 (CH₃)₂C=C(CH₃)- (Me am C3)	30,7	36,8	137,3				19,5
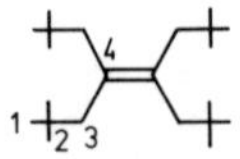 (tBu)₂C=C(tBu)-	32,5	35,2	47,4	136,6			
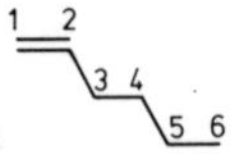 CH₂=CH-CH₂-CH₂-CH₂-CH₃	114,2	139,2	33,8	31,5	22,5	14,0	
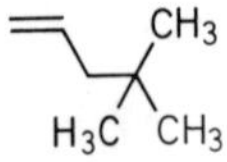 CH₂=CH-C(CH₃)₃ (Neohex)	116,5	136,1	48,9	30,7	29,4		
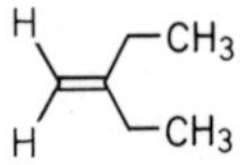 H₂C=C(CH₃)₂	106,7	152,6	28,1	12,4			
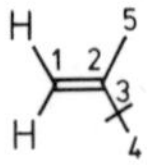 H₂C=C(CH₃)-CH₂-CH₃	108,3	153,4	36,0	29,4	19,6		
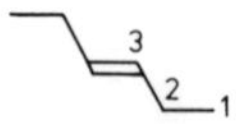 CH₃-CH₂-CH= (cis/trans)	14,1	25,9	131,2				
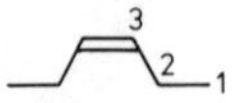 CH₃-CH₂-CH=	14,4	20,7	131,2				
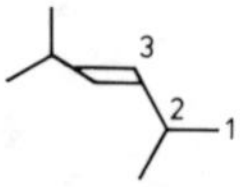 (CH₃)₂CH-CH=	23,2	31,6	134,9				
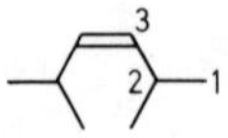 (CH₃)₂CH-CH=	23,8	27,9	135,4				
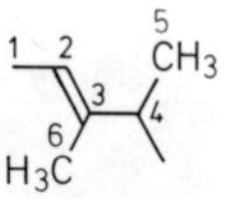 CH₂=CH-C(CH₃)=CH-CH₂-CH₃	13,0*	116,2	141,5	37,3	21,6	13,1*	

Tab. 3.18 Fortsetzung

Verbindung	C-1	C-2	C-3	C-4	C-5	C-6	C-7
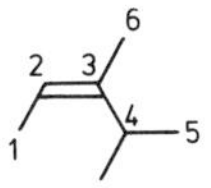	12,4*	117,9	141,0	28,5	20,6	17,8*	
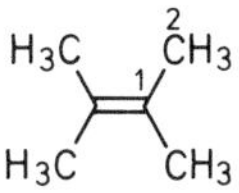 (CH₃)₂C=C(CH₃)₂	123,5	20,4					
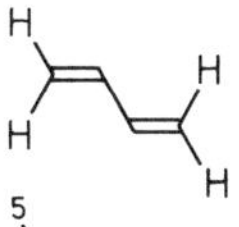 H₂C=CH–CH=CH₂	116,6	137,2					
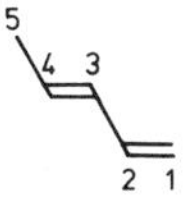	114,4	137,8	129,5	133,2	17,2		
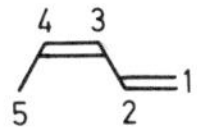	116,5	132,5	130,9	126,4	12,8		
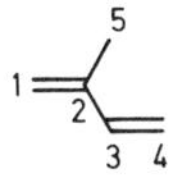	113,0	142,9	140,3	116,4	17,6		
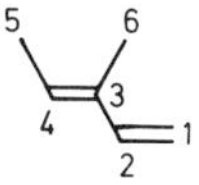	110,3	142,1	135,5	127,1	11,1	13,6	
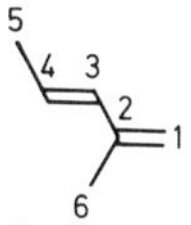	114,5	142,2	135,5	125,1	18,8	18,3	
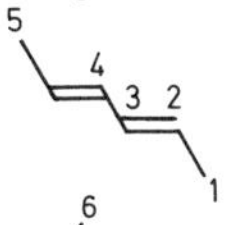	17,5	126,2	132,5				
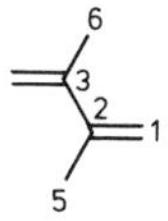	113,0	143,8			20,3		
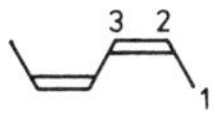	12,9	124,9	125,3				
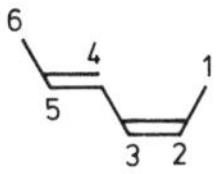	13,0	123,1	127,4	130,2	128,3	18,0	

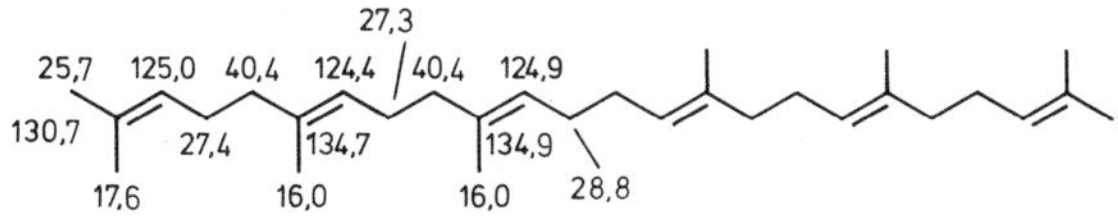

Squalen:
25,7 125,0 40,4 124,4 27,3 40,4 124,9
130,7 27,4 134,7 134,9
17,6   16,0   16,0   28,8

* Zuordnung nicht gesichert.

Eine Regressionsanalyse der Verschiebungen von Alkenen führt zu dem in Tab. 3.19 zusammengefaßten Parametersystem, das die Vorhersage von chemischen Verschiebungen olefinischer C-Atome von Monoenen mit einer Genauigkeit von ca. 1 ppm erlaubt[100]. Größere Abweichungen treten naturgemäß bei tri- und tetrasubstituierten Olefinen mit starker Verzweigung in der aliphatischen Kette auf. Die Abschätzung der δ-Werte der aliphatischen C-Atome von Monoenen kann mit Hilfe der Daten aus Tab. 3.10 durchgeführt werden. Erfahrungsgemäß unterscheiden sich die Verschiebungen der sp^3-C-Atome in Monoalkenen nicht von denen der Alkane, wenn die Doppelbindung mehr als zwei Einfachbindungen vom betrachteten C-Atom entfernt ist[102].

Bei den 1,2-disubstituierten Olefinen beobachtet man mit wenigen Ausnahmen in der Z-Konfiguration eine geringfügige Hochfeldverschiebung der sp^2-hybridisierten C-Atome

Tab. 3.19 Empirische Parameter zur Berechnung der Verschiebung olefinischer C-Atome in Alkenen nach Brouwer und Stothers[100 a b]

$$\delta_{C(k)} = 122{,}1 + \sum A_l n_{kl} + S$$

Verschiebungsparameter für C-Atome in Position l zum betrachteten C-Atom		Sterische Korrekturterme S für cis- bzw. Mehrfachsubstitution	
l	A_l (ppm)	Substitution	S (ppm)
α^π	11,0	cis (Z)	−1,2
β^π	− 7,1	gem$^\alpha$	−4,9
β^σ	+ 6,0	gem$^\beta$	1,2
γ^π	− 1,9	mult$^\sigma$	1,3
γ^σ	− 1,0	mult$^\pi$	−0,7
δ^π	1,1		
δ^σ	0,7	gem = geminale Substitution an der Doppelbindung	
ε	0,2	mult = Verzweigung am α-C-Atom	
		$n_{k,l}$ = Anzahl der C-Atome in Position l zu C(k)	

[a] zur Abschätzung der δ-Werte von aliphatischen C-Atomen s. Tab. 3.10 (S. 95)
[b] Ein weiteres empirisches Inkrementensystem ist von Dorman, Jautelat und Roberts vorgeschlagen worden[101].

Beispiel:

$$\begin{array}{c} \overset{6\alpha}{CH_2}-\overset{7\beta}{CH_3} \\ H_2\overset{1}{C}=\overset{2}{C} \\ \underset{3}{\overset{\alpha}{CH_2}}-\underset{}{\overset{4\beta}{CH_2}}-\underset{}{\overset{5\gamma}{CH_3}} \end{array}$$

$\delta_{C-2} = 122{,}1 + 2\alpha + 2\beta^\sigma + \gamma^\sigma + \text{gem}^\alpha$
$\phantom{\delta_{C-2}} = 122{,}1 + 22{,}0 + 12{,}0 - 1{,}0 - 4{,}9 = 150{,}2$
$\delta_{C-1} = 122{,}1 + 2\beta^\pi + \gamma^\pi + \text{gem}^\beta$
$\phantom{\delta_{C-1}} = 122{,}1 - 14{,}2 - 1{,}9 + 1{,}2 = 107{,}2$

Experimentell bestimmt: $\delta_{C-1} = 108{,}1$; $\delta_{C-2} = 150{,}9$; $\delta_{C-3} = 38{,}9$; $\delta_{C-4} = 21{,}5$; $\delta_{C-5} = 13{,}9$; $\delta_{C-6} = 29{,}2$; $\delta_{C-7} = 12{,}5$ ppm.

gegenüber der entsprechenden *E*-Konfiguration. Diese Hochfeldverschiebung, die auf die sterische Wechselwirkung der Substituenten R_1 und R_2 zurückzuführen ist, kann als **Kriterium** für die *E/Z*-**Konfigurationszuordnung** benutzt werden, sofern beide Isomere vorliegen.

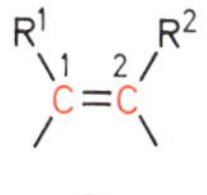

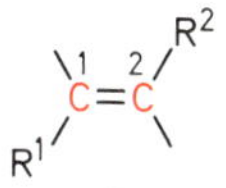

Stärker ausgeprägt ist diese Hochfeldverschiebung, wie nach der Diskussion des γ-Effektes bei den Aliphaten (S. 100) zu erwarten, bei den zu den olefinischen C-Atomen α-ständigen Kohlenstoff-Atomen, wie die Gegenüberstellung von 1,1-Di-*t*-butylethylen **41** und 1,1,2-Tri-*t*-butylethylen **42** zeigt (s. auch Tab. 3.18 z. B. 2-Methylbuten-2).

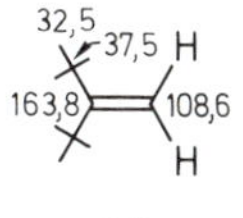

Die chemischen Verschiebungen von konjugierten Dienen wie Butadien oder Hexatrien unterscheiden sich nicht signifikant von denen der Monoene (Allene, s. Abschn. 4.3, S. 129).

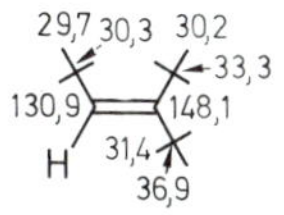

Eine Zusammenstellung der Verschiebungen von Methylencycloalkanen zeigt Tab. 3.20. Sie entsprechen mit Ausnahme des Methylencyclopropans den Trends der acyclischen Monoolefine.

Die Ausnahmestellung der Dreiringverbindung ist wie beim Cyclopropan selbst auf die besonderen Bindungsverhältnisse, die sich auch in den $^{13}C,^{1}H$-Kopplungskonstanten (s. S. 445f.) niederschlagen, zurückzuführen. Eine Sonderstellung nehmen auch die Methylenbicycloalkene (Methylennorbornan **43**, Methylennorbornen **44**, Methylennorbornadien **45**, siehe Tab. 3.20) sowie das Methylenquadricyclan **46** ein, die eine Verschiebungsdifferenz für die sp^2-hybridisierten C-Atome der semicyclischen Doppelbindung $\Delta\delta > 50$ ppm, mit einem Extremwert für das Norbornadien-Derivat **45** von 98,6 ppm, zeigen. Die Zunahme der Verschiebungsdifferenz in der Reihe **43** < **44** < **45** wird auf die **homokonjugative Wechselwirkung** zwischen den C=C-Doppelbindungen im Sinne von **45a** zurückgeführt, die eine Polarisierung der semicyclischen Bindung hervorruft, die Elektronendichte der anderen sp^2-C-Atome aber nur wenig beeinflußt[105].

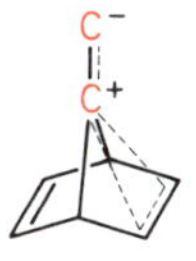

Tab. 3.20 ^{13}C-chemische Verschiebungen von Methylencycloalkanen[103] und Methylenpolycycloalkanen

Verbindung	δ_C (ppm)							
	C–1	C–2	C–3	C–4	C–5	C–6	C–7	C–8
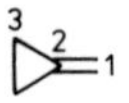 (Cyclopropyliden)	103,5	131,0	3,0					
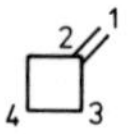 (Cyclobutyliden)	105,2	148,8	32,3	17,2				
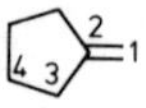 (Cyclopentyliden)	105,2	152,3	33,2	27,1				
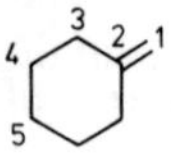 (Cyclohexyliden)	106,9	149,2	35,8	28,8	26,9			
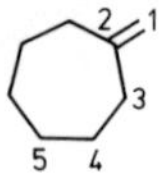 (Cycloheptyliden)	110,9	151,2	36,6	29,0	30,0			
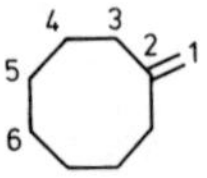 (Cyclooctyliden)[104]	110,9	151,9	35,4	27,7*	26,9*	26,1*		
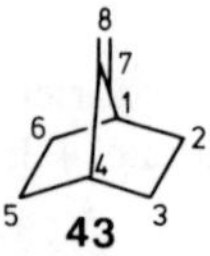 **43**	40,1	29,7					158,3	96,8
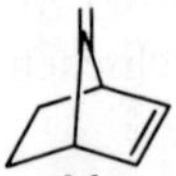 **44**	45,2	134,9			24,8		162,9	72,8
 **45**	53,5	141,9					177,1	78,5
 **46**							156,6	100,6
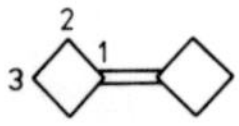	129,3	29,1	17,3					
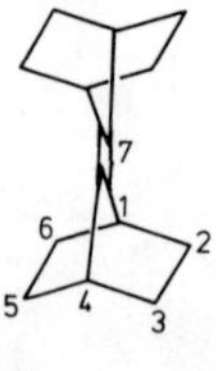	37,1	20,6					131,0	

Chemische Verschiebungen einzelner Substanzklassen 121

Tab. 3.20 Fortsetzung

Verbindung	δ_C (ppm)							
	C-1	C-2	C-3	C-4	C-5	C-6	C-7	C-8
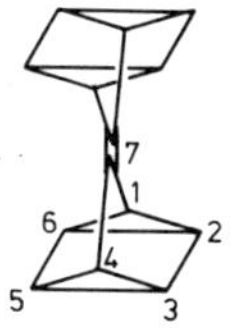	18,4	24,6					133,8	
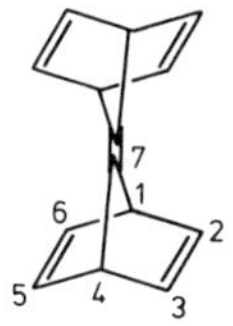	49,9	143,3					139,0	
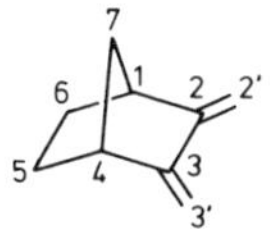	45,6	152,1 (2') 99,3			28,9		39,3	
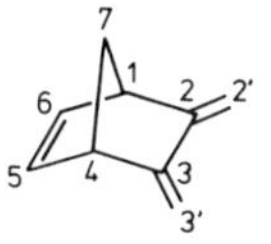	50,7	148,4 (2') 101,1			136,1		51,4	

Die Polarisierung dieser Bindung kann durch entsprechende Substituenten – z. B. Elektronenakkzeptorsubstituenten an C-8 – verstärkt werden. So zeigt das 8,8-Dicyano-Derivat **47** eine Verschiebungsdifferenz von 132,0 ppm[106].

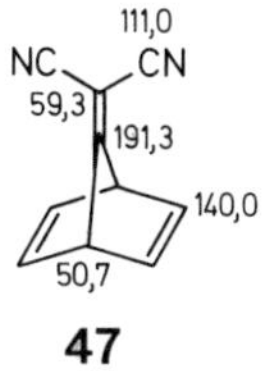

47

Übertroffen wird dieser Wert nur noch durch das „**Pushpull**" Ethylen 1,3-Dimethyl-6,6-dicyanoimidazoliden-ethylen **48** mit einer Verschiebungsdifferenz von $\Delta\delta = 137,3$ ppm.

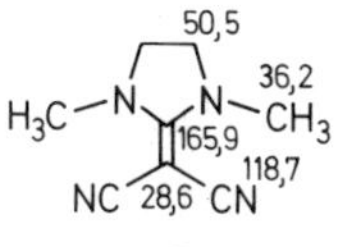

48

Man beachte die Verschiebung von 28,6 ppm für das formal sp^2-hybridisierte Kohlenstoff-Atom (s. S. 266), allerdings ist hierbei noch der abschirmende Einfluß (Anisotropie-Effekt) der Cyano-Gruppen zu berücksichtigen.

4.2.2 Cycloalkene

Die chemischen Verschiebungen der einfachen, unsubstituierten Cycloalkene (Cyclopropen → Cycloocten) sind zusammen mit einigen bicyclischen Modellverbindungen in Tab. 3.21 zusammengestellt. Unter Berücksichtigung der Sonderstellung des Cyclopropens zeigt in der Reihe der Cycloalkene nur das Cyclobuten mit 137,2 ppm für die olefinischen C-Atome eine auffällige Tieffeldlage. Der Vergleich zwischen dem *E*- und dem gespannten *Z*-Cycloocten zeigt, daß selbst hier die bei den acyclischen Alkenen gemachte Aussage – Hochfeldverschiebungen der sp^2-C-Atome im *cis*-Alken gegenüber dem *trans*-Alken – gültig ist. Vergleicht man die δ-Werte von C-7 im Norbornan (s. S. 107) mit denen im Norbornen **49** und Norbornadien **50**, so erkennt man eine Entschirmung von 8,3 bzw. 27 ppm. Üblicherweise erwartet man bei der Einführung einer Doppelbindung in β,γ-Stellung eine Tieffeldverschiebung von ca. 7 ppm (s. Tab. 3.10, S. 95).

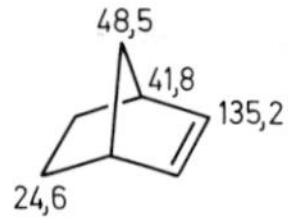

Tab. 3.21 ^{13}C-chemische Verschiebungen von cyclischen Olefinen

Verbindung	δ_C (ppm)							
	C–1	C–2	C–3	C–4	C–5	C–6	C–7	C–8
 Cyclopropen	108,7	2,3						
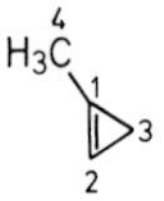 1-Methylcyclopropen	116,5	98,8	6,2	12,5				
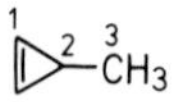 3-Methylcyclopropen	117,6	10,1	23,6					
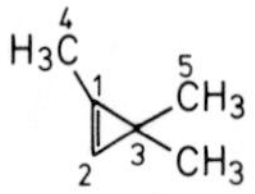 1,3,3-Trimethylcyclopropen	131,2	113,0	18,2	9,9	27,3			
 Cyclobuten	137,2	31,4						
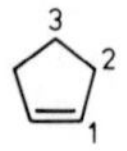 Cyclopenten	130,8	32,8	23,3					
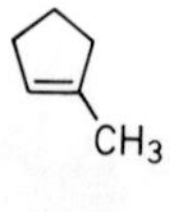 Methylcyclopenten	140,2	124,8	33,2	24,3	37,3	16,6 (CH$_3$)		

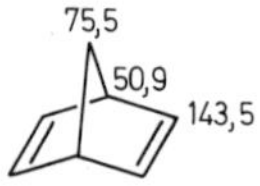

Tab. 3.21 Fortsetzung

Verbindung	δ_C (ppm)							
	C-1	C-2	C-3	C-4	C-5	C-6	C-7	C-8
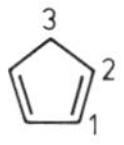 Cyclopentadien	132,2	132,8	41,6					
 Cyclohexen	127,4	25,4	23,0					
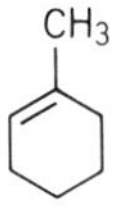 1-Methylcyclohexen	133,0	120,9	25,0	22,8	22,2	29,7		23,4(CH$_3$)
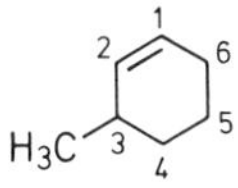 3-Methylcyclohexen	126,6	134,0	32,9	30,9	22,4	26,1		22,4(CH$_3$)
 1,3-Cyclohexadien	125,5	26,0						
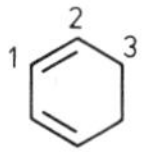 1,4-Cyclohexadien	126,1	124,6	22,3					
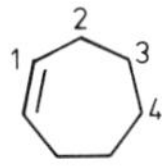 Cycloheptadien	130,4	26,0	27,0	29,8				
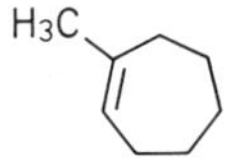 1-Methylcyclohepten	140,3	126,2	32,9	28,7«	27,9«	26,8«	34,6	26,4(CH$_3$)
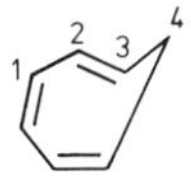 1,3-Cycloheptadien	131,0	126,8	120,4	28,1				
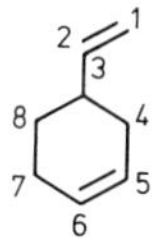 Methylencyclohexen	112,3	143,7	37,7	31,1	126,8*	126,0*	24,9	28,5
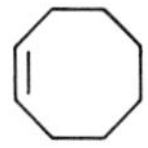 Cycloocten	130,4		26,0	27,0	29,8			
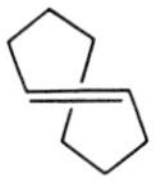 Bicyclopentyliden	132,8		34,3	34,3	28,7			
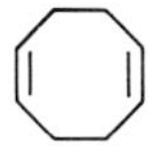 1,5-Cyclooctadien	128,5		28,5					
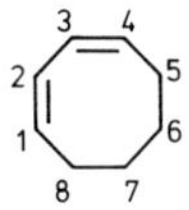 1,3,5,7-Cyclooctatetraen	126,5	132,1			23,4	28,5		

Tab. 3.21 Fortsetzung

Verbindung	δ_C (ppm)							
	C–1	C–2	C–3	C–4	C–5	C–6	C–7	C–8
Cyclooctatetraen	131,5							
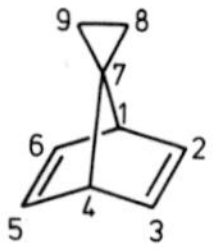 (Tricyclisches System, nummeriert 1–9)	55,6	143,0					70,2	10,0
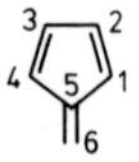 **56**	124,9	134,3			152,6	123,4		
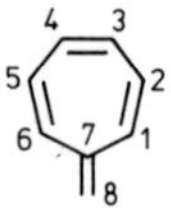 **57**	138,3	126,8*	130,8*				146,6	111,9
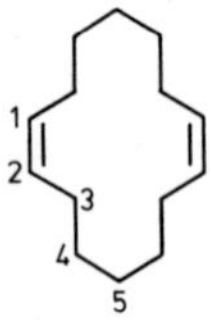 Cyclododecadien	130,4	130,4	26,9	28,7	28,1			
 Cyclisches Dien	132,7		32,9					
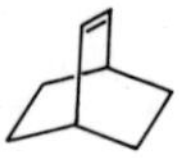 Bicyclisches System	29,5	134,1			25,8			

Tricyclo[5.1.0.0^{2,8}]octa-3,5-dien (chemische Verschiebungen: –13,4; 45,3; 137,6; 124,5)

* Zuordnung nicht gesichert

Die extreme Tieffeldlage von C-7 im Norbornadien **50** mit 75,5 ppm ist, ähnlich wie bei den Cyclopropan-annelierten Systemen (s. S. 109f.), auf die Wechselwirkung der antibindenden Orbitale der Doppelbindung mit den σ-Orbitalen der Methylen-Brücke zurückzuführen (s. **50a**)[107,108].

Entsprechende Beobachtungen wurden auch an C-7-substituierten Norbornen- bzw. Norbornadien-Derivaten[107], dem Bicyclo[2.1.1]hexen **51**, **51a**[108] sowie dem Benzvalen[108] **52**, **52a** gemacht.

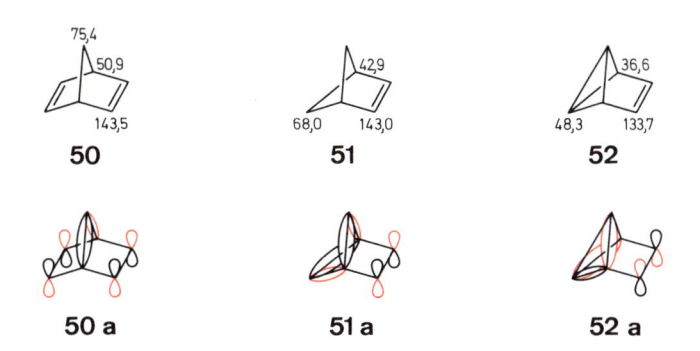

Im Benzvalen **52** sind C-1 und C-6 um 45,9 ppm gegenüber den entsprechenden C-Atomen im Tricyclo [$2.1.1.0^{5,6}$]hexan (s. S. 108) verschoben.

Die olefinischen C-Atome werden beim Übergang vom Norbornen zum Norbornadien um $\Delta\delta = 8,3$ ppm zu tiefem Feld verschoben; ein Effekt, der auf die Wechselwirkung der beiden π-Systeme untereinander, die auch im Photoelektronen-Spektrum nachzuweisen ist, zurückgeführt wird. Analog wirkt sich auch die **Spirokonjugation** in den Spirenen **53** bis **55** aus.[109,110]

Alkylsubstitution an der Doppelbindung führt wie bei den acyclischen Alkenen zu einer Tieffeldverschiebung um ca. 10 ppm für das direkt betroffene C-Atom (α-Effekt), zu einer Hochfeldverschiebung des β-ständigen sp^2-C-Atoms ($β^π$-Effekt) von 7–8 ppm und wiederum zu einer Tieffeldverschiebung, wenn der β-Effekt über eine σ-Bindung wirksam ist (s. Tab. 3.21). Den Einfluß einer Methylsubstitution auf die Verschiebungen des Norbornen-Gerüstes im Vergleich zum gesättigten Norbornan zeigt die folgende Gegenüberstellung (Tab. 3.22). Hier wird besonders deutlich, wie stark α-, β- und γ-Effekte einer Methyl-Gruppe vom Molekül-Gerüst, von der Position und der Stereochemie abhängen. Die α-Effekte schwanken zwischen 4,5 und 7,7 ppm nicht nur beim Vergleich des Norbornen- mit dem Norbornan-System, sondern auch innerhalb des Norbornen- bzw. Norbornan-Systems. Die β-Effekte umfassen sogar einen Bereich von 3,8–10,6 ppm. Die γ-Effekte zeigen zwar die bei den Cyclohexanen diskutierten Trend – Hochfeldverschiebung bei Diederwinkeln von 0–60° und Tieffeldverschiebungen bei Diederwinkeln von 120–180° –, jedoch macht das syn-7-Methylnorbornen eine Ausnahme.

Die C-Atome C-5 und C-6 zeigen trotz **anti**-Stellung der Methyl-Gruppe eine geringfügige Hochfeldverschiebung. Dies macht noch einmal deutlich, daß Substituenteninkremente zur Berechnung von chemischen Verschiebungen auf andere Verbindungsklassen oder auf Verbindungen mit anderer Stereochemie ohne entsprechende Korrekturfaktoren nicht zu übertragen sind.

Die ^{13}C-NMR-Daten des Pentafulvens **56**, Heptafulvens **57** (siehe Tab. 3.21), 6,6-Dimethyl-pentafulvens **58** oder des Sesquifulvens **59** erlauben eine Aussage, inwieweit polare Strukturen im Sinne von **58** ↔ **58a** oder **59** ↔ **59a** im Grundzustand beteiligt sind. Disku-

Tab. 3.22 Einfluß einer Methyl-Gruppe auf die ^{13}C-chemischen Verschiebungen des Norbornan und Norbornen[a][111]

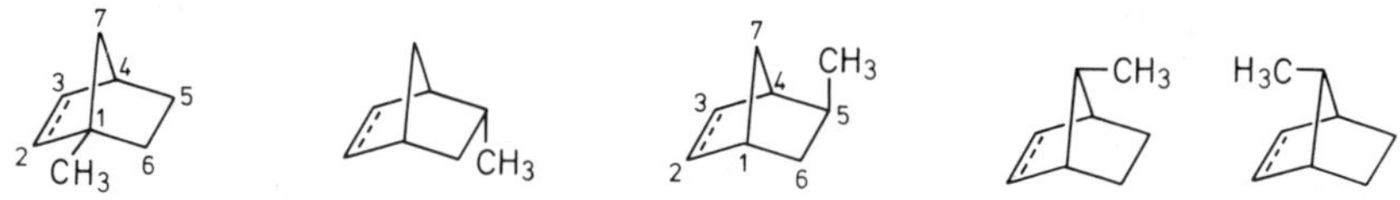

C-Atom	an	Effekt	en	an	Effekt	en	an	Effekt	en	an	Effekt	en	en
1	7,3	α	7,7	1,4	γ	1,4	0,5	γ	0,5	4,2	β	3,8	5,6
2	7,0	β	4,5	0,5	δ	1,7	0,2	δ	1,7	0,9	γ	2,3	−3,1
3	1,5	γ	0,3	−7,7	γ	−3,0	−1,1	γ	0,7	0,9	γ	2,3	−3,1
4	1,4	γ	1,1	5,4	β	5,6	6,7	β	6,5	4,2	β	3,8	4,6
5	1,5	γ	2,5	4,5	α	7,5	6,5	α	7,5	−2,9	γ	−3,7	−0,4
6	7,0	β	7,1	10,6	β	8,7	10,1	β	9,5	−2,9	γ	−3,7	−0,4
7	6,9	β	6,2	0,2	γ	1,7	−3,7	γ	−3,8	5,6	α	4,5	5,9
CH_3^b	0,0		−3,0	−3,6		−1,5	1,3		0,7	−8,3		−6,6	−8,5

[a] Die δ-Werte des unsubstituierten Norbornan bzw. Norbornen sind in Schema 3.1 und Formel **49** aufgeführt.
[b] Verschiebung der Methyl-Gruppe in 1-Methylnorbornan willkürlich gleich Null gesetzt.
$\delta CH_3 = 20,7$ bezogen auf TMS

tiert man die chemischen Verschiebungen auf der Basis der Elektronendichte, so sind diese Kohlenwasserstoffe als olefinische Systeme mit nur geringer Beteiligung polarer Grenzstrukturen wie **58a** oder **59a** (maximal 10%) aufzufassen[112,113].

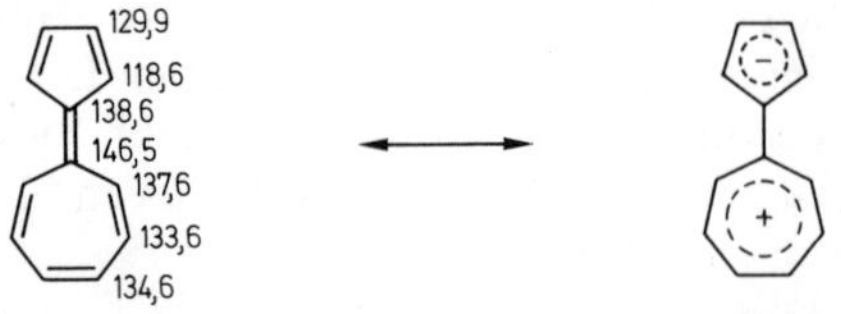

Nur das Calicen-Derivat **60** – das unsubstituierte Calicen ist bisher nicht hergestellt worden – zeigt in Übereinstimmung mit dem hohen Dipolmoment eine nennenswerte Polarisierung (s. C-5 und C-6) an.[113] Dies kommt in der Hochfeldverschiebung der Fünfring-C-Atome im Vergleich zum 1,2,3,4-Tetraphenylfulven **61** und in der Tieffeldverschiebung der Dreiring-C-Atome zum Ausdruck. Auch die *p*-C-Atome der Phenyl-Ringe erweisen sich als geeignete Sonde (s. S. 289f.) für den Nachweis der Delokalisierung von Elektronendichte (Hochfeldverschiebung von 1–2 ppm im Vergleich zu **61**) in die aromatischen Ringe[113].

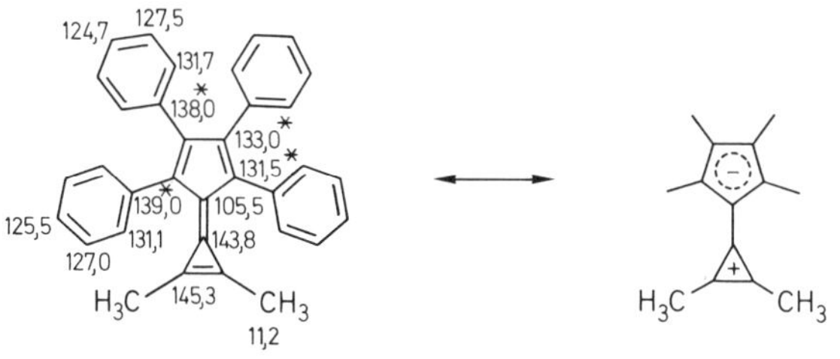

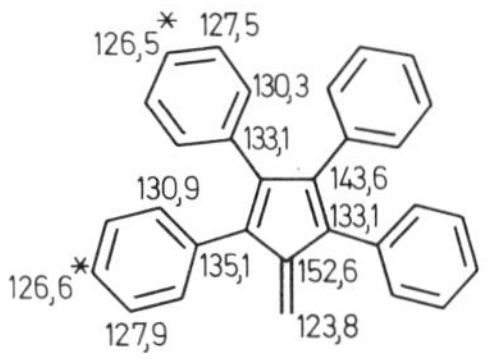

60[a]   **60a**   **61**[a]

Das Bicyclo[5.1.0]octadien-2,5 (Homotropiliden) **62** sowie die überbrückten Derivate, Semibullvalen **63** und Bullvalen **64**, zeigen als typische Cope-Systeme temperaturabhängige ^{13}C-Spektren. So werden durch die bei Raumtemperatur schnelle Valenzisomerisierung z. B. im Semibullvalen **63** die C-Atome C-1/6 und C-3/5 bzw. C-4 und C-8 hinsichtlich ihrer chemischen Verschiebung gemittelt, wobei δ-Werte von 86,5 bzw. 50 ppm resultieren. In Tab. 3.23 sind die chemischen Verschiebungen bei langsamer und schneller Cope-Umlagerung dieser Systeme zusammengestellt. Die aus den **DNMR**-Messungen (s. Kap. 6) erhaltenen Isomerisierungsbarrieren stimmen gut mit den aus ^{1}H-DNMR-Untersuchungen erhaltenen Werten überein. ^{13}C-DNMR-Spektren, unter Breitband-Entkopplung aufgenommen, haben gegenüber den ^{1}H-DNMR-Spektren den Vorteil, daß sie wegen des einfachen Spektrentyps leichter auszuwerten sind (näheres s. Kap. 6, S. 584ff.). Ein weiterer Vorteil ist die größere Verschiebungsdifferenz der austauschenden Kerne. Dies kommt auch beim Nachweis der fluktuierenden Struktur von [2.3]-Spirenen wie **65** zum Ausdruck. Während die ^{1}H-NMR Spektroskopie hier keine eindeutige Auskunft über die Gleichgewichtslage geben konnte, zeigen die temperaturabhängigen ^{13}C-Verschiebungen an, daß die Verbindung zu ca. 80% in der Norcaradien-Form vorliegt[117].

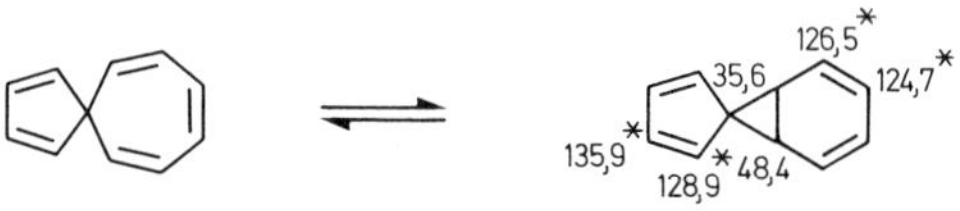

65   **65a**[a]

---

[a] Die mit * versehenen chemischen Verschiebungen sind nicht sicher zugeordnet.

Tab. 3.23 Chemische Verschiebungen von Bicyclo[5.1.0]octadien-2,5-Derivaten bei verschiedenen Temperaturen

	62[a]	63	64
	Homotropiliden[114]	Semibullvalen[115]	Bullvalen[116]

			δ (ppm)		
C-Atom	−37°C	−160°C	25°C	−60°C	141°C
1	19,4	42,2	86,5	21,0	86,4
2	129,8	121,7	120,4	128,3	86,4
3	127,7	131,8	86,5	128,5	86,4
4	28,8	53,1	50,0	31,0	86,4
5	127,8	131,8	86,5	128,5	86,4
6	129,8	121,7	120,4	128,3	86,4
7	19,4	42,2	86,5	21,0	86,4
8	20,1	50,0	53,1	21,0	86,4
Barriere					
$\Delta G^{\ddagger}$ J/mol	59,2 (25°C)	23,1 (−143°C)		52,1 (0°C)	
$\Delta H^{\ddagger}$	51,8	20,2		53,1	

[a] **62** liegt in der transoiden Form vor, vor der Cope-Umlagerung muß eine Ringinversion in die cisoide Form ablaufen.

Aufgaben

3.7 Welche Verschiebungen sind für das bisher noch nicht synthetisierte Tetra-*t*-butylethylen zu erwarten?

Bibliographie

Friedel, R. A., Retcofsky, H. L. (1963), Olefine, J. Am. Chem. Soc. 85, 1300.

De Haan, J. W. et al (1976), 1-Alkene (Temperatureffekte), Org. Magn. Reson. 8, 477.

Michel, D., Angele, E., Meiler, E. (1978), Silber-Olefin-Komplexe, Z. Phys. Chem. 259, 92; (1974), 255, 389.

Beverwijk, C. D. M., van Dongen, J. P. C. M. (1972), Silber-Olefin-Komplexe, Tetrahedron Lett., 4291.

Bicker, R. (1977), Dissertation Frankfurt, Synthese, sowie ^{1}H- und ^{13}C-NMR-spektroskopische Untersuchungen von Homotropilidenen und deren Vorstufen.

Knothe, L., Werp, J., Balisch, H., Prinzbach, H., Fritz, H. (1977), ^{13}C-Analysen von Methylennornbornadien-Derivaten, Liebigs Ann. Chem. 709.

Knothe, L., Prinzbach, H., Fritz, H. (1977), ^{13}C-Analysen von gekreuzt-konjugierten π-Bindungssystemen, Liebigs Ann. Chem. 687.

Hoffmann, R. W., Kurz, H. (1975), ^{13}C-NMR-spektroskopische Untersuchungen zur Polarität 1,1-disubstituierter Olefine, Chem. Ber. 108, 119.

Hollenstein, R., Philipshorn, W. v., Vögeli, R., Neuenschwander, M. (1973), Fulvene, Helv. Chim. Acta 56, 847; (1974), Angew. Chem. 86, 595.

Hasegawa, K., Asami, R., Takahashi, K. (1978), Alkyl-, Phenylsubstituierte 1,3-Butadiene, Bull. Chem. Soc. Jpn. 51, 916.

Anet, F. A. L., Yavari, I. (1974), Konformation von *cis,cis*-1,4-Cyclooctadien, J. Am. Chem. Soc. 99, 6986.

Anet, F. A. L., Yavari, I. (1977), Konformation von 1,2-Cyclononadien, J. Am. Chem. Soc. 99, 7640.

Christl, M., Lüddeke, H. J. Nagyrevi-Noppel, A., Freitag, G. (1977), Benzvalen-Derivate, Chem. Ber. 110, 3745.

Werstiuk, N. H. et al (1972), Methylen-bicyclo[2.2.1]heptan-Derivate, Can. J. Chem. 50, 2146.

Roberts, J. D. et al (1970), Norbornen-Derivate, J. Am. Chem. Soc. 92, 7107.

Haan, J.W., van de Ven, L.J.M. (1973), Alkene, Org. Magn. Reson. 5, 147.

Quarroz, D. et al (1977), Dimethylen-bicyclo[2.2.1]heptane, Org. Magn. Reson. 9, 611.

Anet, F.A.L., Yavari, I. (1978), Konformation von *cis,cis*-1,3-Cyclooctadien, J. Am. Chem. Soc. 100, 7841.

Garnier, R., Vincent, E.J., Bertrand, M. (1972), Cyclopropylidencycloalkane, Comp. Rend. Acad. Sci. 274, 318.

Wehner, R., Günther, H. (1974), Cycloheptatrien, Chem. Ber. 107, 3152.

Paquette, L.A., Browne, A.R., Channot, E. (1979), 1,6-Dihydroheptalen, Angew. Chem. 91, 581.

Holden, C.M., Whittaker, D. (1975), Bicyclo[3.1.1]heptene, Org. Magn. Reson. 7, 125.

Couperus, P.A., Clague, A.D.H., von Dongen, J.P.C.M. (1976), Olefine (70 Verbindungen), Org. Magn. Reson. 8, 426.

Albert, K.H., Dürr, H. (1979), Cyclopropene, Benzocyclopropene, Org. Magn. Reson. 12, 687.

Hoffmann, R.W., Kurz, H.R., Becherer, J., Martin, H.D. (1978), Methylentricyclo[3.2.10^{2,4}]octan-Derivate, Chem. Ber. 111, 1275.

Grover, S.H., Stothers, J.B. (1975), Methylencycloalkane, Methylennorbornane, Can. J. Chem. 53, 589.

Dawson, B.A., Stothers, J.B. (1983), Carbon-^{13} NMR Spectra of Several Dicyclopentadiene Derivatives, Org. Magn. Reson. 21, 217

Christ, U., Lang, R. (1982), Tricyclo[5.1.0.0^{2,8}]octa-3,5-diene, J. Am. Chem. Soc. 104, 4494.

Weitere Korrelationen

Beckenbaugh, W.M., Wilson, S.R., Loeffler, P.H. (1972), Zusammenhang zwischen Hydrierungswärme und δ_C von gespannten Olefinen, Tetrahedron Lett., 4821.

Hasegawa, K., Asami, R., Takahashi, K. (1978), Butadien-Derivate: $\Delta q^{tot} = -340\ \Delta \delta_C$, Bull. Chem. Soc. Jpn. 51, 916.

Höbold, W., Keck, R., Radiglia, R. (1975), Qual. Charakterisierung von Alken-Isomeren-Gemischen (11isom. *n*-Tridecene) durch ^{13}C-NMR-Spektren, J. Prakt. Chem., 317, 1054.

4.3 Alkine und Allene

Von den Verbindungen mit *sp*-hybridisierten Kohlenstoff-Atomen absorbieren die **Alkine** in einem, verglichen mit den Alkanen und Alkenen, recht engen Bereich von **60–95 ppm**. Damit liegt der Absorptionsbereich zwischen dem der Alkane und der Alkene. Die Ursache für die Hochfeldverschiebung der acetylenischen Kohlenstoff-Atome gegenüber den olefinischen liegt in dem Anisotropie-Effekt der Dreifachbindung sowie in der höheren Anregungsenergie ΔE im paramagnetischen Abschirmungsterm. Das Signal des *sp*-hybridisierten C-Atoms in **Allenen** dagegen ist gegenüber dem von Alkinen beträchtlich entschirmt und wird im Bereich zwischen ca. **195** und **215 ppm** beobachtet.

Die chemischen Verschiebungen einfacher linearer und cyclischer Alkine sind in Tab. 3.24 aufgeführt. Die durch Regressionsanalyse erhaltenen Parameter für die empirische Berechnung[118–120] der δ_C-Werte von *sp*-Kohlenstoff-Atomen sind in Tab. 3.25 aufgeführt.

Die Verschiebungen der C-Atome der Alkyl-Ketten können mit dem auf S. 95 angegebenen Inkrementensystem berechnet werden. Wie aus den Verschiebungsparametern hervorgeht, führt die Alkylsubstitution am *sp*-Kohlenstoff-Atom wie bei den Alkenen zu einer Tieffeldverschiebung des direkt betroffenen C-Atoms, während das β-ständige *sp*-Kohlenstoff-Atom um ca. 5 ppm zu hohem Feld verschoben wird (vgl. β^π-Effekt der Alkene); allerdings sind die Effekte insgesamt in ihrem Betrag um etwa $\frac{1}{3}$ geringer als bei den Olefinen (s. S. 118). In den Polyalkinen nimmt die Verschiebung der inneren acetylenischen Kohlenstoff-Atome mit zunehmender Zahl an Dreifachbindungen aufgrund des steigenden Anisotropie-Einflusses ab (s. Tab. 3.24). **Cycloalkine** zeigen mit **zunehmender Ringspannung** eine Verschiebung zu **tiefem Feld**[121,122] (vgl. die drei isomeren Cyclooctenine, Tab. 3.24). Das stark gespannte Cyclooctadiein 66 liefert für die *sp*-Kohlenstoff-Atome den höchsten δ-Wert ($\delta_{C \equiv C} = 116{,}3$ ppm).

Tab. 3.24 ^{13}C-Chemische Verschiebungen von Alkinen, Polyalkinen und Cycloalkinen

Verbindung	δ (ppm)								
	C-1	C-2	C-3	C-4	C-5	C-6	C-7	C-8	C-9
HC≡CH	71,9								
H$_3$C−CH$_2$−CH$_2$−C≡CH	68,2	83,6	20,1	22,1	13,1				
$\overset{6}{H_3C}$−$\overset{5}{CH_2}$−$\overset{4}{CH_2}$−$\overset{3}{CH_2}$−$\overset{2}{C}$≡$\overset{1}{CH}$	68,6	86,3	18,6	31,1	22,4	14,1			
H$_3$C−CH$_2$−CH$_2$−C≡C−CH$_3$	1,7	73,7	76,9	19,6	21,6	12,1			
H$_3$C−CH$_2$−C≡C−CH$_2$−CH$_3$	14,4	12,0	79,7						
+−C≡C−+	31,6	27,2	86,9						
H$_3$C−CH$_2$−CH$_2$−CH$_2$−CH$_2$−C≡CH	68,6	84,1	18,9	29,3	31,9	23,6	15,2		
H$_3$C−CH$_2$−CH$_2$−C≡C−CH$_2$−CH$_2$−CH$_3$	12,7	21,4	19,2	79,0					
$\overset{9}{\langle H \rangle}$−$\overset{6}{C}$≡$\overset{5}{C}$−$\overset{4}{CH_2}$−$\overset{3}{CH_2}$−$\overset{2}{CH_2}$−$\overset{1}{CH_3}$ (with positions 8,7 on ring)	13,1	22,5	20,6	79,6	84,4	29,1	24,8	33,1	25,9
$\overset{5}{H_3C}$−$\overset{4}{C}$≡$\overset{3}{C}$−$\overset{2}{C}$≡$\overset{1}{CH}$	64,7	68,8	65,4	74,4	3,9				
H$_3$C−C≡C−C≡C−C≡C−CH$_3$	4,4	74,8	65,0	60,0					
+−C≡C−C≡C−C≡C−C≡C−+	30,3	28,7	88,6	64,7	62,2	61,9			
HC≡C−CH$_2$−CH$_2$−CH$_2$−CH$_2$−C≡CH	69,7	84,5	18,4	28,1					
+−C≡C−C≡C−C≡C−C≡C−C≡C−+	30,3	28,3	88,5	64,6	62,3	62,2	61,8		
H$_3$C−C≡C−C≡C−CH$_3$	4,0	72,0	64,8						
Cyclooctin (C$_8$H$_{12}$)	94,4	94,4	20,8	34,7*	29,7*				
1,2-Cyclooctadien-in	131,4	30,8	19,2	100,4					
1,5-Cyclooctadiin	95,8	20,2							
Cyclooctatrienin	149,1	111,8	94,5	114,5	21,6	32,9*	25,3*	35,5	
Cyclooctadienin	133,1*	129,8*	20,2	96,0	95,8	20,0	26,9	26,8	

* Zuordnung nicht gesichert

Tab. 3.24 Fortsetzung

Verbindung	δ (ppm)								
	C-1	C-2	C-3	C-4	C-5	C-6	C-7	C-8	C-9
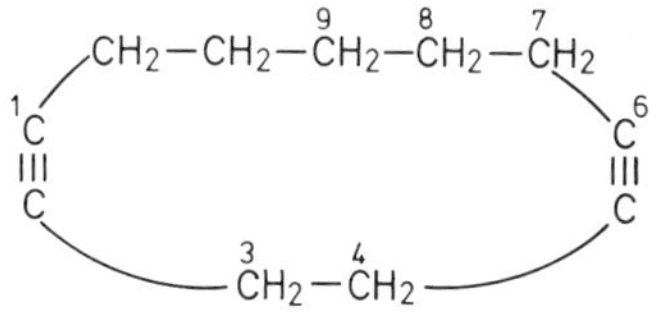 Cyclisches Dialkin (C1≡C2, C6≡C7, CH2 Kette)	81,0	95,8	20,2	20,2			19,1	28,7	27,4
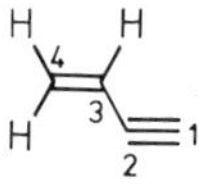 H2C=CH-C≡CH	80,0	82,8	117,3	129,2					
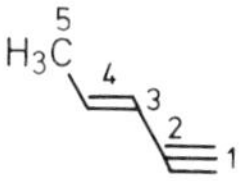 H3C-CH=CH-C≡CH	75,8	82,5	110,1	141,3	18,6				
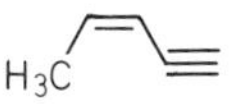 H3C-CH=CH-C≡CH (Isomer)	82,1	80,3	109,4	140,3	15,9				
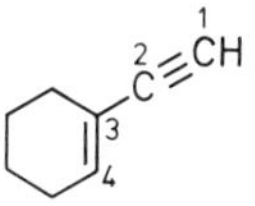 Cyclohexenyl-C≡CH	74,5	85,5	120,2	136,3	25,7	22,4	21,6	29,2	

Tab. 3.25 Empirische Paramater zur Berechnung der Verschiebung von sp-Kohlenstoff-Atomen in Alkinen[118]

$$\delta_{C(k)} = 71{,}9 + \sum A_l n_{kl}$$

$$\overset{\delta}{C}-\overset{\gamma}{C}-\overset{\beta}{C}-\overset{\alpha}{C}-C_k \equiv C-\overset{\alpha'}{C}-\overset{\beta'}{C}-\overset{\gamma'}{C}-\overset{\delta'}{C}$$

Verschiebungsinkremente A_l für C-Atome in Position l zum betrachteten C-Atom (k)
n_{kl} = Anzahl der C-Atome in Position l

l	A_l	l	A_l
α	6,93	$α'_π$	−5,69
β	4,75	$β'_π$	2,32[a]
γ	−0,13	$γ'_π$	−1,32
δ	0,51	$δ'_π$	0,56

[a] in Lit.[119] wird für $β'_π$ ein Wert von 0,6 angegeben; die anderen Parameter haben etwa die gleichen Werte.

Beispiel: 4,4-Dimethylpentin-2

$$\delta_{C-3} = 71{,}9 + α + 3β + a^π$$
$$= 71{,}9 + 6{,}93 + 14{,}25 - 5{,}69 = 87{,}39$$
$$\text{exp.} = 87{,}6$$
$$\delta_{C-2} = 71{,}9 + α + a_π + 3β_π = 80{,}1$$
$$\text{exp.} = 73{,}3$$

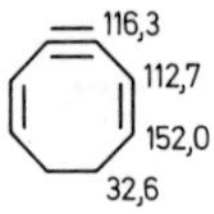

66

(ring with shifts: 116,3; 112,7; 152,0; 32,6)

Diese hohen Verschiebungswerte werden noch nicht einmal von heterosubstituierten Alkinen erreicht (s. S. 272f.). So zeigen Bis-(triethylsilyl)-acetylen **67** und das Bis-(tri-*n*-butylstannyl)-acetylen **68** Verschiebungen von 112,5 bzw. 115,4 ppm[123].

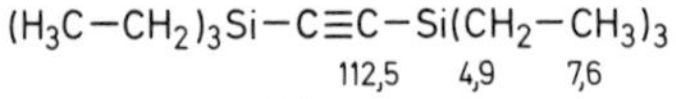

$(H_3C-CH_2)_3Si-C{\equiv}C-Si(CH_2-CH_3)_3$
   112,5 4,9 7,6
67

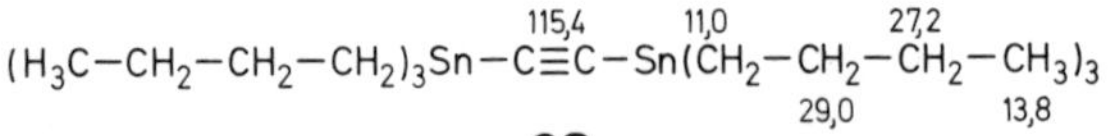

                         115,4   11,0   27,2
$(H_3C-CH_2-CH_2-CH_2)_3Sn-C{\equiv}C-Sn(CH_2-CH_2-CH_2-CH_3)_3$
                                        29,0   13,8
68

In allen Alkinen beobachtet man für die der Dreifachbindung direkt benachbarten Kohlenstoff-Atome Hochfeldverschiebungen in der Größenordnung von 10–15 ppm, wenn man Alkane mit der gleichen Kohlenstoff-Anzahl als Vergleich heranzieht (s. Tab. 3.24). Ursache für diese Hochfeldverschiebungen ist wiederum die **Anisotropie** der diamagnetischen Suszeptibilität der **Dreifachbindung**. Die *McConnell-Robertson-Gleichung*, die diese Beiträge nach dem *Punkt-Dipol-Modell* zu erfassen versucht, reicht jedoch für die quantitative Beschreibung des Effektes nicht aus[119].

Die **Allene** zeigen für das *sp*-hybridisierte C-Atom gegenüber den Alkinen eine Verschiebung von mehr als 100 ppm zu tiefem Feld. Tab. 3.26 enthält die δ-Werte für eine Reihe linearer und cyclischer Allene. Methylsubstitution macht für das *sp*-Kohlenstoff-Atom eine Hochfeldverschiebung von ca. 3 ppm pro Methyl-Gruppe aus. Die zu den Allenen isoelektronischen **Ketene** wie **69** zeigen für das *sp*-hybridisierte Kohlenstoff-Atom ähnliche Verschiebungen wie die Allene (**69**: $\delta_{CO} = 194{,}0$ ppm); für die sp^2-hybridisierten C-Atome resultieren dagegen aufgrund der Beteiligung von **69a** im Grundzustand extreme Hochfeldverschiebungen (**69**: $\delta_{CH_2} = 2{,}5$ ppm)[124].

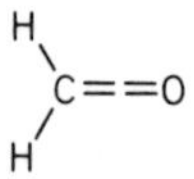

H₂C=C=O   H₂C−C≡O|⁺
69 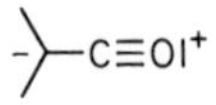   **69 a**

Tab. 3.26 ^{13}C-chemische Verschiebung von linearen und cyclischen Allenen

Verbindung	δ (ppm)				
	C−1	C−2	C−3	C−4	C−5
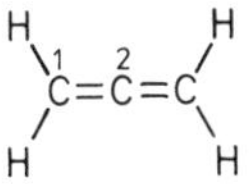 H₂C=C=CH₂	73,5	212,6			
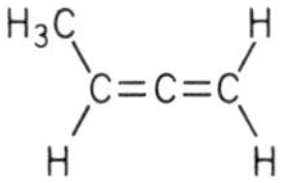 CH₃−CH=C=CH₂	73,4	209,4	84,2	13,2	
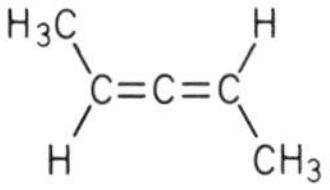 CH₃−CH=C=CH−CH₃	14,6	84,5	206,5		
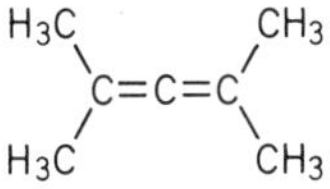 (CH₃)₂C=C=C(CH₃)₂	20,0	91,6	200,0		
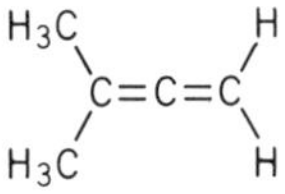 (CH₃)₂C=C=CH−CH₃	72,5	207,2	93,9	20,1	
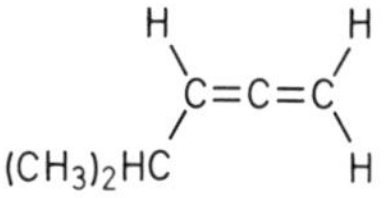 (CH₃)₂HC−CH=C=CH₂	76,2	207,8	97,8	27,9	22,9
 Cycloallen (C8)	92,7	206,5	27,9	25,8*	27,2*
 Cycloallen (C8, en)	90,4	206,7	27,4*	29,2*	130,4
 Bisallen (C8)	90,2	208,3		26,8	

* Zuordnung nicht gesichert

Bibliographie

Petersen, H., Meier, H. (1980), Cycloalkine, Cycloalkenine, Chem. Ber. 113, 2383; (1980) 113, 2398.

Charrier, C., Dorman, D.E., Roberts, J.D. (1973), Cyclische Alkine, Allene, Alkene, J. Org. Chem. 38, 2644.

Schill, G., Logemann, E., Fritz, H. (1976), hochgliedrige Cycloalkadiine, Chem. Ber. 109, 497.

Zeisberg, R., Bohlmann, F. (1974), Polyacetylen-Verbindungen, Chem. Ber. 107, 3800.

Bartlett, P.A., Green, F.R., Rose, E.H. (1978), Cyclododecin, J. Am. Chem. Soc. 100, 4852.

Höbold, W., Radeglia, R., Klose, D. (1976), n-Alkine, J. Prakt. Chem. 318, 519.

Hearn, M.T.W., Turner, J.L. (1976), Polyacetylene, J. Chem. Soc. Perkin Trans. 2, 1027.

Rosenberg, D., Drenth, W. (1971), Acetylene, Tetrahedron 27, 3893.

Lewandos, G.S. (1978), Acetylen-Silber-Komplexe, Tetrahedron Lett., 2279.

Anet, F.A.L., Rawdale, T.N. (1979), Konformation von Cyclododecin, J. Am. Chem. Soc. 101, 1887.

Dubois, J.E., Doucet, J.P. (1978), Aliphatische Alkine, Org. Magn. Reson. 11, 87.

Hearn, M.T.W. (1976), Alk-3-en-1-ine, J. Magn. Reson. 22, 521.

Kowalewski, J. et al (1976), Alk-3-en-1-ine, J. Magn. Reson. 21, 331.

Crandall, J.K., Sojka, S.A. (1972), Allene, J. Amer. Chem. Soc. 94, 5084.

Steur, R. et al (1971) Allene, Tetrahedron Lett., 3307.

Runge, W., Firl, J. (1975) Allene, Ber. Bunsenges. Phys. Chem. 79, 907, 913.

Hearn, M.T.W. (1977) Diacetylene, Org. Magn. Reson. 9, 141.

Kornprobst, J.M., Doucet, J.P. (1974), Acetylene, J. Chim. Phys.

Empirische Korrelationen

Runge, W. (1980), Ketene, Ketenimine, Org. Magn. Reson. 14, 25.

Runge, W., Firl, J. (1975), Allene, Ber. Bunsenges. Phys. Chem. 79, 907.

Doucet, J.P., Dubois, J.E. (1980), Acetylene, empirische Berechnung), J. Chem. Res. 82, 84; (1978), Org. Magn. Reson. 11, 87.

4.4 Aromatische Kohlenwasserstoffe

Die Signale von **aromatischen** und mit diesen verwandten **Kohlenwasserstoffen** werden in einem sehr engen Bereich zwischen **110** und **150** ppm beobachtet. Für die **nichtalternierenden** aromatischen Kohlenwasserstoffe wird im allgemeinen ein größerer Verschiebungsbereich festgestellt als für die **alternierenden**, was auf die stärkere Ladungsdichtealternanz in den zuerstgenannten Verbindungen zurückzuführen ist (s. Tab. 3.27). Die Verwendung von ^{13}C-chemischen Verschiebungsdaten als Aromatizitätskriterium bei potentiell aromatischen Kohlenwasserstoffen ist sehr fraglich, da Veränderungen in der π-Elektronenstruktur sich in den Verschiebungen nicht nennenswert niederschlagen, vielmehr machen sich stereochemische Unterschiede stärker bemerkbar[125,126].

δ_C = 127,4
70

δ_C = 128,5
71

Dies wird unter anderem durch Vergleich der δ_C-Werte von Benzol **71** und Cyclohexen **70**, die einander sehr ähnlich sind, deutlich, während Cyclopenten und Cyclohepten für die sp^2-hybridisierten C-Atome Verschiebungen über 130 ppm (s. Tab. 3.21) zeigen. Weiterhin weisen die Olefine **72** und **74** bei der Gegenüberstellung mit den entsprechenden stereochemisch vergleichbaren Annulenen **73** und **75** ähnlichere δ_C-Werte auf als die aromatischen Systeme **73** und **75** untereinander[125,126].

46,2 55,0
127,6   115,1
136,4
131,3 133,5
72

42,8
127,0   131,8
122,8 132,4
73

```
        24,1                          18,7
    29,9 ╱╲ 33,8                  ╱╲  28,8
  120,4 ╱  ╲ 114,0          127,0 ╱  ╲
       119,5                     111,9
      125,3  127,3              130,0  127,7
         74                          75
```

Die Abhängigkeit der chemischen Verschiebung von $(4n + 2)\pi$-Aromaten von der π-Elektronendichte ist bereits in Abschn. 3.3 diskutiert worden. Die lineare Abhängigkeit wird zwar qualitativ durch die Theorie bestätigt, quantitativ ergibt sich jedoch ein beträchtlicher Unterschied zwischen der theoretischen Voraussage[5] (Steigung der Geraden = **86,7 ppm/Elektron**) und den experimentellen Daten für monocyclische $(4n + 2)$-π-Systeme (**Steigung = 159,5 ppm/Elektron**). Mehrparameter-Gleichungen[57] (Berücksichtigung der σ- und π-Elektronendichte sowie der Bindungsordnung) scheinen insbesondere für kondensierte bzw. substituierte Aromaten geeigneter zu sein (s. S. 90). Die von Sardella vorgeschlagene halbempirische Theorie zur Berechnung von durch Substituenten hervorgerufene Verschiebungen ($\Delta\delta_i$) über die Atom-Atom-Polarisierbarkeiten (π_{ij} aus HMO-Rechnungen, s. S. 90)[58], hat für die Methylazulene[52] und Methylaceheptylene[127] Anwendung gefunden.

In Tab. 3.27 sind die chemischen Verschiebungsdaten unsubstituierter sowie alkylsubstituierter alternierender und nichtalternierender aromatischer Kohlenwasserstoffe zusammengestellt. Die eindeutige Zuordnung der chemischen Verschiebungen, insbesondere die der polycyclischen aromatischen Kohlenwasserstoffe, erfordert neben den *1H-Off-Resonance*-entkoppelten und -*1H-gekoppelten Spektren* die Vermessung *spezifisch deuterierter Verbindungen*[128]. Die größten Verschiebungswerte werden in den *t*-Butyl-Derivaten für die die *t*-Butyl-Gruppe tragenden sp^2-hybridisierten C-Atome mit ca. 150 ppm beobachtet. Dies entspricht auch den Beobachtungen an aliphatischen Verbindungen – der Einfluß einer *t*-Butyl-Gruppe läßt sich in einen α- und drei β-Beiträge zerlegen –; jedoch ist der Effekt von β- und auch γ-ständigen C-Atomen bei den aromatischen Systemen deutlich geringer.

Anhand der Daten der monoalkylsubstituierten Benzole erkennt man, daß die Alkyl-Gruppen auf die *meta*-Position praktisch keinen Einfluß haben. Für die *para*-Position beobachtet man beim Übergang vom Benzol zum Toluol eine Hochfeldverschiebung von 3,1 ppm, die sich aber beim Austausch der Methyl-Gruppe gegen andere Alkyl-Gruppen nur noch geringfügig – max. 0,5 ppm – verändert. Für die *ortho*-Position dagegen zeigt sich mit steigender Verzweigung der Alkyl-Kette (Toluol→*t*-Butylbenzol, dies entspricht einem γ-Effekt) eine Hochfeldverschiebung von ca. 1,2 ppm pro Methyl-Gruppe.

Auch im Naphthalin- und Azulen-System hängen die durch eine Methyl-Gruppe hervorgerufenen Verschiebungen sehr stark von der Stellung der Methyl-Gruppe ab. Tab. 3.28 zeigt die Verschiebungsinkremente einer Methyl-Gruppe für Naphthalin und Azulen in Abhängigkeit von der Position der CH_3-Gruppe. Diese Inkremente können zur Abschätzung der chemischen Verschiebungen von Polymethyl- bzw. sonstiger substituierter Naphthalin- und Azulen-Derivate herangezogen werden, wobei eine einfache Additivität der Inkremente angenommen wird.

Tab. 3.27 ¹³C-chemische Verschiebung aromatischer Kohlenwasserstoffe

Verbindung	δ (ppm)									
	C–1	C–2	C–3	C–4	C–5	C–6	C–7	C–8	C–9	C–10
Benzol	128,5									
Cyclopropenyl-Kation	176,8									
Cyclopentadienid-Anion	102,1									
Tropylium-Kation	155,4									
Cyclooctatetraen-Dianion	85,3									
Cyclononatetraenid-Anion	108,8									
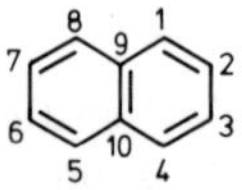 Naphthalin	127,7	125,6							133,3	
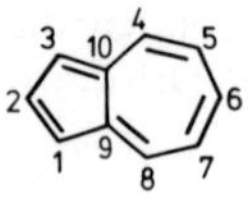 Azulen	118,1	136,9		136,4	122,6	136,9		140,2		
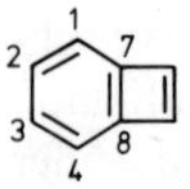 Benzocyclobuten	122,2	126,5			133,1		146,3			
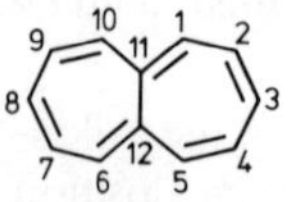 Heptalen	136,2	131,4	132,2							
	11									
	141,6									
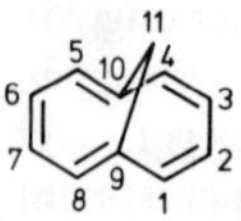 1,6-Methano[10]annulen	128,7	126,1								114,6
	11									
	34,8									
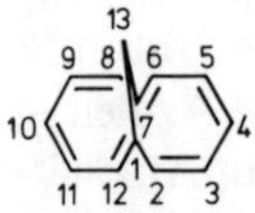 1,7-Methano[12]annulen	146,2	131,6	134,7	129,7						
	34,1									
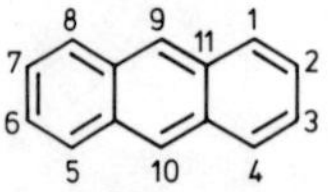 Anthracen	128,1	125,3							126,2	
	11									
	131,8									

Tab. 3.27 Fortsetzung

Verbindung	C-1	C-2	C-3	C-4	C-5	C-6	C-7	C-8	C-9	C-10
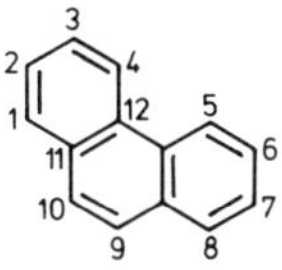 Phenanthren	128,3	126,3	126,3	122,4					126,6	126,6
	11 130,1	12 131,9								
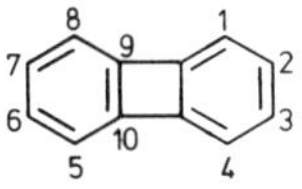 Biphenylen	117,8	128,4	128,4	117,8					151,7	
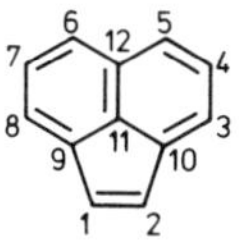 Acenaphthylen	129,7		128,7	124,3	127,9				140,0	
	11 127,4	12 128,4								
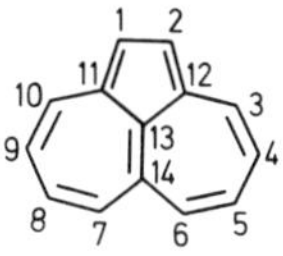 Aceheptylen	123,0		142,3	120,6	140,1	132,2				
	11 134,4	13 152,6	14 158,5							
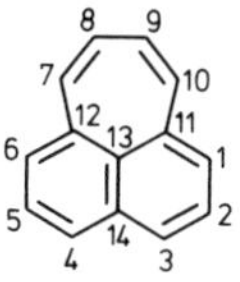 Pleiadien	127,7	128,8	128,8	127,1	139,9					
	11 139,8	13 139,2	14 138,9							
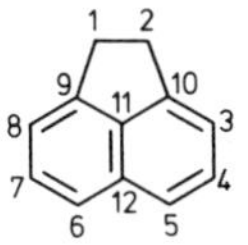 Acenaphthen	30,2		118,7	127,5	122,0	145,6				
		11 139,0	12 131,4							
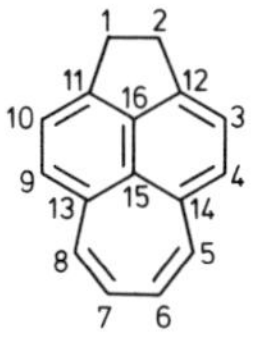 Acepleiadien	29,7		120,1	128,0	126,0	138,5				
		11,12 143,9	13,14 135,9	15 136,6	16 142,9					

Tab. 3.27 Fortsetzung

Verbindung	C–1	C–2	C–3	C–4	C–5	C–6	C–7	C–8	C–9	C–10
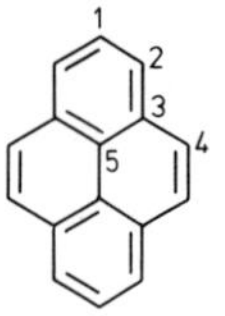 Pyren	125,5	124,6	130,9	127,0	124,6					
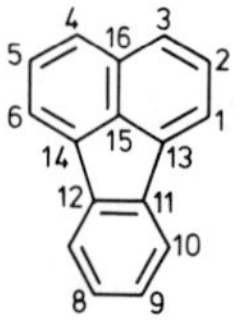 Fluoranthen	122,9	128,6	127,6				120,7	128,3		
	11,12 140,2	13,14 137,7	15 133,0	16 130,7						
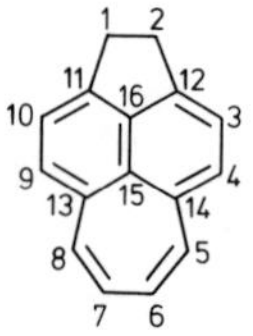 Acepleiadylen	126,2		125,8	127,4	126,9	137,0				
	11,12 138,2	13,14 134,9	15 127,0	16 126,6						
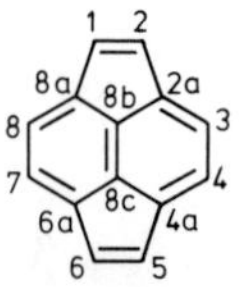 Pyracen	132,4		124,8							
	2a,8a,4a,6a 142,0	8b,c 131,5								
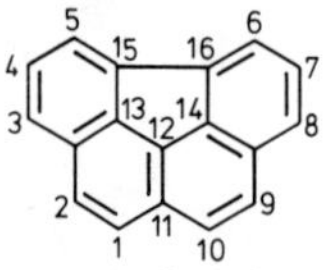 Benzo[g.h.i]fluoranthen	125,5	127,1	126,7	128,8	123,7					
	11 133,4	12 126,9	13,14 128,1	15,16 137,8						
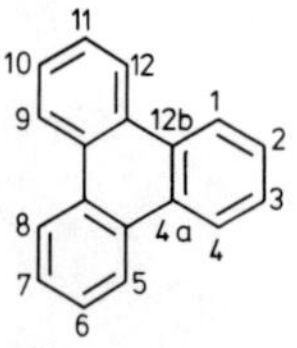 Triphenylen	123,2	127,1								
		4a,12b 129,7								

Tab. 3.27 Fortsetzung

Verbindung	C-1	C-2	C-3	C-4	C-5	C-6	C-7	C-8	C-9	C-10
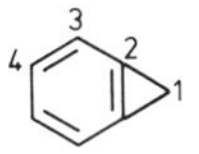 (bicyclic 1)	18,4	125,2	114,7	128,8						
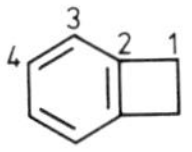 (benzocyclobutene)	29,5	145,2	122,1	126,5						
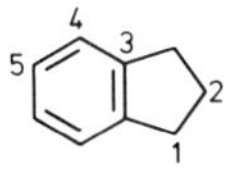 (indane)	25,2	32,7	143,3	124,0	125,8					
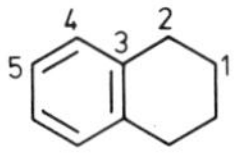 (tetralin)	23,3	29,3	136,4	128,8	125,2					
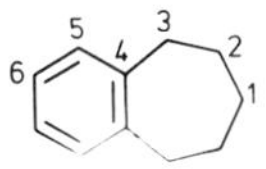 (benzocycloheptane)	32,6	28,2	36,6	142,7	128,7	125,7				
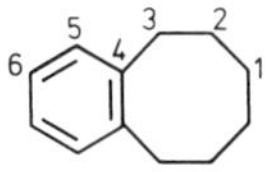 (benzocyclooctane)	32,1	25,8	32,1	140,6	128,7	126,0				
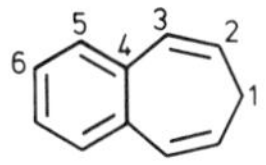 (benzocycloheptatriene)	26,6	125,9	127,7	137,2	130,3	130,8				
(fluorene)	124,8 11: 143,2	126,5 12,13: 141,6	126,5	119,7					36,8	143,2
(anthracene dihydro)	128,0 11,12,13,14: 137,3	128,0	37,7							
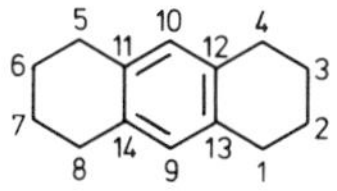 (octahydroanthracene)	28,9 11: 134,1	23,4								129,3
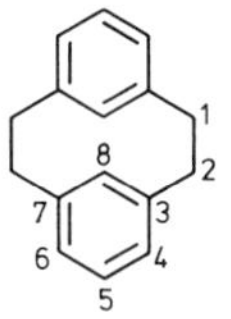 ([2.2]metacyclophane-type)	41,4		138,6	125,1	128,6		136,3			
([2.2]paracyclophane)	35,7			139,4	132,8					
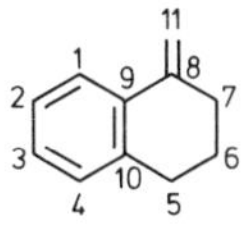 (benzofused bicyclic)	124,3 11: 107,8	125,8	127,2	129,2	30,6	24,0	33,4	143,4	134,9	137,1

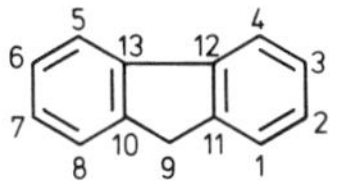

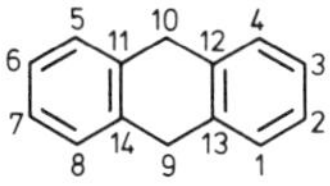

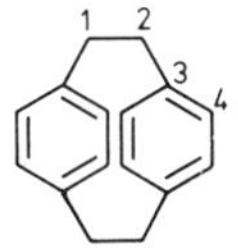

Tab. 3.27 Fortsetzung

Verbindung	C-1	C-2	C-3	C-4	C-5	C-6	C-7	C-8	C-9	C-10
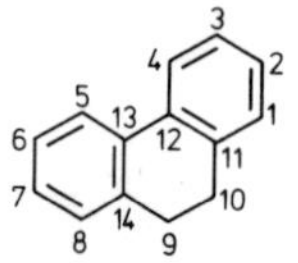 (9,10-Dihydrophenanthren)	127,5	127,5	127,5	123,9					29,2	
	11,14: 134,7	12,13: 137,3								
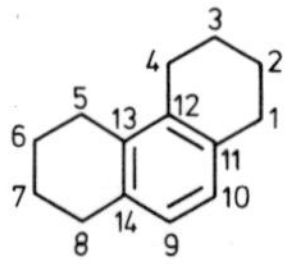 (1,2,3,4,5,6,7,8-Octahydrophenanthren)	30,9	24,3	24,3	27,1					126,2	
	11,14: 134,5	12,13: 134,5								
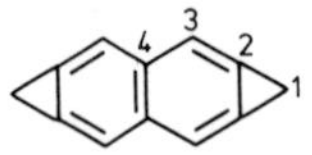 (Dicyclopropa-naphthalin)	19,9	122,8	113,5	140,1						
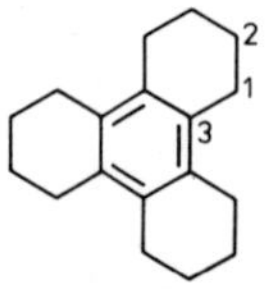 (Octahydrotriphenylen)	28,4	25,2	132,9							
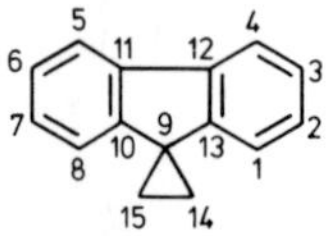 (Fluoren-Derivat)	118,5	126,7	125,9	119,9					29,3	148,0
	11,12: 139,8	14,15: 18,2								
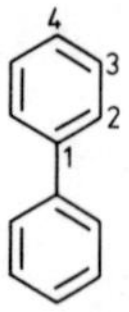 (Biphenyl)	141,5	127,4	129,0	127,5						
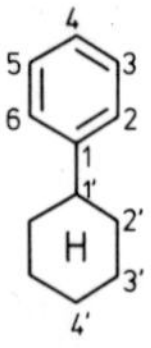 (Cyclohexylbenzol)	147,9	127,1	128,6	126,2						
	1': 50,6	2': 35,1	3': 27,2	4': 26,6						
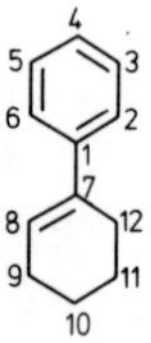 (Phenylcyclohexen)	142,9	125,3	128,3	126,7			136,9	124,8	26,1*	23,4*
	11: 22,5*	12: 27,6*								
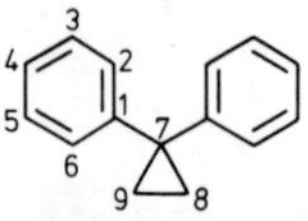 (1,2-Diphenylcyclopropan)	145,8	128,5	128,3	126,0			29,9	16,4		

* Zuordnung nicht gesichert

Tab. 3.27 Fortsetzung

Verbindung	C-1	C-2	C-3	C-4	C-5	C-6	C-7	C-8	C-9	C-10
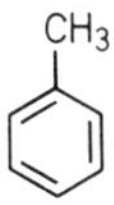 Toluol	137,8	129,3	128,5	125,7			21,4 (CH₃)			
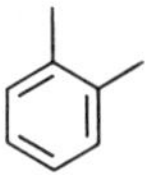 o-Xylol	136,4		129,9	126,1			19,6 (CH₃)			
m-Xylol	137,5	130,1	137,5	126,4		126,4	21,3 (CH₃)			
p-Xylol	¹134,5	²,⁶129,1					⁸,⁹20,9 (CH₃)			
1,2,3-Trimethylbenzol	136,1	134,8	136,1	127,9		125,5	20,4 (CH₃) 15,0 (CH₃)			
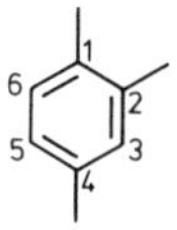 1,2,3,4-Tetramethylbenzol	133,4	136,3	130,5	135,2	126,7	129,8	19,1 (CH₃, C-1) 19,5 (CH₃, C-2) 20,9 (CH₃, C-4)			
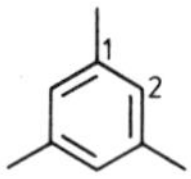 1,3,5-Trimethylbenzol	137,6	127,4					21,2 (CH₃)			
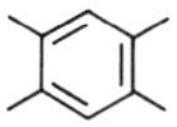 1,2,4,5-Tetramethylbenzol	133,8		131,2				19,2 (CH₃)			
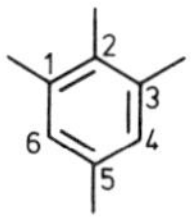 1,2,3,5-Tetramethylbenzol	136,0	131,6		128,9	134,3		20,3 (CH₃, C-1) 14,6 (CH₃, C-2) 20,9 (CH₃, C-5)			
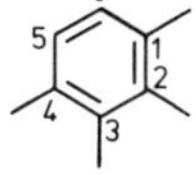 Pentamethylbenzol	133,5	134,4	134,4	133,5	127,3		20,6 (CH₃) 15,5 (CH₃)			
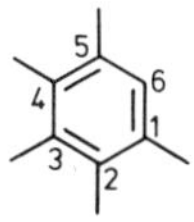 Pentamethylbenzol (isomer)	133,0	132,1	134,5	132,1	133,0	131,5	20,7 (CH₃) 15,8 (CH₃) 16,1 (CH₃)			
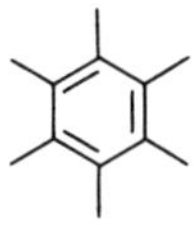 Hexamethylbenzol	132,3						16,9 (CH₃)			

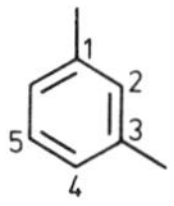

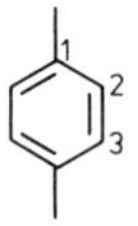

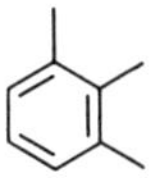

Tab. 3.27 Fortsetzung

Verbindung	C-1	C-2	C-3	C-4	C-5	C-6	C-7	C-8	C-9	C-10
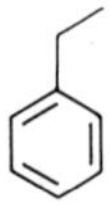 Ethylbenzol	144,3	128,1	128,6	125,9			29,7 (CH$_2$) 15,8 (CH$_3$)			
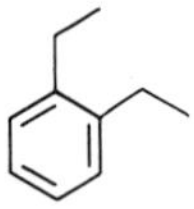 1,2-Diethylbenzol	141,0	141,0	128,0	125,7			25,3 (CH$_2$) 15,3 (CH$_3$)			
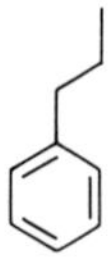 Propylbenzol	142,5	128,7	128,4	125,9			38,5 (CH$_2$) 25,2 (CH$_2$) 14,0 (CH$_3$)			
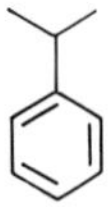 Isopropylbenzol	148,8	126,6	128,6	126,1			34,4 (CH) 24,1 (CH$_3$)			
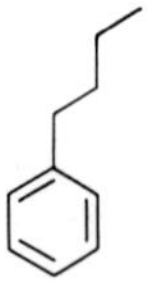 Butylbenzol	143,3	129,1	128,2	125,7			36,0 (CH$_2$) 34,0 (CH$_2$) 22,9 (CH$_2$) 14,1 (CH$_3$)			
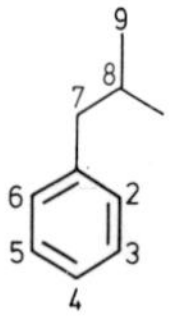 Isobutylbenzol	141,1	128,7	127,6	125,3			45,3 (7)	30,1 (8)	22,2 (9)	
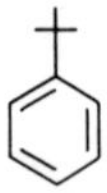 tert-Butylbenzol	150,9	125,4	128,3	125,7			34,6 (C) 31,4 (CH$_3$)			
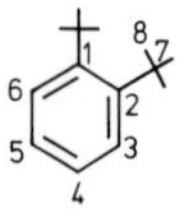 1,2-Di-tert-butylbenzol	148,8		129,5	125,5			37,6	34,9		
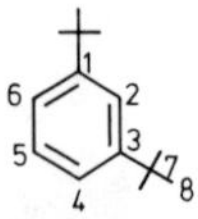 1,3-Di-tert-butylbenzol	150,6	127,6		122,4	122,2		34,8	31,5		
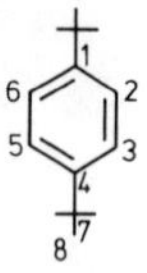 1,4-Di-tert-butylbenzol	147,8	124,8					34,1	31,4		

Tab. 3.27 Fortsetzung

Verbindung	C-1	C-2	C-3	C-4	C-5	C-6	C-7	C-8	C-9	C-10
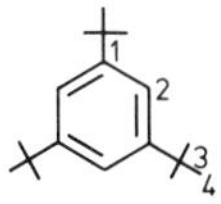 1,3,5-Tri-tert-butylbenzol (C-1, C-2, C-3, C-4)	149,8	119,3	34,9	31,6						
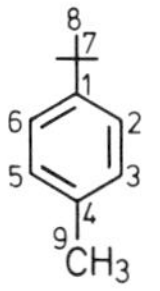 1,4-Di-tert-butyl-methylbenzol-Derivat	147,6	124,9	128,7	134,1			34,2	31,5	20,7	
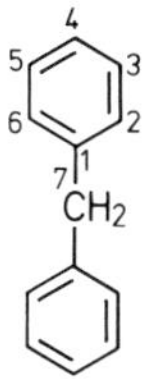 Diphenylmethan (PhCH₂Ph)	141,3	129,0	128,5	126,2			42,1			
(C₆H₅)₃CH	143,8	129,4	128,2	126,2			56,8			
(C₆H₅)₄C	146,9	131,2	127,5	126,0			65,0			
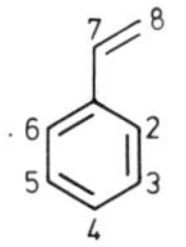 Styrol	137,4	126,0	128,2	127,5			137,0	113,2		
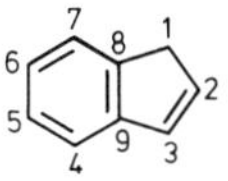 Inden	39,1	133,8	132,1	120,9	126,1	124,5	123,6	143,5	144,7	
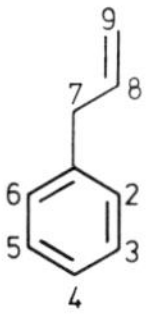 Allylbenzol	140,1	128,8	128,6	126,3			40,4	137,7	115,7	
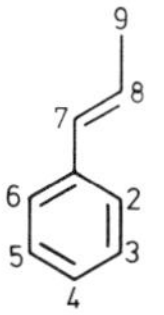 trans-β-Methylstyrol	138,0	126,8	128,5	125,9			131,2	125,4	18,4	
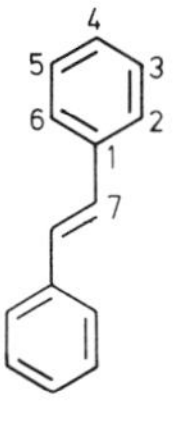 trans-Stilben	137,6	126,8	128,9	127,8			129,0			

Tab. 3.27 Fortsetzung

Verbindung	C-1	C-2	C-3	C-4	C-5	C-6	C-7	C-8	C-9	C-10
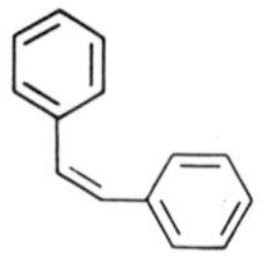 cis-Stilben	137,5	129,1	128,4	127,3			130,5			
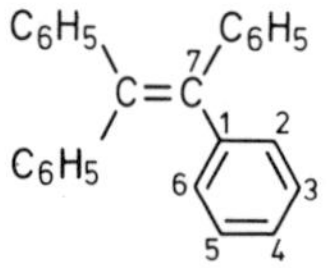 Tetraphenylethylen-Derivat	143,8	131,3	127,6	126,4			141,0			
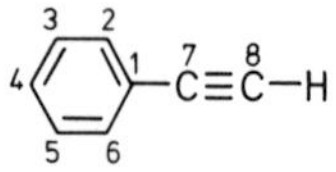 Phenylacetylen	122,6	132,2	128,2	128,5			83,6	77,2		
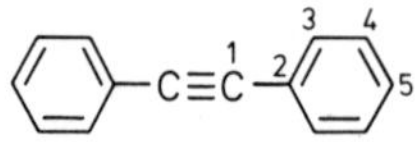 Diphenylacetylen (Tolan)	89,6	123,5	131,7	128,4	128,2					
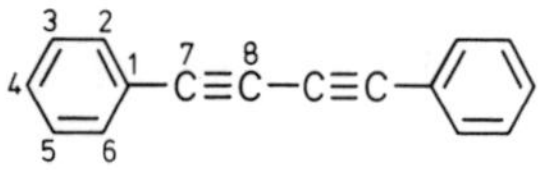 Diphenyldiacetylen	121,3	132,5	128,7	129,5			81,7	74,0		
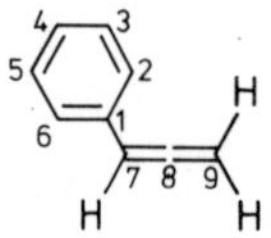 Styrol-Derivat (Vinyl)	131,3	125,6	128,6	126,6			94,0	209,6	78,8	
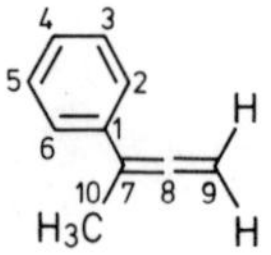 β-Methylstyrol-Derivat	136,8	125,8	128,3	126,5			100,0	209,1	76,7	16,6
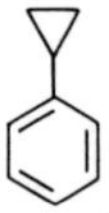 Cyclopropylbenzol	143,7	125,5	128,1	125,2			15,4	9,1		
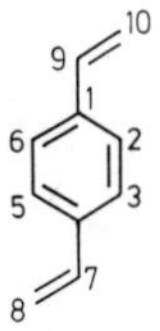 p-Divinylbenzol	136,9	126,1					136,5	113,2		
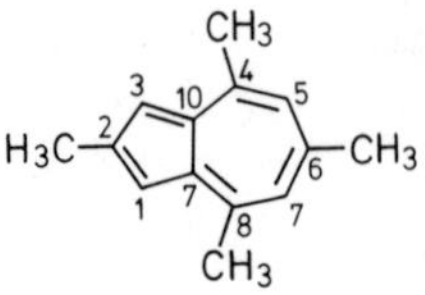 Guajazulen	116,5	145,1	116,5	142,5	127,2	143,9	127,2	142,9	136,8	136,8
	CH₃(2) 16,4			CH₃(4,8) 24,7		CH₃(6) 28,4				

Tab. 3.27 Fortsetzung

Verbindung	δ (ppm)									
	C–1	C–2	C–3	C–4	C–5	C–6	C–7	C–8	C–9	C–10
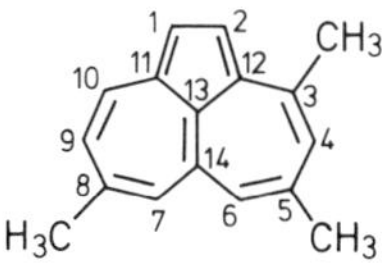 (guaiazulene structure)	122,5	119,9	147,4	124,9	148,5	130,5	131,3	148,0	122,7	139,7
	11 133,2	12 132,0	13 146,8	14 154,9						
	CH₃(3) 25,2	CH₃(5) 27,8	CH₃(8) 27,3							
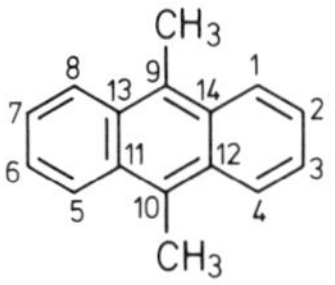 (anthracene with CH₃ at 9 and 10)	125,0	124,4	128,1							
	11,12,13,14 129,6									

Abweichungen von der Additivität sind insbesondere bei hochsubstituierten Derivaten und solchen mit benachbarten Substituenten zu erwarten*. So zeigt das 1,8-Dimethylnaphthalin **76** für die die CH₃-Gruppen tragenden sp^2-hybridisierten C-Atome Abweichungen von der Additivität um mehr als 5 ppm ($\delta_{C-1} = 130{,}1$ ppm berechnet nach Tab. 3.28). Dies entspricht im Vergleich zum 1-Methylnaphthalin (s. Tab. 3.28) einem **positiven (!) γ-Effekt** einer Methyl-Gruppe. Ferner beobachtet man für die CH₃-Gruppen in **76** eine Tieffeldverschiebung von 6,2 ppm (δ-Effekt) gegenüber dem 1-Methylnaphthalin.

Tab. 3.28 Methylsubstituenten-Effekte im Naphthalin[129] und Azulen[52]. Die Werte für die Methyl-Gruppen sind δ_C-Werte.

Position	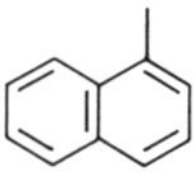 1-Me-naphth	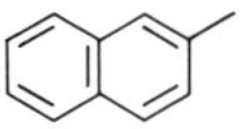 2-Me-naphth	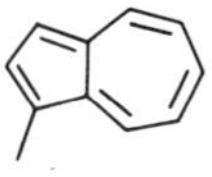 1-Me-azul	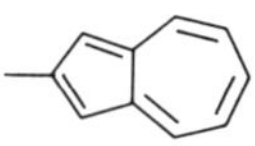 2-Me-azul	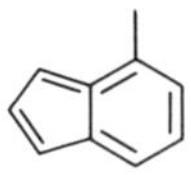 4-Me-azul	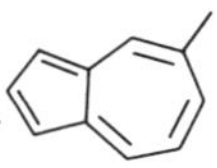 5-Me-azul	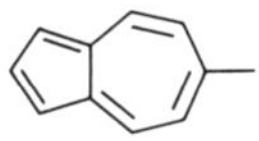 6-Me-azul
C–1	6,2	–1,0	7,9	0,3	0,7	–1,4	0,1
C–2	0,8	9,1	1,0	13,3	–1,7	0,2	–1,4
C–3	–0,3	2,3	–1,6	0,3	–2,3	–1,4	–0,1
C–4	–1,6	–0,6	–0,5	–2,6	10,0	+1,7	–0,8
C–5	0,6	–0,2	–0,9	0,3	3,5	9,2	+1,5
C–6	–0,3	–0,8	0,1	–1,7	–0,9	1,4	11,7
C–7	–0,2	0,1	–1,7	0,3	–1,0	0,7	1,5
C–8	–3,8	–0,3	–3,0	–2,4	0,3	–1,6	–0,8
C–9	–0,8	0,2	–3,9	0,5	–0,1	–0,6	–2,6
C–10	0,2	–1,8	0,3	0,5	–2,6	–0,3	–2,6
CH₃	19,2	21,6	12,6	16,6	24,2	26,4	27,9

---

* Bessere Übereinstimmung wird mit den durch Regressionsanalyse erhaltenen Parametern erzielt: Grant, D. M. et al. (1977), J. Am. Chem. Soc. 99, 7143.

Diese ungewöhnlichen γ- und δ-Effekte lassen sich auf die Valenzwinkelaufweitung aufgrund der starken sterischen Wechselwirkung der Methyl-Gruppen in 1- und 8-Stellung, zurückführen. Die in 1,8-Dimethylnaphthalin **76** beobachteten δ-Werte stehen in einem gewissen Gegensatz zu den Beobachtungen, die man an methylsubstituierten Benzolen gemacht hat (s. Tab. 3.27). In dieser Reihe nimmt mit zunehmender sterischer Wechselwirkung der Methyl-Gruppen untereinander die chemische Verschiebung der Methyl-Gruppen ab (isolierte CH_3-Gruppen, z. B. im p-Xylol, liegen um 21 ppm, ortho-ständige, z. B. o-Xylol, bei 19–20 ppm, dagegen bei doppelter *ortho*-Substitution, z. B. im 1,2,3-Trimethylbenzol, bei 14–16 ppm für die mittlere Methyl-Gruppe).

76

Hochfeldverschiebungen bei sterisch stark beanspruchten Methylen-Gruppen erkennt man auch beim Vergleich von [2,2]-m-Cyclophan mit dem stärker gespannten [2,2]-p-Cyclophan (s. Tab. 3.27), während die sp^2-C-Atome, wohl aufgrund der Kompression der p-Orbitale, eine Tieffeldverschiebung zeigen[130].

In der Reihe der Benzocycloalkene nimmt mit abnehmender Ringgröße die Verschiebung des sp^2-hybridisierten C-Atoms neben der Verknüpfungsstelle ab, die δ-Werte der C-Atome der Verknüpfungsstelle selbst dagegen nehmen zu (s. Tab. 3.27). Gleiches Verhalten zeigen auch die bisannelierten Benzocycloalkene: Benzo-[1.2 : 4.5]-dicyclobuten **77**, Benzo-[1.2 : 4.5]-dicyclopenten **78** und Benzo-[1.2 : 4.5]-dicyclohexen **79**. Die Kopplungskonstante $^1J(C(sp^2)H)$ zeigt eine entsprechende Variation mit der Ringgröße[131]. Neben den Bindungswinkelverzerrungen bzw. Hybridisierungsänderungen sind Anisotropieeffekte für diese Ringgrößenabhängigkeit verantwortlich zu machen.

77   **78**   **79**

Die chemischen Verschiebungen der Alkylsubstituenten aromatischer Verbindungen lassen sich mit Hilfe der Inkremente von Grant und Paul (s. S. 100) abschätzen[132,133], wobei man dem unsubstituierten Phenyl-Kern selbst die folgenden Substituentenparameter zuschreibt*.

$\alpha_{C_6H_5} = 22,26$; $\beta_{C_6H_5} = 8,64$; $\gamma_{C_6H_5} = -2,25$; $\delta_{C_6H_5} = 0,16$ ppm

Der Einfluß von **Ringstromeffekten** auf die Verschiebung von Alkyl-Ketten sollte nach den Modellen der ^{1}H-NMR-Spektroskopie einige ppm ausmachen, jedoch ist die quantitative theoretische Beschreibung für die ^{13}C-NMR-Spektroskopie bisher noch un-

---

* Für Alkylsubstituenten, die in α-Stellung verzweigt sind, gelten die folgenden Parameter: $\alpha = 16,64$; $\beta = 7,14$; $\gamma = -2,08$; $\delta = -0,11$ ppm. Für α,α-verzweigte Verbindungen gilt: $\alpha = 8,81$; $\beta = 7,48$; $\gamma = -1,28$ ppm[133].

klar[125,134]. Aufgrund des großen Verschiebungsbereiches werden in den meisten Fällen die Ringstromeffekte von anderen Effekten überdeckt (s. S. 109)[125,135].

Für einige Modellverbindungen wie das 12-Paracyclophan **80**[136], das *N,N*-Di-*n*-butyl-2-hydroxy-2,2-diphenylthioacetamid **81**[137] und einige Annulen-Derivate[138] werden solche Anisotropieeffekte diskutiert.

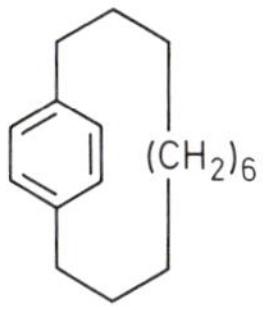

80

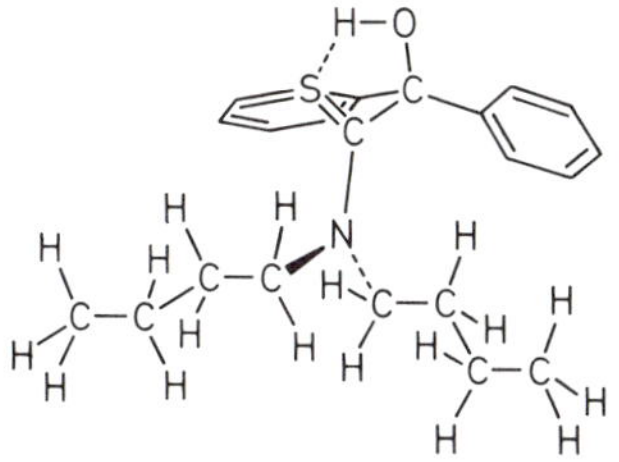

81

Im ersten Fall werden Hochfeldverschiebungen der CH_2-Gruppen von ca. 1 ppm gegenüber einer offenkettigen Vergleichsverbindung beobachtet, im zweiten Fall werden die β-ständigen CH_2-Gruppen der Butyl-Kette um 3,5 ppm zu hohem Feld verschoben, wobei das Di-*n*-butyl-thioformamid als Vergleichssubstanz benutzt wird. Hier ist der Effekt so ausgeprägt, weil das Molekül durch die Wasserstoff-Brückenbindung in eine Konformation gebracht wird, in der Phenyl-Ringe und β-ständige CH_2-Gruppen sich sehr nahe kommen.

Schließlich sei die Bedeutung der ^{13}C-NMR-Spektroskopie für Strukturfragen anhand des Triphenylmethyl-Radikal-Problems nochmals deutlich gemacht. Für das Dimere des Trityl-Radikals wurde 60 Jahre lang die Hexaphenylethan-Struktur diskutiert; durch Untersuchung an ^{13}C-markiertem Material konnte dann für das Dimere die Cyclohexadien-Form **82** eindeutig bestätigt werden, die zwei unterschiedliche markierte C-Atome – ein sp^2- und ein sp^3-hybridisiertes – im Spektrum aufweist[139]. Für das 9,9′-Diphenyl-9,9′-bifluorenyl **83** konnte in gleicher Weise die Hexaaryl-ethan-Struktur nachgewiesen werden[139].

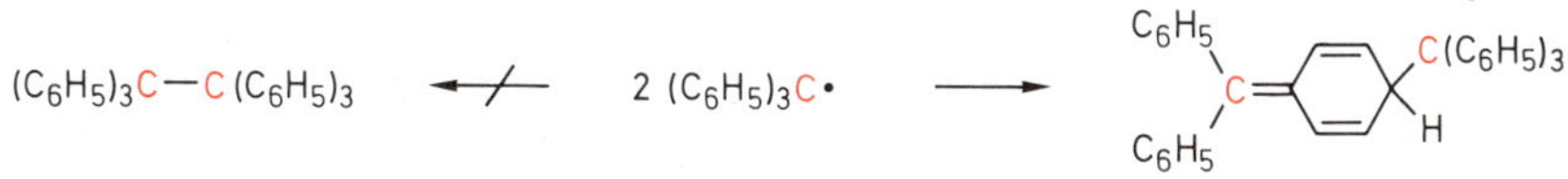

$(C_6H_5)_3C-C(C_6H_5)_3 \quad \not\longleftarrow \quad 2\ (C_6H_5)_3C\cdot \quad \longrightarrow$

82

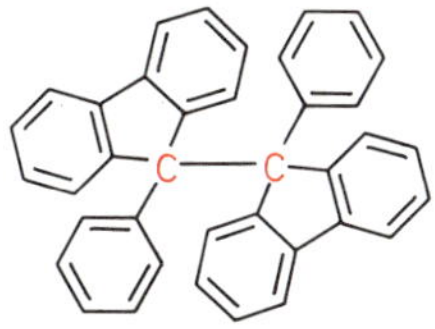

83

Aufgaben

3.8 Berechne die Verschiebungen von 1,2-Dimethyl- bzw. 1,4-Dimethylnaphthalin, 1,6-Dimethylnaphthalin bzw. 2,4,6,8-Tetramethylazulen nach Tab. 3.28.

Bibliographie

Alger, T. D., Grant, D. M., Paul, E. G. (1966), Theory of Carbon – 13 Magnetic Resonance Shifts in Aromatic Molecules, J. Am. Chem. Soc. 88, 5397.
Jones, A. J. et al (1970), Non Alternant Hydrocarbons, J. Am. Chem. Soc. 92, 2386, 2395.
Lauterbur, P. C. (1961), Aromatic Hydrocarbons, J. Am. Chem. Soc. 83, 1838.
Spiesecke, H., Schneider, W. G. (1961), π-Elektronendichte im Azulen, Tetrahedron Lett., 468.
Jones, A. P., Garrat, P. J., Vollhardt, K. P. C. (1973), Biphenylen, Angew. Chem. 85, 260.
Günther, H., Schmickler, H., Königshofen, H., Recker, K., Vogel, E. (1973), Ringstromeffekt in der ^{13}C-NMR-Spektroskopie, Angew. Chem. 85, 261.
Wilson, N. K., Stothers, J. B. (1974), Methylnaphthaline, J. Magn. Reson. 15, 31.
Seita, J. Sandstrom, J., Drakenberg, J. (1978), Naphthalinderivate, Org. Magn. Reson. 11, 239.
Braun, S., Kinkeldei, J., Walther, L. (1980), Methylaceheptylene, 36, 1353.
Braun, S., Kinkeldei, J. (1977), Methylazulene, Tetrahedron 33, 1827.
Hearmon, R. A. (1982), An Examination of the ^{13}C NMR Phenyl Substituent Effect in Branched and Non Branched Alkylsystems, Org. Magn. Reson. 19, 54.
Wesener, J. R., Günther, H. (1982), Deuterium-Isotopeneffekte in Toluol, Tetrahedron Lett. 2845.
Sardella, D. J. (1976), A Semiempirical Theory of Substituent Induced ^{13}C Chemical Shifts in π-Systems, J. Am. Chem. Soc. 98, 2100.
Klasnic, L., Knop, J. C., Memers, H. J., Zeil, W. (1972), Phenylacetylene, Z. Naturforsch., Teil A, 27, 1772.
Lauer, D., Motell, E. L., Traficante, D. D., Maciel, G. E. (1972), Monoalkylbenzol, J. Am. Chem. Soc. 94, 5335.
Adcock, W. et al (1974), Benzocycloalkene, J. Am. Chem. Soc. 96, 1595.
Ernst, L., Mannschreck, A. (1977), Disubstituierte Isopropylbenzole, Chem. Ber. 110, 3258.
Grant, D. M. et al (1977), Emp. System für Methylbenzole, -naphthaline, J. Am. Chem. Soc. 99, 7143.
Fritz, H., Winkler, T., Braun, A. M., Decker, C. (1978), Spiro[cyclopropan-1,9-fluorene], Helv. Chim. Acta, 61,661.
Hasegawa, K., Asami, R., Takahashi, K. (1978), Phenylbutadiene, Bull. Chem. Soc. Jpn. 51, 916.
Sato, T. et al (1980), [2.2] Metacyclophane, J. Chem. Soc. Perkin Trans. 2, 561.
Tokita, K. et al (1980), 2.2-Cyclophane und CNDO/2 Rechnungen, Bull. Chem. Soc. Jpn. 53, 450.
Hasegawa, H., Imanari, M., Ishizu, K. (1972), Alkylbiphenyle, Bull. Chem. Soc. Jpn. 45, 1153.
Vaickus, M. J., Anderson, D. G. (1980), Investigations of Phenyl Derivatives of Group IV Elements Using Carbon-13 NMR Spectroscopy, Org. Magn. Reson. 14, 278.
Wendisch, D., Hartmann, W., Heine, H. G. (1974), Tetrahedron 30, 295.
Martin, R. H., Morian, J., Defay, N. (1974), Polycyclische Aromatische Kohlenwasserstoffe, Helicen, Tetrahedron 30, 179.
Buchanan, G. W., Ozubko, R. S. (1975), Carcinogene polycyclische Aromaten, Benzo[a]pyren, Can. J. Chem. 53, 1892.
Buchanan, G. W., Ozubko, R. S. (1974), Methylcholanthren, Benzanhracene, Acenaphthen, Triphenylen, Can. J. Chem. 52, 2493.
Ernst, L. (1974), ^{13}C-Chemical Shifts of Branched Alkylbenzenes, Tetrahedron Lett., 3079.
Kitching, W. et al (1977), Naphthalinderivate, J. Org. Chem. 42, 2411.
Doddrell, D., Wells, P. R. (1973), Methylnaphthaline, J. Chem. Soc. Perkin Trans. 2, 1333.
Sato, T., Matsui, H., Komaki, R. (1976), Naphthalenophane, J. Chem. Soc. Perkin Trans. 1, 2051.
Buchanan, G. W., Montaudo, G., Finocchiaro, P. (1974), Methylsubst. Diphenylmethane, Can. J. Chem. 52, 3196.
Caspar, M. L., Stothers, J. B., Wilson, N. K. (1975), Methylsubst. Anthracene, Can. J. Chem. 53, 1958.
Buchanan, G. W., Selwyn, J., Dawson, B. A. (1979), Exo-methylen-benzocycloalkene, Can. J. Chem. 57, 3028.
Defay, N., Zimmermann, D., Martin, R. H. (1971), Helicene, Tetrahedron Lett. 1871.
Hamer, G. K., Peat, I. R., Reynolds, W. F. (1973) 4-subst. Styrole; α-CH$_3$- und α-t-Butyl-Styrole, Can. J. Chem. 51, 897.
Proulx, T. W., Smith, W. B. (1976), Phenylsubstituierte Methane, -Ethane, -Ethylene, J. Magn. Reson. 23, 477.
Jikeli, G., Herrig, W., Günther, H. (1974), *ortho*-disubstituierte Benzolderivate, J. Am. Chem. Soc. 96, 323.
Edlund, U. (1978), Alkylindene, Org. Magn. Reson. 11, 516.
Takeuchi, K., Yokomichi, Y., Kubota, Y., Okamoto, K. (1980), Methyltropyliumsalze, Tetrahedron 36, 2939.
Trost, B. M., Herdle, W. B. (1976), Pyracene, Pyraclene (Ringstromeffekte), J. Am. Chem. Soc. 98, 4080.
Hansen, P. E. (1979), ^{13}C-NMR of Polycyclic Aromatic Compounds, Org. Magn. Reson. 12, 109.
Grant, D. M. et al (1983), Carbon-13 Magnetic Resonance of Hydroaromatics; Tetralin, Tetrahydroanthracene and their Methyl Derivatives, J. Am. Chem. Soc. 105, 3992.
Unkefer, C. J. et al (1983), Benzo[a]pyrene, J. Am. Chem. Soc. 105, 733.

Empirische Korrelationen

Woolfenden, W. R., Grant, D. M. (1966), Methylsubstituierte Benzole, J. Am. Chem. Soc. 88, 1496.
Grant, D. M. et al (1977), Methylsubstituierte Naphthaline, J. Am. Chem. Soc. 99, 7143;
Wilson, N. K., Stothers, J. B. (1974), Methylsubstituierte Naphthaline, J. Magn. Reson. 15, 31;
Doddrell, D., Wells, P. R. (1973), Methylsubstituierte Naphthaline, J. Chem. Soc. Perkin Trans 2, 1333.
Caspar, M. C., Stothers, J. B., Wilson, N. K. (1975), Methylsubstituierte Anthracene, Can. J. Chem. 53, 1958.
Edlund, U. (1978), Alkylsubst. Indene, Org. Magn. Reson. 11, 516.
Takeuchi, K. Yokomichi, Y., Okamoto, K. (1980), Methylsubstituierte Tropyliumionen, Tetrahedron 36, 2945.
Hearmon, R. A. (1982), An Examination of the ^{13}C-NMR Phenyl Substituent Effect in Branched and Non-Branched Alkylsystems, Org. Magn. Reson. 19, 54.

4.5 Substituierte Alkane

Die chemischen Verschiebungen **substituierter Alkane** umfassen einen **Bereich von mehr als 400 ppm**, wobei das **Tetraiodmethan mit −292,2 ppm** (!) und das **Tetrafluormethan mit +119,9 ppm** die beiden Verbindungen mit den extremsten Verschiebungen für sp^3-hybridisierte Kohlenstoff-Atome darstellen. Läßt man die Iodalkane unberücksichtigt, so ergeben sich für die substituierten linearen und verzweigten Alkane je nach Substituent und Substitutionsgrad Verschiebungen zwischen 0 und 100 ppm. Der Einfluß einzelner Gruppen kann aus Tab. 3.10 entnommen werden, die für häufig vorkommende Substituenten die Inkremente für α-, β-, γ- und δ-Position enthält. Nach dem Additivitätsprinzip lassen sich die angegebenen Inkremente zur Abschätzung von Verschiebungen acyclischer aliphatischer Verbindungen benutzen, wobei die Genauigkeit normalerweise besser als ±3 ppm ist. Größere Abweichungen treten bei den hochsubstituierten Kohlenstoff-Atomen auf; so können die Verschiebungen von Polyhalogenalkanen nach diesem Verfahren nicht abgeschätzt werden. Von den α-Effekten sind neben dem des **Iod**-Substituenten, der als einziger mit −7,2 ppm **negativ** ist, die der **Alkinyl**- und **Nitril**-Gruppe bemerkenswert, die beide unter **5 ppm** liegen. Dies wird auf den **Anisotropieeinfluß der Dreifachbindung** zurückgeführt. Die Effekte der anderen Substiuenten lassen sich mit Hilfe von Elektronegativitätsbetrachtungen rationalisieren. Hervorzuheben ist weiterhin, daß die γ-**Effekte** sämtlicher Substituenten **negativ** sind. Für die sterische Korrektur werden die gleichen Zahlenwerte benutzt, die für die unsubstituierten Alkane (s. S. 100) angewandt wurden.

Die Substitution von Wasserstoff-Atomen durch Deuterium bewirkt eine Hochfeldverschiebung von ca. 0,4 ppm pro Deuterium für die α-Position. Der **Isotopeneffekt** auf die β- und γ-Stellung ist meistens kleiner als 0,2 ppm und in den meisten Fällen ebenfalls abschirmend. Die Ursache dieses Isotopeneffektes („**intrinsic**" **Isotopen-Verschiebung**)[140,*] liegt in der geringeren Nullpunktsenergie der deuterierten Verbindung gegenüber der mit dem leichteren Wasserstoff-Isotop. Deuterium-Isotopeneffekte auf die Verschiebungen gebräuchlicher Lösungsmittel bzw. Referenzsubstanzen sind aus Tab. 2.1 (s. S. 74) durch Differenzbildung mit den nichtdeuterierten Substanzen zu erhalten.

4.5.1 Halogenalkane

Die chemischen Verschiebungen einiger Halogen- und Polyhalogenalkane sind in Abb. 3.6 und Tab. 3.29 zusammengestellt. Der Vergleich von Fluor-, Chlor-, Brom- und Iodalkanen untereinander zeigt für F- und Cl-Derivate mit zunehmender Anzahl von Halogen-Atomen an einem Kohlenstoff eine Tieffeldverschiebung bis zu ca. 120 ppm (CF_3X).

Für die Brom-Derivate beobachtet man dagegen bei mehr als zwei Brom-Atomen an einem Kohlenstoff-Atom eine Hochfeldverschiebung, während für Iodalkane schon bei einem Iod-Atom eine Hochfeldverschiebung gegenüber dem unsubstituierten Alkan beobachtet wird, die für das Tetraiodmethan in dem Extremwert von −292,2 ppm gipfelt.

---

* Definition von Deuterium-Isotopeneffekten und Datensammlung:
Batiz-Hernandez, H., Bernheim, R. A. (1967), Prog. Nucl. Magn. Reson. Spectrosc. 3, 63.
Hansen, P. E. (1983), Prog. Nucl. Magn. Reson. Spectroscop., im Druck.

Diese durch **Brom-** und **Iod-Atome** hervorgerufenen Verschiebungen („**Schweratomeffekt**") werden auf einen großen **diamagnetischen Abschirmungsbeitrag** (s. S. 78, Gl. 3.3) zurückgeführt[141]. Die Alkyliodide zeigen als weitere Besonderheit eine ungewöhnliche Temperatur- (s. S. 82) und Lösungsmittelabhängigkeit der chemischen Verschiebung des das Iod-Atom tragenden Kohlenstoff-Atoms.

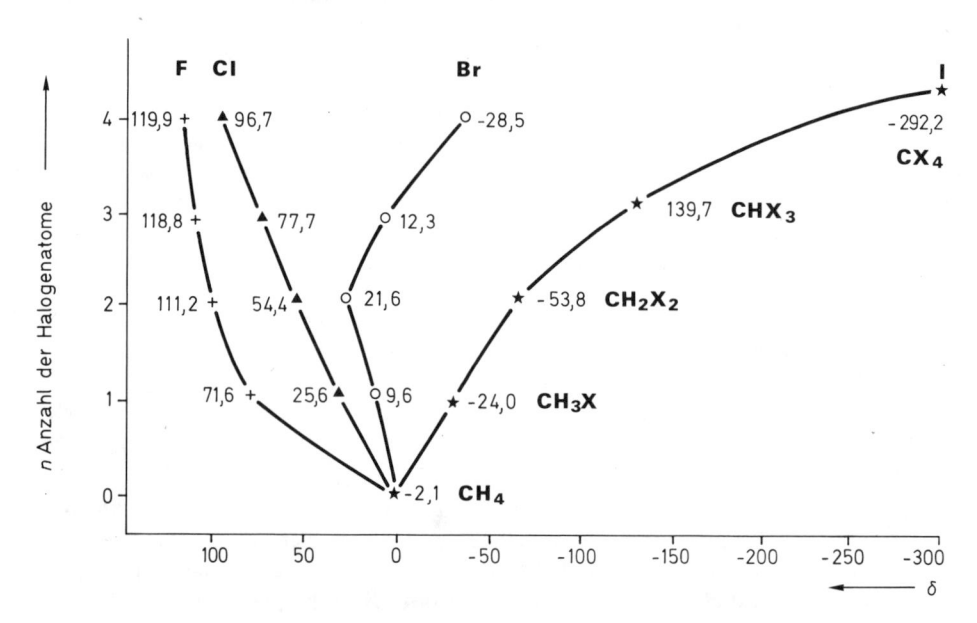

Abb. 3.6 ^{13}C-chemische Verschiebung der Halogenmethane $CH_{4-n}Hal_n$ [142]

Tab. 3.29 ^{13}C-chemische Verschiebungen einiger ausgewählter Halogenalkane

Verbindung	δ (ppm)						
	C−1	C−2	C−3	C−4	C−5	C−6	C−7
CH$_2$ClBr	40,0						
CHCl$_2$Br	57,4						
CHClBr$_2$	34,6						
CCl$_3$Br	67,8						
H$_3$C−CH$_2$F	80,0	15,8					
H$_3$C−CH$_2$Cl	39,9	18,7					
H$_3$C−CH$_2$Br	27,5	19,1					
H$_3$C−CH$_2$I	−1,6	20,4					
F$_3$C−CF$_3$	116,2						
H$_3$C−CCl$_3$	96,2	46,3					
Cl$_3$C−CCl$_3$	105,3						
ClH$_2$C−CH$_2$Cl	51,7						
BrH$_2$C−CH$_2$Br	32,4						

Tab. 3.29 Fortsetzung

Verbindung	δ (ppm)						
	C-1	C-2	C-3	C-4	C-5	C-6	C-7
Br_3C-CBr_3	53,4						
F_3C-CCl_3	91,0	120,1					
$H_3C-CH_2-CH_2F$	85,2	23,6	9,2				
$H_3C-CH_2-CH_2Cl$	46,7	26,0	11,5				
$H_3C-CH_2-CH_2Br$	35,4	26,1	12,7				
$H_3C-CH_2-CH_2I$	9,0	26,8	15,2				
$(H_3C)_2CH-F$	87,3	22,6					
$(H_3C)_2CH-Cl$	53,6	27,0					
$(H_3C)_2CH-Br$	44,8	28,3					
$(H_3C)_2CH-I$	20,1	31,1					
$(H_3C)_3C-F$	93,5	28,3					
$(H_3C)_3C-Cl$	66,9	34,3					
$(H_3C)_3C-Br$	62,2	36,3					
$(H_3C)_3C-I$	43,0	40,4					
$F_3C-CF_2-CF_2-CF_3$	118,5	109,3					
$F_3C-CF_2-CF_2-CF_2-CF_3$	118,5	109,8	111,1				
$F_3C-CF_2-CF_2-CF_2I$	93,6	109,5	108,9	118,4			
$Cl_3C-CCl_2-CCl_2-CCl_3$	102,9*	103,5*					

* Zuordnung nicht gesichert

Tab. 3.29 Fortsetzung

Verbindung	C-1	C-2	C-3	δ (ppm) C-4	C-5	C-6	C-7
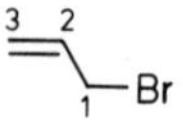 $\overset{3}{C}H_2=\overset{2}{C}H-\overset{1}{C}H_2-Br$	32,6	134,4	118,8				
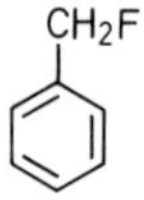 C₆H₅–CH₂F	137,0	127,8	128,9	129,0			84,9
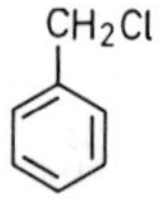 C₆H₅–CH₂Cl	137,8	128,8	128,7	128,5			46,2
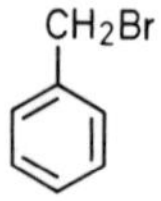 C₆H₅–CH₂Br	138,0	129,2	128,8	128,7			33,4
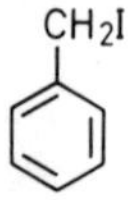 C₆H₅–CH₂I	138,5	128,5	128,5	127,6			5,9
$Cl_2\overset{1}{C}H-\overset{2}{C}H-\overset{3}{C}H_2Br$ / Cl	72,5	64,5	31,8				
$Cl_3C-CH_2-CH_2Br$	97,5	58,4	24,8				
$Br_2HC-CH-CH_2Br$ / Br	45,9	57,4	34,2				
$H_2C-CH-CH_2Br$ / Br Br	35,4	48,9	35,4				
$H_3C-\underset{Br}{\overset{Br}{C}}-CH_3$	43,2	60,2	43,2				
$H_3C-\underset{Cl}{\overset{Cl}{C}}-CH_3$	39,2	85,9	39,2				
$H_3\overset{4}{C}-\overset{3}{C}H_2-\overset{2}{C}H_2-\overset{1}{C}HBr_2$	45,4	47,3	21,4	12,8			
$Cl_3\overset{1}{C}-\overset{2}{C}H_2-\overset{3}{C}H-CH_2-CCl_3$ / Br	98,0	62,8	40,5				
$H_2C-CH_2-\overset{3}{C}H_2-\overset{2}{C}H_2-\overset{1}{C}H_2$ / Br ... Br	33,3	31,9	26,8				
$Br_3C-CH_2-CH_2-Br$	36,6	61,0	27,1				
$Br_3C-CH_2-CH_2-CH_2-CH_2-CH_2-CH_3$	41,6	61,6	27,1	28,9	30,1	21,9	13,5

Tab. 3.29 Fortsetzung

Verbindung	δ (ppm)						
	C–1	C–2	C–3	C–4	C–5	C–6	C–7
ClH$_2$C–CH$_2$–CH$_2$Cl	42,2	35,6					
BrH$_2$C–CH$_2$–CH$_2$Br	32,6	35,9					
IH$_2$C–CH$_2$–CH$_2$I	10,2	36,9					
ClH$_2$C–CH$_2$–CH$_2$–CH$_2$Cl	44,7	30,3					
BrH$_2$C–CH$_2$–CH$_2$–CH$_2$Br	33,6	31,8					
IH$_2$C–CH$_2$–CH$_2$–CH$_2$I	8,3	34,9					
(H$_3$C)$_2$$\overset{2}{\text{CH}}$–$\overset{3}{\text{CH}_2}$–$\overset{4}{\text{CH}_2}$–$\overset{5}{\text{CH}_2}$–$\overset{6}{\text{CH}_2}$Br	22,5	26,0	38,0	33,0	27,8	33,5	

Tab. 3.30 Parameter zur Berechnung der chemischen Verschiebung von Halogenmethanen[142]

$$\delta_C = \Sigma\, t_{ijk}\, \Theta_{ijk} \quad (t_{ijk} = \text{Häufigkeitskoeffizient})$$

Wechselwirkungs-typ	Parameter Θ_{ijk}	Wechselwirkungs-typ	Parameter Θ_{ijk}
HHH	– 0,75	FClCl	31,18
HHF	25,53	FClBr	24,23
HHCl	8,91	FClI	7,88
HHBr	3,97	FBrBr	17,66
HHI	– 6,14	FBrI	– 0,89
HFF	29,74	FII	– 16,91
HFCl	27,92	ClClCl	24,20
HFBr	25,10	ClClBr	14,28
HFI	14,91	ClClI	– 6,63
HClCl	17,93	ClBrBr	3,71
HClBr	12,79	ClBrI	– 18,12
HClI	– 0,05	ClII	– 38,71
HBrBr	6,48	BrBrBr	– 7,06
HBrI	– 11,53	BrBrI	– 29,11
HII	– 21,74	BrII	– 51,11
FFF	29,95	III	– 73,16
FFCl	31,86		
FFBr	27,59		
FFI	16,08		

Beispiel: CCl$_3$Br
$\delta_C = 3 \cdot 14,28 + 1 \cdot 24,20 = 67,04$
exp. = 67,8

Die chemischen Verschiebungen aller möglichen Halogenmethane können mit Hilfe von 35 empirisch ermittelten Parametern berechnet werden[142]. Im Gegensatz zu den bisher diskutierten empirischen Korrelationen stellen die hierbei verwendeten Parameter Wechselwirkungsparameter dreier benachbarter Atome dar, die entsprechend ihrer Häufigkeit additiv zur Verschiebung beitragen.

Während der α-Effekt der Halogene in der Reihenfolge F, Cl, Br und I zumindest qualitativ der Elektronegativität dieser Elemente folgt (s. Tab. 3.10, s. S. 95), zeigt der β-Effekt keine Gesetzmäßigkeit. Der γ-Effekt dagegen nimmt mit der Größe des Halogens zahlenmäßig ab (s. Tab. 3.29). Dieser Trend kann auf die Abnahme der Population des **gauche**-Konformeren aufgrund der zunehmenden Größe des Halogen-Atoms zurückgeführt werden. Damit wird der Beitrag des γ_{gauche}-Effektes, der eine stärkere Hochfeldverschiebung als der γ_{anti}-Effekt bewirkt, geringer.

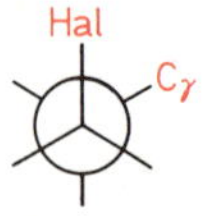

gauche anti

Für die **Perfluoroalkane** läßt sich wie für die Alkane selbst eine empirische Berechnung der chemischen Verschiebungen nach Gl. (3.24) durchführen.[143] Als Grundwert wird $B = 124{,}83$ ppm benutzt, und für den α-, β- und γ-Effekt betragen die Werte $-8{,}6$, $+1{,}8$ und $+0{,}5$ ppm.

$$\delta_{(k)} = B + \Sigma A_1 n_{kl} \tag{3.24}$$

Aufgaben

3.9 Wie groß ist der diamagnetische Abschirmungsterm für die Halogene F, Cl, Br, I. Vergleiche ihn mit dem α-Effekt aus Tab. 3.10.

Bibliographie

Alkylhalogenide:

Schaefer, T. (1963), Can. J. Chem. 41, 2969.
Spiesecke, H., Schneider, W. G. (1960), J. Chem. Phys. 35, 722.
Litchman, W. M., Grant, D. M. (1968), Empirische Korrelation, J. Am. Chem. Soc. 90, 1400.
Miyajima, G., Takahashi, K. (1971), J. Chem. Phys. 75, 331, 3766.
Hawkes, G. E., Smith, R. A., Roberts, J. D. (1974), J. Org. Chem. 39, 1276.
Somayajulu, G. R. et al (1979), J. Magn. Reson. 33, 559.
Somayajulu, G. R. et al (1978), J. Magn. Reson. 30, 51.
De Marco, R. A., Fox, W. B., Moniz, W. B., Sojka, S. A. (1975), J. Magn. Reson. 18, 522.
Marker, A., Doddrell, D., Riggs, N. V. (1972), Alkyljodide, J. Chem. Soc. Chem. Commun. 724.
Phillips, L., Wray, V. (1972), J. Chem. Soc. Perkin Trans. 2, 214.

Ovenall, D. W., Chang, J. H. (1977), Perfluoroalkane, J. Magn. Reson. 25, 361.
Wiberg, K. B., Pratt, W. E., Bailey, W. F. (1980), Faktor-Analyse von Alkylhalogeniden, J. Org. Chem. 45, 4936.
Dostovalova, V. I., Velichko, F. K., Vasileva, T. T., Kruglova, N. V., Freidlina, R. K. (1981), Carbon-13 NMR Spectra of Polybromo alkanes and Polychloroalkanes, Org. Magn. Reson. 16, 251.
Nouguier, R., Surzur, J. M., Virgile, A. (1981), Carbon-13 NMR of Mono- and Di-chlorohexanes and -heptanes, Org. Magn. Reson. 15, 155.
Tordeux, M., Leroy, J., Wakselman, C. (1980), A Carbon-13 NMR Study of Compounds Substituted by a Perfluoro Alkyl Chain, Org. Magn. Reson. 14, 407.

4.5.2 Aliphatische Sauerstoff- und Schwefel-Verbindungen

Kohlenstoff-Atome, die mit Sauerstoff-Atomen verbunden sind, wie in Alkoholen, Ethern und deren Derivaten, sind entsprechend der Elektronegativität des Sauerstoffs gegenüber den C-Atomen analoger Alkane entschirmt. Je nachdem ob es sich um einen primären, sekundären oder tertiären Alkohol oder Ether handelt, beträgt der α-Effekt der OH- bzw. OR-Gruppe zwischen 40 und 52 ppm, so daß als typischer Bereich $\delta_{C\text{-}OR}$-Werte von etwa 50–90 ppm resultieren. Für die entsprechenden Thioalkohole und Thioether ergeben sich aufgrund der geringeren Elektronegativität des Schwefels gegenüber dem Sauerstoff α-Effekte in der Größenordnung von 10–20 ppm. Der Einfluß von SeH-, SeR- sowie TeH- und TeR-Gruppen auf die chemische Verschiebung aliphatischer Kohlenstoff-Atome ist bisher nicht systematisch untersucht, jedoch läßt sich aus anderen Selen- und Tellur-Verbindungen wie Selenan und Telluran (s. S. 316) abschätzen, daß wie bei den Halogenen mit zunehmender Ordnungszahl in der Reihe O, S, Se und Te der α-Effekt abnimmt und somit zumindest qualitativ der Elektronegativität dieser Elemente folgt.

Dies wird auch beim Vergleich der chemischen Verschiebungen von C-1- bzw. der Methyl-Gruppe C-7 des Anisols **84** mit dem Thioanisol **85**, Selenoanisol **86** und Telluroanisol **87** deutlich[144]. Selen- und Tellur-Derivate zeigen also wie die Brom- und Iod-Verbindungen den **Schweratomeffekt**.

C-Atom	X =	O **84**	S **85**	Se **86**	Te **87**
1		159,9	138,6	132,0	112,5
2,6		114,1	126,9	130,6	136,7
3,5		129,5	128,7	128,9	129,0
4		120,8	125,0	126,0	127,1
7		55,0	15,8	7,1	−16,8

δ-Werte (ppm)

84-87

Der β-Effekt von OH- und SH- bzw. O-Alkyl- und S-Alkyl-Gruppen auf aliphatische C-Atome ist nahezu konstant und beträgt etwa 11 bzw. 7 ppm. Der γ-Effekt macht für das Sauerstoff-Atom etwa −6 ppm, für das größere Schwefel-Atom etwa −3 ppm aus. Diese Abnahme läßt sich wie bei den Halogenen auf eine Veränderung der Konformerenpopulation (s. S. 154) zurückführen.

Alkohole, Thioalkohole

Tab. 3.31 enthält die chemischen Verschiebungen einiger aliphatischer gesättigter und ungesättigter Alkohole sowie die der analogen Thioalkohole. Mit Hilfe empirischer Additivitätsregeln lassen sich die chemischen Verschiebungen aliphatischer Alkohole vorausberechnen.

Tab. 3.31 ^{13}C-chemische Verschiebungen aliphatischer Alkohole, Thiole

Verbindung	δ (ppm)						
	C−1	C−2	C−3	C−4	C−5	C−6	C−7
H$_3$C−OH	50,5						
H$_3$C−SH	6,5						
H$_3$C−CH$_2$−OH	58,4	16,4					
H$_3$C−CH$_2$−CH$_2$−OH	64,9	26,9	11,8				
H$_3$C−CH$_2$−CH$_2$−SH	26,4	27,6	12,6				
H$_3$C−CH$_2$−CH$_2$−CH$_2$−OH	62,9	36,0	20,3	15,2			
H$_3$C−CH$_2$−CH$_2$−CH$_2$−SH	23,7	35,7	21,0	12,0			
(H$_3$C)$_2$CH−OH	64,7	26,5					
(H$_3$C)$_2$CH−SH	29,9	27,4					
(H$_3$C)$_3$C−OH	69,9	32,7					
(H$_3$C)$_3$C−SH	41,1	35,0					
H$_3$C−CH$_2$−CH$_2$−CH$_2$−CH$_2$−OH	63,2	33,6	29,4	23,8	15,3		
(H$_3$C)$_2$CH−CH$_2$−OH	70,2	32,0	20,4				
H$_3$C−CH$_2$−CH(OH)−CH$_3$	22,6	68,7	32,0	9,9			
H$_3$C−CH$_2$−CH(SH)−CH$_3$	24,7	36,7	33,5	11,3			
(H$_3$C)$_2$C(CH$_3$)−CH$_2$−OH	73,3	32,7	26,2				
$\overset{3}{\rightarrow}\overset{2}{\vdash}\overset{1}{CH_2SH}$	38,8	31,8	28,1				
(H$_3$C)$_2$HC−C(OH)(CH$_3$)−CH(CH$_3$)$_2$	17,4 / 20,1	31,1	81,8				
⊢C(OH)(H)⊣	28,8	37,4	85,6				

Tab. 3.31 Fortsetzung

Verbindung	C-1	C-2	C-3	C-4	C-5	C-6	C-7
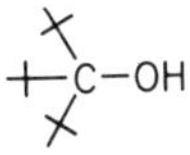 (CH₃)₃C-OH	32,4	44,8	84,9				
H₃C-CH₂-CH₂-CH₂-CH₂-CH₂OH	62,1	32,9	25,8	31,9	23,0	14,2	
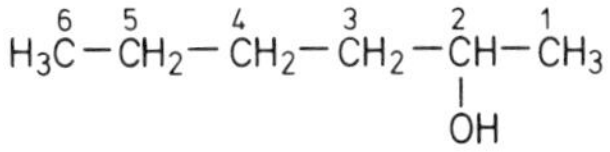 H₃C⁶-CH₂⁵-CH₂⁴-CH₂³-CH²(OH)-CH₃¹	23,5	67,2	39,2	28,2	23,2	14,3	
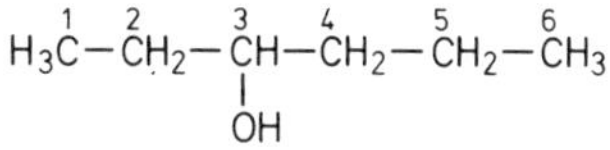 H₃C¹-CH₂²-CH³(OH)-CH₂⁴-CH₂⁵-CH₃⁶	10,1	30,5	72,2	39,4	19,2	14,3	
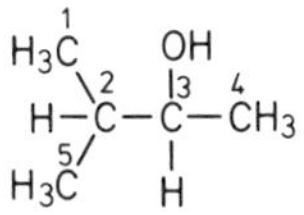 (H₃C)₂¹'⁵CH²-C³(OH)H-CH₃⁴	18,3 / 18,5	35,4	72,5	19,9			
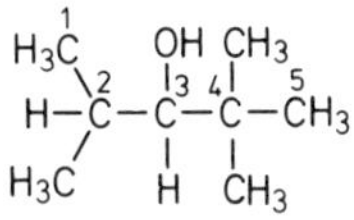 (H₃C)₂¹'⁵CH²-C³(OH)(CH₃)-C⁴H(CH₃)⁵	17,0 / 23,9	29,3	83,4	36,0	27,1		
HOH₂C-CH₂Cl	62,9	46,6					
HOH₂C-CH₂Br	63,3	35,1					
HOH₂C-CH₂I	64,0	10,5					
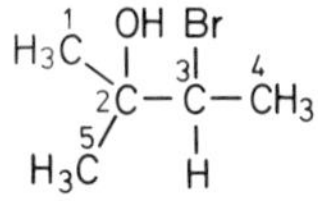 (H₃C)₂¹'⁵C²(OH)-C³HBr-CH₃⁴	26,7	72,2	62,9	21,4	25,5		
HOH₂C-CH₂-CH₂-CH₂Cl	62,3	30,0	29,4	45,3			
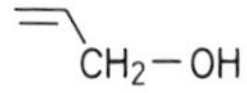 CH₂=CH-CH₂-OH	62,5	136,7	114,0				
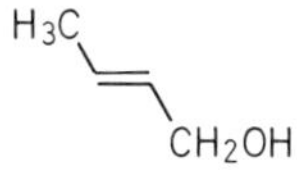 H₃C-CH=CH-CH₂OH (E)	62,9	132,1	126,0	17,3			
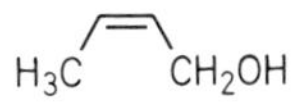 H₃C-CH=CH-CH₂OH (Z)	57,9	131,4	125,3	12,7			
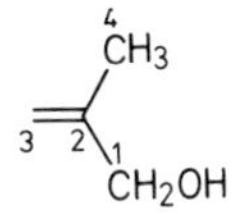 CH₂=C(CH₃)-CH₂OH	66,0	146,2	108,7	18,9			
HC≡C-CH₂OH	50,4	82,0	73,8				
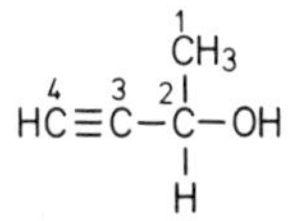 HC≡C-C(CH₃)(H)-OH	24,0	57,7	85,8	72,0			
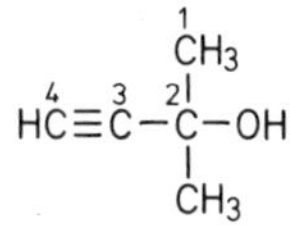 HC≡C-C(CH₃)₂-OH	31,2	64,9	88,8	70,2			

Tab. 3.31 Fortsetzung

Verbindung	C-1	C-2	C-3	δ (ppm) C-4	C-5	C-6	C-7
$\overset{4}{H_3C}-\overset{3}{C}\equiv\overset{2}{C}-\overset{1}{CH_2OH}$	50,4	77,7	81,6	3,6			
$HOH_2C-C\equiv C-CH_2OH$	50,3	83,7	83,7	50,3			
$Br-C\equiv C-CH_2OH$	51,5	78,2	45,7				
$H_3C-\underset{OH}{CH}-\overset{3}{C}\equiv\overset{2}{C}-\underset{OH}{\overset{1}{CH}}-CH_3$	24,1	57,8	85,6				
$HC\equiv C-CH_2-CH_2OH$	60,7	22,9	80,7	70,5			
$\overset{5}{H_3C}-\overset{4}{C}\equiv\overset{3}{C}-\underset{CH_3}{\overset{\overset{1}{CH_3}}{\underset{|}{C}}}-OH$	31,6	65,2	84,4	77,9	3,5		
$\overset{5}{HC}\equiv\overset{4}{C}-\overset{3}{C}\equiv\overset{2}{C}-\overset{1}{CH_2OH}$	50,8	74,7	69,7	67,5	68,6		
$H_3C-\underset{H}{\overset{OH}{C}}-C\equiv C-\underset{H}{\overset{OH}{\overset{4}{C}}}\equiv\overset{3}{C}-\overset{2}{\underset{|}{C}}-\overset{1}{CH_3}$	23,8	58,1	81,3	67,8			
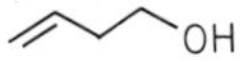 $\diagup\!\!\diagdown\!\!\diagup\!\!_{OH}$	61,3	36,9	134,7	117,2			
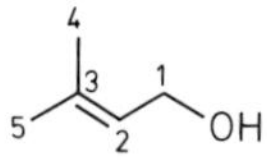 (Prenol)	59,2	124,5	136,1	17,7	25,6		
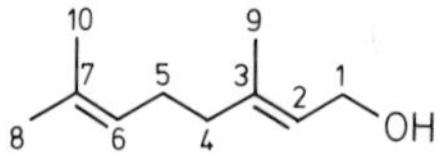 (Geraniol)	58,3	124,2	137,4	39,4	26,4	124,2	130,9
	8 25,1	9 15,6	10 17,7				
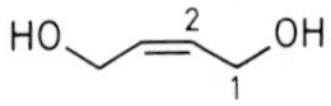 $HO\diagdown\!\!\diagup\!\!^{2}\!\!\diagdown\!\!_{OH}$	59,5	133,0					
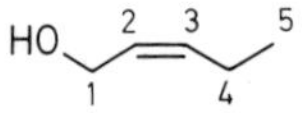 $HO\diagdown\!\!\diagup\!\!^{2}\!\!\!^{3}\!\!\diagdown\!\!^{5}$	58,5	134,5	128,5	21,0	14,5		
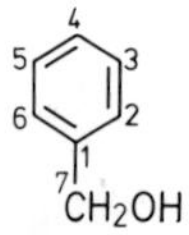 Benzyl-CH₂OH	141,3	127,5	128,8	127,5			65,1
Benzyl-CH₂SH							27,8

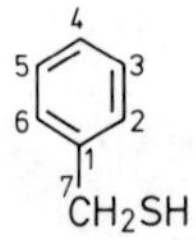

In Tab. 3.32 sind die beiden gebräuchlichen Inkrementensysteme aufgeführt. Während das eine Verfahren (Tab. 3.32, linke Spalte) mit dem üblichen Parametersatz – α, β, γ-Effekte – arbeitet (s. S. 93) und als Grundwert B die Verschiebungen des zugehörigen Kohlenwasserstoffes benutzt[145], geht das zweite Verfahren (Tab. 3.32, rechte Spalte) von der linearen Beziehung zwischen der chemischen Verschiebung des Alkohols und der der entsprechenden Methylverbindung aus (3.25)[145,146].

$$\delta_k^{R-OH} = a_k \delta_k^{R-CH_3} + b_k \tag{3.25}$$

Für die β- und γ-Position – die δ-Position und weiter entfernte C-Atome unterscheiden sich in ihren chemischen Verschiebungen praktisch nicht mehr von denen der Kohlenwasserstoffe – ergeben sich Geraden mit der Steigung von etwa 1, für die α-Position dagegen wird, je nach Substitutionsgrad, eine Steigung $a_\alpha = 0{,}7\text{–}0{,}8$ ermittelt.

Tab. 3.32 Empirische Parameter für die Berechnung chemischer Verschiebungen aliphatischer Alkohole:
linke Seite: übliches Inkrementensystem (s. S. 93)[145]
rechte Seite: Umrechnung von $\delta_k^{R-CH_3}$ auf δ_k^{ROH} [146]

$\delta_{C(k)} = B + \Sigma A_i n_{ik}$		$\delta_k^{R-OH} = a_k \delta_k^{R-CH_3} + b_k$		
Position	A_i	Position	a_k	b_k
prim Alkohole				
α	48,3	α	0,709	46,45
β	10,2	β	0,963	1,81
γ	− 5,8	γ	0,963	− 2,28
δ	0,3	δ	1,000	0
sec Alkohole				
2-Alkohole				
α	44,5	α	0,786	45,65
β	9,7[a]; 7,4[b]	β	0,958	2,07
γ	− 3,3	γ	0,982	− 0,48
δ	0,2	δ	1,000	0
andere *sec* Alkohole				
α	40,8			
β	7,7			
γ	− 3,7			
δ	− 3,7			
tert Alkohole				
α	39,7	α	0,755	48,37
β (1°)[c]	7,3	β	1,029	− 0,06
β (2°)[d]	5,0	γ	1,137	− 1,03
γ	− 1,8	δ	0,995	0,07

[a] β-Effekt auf C−1,
[b] β-Effekt auf C−3
[c] β auf ein *prim* C-Atom
[d] β-Effekt auf ein *sec* C-Atom

Primäre, sekundäre und tertiäre Alkohole besitzen jeweils eigene Parametersätze, wobei bemerkenswert ist, daß der γ-Effekt (Tab. 3.32, linke Spalte) mit zunehmendem Substitutionsgrad kleiner wird: *prim* Alkohole $\gamma_{OH} = -5,8$ ppm; *tert* Alkohole $\gamma_{OH} = -1,8$ ppm. Diese Abnahme ist wiederum auf die Veränderung von Konformeren-Gleichgewichten zurückzuführen[146]. Daß der γ-Effekt jedoch nicht nur sterische Ursachen hat, zeigt sich bei den Acetylenalkoholen (Tab. 3.31), bei denen ein positiver γ_{OH}-Effekt festgestellt wird[147a]. Allylalkohole zeigen dagegen einen, wenn auch geringen, negativen γ_{OH}-Effekt (vgl. Propen, Propen-2-ol). Bei den in Tab. 3.31 aufgeführten 3-Methylbutanolen **88** sind aufgrund des asymmetrischen C-Atoms die Methyl-Gruppen der Isopropyl-Gruppe diastereotop und ergeben somit zwei Methyl-Signale, deren Verschiebungsdifferenz mit zunehmender Größe des Substituenten (R = CH$_3$ $\Delta\delta = 0,2$; R = *t*-C$_4$H$_9$ $\Delta\delta = 6,9$) zunimmt[146,148].

$$\begin{array}{c} H_3C \diagdown \; H \quad OH \\ C-C-R \\ H_3C \diagup \; \; H \end{array} \quad R = CH_3,\; C_2H_5,\; \textit{i-}C_3H_7,\; \textit{t-}C_4H_9$$

88

Die chemischen Verschiebungen der C-Atome aliphatischer Alkohole sind im allgemeinen nur geringfügig von der Konzentration abhängig[149]. Die Lösungsmittelabhängigkeit nimmt in der Reihe *prim* < *sec* < *tert* Alkohol zu und kann für nicht protische Lösungs-

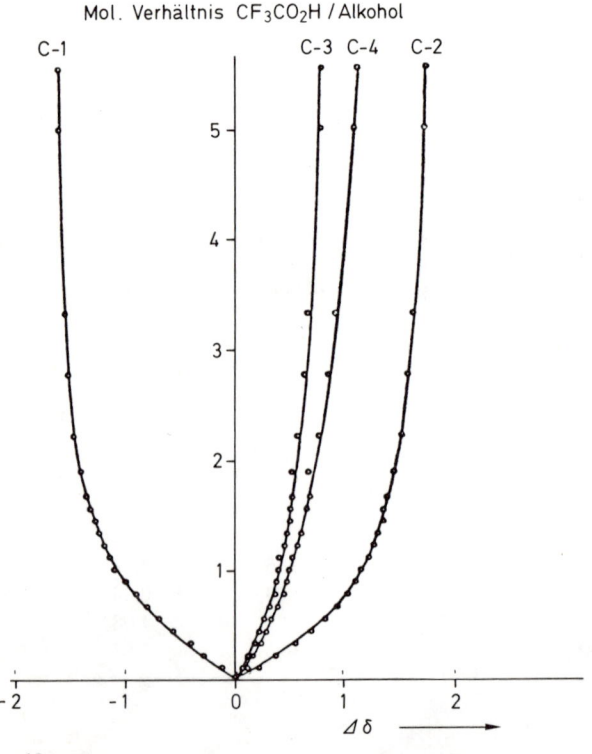

Abb. 3.7 ^{13}C-NMR-chemische Verschiebungsänderungen einer 1M-Lösung von 1-Butanol in CCl$_4$, die CF$_3$COOH enthält, als Funktion des mol. Verhältnisses Säure/Alkohol[150]

mittel bis zu 2 ppm betragen[149]. Protische Lösungsmittel haben einen größeren Einfluß, so beträgt der sogenannte **Protonierungsshift** für Methanol in „Magischer Säure" $\Delta\delta = \delta_{neutral} - \delta_{Säure} = -14{,}6$ ppm[150]. In der als Lösungsmittel häufiger verwendeten Trifluoressigsäure treten immer noch Verschiebungen bis zu 8 ppm auf[149]. Der Einfluß von Trifluoressigsäure auf die Verschiebungen von 1-Butanol in Tetrachlorkohlenstoff zeigt Abb. 3.7[150]. Mit Ausnahme des die OH-Gruppe tragenden C-Atoms werden die Signale aller Kohlenstoff-Atome zu hohem Feld verschoben, wobei in einem linearen primären Alkohol die induzierten Verschiebungen nicht kontinuierlich innerhalb der Alkyl-Kette abnehmen, sondern eine Alternanz zeigen. Dies geht auch aus Abb. 3.7 hervor; C-4 wird stärker verschoben als C-3. Selbst im Undecanol-1 zeigt die terminale CH_3-Gruppe eine größere Verschiebung als die Kohlenstoff-Atome C-9 und C-10[150]. Diese durch Säure induzierten Verschiebungen sind strukturabhängig und können daher als Zuordnungshilfen und zur Strukturaufklärung nützlich sein (**Acetylierungsshifts**, s. S. 195). Ebenso können die durch Austausch der Wasserstoff-Atome der OH- oder ande-

Tab. 3.33 ^{13}C-chemische Verschiebungen einiger Diole, Polyole und Dithiole (weitere Polyole s. S. 402)

Verbindung	δ (ppm)			
	C-1	C-2	C-3	C-4
$HO-CH_2-CH_2-OH$	67,3[a]	67,3[a]		
	64,6[b]	64,6[b]		
	63,4[c]	63,4		
$HO-\overset{2}{C}H_2-\overset{1}{C}H_2-SH$	27,3[b]	64,2		
$HS-CH_2-CH_2-SH$	28,7[b]	28,7[b]		
$HO-CH_2-CH_2-CH_2-OH$	60,2	36,4	60,2	
$\overset{3}{H_3C}-\overset{2}{C}H-\overset{1}{C}H_2-OH$ mit OH an C-2	68,4[d]	68,4[d]	19,9[d]	
	71,6[a]	72,7[a]	22,9[a]	
$HS-CH_2-CH_2-CH_2-SH$	22,2	36,5	22,2	
$HS-\overset{1}{C}H_2-\overset{2}{C}H(SH)-\overset{3}{C}H_2-\overset{4}{C}H_3$	33,2	45,2	29,11	11,4
$HO-CH_2-CH(OH)-CH_2-OH$	66,9[a]	76,4[a]		
	64,5	73,7		
$H-O-\overset{1}{C}H_2-\overset{2}{C}H_2-\overset{3}{C}H(OH)-\overset{4}{C}H_3$	59,8[c]	42,4[c]	65,4[c]	24,2[c]
	63,3[a]	44,8[a]	69,3[a]	26,9[a]
$H-O-CH_2-CH_2-CH_2-CH_2-OH$	62,1	29,4	29,4	62,1
	65,5[a]	31,7[a]	31,7[a]	65,5[a]
$HO-H_2C-C(CH_2OH)(CH_2OH)-CH_2-OH$	64,3[a]	48,3[a]		

[a] gemessen in H_2O [b] Benzol-d_6 [c] $CDCl_3$ [d] Pyridin-d_5

rer Gruppen durch Deuterium induzierten Verschiebungen als Zuordnungshilfen ausgenutzt werden[147b-f]. Die Tabelle 3.33 zeigt die Verschiebungen einiger Diole, Dithiole und Polyole, deren δ-Werte stark vom Lösungsmittel abhängen.

Die chemischen Verschiebungen weiterer Polyhydroxy-Verbindungen werden im Kap. 4.14 (S. 402) aufgeführt.

Aufgaben

3.10 Wie kann man lineare Beziehungen des Typs Gl. (3.25, S. 159) interpretieren?

Bibliographie

Aliphatische Alkohole

Roberts, J.D., Weigert, F.J., Kroschwitz, J.I., Reich, H.J. (1970), J. Am. Chem. Soc. 92, 1338.
Ejchart, A. (1977), Org. Magn. Reson. 9, 351.
Kroschwitz, J.I., Winokur, M., Reich, H.J., Roberts, J.D. (1969), J. Am. Chem. Soc. 91, 5927.
Brouwer, H., Stothers, J.B. (1972), Can. J. Chem. 50, 1361.
Hearn, M.T.W. (1976), Tetrahedron 32, 115.
Hearn, M.T.W. (1977), Org. Magn. Reson. 9, 141.
Newmark, R.A., Hill, J.R. (1980), Use of ^{13}C Isotopeshifts to Assign Carbon Atoms α and β (and para) to a Hydroxy Group in Alkylsubstituted Phenols and Alcohols, Org. Magn. Reson. 13, 40.
Komo, C., Hikino, H. (1976), Tetrahedron 32, 325.
Smith, W.B. (1979), J. Org. Chem. 44, 1631.
Williamson, K.L. et al (1974), J. Am. Chem. Soc. 96, 1471.
Begtrup, M. (1980), J. Chem. Soc. Perkin Trans. 2, 544.
Wenkert, W., Gasic, M.J., Hagaman, E.W., Kwart, L.D. (1975), Org. Magn. Reson. 7, 51.
Van Dommelen, M.E., van de Ven, L.J.M., Buck, H.M., de Haan, J.W. (1977), Recl. Trav. Chim. Pays-Bas 96, 295.
Voelter, W., Breitmaier, E., Jung, G., Keller, T., Hiss, D. (1970), Angew. Chem. 82, 812.

Jackman, L.M., Kelly, D.P. (1970), J. Chem. Soc. [B] 102.
Barabas, A., Botar, A.A., Gocan, A., Popovici, N., Hodosan, F. (1978), Tetrahedron 34, 2191.
Barelle, M., Beguin, C., Tessier, S. (1982), Carbon-13 NMR Of Oxygenated Derivatives of Polyoxyethylenes, Org. Magn. Reson. 19, 102.

Aliphatische Thiole:

Hall, C.M., Wemple, J. (1977), J. Org. Chem. 42, 2118.
De Simone, R.E. et al (1974), Org. Magn. Reson. 6, 583.
Paukstelis, J.v. et al (1977), J. Org. Chem. 42, 3941.

Empirische Korrelationen

Williamson, K.L. et al (1974), Berechnung der chemischen Verschiebung aller 18 isomeren Hexanole, J. Am. Chem. Soc. 96, 147.
Brouwer, H., Stothers, J.B. (1972), Berechnung der Verschiebung der CH_2-OH-Gruppe in substituierten Allylalkoholen, Can. J. Chem. 50, 1361.

Ether, Thiother, Disulfide, -selenide, -telluride, Acetale, Thioacetale, Orthoester

Der Ersatz des Hydroxyl-Protons in Alkoholen durch ein Kohlenstoff-Atom (Alkohol → Ether) entspricht im empirischen Substituenten-Parameter-System einem β-Effekt über das Sauerstoff-Atom auf das α-C-Atom des Alkohols und umgekehrt. Weiterhin macht sich auf das β-C-Atom des Alkohols ein γ-Effekt bemerkbar usw. Dementsprechend beobachtet man beim Übergang von n-Alkoholen zu den n-Alkyl-methylethern Tieffeldverschiebungen für die $-CH_2-O-$Gruppierung in der Größenordnung von 10–11 ppm. Das benachbarte C-Atom (β-C im Alkohol) wird um 2,5–3 ppm zu hohem Feld verschoben (γ-Effekt)[149,151]. β- wie γ-Effekt entsprechen damit zahlenmäßig den CH_3-Werten der Alkane (s. S. 100), womit zum Ausdruck kommt, daß beide Effekte praktisch unabhängig vom Transmissionsweg sind. Bei den Methylethern sekundärer und tertiärer Alkohole sind die β-Effekte der CH_3-Gruppe deutlich kleiner ($\beta_{sec} = 8,7$ ppm,

β_{tert} = 3,7 ppm), während die γ-Effekte in der gleichen Reihenfolge zunehmen (γ_{sec} = 4 ppm, γ_{tert} = 4,4 ppm).

$$\overset{\gamma}{R}-\overset{\beta}{CH_2}-\overset{\alpha}{CH_2}-CH_2-OH \rightarrow \overset{\delta}{R}-\overset{\gamma}{CH_2}-\overset{\beta}{CH_2}-\overset{\alpha}{CH_2}-O-CH_3$$

Die Zunahme des γ-Effektes in der Reihe Ethylmethyl-, Isopropylmethyl- und *t*-Butylmethylether läßt sich auf die zunehmende Anzahl an *gauche*-Wechselwirkungen der Methyl-Gruppen zurückführen. Das Gleiche gilt für die Verschiebung des Methoxy-C-Atoms, das, legt man den δ-Wert des Dimethylethers zugrunde, im *t*-Butylmethylether um 11,1 ppm zu hohem Feld verschoben ist. Auch darin verhalten sich die Ether wie die acyclischen Kohlenwasserstoffe (s. S. 100), was auf eine Ähnlichkeit beider Verbindungsklassen hinsichtlich ihrer Konformationen schließen läßt. Mit Hilfe der angegebenen Zahlenwerte für β- und γ-Effekte – die δ-Effekte machen Tieffeldverschiebungen zwischen 0,3 und 1 ppm aus – lassen sich die Verschiebungen aliphatischer Äther aus den δ_C-Werten der entsprechenden Alkohole vorausberechnen. Die chemischen Verschiebungen der Thioether zeigen einen analogen Zusammenhang mit den Thiolen (vgl. Tab. 3.31 und 3.34).

Die chemischen Verschiebungen weiterer Thio-Derivate sind in Tab. 3.35 aufgeführt. Die Substituenteneffekte einiger Thiogruppierungen auf die Verschiebungen von Alkanen sind der nachstehenden Zusammenstellung zu entnehmen[152]. Die α-Effekte lassen sich wiederum mit der Elektronegativität der Gruppe korrelieren, die γ-Effekte sind für die angegebenen funktionellen Gruppen praktisch konstant. Bemerkenswert sind die **negativen β-Effekte** der $SOCH_3$- und SO_2CH_3-Gruppe.

R–X	α(ppm)	β(ppm)	γ(ppm)	δ(ppm)
S$^-$	11,7	14,0	–2,3	0,4
SH	11,1	11,8	–2,9	0,7
SCH$_3$	21,1	6,4	–3,0	0,5
$^+$S(CH$_3$)$_2$	30,1	1,1	–3,0	0,7
SOCH$_3$	41,8	–0,3	–2,7	0,5
SO$_2$CH$_3$	41,0	–0,2	–2,9	0,3
SO$_2$Cl	54,5	3,4	–3,0	0,0

Die in Tabelle 3.35 aufgeführten Dibenzyldichalkogenide ($C_6H_5-CH_2$)$_2X_2$ (X = Se, Te) zeigen für die Methylen-Gruppe den schon diskutierten Schweratomeffekt.

In der Reihe Äther, Acetal, Orthoester, Orthocarbonat (s. Tab. 3.36) zeigt die chemische Verschiebung des die Alkoxy-Gruppen tragenden C-Atoms einen ähnlichen Gang wie das Kohlenstoff-Atom in der Reihe $CH_3F \rightarrow CF_4$. Mit steigender Anzahl an OR-Gruppen nimmt die Verschiebung zwar zu, aber nicht additiv; der Übergang vom Orthoester zum Orthocarbonat macht nur noch 8 ppm aus, im Vergleich zum α-Effekt einer OR-Gruppe von 49 ppm.

Tab. 3.34 ^{13}C-chemische Verschiebungen aliphatischer Ether und Thioether

Verbindung	δ(ppm)						
	C−1	C−2	C−3	C−4	C−5	C−6	C−7
H$_3$C−O−CH$_3$	61,2						
H$_3$C−S−CH$_3$	18,2						
H$_3\overset{3}{C}$−$\overset{2}{C}$H$_2$−O−$\overset{1}{C}$H$_3$	59,1	69,2	16,1				
H$_3$C−CH$_2$−O−CH$_2$−CH$_3$	66,9	16,4					
(H$_3$C−CH$_2$)$_3$O$^+$ BF$_4^-$	84,1	12,1					
H$_3$C−CH$_2$−S−CH$_2$−CH$_3$	25,5	14,8					
H$_3$C−CH$_2$−CH$_2$−O−CH$_3$	59,1	75,4	24,0	11,7			
H$_3$C−CH$_2$−CH$_2$−O−CH$_2$−CH$_2$−CH$_3$	73,7	24,4	11,8				
H$_3$C−CH$_2$−CH$_2$−S−CH$_2$−CH$_2$−CH$_3$	34,3	23,2	13,7				
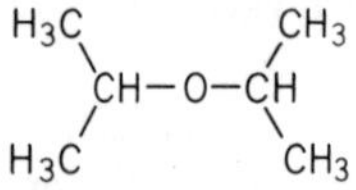 (H$_3$C)$_2$CH−O−CH(CH$_3$)$_2$	69,2	24,3					
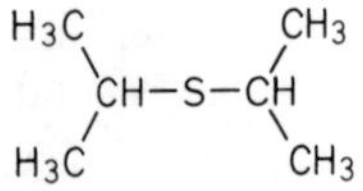 (H$_3$C)$_2$CH−S−CH(CH$_3$)$_2$	33,4	23,6					
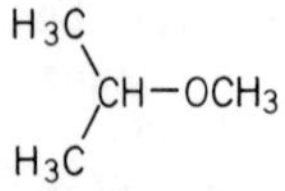 (H$_3$C)$_2$CH−OCH$_3$	56,4	74,1	22,9				
H$_3$C−CH$_2$−CH$_2$−CH$_2$−O−CH$_3$	59,1	73,4	32,9	20,5	15,0		
H$_3$C−CH$_2$−CH$_2$−CH$_2$−S−CH$_3$	15,5	34,1	31,4	22,0	13,7		
H$_3\overset{7}{C}$−$\overset{6}{C}$H$_2$−$\overset{5}{C}$H$_2$−$\overset{4}{C}$H$_2$−O−$\overset{3}{C}$H$_2$−$\overset{2}{C}$H$_2$−$\overset{1}{C}$H$_3$	11,8	24,2	73,5	71,5	33,1	20,7	15,0
(H$_3$C−CH$_2$−CH$_2$−CH$_2$)$_2$O	71,7	33,4	20,8	15,1			
(H$_3$C−CH$_2$−CH$_2$−CH$_2$)$_2$S	34,1	31,4	22,0	13,7			
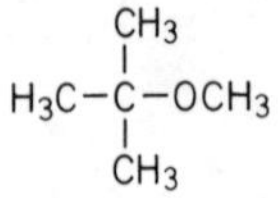 H$_3$C−C(CH$_3$)$_2$−OCH$_3$	50,1	73,6	28,2				
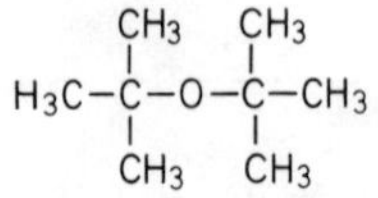 H$_3$C−C(CH$_3$)$_2$−O−C(CH$_3$)$_2$−CH$_3$	73,6	31,7					
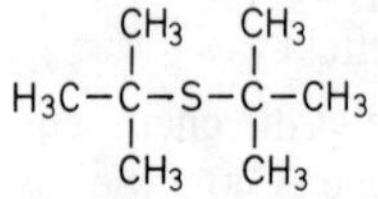 H$_3$C−C(CH$_3$)$_2$−S−C(CH$_3$)$_2$−CH$_3$	45,6	33,2					
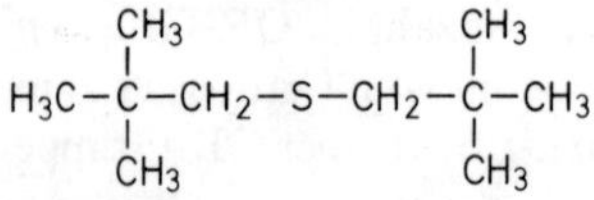 H$_3$C−C(CH$_3$)$_2$−CH$_2$−S−CH$_2$−C(CH$_3$)$_2$−CH$_3$	50,1	32,6	28,9				

Tab. 3.34 Fortsetzung

Verbindung	δ (ppm)						
	C-1	C-2	C-3	C-4	C-5	C-6	C-7
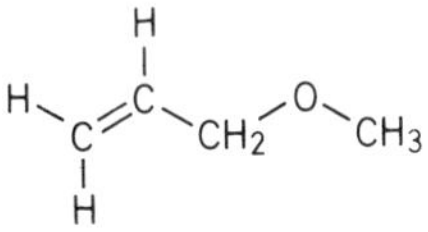 H₂C=CH–CH₂–O–CH₃	57,4	73,1	134,4	116,4			
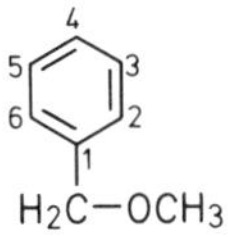 C₆H₅–CH₂–OCH₃	139,5	128,1	129,0	128,1			75,8
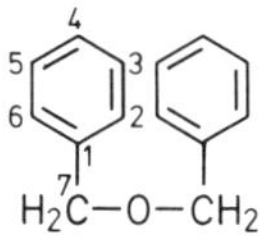 (C₆H₅–CH₂)₂O	139,0	128,0	129,0	128,4			72,5
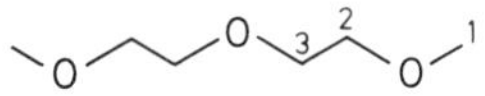 CH₃–O–CH₂CH₂–O–CH₂CH₂–O–CH₃ (Diglyme)	58,9	72,0	70,6				
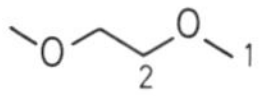 CH₃–O–CH₂CH₂–O–CH₃	58,4	72,3					
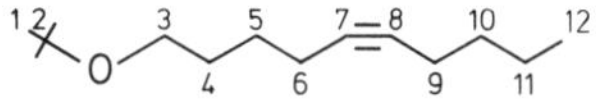 (CH₃)₃C–O–CH₂CH₂CH₂CH₂–CH=CH–CH₂CH₂CH₂CH₂–CH₃	28,0	73,0	61,5	30,5	26,5	19,0	80,9
				8	9	10	11	12
				81,2	18,8	31,8	22,3	13,8
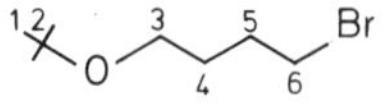 (CH₃)₃C–O–CH₂CH₂CH₂CH₂–Br	27,9	73,0	61,0	30,4	29,7	34,2	
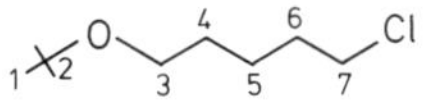 (CH₃)₃C–O–CH₂CH₂CH₂CH₂CH₂–Cl	28,0	73,0	61,7	31,0	27,2	26,0	45,1
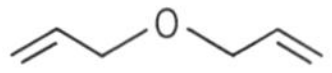 CH₂=CH–CH₂–O–CH₂–CH=CH₂	71,1	135,3	116,4				
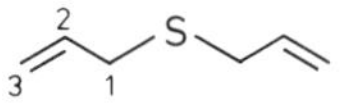 CH₂=CH–CH₂–S–CH₂–CH=CH₂	33,3	134,4	116,9				

Tab. 3.35 ^{13}C-chemische Verschiebungen einiger Disulfide, Sulfoxide, Sulfane, Thiosulfinate, Thiosulfonate, Sulfonium-Salze, Diselenide, Ditelluride und Sulfonsäuren

Verbindung	δ (ppm)				
	C–1	C–2	C–3	C–4	C–5
H$_3$C–S–S–CH$_3$	22,0				
H$_3$C–S–S–S–CH$_3$	22,5				
H$_3$C–S(→O)–CH$_3$	40,1				
H$_3$C–S(→O)(→O)–CH$_3$	42,6				
^{1}H$_3$C–S(→O)–S–^{2}CH$_3$	42,7	13,7			
H$_3$C–S$^+$(CH$_3$)$_2$ I$^-$	27,5				
^{1}H$_3$C–S(→O)(→O)–S–^{2}CH$_3$	48,7	18,2			
H$_3$C–CH$_2$–CH$_2$–CH$_2$–S(→O)–^{1}CH$_3$	38,6	54,4	24,5	22,6	13,7
H$_3$C–CH$_2$–CH$_2$–CH$_2$–S(→O)(→O)–^{1}CH$_3$	40,4	54,5	24,4	21,7	13,5
H$_3$C–CH$_2$–CH$_2$–CH$_2$–S$^+$(^{1}CH$_3$)(CH$_3$) I$^-$	25,3	43,2	25,7	21,4	13,7
^{2}H$_3$C–^{1}CH$_2$–S–S–CH$_2$–CH$_3$	32,8	14,5			
^{2}H$_3$C–^{1}CH$_2$–S–S(→O)–^{3}CH$_2$–^{4}CH$_3$	49,9	7,7	26,8	16,3	
H$_3$C–C(CH$_3$)$_2$–CH$_2$–S–S–^{1}CH$_2$–^{2}C(CH$_3$)^3(CH$_3$)–CH$_3$	55,9	30,3		28,8	
^{2}H$_3$C–^{1}CH$_2$–SO$_2$–S–^{3}CH$_2$–^{4}CH$_3$	56,9	8,3	30,5	15,1	
H$_3$C–C(CH$_3$)$_2$–S–S–C(CH$_3$)$_2$–CH$_3$	45,6	30,5			
^{3}H$_2$C=^{2}CH–^{1}CH$_2$–S(→O)–CH$_2$–CH=CH$_2$	54,3	125,8	123,5		

Tab. 3.35 Fortsetzung

Verbindung	δ (ppm)				
	C–1	C–2	C–3	C–4	C–5
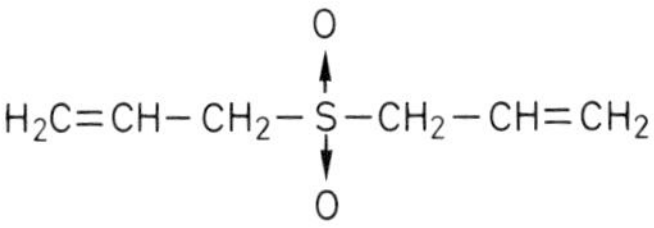 H₂C=CH–CH₂–S(=O)(=O)–CH₂–CH=CH₂	56,5	125,0	125,4		
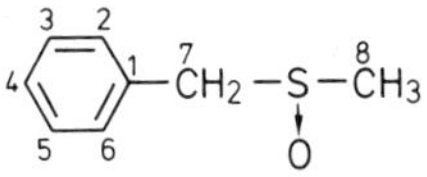 C₆H₅–CH₂–S(=O)–CH₃ (Ph-1,2,3,4,5,6; CH₂-7; CH₃-8)	129,3 / 60,1 (7)	130,0 / 37,2 (8)	128,9	128,3	
H₃C–CH₂–SO₂Cl	60,2	9,1			
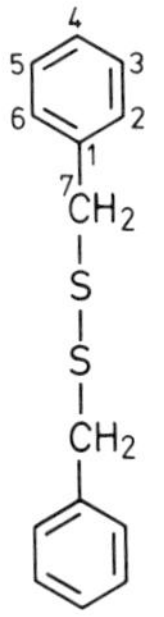 Ph–CH₂–S–S–CH₂–Ph	137,2 / 43,1 (7)	129,2	128,2	127,2	
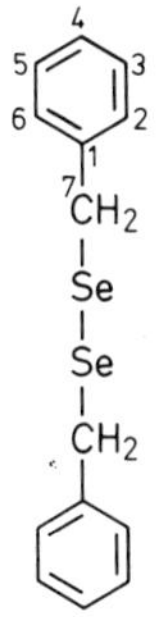 Ph–CH₂–Se–Se–CH₂–Ph	138,3 / 32,6	128,3	127,7	126,3	
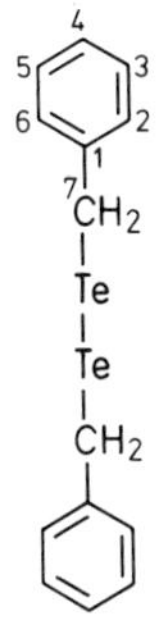 Ph–CH₂–Te–Te–CH₂–Ph	141,5 / 6,6	128,2	127,9	126,0	
(H₃C)₂TeF₂	22,9				

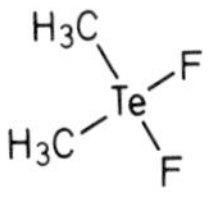

Tab. 3.35 Fortsetzung

Verbindung	δ (ppm)				
	C-1	C-2	C-3	C-4	C-5
H₃C-C(CH₃)₂-CH₂-SO₂H	72,0	30,9	29,8		
H₃C-SO₃Na	41,1				
C₆H₅-SO₃Na	145,9	132,5	128,9	131,5	
H₃C²-C¹H₂-SO₃H [a,b]	49,0	9,2			
H₃C-CH₂-CH₂-SO₃H [a,b]	55,4	18,8	13,7		
H₃C-CH₂-CH₂-CH₂-SO₃H [a,b]	54,0	26,9	22,9	14,7	
C₆H₅-SO₃H [a,b]	139,1	133,3	130,3	137,7	
H₃C-C(CH₃)₂-CH₂-SO₃H	63,4	30,9	29,4		
H₃C-O-SO₂-OCH₃	59,1				
H₃C-CH₂-O-SO₂-O-C¹H₂-C²H₃	69,6	14,5			
H₃C-CH₂-O-SO-O-CH₂-CH₃	58,3	15,4			

[a] bezogen auf (CH₃)₃Si(CH₂)₃SO₃Na als Referenz
[b] in H₂SO₄

Tab. 3.36 ¹³C-chemische Verschiebungen von Acetalen, Thioacetalen und Orthoestern

Verbindung	δ (ppm)				
	C-1	C-2	C-3	C-4	C-5
H₂C¹(O²CH₃)(OCH₃)	109,9	53,7			
H₃C¹-C²H(O³C⁴₂H₅)(OC₂H₅)	19,9	99,6	60,7	15,4	
HC¹(O²C³₂H₅)(OC₂H₅)(OC₂H₅)	112,9	59,5	15,2		
C(OCH₃)₄	121,0	50,4			

Tab. 3.36 Fortsetzung

Verbindung	δ (ppm)				
	C-1	C-2	C-3	C-4	C-5
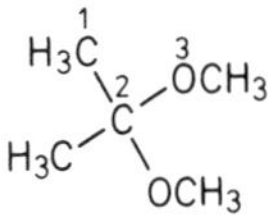 H₃C(1)-C(2)(OCH₃)(3)-OCH₃ mit H₃C-	24,0	99,9	48,1		
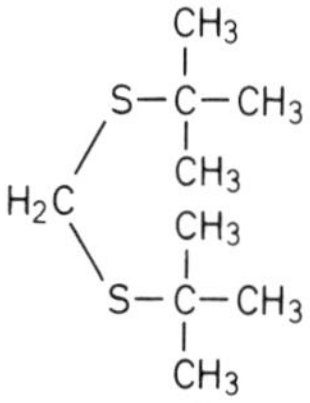 H₂C[S-C(CH₃)₃]₂ (cyclisch)	28,0	43,1	30,9		
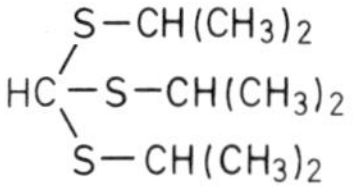 HC[S-CH(CH₃)₂]₃	51,3	35,6	23,3		
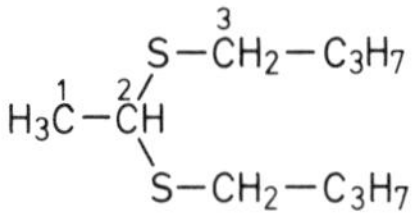 H₃C(1)-CH(2)[S-CH₂(3)-C₃H₇]₂	22,9	45,9	29,4		
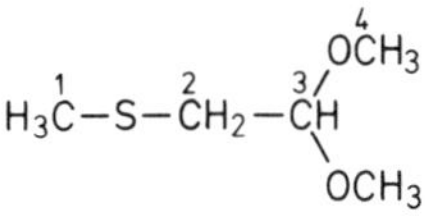 H₃C(1)-S-CH₂(2)-CH(3)(OCH₃(4))₂	16,3	36,4	104,7	53,4	
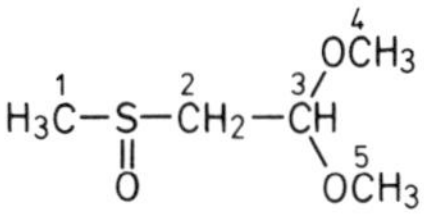 H₃C(1)-S(O)-CH₂(2)-CH(3)(OCH₃(4))(OCH₃(5))	39,4	57,7	99,3	54,6	53,5
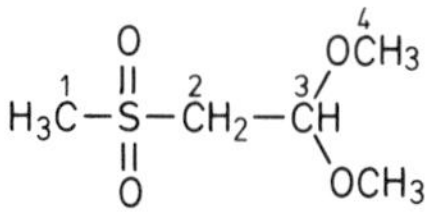 H₃C(1)-S(O)₂-CH₂(2)-CH(3)(OCH₃(4))₂	42,2	57,2	99,6	53,5	
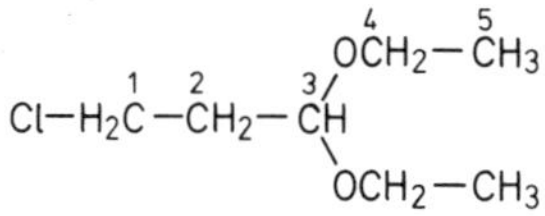 Cl-H₂C(1)-CH₂(2)-CH(3)(OCH₂(4)-CH₃(5))₂	40,7	37,3	100,6	61,9	15,4
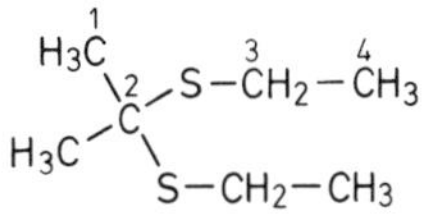 (H₃C)₂C(2)[S-CH₂(3)-CH₃(4)]₂	30,4	54,8	23,2		

Bibliographie

Ether:

Komo, C., Hikino, H. (1976), Tetrahedron 32, 325.
Dorman, D.E., Bauer, D., Roberts, J.D. (1975), J. Org. Chem. 40, 3729.
Masada, H., Murotani, Y. (1979), Bull. Chem. Soc. Jpn 52, 1213.
Christl, M., Reich, H.J., Roberts, J.D. (1971), J. Am. Chem. Soc. 93, 3436.
Kellie, G.M., Riddell, F.G. (1971), 1,3-Dioxane, J. Chem. Soc. B. [B], 1030.
Barabas, A., Botar, A.A., Gocan, A., Popovici, N., Hodosan, F. (1978), Tetrahedron 34, 2191.

Thioether:

Shapiro, M.J. (1978), J. Org. Chem. 43, 742.
Petrova, R.G. et al (1978), Org. Magn. Reson. 11, 406.
De Simone, R.E. et al (1974), Org. Magn. Reson. 6, 583.
Dauphin, G., Cuer, A. (1979), Org. Magn. Reson. 12, 557.
Barbarella, G., Dembech, P., Garbesi, A., Fava, A. (1976), Org. Magn. Reson. 8, 108.
Dyer, J.C., Evans, S.A., persönl. Mitteilung.
Woody Bass, S., Evans, S.A. (1980), Thiolsulfinate, -sulfonate, J. Org. Chem. 45, 710.
Fawcett, A.H., Ivin, K.J., Stewart, C.D. (1978), Carbon-13 NMR Spectra of Mono- and Disulfones, Org. Magn. Reson. 11, 360.
McCrachren, S.S., Evans, S.A. (1979), Thioalkylacetaldehydacetale, J. Org. Chem. 44, 3551.
Freeman, F., Angeletakis, C.N., Maricich, T.J. (1981), ^{1}H-NMR and ^{13}C-NMR Spectra of Disulfides, Thiosulfinates and Thiosulfonates, Org. Magn. Reson. 17, 53.
Kosugi, Y., Takeuchi, T. (1979), The ^{13}C-NMR Titration Shifts of Sulphonic Acids, Org. Magn. Reson. 12, 435.

Disulfide, Sulfone:

Freeman, F., Angeletakis, C.N. (1982), Carbon-13 NMR Study of the Conformations of Disulfides and their Oxide Derivatives, J. Org. Chem. 47, 4194.
Freemann, F., Angeletakis, C.N. (1983), ^{13}C NMR Chemical Shifts of Thiols, Sulfinic Acids, Sulfinyl Chlorides, Sulfonic Acids and Sulfonic Anhydrides, Org. Magn. Reson. 21, 86.

Se, Te-Verbindungen:

Spencer, H.K., Cava, M.P. (1977), Ditelluride, Diselenide, J. Org. Chem. 42, 2937.
Ruppert, I. (1979), Chem. Ber. 112, 3023.
Llabres, G. et al (1978), Can. J. Chem. 56, 2008.

Carbonyl-Verbindungen

Die Signale der Kohlenstoff-Atome von Carbonyl-Gruppen erstrecken sich über den Bereich von 150–220 ppm. Bezieht man die heteroanalogen Derivate (C=S, C=Se, C=N) mit ein, so erweitert sich der Verschiebungsbereich $\Delta\delta$ auf ca. 150 ppm.

Die **größten Tieffeldverschiebungen**, die bisher an Neutralmolekülen gemessen wurden, zeigen die sp^2-C-Atome in Selenoketonen wie dem Di-*t*-butylselenoketon **91** mit 291,4 ppm[153]. Der Vergleich mit dem Di-*t*-butylthioketon **90** und Di-*t*-butylketon **89**

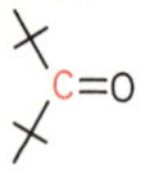

⟩C=O	⟩C=S	⟩C=Se
89	**90**	**91**
$\delta_{C=X} = 218,0$	279,8	291,4

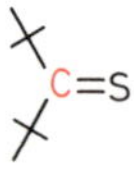

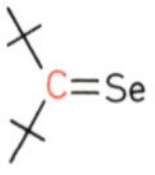

zeigt, daß bei den doppelt gebundenen Heteroatomen der „**Schweratomeffekt**" im Gegensatz zu den Verbindungen mit einfach gebundenen Heteroatomen mit steigender Ordnungszahl (also mit abnehmender Elektronegativität) eine Tieffeldverschiebung bewirkt. Dieser Trend wird hier im Gegensatz zu einfach gebundenen Schweratomen auf den *paramagnetischen Abschirmungsterm* zurückgeführt, in dem in der Reihe O > S > Se die mittlere Anregungsenergie ΔE (s. S. 79) abnimmt und damit σ^{para} zunimmt. Die geschilderte Tieffeldverschiebung ist nicht nur auf Ketone beschränkt, sondern kommt auch bei Säurederivaten sowie bei CO_2^*, CS_2 und CSe_2[153a] zum Ausdruck.

---

* Die Verschiebung von CO_2 in D_2O beträgt 125,9 ppm.

	CO$_2$	CS$_2$	CSe$_2$
δ =	124,2	192,8	209,9

Zwischen den chemischen Verschiebungen von Carbonyl- und Thiocarbonyl-Gruppen existiert eine empirische, lineare Beziehung des Typs Gl. (3.26),

$$\delta_{C=S} = 1{,}50 \cdot \delta_{C=O} - 57{,}5 \qquad (3.26)$$

die als Zuordnungshilfe bzw. zur Vorausberechnung von Verschiebungen benutzt werden kann (45 Verbindungspaare, Korrelationskoeffizient 0,9959)[153b,c].

Betrachtet man die Verschiebungen von Carbonyl-Verbindungen in Abhängigkeit von verschiedenen Substituenten (Tab. 3.37), so lassen sich zwei Verschiebungsbereiche abgrenzen: der Bereich von ca. 160–180 ppm für Säurederivate und der von ca. 195–220 ppm für Aldehyde und Ketone.

Tab. 3.37 ^{13}C-chemische Verschiebungen von Acetyl-Verbindungen

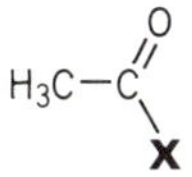

H$_3$C—C(=O)X   δ (ppm)

X	C=O	CH$_3$	andere	
CH$_3$	206,7	30,7		
H	200,5	31,2		
COCH$_3$	197,7	23,2		
CH=CH$_2$	197,5	25,7	137,1 (CH=)	
			128,0 (CH$_2$=)	
C$_6$H$_5$	196,9	25,7	137,0 (C–1)	
			127,8 (C–3/5)	
			128,1 (C–2/6)	
			131,3 (C–4)	
SCH$_3$	195,4	30,2	11,3 (SCH$_3$)	
SH	194,5	32,6		
O$^-$	182,6	24,5 (pH 8)		
OH	176,9	20,8 (pH 1,5)		
NH$_2$	173,4	22,6		
N(CH$_3$)$_2$	170,0	21,5	35,0	
OCH$_3$	171,3	20,6	51,5	
Cl	170,4	33,6		
Br	165,7			
I	158,9			
OCOCH$_3$	167,4	21,8		
Si(CH$_3$)$_3$	248,8	35,7	–3,3	

Die Signale der CO-Gruppen von α,β-ungesättigten Carbonyl-Verbindungen **92a** sind wegen der Beteiligung der mesomeren Form **92c** gegenüber denen der gesättigten Verbindungen, bei denen nur die Form **92b** beteiligt ist, zu hohem Feld verschoben.

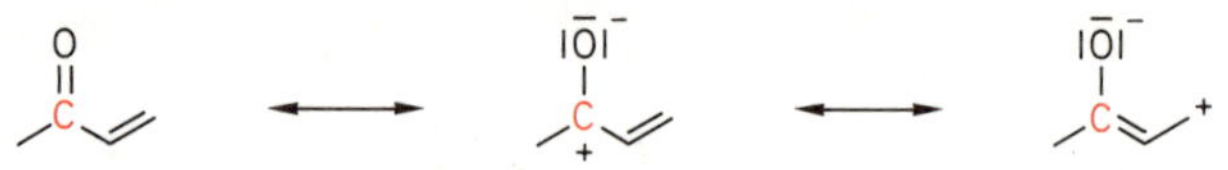

92 a ⇌ **92 b** ⇌ **92 c**

Die Hochfeldverschiebung der CO-Gruppe von Säuren und Säurederivaten **93** gegenüber Aldehyden und Ketonen läßt sich auf die stärkere Beteiligung der mesomeren Form **93c** gegenüber **93b** zurückführen. Thiolester (**93** X = S−R) zeigen Verschiebungen über 190 ppm. Auch dies ist durch die Beteiligung der mesomeren Form **93c** mit einer C=S-Doppelbindung zu erklären (vgl. Keton-Thioketon). Die Verschiebungen der zur CO-Gruppe benachbarten CH$_3$-Gruppe (Tab. 3.37) zeigen ein ähnliches Verhalten wie die δ_{CO}-Werte. Den δ_{CO}-Werten über 190 ppm entsprechen δ_{CH_3}-Werte zwischen 25 und 31 ppm, während bei den Verbindungen mit δ_{CO}-Werten unter 175 ppm Verschiebungen der Methyl-Gruppe von 20–22 ppm beobachtet werden; hierbei machen jedoch die Säurehalogenide eine Ausnahme.

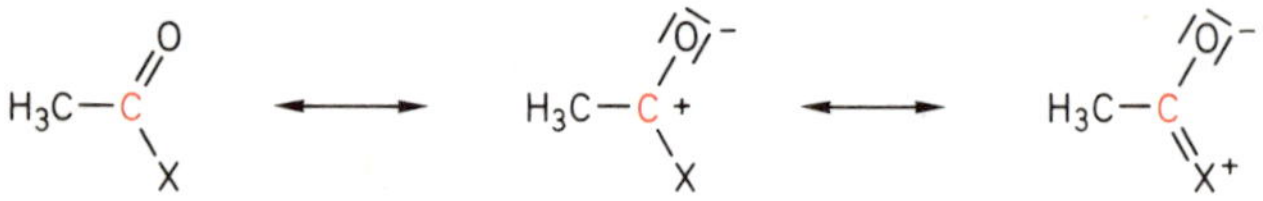

93 a ⇌ **93 b** ⇌ **93 c**

Kohlenmonoxid zeigt eine Verschiebung von 182,2 ppm.

Aldehyde und Ketone

Die chemischen Verschiebungen acyclischer Aldehyde und Ketone sind in Tab. 3.38 und 3.39 zusammengestellt.

Die α-, β-, γ-Effekte aliphatischer Kohlenstoff-Atome auf die Verschiebung der Carbonyl-Gruppe sind deutlich kleiner als bei den Kohlenwasserstoffen, wie die folgende Reihe zeigt. Für den α-Effekt werden Werte von ca. 5 ppm, für den β-Effekt 1–2 ppm und für den

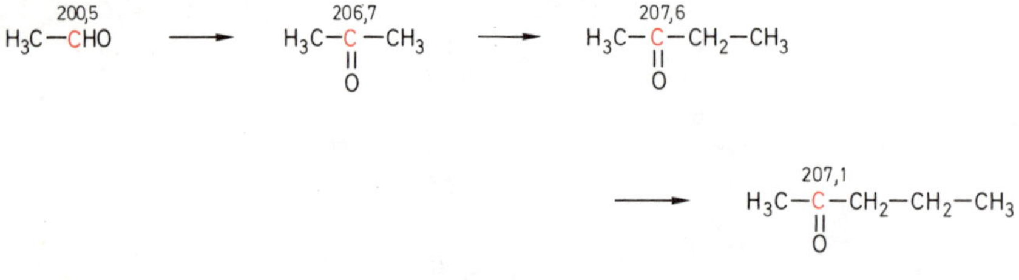

H$_3$C−CHO (200,5) → H$_3$C−C(=O)−CH$_3$ (206,7) → H$_3$C−C(=O)−CH$_2$−CH$_3$ (207,6)

→ H$_3$C−C(=O)−CH$_2$−CH$_2$−CH$_3$ (207,1)

γ-Effekt bis zu −1 ppm beobachtet. Die deutliche Verringerung der α- und β-Effekte kann dem induktiven Einfluß der Alkyl-Gruppen zugeschrieben werden, der das Elektronendefizit des Carbonylkohlenstoff-Atoms (s. Formel **93b**) verringert.

Das Di-t-butylketon **94** zeigt gegenüber dem t-Butyl-isopropylketon **95** und dem Diisopropylketon (s. Tab. 3.39) deutliche Abweichungen von der Additivität der Methyl-Gruppen-Inkremente. Dies wird auf die durch starke sterische Wechselwirkungen hervorgerufene Valenzwinkelaufweitung (C−CO−C) zurückgeführt[154]* (s. γ_{gauche}-*Effekt*).

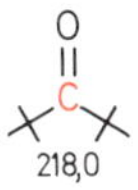

94 218,0   **95** 217,4

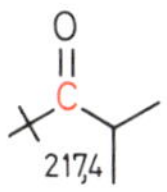

Tab. 3.38 ^{13}C-chemische Verschiebungen aliphatischer und α, β-ungesättigter Aldehyde

Verbindung	δ (ppm)				
	C−1	C−2	C−3	C−4	C−5
CH_2O	197,0				
H_3C-CHO	200,5	31,2			
H_3C-CH_2-CHO	202,7	36,7 (37,5)	5,2 (6,1)		
$H_3C-CH_2-CH_2-CHO$	201,6	45,7	15,7	13,3	
$H_3C-CH_2-CH_2-CH_2-CHO$	201,3	43,6	24,3	22,4	13,8
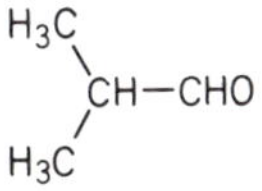 $(H_3C)_2CH-CHO$	204,6	41,1	15,5		
$H_2C=CH-CHO$	193,3	136,0	136,4		
$HC\equiv C-CHO$					
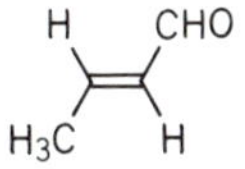 (E)-$H_3C-CH=CH-CHO$	193,4	134,8	153,9	18,5	
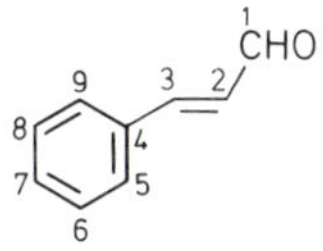 Ph-CH=CH-CHO	193,5	128,2	152,5	134,1	129,0
	6,8 128,5	7 131,0			
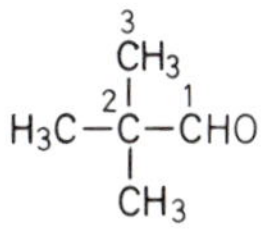 $(H_3C)_3C-CHO$	205,6	42,4	23,4		
Cl_3C-CHO	176,9	95,3			

---

* In Lit.[154] wird für das Di-t-butylketon ein δ_{CO}-Wert von 216,0 ppm angegeben. Eine farblose Probe von Di-t-butylketon in CDCl$_3$ als Lösungsmittel ergab jedoch reproduzierbar den angegebenen Wert von 218 ppm.

Tab. 3.39 ^{13}C-chemische Verschiebungen aliphatischer und α,β-ungesättigter Ketone

Verbindung	C-1	C-2	C-3	C-4	C-5	C-6
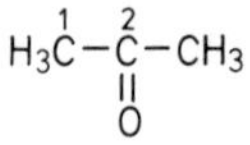 $H_3\overset{1}{C}-\overset{2}{C}(=O)-CH_3$	30,7	206,7				
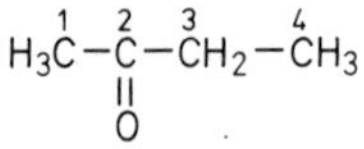 $H_3\overset{1}{C}-\overset{2}{C}(=O)-\overset{3}{C}H_2-\overset{4}{C}H_3$	27,5	206,3	35,2	7,0		
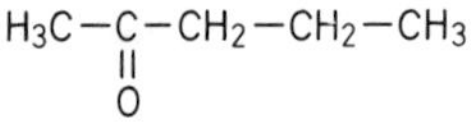 $H_3C-C(=O)-CH_2-CH_2-CH_3$	29,3	206,6	45,2	17,5	13,5	
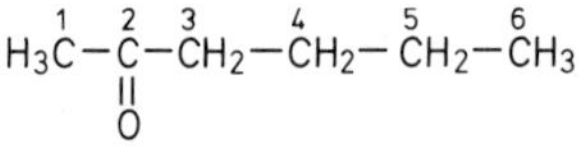 $H_3\overset{1}{C}-\overset{2}{C}(=O)-\overset{3}{C}H_2-\overset{4}{C}H_2-\overset{5}{C}H_2-\overset{6}{C}H_3$	29,4	206,8	43,5	31,9	23,8	14,0
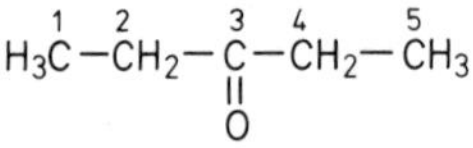 $H_3\overset{1}{C}-\overset{2}{C}H_2-\overset{3}{C}(=O)-\overset{4}{C}H_2-\overset{5}{C}H_3$	8,0	35,5	210,7			
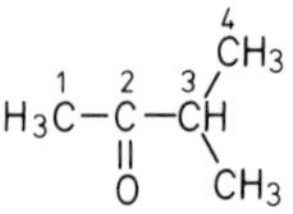 $H_3\overset{1}{C}-\overset{2}{C}(=O)-\overset{3}{C}H(\overset{4}{C}H_3)_2$	27,5	212,5	41,6	18,2		
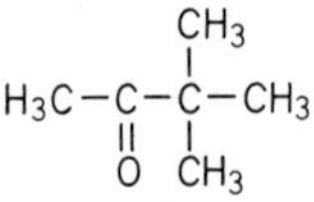 $H_3C-C(=O)-C(CH_3)_3$	24,5	212,8	44,3	26,5		
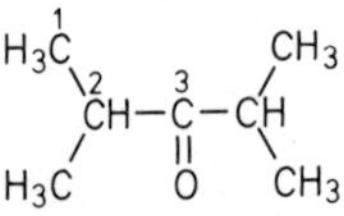 $(H_3\overset{1}{C})_2\overset{2}{C}H-\overset{3}{C}(=O)-CH(CH_3)_2$	17,8	38,0	215,1			
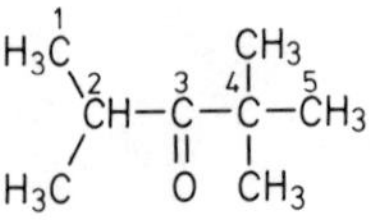 $(H_3\overset{1}{C})_2\overset{2}{C}H-\overset{3}{C}(=O)-\overset{4}{C}(CH_3)_2-\overset{5}{C}H_3$	19,0	32,5	217,4	43,4	24,9	
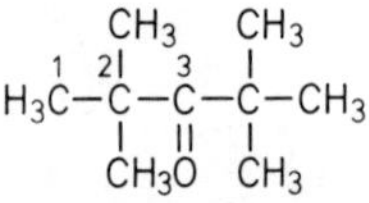 $H_3\overset{1}{C}-\overset{2}{C}(CH_3)(OCH_3)-\overset{3}{C}(=O)-C(CH_3)_3$	28,6	45,6	218,0			
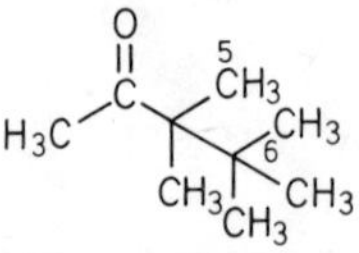 $H_3C-C(=O)-C(CH_3)_2-CH(CH_3)_2$ mit C-5, C-6	23,5	210,0	49,4	32,6	19,1	16,1
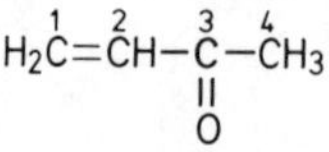 $H_2\overset{1}{C}=\overset{2}{C}H-\overset{3}{C}(=O)-\overset{4}{C}H_3$	128,0	137,1	197,5	25,7		
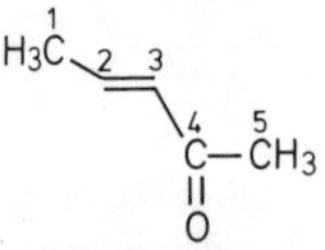 $H_3\overset{1}{C}-\overset{2}{C}H=\overset{3}{C}H-\overset{4}{C}(=O)-\overset{5}{C}H_3$	18,0	142,7	133,2	197,0	26,6	

Tab. 3.39 Fortsetzung

Verbindung	C-1	C-2	C-3	δ (ppm) C-4	C-5	C-6
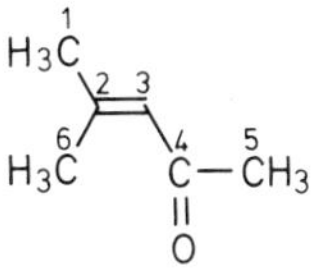 (CH₃)₂C=CH-C(=O)-CH₃ (positions 1,6=CH₃; 2=C; 3=CH; 4=C=O; 5=CH₃)	27,5	154,3	124,5	197,7	31,4	20,5
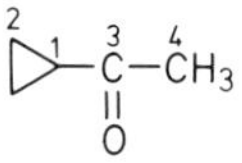 Cyclopropyl-C(=O)-CH₃ (1=ring, 2=ring C, 3=C=O, 4=CH₃)	21,1	10,3	207,9	29,9		
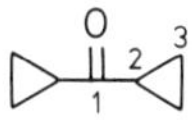 Dicyclopropyl ketone (1=C=O, 2=ring C, 3=ring CH₂)	209,9	20,5	10,3			
C₆H₅-CH₂-C(=O)-CH₃ (1=CH₃, 2=C=O, 3=CH₂, 4=ipso, 5=ortho, 6=meta, 7=para)	28,9 7 126,9	205,3	50,5	134,8	129,5	128,6
C₆H₅-C(=O)-CH₂-C₆H₅ (1=C=O, 2=CH₂, 3=ipso(Bn), 9=ipso(Ph))	197,4 9 136,5	44,9 10,14 128,4	135,0 11,13 128,4	129,7 12 133,1	128,6	126,6
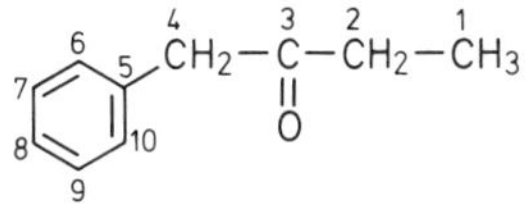 C₆H₅-CH₂-C(=O)-CH₂-CH₃ (1=CH₃, 2=CH₂, 3=C=O, 4=CH₂, 5=ipso)	7,8 7,9 128,6	35,1 8 126,8	207,9	49,6	134,9	129,5
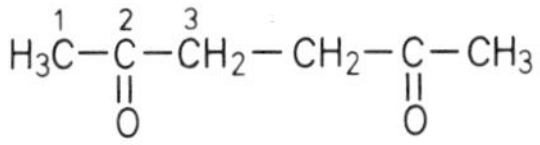 H₃C-C(=O)-CH₂-CH₂-C(=O)-CH₃	29,6	206,9	37,0			
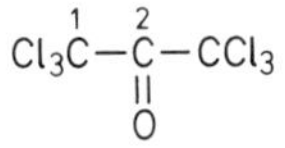 Cl₃C-C(=O)-CCl₃	90,2	175,5				
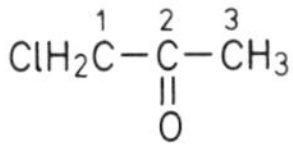 ClH₂C-C(=O)-CH₃	49,4	200,1	27,2			
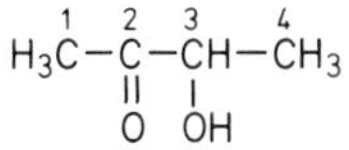 H₃C-C(=O)-CH(OH)-CH₃	24,9	211,2	73,1	19,4		
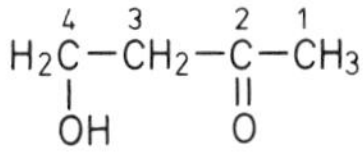 H₂C(OH)-CH₂-C(=O)-CH₃ (4=CH₂OH)	30,2	209,2	46,1	57,5		
BrH₂C-COCH₃	35,5	199,0	27,0			
FH₂C-COCH₃	84,9	203,5	25,1			
Cl₂HC-COCH₃	70,2	193,6	22,1			
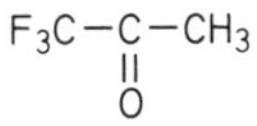 F₃C-C(=O)-CH₃	115,6	187,4	23,1			

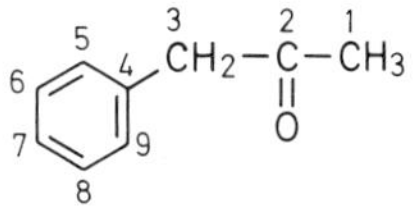

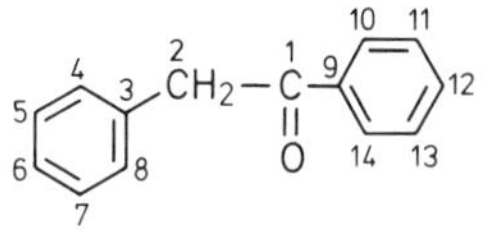

Tab. 3.39 Fortsetzung

Verbindung	δ (ppm)					
	C−1	C−2	C−3	C−4	C−5	C−6
H₃C−C(=O)−CCl₂−CH₃ (1,2,3,4)	22,1	194,2	85,1	31,6		
H₃C−C(=O)−CBr₂−CH₃	22,8	193,9	62,8	34,9		
H₃C−C(=O)−CHI−CH₃	26,1	202,7	21,0	22,2		
H₃C−C(=O)−CHBr−CH₃	25,7	200,3	48,2	19,9		
H₃C−C(=O)−CHCl−CH₃	25,2	201,2	58,8	19,9		
H₃C−C(=O)−CHF−CH₃	24,1	206,5	92,3	17,2		

Der Einfluß der Aldehyd- und Keto-Funktion auf die Verschiebungen einer Alkyl-Kette ist unterschiedlich. Während die CHO-Gruppe α, β, γ-Effekte von 30,0 ppm, −0,6 ppm (!) und −2,7 ppm besitzt, werden für die CH₃CO-Gruppe α-, β-, γ-Werte von 23.0, 3,0 und −3,0 ppm festgestellt. Der β-Effekt der Aldehyd-Gruppe ist unter der Vielzahl der Substituenten damit eine der wenigen negativen (s. Tab. 3.10) und unterscheidet sich deutlich von dem der Acetyl-Gruppe, während α- und γ-Effekte für die CHO- und CH₃CO-Gruppen in der gleichen Größenordnung liegen.

Wegen der großen Empfindlichkeit der ^{13}C-chemischen Verschiebungen auf strukturelle Veränderungen eignet sich die ^{13}C-NMR-Spektroskopie sehr gut zum qualitativen Nachweis von **Keto-Enol-Gleichgewichten**[155] (z. B. Acetylaceton **96** ⇌ **96a**, Dimedon **97** ⇌ **97a**), wobei quantitative Aussagen aus Gründen der Meßmethode (s. Kap. 8) nicht direkt erhältlich sind.

H₃C−C(=O)−CH₂−C(=O)−CH₃
28,5   201,1 56,6   201,1 28,5

96

H₃C(22,5)−C(190,5)=CH(99,0)−C(190,5)(CH₃)−O−H
(enol form)

96a

Dimedon **97**: 27,9 (CH₃), 32,4 (C), 53,7 (CH₂), 57,0 (CH₂), 203,4 (C=O)

97

Enol form **97a**: 27,9, 30,4, 46,0, 102,5, 190,2, OH

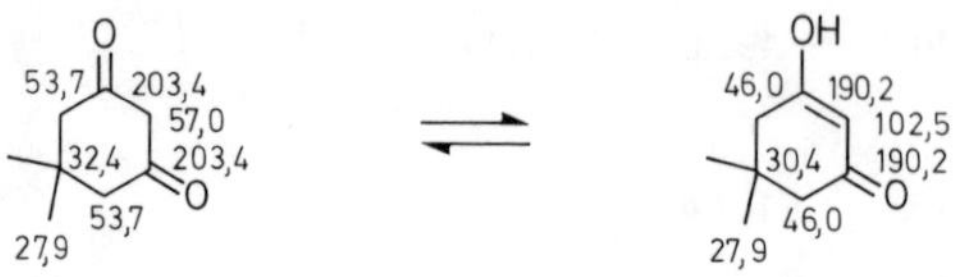

97a

Die chemischen Verschiebungen linearer, gesättigter Ketone sind mit Ausnahme der Derivate mit sterisch anspruchsvollen Gruppen wie des Di-*t*-butylketons direkt korrelierbar mit der Energie des *n*-π*-Übergangs (s. S. 80), wobei sich Werte von 1,43 nm/ppm (Lösungsmittel für UV-Messung Ethanol) bzw. 0,998 nm/ppm (Lösungsmittel Hexan) ergeben. Diese Werte sind jedoch nicht auf α-, β-ungesättigte Carbonyl-Verbindungen übertragbar (s. Bibliographie).

Für α-, β-ungesättigte Carbonyl-Verbindungen (s. **92**, S. 172) ist ein empirisches System zur **Abschätzung der Ladungsdichte-Verteilung** vorgeschlagen worden, das auf der Additivität elektronischer Effekte beruht und konformative Einflüsse auf die Verschiebung vernachlässigt[156]. So soll die Differenz der δ-Werte des α- bzw. β-C-Atoms zwischen einem Enon (z. B. 4-Methyl-3-penten-2-on, Mesityloxid **98**) und dem zugehörigen Alken (2-Methyl-2-penten **99**) der Gesamt-Elektronendichte (σ + π-Dichte) an diesen C-Atomen entsprechen. Division dieser Differenz durch den Faktor 240 ppm/Elektron – dieser Wert resultiert aus theoretischen Berechnungen der Korrelation von chemischen Verschiebungen mit Elektronendichten (s. S. 89) – liefert den Überschuß bzw. das Defizit der totalen Elektronendichte Z^t in α- bzw. β-Position (Z_α^t, Z_β^t).

98 **99** **100** **101**

$$Z_\alpha^t = \frac{124{,}3 - 126{,}7}{240 \text{ ppm/e}^-} = -\frac{2{,}4}{240} = -0{,}01 \text{ Elektron}$$

$$Z_\beta^t = \frac{155{,}0 - 130{,}7}{240 \text{ ppm/e}^-} = \frac{24{,}3}{240} = 0{,}101 \text{ Elektron}$$

$$Z_\beta^\pi = \frac{(155{,}0 - 130{,}7) - (24{,}6 - 27{,}8)}{240 \text{ ppm/e}^-} = 0{,}114 \text{ Elektron}$$

$$Z_\alpha^\pi = \frac{(124{,}3 - 126{,}7) - (52{,}8 - 41{,}5)}{240 \text{ ppm/e}^-} = -0{,}057 \text{ Elektron}$$

Der Beitrag der σ-Elektronendichte kann durch entsprechende Differenzbildung der δ-Werte des Ketons (4-Methyl-2-pentanon **100**) und Alkans (2-Methylpentan **101**) berechnet werden. Die totale Elektronendichte Z^t abzüglich der σ-Elektronendichte Z^σ liefert die π-Elektronendichte Z_α^π bzw. Z_β^π.

Bei aller Skepsis gegenüber solchen Additivitätsregeln liefert dieses empirische Verfahren dennoch eine brauchbare Abschätzung der Ladungsdichten in α- oder β-Position von α-, β-ungesättigten Carbonyl-Verbindungen. CNDO-Rechnungen ergaben für das Mesityloxid **98** ein π-Elektronendefizit von $Z_\beta^\pi = 0{,}086$ Elektronen (Z_β^π abgeschätzt = 0,114)[156].

Aliphatische Carbonsäuren, Carbonsäureanhydride, -ester, -amide, -halogenide

Tab. 3.40 enthält die Verschiebungsdaten ausgewählter aliphatischer Carbonsäuren und deren Derivate.

Tab. 3.40 ^{13}C-chemische Verschiebungen aliphatischer Carbonsäuren, Carbonsäureanhydriden, -estern, -amiden, -halogeniden

Verbindung	δ (ppm)						
	C-1	C-2	C-3	C-4	C-5	C-6	C-7
Monocarbonsäuren							
HCOOH	166,4						
CH$_3$COOH	175,7[a]	20,3					
	177,9[b]	21,7					
H$_3$C−CH$_2$−COOH	179,8[a]	27,6[a]	9,0[a]				
	181,2[b]	28,5[b]	9,6[b]				
H$_3$C−CH$_2$−CH$_2$−COOH	179,4	36,2	18,7	13,7			
	180,4	37,0	19,2	13,9			
H$_3$C−CH$_2$−CH$_2$−CH$_2$−COOH	180,6[b]	34,8	27,7	22,7	14,2		
H$_3$C−CH$_2$−CH$_2$−CH$_2$−CH$_2$−COOH	180,6	34,2	31,4	24,5	22,4	13,8	
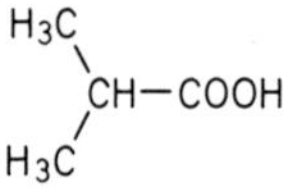 (H$_3$C)$_2$CH−COOH	184,1	34,1	18,8				
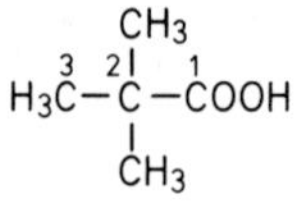 (H$_3$C)$_3$C(CH$_3$)−COOH (neopentansäure-artig, 3 2 1)	185,9	38,7	27,1				
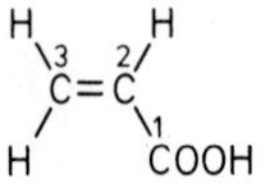 H$_2$C=CH−COOH (3,2,1)	168,9	129,2	130,8				
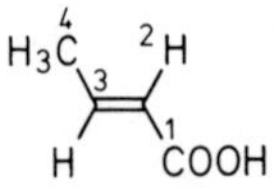 H$_3$C−CH=CH−COOH (trans, 4,3,2,1)	169,3	122,8	146,0	17,3			
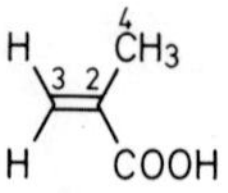 H,CH$_3$ / C=C / H,COOH (4,3,2,1)	170,8	136,3	126,2	17,5			
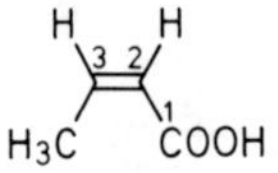 H,H / C=C / H$_3$C,COOH (3,2,1)	169,8	121,0	146,2	15,0			
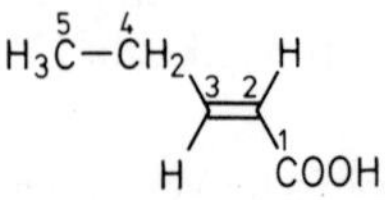 H$_3$C−CH$_2$−CH=CH−COOH (5,4,3,2,1)	171,9	119,5	152,5	24,6	11,1		
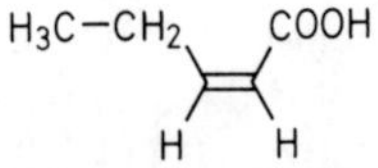 H$_3$C−CH$_2$−CH=CH−COOH (cis)	171,5	118,5	154,0	22,3	12,7		
ClH$_2$C−COOH	173,7	40,7					
Cl$_2$HC−COOH	170,4	63,7					

[a] D$_2$O, ext. Dioxan
[b] Dioxan

Tab. 3.40 Fortsetzung

Verbindung	δ (ppm)						
	C-1	C-2	C-3	C-4	C-5	C-6	C-7
Cl$_3$C–COOH	167,0	88,9					
H$_3$C–CH$_2$–CH–COOH (4,3,2,1; 2-Br)	175,9	47,0	28,1	11,7			
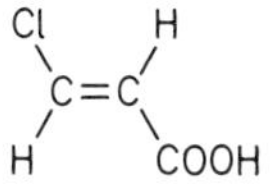 (Cl,H)C=C(H,COOH)	166,4	125,2	137,0				
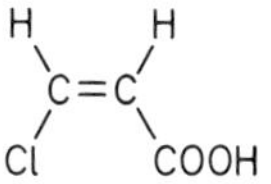 (H,H)C=C(Cl,COOH)	166,2	121,4	133,2				
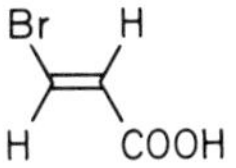 (Br,H)C=C(H,COOH)	166,5	129,1	128,3				
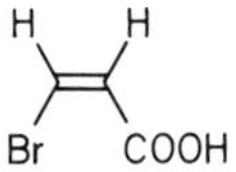 (H,H)C=C(Br,COOH)	166,3	124,7	122,0				
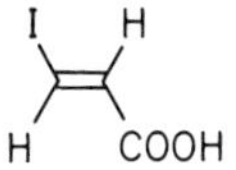 (I,H)C=C(H,COOH)	166,5	137,4	100,3				
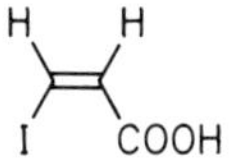 (H,H)C=C(I,COOH)	167,5	130,6	97,4				
H$_3$C–C(H,OH)–COOH in DMSO (3,2,1)	176,8	66,0	19,9				
H$_2$C(Br)–CH(Br)–COOH (3,2,1)	173,6	40,4	28,8				
H$_2$C(SH)–CH$_2$–COOH (3,2,1)	177,9	38,2	19,3				
F$_3$CCOOH	163,0	115,0					
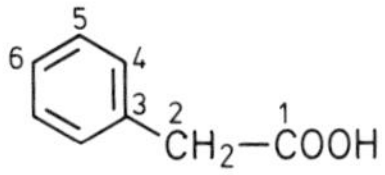 C$_6$H$_5$–CH$_2$–COOH (Ph positions 3–6, 2=CH$_2$, 1=COOH)	178,4	41,0	133,4	129,4	128,6	127,3	
H$_3$C–O–CH$_2$–COOH (1,2,3)	59,3	69,3	173,9				
HOCH$_2$–COOH (D$_2$O) (1=COOH, 2=CH$_2$)	177,2	60,4					

Tab. 3.40 Fortsetzung

Verbindung		δ (ppm)						
		C-1	C-2	C-3	C-4	C-5	C-6	C-7
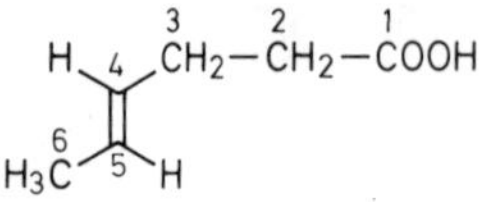 H–C(⁴)(CH₂(³)–CH₂(²)–COOH(¹))=C(⁵)(H)(CH₃(⁶))		180,2	34,3	27,8	129,2	126,4	17,9	

Dicarbonsäuren (Lösungsmittel Dioxan)

Verbindung		C-1	C-2	C-3	C-4	C-5
COOH–COOH		160,1				
HOOC–CH₂–COOH	(D₂O)	169,2 (172,1)	40,9 (42,4)			
HOOC–CH₂–CH₂–COOH	(D₂O)	173,9 (178,2)	28,9 (30,1)			
HOOC–(CH₂)₃–COOH	(D₂O)	176,6 (179,1)	33,2 (34,1)	20,6 (20,8)		
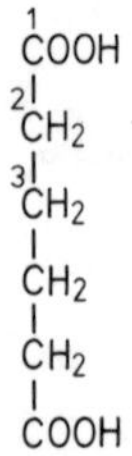 HOOC–(CH₂)₄–COOH		174,9	33,5	24,9		
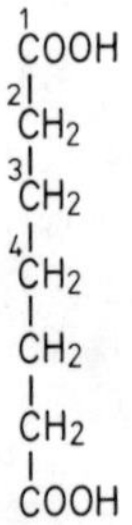 HOOC–(CH₂)₅–COOH		175,8	33,8	25,0	29,2	
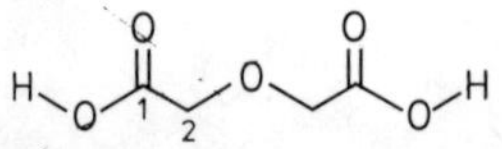 HO–CO–CH₂–O–CH₂–CO–OH		173,6	67,7			

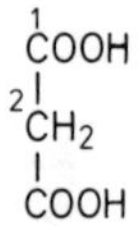

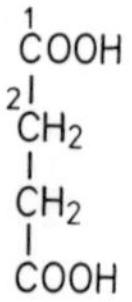

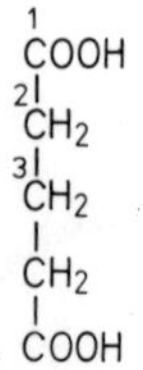

Tab. 3.40 Fortsetzung

Verbindung	δ (ppm)						
	C-1	C-2	C-3	C-4	C-5	C-6	C-7
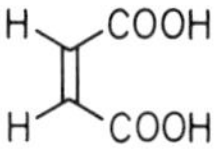 H,H-C=C(COOH)(COOH) (cis)	166,1	130,4					
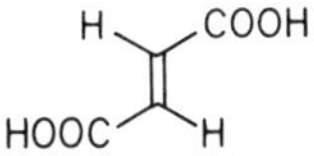 H,HOOC-C=C(COOH)(H) (trans)	166,6	134,2					
(H₃C)₂C=C(COOH)(COOH)	169,8						
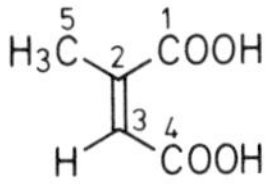 H₃C(H)C=C(COOH)(COOH)	175,5	147,0	121,7	166,3	20,9		
(H₃C)(H₃C)C=C(COOH)(COOH)	169,2						
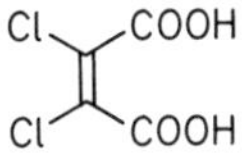 Cl,Cl-C=C(COOH)(COOH)	162,3	130,9					
COOH–CH(OH)–CH(OH)–COOH	175,3	72,8					
	173,5	72,8					
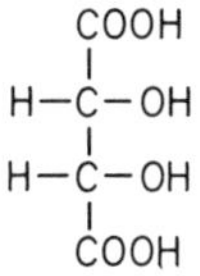 COOH–CH(OH)–CH(OH)–COOH (meso)	172,7	73,8					
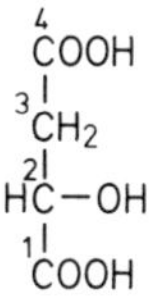 COOH–CH(OH)–CH₂–COOH	175,2	68,0	39,4	172,6			
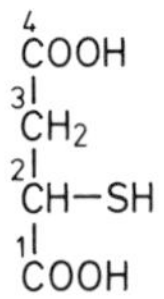 COOH–CH(SH)–CH₂–COOH	177,0	36,9	40,2	175,3			
COOH–CHBr–CHBr–COOH R,S	169,6	47,3					
COOH–CHBr–CHBr–COOH meso	167,9	42,8					

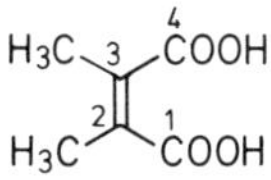

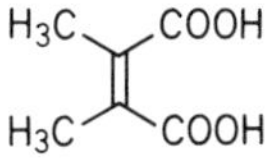

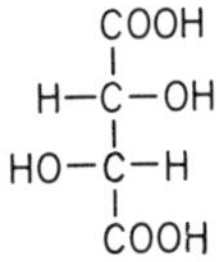

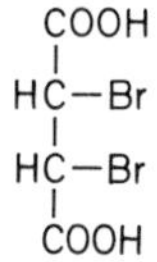

Tab. 3.40 Fortsetzung

Verbindung		δ (ppm)						
		C-1	C-2	C-3	C-4	C-5	C-6	C-7

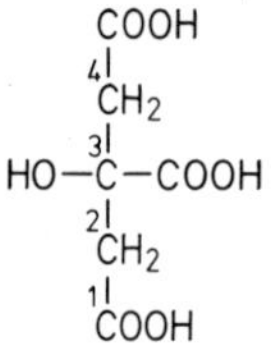

HOOC–CH$_2$–C(OH)(COOH)–CH$_2$–COOH (Citronensäure, nummeriert 1–4 mit COOH als 4)

(D$_2$O)   174,2   44,1   74,2   177,5

Carbonsäureanhydride

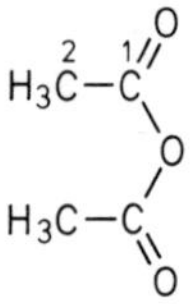

(H$_3$C–CO)$_2$O (Essigsäureanhydrid)

167,4   21,8

(H$_3$C–CH$_2$–CO)$_2$O

170,9   27,4   8,5

(H$_3$C–CH$_2$–CH$_2$–CO)$_2$O

169,6   37,2   18,2   13,4

Bernsteinsäureanhydrid

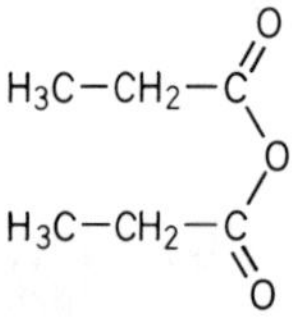

172,5   28,2

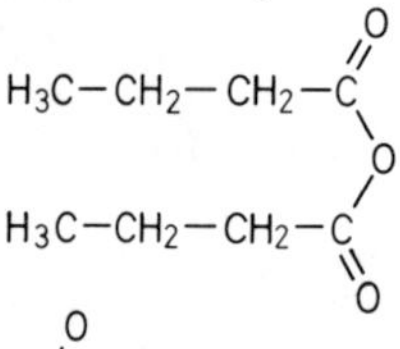

Maleinsäureanhydrid

165,9   137,4

Methylmaleinsäureanhydrid (C-Nummerierung 2,3,4,5)

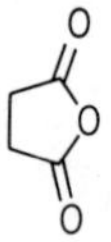

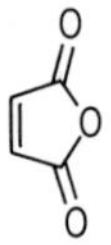

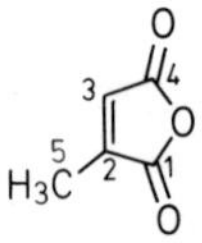

167,4   150,2   130,2   165,3   11,3

Dibrommaleinsäureanhydrid

159,8   131,4

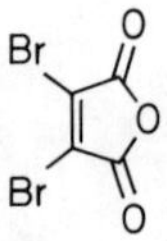

Dimethylmaleinsäureanhydrid

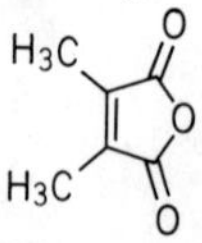

167,0   141,0

Tab. 3.40 Fortsetzung

Verbindung	δ (ppm)						
	C–1	C–2	C–3	C–4	C–5	C–6	C–7

Carbonsäureester

Verbindung	C–1	C–2	C–3	C–4	C–5	C–6	C–7
HCOOCH₃	160,9	49,1					
HCOOCH₂–CH₃	160,4	58,8	13,0				
HCOOCH₂–CH₂–CH₃	160,3	64,3	21,3	9,1			
HCOOCH(CH₃)₂	159,3	66,3	20,7				
H₃¹C–²COO³CH₃	20,6	171,3	51,5				
H₃¹C–²COO³CH₂–⁴CH₃	21,0	170,6	60,3	14,2			
H₃C–COOCH(CH₃)₂	21,4	170,4	67,5	21,8			
H₃C–COOC(CH₃)₃	22,5	170,4	80,1	28,1			
H₃C–COOCH₂–CH₂–CH₃	19,6	169,0	64,6	21,6	9,3		
H₃C–COOCH₂–CH₂–CH₂–CH₃	19,4	169,1	63,1	30,4	18,6	12,7	
H₃¹C–²CH₂–³COO⁴CH₃	9,2	27,2	173,3	51,0			
H₃¹C–²CH₂–³COO⁴CH₂–⁵CH₃	9,0	27,4	172,4	59,7	14,2		
H₃¹C–²CH₂–³CH₂–⁴COOCH₃	13,8	18,9	35,6	172,2	51,9		
H₃¹C–²CH₂–³CH₂⁴COO⁵CH₂–⁶CH₃	13,8	18,9	36,2	171,6	59,7	14,5	
H₃¹C\²HC–³COO⁴CH₃ / H₃C	16,2	31,0	173,5	49,8			
H₃C–C(CH₃)₂–COOCH₃	27,3	38,7	178,8	51,5			
H₃¹C–²C(CH₃)₂–³COO⁴CH₂–⁵CH₃	27,2	38,7	178,8	60,2	14,2		
H₃¹C–²C(CH₃)₂–³COO⁴CH(⁵CH₃)CH₃	27,2	38,6	177,9	67,1	21,7		

Tab. 3.40 Fortsetzung

Verbindung	δ (ppm)						
	C-1	C-2	C-3	C-4	C-5	C-6	C-7
$\overset{1}{H_3C}-\overset{2}{\underset{CH_3}{\underset{|}{\overset{CH_3}{\overset{|}{C}}}}}-\overset{3}{COO}-\overset{4}{\underset{CH_3}{\underset{|}{\overset{CH_3}{\overset{|}{C}}}}}-\overset{5}{CH_3}$	27,2	39,2	177,8	79,4	27,9		
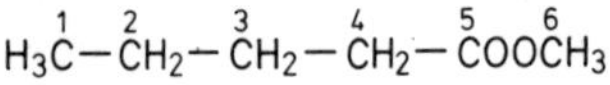 $\overset{1}{H_3C}-\overset{2}{CH_2}-\overset{3}{CH_2}-\overset{4}{CH_2}-\overset{5}{COO}\overset{6}{CH_3}$	15,1	23,9	28,5	34,9	173,4	51,6	
$\overset{1}{H_3C}\overset{2}{OC}-O-\overset{3}{CH_2}$ $\overset{}{|}$ $H_3COC-O-CH_2$	20,8	170,6	62,9				
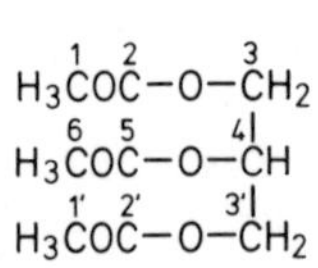 $\overset{1}{H_3C}\overset{2}{OC}-O-\overset{3}{CH_2}$ $\overset{6}{H_3C}\overset{5}{OC}-O-\overset{4}{CH}$ $\overset{1'}{H_3C}\overset{2'}{OC}-O-\overset{3'}{CH_2}$	20,8	169,7	62,4	69,2	169,9	20,5	
$H_3C-\overset{O}{\overset{\|}{C}}-O-H_2CCH_2-O-\overset{O}{\overset{\|}{C}}-CH_3$ $\underset{H}{C}=\underset{H}{C}$	20,7	170,4	59,9	128,1			
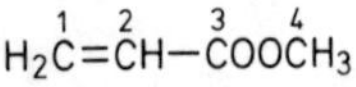 $\overset{1}{H_2C}=\overset{2}{CH}-\overset{3}{COO}\overset{4}{CH_3}$	129,9	128,7	166,0	50,9			
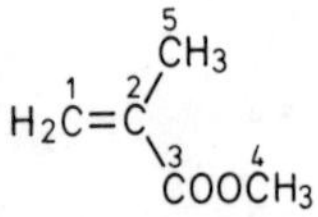 $\overset{1}{H_2C}=\overset{2}{C}\overset{\overset{5}{CH_3}}{\underset{\underset{3}{COO}\overset{4}{CH_3}}{}}$	125,0	136,2	166,7	51,3	17,9		
$\overset{1}{H_3C}-\overset{2}{C}\overset{\overset{O}{\|}}{\underset{\underset{3}{O}\overset{4}{CH}=CH_2}{}}$	20,5	167,9	141,5	97,5			
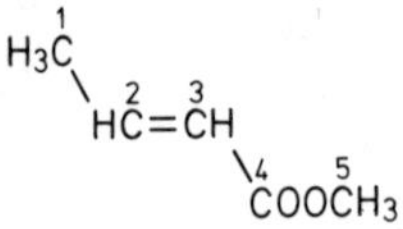 $\overset{1}{H_3C}\diagdown$ $\overset{2}{HC}=\overset{3}{CH}$ $\diagdown\overset{4}{COO}\overset{5}{CH_3}$	144,1	122,3	166,0	50,3	17,1		
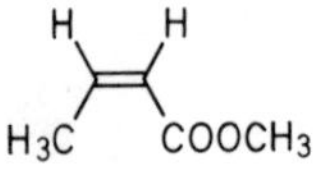 $\underset{H_3C}{H}\diagup=\diagdown\underset{COOCH_3}{H}$	144,5	120,4	166,2	50,6	15,6		
$H_3C-\overset{O}{\overset{\|}{C}}-O-CH_2-C\equiv C-CH_2-O-\overset{O}{\overset{\|}{C}}-CH_3$	20,5	170,0	52,0	80,8			
$HO\overset{1}{H_2C}-\overset{2}{C}\overset{\overset{O}{\|}}{\underset{\underset{3}{O}CH_3}{}}$	60,5	174,0	52,1				
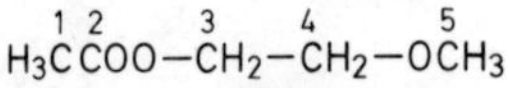 $\overset{1}{H_3C}\overset{2}{COO}-\overset{3}{CH_2}-\overset{4}{CH_2}-\overset{5}{OCH_3}$	21,1	170,9	63,5	70,5	58,9		

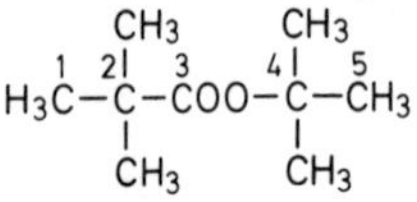

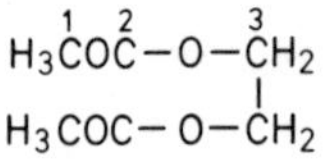

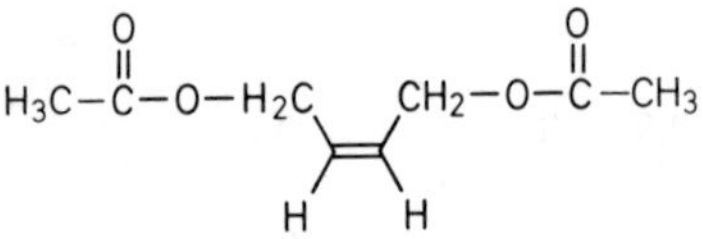

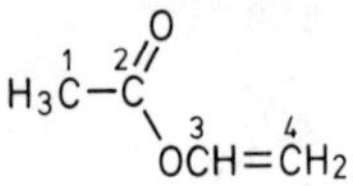

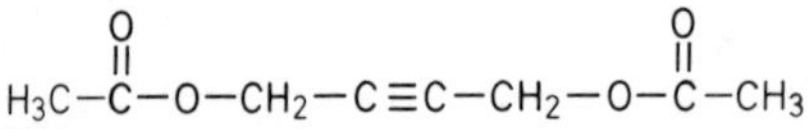

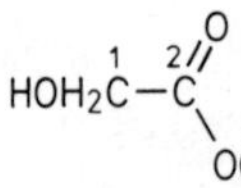

Tab. 3.40 Fortsetzung

Verbindung	δ (ppm)						
	C-1	C-2	C-3	C-4	C-5	C-6	C-7
$\overset{1}{C}lH_2\overset{2}{C}-\overset{3}{C}OO\overset{}{C}H_3$	40,7	167,8	53,0				
$ClH_2C-COOCH_2-CH_3$	41,0	167,4	62,3	14,1			
$Cl_2HC-COOCH_3$	64,1	165,0	54,2				
$Cl_2HC-COOCH_2-CH_3$	64,4	164,5	63,7	13,9			
$Cl_3C-COOCH_3$	89,6	162,5	55,7				
$Cl_3C-COOCH_2-CH_3$	90,0	161,9	65,5	13,7			
$F_3C-COOCH_2-CH_3$	115,3	158,1	64,7	13,8			
threo $H_3\overset{5}{C}-\overset{4}{C}(\overset{6}{OCH_3})(H)-\overset{3}{C}H_2-\overset{7}{C}H_3$, $\overset{1}{COOCH_3}$ at C-4	51,3	175,2	45,4	78,4	15,7	56,5	12,1
erythro $H_3\overset{5}{C}-\overset{4}{C}(\overset{6}{H_3CO})(H)-\overset{3}{C}(\overset{2}{COOCH_3})(H)-\overset{7}{C}H_3$	51,3	175,2	45,8	78,2	16,9	56,5	12,5
$H_3\overset{4}{C}-\overset{3}{C}H(Cl)-\overset{2}{C}OO\overset{1}{C}H_3$	52,7	170,0	52,3	21,4			
$ClH_2\overset{4}{C}-\overset{3}{C}H_2-\overset{2}{C}OO\overset{1}{C}H_3$	51,7	170,5	37,7	39,4			
$H_3\overset{5}{C}-\overset{4}{C}H_2-\overset{3}{C}H(Cl)-\overset{2}{C}OO\overset{1}{C}H$	52,5	169,6	58,7	28,7	10,5		
$H_3\overset{5}{C}-\overset{4}{C}H(Cl)-\overset{3}{C}H_2-\overset{2}{C}OO\overset{1}{C}H_3$	51,6	170,1	45,1	53,0	25,1		
$H_3\overset{4}{C}-\overset{3}{C}(Cl)_2-\overset{2}{C}OO\overset{1}{C}H_3$	53,5	165,8	79,0	34,1			
$H_2C(Cl)-CH(Cl)-COOCH_3$	52,6	166,3	53,9	43,1			
$ClH_2\overset{5}{C}-\overset{4}{C}H_2-\overset{3}{C}H_2-\overset{2}{C}OO\overset{1}{C}H_3$	51,3	172,6	30,9	28,2	44,0		
$H_3\overset{5}{C}-\overset{4}{C}H(Cl)-\overset{3}{C}H(Cl)-\overset{2}{C}OO\overset{1}{C}H_3$	52,4	166,3	60,5	55,6	21,1		
$BrH_2\overset{3}{C}-\overset{2}{C}OO\overset{1}{C}H_3$	52,1	166,6	25,1				

Tab. 3.40 Fortsetzung

Verbindung	δ (ppm)						
	C−1	C−2	C−3	C−4	C−5	C−6	C−7
H₃C−CH−COOCH₃ (4,3,2,1) mit Br an C-3	52,0	169,2	39,8	21,0			
COOCH₃ (2,1) − COOCH₃	53,1	158,4					
COOCH₃−CH₂−COOCH₃ (2,1,3)	52,3	167,6	41,2				
COOCH₃−CH₂−CH₂−COOCH₃ (2,1,3)	51,3	173,1	29,1				
COOCH₃−CH₂−CH₂−CH₂−COOCH₃ (2,1,3,4)	51,3	173,2	33,1	20,7			
COOCH₃−CH₂−CH₂−CH₂−CH₂−CH₂−COOCH₃ (2,1,3,4,5)	51,2	173,6	33,9	29,1	25,0		
COOCH₂−CH₃ / H−C−OH / HO−C−H / COOCH₂−CH₃	14,1	62,1	171,8	72,7			
COOCH₂−CH₃ / H−C−OCH₃ / H₃CO−C−H / COOCH₂−CH₃	14,3	61,3	169,2	81,3	59,6		

Tab. 3.40 Fortsetzung

Verbindung	δ (ppm)						
	C-1	C-2	C-3	C-4	C-5	C-6	C-7
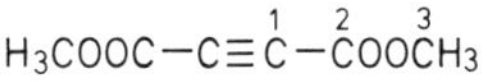 H₃COOC−C¹≡C²−C³OOCH₃	74,6	152,3	53,6				
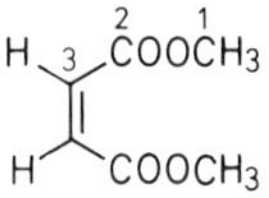 H₃C−CH=CH−COOCH₃ (2,1 mit COOCH₃)	52,1	165,7	129,9				
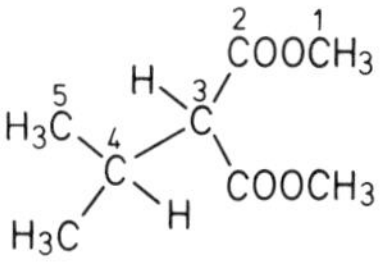 Dimethylester (mit H₃C-Gruppen, C-1…C-5)	52,2	169,3	58,9	29,0	20,4		
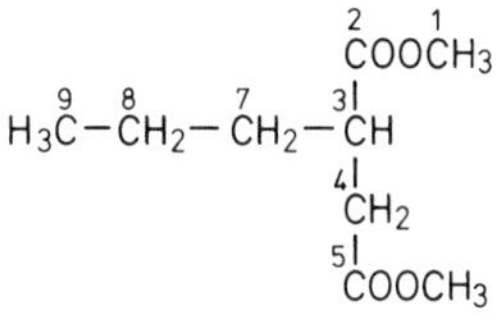 H₃C−CH₂−CH₂−CH(COOCH₃)−CH₂−COOCH₃ (C-1…C-7; C-8 = 20,6; C-9 = 14,0)	51,4	175,0	41,5	36,2	172,1	172,1	34,6
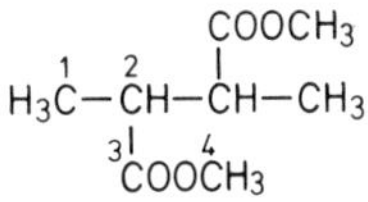 H₃C−CH(COOCH₃)−CH(COOCH₃)−CH₃ R,S	13,6	41,7	175,5	51,6			
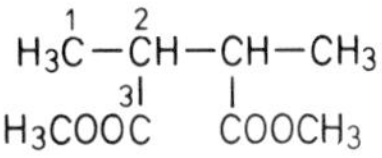 H₃C−CH(OOCCH₃)−CH(COOCH₃)−CH₃ meso	14,9	42,6	175,0	51,7			
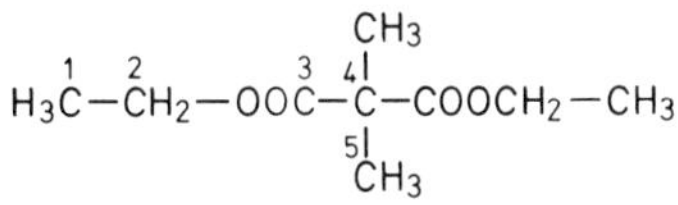 H₃C−CH₂−OOC−C(CH₃)(CH₃)−COOCH₂−CH₃	14,1	61,1	172,7	49,9	22,8		
(COOCH₂−CH₃)₂ (Oxalsäurediethylester)	156,7	62,1	13,2				
CH₂(COOCH₂−CH₃)₂	165,7	61,0	14,1	41,5			
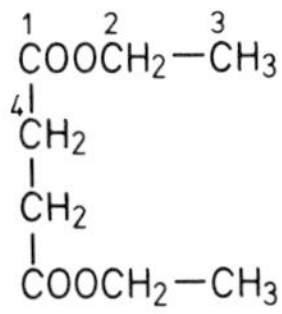 (CH₂COOCH₂−CH₃)₂	171,1	160,3	14,3	29,2			

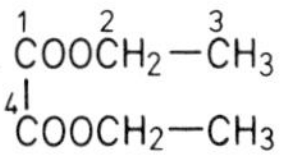

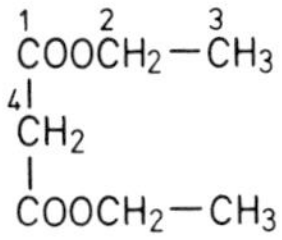

Tab. 3.40 Fortsetzung

Verbindung	δ (ppm)						
	C-1	C-2	C-3	C-4	C-5	C-6	C-7
HC(COOCH₂-CH₃)₃ (2-COO, 3-CH₂, 4-CH₃; 1-CH)	57,1	161,3	60,2	12,0			
C(COOCH₂-CH₃)₄	71,5	159,8	61,0	12,0			
H₃C-CO-CH₂-COOCH₂-CH₃	29,9	200,7	50,1	167,5	61,2	14,2	
H₃C-CO-CH₂-COO-C(CH₃)₃	29,8	200,5	51,3	166,5	81,3	27,9	
H₃C-CH₂-O-CO-CH₂-CO-CH₂-CO-O-CH₂-CH₃	14,1	61,2	167,3	50,1	200,6		
H₃C-H₂COOC-CH=CH-COOCH₂-CH₃	14,2	61,3	164,9	133,8			
BrHC(COOCH₂-CH₃)₂	12,9	62,2	163,5	41,8			
H₂C(CH₂-COOCH₂-CH₃)₂	14,3	60,0	171,6	33,3	20,6		
H-CO-S-CH₃	187,7	9,1					
H₃C-CO-S-CH₃	30,2	195,4	11,3				
H₃C-CS-S-CH₃	39,2	234,1	20,6				
H₃C-CO-S-CH₂-CH₃	30,5	195,0	23,1	14,7			
H₃C-CO-S-C(CH₃)₃	31,2	195,6	47,4	29,5			

Tab. 3.40 Fortsetzung

Verbindung	δ (ppm)						
	C-1	C-2	C-3	C-4	C-5	C-6	C-7
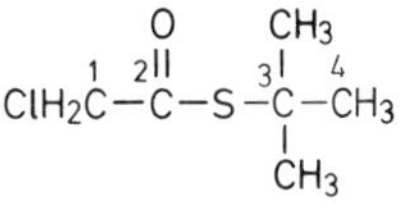 ClH₂C–C(=O)–S–C(CH₃)₂–CH₃ (C1–C2–C3–C4)	48,1	193,2	48,5	29,3			
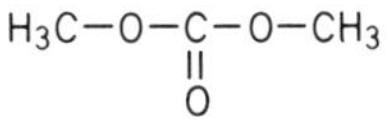 H₃C–O–C(=O)–O–CH₃	54,9	156,9					
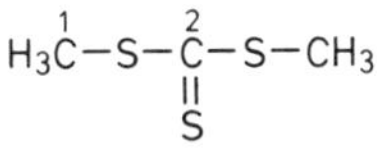 H₃C–S–C(=S)–S–CH₃	20,2	226,2					
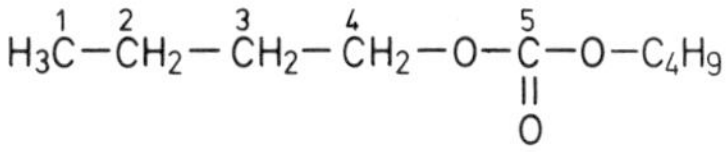 H₃C–CH₂–CH₂–CH₂–O–C(=O)–O–C₄H₉	13,6	19,1	30,9	67,6	155,5		

Carbonsäureamide, -thioamide

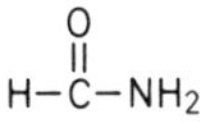

Verbindung	C-1	C-2	C-3	C-4	C-5	C-6	C-7
H–C(=O)–NH₂	167,6						
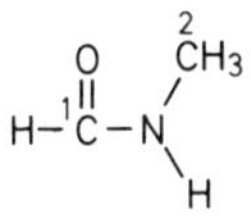 H–C(=O)–NH–CH₃	165,5	25,4					
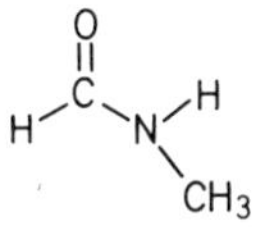 H–C(=O)–N(H)–CH₃	168,7	29,0					
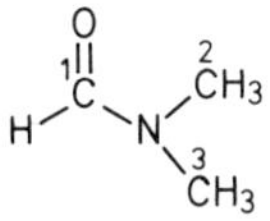 H–C(=O)–N(CH₃)₂	162,6	31,5	36,5				
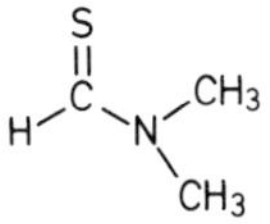 H–C(=S)–N(CH₃)₂	188,1	37,3	45,4				
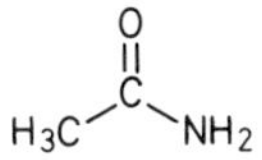 H₃C–C(=O)–NH₂	178,1	22,3					
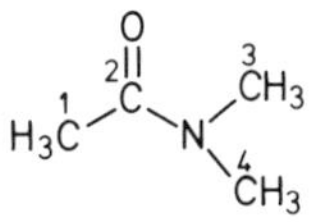 H₃C–C(=O)–N(CH₃)₂	21,5	170,4	35,0	38,0			
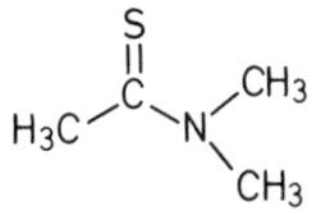 H₃C–C(=S)–N(CH₃)₂	32,8	199,7	44,3	42,3			

Tab. 3.40 Fortsetzung

Verbindung	δ (ppm)						
	C-1	C-2	C-3	C-4	C-5	C-6	C-7
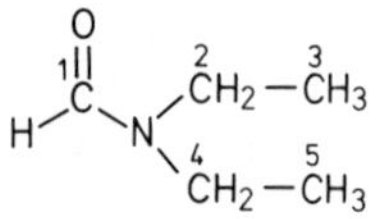 H-C(=O)-N(CH₂-CH₃)(CH₂-CH₃) [2,3 / 4,5]	162,2	36,7	12,8	41,9	14,9		
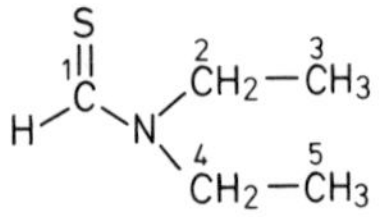 H-C(=S)-N(CH₂-CH₃)(CH₂-CH₃) [2,3 / 4,5]	186,8	42,3	11,2	50,8	14,4		
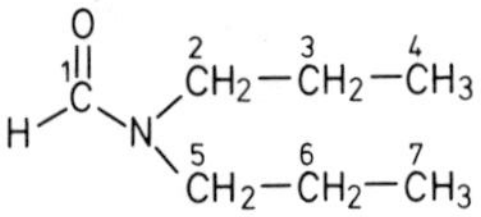 H-C(=O)-N(CH₂-CH₂-CH₃)(CH₂-CH₂-CH₃) [2,3,4 / 5,6,7]	162,8	43,8	20,6	11,3	49,2	21,9	10,9
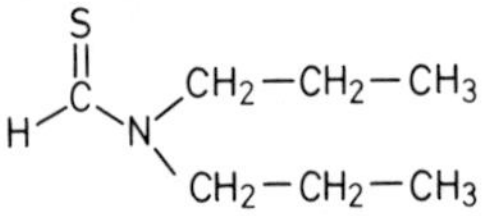 H-C(=S)-N(CH₂-CH₂-CH₃)(CH₂-CH₂-CH₃)	187,9	49,3	19,4	11,3	58,2	22,0	11,0
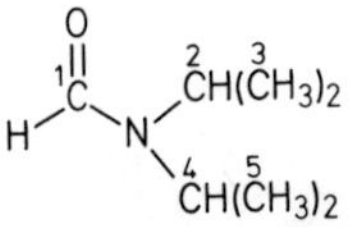 H-C(=O)-N(CH(CH₃)₂)(CH(CH₃)₂) [2,3 / 4,5]	161,7	43,4	20,0	46,3	23,4		
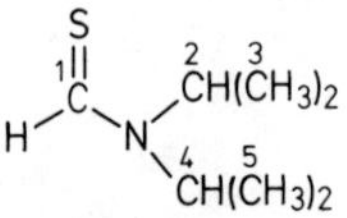 H-C(=S)-N(CH(CH₃)₂)(CH(CH₃)₂) [2,3 / 4,5]	183,7	48,5	19,0	48,3	24,2		
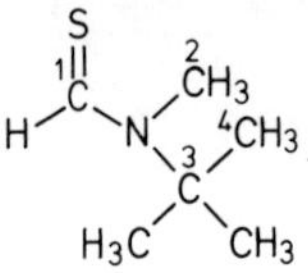 H-C(=S)-N(C(CH₃)₃)₂	185,0	32,6	61,3	28,3			
H-C(=O)-N(CH₂-CH₂-CH₂-CH₃)(CH₂-CH₂-CH₂-CH₃) [2,3,4,5 / 6,7,8,9]	162,7	41,9 / 47,2	29,5 / 30,9	20,2 / 19,7(8)	13,8 / 13,7(9)		
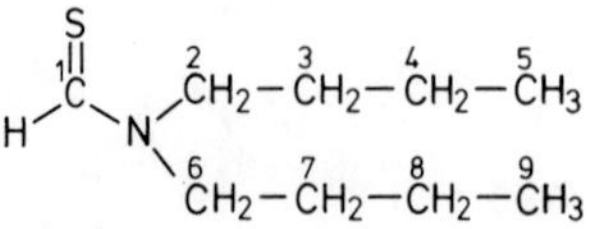 H-C(=S)-N(CH₂-CH₂-CH₂-CH₃)(CH₂-CH₂-CH₂-CH₃)	187,6	47,5 / 56,2	28,1 / 30,7	20,2 / 19,7(8)	13,8 / 13,6(9)		
H₃C-C(=O)-N(CH₂-CH₃)(CH₂-CH₃) [1,2 / 3,4 / 5,6]	21,4	169,6	40,0	13,1	42,9	14,2	

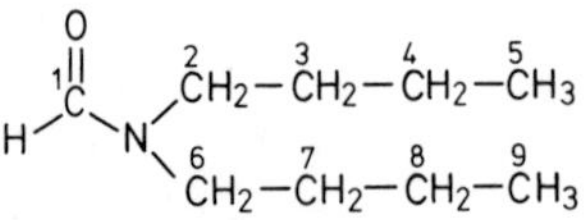

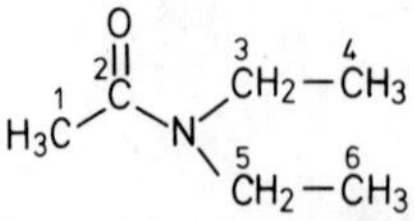

Tab. 3.40 Fortsetzung

Verbindung	δ (ppm)						
	C-1	C-2	C-3	C-4	C-5	C-6	C-7
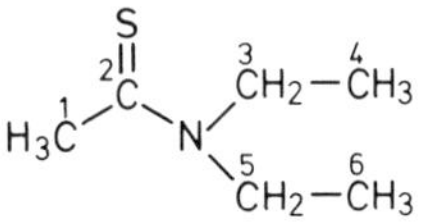 H₃C–C(=S)–N(CH₂–CH₃)(CH₂–CH₃) (1,2,3,4 / 5,6)	32,1	198,1	48,0	11,2	46,7	13,2	
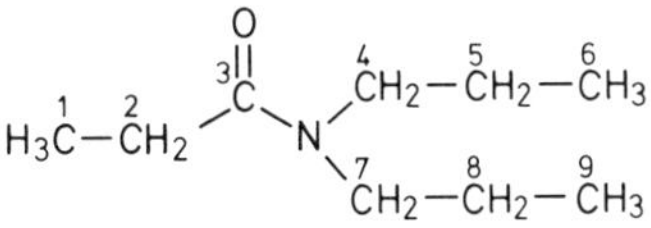 H₃C–CH₂–C(=O)–N(CH₂–CH₂–CH₃)(CH₂–CH₂–CH₃) (1,2,3,4,5,6 / 7,8,9)	9,7	26,4	173,5	47,6	21,0	11,4	49,6
	22,3 (C-7)	11,3 (C-9)					
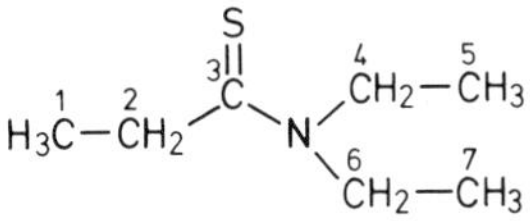 H₃C–CH₂–C(=S)–N(CH₂–CH₃)(CH₂–CH₃) (1,2,3,4,5 / 6,7)	14,2	36,1	204,4	45,9	13,7	55,3	19,3
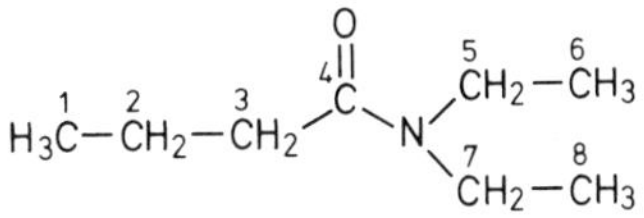 H₃C–CH₂–CH₂–C(=O)–N(CH₂–CH₃)(CH₂–CH₃) (1,2,3,4,5,6 / 7,8)	14,0	18,9	35,1	172,2	40,1	13,2	42,0
	14,4 (C-8)						
H₃C–CH₂–CH₂–C(=S)–N(CH₂–CH₃)(CH₂–CH₃) (1,2,3,4,5,6 / 7,8)	13,8	23,4	44,8	203,0	47,9	11,2	46,0
	13,8 (C-8)						
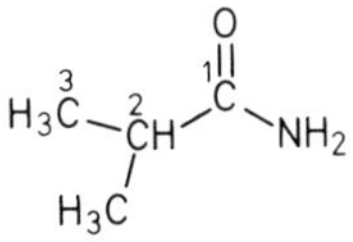 (H₃C)(H₃C)CH–C(=O)–NH₂ (3,1,2 / C=O)	180,4	34,9	19,5				
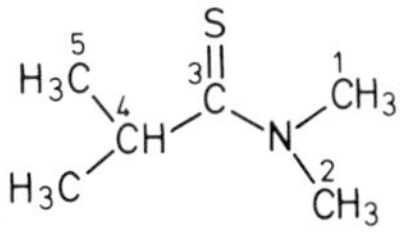 (H₃C)(H₃C)CH–C(=S)–N(CH₃)(CH₃) (5,4,3 / 1,2)	41,0	44,4	210,0	36,2	22,9		
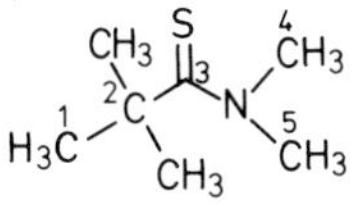 (CH₃)(CH₃)(H₃C)C–C(=S)–N(CH₃)(CH₃) (1,2,3 / 4,5)	31,2	43,1	212,0	46,0			
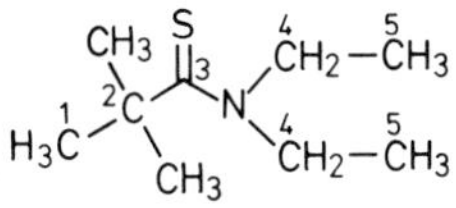 (CH₃)(CH₃)(H₃C)C–C(=S)–N(CH₂–CH₃)(CH₂–CH₃) (1,2,3,4,5)	31,6	43,4	210,6	48,1	11,9		
H₂N–C(=O)–NH₂ (Harnstoff, D₂O)	174,3						

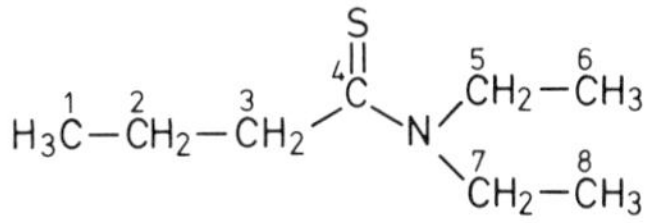

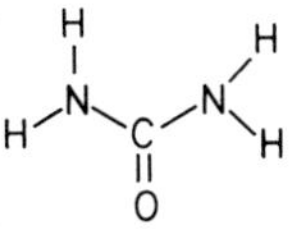

Tab. 3.40 Fortsetzung

Verbindung	δ (ppm)						
	C-1	C-2	C-3	C-4	C-5	C-6	C-7
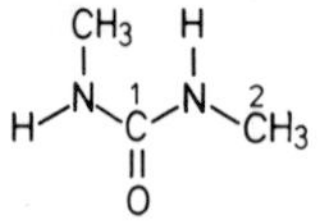 CH₃-NH-C(=O)-N(CH₃)-H	160,5	26,7					
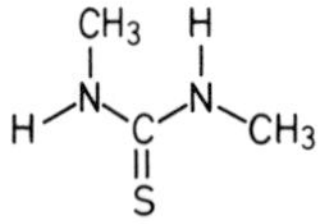 CH₃-NH-C(=S)-N(CH₃)-H	182,7	30,9					
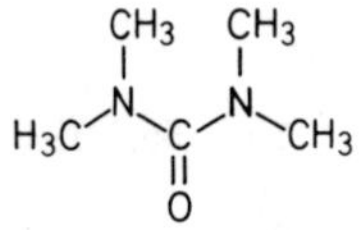 (CH₃)₂N-C(=O)-N(CH₃)₂	165,7	38,6					
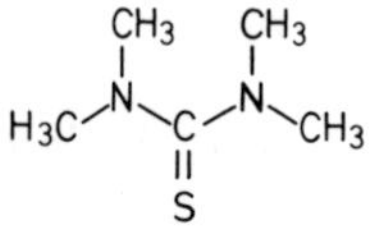 (CH₃)₂N-C(=S)-N(CH₃)₂	194,0	43,2					
Carbonsäurechloride							
H₃C-COCl	170,5	33,6					
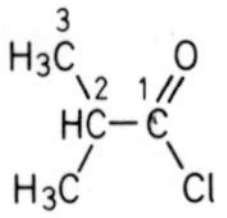 (H₃C)₂CH-COCl	177,8	46,5	19,0				
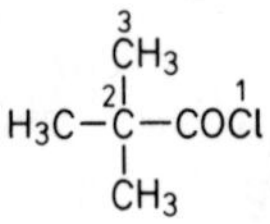 (H₃C)₃C-COCl	180,0	49,4	27,1				
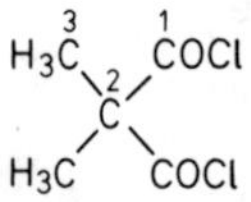 (H₃C)₂CH mit 2 COCl	171,9	69,4	23,2				
ClOC-CH₂-CH₂-COCl	172,3	41,6					
COCl-COCl	159,3						
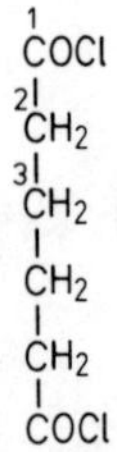 COCl-CH₂-CH₂-CH₂-CH₂-COCl	173,2	46,4	23,7				

Die chemische Verschiebung der Carbonyl-Gruppe in Monocarbonsäuren wird durch Alkylsubstitution ähnlich beeinflußt wie die der Ketone; der α-Effekt (Ameisensäure → Essigsäure) ist allerdings mit 10 ppm doppelt so groß wie beim Übergang vom Acetaldehyd zum Aceton, der β- und γ-Effekt beträgt wie bei den Ketonen ca. 3,5 bzw. −1 ppm. Die α-, β-, γ-Effekte der Carbonsäure-Gruppe selbst auf die Verschiebung einer Alkyl-Kette betragen 21,6: 3,0 bzw. −1,4 ppm und entsprechen damit denen der Keto-Gruppe sowie der Carbonsäureester- und -amid-Gruppierung. Die Überführung der Carbonsäure in das Carboxylat-Ion ergibt Tieffeldverschiebungen der Carbonyl-Gruppe sowie der α-, β- und sogar γ-ständigen C-Atome[157], was im Gegensatz zu den zugehörigen ^{1}H-NMR-Daten steht.

$$-\overset{|\gamma}{\underset{|}{C}}-\overset{|\beta}{\underset{|}{C}}-\overset{|\alpha}{\underset{|}{C}}-COOH \xrightarrow[\substack{\Delta\delta_\alpha \approx 3{,}5\text{ ppm}\\ \Delta\delta_\beta \approx 1{,}6\text{ ppm}\\ \Delta\delta_\gamma \approx 0{,}6\text{ ppm}}]{\Delta\delta_{CO} \approx 4{,}7\text{ ppm}} -\underset{|}{\overset{|}{C}}-\underset{|}{\overset{|}{C}}-\underset{|}{\overset{|}{C}}-COO^-$$

Hierfür werden **Elektrische Feldeffekte** (s. S. 86) verantwortlich gemacht, die auch im Zusammenhang mit der Verschiebungsdifferenz der sp^2-hybridisierten C-Atome in langkettigen ungesättigten Fettsäuren diskutiert werden[158] (s. S. 80). Die beobachteten Verschiebungsunterschiede bei der Öl- 103 bzw. Elaidinsäure 104 liegen in der Größenordnung von 0,3–0,5 ppm.

```
 14,3  32,3  29,9  29,9  29,9  29,9  29,7  29,3  34,4
  \___/\___/\___/\___/\___/\___/\___/\___/\___COOH
 22,9  29,6  29,9  29,9  29,9  29,9  29,5  25,0  180,4
                 102 Stearinsäure

 14,2  32,3  29,8  29,9  132,3 129,9 29,9  29,3  25,0  180,1
  \___/\___/\___/\___/    =    \___/\___/\___/\___COOH
 22,9  29,6  29,6  29,5        27,5  29,3  29,3  34,4
                 103 Ölsäure

 14,3  32,2  29,9  29,8  130,8 33,8  29,2  29,3  34,4
  \___/\___/\___/\___/    =    \___/\___/\___/\___COOH
 29,9  29,5  29,3  32,8  130,4 29,8  29,3  25,0  180,3
                 104 Elaidinsäure
```

Der Lösungsmitteleinfluß auf die chemische Verschiebung der Carbonsäuren ist recht stark und kann bis zu 4 ppm betragen. Die Ursache ist die Lösungsmittelabhängigkeit des Dimeren-Monomeren-Gleichgewichts der Carbonsäuren:

Die folgende Zusammenstellung zeigt die für Acrylsäure beobachtete Lösungsmittelabhängigkeit[159].

H$_2$C=CH−C(=O)OH (3, 2, 1)

Lösungsmittel	δ (ppm)		
	C-1	C-2	C-3
pur	171,2	128,3	132,9
H$_2$O	170,6	128,9	133,4
CH$_3$OH	168,9	129,2	130,8
(CH$_3$)$_2$SO	168,4	130,7	131,6
Dioxan	167,8	129,1	131,2
C$_6$H$_6$	172,1	128,3	132,9

Die chemischen Verschiebungen der Alkyl-Kette von Dicarbonsäuren lassen sich in guter Nährung mit den oben aufgeführten α-, β-, γ-Parametern von Monocarbonsäuren vorausberechnen (Aminosäuren, s. S. 207ff.). Dicarbonsäuren mit benachbarten COOH-Gruppen zeigen eine auffällige Hochfeldverschiebung der Carboxy-Gruppe (z. B. Oxalsäure, Malonsäure). Eine Abschirmung des Carbonylkohlenstoff-Atoms tritt auch bei α- und β-Halogencarbonsäuren auf (s. Tab. 3.40).

Beim Übergang von Carbonsäuren zu Anhydriden, Estern, Amiden oder Säurehalogeniden beobachtet man generell eine Hochfeldverschiebung des Carbonyl-Signals. Dies wird auf die Verringerung bzw. den Wegfall der **Wasserstoff-Brückenverbindungen** zurückgeführt[160]. Carbonsäureanhydride zeigen gegenüber den Carbonsäuren eine Abschirmung des C(=O)-Atoms von $-3,2 \pm 0,6$ ppm, die Carbonsäuremethylester eine solche von $-5,9 \pm 0,5$ ppm.

Geht man von dem zuletzt genannten Wert aus – der Einfluß der Methyl-Gruppe des Esters entspricht einem β-Effekt auf das Carbonyl-C-Atom – so muß der Beitrag der Wasserstoff-Brückenbindung mindestens $+10$ ppm betragen. Dieser Einfluß scheint auf die C=O-Gruppe lokalisiert zu sein, da weder Carbonsäureanhydride noch Ester sich hinsichtlich der α-, β-, γ-Effekte auf Alkyl-Ketten von den Carbonsäuren unterscheiden.

Die Überführung von Dicarbonsäuren in die Methylester bewirkt für die Carbonyl-C-Atome eine deutlich geringere Hochfeldverschiebung (ca. 1,6 ppm) als bei den Monocarbonsäuren und läßt damit den Schluß zu, daß die Wasserstoff-Brückenbindungen bei Dicarbonsäuren schwächer sind[161]. Die Verschiebungen der Alkyl-C-Atome in Dicarbonsäuredimethylestern lassen sich auch aus den δ-Werten der entsprechenden Methyl-Verbindungen (C−CH$_3$ → COOCH$_3$) mit Hilfe der folgenden Parameter berechnen (αβ bedeutet z. B. eine COOCH$_3$-Gruppe in α- und eine in β-Stellung zum betrachteten C-Atom)[162].

αα	αβ	αγ	αδ	ββ	βγ	βδ	βε	γγ
+25,0	+6,9	+12,7	+11,5	−7,4	−4,6	−4,1	−5,6	+1,5

γδ	γε	δδ	δε	εε	βγ'^{a}	βγ''^{b}		
+0,7	+0,3	0,0	−0,3	−0,1	−5,7	−3,1 ppm		

^{a} *sec* C-Atom ^{b} *tert* C-Atom

Beispiel:

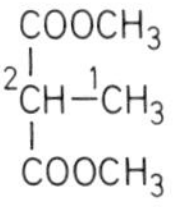

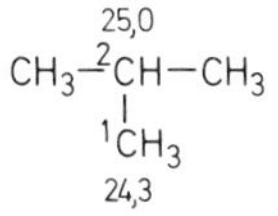

```
   COOCH₃                    25,0
    |                    CH₃-²CH-CH₃
 ²CH-¹CH₃                    |
    |                       ¹CH₃
   COOCH₃                   24,3
```

$\delta_{C-1} = 25{,}0 + \alpha\alpha = 50{,}0$
$\phantom{\delta_{C-1} = 25{,}0 + \alpha\alpha}\ \text{exp.:} = 50{,}9$
$\delta_{C-2} = 24{,}3 + \beta\beta = 16{,}9$
$\phantom{\delta_{C-2} = 24{,}3 + \beta\beta}\ \text{exp.:} = 17{,}6$

Betrachtet man die Verschiebungen der Alkyl-Kette der Alkoholkomponente eines Esters, so beobachtet man für das α-C-Atom in primären Alkoholen eine Tieffeldverschiebung von 2 ppm (**105**), in sekundären Alkoholen von 3 ppm (**106**) und in tertiären Alkoholen eine solche von 10 ppm (**107**). Alle anderen C-Atome erfahren eine Hochfeldverschiebung, wobei das β-ständige C-Atom mit ca. 4 ppm am stärksten beeinflußt wird.

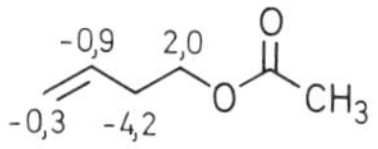

105 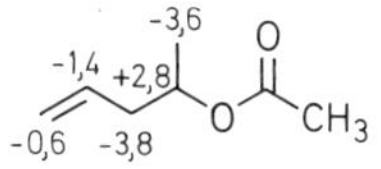   **106** 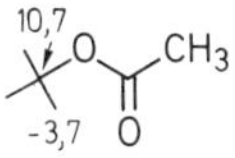   **107**

Diese **Acetylierungsshifts** können wie die Protonierungsshifts als Zuordnungshilfen für Verschiebungen von Alkoholen benutzt werden (vgl. S. 160). Die oben angegebenen Werte für die α-C-Atome beziehen sich ausschließlich auf den Acetylsubstituenten; für die drei Chloressigsäuren steigen die **Chloracetylierungsshifts** mit zunehmender Zahl der Chlor-Atome stark an.

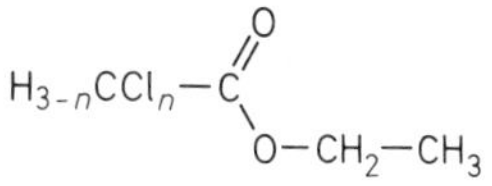

$$H_{3-n}CCl_n-C\underset{O-CH_2-CH_3}{\overset{O}{\diagup\!\!\!\diagdown}}$$

	$\Delta\delta_\alpha$	$\Delta\delta_\beta$
$n = 1$	+4,5	−4,1
$n = 2$	+5,9	−4,3
$n = 3$	+7,7	−4,5

In den *t*-Butylestern betragen diese Werte für den Chlor-, Dichlor- und Trichloracetyl-Rest sogar 13,5, 15,9 bzw. 17,7 ppm, während für die β-C-Atome der Einfluß mit −3,5 bis −4 ppm praktisch unabhängig vom Substituenten ist[163].

β-Ketocarbonsäureester zeigen bei entsprechend hohem Enol-Gehalt im ^{13}C-NMR-Spektrum auch die Signale der Enol-Form. Abb. 3.8 zeigt das Spektrum von Acetessigsäureäthylester **108** in CDCl₃; die Signale mit geringerer Intensität sind der Enol-Form **109** zuzuordnen.

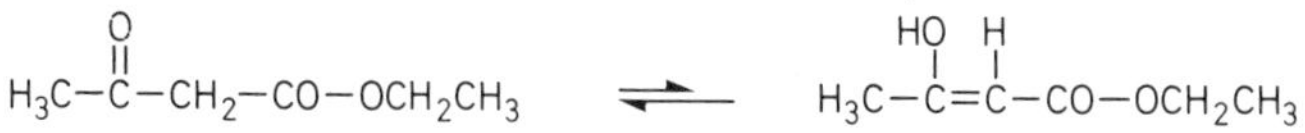

```
       O                              HO  H
       ||                             |   |
 H₃C-C-CH₂-CO-OCH₂CH₃     ⇌      H₃C-C=C-CO-OCH₂CH₃
       108                              109
```

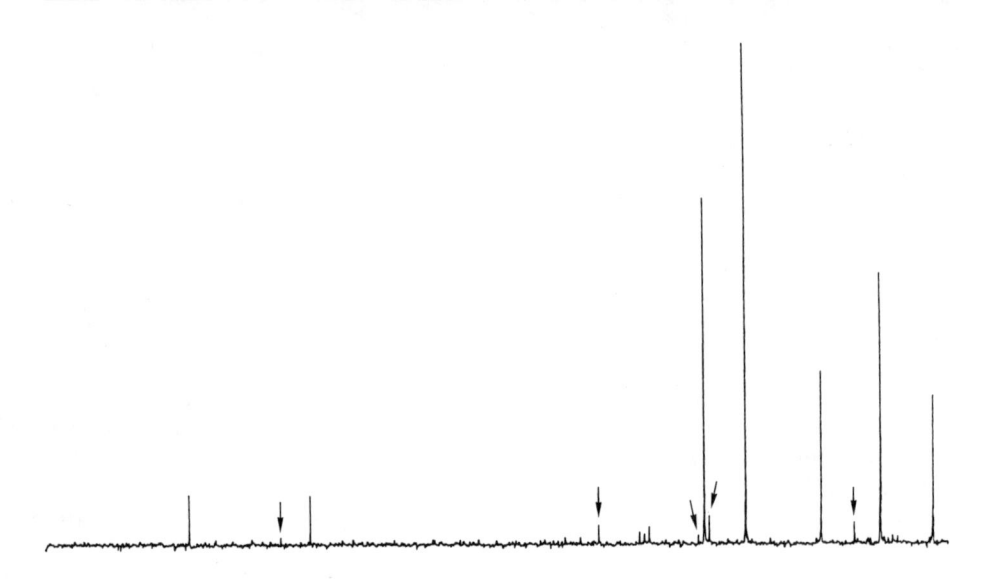

Abb. 3.8 ^{13}C-NMR-Spektrum von Acetessigester **108** in CDCl$_3$; Signale, die mit einem Pfeil gekennzeichnet sind, gehören zur Enol-Form **109**

Die ^{13}C-NMR-Spektren der Carbonsäureamide und -thioamide **110** sind dadurch gekennzeichnet, daß aufgrund der Beteiligung der mesomeren Form **110a** je ein Signalsatz für den Z- und E-ständigen Substituenten auftreten kann.

Die Höhe der Rotationsbarriere der partiellen C=N-Doppelbindung ist abhängig von den Substituenten R, R$_1^Z$, R$_2^E$ und nimmt z. B. mit zunehmender Größe des Substituenten R ab (s. Kap. 6), so daß man für die Pivalinsäureamide (R = t-C$_4$H, s. Tab. 3.40) wegen der auf der *NMR-Zeitskala* häufigen Rotation die Signale der R^E- und R^Z-Substituenten, falls diese gleich sind, zusammenfallen. Die Verschiebung des Carbonyl- bzw. Thio-Carbonyl-Kohlenstoff-Atoms nimmt in der Reihe *prim* Amid > *sec* Amid > *tert* Amid ab, was wie bei den Carbonsäuren-Carbonsäureestern (s. S. 194f.) auf die Verminderung der Wasserstoff-Brückenbindungen zurückgeführt werden kann. Die δ_{CO}- bzw. δ_{CS}-Werte in *N,N*-Dialkylamiden sind praktisch unabhängig von der Art der Alkyl-Kette. Hinsichtlich des Einflusses der Alkyl-Kette der Säurekomponente auf die Verschiebung des Carbonyl-C-Atoms der Amid-Gruppe gelten die gleichen Trends wie bei den Carbonsäuren selbst. Die α-, β- und γ-Effekte der Säureamid-Gruppe (22,0; 2,6 und −3,2 ppm) unterscheiden sich zahlenmäßig praktisch nicht von den entsprechenden Werten der −COOH- und COOR-Gruppe.

Der α-Effekt der Carbonsäurechlorid-Gruppe COCl ist mit 33 ppm um etwa 10 ppm größer als der der Säuren, Ester und Amide, während sich die β- und γ-Effekte nicht unterscheiden. Die ^{13}C-Spektren von Säurechloriden mit γ-ständiger Carbonyl-Gruppe erlauben eine eindeutige Aussage über das Vorliegen von sogenannten **Pseudosäurechloriden**[164].

Im Falle des Phthalsäuredichlorids **111** konnte eine zweite Form, das Pseudochlorid **112**, isoliert werden, das sich hinsichtlich der Zahl und δ-Werte der Signale grundsätzlich von **111** unterscheidet. Für das Lävulinsäurechlorid **113** konnte so gezeigt werden, daß ausschließlich die cyclische Form **114** vorliegt, wobei die Verschiebung der O−C−Cl-Gruppe mit ca. 104 ppm als charakteristisch für diese Verbindungsklasse anzusehen ist.

Aufgaben

3.11 Wie groß ist nach dem empirischen Verfahren (S. 177) das Elektronendefizit des β-C-Atoms im Acrolein?

3.12 Berechne die chemischen Verschiebungen von *n*-Octylbernsteinsäure-dimethylester mit Hilfe der empirischen Parameter (s. S. 194) und der chemischen Verschiebungen von 3-Methylundecan (dessen $δ_C$-Werte nach Lindeman/Adams S. 100 berechnen).

$$\underset{12345678910}{\overset{\displaystyle COOCH_3}{H_3COOC-CH_2-\underset{|}{CH}-CH_2-CH_2-CH_2-CH_2-CH_2-CH_2-CH_2-CH_3}}$$

Bibliographie

Stothers, J.B., Lauterbur, P.C. (1964), Carbonylverbindungen, Can. J. Chem. 42, 1563.
Philipsborn, W.v. (1974), Pure Appl. Chem. 40, 159.
James, D.W., Stille, J.K. (1975), Diester, J. Org. Chem. 41, 1504.
Williamson, K.L., Ul Hasan, M., Clutter, D.R. (1978), Säuren, Ester, Anhydride, J. Magn. Reson. 30, 367.
Newmark, R.A., Hill, J.R. (1976), Amide, J. Magn. Reson. 21, 1.
Delseth, C., Thanh-TamNguyen, T., Kintzinger, J.P. (1980), Helv. Chim. Acta, 63, 498.

Rabenstein, D.L., Sayer, T.L. (1976), Carbonsäuren, Aminosäuren, J. Magn. Reson. 24, 27.
Suprenant, H.L. et al (1980), Aminosäuren, J. Magn. Reson. 40, 231.
Fritz, H. et al (1977), Amide, Org. Magn. Reson. 9, 108.
Fritz, H. et al (1978), Thioamide, Bull. Soc. Chim. Belg. 87, 525.
Olah, G.A., Westerman, P.W. (1973), Protonierte Carbonsäuren, J. Org. Chem. 38, 1986.
Dorman, D.E., Bauer, D., Roberts, J.D. (1975), Ester, J. Org. Chem. 40, 3729.

Firl, J., Runge, W. (1974), Ketene, Z. Naturforsch., Teil B, 29, 393.
Hagen, R., Roberts, J. D. (1969), Carbonsäuren, J. Am. Chem. Soc. 91, 4504.
Lippmaa, E., Pehk, T., Andersson, K., Rappe, C. (1970), Carbonsäuren, Org. Magn. Reson. 2, 109.
Pelletier, S. W., Djarmati, Z., Pape, C. (1976), Ester, Tetrahedron 32, 995.
Schneider, H. J., Freitag, W., Weigand, E. (1978), Ester, Chem. Ber. 111, 2656.
Batchelor, J. G., Cushley, R. J., Prestegard, J. H. (1974), langkettige Fettsäuren, J. Org. Chem. 39, 1698.
Elliot, W. J., Fried, J. (1978), Säurechloride, J. Org. Chem. 43, 2708.
Oha, M., Hinton, J., Fry, A. (1979), Ketone, J. Org. Chem. 44, 3545.
Billman, J. H., Sojka, S. A., Philip, P. R. (1972), J. Chem. Soc. Perkin Trans. 2, 2034.
Kalinowski, H. O., Kessler, H. (1974), Carbonyl-Thiocarbonyl-Verbindungen, Angew. Chem. 86, 43.
Jackman, L. M., Kelly, D. P. (1970), J. Chem. Soc. [B], 102.
Musker, W. K., Larson, G. L. (1966), J. Organomet. Chem. 6, 627.
Bus, J., Frost, D. J. (1974), Octadecansäureester, Rec. Trav. Chim. 93, 213.
Brouwer, H., Stothers, J. B. (1972), α,β-ungesättigte Carbonylverbindungen, Can. J. Chem. 50, 601.
Dhami, K. S., Stothers, J. B. (1965), Alkyl-Phenyl-Ketone, Can. J. Chem. 43, 498.
Maciel, G. E. (1965), J. Chem. Phys. 42, 2746.
Wenkert, E. et al (1970), langkettige Fettsäuren, Top. Carbon-13 NMR-Spectrosc. 2, 82.
Dorman, D. E., Bovey, F. A. (1973), Säureamide, J. Org. Chem. 38, 1719.
Torchia, D. E., Lyerla, J. R., Deber, C. M. (1974), Säureamide, J. Am. Chem. Soc. 96, 5009.
Kalinowski, H. O., Kessler, H. (1974), Harnstoffe, Thioharnstoffe, Org. Magn. Reson. 6, 305.
Kalinowski, H. O., Lubosch, W., Seebach, D. (1977), Amide, Chem. Ber. 110, 3733.
McFarlane, W. M. (1969), Ester, J. Chem. Soc. [B] 28.
Christl, M., Reich, H. J., Roberts, J. D. (1971), Ester, J. Am. Chem. Soc. 93, 3463.
Yalpani, M., Modarai, B., Koshdel, E. (1979), ^{13}C-NMR of Haloketonses, Org. Magn. Reson. 12, 254.
Kozerski, L., Kamienska-Trela, K., Kania, L. (1979), α,β-ungesättigte Carbonylverbindungen, Org. Magn. Reson. 12, 365.
Pitkänen, M. T., Korkonen, I. O. O., Korvola, J. N. J. (1981), Tetrahedron 37, 529.
Velichko, F. K., Dostovalova, V. I., Vniogradova, L. V., Freidlina, R. K. (1980), Carbon-13 NMR Spectra of Bromine containing Esters, Org. Magn. Reson. 13, 442.
Hasan, M. (1980), Meso und d, l α,α'-disubstituierte Bernsteinsäuren, Org. Magn. Reson. 14, 309.
Terentev, A. B., Dostovalova, V. I., Freidlina, R. K. H. (1977, 1983), Verzweigte Carbonsäuren, Org. Magn. Reson. 9, 301; 21, 11.
Raban, M., Haritos, D. P. (1978), Acetylacetonate (Alkalimetallderivate), J. Am. Chem. Soc. 101, 5178.
Jha, H. Ch., Zilliken, F., Offermann, W., Breitmaier, E. (1981), Desoxybenzoine, Acetophenone, Can. J. Chem. 59, 2266.

Pitkänen, M. T. (1982), The Combined Effect of Two Chlorine Substituents and the Non-Additivities of Chemical Shifts in Aliphatic Dichloro Esters, Org. Magn. Reson. 18, 165.
Azzaro, M., Gal, J. F., Geribaldi, S., Novo-Kremer, N. (1977), Transmission of Substituent Effects Through Unsaturated Systems, Org. Magn. Reson. 9, 181.
Schwarz, R. M., Rabjohn, U. N. (1980), ^{13}C-NMR Chemical Shifts of Some Highly Branched Acyclic Compounds (Alkanes, Alkenes, Nitriles, Ketones), Org. Magn. Reson. 13, 9.
Marr, D. H. (1980), The Determination of the COOH Substituent Effect for Branched Carboxylic Acids from Carbon-13 Chemical Shifts, Org. Magn. Reson. 13, 28.
Tulloch, A. P. (1978), Carbon-13 NMR Spectra of All the Isomeric Methyl Hydroxy and Acetoxy Octadecanoates, Org. Magn. Reson. 11, 109.
Couperus, P. A., Clague, A. D. H., Van Dongen, J. P. C. M. (1978), Carbon-13 Chemical Shifts of Some Model Carbocylic Acids and Esters, Org. Magn. Reson. 11, 590.
Fritz, H. et al (1981), ^{13}C-NMR-Spectra of Some N,N-Diisopropyl Amides and Thioamides, Org. Magn. Reson. 16, 36.
Dexheimer, E. M., Buell, G. R., Le Croix, U. C. (1978), Silyl-Ketone, Spectrosc. Lett. 11, 751.
Gombler, W. (1981), NMR-Spektroskopische Untersuchungen an Chalkogenverbindungen (C=S, C=Se-Verbindungen), Z. Naturforsch., Teil B, 36, 1561.
Andrieu, C. G., De-ruyne, D., Paquer, D. (1978), Spectroscopie RMN du Carbone-13 de Thiocetones Aliphatiques: Propanthione et Derives, Thiocetones Bicycliques et α-Cyclopropaniques, Org. Magn. Reson. 11, 528.
Pedersen, B. S., Scheibye, S., Nilsson, N. H., Lawesson, S. O. (1978), Synthesis and ^{13}C-NMR-Spectra of Thioketones, Bull. Soc. Chim. Belg. 87, 223.

Empirische Korrelationen

Fritz, H. et al (1978), Bull. Soc. Chim. Belg. 87, 525.
Kalinowski, H. O., Kessler, H. (1974), Lineare Beziehung zwischen der chem. Verschiebung von Thiocarbonyl- und Carbonylgruppierungen, Angew. Chem. 86, 43.
Nakashima, T. T., Maciel, G. E. (1972), Org. Magn. Reson. 4, 321.
Marr, D. H., Stothers, J. B. (1967), Can. J. Chem. 45, 225.
Savitsky, G. B., Namikawa, K., Zweifel, G. (1965), J. Phys. Chem. 69, 3105, 1425.
Bicker, R. (1977), Lineare Beziehung zwischen n-π^*-Übergang und chem. Verschiebung der Carbonylgruppe, Dissertation Universität Frankfurt.
Brouwer, H., Stothers, J. B. (1972), Empirische Parameter zur Berechnung der Verschiebung α,β-ungesättigter Carbonsäuren, Can. J. Chem. 50, 601.
Rabenstein, D. L., Sayer, T. L. (1976), Empirische Berechnung der Verschiebung von Amin, Carbonsäuren und Aminosäuren mit einem Parametersatz, J. Magn. Reson. 24, 27.
James, D. E., Stille, J. K. (1976), Empirische Parameter für die Berechnung der Verschiebungen in Diestern, J. Org. Chem. 41, 1404.

Rae, I.D. (1979), Carbon-13 NMR-Spectra of Some Amides and Lactames and Their Thio and Seleno Analogues, Aust. J. Chem. 32, 1567.
Cullen, E.R., Gusiec, F.S., Murphy, C.J., Wong, T.C.,

Andersen, K.K. (1982), Carbon-13 NMR Studies of Some Organo Selenium Compounds Containing Carbon-Selenium Double Bonds., J. Chem. Soc. Perkin Trans. 2, 473.

4.5.3 Aliphatische Stickstoff- und Phosphor-Verbindungen

Aufgrund der geringeren Elektronegativität der Elemente der V. Gruppe zeigen sp^3-hybridisierte C-Atome in Aminen oder Phosphinen geringere chemische Verschiebungen als in vergleichbaren Ethern bzw. Thioethern. Der typische Verschiebungsbereich für Amine liegt zwischen 30 und 60 ppm, für Phosphine zwischen 0 und 25 ppm. Bezieht man die anderen Elemente der V. Gruppe mit ein, so beobachtet man wiederum wie z. B. bei den Trimethyl-Derivaten **115–117** den **Schweratomeffekt**, der allerdings nicht so stark ausgeprägt ist wie bei den Halogenen oder den Chalkogenen (s. Abschn. 4.5.1 und 4.5.2, S. 149 und 155). Für die Triphenyl-Derivate **118–122** existiert eine lückenlose Reihe; und auch hier macht sich dieser Effekt bemerkbar.

115   **116**   **117**

$\delta_{CH_3} = 47{,}5$ $\delta_{CH_3} = 17{,}3$ $\delta_{CH_3} = 11{,}4$

	X = N **118**	P **119**	As **120**	Sb **121**	Bi **122**
δ_{C-1}	147,9	137,4	140,5	139,3	131,1
$\delta_{C-2/6}$	124,2	133,7	134,3	136,8	138,1
$\delta_{C-3/5}$	129,2	128,5	129,3	129,4	131,0
δ_{C-4}	122,7	128,6	129,0	129,1	128,3

Die Verschiebungen des *ipso*-C-Atoms (δ_{C-1}) der Verbindungen **118–122** zeigt dies deutlich, wenn auch das Triphenylphosphin, wahrscheinlich aus konformativen Gründen, eine Ausnahme macht.

Verbindungen mit einer Element-C-Doppelbindung wie das Pyridin **123**, Phosphabenzol **124**, Arsabenzol **125** und Stibabenzol **126** zeigen wie die Reihe Ketone/Thioketone/Selenoketone (s. S. 170) einen **Schweratomeffekt mit einer Tieffeldverschiebung** für das direkt benachbarte sp^2-hybridisierte C-Atom[165]. In den Yliden[166] des Phosphors **127** und Arsens **128** treten beide Schweratomeffekte jeweils im gleichen Molekül in Erscheinung.

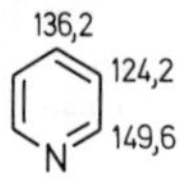

Structures 123-126 (pyridine analogs):

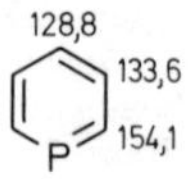

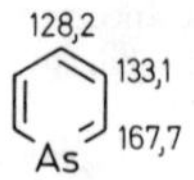

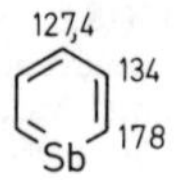

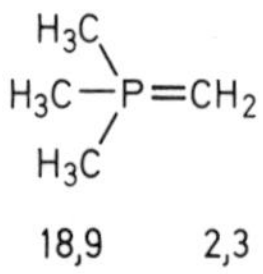

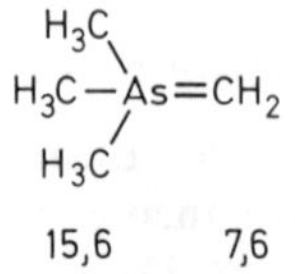

123 (N): 136,2; 124,2; 149,6
124 (P): 128,8; 133,6; 154,1
125 (As): 128,2; 133,1; 167,7
126 (Sb): 127,4; 134; 178

127: (CH$_3$)$_3$P=CH$_2$ — 18,9; 2,3
128: (CH$_3$)$_3$As=CH$_2$ — 15,6; 7,6

Bibliographie

Gansow, O. A., Kimura, B. Y. (1970), J. Chem. Soc., Chem. Commun., 1621.

Kuykendall, G. L., Mills, J. L. (1976), J. Organomet. Chem. 118, 123.

Bodner, G. M., Gaul, M. (1975), J. Organomet. Chem. 101, 63.

Wuyts, L. F., Van de Vondel, D. F., Van der Kelen, G. P. (1977), J. Organomet. Chem. 129, 163.

Balimann, D., Pregosin, R. S. (1975), Arsine, Helv. Chim. Acta 58, 1913.

Mann, B. W. (1972), J. Chem. Soc., Perkin Trans. 2, 30.

Froyen, P., Morris, D. G. (1976), Arsenylide, Acta Chem. Scand., Ser. B, 30, 435.

Amine, Aminosäuren, Phosphine, Diphosphine, Phosphorsäureester

Die chemischen Verschiebungen primärer, sekundärer und teriärer Amine, Diamine sowie einiger Aminoalkohole sind in Tab. 3.41 zusammengestellt.

Der α-Effekt nimmt mit steigendem Alkylierungsgrad des Stickstoff-Atoms zu, der β-Effekt dagegen ab, während der γ-Effekt mit ca. −4,5 ppm praktisch konstant ist.

Struktur	α	β	γ	δ
$-\overset{\delta}{C}-\overset{\gamma}{C}-\overset{\beta}{C}-\overset{\alpha}{C}-NH_2$	28,5	11,3	−4,6	0,6
$-C-C-C-C-NHR'$	36,5	7,6	−4,5	0,0
$-C-C-C-C-NR'R''$	41,0	5,0	−4,5	0,0

R', R'' = Alkyl

Tab. 3.41 ^{13}C-chemische Verschiebung aliphatischer Amine und Tetraalkylammonium-Salzen[a]

Verbindung	δ(ppm)						
	C–1	C–2	C–3	C–4	C–5	C–6	C–7
H_3C-NH_2	28,3						
	(28,1)						
$(H_3C)_2NH$	(38,2)						
$(H_3C)_3N$	47,6						
	(47,1)						
$(H_3C)_4N^+ \; I^-$	(56,5)						
$H_3C-CH_2-NH_2$	36,9	19,0					
	(36,5)	(18,4)					
$(H_3C-CH_2)_2NH$	44,5	15,7					
	(44,2)	(15,4)					
$(H_3C-CH_2)_3N$	51,4	12,9					
$(H_3C-CH_2)_4N^+ \; I^-$	54,4[b]	9,5[b]					
$H_3C-CH_2-CH_2-NH_2$	44,6	27,4	11,5				
$(H_3C-CH_2-CH_2)_2NH$	52,4	24,0	12,0				
$(H_3C-CH_2-CH_2)_3N$	56,8	21,3	12,0				
$(H_3C-CH_2-CH_2)_4N^+ \; Br^-$	60,4[b]	16,0[b]	10,9[b]				
$H_3C-CH_2-CH_2-CH_2-NH_2$	42,3	36,8	20,5	14,2			
	42,0[b]	36,3[b]	20,2[b]	14,0[b]			
$(H_3C-CH_2-CH_2-CH_2)_2NH$	50,1	33,1	20,9	14,2			
	(49,4)	(31,4)	(21,0)				
$(H_3C-CH_2-CH_2-CH_2)_3N$	54,3	30,3	21,0	14,3			
$(H_3C-CH_2-CH_2-CH_2)_4N^+ \; Br^-$	59,1[b]	24,3[b]	19,8[b]	13,8[b]			
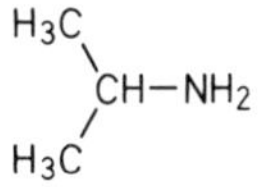 $(H_3C)_2CH-NH_2$	43,0	26,5					
	(43,1)	(26,2)					
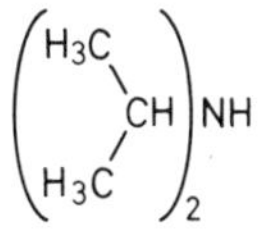 $((H_3C)_2CH)_2NH$	45,3	23,7					
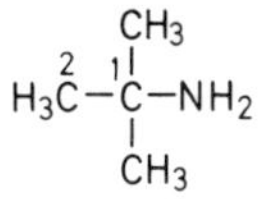 $(H_3C)_3C-NH_2$ (C-1 = C, C-2 = CH_3)	47,2	32,9					
	(47,9)	(32,9)					
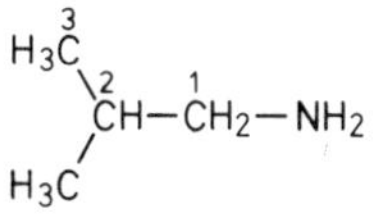 $(H_3C)_2CH-CH_2-NH_2$	50,6	32,1	20,2				
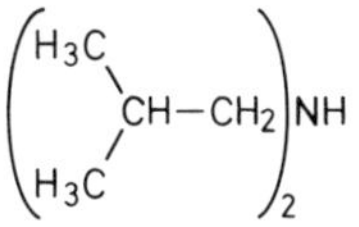 $((H_3C)_2CH-CH_2)_2NH$	58,6	29,0	20,8				
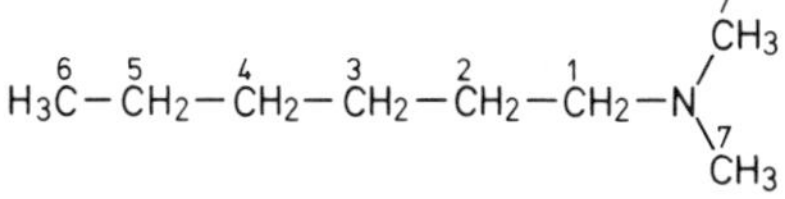 $H_3C-CH_2-CH_2-CH_2-CH_2-CH_2-N(CH_3)_2$	60,1	28,3	27,5	32,3	23,2	14,3	45,6

Tab. 3.41 Fortsetzung

Verbindung	δ(ppm)						
	C-1	C-2	C-3	C-4	C-5	C-6	C-7
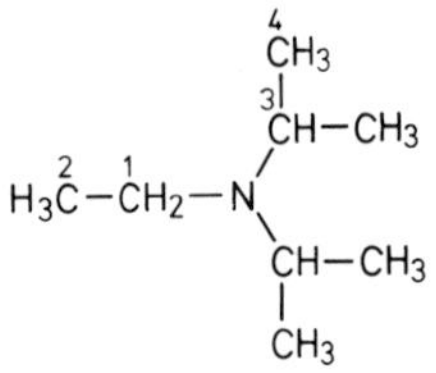 H₃C–CH₂–N(CH(CH₃)₂)(CH–CH₃)(CH₃) (Triethylamin-ähnlich mit Isopropylgruppen)	38,7 (42,0)	17,3 (15,2)	48,3 (52,4)	21,1 (19,4)			
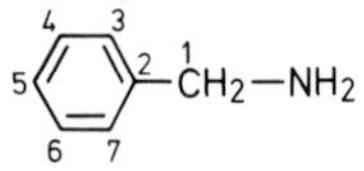 C₆H₅–CH₂–NH₂ (Benzylamin)	46,3	143,4	126,9	128,3	126,5		
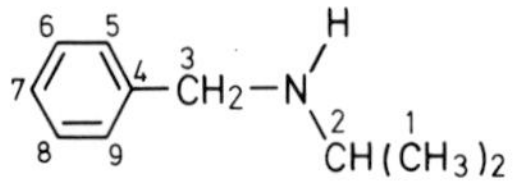 C₆H₅–CH₂–NH–CH(CH₃)₂	23,1	48,1	51,6	141,7	128,1	128,1	126,5
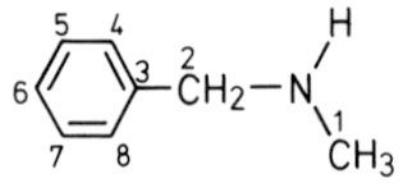 C₆H₅–CH₂–NH–CH₃	35,9	56,1	141,1	128,2	128,2	126,7	
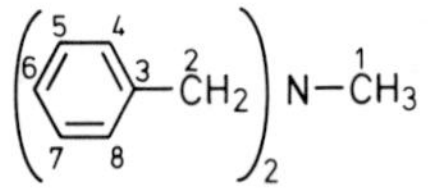 (C₆H₅–CH₂)₂N–CH₃	42,1	61,8	139,2	128,7	128,0	126,7	
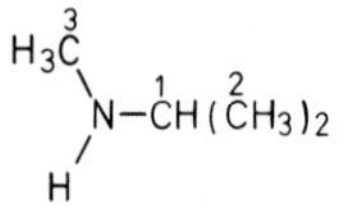 H₃C–NH–CH(CH₃)₂	50,5 (50,9)	22,5 (22,6)	33,9 (33,6)				
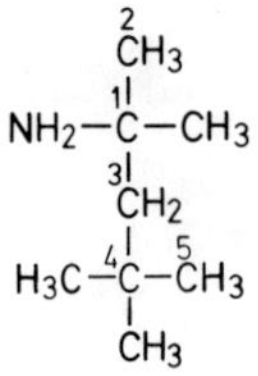 NH₂–C(CH₃)₂–CH₂–C(CH₃)₂–CH₃	51,1	32,6	57,1	31,6	31,6		
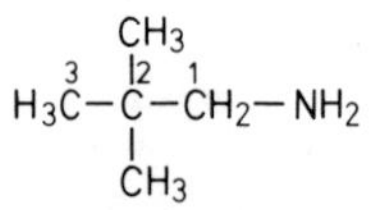 H₃C–C(CH₃)₂–CH₂–NH₂	54,5	32,1	27,0				
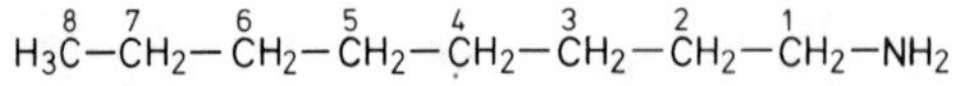 H₃C–CH₂–CH₂–CH₂–CH₂–CH₂–CH₂–CH₂–NH₂	42,5	34,5	27,4	30,6	29,8	32,3	23,1
	14,2 (C-8)						
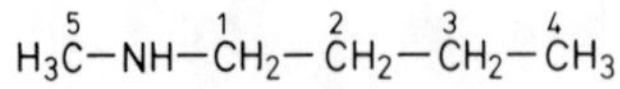 H₃C–NH–CH₂–CH₂–CH₂–CH₃	52,0[b] (51,7)	32,3[b] (32,1)	20,8[b] (21,2)	14,1[b] (14,7)	36,5[b] (36,0)		
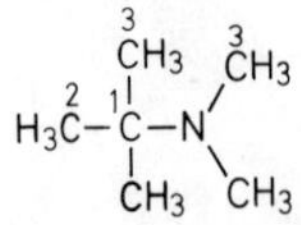 H₃C–C(CH₃)₂–N(CH₃)₂	53,6[b] (55,0)	25,4[b] (25,8)	38,7[b] (38,7)				

Tab. 3.41 Fortsetzung

Verbindung	δ (ppm)						
	C-1	C-2	C-3	C-4	C-5	C-6	C-7
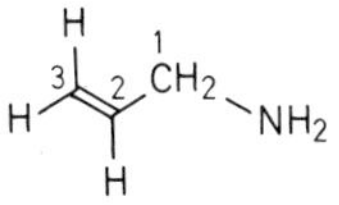 H₂C=CH-CH₂-NH₂	44,8	139,9	113,6				
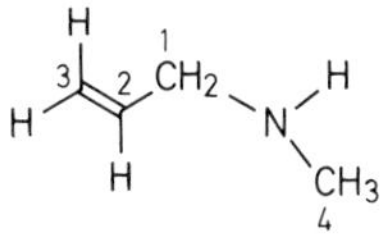 H₂C=CH-CH₂-NH-CH₃	54,5	136,9	115,8	35,9			
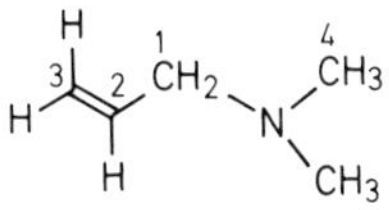 H₂C=CH-CH₂-N(CH₃)₂	62,9	136,0	117,4	45,2			
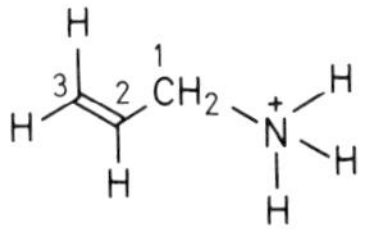 H₂C=CH-CH₂-N⁺H₃	42,2	130,2	120,9				
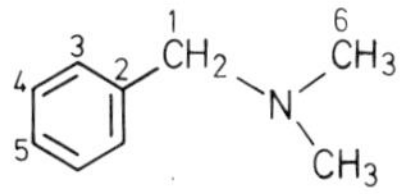 C₆H₅-CH₂-N(CH₃)₂	64,5	139,0	129,1	128,2	127,1	45,4	
H₂N-CH₂-CH₂-NH₂	(44,3)						
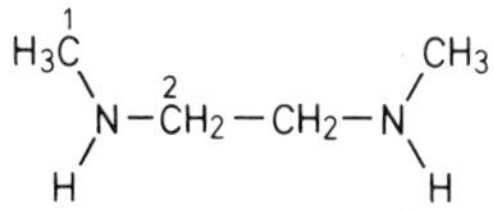 H₃C-NH-CH₂-CH₂-NH-CH₃	36,4	52,0					
H₂N-CH₂-CH₂-CH₂-CH₂-CH₂-NH₂	42,1	33,8	24,2				
H₂N-CH₂-CH₂-CH₂-N(CH₃)₂	40,8	32,2	57,8	45,4			
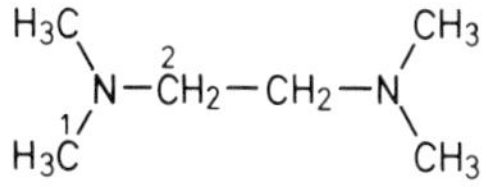 (H₃C)₂N-CH₂-CH₂-N(CH₃)₂	46,0	58,7					
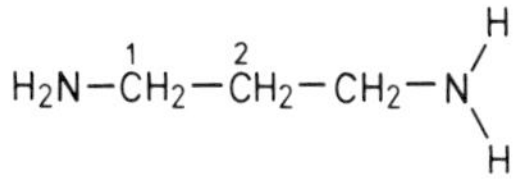 H₂N-CH₂-CH₂-CH₂-NH₂	39,6	36,1					
H₂N-CH₂-CH₂-CH₂-CH₂-NH₂	41,8	30,4					
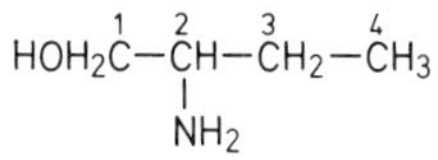 HOH₂C-CH(NH₂)-CH₂-CH₃	65,8	54,3	26,5	10,4			
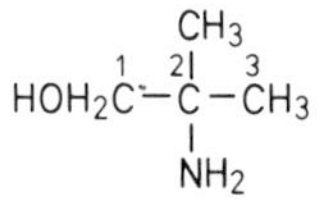 HOH₂C-C(CH₃)(NH₂)-CH₃	71,1	50,6	26,7				

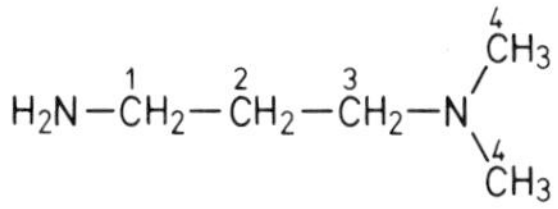

Tab. 3.41 Fortsetzung

Verbindung		C-1	C-2	C-3	C-4	C-5	C-6	C-7
HOH₂$\overset{1}{C}$–$\overset{2}{C}$H₂–N(H)($\overset{3}{C}$H₃)		60,3	54,3	36,0				
H₃$\overset{4}{C}$–O–$\overset{3}{C}$H₂–$\overset{2}{C}$H₂–$\overset{1}{C}$H₂–NH₂		39,6	33,6	70,9	58,4			
HOH₂$\overset{1}{C}$–$\overset{2}{C}$H(NH₂)–$\overset{3}{C}$H₂–$\overset{4}{C}$H₃		65,8	54,3	26,5	10,4			
HOH₂$\overset{1}{C}$–$\overset{2}{C}$H₂–$\overset{3}{C}$H₂–NH₂		63,3	34,1	41,4				
H₃$\overset{1}{C}$–$\overset{2}{C}$H(OH)–$\overset{3}{C}$H₂–$\overset{4}{C}$H(NH₂)–$\overset{5}{C}$H₃	α[b]	23,8	68,5	46,6	48,2	27,2		
	β[b]	23,9	64,9	45,8	44,4	23,8		
Diastereomeren-Gemisch								
NH₂–$\overset{1}{C}$H₂–$\overset{2}{C}$H₂OH		44,6	64,2					
N($\overset{1}{C}$H₂–$\overset{2}{C}$H₂OH)₃		57,4	60,3					
HOH₂$\overset{1}{C}$–$\overset{2}{C}$H₂–$\overset{+}{N}$(CH₃)₃ Cl⁻ Cholin		(56,6)	(68,3)	(54,8)				
H₃$\overset{5}{C}$–$\overset{4}{C}$(=O)–O–$\overset{1}{C}$H₂–$\overset{2}{C}$H₂–$\overset{+}{N}$($\overset{3}{C}$H₃)₃ Cl⁻ Acetylcholin		(59,2)	(65,2)	(54,8)	(173,8)	(21,3)		

[a] Die Werte in Klammern beziehen sich auf Messungen in wäßrigem Medium (30–40%ige Lösungen), alle anderen δ-Werte sind, wenn nicht gesondert vermerkt, in C₆D₆ als Lösungsmittel (70%ige Lösungen) gemessen worden.
[b] CDCl₃

Dies entspricht den üblichen Substituenteneffekten von Alkyl-Gruppen über das Stickstoff-Atom. Außer mit den angegebenen Substituentenparametern lassen sich die chemischen Verschiebungen von Aminen aus denen der entsprechenden Methyl-Verbindungen ($R-CH_3 \rightarrow R-N<$) mit Hilfe der folgenden Gl. (3.27) bis (3.36) berechnen[167,168].

$$\delta_C^{Amin} = a\delta_C^{Alkan} + b \tag{3.27}$$

Die Standardabweichungen betragen hierbei für die *prim* Amine max. 0,6, für die *sec* Amine 0,9, für die *tert* Amine jedoch über 1 ppm. Ein linearer Zusammenhang zwischen der Verschiebung hetero-substituierter Alkane und der entsprechenden „Methylalkane" wird auch für die Alkohole beobachtet (s. S. 159), wobei die Steigung a der Geraden für das α-C-Atom ebenfalls deutlich unter 1,00 liegt.

Die Protonierung von Aminen führt zu charakteristischen Veränderungen, die wie die Protonierungs- und Acetylierungsshifts der Alkohole (s. S. 161) als Zuordnungshilfen benutzt werden können.

$$\delta_\alpha^{R-NH_2} = 0{,}846\ \delta_\alpha^{R-CH_3} + 23{,}09 \tag{3.28}$$

$$\delta_\beta^{R-NH_2} = 0{,}955\ \delta_\beta^{R-CH_3} + 3{,}00 \quad p \tag{3.29}$$

$$\delta_\gamma^{R-NH_2} = 0{,}941\ \delta_\gamma^{R-CH_3} - 0{,}07 \tag{3.30}$$

$$\delta_\alpha^{R-NHR'} = 0{,}900\ \delta_\alpha^{R-CH_3} + 22{,}88 \tag{3.31}$$

$$\delta_\beta^{R-NHR'} = 0{,}942\ \delta_\beta^{R-CH_3} + 2{,}07 \quad s \tag{3.32}$$

$$\delta_\gamma^{R-NHR'} = 0{,}951\ \delta_\gamma^{R-CH_3} - 0{,}68 \tag{3.33}$$

$$\delta_\alpha^{R-NR'_2} = 0{,}914\ \delta_\alpha^{R-CH_3} + 22{,}62 \tag{3.34}$$

$$\delta_\beta^{R-NR'_2} = 0{,}999\ \delta_\beta^{R-CH_3} + 0{,}45 \quad t \tag{3.35}$$

$$\delta_\gamma^{R-NR'_2} = 0{,}934\ \delta_\gamma^{R-CH_3} - 0{,}43 \tag{3.36}$$

$$-\overset{|}{\underset{|}{C}}-\overset{|}{\underset{|}{C}}-\overset{|}{\underset{|}{C}}-\overset{|}{\underset{|}{C}}-NR_2 \quad \xrightarrow{H^+} \quad -\overset{|}{\underset{|}{C}}-\overset{|}{\underset{|}{C}}-\overset{|}{\underset{|}{C}}-\overset{|}{\underset{|}{C}}-\overset{R}{\underset{R}{\overset{|}{N^+}}}-H$$

$$\Delta\delta_\alpha = -2{,}3$$
$$\Delta\delta_\beta = -3{,}8$$
$$\Delta\delta_\gamma = -0{,}5$$

Die **Protonierung linearer Alkylamine** führt mit wenigen Ausnahmen zu einer Hochfeldverschiebung aller C-Atome; dieses Verhalten korrespondiert mit dem der Carbonsäuren, die bei der Überführung in das Carboxylat-Anion entgegen einfacher Elektronendichte-Betrachtungen Tieffeldverschiebungen zeigen. Neben Elektrischen Feldeffekten[169] werden als Ursache für die Protonierungsshifts Polarisierungen der C–H-Bindungen mit Erhöhung der Ladungsdichte am Kohlenstoff-Atom diskutiert[168,170]. Einige Amine mit verzweigter Alkyl-Kette zeigen bei der Protonierung für die α-C-Atome, und nur für diese, Tieffeldverschiebungen, die je nach Substitutionsgrad bis zu 9 ppm betragen können[168], wie die folgende Gegenüberstellung von *t*-Butylamin **129**, Diisopropylamin **130** und *t*-Butyldimethylamin **131** zeigt.

129 (β, α-NH₂) **130** (α-NH, isopropyl) **131** (N(CH₃)₂)

$$\delta_{N^+} - \delta_{Nl} = \Delta\delta_{C_\alpha} \quad +5{,}7 \quad\quad +2{,}81 \quad\quad +8{,}9 \text{ ppm}$$
$$\Delta\delta_{C_\beta} \quad -4{,}7 \quad\quad -2{,}9 \quad\quad\quad -0{,}8 \text{ ppm}$$
$$\Delta\delta_{CH_3} \quad\quad\quad\quad\quad\quad\quad\quad\quad\quad = +0{,}2 \text{ ppm}$$

Die Überführung von tertiären Aminen in Tetraalkylammonium-Salze (s. Tab. 3.41, S. 201) führt wegen des zusätzlichen β-Effektes zu einer Tieffeldverschiebung der zum Stickstoff α-ständigen C-Atome; alle anderen Kohlenstoff-Atome werden zu hohem Feld verschoben, wobei die Verschiebungsdifferenz (Ammoniumsalz-Amin) mit der Entfernung vom N-Atom abnimmt, siehe Dibutylhexylamin **132** und Tributylhexylammoniumbromid **133**[171,*]. Die Hochfeldverschiebungen, die bei der Protonierung von Aminen auftreten, werden im Falle der Tetraalkylammonium-Salze von den durch die Alkylierung hervorgerufenen β-, γ- und δ-Effekten überdeckt.

H₃C—CH₂—CH₂—CH₂   54,5 27,5 23,2
14,2 20,6 30,2 54,2 N
H₃C—CH₂—CH₂—CH₂   28,0 32,9 14,2

132

H₃C—CH₂—CH₂—CH₂ₓ ₊ ₓCH₂—CH₂—CH₂—CH₃
14,0 19,8 24,3 59,1 N 22,4
H₃C—CH₂—CH₂—CH₂   59,4   31,3
                          26,1   13,7
                                22,4

133

Die Lösungsmittelabhängigkeit der chemischen Verschiebungen primärer, sekundärer und tertiärer Amine ist bei hohen Amin-Konzentrationen vernachlässigbar (s. Tab. 3.41), nimmt aber ansonsten in der Reihe *prim < sec < tert < quart* α-C-Atom zu.

Die **Aminosäuren** zeigen wegen ihres basischen und sauren Charakters eine starke pH-Abhängigkeit der chemischen Verschiebungen[172,173]. Die Tabelle 3.42 enthält die δ-Werte der wichtigsten Aminosäuren bei drei verschiedenen pH-Werten, bei denen die drei unterschiedlich protonierten Formen **134a–c** vorliegen. Für diejenigen Aminosäuren, die in Tab. 3.42 nur eine δ-Angabe haben, beziehen sich die Werte auf die in neutraler wäßriger Lösung vorliegende zwitterionische Form **134b**. Die Verschiebungen für die protonierte Form **134a** bzw. deprotonierte Form **134c** können mit Hilfe der im Schema 3.3 angegebenen Protonierungsinkremente[173] berechnet werden. Die Protonierungsshifts der Aminosäuren entsprechen denen, die man bei Aminen und Carbonsäuren beobachtet hat. Besonders auffällig ist wiederum die starke Beeinflussung der β-ständigen C-Atome bei der Protonierung der NH₂-Funktion (vgl. S. 205). Die Protonierungsshifts können zur Bestimmung der p*K*-Werte der Aminosäuren herangezogen werden[174], außerdem stellen sie eine Zuordnungshilfe für die Verschiebungen in Peptiden dar[175].

---

* Symmetrische Tetraalkylammonium-Salze zeigen ¹³C, ¹⁴N-Kopplungen (s. S. 512).

Tab. 3.42 ^{13}C-chemische Verschiebung von Aminosäuren in wäßrigen Medien bei verschiedenen pH-Werten

Verbindung	pH	δ(ppm)						
		C–1	C–2	C–3	C–4	C–5	C–6	C–7
H$_2\overset{2}{C}$–$\overset{1}{C}$OOH | NH$_2$ Gly	0,45 4,53 12,01	171,2 173,6 182,7	41,5 42,8 46,0					
H$_3$C–CH–COOH | NH$_2$ Ala	0,43 4,96 12,52	174,0 177,0 185,7	50,1 51,9 52,7	16,5 17,5 21,7				
H$_2\overset{3}{C}$–$\overset{2}{C}$H$_2$–$\overset{1}{C}$OOH | NH$_2$ β-Ala	0,49 5,03 12,56	175,7 179,4 182,7	36,6 38,0 39,3	32,2 34,8 41,6				
H$_2$C–CH–COOH | | OH NH$_2$ Ser	a	173,1	57,4	61,3				
H$_2$C–CH–COOH | | SH NH$_2$ CySH	a	173,6	57,0	25,8				
H$_2\overset{3}{C}$–$\overset{2}{C}$H–$\overset{1}{C}$OO$\overset{4}{C}$H$_3$ ·HCl | | SH NH$_2$	a	174,2	57,4	26,0	56,1			
H$_3\overset{4}{C}$–$\overset{3}{C}$H–$\overset{2}{C}$H–$\overset{1}{C}$OOH | | OH NH$_2$ Thr	a	173,8	61,7	67,1	20,8			
H$_2\overset{4}{C}$–$\overset{3}{C}$H$_2$–$\overset{2}{C}$H–$\overset{1}{C}$OOH | | S–CH$_3$ NH$_2$ Met	a	175,3	55,3	31,0	30,1	15,2		
H$_3\overset{4}{C}$–$\overset{3}{C}$H–$\overset{2}{C}$H–$\overset{1}{C}$OOH | | CH$_3$ NH$_2$ Val	0,30 5,64 12,60	172,9 175,4 184,1	59,8 61,8 63,2	30,3 30,3 32,9	18,0 17,8 17,9	18,5 19,2 20,3		
H$_3\overset{5}{C}$–$\overset{4}{C}$H–$\overset{3}{C}$H$_2$–$\overset{2}{C}$H–$\overset{1}{C}$OOH |^6 | CH$_3$ NH$_2$ Leu	0,37 7,0 13,00	174,0 176,3 185,4	52,8 54,4 55,9	40,1 40,7 45,5	25,1 25,1 25,6	22,1 21,8 22,5	22,7 22,9 23,7	

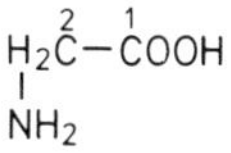

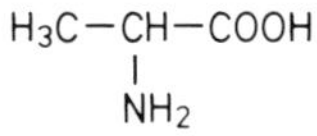

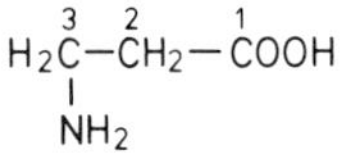

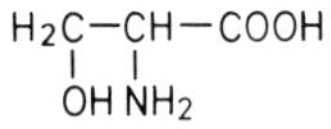

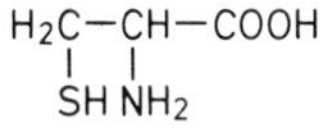

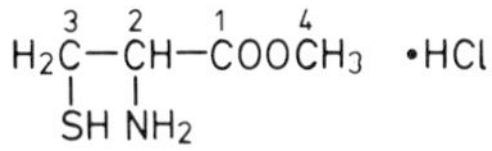

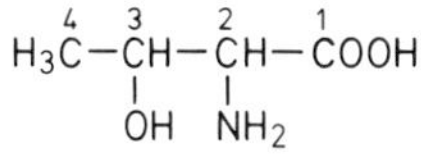

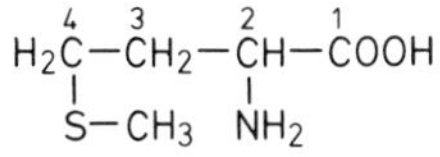

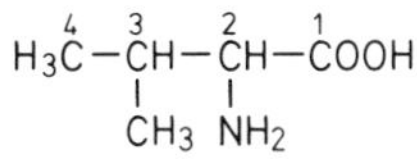

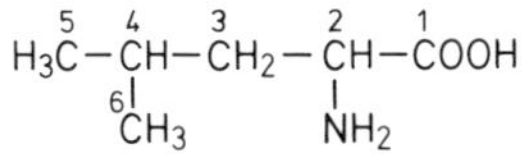

Tab. 3.42 Fortsetzung

Verbindung	pH	δ (ppm)						
		C-1	C-2	C-3	C-4	C-5	C-6	C-7
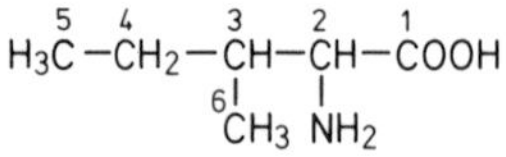 H₃C(5)–CH₂(4)–CH(3)–CH(2)–COOH(1), CH₃(6), NH₂ — Ile	0,28	172,8	58,7	37,1	25,9	12,1	15,3	
	6,04	175,0	60,9	37,1	25,6	25,6	15,9	
	12,84	184,1	62,3	39,8	25,2	12,3	16,7	
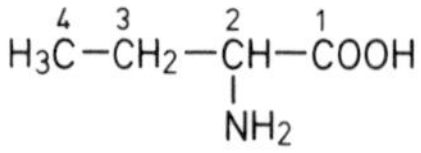 H₃C(4)–CH₂(3)–CH(2)–COOH(1), NH₂	0,40	173,4	55,3	24,5	9,6			
	5,11	176,1	57,2	25,0	9,7			
	12,81	184,8	58,7	28,9	10,4			
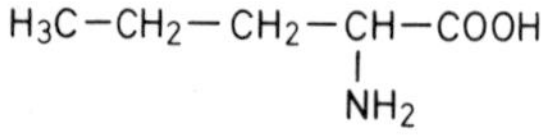 H₃C–CH₂–CH₂–CH–COOH, NH₂	0,51	173,6	54,1	33,0	18,9	14,1		
	4,97	176,3	56,0	33,8	19,0	14,1		
	12,97	185,1	57,1	38,2	19,6	14,5		
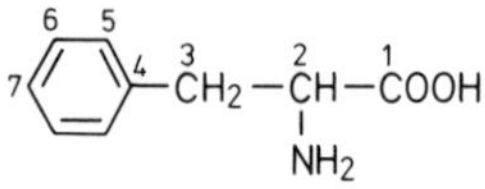 Phe: C₆H₅(7,6,5,4)–CH₂(3)–CH(2)–COOH(1), NH₂	a	175,0	57,3	37,5		130,7	129,5	131,1
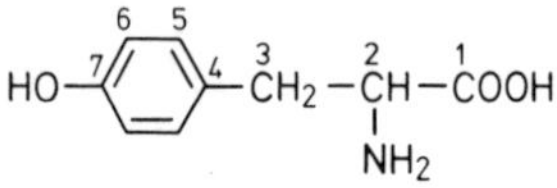 Tyr: HO–C₆H₄(7,6,5,4)–CH₂(3)–CH(2)–COOH(1), NH₂	a	175,0	57,3	37,5		130,5	117,5	156,3
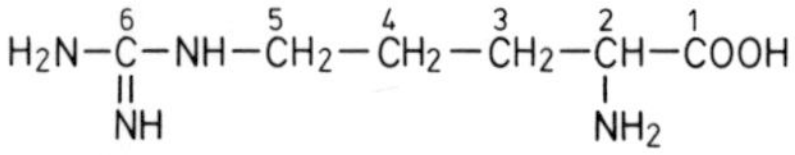 Arg: H₂N–C(6)(=NH)–NH–CH₂(5)–CH₂(4)–CH₂(3)–CH(2)–COOH(1), NH₂	a	175,2	55,6	28,8	25,2	41,7	157,8	
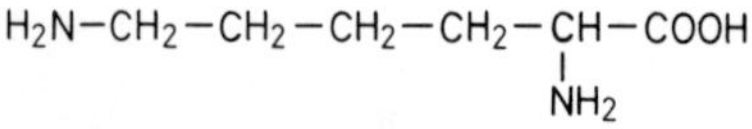 Lys: H₂N–CH₂–CH₂–CH₂–CH₂–CH–COOH, NH₂	0,50	173,2	54,0	30,5	22,6	27,6	40,5	
	6,03	175,8	55,9	31,2	22,6	27,7	40,5	
	13,85	184,8	57,3	35,7	23,6	33,0	41,8	
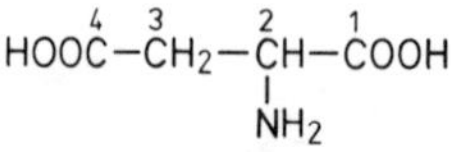 Asp: HOOC(4)–CH₂(3)–CH(2)–COOH(1), NH₂	0,41	172,0	50,6	35,0	174,4			
	6,73	175,5	53,5	37,8	178,7			
	12,73	183,4	55,3	44,5	181,3			
Asp-NH₂: H₂N–CO(4)–CH₂(3)–CH(2)–COOH(1), NH₂	a	174,1	52,4	35,7	175,3			
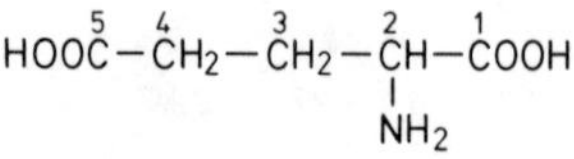 Glu: HOOC(5)–CH₂(4)–CH₂(3)–CH(2)–COOH(1), NH₂	0,32	172,6	53,4	26,1	30,7	172,4		
	6,95	175,8	56,0	28,2	34,7	182,4		
	12,51	183,9	57,2	33,0	35,3	184,0		

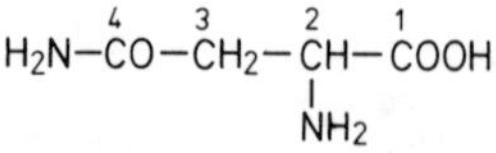

Tab. 3.42 Fortsetzung

Verbindung	pH	δ (ppm)						
		C-1	C-2	C-3	C-4	C-5	C-6	C-7
H₂N—CO—CH₂—CH₂—CH(NH₂)—COOH Glu—NH₂	a	174,8	55,4	27,4	32,1	178,5		
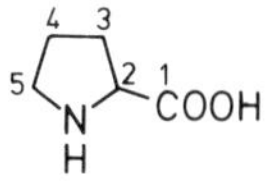 Pro (Pyrrolidin-2-COOH)	a	175,2	62,4	30,3	25,0	47,4		
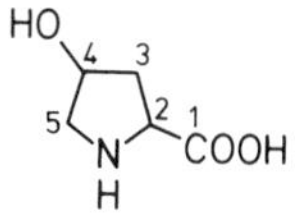 Hypro (4-HO-Pyrrolidin-2-COOH)	a	175,2	61,1	38,7	71,3	54,2		
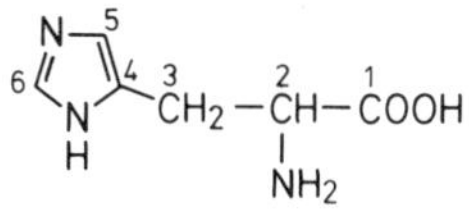 His	a	174,9	58,8	29,0		117,9	136,9	
	c	174,0	55,1	27,6	130,0	118,5	135,8	
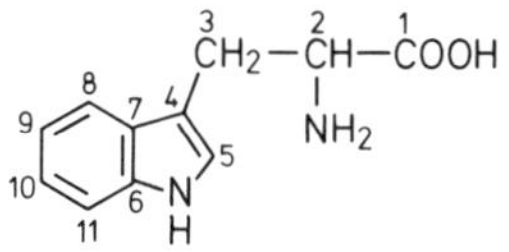 Trp	a	175,5	56,4	27,6	108,8	126,1	127,8	137,8
	c	174,4	55,5	27,3	108,2	126,5		
		8: 123,4	9: 119,6	10: 120,8	11: 113,3			
H₂N—CH₂—CH₂—CH₂—COOH	0,45	178,2	40,2	23,3	31,8			
	5,12	182,2	40,7	24,8	35,2			
	12,75	184,5	41,9	30,2	36,3			
H₂N—CH₂—CH₂—CH₂—CH(NH₂)—COOH Orn	0,46	172,8	53,7	28,1	24,0	40,2		
	5,02	175,3	55,5	28,7	24,0	40,3		
	13,53	184,6	57,2	33,3	29,4	41,9		
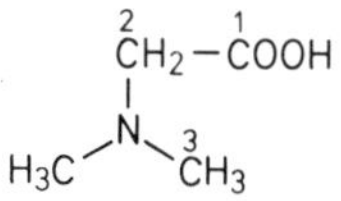 (CH₃)₂N—CH₂—COOH		171,3	61,1	44,8				
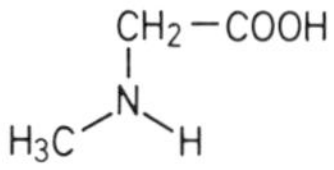 CH₃—NH—CH₂—COOH Sarcosin	a	171,3	52,0	33,9				
HOOC—CH₂—CH₂—CH₂—CH(NH₂)—COOH	0,40	173,1	54,0	30,3	20,9	34,1	178,8	
	6,96	176,0	55,9	31,5	22,6	38,0	183,7	
	12,92	184,6	57,2	35,9	23,5	38,7	184,6	

Tab. 3.42 Fortsetzung

Verbindung	pH	C–1	C–2	C–3	C–4	C–5	C–6	C–7
H₂C–CH–COOH | | H₂N NH₂	0,03 3,06 13,42	170,0 172,3 182,6	51,0 51,7 59,4	39,7 40,3 46,8				
$\overset{4}{H_2C}-\overset{3}{CH_2}-\overset{2}{CH}-\overset{1}{COOH}$ | | NH₂ NH₂	0,31 4,47 13,51	171,9 174,9 184,4	51,8 53,9 55,4	28,9 29,5 39,0	37,5 38,0 39,0			
$\overset{4}{H_3C}-\overset{3}{CO}-NH-\overset{2}{CH_2}-\overset{1}{COOH}$	b	171,8	41,1	170,4	22,6			

$\overset{5}{H_3C}-\overset{4}{CO}-NH-\overset{3}{CH}-\overset{2}{COO}\overset{1}{CH_3}$
                         $\overset{6}{CH}$
             $\overset{8}{H_3C}\diagup\diagdown\overset{7}{CH_3}$
	b	51,7
		18,4
			172,4	57,6	170,0	22,3	30,0	19,1

$\overset{6}{H_2C}-\overset{5}{CH_2}-\overset{4}{CH_2}-\overset{3}{CH_2}-\overset{2}{CH_2}-\overset{1}{COOH}$ | NH₂	0,27 5,13 12,93	179,9 183,8 185,1	40,9 40,8 41,8	27,7 27,8 32,7	26,2 26,5 27,2	24,9 26,1 26,8	34,8 37,7 38,7	
$\overset{4}{H_2C}-\overset{3}{CONH}-\overset{2}{CH_2}-\overset{1}{COOH}$ | NH₂ Glygly	1,5 5,7 9,5	174,2 177,5 177,4	42,6 44,9 44,7	168,7 168,5 174,6	42,1 42,2 44,7			
HOOC–H₂C $\overset{2}{CH_2}-\overset{3}{COOH}$ $\diagdown$N–$\overset{1}{CH_2}$–CH₂–N$\diagup$ HOOC–H₂C CH₂–COOH EDTA	7,0 13,0		52,4 52,8	58,9 60,0	171,5 180,6			

H₂N
   $\diagdown\overset{3}{C}$–N–$\overset{2}{CH_2}$–$\overset{1}{COO^-}$
   $\diagup$ |
H₂N $\overset{4}{CH_3}$
Creatin
		172,3	52,6	158,3	38,1			

(Creatinin structure) Creatinin		173,3	55,1	157,8	32,1			

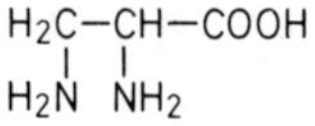

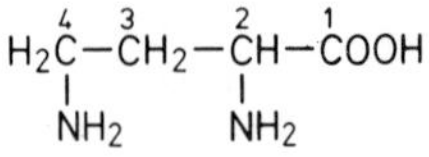

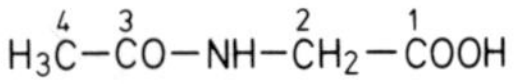

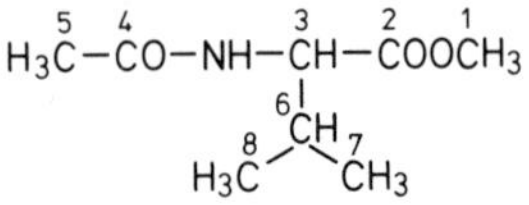

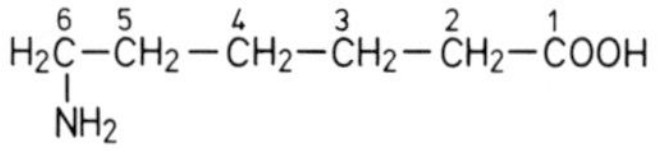

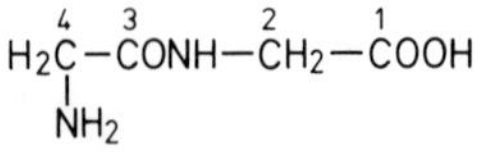

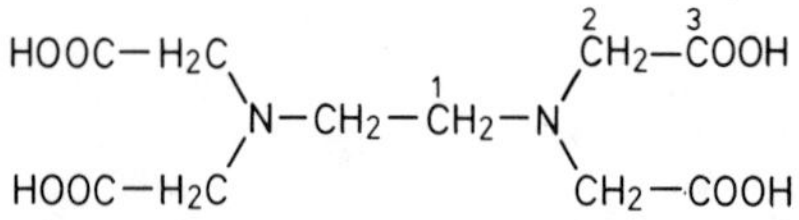

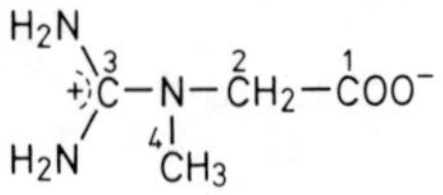

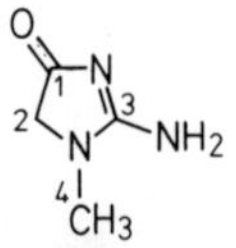

ᵃ gesättigte Lösung, δ-Werte für die zwitterionische Form
ᵇ DMSO/D₂O/H₂O
ᶜ D₂O gesättigte Lösung + 2 Tropfen HCl

Im übrigen werden beim Einbau einer Aminosäure in ein Peptid die entfernteren C-Atome der Seitenkette nur wenig beeinflußt, während das α-C-Atom um ca. −1 ppm, das β-C-Atom um +1 ppm und die Carbonyl-Gruppe der Peptid-Bindung zwischen 0,1 und −0,5 ppm verschoben werden[176]. Als weitere Zuordnungshilfe für die Verschiebungen von Aminosäuren und Peptiden können die **Deuterium-Isotopen-Effekte** benutzt werden, die für das α-C-Atom bzw. für eine COOD-Gruppe −0,3 bis −0,4 ppm und für das β-C-Atom etwa −0,1 bis −0,2 ppm betragen[177].

Für eine empirische Berechnung der Verschiebungen von Aminosäuren steht ein Inkrementensystem zur Verfügung, das auch für Amine und Carbonsäuren Gültigkeit hat[172]; Gl. (3.37) gilt für die Alkyl-Kette, Gl. (3.38) für die COOH-Gruppe.

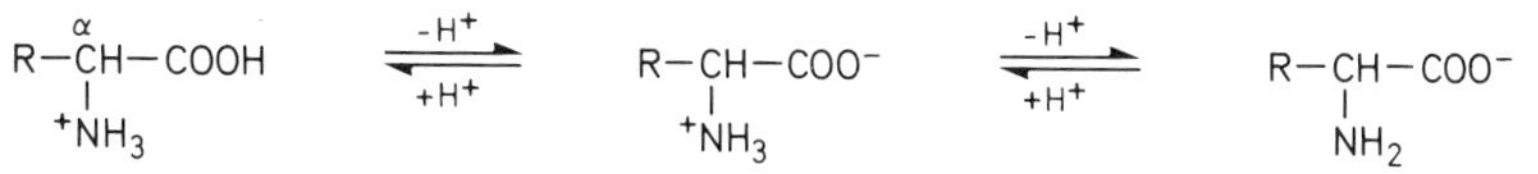

$$R-\overset{\alpha}{\underset{{}^{+}NH_3}{CH}}-COOH \underset{+H^{+}}{\overset{-H^{+}}{\rightleftharpoons}} R-\underset{{}^{+}NH_3}{CH}-COO^{-} \underset{+H^{+}}{\overset{-H^{+}}{\rightleftharpoons}} R-\underset{NH_2}{CH}-COO^{-}$$

$$\text{134 a} \longleftarrow \text{134 b} \longleftarrow \text{134 c}$$

$\Delta\delta_{CO} = -2{,}6 \pm 0{,}4$ $\Delta\delta_{CO} = -8{,}1 \pm 0{,}7$
$\Delta\delta_{\alpha} = -1{,}9 \pm 0{,}6$ $\Delta\delta_{CH_2\alpha} = -3{,}1 \pm 0{,}1$
$\Delta\delta_{\beta} = -0{,}7 \pm 0{,}4$ $\Delta\delta_{CH\alpha} = -1{,}4 \pm 0{,}4$
                  $\Delta\delta_{CH_2\beta} = -4{,}4 \pm 0{,}7$
                  $\Delta\delta_{CH\beta} = -3{,}2 \pm 0{,}4$

Schema 3.3 Protonierung von Aminosäuren

$$\delta_{C(k)} = \delta_{S^0} + \sum_{i=1}^{23} n_i \delta_i + \delta_{AC} \qquad (3.37)$$

$$\delta_{CO} = \delta_P + \sum_{i=1}^{24} n_i \delta_i \qquad (3.38)$$

Die Substituenteninkremente sind in der Tabelle 3.43 zusammengestellt. δ_{S^0} und δ_P stellen jeweils Grundwerte dar, δ_i das Substituenteninkrement, n_i die Anzahl der Substituenten i, und δ_{AC} berücksichtigt den kombinierten Einfluß von Amin- und Carbonyl-Funktion, wenn beide an das gleiche C-Atom gebunden sind, wobei +, 0 und − den Protonierungszustand wiedergibt.

Die chemischen Verschiebungen von Phosphinen unterscheiden sich, da der Phosphor etwa die gleiche Elektronegativität wie Wasserstoff besitzt, nur wenig von denen der Alkane. Zu berücksichtigen ist allerdings, daß die veränderten Valenzwinkel (z. B. C−P−C im Vergleich zu C−C−C) einen Einfluß auf die Verschiebung haben können. Tab. 3.44 enthält die δ-Werte einfacher Phosphine, Diphosphine, Phoshonium-Salze sowie einiger Phosphite und Phosphate.

Da die ^{13}C-NMR-Spektren üblicherweise nur unter Entkopplung der Protonen aufgenommen werden, enthalten die Spektren von Monophosphorverbindungen Dublettaufspaltungen aufgrund der **^{13}C, ^{31}P-Kopplungen** (s. Abb. 3.9 und 3.10), die wiederum als Zuordnungshilfen benutzt werden können (s.a. Kap. 4, Abschn. 6, S. 530).

Tab. 3.43 Substituenteninkremente für die Berechnung der chemischen Verschiebungen von Aminosäuren und Carbonsäuren nach Gl. (3.37) und (3.38)[a]

δ_{S°	δ_{1°	prim C		20,07	δ_P	δ_- COO$^-$	182,09
	δ_{2°	sec C		39,75		δ_0 COOH	178,47
	δ_{3°	tert C		56,56			
δ_i	δ_1	CH$_3$	1	−11,21	CH$_3$	1	0,00
	δ_2	CH$_3$	2	1,53	CH$_3$	2	0,64
	δ_3	CH$_3$	3	−0,34	CH$_3$	3	−0,27
	δ_4	CH$_2$	1	−5,20	CH$_3$	4	0,15
	δ_5	CH$_2$	2	0,00	CH$_2$	1	2,56
	δ_6	CH	1	0,47	CH$_2$	2	0,00
	δ_7	CH	2	−1,52	CH	1	5,08
	δ_8	NH$_2$	1	7,14	CH	2	−0,43
	δ_9	NH$_2$	2	3,00	NH$_2$	2	−2,35
	δ_{10}	NH$_2$	3	−2,21	NH$_2$	3	−2,01
	δ_{11}	NH$_2$	4	0,22	NH$_2$	4	−0,21
	δ_{12}	NH$_2$	5	0,20	NH$_2$	5	0,00
	δ_{13}	NH$_3^+$	1	6,22	NH$_2$	6	0,28
	δ_{14}	NH$_3^+$	2	−1,53	NH$_3^+$	2	−10,26
	δ_{15}	NH$_3^+$	3	−2,70	NH$_3^+$	3	−4,48
	δ_{16}	NH$_3^+$	4	−0,40	NH$_3^+$	4	−2,09
	δ_{17}	NH$_3^+$	5	0,00	NH$_3^+$	5	−1,36
	δ_{18}	COO$^-$	1	3,72	NH$_3^+$	6	−0,74
	δ_{19}	COO$^-$	2	−2,61	COO$^-$	2	−6,15
	δ_{20}	COO$^-$	3	0,24	COO$^-$	3	−1,17
	δ_{21}	COOH	1	0,00	COO$^-$	4	−0,55
	δ_{22}	COOH	2	−3,65	COOH	2	−8,90
	δ_{23}	COOH	3	0,00	COOH	3	−2,19
	δ_{24}				COOH	4	−1,50
δ_{AC}	δ_{+0}	NH$_3^+$COOH		−3,82			
	δ_{+-}	NH$_3^+$COO$^-$		−5,82			
	δ_{0-}	NH$_2$COO$^-$		−5,13			

[a] Die Zahl hinter dem Strukturelement gibt die Anzahl der Bindungen an, die dieses Fragment entfernt ist.

Beispiel:

$$\text{H}_2\text{N}-\text{H}_2\text{C}-\text{CH}_2-\overset{3}{\text{C}}\text{H}_2-\underset{\underset{\text{NH}_3}{+|}}{\text{CH}}-\text{COOH}$$

$\delta_{\text{C-3}} = \delta_{2^\circ} + \delta_4 + \delta_5 + \delta_6 + \delta_{11} + \delta_{14} + \delta_{22} = 30,06$

$\qquad\qquad\qquad\text{exp. } \delta_{\text{C-3}} = 30,5$

$\delta_{\text{CO}} = \delta_0 + \delta_7 + \delta_6 + \delta_{14} = 173,29$

$\qquad\text{exp. } \delta_{\text{COOH}} = 173,2$

Tab. 3.44 ^{13}C-chemische Verschiebung einiger Phosphine, Phosphoniumsalze und Diphosphine, Phosphorsäureester und Phosphorylide

Verbindung	δ(ppm)							
	C−1	C−2	C−3	C−4	C−5	C−6	C−7	C−8
H$_3$C−PH$_2$	−4,4							
(H$_3$C)$_2$PH	7,1							
(H$_3$C)$_3$P	14,3							
(H$_3$C)$_4$P$^+$ I$^-$	11,3							
(H$_3$C−CH$_2$)$_3$P	19,5	10,3						
(H$_3$C−CH$_2$)$_4$P$^+$ Br$^-$	11,9	5,9						
(H$_3$C−CH$_2$−CH$_2$−CH$_2$)$_3$P	29,3	28,6	25,4	14,7				
(H$_3$C−CH$_2$−CH$_2$−CH$_2$)$_4$P$^+$ I$^-$	19,5	23,6	24,1	13,5				
P(OCH$_3$)$_3$	48,9							
P(OCH$_2$−CH$_3$)$_3$	58,0	17,4						
OP(OCH$_3$)$_3$	54,2							
OP(OCH$_2$−CH$_3$)$_3$	63,4	15,9						
(H$_3$C)$_3$PS	22,8							
(H$_3$C)$_2$P−P(CH$_3$)$_2$	10,3							
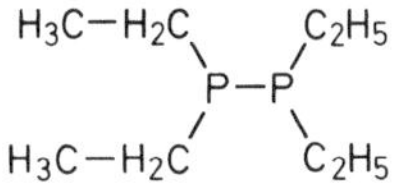 (H$_3$C−H$_2$C)$_2$P−P(C$_2$H$_5$)$_2$	16,9	12,1						
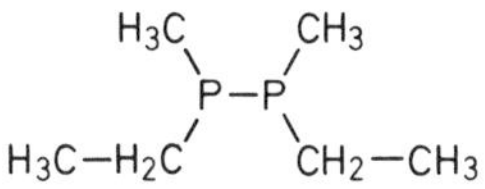 (H$_3$C)(H$_3$C−H$_2$C)P−P(CH$_3$)(CH$_2$−CH$_3$)	6,9	20,1	11,7					
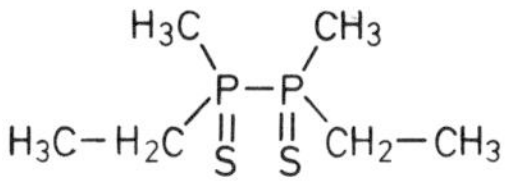 (H$_3$C)(H$_3$C−H$_2$C)P(S)−P(S)(CH$_3$)(CH$_2$−CH$_3$)	16,9	22,0	7,2					
H$_3$C−PCl$_2$	15,2							
H$_3$C−P(S)Cl$_2$	41,2							
H$_3$C−P(O)Cl$_2$	31,7							
H$_3$C−P(O)F$_2$	21,7							
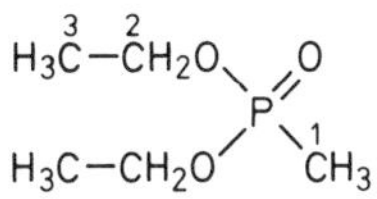 (H$_3\overset{3}{C}-\overset{2}{C}H_2O)_2P(O)-\overset{1}{C}H_3$	11,8	51,8	17,2					
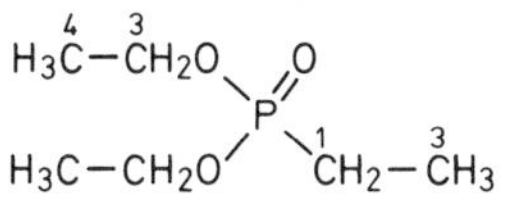 (H$_3\overset{4}{C}-\overset{3}{C}H_2O)_2P(O)-\overset{1}{C}H_2-\overset{3}{C}H_3$	19,9	7,5	52,1	17,0				

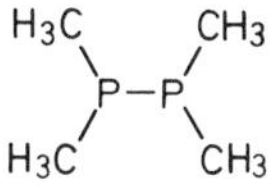

Tab. 3.44 Fortsetzung

Verbindung	δ(ppm)							
	C–1	C–2	C–3	C–4	C–5	C–6	C–7	C–8
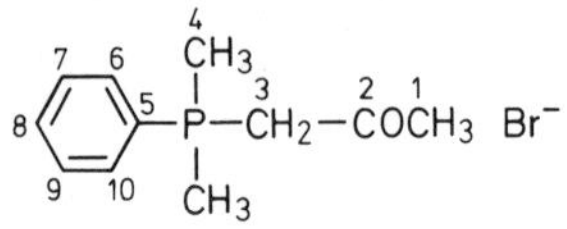 Aryl-P(CH₃)(CH₃)–CH₂–COCH₃ Br⁻ (Positionen 1,2,3,4,5–10)	31,9	201,7	39,6	8,6	120,7	131,7	129,8	134,0
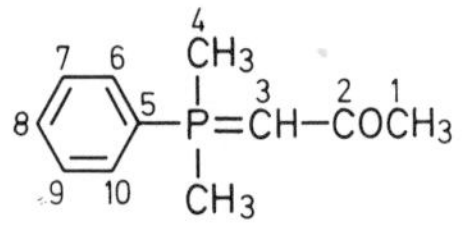 Aryl-P(CH₃)(CH₃)=CH–COCH₃	28,2	191,1	52,2	12,2		130,2	129,0	131,7
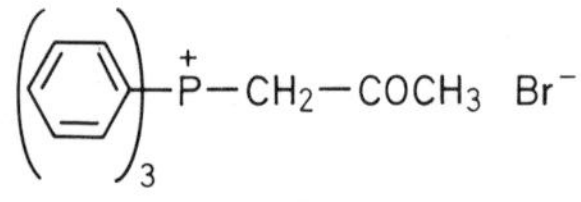 (Ph)₃P⁺–CH₂–COCH₃ Br⁻	32,4	201,4	40,1	119,0	123,2	130,3	134,9	
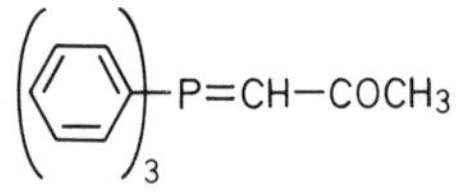 (Ph)₃P=CH–COCH₃	28,4	190,5	51,3	127,4	131,3	128,7	131,4	
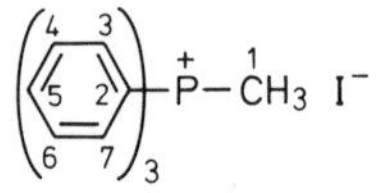 (Ph)₃P⁺–CH₃ I⁻	10,6	119,3	133,5	130,7	135,4			
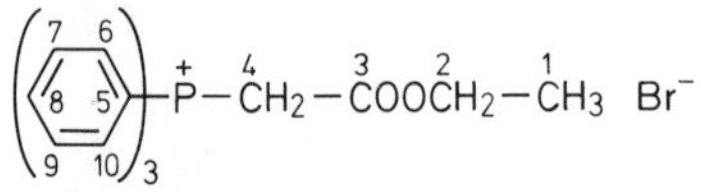 (Ph)₃P⁺–CH₂–COOCH₂–CH₃ Br⁻	13,7	62,8	164,5	32,9	118,0	134,1	130,7	135,6
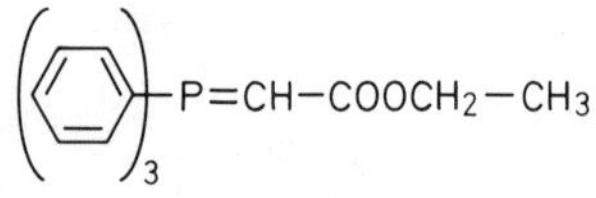 (Ph)₃P=CH–COOCH₂–CH₃	14,6	57,6	168,8	29,6	126,2	131,0	126,9	132,3
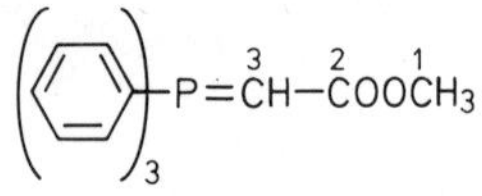 (Ph)₃P=CH–COOCH₃	49,7	172,0	29,8	128,2	133,2	129,0	130,1	
(CH₃–CH₂)₃P=CH₂	–14,2	20,3	6,6					
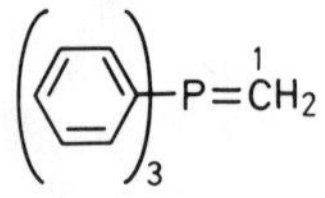 (Ph)₃P=CH₂	5,3							
P[N(CH₃)₂]₃	37,9							
OP[N(CH₃)₂]₃	36,5							

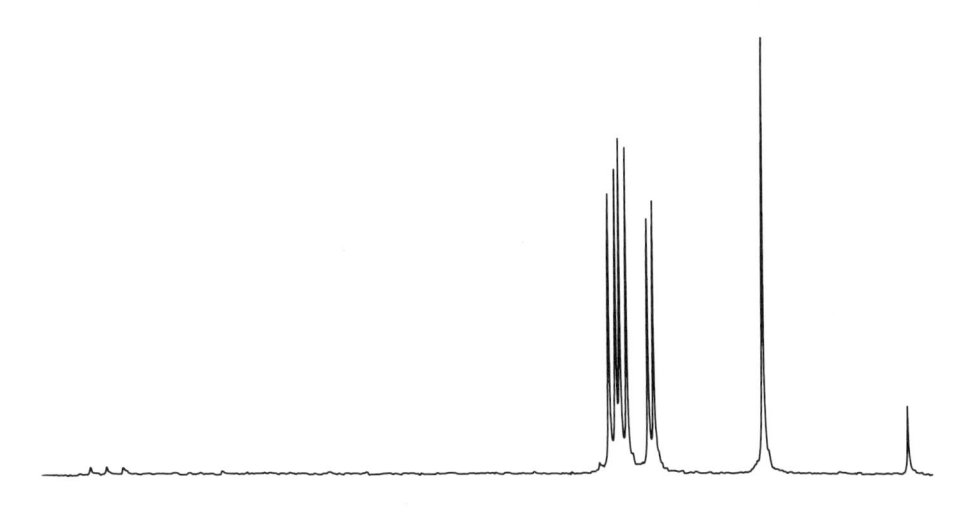

Abb. 3.9 ^{13}C-NMR-Spektrum von Tri-*n*-butyl-phosphin in CDCl$_3$ (δ-Werte s. Tab. 3.44)

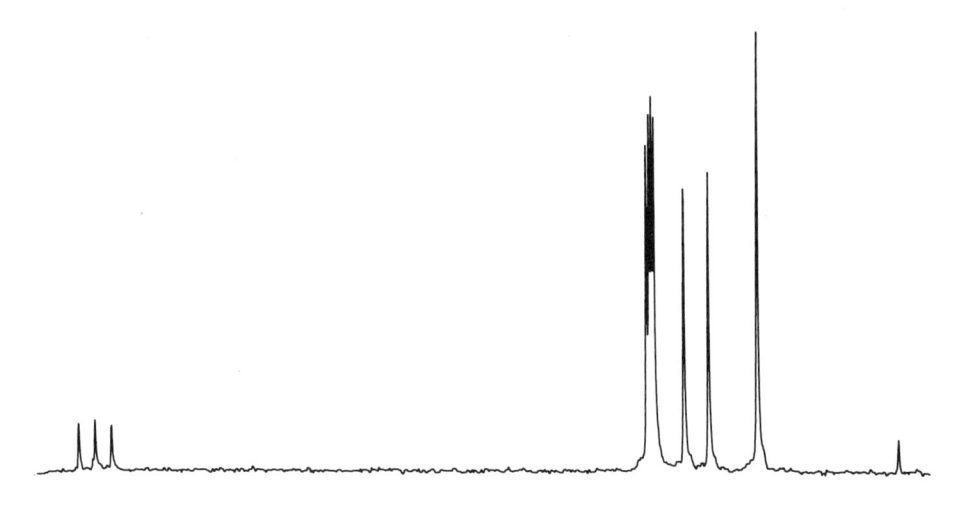

Abb. 3.10 ^{13}C-NMR-Spektrum von Tetra-*n*-butyl-phosphoniumiodid in CDCl$_3$ (δ-Werte s. Tab. 3.44)

Die chemischen Verschiebungen der zum Phosphor α-ständigen C-Atome nehmen in den Phosphinen mit zunehmendem Alkylierungsgrad zu (s. Tab. 3.44). Beim Übergang vom tertiären Phosphin zum Phosphonium-Salz beobachtet man eine beträchtliche Hochfeldverschiebung der α-ständigen C-Atome (negativer β-Effekt) sowie der C-Atome in β-Position (vgl. Triäthylphosphin/Tetraäthylphosphoniumbromid). Diese Hochfeldverschiebung kommt besonders bei den Triphenylphosphonium-Salzen zum Ausdruck. Für das C-1-Atom im Triphenylphoshin **119** bewirkt die Überführung in das Triphenylmethylphosphoniumiodid **135** eine Hochfeldverschiebung von $\Delta\delta = -19,0$ ppm. Die Umwandlung von Phosphonium-Salzen in Phosphorylide macht diese Hochfeldverschiebung wieder rückgängig (vgl. Tetramethylphosphoniumiodid in Tab. 3.44 mit dem Phosphorylid **127**).

135 **119**

$\Delta\delta_{C-1} = -18{,}1$
$\Delta\delta_{C-2/6} = -0{,}2$
$\Delta\delta_{C-3/5} = 2{,}2$
$\Delta\delta_{C-4} = 6{,}8$

So ergeben sich bei den Triphenylphosphoryliden für das C-1-Atom des Aromaten Tieffeldverschiebungen $\Delta\delta \approx 8$ ppm im Vergleich zum Phosphonium-Salz. Das Ylid-Kohlenstoff-Atom ist als sp^2-hybridisiertes C-Atom wegen der Zunahme der Elektronendichte sehr stark zu hohem Feld verschoben (s. Tab. 3.44).

Die oben diskutierten Hochfeldverschiebungen werden auch beim Übergang von Arsin zu Arsonium-Salzen beobachtet[178]. Phosphine und Arsine verhalten sich damit anders als die Amine bei der Überführung in die entsprechenden Onium-Salze.

Aufgaben

3.13 Berechne die Verschiebungen von Ornithin in der protonierten, Zwitter-Ionen- und deprotonierten Form.

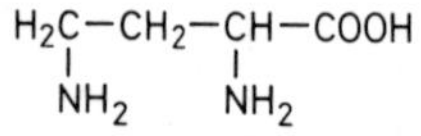

$H_2C-CH_2-CH-COOH$
  $|$ $|$
  NH_2 NH_2

3.14 Wie läßt sich die Hochfeldverschiebung des C-1-Atoms im Triphenylmethylphosphonium-Salz im Vergleich zum Triphenylphosphin erklären (Daten S. 199, 214)?

Bibliographie

Amine (aliphatisch):

Eggert, H., Djerassi, C. (1973), J. Am. Chem. Soc. 95, 3710.
Rabenstein, D. L., Sayer, T. L. (1976), J. Magn. Reson. 24, 27.
Morishima, I., Yoshikawa, K., Okada, K., Yonezawa, T., Goto, K. (1973), Protonierung von Aminen, J. Am. Chem. Soc. 95, 165.
Hart, D. J., Ford, W. T. (1974), Tetraalkylammoniumsalze, J. Org. Chem. 39, 363.
Horsley, W. J., Sternlicht, H., Cohen, J. S. (1970), Aminosäuren, Peptide, J. Am. Chem. Soc. 92, 680.
Horsley, W. J., Sternlicht, H. (1968), Aminosäuren, J. Am. Chem. Soc. 90, 3738.
Quirt, A. R. et al (1974), Titrationsshifts von Aminosäuren, J. Am. Chem. Soc. 96, 570.
Christl, M., Roberts, J. D. (1972), Peptide, J. Am. Chem. Soc. 94, 4565.

Sarneski, J. E., Surprenant, H. L., Molen, F. K., Reilley, C. N. (1975), Amine in wäßriger Lösung, Anal. Chem. 47, 2116.
Howarth, O. W., Moore, P., Winterton, N. (1974), EDTA und deren Komplexe, J. Chem. Soc. Dalton Trans. 2271.
Voelter, W., Jung, G., Breitmaier, E., Bayer, E. (1971), Aminosäuren, Peptide, Z. Naturforsch., Teil B, 26, 213.
Voelter, W., Fuchs, S., Seuffer, R. H., Zech, K. (1974), Peptide, geschützte Aminosäuren, Monatsh. Chem. 105, 11110.
Dorman, D. E., Bovey, F. A. (1973), Oligopeptide, J. Org. Chem. 38, 2379.
Voelter, W., Zech, K., Grimminger, W., Breitmaier, E., Jung, G. (1972), Aminosäuren, geschützte Aminosäuren, Oligopeptide, Chem. Ber. 105, 3650.

Surprenant, H.L., Sarneski, J.E., Key, R.R., Byrd, J.T., Reilley, C.N. (1980), Aminosäuren, J. Magn. Reson. 40, 231.

Newmark, R.A., Hill, J.R. (1976), Dipeptide, J. Magn. Reson. 21, 1.

Deslauriers, R., Smith, I.C.P. (1976), Peptide, Top. Carbon-13 NMR Spectrosc. 2, 1.

Tran-Dinh, S. et al (1974), ^{13}C-markierte Aminosäuren, Kopplungskonstanten, J. Am. Chem. Soc. 96, 1484.

Gottlieb, H.E., Andrew Cheung, H.T. (1979), Alkyl-Benzylamine, J. Chem. Res. 4060.

Kessler, H., Molter, M. (1974), Dipeptide, Angew. Chem. 86, 553.

Howarth, O.W., Lilley, D.M.J. (1978), Peptide, Proteine, Prog. Nucl. Magn. Reson. Spectrosc. 12, 1.

Grathwohl, C., Wüthrich, K. (1974), Peptide und Aminosäuren. J. Magn. Reson. 13, 217.

Feeney, J., Partington, P., Roberts, G.C.K. (1974), Peptide, J. Magn. Reson. 13, 268.

Llinares, J. et al (1979), Carbon-13 NMR Studies of Nitrogen Compounds Amino, Acetamino, Diacetamino; Ammonium- and Trimethyl Ammonium groups, Org. Magn. Reson. 12, 263.

Aminosäuren:

Clinie, I.G., Evans, D.A. (1982), ^{13}C-NMR Spectroscopy as a Probe of Enzyme Environment. Effect of Solvent and pH on ^{13}C Chemical Shifts in Derivatized Amino-Acid Models, Tetrahedron 38, 679.

Leibfritz, D. et al (1982), Synthese von 2-Methylalaninpeptiden, die pH-Abhängigkeit ihrer ^{13}C-NMR-Spektren und eine neue Methode zur Auswertung über CS-Diagramme, Tetrahedron 38, 2165.

Oekonomopulos, R., Jung, G., Leibfritz, D. (1982), ^{13}C-NMR und Konformation eines membranmodifizierenden synthetischen Nonadekapeptid-Analogons von Alamethicin und seiner Zwischenstufen, Tetrahedron 38, 2157.

Rattle, H.W.E. (1981), NMR of Amino Acids, Peptides, and Proteins, Ann. Rep. NMR Spectroscop. 11A, 1.

Phosphine, Phosphonate:

Mann, B.E. (1972), Phosphine, J. Chem. Soc. Perkin Trans. 2, 30.

Aime, S., Harris, R.K., McVicker, E.M., Fild, M. (1976), Diphosphine, J. Chem. Soc. Dalton Trans., 2114.

Gray, G.A. (1973), Phosphorylide, J. Am. Chem. Soc. 95, 5092.

Ernst, L. (1977), ^{13}C-NMR Spectroscopy of Diethyl-Alkyl- and Benzyl-Phosphonates, Org. Magn. Reson. 9, 35.

Fronza, G., Bravo, P. Ticozzi, C. (1978), Phosphorylide, J. Organomet. Chem. 157, 299.

Gray, G.A. (1971), Organophosphate, J. Am. Chem. Soc. 93, 2132.

Mavel, G., Green, M.J. (1968), Halogenophosphine, J. Chem. Soc., Chem. Comm. 742.

Schmidbaur, H., Richter, W., Walter, W., Köhler, H.F. (1975), Chem. Ber. 108, 2649.

Gray, G.A., Nelson, J.H. (1980), Aminophosphine, Org. Magn. Reson. 14, 8.

Empirische Korrelationen (Amine):

Linearer Zusammenhang $\delta_{Amine} = a\delta_{Alkan} + b$

Eggert, H., Djerassi, C. (1973), J. Am. Chem. Soc. 95, 3710.

Sarneski, J.E., Surprenant, H.L., Molen, F.K., Reilley, C.N. (1975), Anal. Chem. 47, 2116.

McDonald, J.C., Bishop, G.G., Mazurek, M. (1976), Can. J. Chem. 54, 1226.

Beziehung zwischen Verschiebung und pK_a-Werten bei Aminosäuren:

London, R.E. (1980), J. Magn. Reson. 38, 173.

Nitro-Verbindungen und verwandte Stickstoff-Verbindungen

Die Nitro-Gruppe übt mit ca. 60 ppm neben Fluor den stärksten α-Effekt aller Substituenten auf das α-C-Atom einer Alkyl-Kette aus. Der β-Effekt ist dagegen mit etwa 3 ppm relativ klein (vgl.Tab. 3.10, S. 95), und der γ-Effekt entspricht mit −4,5 ppm den Werten der anderen Stickstoff-haltigen funktionellen Gruppen. Tab. 3.45 enthält die chemischen Verschiebungen einfacher Nitro-Verbindungen, Salpetrigsäureester sowie einiger Nitrosamine.

Die ^{13}C-NMR-Spektren von Nitro-Verbindungen zeigen als Besonderheit eine deutliche **Signalverbreiterung** des die Nitro-Gruppe tragenden Kohlenstoff-Atoms (vgl. Kap. 5, S. 569f.).

Für die primären Nitroalkane ($R-CH_2-NO_2$) wird eine lineare Korrelation mit den Verschiebungen der entsprechenden Methyl-Verbindungen ($R-CH_2-CH_3$) beobachtet[179], wobei sich eine Standardabweichung von ca. 0,3 ppm ergibt (Gln. (3.39)–(3.41)).

$$\delta_\alpha^{NO_2} = 0{,}713\, \delta_\alpha^{CH_3} + 59{,}90 \qquad (3.39)$$

$$\delta_\beta^{NO_2} = 0{,}927\, \delta_\beta^{CH_3} - 2{,}00 \qquad (3.40)$$

$$\delta_\gamma^{NO_2} = 1{,}024\, \delta_\gamma^{CH_3} - 2{,}88 \qquad (3.41)$$

Tab. 3.45 ^{13}C-chemische Verschiebungen von Nitro-Verbindungen, Salpetrigsäureestern, Nitrosaminen und Nitraminen

Verbindung	δ(ppm)							
	C-1	C-2	C-3	C-4	C-5	C-6	C-7	C-8
H$_3$C—NO$_2$	61,2							
H$_3$C—CH$_2$—NO$_2$	70,8	12,3						
H$_3$C—CH$_2$—CH$_2$—NO$_2$	77,4	21,2	10,8					
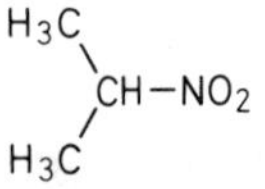 (H$_3$C)$_2$CH—NO$_2$	78,8	20,8						
H$_3$C—CH$_2$—CH$_2$—CH$_2$—NO$_2$	75,6	29,6	19,8	13,3				
H$_3$C—CH$_2$—CH$_2$—CH$_2$—NO$_2$ [a]	76,3	30,2	20,1	13,4				
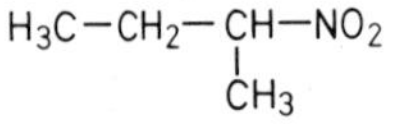 H$_3$C—CH$_2$—CH(NO$_2$)—CH$_3$	85,0	28,6	10,1	18,7				
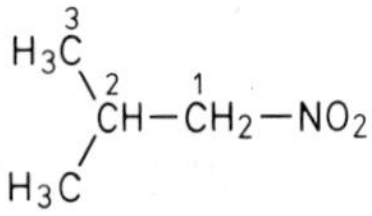 (H$_3$C)$_2$^{2}CH—^{1}CH$_2$—NO$_2$	82,9	28,2	19,6					
(H$_3$C)$_2$^{2}C(CH$_3$)—NO$_2$	85,2	26,9						
H$_3$C—CH$_2$—CH$_2$—CH$_2$—CH$_2$—NO$_2$ [a]	76,1	28,8	27,7	22,8	13,7			
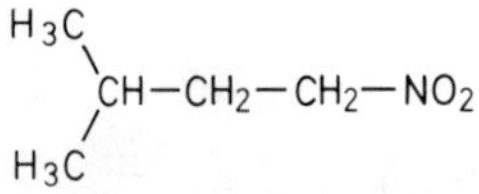 (H$_3$C)$_2$CH—CH$_2$—CH$_2$—NO$_2$	74,4	36,2	25,8	22,0				
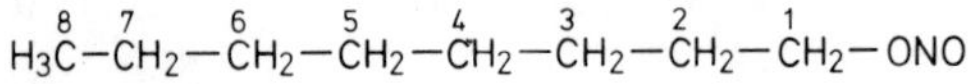 ^{8}H$_3$C—^{7}CH$_2$—^{6}CH$_2$—^{5}CH$_2$—^{4}CH$_2$—^{3}CH$_2$—^{2}CH$_2$—^{1}CH$_2$—ONO	68,3	29,3	26,0	29,3	29,3	31,9	22,7	14,0
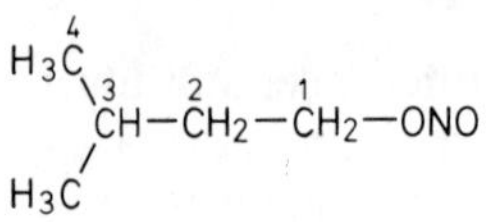 (H$_3$C)$_2$^{3}CH—^{2}CH$_2$—^{1}CH$_2$—ONO	66,8	38,2	25,5	22,5				
(H$_3$C)$_2$^{1}N—N=O	32,1	39,9						
(H$_3$C—CH$_2$)$_2$N—N=O	38,4	11,5	47,0	14,5				
(H$_3$C—CH$_2$—CH$_2$)$_2$N—N=O	45,2	20,3	11,3	54,2	22,5	11,8		

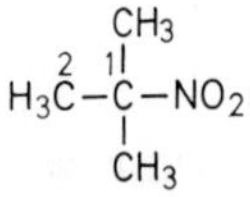

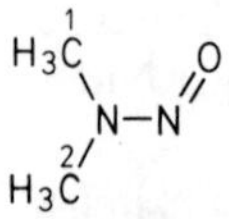

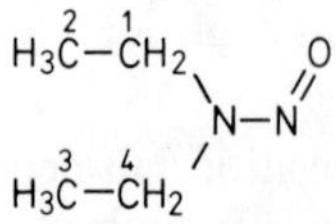

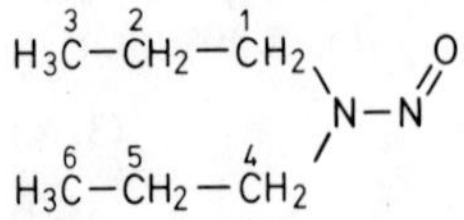

Tab. 3.45 Fortsetzung

Verbindung	δ(ppm)							
	C-1	C-2	C-3	C-4	C-5	C-6	C-7	C-8
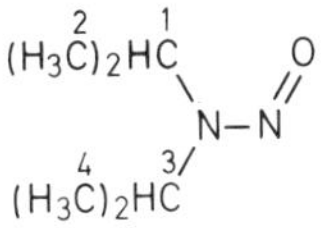 $(H_3\overset{2}{C})_2\overset{1}{HC}\underset{(H_3\overset{4}{C})_2\overset{3}{HC}}{\diagdown}N-N\diagup\overset{O}{\diagdown}$	45,4	19,1	51,1	23,7				
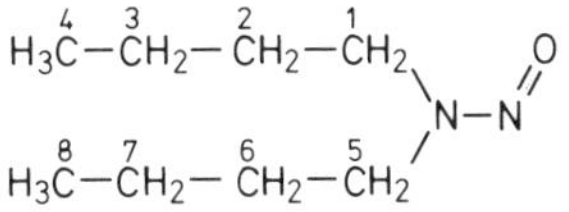 $H_3\overset{4}{C}-\overset{3}{CH_2}-\overset{2}{CH_2}-\overset{1}{CH_2}\underset{H_3\overset{8}{C}-\overset{7}{CH_2}-\overset{6}{CH_2}-\overset{5}{CH_2}}{\diagdown}N-N\diagup\overset{O}{\diagdown}$	41,8	28,9	20,3	13,8	51,9	31,1	20,9	13,8
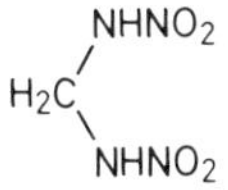 $H_2C\underset{NHNO_2}{\overset{NHNO_2}{\diagup}}$	53,5							
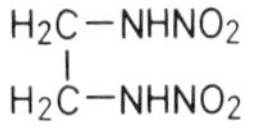 $H_2C-NHNO_2$ $\vert$ $H_2C-NHNO_2$	42,4							
$H_3C-NHNO_2$	32,5							
$(H_3C)_2N-NO_2$	40,0							
$H_3C-N(NO_2)_2$	41,5							

[a] in SO_2ClF bei $-60°$: Lit.[180]

Sekundäre Nitro-Verbindungen erfüllen die oben angegebenen Gleichungen nicht. Nitrosamine unterscheiden sich hinsichtlich der Verschiebungen nur wenig von den Aminen[181]. Die chemischen Verschiebungen der organischen Nitrite (s. Tab. 3.45) entsprechen etwa denen der Alkylmethylether.

Die Spektren der *N*-Nitrosamine **136** zeigen aufgrund der Beteiligung der mesomeren Form **136b** mit einem partiellen N=N-Doppelbindungscharakter getrennte Signale für die beiden Alkylsubstituenten[182]. Der Z-ständige Substituent weist dabei jeweils die geringeren chemischen Verschiebungen im Vergleich zu denen des E-ständigen Substituenten auf.

$$\underset{\textbf{136 a}}{\underset{R}{\overset{R}{\diagdown}}N-N\overset{O}{\diagup}} \longleftrightarrow \underset{\textbf{136 b}}{\underset{R^E}{\overset{R^Z}{\diagdown}}\overset{+}{N}=N\overset{O^-}{\diagup}}$$

Bei den Amiden und Thioamiden (s. Tab. 3.40) sowie den Oximen (s. S. 220ff.) und Hydrazonen beobachtet man den gleichen Sachverhalt.

N-Nitroso-*N*-methylanilin **137** zeigt für die Methyl-Gruppe ein Signal, dessen Verschiebung auf die E-Form schließen läßt. Die aromatischen *ortho*- und *meta*-C-Atome erscheinen wegen der gehinderten Rotation an der N–C-Atombindung dagegen doppelt[182].

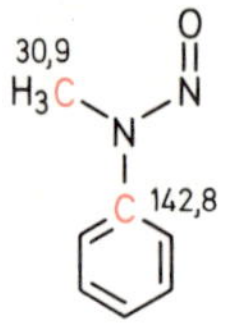

Imine und andere Verbindungen mit C=N-Doppelbindungen

Die chemischen Verschiebungen des *sp²*-hybridisierten C-Atoms in Verbindungen mit einer C=N-Doppelbindung, wie Iminen, Hydrazonen, Ketazinen oder Oximen, liegen in dem gegenüber Carbonylen sehr engen Bereich von ca. 150–180 ppm. Die Carbodiimide **138** und **139** zeigen für das *sp*-hybridisierte C-Atom Verschiebungen von ca. 140 ppm[183], die Ketenimine, wie das *N*-Phenylketenimin **140**, solche um 190 ppm[184].

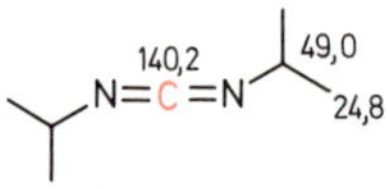

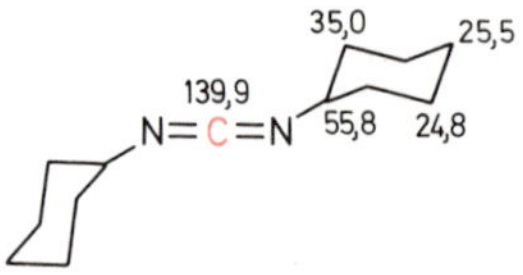

Das *sp²*-hybridisierte C-Atom der Ketenimino-Gruppe zeigt wie das der Ketene (s. S. 132) eine starke Abschirmung, die auf die Beteiligung der mesomeren Formen **140b** und **140c** zurückzuführen ist.

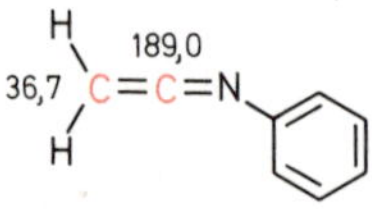

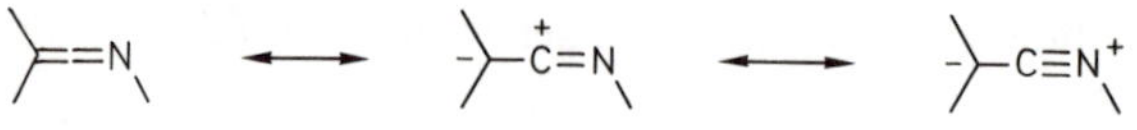

Die Tabelle 3.46 zeigt die Daten einer repräsentativen Auswahl von C=N-Verbindungen. In den Verbindungen, in denen für die *Z*- und *E*-ständigen Substituenten getrennte Signale beobachtet werden (Hydrazone, Oxime, Imine), zeigen die *Z*-ständigen α-C-Atome gegenüber den *E*-ständigen charakteristische Hochfeldverschiebungen von mehr als 6 ppm, die auf sterische Wechselwirkungen (γ-Effekt) zurückzuführen sind. Bei Überführung eines Ketons in das Oxim verschiebt sich das Signal des *sp²*-hybridisierten C-Atoms um ca. 50 ppm zu hohem Feld, die α-ständigen C-Atome je nach Anordnung ($Z \approx$ 10–17 ppm, $E \approx$ 7–12 ppm) ebenfalls zu hohem Feld, während die β-ständigen C-Atome bis zu 3 ppm tieffeldverschoben werden[185].

Tab. 3.46 ^{13}C-chemische Verbindungen von Verbindungen mit C=N-Doppelbindungen

Verbindung	δ(ppm)						
	C-1	C-2	C-3	C-4	C-5	C-6	C-7
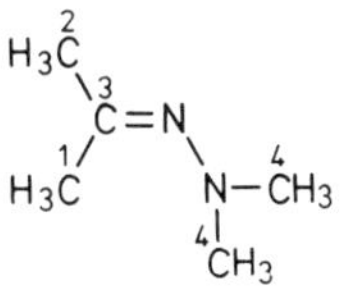 (H$_3$C)$_2$C=N-N(CH$_3$)$_2$	18,0	25,1	164,6	47,1			
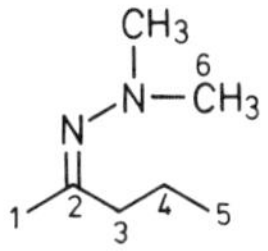 pentan-2-on N,N-dimethylhydrazon	22,6	167,2	33,1	19,7	14,2	47,0	
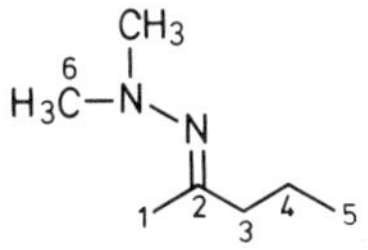 pentan-2-on methylhydrazon	16,2	165,5	40,5	20,1	13,7	46,5	
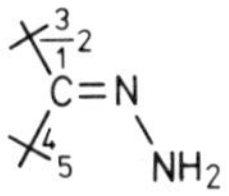 (tBu)$_2$C=N-NH$_2$	159,6	40,9	30,6	37,2	29,3		
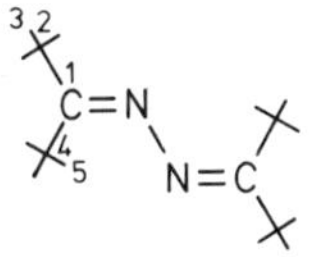 (tBu)$_2$C=N-N=C(tBu)$_2$	165,2	41,6	30,0	39,9	29,2		
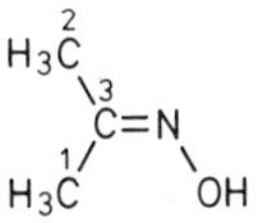 (H$_3$C)$_2$C=N-OH	14,9	21,5	155,2				
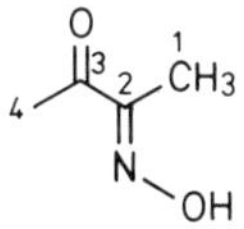 CH$_3$-C(=N-OH)-C(=O)-CH$_3$	8,0	157,0	198,8	25,0			
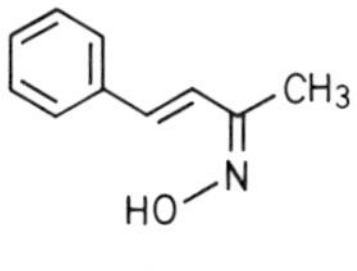 Ph-CH=CH-C(CH$_3$)=N-OH (E,Z)	16,8	150,6	116,8	134,5	136,2	128,8	127,1
	128,8 (8)						
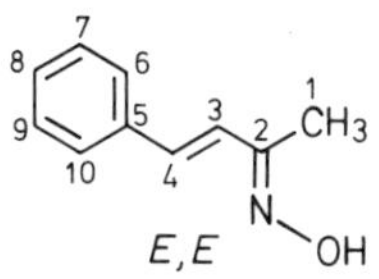 Ph-CH=CH-C(CH$_3$)=N-OH (E,E)	9,4	154,3	126,7	131,3	136,4	128,6	126,5
	127,9 (8)						
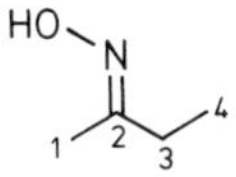 HO-N=C(CH$_3$)-CH$_2$-CH$_3$	13,0	159,1	28,9	10,7			

Tab. 3.46 Fortsetzung

Verbindung	δ (ppm)						
	C-1	C-2	C-3	C-4	C-5	C-6	C-7
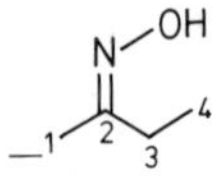 CH₃-C(=N-OH)-CH₂-CH₃ (1,2,3,4)	18,9	159,5	21,7	9,6			
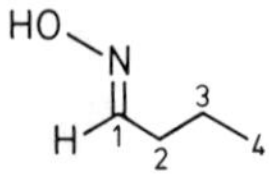 HO-N=CH-CH₂-CH₂-CH₃ (1,2,3,4)	152,3	31,5	20,2	13,9			
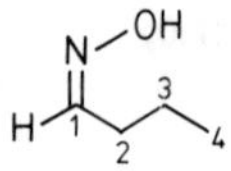 HO-N=CH-CH₂-CH₂-CH₃ (isomer)	151,9	27,1	19,6	13,6			
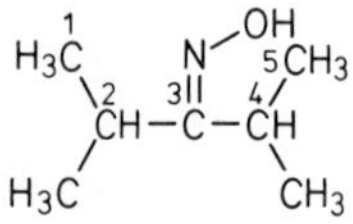 (H₃C)₂CH-C(=N-OH)-CH(CH₃)₂	21,3	30,8	168,6	27,7	18,0		
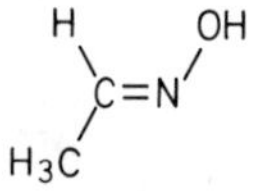 H₃C-CH=N-OH (syn)	148,2	15,0					
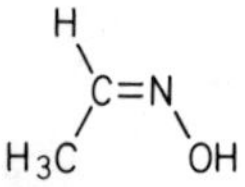 H₃C-CH=N-OH (anti)	147,8	11,2					
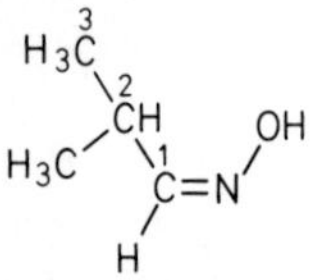 (H₃C)₂CH-CH=N-OH	157,8	24,5	19,7				
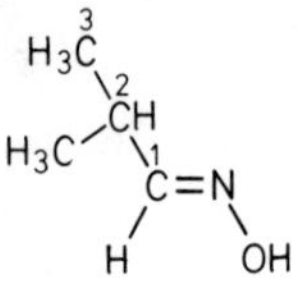 (H₃C)₂CH-CH=N-OH (isomer)	156,9	29,4	20,0				
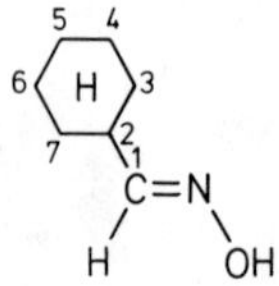 Cyclohexyl-CH=N-OH	155,8	38,5	30,3	25,5	25,0		
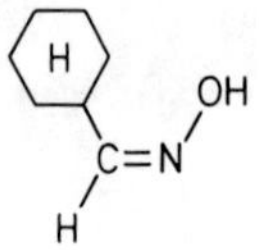 Cyclohexyl-CH=N-OH (isomer)	156,3	33,9	29,5	25,6	25,0		

Tab. 3.46 Fortsetzung

Verbindung	δ (ppm)						
	C–1	C–2	C–3	C–4	C–5	C–6	C–7
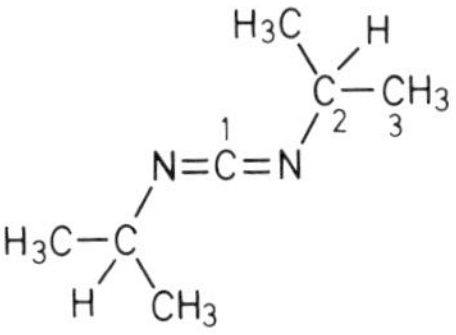 (H₃C)₂CH–N=C=N–CH(CH₃)₂	140,2	49,0	24,8				
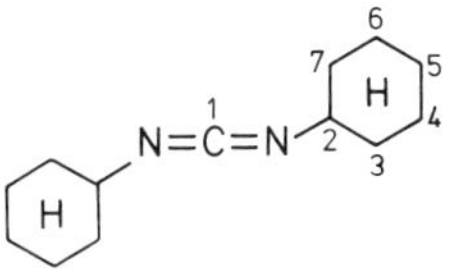 Cyclohexyl–N=C=N–Cyclohexyl	139,9	55,7	35,0	24,8	25,5		
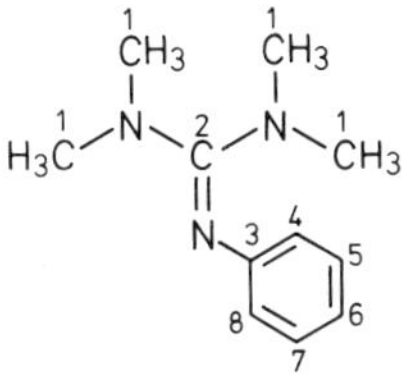 (CH₃)₂N–C(=N–C₆H₅)–N(CH₃)₂	39,4	159,1	151,3	114,4	128,2	119,4	
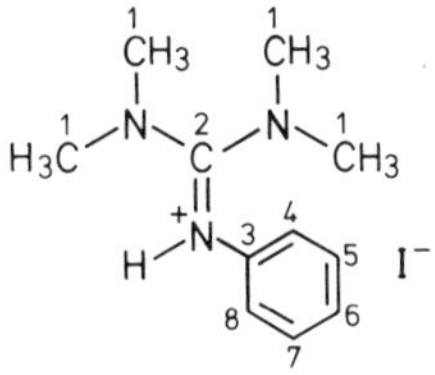 (CH₃)₂N–C(=N⁺H–C₆H₅)–N(CH₃)₂ I⁻	41,4	157,6	147,9	116,3	130,0	124,9	
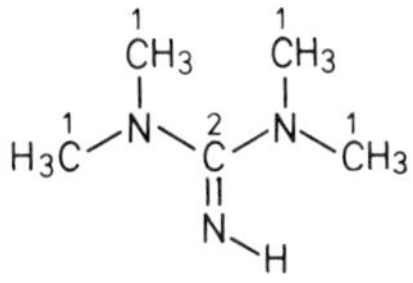 (CH₃)₂N–C(=N–H)–N(CH₃)₂	39,6	167,8					
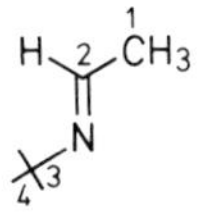 H₂C=N–CH(CH₃)₂ (CH₃ numbering)	22,6	154,2	56,6	29,7			
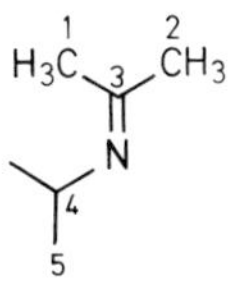 (CH₃)₂C=N–CH(CH₃)₂	17,8	29,3	163,4	50,6	23,0		
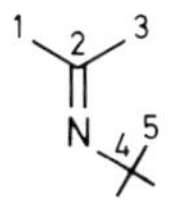 (CH₃)₃C–N=C(CH₃)–C(CH₃)₃	31,4	164,3	22,0	54,5	30,5		

Tab. 3.46 Fortsetzung

Verbindung	δ(ppm)						
	C-1	C-2	C-3	C-4	C-5	C-6	C-7
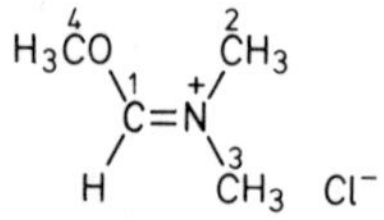 H₃⁴CO-¹C(=N⁺(CH₃)₂³)(H) Cl⁻ (mit ²CH₃)	168,9	35,9	41,1	64,7			
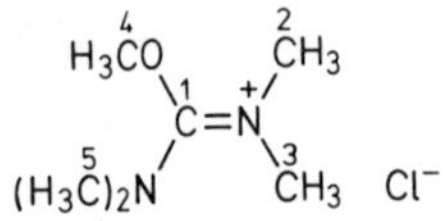 H₃⁴CO-¹C(=N⁺(CH₃)₂³)(N(CH₃)₂⁵) Cl⁻ (mit ²CH₃)	164,3	39,8	39,8	61,7	39,8		
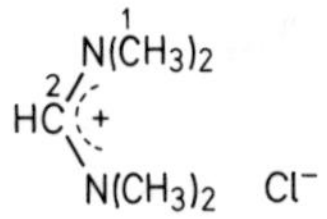 HC¹(N(CH₃)₂)(=N⁺(CH₃)₂²) Cl⁻	45,8	156,4					
H₃C-C¹(NH₂)(=N⁺H₂²) Cl⁻	ᵃ	169,8	19,6				
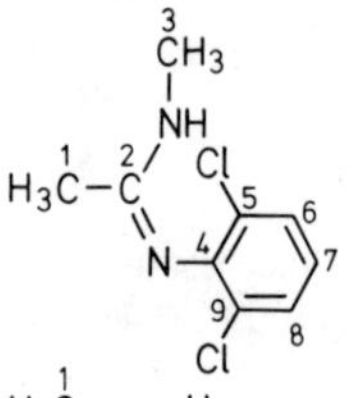 H₃C-¹C=²C(Cl)(N(CH₃)NH)... (Dichlorphenyl-System, C3–C7)	18,3	158,6	28,5	146,2	128,2	127,9	122,6
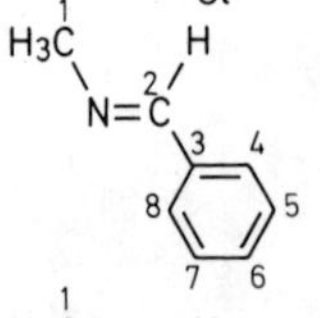 H₃C¹-N=²C(H)-C₆H₅ (Phenyl C3–C8)	48,2	162,2	137,3	129,0	128,6	130,8	
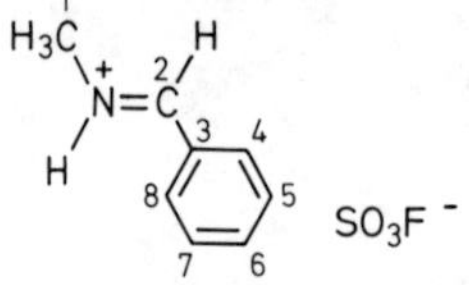 (H₃C)(H)N⁺=²C(H)-C₆H₅ SO₃F⁻	39,5	172,7	125,7	131,7	130,6	139,2	
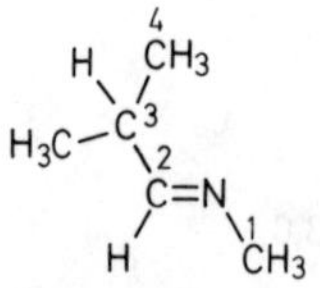 H₃C-C³(H)(CH₃⁴)-²C(H)=N¹-CH₃	47,5	170,0	33,9	19,2			
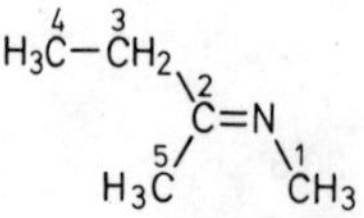 H₃⁴C-³CH₂-²C(CH₃⁵)=N¹-CH₃	35,5	172,5	36,9	10,7	16,5		
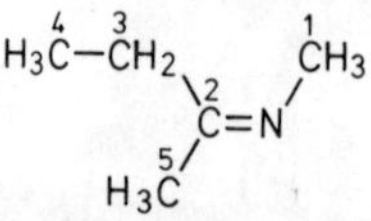 H₃⁴C-³CH₂-²C(CH₃⁵)=N-CH₃¹	38,2	175,0	35,4	7,8	10,7		

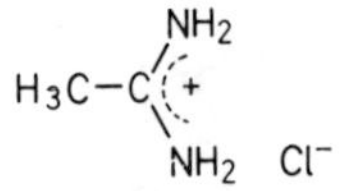

Tab. 3.46 Fortsetzung

Verbindung	δ (ppm)						
	C–1	C–2	C–3	C–4	C–5	C–6	C–7
$\underset{H_3C}{\overset{H_3C}{}}\overset{3}{\underset{4}{}}\overset{2}{C}=N\underset{CH_3}{\overset{1}{}}$	38,6	168,0	29,1	18,0			
$H_2N-\overset{1}{C}O-HN\underset{N=\overset{2}{C}\underset{CH_3}{\overset{5}{}}}{\overset{\overset{3}{C}H_2-\overset{4}{C}H_3}{}}$	157,9	151,1	15,3	10,6	31,9		

[a] D_2O

$$\begin{array}{c}-\overset{|}{C}-\overset{|}{C}\\ ||\diagdown\\ C=O\\ ||\diagup\\ -\overset{|}{C}-\overset{|}{C}\\ ||\end{array} \longrightarrow \begin{array}{c}\overset{\beta_Z|}{\underline{}}\overset{|\alpha_Z}{C}-\overset{|\alpha_Z}{C}\diagdownOH\\ ||\diagdown\diagup\\ C=N\\ ||\diagup\\ -\overset{|}{C}-\overset{|}{C}\\ |\beta_E|\alpha_E\end{array}$$

$\Delta\delta_{C=X} = -50 \pm 1,5$
$\Delta\delta_{\alpha Z} = -10$ bis -17 $\Delta\delta_{\beta Z} = +0,5$ bis 3
$\Delta\delta_{\alpha E} = -7$ bis -12 $\Delta\delta_{\beta E} = +0,5$ bis 3

Für die Überführung von Ketonen in die Dimethylhydrazone sind die Verschiebungsdifferenzen etwas geringer als bei den Oximen, unterscheiden sich aber praktisch nicht von denen der Tosylhydrazone[186].

$$\begin{array}{c}-\overset{|}{C}-\overset{|}{C}\\ ||\diagdown\\ C=O\\ ||\diagup\\ -\overset{|}{C}-\overset{|}{C}\\ ||\end{array} \longrightarrow \begin{array}{c}\overset{\beta_E|}{\underline{}}\overset{|\alpha_E}{C}-\overset{|\alpha_E}{C}\diagdown\\ ||\diagdown\\ C=N\\ ||\diagup\diagdown N-CH_3\\ -\overset{|}{C}-\overset{|}{C}|\\ |\beta_Z|\alpha_ZCH_3\end{array}$$

Immonium-Salze (**141–146**) zeigen gegenüber den Neutralverbindungen (s. Tab. 3.46, S. 221) hinsichtlich der chemischen Verschiebungen der $C=N^+$-Gruppierungen keine einheitlichen signifikanten Trends[187]. Während die Überführung der Guanidine in die Guanidinium-Salze eine Hochfeldverschiebung des CN-Kohlenstoff-Atoms herbeiführt (vgl. Protonierung der Amine, S. 205f. und Tab. 3.46), zeigen Amide eine relativ geringe Tieffeldverschiebung (**147 → 148**), Thioamide wiederum eine Hochfeldverschiebung (**149 → 150**).

$$\underset{H}{\overset{H}{}}\underset{176,1}{}C=\overset{+}{N}\underset{H}{\overset{H}{}} \quad\quad \underset{H}{\overset{H}{}}\underset{167,6}{}C=\overset{+}{N}\underset{CH_3}{\overset{CH_3}{}} 47,6 \quad\quad \underset{Cl}{\overset{Cl}{}}\underset{160,5}{}C=\overset{+}{N}\underset{CH_3}{\overset{CH_3}{}} 50,2$$

$SbCl_6^-Cl^-Cl^-$

**141**$$**142**$$**143**

144

145

146

147

148

149

150

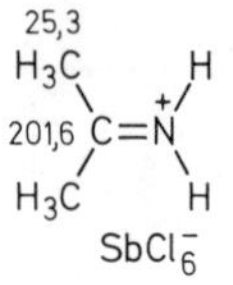

Dieses Verhalten ist offensichtlich auf die unterschiedliche Beteiligung der verschiedenen möglichen mesomeren Formen mit C=X-Bindungen (X=O, S, N) zurückzuführen. Allgemein scheint die Hochfeldverschiebung umso ausgeprägter zu sein, je stärker das sp^2-hybridisierte, formal positiv geladene C-Atom durch die Heteroatome stabilisiert wird. Die Alkyl-Gruppen am Immoniumstickstoff weisen im Vergleich zur Neutralverbindung generell eine Tieffeldverschiebung auf und entsprechen damit zumindest qualitativ dem aufgrund der positiven Ladung zu erwartenden Effekt (vgl. Verbindungen in Tab. 3.46).

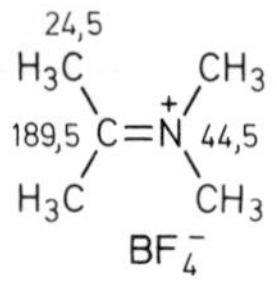

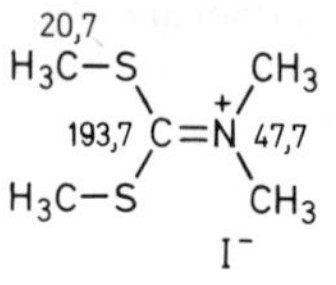

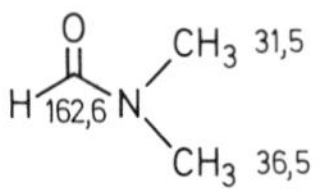

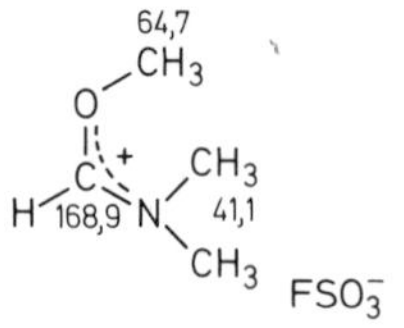

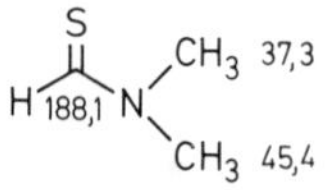

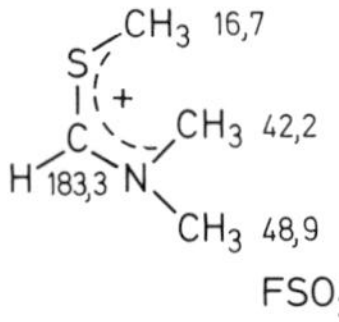

Diazoalkane **151**, die formal ebenfalls eine Doppelbindung (**151a**) enthalten, zeigen in Analogie zu den isoelektronischen Keteniminen für das die Diazo-Gruppe tragende C-Atom extreme Hochfeldverschiebungen. So beträgt im Diazomethan **152** der δ-Wert 23,1 ppm[188], im Di-*t*-butyldiazomethan **153** 46,3 ppm[188] und im Diphenyldiazomethan **155** 62,5 ppm[188,189]. Diese Tatsache findet ihre Erklärung in der starken Beteiligung der mesomeren Grenzformen **151b** und **151c**, die sich auch aus anderen spektroskopischen Methoden und aus Dipolmessungen ergibt.

151a **151b** **151c** **151d**

152

153

154

155

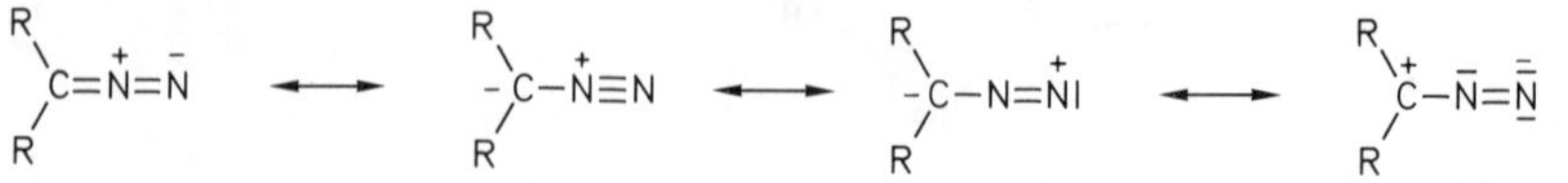

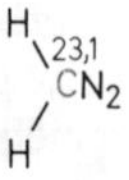

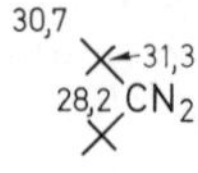

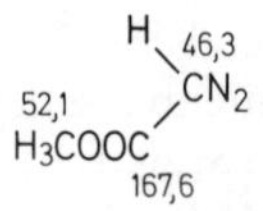

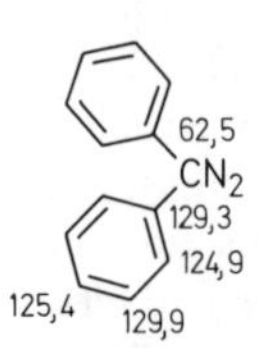

Bibliographie

Imine, Hydrazone, Oxime, Guanidine, Diazoverbindungen:

Weuster, P. (1982), Hydrazone, Dissertation, Gießen.
Kalinowski, H.O., Kessler, H. (1974), Org. Magn. Reson. 6, 305.
Kalinowski, H.O., Kessler, H. (1975), Guanidine, Org. Magn. Reson. 7, 128.
Firl, J., Runge, W., Hartmann, W. (1974), Diazoverbindungen, Angew. Chem. 86, 274.
Duthaler, R.O., Förster, H.G., Roberts, J.D. (1978), Diazoverbindungen, J. Am. Chem. Soc. 100, 4974.
Hawkes, G.E., Herwig, K. Roberts, J.D. (1974), Ketoxime, Aldoxime, J. Org. Chem. 39, 1017.
Bunnell, C.A., Fuchs, P.L. (1977), Tosylhydrazone, Dimethylhydrazone, J. Org. Chem. 42, 2614.
Levy, G.C., Nelson, G.L. (1972), Oxime, J. Am. Chem. Soc. 94, 4897.
Wolkowski, Z.W. et al (1972), Oxime, Tetrahedron Lett., 565.
Jackman, L.M., Jeu, T. (1975), Amidine, Guanidine, J. Am. Chem. Soc. 97, 2811.
Unterhalt, B. (1978), Oxime, Arch. Pharm. 311, 366.
Radeglia, R. (1973), Cyanine, Merocyanine, Oxonole, J. Prakt. Chem. 315, 1121.
Rabiller, C., Renou, J.P., Martin, G.J. (1977), Immoniumsalze, J. Chem. Soc. Perkin Trans. 2, 536.
Olah, G.A., Donovan, D.J. (1978), Immoniumsalze, J. Org. Chem. 43, 860.
Anet, F.A.L., Yavari, I. (1976), Carbodiimide, Org. Magn. Reson. 8, 327.
Solladie-Cavallo, A., Solladie, G. (1977), Azomethine, Org. Magn. Reson. 10, 235.
Arrowsmith, J.E., Cook, M.J., Hardstone, D.J. (1978), Azomethine, Org. Magn. Reson. 11, 160.
Collier, C., Webb, G.A. (1979), Ketenimine, Carbodiimide, Org. Magn. Reson. 12, 659.
Fraser, R.R. et al (1981), Aldimine und Ketimine, Can. J. Chem. 59, 705.
Gouesnard, J.P., Martin, G.J. (1979), Nitrosamine, Hydrazone, Triazene, Org. Magn. Reson. 12, 263.
Albright, T.A., Freeman, W.J. (1977), NMR-Studies of Diazocompounds, Org. Magn. Reson. 9, 75.

Empirische Korrelationen:

Naulet, N., Martin, G.J. (1979), Lineare Abhängigkeit zwischen δ_{15N} in Iminen und δ_{13C} in isoelektronischen Ethylenen, Tetrahedron Lett., 1493.
Runge, W. (1980), Semiempirische Berechnung der Verschiebung von Keteniminen, Org. Magn. Reson. 14, 25.

Nitrile, Isonitrile und verwandte Verbindungen

Die chemischen Verschiebungen der Cyano-Gruppe liegen zwischen 110 und 125 ppm (Tab. 3.47). Sie unterscheiden sich damit eindeutig von denen der Isonitril-Gruppe, die δ-Werte von ca. 155 ppm zeigt. Die einzige Ausnahme bildet das Cyanid-Anion, das mit 168,6 ppm eine Tieffeldverschiebung von 57,7 ppm gegenüber der Blausäure aufweist (vgl. Deprotonierungsshifts bei Carbonsäuren, S. 193). Die zur Nitril-Gruppe α-ständigen C-Atome liegen aufgrund des **Anisotropieeinflusses** der C≡N-Dreifachbindungen (s. S. 129) bei relativ hohem Feld, so z.B. im Acetonitril: δ_{CH_3} = 0,3 ppm. Die Isonitrile zeigen als Besonderheit Aufspaltungen des NC-Signals in Tripletts aufgrund der **$^{13}C,^{14}N$-Kopplung** (s. S. 512).

Isocyanate und Isothiocyanate unterscheiden sich nur geringfügig in ihren Verschiebungen (Tab. 3.47), wobei die Schwefel-Derivate jeweils die größeren δ_C-Werte haben. Die organischen Rhodanide R−S−CN zeigen dagegen die für Nitrile typische Lage von ca. 112 ppm. Die Anionen der Cyansäure und Thiocyansäure sind gegenüber den organischen Derivaten deutlich zu tiefem Feld verschoben (δ_{NCS^-} = 134,4 ppm; δ_{NCO^-} = 139,8 ppm).

Aufgaben

3.15 Warum weisen C-Atome, die eine NO_2-Gruppe tragen, häufig breite Signale auf?
3.16 Wie können die Verschiebungen der Diazomethan-Derivate **152–155** interpretiert werden?

Tab. 3.47 ^{13}C-chemische Verschiebungen von Nitrilen und Isonitrilen

Verbindung	δ (ppm)			
	C−1	C−2	C−3	C−4
HCN	110,9			
H₃$\overset{2}{C}$−$\overset{1}{C}$N	117,7	0,3		
H₃$\overset{3}{C}$−$\overset{2}{C}$H₂−$\overset{1}{C}$N	120,8	10,8	10,6	
H₃$\overset{4}{C}$−$\overset{3}{C}$H₂−$\overset{2}{C}$H₂−$\overset{1}{C}$N	119,8	19,3	19,0	13,3
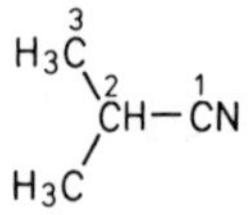 (H₃C)₂$\overset{2}{C}$H−$\overset{1}{C}$N	123,7	19,8	19,9	
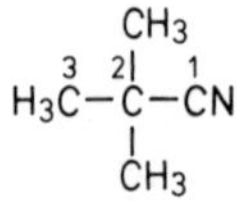 (H₃C)₃$\overset{2}{C}$−$\overset{1}{C}$N	125,1	28,1	28,5	
Cl₃$\overset{2}{C}$−$\overset{1}{C}$N	113,1	70,2		
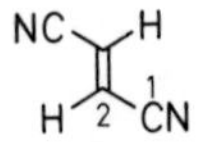 NC−CH=CH−CN (cis)	114,2	119,3		
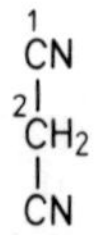 CH₂(CN)₂	110,5	8,6		
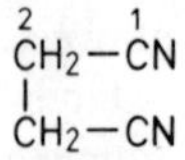 (CH₂−CN)₂	118,0	14,6		
$\overset{1}{C}$N−$\overset{2}{C}$H₂−$\overset{3}{C}$H₂−CH₂−CH₂−CN	119,3	24,3	16,4	
H₂C=CH−CN	117,3	107,9	137,3	
$\overset{1}{N}$C−$\overset{2}{C}$H₂−$\overset{3}{C}$OOH	114,5	24,1	166,3	
H₃$\overset{2}{C}$−$\overset{1}{N}$CS	128,5	29,1		
H₃$\overset{2}{C}$−$\overset{1}{N}$CO	121,3	26,1		
H₃$\overset{3}{C}$−$\overset{2}{C}$H₂−$\overset{1}{S}$CN	111,9	28,9	15,4	
H₃$\overset{2}{C}$−$\overset{1}{N}$C	158,2	26,8		
H₃$\overset{3}{C}$−$\overset{2}{C}$H₂−$\overset{1}{N}$C	156,8	36,4	15,3	
H₃$\overset{4}{C}$−$\overset{3}{C}$H₂−$\overset{2}{C}$H₂−$\overset{1}{N}$C	156,3	43,4	22,9	11,0

Tab. 3.47 Fortsetzung

Verbindung	δ (ppm)			
	C−1	C−2	C−3	C−4
$\overset{3}{H_3C}\diagdown\overset{2}{C}H-\overset{1}{N}C$ $H_3C\diagup$	155,6	45,5	23,4	
$\overset{3}{\rightthreetimes}\overset{2}{}-\overset{1}{N}C$	154,5	54,0	30,7	
$\overset{4}{H_2C}=\overset{3}{C}H-\overset{2}{C}H_2-\overset{1}{N}C$	158,3	44,1	128,7	117,5
$H_2C=CH-NC$	164,8	119,3	121,0	

Bibliographie

Nitrile, Isonitrile:

Yonemoto, T. (1973), Nitrile, J. Magn. Reson. 12, 93.
Posner, T. B., Hall, C. D. (1976), Benzylidenmalononitril, J. Chem. Soc. Perkin Trans. 2, 729.
Maciel, G. E., Beatty, D. A. (1965), Nitrile, J. Phys. Chem. 69, 3920.
Radeglia, R. et al (1973), Heterosubstituierte Nitrile, Org. Magn. Reson. 5, 419.

Morishima, J. (1970), Isonitrile, J. Chem. Soc., Chem. Commun., 1321.
Christl, M., Warren, J. P., Hawkins, B. L., Roberts, J. D. (1973), Nitriloxide, J. Am. Chem. Soc. 95, 4392.
Stephany, R. W., De Bie, M. J. A., Drenth, W. (1974), Isonitrile, Org. Magn. Reson. 6, 45.
Knol, D., Koole, N. J., De Bie, M. J. A. (1976), Org. Magn. Reson. 8, 213.

4.5.4 Organometall-Verbindungen

Die chemischen Verschiebungen der α-C-Atome von organischen Verbindungen der Elemente der I., II., III. und IV. Gruppe des Periodensystems erscheinen entsprechend dem elektropositiven Charakter dieser Elemente bei hohem Feld. Hierbei ist jedoch zu berücksichtigen, daß mit steigendem ionischen Charakter der Metall-Kohlenstoff-Bindung und Ladungsdelokalisierung beträchtliche Tieffeldverschiebungen einhergehen können. Dies wird deutlich beim Vergleich der in Tab. 3.48 aufgeführten Benzyl-Derivate **156** (letzte Spalte). Die Verschiebung des benzylischen C-Atoms ist umso größer, je elektropositiver das Metallatom ist; gleichzeitig nimmt die Verschiebung des *para*-C-Atoms des Phenyl-Ringes ab, woran das Ausmaß der Delokalisierung der negativen Ladung in den Phenylring (s. **156b,c**) erkennbar wird.

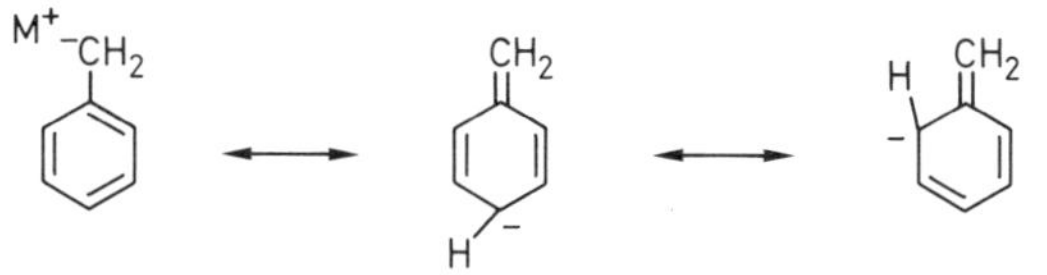

In den Organosilicium-, -germanium-, -zinn- und -blei-Verbindungen, die im wesentlichen noch kovalente Bindungen aufweisen, zeigt sich, wenn auch in abgeschwächter Form, der **Schweratomeffekt** (s. Tab. 3.48 und nachfolgende Zusammenstellung) in einer Hochfeldverschiebung mit zunehmender Ordnungszahl (**157a–d**).

Tab. 3.48 ^{13}C-chemische Verschiebungen von Organometall-Verbindungen

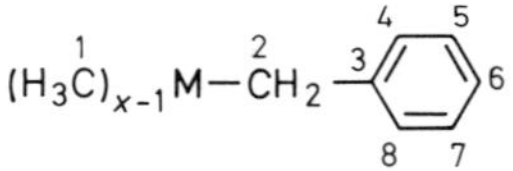

$$(H_3C)_{x-1}M-\overset{1}{C}H_2-\overset{2}{C}H_2-\overset{3}{\underset{8}{\bigcirc}}\overset{4}{\underset{7}{\overset{5}{\overset{6}{}}}}$$

R_xM		R=CH$_3$	H$_2$C–CH$_3$	H$_2$C–CH$_2$–CH$_2$–CH$_3$				(H$_3$C)$_{x-1}$MH	(H$_3$C)$_{x-1}$MCl	(H$_3$C)$_{x-1}$MOCH$_3$	C-1	C-2	C-3	C-4	C-5	C-6
	C^a	31,6	27,1 7,1					24,3 25,0(CH)	34,3	27,1 49,3						
		28,1(q)	37,1(q)						66,7(q)	72,7(q)						
X=4	Si	0,0	1,8 6,0					– 2,7	3,40	–1,4	–1,9	27,4	140,4	128,3	128,4	124,2
	Ge	–0,7						– 4,4	4,80	–1,5 50,8	–2,3	26,8	141,7	127,8	128,4	124,2
	Sn	–9,3	0,1 11,2	9,1	29,6	27,6	13,7	–11,2	0,0	–5,7 52,8	10,1	20,4	142,8	126,8	128,4	123,3
	Pb	–4,2	9,7 13,8	18,3	31,5	27,7	13,7		19,4	–3,0	25,2	143,5	126,2	127,7	122,8	
	B^b	14,8	20,8 9,3	27,8	27,0	26,0	14,1	9,7$^{1)}$	15,5$^{2)}$	6,3 52,9		37,5$^{3)}$	140,0	128,5	129,5	126,8
X=3	Al^d	–5,6$^{9)}$	0,5 8,2$^{10)}$									21,0$^{3)}$	129,2	128,0	129,0	123,0
		–8,2	0,0 9,4													
	Ga	–3,6$^{6)}$														
	In	–6,3$^{6)}$														
	Tl								22,2$^{7)}$	22,4$^{8)}$						
	Be^c															
X=2	Mg		–2,9 12,2$^{4)}$	5,9	31,6	30,6	13,2$^{4)}$		–13,6$^{5)}$			22,9$^{3)}$	157,8	123,9	128,4	116,0
	Ca											42,1$^{3)}$	161,0	119,8	128,6	109,4
	Sr											47,2$^{3)}$	158,8	117,4	129,7	107,0
	Ba											57,3$^{3)}$	155,4	114,6	131,6	103,6
	Li	–16,6	11,8 31,9	31,4	13,9							36,9	161,5	117,0	128,6	104,7
X=1	Na															
	K											52,8	153,2	111,0	130,8	95,6
	Rb															
	Cs															

Tab. 3.48 Fortsetzung

a in Chloroform
b in Benzol
c in THF
d in Toluol d-8

1) 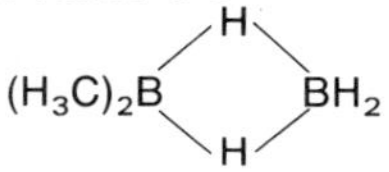 (H$_3$C)$_2$B⟨H,H⟩BH$_2$

2) (H$_3$C)$_2$B Br
3) Tri- bzw. Dibenzyl-Verbindungen
4) Alkylmagnesiumbromid (s. Text) in Diethylether
5) Methylmagnesiumiodid in Diethylether
6) (H$_3$C)$_2$ M−CH=CH$_2$
   M = Ga $\delta_{C-1} = 147{,}2$ $\delta_{C-2} = 143{,}8$ M = In $\delta_{C-1} = 153{,}2$ $\delta_{C-2} = 142{,}5$ ppm
7) (H$_3$C)$_2$TlNO$_3$
8) (H$_3$C)$_2$Tl(OC$_6$H$_5$)
9) dimer, der erste Wert bezieht sich auf das Brücken-C-Atom, der zweite auf das terminale C-Atom
10) dimer, die Werte in der ersten Reihe beziehen sich auf die C-Atome der Brücke, die zweite auf die terminale Ethyl-Gruppe

H₃C−Sn(CH₃)₂−X−CH₃ (with H₃C, CH₃ substituents on Sn)

			$\delta_{X(CH_3)_3}$	$\delta_{Sn(CH_3)_3}$
157a	X =	C*:	29,9	−12,2
b		Si:	0,5	−12,2
c		Ge:	− 0,4	−11,6
d		Sn:	−10,2	−10,2

Die Blei-Verbindungen machen allerdings in allen Fällen (s. Tab. 3.48) eine Ausnahme mit Tieffeldverschiebungen gegenüber den Zinn-Verbindungen. Der β-Effekt von Substituenten über das Metallatom hinweg (s. Tri-*n*-butylzinn-Derivate **158–162**) ist vergleichbar mit dem, der über ein Kohlenstoff-Atom geleitet wird.

$(CH_3 - CH_2 - CH_2 - CH_2)_3Sn-R$

158	13,6	27,3	30,2	8,3	R = H
159	13,7	26,4	27,5	17,2	R = Cl
160	13,7	27,4	28,4	14,1	R = OCH₃
161	13,6	26,9	28,5	17,2	R = Br
162	13,7	27,8	31,0	10,3	R = Sn(nC₄H₉)₃

$(CH_3 - CH_2 - CH_2 - CH_2)_3PbCl$

163	13,6	27,3	30,1	38,9

¹³C-NMR-Spektren von Organobor-Verbindungen werden wegen der Kerneigenschaften von ¹¹B ($I = \frac{3}{2}$, Quadrupolmoment, s. S. 596f.) am besten unter Protonen- *und* ¹¹B-Ent-

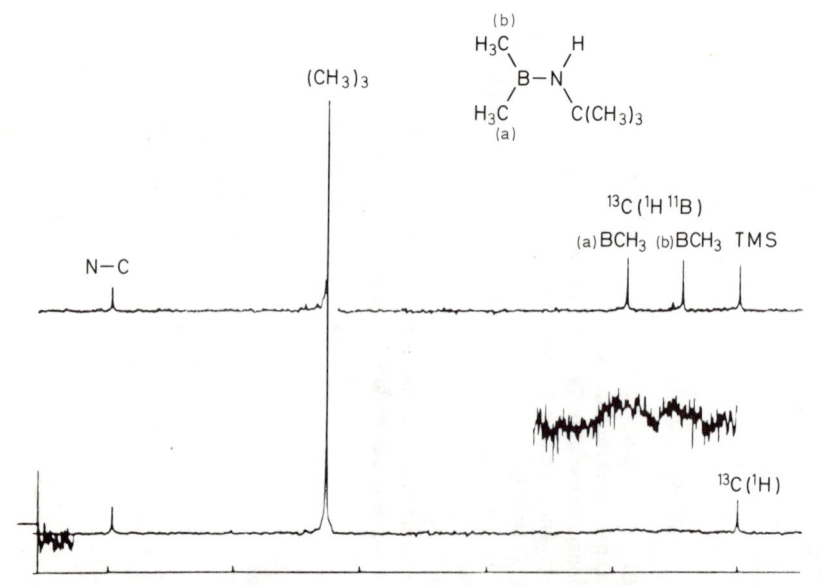

Abb. 3.11 ¹³C{¹H}- und ¹³C{¹H,¹¹B}-NMR-Spektrum von (CH₃)₂BNHC(CH₃)₃ (10% in CDCl₃; je 500 Pulse, Pulswinkel 6 μs ≈ 30°, Aquisitionszeit: 1,53 s)[87]

* $\delta_{C(CH_3)_3} = 21,0$

kopplungsbedingungen aufgenommen. Auf diese Weise erhält man auch von den zum Bor-Atom unmittelbar benachbarten C-Atomen scharfe Resonanzlinien[190,191], sofern die Verbreiterung von einer gerade ausgemittelten Spin,Spin-Kopplungskonstante herrührt (vgl. Kap. 5, S. 569f.). Die Abb. 3.11 zeigt dies deutlich am Beispiel des *t*-Butylaminodimethylborans **164**[190]. Andererseits sind die ^{13}C, ^{11}B-Kopplungskonstanten bzw. die Signalverbreiterungen als Zuordnungshilfen nützlich.

Die Verschiebungen der Kohlenstoff-Atome von Organoboranen, die direkt mit dem Bor-Atom verbunden sind, erstrecken sich von ca. −3,0 ppm (z. B. im Methylmethoxydimethylaminoboran) bis zu über 30 ppm (im Tri-*t*-butylboran δ_{C-1} = 30,3 ppm; δ_{CH_3} = 31,5 ppm) (s. auch Tab. 3.48). Besonders auffällig ist die Hochfeldverschiebung der α-C-Atome bei der Substitution einer Alkyl-Gruppe durch einen Donorsubstituenten wie NR$_2$ oder OR (vgl. **166–171**), die durch die Beteiligung der Grenzstruktur **167b** erklärt werden kann.

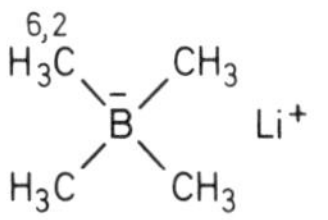

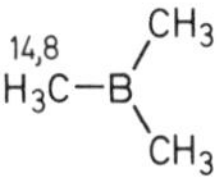

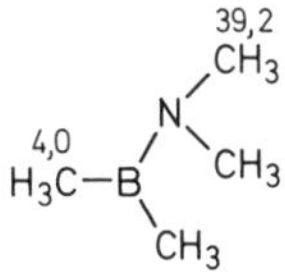

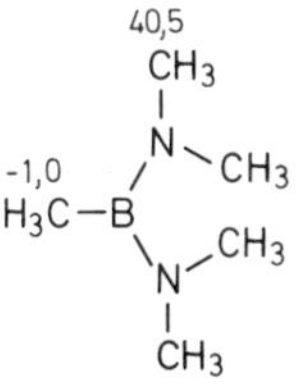

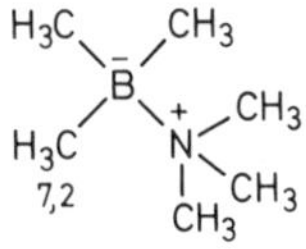

Eine weitere Konsequenz ist das Auftreten getrennter Signale für die *Z*- bzw. *E*-ständigen Alkyl-Gruppen, wie z. B. im Methylaminodimethylboran **171**. Hochfeldverschiebungen im Vergleich zum Trialkylboran werden auch bei den Trialkylbor-Amin-Komplexen beobachtet (vgl. Trimethylbor **166** mit Trimethylbor-trimethylamin-Komplex **169**).

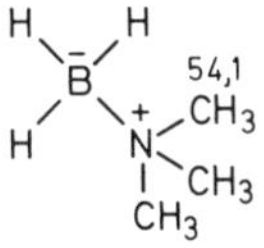

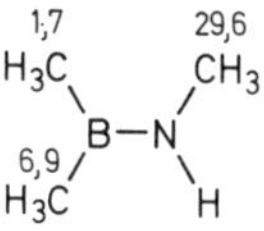

Die chemischen Verschiebungen von Grignard-Verbindungen in konzentrierter etherischer Lösung (s. Tab. 3.48) lassen den Schluß zu, daß das *Schlencksche Gleichgewicht* in diesen Lösungen zur rechten Seite verschoben ist, da sich die δ-Werte, z. B. von Benzylmagnesiumchlorid, praktisch nicht von denen des Dibenzylmagnesiums unterscheiden[192].

$$2\,RMgX \rightleftharpoons R_2Mg + MgX_2$$

Der Zusatz von HMPT bewirkt eine Tieffeldverschiebung der CH$_2$-Gruppe von ca. 3 ppm und Hochfeldverschiebungen für C-1 und C-4 von 12 bzw. 2 ppm, da das Gleichgewicht zugunsten von RMgX verschoben wird und gleichzeitig ionische Strukturen begünstigt werden[192]. Allylmagnesiumbromid **172** zeigt wie das Allyllithium **173** aufgrund der schnellen metallotropen Verschiebungen für C-1 und C-3 ein gemitteltes Signal, allerdings können aufgrund von Untersuchungen mit der *Deuterium-Isotopeneffekt-Methode* (vgl. Kap. 6, S. 600) dem Allylmagnesiumbromid eine σ-Struktur und dem **Allylkalium sowie -lithium** mehr oder weniger symmetrische π-Strukturen **173** zugeschrieben werden[193]. Triallylbor **174** und Tetraallylstannan **175** haben dagegen fixierte σ-Strukturen.

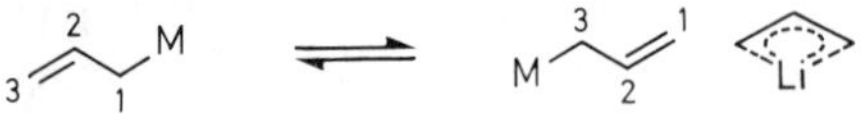

173

172 M = MgBr	$\delta_{C-1,C-3} = 57{,}5$	$\delta_{C-2} = 149{,}5$	
173 M = Li	$\delta_{C-1,C-3} = 51{,}2$	$\delta_{C-2} = 147{,}2$	
174 M = B(CH$_2$–CH=CH$_2$)$_2$	$\delta_{C-1} = 34{,}8$	$\delta_{C-2} = 131{,}8$	$\delta_{C-3} = 114{,}8$
175 M = Sn(CH$_2$–CH=CH$_2$)$_3$	$\delta_{C-1} = 16{,}2$	$\delta_{C-2} = 136{,}3$	$\delta_{C-3} = 111{,}2$

Methyllithium zeigt die größte Hochfeldverschiebung der metallorganischen Verbindungen der Hauptgruppenelemente (s. Tab. 3.48). Aufgrund des unterschiedlichen Aggregationsgrades (Methyllithium ist in Ether tetramer, Butyllithium je nach Medium tetramer oder hexamer) und des Kohlenstoff-Lithium-Bindungsaustausches innerhalb eines Aggregates sind die ^{13}C-NMR-Spektren von Alkyllithium-Verbindungen temperaturabhängig. Bei tiefen Temperaturen sind ^{13}C, ^{7}Li- bzw. ^{13}C, ^{6}Li-Kopplungskonstanten (s. S. 538) beobachtbar. Die Zahl der Linien und die Größe der Kopplungskonstanten erlauben Rückschlüsse auf den Aggregationsgrad[194]. *Sec*-Butyllithium **176** und Isopropyllithium **177** weisen bei Raumtemperatur breite Signale für das das Li-Atom-tragende C-Atom auf.

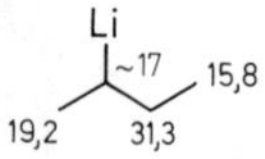

176 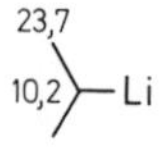   **177** 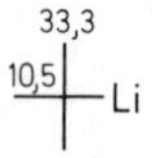   **178**

t-Butyllithium **178** zeigt eine Aufspaltung des quartären C-Atoms durch ^{13}C, ^{7}Li-Kopplung[195] (*n*-Butyllithium, s. Tab. 3.48; weitere Alkalimetall-organische Verbindungen, s. Abschn. 4.12, Kationen, Anionen, S. 370).

Die Organoaluminium-Verbindungen liegen ebenfalls aggregiert (Dimere) vor (Tab. 3.48). Der Austausch zwischen Brücken- und Terminal-Alkyl-Gruppen ist NMR-spektroskopisch beobachtbar[196].

Bibliographie

Mann, B.E. (1974), ^{13}C-NMR Chemical Shifts and Coupling Constants of Organometallic Compounds, Adv. Organomet. Chem. 12, 135.

Wrackmeyer, B. (1979), Carbon-13 NMR Spectroscopy of Boron Compounds, Prog. Nucl. Magn. Reson. Spectrosc. 12, 227.

Kuivila, H.G., Considine, J.L., Samra, R.H., Mynott, R.J. (1976), Organozinnverbindungen, J. Organomet. Chem. 111, 179.

Mitchell, T.N. (1973), Organozinnverbindungen, J. Organomet. Chem. 59, 189.

Mitchell, T.N. (1976), Organozinnverbindungen, Org. Magn. Reson. 8, 34.

Cox, R.H. (1979), Organobleiverbindungen, J. Magn. Reson. 33, 61.

Fries, W., Sille, K., Weidlein, J., Haaland, A. (1980), Organogallium, -indiumverbindungen, Spectrochim. Acta, Part A, 36, 611.

Harris, R.K., Kimber, B.J. (1975), Trimethylsilylverbindungen, J. Magn. Reson. 17, 174.

Adcock, W., Gupta, B.D., Kitching, W., Doddrell, D. (1975), Benzylverbindungen von Si, Ge, Sn, J. Org. Chem. 102, 297.

Rakita, P.E., Worsham, L.S., Srebo, J.P. (1976), Alkoxysilane, Org. Magn. Reson. 8, 310

Drake, J.E. (1979), Methylgermaniumverbindungen, Can. J. Chem. 57, 1426.

Mitchell, T.N., Walter, G. (1977), Hexaorganodistannane, J. Chem. Soc., Perkin Trans. 2, 1842.

Takahashi, K., Kondo, Y., Asami, R. (1978), Dibenzylbarium, -strontium, -calcium, J. Chem. Soc., Perkin Trans 2, 577.

Gansow, O.A., Vernon, W.D. (1976), Carbon-13 NMR Studies of Organometallic and Transition Metal Complex Compounds, Top. Carbon-13 NMR Spectrosc. 2, 270.

Bishop, M.E., Schaeffer, C.D., Zuckermann, J.J. (1975), Trimethylzinnverbindungen, J. Organomet. Chem. 101, C19.

Domazetis, G., Magee, R.J., James, B.D. (1978), Tributylzinnderivate, J. Organomet. Chem. 148, 339.

Van Beelen, D.C., Van Kampen, E.E.J., Wolters, J. (1980), Organobleiverbindungen, J. Organomet. Chem. 187, 43.

De Vos, D. (1976), Organobleiverbindungen, J. Organomet. Chem. 104, 193.

Wrackmeyer, B., Biffar, W. (1979), Organosilane, Z. Naturforsch., Teil B, 34, 1270.

Leibfritz, D., Wagner, B.O., Roberts, J.D. (1972), Grignardverbindungen, Liebigs Ann. Chem. 763, 173.

Van Dongen, J.P.C.M., Van Dijkman, H.W.D., De Bie, M.J.A. (1974), Organolithiumverbindungen, Recl. Trav. Chim. Pays-Bas, 93, 29.

De Poorter, B., Gielen, M. (1978), Benzylzinnverbindungen, Bull. Soc. Chim. Belg. 87, 881.

Fraenkel, G. et al (1980), Propyllithium, J. Am. Chem. Soc. 102, 3345.

Seebach, D., Siegel, H., Gabriel, J., Hässig, R. (1980), Cl, Br, J-Lithiumcarbenoide, Helv. Chim. Acta 63, 2046; (1983), Helv. Chim. Acta 66, 308.

Mitchell, T.N., Marsmann, H.C. (1981), Li- und Pb-Propenyl- und Isopropenylderivate, Org. Magn. Reson. 15, 263.

Mathiasch, B. (1981), Carbon-13 NMR Parameters of Phenyltin Halogenides and Phenyltin Chalcogenides, Org. Magn. Reson. 17, 296.

Axelson, D.E., Holloway, C.E., Vuik, C.P.J. (1980), A Carbon-13 NMR Study of Sterically Hindered Organotin Derivatives, Org. Magn. Reson. 14, 220.

Vaickus, M.J., Anderson, D.G. (1980), Investigation of Phenyl Derivatives of Group IV Elements Using Carbon-13 NMR Spectroscopy, Org. Magn. Reson. 14, 278.

Brook, A.G. et al (1982), ^{13}C and ^{29}Si Chemical Shifts and Coupling Constants Involving Tris (trimethylsilyl) Silyl Systems, Organometalics, 994.

Yoder, C.H. et al (1982), Transmission of Substituent Effects Through the Silicon-Silicon-Bond, J. Am. Chem. Soc. 104, 4212.

Thallium-Verbindungen:

Kitching, W. et al (1974), J. Organomet. Chem. 70, 339.

Kitching, W. et al (1975), J. Organomet. Chem. 94, 469.

Ernst, L. (1974), J. Organomet. Chem. 82, 319.

Hoad, C.S., Matthews, R.W., Thakur, M.M., Gillies, D.G. (1977), J. Organomet. Chem. 124, C31.

Aluminium-Verbindungen:

Olah, G. et al (1977), Natl. Acad. Sci. USA 74, 5277.

Yamamoto, O. (1974), J. Organomet. Chem. 73, 17.

Müller, H., Rosch, L., Erb, W. (1977), J. Organomet. Chem. 140, C17.

Thomas, R.D., Oliver, J.P. (1982), Organomet. 1, 571.

Empirische Korrelationen

Spielvogel, B.F., Purser, J.M. (1967), Lineare Beziehung zwischen chem. Verschiebung von Alkanen (^{13}C) und den isoelektronischen Aminoboranen (B), J. Am. Chem. Soc. 89, 5294.

Leibfritz, D., Wagner, B.O., Roberts, J.D. (1972), Lineare Beziehung zwischen Verschiebungen von Grignardverbindungen und Alkanen, Liebigs Ann. Chem. 763, 173.

Drake, J.E. (1979), Lineare Beziehung zwischen Verschiebungen in Organogermaniumverbindungen und entsprechenden Kohlenstoffverbindungen bzw. Organozinnverbindungen, Can. J. Chem. 57, 1426.

Kuivila, H.G. et al (1976), Lineare Beziehung zwischen der Verschiebung in Organozinnverbindungen und der ^{1}H-Verschiebung in den entsprechenden Kohlenwasserstoffen, J. Organomet. Chem. 111, 179.

Rakita, P.E., Worsham, L.S., Srebo, J.P. (1976), Regressionsanalyse zur empirischen Berechnung von Alkoxysilanen, Org. Magn. Reson. 8, 310.

Nöth, H., Wrackmeyer, B. (1981), Analogien zwischen Monoaminoboranen und den isoelektronischen Alkenen, Chem. Ber. 114, 1150.

Hart, D.J., Ford, W.T. (1974), Inkrementsystem für Trialkylborane und Tetraalkylboride, J. Org. Chem. 38, 363.

4.6 Substituierte Cycloalkane und Bicycloalkane

Die chemischen Verschiebungen substituierter Cycloalkane und Bicycloalkane sind hinsichtlich der Substituentenparameter (α, β, γ-*Effekte*) im wesentlichen analog denen der Alkane (s. Abschn. 4.5, S. 149ff.). Eine detaillierte Diskussion der Substituentenparameter erfordert jedoch die Kenntnis der konformativen Verhältnisse des jeweiligen Cycloalkans, da die verschiedenen Konformeren unterschiedliche Substituentenparameter besitzen können. Für substituierte Cyclohexane mit *equatorialen* und/oder *axial*-ständigen Substituenten **179a/179b** liegen ausführliche Untersuchungen vor[197,198,199].

γ_{anti} β α R_e $\quad \overset{K_e}{\rightleftharpoons} \quad$ γ_{gauche} β α R_a

179 a   **179 b**

Cyclohexan-Derivate eignen sich insofern besonders zu Untersuchungen sterischer Substituenteneffekte, als die stereochemischen Verhältnisse eindeutig durch das Gleichgewicht **179a ⇌ 179b** beschrieben werden und dieses sich durch Temperaturveränderung NMR-spektroskopisch sehr gut untersuchen läßt. Bei Kenntnis der Substituentenparameter für *equatorial*- und *axial*-angeordnete Substituenten kann für monosubstituierte Cyclohexane mit Gl. (3.42) z. B. der Anteil an equatorialen Konformeren und mit Gl. (3.43) die Gleichgewichtskonstante K_e berechnet werden. Aus K_e läßt sich nach Gl. (3.44) die Enthalpiedifferenz ΔG^0 und damit der „A-Wert" des Substituenten ermitteln[200].

$$P_e = \frac{\delta_{gem} - \delta_a}{\delta_e - \delta_a} \qquad (3.42)$$

$$K_e = \frac{\delta_e - \delta_{gem}}{\delta_{gem} - \delta_a} \qquad (3.43)$$

$$A = -\Delta G^0 = RT \ln K_e \qquad (3.44)$$

Die Substituentenparameter für die equatoriale bzw. axiale Form sind auf zwei Arten ermittelt worden: einmal durch Einfrieren des Gleichgewichtes **179a ⇌ 179b**, zum anderen durch Übertragung der Substituenteneffekte in *t*-Butylcyclohexan-Derivaten **180** auf die monosubstituierten Verbindungen. Die zuletzt genannte Methode geht von der Voraussetzung aus, daß die *t*-Butyl-Gruppe ausschließlich die equatoriale Position einnimmt und selbst keinen Einfluß auf die Ringgeometrie hat. Zumindest die letztere Voraussetzung ist fraglich, da Größe und unter Umständen auch das Vorzeichen der Substituenteneffekte in mehrfach substituierten Cyclohexanen stark vom Substitutionstyp abhängen[160]. Tab. 3.49 enthält im ersten Teil eine Zusammenstellung der Substituentenparameter in axialer und equatorialer Anordnung, wie sie sich aus Tieftemperaturmessungen ergeben haben. Der zweite Teil zeigt die Substituentenparameter von Verbindungen, in denen equatoriale und axiale Form im Gleichgewicht vorliegen; aus den Substituentenparametern (γ-Effekt) ist jedoch zu ersehen, daß in den aufgeführten Derivaten das equatoriale Konformere überwiegt. Beim Vergleich der Substituentenparameter mit denen der substituierten Alkane fällt auf, daß der δ-Effekt bei den Cyclohexan-Derivaten negativ und zahlenmäßig größer ist. Besonders große Unterschiede zeigen die γ-Effekte axialer und equatorialer Substituenten, die in der besonderen Anordnung (γ_e entspricht γ_{anti}, γ_a entspricht γ_{gauche}) mit einem stärkeren Abschirmungseffekt des axial-ständigen Substituenten (1,3 diaxiale Wechselwirkung) begründet sind. Entsprechende Beobachtun-

Tab. 3.49 Substituenteninkremente für Cyclohexane mit equatorial- oder axialständigen Substituenten[a] (in ppm)

$\delta_{C-X} = 27{,}0 + \Delta\delta_{C-X}$ (ppm)

R	$\Delta\delta_{C-1}$ e	$\Delta\delta_{C-1}$ a	$\Delta\delta_{C-2}$ e	$\Delta\delta_{C-2}$ a	$\Delta\delta_{C-3}$ e	$\Delta\delta_{C-3}$ a	$\Delta\delta_{C-4}$ e	$\Delta\delta_{C-4}$ a
COOCH$_3$[t]	16,3	12,1	2,5	0,7	−1,1	−3,9	−0,7	−0,3
F	64,5	61,1	5,6	3,1	−3,4	−7,2	−2,5	−2,0
Cl	32,8	33,1	10,6	6,9	−0,1	−6,6	−1,8	−1,0
Br	25,1	28,4	11,8	7,9	1,4	−5,5	−1,4	−0,6
I	3,6	11,3	13,4	9,0	2,3	−4,2	−1,7	−0,9
OSi(CH$_3$)$_3$[b]	43,5	39,1	9,0	6,1	−2,3	−7,2	−2,0	−2,0
SH	11,1	8,9	10,7	6,1	−0,6	−7,6	−2,4	−1,3
N$_3$	32,5	29,8	4,5	2,0	−2,5	−6,9	−2,5	−1,8
NC[c]	24,9	23,3	6,7	3,5	−2,6	−6,9	−1,8	−1,8
CN[d]	0,7	−0,6	2,2	0,4	−2,5	−5,1	−2,6	−2,0
C≡CH[e]	1,7	1,0	5,1	3,0	−1,8	−5,8	−2,6	−1,3
NCS[f]	28,3	25,8	6,9	4,3	−2,5	−6,4	−2,2	−2,2
OCOC$_6$H$_5$[g]	45,8	42,0	4,5	2,3	−2,9	−6,7	−2,3	−2,3
OCH$_3$[i]	52,9	47,9	5,1	3,0	−2,3	−5,9	−0,9	−0,4
OH[s]	43,9	38,5	8,6	6,2	−1,8	−6,5	−0,9	0,0
NH$_2$	24,2	20,4	10,5	6,8	−1,2	−7,0	−0,9	0,0
CH=CH$_2$	15,1	10,0	5,3	3,0	−1,0	−5,8	0,0	0,0
CHO	23,2	19,6	−1,3	−2,3	−1,7	−4,3	0,0	0,0
CH$_3$[h]	5,9	1,4	9,0	5,4	0,0	−6,4	0,2	−0,1
C$_2$H$_5$	13,0	8,5	6,0	3,0	−0,4	−5,6	0,1	0,1
i-C$_3$H$_7$	17,6	14,1	3,0	3,2	−0,2	−5,4	0,3	0,1
t-C$_4$H$_9$	21,6		0,7		−0,1		0,1	
CH$_2$Cl[j]	13,3		3,6		−1,2		0,8	
CH$_2$OH[k]	13,7		2,9		−0,9		−0,2	
COCl[l]	27,8		2,1		−2,1		−1,7	
COCH$_3$[m]	23,9		1,4		−1,0		−1,3	
SiCl$_3$	6,3		−0,5		−1,7		−1,2	
OCOCH$_3$[n]	44,7		4,6		−3,2		−1,5	
NH(CH$_3$)[o]	31,7		5,7		−1,3		−0,2	
N(CH$_3$)$_2$[p]	37,3		2,2		−0,5		−0,1	
NH$_2$·HCl	23,9		5,8		−2,0		−1,6	
(E)−CH=NOH[r]	11,5		3,3		−1,5		−1,4	

[a] In den Fällen, in denen jeweils nur ein Wert angegeben ist, bezieht sich die Angabe auf Messungen bei Raumtemperatur mit überwiegend equatorial-ständigen Substituenten
[b] $\delta_{Si(CH_3)_3} = 0{,}2$
[c] $\delta_{NC(e)} = 153{,}8$; $\delta_{NC(a)} = 155{,}3$
[d] $\delta_{CN(e)} = 122{,}7$; $\delta_{CN(a)} = 122{,}0$
[e] $\delta_{C≡(e)} = 88{,}7$; $\delta_{≡CH(e)} = 68{,}3$; $\delta_{C≡(a)} = 87{,}3$; $\delta_{≡CH(a)} = 70{,}0$
[f] $\delta_{NCS(e)} = 127{,}2$; $\delta_{NCS(a)} = 128{,}6$
[g] $\delta_{CO} = 164{,}8$; $\delta_{C_1} = 130{,}6$; $\delta_{C_{2/6}} = 129{,}7$; $\delta_{C_{3/5}} = 128{,}2$; $\delta_4 = 132{,}7$
[h] $\delta_{CH_3} = 22{,}8$
[i] $\delta_{OCH_3} = 55{,}1$

Tab. 3.49 Fortsetzung

j δ_{CH_2} = 50,7
k δ_{CH_2} = 68,1
l δ_{CO} = 176,3
m δ_{CO} = 209,4; δ_{CH_3} = 27,6
n δ_{CO} = 169,2; δ_{CH_3} = 21,0
o δ_{CH_3} = 32,7
p δ_{CH_3} = 41,1
q δ_{CHO} = 204,7
r $\delta_{C=N}$ = 155,8
s aus t-Butylcyclohexanol unter Berücksichtigung der Substituenteneffekte der t-Butyl-Gruppe errechnet, Cyclohexanol liegt auch bei $-100\,°C$ ausschließlich in der equatorialen Form vor.
t $\delta_{C=O}$ = 174,2; δ_{CH_3} = 51,2

gen ($\gamma_{gauche} > \gamma_{anti}$) werden auch bei acyclischen Verbindungen gemacht (s. S. 93). Die Substituenteneffekte für die α-Position (C-1 im Cyclohexan) sind mit Ausnahme der schweren Halogene Brom und Iod für equatorialständige Substituenten deutlich größer als bei axial angeordneten Substituenten. Der Schweratomeffekt im Brom- und Iodcyclohexan ist in den axialen Konformeren stärker ausgeprägt als in der equatorialen Form. Dieser Befund wird auch in den 4-t-Butylhalogenocyclohexanen **180**–**182** sowie Methylhalogenocyclohexanen beobachtet[156].

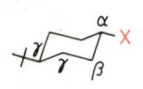

180a-182a   **180b-182b**

X=Cl	**180a**	$\Delta\delta C_\alpha$ = 32,7	$\Delta\delta C_\beta$ = 10,5	**180b**	$\Delta\delta C_\alpha$ = 32,2	$\Delta\delta C_\beta$ = 7,2	
		$\Delta\delta C_\gamma$ = −0,5	$\Delta\delta C_\delta$ = −1,90		$\Delta\delta C_\gamma$ = −6,9	$\Delta\delta C_\delta$ = −0,9	
X=Br	**181a**	$\Delta\delta C_\alpha$ = 25,0	$\Delta\delta C_\beta$ = 11,3	**181b**	$\Delta\delta C_\alpha$ = 27,5	$\Delta\delta C_\beta$ = 8,1	
		$\Delta\delta C_\gamma$ = 0,7	$\Delta\delta C_\delta$ = −2,0		$\Delta\delta C_\gamma$ = −6,3	$\Delta\delta C_\delta$ = −1,1	
X=I	**182a**	$\Delta\delta C_\alpha$ = 2,1	$\Delta\delta C_\beta$ = 13,8	**182b**	$\Delta\delta C_\alpha$ = 9,5	$\Delta\delta C_\beta$ = 9,5	
		$\Delta\delta C_\gamma$ = 2,4	$\Delta\delta C_\delta$ = −2,4		$\Delta\delta C_\gamma$ = −4,5	$\Delta\delta C_\delta$ = −0,8	

Der β-Effekt ist generell positiv und für das equatoriale Konformere größer als für das axiale (s. Tab. 3.49), dagegen ist der γ-Effekt für axiale Substituenten negativ und zahlenmäßig größer als für equatoriale Substituenten. Die γ_e-Effekte der schweren Halogene Brom und Iod machen wiederum eine Ausnahme und sind als einzige positiv.

Die in Tab. 3.49 aufgeführten Substituentenparameter können für die grobe Abschätzung höher substituierter Cyclohexane, Terpene oder Steroide benutzt werden. Mit zunehmendem Substitutionsgrad nimmt jedoch wie bei den substituierten Alkanen (s. S. 149ff.) wegen der Valenzwinkelaufweitung die Zuverlässigkeit ab. Der Vergleich der Substituenteneffekte in Cycloalkanen unterschiedlicher Ringgröße (Tab. 3.50) zeigt Unterschiede in den Substituentenparametern bis zu 20 ppm (Iodcycloalkane). Hier ist also bei der Abschätzung von chemischen Verschiebungen mit Hilfe der Substituentenparameter anderer Cycloalkane Vorsicht geboten.

Tab. 3.50 Vergleich der Substituenteneffekte ($\Delta\delta$) auf die chemische Verschiebung von Cycloalkanen unterschiedlicher Ringgröße, die Werte in Klammern sind δ_C-Werte

Verbindung	R	OH	NH_2	COOH	$COOCH_3$	NO_2	CN	F	Cl	Br	I	Li	$Sn(CH_3)_3$
Cyclopropyl	1	48,5	26,8	15,7	15,9	57,1	−1,0		30,2	16,8	−17,3	−6,8	−4,7
	2	9,6	10,2	12,0	11,3	14,5	9,6		11,8	11,8	13,2	+5,3	3,9
	R			(180,7)	(175,3)		(122,9)						(11,3)
					(51,6)								
Cyclobutyl	1	48,4		16,0	16,0			67,1	29,9	19,9	−6,6		−2,1
	2	11,0		3,2	3,2			8,7	12,4	13,1	14,5		4,5
	3	−10,2		−3,6	−3,7			−11,9	−6,1	−3,6	0,5		1,7
	R			(179,4)	(175,8)								(−11,5)
					(51,1)								
Cyclopentyl	1	47,1	27,0	17,5			1,5	70,7	36,0	27,3	3,2		−2,5
	2	8,8	10,0	3,7			5,0	7,6	11,1	11,9	15,2		4,3
	3	−2,8	−2,5	−0,5			−1,4	−2,7	−3,0	−2,8	−0,6		−0,1
	R			(183,8)			(123,4)						(−11,4)
Cyclohexyl	1	42,1	23,5	16,1	15,8	57,0	0,7	64,0	33,0	26,1	5,2		−1,9
	2	8,1	10,1	2,0	2,0	3,8	2,5	5,3	9,6	10,4	12,4		3,6
	3	−3,0	−1,8	−1,4	−1,6	−2,9	−3,0	−4,3	−2,3	−1,3	0,1		1,2
	4	−1,5	−1,1	−1,0	−1,2	−2,1	−1,8	−1,8	−1,9	−2,0	−1,9		−0,5
	R			(182,1)	(174,2)		(121,6)						(−11,8)
					(51,2)								
Cycloheptyl	1	43,3								27,3			
	2	8,6								11,1			
	3	−5,8								−1,2			
	4	−0,5								−3,7			
	R												
Cyclooctyl	1	43,8								30,2			
	2	7,2								9,2			
	3	−4,5								0,7			
	4	−2,0								−1,7			
	5	0,3								−2,0			
	R												

Tab. 3.51 ^{13}C-chemische Verschiebungen mehrfach substituierter Cycloalkane

Verbindung	δ(ppm)						
	C−1	C−2	C−3	C−4	C−5	C−6	C−7
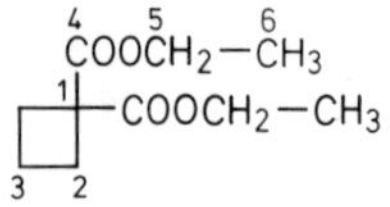 (Cyclobutan-1,1-dicarbonsäurediethylester)	52,8	28,7	16,2	171,8	61,2	14,1	
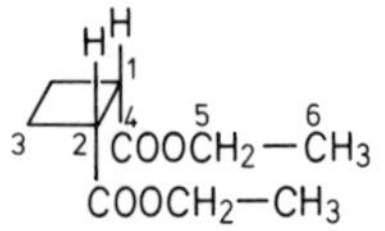 (cis-Cyclobutan-1,2-dicarbonsäurediethylester)	40,70	40,70	22,1	173,2	60,4	14,2	
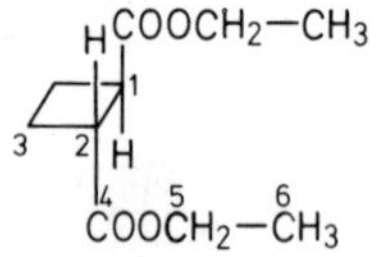 (trans-Cyclobutan-1,2-dicarbonsäurediethylester)	40,6	40,6	22,1	173,4	60,6	14,3	
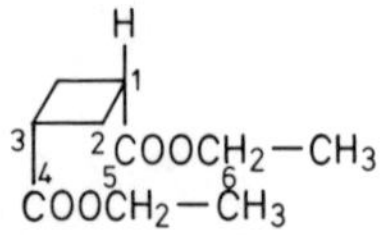 (Cyclobutan-1,3-dicarbonsäurediethylester)	34,1	28,4	34,1	174,0	60,5	14,3	
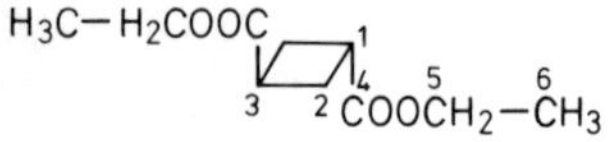 (Cyclobutan-1,2,3-... H₃C−H₂COOC)	35,3	27,9	35,3	175,1	60,5	14,3	
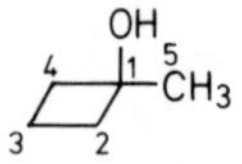 (2-Methylcyclobutanol)	72,2	37,1	11,4		26,5		
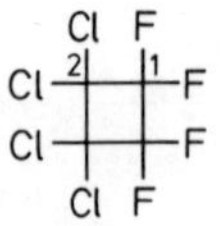 (Hexachlor-hexafluor...)	104,4	78,8					
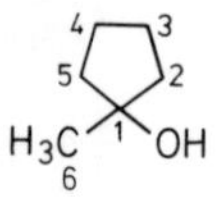 (1-Methylcyclopentanol)	79,7	41,2	24,3			28,2	
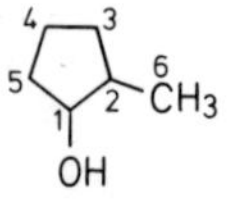 (trans-2-Methylcyclopentanol)	81,0	43,4	35,1	22,7	33,0	19,5	
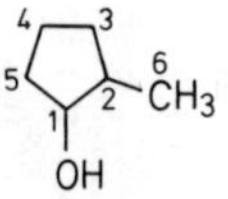 (cis-2-Methylcyclopentanol)	76,4	41,0	35,7	23,3	32,2	14,9	
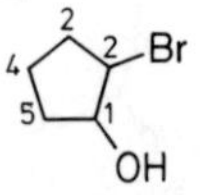 (trans-2-Bromcyclopentanol)	80,0	57,0	31,1	35,7	21,1		

Tab. 3.51 Fortsetzung

Verbindung	δ (ppm)						
	C-1	C-2	C-3	C-4	C-5	C-6	C-7
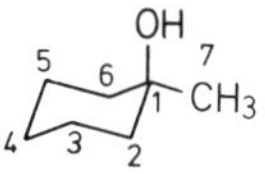 1-Methylcyclohexan-1-ol (C7 = CH3 at C1 with OH)	69,8	39,7	22,9	26,0			29,5
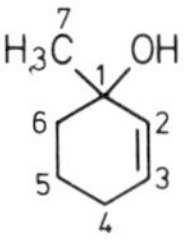 1-Methyl-2-cyclohexen-1-ol	67,7	133,6	128,5	25,0	19,5	37,8	29,3
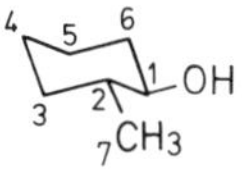 trans-2-Methylcyclohexan-1-ol	76,6	39,7	34,0	25,8	25,4	35,1	18,8
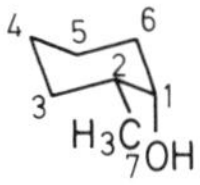 cis-2-Methylcyclohexan-1-ol	71,1	35,8	29,3	24,2	21,5	31,8	16,2
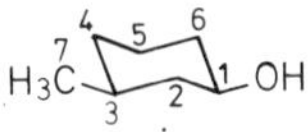 cis-3-Methylcyclohexan-1-ol	70,5	44,0	31,7	34,8	24,4	34,4	22,5
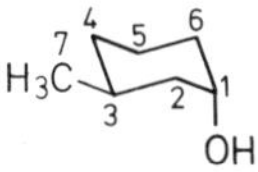 trans-3-Methylcyclohexan-1-ol	66,5	41,2	26,6	34,4	20,2	32,8	20,2
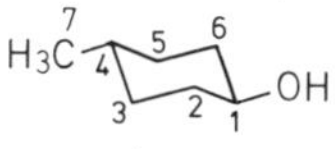 trans-4-Methylcyclohexan-1-ol	69,7	33,1	31,1	31,4			21,7
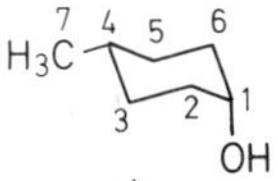 cis-4-Methylcyclohexan-1-ol	65,9	31,4	28,7	30,6			20,9
1-Chlor-2,2-dimethylcyclohexan (C8 = 18,3)	70,3	36,4	40,2	21,3	27,0	34,0	30,4
	8: 18,3						
2,2-Dimethylcyclohexan-1-ol (C8 = 17,8)	76,8	35,8	39,5	21,7	25,8	30,5	29,7
	8: 17,8						
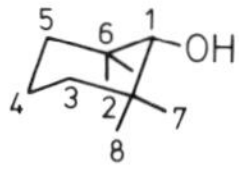 2,2-Dimethylcyclohexan-1-ol (variant, C8 = 19,9)	83,6	36,5	40,3	18,7			32,5
	8: 19,9						

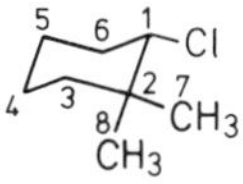

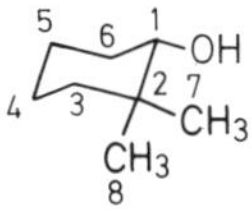

Tab. 3.51 Fortsetzung

Verbindung		C-1	C-2	C-3	C-4	C-5	C-6	C-7
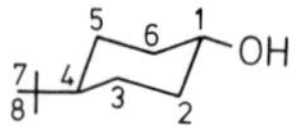 4-tert-Butylcyclohexanol (cis)		70,9 27,6	36,0	25,6	47,2		32,2	
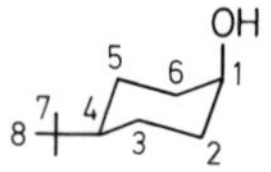 4-tert-Butylcyclohexanol (trans)		65,7 8 27,5	33,4	20,9	48,1		32,2	
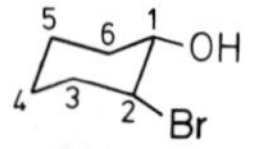 trans-2-Bromcyclohexanol		75,0	61,2	36,2*	26,5*	23,9*	33,7*	
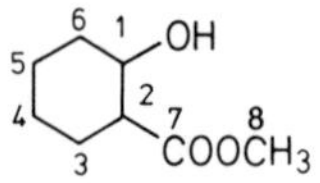 Methyl 2-hydroxycyclohexanecarboxylat		67,1 8 51,6	47,5	23,4	25,3	20,4	32,9	175,2
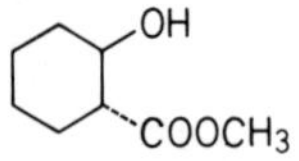 Methyl 2-hydroxycyclohexanecarboxylat		70,9 51,5	52,1	28,9	25,1	24,8	34,7	175,6
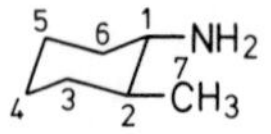 trans-2-Methylcyclohexylamin	a	56,6	40,6	34,9	26,7	26,3	35,7	19,4
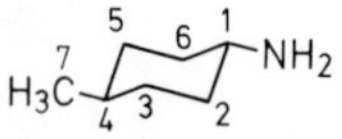 trans-4-Methylcyclohexylamin	a	50,5	36,2	34,7	32,5			22,8
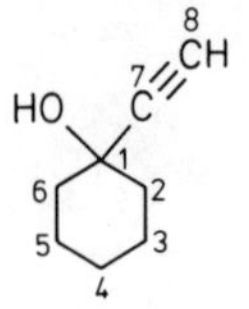 1-Ethinylcyclohexanol		68,6 8 72,7	39,7	25,1	25,1	87,8		
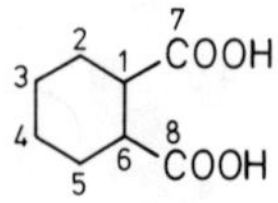 Cyclohexan-1,2-dicarbonsäure		42,6	26,8	24,4				175,1
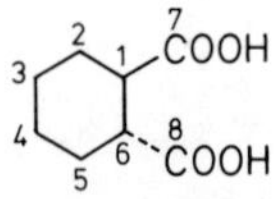 Cyclohexan-1,2-dicarbonsäure		44,8	29,4	25,8				176,3
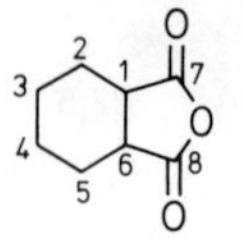 Hexahydrophthalsäureanhydrid		40,7	24,0	22,4	173,9			173,9

Chemische Verschiebungen einzelner Substanzklassen   243

Tab. 3.51 Fortsetzung

Verbindung	δ (ppm)						
	C-1	C-2	C-3	C-4	C-5	C-6	C-7
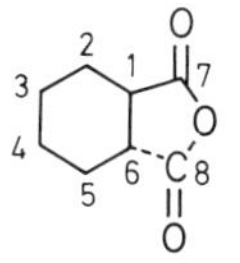 Bicyclic anhydride (C1–C7)	45,6	25,5	25,5				171,3
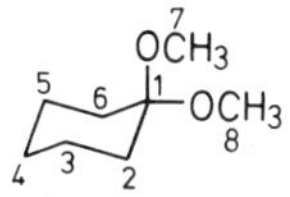 Dimethoxy cyclohexane	99,9	32,8	23,0	25,8			47,2
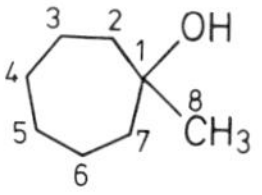 1-Methylcycloheptanol	72,2	42,4	20,0	29,2			
	8: 30,5						
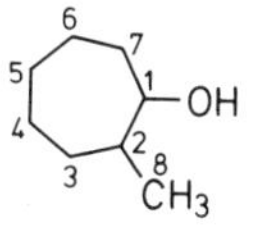 trans cycloheptanol-CH₃	77,3	41,7	31,7	26,3	24,1	21,8	36,0
	8: 20,2						
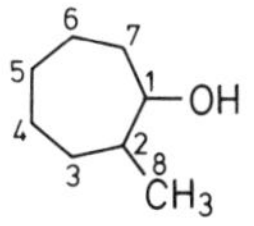 cis cycloheptanol-CH₃	73,2	38,4	29,4	25,5	27,7	21,9	34,3
	8: 17,3						
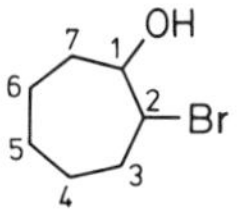 trans 2-bromocycloheptanol	78,8	65,6	35,0*	26,5*	24,6*	21,7*	32,2*
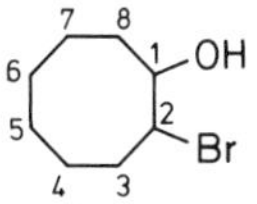 cis 2-bromocyclooctanol	76,7	66,5	32,7*	25,7*	25,6*	25,2*	25,0*
	8: 32,7*						

a in D₂O
* Zuordnung nicht gesichert

Tab. 3.51 enthält eine Auswahl mehrfach substituierter Cycloalkane, die deutlich macht, daß Aussagen über die Stereochemie anhand der ^{13}C-chemischen Verschiebungen nicht immer so eindeutig sind wie bei den Cyclohexan-Derivaten (vgl. Cyclobutan-1,2- oder -1,3-dicarbonsäureester).

Die chemischen Verschiebungen der Cycloalkanone und einiger Cycloalkanon-Derivate sind in Tab. 3.52 zusammengestellt. Hier ist zu bemerken, daß die Angaben in der Literatur[160] teilweise bis zu 6 ppm für das Carbonyl-C-Atom und bis zu 2 ppm für die anderen Ring-Kohlenstoff-Atome voneinander abweichen[185,201]. Dies ist zum einen auf den Lösungsmitteleinfluß, zum anderen auf die ungenaue Meßmethodik (Rapid Passage) in den Anfängen der ^{13}-NMR-Spektroskopie zurückzuführen. Tab. 3.52 enthält die Daten der Cycloalkanone in CDCl₃-Lösung[185]. Die chemischen Verschiebungen der unsubstituierten Cycloalkanone zeigen wegen der unterschiedlichen Ringgeometrie keine systematische Abhängigkeit von der Ringgröße. Die mittleren Ringe (s. auch Cycloalkane, S. 102) zeigen deutlich höhere δ-Werte für das Carbonyl-Kohlenstoff-Atom (Cycloheptanon bis Cycloundecanon) als das Cyclohexanon. Vom Cyclododecanon aufwärts entspricht δ_{CO} mit ca. 208 ppm der Verschiebung, die man in Dialkylketonen beobachtet. Die α-C-Atome sind aufgrund des induktiven Effektes der CO-Gruppe gegenüber den Cycloalkanen deutlich zu tiefem Feld verschoben und liegen im Bereich um 40 ppm. Die β-C-Atome sind dagegen abgeschirmt; hier ist die Verschiebung des C-3-Kohlenstoff-Atoms in Cyclobutanon **183** und im Oxim **184** mit 9,9 ppm bzw. 14,6 besonders auffällig und dürfte auf die besondere Geometrie zurückzuführen sein.

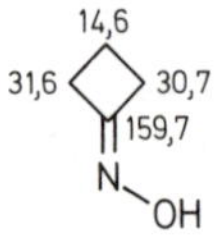

Alkylsubstituenten beeinflussen die chemische Verschiebung des Carbonyl-Kohlenstoff-Atoms nur wenig (vgl. Tab. 3.52, Methylcyclohexanone). Für die anderen Ring-Kohlenstoff-Atome existieren wegen der unterschiedlichen Ringgeometrien keine einheitlichen empirischen Alkylsubstituenten-Parameter. α-,β-ungesättigte Cycloalkanone wie das Cyclohexen-2-on **185** zeigen bei coplanarer Anordnung der C=O- und C=C-Einheit wegen der Beteiligung der mesomeren Form **185c** auf Kosten von **185b** eine Hochfeldverschiebung des Carbonyl- und eine Tieffeldverschiebung des β-C-Atoms (s. acyclische α-, β-ungesättigte Carbonylverbindungen, S. 177).

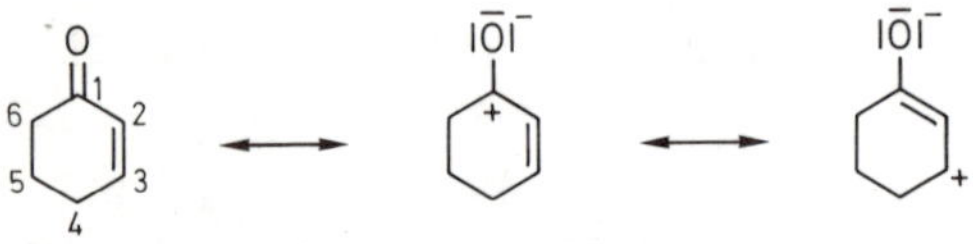

Für die Abschätzung des Gewichts der mesomeren Form **185c** kann wieder das empirische Verfahren von Levin benutzt werden, das davon ausgeht, daß die vollständige Entfernung eines Elektrons eine Verschiebung von 240 ppm hervorruft (s. S. 88 f.)[156]. Durch Differenzbildung der δ-Werte entsprechender Kohlenstoff-Atome wird so mit Hilfe der Verbindungen **187–189** für das Cyclohepten-2-on **186** in der β-Position ein Elektronendefizit von 75 me (Millielektronen), für die α-Position ein Überschuß von 64 me abgeschätzt. Übereinstimmungen mit Werten aus theoretischen Berechnungen sind nicht zu erwarten, jedoch wird der Trend innerhalb einer Verbindungsklasse richtig wiedergegeben.

Tab. 3.52 ^{13}C-chemische Verbindung von Cycloalkanonen[a] und Derivaten

Verbindung	δ (ppm)						
	C-1	C-2	C-3	C-4	C-5	C-6	C-7
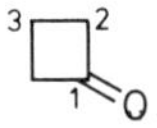 Cyclobutanon	208,9	47,8	9,9				
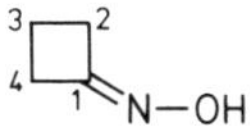 Cyclobutanon-oxim	159,7	30,7	14,6	31,6			
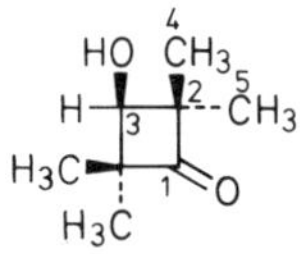 Hydroxy-trimethyl-Derivat	223,7	59,8	77,0	17,2	23,0		
Cyclopentanon	219,6	37,9	22,7				
	b (213,9)	(37,0)	(22,3)				
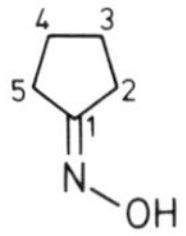 Cyclopentanon-oxim	167,1	27,1	25,1	24,4	30,6		
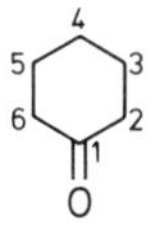 Cyclohexanon	209,7	41,5	26,6	24,6			
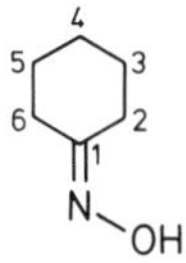 Cyclohexanon-oxim	160,4	25,7	25,4	24,4	26,7	31,7	
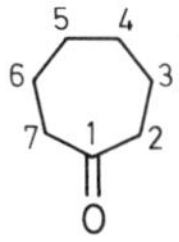 Cycloheptanon	215,0	43,9	24,4	30,6			
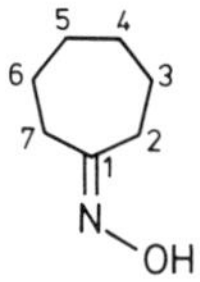 Cycloheptanon-oxim	164,3	30,5*	27,5*	30,4*	28,9*	24,7*	33,9
Cyclooctanon	218,0	42,0	25,8*	27,4*	24,9		
	b (215,6)	(40,9)	(26,5)	(24,8)	(24,0)		
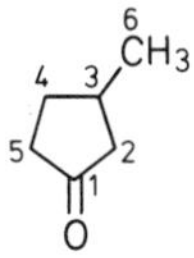 2-Methylcyclopentanon	219,0	46,7	31,7	31,3	38,4	20,3	

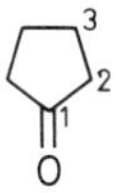

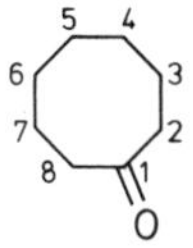

Tab. 3.52 Fortsetzung

Verbindung	C-1	C-2	C-3	C-4	C-5	C-6	C-7
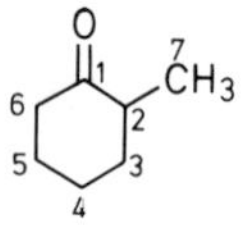 2-Methylcyclohexanon (6-Ring, CH₃ an C-2)	212,9	45,4	36,4	25,3	28,0	42,0	14,8
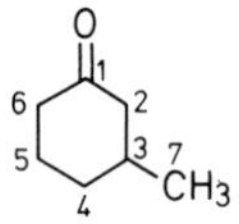 3-Methylcyclohexanon (CH₃ an C-3)	211,6	50,0	34,2	33,4	25,3	41,1	22,1
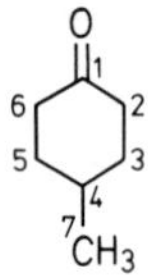 4-Methylcyclohexanon (CH₃ an C-4)	c 208,7	39,5	33,8	30,1			19,8
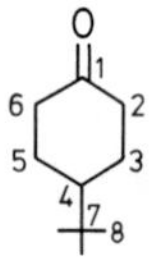 4,4-Dimethylcyclohexanon (C-7, C-8 an C-4)	211,5	41,1	27,5	46,6			32,3
	8 27,5						
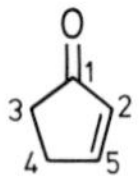 Cyclopent-2-enon	209,8	134,2	165,3	29,1	34,0		
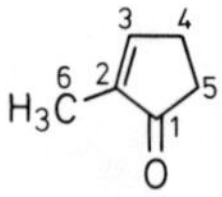 2-Methylcyclopent-2-enon	209,5	141,8	158,0	26,5	34,2	10,1	
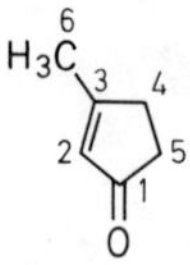 3-Methylcyclopent-2-enon	209,5	130,5	178,9	33,1	35,8	19,3	
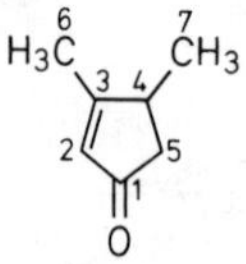 3,4-Dimethylcyclopent-2-enon	208,5	130,3	182,2	38,9	44,3	16,9	18,9
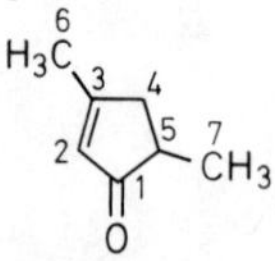 3,5-Dimethylcyclopent-2-enon	212,0	129,3	176,8	41,9	41,2	19,3	16,4
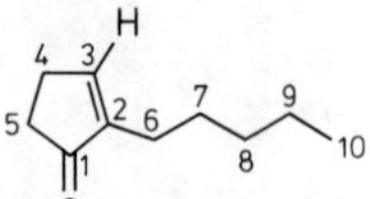 Jasmon-artig (Seitenkette C-7 bis C-10)	208,9	140,8	169,4	31,5	34,3	23,1	28,1
	8 31,9	9 22,6	10 14,0	11 17,1			

Tab. 3.52 Fortsetzung

Verbindung	δ (ppm)						
	C-1	C-2	C-3	C-4	C-5	C-6	C-7
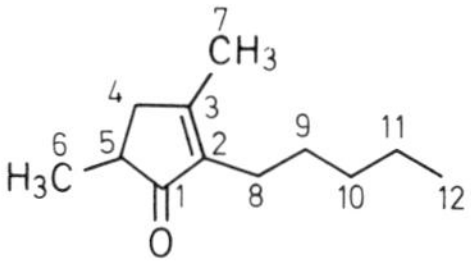 2-methyl-3-methyl-5-pentyl-cyclopentenone (C1–C7)	211,4	139,4	167,5	40,7	39,6	23,1	28,2
(C8–C12)	8: 31,9	9: 22,6	10: 14,1	11: 17,0	12: 16,6		
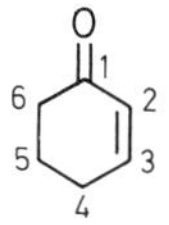 cyclohex-2-enone	199,0	129,9	150,6	25,8	22,9	38,2	
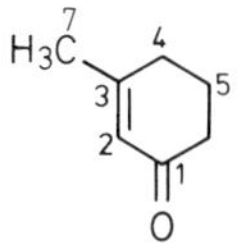 3-methylcyclohex-2-enone	198,4	126,5	162,3	30,9	24,3	37,1	22,8
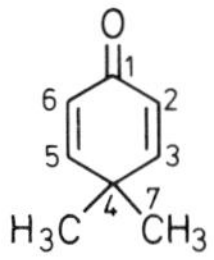 4,4-dimethylcyclohex-2-enone	185,8	127,3	156,7	37,9			26,7
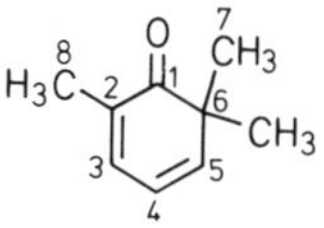 2,5,5-trimethyl-... cyclohexenone	205,9	132,9	137,9	119,2	146,6	47,0	25,9
(C8)	8: 15,5						
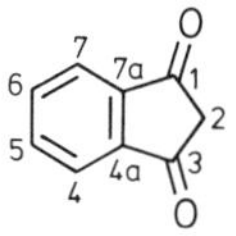 indan-1,3-dione	197,1	44,9		135,4	123,0		
(C4a,7a)	4a,7a: 143,1						
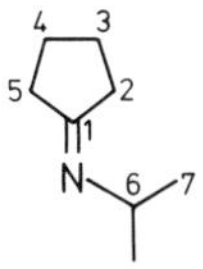 N-isopropyl-cyclopentanimine	176,5	28,0	24,1	25,1	36,6	53,2	23,5
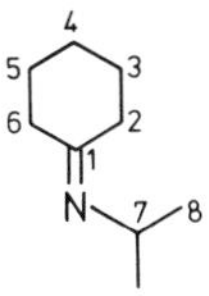 N-isopropyl-cyclohexanimine		28,9	27,4	26,2	27,9	40,3	48,9
(C8)	8: 24,0						

[a] in CDCl$_3$ (ca. 1,5 mol) nach Lit.[185]
[b] nach Lit.[160]
[c] nach Lit.[202]
* Zuordnung nicht gesichert

$$Z_\beta^\pi = \frac{(146{,}3 - 132{,}5) - (24{,}4 - 28{,}5)}{240} = 0{,}075 \text{ Elektron}$$

$$Z_\alpha^\pi = \frac{(132{,}5 - 132{,}5) - (43{,}9 - 28{,}5)}{240} = -0{,}064 \text{ Elektron}$$

Die Überführung des Cycloalkanons in das Oxim führt wie bei den acyclischen Ketonen zu einer Hochfeldverschiebung des sp^2-hybridisierten C-Atoms (C=O → C=NOH) in der Größenordnung von 50 ppm[185]. Die α-C-Atome sind ebenfalls im Vergleich zu denen der Ketone abgeschirmt, wobei, wieder in Analogie zu den aliphatischen Ketonen, das Z-ständige C-Atom gegenüber dem E-ständigen C-Atom um ca. 3–10 ppm stärker verschoben wird. Eine Ausnahme bildet auch hier das Cyclobutanonoxim **184**, das eine Differenz ΔC_α von nur 0,9 ppm zeigt[163]. Für die β-C-Atome werden im Gegensatz zu den acyclischen Ketonoximen beim Übergang vom Keton zum Oxim Hoch- und Tieffeldverschiebungen beobachtet[203].

Die chemischen Verschiebungen substituierter Bicyclo- bzw. Polycycloalkane sind in Tab. 3.53 (s. S. 249) und 3.54 (s. S. 254) zusammengestellt. Diese Systeme sind besonders gut zum Studium elektronischer und sterischer Substituenteneffekte geeignet, da sie ein *starres* Grundgerüst mit eindeutig definierten Diederwinkeln besitzen. In monosubstituierten Bicyclo[2.2.1]heptan-Derivaten (Norbornylsystem) werden α- und β-Substituenteneffekte beobachtet, die im allgemeinen etwas kleiner sind als in acyclischen Systemen. Die γ-Effekte hängen dagegen erwartungsgemäß vom Substitutionstyp ab. In 2-endo-substituierten Norbornanen **190** wird insbesondere das C-6-Kohlenstoff-Atom (γ_{gauche}-Effekt) abgeschirmt, während bei 2-exo-Substitution **191** oder Substitution an C-7 **192** die Kohlenstoff-Atome C-7 bzw. die syn-ständigen C-2 und C-3 ausgeprägte Hochfeldverschiebungen (γ_{gauche}-Effekte) zeigen. In Brückenkopf-substituierten Derivaten **193** sind keine γ_{gauche}-Wechselwirkungen vorhanden, so daß hier die Hochfeldverschiebungen gegenüber dem unsubstituierten Bicyclo[2.2.1]heptan entfallen (vgl. Abschn. 4.1.2, s. S. 106). Die γ_{gauche}-Effekte können je nach Substituent bis zu −10 ppm ausmachen[204]; sie sind im allgemeinen bei sp^3-C-Atomen stärker ausgeprägt als bei sp^2-C-Atomen und werden, wie bereits diskutiert (s. S. 101f.), auf eine durch sterische Wechselwirkungen hervorgerufene C−H-Bindungspolarisation zurückgeführt. Für die Bicyclo[4.1.0]heptan-Derivate (7-endo-Norcaran-System) konnte sogar die Größe des γ-Effektes mit dem Abstand zwischen den Substituenten und dem an C_γ gebundenen Wasserstoff-Atom korreliert werden[205]. Die γ_{anti}-Effekte von Substituenten mit Heteroatomen im Norbornan-, Norcaran- sowie vielen anderen cyclischen Systemen[205−207] sind häufig im Gegensatz zu den aliphatischen Verbindungen ebenfalls negativ, so daß rein sterische Wechselwirkungen zur Erklärung der γ-Effekte nicht ausreichen. Hierfür werden zwei Modelle diskutiert[206]:

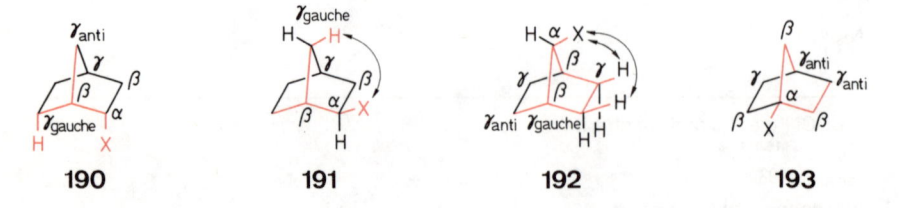

- **Die Hyperkonjugative Wechselwirkung**; sie ist besonders effektiv bei antiperiplanarer Anordnung der X−C−C−C-Struktureinheit mit Heteroatomen der zweiten Reihe des Periodensystems (F, O, N) im Substituenten X[206]. Elemente der dritten Reihe (S, Cl)

haben wegen der größeren Orbitale eine geringere Wechselwirkung mit den Orbitalen des C_α-Atoms und zeigen damit nur geringe negative γ_{anti}-Effekte. Dieses Modell wird durch zahlreiche Beispiele belegt[206], versagt jedoch bei Brückenkopfsubstitution[206], da der γ_{anti}-Effekt in Größe und Vorzeichen vom Substitutionsgrad der C-Atome im X-C-C-C-Fragment abhängt[208].

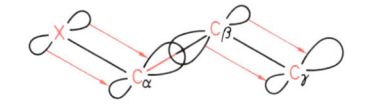

- **Die Wechselwirkung der rückwärtigen Orbitallappen** des bindenden Orbitals am C_γ- mit denen am C_α-Atom[205,209].

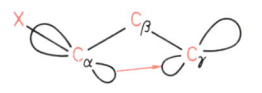

Dieses Modell wird auch zur Deutung von „long range" Kopplungen in Strukturfragmenten mit „W"-Anordnung benutzt. Es erklärt aber ebenfalls nicht die Abhängigkeit vom Substitutionsgrad; jedoch sollte man auch für die schweren Elemente (S, Cl, Br) negative γ_{anti}-Effekte erwarten. Dies ist für exo-Norcaran-Derivate ($\gamma_{anti(Br)} = \gamma_{anti(OCH_3)} = -1,7$) beobachtet worden.

Welches Modell auch immer für den Sachverhalt zutreffender ist, die negativen γ_{anti}-Effekte zeigen, daß bei der Diskussion stereochemischer Probleme Vorsicht geboten ist, anhand des Vorzeichens von γ-Effekten auf die räumliche Nähe von Substituenten bzw. von X und C_γ im oben diskutierten Strukturelement zuschließen (s. auch Lit.[210]).

Tab. 3.53 ^{13}C-Chemische Verschiebungen substituierter Bi-, Tri- und Tetracycloalkane

Verbindung		F	Cl	Br	I	OH	NH_2	COOH
	C–1		69,9	62,2	37,7	82,8	62,6[a]	52,1
	C–2/6		38,4	40,0	43,0	35,4	33,7	32,9
	C–3/5		30,9	31,6	32,1	30,3	29,9	30,0
	C–4		34,8	34,8	34,6	34,8	35,3	37,8
	C–7		46,8	48,2	50,8	43,9	41,7	42,3
							169,8	183,5
							24,0	
	C–1/4	38,4	42,3	42,6	43,9	40,4		
	C–2/3	26,5	26,7	27,3	28,3	26,5		
	C–5/6	25,2	27,4	27,3	26,9	27,0		
	C–7	99,2	66,3	58,3	35,6	79,5		

[a] $NHCOCH_3$

Tab. 3.53 Fortsetzung

Verbindung		F	Cl	Br	I	OH	NH$_2$	COOH
endo	C−1		44,0	44,3		43,1	43,6	40,6
	C−2		61,1	53,8		72,5	53,4	46,1
	C−3		41,3	41,9		39,6	40,6	31,8
	C−4		37,4	37,4		37,7*	38,0	37,1
	C−5		29,9	29,9		30,3	30,7	29,1
	C−6		22,8	24,9		20,4	20,6	24,9
	C−7		38,3	39,6		37,8*	39,0	40,3
								181,8
exo	C−1	41,8	46,1	46,4	47,9	44,5	45,7	41,0
	C−2	95,8	62,3	53,7	29,9	74,4	55,4	46,5
	C−3	39,8	43,6	43,8	45,1	42,4	42,5	34,2
	C−4	34,4	36,6	36,9	37,9	35,8	36,4	36,2
	C−5	27,9	28,2	28,0	28,7	28,8	28,9	29,5
	C−6	22,2	26,8	27,4	28,4	24,9	27,0	28,7
	C−7	34,7	35,1	35,3	36,2	34,6	34,3	36,6
								182,6
	C−1	93,8	67,6	64,7	47,2	68,7		
	C−2/6/7	31,0	36,0	37,4	40,3	33,8		
	C−3/5/8	27,2	28,0	28,9	29,6	27,1		
	C−4	24,0	23,0	22,4	21,2	24,1		
	C−1	97,7	70,7	69,6	55,4	69,4		41,0
	C−2/8	37,3	42,1	43,6	46,9	39,7		33,2
	C−3/7	23,3	24,4	25,4	26,4	23,1		22,0
	C−4,6	30,5	29,6	29,6	29,5	30,5		30,4
	C−5	33,5	32,9	33,4	33,3	32,4		28,0
	C−9	41,5	46,0	47,1	50,2	43,5		36,0
								185,9
	C−1	90,8	67,3	64,4	48,3	67,9	47,6	40,8
	C−2/8/9	43,4	48,2	49,7	52,8	45,3	47,1	39,1
	C−3/5/7	31,8	32,0	32,9	33,3	30,8	30,3	28,4
	C−4/6/10	36,6	36,2	36,2	36,2	36,1	37,0	37,1
								184,0
	C−1/3	33,4	36,0	36,5	37,8	34,7	35,5	29,9
	C−2	94,6	66,9	62,1	44,6	74,7	55,8	50,0
	C−4/9	32,0	31,3	32,0	33,4	31,2	33,4	33,7
	C−10/8	36,3	38,5	39,0	39,2	36,7	38,2	37,1
	C−5	27,4	27,4	27,3	27,7	27,8	27,9	27,9
	C−7	27,8	27,9	28,0	28,2	27,3	28,4	28,0
	C−6	37,8	38,1	38,3	38,7	37,8	38,6	38,0
	C−1		27,5			29,8	28,7	28,0
	C−2/6		19,3			19,2	19,9	19,6
	C−3/5		39,3			36,1	37,9	35,1
	C−4		69,5			79,9	60,6	52,8
	C−7		45,8			43,1	43,8	46,9
	C−8/9		17,6			17,3	17,2	18,7
	C−10		12,1			12,2	12,3	10,7

* Zuordnung nicht gesichert

Tab. 3.53 Fortsetzung

Verbindung		F	Cl	Br	I	OH	NH$_2$	COOH
(cyclohexane with X, H)	C−1/6	11,1	12,5	12,3		11,6[a]		16,6[b]
	C−2/5	17,7	18,6	20,1		18,3		18,9
	C−9/4	22,4	21,4	21,6		22,6		21,5
	C−7	74,7	40,0	33,4		60,4		22,1
(cyclohexane with H, X)	C−1/6	17,0	21,5	21,6		17,7[c]		22,1[d]
	C−2/5	21,9	22,5	22,7		22,7		23,1
	C−3/4	21,7	21,4	21,1		22,0		21,3
	C−7	79,5	37,9	25,3		66,4		25,9
(bicyclic)	C−1		73,4			84,7	66,5	59,5
	C−2		163,0			165,9	168,2	162,4
	C−3		42,7			42,0	42,4	42,9
	C−4		44,9			44,1	45,4	47,4
	C−5		25,7			24,9	25,3	24,5
	C−6		37,9			33,6	35,3	31,9
	C−7		46,3			43,4	45,5	40,7
	C−8		101,3			97,7	97,2	101,0
	C−9		29,8			29,4	29,6	29,6
	C−10		26,3			26,3	26,3	26,0
								180,7
(bicyclic ketone)	C−1		73,8	66,3		85,6	69,0	62,8
	C−2		213,0	212,8		220,7	221,7	216,3
	C−3		47,2	46,9		46,2	46,6	48,0
	C−4		43,5	44,6		42,0	42,0	45,2
	C−5		25,3	25,7		24,5	24,9	24,1
	C−6		33,2	35,0		29,7	32,0	28,2
	C−7		43,6	44,5		40,3	43,4	38,5
	C−8		21,9	22,0		21,7	21,7	21,6
	C−9		23,9	24,0		23,7	23,5	23,4
								175,2
(adamantane)	C−1		70,2	67,7		72,4		
	C−2		40,7	41,8		37,9		
	C−3		31,3	31,6		30,2		
	C−4		24,4	24,7		24,0		
	C−5		22,7	22,5		21,9		
	C−6		39,7	40,6		37,5		
	C−7		30,8	31,0		29,8		
	C−8		28,0	27,1		28,6		
	C−9		27,7	28,0		26,6		
	C−10		35,7	36,8		33,7		

[a] OCH$_3$, δ_{OCH_3} = 58,0;
[b] COOCH$_3$, δ_{CO} = 172,1, δ_{OCH_3} = 50,8
[c] OCH$_3$, δ_{OCH_3} = 57,4;
[d] COOCH$_3$, δ_{CO} = 174,7, δ_{OCH_3} = 51,2

Disubstituierte Bicycloalkan-Derivate mit vicinaler Anordnung der Substituenten zeigen nur dann Additivität der Substituenteninkremente (±1 ppm), wenn die Substituenten räumlich voneinander entfernt sind. Die Abweichungen von der Additivität sind besonders groß und negativ für die die Substituenten tragenden C-Atome[211]. Die Werte für die beiden stereoisomeren 2-Hydroxy-3-methylnorbornane **194** und **195** machen dies deutlich (in den Formelbildern sind die $\delta_{exp.} - \delta_{ber.}$-Werte in Klammern angegeben).

194   **195**

Für disubstituierte Bicyclo[2.2.1]heptan-Derivate, in denen die Substituenten *vier* Bindungen voneinander entfernt sind (δ-Effekte), werden je nach Substitutionstyp ebenfalls starke Abweichungen von den mit Hilfe der Substituenteninkremente berechneten δ_C-Werten beobachtet. Von den acht möglichen Anordnungen der Substituenten im Methylnorbornanol-System **196a–h** zeigen **196h** und **196g** besonders starke Differenzen (bis zu 11 ppm) zu den berechneten Verschiebungswerten[211]. Sind die Substituenten räumlich deutlich von einander entfernt, wie in Anordnung **196a** und **196b**, so stimmen die berechneten chemischen Verschiebungen recht gut mit den gemessenen Werten überein (Abweichung ± 1 ppm, vergleiche exo, exo-6-Methylnorbornanol-2 **197** mit exo-2-Methyl-syn-norbornanol-7 **198c**; es sind die $\delta_{gem} - \delta_{ber.}$-Werte angegeben; in Klammern die gemessenen Verschiebungen). Im Gegensatz jedoch zu den Norbornanolen mit vicinaler Substituentenanordnung (γ-Effekte) (s. S. 254–255) sind die Abweichungen von den berechneten Werten für die die Substituenten tragenden C-Atome hier positiv, d. h. die C-Atome besitzen eine geringere Abschirmung als berechnet. Synaxiale Anordnung der Substituenten (δ-Wechselwirkung der Substituenten) führt also zu einer Tieffeldverschiebung der die Substituenten tragenden C-Atome, während die synperiplanare Anordnung vicinaler Substituenten wie erwähnt dagegen Hochfeldverschiebungen gegenüber dem Erwartungswert aus den Substituenteninkrementen bewirkt. In den Methylnorbornanolen **196a–h** (X = OH, Y = CH$_3$) ist der δ-Effekt der OH-Gruppe ebenfalls von der Orientierung der Substituenten abhängig. Für die Anordnungen, in denen die Substituenten räumlich voneinander getrennt sind, werden Abschirmungseffekte (δ-Effekt bis zu -1 ppm) beobachtet, für die *syn-axiale* Anordnung (**196g**, **196h**) ergeben sich dagegen Tieffeldverschiebungen bis zu -2 ppm im Vergleich zum Kohlenwasserstoff. Dies macht wiederum deutlich, daß die sterische Wechselwirkung von benachbarten Substituenten zur Erklärung der γ- und δ-Effekte in Größe und Vorzeichen nicht ausreicht. Die Kenntnis dieser Effekte und die Abweichung von der Additivität der Substituenteninkremente bei räumlich benachbarten Substituenten sind für die Lösung stereochemischer Fragen in Bicycloalkanen äußerst nützlich[212]. Die am Methylnorbornanol-System entwickelten Vorstellungen lassen sich auf andere Polycyclen wie das Adamantan übertragen.

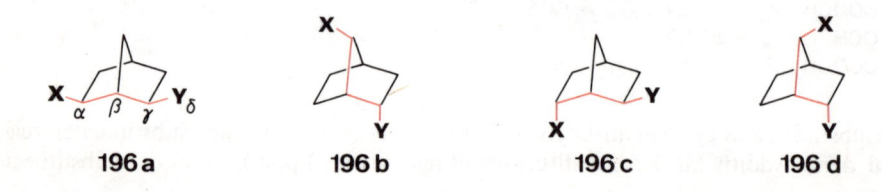

196a   **196b**   **196c**   **196d**

196 e **196 f** **196 g** **196 h**

197: HO 0,3 (31,2); (41,3) 0,0; −0,3 (35,7); −0,2 (38,1); CH₃ (21,4); −0,5 (74,6); (51,1) 0,2; 0,1 (31,3)

198: 3,7 (43,7) CH₃; (28,7) −0,3; 1,4 (41,0); 0,6 (39,9); OH (13,5); 1,2 (26,5); −0,2 (48,2); 4,5 (76,3)

Die Spektren von 1-substituierten Adamantanen **199** sind wegen der Symmetrie leicht zu interpretieren, dagegen nicht die von 2-substituierten Adamantanen **200**, da hier γ_{syn}-, γ_{anti}-, δ_{syn}- und δ_{anti}-ständige C-Atome vorhanden sind.

1-substituierte Adamantane
199

2-substituierte Adamantane
200

Als Zuordnungshilfe bietet sich hier die Untersuchung mit Lanthaniden Verschiebungsreagenzien an (s. S. 603 ff.). Häufig wird als Zuordnungskriterium den syn-ständigen Kohlenstoff-Atomen der größere Substituenteneinfluß zugeschrieben (vgl. jedoch die Diskussion der γ- und δ-Effekte im Bicyclo[2.2.1]heptan-System, S. 251f.). Die Daten einiger Adamantan-Derivate sind in Tabelle 3.53 zusammengestellt. Für disubstituierte Adamantane[213] **201–204** und substituierte Adamantanone[214] **205** und **206** werden wie im Norbornan-System Abweichungen von der Additivität der Substituenteneffekte beobachtet.

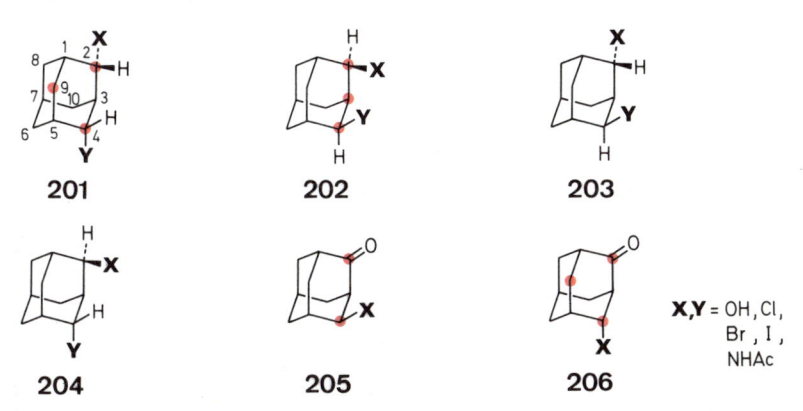

201 **202** **203**

204 **205** **206**

X, Y = OH, Cl, Br, I, NHAc

● C-Atome zeigen starke Abweichungen von der Additivität der Substituenteninkremente

Tab. 3.54 Substituenteneffekte der Hydroxy-Gruppe auf die Verschiebung der sp^3-C-Atome von Cyclo- und Polycycloalkanen bzw. -alkanonen[a]

	Substitution	α CH	β CH$_2$	γ	δ
Cyclohexan	equatorial OH	43,7	8,5	−2,8	−1,8
trans-Decalin	equat-2-OH	43,3	8,7	−2,4	−1,2
Bicyclo[3.2.1]octan	exo-3-OH	47,1	9,5	−0,3	
Δ^6-exo-3-OH		48,0	10,0	−0,4	0,2(C−6,7)
trans-Decalin	equat-1-OH	40,3	8,9	−2,8(C−3)	−0,6(C−6)
				−2,5(C−5)	−0,2(C−8)
				−5,2(C−9)	−0,8(C−4)
Bicyclo[3.2.1]octan	endo-2-OH	39,7	9,2	−2,1(C−4)	−0,6(C−6)
				−2,4(C−8)	−0,7(C−8)
				−5,6(C−7)	−0,4(C−6)
Δ^6-endo-2-OH		43,3	9,8	−1,9(C−4)	
				−2,6(C−8)	
				+2,0(C−8)	
Δ^3-endo-2-OH		36,2	5,6	−9,3(C−7)	−0,4(C−5)
Cyclohexan	axial-OH	38,9		−7,5	−0,9
trans-Decalin	axial-2-OH	39,7	6,1/7,0	−6,7(C−4)	−0,5(C−5)
				−7,3(C−10)	−1,4(C−9)
Bicyclo[3.2.1]octan	endo-3-OH	47,6	8,1	−1,3	−1,1(C−8)
Δ^6-endo-3-OH		48,3	11,6	−1,4	−0,4(C−8)
trans-Decalin	axial-1-OH	36,1	7,4	−6,9(C−3)	−0,4(C−4)
				−8,1(C−5)	−0,5(C−8)
				−4,7(C−9)	
Bicyclo[3.2.1]octan	exo-2-OH	38,5	7,7	−5,9(C−4)	−0,9(C−5)
				−7,6(C−8)	
				−2,4(C−7)	
Δ^6-exo-2-OH		40,9	8,7	−3,3(C−4)	−0,3(C−5)
				−7,8(C−8)	
Δ^3-exo-2-OH		34,6	6,8	−4,7(C−8)	0,0(C−5)
				−5,8(C−7)	
endo-8-OH		34,7	2,5	−8,2(C−2/4)	−1,3(C−3)
				−3,6(C−6/7)	
Δ^3-endo-8-OH		38,0	2,1(C−1)	−6,0(C−2)	4,5(C−6)
			4,2(C−5)	−3,3(C−6)	
				−2,2(C−7)	
Bicyclo[2.2.1]heptan	7-OH	41,4		−2,8(C−2/3)	−0,5(C−6)
Δ^2-anti-7-OH		33,5	3,8	−3,2(C−5/6)	
Δ^2-syn-7-OH		38,4	5,6	−2,8(C−5/6)	
Bicyclo[3.2.1]octan	exo-8-OH	42,4	7,0	−2,4(C−5/6)	
				−2,7(C−6/7)	
Δ^3-exo-8-OH		42,6	7,1	−1,5(C−2/4)	
				−2,9(C−6)	
				0,0(C−2)	

Chemische Verschiebungen einzelner Substanzklassen

Bicyclo[2.2.1]heptan	Δ³-exo-6-OH	42,5	8,4	12,1	−4,1(C−8)	0,6(C−1)
						−0,3(C−1) −1,1(C−2)
	exo-2-OH	45,1	7,9	12,6	−3,9(C−7)	−5,2(C−6) −1,5(C−5)
						−0,9(C−4)
Bicyclo[2.1.1]hexan	2-OH	45,6	6,5	12,8	−4,2(C−5)	−0,9(C−4)
						−0,9(C−6)
Bicyclo[2.2.1]heptan	endo-2-OH	43,3	6,2	9,8	−9,6(C−6)	−0,7(C−7) 0,3(C−5)
						0,9(C−4)
Bicyclo[3.2.1]octan	endo-2-OH	45,9	4,1	8,9	−6,0(C−4)	−1,9(C−8) −0,2(C−2)
						−1,0(C−1)
	Δ³-endo-6-OH	45,0	4,4	10,2		−2,8(C−8) 0,4(C−2) 0,3(C−3)
						−0,9(C−1)
Bicyclo[2.2.1]heptan	1-OH	46,4		5,5	−1,6(C−4)	0,4(C−3)
				5,6		
Bicyclo[3.3.1]nonan-9-on	2-endo-OH	39,2	7,9	9,0		−6,5(C−4) −1,3(C−5) 0,3(C−7)
						−7,0(C−8)
	2-exo-OH	42,6	8,2	8,0		−5,1(C−4) −0,3(C−5) −0,9(C−7)
						−3,6(C−8)
Bicyclo[3.2.1]octan-8-on	2-endo-OH	41,3	6,5	7,5		−4,7(C−4) −0,4(C−5) −1,1(C−6)
						−1,8(C−7)
						−3,6(CO)
	2-exo-OH	37,0	8,5	8,9		−8,2(C−4) −1,5(C−5) −0,1(C−6)
						−5,2(C−7)
						−4,5(CO)
Bicyclo[3.3.0]octan	2-endo-OH	45,7	9,3	8,0	−1,3(C−5)	−2,5(C−4) 0,3(C−6)
						−3,8(C−8) 0,1(C−7)
	2-exo-OH	41,1	4,3	8,8	−0,6(C−5)	−4,9(C−4) 0,3(C−6)
						−6,4(C−8) −0,1(C−7)
Bicyclo[3.3.1]nonan	1-OH	40,8		8,1	4,0(C−5)	0,1(C−3) −1,5(C−4)
				7,7		
Adamantan	1-OH	39,1		6,5	7,8(C−2)	2,4(C−3) 1,4(C−4)
	2-OH	36,3				−7,2(C−4/9) −1,0(C−5)
						−1,4(C−10/8) −1,5(C−7)
Twistan	1-OH	44,0	9,1	9,1	1,8(C−3)	−2,5(C−5) −0,2(C−8) −0,4(C−4)
				8,7(C−10)		1,0(C−7)
						2,2(C−9)

[a] teilweise nach Lit.[207]

Die Abweichungen von den berechneten chemischen Verschiebungen betragen für die in den Formelbildern markierten C-Atome bis zu 10 ppm; alle anderen Kohlenstoff-Atome zeigen eine sehr gute Übereinstimmung der berechneten und gemessenen δ-Werte. Die Abweichungen lassen sich mit dem für den γ_{anti}-Effekt entwickelten Hyperkonjugationsmodell (through-bond-Wechselwirkung) erklären mit Ausnahme von C-3 im Adamantan-Derivat **202**.

In wieweit die Substituenteneffekte von den einzelnen Ringsystemen abhängen, zeigt für die Hydroxy-Gruppe die Tab. 3.54, in der α-, β-, γ- und δ-Effekte für Hydroxybicyclo- und -polycycloalkane bzw. -alkanone zusammengestellt sind; der α-Effekt variiert zwischen 33 und 48 ppm, der β-Effekt zwischen 2 und 12 ppm, während der γ-Effekt von +4 ppm bis −9 ppm reicht[207].

Die Kenntnis dieser speziellen Substituenteneffekte ist für die Zuordnung der Signale in den ^{13}C-NMR-Spektren von Steroiden und Terpenen von großer Bedeutung (s. S. 110f.).

Tab. 3.55 enthält die chemischen Verschiebungen einiger ausgewählter Bi- und Polycycloalkanone und -oxime. Die chemische Verschiebung des Carbonylkohlenstoffs liegt bei ca. 215 ± 5 ppm und entspricht damit der Lage hochsubstituierter acyclischer Ketone. In α-, β-ungesättigten Carbonyl-Verbindungen erfolgt, wieder in Analogie zu den acyclischen Ketonen bzw. zum Cyclohexenon (s. S. 247) eine Hochfeldverschiebung des C=O-Signals. 2,3-Dimethylennorcampher **207** zeigt als β-, γ-ungesättigtes Keton ebenfalls eine Hochfeldverschiebung gegenüber dem Norbornanon von etwa 7 ppm, wofür homo- und hyperkonjugative Effekte verantwortlich gemacht werden.

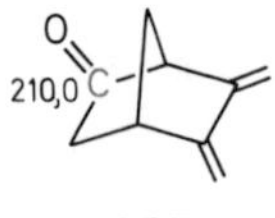

207

Noch ausgeprägter sind die Effekte im 7-Norbornanon-System[215] (s. **208**–**213**). Die Einführung einer Doppelbindung **209** führt aufgrund der Homokonjugation zu einer Hochfeldverschiebung von 11,1 ppm, ein endo-Dreiring **210** durch die Wechselwirkung der Carbonyl-Gruppe mit dem Walsch-Orbital (HOMO) des Dreiringes bewirkt -12,7 ppm (vgl. die Verschiebungseffekte bei den entsprechenden Kohlenwasserstoffen S. 106ff.). Der exo-Dreiring **208** verursacht nur die aufgrund des γ-Effektes erwartete Hochfeldverschiebung von 3 ppm. Die größte Hochfeldverschiebung zeigt das endo-Tricyclo-[3.2.1.0^{2,4}]oct-6-en-8-on **212** mit δ_{CO} = 192,5 ppm.

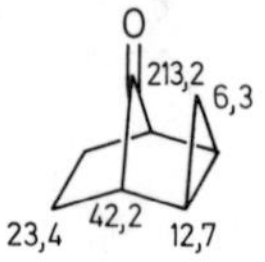

208

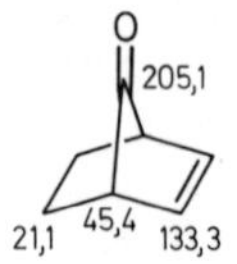

209

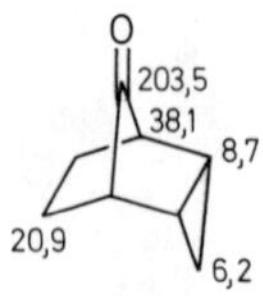

210

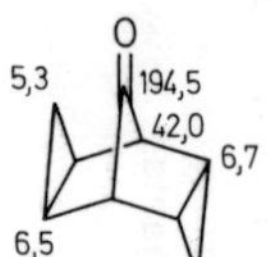

211

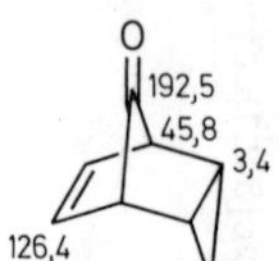

212

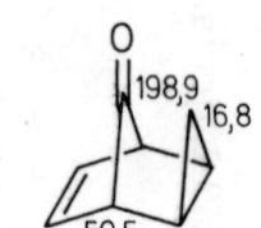

213

Tab. 3.55 ^{13}C-chemische Verschiebungen von Di- und Polycycloalkanonen sowie einiger Derivate

Verbindung	C-1	C-2	C-3	C-4	C-5	C-6	C-7	C-8	C-9	C-10
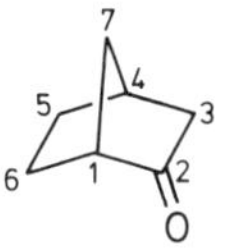 Bicyclo[2.2.1]heptan-2-on	49,3	216,8	44,7	34,8	26,7	23,7	37,1			
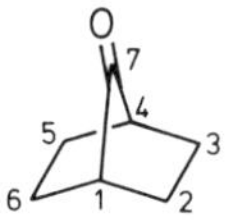 Bicyclo[2.2.1]heptan-7-on	37,9	24,3	24,3	37,9	24,3	24,3	216,2			
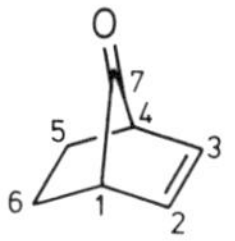 Bicyclo[2.2.1]hept-2-en-7-on	45,4	133,3	133,3	45,4	21,1	21,1	205,1			
 Bicyclo[2.2.1]hept-5-en-2-on	55,8	214,7	37,0	40,0	142,7	130,4	50,8			
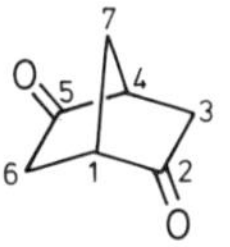 Bicyclo[2.2.1]heptan-2,5-dion	47,4	213,7	36,4	47,4	213,7	36,4	33,8			
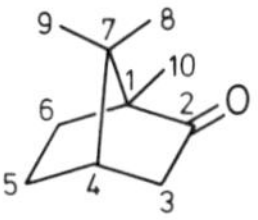 Campher	57,7	219,1	43,3	43,3	27,2	30,3	46,8	9,3	19,2	19,8
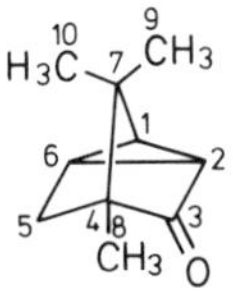 1,7,7-Trimethylbicyclo-Derivat	33,3	20,9	213,6	47,8	35,9	20,3	43,0	5,6	20,9	20,3
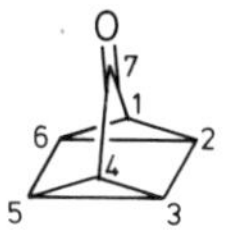 Bicyclo[2.1.1]hexan-2-on	20,7	19,1	19,1	20,7	19,1	19,1	218,0			
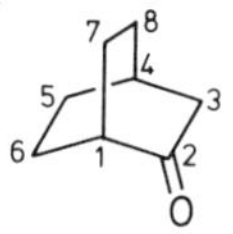 Bicyclo[2.2.2]octan-2-on	42,2	216,8	44,6	27,8	24,7	23,3	23,3	24,7		
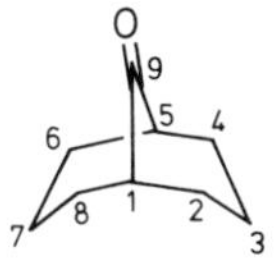 Bicyclo[3.3.1]nonan-9-on	46,5	34,3	20,5	34,2	46,5	34,2	20,5	34,2	221,7	

Tab. 3.55 Fortsetzung

Verbindung	δ (ppm)									
	C–1	C–2	C–3	C–4	C–5	C–6	C–7	C–8	C–9	C–10
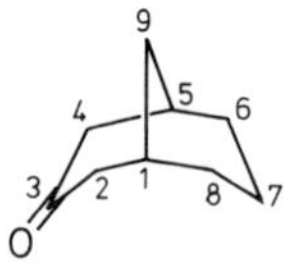	30,8	47,5	212,5	47,5	30,8	32,3	18,4	32,3	33,1	
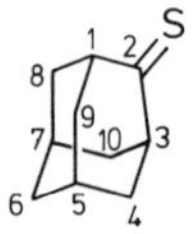	57,5	270,5	57,5	41,3	36,3	27,5	36,3	41,3	41,3	41,3
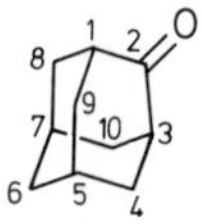	46,9	216,9	46,9	39,2	27,6	36,2	27,6	39;2	39,2	39.2
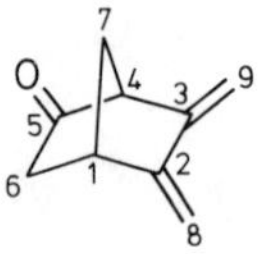	43,5	148,8	142,4	60,3	210,0	43,8	38,6	102,5	106,1	
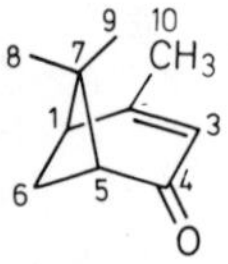	49,5	128,5	120,6	203,0	57,2	53,8	40.6	26,4	23,4	21,8
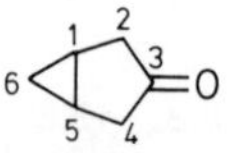	12,1	40,9	217,9	40,9	12,1	12,2				
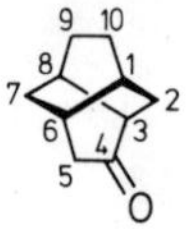	25,8	25,8	46,7	212,1	43,0	30,1	31,8	27,2	22,9	24,5
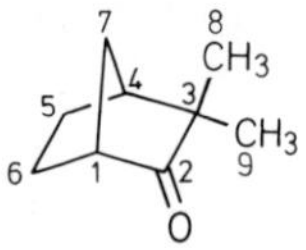	50,0	222,0	46,8	46,1	23,3	24,5	34,7	21,4	23,2	
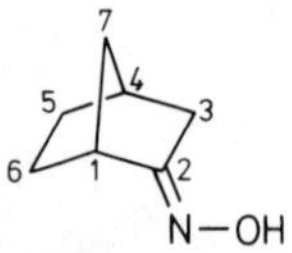	42,0	167,4	34,9	35,5	27,1	27,8	39,1			
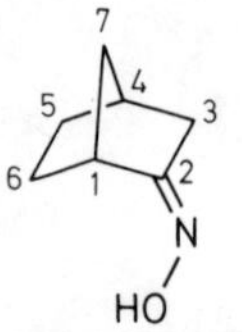	38,5*	166,3	37,2	35,6	26,0	27,4	38,3*			

* Zuordnung nicht gesichert

Tab. 3.55 Fortsetzung

Verbindung	δ (ppm)									
	C-1	C-2	C-3	C-4	C-5	C-6	C-7	C-8	C-9	C-10
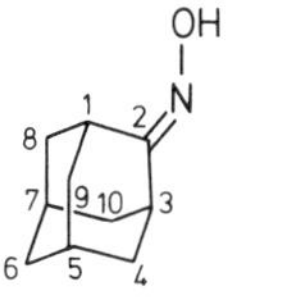 (Adamantanon-oxim)	28,9	166,9	36,3	37,6	28,0	39,0	39,0	28,0	36,7	37,6
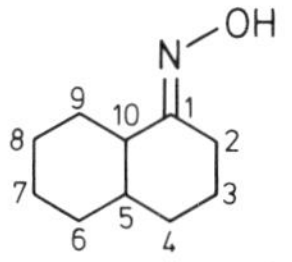 (Decalonon-oxim)	161,8	24,8	25,4	33,8	44,4	34,4	26,8*	26,1*	26,1*	47,8
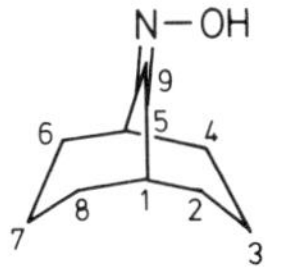 (Bicyclisches N-OH)	28,8	32,0	21,4	33,5	36,1	33,5	21,4	32,0	167,0	

Die Einführung von Heteroatomsubstituenten führt zu analogen Verschiebungen wie bei den acyclischen Ketonen. Bei Überführung in das Thioketon resultiert eine Tieffeldverschiebung von mehr als 50 ppm, Halogene in α-Stellung zur Carbonyl-Gruppe verschieben zu hohem Feld.

In den Ketoximen sind die syn-ständigen C-Atome gegenüber den anti-ständigen zu hohem Feld verschoben, das sp^2-hybridisierte C-Atom zeigt eine Hochfeldverschiebung von ca. 50 ppm. Beide Beobachtungen entsprechen denen, die an anderen Ketonen gemacht wurden[185,203].

Aufgaben

3.17 Überprüfe die Gültigkeit des Cyclohexan-Inkrementensystems (Tab. 3.49) anhand von *cis*- und *trans*-1-Hydroxy-2-cyclohexancarbonsäuremethylester.

Bibliographie

Substituierte Cycloalkane:

Pehk, T., Lippmaa, E. (1971), Subst. Cyclohexane, Org. Magn. Reson. 3, 679.

Wiberg, K. B., Pratt, W. E., Bailey, W. F. (1980), Cycloalkylhalogenide, J. Org. Chem. 45, 4936.

Christl, M., Roberts, J. D. (1972), Subst. Cycloheptane, Cycloheptanone, J. Org. Chem. 37, 3443.

Weiner, P. H., Malinowski, E. R. (1967), Subst. Cyclopropane, J. Phys. Chem. 71, 2791.

Kleinpeter, E., Haufe, G., Borsdorf, R. (1980), Brom-, Hydroxy-, Methoxycycloalkane, J. Prakt. Chem. 322, 125.

Schneider, H. J., Freitag, W. (1979), 2,2-Dimethylcyclohexanderivate, Chem. Ber. 112, 16.

Batchelor, J. G. (1976), Cyclohexalamine, J. Chem. Soc., Perkin Trans. 2, 1585.

Jancke, H., Engelhardt, G., Bernarth, G., Göndös, G., Tichy, M. (1975), 2-Methoxycarbonyl-cyclohexanole, J. Prakt. Chem. 317, 1005.

Williamson, K. L., Hasan, M. U., Clutter, P. L. (1978), Cycloalkancarbonsäure, -säureester, J. Magn. Reson. 30, 367.

Haines, A. H., Schandiz, M. S. (1981), Methoxycyclohexane, J. Chem. Soc., Perkin Trans. 1, 1671.

Eliel, E. L., Pietrusiewicz, K. M. (1980), Cyclobutancarbonsäureester, Org. Magn. Reson. 13, 193.
Schneider, H. J., Freitag, W., Weigand, E. (1978), Cyclohexandiacetate, Chem. Ber. 111, 2656.
Ziffer, H., Seeman, J. I., Highet, R. J., Sokoloski, E. A. (1974), Cyclohexandiole, J. Org. Chem. 39, 3698.
Borsdorf, R., Kleinpeter, E., Agurakis, S., Jancke, H. (1978), Cyclohexanonketale, J. Prakt. Chem. 320, 309.
Grover, S. H., Stothers, J. B. (1974), Subst. Cyclohexanole, Can. J. Chem. 52, 870.
Schneider, H. J., Hornung, R. (1974), Trimethylsilylcyclohexylether, Lieb. Ann. Chem. 1864.
Hawkes, G. E., Smith, R. A., Roberts, J. D. (1974), Polychlorsubstituierte Cycloalkane und Cycloalkene, Cycloalkanone, J. Org. Chem. 39, 1276.
Christl, M., Reich, H. J., Roberts, J. D. (1971), Cyclopentanole, J. Am. Chem. Soc. 93, 3463.
Roberts, J. D. et al (1970), Cyclohexanole, J. Am. Chem. Soc. 92, 1338.
Perkin, A. S., Koch, H. J. (1970), Cyclohexanderivate, Verschiebungen in Relation zur Wechselwirkungsenergie, Can. J. Chem. 48, 2639.
Kitching, W., Olszowy, H., Adcock, W. (1981), Conformational Preferences of Some Substituted Methyl Groups in Cyclohexanes as Studied by Carbon-13 NMR, Org. Magn. Reson. 15, 230.
Fraser, R. R. et al (1981), Aldimine, Ketimine, Can. J. Chem. 59, 705.
Stothers, J. B., Lauterbur, P. C. (1964), Cycloalkanone, Can. J. Chem. 42, 1763.
Gurudata, J., Stothers, J. B. (1969), Cycloalkenone, Can. J. Chem. 47, 3601.
Torri, J., Azzaro, M. (1974), Bull. Chim. Soc. France, 1633.
Mahajan, J. R. (1978), Dimedonderivate, J. Chem. Soc., Perkin trans. 1, 1434.
Galasso, V. et al (1976), Indandione, Org. Magn. Reson. 8, 457.
Booth, H., Everett, J. R., Fleming, R. A. (1979), Carbon-13 NMR Studies of Cyclic Compounds, Substituted Cyclohexanes, Org. Magn. Reson. 12, 63.
Barfield, M. et al (1983), Substituierte Cyclopropane, J. Am. Chem. Soc. 105, 3441.
Aydin, R., Günther, H. (1981), Monodeuterio-Cycloalkane, J. Am. Chem. Soc. 103, 1301.
Subbotin, O. A., Sergeyev, N. M. (1975), Cyclohexylhalogenide, J. Am. Chem. Soc. 97, 1080.
Schneider, H. J., Hoppen, V. (1978), Cyclohexanderivate, J. Org. Chem. 43, 3866.
Senda, Y., Ishiyama, J., Imaizumi, S. (1975), 1-Methylcyclohexanole, Tetrahedron 31, 1601.
Hawkes, G. E., Herwig, K., Roberts, J. D. (1974), Cycloalkanone, -oxime, J. Org. Chem. 39, 1017.
Geneste, P. et al (1978), Cycloalkanonoxime, Can. J. Chem. 56, 1940.
Weigert, F.J Robertos, J. D. (1970), Cycloalkanone, J. Am. Chem. Soc. 92, 1347.
Marr, D. H., Stothers, J. B. (1965), Cycloalkanole, Can. J. Chem. 43, 1347.
Stöcker, M., Klessinger, M. (1979), ^{13}C-^{13}C Coupling Constants of Cyclobutane Derivatives, Org. Magn. Reson. 12, 107.
Rol, N. C., Clague, A. D. H. (1981), ^{13}C-NMR-Spectroscopy of Cyclopropane Derivatives, Org. Magn. Reson. 16, 187.
Schneider, H. J., Ngyen-Ba, N., Thomas, F. (1982), Force Field and ^{13}C-NMR Investigations of Substituted Cyclopentanes, Tetrahedron 38, 2377.
Forrest, T. P., Thiel, J. (1981), Carbon-13 Magnetic Resonance: Hydrogen Involvement in γ-anti Substituent Effects, Can. J. Chem. 59, 2870.
Buchanan, G. W. (1982), Low Temperature Carbon-13 NMR Detection of Axial Conformers in Vinyl- and Formyl Cyclohexane: A Deshielding γ_{gauche}-Effects, Can. J. Chem. 60, 2908.
Yates, P. et al (1981), Cycloalkanone, Polycycloalkanone, Tetrahedron 37, 1091.

Cyclohexadienone:

Gramlich, W. (1979), 2,5 Cyclohexadienone, Cyclohexenone, Liebigs Ann. Chem. 121.
Quinkert, G., Dürner, G., Kleiner, E., Adam, F., Haupt, E., Leibfritz, D. (1980), 2,4 Cyclohexadienone, Chem. Ber. 113, 2227.
Rieker, A., Berger, S. (1972), 2,4- und 2,5-Cyclohexadienone, Org. Magn. Reson. 4, 857.

Polycycloalkane:

Bicyclo[2.2.1]heptan-Derivate:

Halogen-Verbindungen:

Wiberg, K. B., Pratt, W. E., Bailey, W. F. (1980), J. Org. Chem. 45, 4936.
Quin, L. D., Littlefield, L. B. (1978), J. Org. Chem. 43, 3508.
Poindexter, G. S., Kropp, P. J. (1976), J. Org. Chem. 41, 1215.
Hawkes, G. E., Smith, R. A., Roberts, J. D. (1974), J. Org. Chem. 39, 1276.

Hydroxy-Verbindungen, Epoxy-Verbindungen:

Grutzner, J. B., Jautelat, M., Dence, J. B., Smith, R. A. Roberts, J. D. (1970), J. Am. Chem. Soc. 92, 7107.
Burn, P. K., Crooks, P. A., Meth-Cohn, O. (1978), Benzonorbornene, Org. Magn. Reson. 11, 370.
Zimmermann, D., Reisse, J., Coste, J., Plenat, F., Christol, H. (1974), Org. Magn. Reson. 6, 492.
Stothers, J. B., Tan, C. T., Teo, K. C. (1976), Can. J. Chem. 54, 1211.

Carbonsäure-Derivate:

Brouwer, H., Stothers, J. B., Tan, C. T. (1977), 50 verschiedene Norbornane, Norbornanole, Norbornene, Norbornanone, Org. Magn. Reson. 9, 360.

Verschiedene Substituenten:

Grutzner, J. B., Jautelat, M., Dence, J. B., Smith, R. A., Roberts, J. D. (1970), Bicyclo [2.2.1] heptan, J. Am. Chem. Soc. 92, 7107.
Morris, D. G., Murray, M. A. (1975), Camphenderivate, J. Chem. Soc. Perkin Trans. 2, 539.
Brown, F. C., Morris, D. G. (1977), Camphenilonderivate, J. Chem. Soc. Perkin Trans. 2, 125.
Quarroz, D., et al (1977), Org. Magn. Reson. 9, 611.

Bicker, R., Kessler, H., Zimmermann, G. (1978), Chem. Ber. 111, 3200.
Werstiuk, N. H., Taillefer, R., Bell, R. A., Sayer, B. (1972), Norbornanone, Can. J. Chem. 50, 2146.
Stothers, J. B., Tan, C. T., Teo, K. C. (1973), Norbornanone, Norbornenone, Can. J. Chem. 51, 2893.
Poindexter, G. S., Kropp, P. J. (1976), J. Org. Chem. 41, 1215.
Knothe, L., Werp, J., Babsch, H., Prinzbach, H. (1977), Methylennorbornadiene, Liebigs. Ann. Chem. 709.
Lippmaa, E., Pehk, T., Paasivirta, J., Belikova, N., Plate, A. (1970), Org. Magn. Reson. 2, 581.

Bicyclo[2.2.2]octan-Derivate:

Halogen-Verbindungen:

Wiberg, K. B., Pratt, W. E., Bailey, W. F. (1980), J. Org. Chem. 45, 4936.
Duddeck, H., Wolff, P. (1977), Org. Magn. Reson. 9, 528.
Maciel, G. E., Dorn, H. C. (1971), Hydroxyverbindungen (OH, OCH$_3$, OCOCH$_3$), J. Am. Chem. Soc. 93, 1268.
Duddeck, H., Wolff, P. (1977), Org. Magn. Reson. 9, 528.
Ricardo, R. (1978), Tetrahedron 34, 2093.

Phenyl-Derivate:

Ewing, D. F., Toyne, K. J. (1973), J. Chem. Soc. Perkin Trans. 2, 234.
Maciel, G. E. et al (1974), Org. Magn. Reson. 6, 178.

Carbonyl-Verbindungen:

Hawkes, G. E., Herwing, K., Roberts, J. D. (1974), J. Org. Chem. 39, 1017.
Duddeck, H., Wolff, P. (1977), Org. Magn. Reson. 9, 528.
Stothers, J. B., Tan, C. T. (1976), Bicyclooctanone, Bicyclooctanole, Bicyclooctenole, Can. J. Chem. 54, 917.
Stothers, J. B., Swenson, J. R., Tan, C. T. (1975), Can. J. Chem. 53, 581.

Carbonsäure-Derivate:

Brouwer, H., Stothers, J. B., Tan, C. T. (1977), Org. Magn. Reson. 9, 360.

Bicyclo[3.3.1]nonan-Derivate:

Halogen-Verbindungen:

Wiberg, K. B., Pratt, W. E., Bailey, W. F. (1980), J. Org. Chem. 45, 4936.
Schneider, H. J., Ansorge, W. (1977), Tetrahedron 33, 265.

Hydroxy-Verbindungen:

Schneider, H. J., Ansorge, W. (1977), Tetrahedron 33, 265.
Heumann, A., Kolshorn, H. (1975), Tetrahedron 31, 1571.

Senda, Y., Ishiyama, J., Imaizumi, S. (1981), (OH, C=O-Derivate), J. Chem. Soc. Perkin Trans. 2, 90.
Peters, J. A., Van der Toorn, J. M., Bekkum, H. (1977), Tetrahedron 33, 349.

Verschiedene Substituenten:

Wiseman, J. R., Krabbenhoft, H. O. (1977), J. Org. Chem. 42, 2240.
Senda, Y., Ishiyama, J., Imaizumi, S. (1981), 3,7-substituierte Derivate, J. Chem. Soc. Perkin Trans. 2, 90.

Adamantan-Derivate:

Halogen-Verbindungen:

Wiberg, K. B., Pratt, W. E., Bailey, W. F. (1980), J. Org. Chem. 45, 4936.
Duddeck, H., Wolff, P. (1977), Org. Magn. Reson. 9, 528.
Duddeck, H., Hollowood, F., Karim, A., McKervey, M. A. (1979), J. Chem. Soc. Perkin Trans. 2, 360.
Duddeck, H. (1978), Tetrahedron 34, 247.
Majerski, Z., Vinkovic, V., Meic, Z. (1981), 2,6 Disubst. Derivate, Org. Magn. Reson. 17, 169.

Hydroxy-Verbindungen (OH, OCH$_3$, OCOCH$_3$):

Duddeck, H., Wolff, P. (1977), Org. Magn. Reson. 9, 528.
Duddeck, H., Wolff, P. (1979), J. Chem. Soc. Perkin Trans 2, 360.
Pehk, T. et al (1971), Org. Magn. Reson. 3, 783.

Verschiedene Substituenten:

Maciel, G. E. et al (1974), Org. Magn. Reson. 6, 178.
Duddeck, H. et al (1979), J. Chem. Soc. Perkin Trans. 2, 360.
Duddeck, H. et al (1971), Tetrahedron 33, 1971.

Adamantanone:

Duddeck, H., Wolff, P. (1977), Org. Magn. Reson. 9, 528.
Duddeck, H., Wolff, P. (1975), Org. Magn. Reson. 7, 151.
Andrieu, C. G., Debruyne, D., Paque, D. (1978), Org. Magn. Reson. 11, 528.

Tricyclo[2.2.1.0^{2,6}]heptan-Derivate:

Morris, D. G., Malcolm, M. A. (1975), J. Chem. Soc., Perkin Trans. 2, 734.
Lippmaa, E., Pehk, T., Paasivirta, J. (1973), Org. Magn. Reson. 5, 277.

Bicyclo[3.1.1]heptan-Derivate:

Weigand, E. F., Schneider, H. J. (1979), Org. Magn. Reson. 12, 637.
Holden, C. M., Whittacker, D. (1975), Org. Magn. Reson. 7, 125.

Tricyclo[3.2.1.0²·⁴]octan-Derivate:

Cheng, A. K., Stothers, J. B. (1977), Org. Magn. Reson. 9, 355.

Bicyclo[4.4.0]decan-Derivate:

Ayer, W. A., Browne, L. M., Fung, S. (1978), Decalole, Org. Magn. Reson. II, 73.

Propellane:

Gilboa, H., Ginsburg, D. (1977), Tetrahedron 33, 1189.

Bicyclo[3.1.0]hexane:

Abraham, R. J., Holden, M. C., Loftus, P., Whittacker, D. (1974), Org. Magn. Reson. 6, 184.
Abraham, R. J., Holden, M. C., Loftus, P., Whittacker, D. (1981), Org. Magn. Reson. 15, 363.

Bicyclo[3.1.0]hexene:

Dürr, H., Albert, K. H. (1978), Empirische Korrelation mit der Elektronendichte, Org. Magn. Reson. 11, 69.
Rees, J. C., Whittacker, D. (1981), Org. Magn. Reson. 15, 363.

Bicyclo[3.2.1]octanone:

Heumann, A., Kolshorn, H. (1979), J. Org. Chem. 44, 1575.

Bicyclo[4.4.0]decane:

Grover, S. H., Stothers, J. B. (1974), Decalole, Can. J. Chem. 52, 870.
Fringuelli, F. F. R., Hagaman, E. W., Moreno, L. N., Taticchi, A., Wenkert, W. (1977), Cyclopropanodecalole, J. Org. Chem. 42, 3168.

Bicyclo[4.n.0]alkanone:

Metzger, P., Casadevall, E., Casadevall, A., Pouet, M. J. (1980), Can. J. Chem. 58, 1503.

Bicyclo[3.2.1]octan-3-one:

Reisse, J., Piccinni-Leopardi, C., Zahra, J. P., Waegell, B., Fournier, J. (1977), Org. Magn. Reson. 9, 512.

Bicyclo[3.3.0]octane:

Whitesell, J. K., Matthews, R. S. (1977), J. Org. Chem. 42, 3878.

Bicyclo[3.2.1]octanole:

Stothers, J. B., Tan, C. T. (1977), Can. J. Chem. 55, 841.

Twistane:

Beierbeck, H., Saunders, J. K. (1977), Can. J. Chem. 55, 3161.

Bicyclo[4.1.0]heptane:

Ishihara, T., Ando, T., Muranaka, T., Saito, K. (1977), J. Org. Chem. 42, 666.

Spiro[4.5]decan-Derivate:

Kutschan, R., Ernst, L., Wolf, H. (1977), Tetrahedron 33, 1833.

Empirische Korrelationen (substituierter Cycloalkane)

Senda, Y., Ishiyama, J., Imaizumi, S. (1975), Empirische Substituentenparameter zur Berechnung von Methylcyclohexanolen, Tetrahedron 31, 1601.
Pehk, T., Lippmaa, E. (1971), Linearer Zusammenhang zwischen Verschiebungen in Cyclohexan- und Isopropylderivaten, Org. Magn. Reson. 3, 679.
Loots, M. J., Weingarten, L. R., Levin, R. H. (1976), Zusammenhang zwischen Verschiebung und Elektronendichte in α,β-ungesättigten Carbonylverbindungen, J. Am. Chem. Soc. 98, 4371.
Geneste, P. et al (1978), ΔS (syn-anti) der α-C-Atome in Ketoximen in Abhängigkeit vom Diederwinkel zwischen C=N und C_α–H.

4.7 Substituierte Alkene und Cycloalkene

Substituierte Alkene und Cycloalkene **214** werden je nach Elektronendonor- oder Akzeptorfähigkeit des Substituenten X außer durch die unpolare Form auch durch die polaren Formen **214a** bzw. **214b** beschrieben. In den konjugierten Systemen **215** oder **216** pflanzt sich der Effekt entsprechend fort.

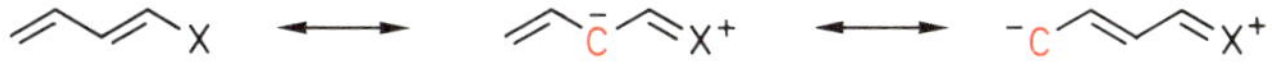

216

In den substituierten Butadienen **215** und **216** zeigen die chemischen Verschiebungen in Übereinstimmung mit MO-Berechnungen ein Alternieren der π-Ladungsdichte entlang der Kette an[216]. Die Alternanz der Elektronendichte unter dem Einfluß eines Substituenten wird im übrigen auch für substituierte Alkane postuliert, wobei der Effekt mit zunehmender Entfernung schnell abnimmt[217].

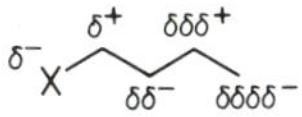

Tab. 3.56 enthält die Verschiebungen einiger monosubstituierter Vinyl-, 1-Propen- und 1-Cyclohexen-Derivate.

Tab. 3.56 ^{13}C-chemische Verschiebungen von Vinyl-, 1-Propen- und 1-Cyclohexen-Derivaten

X	C-Atom	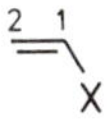 $\overset{2\ 1}{=}$X	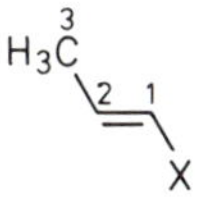 E (H₃C-CH=CH-X)	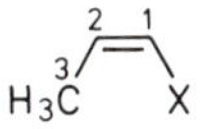 Z (H₃C-CH=CH-X)	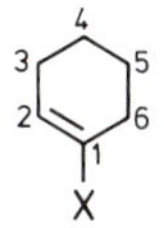 Cyclohexen-X
F	1	148,2			
	2	89,0			
Cl	1	125,9	128,9	126,2	132,0
	2	117,2	117,2	119,6	124,5
	3				26,2*
	4				23,9*
	5				21,5*
	6				32,9*
Br	1	115,6	104,7	109,1	
	2	122,1	132,8	129,4	
	3		18,2	15,4	
	4				
	5				
	6				
I	1	85,2			
	2	130,3			
OCH₃	1	153,2	147,5	146,4	155,5
	2	84,1	96,0	100,2	92,0
	3	52,5 (OCH₃)	12,5	8,8	22,7*
	4		54,9 (OCH₃)	58,5	23,3*
	5				22,7*
	6				27,2*
					54,0 (OCH₃)
SCH₃	1		125,5	128,5	
	2		121,7	122,7	
	3		18,4	14,4	

Tab. 3.56 Fortsetzung

X	C-Atom	$\overset{2\ 1}{=\!\!=}_X$	$\underset{E}{\overset{H_3\overset{3}{C}}{\diagdown}\!\!\overset{2\ 1}{=\!\!=}_X}$	$\underset{Z}{\overset{H_3\overset{3}{C}}{\diagdown}\!\!\overset{2\ 1}{=\!\!=}_X}$	cyclohexenyl-X (4,3,2,1,6,5)
OSi(CH$_3$)$_3$	1		138,5	136,8	150,6
	2		103,8	103,4	103,3
	3		10,3	7,2	24,2*
	4				23,5*
	5				22,8*
	6				30,3
					0,4[Si(CH$_3$)$_3$]
OCOCH$_3$	1	141,7	135,1	136,2	148,4
	2	96,4	108,4	109,7	113,0
	3	166,1(CO)	12,2	9,8	21,5
	4	20,1(CH$_3$CO)	168,1(CO)	168,2(CO)	23,5
	5				22,5
	6		20,6(CH$_3$CO)	20,6(CH$_3$CO)	27,5
					167,4(CO
					20,5(CH$_3$)
—N(morpholino)	1		141,0	140,0	145,8
	2		95,8	107,5	99,9
	3		15,3(CH$_3$)	12,4	24,8*
	4		49,9(NCH$_2$)	52,3 (NCH$_2$)	23,6*
	5		66,5(OCH$_2$)	66,7 (OCH$_2$)	23,3*
	6				27,2
					48,8(NCH$_3$)
					67,0(OCH$_2$)
NO$_2$	1	145,6	139,0		149,9
	2	122,4	140,9		134,5
	3		13,9		24,1*
	4				22,0*
	5				20,9*
	6				25,0*
COOC$_2$H$_5$	1	129,3	123,2		
	2	130,1	144,2		
	3	165,9(CO)	17,9(CH$_3$C=)		
	4	60,4(CH$_2$)	166,3(CO)		
	5	14,3(CH$_3$)	60,0(CH$_2$)		
	6		14,4(CH$_3$)		
COCH$_3$	1	137,1	133,1		139,7
	2	128,0	143,6		140,7
	3	197,5(CO)	18,2		23,1*
	4	25,7(CH$_3$)	26,6(CH$_3$–CO)		22,2*
	5		197,9(CO)		21,8*
	6				26,2*
					25,0(CH$_3$CO)
					198,5(CO)

Tab. 3.56 Fortsetzung

X	C-Atom	 2⟵1 ═ X	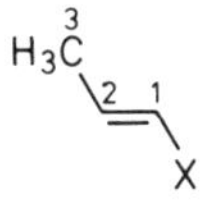 H₃C(3)─CH(2)═CH(1)─X E	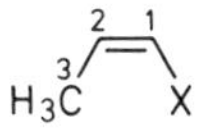 H₃C(3)─CH(2)═CH(1)─X Z	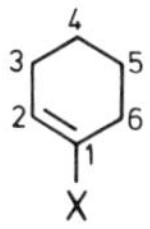 cyclohexenyl-X (1-X, positions 1-6)
CN	1	108,2	101,2	100,8	112,5
	2	137,5	151,4	150,2	145,2
	3		117,5(CN)	117,5	25,7*
	4		19,1(CH$_3$)	17,5(CH$_3$)	21,4*
	5				20,8*
	6				26,6*
					119,7 (CN)
NC	1	119,4		113,3	
	2	120,6		131,7	
	3	165,7 (NC)		13,1	
				167,5(NC)	
CH$_2$OH	1	139,1	130,5	129,8	
	2	113,7	127,4	126,3	
	3	63,3	17,8	12,9	
			63,1(CH$_2$O)	57,8(CH$_2$O)	
CH$_2$Cl	1	133,7	130,7	129,5	
	2	117,5	127,6	126,5	
	3		17,6	12,6	
			45,2(CH$_2$Cl)	39,1(CH$_2$Cl)	
CHO	1	138,8	134,7		
	2	137,6	153,9		
	3	194,2(CHO)	18,5		
			193,7(CHO)		

* Zuordnung nicht gesichert

Während die Verschiebungen des α-C-Atoms im wesentlichen durch die Elektronegativität des Substituenten bestimmt werden, wobei jedoch die α-Effekte deutlich kleiner als bei den Aliphaten sind, erfahren die β-C-Atome entsprechend **214a** oder **214b** Tief- bzw. Hochfeldverschiebungen. Die größten Hochfeldverschiebungen zeigen die Enamine (X = NR$_2$) mit δ-Werten zwischen 85 und 100 ppm je nach Substituent R. Die Hochfeldverschiebung des β-C-Atoms ist noch stärker in dem deprotonierten Imin **218**, das aus dem Trimethylsilylenamin **217** zugänglich ist[218].

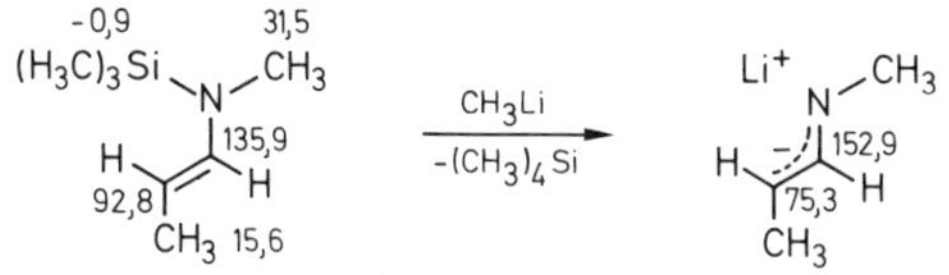

217 → (CH$_3$Li, −(CH$_3$)$_4$Si) → **218**

217: (H$_3$C)$_3$Si (−0,9), N−CH$_3$ (31,5), C (135,9), CH (92,8), CH$_3$ (15,6)

218: Li$^+$, N−CH$_3$ (152,9), C (75,3), CH$_3$

Die größte Tieffeldverschiebung des β-C-Atoms gegenüber dem Ethylen (δ = 123,3 ppm) bewirkt neben der CHO-Gruppe die Cyano-Gruppe (s. Tab. 3.56).

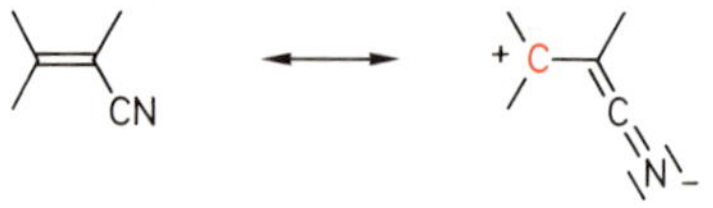

Die Kombination der Enamin-Einheit mit der starken Elektronenakzeptorfähigkeit der Cyano-Gruppen führt zu den polarisierten Ethylen-Derivaten **48** (s. S. 121) oder **219** mit extremen Verschiebungen der formal sp^2-hybridisierten C-Atome. Je nach Substitutionsart (1,1-Di-, 1,2-Di-, 1,1,2-Tri- oder Tetrasubstitution des Ethylens) und Substituenten werden die Verschiebungen des α- und β-C-Atoms unterschiedlich stark beeinflußt, wobei die Differenz der Verschiebungen $\Delta\delta$ als grobes Maß für die Polarisation der Doppelbindungen angesehen werden kann. Das 1,1-Bis-dimethylaminoethylen **220**, Dimethoxyethylen **221**, das metallierte Dimethylacetamid **222** und das 1,1-Dichlorethylen **223** sind ebenfalls Beispiele für Ethylene mit mehr oder weniger starker Polarisation der π-Bindung. Bei 1,2-Disubstitution können sich die Substituenteneffekte gegenseitig aufheben, so daß für sp^2-hybridisierte C-Atome Verschiebungen im Bereich des Ethylens resultieren (vgl. **224**–**227**, aber **228**!), wenn man die speziellen induktiven oder Anisotropieeffekte der einzelnen Substituenten berücksichtigt.

219

220

221

222

223

224

225

226

227

228

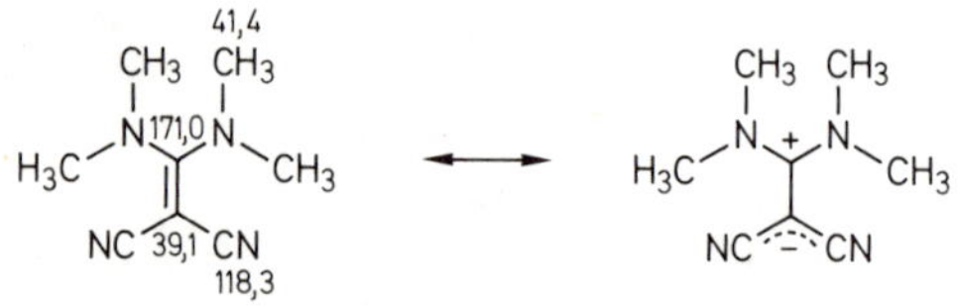

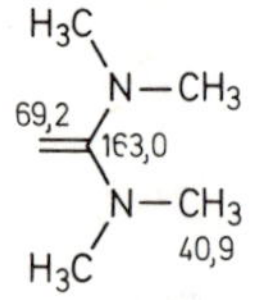

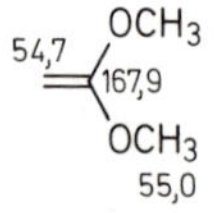

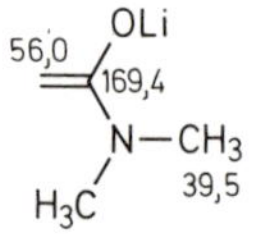

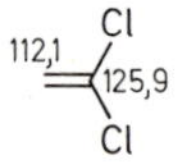

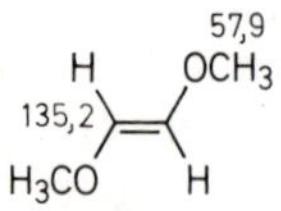

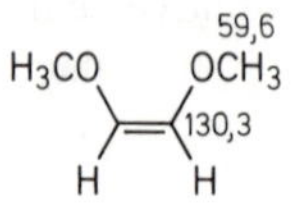

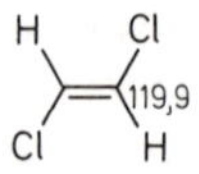

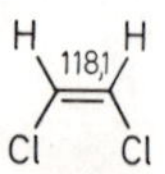

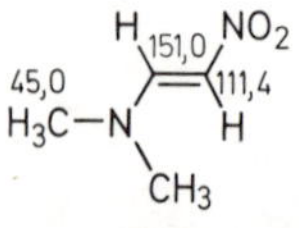

Für die persubstituierten Derivate, Tetracyanoethylen **229**, Tetramethoxyethylen **230**, Tetrachlorethylen **231** oder Hexachlorbutadien **232** gilt Entsprechendes; in Tetracyanoethylen ist der Anisotropieeinfluß (s. S. 227) der C≡N-Gruppe sichtbar, in **230** der induktive Einfluß der Methoxy-Gruppe.

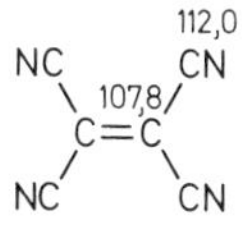

229 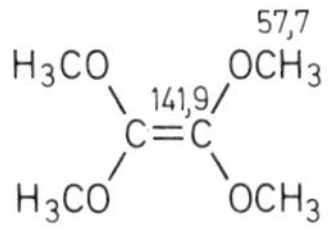   **230** 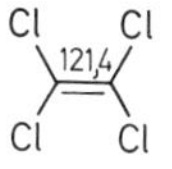   **231** 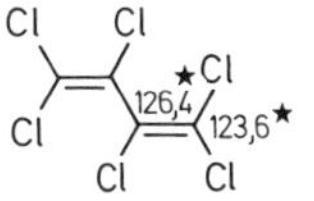   **232**

Die Substituenteneffekte auf die sp^2-hybridisierten C-Atome, die sich aus Tab. 3.56 ergeben, sind mit weiteren in Tab. 3.57 zusammengestellt; sie sind nur zur groben Abschätzung von chemischen Verschiebungen höher substituierter Olefine geeignet. Selbst für disubstituierte Ethylene können sich bereits Abweichungen von mehr als 5 ppm ergeben. Für die alkylsubstituierten Ethylene ist das Inkrementensystem allerdings recht zuverlässig (s. S. 118), da hierfür auch sterische Korrekturterme für geminale Z- bzw. E-Anordnung der Substituenten vorliegen. Die Beispiele im Anschluß an Tab. 3.57 zeigen deutlich die Schwankungsbreite der abgeschätzten gegenüber den experimentell bestimmten Werten.

Die δ-Werte Z- und E-konfigurierter Alkene, wie z. B. die der Chlorallylalkohole **233** und **234**, unterscheiden sich, wobei hier wie auch in den meisten anderen Fällen für die sp^2-C-Atome im Z-Isomeren geringfügige Hochfeldverschiebungen gegenüber denen im E-Isomeren beobachtet werden.

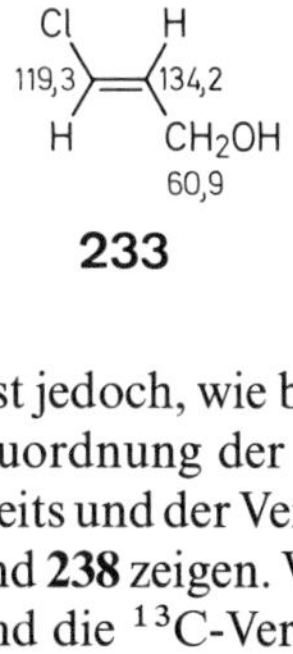

233 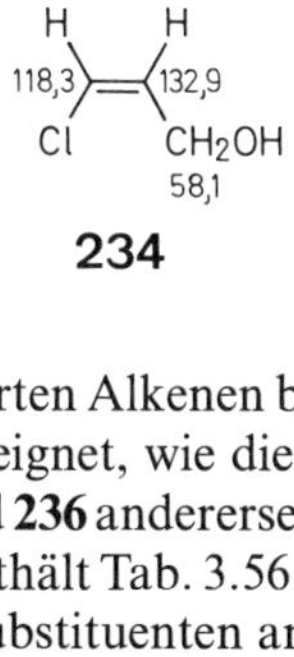   **234**

Dies ist jedoch, wie bei den unsubstituierten Alkenen bereits diskutiert, nicht zur eindeutigen Zuordnung der Z-, E-Isomeren geeignet, wie die Daten der Verbindungen **224–227** einerseits und der Verbindungen **235** und **236** andererseits sowie Z- bzw. E-Dicyanoethylen **237** und **238** zeigen. Weitere Beispiele enthält Tab. 3.56. Geeignetere Z-, E-Zuordnungshilfen sind die ^{13}C-Verschiebungen des Substituenten an den sp^2-hybridisierten C-Atomen (vgl. S. 119). Für die Z-Konfiguration führt die 1,4-Wechselwirkung der Substituenten (γ_{syn}-Effekt) zu ausgeprägten Hochfeldverschiebungen gegenüber dem E-Isomeren, in dem der γ_{anti}-Effekt wirksam ist.

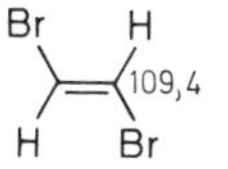

235 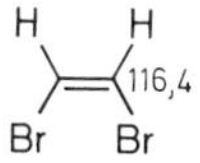   **236** 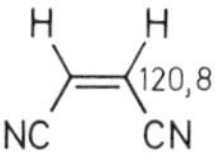   **237** 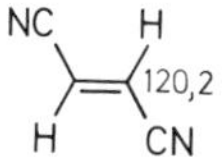   **238**

Für die Trimethylsilyloxy-Derivate der höhergliedrigen Cycloalkene, z. B. **239** und **240**, konnte die Z-, E-Zuordnung mit Hilfe der Verschiebungsdifferenz der sp^2-hybridisierten

Tab. 3.57 Substituenteninkremente für Vinylsysteme $CH_2=CH-X$[329]

X	$\delta_C = 123{,}5 + A_i$	
	A_α	A_β
F	24,9	−34,3
Cl	2,6	−6,1
Br	−7,9	−1,4
I	−38,1	7,0
OCH_3	29,4	−38,9
OCH_2CH_3	28,5	−39,8
$OCOCH_3$	18,4	−26,7
$N^+(CH_3)_3$	19,8	−10,6
NC_4H_4(Pyrrolidin)	6,5	−29,2
NO_2	22,3	−0,9
NC	−3,9	−2,7
CN	−15,1	14,2
CH_3	10,6	−7,9
CH_2CH_3	15,5	−9,7
$CH_2CH_2CH_3$	14,0	−8,2
$CH(CH_3)_2$	20,4	−11,5
$C(CH_3)_3$	25,3	−13,3
CH_2Cl	10,2	−6,0
CH_2Br	10,9	−4,5
CH_2I	14,2	−4,0
CH_2OH	14,2	−8,4
$HC=CH_2$	13,6	−7,0
C_6H_5	12,5	−11,0
$Si(CH_3)_3$	16,9	6,7
$SiCl_3$	8,7	16,1
$Sn(CH=CH_2)_3$	12,0	12,5
$Pb(CH=CH_2)_3$	22,1	11,8
$B(CH=CH_2)_2$	18,4	14,7
CHO	13,1	12,7
$COCH_3$	15,0	5,8
COOH	4,2	8,9
$COOCH_2CH_3$	6,3	7,0
$SCH_2C_6H_5$	18,5	−16,4
$SCH=CH_2$	6,4	−8,7
$SOCH=CH_2$	10,6	−0,5
$SO_2CH=CH_2$	13,7	6,2

Beispiele:

Abschätzung der chemischen Verschiebung von:

1 *E*-1-Trichlorsilylpenten

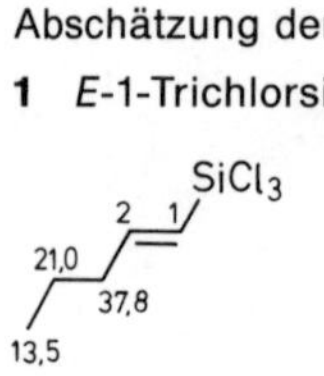

$\delta_{C-1} = 123{,}5 + 8{,}7 - 8{,}2 = 124{,}0$
$\delta_{exp.} = 122{,}1$

$\delta_{C-2} = 123{,}5 + 16{,}1 + 14{,}0 = 153{,}6$
$\delta_{exp.} = 157{,}1$

Chemische Verschiebungen einzelner Substanzklassen

Tab. 3.57 Fortsetzung

2 1,1-Dimethoxyethen

$$\begin{array}{c} ^2^1\text{OCH}_3 \\ =\!\!\!\!\!= \\ \text{OCH}_3 \end{array}$$

$\delta_{C-1} = 123{,}5 + 2(29{,}4)\ = 182{,}3$
$\delta_{\text{exp.}} = 167{,}9$
$\delta_{C-2} = 123{,}5 + 2(-38{,}9) = 45{,}7$
$\delta_{\text{exp.}} = 54{,}7$

3 Dichloracrylsäure

$$\begin{array}{c} \text{H} \quad\quad \text{COOH} \\ ^2^1 \\ \text{Cl} \quad\quad \text{Cl} \end{array}$$

$\delta_{C-1} = 123{,}5 + 4{,}2 + 2{,}6 - 6{,}1 = 124{,}2$
$\delta_{\text{exp.}} = 129{,}3$
$\delta_{C-2} = 123{,}5 + 8{,}9 - 6{,}1 + 2{,}6 = 128{,}9$
$\delta_{\text{exp.}} = 132{,}6$

C-Atome getroffen werden. Diese ist im E-Isomeren mit ca. 44 ppm deutlich größer als im E-Isomeren mit etwa 39 ppm[219]. Die δ-Werte selbst lassen keine Unterscheidung zu, da sie sich gegensinnig verhalten.

$$\begin{array}{cc}
\text{H} \quad\quad \text{OSi(CH}_3)_3 & \quad\quad \text{OSi(CH}_3)_3 \\
107{,}1 \text{C}\!\!=\!\!\text{C}\, 151{,}2 & 110{,}8\, \text{C}\!\!=\!\!\text{C}\, 149{,}7 \\
(CH_2)_{10} & \text{H}(CH_2)_{10}
\end{array}$$

239 **240**

Im Vergleich zu den anderen Vinyl-Derivaten (Tab. 3.56 und 3.57) ist die Verschiebung des C-1-Atoms im Vinyllithium **241** mit 183,4 ppm besonders auffällig. Eine ähnliche Tieffeldlage wird auch im Phenyllithium **242** beobachtet (s. auch S. 283ff.). Diese Entschirmung, die im deutlichen Gegensatz zu den Verschiebungen der α-C-Atome in gesättigten Alkyllithium-Verbindungen (s. S. 229ff.) steht, ist auf den ΔE-Term der paramagnetischen Abschirmungskonstante σ^{para} (s. S. 79) zurückzuführen. Dieser ist in den Verbindungen **241** und **242** mit anionischem Charakter kleiner als in anderen Vinyl- bzw. Phenyl-Verbindungen (vgl. n-π^*, π-π^*-Übergang). Das Dilithiumacetylen **243** zeigt dagegen keine auffällige Verschiebung[220]. In Tab. 3.58 sind weitere Daten polysubstituierter Alkene, Cycloalkene und Bicycloalkene zusammengestellt.

$$\begin{array}{ccc}
\text{H}\quad\text{H} & \text{Li} & \\
132{,}5\!\!>\!\!=\!\!<\!183{,}4 & 186{,}8 & 75{,}0 \\
\text{H}\quad\text{Li} & 144{,}0 & \text{Li}-\text{C}\!\equiv\!\text{C}-\text{Li} \\
 & 124{,}9 & \\
 & 123{,}3 &
\end{array}$$

241 **242** **243**

Aufgaben

3.18 Überprüfe die Additivität der Substituenteninkremente (Tab. 3.57) anhand von Tetracyanoethylen, Tetramethoxyethylen und Tetrachlorethylen.

Tab. 3.58 ^{13}C-chemische Verschiebungen einiger substituierter Alkene und Cycloalkene

Verbindung	C-1	C-2	C-3	C-4	C-5	C-6	C-7
Cl$_2$C=CHCl	116,8	125,4					
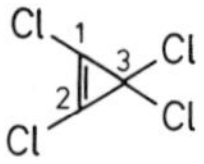 (Trichlorcyclopropen)	122,8		62,4				
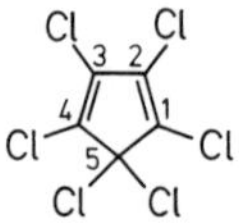 (Hexachlorcyclopentadien)	132,0*	131,0*	131,0*	132,0*	82,2		
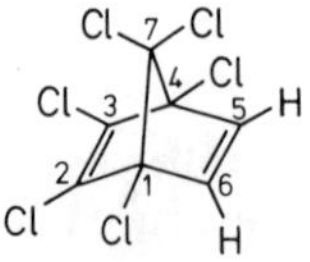 (Hexachlornorbornen)	83,7	137,8			137,8		116,3
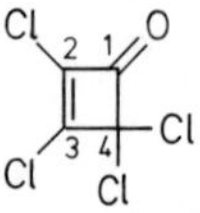 (Tetrachlorcyclobutenon)	174,0	134,1	166,8	89,8			
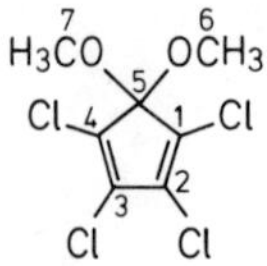 (Tetrachlor-5,5-dimethoxycyclopentadien)	129,0	128,5	128,5	129,0	104,5	51,6	51,6
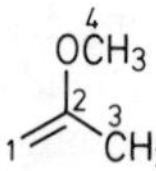 Methylvinylether	80,4	160,2	20,4	53,9			
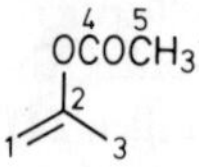 Vinylacetat	101,2	152,8	19,3	167,4	20,5		
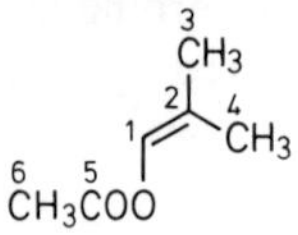 (Isopropenylacetat-Derivat)	130,2	116,3	19,2*	15,2	166,4	19,9	
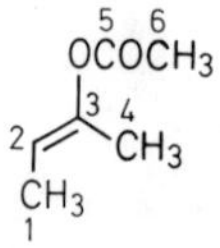 (Isopropenylacetat)	14,6	110,8	145,7	11,4	167,4	20,0	
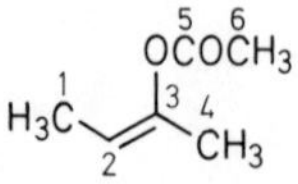 (Propenylacetat)	18,8	110,0	145,2	9,9	166,6	19,7	

Tab. 3.58 Fortsetzung

Verbindung		C-1	C-2	C-3	C-4	C-5	C-6	C-7
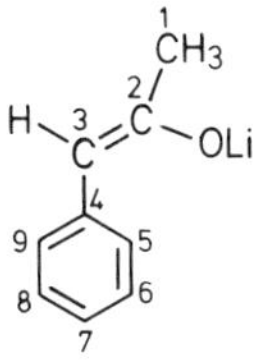 (1-CH₃, 2-C-OLi, 3-CH, 4-Phenyl C1, 5–9 Ring) — styryl lithium enolate	a	28,6	164,7	95,3	143,2	125,0	127,0	120,0
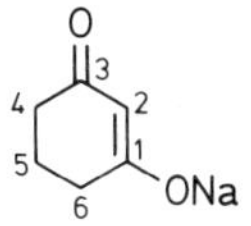 Cyclohexan-1,3-dion-Natriumenolat	b	193,5	102,3	193,5	36,6	22,9	36,6	
O=³CH–²CH=¹CH–Ō⁻ Na⁺		188,5	108,0	188,5				
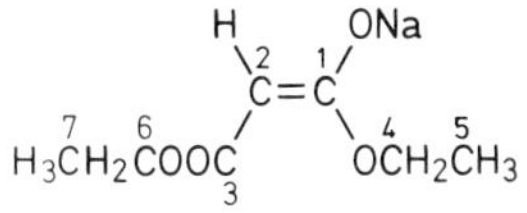 (E)-diethyl ethoxy-enolat (H₃CH₂COOC–C=C(ONa)–OCH₂CH₃)	b	171,4	62,1	171,4	56,1	15,3	56,1	15,3
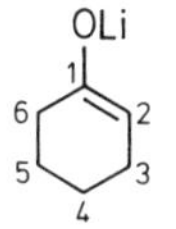 Cyclohex-1-en-1-olat (OLi)	a	158,6	91,7	24,5	25,0	25,0	33,7	
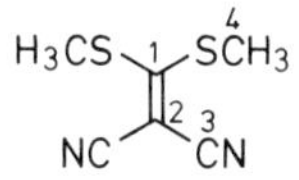 H₃CS–C(SCH₃)=C(CN)–CN		185,7	74,4	113,1				
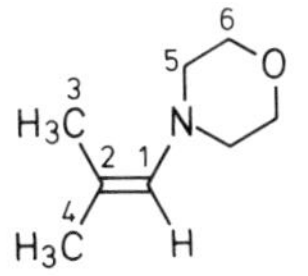 1-Morpholino-2-methylpropen		135,9	123,5	17,4	22,1	53,4	66,7	
1-Pyrrolidino-2-methylpropen-Derivat		144,6 / 51,9⁸	123,5 / 26,1⁹	20,4	20,0	31,1	21,6	21,6
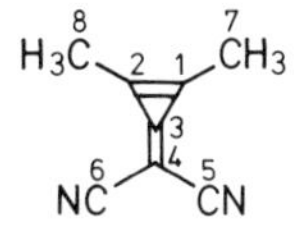 1,2-Dimethyl-3-dicyanomethylencyclopropen		146,3	146,3	153,3	39,4	116,2		10,1
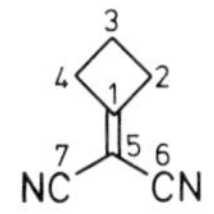 Dicyanomethylencyclobutan-Derivat		191,8	33,9	16,0	33,9	82,3	110,8	

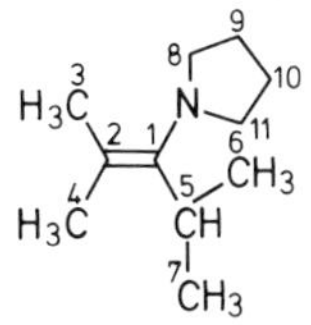

ᵃ in Dimethoxyethan
ᵇ in DMF

Tab. 3.58 Fortsetzung

Verbindung	δ (ppm)						
	C−1	C−2	C−3	C−4	C−5	C−6	C−7
(bicyclic dinitrile structure)	50,7 8 59,3	140,0 9 11,0					7 191,3
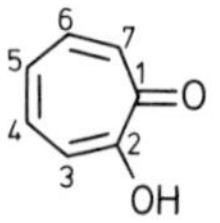 Tropolon	172,6	172,6	123,5	137,1	137,1	128,1	123,5

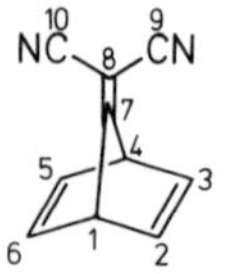

* Zuordnung nicht gesichert

Bibliographie

Vinyl-Derivate:

Maciel, G. (1965), 17 verschiedene Substituenten, J. Phys. Chem. 69, 1947.
Fries, W., Sille, K., Weidlein, J., Haaland, A. (1980), Vinylderivate des Galliums und Indiums, Spectrochim. Acta, PortA, 36, 611.
Miyayima, G., Takahashi, K., Nishimoto, K. (1974), 16 verschiedene Substituenten, Org. Magn. Reson. 6, 413.
Pretsch, E., Clerc, T., Seibl, J., Simon, W. (1976), Tabellen zur Strukturaufklärung organischer Verbindungen, Springer Verlag, Berlin.
Rojas, A. C., Crandall, J. K. (1975), Enoläther, J. Org. Chem. 40, 2225.

Enamine:

Ahmed, M. G., Hickmott, P. W., Soelistyowati, R. D. (1978), J. Chem. Soc., Perkin Trans. 2, 372.
Ahmed, M. G., Hickmott, P. W., Soelistyowati, R. D. (1977), J. Chem. Soc., Perkin Trans. 2, 838.
Dabrowski, J., Kamienska-Trela, K., Kozerski, L. (1974), Enammoniumsalze, Org. Magn. Reson. 6, 43.
Rajappa, S., Nagarajan, K. (1978), Nitroenamine, J. Chem. Soc., Perkin Trans 2, 912.
Hartmann, J. S., Kelusky, E. C. (1981), Can. J. Chem. 59, 1284.
Tourwe, D., Binst, G. van, De Graaf, S. A. G., Pandit, K. K. (1978), Org. Magn. Reson. 7, 433.

Enolether, Enolate, Enolacetate:

Rojas, A. C., Crandall, J. K. (1975), Enolether, Enolacetate, J. Org. Chem. 40, 2225.
House, H. O., Prabhu, A. V., Phillips, W. V. (1976), Enolate, J. Org. Chem. 41, 1209.
Taskinen, E. (1978), J. Org. Chem. 43, 2773.
Taskinen, E. (1978), Enolether, Tetrahedron 34, 425, 433.

Woodbury, R. P., Rathke, M. W. (1978), Lithiumenolate, J. Org. Chem. 43, 1947.
Herberhold, M., Wiedersatz, G. O., Kreiter, C. G. (1976), Methoxyethylene, Z. Naturforsch., Teil B, 31, 35.

Sonstige:

Marr, D. H., Stothers, J. B. (1965), Can. J. Chem. 43, 569.
Delseth, C., Nguyen, T. T., Kintzinger, J. P. (1980), α, β-ungesättigte Carbonylverbindungen, Helv. Chim. Acta 63, 498.
Henriksen, L., Eggert, H. (1978), Ethylene mit Donor- und Akzeptor-Substituenten, Acta Chem. Scand., Ser. A, 32, 701.
Tsipis, C. A., Tsoleridis, C. A. (1980), E-Trichlorsilylalkene, Can. J. Chem. 58, 361.
Brouwer, H., Stothers, J. B. (1972), Halogenallylalkohole, Can. J. Chem. 50, 1361.
Hawkes, G. E., Smith, R. A., Roberts, J. D. (1974), Chlor-alkene, -cycloalkene, -bicycloalkene, J. Org. Chem. 39, 1276.
Lambert, J. B., Nienhuis, R. J. (1980), 1-subst. Propene, J. Am. Chem. Soc. 102, 6659.
Knothe, K., Werp, J., Babsch, H., Prinzbach, H. (1977), Subst. Cycloalkene und Polycycloalkene, Liebigs Ann. Chem. 709.
Knothe, K., Prinzbach, H. (1977), Subst. Cycloalkene, Liebigs Ann. Chem. 687.
Kalinowski, H. O., unveröffentlichte Ergebnisse, subst. Cycloalkene.
Radeglia, R. (1973), Polymethine (Cyanine, Merocyanine), J. Prakt. Chem. 315, 1121.
Schmid, G. H. (1978), Thioenolether $(C_6H_5S−CR=CH_2)$, J. Org. Chem. 43, 3767.
Chukovskaja, E. C. et al (1976), ^{13}C-NMR Spectra of Some Polychloroalkenes, Org. Magn. Reson. 8, 229.
Savitsky, G. B., Ellis, P. D., Namikawa, K., Maciel,

G. E. (1968), Z-, E-Isomere, Einfluß auf die chemische Verschiebung, J. Chem. Phys. 49, 2395.

Cox, R. H., McKinney, J. D. (1978), Carbon-13 NMR Spectra of Some Chlorinated Polycyclodiene Pesticides (Aldrin, Dieldrin usw.), Org. Magn. Reson. 11, 541.

Empirische Korrelationen

Rajappa, S., Nagarajan, K. (1978), Korrelation zwischen ^{1}H- und ^{13}C-chemischer Verschiebung in Enaminen, J. Chem. Soc., Perkin Trans. 2, 912.

Miyajima, G., Takahashi, K., Nishimoto, K. (1974), Lineare Beziehung zwischen Verschiebung und Elektronendichte in Monosubst. Ethylenen, Org. Magn. Reson. 6, 413.

Brouwer, H., Stothers, J. B. (1972), Empirisches System zur Berechnung der chemischen Verschiebung von Allylalkoholen, Can. J. Chem. 50, 1361.

Stothers, J. B. (1972), Empirisches System zur Berechnung der chemischen Verschiebung von α, β-ungesättigten Carbonylverbindungen, Carbon-13 NMR Spectroscopy, Academic Press, New York und London, S. 193.

4.8 Substituierte Alkine und Allene

Die Beeinflussung der chemischen Verschiebungen sp-hybridisierter C-Atome in Alkinen durch Substituenten ist ähnlich der in den Alkenen beobachteten: π-Elektronenakzeptor-Substituenten führen zu einer Tieffeldverschiebung des β-Kohlenstoff-Atoms, Donorsubstituenten wie OR oder Cl zu einer Hochfeldverschiebung (vgl. Tab. 3.59)[221-225]. Bei den Halogen-Derivaten zeigt sich an den δ-Werten des α-C-Atoms der Schweratomeffekt mit

Tab. 3.59 ^{13}C-chemische Verschiebungen substituierter Alkine

Verbindung	δ (ppm)					
	C-1	C-2	C-3	C-4	C-5	C-6
H−$\overset{2}{C}$≡$\overset{1}{C}$−O−$\overset{3}{CH_2}$−$\overset{4}{CH_3}$	89,6	23,4	72,6	10,0		
H−C≡C−S−CH$_2$−CH$_3$	72,8	81,6				
H−C≡C−P(sec C$_4$H$_9$)$_2$	83,4	92,9				
H−$\overset{1}{C}$≡$\overset{2}{C}$−Si($\overset{3}{CH_2}$−$\overset{4}{CH_3}$)$_3$	96,1	86,9	4,7	7,5		
H−C≡C−Ge(n-C$_3$H$_7$)$_3$	92,9	86,2				
H−$\overset{1}{C}$≡$\overset{2}{C}$−Sn(n $\overset{3-6}{C_4H_9}$)$_3$	97,4	87,5	11,2	29,2	27,1	13,0
$\overset{3}{H_3C}$−$\overset{2}{C}$≡$\overset{1}{C}$−O$\overset{4}{CH_3}$	88,6	28,2	−4,2	62,6		
($\overset{3}{H_3C}$−$\overset{2}{C}$≡$\overset{1}{C}$)$_4$Sn	75,2	107,5	5,1			
n-C$_4$H$_9$−C≡C−Cl	56,7	68,8				
n-C$_4$H$_9$−C≡C−Br	38,4	79,8				
n-C$_4$H$_9$−C≡C−I	−3,3	96,8				
n-C$_4$H$_9$−C≡C−COCH$_3$	87,0	97,4				
H−$\overset{1}{C}$≡$\overset{2}{C}$−$\overset{3}{C}$OO$\overset{4}{CH_3}$	75,6	74,8	153,4	53,0		
(H$_3$C)$_3$Sn−$\overset{1}{C}$≡C−Sn($\overset{2}{C}$H$_3$)$_3$	115,4	−7,6				
($\overset{5}{H_3C}$=$\overset{4}{CH}$)$_2$Ga−$\overset{1}{C}$≡$\overset{2}{C}$−$\overset{3}{CH_3}$	122,6	86,5	5,7	142,8	134,6	
($\overset{5}{H_2C}$=$\overset{4}{CH}$)$_2$In−$\overset{1}{C}$≡$\overset{2}{C}$−$\overset{3}{CH_3}$	125,5	89,2	5,6	146,0	136,0	

einer Hochfeldverschiebung in der Reihe Cl → Br → I, während das β-C-Atom in der gleichen Reihenfolge eine Tieffeldverschiebung erfährt. Diese kann auf die mit zunehmender Größe des Halogens geringer werdende Donorfähigkeit zurückgeführt werden, so daß sich im Brom- und im stärkeren Maße im Iod-Derivate in der β-Position der induktive Effekt der Halogene bemerkbar macht. Gleiche Beobachtungen sind in den Vinyl-Derivaten (s. S. 268) gemacht worden. Auffällig sind die Tieffeldverschiebungen bei den Organometall-Derivaten, die als einzige Verbindungsklasse mit Ausnahme der Cycloalkine (s. S. 130) δ-Werte von mehr als 100 ppm für das sp-hybridisierte C-Atom zeigen.

Die chemischen Verschiebungen der substituierten Allene, die sp^2- und sp-hybridisierte Kohlenstoff-Atome enthalten, sind in Tab. 3.60 zusammengestellt. Die Substituenteneffekte ($\delta_{RX} - \delta_{RH}$) zeigen für die Kohlenstoff-Atome C-1 und C-2 ähnliche Trends wie in den substituierten Alkenen und Alkinen. Der Einfluß des Substituenten über die beiden Doppelbindungen hinweg ($\alpha_{\pi\pi}, \beta_{\pi\pi}$ ...) ist dagegen schwer zu interpretieren. Zur empirischen Berechnung[226] der δ-Werte sind drei Parametersätze ($\alpha, \beta, \gamma; \alpha_\pi, \beta_\pi, \gamma_\pi; \alpha_{\pi\pi}, \beta_{\pi\pi}, \gamma_{\pi\pi}$) notwendig, die je nach betrachtetem C-Atom, wie in den Formelbildern gezeigt, benutzt werden; hinzu kommen sterische Korrekturen S für zweifache Substitution an C-1, S^α für tertiäre oder quartiäre C-Atome bzw. substituierte N-Atome in der α-Position, S_π und S_π^α für die Wirkung über die Doppelbindung.

Tab. 3.60 ^{13}C-chemische Verschiebungen monosubstituierter Allene[226]

X	δ (ppm)		
	C–1	C–2	C–3
H	74,8	213,5	74,8
F	129,8	200,2	93,9
Cl	88,8	207,9	84,5
Br	72,7	207,6	83,8
I	35,3	208,0	78,3
OCH$_3$	123,1	202,0	90,3
SCH$_3$	90,0	206,1	81,3
SeCH$_2$–CH$_3$	77,0	205,8	78,3
N(CH$_3$)$_2$	113,1	204,2	85,5
C≡N	67,4	218,7	80,7
COOH	88,1	217,7	80,0
COOCH$_3$	86,7	215,2	78,7
N≡C	86,1	210,1	86,1
COC$_2$H$_5$	95,3	215,7	78,5
CH$_3$	84,4	210,4	74,1
Li	87,2	196,4	43,2

$$\gamma-\beta-\alpha\diagdown_{C=C=C}\diagup^{\alpha_{\pi\pi}-\beta_{\pi\pi}-\gamma_{\pi\pi}}$$

$$\gamma_\pi-\beta_\pi-\alpha_\pi\diagdown_{C=C=C}\diagup^{\alpha_\pi-\beta_\pi-\gamma_\pi}$$

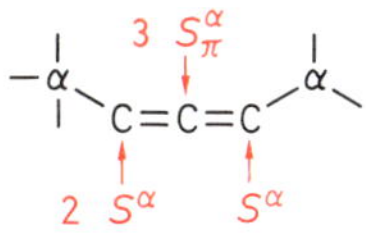

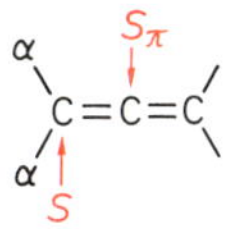

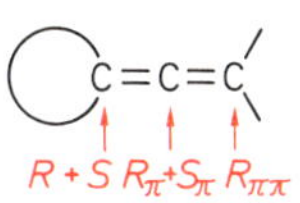

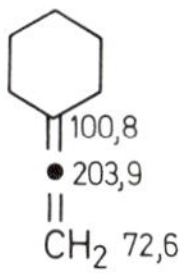

Tab. 3.61 Inkrementensystem zur Berechnung der chemischen Verschiebungen in Allenen [226]

$$\delta_{C-1/3} = B + \sum_{I=\alpha}^{\delta} A_I + \sum_{I=\alpha}^{\gamma} A_{I\pi\pi} + S + S^\alpha + R + R_{\pi\pi} + C^\gamma$$

δ	γ	β	α	χ		$\alpha_{\pi\pi}$	$\beta_{\pi\pi}$	$\gamma_{\pi\pi}$
0,9	−1,7	7,6	11,6	C		−0,2	0,3	−1,0
3,3	−5,3	5,2	40,3	O		14,9	2,2	−0,5
		4,2	9,1	S		6,1	2,9	
	1,4	3,0	19,4	Ph		2,9	−0,6	0,0
		4,3	27,6	N		10,7	0,4	
			55,3	F		19,4		
			15,5	Cl		9,6		
			−2,9	Br		10,7		
			−39,2	I		3,0		
	0,0	9,3	8,9	−Si(CH$_3$)$_3$		−7,8	−0,1	0,0
			9,0	−Ge(CH$_3$)$_3$		−6,8		
			4,0	−Sn(CH$_3$)$_3$		−10,0		
			−3,4	Se		4,5		
			10,1	Li		−24,8		
			19,8	C=C		0,6		
			−0,3	C≡C		3,0		
			11,7	C=C=C		4,0		
		−3,7	−6,5	−C≡N		6,3	3,8	
			11,6	−N≡C		11,6		
		−0,3	13,8	−COO−		5,4	−1,3	
			18,2	−CO− (Keton)		4,5		
		0,4	22,5	−CHO		6,3	3,6	
			35,1	−OCO−		18,3		

B = 74,5   S = −4,6   S$^\alpha$ = −4,2   C$^\gamma$ = 2,5

Ringkorrektur   R   R$_{\pi\pi}$
(CH$_2$)$_4$C=C=C   −6,1   0,8
(CH$_2$)$_5$C=C=C   −4,7   −0,4

Tab. 3.61 Fortsetzung

$$\delta_{C-2} = B + \sum_{I=\alpha}^{\gamma} A_I + S_\pi + S_\pi^\alpha + R_\pi$$

χ	α_π	β_π	γ_π
C	− 4,4	−1,5	0,7
O	− 12,5	−0,8	1,2
S	− 6,8	0,2	
Ph	− 1,3	1,1	0,0
N	− 10,0	−0,6	
F	− 13,9		
Cl	− 7,1		
Br	− 6,9		
I	− 5,2		
−Si(CH$_3$)$_3$	2,3	3,8	0,0
−Ge(CH$_3$)$_3$	0,0		
−Sn(CH$_3$)$_3$	− 0,1		
Se	− 7,5		
Li	− 18,0		
C=C	− 3,2		
C≡C	2,6		
C=C=C	− 3,5		
−C≡N	6,1	0,5	
−N≡C	− 4,0		
−COO−	3,6	0,7	
−CO− (Keton)	2,5		
−CHO	9,9	−1,4	
−OCO−	− 17,9		

$B_\pi = 214{,}1$	$S_\pi = 2{,}1$	$S_\pi^\alpha = 1{,}2$

Ringkorrektur	R_π
(CH$_2$)$_4$C=C=C	− 1,7
(CH$_2$)$_5$C=C=C	− 1,5

Für cyclische Derivate wie **244** sind zusätzlich noch die Ringkorrekturen R, R_π und $R_{\pi\pi}$, sowie bei fixierter antiperiplanarer Anordnung von C-Atomen in γ-Position zu C-1 im Allen das C$^\gamma$-Inkrement zu berücksichtigen. Die Tab. 3.61 zeigt die erwähnten Inkremente. Die Standardabweichung beträgt 1,6 ppm[226].

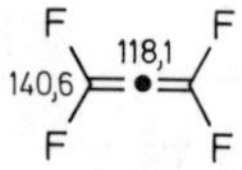

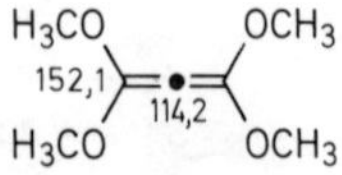

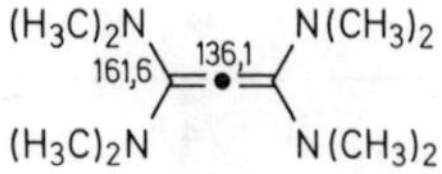

Die tetrasubstituierten Allene **245**[227], **246**[228] und **247**[229] sind Beispiele für Allen-Derivate, in denen das β-C-Atom (sp-C-Atom) gegenüber den α-C-Atomen stärker abgeschirmt ist (invertierte Allene). Dies ist auf die Elektronendonorfähigkeit der Substituenten zurückzuführen.

Aufgaben

3.19 Überprüfe die Zuverlässigkeit des empirischen Systems für die Allene anhand des Tetrafluoroallens **245**, Tetramethoxyallens **246** und Tetrakis[dimethylamino]allens **247** (s. Tab. 3.61 und S. 276).

4.9 Annulenone, Chinone

Im Vergleich zu den cyclischen α-, β-ungesättigten Ketonen (s. S. 245f.) sind die chemischen Verschiebungen der sp^2-hybridisierten C-Atome in Annulenonen und Chinonen auf einen engeren Bereich beschränkt. Dies ist in Übereinstimmung mit einem größeren Ladungsausgleich in diesen Verbindungsklassen, der nach der MO-Theorie postuliert wird. Tab. 3.62 enthält die chemischen Verschiebungen der Grundkörper der [n]-Annulenone. Im Falle des Cyclopropenons bzw. seiner Diphenyl-Derivate **248** und **249** unterscheiden sich die δ-Werte für das Carbonyl-C-Atom nur wenig von dem der anderen Dreiring-C-Atome[230].

Tab. 3.62 ^{13}C-chemische Verschiebungen einiger [n]-Annulenone

Verbindung	δ (ppm)				
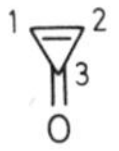	1/2 158,3	3 155,1			
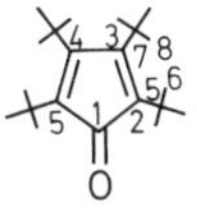	1 197,2 7 34,7*	2/5 143,1 8 31,5*	3/4 175,8	5 36,8*	6 33,8*
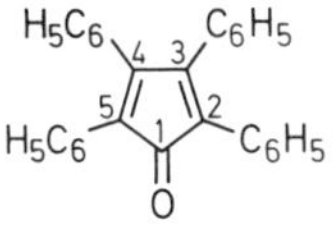	1 200,3	2/5 125,3	3/4 154,5		
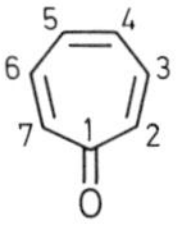	1 187,7	2/7 141,7	3/6 135,8	4/5 134,4	
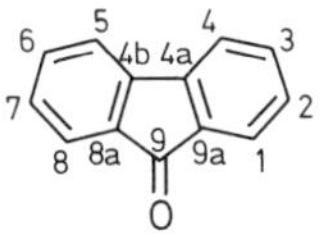 a	1/8 124,3 8a/9a 134,2	2/7 129,1 9 193,7	3/6 134,7	4/5 120,3	4a/4b 144,3
	1 159,4	2 164,6	3 33,5	4 28,5	

* Zuordnung nicht gesichert
a nur formal ein Annulenon

Dies läßt sich auf die besondere Geometrie dieser Verbindungen zurückführen. Das [5]-Annulenon (Cyclopentadienon) **250** kann wegen seiner Instabilität nur in Form der *t*-Butyl- oder Phenyl-Derivate NMR-spektroskopisch in Lösung untersucht werden.

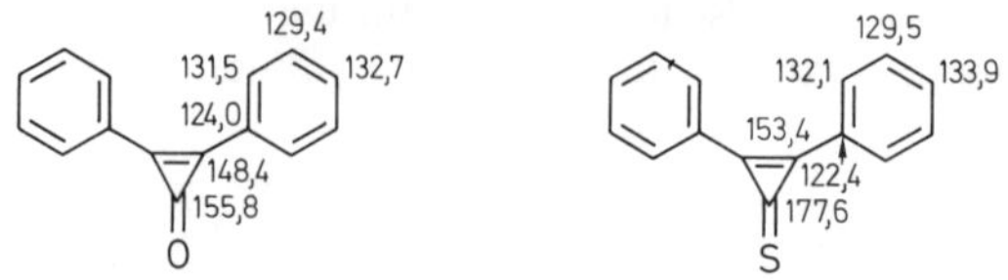

Mit Hilfe von Substituenteninkrementen lassen sich die im Formelbild angegebenen δ-Werte für den Grundkörper abschätzen[231]. Diese Verschiebungen lassen sich so interpretieren, daß weder die mesomere Form **250a** noch **250b** nennenswert am Grundzustand beteiligt sind, sondern nur der induktive Effekt der CO-Gruppe zu einer alternierenden Ladungsverteilung im 5-Ring führt[231].

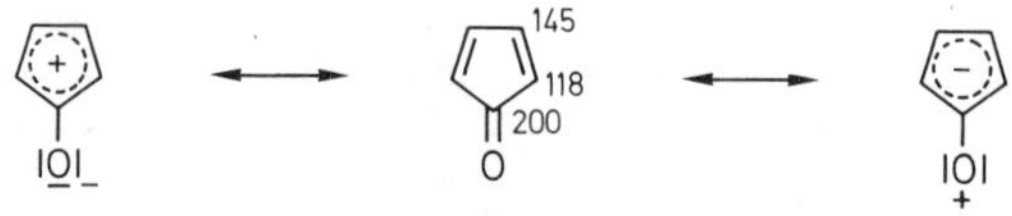

Das Fluorenon (Tab. 3.62) ist in diesem Zusammenhang nicht als Cyclopentadienonderivat, sondern als Benzolderivat zu betrachten. Für das Tropon **251** mit einem δ_{CO}-Wert von 188,2 ppm kann dagegen die Beteiligung der Form **251a** angenommen werden[232]. Die δ-Werte der Ringkohlenstoff-Atome (Tab. 3.62) liegen aber noch deutlich unter dem des Tropylium-Ions **252**.

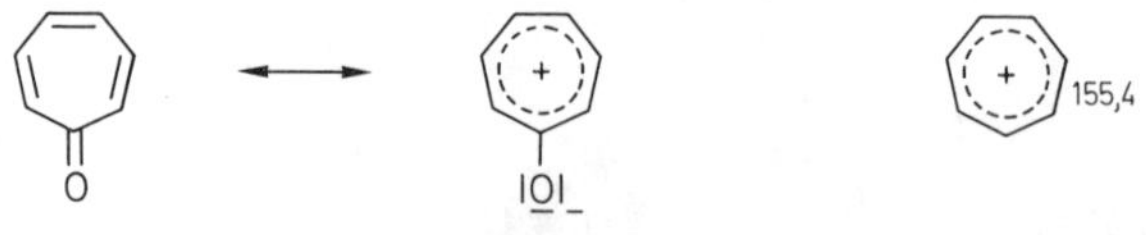

Zumindest formale Ähnlichkeit mit den Annulenonen und Chinonen haben die cyclischen Verbindungen der allgemeinen Formel $H_2C_nO_n$. Hierzu zählen die Dreieck-, Quadrat-, Crocon- und Rhodizonsäure, deren Anionen aromatischen Charakter besitzen (Tab. 3.63). Wegen der hohen Acidität erhält man, wenn überhaupt, nur in absolut trockenem THF bei niedriger Temperatur ^{13}C-NMR-Spektren mit der der Molekülstruktur entsprechenden Anzahl von Signalen. In DMSO oder auf Zusatz von DMSO zu einer THF-Lösung werden durch schnellen Protonenaustausch alle Signale gemittelt. Die Abb. 3.12 zeigt die ^{13}C-Spektren von Rhodizonsäure **253** bei zwei verschiedenen Temperaturen und nach Zusatz von Dimethylsulfoxid[233].

Tab. 3.63 ^{13}C-chemische Verschiebungen der $H_2C_nO_n$-Reihe

Verbindung		δ (ppm)			
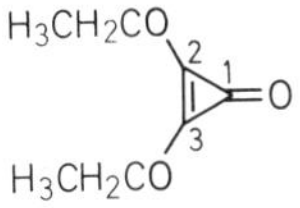 Dreiecksäure (diethylester)	b	1 137,4	2/3 128,9	3 71,4	4 15,1
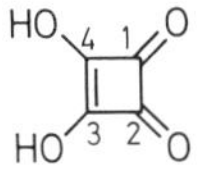 Quadratsäure	a	1/2/3/4 189,5			
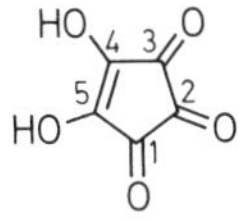 Croconsäure	c	1/3 182,4	2 188,4	4/5 161,2	
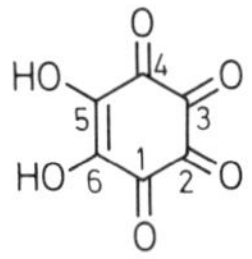 Rhodizonsäure	d	1/4 175,0*	2/3 173,9*	5/6 148,9	

a in DMSO, in D_2O/H_2O: δ = 195,3
b δ-Werte nur von Dreiecksäure-diethylester bekannt
c in trockenem THF bei $-60°$C
d in trockenem THF bei $30°$C
* Zuordnung nicht gesichert

Die Carbonyl-Kohlenstoff-Atome in Chinonen absorbieren typischerweise in dem sehr engen Bereich von ca. 175–190 ppm. Bezieht man die Chlor-Derivate in den Vergleich mit ein, so erweitert sich der Bereich um weitere 10 ppm zu hohem Feld. Chlor-Substitution bewirkt also wie bei anderen Carbonyl-Verbindungen eine Hochfeldverschiebung des Carbonyl-Kohlenstoff-Atoms. Andere Substituenten wie die CH$_3$-, t-Butyl- oder Phenyl-Gruppe haben ähnliche Effekte wie sie in anderen Verbindungsklassen beobachtet werden. Der Vergleich zwischen 1,4- und 1,2-Benzochinonen zeigt, daß in den 1,2-Derivaten das Signal der Carbonyl-Kohlenstoff-Atome gegenüber den 1,4-Benzochinonen deutlich zu hohem Feld verschoben sind. Die Daten der Reihe Cyclohexanon, 2-Cyclohexenon, 2,5-Cyclohexadienon, 1,4-Benzochinon, 1,2-Benzochinon zeigt an, daß letztere mit 180,4 ppm den geringsten δ-Wert für die Carbonyl-Gruppe aufweist (Tab. 3.64).

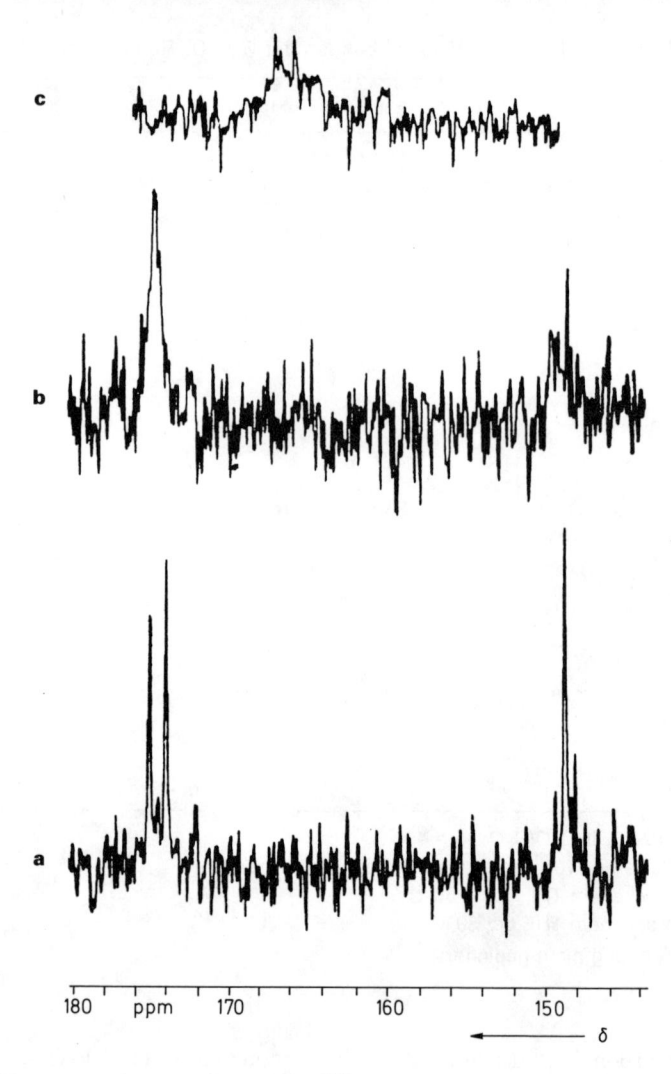

Abb. 3.12 ^{13}C-NMR-Spektrum von Rhodizonsäure **253**[233]
a in THF-d$_8$ bei 30 °C,
b bei 50 °C,
c in THF-d$_8$ mit 5% DMSO bei 30 °C

Chemische Verschiebungen einzelner Substanzklassen   281

Tab. 3.64 ^{13}C-chemische Verschiebungen von Chinonen und 1,4- bzw. 1,2-Benzochinon-Derivaten

Verbindung	C-1	C-2	C-3	δ(ppm) C-4	C-5	C-6	C-7
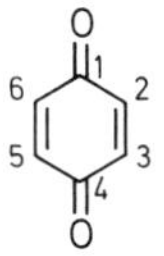 1,4-Benzochinon	187,0	136,4					
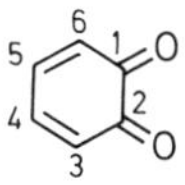 1,2-Benzochinon	180,4		130,8	139,7			
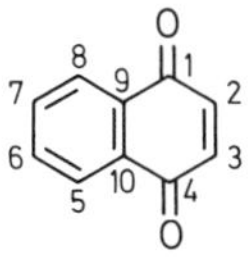 1,4-Naphthochinon	184,7	138,5			126,2	133,8	
	9,10 131,8						
9,10-Anthrachinon	127,3	134,1					
	9,10 183,2	11,12,13,14 133,6					
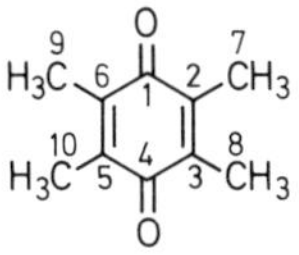 2,3,5,6-Tetramethyl-1,4-benzochinon	187,4	140,4					12,4
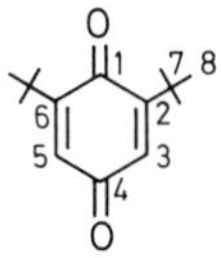 2-tert-Butyl-1,4-benzochinon	187,7	157,7	130,1	188,6			35,5
	28,3						
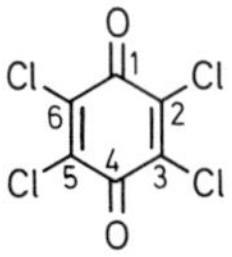 2,3,5,6-Tetrachlor-1,4-benzochinon	169,4	139,4					
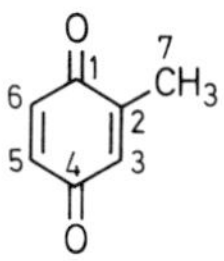 2-Methyl-1,4-benzochinon	187,5	145,9	133,3	187,7	136,5	136,6	15,8
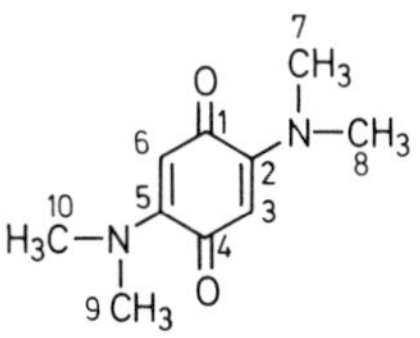 2,5-Bis(dimethylamino)-1,4-benzochinon	181,3	152,0	101,8				42,7

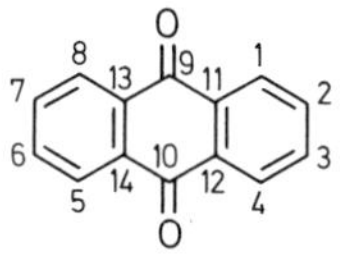

Tab. 3.64 Fortsetzung

Verbindung	δ(ppm)						
	C-1	C-2	C-3	C-4	C-5	C-6	C-7
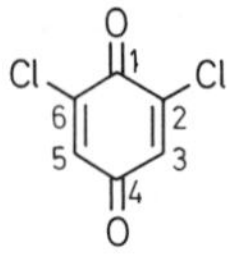 2,6-Dichlor-1,4-benzochinon	172,7	143,6	133,9	182,5			
2,5-Dichlor-1,4-benzochinon	176,7	143,8	132,8				
4,4-Dimethyl-5,6,7,8-...	179,6*	180,6*	121,6	149,4	133,1	162,8	35,0
	8	9	10				
	27,4	35,6	28,8				
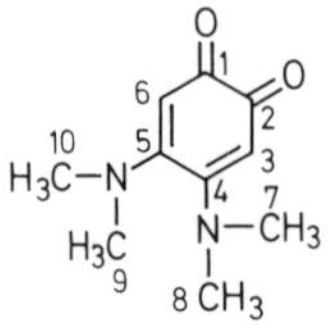 Diamino-benzochinon	178,4		103,8	157,1			41,7
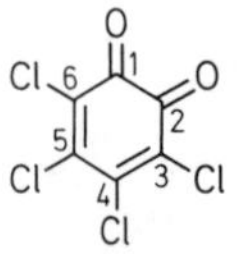 Tetrachlor-1,2-benzochinon	168,8		143,8	131,9			
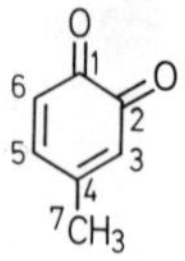 Methyl-1,2-benzochinon	179,2	180,1	127,7	152,0	143,4	129,5	22,8

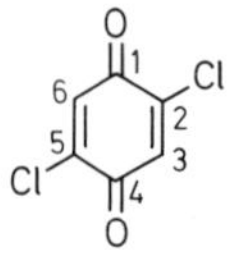

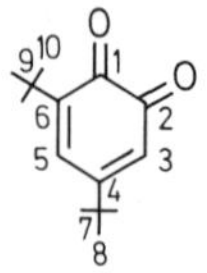

Bibliographie

Berger, S., Rieker, A. (1972), Benzochinone, Tetrahedron 28, 3123.
Berger, S., Rieker, A. (1976), Benzochinone, Chem. Ber. 109, 3252.
Hollenstein, R., Philipsborn, W. v. (1973), Benzochinone, Helv. Chim. Acta 56, 320.
Höfle, G. (1976), Benzochinone, Tetrahedron 32, 1431.
Radeglia, R., Dähne, S. (1973), Diaminobenzochinone, Z. Chem. 13, 474.
Höfle, G. (1977), Naphthochinone, Anthrachinone, Tetrahedron 33, 1963.
Berger, Y. et al (1980), Org. Magn. Reson. 14, 103.
Berger, Y. et al (1981), Anthrachinone, Org. Magn. Reson. 15, 244, 303.
Knothe, L., Prinzbach, H. (1977), Gekreuzt-konjug. π-Bindungssysteme, Liebigs Ann. Chem. 687.

Hearn, T. W. M., Potts, K. T. (1974), [3]-Annulenon, J. Chem. Soc., Perkin Trans. 2, 1918.
Bagli, J. F., Jacques, M. St. (1978), (Tropone) [7]-Annulenon, Can. J. Chem. 56, 578.
Machiguchi, T., Inagahi, Y., Hoshino, M., Kitahara, Y. (1974), Thiotropon, Chem. Lett. 497.
Bowden, B. F. et al (1979), 1,4-Naphthochinone, Aust. J. Chem. 32, 769.
Joseph-Nathan, P., Ambramo-Bruno, D., Ortega, D. A. (1981), 1,4-Benzochinone, Org. Magn. Reson. 15, 311.
Wilbur, D. et al (1982), Carbon-13 NMR of Polycyclic Aromatic Compounds, Org. Magn. Reson. 18, 63.

4.10 Substituierte aromatische Verbindungen

4.10.1 Benzol-Derivate

Der Einfluß von Substituenten auf die chemische Verschiebung der sp^2-hydisierten C-Atome aromatischer Verbindungen ist eingehend untersucht; so liegen z. B. Daten für mehr als 700 monosubstituierte Benzol-Derivate vor[234]. Die Diskussion der durch den Substituenten hervorgerufenen Verschiebungen (häufig SCS oder SIS-Werte genannt) geht wie bei anderen ungesättigten Verbindungen von den folgenden Effekten aus[235]:

Mesomere Effekte:

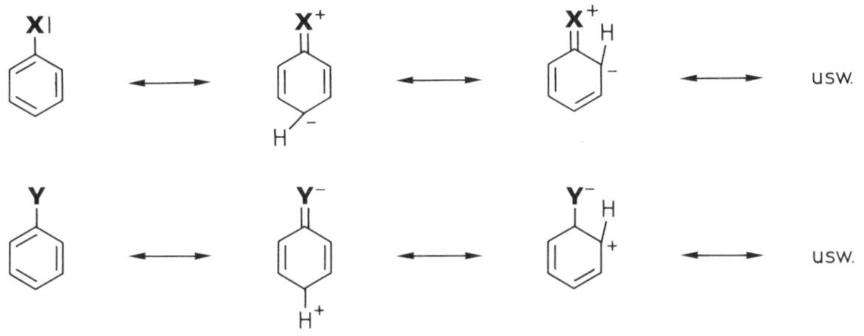

Induktive Effekte:

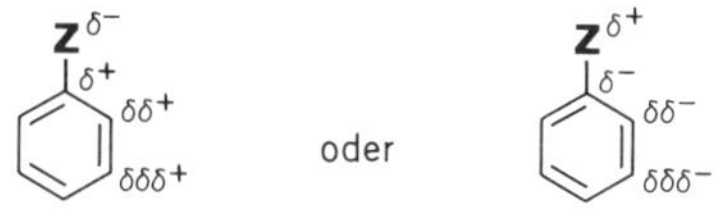

- *Der mesomere Effekt* (M)
  führt, je nach Substituent, durch die Wechselwirkung über das π-System zu einem Elektronenüberschuß bzw. -defizit in den *ortho*- bzw. *para*-Positionen.
- *Der induktive Effekt* (I)
  wirkt über das σ-Bindungsgerüst und nimmt mit der Entfernung vom Substituenten schnell ab. Der *I*-Effekt ist an C-1 (*ipso* C) und C-2,6 (*ortho*-Position) am stärksten.
- Der *Feldeffekt* [π-*Polarisations-Effekt* (F_π)]
  Dieser Effekt kommt durch Polarisation des π-Systemes aufgrund eines elektrischen Feldes des Substituenten zustande und wirkt durch den Raum (s. S. 80).
- *Der sterische Effekt*
  macht sich bei monosubstituierten Benzolen in den *ortho*-Positionen, bei mehrfacher Substitution mit direkt benachbarten Substituenten auch in den δ-Werten der die Substituenten tragenden Ring-C-Atome bemerkbar (s. Methylbenzole (s. S. 135ff.), γ-Effekt).
- *Der Anisotropieeffekt*
  wird nur bei bestimmten Substituenten (C≡CR, C≡N) am *ipso*-C-Atom (C-1) beobachtet.

Zusätzlich ist noch zu beachten, daß bei Elementen mit einer hohen Ordnungszahl sich der Schweratomeffekt (s. S. 150) bemerkbar machen kann, wie etwa im Iodbenzol.

Tab. 3.65 Substituenteneffekte $\Delta\delta$ in monosubstituierten Benzolen, bezogen auf den δ-Wert von Benzol (wenn nicht anders vermerkt in CDCl$_3$ als Lösungsmittel)

$\delta_c = 128{,}5$ ppm $+ \Delta\delta_c$

X	$\Delta\delta$ C-1	C-2/6	C-3/5	C-4	δ Sonstige[a]	σ_p	σ_I	σ_{R^o}
Li[b]	58,1	15,2	-3,8	5,4				
MgBr	35,8	11,4	2,7	4,0				
B(C$_6$H$_5$)$_2$	16,4	10,3	-0,9	3,0				
$^\ominus$B(C$_6$H$_5$)$_3$	36,3	10,3	1,3	-2,7				
CH$_3$	9,2	0,7	-0,1	-3,1	21,3	-0,17	-0,01	-0,13
CH$_2$CH$_3$	15,6	-0,5	0,0	-2,7	29,2 15,8	-0,151	-0,01	-0,10
CH(CH$_3$)$_2$	20,1	-2,0	0,0	-2,5	34,2 24,1	-0,151	0,01	-0,10
C(CH$_3$)$_3$	22,1	-3,4	-0,4	-3,1	34,6 31,4	-0,197	-0,01	-0,10
◁	15,1	-3,3	-0,6	-3,6	15,4 (CH) 9,10(CH$_2$)		0,01	-0,19
CH$_2$C(CH$_3$)$_3$	10,6	1,5	-1,0	-3,1	50,3(CH$_2$) 29,5(C), 28,9			
CH$_2$CH$_2$C$_6$H$_5$	13,2	0,0	-0,2	-2,6	37,5			
CH$_2$CH=CH$_2$	15,3	0,0	0,2	-2,4	40,3(CH$_2$) 128,5; 115,6 (= CH$_2$)			
CH$_2$C$_6$H$_5$	12,8	0,5	0,0	-2,3	42,1		0,03	-0,13
CH(C$_6$H$_5$)$_2$	15,3	0,9	-0,3	-2,3	56,8			
C(C$_6$H$_5$)$_3$[b]	18,7	2,9	-1,0	-2,6	65,0			
CH$_2$CN	1,7	0,5	-0,8	-0,7	23,2(CH$_2$) 118,0			
CH$_2$COCH$_3$	6,0	1,0	0,2	-1,6	50,7(CH$_2$) 205,8(CO); 29,1			
CH$_2$COOH[c]	4,2	0,4	1,2	-0,9	42,4			
CH$_2$COOCH$_2$CH$_3$[c]	7,0	1,5	0,5	-1,5	50,5			
CH$_2$Si(CH$_3$)$_3$	12,0	-0,1	0,0	-4,2	27,5 (CH$_2$) -1,8(Si(CH$_3$)$_3$)	-0,210		
CH$_2$Sn(CH$_3$)$_3$	14,5	-1,9	-0,4	-5,5	20,3(CH$_2$) -10,0(CH$_3$)			
CH$_2$Pb(CH$_3$)$_3$	15,0	2,3	-0,8	-5,7	25,3(CH$_2$) -3,0(CH$_3$)			
CH$_2$NH$_2$	14,9	1,4	-0,1	-1,9	46,4			
CH$_2$N(CH$_3$)$_2$	11,1	0,8	-0,2	-1,5	64,4 45,3			
CH$_2$NO$_2$	2,2	2,2	2,2	1,2	81,0			
CH$_2$P(C$_6$H$_5$)$_2$[d]	0,0	3,7	1,5	1,1	30,3(CH$_2$)			
CH$_2$OH	12,4	-1,2	0,2	-1,1	64,9		0,11	-0,07
CH$_2$OCH$_3$	11,0	0,5	-0,4	-0,5	75,8		0,11	-0,10
CH$_2$SCH$_3$	9,8	0,4	-0,1	-1,6	38,2 14,7			
CH$_2$SOCH$_3$	0,8	1,5	0,4	-0,2	60,1 37,2			
CH$_2$SO$_2$CH$_3$	-0,1	2,1	0,6	0,6	61,2 39,1			
CH$_2$F[c]	8,5	-0,7	0,4	0,5	84,9			
CF$_3$	2,5	-3,2	0,3	3,3	124,5	0,540	0,42	0,08

Tab. 3.65 Fortsetzung

$\delta_c = 128{,}5$ ppm $+ \Delta\delta_c$

X (C₆H₅–X)	C-1	Δδ C-2/6	C-3/5	C-4	δ Sonstige[a]	σ_p	σ_I	σ_{R^0}
CH₂Cl	9,3	0,3	0,2	0,0	46,2		0,17	−0,08
CCl₃[c]	16,3	−1,7	−0,1	1,8				
CH₂Br	9,5	0,7	0,3	0,2	33,4		0,20	−0,10
CH₂I	10,5	0,0	0,0	−0,9	5,9		0,17	−0,09
CH=CH₂	8,9	−2,3	−0,1	−0,8	135.8(C=) 112,3(CH₂=)		0,11	−0,15
C(CH₃)=CH₂	12,6	−3,1	−0,4	−1,2	141,4; 112,4 (CH₂)		0,10	−0,05
C₆H₅	13,1	−1,1	0,4	−1,1		−0,010	0,12	−0,10
C≡CH	−6,2	3,6	−0,4	−0,3	83,5(C≡) 77,1(HC≡)		0,29	−0,04
CN	−15,7	3,6	0,7	4,3	119,5	0,660	0,56	0,08
CHO	8,4	1,2	0,5	5,7	191,0	0,216	0,27	0,22
COCH₃	8,9	0,1	−0,1	4,4	197,6(CO) 26,3(CH₃)	0,502	0,20	0,16
COCH₂CH₃	8,8	0,2	−0,5	4,3	199,9(CO) 31,7; 8,3			
COC₆H₅	9,3	1,6	−0,3	3,7	195,2	0,459	0,22	0,13
CONH₂	5,0	−1,2	0,1	3,4	168.2			
CON(CH₃)₂	8,0	−1,5	−0,2	1,0	171,4(CO) 39,5; 35,2			
COOH	2,1	1,6	−0,1	5,2	168,0	0,450	0,30	0,29
COONa[e]	8,4	0,5	−0,5	2,2	177,9	0,000		
COOCH₃	2,0	1,2	−0,1	4,3	51,0(CH₃) 166,8	0,31	0,32	0,16
COOCH₂CH₃	2,1	1,0	−0,5	3,9	60,8(OCH₂) 14,4(CH₃)	0,450	0,20	0,16
COF	4,3	1,6	−0,7	5,3	166,3(CO)			
COCl	4,7	2,7	0,3	6,6	168,5			
CSC₆H₅	18,7	1,0	−0,6	2,4				
SiH₃	−0,1	8,0	0,3	2,0				
Si(CH₃)₃	11,7	5,9	−0,7	0,3	−1,1	−0,070	−0,10	0,0
SiCl₃	3,0	4,6	0,1	4,2				
GeH₃	3,1	7,6	0,5	1,2				
GeH₂Na	34,8	11,1	−0,8	−4,4				
Ge(CH₃)₃	13,7	5,5	−0,5	−0,2	−1,8		0,06	0,0
Sn(CH₃)₃	13,4	7,4	−0,2	−0,3	−9,9		0,09	−0,0
Pb(CH₃)₃	20,0	8,0	0,0	−1,0	−2,2		0,16	−0,10
Pb(C₆H₅)₃	21,6	9,2	1,0	0,1	−			
NH₂	18,2	−13,4	0,8	−10,0	−	−0,660	0,12	−0,50
N(H[b])(Li)	36,9	−12,2	0,5	−20,4				
NHCH₃	21,4	−16,2	0,8	−11,6	30,2			

Tab. 3.65 Fortsetzung

X	$\delta_c = 128{,}5$ ppm $+ \Delta\delta_c$							
	$\Delta\delta$				δ			
	C-1	C-2/6	C-3/5	C-4	Sonstige[a]	σ_p	σ_I	σ_{R^0}
N(CH$_3$)$_2$	22,5	−15,4	0,9	−11,5	40,3	−0,60	0,06	−0,59
NHCH$_2$CH$_3$	20,0	−15,7	0,7	−11,4	38,3(CH$_2$)			
					14,8(CH$_3$)			
N(CH$_2$CH$_3$)$_2$	19,3	−16,5	0,6	−13,0	12,5(CH$_3$)			
NH(C$_6$H$_5$)	14,7	−10,7	0,9	−10,5	44,2(CH$_2$)			
NHCOCH$_3$	9,7	−8,1	0,2	−4,4	169,5(CO)	−0,010		−0,41
NHNH$_2$	22,8	−16,5	0,5	−9,6	24,1(CH$_3$)			
N(CH$_3$)NO	23,7	−9,5	0,8	−1,4	31,1			
NCO	5,1	−3,7	1,1	−2,8	129,5			
NCS	3,0	−2,7	1,3	−1,0	131,9			
N=NC$_6$H$_5$	24,0	−5,8	0,3	2,2				
N=N(O)C$_6$H$_5$	19,7	−6,3	0,0	2,8	148,2; 125,4			
					128,5; 129,4			
N$_3$		−9,4	1,4	−3,6				
NH$_3^{+f}$	0,1	−5,8	2,2	2,2				
N(CH$_3$)$_3^{+g}$	19,5	−7,3	2,5	2,4		0,820	0,92	−0,19
N≡C	−1,8	−2,2	1,4	0,9	165,7			
$\overset{+}{N}$≡N	−12,7	6,0	5,7	16,0		1,910		
NO$_2$	19,9	−4,9	0,9	6,1		0,778	0,65	0,15
P(CH$_3$)$_2$	13,6	1,6	−0,6	−1,0	14,0			
AsH$_2$	1,7	7,8	0,8	0,0				
OH	26,9	−12,8	1,4	−7,4		−0,370		
ONa	39,6	−8,2	1,9	−13,6		−0,519		
OCH$_3$	31,4	−14,4	1,0	−7,7	54,8	−0,268	0,27	−0,42
OC$_6$H$_5$	27,6	11,2	−0,3	−6,9		−0,320	0,38	−0,32
OCN[i]	25,0	−12,7	2,6	−1,0	109,2			
OCOCH$_3$	22,4	−7,1	0,4	−3,2		0,310		
OSi(CH$_3$)$_3$	26,8	−8,4	0,9	−7,1	0,2			
OP(OC$_6$H$_5$)$_2$	23.0	−7,9	1,0	−4,4				
OPO(OC$_6$H$_5$)$_2$	21,9	−8,4	1,2	−3,0				
SH	2,1	0,7	0,3	−3,2		0,150		
SCH$_3$	10,0	−1,9	0,2	−3,6	15,6	−0,000		−0,25
SC$_6$H$_5$	7,3	2,5	0,6	−1,5				
SCN[i]	−3,7	2,5	2,2	2,2	111,9	0.699		
S−S(C$_6$H$_5$)[g]	7,5	−1,3	0,8	−1,1				
$^+$S(CH$_3$)$_2^{g}$	−1,0	3,1	2,2	6,3		0,90		
SOCH$_3$	17,6	−5,9	1,1	2,4		0,490	0,49	0,01
SO$_2$CH$_3$	12,3	−1,4	0,8	5,1		0,720	0,60	0,12
SO$_3$H[e]	14,5	−2,7	0,8	3,3				
SO$_2$Cl	15,6	−1,7	1,2	6,8				
SeCN[i]	−5,3	5,1	2,9	2,1	103,3			
Se−SeC$_6$H$_5$	1,6	2,3	0,8	−0,8				
	34,8	−13,0	1,6	−4,4		0,062	0,50	−0,31

Tab. 3.65 Fortsetzung

X (X-C$_6$H$_5$)	$\delta_c = 128{,}5$ ppm $+ \Delta\delta_c$						
	$\Delta\delta$			δ			
X	C–1	C–2/6	C–3/5	C–4	Sonstige[a]	σ_p	σ_I	σ_{R^0}
F	34,8	–13,0	1,6	–4,4		0,062	0,5	–0,31
Cl	6,3	0.4	1,4	–1,9		0,226	0,46	–0,18
Br	5,8	3,2	1,6	–1,6		0,232	0,44	–0,18
I	–34,1	8,9	1,6	–1,1		0,180		–0,22

[a] diese Angaben sind δ-Werte bezogen auf TMS
[b] THF
[c] CCl$_4$
[d] p–C$_6$H$_5$; C–1 = 118/6; C–2,6 = 135,0; C–3,5 = 131,4; C–4 = 136,5
[e] H$_2$O
[f] CF$_3$COOH
[g] DMSO
[h] EtOH
[i] reine Flüssigkeit

Von den aufgeführten Substituenteneinflüssen sind der mesomere Effekt und der induktive Effekt dominierend. Die Tab. 3.65 enthält eine Zusammenstellung der Substituenteneffekte in monosubstituierten Benzolen sowie δ_C-Werte von Substituenten; ferner sind die üblichen Substituentenkonstanten nach Hammett (σ_p) bzw. Taft (σ_I und σ_{R^0}) aufgeführt. Diese werden häufig zur Korrelation mit chemischen Verschiebungen herangezogen; noch nicht tabellierte Substituentenkonstanten können schnell und mit guter Genauigkeit aus den ^{13}C-Daten bestimmt werden. Allerdings sei darauf hingewiesen, daß alle über chemische Reaktionen bestimmten Substituentenparameter sich auf den Übergangszustand eines Moleküls in der Reaktion beziehen, während NMR-spektroskopisch erhaltene Parameter den Grundzustand charakterisieren. Im folgenden werden die Substituenteneinflüsse auf die einzelnen C-Atome separat diskutiert.

C-1 (C_{ipso})-Substituenteninkremente: Die durch Substituenten induzierten Verschiebungen überstreichen einen Bereich von mehr als 90 ppm, wobei Phenyllithium und Iodbenzol (s. 1. und letzte Spalte in Tab. 3.65) jeweils die Extremwerte aufweisen. Die Substituenteneinflüsse auf dieses C-Atom (α-Effekt) sind vergleichbar mit denen, die bei substituierten Alkenen (s. S. 262ff.) beobachtet werden. Die durch den Substituenten hervorgerufenen Verschiebungen sind weder mit berechneten Elektronendichten noch mit den üblichen Substituentenkonstanten (σ_p, σ_I, σ_{R^0}, Swain-Lupton-Konstanten) korrelierbar.

C-2/6 (C_{ortho})-Substituenteninkremente: Der Einfluß der Substituenten auf die *ortho*-Kohlenstoff-Atome (β-Effekt) steht ebenfalls in keinem Zusammenhang mit Substituentenkonstanten bzw. Elektronendichten, die nach den unterschiedlichsten Rechenverfahren ermittelt wurden, da induktive, mesomere und je nach Substituent sterische Effekte sich überlagern. Die vom Substituenten induzierten Verschiebungen umfassen einen Bereich von etwa 40 ppm mit Benzylkalium ($\delta_C = 111{,}0$ ppm (in THF); das Benzyl-Anion hat den stärksten +M-Effekt, s. S. 229) und den Phenylmetall-Verbindungen wie Phenyllithium oder Tetraphenylblei ($\delta_{C-2/6} = 144{,}0$ ppm im C$_6$H$_5$Li; $\delta_{C-2/6} = 137{,}7$ im (C$_6$H$_5$)$_4$Pb) als Extremfälle.

Jedoch sollte hier darauf hingewiesen werden, daß die Phenylcarbenium-Ionen (s. S. 371) wie das Phenylmethylcarbenium-Ion stärkere Tieffeldverschiebungen von C-2/6 zeigen.

C-3/5 (C_{meta})-Substituenteninkremente: Die *meta*-Positionen werden entsprechend den mesomeren Formen am wenigsten vom Substituenten beeinflußt. Die Abweichungen vom δ-Wert des Benzols sind für die meisten der in Tab. 3.65 aufgeführten Substituenten kleiner als ±1 ppm. Größere Abweichungen von der Verschiebung des Benzols zeigen nur die geladenen Substituenten, wobei das Phenyldiazonium-Salz $C_6H_5N_2^+$ **254** mit einem Δδ-Wert für C-3/5 von +5,7 ppm besonders auffällt. Hierbei ist allerdings der Lösungsmitteleinfluß (SO_2) zu berücksichtigen [236].

254

Die Tatsache, daß nur geladene Substituenten (s. Tab. 3.65) besonders große Verschiebungen der *meta*-C-Atome hervorrufen, legt einen elektrischen Feldeffekt nahe.

Ab-initio-MO-Rechnungen an monosubstituierten Benzolen ergeben eine nahezu lineare Korrelation zwischen den Substituentenverschiebungen und der totalen Ladungsdichteänderungen ($\Delta q_\pi + \Delta q$) mit einer Steigung von etwa 150 ppm/Elektron.

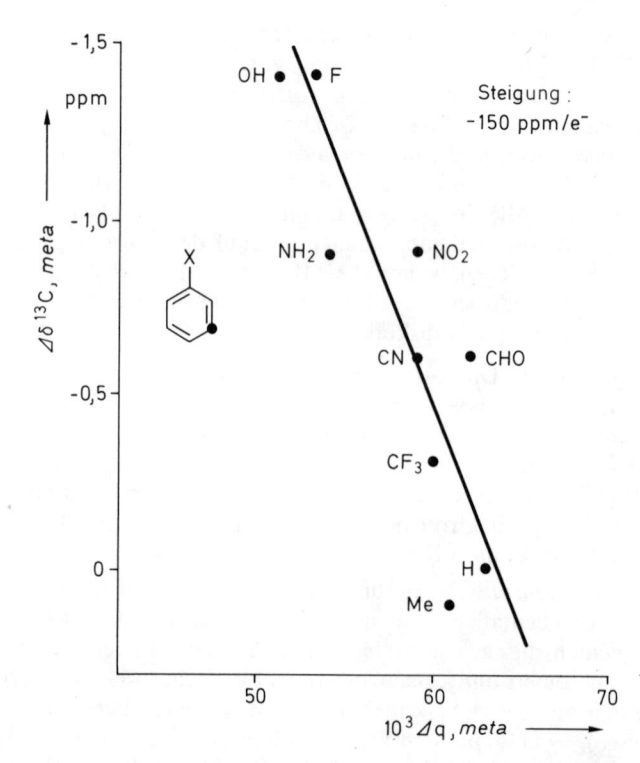

Abb. 3.13 Abhängigkeit der substituenteninduzierten Verschiebung des *meta*-C-Atoms von der totalen Ladungsdichte am *meta*-C-Atoms in monosubstituierten Benzol-Derivaten C_6H_5X [237]

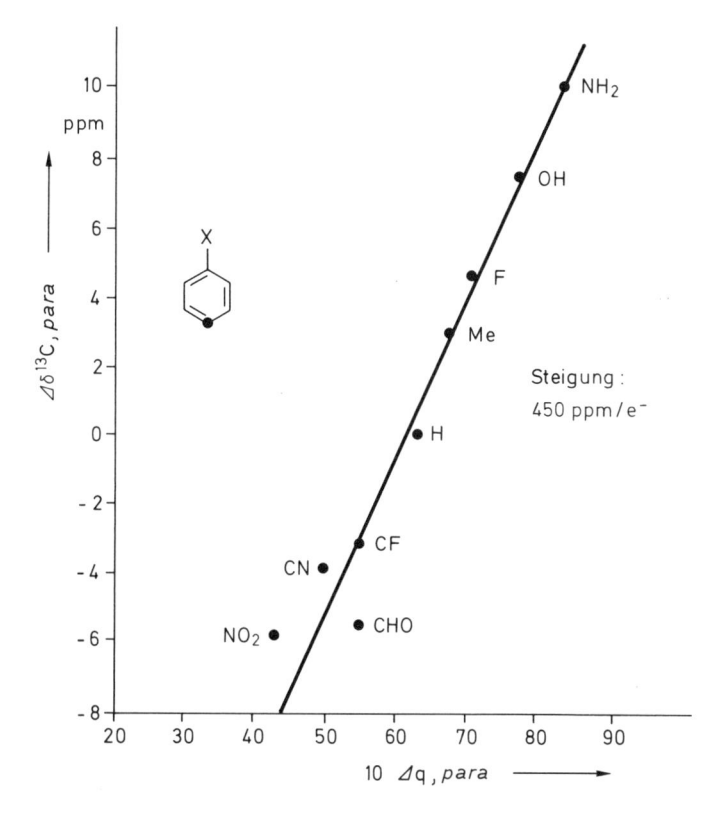

Abb. 3.14 Abhängigkeit der substituenteninduzierten Verschiebung des *para*-C-Atom von der totalen Ladungsdichte am *para*-C-Atom in monosubstituierten Benzol-Derivaten C_6H_5X[237]

$$\Delta\delta_{C-3/5} = 150\,\Delta q_t \tag{3.45}$$

$$\Delta\delta_{C-4} = 450\,\Delta q_t \tag{3.46}$$

Diese ist für das *para*-C-Atom mit 450 ppm/Elektron um den Faktor 3 größer (s. unten) und besitzt das umgekehrte Vorzeichen. Eine Zusammenfassung der beiden angegebenen Beziehungen zu einer einzigen ist auf der Basis der *ab-initio*-Rechnungen nicht möglich[237].

Aus CNDO-Rechnungen ist dagegen eine lineare Abhängigkeit der totalen Elektronendichte und von Substituenten induzierten Verschiebungen *aller* Kohlenstoff-Atome abgeleitet worden[238,239]. Solche Korrelationen sind wegen des kleinen Verschiebungsbereiches der *meta*-C-Atome jedoch mit Vorsicht zu betrachten[234,235]. Dies gilt auch für den Zusammenhang zwischen den Verschiebungsdifferenzen und den Substituentenkonstanten (σ_m, σ_I, σ_{R^0}). Die Zwei-Parameter-Analyse (DSP-Analyse, s. auch S. 90) ergibt für die *meta*-Position die Gleichung 3.47).

$$\Delta\delta_{C-3/5} = -1{,}54\,\sigma_I + 1{,}61\,\sigma_{R^0} \tag{3.47}$$

C-4 (C_{para})-Substituenteninkremente: Die Substituenteninkremente für das *para*-C-Atom in monosubstituierten Benzolen umfassen einen Bereich von mehr als 60 ppm, wenn man die geladenen Substituenten in die Betrachtung miteinbezieht. Die größten Hochfeldverschiebungen zeigen die Benzylalkalimetall-Verbindungen[240] (s. S. 230 Benzylkalium $\delta_{C-4} = 95{,}6$ ppm, $\Delta\delta_{C-4} = -32{,}9$ ppm). Die größten Tieffeldverschiebungen werden bei den Phenylcarbenium-Ionen (s. S. 371) (Phenylmethylcarbenium-Ion $\Delta\delta_{C-4} = 33{,}4$ ppm) beobachtet. Auch das bereits erwähnte Phenyldiazonium-Salz **254** zeigt mit $\Delta\delta_{C-4} = +16$ ppm eine ausgeprägte Tieffeldverschiebung. Für die ungeladenen Substituenten sind das Diethylanilin **255** als Vertreter mit starkem $+M$-Effekt ($\Delta\delta_{C-4} = -13{,}0$ ppm) sowie Nitrobenzol ($\Delta\delta_{C-4} = 6{,}1$ ppm) oder Benzolsulfochlorid **256** als Vertreter mit starkem $-M$- bzw. $-I$-Substituenteneffekt repräsentativ.

Abb. 3.14 zeigt das unter Normalbedingungen (20 MHz; spektrale Breite = 4000 Hz; AT = 1,024 s; PW = 30°; $CDCl_3$ als Lösungsmittel) aufgenommene ^{13}C-NMR-Spektrum von Nitrobenzol **257**. Das Spektrum zeigt als Besonderheit, jedoch typisch für alle Nitroaromaten, ein intensitätsschwaches und breites Signal für das die Nitro-Gruppe tragende C-Atom (s. Quadrupol-Relaxation, Kap. 5, S. 569f.).

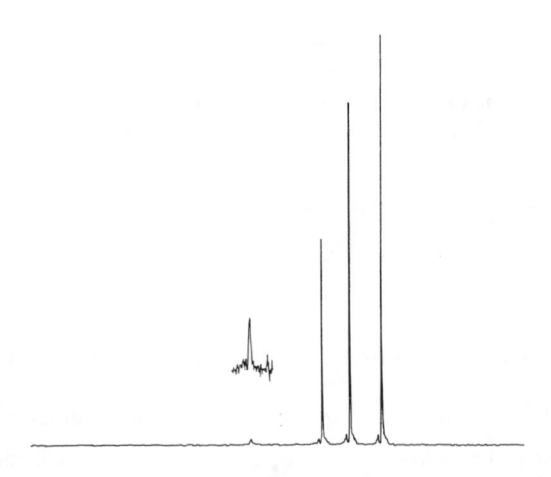

Abb. 3.15 ^1H-Breitband-entkoppeltes ^{13}C-NMR-Spektrum von Nitrobenzol in $CDCl_3$ (20 MHz, 30 °C, SW = 4000 Hz, AT = 1,024 s)

Die Verschiebungen des *para*-C-Atomes werden, wie aus Tab. 3.65 hervorgeht und bereits im Zusammenhang mit den halb empirischen und empirischen Korrelationen diskutiert (s. Abschn. 3.3, S. 88ff.), im wesentlichen durch die mesomeren und induktiven Effekte bestimmt. Daher haben theoretische Berechnungen der Elektronendichte zu sehr guten Korrelationen mit den $\Delta\delta$-Werten für das *para*-C-Atom geführt, jedoch hängen die Güte der Korrelation (Korrelationskoeffizient, Standardabweichung) sowie der zahlenmäßige Zusammenhang von der verwendeten Rechenmethode ab[37,237] (s. auch Abschn. 3, S. 88).

Die Abb. 3.14 zeigt das Ergebnis von „ab initio"-Rechnungen. CNDO-Rechnungen ergeben eine Steigung von 166 ppm/Elektron[238] (bezogen auf den Gesamt-Elektronendichte-Unterschied). Für den Zusammenhang mit der Änderung der π-Elektronendichte konnte, ebenfalls über CNDO-Rechnungen, eine Steigung von 167 ppm (Gl. 3.48) ermittelt werden[241].

$$\Delta\delta_{C-4} = 167 \Delta q_\pi \tag{3.48}$$

Nach diesen Rechnungen sind also Einflüsse über das σ-Gerüst für die *para*-Position zu vernachlässigen. Zahlenmäßig entspricht der angegebene Wert dem, den man für die $(4n+2)\pi$-Aromaten berechnet hat (s. S. 135). Wegen der Abhängigkeit der Korrelationsparameter von der verwendeten Rechenmethode werden häufig Beziehungen zwischen Substituentenkonstanten, die ein Maß für die Elektronendichteverteilung im Benzol darstellen, und den $\Delta\delta_{C-4}$-Werten (s. auch Abschn. 3, S. 88f.) vorgezogen. Im einzelnen wurden dabei die folgenden Substituentenparameter benutzt:

– Hammett-Substituentenkonstanten
  σ_p, σ_{p^+}
– Taft-Substituentenkonstanten
  σ_I und σ_{R^0}
– Swain-Lupton-Substituentenkonstanten
  R und F

Bei der Übersicht über die verschiedenen Korrelationen – Substituenten induzierter Verschiebungen (SCS-Werte) an Aromaten mit den Substituentenparametern – fällt auf, daß in der Literatur kein Vergleich der Güte der verschiedenen Korrelationen mit dem gleichen Datensatz durchgeführt wurde. Für diese Zusammenfassung wurden daher 20 Substituenten (Tab. 3.66) ausgewählt, wobei einziges Auswahlkriterium die Erhältlichkeit aller SCS-Werte und Substituentenparameter war. Mit diesem geschlossenen Datensatz wurden die Korrelationsangaben der Literatur überprüft, wobei die Anzahl von 20 Wertesätzen eine genügende statistische Sicherheit gibt. Die SCS-Werte der Tab. 3.66 wurden aus Tab. 3.65 übernommen. σ_p-, σ_m-, σ_I-, σ_{R^0}-Werte sind aus der umfassenden Datenzusammenstellung von Exner[242], die σ_{p^+}-, F- und R-Werte der Arbeit von Swain und Lupton[243] entnommen. Die Korrelationsrechnungen wurden mit dem Programm von Swain und Lupton durchgeführt.

Die angegebenen Gl. (3.49–3.54) zeigen, daß die Beziehung von $\Delta\delta_{C-3/5}$ gegen σ_I/σ kaum belegt ist, da die Standardabweichung in der Größenordnung der Meßwerte liegt. Zwischen σ_m und den Verschiebungen der *meta*-C-Atome gibt es keinen Zusammenhang.

$$\Delta\delta_{C-3/5} = 1{,}61\,\sigma_I - 1{,}55\,\sigma_{R^0} \tag{3.49}$$
$$MR = 0{,}7380 \quad ZE = 0{,}48$$

$$\Delta\delta_{C-4} = 11{,}5\,\sigma_p - 2{,}54 \tag{3.50}$$
$$R = 0{,}9331 \quad ZE = 1{,}6$$

$$\Delta\delta_{C-4} = 8{,}47\,\sigma_{p^+} - 0{,}91 \tag{3.51}$$
$$R = 0{,}9702 \quad ZE = 1{,}13$$

$$\Delta\delta_{C-4} = 4{,}1\,\sigma_I + 22{,}0\,\sigma_{R^0} \tag{3.52}$$
$$MR = 0{,}9924 \quad ZE = 0{,}6$$

Tab. 3.66 Ausgewählte monosubstituierte Benzol-Derivate für die Korrelation mit Substituentenparametern

Nr.	Subst.	$\Delta\delta_{C_{ipso}}$	$\Delta\delta_{C_{ortho}}$	$\Delta\delta_{meta}$	$\Delta\delta_{para}$	$\Delta\delta_{meta}$	σ_p	σ_m	σ_I	σ_R^o	σ_{p+}	F	R
1	H	0	0	0	0	0	0	0	0	0	0	0	0
2	CH$_3$	9,2	0,7	−0,1	−3,1	−3,0	−0,17	−0,06	−0,04	−0,13	−0,256	−0,052	−0,141
3	C$_2$H$_5$	15,6	−0,5	−0,0	−2,7	−2,7	−0,151	−0,08	−0,06	−0,09	−0,218	−0,065	−0,014
4	C(CH$_3$)$_3$	22,1	−3,4	−0,4	−3,1	−2,7	−0,197	−0,09	−0,08	−0,08	−0,275	−0,104	−0,138
5	CF$_3$	2,5	−3,2	0,3	3,3	3,0	0,54	0,46	0,42	0,08	0,582	0,631	0,186
6	C$_6$H$_5$	13,1	−1,1	0,4	−1,1	−2,7	0,180	0,34	0,43	−0,12	−0,085	0,672	−0,197
7	CN	−15,7	3,6	0,7	4,3	3,6	0,66	0,62	0,56	0,08	0,674	0,847	0,184
8	COCH$_3$	8,9	0,1	−0,1	4,4	4,5	0,502	0,36	0,2	0,16	0,567	0,534	0,202
9	COOH	2,1	1,6	−0,1	5,2	5,1	0,45	0,35	0,34	0,16	0,472	0,552	0,140
10	COOC$_2$H$_5$	2,1	1,0	−0,5	3,9	4,4	0,45	0,35	0,2	0,16	0,472	0,552	0,140
11	NH$_2$	18,2	−13,4	0,8	−10,0	−10,8	−0,66	−0,09	0,12	−0,5	−1,111	0,037	−0,681
12	NO$_2$	19,9	−4,9	0,9	6,1	5,2	0,778	0,71	0,65	0,15	0,74	1,109	0,155
13	OH	26,9	−12,8	1,4	−7,4	−8,8	−0,37	0,13	0,28	−0,4	−0,853	0,487	−0,643
14	OCH$_3$	31,4	−14,4	1,0	−7,7	−8,7	−0,268	0,1	0,27	−0,42	−0,648	0,413	−0,5
15	OC$_6$H$_5$	27,6	−11,2	−0,3	−6,9	−7,2	−0,32	0,26	0,38	−0,32	−0,899	0,747	−0,740
16	SH	2,1	0,7	0,3	−3,2	−3,5	−0,15	0,25	0,28	−0,15	0,019	0,464	−0,111
17	F	34,8	−13,0	1,6	−4,4	−6,0	0,062	0,34	0,5	−0,31	−0,247	0,708	−0,336
18	Cl	6,3	0,4	1,4	−1,9	−3,3	0,226	0,37	0,46	−0,18	0,035	0,690	−0,161
19	Br	−5,8	3,2	1,6	−1,6	−3,2	0,232	0,37	0,44	−0,16	0,025	0,727	−0,176
20	I	−34,1	8,9	1,6	−1,1	−2,7	0,18	0,34	0,43	−0,12	−0,034	0,672	−0,197

$$\Delta\delta_{C-4} = 2{,}42\,F + 14{,}78\,R \qquad (3.53)$$
$$MR = 0{,}9664 \quad ZE = 1{,}2$$

$$\Delta\delta_{C-4} - \Delta\delta_{C_{3/5}} = 23{,}9\,\sigma_{R^0} + 0{,}68 \qquad (3.54)$$
$$R = 0{,}9899 \quad ZE = 0{,}7$$

R = Korrelationskoeffizient
MR = Multipler Korrelationskoeffizient
ZE = Standardabweichung (ppm)

Die Korrelation zwischen $\Delta\delta_{C-4}$ und σ_{p^+} (Abb. 3.16) ist mit einer um ca. $\frac{1}{3}$ niedrigeren Standardabweichung etwas besser als die Korrelation zwischen $\Delta\delta_{C-4}$ und den ursprünglichen Hammett-Konstanten σ_p; betrachtet man jedoch die Bandbreite der publizierten σ_{p^+}-Werte[242], so erscheint diese Verbesserung nicht signifikant.

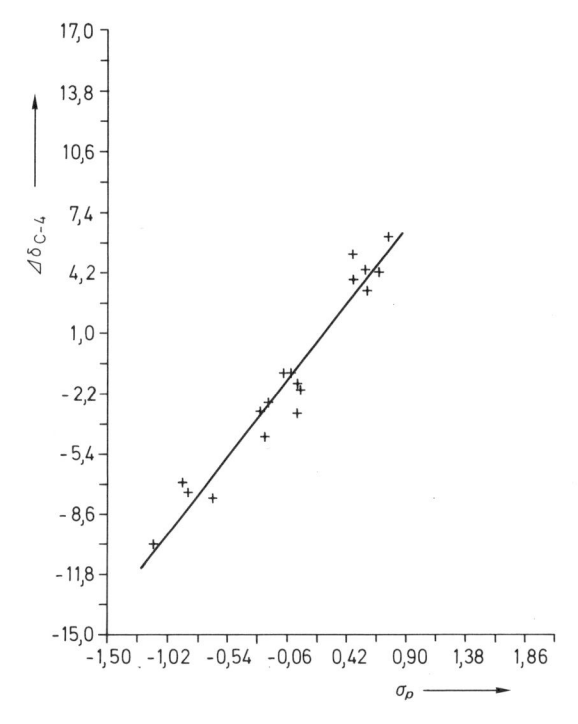

Abb. 3.16 Hammett-Korrelation σ_p gegen δ_{C-4} unter Verwendung der Daten aus Tab. 3.65 und den σ_p-Konstanten aus Lit.[243]

Die Zwei-Parameter-Analyse (mit σ_I/σ_{R^0}, DSP-Analyse[244]) liefert für $\Delta\delta_{C-4}$ einen multiplen Korrelationskoeffizienten von 0,9924 bei einer um etwa die Hälfte geringeren Standardabweichung gegenüber den linearen Regressionen. Berücksichtigt man die Tatsache, daß σ_{R^0} mit $\Delta\delta_{C-4}$ allein eine lineare Korrelation mit dem Korrelationsfaktor 0,9693 bei einer Standardabweichung von 1,15 ppm ergibt, so erscheint der oft behauptete Vorteil der Doppel-Parameter-Korrelation nicht gerechtfertigt. Bemerkenswert ist das Abschneiden des Swain-Lupton-Parametersatzes, der schlechtere Ergebnisse als σ_I/σ_{R^0} nach Taft liefert.

Die Zwei-Parameter-Regressionsanalyse liefert für CDCl$_3$ als Lösungsmittel mit einem anderen Datensatz (21 Substituenten: wie Tab. 3.66; außer: SH, C$_2$H$_5$, t-C$_4$H$_9$, I, OH, COOH, C$_6$H$_5$; jedoch: N(CH$_3$)$_2$; SOCH$_3$, COC$_6$H$_5$, SO$_2$CH$_3$, SO$_2$C$_6$H$_5$, CHO, COCF$_3$, COCN) die Gleichung (3.55) mit einer Standardabweichung

$$\Delta\delta_{C-4} = 4{,}54\,\sigma_I + 21{,}54\,\sigma_{R^o} \tag{3.55}$$

von 0,11 ppm[244]. Mit steigender Polarität des Lösungsmittels nehmen die Faktoren für σ_I und σ_{R^o} zu, stärker jedoch für den induktiven Anteil σ_I, so daß für den Lösungsmitteleinfluß hauptsächlich der induktive Anteil verantwortlich ist. Interessant erscheint das gute Ergebnis (Gl. 3.54) der linearen Regression zwischen den „korrigierten" δ_{C-4}-Werten ($\Delta\delta_{C-4} - \Delta\delta_{C-3}$) und σ_{R^o}[245]. Durch die Differenzbildung werden andere Effekte außer den Resonanzeffekten eliminiert.

Weniger große Resonanzbeiträge werden verständlicherweise bei der Swain-Lupton-Korrelation der Toluol-Derivate **257** beobachtet[246]. Gl.(3.45a) zeigt gegenüber dem Resonanzbeitrag einen 2½fachen induktiven und Feldeffekt für die $\Delta\delta$-Werte des *para*-Kohlenstoff-Atoms an. Unabhängig vom Substituenten X werden für das *para*-Kohlenstoff-Atom Tieffeldverschiebungen beobachtet. Dies legt eine Polarisation des π-Systems durch den Substituenten (F_π-Effekt oder π-induktiver Effekt), wie in **257a** angegeben, nahe.

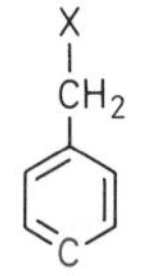

257

X = CH$_3$, C$_6$H$_5$, F, Cl, Br, I, CN, NO$_2$, NH$_2$, OH, OCOCH$_3$

$$\Delta\delta_{C-4} = 3{,}63\,F - 1{,}43\,R \tag{3.55a}$$

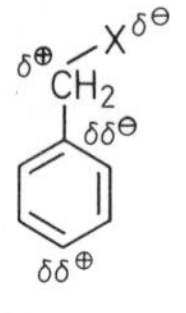

257a

Eingehend untersucht sind solche π-Polarisationseffekte F_π in Verbindungen wie den 4-Phenyl-1-substituierten Bicyclo[2.2.2]octanen **258**, in denen der Phenyl-Ring mehrere Bindungen vom Substituenten getrennt ist[247,248]. Die Zusammenstellung der $\Delta\delta$-Werte einiger ausgewählter Substituenten zeigt, daß sich der Substituenteneffekt selbst in der *para*-Position des Phenyl-Rings bemerkbar macht.

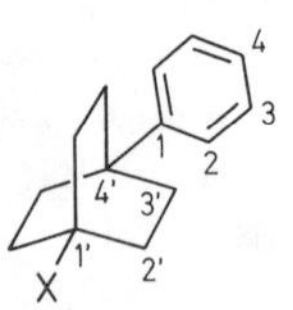

258

X	C-1	C-2	C-3	C-4	C-1'	C-2'	C-3'	C-4'
δ H	150,6	125,6	128,1	125,4	24,6	25,6	32,8	34,1
$\Delta\delta$ NH$_2$	−1,5	−0,2	−0,1	0,0	27,0	6,5	3,0	0,1
NO$_2$	−3,5	−0,4	0,2	0,7	23,0	3,9	0,1	0,6
F	−2,7	−0,3	0,1	0,5	69,9	4,9	1,4	0,1
OH	−1,9	−0,2	0,0	0,3	45,0	7,8	1,3	0,1
CH$_3$	0,4	−0,1	−0,1	0,1	3,4	7,2	0,7	0,5
COOC$_2$H$_5$	−1,4	−0,1	0,1	0,4	35,5	2,2	−0,4	0,5

Die induzierten Verschiebungen $\Delta\delta$ sind vereinbar, vorausgesetzt, die Geometrie wird durch den Substituenten nicht verändert, mit dem im Formelbild **258a** angegebenen Polarisationsmuster, hervorgerufen durch die Störung des π-Systems durch das elektrische Feld (Dipol oder Monopol) des Substituenten.

258 a

Die Zwei-Parameter-Analyse mit den Taftschen Substituentenkonstanten (σ_{R^0} ist hier als hyperkonjugativer Beitrag und nicht als eigentlicher Resonanzbeitrag zu verstehen) liefert zufriedenstellende Korrelationen für alle C-Atome mit Ausnahme der C-2,6-Kohlenstoff-Atome. *Ab initio*-Rechnungen zum π-Polarisationsmechanismus bestätigen die aus den ^{13}C-NMR-Spektren gewonnenen Daten[249].

Die chemischen Verschiebungen von di-, tri- und polysubstituierten Benzolen lassen sich mit Hilfe der in Tab. 3.65 angegebenen Substituenteninkremente berechnen. Abweichungen von der Additivität sind zu erwarten, wenn

– die Substituenten benachbart sind und aufgrund ihrer Größe eine Valenzwinkeländerung oder Verdrillung aus der Ringebene (Verminderung des mesomeren Effektes) hervorrufen,
– intramolekulare Wasserstoff-Brückenbindungen vorliegen,
– die Substituenten starke *M*- bzw. *I*-Effekte mit unterschiedlichen Vorzeichen besitzen (z. B. *p*-Nitroanilin).

Tab. 3.67 zeigt eine Auswahl von mehrfach substituierten Benzolen. In Klammern sind für einige Verbindungen die duch Addition der Inkremente der Tab. 3.65 erhaltenen δ-Werte angegeben (Gl. 3.56). Sterische Korrekturfaktoren existieren nicht.

$$\delta_C = 128{,}5 + \Sigma \Delta\delta \tag{3.56}$$

Die Differenzen zwischen gemessenen und berechneten δ-Werten sind, abgesehen von den oben erwähnten Sonderfällen, kleiner als ± 2 ppm, aber auch bei größeren Abweichungen immer noch als Zuordnungshilfen (z. B. Salicylaldehyd, substituierte *t*-Butylbenzole, s. Tab. 3.67) gut geeignet.

Tab. 3.67 ¹³C-chemische Verschiebung mehrfach substituierter Benzole. Die Werte in Klammern sind mit Hilfe der Inkremente in Tabelle 3.65 berechnet.

Verbindung	δ (ppm)					
	C-1	C-2	C-3	C-4	C-5	C-6
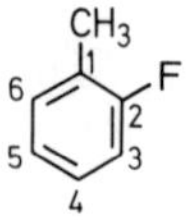 2-Fluortoluol	122,8 (124,7)	159,9 (164,0)	113,8 (115,4)	126,6 (127,0)	122,8 (124,0)	130,6 (130,5)
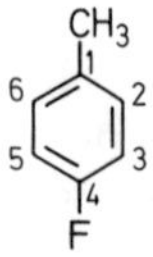 4-Fluortoluol	132,2 (133,3)	129,3 (130,8)	114,0 (115,4)	159,6 (160,2)	114,0 (115,4)	129,9 (130,8)
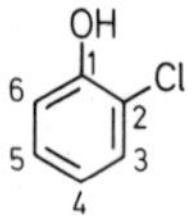 2-Chlorphenol	151,8 (155,8)	120,3 (122,0)	129,3 (130,3)	121,5 (122,5)	128,5 (128,0)	116,3 (117,5)
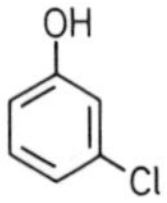 3-Chlorphenol	156,3 (156,8)	116,1 (116,1)	135,1 (136,2)	121,5 (121,5)	130,5 (131,3)	113,9 (113,8)
 4-Chlorphenol	154,1 (153,5)	116,8 (117,1)	129,7 (130,3)	125,9 (127,4)	129,7 (130,3)	116,8 (117,1)
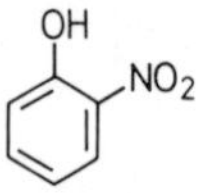 2-Nitrophenol	155,3 (150,5)	133,8 (135,6)	125,2 (125,0)	120,4 (122,0)	137,7 (136,8)	120,1 (116,6)
 4-Nitrophenol	161,5 (161,5)	115,9 (116,6)	126,4 (125,0)	141,7 (141,0)	126,4 (125,0)	115,9 (116,6)
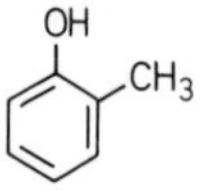 2-Methylphenol	153,5 (156,1)	124,0 (124,9)	131,1 (130,6)	121,4 (121,0)	127,7 (126,8)	115, (115,6)
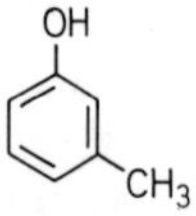 3-Methylphenol	154,9 (155,3)	116,1 (116,4)	139,3 (139,1)	122,2 (121,8)	130,3 (129,8)	112,7 (112,6)
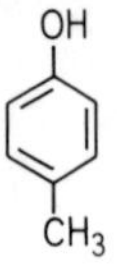 4-Methylphenol	152,6	115,3	130,2	130,5	130,2	115,3

Tab. 3.67 Fortsetzung

Verbindung	δ(ppm)					
	C-1	C-2	C-3	C-4	C-5	C-6
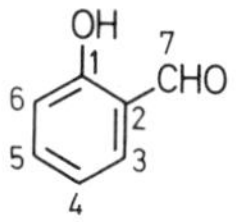 2-Hydroxybenzaldehyd	161,6 (156,6) CHO: 196,7	120,9 (124,1)	133,8 (131,1)	119,9 (121,6)	136,9 (135,6)	117,6 (116,2)
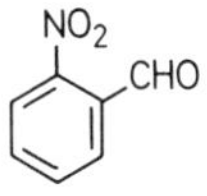 2-Nitrobenzaldehyd	149,5 (149,6) CHO: 188,6	131,3 (132,0)	129,7 (130,6)	134,1 (135,1)	134,3 (135,1)	124,5 (125,1)
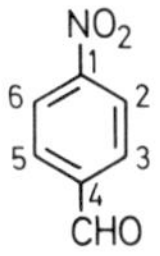 4-Nitrobenzaldehyd	151,4 (154,1) CHO: 190,4	124,4 (124,1)	130,6 (130,6)	140,3 (143,0)	130,6 (130,6)	124,4 (124,1)
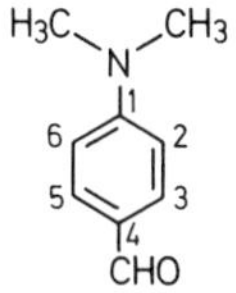 4-Dimethylaminobenzaldehyd	155,6 (156,7) CHO: 191,0; N(CH$_3$)$_2$: 40,9	112,5 (113,6)	133,0 (130,6)	126,3 (125,4)	133,0 (130,6)	112,5 (113,6)
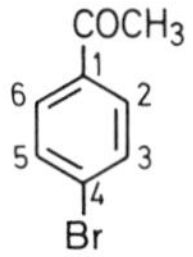 4-Bromacetophenon	134,4 (135,8) CO: 196,3; CH$_3$: 26,2	130,5 (130,2)	130,5 (131,6)	126,3 (127,1)	130,5 (131,6)	130,5 (130,2)
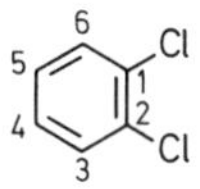 1,2-Dichlorbenzol	132,6 (135,2)	132,6 (135,2)	130,5 (130,3)	127,7 (128,0)	127,7 (128,0)	130,9 (130,9)
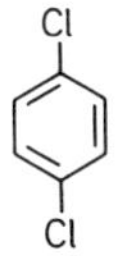 1,4-Dichlorbenzol	132,7 (132,9)	130,3 (129,5)	130,3 (129,5)	132,7 (132,9)	130,3 (129,5)	(130,3) (129,5)
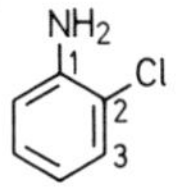 2-Chloranilin	143,0 (147,1)	119,1 (121,4)	129,3 (129,7)	118,9 (119,9)	127,6 (127,4)	115,9 (116,5)
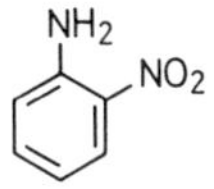 2-Nitroanilin	144,5 (141,8)	131,7 (135,0)	125,6 (124,4)	118,5 (119,4)	135,2 (135,4)	116,5 (116,0)
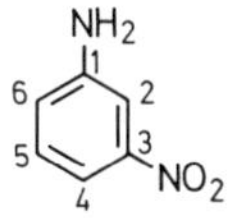 3-Nitroanilin	151,4 (157,6)	109,0 (110,2)	150,4 (149,2)	111,7 (113,6)	131,1 (130,2)	121,6 (121,2)

Tab. 3.67 Fortsetzung

Verbindung	δ (ppm)					
	C-1	C-2	C-3	C-4	C-5	C-6
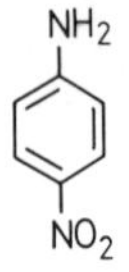 4-Aminonitrobenzol (NH$_2$/NO$_2$)	157,1 (152,8)	114,1 (116,0)	127,8 (124,4)	137,6 (128,4)	127,8 (124,4)	114,1 (116,0)
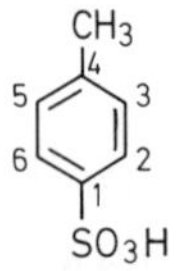 4-Methylbenzolsulfonsäure (CH$_3$/SO$_3$H)	142,5 (139,9)	125,8 (125,7)	129,7 (130,0)	140,0 (141,0)	129,7 (130,0)	125,8 (125,7)
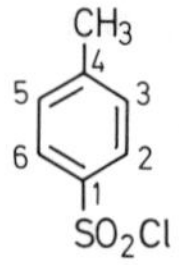 4-Methylbenzolsulfonylchlorid (CH$_3$/SO$_2$Cl)	142,8 (141,0) CH$_3$: 20,8	125,5 (126,7)	128,7 (130,4)	139,5 (144,5)	128,7 (130,4)	125,5 (126,7)
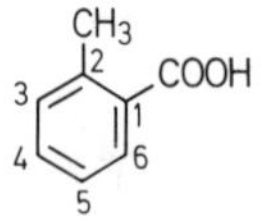 2-Methylbenzoesäure (CH$_3$/COOH, o)	129,2 CH$_3$: 21,3; CO: 167,0	137,7	128,9	130,0	124,3	130,0
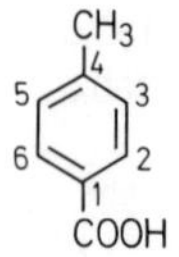 4-Methylbenzoesäure (CH$_3$/COOH, p)	128,5 CH$_3$: 21,4; CO: 167,8	129,7*	129,4*	143,3	129,4	129,7
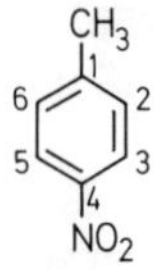 3-Methylnitrobenzol (CH$_3$/NO$_2$)	146,2 CH$_3$: 21,4	130,0	123,5	146,2	123,5	130,0
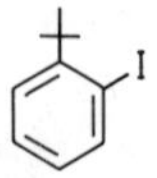 2-tert-Butyliodbenzol	150,3 (159,5) –C–: 36,7; CH$_3$: 30,0	95,6 (91,0)	143,7 (137,0)	127,4 (127,0)	127,9 (127,0)	127,4 (126,7)
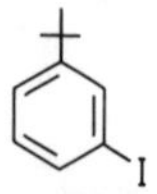 3-tert-Butyliodbenzol	153,7 (152,2) –C–: 34,7; CH$_3$: 31,2	134,6 (134,0)	94,6 (94,0)	134,6 (134,3)	129,8 (129,7)	124,6 (124,0)
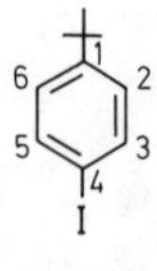 4-tert-Butyliodbenzol	150,8 (149,5) –C–: 34,5; CH$_3$: 31,1	127,5 (126,7)	137,1 (137,0)	90,6 (91,3)	137,1 (137,0)	127,3 (126,7)
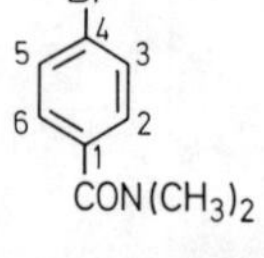 4-Brom-N,N-dimethylbenzamid (Br/CON(CH$_3$)$_2$)	135,1 CO: 170,5; CH$_3$: 39,5, 35,4	128,8	131,6	123,8	131,6	128,8

Tab. 3.67 Fortsetzung

Verbindung	δ (ppm)					
	C–1	C–2	C–3	C–4	C–5	C–6
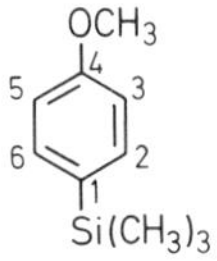 4-OCH₃-C₆H₄-Si(CH₃)₃	130,6	134,4	113,6	160,5	113,6	134,4
SiCH₃: –6,90						
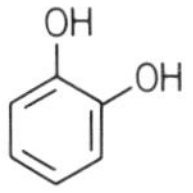 Brenzcatechin (1,2-Dihydroxybenzol)	147,1	147,1	119,3	124,1	124,1	119,3
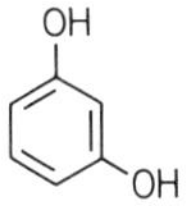 Resorcin (1,3-Dihydroxybenzol)	159,3	105,3	159,3	110,3	133,3	110,3
 Hydrochinon (1,4-Dihydroxybenzol)	151,5	118,5	118,5	151,5	118,5	118,5
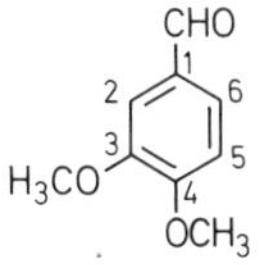 3,4-Dimethoxybenzaldehyd	130,0	110,7	149,8	154,6	109,4	126,5
CHO: 190,7; OCH₃: 56,0, 56,1						
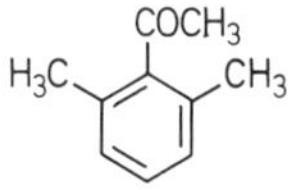 2,6-Dimethylacetophenon	141,7	131,5	126,9	126,9	126,9	131,5
CO: 205,4; CH₃CO: 30,5; CH₃: 17,7						
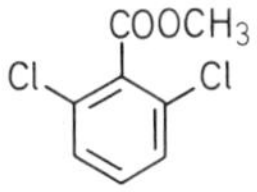 2,6-Dichlorbenzoesäuremethylester	130,8	132,6	126,6	130,2	126,6	132,6
CO: 163,7; CH₃: 52,0						
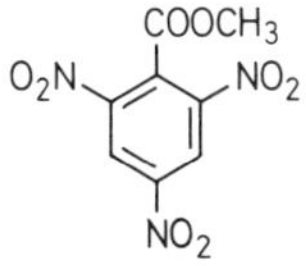 2,4,6-Trinitrobenzoesäuremethylester	129,7	144,9	124,2	144,9	124,2	144,9
CO: 161,5						
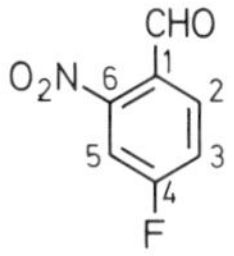 2-Nitro-4-fluorbenzaldehyd	126,4	132,4	120,5	163,8	112,0	150,0
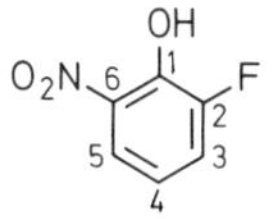 6-Nitro-2-fluorphenol	140,3	151,4	120,8	117,9	119,7	137,9

Tab. 3.67 Fortsetzung

Verbindung	δ (ppm)					
	C–1	C–2	C–3	C–4	C–5	C–6
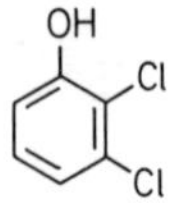 2,3-Dichlorphenol	152,9	119,2	132,8	122,3	128,2	114,6
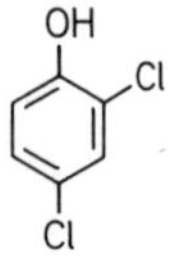 2,4-Dichlorphenol	150,3	120,6	128,7	125,8	128,7	117,3
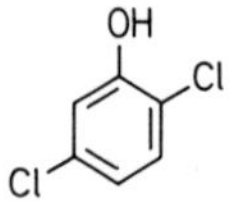 2,5-Dichlorphenol	152,0	118,5	129,7	121,8	133,9	116,8
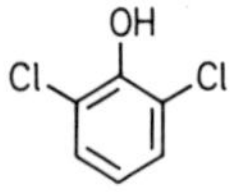 2,6-Dichlorphenol	148,1	121,3	128,5	121,3	128,5	121,3
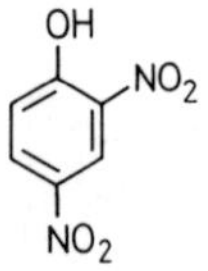 2,4-Dinitrophenol	159,2	132,8	122,0	140,4	131,8	121,4
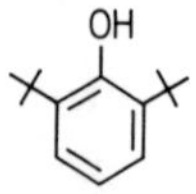 2,6-Dimethylphenol	153,8	135,8	124,8	119,6	124,8	135,8
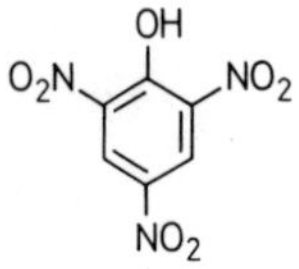 2,4,6-Trinitrophenol	158,6		126,3		126,3	
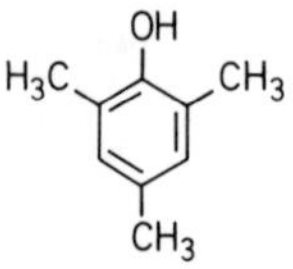 2,4,6-Trimethylphenol	150,1 o-CH$_3$: 15,9; p-CH$_3$: 20,4	123,1	129,3	129,5	129,3	123,1
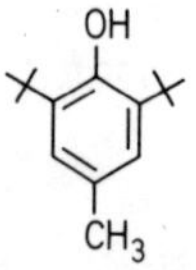 2,6-Di-tert-butyl-4-methylphenol	151,6 –C–: 34,2; CH$_3$: 30,3; CH$_3$: 21,2	135,8	125,4	128,2	125,4	135,8
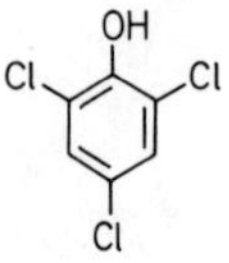 2,4,6-Trichlorphenol	147,1	121,8	128,2	125,5	128,2	121,8

Tab. 3.67 Fortsetzung

Verbindung	δ(ppm)					
	C−1	C−2	C−3	C−4	C−5	C−6
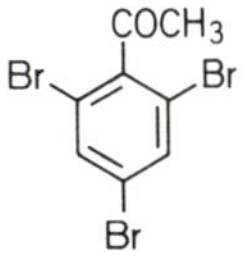 2,4,6-Tribromacetophenon	142,0	118,5	134,0	123,3	134,0	118,5
	CO: 199,7; CH$_3$: 30,1					
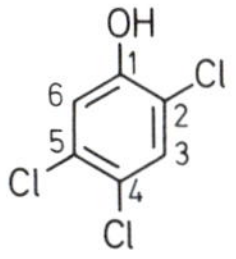 2,4,5-Trichlorphenol	150,4	118,9	129,6	124,3	132,0	117,7
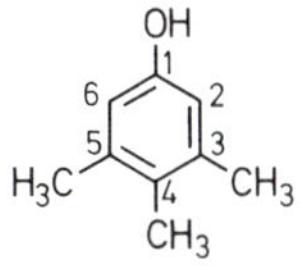 3,4,5-Trimethylphenol	152,5	119,5	137,7	127,1	137,7	119,5
	CH$_3$: 20,5, 14,4					
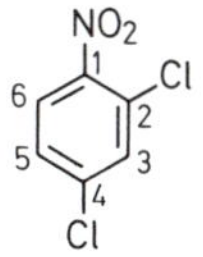 2,4-Dichlor-1-nitrobenzol	146,3	128,2	131,6	139,2	128,0	126,7
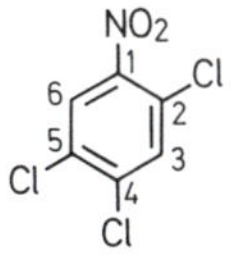 2,4,5-Trichlor-1-nitrobenzol	146,0	126,2	132,9	137,9	132,1	127,1
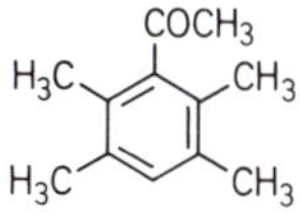 2,3,5,6-Tetramethylacetophenon	144,2	127.7	133.9	131.7	133.9	127,7
	CO: 206,70; CH$_3$: 33,10, 16,5, 20,4					
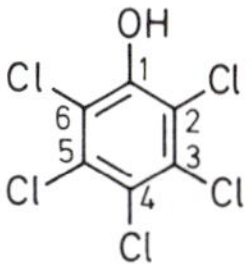 2,3,4,5,6-Pentachlorphenol	148,3	119,9	131.6	125,2	131,6	119,9

Das nichtadditive Verhalten der Substituenteninkremente in 1,4-disubstituierten Benzolen **259**, in denen sterische Wechselwirkungen der Substituenten und intramolekulare Wasserstoff-Brückenbindungen auszuschließen sind, ist mit Hilfe linearer[250] und nichtlinearer[251] Korrelationen quantitativ untersucht worden.

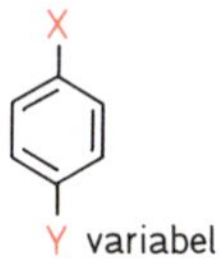

259

Für den linearen Ansatz wird Gl. (3.57) benutzt. Hier bedeuten a_0 die Verschiebung von C-4 für X = H, $\Delta\delta_{C-4}$ das Substituenteninkrement von X auf die *para*-Position (s. Tab. 3.65) und b den Faktor, der die Nichtadditivität zum Ausdruck bringt; $b = 1$ bedeutet additives Verhalten, $b \neq 1$ proportionales Verhalten der Inkremente. Es ergibt sich im übrigen eine gute Übereinstimmung zwischen den experimentell erhaltenen a_0-Werten (s. Tab. 365 δ_{C-1}) und den durch lineare Regression nach 3.57 erhaltenen.

$$\delta_{C-4} = a_0 + b\,\Delta\delta_{C-4}(X) \qquad (3.57)$$

Tab. 3.68 enthält das Ergebnis von linearen Regressionsanalysen nach Gl. (3.57) für 24 verschiedene Substituenten Y und eine unterschiedliche Zahl Substituenten X^{250}. Die Korrelationskoeffizienten sind gut bis zufriedenstellend. Die unterschiedlichen Steigungen b, die besonders für Y = F, OR, NO_2, $SiMe_3$, $GeMe_3$, SR, SeR, Br und I stark von 1

Tab. 3.68 Ergebnis der Regressionsanalyse nach Gl. (3.57) für 1,4-disubstituierte Benzole (siehe Text)[250]

Substituent[a]	Anzahl der Wertepaare	chemische Verschiebung von X = H (ppm TMS) a_0		Steigung	Ungenauig-keit der Steigung	Korrela-tions-koeffizient
Y	n	exp.	ber.	b	$s_b(t)$	R
F	10	163,50	163,03	0,619	0,060	0,9930
OMe	10	160,10	160,15	0,714	0,062	0,9945
NH_2	10	146,70	146,97	0,825	0,085	0,9925
NO_2	10	148,50	147,78	0,820	0,099	0,9893
CF_3	9	131,10	131,00	1,049	0,070	0,9972
Me	10	137,60	138,13	1,103	0,062	0,9976
Cl	10	134,70	134,77	1,119	0,037	0,9992
CN	10	113,30	113,03	1,161	0,120	0,9921
$CH=CH_2$	11	137,40	137,42	0,918	0,043	0,9981
$CMe=CH_2$	8	141,07	141,02	0,963	0,038	0,9992
$C(CMe_3)=CH_2$	9	143,08	143,08	0,990	0,049	0,9985
$C\equiv CH$	11	122,52	122,39	1,034	0,050	0,9979
C_2H_5	9	143,42	141,61	1,087	0,041	0,9991
C_6H_5	8	141,45	141,61	0,978	0,058	0,9982
CMe_3	8	150,48	150,97	1,073	0,097	0,9960
$SiMe_3$	7	139,70	140,00	1,251	0,103	0,9974
$GeMe_3$	6	142,60	142,24	1,305	0,087	0,9998
$SnMe_3$	7	141,53	141,99	1,345	0,128	0,9966
$OCH=CH_2$	8	156,69	156,40	0,765	0,066	0,9963
$SCH=CH_2$	9	134,26	134,76	1,536	0,083	0,9982
$SeCH=CH_2$	9	129,16	129,77	1,537	0,069	0,9988
$CONH_2$	7	134,37	134,25	0,988	0,140	0,9924
Br	10	122,48	122,58	1,241	0,063	0,9981
I	8	94.35	94,32	1,474	0,123	0,9965

[a] X ist variabel

abweichen, sind mit den Ionisierungspotentialen des Substituenten Y korrelierbar, so daß als Einflußgröße der ΔE-Term des paramagnetischen Abschirmungsanteils σ^{para} (s. S. 78f.) diskutiert werden kann.

Für den nichtlinearen Ansatz* wird die modifizierte Zwei-Parameter-Gleichung (3.48) benutzt, in der ε den Faktor bedeutet, der den „Elektronenbedarf" des Substituenten Y beschreibt[251]. Für ε = 0 geht Gl. (3.58) in die bekannte Taftsche DSP-Gleichung (s. S. 90f.) über; a und b sind die Transmissionskoeffizienten für den induktiven und Resonanzeffekt. Tab. 3.69 zeigt das Ergebnis für Gl. (3.58). ε ist positiv für alle π-Donor-Substituenten, negativ für die π-Akzeptor-Substituenten. Je nach Elektronenbedarf des Substituenten Y wird also die π-Elektronen-Delokalisierung des Substituenten verstärkt oder abgeschwächt.

$$\Delta \delta_{C-4} = a \cdot \sigma_I + \frac{b \sigma_{R^0}}{(1 - \varepsilon \sigma_{R^0})} \tag{3.58}$$

Tab. 3.69 Zwei-Parameter-Analyse für 1,4-disubstituierte Benzole nach Gl. (3.58) (in $CDCl_3$-Lösungen)

Y	a	b	ε	SD[a]
NMe_2	1,6	13,7	0,25	0,16
NH_2	4,1	21,0	0,56	0,28
OMe	3,1	17,8	0,45	0,26
F	1,7	14,7	0,14	0,26
Cl	5,3	24,2	0,5	0,26
Br	5,4	26,7	0,05	0,32
Me	6,0	25,9	0,34	0,26
H	4,5	21,9	0,06	0.15
CF_3	4,6	18,0	−0,42	0,16
CN	5,5	18,5	−0,60	0,29
COOEt	4,6	17,3	−0,48	0,27
COMe	3,4	15,3	−0,49	0,29
NO_2	1,8	12,2	−0,72	0.16
CHO	2,9	13,5	−0.60	0.29

[a] SD Standardabweichung

Weitere empirische Korrelationen der $\Delta \delta$-Werte in mehrfach substituierten Benzolen mit Substituentenkonstanten sind in Tab. 3.70 zusammengestellt.

In den Fällen, in denen Kohlenstoff-Atome der Seitenketten in die Korrelation einbezogen sind, dominiert der induktive Einfluß des Substituenten bzw. der π-Polarisationsmechanismus (F_π-Effekt)[262].

Die sterische Wechselwirkung von benachbarten Gruppen kann bei geeigneten Systemen wegen der Verdrillung der π-Ebenen zu einer Abnahme des elektronischen Einflusses des Substituenten führen. Dies zeigt sich sowohl in den δ-Werten des Substituenten als auch in denen des para-C-Atoms. Die δ_{CO}-Werte der substituierten Benzoylchloride **260–263**

---

* Die DSP-Analyse liefert schlechtere Korrelationen[250].

Tab. 3.70 Korrelationen zwischen $\Delta\delta_C$-Werten und Substituentenkonstanten; das betreffende C-Atom ist entsprechend markiert.

Verbindung	Korrelation	Anzahl der Substituenten	Literatur
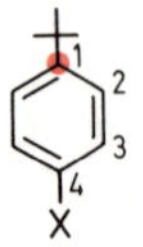 (4-X-C₆H₄-C(CH₃)₂⁺)	$\delta_{C-1} = 7{,}58\,\sigma_I + 22{,}04\,\sigma_{R°} + 150{,}35$ $\Delta\delta^a = 0{,}82\,F + 0{,}21\,R$	7 18	252 253
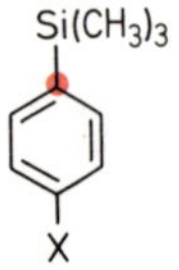 (4-X-C₆H₄-Si(CH₃)₃)	$\delta_{C-1} = 9{,}85\,\sigma_I + 28{,}05\,\sigma_{R°} + 140{,}0$	7	252
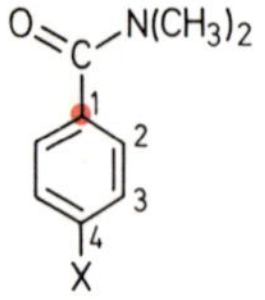 (4-X-C₆H₄-C(O)N(CH₃)₂), C-1	$\delta_{C-1} = 3{,}20\,F + 16{,}7\,R + 135{,}68$ $\Delta\delta_{C-1} = 5{,}58\,\sigma_I + 19{,}15\,\sigma_{R°} - 0{,}27$	11	254 255
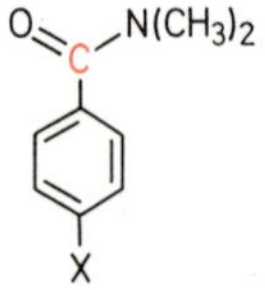 (4-X-C₆H₄-C(O)N(CH₃)₂), CO	$\delta_{CO} = -1{,}91\,F - 1{,}50\,R + 171{,}5$ $\Delta\delta_{CO} = 2{,}93\,\sigma_I + 2{,}20\,\sigma_{R°} + 0{,}20$	11	254 255
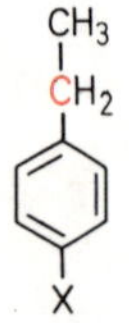 (4-X-C₆H₄-CH₂-CH₃), CH₂	$\delta_{CH_2} = -0{,}49\,\sigma_I + 1{,}73\,\sigma_{R°}$	9	256
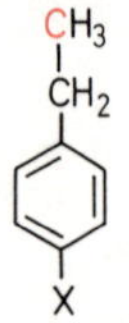 (4-X-C₆H₄-CH₂-CH₃), CH₃	$\Delta\delta_{CH_3} = -0{,}44 - 0{,}0725\,\sigma_{R°}$	9	256
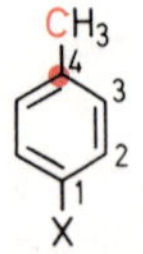 (4-X-C₆H₄-CH₃)	$\Delta\delta_{CH_3} = 0{,}38\,\sigma_I + 1{,}83\,\sigma_{R°}$ $\Delta\delta_{C-4} = 6{,}6\,\sigma_I + 23{,}3\,\sigma_{R°}$	13 14	257 260
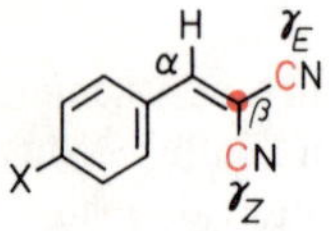 (4-X-C₆H₄-CH=C(CN)₂)	$\Delta\delta_{C_\beta} = 6{,}32\,\sigma^+ + 0{,}37$ $\Delta\delta_{C_{\gamma E}} = -1{,}32\,\sigma^+ - 0{,}01$ $\Delta\delta_{C_{\gamma Z}} = -1{,}28\,\sigma^+ + 0{,}03$	7 6 6	258

Tab. 3.70 Fortsetzung

Verbindung	Korrelation	Anzahl der Substituenten	Literatur
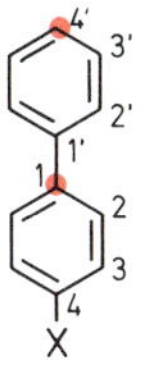 Biphenyl-X (4-Position)	$\Delta\delta_{C-1} = -9{,}5887\,\sigma_P^+$ $\Delta\delta_{C-4'} = -1{,}5712\,\sigma_P^+$	12	259
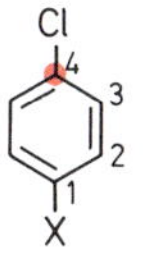 4-Cl-Phenyl-X	$\Delta\delta_{C-4} = 5{,}4\,\sigma_I + 23{,}8\,\sigma_{R°}$	13	260
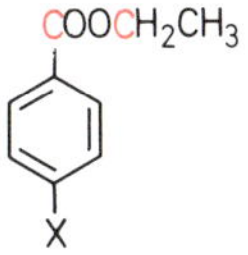 4-X-C$_6$H$_4$-COOCH$_2$CH$_3$	$\Delta\delta_{CO} = -2{,}58\,\sigma_I - 1{,}04\,_{R°}$ $\Delta\delta_{CH_2} = 1{,}26\,\sigma_I + 1{,}48\,\sigma_{R°}$	13 13	257 257
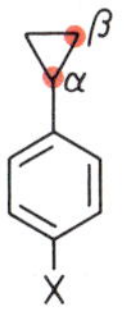 4-X-C$_6$H$_4$-Cyclopropyl	$\Delta\delta_\alpha = 0{,}130\,F + 1{,}483\,R$ $\Delta\delta_\beta = 0{,}962\,F + 2{,}248\,R$	11 11	261

^a $\Delta\delta = \delta_{C(quart)} - \delta_{CH_3}$

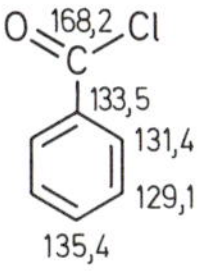

260 $\Theta = 0°$ — O=C(Cl), 168,2; 133,5; 131,4; 129,1; 135,4

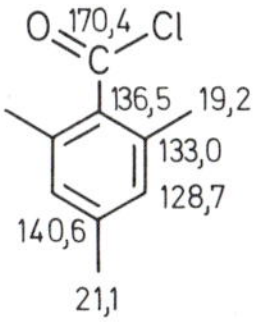

261 $\Theta = 29°$ — O=C(Cl), 170,4; 136,5; 19,2; 133,0; 128,7; 140,6; 21,1

262 $\Theta = 44°$ — O=C(Cl), 170,9; 23,9; 135,5; 31,6; 143,2; 121,7; 151,6; 34,6; 23,9

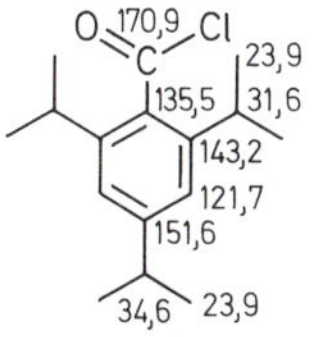

263 $\Theta = 90°$ — O=C(Cl), 173,8; 133,5; 32,6; 37,4; 144,4; 123,0; 151,7; 35,0; 31,2

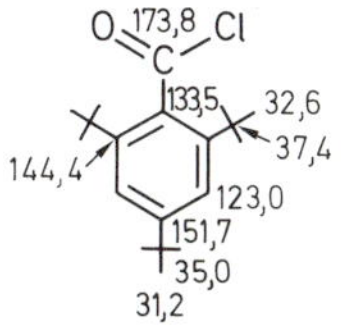

Ringebene

zeigen mit zunehmender Größe der benachbarten Substituenten eine Entschirmung an. Zur quantitativen Bestimmung von Θ kann die empirische Gleichung (3.59), die von einer $\cos^2\Theta$ Abhängigkeit ausgeht, benutzt werden[263-266].

$$\cos^2\Theta = \frac{\delta_X - \delta_{90°}}{\delta_{0°} - \delta_{90°}} \qquad (3.59)$$

Die angegebene Beziehung ist für die δ-Werte von aromatischen Carbonyl-Verbindungen wie **260**–**263** bzw. Acetophenone entwickelt worden. Die in den Formelbildern angegebenen Winkel Θ sind mit ihrer Hilfe berechnet worden[266,267]. Die Werte für $δ_{0°}$ werden der unsubstituierten Verbindung, für $δ_{90°}$ der di-*t*-Butyl-Verbindung entnommen. In ähnlicher Form können auch die Werte von *para*-Kohlenstoff-Atomen zur Berechnung von Θ herangezogen werden, allerdings werden die δ-Werte durch Δδ-Werte ersetzt. So ergeben sich für die Verdrillungswinkel Θ in den Azomethinen **264** und **265** die angegebenen Werte[265,a].

Entsprechende Untersuchungen sind auch an substituierten Diphenylethern[266] gemacht worden. Die so erhaltenen Verdrillungswinkel Θ zeigen gute Übereinstimmung mit den durch andere physikalische Methoden erhaltenen Ergebnissen.

---

[a] Für Benzalanilin ergibt die Röntgenstrukturanalyse einen Verdrillungswinkel von 10°. Dieser Wert wird als Referenzwert benutzt.

Aufgaben

3.20 Überprüfe anhand von Tab. 3.63 die Additivität der chemischen Verschiebungsinkremente für 2,3-Dichlorphenol, 2,4-Dinitrophenol, 2,6-Di-*t*-Butylphenol und Pentachlorphenol (Experimentelle Werte: s. Tab. 3.67).

Bibliographie*

M Ewing, D. F. (1979), 700 verschiedene monosubstituierte Benzole, Org. Magn. Reson. 12, 499.
M Bromilow, J., Brownlee, R. T. C., Lopez, V. O., Taft, R. W. (1979), Zwei-Parameter-Korrelation in monosubstituierten Benzolen, J. Org. Chem. 44, 4766.
D Ilczyszyn, M., Latajka, Z., Ratajaczyk, H. (1980), Cl- und NO_2-substituierte Phenole, Org. Magn. Reson. 13, 132.
D Berger, S. (1976), 58 substituierte *t*-Butylbenzole, Tetrahedron 32, 2451.
M, D Schulman, E. M., Christensen, K. A., Grant, D. M., Walling, C. (1974), Monosubstituierte Benzole und Biphenyle, J. Org. Chem. 39, 2686.
D Beistel, D. W., Edwards, Dan W. (1976), 1,4-Disubstituierte Benzole, J. Phys. Chem. 80, 2023, 52.
D, T Sterk, H., Fabian, W. (1975), 35 Mono- und disubstituierte Fluorbenzole, Org. Magn. Reson. 7, 274.
D Lynch, B. M. (1977), 1,4-Disubstituierte Benzole, Interpretation der Verschiebungen, Can. J. Chem. 55, 541.
D Jones, R. G., Wilkins, J. M. (1978), 11 *para*-substituierte *N,N*-Dimethylbenzamide, Org. Magn. Reson. II, 20.
H Edlund, U., Norström, A. (1977), Polychlordiphenylether, Org. Magn. Reson. 9, 196.
M Bradamante, S., Pagani, G. A. (1980), Benzylverbindungen, J. Org. Chem. 45, 105.
   Bradamante, S., Pagani, G. A. (1980), Anilin und Phenolderivate, J. Org. Chem. 45, 105.
D Dhami, K. S., Stothers, J. B. (1965), 55 substituierte Acetophenone, Can. J. Chem. 43, 479.
D Dhami, K. S., Stothers, J. B. (1965), 21 substituierte Phenyl-Alkylketone, Can. J. Chem. 43, 498.
M Lazzeretti, P., Taddei, F. (1971), Monosubstituierte Benzole, Korrelation mit der Ladungsdichte, Org. Magn. Reson. 3, 283.

---

* M = Mono-, D = Di-, T = Tri-, Te = Tetra, P = Penta-, H = Hexa-substituierte Benzole

D	Arrowshmith, J., Cook, M.J., Hardstone, D.J. (1978), 11 substituierte *N*-Benzylidenbenzylamine, Org. Magn. Reson. 11, 160.	D	Cornelis, A., Lambert, S., Lazlo, P., Schaus, P. (1981), *Para*-substituierte Styrolderivate, Zwei-Parameter-Korrelation, J. Org. Chem. 46, 2130.
D	Wehrli, F.W., de Haan, J.W., Keulemans, A.I.M., Exner, O., Simon, W. (1969), 17 substituierte Benzonitrile, Helv. Chim. Acta 52, 103.	M	Nelson, G.L., Levy, G.C., Cargoli, J.D. (1972), Lösungsmitteleffekte auf die Verschiebung monosubstituierter Benzole, CNDO-Rechnungen, J. Am. Chem. Soc. 94, 3089.
D	Schaeffer, C.D., Zuckerman, J.J., Yoder, C.H. (1974), Substituierte tert. Butylbenzole, Phenyltrimethylsilane und Phenyltrimethylgermane, J. Organomet. Chem. 80, 29.	M	Shapiro, M.J. (1976), α-substituierte Toluole, Substituenteneffekte auf die Verschiebung der Ring-C-Atome und Allylverbindungen, J. Org. Chem. 41, 3197.
M	Hehre, W., Taft, R.W., Topsom, R.D. (1976), Chemische Verschiebung und Ladungsverteilung in monosubstituierten Benzolen, Prog. Phys. Org. Chem. 12, 159.	M	Adcock, W., Gupta, B.D., Kitching, W. (1976), Der elektronische Effekt substituierter Methylgruppen, J. Org. Chem. 41, 1498.
D	Radeglia, R. et al (1973), *Para*-substituierte Phenylcyanate, -thiocyanate, Org. Magn. Reson. 9, 419.	M	Senda, Y. et al (1977), Alkenylbenzole, Bull. Chem. Soc. Jpn. 50, 1608.
D	Stephany, R.W., de Bie, M.J.A., Drenth, W. (1974), Substituierte Phenylisocyanide, Org. Magn. Reson. 6, 45.	M	Adcock, W., Gupta, B.D., Kitching, W., Doddrell, D. (1975), Benzylorganometallverbindungen, J. Organomet. Chem. 102, 297.
M	Modro, R.A. (1977), Substituenteneffekte phosphorhaltiger Gruppen, Can. J. Chem. 55, 3681.	M	Bodner, G.M., Todd, L.J. (1974), Swain-Lupton-Korrelation in monosubst. Benzolen, Inorg. Chem. 13, 360.
H	Briggs, J.M., Randall, E.W. (1973), 17 verschiedene Pentafluorphenylderivate, J. Chem. Soc., Perkin Trans. 2, 1789.	M	Coulson, D.R. (1976), Zwei-Parameter-Korrelation in monosubstituierten Benzolen und Acryl-Pt-Komplexen, J. Am. Chem. Soc. 98, 3111.
D	Lambert, J.B., Nienhuis, R.J. (1980), *para*-substituierte Toluole, substituierte Propene, J. Am. Chem. Soc. 102, 6659.	M,D	Imanari, M., Kohno, M., Ohudu, M., Ishizu, K. (1974), Bull. Chem. Soc. Jpn. 47, 708.
D	Dawson, D.A., Reynolds, W.F. (1975), 18 *para*-substituierte Phenylacetylene, Can. J. Chem. 53, 373.	M,D	Buchanan, G.W., Reyes-Zamora, C., Clarke, D.E. (1974), 33 Phenylsulfide, -sulfoxide, -sulfone, Can. J. Chem. 52, 3895.
D	Dhami, K.S., Stothers, J.B. (1965), 23 substituierte Styrole, Can. J. Chem. 43, 510.	D	Bromilow, J., Brownlee, R.T.C., Craik, D.J., Fiske, P.R., Rowe, J.E., Sadek, M. (1981), DSP-Analyse in *m*-, *p*-substituierten Benzolen, J. Chem. Soc., Perkin Trans. 2, 753.
D	Dhami, K.S., Stothers, J.B. (1966), 40 Substituierte Anisole, Can. J. Chem. 44, 2855.	D,T	Adcock, W. et al (1974), Fluorsubstituierte Benzocycloalkene, J. Am. Chem. Soc. 96, 1595.
M	Bloor, J.E., Breen, D.L. (1968), Monosubstituierte Benzole, Korrelation mit CNDO-Ladungsdichten, J. Phys. Chem. 72, 716.	M,T, Te	Leibfritz, D. (1975), Verdrillungsgrad in aromatischen Carbonylverbindungen, Chem. Ber. 108, 3014.
M,D	Bullpitt, M., Kitching, W., Adcock, W., Doddrell, D. (1976), Phenyl- und 4-Biphenyl-trimethylsilicium-, Germanium-, -Zinn- und Bleiverbindungen, J. Organometal. Chem. 116, 161.	D	Kosugi, Y., Furuya, Y. (1980), Substituierte Benzolsäuren, Tetrahedron 36, 2741.
M,D	Nelson, G.L., Williams, E.A. (1976), Electronic Structure and ^{13}C-NMR, Prog. Phys. Org. Chem. 12, 230.	D,T	Scott, N.K. (1972), Subst. Benzoesäuren, J. Am. Chem. Soc. 94, 8564.
M	Adcock, W., Khor, T.-C. (1978), 1-Substituierte 4-Phenylbicyclo[2.2.2]octane, J. Am. Chem. Soc. 100, 7799.	D	Miyajima, G., Akiyama, H., Nishimoto, K. (1972), 17 *para*-substituierte Fluorbenzole, Org. Magn. Reson. 4, 811.
M	Adcock, W., Aldous, G.L., Kitching, W. (1980), Substituierte 4-Phenylbicyclo[2.2.2]octane, J. Organomet. Chem. 202, 385.	D	Hinton, J.F., Layton, B. (1972), 10 substituierte Brombenzole, Org. Magn. Reson. 4, 353.
M	Ewing, D.F., Toyne, K.J. (1979), 1-Substituierte 4-Phenylbicyclo[2.2.2]octane, J. Chem. Soc., Perkin Trans. 2, 243.	D	Nahai, Y., Yamada, F. (1978), Benzylphenole, Org. Magn. Reson. 11, 607.
M	Ricci, A., Bernardi, F., Danieli, R., Macciantelli, D., Ridd, J.H. (1978), Elektronischer Effekt geladener Substituenten.	M,D	Nahai, Y., Takabayshi, T., Yamada, F. (1978), 14 substituierte Diphenylmethane, Org. Magn. Reson. 13, 94.
M	Batchelor, R.J., Birchall, T. (1983), Arylgermane, -silane, -arsine, J. Am. Chem. Soc. 105, 3848.	D	Bromilow, J. et al (1977), *m*- und *p*-Disubstituierte Benzole (DSP-Analyse), Aust. J. Chem. 30, 351.
M,D	Maciel, G.E., Natterstad, J.I. (1965), J. Chem. Phys. 42, 2427.	D	Bromilow, J. et al (1980), 1,4-disubstituierte Benzole (DSP-Analyse), nichtadditives Verhalten der Substituenteneffekte, J. Org. Chem. 45, 2429.
M	Tarpley, A.R., Goldstein, J.H. (1972), Monohalogenbenzole, J. Phys. Chem. 76, 515.	D	Jones, R.G., Partington, P. (1972), Substituierte Nitrobenzole, J. Chem. Soc. Faraday Trans. 2, 2087.
M,D	Smith, W.B., Deavenport, D.L. (1972), 9 monosubst. Benzole, 9 substituierte Fluorbenzole, J. Magn. Reson. 7, 364.	D	Fong, C.W., Lincoln, F.S., Williams, H.E. (1978), ortho-substituierte *N,N*-Dimethylbenzamide (DSP-Korrelation mit Rotationsbarrieren), Aust. J. Chem. 31, 2623.
		D	Fong, L.W., Lincoln, S.F., Williams, H.E.

(1978), *para*-substituierte N,N-Dimethylbenzamide (DSP-Analyse), Aust. J. Chem. 31, 2615.

D Kingsburg, C. A. (1979), *ortho*-substituierte Benzole (Einfluß der H-Brückenbindung auf die Kopplungskonstanten), J. Chem. Soc., Perkin Trans. 2, 1058.

D Klasnic, L., Knop, J. V., Meniers, H. J., Zeil, W. (1972), *para*-substituierte Phenylacetylene, Z. Naturforsch., Teil A, 27, 1771.

T Abraham, R. J., Wileman, D. F., Bedford, G. R., Greatbanks, G. R. (1972), 1-substituierte 2,3-Difluorobenzole, J. Chem. Soc. Perkin Trans. 2, 1733.

D Inamoto, N., Masuda, S. (1978), *m,p*-disubstituierte Acetophenonderivate (DSP-Analyse), Chem. Lett., 177.

D Adcock, W. et al (1977), *Para*-substituierte Ethylbenzole, Org. Magn. Reson. 10, 47.

D Llabres, G. et al (1978), *Para*-substituierte Anisole, Thioanisole, Seleno- und Telluroanisole, Can. J. Chem. 56, 2008.

M Zetta, L., Gatti, G. (1972), Benzylverbindungen, Org. Magn. Reson. 4, 585.

D Kusuyama, Y., Dyllick-Brenzinger, C., Roberts, J. D. (1980), 10 4-substituierte Cyclopropylbenzole, Org. Magn. Reson. 13, 372.

D,T Jeol (1975), ^{13}C-FT-NMR-Spectra 4, Tokio
Te (Spektrenkatalog der Firma Jeol).

M,D Schraml, J., Chvalovsky, V., Jancke, H., Engelhardt, G. (1977), Trimethylsilyloxybenzole, Org. Magn. Reson. 9, 237.

Roberts, J. D. (1975), Charge-Transfer Komplexe: Trinitrobenzol-Aromaten, J. Org. Chem. 40, 3726.

Prins, I., Verhoeven, J. W., De Boer, T. Y. (1977), CT-Komplexe: Chloranil-Aromaten, Org. Magn. Reson. 9, 543.

D Bromilow, J., Brownlee, R. T. C. (1979), *Para*-substituierte Styrole, Korrelation mit Substituentenparametern (DSP-Analyse), J. Org. Chem. 44, 1261.

D Krabbenhoft, H. O. (1978), β,β-Dichlorstyrole, Korrelation mit σ^+-, σ_R- und σ_I-Parameter, J. Org. Chem. 43, 1830.

M,D Chandrajha, H., Zilliken, F., Offermann, W., Breitmaier, E. (1981), Desoxybenzoine (35 Derivate), Acetophenone (11 Derivate), Can. J. Chem. 59, 2266.

M,D Chippendale, A. M. et al (1981), *para*-substituierte Azobenzole, J. Chem. Soc. Perkin Trans. 2, 1031.

M,D Frahm, A. W., Hambloch, H. F. (1980), *Para*-substituierte Benzophenone (15 Derivate); Korrelation mit Swain-Lupton-Parametern, Org. Magn. Reson. 14, 444.

Verschiedene Substitutionstypen:

Newmark, R. A., Hill, J. R. (1980), Use of ^{13}C-Isotope Shifts to assign Carbonatoms α and β (and para) to a hydroxy group in alkyl substituted Phenols, Org. Magn. Reson. 13, 40.

Hansen, P. E., Poulsen, O. K., Berg, A. (1979), ^{13}C-^{13}C-Coupling Constants and ^{13}C Chemical Shifts of Aromatic Carbonyl Compounds, Org. Magn. Reson. 11, 649.

Netzel, D. A. (1978), Proximity and the Hetero Atom Effects on the Carbon Chemical Shifts of Methyl-Substituted Phenols, Anilines and the Thiophenols, Org. Magn. Reson. 11, 58.

Heaton, C. A., Hint, M. H., Meth-Cohen, O. (1977), The ^{13}C-NMR Spectra of Polysubstituted Benzenes.

Fifolt, M. J., Sojka, S. A., Wolfe, R. A. (1982), Carbon-13 NMR of Chlorinated and Fluorinated Phthalic Anhydrides and Acids, J. Org. Chem. 47, 148.

Buchanan, G. W., Wightman, R. H., Malaiyandi, M. (1982), A Carbon-13 NMR Spectral Investigation of Substituted Triphenyl Phosphates, Org. Magn. Reson. 19, 98.

Fuji, K., Yamada, T., Fujita, E. (1981), ^{13}C-Chemical Shifts of Symmetrically Substituted Biphenyls, Org. Magn. Reson. 17, 250.

Batchelor, R., Birchall, R. (1982), Proton, Carbon-13, and Phosphorus-31 NMR Study of Primary and Secondary Phenylamines, -phosphines and -arsines and their anions, J. Am. Chem. Soc. 104, 674.

Butt, G., Topsom, R. D. (1982), Transmission of Substituent Effects Through Extended Systems. *para*-Substituted Ethyl *trans*-Cinnamates and Phenylpropiolates, Spectrochim. Acta, Part A 38 A, 649.

Goethals, G. et al (1982), Carbon-13 NMR Spectra of *ortho* Substituted Acetophenones. Enhanced Substituent Effects on the Carbonylgroup, J. Chem. Soc. Perkin Trans. 2, 885.

Hill, W. E. et al (1983), Carbon-13 and Phosphorus-31 NMR spectra of Some Symmetrical Long Chain Ditertiaryphosphines and the Carbon-13 Spectra of the Arsenic Analogues, J. Chem. Soc. Perkin Trans. 2, 327.

Agrawal, P. K., Schneider, H. J. (1983), Deprotonation Induced ^{13}C-NMR shifts in Phenols and Flavonoids, Tetrahedron Lett., 177.

Agrawal, P. K., et al (1983), Substituierte Indane, Org. Magn. Reson. 21, 146.

4.10.2 Substituierte Naphthaline

Die Substituenteneffekte in monosubstituierten Naphthalinen[267] entsprechen im Trend denen, die in monosubstituierten Benzolen beobachtet werden (vgl. Tab. 3.65 und 3.71); für das Naphthalin-System ergeben sich die Inkremente aus der Differenz zwischen den δ_C-Werten aus Tab. 3.71 und den δ_C-Werten des Naphthalins: $\delta_{C-1} = 127{,}7$ $\delta_{C-2} = 125{,}6$ $\delta_{C-9} = 133{,}3$, s. S. 136). Die exemplarische Gegenüberstellung der Substituenteninkremente für 1- bzw. 2-Cyano- und 1- bzw. 2-Aminonaphthalin **266–269**, Benzonitril **270** und

Anilin **271** macht jedoch deutlich, daß zahlenmäßig größere Unterschiede zwischen Benzol- und Naphthalinsystem auftreten.

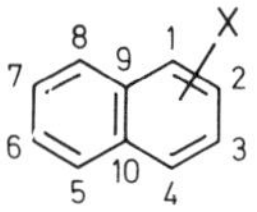

	266	**267**	**268**	**269**
X	1-CN	2-CN	1-NH$_2$	2-NH$_2$
$\Delta\delta$				
C-1	−17,9	6,3	14,3	−19,3
C-2	7,0	−18,5	−16,2	18,4
C-3	−0,5	0,5	0,6	−7,5
C-4	5,6	1,6	−9,0	1,3
C-5	1,1	0,3	0,6	−0,1
C-6	1,8	3,3	0,0	−3,3
C-7	3,0	1,9	−1,0	0,6
C-8	−3,2	0,7	−7,0	−2,1
C-9	−1,5	−1,3	−10,0	1,4
C-10	−0,5	1,1	0,8	−5,6

270 (CN-Benzol)

$\Delta\delta$
C-1 : −15,7
C-2 :   3,6
C-3 :   0,7
C-4 :   4,3

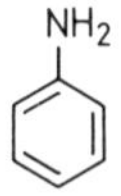

271 (NH$_2$-Benzol)

C-1 :   18,2
C-2 : −13,4
C-3 :   0,8
C-4 : −10,0

Dies wird verständlich, wenn man die kanonischen Formen **272a–e** für α-substituierte und **273a–e** für β-substituierte Naphthaline betrachtet (die Formelbilder zeigen die Verhältnisse für einen Akzeptorsubstituenten, für einen Donorsubstituenten sind die Ladungen zu vertauschen).

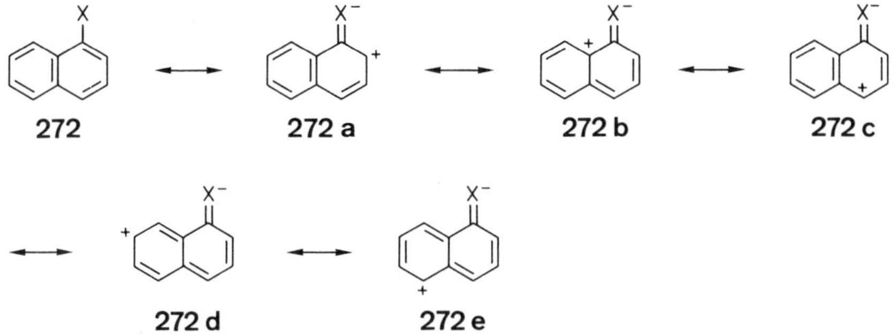

272 **272a** **272b** **272c**

272d **272e**

Tab. 3.71 ^{13}C-chemische Verschiebungen von 1- und 2-substituierten Naphthalinen

Substituent X	δ(ppm)									
	C–1	C–2	C–3	C–4	C–5	C–6	C–7	C–8	C–9	C–10

1-substituierte Naphthaline (Positionen 1–8 am Ring, 9 und 10 Brückenkohlenstoffe):

X =	C–1	C–2	C–3	C–4	C–5	C–6	C–7	C–8	C–9	C–10
F [a]	159,4	110,2	126,6	124,7	128,5	127,8	127,2	120,8	124,3	135,9
Cl [a]	132,1	126,9	126,6	128,2	129,1	127,6	128,0	124,6	131,4	135,5
Br [a]	122,9	130,7	127,1	128,9	129,2	127,5	128,2	127,3	132,6	135,5
I [a]	99,6	138,2	127,7	129,8	129,4	127,5	128,5	132,4	134,9	134,9
OH [b]	151,5	108,7	125,8	120,7	127,6	126,4	125,2	121,4	124,3	134,6
OCH$_3$ [b,c]	155,3	103,6	125,7	120,1	127,3	126,2	125,0	121,9	125,5	134,4
N(CH$_3$)$_2$ [a,o]	151,7	114,7	126,6	123,4	129,2	126,3	125,6	124,8	129,7	135,0
NH$_2$ [b]	142,0	109,4	126,2	118,7	128,3	125,6	124,6	120,7	123,4	134,3
NO$_2$ [b]	146,5	123,8	123,9	134,5	128,5	127,2	129,3	122,9	124,9	134,2
COOH [a,d]	128,0	131,2	125,5	134,1	129,4	127,0	128,3	126,7	132,3	134,9
CN [a,e]	110,6	133,5	126,0	134,2	129,7	128,4	129,5	125,3	132,9	133,8
COCH$_3$ [a,f]	136,1	129,6	125,3	133,5	129,2	127,0	128,4	126,7	130,9	134,8
CHO [a,g]	132,2	137,4	125,9	135,8	129,3	127,6	129,6	125,3	131,0	134,5
Si(CH$_3$)$_3$ [b,h]	137,8	133,1	125,5	129,7	129,2	125,1	125,2	128,1	137,4	133,8

2-substituierte Naphthaline:

X =	C–1	C–2	C–3	C–4	C–5	C–6	C–7	C–8	C–9	C–10
F [a]	111,4	161,4	116,7	131,4	128,7	126,0	127,8	128,1	135,1	131,5
Cl [a]	127,2	131,9	127,2	130,5	128,5	127,0	127,8	127,8	134,9	132,6
Br [a]	130,6	120,1	129,8	130,7	128,6	127,2	127,8	127,8	135,4	132,8
I [a]	137,2	91,8	134,9	130,3	128,5	127,2	127,4	127,4	135,7	132,8
OH [b]	109,4	153,2	117,6	129,8	127,7	123,5	126,4	126,3	134,5	128,5
OCH$_3$ [b,h]	105,7	157,5	118,7	129,3	127,6	123,4	126,3	126,7	134,6	129,0
N(CH$_3$)$_2$ [a,p]	106,9	149,5	117,1	129,2	128,2	122,5	126,7	126,7	135,0	127,7
NH$_2$ [b]	108,4	144,0	118,1	129,0	127,6	122,3	126,2	125,6	134,8	127,8
NO$_2$ [a]	125,1	146,3	119,7	130,4	128,7	130,5	128,7	130,8	132,7	136,6
COOH [a,i]	131,8	128,8	126,2	129,0	128,6	129,1	127,6	130,1	133,5	136,4
CN [a,j]	134,8	110,1	127,0	130,1	128,8	129,8	128,4	129,2	133,1	135,9
COCH$_3$ [a,k]	130,9	135,4	124,4	128,9	128,4	129,1	127,5	130,3	133,4	136,3
CHO [a,l]	135,1	135,2	123,1	129,8	128,8	129,8	127,9	130,3	133,5	137,1
Si(CH$_3$)$_3$ [b,n]	133,1	137,8	129,8	127,0	128,0	126,2	125,7	128,1	133,8	135,8

[a] 10 mol % in Aceton-d$_6$
[b] CDCl$_3$
[c] δ_{OCH_3} = 55,3
[d] δ_{COOH} = 169,0
[e] δ_{CN} = 118,1
[f] δ_{CO} = 201,7; δ_{CH_3} = 30,0
[g] δ_{CHO} = 194,2
[h] δ_{OCH_3} = 55,0
[i] δ_{COOH} = 168,0
[j] δ_{CN} = 119,6
[k] δ_{CO} = 197,8; δ_{CH_3} = 26,6
[l] δ_{CHO} = 192,7
[m] $\delta_{Si(CH3)3}$ = – 1,0
[n] $\delta_{Si(CH3)3}$ = – 1,1
[o] δ_{CH_3} = 45,2
[p] δ_{CH_3} = 40,7

273	**273 a**	**273 b**	**273 c**

273 d	**273 e**

In den Fällen, in denen C-9 oder C-10 Ladungen tragen (**272b**, **273c**), ist das π-Elektronensextett beider Ringe aufgehoben, so daß sich eine geringere Beteiligung dieser Formen ergibt. Mit dem gleichen Argument lassen sich für die β-substituierten Derivate die gegenüber C-1 deutlich geringeren Substituenteninkremente für das „ortho"-C-3-Kohlenstoff-Atom (Form **273b**) erklären. Entsprechend sind auch die Substituenteninkremente für die C-Atome des nichtsubstituierten Ringes (Form **272d**, **273d**, **273e**) zahlenmäßig kleiner. Für die vollständige Interpretation reichen die angegebenen mesomeren Formen **272** und **273** jedoch nicht aus, auch hier müssen die Nachbargruppeneffekte (Anisotropie-, Elektrische Feld- und sterische Effekte) in die Diskussion einbezogen werden. Sterische Effekte sind für α-substituierte Naphthalin-Derivate besonders auf das C-8-Atom zu erwarten (γ-Effekt). Interessanterweise nimmt aber mit zunehmender Größe des Halogen-Atoms (**274** → **277**) die Abschirmung von C-8 ab[268]. Verantwortlich hierfür dürfte die Valenzwinkelaufweitung des C-9-C-1-X-Bindungswinkels sein.

274	X = F	$\Delta\delta_{C-8} = -7{,}7$
275	X = Cl	$\Delta\delta_{C-8} = -3{,}9$
276	X = Br	$\Delta\delta_{C-8} = -1{,}2$
277	X = I	$\Delta\delta_{C-8} = +3{,}8$

Die Zuordnung der Signale der Spektren substituierter Naphthaline ist wegen der nahe beieinanderliegenden Linien oft nicht unproblematisch und erfordert häufig spezifische Deuterium-Substitution[269], selektive Protonenentkopplung und/oder die Interpretation der ^{13}C,^{1}H-Kopplungskonstanten (s. S. 452). Daraus erklärt sich auch die in der Literatur vorhandene Diskrepanz hinsichtlich einiger Zuordnungen[268,270]. Für polysubstituierte Naphthaline ergibt sich als weitere Zuordnungshilfe die Additivität der Substituenteninkremente. Diese Additivität ist gegeben für die disubstituierten Derivate **278–281**, in denen die Substituenten keine sterische Wechselwirkung untereinander haben. Abweichungen von der Additivität (mehr als ±2 ppm) sind zu erwarten für Derivate mit direkt benachbarten Substituenten wie **282** und **283** sowie besonders für die 1,8-disubstituierten Naphthaline **284**.

278	**279**	**280**

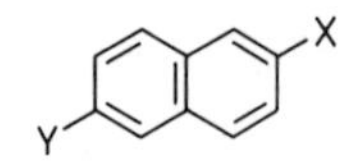

Für das zuletzt genannte System ist wieder eine Aufweitung des Valenzwinkels C_9-C_1(C_8)-X(Y) zu diskutieren. Die Abweichungen sind für die die Substituenten tragenden C-Atome besonders stark. In den Formelbildern für das 1,4-Dibromnaphthalin **285**, 1,5-Dibromnaphthalin **286**, 1-Brom-2-methylnaphthalin **287**, 2-Brom-6-methoxynaphthalin **288** und 1,8-Dichlornaphthalin **289** sind die experimentellen δ-Werte und die durch Addition der Substituenten-Inkremente berechneten Werte (in Klammern) gegenübergestellt.

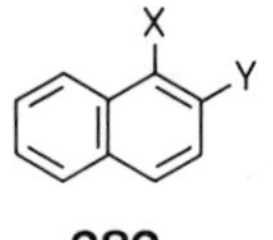

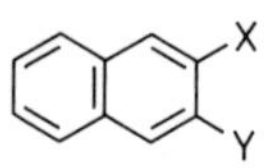

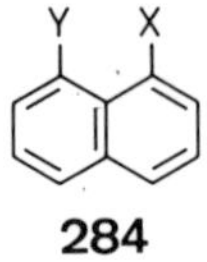

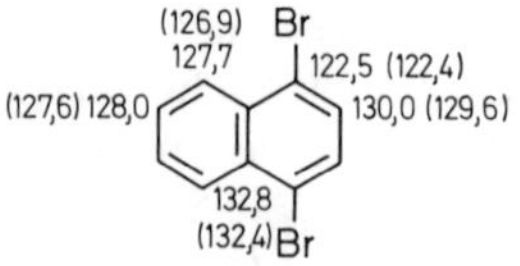

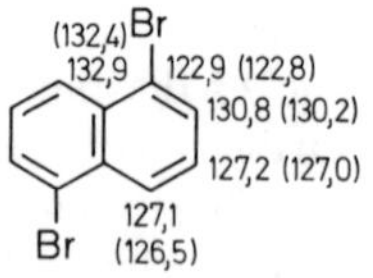

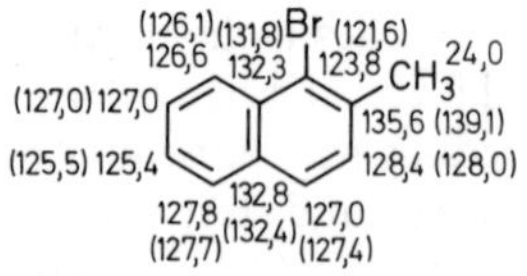

Die Korrelation der Substituenten-induzierten Verschiebungen mit den Taftschen Substituentenparametern führt für 1-substituierte Naphthaline zu den Gln. (3.60), (3.61) und

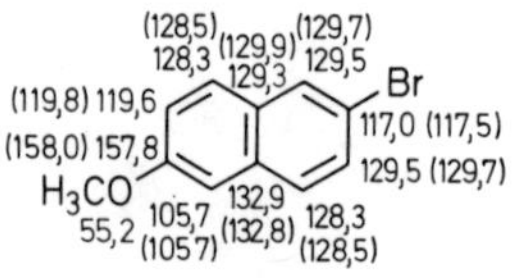

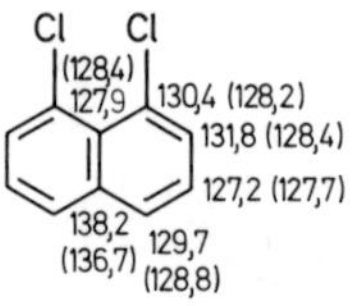

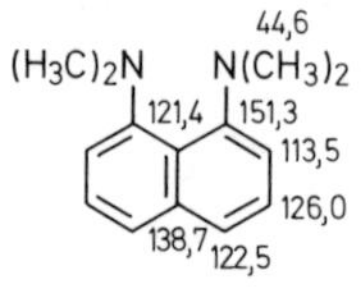

$$\left.\begin{aligned}\Delta\delta_{C\text{-}4} &= 5{,}9\,\sigma_I + 19{,}85\,\sigma_{R^0} \\ \Delta\delta_{C\text{-}7} &= 4{,}10\,\sigma_I + 3{,}89\,\sigma_{R^0}\end{aligned}\right\} \text{ in CDCl}_3 \qquad (3.60)\ (3.61)$$

für 2-substituierte Naphthaline zu den Gl.[271] (3.62), (3.63).

$$\left.\begin{aligned}\Delta\delta_{C\text{-}10} &= 0{,}41\,\sigma_I + 11{,}23\,\sigma_{R^0} \\ \Delta\delta_{C\text{-}8} &= 1{,}28\,\sigma_I + 3{,}39\,\sigma_{R^0}\end{aligned}\right\} \text{ in CDCl}_3 \qquad (3.62)\ (3.63)$$

Weitere Untersuchungen an substituierten polycyclischen Aromaten sind der zusammenfassenden Arbeit von Hansen[267] und der Literaturzusammenstellung zu entnehmen.

Aufgaben

3.21 Berechne mit Hilfe der Substituenteninkremente, die sich aus den δ-Werten für Naphthalin und den Werten aus Tab. 3.71 ergeben, die chemischen Verschiebungen für die folgenden Naphthalin-Derivate und vergleiche sie mit den experimentellen Daten [267].

Bibliographie*

Substituierte Naphthaline

M   Ernst, L. (1975), J. Magn. Reson. 20, 544.
Ernst, L. (1976), J. Magn. Reson. 22, 279.
Ernst, L. (1978), Chem. Ber. 108, 2030.
Ernst, L. (1975), Z. Naturforsch., Teil B, 30, 788.
Ernst, L. (1975), Z. Naturforsch., Teil B, 30, 794.
M   Seita, J., Sandström, J., Drakenberg, T. (1978), Org. Magn. Reson. 11, 239.
M   Kitching, W., Bullpitt, M., Doddrell, D., Adcock, W. (1974), Org. Magn. Reson. 6, 289.
M   Wells, P. R., Arnold, P. D., Doddrell, D. (1974), J. Chem. Soc. Perkin Trans. 2, 1745.
D   Adcock, W. et al (197), Org. Magn. Reson. 10, 47.
M,D, Mechin, B., Richer, J.C., Odiot, S. (1980), Ni-
T.Te,P tronaphthaline, Org. Magn. Reson. 14, 79.
D,T   Wilson, N.K., Zehr, R.D. (1978), Cl-Naphthaline, Cl-Naphthole (18 Derivate), J. Org. Chem. 43, 1768.
M,D   Takai, H., Odami, A., Sasaki, Y. (1978), Chem. Pharm. Bull. Jpn. 26, 1966.
M   Kitching, W. et al (1977), DSP-Analyse, J. Org. Chem. 42, 2411.
M   Adcock, W. et al (1974), Aust. J. Chem. 27, 1817.
T   Lajunen, H. L., Raisanen, K. (1977), 1-Hydroxy-4-sulfo-2-naphthalin-carbonsäure, Acta Chem. Scand., Ser. A, 31, 700. Lajunen, H. L., Raisanen, K. (1978), 1-Hydroxy-4-sulfo-2-naphthalin-carbonsäure, Org. Magn. Reson. 11, 12.
M,D   Bullpitt, M., Kitching, W., Adcock, N., Doddrell, D. (1976), Si-, Ge-, Sn-, Pb-Naphthylderivate, J. Organomet. Chem. 116, 161.

Bowmaker, G. A. et al (1981), Tetrachloronaphthaline, J. Chem. Soc. Perkin Trans. 2, 1015.
Hansen, P. E. et al (1978), Fluor-substituierte Naphthaline, Org. Magn. Reson. 10, 179.

Substituierte Azulene

Wells, P. R., Penman, K. G., Rae, J. D. (1980), Austr. J. Chem. 33, 2221.
Holak, T. A., Sadigh-Esfandiary, S., Carter, F. R., Sardella, D. J. (1980), DSP-Analyse (Swain-Lupton), J. Org. Chem. 45, 2400.
Braun, S. et al (1980), Tetrahedron 36, 1353.

Substituierte Anthracene, Anthrachinone

Adcock, W. et al (1974), Subst. Anthracene, Aust. J. Chem. 27, 9.
Berger, Y., Berger-Deguee, M., Castonguay, A. (1981), Org. Magn. Reson. 15, 303.
Berger, Y., Berger-Deguee, M., Castonguay, A. (1980), Org. Magn. Reson. 15, 103.
Berger, Y., Berger-Deguee, M., Castonguay, A. (1981), Subst. Anthrachinone, Org. Magn. Reson. 15, 244.
Bullpitt, M., Kitching, W., Adcock, W., Doddrell, D. (1976), 9 subst. Anthracene (Me_3Si, Me_3Sn, Me_3C), J. Organomet. Chem. 116, 161.
Schuster, I. (1981), Substituent Effects in 9-Substituted Anthracenes, J. Org. Chem. 46, 5110.

Substituierte Fluorene, Phenanthrene

Shapiro, M. I. (1978), DSP-Analyse (Swain-Lupton), J. Org. Chem. 43, 3769.

---

* M = Mono, D = Di, T = Tri, Te = Tetra, P = Pentasubstituierte Naphthaline

Fritz, H. et al (1978), Spiro(cyclopropan[1-9'] fluorene), Helv. Chim. Acta 51, 661.

Stothers, J. B., Tan, C. T., Wilson, N. K. (1977), ^{13}C-NMR Studies of Some Phenanthren and Fluoren Derivatives, Org. Magn. Reson. 9, 408.

Stothers, J. B., Tan, C. T., Wilson, N. K. (1977), Substituierte Fluorene und Phenanthrene, Org. Magn. Reson. 9, 408.

Berger, S., Zeller, K. P. (1978), Subst. Phenanthrene, Org. Magn. Reson. 11, 303.

Ernst, L. (1975), 1-Aminopyren, Z. Naturforsch., Teil B, 30, 800.

4.11 Heterocyclen

Die heterocyclischen Verbindungen werden zweckmäßigerweise unterteilt in die gesättigten und die ungesättigten Heterocyclen sowie die Heteroaromaten.

4.11.1 Gesättigte Heterocyclen

Tab. 3.72 enthält die chemischen Verschiebungen der Grundkörper, sofern diese vermessen sind[272]. Die Verschiebungswerte zeigen im wesentlichen die gleichen Trends wie bei den acyclischen Verbindungsklassen (Ether, Thioether, *sec* und *tert* Amine, Acetale, Thioacetale usw.). Die Drei- und Vierringverbindungen weisen wie die Cyclopropan- und Cyclobutan-Verbindungen wegen der besonderen Ringgeometrie gegenüber den acyclischen Derivaten abweichendes Verhalten auf. Für alkylsubstituierte Epoxide **290** gilt zur Berechnung der δ_C-Werte der Ring-Kohlenstoff-Atome das in Tab. 3.73 aufgeführte empirische Inkrementensystem[273]. Die Genauigkeit der so berechneten Werte liegt bei ±1 ppm. Die angegebenen Verschiebungsparameter sind denen des Cyclopropans ($\alpha = 8{,}0$; $\alpha' = 8{,}7$; *cis* $= -4{,}0$; *gem* $= -1{,}6$ ppm) und Aziridins ($\alpha = 6{,}9$; $\alpha' = 7{,}6$; *gem* $= -1{,}8$; *cis* $= -3{,}7$ ppm) sehr ähnlich.

290

In Sechsring-Heterocyclen des Typs **291** (s. Tab. 3.72) werden die Verschiebungen des α-C-Atoms im wesentlichen durch die Elektronegativität des Heteroelementes bestimmt[275]. Die Lage der Signale β- und γ-ständiger C-Atome wird durch die Elektronegativität von X nur wenig, allerdings im entgegengesetzten Sinne wie beim α-C-Atom, beeinflußt.

291

$X = O, S, Se, Te, NR, PR, AsR,$
$SiR_2, GeR_2, SnR_2,$
$Br^+, I^+, SR^+, SO, SO_2, NR_2^+,$
PR_2^+, POR, AsR_2^+

In Analogie zum Cyclohexan-System (s. S. 236f.) erfahren die zum Heteroatom β-ständigen C-Atome dann starke Hochfeldverschiebungen (γ-Effekt), wenn X axial-ständige Substi-

Tab. 3.72 ¹³C-chemische Verschiebungen gesättigter Heterocyclen[a]

Verbindung	C-2	C-3	C-4	δ(ppm) C-5	C-6	C-7	CH₃
Oxiran	40,6	40,6					
Thiiran	18,1	18,1					
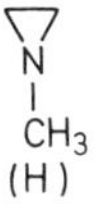 N-Methylaziridin (H)	28,5 (18,2)	28,5 (18,2)					48,6
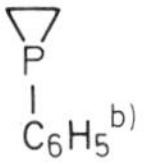 P-Phenylphosphiran[b]	11,0	11,0					
1,2,3-Trimethyltriaziridin			58,4				47,4
Oxetan	72,6	22,9	72,6				
Thietan	26,1	28,1	26,1				
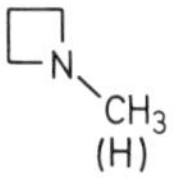 N-Methylazetidin (H)	57,7 (48,1)	17,5 (19,0)	57,7 (48,1)				46,1
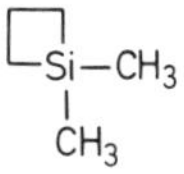 1,1-Dimethylsilacyclobutan	14,7	17,9	14,7				0,0
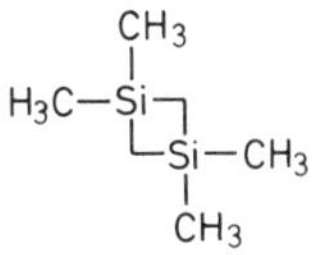 1,1,2,2-Tetramethyl-1,2-disilacyclobutan	3,9		3,9				2,5
1,2-Dithietan	18,6						
 Tetrahydrofuran	67,9	25,8	25,8	67,9			
 Tetrahydrothiophen	31,7	31,2	31,2	31,7			
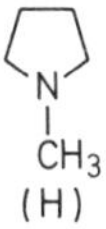 N-Methylpyrrolidin (H)	56,7 (47,1)	24,4 (25,7)	24,4 (25,7)	56,7 (47,1)			42,7
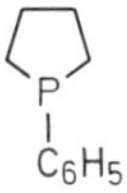 P-Phenylphospholan[c]	27,7	27,2	27,2	27,2			

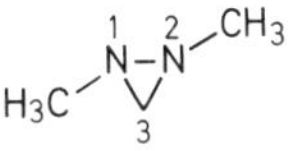

Tab. 3.72 Fortsetzung

Verbindung	C–2	C–3	C–4	δ(ppm) C–5	C–6	C–7	CH₃
 1,3-Dioxolan	95,0		64,5	64,5			
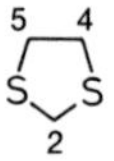 1,3-Dithiolan	34,4		38,1	38,1			
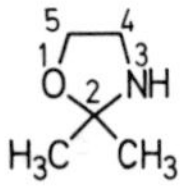 2,2-Dimethyl-1,3-oxazolidin	94,7		45,9	65,0			26,2
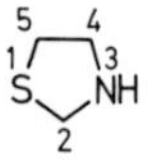 1,3-Thiazolidin	55,7	53,1	34,1				
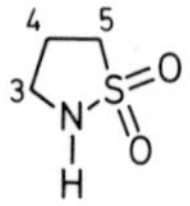 Sulfamid-Ring		42,2	23,9	46,6			34,8
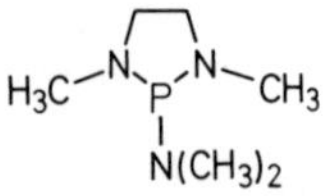 Phosphor-Diazolidin		53,6					37.5
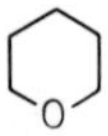 Tetrahydropyran	69,5	27,7	24,9	27,7	69,5		
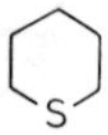 Tetrahydrothiopyran	29,1	27,8	26,6	27,8	29,1		
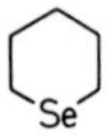 Selenan	20,2	29,1	28,4	29,1	20,2		
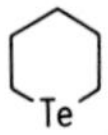 Telluran	–2,1	29,9	30,9	29,9	–2,1		
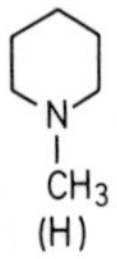 N-Methylpiperidin (H)	57,0 (47,9)	26,6 (27,8)	24,6 (25,9)	26,6 (27,8)	57,0 (47,9)		48,0
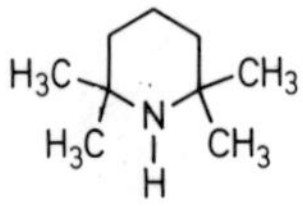 2,2,6,6-Tetramethylpiperidin	49,7	38,7	31,7	38,7	49,7		18,4

Tab. 3.72 Fortsetzung

Verbindung	δ(ppm)						
	C-2	C-3	C-4	C-5	C-6	C-7	CH$_3$
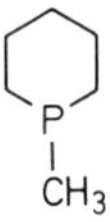 1-Methylphosphorinan	27,0	23,5	28,6	23,5	27,0		11,3
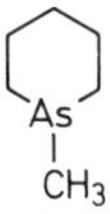 1-Methylarsinan	22,4	23,9	29,3	23,9	22,4		5,1
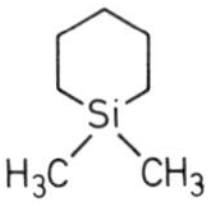 1,1-Dimethylsilinan	14,3	24,4	30,1	24,4	14,3		−3,3
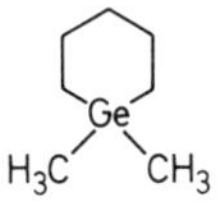 1,1-Dimethylgerminan	15,4	25,9	30,6	25,9	15,4		−3,9
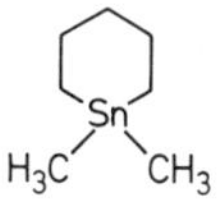 1,1-Dimethylstannan	8,5	23,1	26,5	23,1	8,5		−9,5
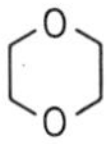 1,4-Dioxan	67,6	67,6		67,6	67,6		
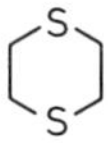 1,4-Dithian	29,	29,1		29,1	29,1		
1,4-Dimethyl(H)piperazin	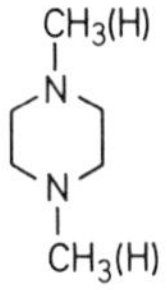 d 54,7 (47,9)	54,7 (47,9)		54,7 (47,9)	54,7 (47,9)		46,5
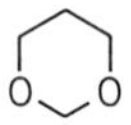 1,3-Dioxan	94,8		67,5	27,5	67,5		
 1,3-Dithian	31,9		29,8	26,6	29,8		
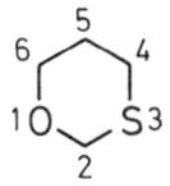 1,3-Oxathian	69,2		27,9	26,4	69,7		
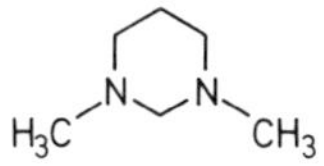 1,3-Dimethylhexahydropyrimidin	79,8		54,3	23,8	54,3		42,9

Tab. 3.72 Fortsetzung

Verbindung	δ(ppm)						
	C-2	C-3	C-4	C-5	C-6	C-7	CH₃
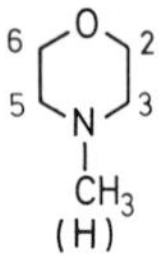 Morpholin, N-CH₃ (H)	66,8 (68,1)	55,9 (46,7)		55,9 (46,7)	66,8 (68,1)		46,5
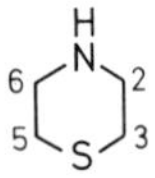 Thiomorpholin NH	28,3	47,9		47,9	28,3		
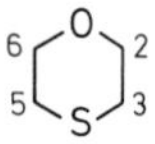 Thiomorpholin O	68,5	27,0		27,0	68,5		
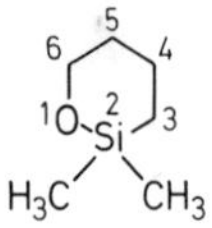 Silacyclohexan		13,5	22,3	30,7	65,0		−1,6
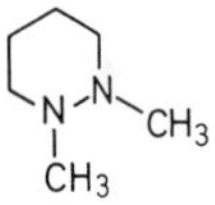 N,N'-Dimethylhexahydropyridazin		54,1	23,4	23,4	54,1		40,9
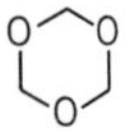 1,3,5-Trioxan	93,7						
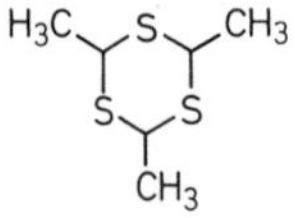 2,4,6-Trimethyl-1,3,5-trithian	47,6						20,3
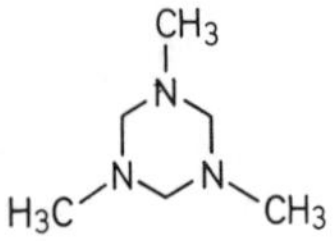 1,3,5-Trimethylhexahydro-1,3,5-triazin	78,1						40,6
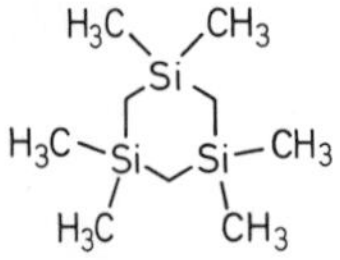 Hexamethylcyclotrisilan	3,0						3,2
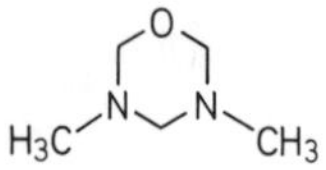 N,N'-Dimethyl-tetrahydro-1,3,5-oxadiazin	86,9		76,3		86,9		39,3
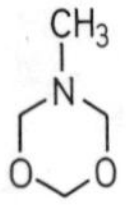 N-Methyl-tetrahydro-1,3,5-dioxazin	95,7		85,2		85,2		39,0

Tab. 3.72 Fortsetzung

Verbindung	C-2	C-3	C-4	δ(ppm) C-5	C-6	C-7	CH₃
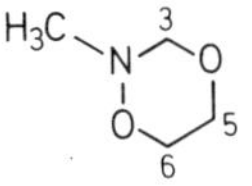 3-Methyl-1,5-dioxa-3-aza-cyclohexan (H₃C-N, O-Ring)		87,4		64,8	66,9		39,8
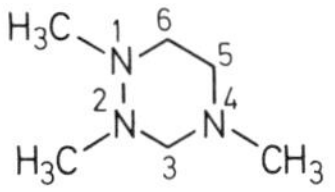 1,3,5-Trimethyl-hexahydro-1,3,5-triazin		77,1		54,4	46,4		42,5 32,9 43,0
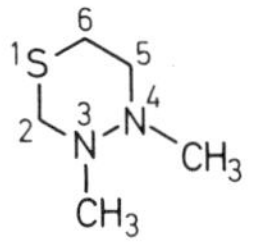 3,4-Dimethyl-tetrahydro-1,3-thiazin	58,1			43,0	28,0		28,9 43,7
 Oxepan	70,1	31,0	27,0	27,0	31,0	70,1	
 Thiepan	33,8	31,6	27,1	27,1	31,6	33,8	
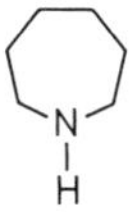 Azepan	49,3	31,5	27,2	27,2	31,5	49,3	
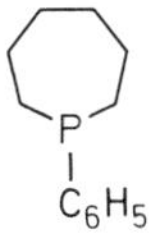 1-Phenyl-phosphepan [e]	29,9	25,2	28,3	28,3	25,2	29,9	
 1,3-Dioxepan	94,7		67,2	30,1	30,1	67,2	
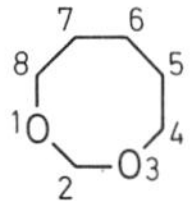 1,3-Dioxocan	95,7		69,0	30,4	23,2	30,4	
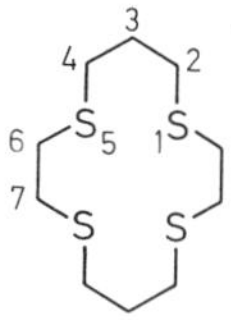 1,4,7,10-Tetrathiacyclododecan	30,2	30,2	30,2		31,6	31,6	

[a] im wesentlichen aus Lit.[272]
[b] C₆H₅: δ = 138,9; 131,7; 128,7; 128,9
[c] C₆H₅: δ = 142,6; 130,3; 128,2; 127,0
[d] Hexahydropyrazin-hexahydrat in DMSO
[e] C₆H₅: δ = 141,9; 130,3; 128,2; 127,8

Tab. 3.73 Empirisches Inkrementensystem zur Berechnung der δ-Werte für die Ring-C-Atome in Alkyl- und Phenylsubstituierten Oxiranen[273]

$$\delta_{A \text{ oder } B} = B + \sum A_I + \sum S$$

Verschiebungsparameter A_I für sp^3-C-Atome in Position I zum Oxiran-Ring		Sterische Parameter S	
I	A_I		
α	8,3	trans =	0,0
β	4,4	cis =	−2,7
γ	−0,9	gem =	−4,3 [a]
α'	7,1	$\alpha_{C_6H_5}$ =	+11,0 ppm
β'	−0,9	$\alpha'_{C_6H_5}$ =	+10,0 ppm
γ'	0,2		
		B = 40,6 ppm	

[a] nach Lit.[274] −1 ppm

Beispiel:

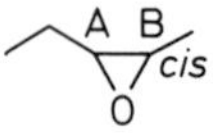

$\delta_A = B + \alpha + \beta + \alpha' + S\ cis = 57,6$
$\delta_B = B + \alpha + \alpha' + \beta' + S\ cis = 52,2$
$\delta_{A\ exp.} = 58,1$
$\delta_{B\ exp.} = 52,4$

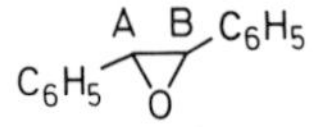

$\delta_{A(B)} = B + \alpha_{C_6H_5} + \alpha'_{C_6H_5} = 62,6$
$\delta_{exp.} = 63,0$

tuenten (**292** axial) trägt wie z. B. im *N,N*-Dimethylpiperidinium-Salz **293** (vgl. Piperidin, *N*-Methylpiperidin, Tab. 3.72) oder im Thiopyran-S-Oxid **294**, das gegenüber **295** mit equatorialer Anordnung eine Hochfeldverschiebung von 7,8 ppm für die C-Atome in γ-Position zum Sauerstoff-Atom zeigt.

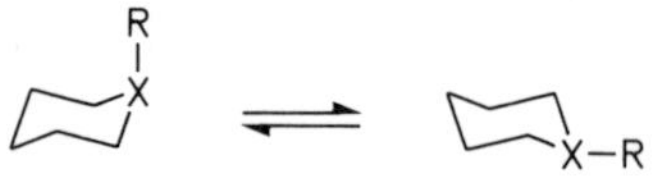

292 axial   **292** equatorial

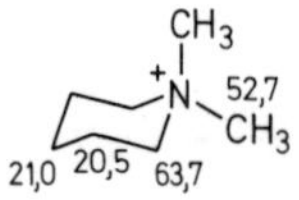

293 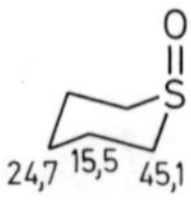   **294** 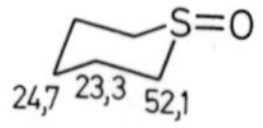   **295**

Die Ähnlichkeit der Sechsring-Heterocyclen mit dem Cyclohexan-System hinsichtlich der Stereochemie (Gleichgewicht **292**axial ⇌ **292**equatorial) und der Substituenteneffekte wird besonders deutlich beim Vergleich der Methyl-Gruppen-Effekte auf die Verschiebung

Tab. 3.74 Verschiebungseffekte von Methylgruppen in verschiedenen Sechsring-Heterocyclen[272]

Effekt	⌬	⌬O	⌬NH	⌬S	⌬S⁺-CH₃	Effekt	⌬O-O	⌬S-S	⌬O-S
α_e-2	6,0	5,1	4,8	8,5	13,9	α_e-2	5,1	10,3	7,6
						α_e-4,6	5,9	8,3	5,6 (9,2)[c]
α_e-3	6,0	4,6	5,1	6,0	7,2	α_e-5	3,6	5,6	4,5
α_e-4	6,0	6,7	7,4	6,2	7,2				
β_e-2	9,0	6,2	6,6	6,7	4,9 (8,3)[a]	β_e-4,6	6,3	7,0	6,1 (7,1)[c]
β_e^2-3	9,0	7,2	5,8	9,2	7,1	β_e-5	7,3	9,0	6,5 (9,0)[c]
β_e^4-3	9,0	8,6	9,8	8,4	8,0				
β_e-4	9,0	9,0	8,8	8,8	8,7				
γ_e^4-2	−0,3	−0,5	−0,3	0,1	0,1	γ_e^2-4,6	−0,1	1,2	0,3 (0,5)[c]
γ_e^6-2	−0,3	−0,1	0,2	0,7	1,0	γ_e^2-2	−0,4	0,8	−0,3 (0,4)[c]
γ_e-3	−0,3	0	0	0,7	0,4 (−1,8)[a]				
γ_e-4	−0,3	0,1	−0,1	0,5	0,9	γ_e^6-4	−0,3	0,6	0,2[d] (0,2)[c]
δ_e-2	−0,6	−0,5	−0,4	−0,5	−0,6	δ_3-2	−0,4	−0,4	−0,3
δ_e-3	0,3	−0,7	−0,1	−0,9	0,4	δ_e-5	−0,9	−1,3	−1,5
α_a-2	1,4	−1,1	0	4,5	10,3	α_a-2	−1,0	8,3	−
						α_a-4,6	1,3	3,2	0,4 (4,8)[c]
α_a-3	1,4	2,2	0,9	−0,6	4,3	α_a-5	3,3	−1,8	1,0
α_a-4	1,4	1,3	1,5	−0,6	1,2				
β_a-2	5,4	4,4	5,8	6,2	6,6 (2,6)[a]	β_a-4,6	4,8	6,4	4,3 (6,2)[c]
β_a^2-3	5,4	3,6	6,8	5,9	7,5	β_a-5	3,8	5,7	3,5 (5,7)[c]
β_a^4-3	5,4	5,6	5,0	5,3	6,6				
β_a-4	5,4	5,7	4,3	5,5	5,9				
γ_a^4-2	−6,3	−5,6	−6,4	−7,4	−5,1	γ_a^2-4,6	−7,8	−5,5	−
γ_a^6-2	−6,3	−8,4	−4,9	−4,9	−3,0	γ_a-2	−7,1	−9,4	−8,6 (−5,2)[c]
γ_a-3	−6,3	−5,3	−4,5	−6,5	−5,4 (−7,8)[a]				
γ_a-4	−6,3	−5,7	−6,2	−6,0	−5,2	γ_a^6-4	−5,4	−6,5	−6,4[e] (−6,6)[c]
δ_a-2	0,2	0,3	0	0	0,5	δ_a-2	0	0,2	0
δ_a-3	0,2	−0,8	−1,6	−0,2	−0,3	δ_a-5	−1,0	−1,1	−
G_a-2[b]	−3,8	−1,4	−	−	−	G_a-2	0,5	−1,6	−
						G_a-4,6	−2,3	−1,4	−3,5 (−2,9)[c]
G_a-3	−3,8	−2,9	−	−2,9	−2,2	G_a-5	−2,5	3,1	−3,6
G_a-4	−3,8	−3,6	−	−2,2	−1,9				
G_β-2	−1,3	−0,8	−	−1,1	−1,1	G_β-4,6	−0,6	−1,0	−0,7 (−1,0)[c]
G_β^2-3	−1,3	−0,8	−	−	−	G_β-5	−0,6	−0,9	−0,8 (−1,4)[c]
G_β^4-3	−1,3	−	−1,4	−2,5					
G_β-4	−1,3	−1,5	−	−1,3	−1,2				
G_γ^4-2	2,0	−	−	2,6	1,2	G_γ^2-4,6	−1,0	1,7	0
G_γ^6-2	2,0	1,3	−	−	−	G_γ-2	1,3	2,1	1,2 (1,2)[c]
G_γ-3	2,0	1,3	−	1,7	1,6				
G_γ-4	2,0	2,0	−	−	−	G_γ^6-4	1,5	1,5	1,6[f] (2,1)[c]
G_δ-2	0,7	−0,1	−	−	−	G_δ-2	−0,3	−0,5	0,3
G_δ-3	0,7	1,0	−	−	−	G_δ-5	−1,0	0,4	−

[a] Effekt auf SCH₃
[b] G = gem; vicinale Korrekturen: Cyclohexan, s. Tab. 3.15, S. 105; Heterocyclen siehe Originalliteratur
[c] die Werte in Klammern beziehen sich auf die Schwefelseite
[d] γ_e^4-6
[e] γ_a^4-6
[f] G_γ^4-6

der Ring-Kohlenstoff-Atome. Diese Methyl-Gruppen-Inkremente sind für Cyclohexan und einige Heterocyclen in Tab. 3.74 zusammengestellt.

Allerdings ist bei der Diskussion der δ-Werte von O- und N-Heterocyclen zusätzlich zu berücksichtigen, daß C-Atome in der gezeigten γ_{anti}-Stellung ebenfalls Hochfeldverschie-

bungen erfahren (s. γ_{anti}-Effekt, Abschn. 4.6, S. 248f.)[206]. Die Gegenüberstellung der 3,5-Dimethyl-Verbindungen **296–299** macht den Sachverhalt deutlich.

296-299

		δ_{C-2}	$\delta_{C-3/5}$	δ_{C-4}	CH_3
296	X = CH_2	35,6	33,0	44,9	23,0
297	X = O	74,1	31,5	41,9	17,5
298	X = NH	54,2	32,6	42,9	19,7
299	X = S	35,3	34,4	44,0	23,0

Die δ-Werte von C-4 und CH_3 sind im 3,5-Dimethyltetrahydropyran **297** und 3,5-Dimethylpiperidin **298** deutlich kleiner als im Cyclohexan-Derivat **296** bzw. 3,5-Dimethyltetrahydrothiopyran **299**.

Die Konformationsanalyse von Piperidin **300** und *N*-Methylpiperidin **301** durch Tieftemperatur ^{13}C-NMR-Untersuchungen ergeben für **300** eine Bevorzugung der equatorialen Position, während das *N*-Methyl-Derivat **301** praktisch ausschließlich ($-\Delta G^0$ = 10,1 kJ/mol) mit equatorial angeordneter Methyl-Gruppe vorliegt[276,277]. Tab. 3.75 enthält die Verschiebungen einiger C-Methyl-*N*-Methylpiperidine, Tab. 3.76 das Inkrementensystem zur Berechnung.

300 : R = H
301 : R = CH_3

Die Überführung der Piperidine in die Piperidinium-Salze **293**, **302**, **303** durch Protonierung führt zu einer Hochfeldverschiebung der α-C-Atome, wenn diese nicht weiter substituiert sind. Dies entspricht den Beobachtungen an acyclischen Aminen (s. S. 205), die Abschirmung für primäre und sekundäre α-C-Atome und Entschirmung für tertiäre und quartäre α-C-Atome beim Übergang vom Amin zum Ammonium-Salz zeigen. Die β- und γ-C-Atome werden zumindest im Piperidin **300** und *N*-Methylpiperidin **301** durch die Protonierung ebenfalls zu hohem Feld verschoben. Insgesamt sind die Protonierungsshifts in den Piperidinen stärker als in *N*-Methylpiperidinen[276]. Die Methylierung von Piperidinen zu *N*-Methylpiperidinium-Salzen führt wegen des β-Effektes der Methyl-Gruppe immer zu einer Tieffeldverschiebung der α-C-Atome (**300** → **302**; **301** → **293**) sowie zu Hochfeldverschiebungen der β- und γ-C-Atome, falls diese keine weiteren Substituenten tragen. Tieffeldverschiebungen der α-C-Atome, Hochfeldverschiebungen der β- und γ-C-Atome werden auch bei der Nitrosierung von Piperidin zu *N*-Nitrosopiperidin **304** beobachtet. Wegen

Tab. 3.75 ^{13}C-chemische Verschiebungen von C-Methyl-N-Methyl Piperidinen[276]

Substituent	δ (ppm)							
	C-2	C-3	C-4	C-5	C-6	C-Me[a]	C-Me[b]	N-Me
–	56,6	26,0	23,8	26,0	56,6			46,9
2-Me	59,4	34,8	24,7	26,4	57,2	20,4		43,3
3-Me	64,1	31,2	32,5	25,6	56,0	19,7		46,5
4-Me	56,0	34,4	30,2	34,4	56,0	21,8		46,4
cis-2,3-di-Me	60,7	34,8	29,3	23,5	52,9	10,8	15,7	43,4
trans-2,3-di-Me	66,1	37,2	34,0	25,7	57,5	17,1	19,7	43,5
cis-2,4-di-Me	59,0	43,7	31,4	34,8	57,3	20,9	22,1	42,9
trans-2,4-di-Me	53,5	40,7	25,2	33,2	49,5	14,6	20,1	43,0
cis-2,5-di-Me	56,4	30,8	28,6	30,1	59,2	14,1	18,9	43,4
trans-2,5-di-Me	59,1	34,9	33,6	31,6	65,3	20,6	19,6	43,2
cis-2,6-di-Me	59,5	35,1	24,7	35,1	59,5	21,6	21,6	38,0
trans-2,6-di-Me	52,9	33,6	19,3	33,6	52,9	15,1	15,1	40,0
cis-3,4-di-Me	61,1	33,9	30,7	31,8	54,0	14,3	15,8	46,7
trans-3,4-di-Me	64,1	37,8	37,0	34,8	56,4	17,1	19,3	46,4
cis-3,5-di-Me	63,5	31,1	41,6	31,1	63,5	19,5	19,5	46,2
trans-3,5-di-Me	63,3	27,3	38,4	27,3	63,3	19,2	19,2	47,0
r-2,c-4-c-6-tri-Me	59,3	43,8	30,9	43,8	59,3	21,5[c]	22,0	37,8
r-2,t-4,c-6-tri-Me	53,3	40,9	26,1	40,9	53,3	21,5[c]	18,6	38,1
r-2,c-4,t-6-tri-Me	56,0	40,8	25,2	43,9	50,0	9,7	22,4[d]	39,6

[a] Methylgruppe am C-Atom mit der kleineren Nummer
[b] Methylgruppe am C-Atom mit der größeren Nummer
[c] doppelte Intensität
[d] zusätzliches Signal bei 21,3 für CH$_3$(C$_6$)

301: N–CH$_3$ 46,9; 23,8 26,1 56,6

302: N$^+$–H/CH$_3$ 44,3; 21,9 23,8 55,3

300: N–H; 25,3 27,4 47,6

293: N$^+$(CH$_3$)$_2$ 52,7; 21,0 20,6 63,3

303: N$^+$H$_2$; 22,5 22,7 45,2

der partiellen N=N-Doppelbindung zeigen die Nitroso-Derivate syn/anti-Isomerie. Wie wertvoll die ^{13}C-NMR-Spektroskopie bei der Konformationsanalyse ist, zeigt die Auswertung der Spektren des 2-Methyl-N-Nitrosopiperidin **305**, das als syn/anti-Gemisch im Verhältnis 1:2 vorliegt[278]. Es zeigt sich, daß das syn-Isomere die Methyl-Gruppe ausschließlich in axialer Position (**305a**) trägt, das anti-Isomere dagegen als ein Gemisch **305b**, **305c** vorliegt[278].

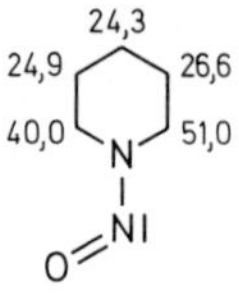

```
       24,3
  24,9  ┌─┐  26,6
  40,0  │ │  51,0
        N
        │
        N=O
        304
```

Tab. 3.76 Substituentenparameter für C-Methylpiperidine und C-Methyl-N-Methylpiperidine[276]

$$\delta_{c-k} = B + \Sigma A_i + \Sigma S$$

Position	A_i für Piperidine			A_i für N-Methylpiperidine		
	C–2	C–3	C–4	C–2	C–3	C–4
B	47,6	27,3	25,3	56,7	26,0	23,7
α_e	5,04	5,33	6,39	2,4	5,29	6,95
α_a	–1,11	0,94	0,89	–1,63	2,75	0,25
β_e	7,40	7,72[a] / 8,60[b]	8,80	7,59	9,03[a] / 8,59[b]	8,92
β_a	4,73	4,61[a] / 5,53[b]	5,47	5,64	6,02[a] / 5,61[b]	5,75
γ_e	–0,48[b] / –0,15[c]	–0,13	–0,11	–0,17[b] / 0,77[c]	–0,18	0,54
γ_a	–6,05[b] / –6,92[c]	–5,66	–5,64	–6,55[b] / –8,89	–5,17	–5,01
δ_e	–0,75	–0,92		–0,47	0,18	
δ_a	–0,05	–0,17		–0,46	0,16	
S vic$_{2/3}$ cis	–2,4[d]	–3,0[e]	1,3	–3,1[l]	–2,8[m]	0,2
S vic$_{2/3}$ trans	–1,2[f]	–1,7[g]	0,2	–0,5[n]	–3,1[o]	0,8
S vic$_{3/4}$ cis	1,2[h]	–3,2[i]	–3,2	0,5[p]	–3,3[q]	–4,4
S vic$_{3/4}$ trans	0,2[j]	–1,9[h]	–2,3	7,0[r]	–2,9[s]	–2,5

[a] von C$_2$
[b] von C$_4$
[c] von C$_6$
[d] an C$_6$: 0,19
[e] an C$_5$: 0,27
[f] an C$_6$: 0,62
[g] an C$_5$: 0,98
[h] an C$_6$: 0,11
[i] an C$_5$: 0,21
[j] an C$_6$: 0,98
[k] an C$_5$: 0,19
[l] an C$_6$: –0,17
[m] an C$_5$: 0,43
[n] an C$_6$: 0,54
[o] an C$_5$: –0,35
[p] an C$_6$: 0,21
[q] an C$_5$: 1,65
[r] an C$_6$: 0,38
[s] an C$_5$: 0,40

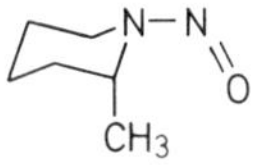

305 a

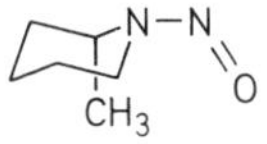

305 b
59% axial

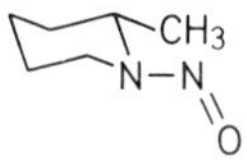

305 c
41% equatorial

Aus der Reihe der Schwefel-haltigen Heterocyclen sind die 1,3-Dithiane von präparativer Bedeutung. Tab. 3.77 enthält die chemischen Verschiebungen einiger 2-substituierter Derivate. Die Methyl-Gruppeninkremente in Tab. 3.74 beziehen sich auf die Sesselform **306a**. Verbesserungen in der Vorhersage der chemischen Verschiebungen ergeben sich, wenn man die Beteiligung der Twist-Form **306b** annimmt[279].

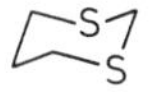

306a    **306b**

Die Überführung der Thiocycloalkane in die Sulfoxide oder Sulfone führt entsprechend den Akzeptoreigenschaften der SO- bzw. SO$_2$-Gruppe zu einer Tieffeldverschiebung der α-C-Atome, wobei mit Ausnahme der Thiiran- und Tetrahydrothiophen-Derivate die Sulfone die größeren δ_C-Werte aufweisen:

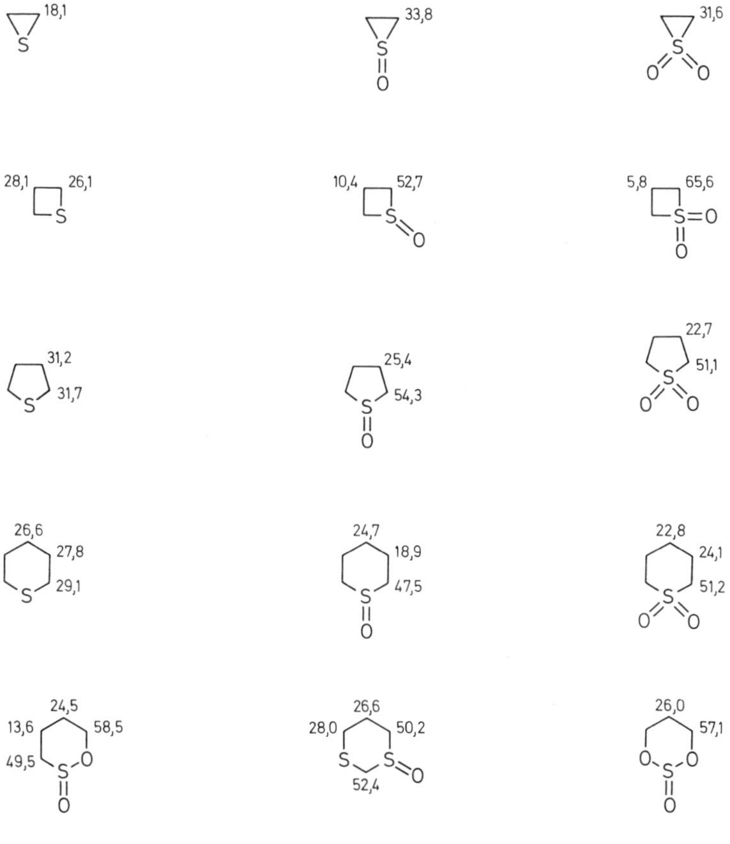

Tab. 3.77 ^{13}C-chemische Verschiebungen 2-substituierter 1,3-Dithiane

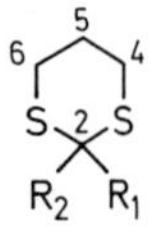

		δ (ppm)			
R_1	R_2	C–2	C–4/6	C–5	andere
H	CH_3	42,2	30,9	25,5	21,1
H	CH_2CH_3	49,3	30,4	26,1	28,8 (CH_2)
					11,50 (CH_3)
H	i-C_3H_7	56,2	30,7	26,3	33,5 (CH)
					20,0 (CH_3)
H	t-C_4H_9	61,8	31,2	26,0	35,7 (C)
					27,9 (CH_3)
H	n-C_4H_9	47,7	30,5	26,1	35,3
					28,8
					22,4
					13,9
H	C_6H_5	51,1	32,0	25,1	139,1
					128,7; 128,4
					127,7
H	$CON(CH_3)_2$	42,6	27,9	25,5	168,8 (CO)
					37,8; 36,2 (CH_3)
H	$COOCH_3$	40,0	26,1	25,1	170,3 (CO)
					52,5 (OCH_3)
H	CHO	47,7	25,4	24,9	188,5 (CHO)
H	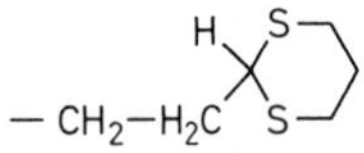 –CH_2–H_2C–(dithian-2-yl)	46,8	30,2	26,0	32,5 (CH_2)
H	$Si(CH_3)_3$	34,4	31,2	26,2	–3,1
H	$Ge(CH_3)_3$	33,4	31,3	26,2	–3,5
H	$Sn(CH_3)_3$	27,4	32,4	27,0	–10,2
H	$Pb(CH_3)_3$	28,5	33,7	27,1	–0,6
H	–C$_6$H$_4$–OCH_3	50,7	32,1	25,1	55,2 (OCH_3)
					131,4 (C–1)
					128,9 (C–2/6)
					114,1 (C–3/5)
					159,7 (C–4)

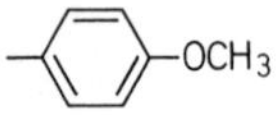

Die Signale der β- und γ-C-Atome werden durch die Oxidation zu hohem Feld verschoben, wobei das Thietandioxid für das β-C-Atom die auffälligste Veränderung $\Delta\delta_C = -22,3$ ppm zeigt[280]. Beim Cyclobutanon ist eine ähnliche Hochfeldverschiebung gegenüber dem Cyclobutan (s. S. 102) festzustellen.

Die chemischen Verschiebungen einiger polycyclischer Verbindungen mit Heteroatomen sind in Tab. 3.78 zusammengestellt. Auch hier wurden nur die Grundkörper ausgewählt[272].

Die δ-Werte zeigen ähnliche Trends wie in den acyclischen bzw. monocyclischen Derivaten. *Cis*- und *trans*-Decahydrochinolin **307** und **308**, die azaanalogen Decaline, unterscheiden sich in ihren δ-Werten deutlich voneinander.

Chemische Verschiebungen einzelner Substanzklassen

Tab. 3.78 ^{13}C-chemische Verschiebungen einiger gesättigter Polycyclen mit Heteroatomen

Verbindung		C-1	C-2	C-3	C-4	C-5	C-6	C-7	C-8	C-9
1,6-Bicyclo[3.1.0] oxiran (C5 ring with epoxide O2)		57,0		27,3	18,4					
Cyclohexen oxide (7-oxabicyclo)		52,2		24,7	19,6					
Cyclohexen sulfide		36,7		25,9	19,5					
Cyclohexen imine (NH)		28,8		25,1	20,5					
Indolizidin (N at 1)		53,9	20,3	30,1	64,1	30,7	24,2	25,3	52,7	
Pyrazolidin-bicyclic (2 N)		55,0	22,6		54,1	25,0				
Oxazolidin-bicyclic (O3, N1)		86,0		68,4	60,1	25,1	21,9	24,4	46,9	
Chinolizidin		56,2	25,6	24,4	33,2	62,9				
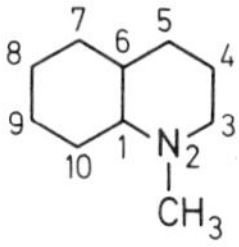 N-Methyl chinolizidin	cis	62,9		55,8 ^{a}	23,4	28,4	36,9	28,4	25,0	21,9
	trans	69,3		57,9	25,8	32,6	41,8	33,1	26,0	25,9
(CH$_3$ = C-10)	cis	25,9 ^{a}	42,9							
	trans	30,5	42,6							
Diazadecalin		2/5/7/10 58,1		3/4/8/9 25,4						
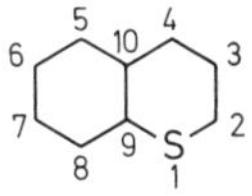 Thiadecalin	trans	44,3 (10)	30,0	28,2	34,4	34,6	26,3	26,8	32,6	47,0
Chinuclidin		47,8	26,8	20,8						

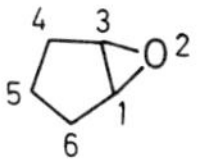

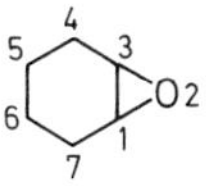

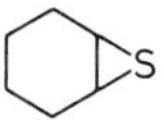

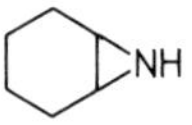

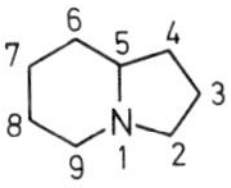

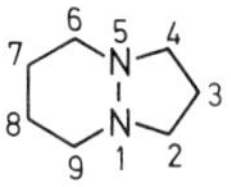

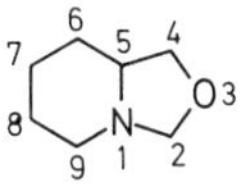

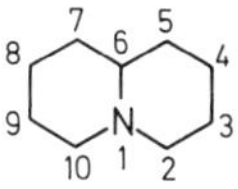

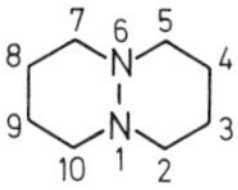

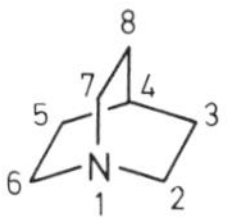

Tab. 3.78 Fortsetzung

Verbindung	C-1	C-2	C-3	C-4	δ(ppm) C-5	C-6	C-7	C-8	C-9
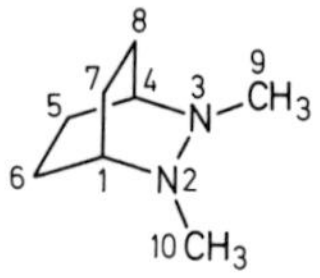 (bicyclic N-N(CH₃), N-CH₃)	52,2				22,8				CH₃ 43,5
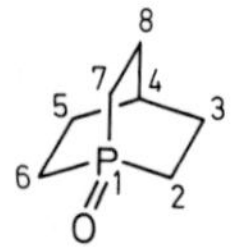 (P=O bicyclic)		20,9	27,4	22,3					
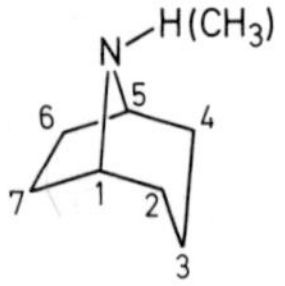 (N-H(CH₃) bicyclic)	54,7 (61,2)	32,9 (29,2)	17,2 (15,9)			29,0 25,6			CH₃ 40,4
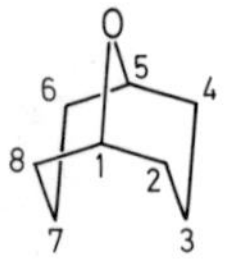 (O bicyclic)	66,6	29,4	18,9						
 (S bicyclic)	33,2	32,1	21,6						
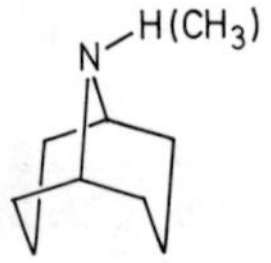 (N-H(CH₃) bicyclic)	(52,3)	(26,4)	(20,4)						CH₃ (40,9)
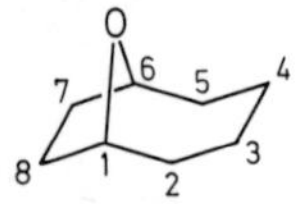 (O bicyclic larger)	77,7	36,2	24,4				31,6		
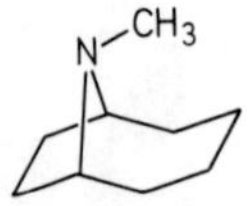 (N-CH₃ bicyclic)	64,7	35,4	24,6	30,2					CH₃ 42,9
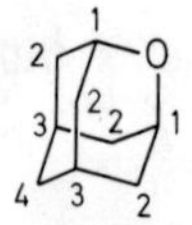 (O adamantane)	67,8	36,1	26,5	35,8					
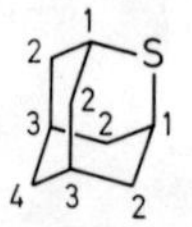 (S adamantane)	33,7	38,5	27,4	36,9					

Tab. 3.78 Fortsetzung

Verbindung	C–1	C–2	C–3	C–4	C–5	C–6	C–7	C–8	C–9
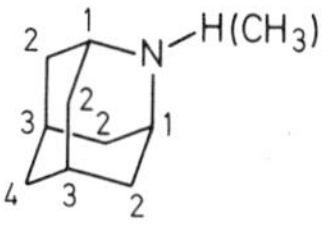 N-Methyl-2-azaadamantan	47,2 (53,3)	37,6 (32,4)	27,5 (26,8)	37,0 (36,9)					CH₃ 41,0
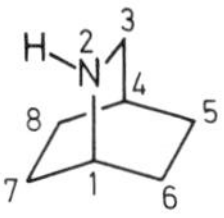 2-Azabicyclo[2.2.2]octan (NH)	42,7		46,9	24,2	24,4	27,2			
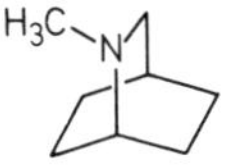 N-Methylchinuclidin	50,9		57,2	25,5	23,3	24,3			CH₃ 42,5
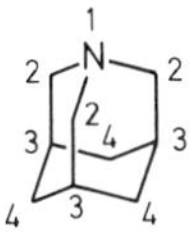 1,3-Diazaadamantan		59,7	33,7	37,2					
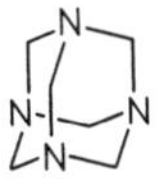 Hexamethylentetramin		73,7							
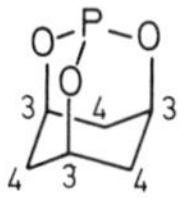 1-Phospha-2,6,7-trioxaadamantan			78,7	33,7					
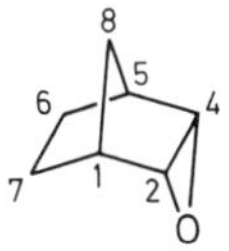 2-Oxabicyclo[2.2.2]octan-derivat	37,7	62,0				25,5		50,4	
 2-Oxabicyclo[2.2.1]	36,8	51,0				25,3		26,3	
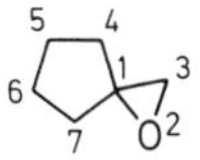 1-Oxaspiro[2.4]	65,1		52,1	32,6	25,4				
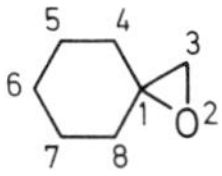 1-Oxaspiro[2.5]	58,8		54,3	33,8	25,0	25,5			
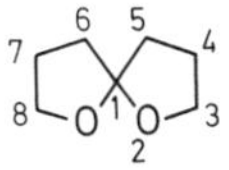 1,6-Dioxaspiro[4.4]non-derivat	114,6		66,8	25,0	34,9				
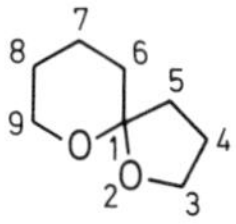 1,7-Dioxaspiro[5.4]	105,5		66,9	24,2	33,9	38,2	20,8	25,8	61,4

Tab. 3.78 Fortsetzung

Verbindung	C−1	C−2	C−3	C−4	δ (ppm) C−5	C−6	C−7	C−8	C−9
(Cyclohexan-Thiolan-Spiro, N°10,1S,2S,3,4,5,6,7,8,9)	58,4		32,1	29,1	44,2	41,1	25,0	25,8	
(Cyclohexan-Dioxolan-Spiro)	94,9		60,3	25,4	18,6	35,8			
(Cyclohexan-Oxathiolan-Spiro)	82,6 61,6		25,1	27,2	21,1	41,6	38,1	19,2	25,9
(Cyclohexan-Dithiolan-Spiro)			26,9	27,5	21,6	42,4			

ª breites Signal

Das ¹³C-Spektrum der *cis*-Verbindung **307** ist temperaturabhängig. Bei Raumtemperatur beobachtet man in CDCl₃ neun Signale für das *cis*-Decahydrochinolin **307**; kühlt man auf −68 °C ab, so erhält man wegen der nun langsamen Ring-Inversion (**307a** ⇌ **307b**) – die Stickstoff-Inversion ist nach wie vor schnell – neun intensive Linien, die der Form **307b** zugeordnet werden, und fünf Linien mit geringerer Intensität, die **307a** zuzuschreiben sind. Das Verhältnis **307a** : **307b** beträgt 10 : 90[281,282]. In *cis*-N-Methyldecahydrochinolin ist das Gleichgewicht zugunsten der zu **307a** analogen Form verschoben (71 : 29%)[282].

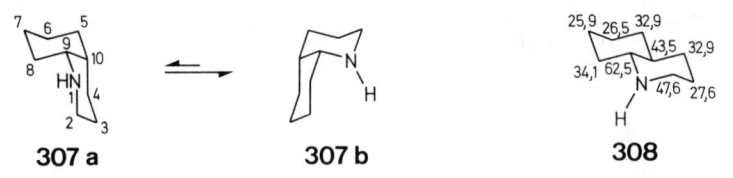

307 a   **307 b**   **308**

C-Atom in **307**	30 °C	−68 °C **307a**	−68 °C **307b**	65 °C
C-2	40,6	39,7	47,7	46,8
C-3	22,7	nicht beobachtbar	21,2	23,1
C-4	29,8	24,0	30,6	30,1
C-5	26,6	31,7	25,0	26,9
C-6	25,6	nicht beobachtbar	26,3	25,8
C-7	21,6	nicht beobachtbar	20,3	21,9
C-8	31,9	nicht beobachtbar	32,8	32,2
C-9	55,0	53,9	54,9	55,4
C-10	35,9	35,6	35,1	36,3

Cis-1-Thiadecalin **309** zeigt bereits bei Raumtemperatur aufgrund der langsamen Ringinversion fünf breite ^{13}C-Signale, die vier übrigen sind scharf. Bei $-70\,°C$ beträgt das Verhältnis **309a** : **309b** 58 : 42 %[283].

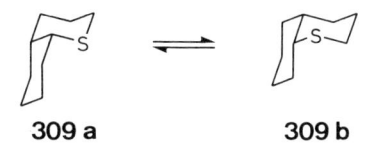

	$\delta\,(60\,°C)$
C-2	27,6
C-3	24,6
C-4	30,0
C-5	29,0
C-6	23,9
C-7	24,2
C-8	30,9
C-9	42,5
C-10	37,1

309 a   **309 b**

Aufgaben

3.22 Worauf kann man die Hochfeldverschiebung des β-C-Atoms im Thietandioxid (S. 325) bzw. Cyclobutanon (S. 183) zurückführen?

3.23 Schätze mit Hilfe des Inkrementensystems (Tab. 3.74) die Verschiebungen von 2,2,6,6-Tetramethyl-piperidin ab.

Bibliographie

Oxirane

Paulson, D. R., Tang, F. Y. N., Moran, G. F., Murray, A. S., Pelka, B. P., Vasquez, E. M. (1975), J. Org. Chem. 40, 184.
Hevesi, L., Nagy, J. B., Krief, A., Derouane, E. G. (1977), Org. Magn. Reson. 10, 14.
Davies, S. G., Whitham, G. H. (1975), J. Chem. Soc. Perkin Trans. 2, 861.
Shapiro, M. J. (1977), J. Org. Chem. 42, 1434.
Lesage, S., Perlin, A. S. (1978), Can. J. Chem. 56, 3117.
Sequin, M. (1979), Glycidester (Oxirancarbonsäuren), Tetrahedron Lett., 1833.
Easton, N. R., Anet, F. A. L., Burns, A. A., Foote, C. S. (1974), Polyepoxide, Modellverbindungen, J. Am. Chem. Soc. 96, 3945.
Crist, D. R., et al (1983), Phenyloxirane, Phenylaziridine, -aziridiniumsalze, J. Am. Chem. Soc. 105, 4136.

Thiiran, Thietan, Oxetane

Block, E. et al (1980), J. Org. Chem. 45, 4807
Jokisaari, J., Kuonanoja, J., Hakkinen, A. M. (1978), Oxetan, Thietan, Z. Naturforsch., Teil A, 33, 7.
Dittmer, D. C., Patwardhan, B. H., Bartholemew, J. T. (1982), Org. Magn. Reson. 18, 82.
Dittmar, D. C., Patwardhan, B. H., Bartholomew, J. T. (1982), Carbon-13 Chemical Shifts of 3-Substituted Thietanes, Thietane 1-Oxides and Thietane 1,1-Dioxides, Org. Magn. Reson. 18, 82.

Bolivar, R. A., Doppert, K., Rivas, C. (1982), A Carbon-13 NMR Argument Study of a Series of Oxetanes Derived from Carbonylcompounds and Furan and Thiophenderivatives, J. Heterocycl. Chem. 19, 317.

Aziridine, Oxaziridine:

Mison, P. et al (1975), Aziridine, Org. Magn. Reson. 8, 79.
Tarburton, P., Kingsbury, C. A., Sopchik, E. A. (1978), Aroylaziridine, J. Org. Chem. 43, 1350.
Crist, D. R., Jordan, G. J., Hashmall, J. A. (1974), Oxaziridine, J. Am. Chem. Soc. 96, 4927.
Martino, R., Misan, P., Wehrli, F. W., Wirthlin, T. (1975), Phenylaziridine, Org. Magn. Reson. 7, 175.

Tetrahydrofurane:

De Hoog, A. J. (1974), Org. Magn. Reson. 6, 233.
Accary, A., Huet, J., Infarnet, Y., Duplan, J. C. (1978), Org. Magn. Reson. 11, 287.
Eliel, E. L., Rao, V. S., Pietrusiecwisz, K. M. (1979), Tetrahydrofuran 1,3-Dioxolane, Org. Magn. Reson. 12, 461.

Empirisches Inkrementensystem:

Dana, G., Daneckjajouk, H. (1980), 2,2-Dimethyl-1,3-dioxolane, Bull. Soc. Chim. Franc. 395.

Silacyclobutane, -cyclohexane:

Wrackmeyer, B., Biffar, W. (1979), Z. Naturforsch., Teil B 34, 1270.

Silacyclopentane:

Wells, P.R., Franke, F. (1979), J. Org. Chem. 44, 244.

Tetrahydrothiophene:

Barbarella, G., Dembech, P. (1980), Org. Magn. Reson. 13, 282.
Barbarella, G., Dembech, P. (1976), Org. Magn. Reson. 8, 108.
Barbarella, G., Dembech, P. (1981), Org. Magn. Reson. 15, 72.
Block, E. et al (1980), Sulfoxid, Sulfon, J. Org. Chem. 45, 4807.
Kausch, M., Dürr, H., Doss, S.H. (1977), Org. Magn. Reson. 10, 208.

Pyrrolidine:

Ahmed, G., Hickmott, P.W., Soelistyowati, R.D. (1978), N-Alkylpyrrolidine, J. Chem. Soc. Perkin Trans. 2, 372.

Tetrahydropyrane und -thiopyrane $(CH_2)_5X$:

De Hoog, A.J. (1974), Org. Magn. Reson. 6, 233.
Lambert, J.B., Daniel, D.A., Sun, H., Lilianstrom, K.K. (1976), X = O, S, SO, SO_2, J. Am. Chem. Soc. 98, 3778.
Lambert, J.B., Daniel, D.A., Sun, H., Lilianstrom, K.K. (1975), Heterocyclohexane, Chem. Rev. 75, 611.
Kleinpeter, E., Duschek, C., Mühlstädt, M. (1978), (X = O), J. Prakt. Chem. 320, 303.
Barbarella, G., Dembech, P., Garbesi, A., Fava, A. (1976), (X = S), Org. Magn. Reson. 8, 108.
Barbarella, G., Dembech, P., Garbesi, A., Fava, A. (1976), (X = S), Org. Magn. Reson. 8, 465.
Willer, R.L., Eliel, E.L. (1977), (X = S), J. Am. Chem. Soc. 99, 1925.
Eliel, E.L., Manoharan, M., Pietrusiewicz, K.M., Hargrave, K.D. (1883), Tetrahydropyrane, Org. Magn. Reson. 21, 94.
Willer, R.L., Eliel, E.L. (1977), Thianiumsalze, Org. Magn. Reson. 9, 285.
Eliel, E.L., Hargrave, K.D., Pietrusiewicz, K.M., Manoharan, M. (1982), Conformational Analysis: Monosubstituted Tetrahydropyrans, J. Am. Chem. Soc. 104, 3635.

1,3-Dioxolane:

Richter, W.J. (1981), J. Org. Magn. Reson. 46, 5119.

1,3-Dioxane, 1,3-Dithiane:

Jones, A.J., Eliel, E.L., Grant, D.M., Knoeber, M.C., Bailey, W.F. (1971), J. Am. Chem. Soc. 93, 4772.
Pihlaja, K., Kivimäki, M., Myllyniemi, A.M., Nurmi, T. (1982), Carbon-13 NMR Chemical Shifts and the Twist Conformations of 1,3-Dioxanes, J. Org. Chem. 47, 4688.

1,3-Dithiolane:

Pihlaja, K. et al (1981), ^{13}C-NMR Studies of Saturated Heterocycles, Org. Magn. Reson. 17, 246.
Riddell, F.G. (1970), J. Chem. Soc. B, 331.
Riddell, F.G. (1971), J. Chem. Soc. B, 1030.

Kellie, G.M., Riddell, F.G. (1971), J. Chem. Soc. B, 1030.
Eliel, E.L., Rao, V.S., Riddell, G.F. (1976), 1,3-Dithiane, J. Am. Chem. Soc. 98, 3583.
Pihlava, K., Bjoerkquist, B.(1977), Methyl-1,3-dithiane, Org. Magn. Reson. 9, 533.
Drew, G.M., Kitching, W. (1981), Si-, Ge-, Sn-, Pb-1,3-Dithiane, J. Org. Chem. 46, 558.
Sepulchre, A.M. et al (1974), 1,3-Dithianderivate von Cyclohexylaldehyden, Tetrahedron 30, 905.

1,4-Dioxane:

Äyräs, P. (1978), 2,3-Dihydroxy-1,4-dioxane, Org. Magn. Reson. 11, 152.

Morpholine:

Szarek, W.A. et al (1977), Morpholine, Thiomorpholine, Can. J. Chem. 55, 937.
Nilsson, B., Hernestam, S. (1978), Emp. Inkrementensystem für Methylmorpholine, Org. Magn. Reson. 11, 116.
Ahmed, G., Hickmott, P.W., Soelistyowati, R.D. (1977), N-Alkylmorpholine, J. Chem. Soc. Perkin Trans. 2, 838.

Piperidine:

Forrest, T.P., Webb, J.G.K. (1979), γ_{anti}-Effekte, Org. Magn. Reson. 12, 371.
Wendisch, D., Feltkamp, H., Scheidegger, U. (1973), Org. Magn. Reson. 5, 129.
Beguin, C.G., Deschamps, M.N., Boubel, V., Delpuech, J.J. (1978), Org. Magn. Reson. 11, 418.
Eliel, E.L., Kandasamy, D., Yen, C., Hargrave, K.D. (1980), 1-Alkyl subst. Piperidine und Piperidiniumsalze, J. Am. Chem. Soc. 102, 3698.
Booth, H., Griffiths, D.V. (1973), J. Chem. Soc. Perkin Trans. 2, 842.
Jones, A.J., Casy, A.F., McErlane, K.M.J. (1973), 1,2,5-Trimethyl-4-phenylpiperidine; Stereochemie, J. Chem. Soc. Perkin Trans. 1, 2576.
Buchanan, G.W., Morin, G.F. (1979), Cyclische Phosphoramidate, Can. J. Chem. 57, 21.
Fraser, R.R., Grindley, T.B. (1975), Methyl-, Phenylnitrosopiperidine, Can. J. Chem. 53, 2465.
Jones, A.J., Hassan, M.M.A. (1972), 4-Piperidonderivate, J. Org. Chem. 37, 2322.
Hanisch, P., Jones, A.J. (1976), 1,3,5-Trimethylpiperidon-4 und 1,3,5-Trimethyl 4-phenyl-4-hydroxypiperidine, Stereochemie, Can. J. Chem. 54, 2423.
Ellis, G.E., Jones, R.G., Papadopoulos, M.G. (1974), N-Nitrosopiperidine, J. Chem. Soc. Perkin Trans. 2, 1381.
Casy, A.F., Joria, M.A., Podo, F. (1981), ^{13}C-NMR Studies of Isomeric Piperidine Derivatives, Org. Magn. Reson. 15, 275.
Morishima, J., Okada, K., Yonezawa, T., Goto, K. (1971), Piperidine in Gegenwart paramagnetischer Shiftreagenzien, J. Am. Chem. Soc. 93, 3922.
Eliel, E.L., Vierhapper, F.W. (1975), N-Methylpiperidin, Konformationsanalyse, J. Am. Chem. Soc. 97, 2424.

Piccinni-Leopardi, C., Fabre, O., Zimmermann, D., Reisse, J., Cornea, F., Fulea, C. (1976), Thiobenzoesäurepiperidine, Org. Magn. Reson. 8, 536.

1,3-Dioxacycloheptane:

Gianni, M.H., Saavedra, J., Savoy, J. (1973), J. Org. Chem. 38, 3971.
Gianni, M.H., Saavedra, J., Savoy, J. (1974), J. Org. Chem. 39, 804.

Oxepane, Hexahydro(1-H)azepine:

Rices, K.C., Wasylishen, R.E. (1976), Org. Magn. Reson. 8, 449.

Trithiane:

Arai, K. et al. (1976), Tetrahedron Lett., 1685.

Hexahydropyridazine:

Nelsen, S.F., Weisman, G.R. (1976), J. Am. Chem. Soc. 98, 3281, 7007.

Oxadiazacyclohexane, Azadioxacyclohexane, Thia-diazacyclohexane, Triazacyclohexane:

Riddell, F.G., Berry, M.H., Turner, E.S. (1978), Tetrahedron 34, 1415.
Katritzky, A.R. et al (1978), Heterocycles 9, 263.
Katritzky, A.R. (1978), J. Chem. Soc. Perkin Trans. 2, 377.
Katritzky, A.R. (1980), J. Chem. Soc. Perkin Trans. 2, 377, 279.
Katritzky, A.R. (1977), Tetrahedron Lett., 3803.

1,3-Dioxocane:

Anet, F.A.L., Degen, P.J., Krane, J. (1976), J. Am. Chem. Soc. 98, 2059.

1,3-Thiazolidene:

Faure, R., Llinas, R.J., Vincent, E.J., Larice, J.L. (1974), C. R. Acad. Sci., Ser.C, 279, 717.

Cyclische Aminophosphine:

Gray, G.A., Nelson, J.H. (1980), Org. Magn. Reson. 14, 8.

Hetera-bicycloalkane
2-Oxa-bicyclo[n, 1,0]alkane:

Davies, S.G., Whitham, G.H. (1975), n = 3, 4, 5, 6; J. Chem. Soc. Perkin Trans. 2, 361.

Oxa- und Thia-bicyclo 3.3.1 und 4.2.1 nonane:

Barrelle, M., Apparu, M., Gey, C. (1978), Can. J. Chem. 56, 85.
Sasaki, T., Egudu, S., Hioki, T. (1978), Thiaderivate, J. Org. Chem. 43, 3808.
Wiseman, J.R., Krabbenhoft, H.O., Anderson, B.R. (1975), Thiaderivat, J. Org. Chem. 41, 1518.

Thia-bicyclo[2.2.1]octane:

Reich, H.J., Trend, J.E. (1973), J. Org. Chem. 38, 2637.

Thia-Bicyclo[4.4.0]decane:

Vierhapper, F.W., Willer, R.L. (1977), J. Org. Chem. 42, 4024.

Aza- und Diaza-bicyclo[4.4.0]decane:

Vierhapper, F.W., Eliel, E.L., Zuniga, G. (1980), J. Org. Chem. 45, 4844.
Vierhapper, F.W., Eliel, E.L., Zuniga, G. (1976), J. Org. Chem. 41, 199.
Booth, H., Griffiths, D.V. (1973), J. Chem. Soc. Perkin Trans. 2, 842.
Booth, H., Griffiths, D.V. (1976), J. Chem. Soc. Perkin Trans. 2, 751.
Vierhapper, F.W., Eliel, E.L. (1977), J. Org. Chem. 42, 51.
Nelsen, S.F., Clennan, E.L. (1978), J. Am. Chem. Soc. 100, 4004.
Nelsen, S.F., Wiseman, G.R. (1976), J. Am. Chem. Soc. 98, 1842, 7007.
Lalonde, R.T., Donvito, T. (1974), Can. J. Chem. 52, 3778.
Kessler, H., Möhrle, H., Zimmermann, G. (1977), Tripiperidid, J. Org. Chem. 42, 66.

Aza-Adamantane:

Edwards, A., Webb, G.A. (1978), NMR Studies on some 1,3,5-Triaza-adamantane Derivatives, Org. Magn. Reson. 11, 103.

Aza-bicyclo[3.3.1]nonane:

Nelsen, S.F. et al (1976), J. Am. Chem. 98, 6893.
Jeyaraman, E. et al (1982), Conformational and Configurational Studies on 3-Aza-bicxclo[3.3.1]nonane-Derivatives, J. Heterocycl. Chem. 19, 449.

Aza-bicyclo[3.2.1]octane (Tropane):

Hanisch, P. et al (1977), J. Chem. Soc. Perkin Trans. 2, 1202.
Wenkert, E. et al (1974), Acc. Chem. Res. 7, 46.
Carroll, F.I., Coleman, M.L., Lewin, A.H. (1982), Synthesis and Conformational Analyses of Isomeric Cocaines: A Proton and Carbon-13 NMR Study, J. Org. Chem. 47, 13.

Aza-bicyclo[2.2.2]octane:

Becker, K.B., Grob, C.A. (1978), Helv. Chim. Acta 61, 2596.
Nelsen, S.F., Wiseman, G.R. (1976), J. Am. Chem. Soc. 98, 1842.
Wenkert, E. et al (1976), 2-Aza-bicyclo[2.2.2]octane, Helv. Chim. Acta 59, 2437.
Takeuchi, Y., Chivers, J.P., Crabb, A.T. (1975), Hexahydro-3H-oxazolo[3,4,-a]pyridine, J. Chem. Soc. Perkin Trans. 2, 51.

7-Aza-Bicyclo[4.1.0]heptan:

Mison, P. et al (1976), Org. Magn. Reson. 8, 90.

1- und 2-Heteroadamantane:

Duddeck, H., Wolff, P. (1976), Org. Magn. Reson. 8, 593.

Oxa- und Thiaspiroalkane:

Pothier, N. et al (1981), Can. J. Chem. 59, 1132.
Smith, L.R. et al (1980), J. Org. Chem. 45, 1920.
Francke, W., Reith, W., Sinnwell, V. (1980), Chem. Ber. 113, 2686.

4.11.2 Ungesättigte Heterocyclen

Unter ungesättigten Heterocyclen sollen hier alle diejenigen Heterocyclen zusammengefaßt werden, die mindestens ein sp^2-hybridisiertes Kohlenstoff-Atom im Ring enthalten, aber noch nicht als heteroaromatisch zu bezeichnen sind. So gehören hierzu u. a. cyclische Enolether, Enamine, Lactone, Lactame, cyclische Harnstoffe sowie die Benzo-Derivate der gesättigten Heterocyclen (s. Tab. 3.79). Aus der Reihe der Kleinring-Heterocyclen sind die 2H-Azirin-Derivate **310a**[284] und **310b**[285] zu erwähnen, in denen das sp^2-C-Atom jedoch eine ähnliche Verschiebung aufweist wie in anderen acyclischen Iminen (s. S. 220f.).

Aus der Reihe der substituierten Enolether fallen die Lithium-Derivate **311** und **312** auf, die für das Lithium-tragende sp^2-Kohlenstoff-Atom Verschiebungen von über 200 ppm aufweisen[286]. Dies ist eine Tieffeldverschiebung von mehr als 55 ppm im Vergleich zu den unsubstituierten Ringsystemen (Tab. 3.79) und damit ein weiteres Beispiel für die ungewöhnlichen Verschiebungen von an Lithium gebundenen Kohlenstoff-Atomen.

Das 2,7-Dimethyloxepin **313** zeigt bezüglich der sp^2-hybridisierten C-Atome keinen nennenswerten Unterschied zum cyclischen Enolether **314** oder anderen acyclischen Enolethern (s. S. 262ff.)[287].

Das bicyclische Enamin, 1-Aza-bicyclo[2.2.2]octen, **315** dagegen unterscheidet sich von den übrigen Enaminen (s. S. 262ff.) in den δ-Werten der sp^2-C-Atome grundsätzlich, da hier die Konjugation zwischen den p-Orbitalen und dem freien Elektronenpaar am Stickstoff nicht möglich ist.

Tab. 3.79 enthält zusätzlich zu den unsubstituierten Heterocycloalkenen drei pharmazeutisch interessante Verbindungen dieser Klasse: Veronal (Barbital), Phenylbutazon und Diazepam, ein Benzodiazepin-Derivat.

Tab. 3.79 ^{13}C-chemische Verschiebungen ungesättigter Heterocyclen

Verbindung	C–1	C–2	C–3	C–4	C–5	C–6	C–7	C–8	C–9	C–10
					δ(ppm)					
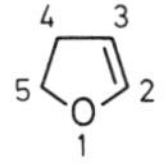 2,3-Dihydrofuran		145,6	98,4	28,5	68,6					
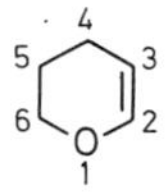 3,4-Dihydro-2H-pyran		144,0	99,2	22,6	19,3	64,9				
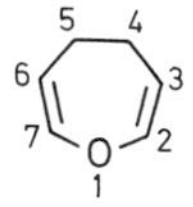 2,5-Dihydrooxepin		142,6	107,8	26,8						
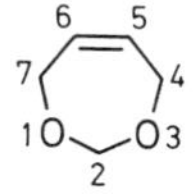 1,2-Dioxepin		96,4		67,0	130,6					
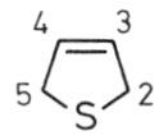 2,5-Dihydrothiophen		39,1	128,8							
 1,3-Dithiol-2-thion		213,3		129,4						
1,3-Thiazol-2-on		194,1	155,1	118,5						
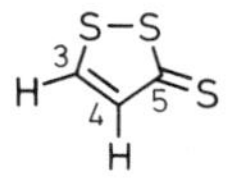 Dithiol-Dien				140,2	216,7					

Chemische Verschiebungen einzelner Substanzklassen

Tab. 3.79 Fortsetzung

Verbindung	C–1	C–2	C–3	C–4	C–5	C–6	C–7	C–8	C–9	C–10
					δ (ppm)					
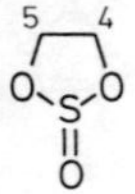				67,6						
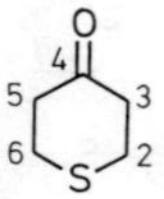		29,8	43,8	207,1						
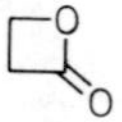		168,6	39,1	58,7						
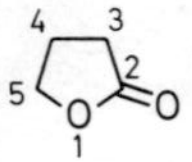		178,1	27,8	22,3	68,8					
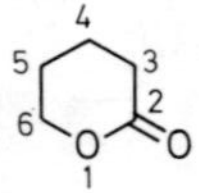		171,2	29,8	19,1	22,7	69,4				
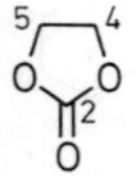		156,1		65,1						
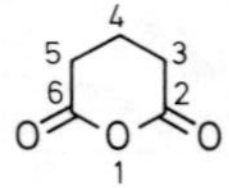		168,5	30,1	16,7						
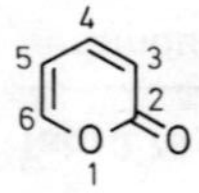		161,6	117,0	142,9	106,0	152,1				

Tab. 3.79 Fortsetzung

Verbindung	δ (ppm)									
	C-1	C-2	C-3	C-4	C-5	C-6	C-7	C-8	C-9	C-10
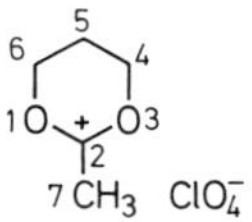 6-membered dioxolenium (CH₃, ClO₄⁻)		188,5		74,7	20,1	74,7	22,8			CH₃ 36,1
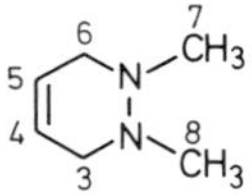 N,N'-dimethyl dihydropyrimidine			50,0	124,1						
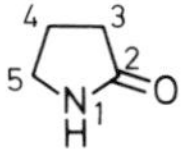 2-pyrrolidinone (α-methyl)		179,4	30,6	21,3	42,7					
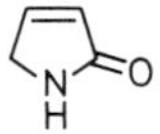 maleimide (3-pyrrolin-2,5-dione)		175,5	127,6	147,6	49,5					
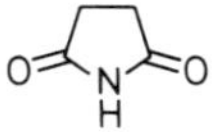 succinimide		179,0	30,0							
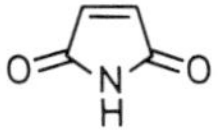 3-pyrrolin-2-one		172,2	135,8							
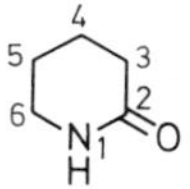 δ-valerolactam		171,9	31,5	20,9	22,3	42,0				
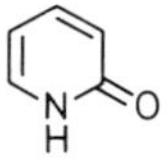 2-pyridinone		165,0	120,8	142,0	106,6	136,1				

Tab. 3.79 Fortsetzung

Verbindung	C-1	C-2	C-3	C-4	C-5	C-6	C-7	C-8	C-9	C-10
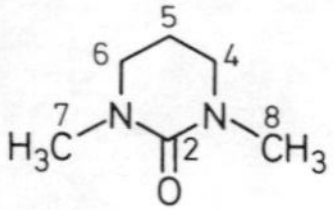		156,7		48,1	22,5	CH$_3$ 35,6				
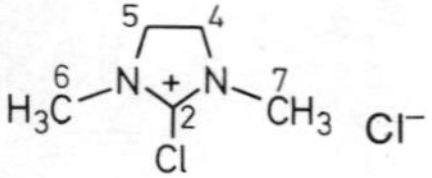		155,5		50,3		CH$_3$ 35,1				
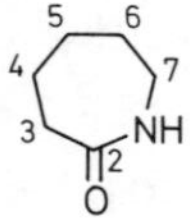		177,5	36,5	23,2	30,7*	29,9*	42,0			
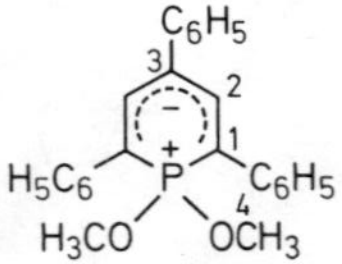	93,7	139,1	115,5	52,4						
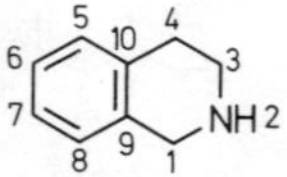	48,2		43,8	29,1	129,2	125,6	125,9	126,1	134,8	136,1
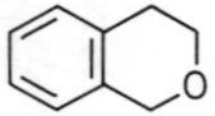	67,8		65,2	28,3	128,8	126,3*	125,9*	124,3	133,2	135,0
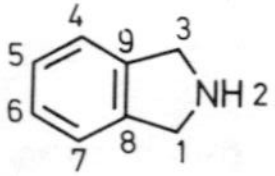	52,9			122,1	126,4			141,9		

* Zuordnung nicht gesichert

Tab. 3.79 Fortsetzung

Verbindung	δ (ppm)									
	C–1	C–2	C–3	C–4	C–5	C–6	C–7	C–8	C–9	C–10
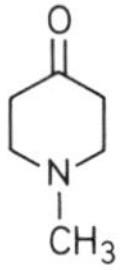 (1-methyl-4-piperidinone)		55,4	40,9	206,2	CH₃ 45,1					
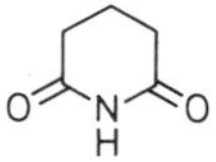 (glutarimide)[a]		173,8	32,2	18,7						
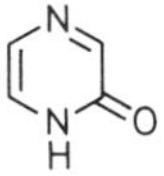 (2(1H)-pyrazinone)		160,3	146,4		126,5	131,2				
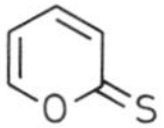 (2H-pyran-2-thione)		196,9	131,8	134,4	109,6	155,6				
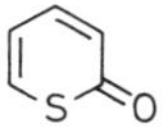 (2H-thiopyran-2-one)		183,7	124,9	140,9	118,7	137,4				
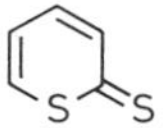 (2H-thiopyran-2-thione)		205,2	139,3	132,6	122,7	141,8				
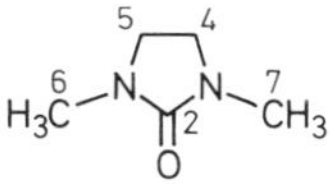 (1,3-dimethyl-imidazolidine-2,4-dione)		161,3			45,0	CH₃ 31,3				

[a] D₂O

Tab. 3.79 Fortsetzung

Verbindung	C-1	C-2	C-3	C-4	C-5	C-6	C-7	C-8	C-9	C-10
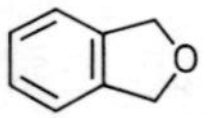 (2,3-Dihydrobenzofuran)	73,5			121,6	127,2			139,4		
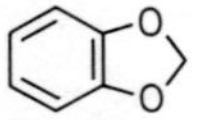 (1,3-Benzodioxol)		100,7	108,8	121,8	147,8					
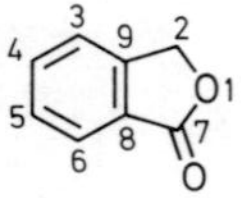 (Phthalid)		69,5	122,0	133,6	128,5	124,9	170,4	125,2	146,3	
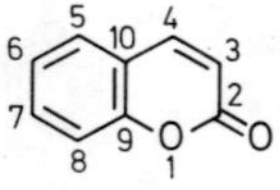 Cumarin		160,6	116,7	143,5	128,5	124,4	131,8	116,8	154,1	118,9
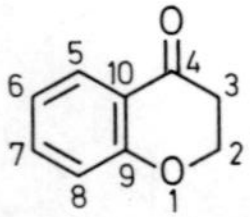 Chromanon		66,9	37,5	191,4	127,0	121,4	135,8	117,8	161,8	124,4
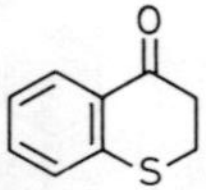 Thiochromanon		26,6	39,5	193,8	129,1	124,9	133,1	127,5	142,1	130,9
	49,6	21,4	27,5	35,0	26,0	28,0	39,3	173,2	38,7	

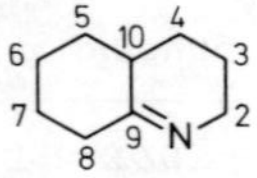

Tab. 3.79 Fortsetzung

Verbindung	C-1	C-2	C-3	C-4	C-5	C-6	C-7	C-8	C-9	C-10
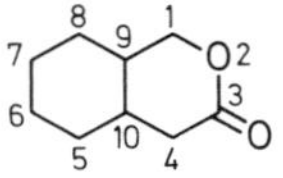 [Struktur]	74,7		171,4	37,4	27,2	25,3	25,3	32,5	38,2	36,5
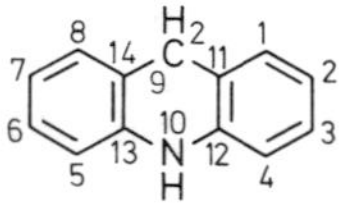 [Struktur] Acridan	127,9 11/14 119,2	119,6 12/13 140,5	126,4	113,0					29,1	
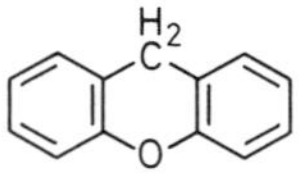 [Struktur] Xanthen	128,8 11/14 120,5	122,9 12/13 152,0	127,5	116,4					27,9	
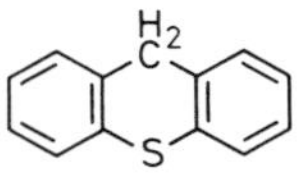 [Struktur] Thioxanthen	127,8 11/14 136,1	126,5* 12/13 133,8	126,5*	126,7*					39,1	
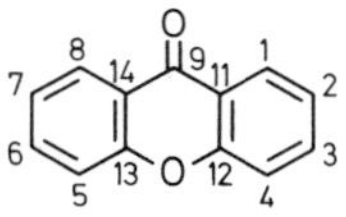 [Struktur] Xanthon	125,9 11/14 131,1	124,3 12/13 155,6	135,4	118,1					175,9	

[b] DMSO

Tab. 3.79 Fortsetzung

Verbindung	δ (ppm)									
	C-1	C-2	C-3	C-4	C-5	C-6	C-7	C-8	C-9	C-10
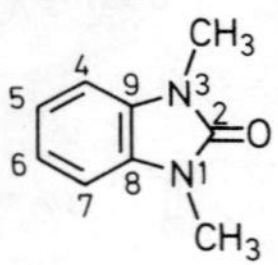 (Dimethylbenzimidazolon)		154,6		107,2	121,1			130,1		CH₃ 27,0
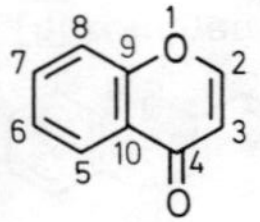 Chromon		155,9	112,9	177,4	125,2*	125,6*	133,7	118,2	156,4	124,8
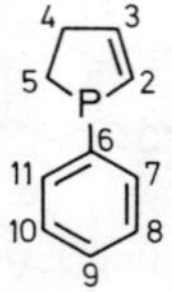 (Phenylphospholen)		129,3	142,9	34,2	25,9	140,6	131,8	128,2	128,4	
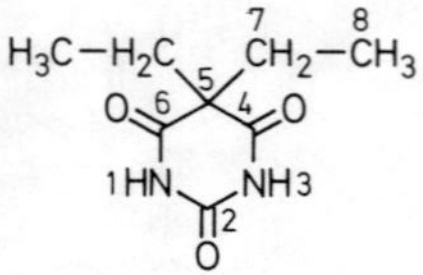 Veronal[c]		149,0		173,0	58,0		32,4	9,9		

[c] Dioxan

Tab. 3.79 Fortsetzung

Verbindung	C-1	C-2	C-3	C-4	C-5	C-6	C-7	C-8	C-9	C-10
Diazepam	11 128,8	169,4 12 138,1	56,8 13/17 129,4	14/16 128,2	168,5 15 130,5	129,4	129,7	131,5	123,0	142,5
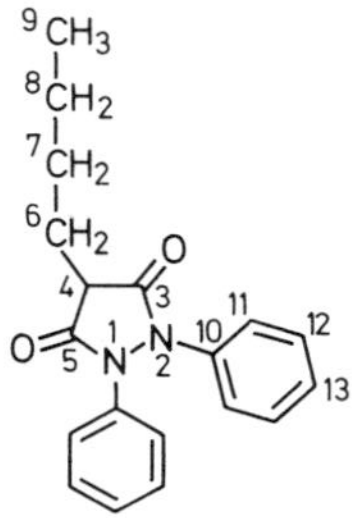 Phenylbutazon	11 128,1	12 125,3	169,9 13 122,8	45,0		27,0	26,2	21,4	12,9	135,8
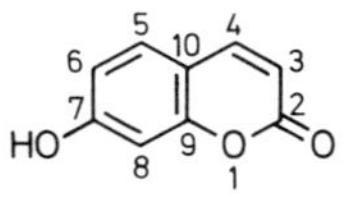 7-Hydroxycumarin		161,0	111,6	144,5	129,8	113,4	161,4	102,5	155,8	111,6

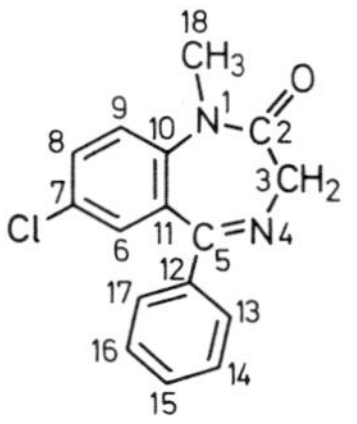

Tab. 3.79 Fortsetzung

Verbindung	C-1	C-2	C-3	C-4	C-5	C-6	C-7	C-8	C-9	C-10
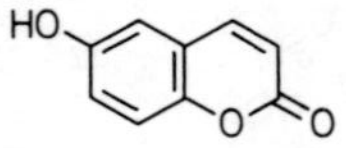 6-Hydroxycumarin		160,1	116,1	143,8	112,4	153,7	119,7	116,9	146,7	119,1
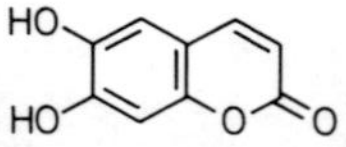 6,7-Dihydroxycumarin		161,2	111,9	144,7	112,6	143,0	150,5	102,9	148,8	111,2
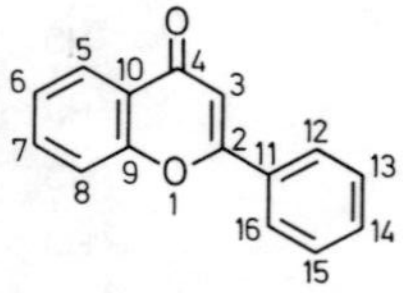 Flavon	11 131,5	163,0 12/16 126,0	107,3 13/15 128,8	178,0 14 131,3	125,4	124,9	133,5	117,9	156,0	123,7
Flavanon	11 138,6	79,5 12/16 126,0	44,6 13/15 128,7	191,6 14 128,7	126,9	121,4	136,0	118,0	161,3	120,8

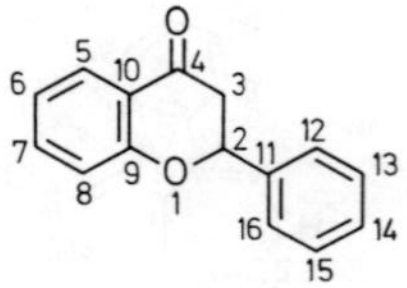

Tab. 3.79 Fortsetzung

Verbindung	δ (ppm)									
	C–1	C–2	C–3	C–4	C–5	C–6	C–7	C–8	C–9	C–10
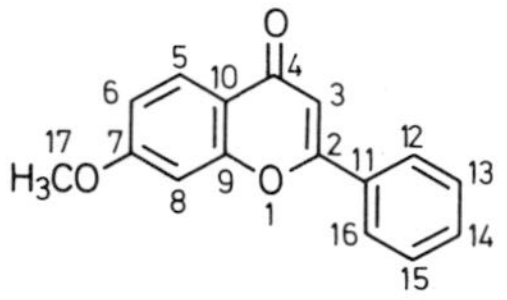 7-Methoxyflavon	11 131,6	162,6 12/16 125,8	107,2 13/15 128,7	177,4 14 131,1	126,7 17 55,9	114,1	163,7	100,2	157,7	117,6
7-Methoxyisoflavon	11 127,9	152,4 12/16 128,2	125,1 13/15 128,8	175,3 14 131,8	127,6 17 55,7	114,6	163,8	100,0	157,7	118,3

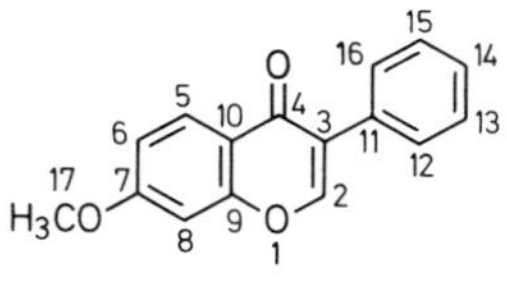

Literatur

Cyclische Enolether:

Oakes, F.T., Sebastian, J.F. (1980), J. Org. Chem. 45, 4959.

Lactone:

Deslongchamp, P. et al (1974), Can. J. Chem. 53, 1601.

Coumarine:

Günther, H., Prestien, J., Nathan, P.J. (1975), Org. Magn. Reson. 7, 339.
Ernst, L. (1976), J. Magn. Reson. 21, 241.
Gottlieb, H.E. et al (1979), J. Chem. Soc. Perkin Trans. 2, 435.
Chen, K.K. et al (1977), Tetrahedron 33, 899.
Duddeck, H., Kaiser, M. (1982), Org. Magn. Reson. 20, 55.

α-Pyrone, α-Thiopyrone:

Turner, W.V., Pirkle, W.H. (1974), J. Org. Chem. 39, 1935.
Imagawa, T., Haneda, A., Kawanisi, M. (1980), Org. Magn. Reson. 13, 224.

Lactame: Cyclische Imide

Fronza, G., Mondelli, R., Randall, E.W., Gardini, G.P. (1977), J. Chem. Soc. Perkin 2, 1746.
Williamson, K.L., Roberts, J.D. (1976), J. Am. Chem. Soc. 98, 5082.
Koer, F.J., De Hoog, A.J., Altona, C. (1975), Recl. Trav. Chim. Pays-Bays 94, 75.
Koer, F.J., De Hoog, A.J., Altona, C. (1975), Glutarsäureimide, -anhydride, Recl. Trav. Chim. Pays-Bays 94, 127.
Marchal, J.P., Brondeau, J., Canet, D. (1982), Org. Magn. Reson. 19, 1.

Cyclische Amidine, -Guanidine:

Jackman, L.M., Jen, T. (1975), J. Am. Chem. Soc. 97, 2811.
Faure, R. et al (1980), Imidazolidinderivate, Chem. Scr. 15, 193.

2-Oxo-1,3-dioxolane (Ethylencarbonate):

Pihlaja, K., Rossi, K. (1977), Methylderivate, Acta Chem. Scand., Ser. B. 31, 899.
Paulsen, H., Schüttpelz, E. (1979), Dioxan-2-yliumsalze, Org. Magn. Reson. 12, 616.
Aksnes, D.W., Lie, A. (1983), 1,3,2-Dioxarsolanes, Org. Magn. Reson. 21, 417.

Chromanone, Thiochromanone, Flavone, Isoflavone, Xanthone:

Chauhan, M.S., Still, J.W.J. (1975), Can. J. Chem. 53, 2880.
Kingsbury, C.A., Looker, J.H. (1975), Flavone, J. Org. Chem. 40, 1120.
Pelter, A., Ward, R.S., Bass, R.J. (1978), Isoflavone, J. Chem. Soc. Perkin Trans. 1, 666.

Frahm, A.W., Chaudhuri, R.K. (1979), Hydroxyxanthone, Tetrahedron 35, 2035.
Frahm, A.W., Chaudhuri, R.K. (1980), Hydroxyxanthone, Tetrahedron 36, 3273.
Chaudhuri, R.K. (1978), Polymethoxyxanthone, Tetrahedron 34, 1837.
Westerman, P.W. et al (1977), Xanthone, Org. Magn. Reson. 9, 631.
Ellis, G.P., Williams, J.M. (1981), Chromone, Benzopyrane (29 Derivate), J. Chem. Soc. Perkin Trans. 1, 2537.
Jha, H.C., Zilliken, F., Breitmaier, E. (1980), Chromone, Isoflavone, Can. J. Chem. 58, 1211.

Dihydrothiophene, Dithiolene:

McIntosh, J.M. (1979), Can. J. Chem. 57, 131.
Plavac, N., Still, J.W.J., Cauhan, M.S., McKinnon, D.M. (1975), Can. J. Chem. 53, 836.

9-Thiabicyclo[3.3.1]non-2ene:

De Haan, J.W. et al (1980), 14 Derivate, Tetrahedron 36, 799.

Oxepine, Benzoloxide:

Günther, H., Jikeli, G. (1973), Chem. Ber. 106, 1863.
Berger, S., Rieker, A. (1974), Org. Magn. Reson. 6, 78.

9,10-Dihydroanthracen analoge Heterocyclen:

Isbrandt, L.R., Jensen, R.K., Petrakis, L. (1973), J. Magn. Reson. 12, 143.

1,3-Dioxacyclohept-5-ene:

Gianni, M.H., Adams, M., Kuivila, H.G., Wursthorn, K. (1975), J. Org. Chem. 40, 450.
Blanchette, A., Sauriol-Ford, F., Jacques, M.St. (1978), Benzoderivate, J. Am. Chem. Soc. 100, 4055.
Sauriol-Ford, F., Jacques, M.St. (1979), 24 Benzo-dithiepin-Derivate, Can. J. Chem. 57, 322.

1,3-Dihydro-isobenzofurane, -isoindole-benzo[c]thiophene, Isochromane, Isothiochromane:

Adcock, W., Gupta, B.D., Kitching, W. (1976), J. Org. Chem. 41, 1498.

Tetrahydro-H-pyranone, -thiopyranone:

Berlin, K.D. et al (1979), J. Org. Chem. 44, 471.

Ungesättigte Stickstoffheterocyclen:

Vierhapper, F.W., Eliel, E.L. (1977), 1,9-Octahydrochinoline, J. Org. Chem. 42, 51.
Jones, A.L., Hassan, M.M.A. (1972), 4-Piperidone, J. Org. Chem. 37, 2332.
Geneste, P., Kamenka, J.M., Brevard, C. (1977), 4-Piperidone, Org. Magn. Reson. 10, 31.
McDonald, J.C., Bishop, G.G., Mazurek, M. (1976), (1H)-Pyrazinone, Tetrahedron 32, 655.
Touillaux, R. et al (1981), Configuration and ^{13}C-NMR Spectra of 1-Pyrazolines, Org. Magn. Reson. 16, 73.

Crawford, R. J. et al (1978), 4-Alkyliden-1-pyrazoline, Can. J. Chem. 56, 992.
Nelsen, S. F., Wiseman, G. R. (1976), Diazabicyclo[2.2.2]octene, J. Am. Chem. Soc. 98, 1842.
Lloyd, D. et al (1976), 2,3-Dihydro-1,4-diazepiniumsalze, Tetrahedron 32, 2339.
Hughes, D. W., Holland, H. L., McLean, D. B. (1976), Tetrahydroisochinoline, Can. J. Chem. 54, 2252.
Anastassiou, A. G., Reichmanis, E. (1976), Heteronine, J. Am. Chem. Soc. 98, 8266.
Fratiella, A., Mardirossian, M., Chavez, E. (1973), Barbitursäurederivate, J. Magn. Reson. 12, 221.
Singh, S. P. et al (1978), Phenylbutazone, J. Heterocycl. Chem. 15, 13.

Gawley, R. E., Termine, E. J., Goicoechea-Pappas, M., (1983), Δ^1-Pyrroline, 21, 177.

1,4-Benzodiazepine, 1,4-Benzo-ox-azepine:

Kovar, K. A., Linden, D., Breitmaier, E. (1981), Arch. Pharm. 314, 186.
Singh, S. P. et al (1978), J. Hetrocycl. Chem. 15, 1083.
Haran, R., Tuchagues, J. P. (1980), J. Heterocycl. Chem. 17, 1483.
Bernhardin, A. et al (1982), Org. Magn. Reson. 18, 134.
Paul, H. H. et al (1982), Org. Magn. Reson. 19, 49.
Duddeck, H., Levai, A. (1983), Konformationsanalyse und ^{13}C-NMR-Untersuchungen einiger 1,4-Benzooxazepin-Derivate, Arch. Pharm. 316, 100.

4.11.3 Heteroaromaten

Die chemischen Verschiebungen von Heterocyclen mit aromatischem Charakter umfassen den Bereich von 100–160 ppm je nach Heteroelement und Heterocyklus (s. Tab. 3.80). Insbesondere für die Stickstoff-haltigen Heterocyclen liegen ausführliche CNDO-Rechnungen vor, die einen linearen Zusammenhang zwischen chemischer Verschiebung und Elektronendichte zeigen (S. 88f.)[39,50,288]. Die CNDO-Rechnungen für die Azine ergaben eine Proportionalitätskonstante von 160 ppm/Elektron, die derjenigen der Aromaten (s. S. 88) entspricht[50]. Es sei jedoch noch einmal betont, daß die Güte der Korrelation und die Zahlenwerte für die Steigung stark von der verwendeten Rechenmethode abhängen (s. S. 89).

Die Überführung von Pyridin **316** in das Pyridin-*N*-oxid **317** bewirkt eine Hochfeldverschiebung der Signale von C-2/6 und C-4 in Übereinstimmung mit den im Formelbild angegebenen mesomeren Formen, die eine Erhöhung der Ladungsdichte in diesen Positionen anzeigen[289,290].

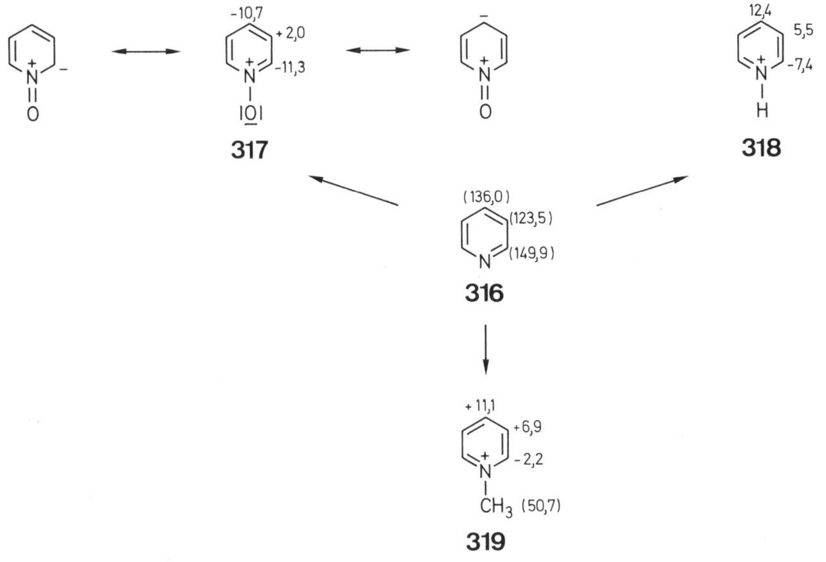

Tab. 3.80 ^{13}C-chemische Verschiebungen aromatischer Heterocyclen

Verbindung		C–1	C–2	C–3	C–4	δ (ppm) C–5	C–6	C–7	C–8	C–9	C–10
 Furan	a		143,6	110,4	110,4	143,6					
 Thiophen	a		125,6	127,3	127,3	125,6					
 Selenophen	a		131,0	128,8	128,8	131,0					
 Tellurophen	a b		127,3 126,2	138,0 137,6	138,0 137,6	127,3 126,2					
 Pyrrol (N–H, CH$_3$)			117,3 (121,1)	107,6 (107,8)	107,6 (107,8)	117,3 (121,1)	CH$_3$ (35,2)				
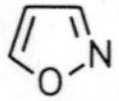 Isoxazol	a			150,0	100,5	158,9					

^{a} Aceton-d$_6$, ^{b} CDCl$_3$

Tab. 3.80 Fortsetzung

Verbindung		C–1	C–2	C–3	C–4	C–5	C–6	C–7	C–8	C–9	C–10
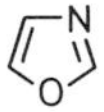 Oxazol			150,6		125,4	138,1					
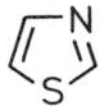 Thiazol			153,6		143,3	119,6					
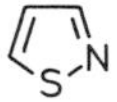 Isothiazol				157,0	123,4	147,8					
Pyrazol (CH₃)	c			134,6	105,8	134,6	CH₃ (38,2)				
	d			(139,0)	(105,4)	(129,8)					
 Imidazol (CH₃)	c		136,3		122,8	122,8	CH₃ (32,6)				
	b		135,4		121,9	121,9					
	d		(138,3)		(129,6)	(120,3)					

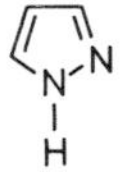

b CDCl₃,   c CH₂Cl₂,   d Dioxan

Tab. 3.80 Fortsetzung

Verbindung		C–1	C–2	C–3	C–4	δ (ppm) C–5	C–6	C–7	C–8	C–9	C–10
s-Triazol (N–N / N–H) (CH₃)	d d		147,9 (144,1)			147,9 (144,1)	CH₃ (30,7)				
v-Triazol (N–N / N–H) (CH₃)	d			131,6 (134,7)	131,6 (134,7)		CH₃ (41,5)				
1,2,4-Triazol (N–N / N–H) (CH₃)	e			147,4 (150,7)		147,4 142,7	CH₃ (35,0)				
1,2,4-Triazol (N–N / N–H) (CH₃)	d d					143,3 (144,2)	CH₃ (33,7)				
1,2,3-Thiadiazol					147,3	135,8					

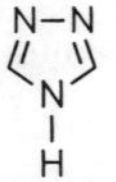

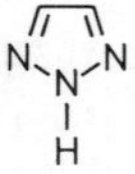

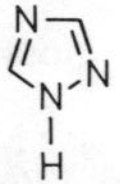

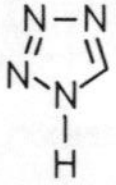

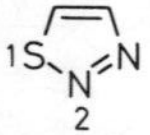

ᵈ Dioxan, ᵉ CD₃OD

Tab. 3.80 Fortsetzung

Verbindung	δ (ppm)									
	C–1	C–2	C–3	C–4	C–5	C–6	C–7	C–8	C–9	C–10
(Phosphol-Benzol-System)		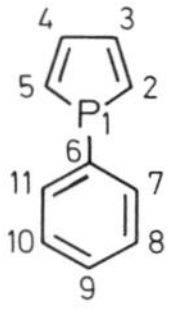 135,1	136,7			129,6	133,3	128,3	129,0	
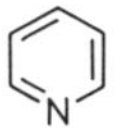 Pyridin [b]		149,9	123,8	136,0						
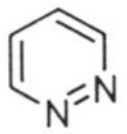 Pyridazin [h]			152,8	127,6	127,6	152,8				
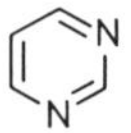 Pyrimidin		158,4		156,4	121,4	156,4				
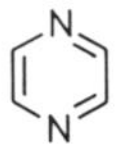 Pyrazin [g]		145,0 145,6	145,0 145,6		145,0 145,6	145,0 145,6				

[b] $CDCl_3$, [f] rein, [g] D_2O

Tab. 3.80 Fortsetzung

Verbindung	δ (ppm)									
	C-1	C-2	C-3	C-4	C-5	C-6	C-7	C-8	C-9	C-10
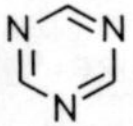 s-Triazin		166,5		166,5		166,5				
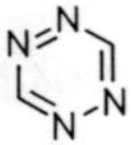 s-Tetrazin			160,9		160,9					
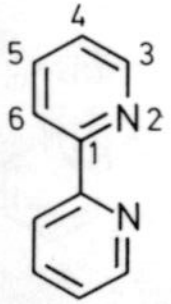 2,2'-Bipyridyl	156,4		121,4	137,2	124,0	149,4				
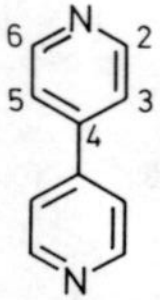 4,4'Bipyridyl [h]		150,5	121,2	144,3						
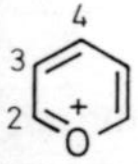		169,3	127,7	161,2						

[h] DMSO

Tab. 3.80 Fortsetzung

Verbindung	δ (ppm)									
	C–1	C–2	C–3	C–4	C–5	C–6	C–7	C–8	C–9	C–10
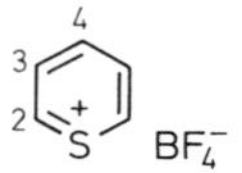 [Thiopyrylium BF$_4^-$]		158,8	138,3	150,8						
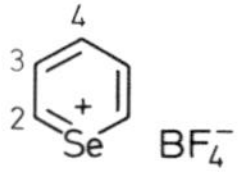 [Selenopyrylium BF$_4^-$]		170,7	137,3	149,5						
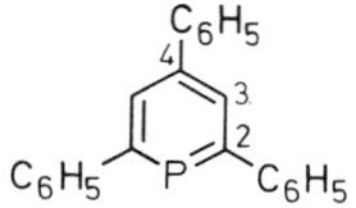 [Triphenylphosphabenzol]		171,6	132,4	145,2						
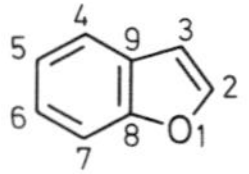 Benzo[b]furan		145,0	106,9	121,6	123,2	124,6	111,8	155,5	127,9	
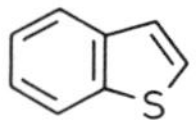 Benzo[b]thiophen		126,4	124,0	123,8	124,3	124,4	122,6	139,9	139,8	
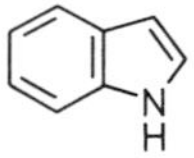 Indol		124,1	102,1	120,5	121,7	119,6	111,0	135,5	127,6	
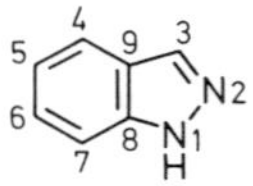 Indazol			133,4	120,4	120,1	125,8	110,0	139,9	122,8	

Tab. 3.80 Fortsetzung

Verbindung	C–1	C–2	C–3	C–4	C–5	C–6	C–7	C–8	C–9	C–10
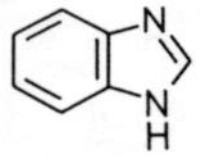 Benzimidazol [e]		141,5		115,4	122,9	122,9	115,4	137,9	137,9	
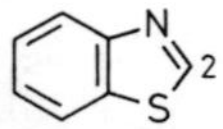 Benzthiazol [h]		155,5		122,1*	125,1*	125,8*	122,7*	133,2	152,6	
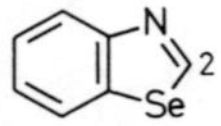 Benzselenazol		160,6					137,3		154,8	
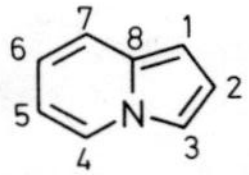 Indolizin	99,5	114,1	113,0	125,6	110,5	117,2	119,6	133,4		
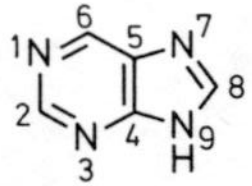 Purin		152,2		154,7	130,5	145,6		146,1		

δ (ppm)

* Zuordnung nicht gesichert;   [e] CD_3OD

Tab. 3.80 Fortsetzung

Verbindung	δ (ppm)									
	C–1	C–2	C–3	C–4	C–5	C–6	C–7	C–8	C–9	C–10
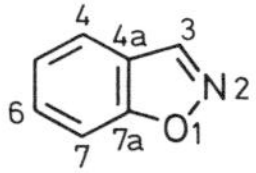 Benzo[d]iso-oxazol			147,1	124,3	123,0	130,6	109,9	122,2 (4a)	162,7 (7a)	
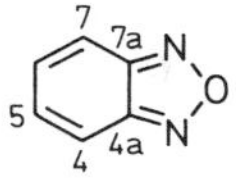 2,1,3-Benzooxadiazol				111,2	127,2			144,4 (4a/7a)		
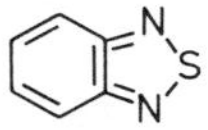 2,1,3-Benzothiadiazol				121,6	129,0			155,2		
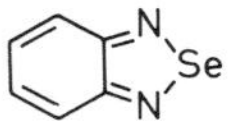 2,1,3-Benzoselendiazol				124,8	129,6			161,0		
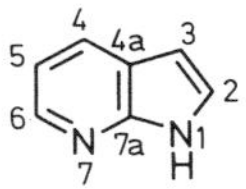 7-Azaindol		125,5	100,5	129,0	115,6	142,1		120,7 (4a)	148,9 (7a)	
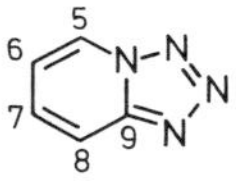 1,2,3-Triaza-indolizin					125,6	116,8	132,1	115,9	148,6	

Tab. 3.80 Fortsetzung

Verbindung	C–1	C–2	C–3	C–4	C–5	C–6	C–7	C–8	C–9	C–10
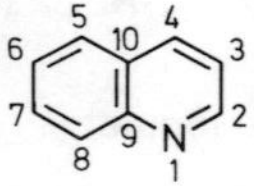 Chinolin		150,9	121,7	136,1	128,5	127,0	129,9	130,5	149,3	128,9
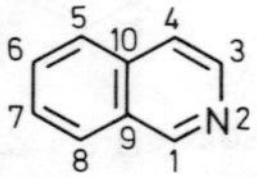 Isochinolin	152,5		143,0	120,4	126,4	130,2	127,2	127,6	128,6	135,7
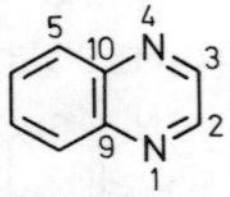 Chinoxalin		145,7	145,7		130,0	130,1	130,1	130,0	143,4	143,4
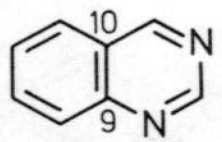 Chinazolin		160,7		155,9	127,6	128,1	134,4	128,6	150,3	125,4
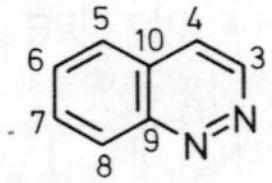 Cinnolin			146,1	124,7	127,9	132,3	132,1	129,5	151,0	126,8
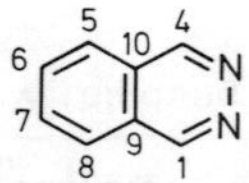 Phthalazin	152,0			152,0	126,7	133,2	133,2	126,7	126,7	126,7

Tab. 3.80 Fortsetzung

Verbindung	C-1	C-2	C-3	C-4	C-5	C-6	C-7	C-8	C-9	C-10
					δ (ppm)					
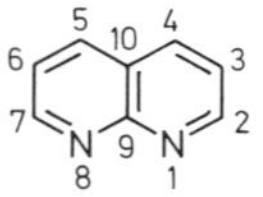 1,8-Naphthyridin		156,1	122,8	153,5					153,5	122,1
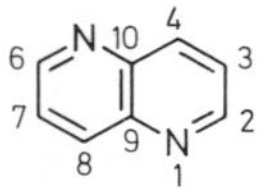 1,5-Naphthyridin		151,6	124,2	137,3					143,9	143,9
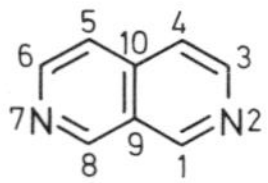 2,7-Naphthyridin	153,4		147,2	119,6					124,3	138,5
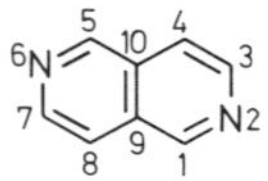 2,6-Naphthyridin	152,1		145,9	119,6						131,0
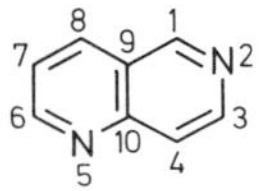 1,6-Naphthyridin	152,9		147,4	123,8		154,8	122,5	135,6	122,1	150,0

Tab. 3.80 Fortsetzung

Verbindung	C–1	C–2	C–3	C–4	C–5	C–6	C–7	C–8	C–9	C–10
					δ (ppm)					
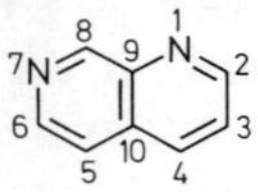 1,7-Naphthyridin		151,9	125,1	134,6	119,8	143,7		154,2	143,3	131,1
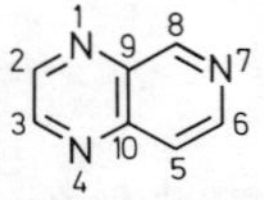 Pyrido[3,4-b]pyrazin		148,4	150,2		122,8	147,8		155,8	139,0	146,3
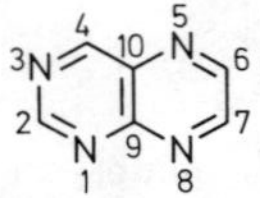 Pteridin		163,7		159,0		147,8	152,4		152,4	135,0
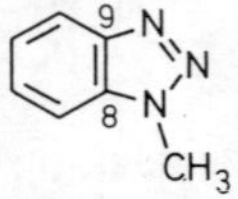 Benzotriazol				119,3	123,4	126,8	108,8	133,1	145,5	CH$_3$ 33,7
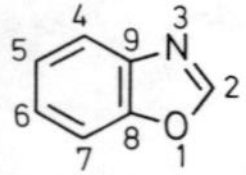 Benzoxazol		152,6		110,8	125,4*	124,4*	120,5	150,0	140,1	

* Zuordnung nicht gesichert

Tab. 3.80 Fortsetzung

Verbindung	δ (ppm)									
	C–1	C–2	C–3	C–4	C–5	C–6	C–7	C–8	C–9	C–10
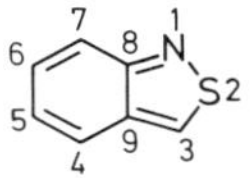 Benzo[c]isothiazol			144,5	122,1	124,1	128,6	121,6	161,5	134,5	
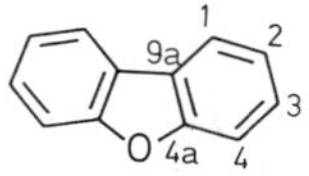 Dibenzofuran	120,6	122,6	127,0	111,6					4a 156,2	9b 124,2
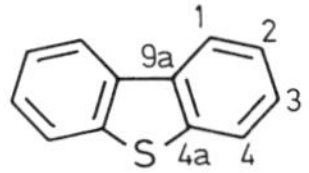 Dibenzothiophen [h]	121,9	124,6	127,0	122,9					138,5	134,9
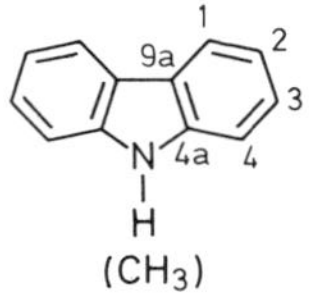 Carbazol [h]	120,0 (120,1)	118,4 (118,6)	125,4 (125,5)	110,8 (109,0)				CH₃ (29,8)	139,6 (140,5)	122,6 (121,9)
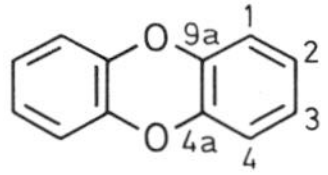 Dibenzodioxin	116,2	123,6							4a 142,2	

[h] DMSO

Tab. 3.80 Fortsetzung

Verbindung	δ (ppm)									
	C–1	C–2	C–3	C–4	C–5	C–6	C–7	C–8	C–9	C–10
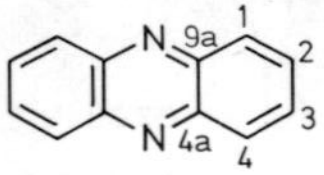 Phenazin	131,0	130,3							4a 144,0	
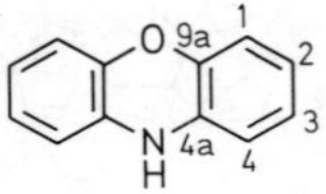 Phenoxazin	114,5	120,0	123,0	112,8					4a 131,8	9a 142,7
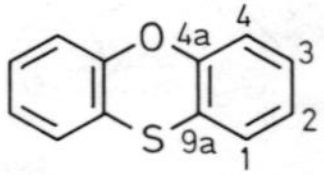 Phenoxathiin	127,4*	124,2	126,5*	117,5					4a 151,9	9a 119,9
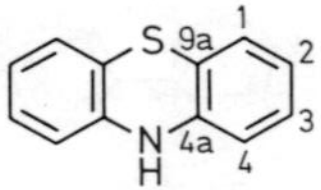 Phenothiazin	126,7*	121,3	125,6*	113,8					4a 141,7	9a 116,8
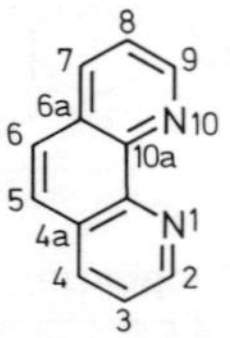 1,10-Phenanthrolin		150,6	123,4	136,3	126,8				4a,6a 129,0	10a 146,5

* Zuordnung nicht gesichert

Tab. 3.80 Fortsetzung

Verbindung	δ (ppm)									
	C-1	C-2	C-3	C-4	C-5	C-6	C-7	C-8	C-9	C-10
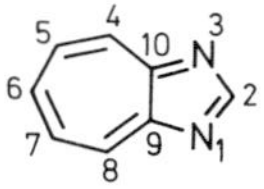 1,3-Diazaazulen		164,8		139,2	133,8	136,1			162,5	
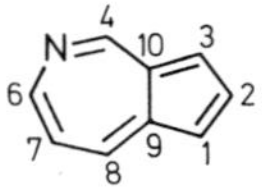 5-Azaazulen	121,9	138,4	123,6	152,9		155,0	118,1	140,3	139,5	133,5
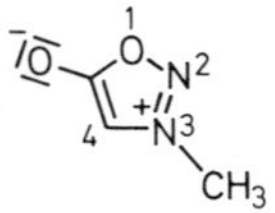 Methylsydnon				96,8	169,2	CH$_3$ 39,8				
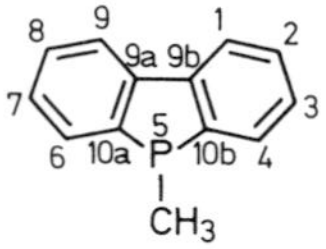	128,8	121,4	127,1	129,5			CH$_3$ 14,0		9a,9b 145,0	10a,10b 143,7

Die chemischen Verschiebungen des Pyridin-*N*-oxids sind wie die anderer *N*-Aromaten stark lösungsmittelabhängig. Die Protonierungsshifts der *N*-Heterocyclen sind für die α-Position meist stark negativ (Pyridinium-Kation **318**), für weiter entfernte C-Atome positiv. Dies entspricht den Beobachtungen an Aminen (s. S. 205) und ist auf Ladungspolarisationen und elektrische Feldeffekte zurückzuführen. Die Abb. 3.17 und 3.18 zeigen die pH-Abhängigkeit der δ-Werte für Pyridin und Isochinolin[291]. Die Kurven entsprechen Titrationskurven, mit deren Hilfe p*K*-Werte von Heterocyclen bestimmt werden können[291] (Gl. 3.64*).

$$\mathrm{pH} = \mathrm{p}K \log \frac{\delta_{\max} - \delta}{\delta - \delta_{\min}} \tag{3.64}$$

Bei Heteroaromaten, in denen zwei Protonierungsstufen zu beobachten sind, wie im Pyrazol **320**, Imidazol **321** oder Pyrazin **322**, sind die Protonierungsshifts der einzelnen Stufen nicht immer gleichsinnig. So zeigt nur das Imidazol in beiden Stufen eine Hochfeldverschiebung der zum Stickstoff α-ständigen C-Atomen.

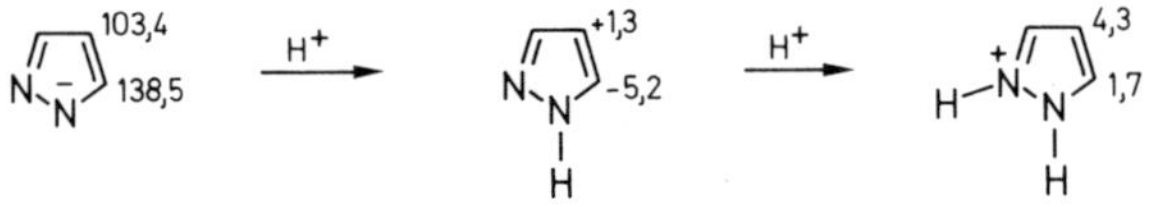

320

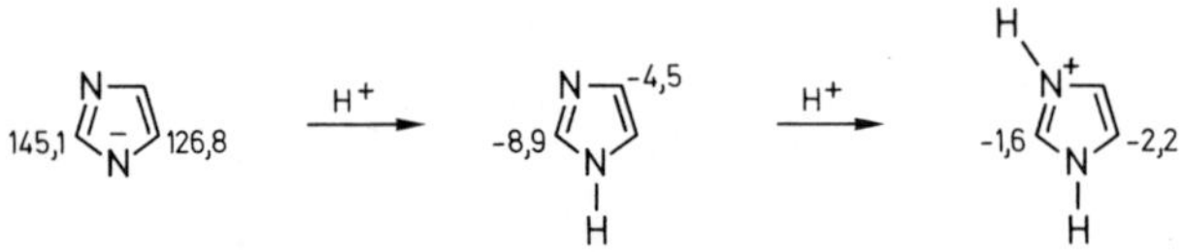

321

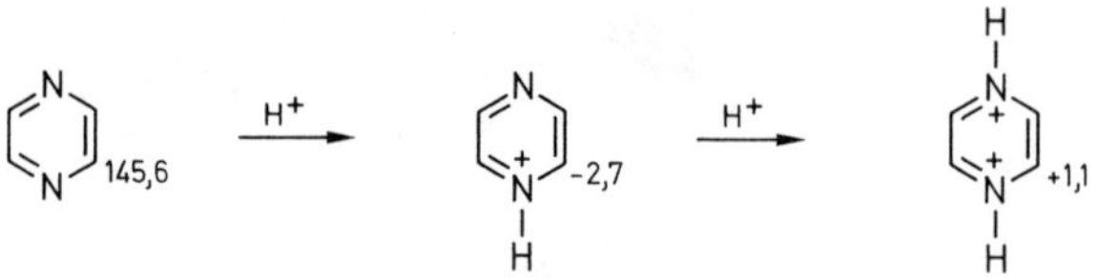

322

In Tab. 3.81 sind die Substituenteninkremente für substituierte Pyridine zusammengestellt. Sie entsprechen in ihrer Tendenz und teilweise auch zahlenmäßig den Inkrementen der Benzol-Derivate (s. Tab. 3.65, s. S. 284), so daß auch die Verschiebungen substituierter Pyridine im Sinne der induktiven und mesomeren Effekte diskutiert werden können. Die angegebenen Inkremente lassen sich zur Berechnung mehrfach substituierter Pyridine benutzen (s. Aufgabe S. 365).

In den *N*-Alkylpyridinium-Salzen zeigen C-2/6 und C-4 sehr ähnliche δ-Werte (**319**), wobei in einigen Fällen die Signale der α-C-Atome gegenüber dem γ-C-Atom bei höherer

---

* Die angegebene Gl. 3.64 gilt nur für verdünnte Lösungen

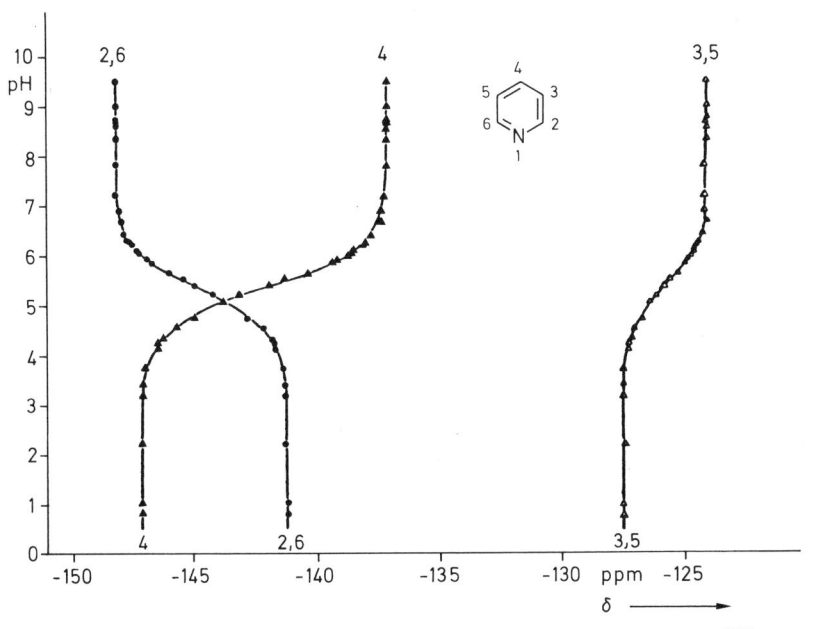

Abb. 3.17 ^{13}C-chemische Verschiebungen von Pyridin in Abhängigkeit vom pH^{291}

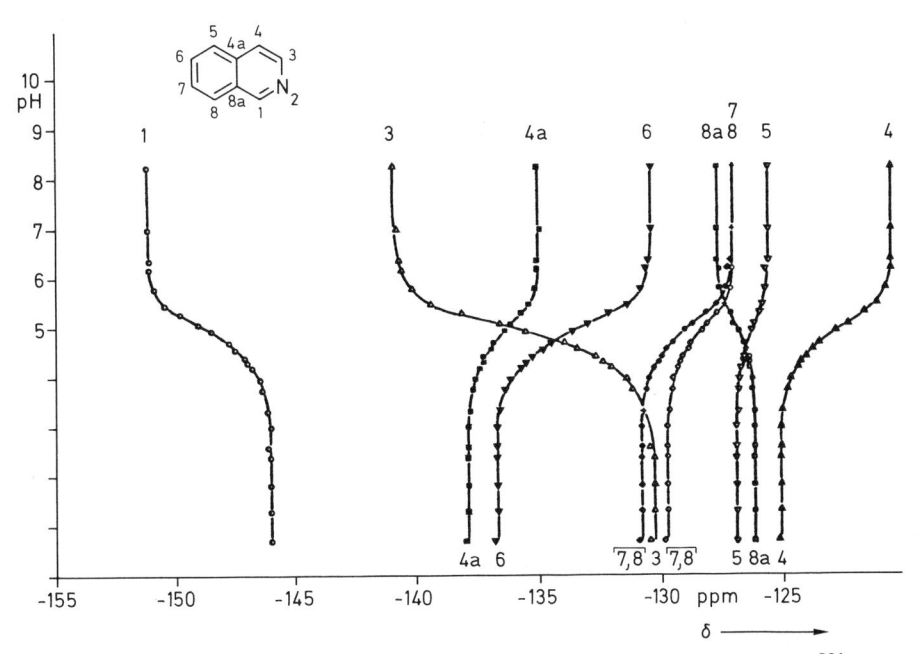

Abb. 3.18 ^{13}C-chemische Verschiebungen von Isochinolin in Abhängigkeit vom pH^{291}

Tab. 3.81 Substituenteninkremente $\Delta\delta$ für substituierte Pyridine[329]

$\delta_{C-2} = 149{,}8 + A_{i2}$ $\quad\delta_{C-4} = 135{,}7 + A_{i4}$ $\quad\delta_{C-6} = 149{,}8 + A_{i6}$
$\delta_{C-3} = 123{,}6 + A_{i3}$ $\quad\delta_{C-5} = 123{,}6 + A_{i5}$

2- bzw. 6-Substituent ($i = 2$ bzw. 6)	$A_{22}=A_{66}$	$A_{23}=A_{65}$	$A_{24}=A_{64}$	$A_{25}=A_{63}$	$A_{26}=A_{62}$	CH_3^a
CH_3	8,8	− 0,6	0,2	− 3,0	− 0,4	
CH_2CH_3	13,6	− 1,8	0,4	− 2,9	− 0,7	
F	14,4	−13,1	6,1	− 1,5	− 1,5	
Cl	2,3	0,7	3,3	− 1,2	0,6	
Br	− 6,7	4,8	3,3	− 0,5	1,4	
OH	15,5	− 3,5	−0,9	−16,9	− 8,2	
OCH_3	15,3	− 7,5	2,1	−13,1	− 2,2	
NH_2	11,3	−14,7	2,3	−10,6	− 0,9	
NO_2	8,0	− 5,1	5,5	6,6	0,4	
CHO	3,5	− 2,6	1,3	4,1	0,7	
$COCH_3$	4,3	− 2,8	0,7	3,0	− 0,2	
CN	−15,9	5,0	1,6	3,6	1,4	
$Si(CH_3)_3$	17,6	3,8	−2,9	− 2,0	− 0,5	− 1,8
$Ge(CH_3)_3$	19,8	3,4	−2,8	− 2,4	− 0,5	− 2,2
$Sn(CH_3)_3$	22,5	6,8	−3,2	− 2,5	− 0,2	− 9,6

3- bzw. 5-Substituent ($i = 3$ bzw. 5)	$A_{32}=A_{56}$	$A_{33}=A_{55}$	$A_{34}=A_{54}$	$A_{35}=A_{53}$	$A_{36}=A_{52}$	CH_3^a
CH_3	1,3	9,0	0,2	− 0,8	− 2,3	
CH_2CH_3	− 0,4	15,5	− 0,6	− 0,4	− 2,7	
F	−11,5	36,2	−13,0	0,9	− 3,9	
Cl	− 0,3	8,2	− 0,2	0,7	− 1,4	
Br	2,1	− 2,6	2,9	1,2	− 0,9	
I	7,1	−28,4	9,1	2,4	0,3	
OH	−10,7	31,4	−12,2	1,3	− 8,6	
NH_2	−11,9	21,5	−14,2	0,9	−10,8	
CHO	2,4	7,9	0,0	0,6	5,4	
$COCH_3$	3,5	8,6	− 0,5	− 0,1	0,0	
$CONH_2$	2,7	6,0	1,3	1,3	− 1,5	
CN	3,6	−13,7	4,4	0,6	4,2	
$Si(CH_3)_3$	1,9	8,3	2,5	− 3,1	− 0,9	− 3,0
$Ge(CH_3)_3$	3,1	12,0	3,7	− 1,2	− 1,1	− 2,0
$Sn(CH_3)_3$	5,1	12,2	6,6	− 0,7	− 1,2	− 9,7

4-Substituent ($i = 4$)	$A_{42}=A_{46}$	$A_{43}=A_{45}$	A_{44}			CH_3^a
CH_3	0,5	0,8	10,8			
CH_2CH_3	−0,1	− 0,4	17,0			
$CH(CH_3)_2$	0,4	− 1,8	21,4			
$C(CH_3)_3$	0,1	− 3,4	23,4			
$CH=CH_2$	0,3	− 2,9	8,6			
F	2,7	−11,8	33,0			
Br	3,0	3,4	− 3,0			

Tab. 3.81 Fortsetzung

4-Substituent ($i = 4$)	$A_{42} = A_{46}$	$A_{43} = A_{45}$	A_{44}	CH_3^a
NH_2	0,9	−13,8	19,6	
CHO	1,7	− 0,6	5,5	
$COCH_3$	1,6	− 2,6	6,8	
CN	2,1	2,2	−15,7	
$N(CH_3)_2$	−0,2	−17,1	18,3	
OCH_3	0,6	−14,2	29,3	
Cl	0,9	0,5	8,2	
NO_2	−1,3	− 3,0	4,1	
$Si(CH_3)_3$	−3,6	1,6	11,4	− 3,8
$Ge(CH_3)_3$	−1,9	3,6	16,3	− 2,3
$Sn(CH_3)_3$	−1,9	6,5	15,7	−10,0

[a] δ_C-Werte

Feldstärke absorbieren, wie im Tri-*t*-butyl-Derivat **323**. Dies spricht für eine beträchtliche Lokalisierung der positiven Ladung in der 4-Position. Dies geht auch aus den Verschiebungen des *n*-Butyl-2,4,6-triphenyl-pyridinium-fluoroborates **324** und des 2,4,6-Triphenyl-pyrylinium-fluoroborates **325** hervor[292].

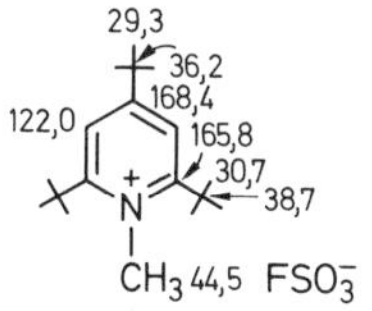

323 (in DMSO)

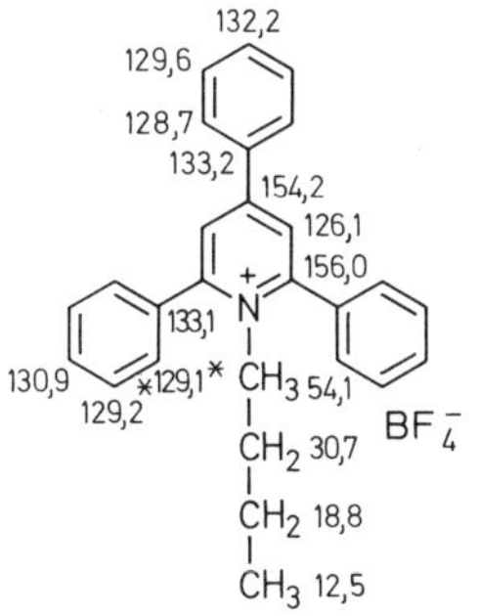

324 (in DMSO)

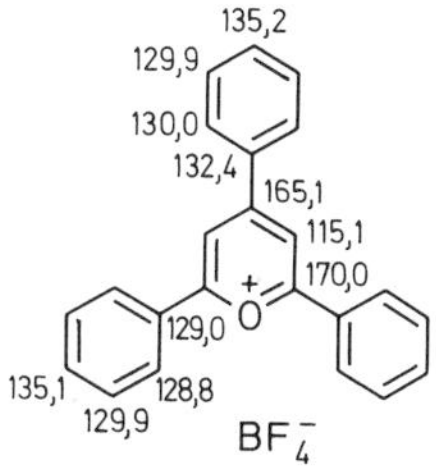

325 (in DMSO)

Aufgaben

3.24 Berechne mit Hilfe von Tab. 3.81 die chemischen Verschiebungen (in ppm) der disubstituierten Derivate und ordnet die Signale zu (s. Spektren der Abb. 3.19–3.24).

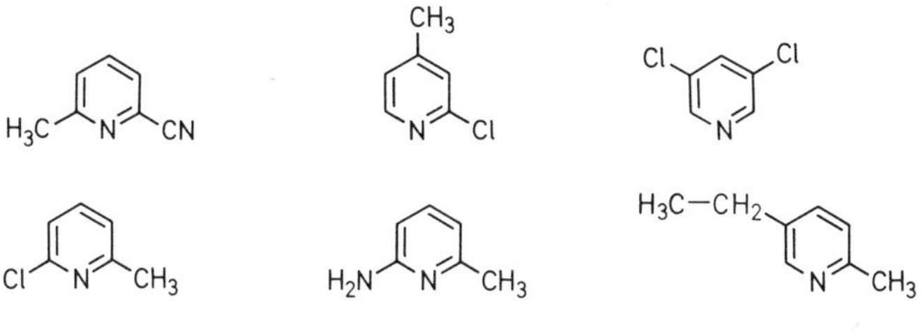

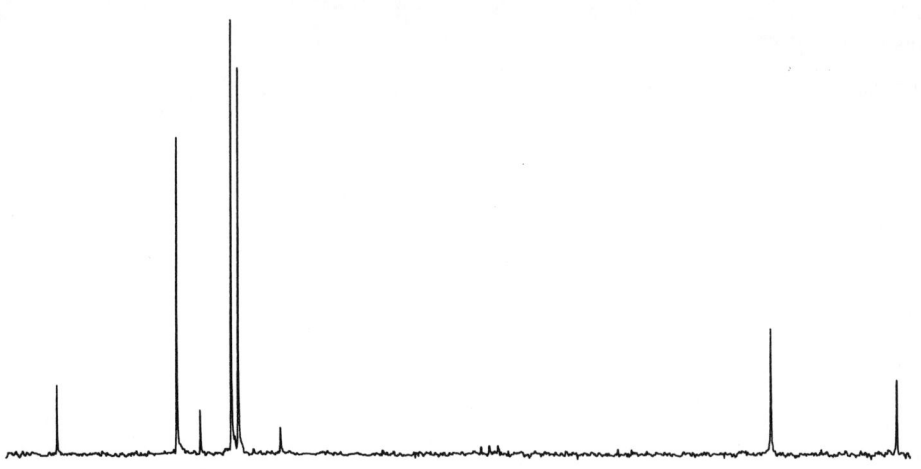

Abb. 3.19 20 MHz-^{13}C-NMR-Spektrum eines substituierten Pyridin-Derivates (s. Anhang: Lösungen der Aufgaben von Kap. 3)

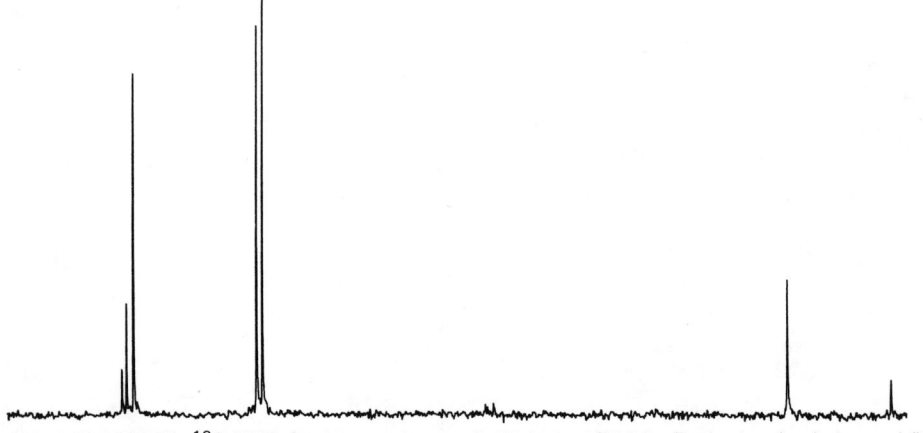

Abb. 3.20 20 MHz-^{13}C-NMR-Spektrum eines substituierten Pyridin-Derivates (s. Anhang: Lösungen der Aufgaben von Kap. 3)

Abb. 3.21 20 MHz-^{13}C-NMR-Spektrum eines substituierten Pyridin-Derivates (s. Anhang: Lösungen der Aufgaben von Kap. 3)

Abb. 3.22 20 MHz-^{13}C-NMR-Spektrum eines substituierten Pyridin-Derivates (s. Anhang: Lösungen der Aufgaben von Kap. 3)

Abb. 3.23 20 MHz-^{13}C-NMR-Spektrum eines substituierten Pyridin-Derivates (s. Anhang: Lösungen der Aufgaben von Kap. 3)

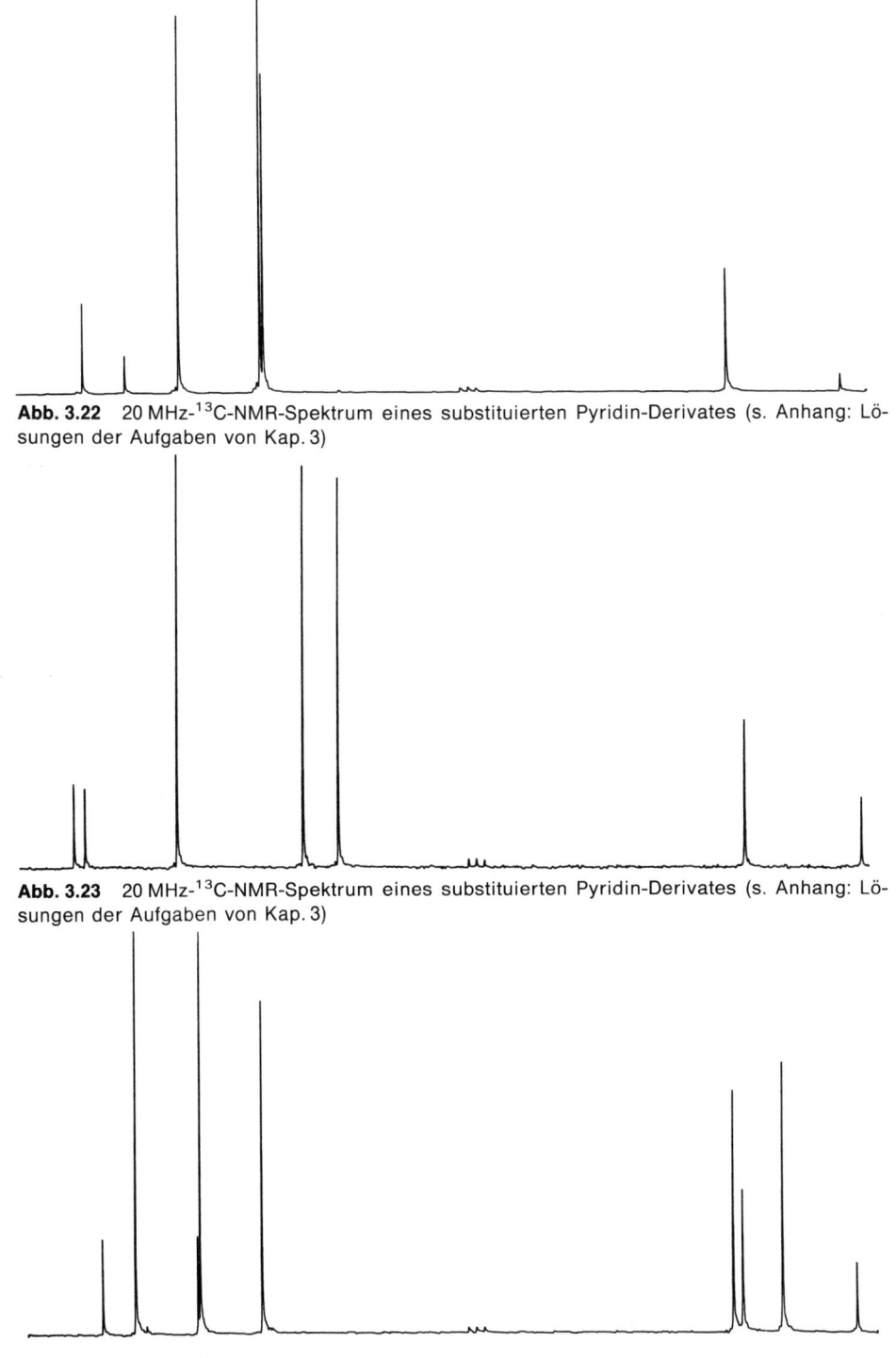

Abb. 3.24 20 MHz-^{13}C-NMR-Spektrum eines substituierten Pyridin-Derivates (s. Anhang: Lösungen der Aufgaben von Kap. 3)

Literatur

Azole (allgemein):

Elguero, J., Marzin, C., Roberts, J.D. (1974), J. Org. Chem. 39, 357.
Begtrup, M. (1973), Acta Chem. Scand. 27, 3101.
Begtrup, M., Claramunt, R.M., Elguero, J. (1978), J. Chem Soc. Perkin Trans. 2, 99.
Onyamboko, N.V., Renson, M., Chapelle, S., Granger, P. (1982), Carbon-13 and Selenium-77 NMR of Thienoisoselenazoles, Org. Magn. Reson. 19, 74.

Pyrrole:

Abraham, R. et al (1974), 55 Derivate, empirisches Inkrementensystem, J. Chem. Soc. Perkin Trans. 2, 1004.
Sigalov, M.v. et al (1981), Tetrahedron 37, 3051.

Furane, Thiophene, Selenophene, Tellurophene:

Fringuelli, F. et al (1974), Act. Chem. Scand. 28, 175.
Fringuelli, F. et al (1976), Substituenten Effekte, Acta Chem. Scand., Ser. B, 30, 605.
Doddrell, D. et al (1974), Aust. J. Chem. 27, 417.
Page, T.F., Alger, T., Grant, D.M. (1965), J. Am. Chem. Soc. 87, 5333.
Takahashi, K.T., Sone, T., Fuijeda, K. (1970), J. Phys. Chem. 74, 2765.
Musumarra, G., Ballisteri, F.P. (1980), Org. Magn. Reson. 14, 384.
Kiewiet, A., De Wit, J., Weringa, W.D. (1974), Furane, Org. Magn. Reson. 6, 461.

Phosphole:

Gray, G.A., Nelson, J.H. (1980), Org. Magn. Reson. 14, 14.

Dithiole, Thiazole, Thiadiazole:

Plavac, N., Still, J.W.J., Chauhan, M.S., McKinnon, D.M. (1975), Can. J. Chem. 53, 836.
Faure, R., Galy, J.P., Vincent, E., Elguero, J. (1978), Thiazole, Can. J. Chem. 56, 46.
Looker, J.H. (1978), J. Heterocycl. Chem. 15, 1383.

Oxazole:

Hiemstra, H. et al (1979), Can. J. Chem. 57, 3168.
Chrisope, D.R. et al (1981), Isoxazole (22 Derivate), J. Heterocycl. Chem. 18, 785.

Imidazole, Pyrazole, Tetrazole, Triazole:

Sattler, H.J., Stock, V., Schunack, W. (1978), Arch. Pharm. 311, 736.
Janzen, A.F., Lypka, G.N., Wasylishen, R.E. (1980), Can. J. Chem. 58, 60.
Bergman, J.J., Lynch, B.M. (1974), Pyrazoline, J. Heterocycl. Chem. 11, 135.
Gelin, S., Gelin, R., Hartmann, D. (1978), Pyrazole, J. Org. Chem. 43, 266.
Butler, R.N., McEvoy, T.M. (1978), Phenyltetrazole, J. Chem. Soc. Perkin Trans. 2, 1087.
Könnecke, H., Lippmaa, E., Kleinpeter, E. (1976), Aryltetrazole, Tetrahedron 32, 499.

Sohar, P., Feher, O., Tihanyi, E. (1979), Derivate der Pyrazolcarbonsäuren, Org. Magn. Reson. 12, 205.
Lichtman, W.M., Hollstein, U., Papadopoulos, E.P. (1978), 5-Aryltriazolone, Org. Magn. Reson. 11, 137.

Pyridine, Pyridin-N-Oxide, Pyridinium-Salze:

Lichter, R., Wasylishen, R.E. (1975), Fluoropyridine, J. Am. Chem. Soc. 97, 1808.
Litchman, W.M. (1974), Pyridin-Lösungsmittelabhängigkeit, J. Magn. Reson. 14, 286.
Pugmire, R.J. et al (1967), N-Sechsring-Heterocyclen, J. Am. Chem. Soc. 90, 697.
Breitmaier, E., Spohn, K.-H. (1973), N-Heterocyclen pH-Abhängigkeit, Tetrahedron 29, 1145.
Günther, H., Gronenborn, A. (1978), N-Oxide, Heterocycles 11, 337.
Sojka, S.A., Pinan, F.J., Kolarczyk, J. (1979), N-Oxide, Substituenteneffekte, J. Org. Chem. 44, 307.
Chambers, R.D. et al (1080), Polychloro Fluoro Pyridines, Org. Magn. Reson. 13, 363.
Anet, F.A.L., Yavari, I. (1978), Pyridin N-Oxide, J. Org. Chem. 41, 3589.
Cushley, R.J., Naugler, D., Ortiz, C. (1975), Pyridin-N-Oxide, Can. J. Chem. 53, 3419.
Wehrli, F.W., Gieger, W., Simon, W. (1971), Pyridiniumsalze, Helv. Chim. Acta. 54, 229.
Weber, H. et al (1981), Pyridiniumsalze, Chem. Ber. 114, 1455.
Katritzki, A.R., Brownlee, R.T., Musumarra, G. (1980), Pyridinium-, Pyrylimsalze, Tetrahedron 36, 1643.
Harsch, A.D., Johnson, S., Boyken, D.W. (1977), Phenacylpyridiniumbromide, J. Chem. Soc. Chem. Commun. 119.
Fronza, G., Bravo, P., Ticozzi, C. (1978), Phenycylpyridiniumsalze, J. Org. Chem. 157, 299.
Mitchell, T.N. (1975), A ^{1}H- and ^{13}C-NMR Investigation of Trialkylmetal Derivatives of Pyridin, Org. Magn. Reson. 7, 610.

Pyrimidine:

Riand, J. (1977), Protonierungsuntersuchungen, J. Am. Chem. Soc. 99, 6838.
Riand, J., Chenon, M.T., Lumbroso-Bader, N. (1977), Org. Magn. Reson. 9, 572.
Cheeseman, G.W.H., Turne, C.J., Brown, J.D. (1979), 4- und 5-substituierte Pyrimidine, Org. Magn. Reson. 12, 213.

Pyrazine:

Matsuo, M. et al (1980), 37 substituierte Pyrazine, Org. Magn. Reson. 13, 172.

Aza-analoge Naphthaline:

Pugmire, R.J., Grant, D.M., Robins, M.J., Robins, R.K. (1969), Mono- und Diaza-Naphthaline, J. Am. Chem. Soc. 91, 6381.
Giam, C.S., Goodwin, T.E. (1978), Isochinoline, J. Org. Chem. 43, 3780.
Günther, H. et al (1975), Angew. Chem. 87, 356.
Günther, H. et al (1974), Chem. Ber. 107, 876.

Günther, H. et al (1974), Chem. Ber. 107, 3275.
Günther, H. et al (1973), Pteridine und verwandte Verbindungen, Chem. Ber. 106, 3951.
Müller, G., Philipsborn, W. v. (1973) Pterine, Helv. Chim. Acta 56, 2680.
Hirota, M., Masuda, H., Hamada, Y., Takeuchi, J. (1974), Naphthyridine, Bull. Chem. Soc. Jpn. 47, 2083.
Boicelli, A. C., Danieli, R., Mangini, A. (1973), Naphthyridine, Lineare Beziehung zur Elektronendichte, J. Chem. Soc. Perkin Trans. 1, 1024.
Braun, S., Kinkeldei, J., Walther, L. (1980), Azaazulene, Tetrahedron 36, 1353.
McNab, H. (1982), Chinoxaline, J. Chem. Soc. Perkin Trans. 1, 357.
Van Dei Wejer, P., Mohan, C., Van den Ham, D. M. W. (1977), Mono- und Diazanaphthaline, Org. Magn. Reson. 10, 165.
Van De Weijer, P., Thijsse, H., Van Der Meer, D. (1976), Diaza-Naphthaline, Org. Magn. Reson. 8, 185.
Hollenstein, U., Krisov, G. E. (1980), Chinoxaline (11 Derivate), Org. Magn. Reson. 14, 300.
Su, J. A., Siew, E., Brown, E. V., Smith, L. S. (1977), Methylchinoline (7 Derivate), Dimethylchinolin (9 Derivate), Methylisochinoline (6 Derivate), Org. Magn. Reson. 10, 122.
Su, J. A., Siew, E., Brown, E. V., Smith, L. S. (1978), Chlormethylchinoline und -isochinoline, Org. Magn. Reson. II, 565.
Kidric, J. et al (1981), 5-subst. 8-Hydroxychinoline (5 Derivate), Org. Magn. Reson. 15, 280.
Van Veldhuizen, A., Van Dijk, M., Sanders, G. M. (1980), Isochinoline, Org. Magn. Reson. 13, 105.
Römer, A. (1983), Phenazine, Org. Magn. Reson. 21, 130.

Benzofurane, -thiophene, Indole:

Okuyama, T., Fueno, T. (1974), Benzofurane Substituenteneffekte, Bull. Chim. Soc. Jpn. 47, 1263.
Platzer, N., Basselier, J. J., Demerseman, P. (1974), Methylsubst. Benzofurane, Substituenteninkremente, Bull. Chim. Soc. Fr. 905.
Geneste, P. et al (1979), Benzothiophene, J. Org. Chem. 44, 2887.
Clark, P. D., Ewing, D. F., Scrowston, R. M. (1976), Benzothiophene, Org. Magn. Reson. 8, 252.
Parker, R. G., Roberts, J. D. (1970), Indole, J. Org. Chem. 35, 996.
Park, K. H., Gray, G. A., Davis, G. D. (1978), Indole, J. Am. Chem. Soc. 100, 7475.
Cox, R. H., Sankar, S. (1980), 7-Azaindole, Org. Magn. Reson. 14, 150.

Indazole, Benzimidazole, Purine:

Pugmire, R. et al (1971), J. Am. Chem. Soc. 93, 1880.
Pugmire, R. et al (1973), Purin, Benzimidazole (Korrelation mit der Elektronendichte), J. Am. Chem. Soc. 95, 2791.
Breitmaier, E., Voelter, W. (1974), 6-subst. Purine (10 Substituenten), Tetrahedron 30, 3941.
Mathias, L. J., Overberger, C. G. (1978), Benzimidazole, J. Org. Chem. 43, 3526.
Larina, L. T. et al (1981), Benzimadazole, Org. Magn. Reson. 17, 1.

Larina, L. T. et al (1981), Benzimadazole, Org. Magn. Reson. 15, 219.
Elguero, J., Fruchier, A., Pardo, M. (1976), Indazole, Can. J. Chem. 54, 1329.
Bouchet, B. et al (1977), Org. Magn. Reson. 9, 716.
Goodrich-Durnell, L., Hodgson, D. J. (1977), Purine, 8-Aza-purine, Org. Magn. Reson. 10, 1.

Benzthiazole:

Faure, R. et al (1978), 43 substituierte Benzothiazole, Org. Magn. Reson. 11, 617.
Bartels, J. R. et al (1977), J. Org. Chem. 42, 3725.
Sawhney, S. N., Boykin, D. W. (1979), 57 Benzthiazole, Substituenteneffekte, Hammett-Korrelationen, J. Org. Chem. 44, 1136.

Indolizine und verwandte Verbindungen:

Jones, A. J., Hanisch, P., Heffernan, M. L., Irvine, G. M. (1980), Aust. J. Chem. 33, 499.

Pyridine, Bipyridyl und Phenanthroline:

Marker, A., Canty, A. J., Brownlee, R. T. C. (1978), Aust. J. Chem. 31, 1255.

Dibenzofurane, -thiophene, Carbazole:

Giraud, J., Marzin, C. (1979), Org. Magn. Reson. 12, 647.
Zeller, K. P., Berger, S. (1977), Dibenzofurane, J. Chem. Soc. Perkin Trans.2, 55.
Stefaniak, L. (1978), Benzazole, Untersuchung der einzelnen Isomeren, Org. Magn. Reson. 11, 385.
Cheeseman, G. W. H., Turner, G. J. (1974), 2.1.3-Benzoxadiazol, -benzothiadiazol, -benzoselenadiazole, Org. Magn. Reson. 6, 430.
Cox, R. H., Sankar, S. (1980), 7-Azaindole und verwandte Verbindungen Org. Magn. Reson. 14, 150.

Azapentalene:

Faure, R. et al (1977), Org. Magn. Reson. 9, 508.

Pyrrolo[2.3–d]pyrimidine:

Chenon, M. Th., Pugmire, R. J., Grant, D. M., Panzica, R. P., Townsend, L. B. (1975), J. Am. Chem. Soc. 97, 4627.
Isbrandt, L. R., Jensen, R. K., Petrakis, L. (1973), Phenoxazin, Phenothiazin, Phenoxathiin, J. Magn. Reson. 12, 143.
Galasso, V., Irgolic, K. J., Pappalardo, G. C. (1979), Dibenzodioxin, Phenoxathiin, J. Organomet. Chem. 181, 329.
Kende, A. S., Wade, J. J., Ridge, D., Poland, A. (1974), Dibenzodioxin, J. Org. Chem. 39, 931.

Porphyrine:

Abraham, R. J., Hawkes, G. E., Hudson, M. F., Smith, K. (1974), J. Chem. Soc. Perkin Trans. 2, 627.
Abraham, R. J., Hawkes, G. E., Hudson, M. F., Smith, K. (1975), J. Chem. Soc. Perkin Trans. 2, 204.

Pyrylium-Salze:

Katritzky, A.R., Brownlee, R.T.C., Musumarra, G. (1980), Tetrahedron 36, 1643.

Katritzky, A.R., Brownlee, R.T.C., Musumarra, G. (1979), Heterocycles 12, 775.

Balaban, A.T., Wray, V. (1977), Org. Magn. Reson. 9, 16.

Sandor, P., Radics, L. (1981), Org. Magn. Reson. 16, 148.

4.12 Ionische Verbindungen

Die chemischen Verschiebungen von Kohlenstoff-Atomen, die eine positive (Carbokationen) oder eine negative Ladung (Carbanionen) tragen, werden im wesentlichen durch die Elektronendichte an diesem C-Atom bestimmt[38,39,293]. Für Carbokationen ohne Elektronendonor- oder Carbanionen ohne Akzeptor-Substituenten resultieren somit δ-Werte über 300 ppm bzw. unter 20 ppm. Mit zunehmender Delokalisierung der Ladung nimmt die Verschiebung des kationischen Zentrums ab, des anionischen zu.

Die Aufnahme der ^{13}C-NMR-Spektren der Carbokationen und Carbonionen unter definierten Bedingungen ist häufig hinsichtlich des verwendbaren Lösungsmittels, der Referenzsubstanz und der Aufnahmetemperatur problematisch.

4.12.1 Carbokationen

Für die Carbokationen wird zur Herstellung und als Lösungsmittel unter absolut wasserfreien Bedingungen (evtl. abgeschmolzenes Röhrchen) die „magische Säure" (SbF_5/HSO_3 in SO_2ClF) oder ein Gemisch SbF_5/SO_2ClF oder SO_2 bei Temperaturen zwischen −40°C und −150°C verwendet. Die chemischen Verschiebungen werden gegen externes TMS (früher gegen externes CS_2)* gemessen. Sowohl von den klassischen Carbokationen (Carbenium-Ionen R_3C^+) als auch von den nichtklassischen Ionen (Carbonium-Ionen R_5C^+) liegen, insbesondere durch die mehr als 200 Arbeiten von Olah, umfangreiche Verschiebungsdaten vor (s. Bibliographie, S. 375). Tabelle 3.82 enthält eine Auswahl von Carbenium-Ionen mit Substituenten unterschiedlicher Elektronendonorfähigkeit.

Es zeigt sich, daß mit zunehmender Stabilisierung des kationischen Zentrums durch Donorsubstituenten **326** die Verschiebung des zentralen Kohlenstoff-Atoms drastisch abnimmt; das Guanidinium-Ion X = NH_2 kann als stabilstes Carbenium-Ion aufgefaßt werden (vgl. dazu Tab. 3.82, letzte Zeile). Wegen der Anordnung der Substituenten in Form eines Y ist dafür der Ausdruck „Y"-Stabilisierung geprägt worden. In Phenylcarbenium-Ionen kann als weitere Sonde für das Ausmaß der Delokalisierung die Verschiebung des *para*-Kohlenstoff-Atoms benutzt werden.

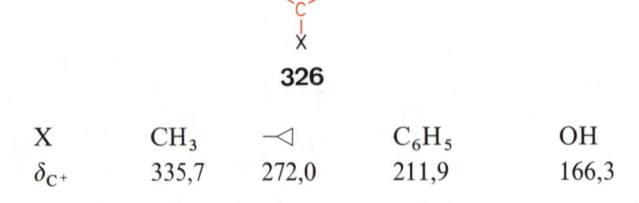

$$X-\overset{+}{\underset{X}{C}}-X$$

326

X	CH_3	◁	C_6H_5	OH
δ_{C^+}	335,7	272,0	211,9	166,3

---

* Zur Umrechnung werden in der Literatur δ_C-Werte von 193,8 und 194,6 ppm benutzt, wodurch einige voneinander abweichende Angaben in Übersichtsartikeln ihre Erklärung finden.

Tab. 3.82 ^{13}C-chemische Verschiebungen einiger Carbeniumionen in „Magischer Säure" bei Temperaturen zwischen $-60\,°C$ und $-80\,°C$

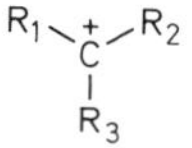

$$R_1\diagdown\overset{+}{\underset{\underset{R_3}{|}}{C}}\diagup R_2$$

				δ (ppm)		
R_1	R_2	R_3	C^+	R_1	R_2	R_3
C_2H_5	C_2H_5	C_2H_5	336,8	51,8 8,6	51,8 8,6	51,8 8,6
C_2H_5	CH_3	CH_3	336,0	58,4 10,3	45,4	45,4
CH_3	CH_3	CH_3	335,7	48,3	48,3	48,3
H	CH_3	CH_3	320,6	–	51,5	51,5
CH_3	CH_3	Br	319,8			–
CH_3	CH_3	Cl	312,8			–
CH_3	CH_3	F	282,9			–
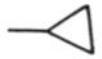 ▽	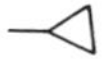 ▽	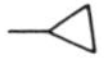 ▽	272,0	33,4 31,7	33,4 31,7	33,4 31,7
C_6H_5	$CH_2-CH_2-CH_3$	$CH_2-CH_2-CH_3$	257,4	139,1 (i) 133,4 (m)	47,8; 31,5; 15,8	47,8; 31,5; 15,8
C_6H_5	CH_3	CH_3	254,1	139,3 (i) 131,8 (m)	32,4	32,4
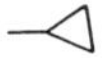 ▽	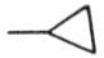 ▽	H	253,7	45,7; 38,7	45,7; 38,7	–
H	CH_3	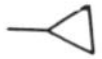 OH	250,5	–	32,6	67,4 59,6
CH_3	CH_3	C_6H_5	249,5	31,8	31,8	–
CH_3	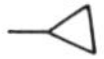 ▽	OH	245,3	22,5	44,9 44,1	–
H	H	OH	223,8	–	–	
C_6H_5	C_6H_5	C_6H_5	211,9	140,9 (i) 131,3 (m)		138,9 (i) 133,8 (o)
				144,3 (o) 144,1 (p)		130,3 (m) 144,6 (p)
C_6H_5	C_6H_5	OH	209,2	131,5 (i) 132,5 (m)		
				140,2 (o) 145,5 (p)		
CH_3	CH_3	furyl	193,1	25,8	24,6	159,8 (2) 152,1 (3)
						126,9 (4) 179,0 (5)
H	C_6H_5	C_6H_5	191,1	–	138,6 (i) 134,1 (m)	–
					143,8 (o) 151,2 (p)	
H	OH	OH	177,6	–	–	–
C_6H_5	OH	CN	172,5	127,9; 146,4; 132,7	–	107,9
				153,1; 132,7; 137,2		
OH	OH	OH	166,3	–	–	–
Cl	$N(CH_3)_2$	$N(CH_3)_2$	159,0 [a]	–	45,0	45,0

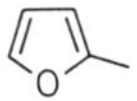

[a] in $CDCl_3$ bei Raumtemperatur

Die Formelbilder **327–341** enthalten weitere Daten statischer Carbokationen. Das Methylcyclopentyl-Kation **327** stellt im Gegensatz zum Cyclopentyl-Kation **345** (s. S. 374) kein schnell equilibrierendes System dar, sondern die positive Ladung bevorzugt, wie erwartet, das höher substituierte Kohlenstoff-Atom. Das 9-Fluorenyl-Kation **328** ist als verknüpftes Diphenylcarbenium-Ion aufzufassen und zeigt mit diesem in den δ-Werten große Ähnlichkeit. In den symmetrischen Allyl-Kationen **329–331** ist die Ladung im wesentlichen auf die Kohlenstoff-Atome C-1 und C-3 des Allyl-Systems verteilt. Methylsubstitution in 1- bzw. 3-Stellung **332** führt zu einer Ladungsverschiebung auf das C-Atom, das die Methyl-Gruppe trägt[294]. Die Differenz der δ-Werte von C-1 und C-3 beträgt etwa 42 ppm; wenn man den Einfluß der Methyl-Gruppe (α-Effekt) mit etwa 10 ppm ansetzt, verbleiben noch 32 ppm aufgrund der unsymmetrischen Ladungsverteilung. Für Deuterium-Substitution ergibt sich, daß das Deuterium die Position bevorzugt, in der das benachbarte Kohlenstoff-Atom keine Ladung trägt[295] (s. S. 600). Die Protonierung von Benzol oder Benzol-Derivaten liefert Cyclohexadienyl-Kationen wie **333** oder **334**. Das Benzenium-Ion **333** zeigt bei $-80\,°C$ wegen der schnellen 1,2-H-Verschiebung nur ein einziges gemitteltes Signal bei 144,5 ppm. Die Kopplungskonstante $\bar{J}(^{13}C, H)$ wird zu 26 Hz (!, s. Seite 459f.) gemessen[296].

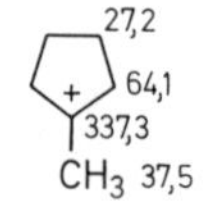

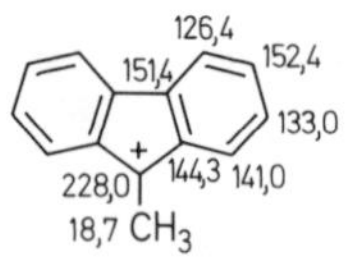

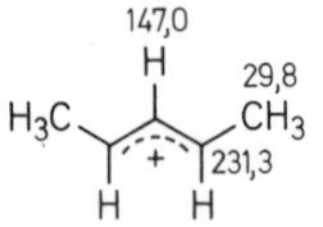

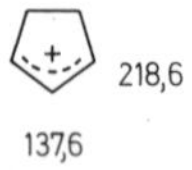

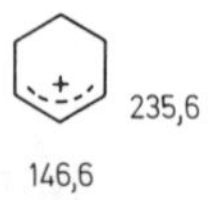

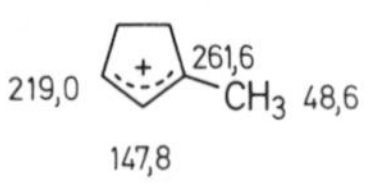

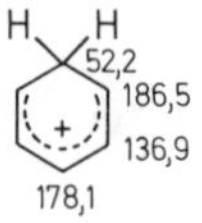

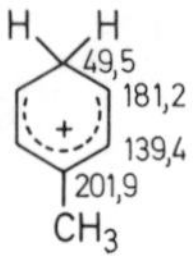

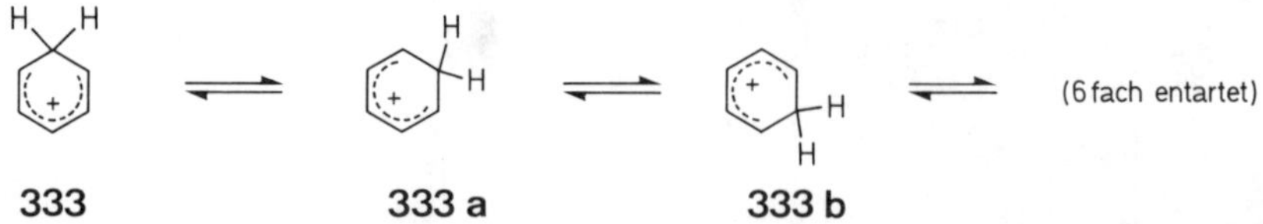

Bei $-140\,°C$ ist die Hydrid-Verschiebung langsam auf der NMR-Zeitskala, so daß die δ-Werte der einzelnen C-Atome beobachtet werden können (s. Formelbild **333**). Toluol liefert in „magischer Säure" ebenfalls ein temperaturabhängiges Spektrum, bei Temperaturen unter $-100\,°C$ liegt als stabilstes Kation das Kation **334** vor. Die Kationen **335–339**

sind weitere Beispiele dafür, daß die positive Ladung durch benachbarte π-Orbitale stabilisiert wird, da Allen-artige (**335**) bzw. Keten-artige mesomere Formen (**337–339**) beteiligt sind. Die Einbeziehung des Carbenium-Ions in ein cyclisch konjugiertes $(4n + 2)$ π-Elektronensystem führt zu den stabilen kationischen Aromaten, wie das Cyclopropenylium-Ion **340** oder Tropylium-Ionen **252** und **342**[297].

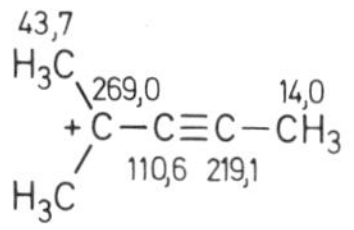

335 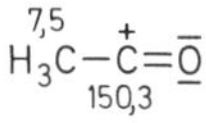   **336** 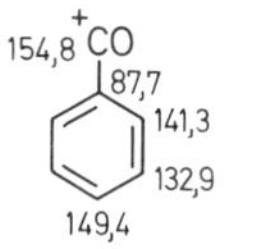   **337** 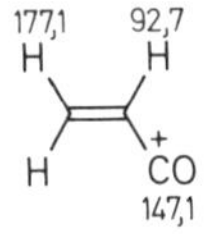   **338** 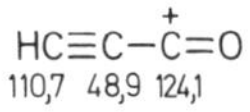   **339**

340 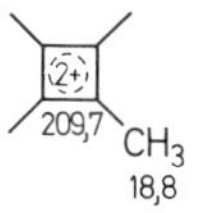   **341** 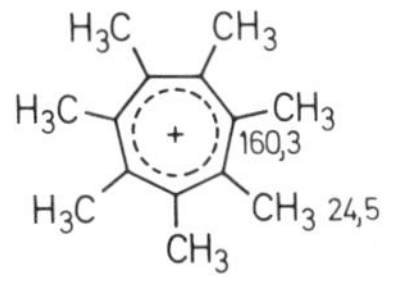   **342**    **252**

Nichtplanare Carbeniumionen, wie das 1-Adamantyl-Kation **343**, zeigen gegenüber dem acyclischen Triethylcarbenium-Ion (s. Tab. 3.82) eine Hochfeldverschiebung des positiven C-Atomes, während die dazu α- und β-ständigen C-Atome im Vergleich zum Adamantan stark zu tiefem Feld verschoben sind. Hierfür wird eine Delokalisierung in das σ-Gerüst des Adamantans diskutiert[298].

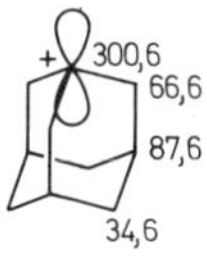

343

Beispiele für schnell equilibrierende Carbokationen sind die degenerierten Systeme 2,3-Dimethylbutyl-Kation **344**, Cyclopentyl-Kation **345** und Decalyl-Kation **346**, die auch bei Temperaturen unter $-80\,°C$ durch schnelle 1,2-H-Verschiebung ineinander übergehen.

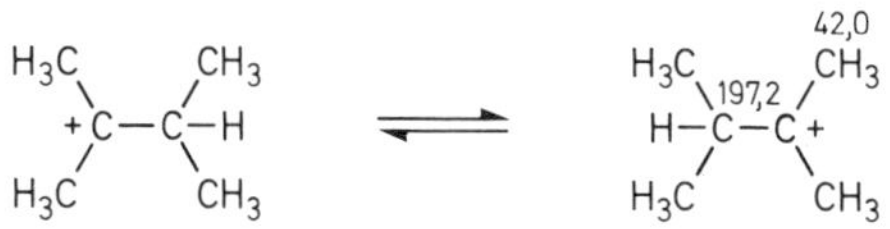

344

Das Cyclopentyl-Kation **345** zeigt ähnlich wie das Benzenium-Ion **333** eine gemittelte chemische Verschiebung und eine gemittelte $\bar{J}(^{13}C, H)$-Kopplungskonstante (21,5 Hz! s. S. 459).

345

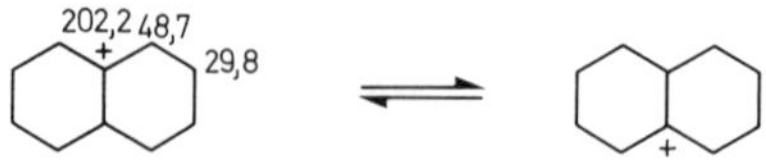

346

Mit Hilfe der Deuterium-Isotopeneffekte (Störung des Gleichgewichtes, Kap. 6, S. 600) nach Saunders konnten **344**, **345** wie auch das Cyclopropylcarbinyl-Kation **347**, das bei −80°C zwei Signale (56,6(CH$_2$); 108,0 ppm) zeigt, als schnell equilibrierende Systeme (Doppelminimumpotential) charakterisiert werden[299]. Das Norbornyl-Kation **348**, das bei −70°C drei Signale aufweist, wird dagegen nach dieser Untersuchungsmethode als nicht klassisches Ion **348a** (Einfachminimumpotential) formuliert[300].

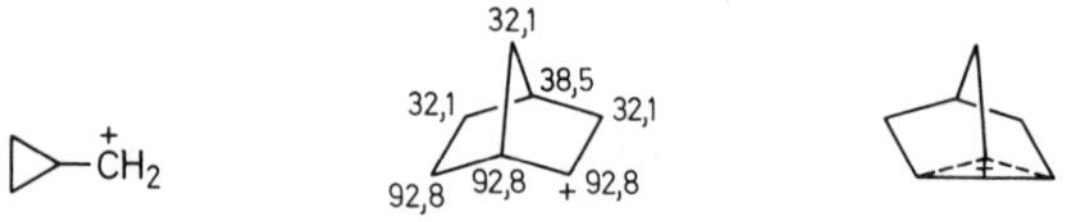

347   **348**   **348 a**

Monosubstituierte Norbornyl-Kationen, wie das Methyl-Derivat **349**, unterscheiden sich im spektralen Verhalten deutlich vom unsubstituierten Grundkörper; hier sind die Signale aller individuellen C-Atome bei −80°C zu sehen. Im Norbornenyl-Kation **350** ist die Verschiebung δ_C von C-7 äußerst gering und kann durch Delokalisierung über das σ- und π-System erklärt werden[301].

349   **350**

---

[a] bei Raumtemperatur: breites Signal bei 134,0 ppm
bei −150°: 125,0 (C-1,2); 48,0 (C-3); 33,4 (C-4); 28,0 (C-5); 22,4 (C-6); 48,0 (C-7) ppm

Bibliographie

Olah, G. A., White, A. M. (1969), Übersicht, J. Am. Chem. Soc. 91, 5801.
Olah, G. A. et al (1971), Allylkationen, J. Am. Chem. Soc. 93, 4219.
Ray, G. J., Kurland, R. J., Colter, A. K. (1971), Triphenylcarbeniumionen, Tetrahedron 27, 735.
Olah, G. A., Mo, Y. K., Halpern, Y. (1972), Halocarbeniumionen, J. Am. Chem. Soc. 94, 3551.
Olah, G. A. et al (1974), J. Am. Chem. Soc. 96, 3548.
Olah, G. A. et al (1975), J. Am. Chem. Soc. 97, 3419.
Olah, G. A. et al (1976), J. Am. Chem. Soc. 97, 1539.
Olah, G. A. et al (1975), J. Am. Chem. Soc. 97, 1539.
Olah, G. A. et al (1977), Phenyl-, Cyclopropyl-, Alkylkationen, J. Org. Chem. 42, 2666.
Olah, G. A., Donovan, D. J. (1977), J. Am. Chem. Soc. 99, 5026.
Olah, G. A. et al (1980), 9-Fluorenylkationen, J. Am. Chem. Soc. 102, 4485.
Olah, G. A., Forsyth, D. A. (1979), Heteroarylcarbeniumionen, J. Am. Chem. Soc. 101, 5309.
Brown, H. C., Periasamy, M. (1981), Arylcyclohexy- und Arycyclohexylcarbokationen, J. Org. Chem. 46, 3161.
Brown, H. C., Periasamy, M. (1981), 9-Aryl-exo-5,6-trimethylennorbornylkationen, J. Org. Chem. 46, 3166.
Olah, G. A. et al (1982), Trimethylsilylcarbocationen, J. Am. Chem. Soc. 104, 1349.
Olah, G. A. et al (1982), Diphenylcyanocarbeniumion, J. Am. Chem. Soc. 104, 1628.
Brown, H. C., Kelly, D. P., Periasamy, M. (1981), 2-Aryl-propyl-, 2-Aryl-butyl- und 4-Aryl-heptylcarbokationen, J. Org. Chem. 46, 3170.
Farnum, D. G., Clausen, T. P. (1981), 2-Adamantylkationen, Coates-Kationen, Tetrahedron Lett., 549.
Kitching, W., Adcock, W., Aldous, G. (1979), Naphthyl-, Phenyl-, Cyclopropyl-, Alkylcarbeniumionen, J. Org. Chem. 44. 2652.
Servis, K. L., Shue, F. F. (1980), Deuterium-Isotopeneffekte in Carbokationen, J. Am. Chem. Soc. 102, 7233.
Brown, H. C., Peters, E. N. (1977), ^{13}C-Chem. Verschiebungen – Elektronendichte in Carbeniumionen, J. Am. Chem. Soc. 99, 1712.
Brown, H. C., Periasamy, M., Liu, K. W. (1981), 2-Aryl-2-butyl- und 4-Aryl-4-heptyl-carbeniumionen, J. Org. Chem. 46, 1646.
Olah, G. A. et al (1974), J. Am. Chem. Soc. 96, 5855.
Olah, G. A. et al (1973), J. Am. Chem. Soc. 95, 3706.
Olah, G. A. et al (1974), Acylkationen, J. Org. Chem. 39, 1206.
Larsen, J. W., Bonis, P. A. (1975), Acylkationen, J. Am. Chem. Soc. 97, 4418.
Takeuchi, K. (1980), Tropyliumverbindungen, Tetrahedron 36, 2939.

Olah, G. A. et al (1978), Diarylhaloniumionen, J. Org. Chem. 43, 463.
Bonazza, B. R., Peterson, P. E. (1973), Tetramethylenhaloniumionen, J. Org. Chem. 38, 1010.
Nieminen, A. O. K., Ruotsalainen, H., Virtanen, P. O. I. (1982), Carbon-13 NMR Studies of Some Substituted Phenyltropyliumions, Org. Magn. Reson. 19, 118.
Brown, H. C., Periasamy, M. (1982), The Effect of Coplanarity on the Carbon-13 NMR Shifts of Substituted O-Methyl-tert-cumyl Cations, J. Org. Chem. 47, 4740.
Brown, H. C., Periasamy, M. (1982), Effect of Increasing Electron Demand on the Carbon-13 NMR Shifts for Substituted 9-Methyl-9-anthracenium Cations, J. Org. Chem. 47, 4742.
Mertens, A., Olah, G. A. (1983), α-Cyanocarbeniumionen, Chem. Ber. 116, 103.
Olah, G. A., Berrier, A. L., Prakash, G. K. S. (1982), Use of 2-Thienyl-, 2-Furyl-, 5-Ethyl-2-furyl-, and Protonated 4-Acetylphenylsubstituents in Carbon-13 NMR Chemical Shift Correlations, J. Org. Chem. 47, 3903.
Hallden-Abberton, M., Fraenkel, G. (1982), Some Observations on the Relationship Between Charge and ^{13}C Chemical Shift in Cyclohexadienylic Anions and Cations, Tetrahedron 38, 71.
Spielvogel, B. F., Nutt, W. R., Izydore, R. A. (1975), Korrelation zwischen ^{13}C- und ^{11}B-chemischen Verschiebungen R$_3$C gegen R$_3$B, J. Am. Chem. Soc. 97, 1609.
Forsyth, D. A., Lucas, P., Burk, R. M. (1982), Isotopeneffekte in Benzylkationen, J. Am. Chem. Soc. 104, 240.

Schnellumlagernde oder nichtklassische Carbokationen:

Servis, K. L., Shue, F. F. (1980), Deuterium-Isotopeneffekte, J. Am. Chem. Soc. 102, 7233.
Olah, G. A., Donovan, D. J. (1977), J. Am. Chem. Soc. 99, 5026.
Olah, G. A., Liang, G. (1975), J. Am. Chem. Soc. 97, 6803.
Olah, G. A. et al (1981), J. Am. Chem. Soc. 103, 1122.
Olah, G. A. et al (1978), J. Am. Chem. Soc. 100, 8016.
Saunders, M. et al (1980), J. Am. Chem. Soc. 102, 6869.
Saunders, M. et al (1980), J. Am. Chem. Soc. 102, 6867.
Saunders, M. et al (1977), J. Am. Chem. Soc. 99, 8072.
Olah, G. A., Liang, G., Westerman, P. W. (1974), J. Org. Chem. 39, 367.
Olah, G. A., White, A. M. (1969), J. Am. Chem. Soc. 91, 5801.
Olah, G. A. (1976), Acc. Chem. Res. 9, 41.
Leonir, D. (1983), Nachr. Chem. Techn. Lab. 31, 889.

4.12.2 Carbanionen

Die chemischen Verschiebungen von Carbanionen sind im Zusammenhang mit den Organo-Metall-Verbindungen (s. S. 229) zum Teil bereits tabelliert. Die Diskussion der δ-Werte von Organo-Alkalimetall-Verbindungen, die man als eine Form von Carbanionen betrachten kann, ist insofern problematisch, als über die Natur der untersuchten Spezies wie kovalenter Bindungscharakter, Aggregationsgrad und Solvatation in den meisten Fällen wenig bekannt ist. Die NMR-Spektren von Organo-Alkalimetall-Verbindungen sind üblicherweise sehr stark temperatur-, konzentrations- und lösungsmittelabhängig. Alkyllithium-Verbindungen besitzen einen hohen kovalenten Bindungsanteil und sind je nach Lösungsmittel und Alkyl-Gruppe dimer bis hexamer[302]. Die „freiesten" Carbanionen werden in Hexamethylphosphorsäuretriamid (HMPT) als Lösungsmittel beobachtet[303]; in Lösungsmitteln wie THF oder Dimethoxyethan (DME) werden je nach Temperatur und Alkalimetall-Ion Kontaktionenpaare oder solvensgetrennte Ionenpaare diskutiert[303]. So zeigen Lithium- und auch Natriumdiphenylmethan in Methyltetrahydrofuran, THF oder Dimethoxyethan eine starke Temperaturabhängigkeit der δ-Werte für das α- und para-Kohlenstoff-Atom im Bereich von -50 bis $+50\,°C$, während die Derivate der schweren Alkalimetalle (Kalium-, Rubidium- und Cesiumdiphenylmethan) nur eine geringe Temperaturabhängigkeit der δ_{C_α} und $\delta_{C_{para}}$ Werte beobachtet wird. Temperaturerhöhung führt für das α-C-Atom zu einer Hochfeldverschiebung. Dies bedeutet, daß bei hohen Temperaturen Kontaktionenpaare vorliegen, in denen sich das Metallatom nahe am α-C-Atom befindet. Die Abschirmung des α-C-Atoms nimmt in der Reihe Methyltetrahydrofuran, THF, Dimethoxyethan ab. Methyl-THF zeigt aus sterischen Gründen die schwächste Kation-Solvens-Wechselwirkung. Bei niedriger Temperatur liegen im Gleichgewicht vorwiegend solvensgetrennte Ionenpaare vor. Das Diphenylmethylnatrium wird nennenswert nur von THF und DME bevorzugen dagegen über den gesamten Temperaturbereich Kontaktionenpaare[304]. Mit Hilfe von Substituenteninkrementen wurde die Verschiebung für das planare Methyl-Anion CH_3^- zu 30 ppm abgeschätzt[303]. Aus der Elektronendichte-Verschiebungskorrelation von Spiesecke und Schneider (s. S. 89), erweitert auf Carbokationen und Carbanionen, ergibt sich für CH_3^- dagegen ein extrapolierter Wert von $-23,1\,ppm$[304].

In Allyl- (**351**)[193], Benzyl- (**352**) oder Pentadienylalkalimetall-Verbindungen (s. Tab. 3.83) ist das Elektronenpaar des anionischen C-Atoms, das sp^2-hybridisiert ist, in das π-System miteinbezogen.

351

352   **352 a**   **352 b**

Dies äußert sich in einer Entschirmung gegenüber der zugrunde liegenden nichtmetallierten Verbindung (vgl. δ-Werte aus Tab. 3.83 mit denen von Propen, Pentadien, Toluol, Diphenylmethan usw.). Die Delokalisierung der Ladung führt gemäß dem Formelbild **353** zu einer hohen Ladungsdichte an den Positionen mit ungerader Ziffer. Im Spektrum erscheinen somit diese C-Atome bei höherem Feld als die mit gerader Ziffer, die im olefinischen Bereich (130 bis 150 ppm) absorbieren. Bei den analogen Kationen (s. S. 370) er-

Tab. 3.83 ^{13}C-chemische Verschiebungen einiger Carbanionen (in Form ihrer Alkalimetallsalze)

Verbindung		C-1	C-2	C-3	C-4	C-5	C-6	C-7	C-8	C-9	C-10
CH$_3$Li		−15,3									
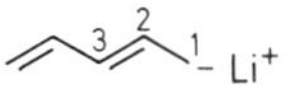 ⌇⌇⌇-Li$^+$ (3,2,1)	a	66,2	142,8	86,9							
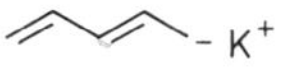 ⌇⌇⌇-K$^+$	b	79,9	137,6	78,6							
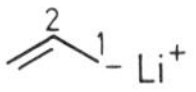 ⌇⌇-Li$^+$ (2,1)		51,2	147,2								
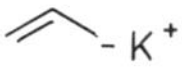 ⌇⌇-K$^+$	b	52,8	144,0								
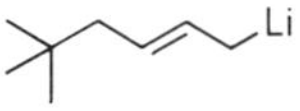 ⌇⌇⌇⌇⌇-Li	c	31,0	142,5	81,9	43,2	32,8	30,1				
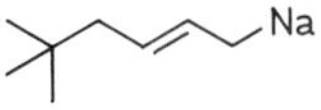 ⌇⌇⌇⌇⌇-Na	c	35,7	138,8	72,3	43,8	33,1	30,5				
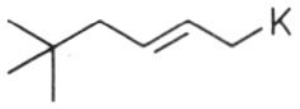 ⌇⌇⌇⌇⌇-K	c	45,0	137,5	67,5	44,6	32,0	30,3				
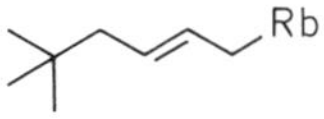 ⌇⌇⌇⌇⌇-Rb	c	47,4	138,2	67,5	45,1	31,7	30,4				
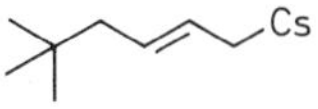 ⌇⌇⌇⌇⌇-Cs	c	51,4	139,5	69,0	45,8	31,7	30,5				
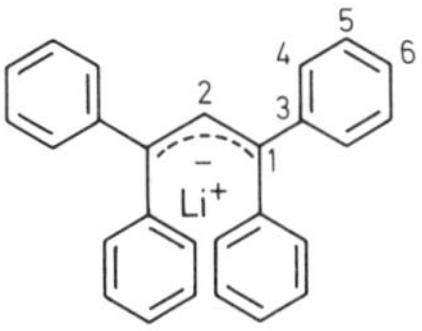 Triphenylmethyl Li$^+$	d	104,8	131,3	145,9	124,9	125,5	116,4				
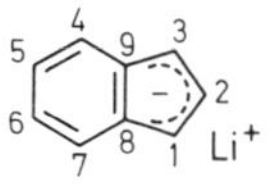 Indenyl Li$^+$	d	91,8	115,0		119,4	113,9			128,1		
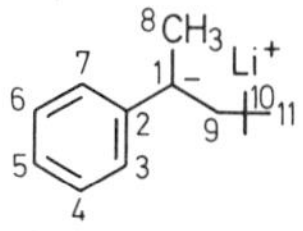 (Aryl-C-CH$_3$) Li$^+$	f	71,0 / 30,3 (11)	139,1	107,4	128,1	86,7	127,2	105,3	22,3	49,5	36,6
Cyclopentadienyl Li$^+$		102,8									
Cyclooctatetraenyl 2K$^+$		85,5									
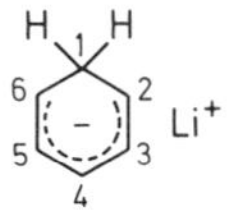 Cyclohexadienyl Li$^+$		30,0	75,8	131,8	78,0						
C$_6$H$_5$CH$_2$Li		36,7	160,6 (i)	116,4 (o)	128,2 (m)	104,2 (p)					
C$_6$H$_5$CH$_2$K	b	52,7	152,7	110,7	130,6	95,7					

Tab. 3.83 Fortsetzung

Verbindung		C-1	C-2	C-3	C-4	C-5	C-6	C-7	C-8	C-9	C-10
$(C_6H_5)_2$CHLi		76,8	147,3	117,5 (o)	128,0 (m)	107,4 (p)					
$(C_6H_5)_2$CHK	b	78,5	145,4	116,7	129,4	108,4					
$(C_6H_5)_3$CLi		90,2	149,6	123,8	127,9	113,0					
$(C_6H_5)_3$CK	b	88,3	148,6	123,5	128,8	114,2					
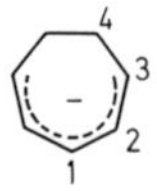 Cycloheptatrienyl Li⁺ (C1-C4)		71,3	134,5	98,9	35,6						
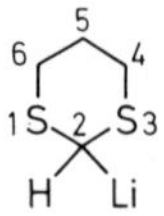 1,3-Dithian-2-yl Li (C2, C4/6, C5)			26,7		34,1	31,2					
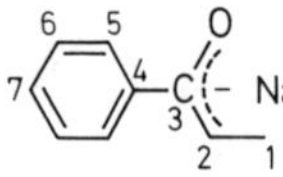 C_6H_5-C(=O)-CH=... Na⁺ (Benzoylmethanide)	e	12,1	81,4	162,9	149,0	126,4	125,8	123,3			
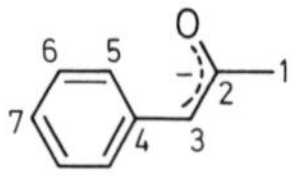 C_6H_5-CH=C(O⁻)... Na⁺	e	29,4	171,3	89,8	146,9	122,8	126,6	115,2			
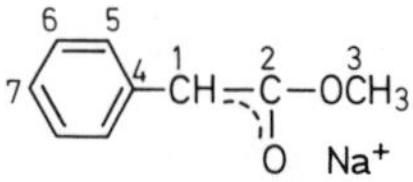 C_6H_5-CH=C(OCH$_3$)-O⁻ Na⁺	e	47,8	166,0	67,7	149,1	120,8	126,7	111,7			
H_3CO-C(=O)-CH⁻-C(=O)-OCH$_3$ Na⁺	e	61,3	171,9	47,8							
OHC-CH⁻-CHO Na⁺	e	107,4	187,5								
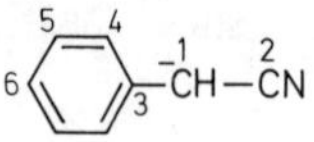 C_6H_5-CH⁻-CN Na⁺	e	34,0	134,4	150,6	116,9	127,5	108,7				
NC-CH⁻-CN Na⁺	e	-2,1	130,3								
Na⁺ ⁻C(CN)$_3$	e	71,8	58,4								
Na⁺ ⁻C(CHO)$_3$	e	118,8	186,4								
NC-C²⁻-CN Li⁺/Na⁺	e	32,0	29,6								
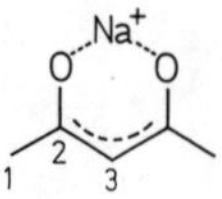 Acetylacetonate Na⁺		28,0	190,4	99,2							

^a −41 °C THF/Hexan; ^b 22 °C; ^c −20 °C; ^d 31 °C; ^e HMPT als Lösungsmittel; ^f 33 °C THF/Pentan

scheinen dagegen die C-Atome mit ungerader Ziffer gegenüber den anderen C-Atomen wegen des Ladungsdefizits bei tieferem Feld.

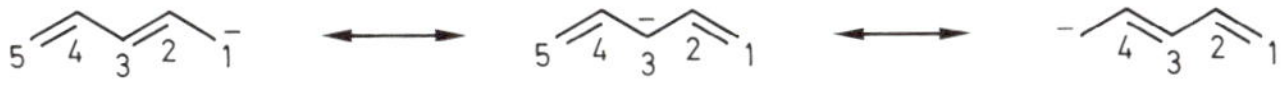

353

Für die Allyl-Verbindungen resultieren durch die Delokalisierung der Ladung mehr oder weniger symmetrische π-Strukturen **351** (Allylmagnesiumbromid besitzt allerdings eine σ-Struktur, s. S. 234). Für die Benzyl-Anionen z.B. **352** ist das Ausmaß der Delokalisierung an der gegenüber Benzol stärkeren Abschirmung des *para*-C-Atomes zu erkennen (s. Tab. 3.83 und 3.48, S. 377 u. 230). Als Verbindungen mit besonders niedrigem kovalenten Metall-C-Bindungsanteil sind die aromatischen Anionen, das Cyclopentadienyl- und Cyclooctatetradienyl-Dianion, zu bezeichnen (s. Tab. 3.82). Die Verschiebungswerte der Enolate gleichen denen der donorsubstituierten Olefine (s. Enolether, Enamine S. 262ff.). Im Vergleich zu den Carbonyl-Verbindungen ist in den Enolaten das Carbonyl-C-Atom abgeschirmt, das carbanionische C-Atom wegen der Umhybridisierung und des Doppelbindungscharakters entschirmt. Besonders auffällige Verschiebungen zeigen die Anionen mit α-ständigen Cyano-Gruppen wie das Anion von Tricyanomethan **354** mit einem δ_{CN}-Wert von 58,4 ppm oder das Dianion von Dicyanomethan **355** mit einem Wert von 29,6 ppm. Das Tricyano-Derivat ist in Analogie zum Guanidinium-Kation (stabilisiertes Carbenium-Ion) als ideal stabilisiertes Carbanion aufzufassen („Y"-Stabilisierung, s. S. 370)[303]. Eine besonders günstige Ladungsverteilung ergibt sich daher auch für das Anion des Trivinylmethans **356**[305].

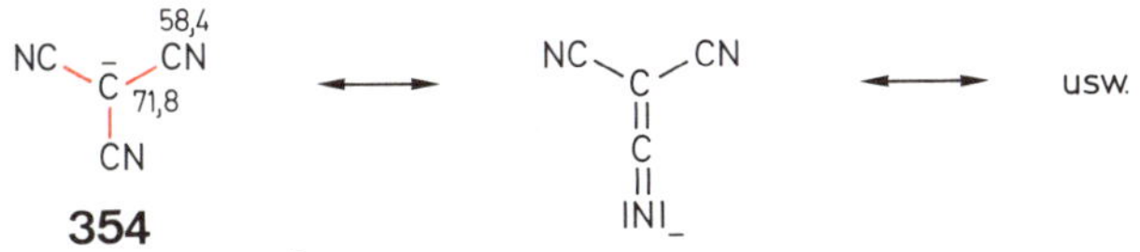

354

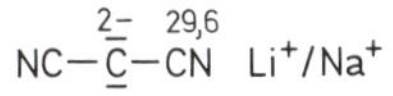

356

Aufgaben

3.25 Vergleiche das Diphenylcarbenium- mit dem Triphenylcarbenium-Ion (Tab. 3.71). Wie kann man die Tieffeldverschiebung des C$^+$-Atoms im Trityl-Kation gegenüber dem Diphenyl-Kation erklären?

Bibliographie

Bywater, S., Worsfold, D. J. (1978), Allylalkalimetallverbindungen, J. Organomet. Chem. 159, 229.

Ford, T. W., Newcomb, M. (1974), Pentadienyllithiumverbindungen, J. Am. Chem. Soc. 96, 309.

Fraenkel, G., Geckle, J. M. (1980), Tert. Benzyllithiumverbindungen, J. Am. Chem. Soc. 102, 2869.

O'Brian, D. H., Russell, C. R., Hart, A. J. (1976), Diphenylmethylcarbanionen, J. Am. Chem. Soc. 98, 7427.

Bauer, H., Angrich, M., Rewicki, D. (1979), Tetraarylallylanionen, Org. Magn. Reson 12, 624.

Taylor, G. A., Rakita, P. E. (1974), Indenylanionen, Org. Magn. Reson. 6, 644.

Abatjoglon, A. G., Eliel, E. L., Kuyper, L. F. (1977), Lithiodithiane, J. Am. Chem. Soc. 99, 8262.

Olah, G. A., Asenzio, G., Mayr, H., Schleyer, P. R. (1978), Cyclohexandienylanionen, J. Am. Chem. Soc. 100, 4347.

Van Dongen, J. P. C. M., Dijkman, H. W. D., De Bie, M. J. A. (1974), Organolithiumverbindungen, Recl. Trav. Chim. Pays-Bas 93, 29.

Edlund, U. (1977), Indenylanionen, Org. Magn. Reson. 9, 593.

Vogt, H. H., Gompper, R. (1981), Enolate und verwandte Carbanionen, Chem. Ber. 114, 2884.

Mayr, H., Förner, W., Schleyer, P. v. R. (1979), Benzylanionen, J. Am. Chem. Soc. 101, 6032.

O'Brien, D. H., Hart, A. J., Russel, C. R. (1975), Benzylanionen, Allyl-, Pentadienylkalium, J. Am. Chem. Soc. 97, 4410.

Schlosser, M., Stähle, M. (1980), Allylalkalimetallverbindungen, Allylgrignardverbindungen, Angew. Chem. 92, 497.

Bates, R. B., et al (1973), Pentadienylanionen, J. Am. Chem. Soc. 95, 926.

O'Brien, D. H., Russell, C. R., Hart, A. J. (1978), Lösungsmittelabhängigkeit in Diphenylmethylalkalimetallverbindungen, J. Am. Chem. Soc. 98, 7427.

Seebach, D., Hässig, R., Gabriel, J. (1983), ^{13}C-NMR-Spektroskopie von Organolithiumverbindungen bei tiefen Temperaturen, Helv. Chim. Acta 66, 308.

4.13 Organo-Übergangsmetall-Verbindungen

Metallorganische Verbindungen der Übergangsmetalle umfassen Verbindungen mit Metall-Kohlenstoff-σ-Bindungen, die Metall-π-Komplexe mit Olefinen, Acetylenen oder Aromaten als Liganden und Metall-Carbonyl-Komplexe. Insbesondere über die Metallkomplexe liegen umfangreiche ^{13}C-NMR-Verschiebungsdaten vor[306-310]. Tab. 3.84 enthält eine Auswahl von Verbindungen mit den verschiedensten Metallatomen (Untersuchungen von dynamischen Phänomenen s. Kap. 6, S. 592ff.). Die Aufnahme von ^{13}C-NMR-Spektren dieser Übergangsmetallverbindungen ist häufig durch folgende Faktoren erschwert:

- Lange T_1-Relaxationszeiten für quartäre Kohlenstoff-Atome wie die Carbonyl-Kohlenstoff-Atome in Metallcarbonyl-Komplexen.

- Paramagnetische Metalle, die eine große Verschiebung der Liganden (mehr als 1000 ppm) und Signalverbreiterung hervorrufen können[311,312].

- Metallatome mit einem Quadrupolmoment ($I > \frac{1}{2}$) und hoher natürlicher Häufigkeit bewirken eine kurze T_2-Relaxationszeit des benachbarten C-Atoms und führen somit zu breiten Signalen (s. Kap. 5).

- Große Metall-Kohlenstoff-Kopplungskonstanten (bis zu einigen kHz, s. S. 453f.) bedingen die Aufnahme eines großen Frequenzbereiches und erschweren die Zuordnung.

Das Problem der langen T_1-Zeiten kann durch Verwendung von Relaxationsreagenzien wie Cr(acac)$_3$ (s. Kap. 5) zum Teil gelöst werden; die Linienbreite, hervorgerufen durch Quadrupolkerne wie ^{55}Mn, ^{59}Co oder ^{187}Re, läßt sich durch Temperaturerniedrigung teilweise verringern[310].

Besondere Erwähnung sollen die Chrom- und Wolfram-Carben-Komplexe **357** und **358** finden, die für das Carben-Kohlenstoff-Atom die höchsten bisher beobachteten δ-Werte zeigen[306-310,313].

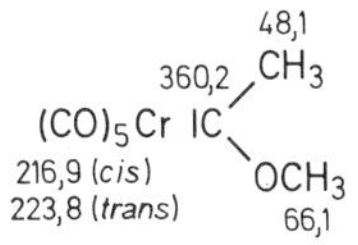

                48,1
         360,2 ╱CH₃
(CO)₅Cr ─C
216,9 (cis) ╲OCH₃
223,8 (trans)   66,1

357

                51,5
         332,9 ╱CH₃
(CO)₅W ─C
197,6 (cis) ╲OCH₃
203,6 (trans)   69,7

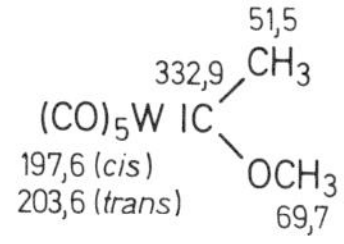

358

Komplexe Cyanide zeigen wie das Cyanid-Anion gegenüber organischen Nitrilen bzw. Blausäure (s. S. 228) starke Tieffeldverschiebungen (Tab. 3.85); eine Ausnahme bildet $Pt(CN)_4^{-2}$ mit 125,9 ppm.

Tab. 3.84 ^{13}C-chemische Verschiebungen von Organo-Übergangsmetallverbindungen, geordnet nach der Ordnungszahl des Elementes[306-310] (Kohlenmonoxid: δ = 182,2).

Verbindung		C−1	C−2	C−3	C−4	C−5	C−6
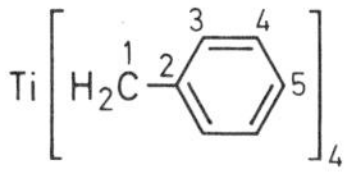 Ti[H₂C-C₆H₅]₄ (positions 1-5)	a	98,8	142,5	129,5	129,5	125,8	
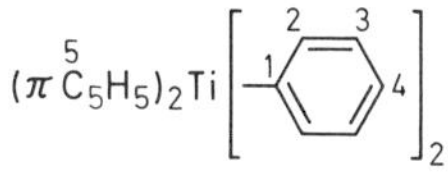 (π-C₅H₅)₂Ti[C₆H₅]₂ (positions 1-5)		192,9	136,0	127,0	124,3	116,8	
[V(ĊO)₆] Na(diglyme)₂	b	225,7					
V(C₅H₅)₂	j	−790					
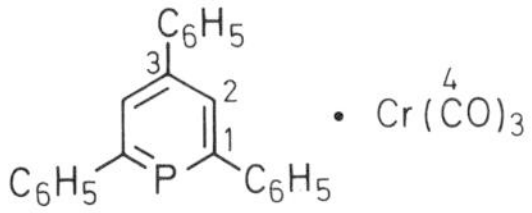 (C₆H₅)₃P-Cr(CO)₃ phosphorin complex	n	122,4	96,6	108,2	232,2		
Cr(CO)₆	b	212,5					
(π-C₆H₆)Cr(CO)₃	c	223,8	93,7				
[Cr(C₅H₅)₂]	j	−570					
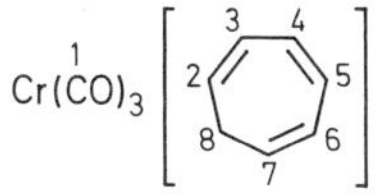 Cr(CO)₃[C₈H₈] (cyclooctatetraene)	c,d	232,7	58,2 (2,7)	102,3 (3,6)	100,2 (5)	24,2 (8)	
(π-C₅H₅)Cr(C₇H₇)	f	75,4	86,9				
Mn₂(CO)₁₀	c	212,9 (cis)	223,1 (trans)				
H₃ĊMn(CO)₅	c	213,4	−9,4				
(π-C₅H₅)Mn(CO)₃	e	220,4	74,4				
Fe(CO)₅	b	211,0					

Tab. 3.84 Fortsetzung

Verbindung		C-1	C-2	C-3	C-4	C-5	C-6
[cyclobutadiene]-Fe(CO)$_3$ (C-2, C-1)		208,6	60,2				
(π-C$_5$H$_5$)$_2$Fe Ferrocen	f	69,2					
(π-C$_5$H$_5$)$_2$Fe$^+$PF$_6$ Ferricinium-Ion	m, j	−314,5					
[trimethylenemethane]Fe(CO)$_3$		211,2	52,6	104,6			
H$_3$$\overset{1}{\text{C}}$Fe($\overset{2}{\text{CO}}$)$_2$($\overset{3}{\text{C}}_5H_5$)	g	−23,5	218,4	85,3			
(π-$\overset{1}{\text{C}}_5$H$_5$)Fe($\overset{2}{\text{CO}}$)$_2$$\overset{3}{\text{C}}O\overset{4}{\text{C}}H_3$	g	86,9	215,7	254,4	52,0		
Co$_2$(CO)$_8$		203,2					
[C$_6$H$_5$-C≡C-C$_6$H$_5$]Co$_2$(CO)$_6$ (numbered 1-6)	c	198,2	89,6	136,9	128,1	127,9	126,9
[Co(C$_5$H$_5$)$_2$]	i	549					
[Ni(C$_5$H$_5$)$_2$]	i	1430					
Ni(CO)$_4$		191,6					
[H$_3$$\overset{4}{\text{C}}$-$\overset{3}{\text{C}}$H=$\overset{2}{\text{C}}$H-$\overset{1}{\text{C}}H_2$)NiI]$_2$	g	76,3	105,5	52,4	19,6		
(norbornadiene)Cu(CF$_3$SO$_3^-$)	i	107,6	43,0	24,0	44,8		
(cycloocta-1,5-diene)Cu$_2$(CF$_3$SO$_3^-$)	i	127,0	34,7				
(CH$_3$)$_2$Zn		−4,2					
(H$_2$$\overset{5}{\text{C}}$=$\overset{4}{\text{C}}$H-$\overset{3}{\text{C}}H_2$-$\overset{2}{\text{C}}H_2$-$\overset{1}{\text{C}}H_2$)$_2$Zn	n	13,9	27,1	39,3	141,3	117,0	
(C$_6$H$_5$$\overset{1}{\text{C}}H_2$)$_4$Zr	a	74,5	141,0	130,2	132,0	126,0	
($\overset{1}{\text{C}}_5$H$_5$)Zr($\overset{2}{\text{C}}_7$H$_7$)	f	100,6	80,2				
Mo(CO)$_6$	c	202,0					
[C$_6$H$_5$PMo(CO)$_5$] (ring C-1..4, Mo-CO C-5)	c	136,4	133,7	129,3	130,7	206,5 (cis)	211,0 (trans)
(mesitylene)Mo(CO)$_3$ (H$_3$C-C-1, C-2-CH$_3$, C-3)	c	94,7	111,7	21,2	223,7		

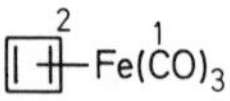

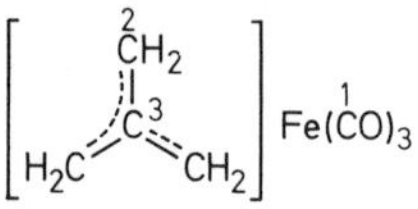

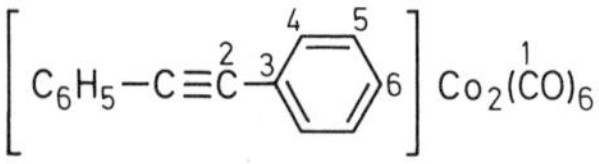

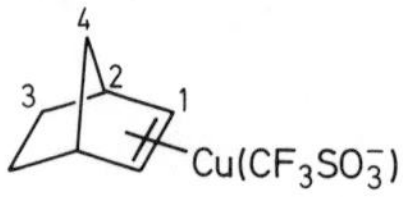

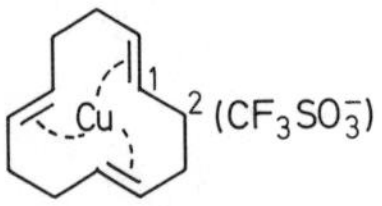

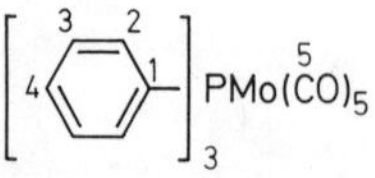

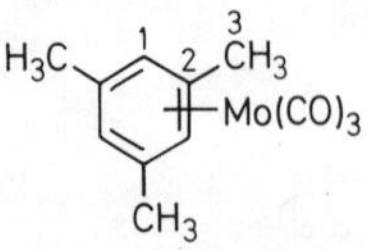

Tab. 3.84 Fortsetzung

Verbindung		δ (ppm)					
		C-1	C-2	C-3	C-4	C-5	C-6
($\overset{1}{C}_5H_5$)Mo($\overset{2}{C}O$)$_3$Cl	c	94,5	225,0				
Ru$_3$(CO)$_{12}$	g	188,7 (cis) 198,8 (trans)					
cis[RuCl$_2$($\overset{1}{C}O$)$_2$P($\overset{2}{C}H_2-\overset{3}{C}H_3$)$_3$]	c	195,4	16,9	8,0			
Rh$_4$(CO)$_{12}$	c,d	190,3					
[Rh($\overset{1}{C}_5H_5$)($\overset{2}{C}_2H_4$)$_2$]		86,5	59,6				
[π-$\overset{1}{C}H_2=\overset{2}{C}H-CH_2$)PdCl]$_2$	g	62,8	111,3				
[Pd($\overset{1}{C}_5H_5$)($\overset{2}{C}H_2-\overset{3}{C}H=CH_2$)]		94,7	45,8	95,0			
[π-$\overset{1}{C}H_2=\overset{2}{C}H=CH_2$)PdBr]$_2$	c	65,2	111,3				
($\overset{3}{C}H_3-\overset{2}{C}H=\overset{1}{C}H_2$)$_2$AgBF$_4$	g	109,4	138,5	23,0			
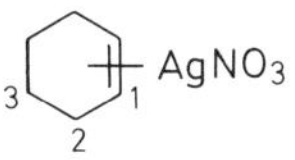 Cyclohexen·AgNO$_3$	i	126,2	34,5	24,5			
(CH$_3$)$_2$Cd		1,0					
W(CO)$_6$	c	192,1					
(π-$\overset{1}{C}_5H_5$)W($\overset{2}{C}O$)$_3$$\overset{3}{C}H_3$	g	92,4	239,2 (cis) 217,8 (trans)	-28,9			
H$_3$C–C$_6$H$_2$(CH$_3$)(CH$_3$)·W(CO)$_3$	c	90,9	111,1	20,9	212,6		
Re$_2$(CO)$_{10}$	b	192,7 (cis) 183,7 (trans)					
H$_3$$\overset{2}{C}$Re($\overset{1}{C}O$)$_5$	g	185,2 (cis) 181,3 (trans)	-38,3				
K[π-C$_2$H$_4$]PtCl$_3$	i	75,1					
	c	67,1					
[(C$_6$H$_5$)$_3$P]$_2$Pt(CH$_3$-$\overset{1}{C}\equiv\overset{2}{C}-\overset{2}{C}H_3$)	c	112,8	10,4				
($\overset{1}{C}H_3$)$_2$Pt (Cyclooctadien)		4,7	98,8				
Hg(CH$_3$)$_2$	g	23,4					

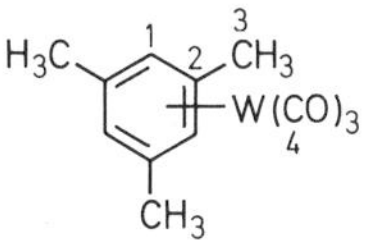

Tab. 3.84 Fortsetzung

Verbindung		δ (ppm)					
		C–1	C–2	C–3	C–4	C–5	C–6
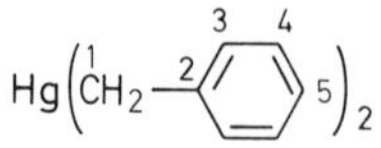 Hg(CH₂–C₆H₅)₂	a	47,0	146,9	128,5	128,5	123,5	
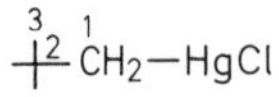 CH₃–CH₂–HgCl	g	52,8	33,5	34,3			
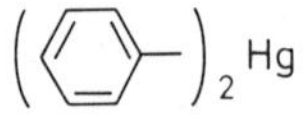 (C₆H₅)₂Hg	k	172,5	139,7	129,4	128,7		

^a CCl₄
^b THF
^c CH₂Cl₂
^d temperaturabhängig
^e Toluol
^f Benzol
^g CDCl₃
^h CD₃COOD
ⁱ H₂O
^j paramagnetisch
^k DMSO
^l Aceton
^m Pentan/C₆D₆
ⁿ für [Cr(CO)₃-komplex mit C₆H₅, P, H₃CO, OCH₃] wurde gefunden: 60,0; 103,5; 95,5; 233 ppm

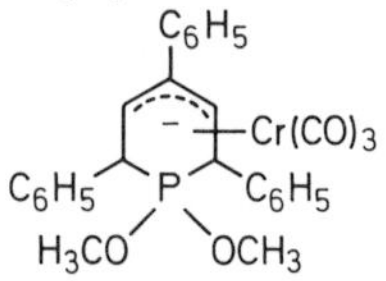

Tab. 3.85 ¹³C-chemische Verschiebung von komplexen Cyaniden in wäßriger Lösung[314]

Komplex	δ [a] (ppm)
Fe(CN)$_6^{4-}$	178,8
Co(CN)$_6^{3-}$	140,1
Ni(CN)$_4^{2-}$	136,5
Cu(CN)$_4^{3-}$	162,2
Ag(CN)$_2^{-}$	150,4
Au(CN)$_2^{-}$	154,4
Zn(CN)$_4^{2-}$	146,5
Cd(CN)$_4^{2-}$	149,1
Hg(CN)$_4^{2-}$	153,1
NaCN	166,9

[a] für die Umrechnung der Werte von externem Benzol auf TMS wurde δ = 128,5 benutzt

Bibliographie

Pregosin, P. S., Kunz, R. W. (1979), Übergangsmetall-Phosphin-Komplexe, NMR, Basic Principles and Progress 16, 1.

Brown, A. J., Howarth, O. W., Moore, P. (1976), Quecksilberverbindungen, J. Chem. Soc. Dalton, 1589.

Singh, G., Reddy, G. S. (1972), Quecksilberverbindungen, J. Organomet. Chem. 42, 267.

Salomon, R. G., Kochi, J. K. (1974), Olefin-Kupfer-Komplexe, J. Organomet. Chem. 64, 135.

Van Dongen, J. P. C. M., Beverwijk, C. D. M. (1973), Olefin-Silber-Komplexe, J. Organomet. Chem. 51, C 36.

Albright, M. J. et al (1977), Organozinkverbindungen, J. Organomet. Chem. 125, 1.

Köhler, F. H. (1974), Ferricenium-Kationen, J. Organomet. Chem. 64, C 27.

Webb, M. J., Graham, W. A. G. (1975), Rheniumcarbonylverbindungen, J. Organomet. Chem. 93, 119.

Senda, Y. et al (1977), π-Allyl-Palladium Komplexe, Bull. Chem. Soc. Jpn. 50, 1608.

Coulson, D. R. (1976), Aryl-Platin-Komplexe, J. Am. Chem. Soc. 98, 3111.

Hammel, J. C., Smith, J. A. S. (1969), Metallacetylacetonate, J. Chem. Soc. A, 2883.

4.14 Naturstoffe

Im folgenden sind eine Reihe von Naturstoffen und Biomolekülen zusammengestellt, die in der Pharmazie, Medizin, Biologie oder auch präparativen Chemie von besonderer Bedeutung sind[315-317]. Häufig lassen sich die δ-Werte der C-Atome solcher Naturstoffe mit Hilfe der bisher diskutierten Inkrementensysteme z. B. für das Cyclohexan-, Pyridin-, oder Chinolin-System (s. S. 368) mit guter Genauigkeit vorausberechnen. Zusätzlich existieren für eine Reihe von Naturstoffen besondere Inkrementensysteme, so z. B. für die Purin-Derivate. Für die Zuordnung kompliziert aufgebauter Naturstoffe wie Chinin oder *Iso*chinolinalkaloide sind einfache Modellverbindungen unerläßlich. Weitere Literaturhinweise schließen sich den Formelbildern der einzelnen Naturstoffklassen an.

Zwei Beispiele sollen die Strukturaufklärung von Naturstoffen mit Hilfe spektroskopischer Methoden unter besonderer Berücksichtigung der ^{13}C-NMR-Spektroskopie erläutern:

1. Das aus der indischen Kletterpflanze *Piper trichostachyon c. DC.* (Familie *Piperaceae*) isolierte Alkaloid Piperstachin[318] hat die Summenformel $C_{22}H_{29}NO_3$ (Fp. 152°C). Das UV-Spektrum (Abb. 3.25) zeigt Ähnlichkeit mit dem der 9-(3,4-Methylendioxyphenyl)-nona-6,8-*trans*,-*trans*-diensäure **359**. Im IR-Spektrum (KBr) werden Banden bei 3300 (NH oder OH), 1662, 1620 (konjugierte Amid-CO-Gruppe), 1260, 930 (Methylendioxy-Gruppe) und 985 cm^{-1} (*trans*-olefinische Doppelbindung) beobachtet. Das ^{1}H-NMR-Spektrum von Piperstachin (Abb. 3.26) läßt oberhalb von 5 ppm neun aromatische und olefinische Protonen im Bereich von 5,6–6,9 ppm und ein Singulett für zwei Protonen bei 5,92 ppm erkennen.

359

Durch Zugabe von D$_2$O verschwindet ein Singal bei 5,8 ppm, gleichzeitig wird aus dem Triplett bei 3,13 ppm ($J = 6,5$ Hz) ein Dublett ($J = 6,5$ Hz). Dies spricht für eine Methylen-Gruppe bei 3,13 ppm benachbart von einer Amid-NH-Gruppe und einer Methin-Gruppe. Bei 2,2 ppm und 1,47 ppm liegen zwei Multipletts mit der Intensität von je 4 Protonen und bei 1,79 ppm ein Multiplett für ein Methin-H. Das Dublett bei 0,91 ppm schließlich ist den zwei Methyl-Gruppen einer Isopropyl-Gruppe zuzuord-

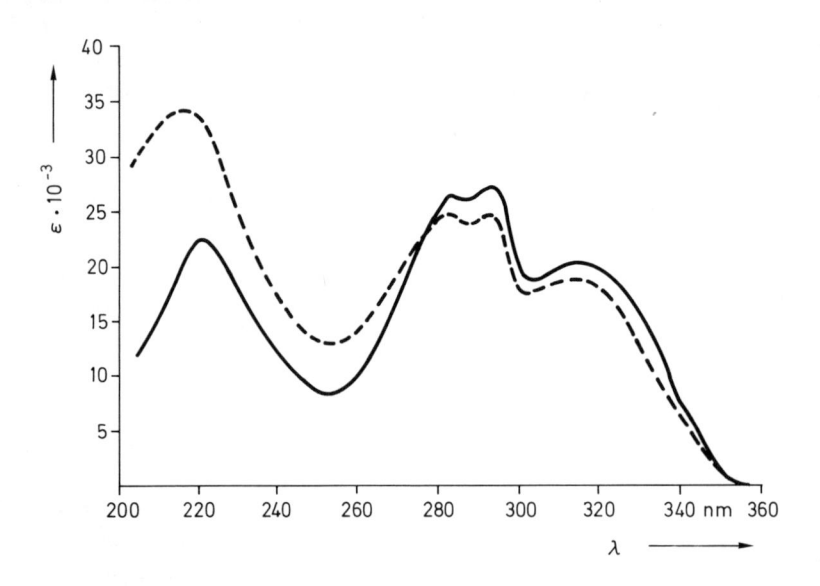

Abb. 3.25 UV-Spektrum von Piperstachin (– – – –) und 9-(3,4-Methylendioxyphenyl)-nona-6,8-trans-trans-diensäure **359**[318]

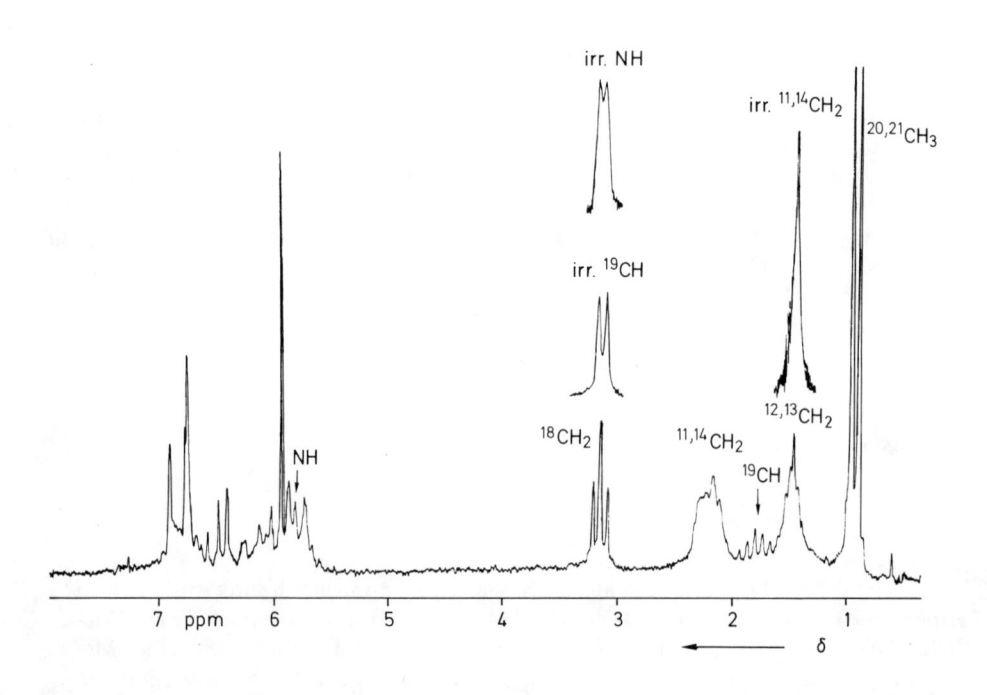

Abb. 3.26 ^{1}H-NMR-Spektrum (100 MHz) von Piperstachin in CDCl$_3$ zusammen mit Doppelresonanz-Experimenten[318]

nen. Doppelresonanz-Experimente ergeben die in Abb. 3.26 gezeigten Vereinfachungen.

Das ^{13}C-NMR-Spektrum (Abb. 3.27) zeigt 21 Signale, wobei das Signal bei 20,2 ppm mit der doppelten Intensität erscheint und den beiden Methyl-C-Atomen der Isopropyl-Gruppe zuzuordnen sind. Das Spektrum zeigt insgesamt 7 Signale im Bereich gesättigter Kohlenstoff-Atome zwischen 20 und 50 ppm, 13 Signale im olefinischen bzw. aromatischen Bereich sowie 1 Signal für das CO-Kohlenstoff-Atom bei 166,2 ppm. Das Off-Resonance-Spektrum zeigt 4 Singuletts, 10 Dubletts, 6 Tripletts sowie ein Quartett. Die Multiplizitäten sind durch die Buchstaben s, d, t und q in der Abb. 3.27 markiert. Somit ergeben sich 6 vinylische (=CH)-Kohlenstoff-Atome, 6 aromatische C-Atome (3 =CH, trisubstituierter Aromat), das Kohlenstoff-Atom der Methylendioxy-Gruppe (101,2 ppm), 5 Methylen-Kohlenstoff-Atome (eine CH$_2$N-Gruppe 46,9 ppm) und die schon erwähnten CH$_3$-C-Atome. Mit Hilfe dieser Strukturelemente läßt sich für das Piperstachin die Struktur **360** ableiten. Auch das Massenspektrum ist mit dieser Struktur vereinbar.

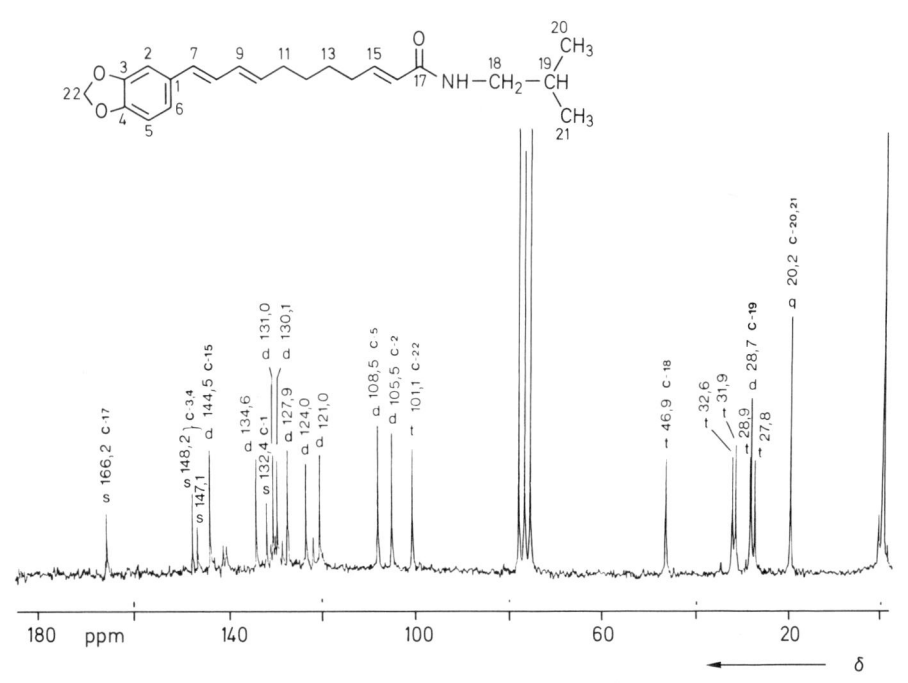

Abb. 3.27 ^{1}H-Breitband-entkoppeltes ^{13}C-NMR-Spektrum von Piperstachin in CDCl$_3$ (Konz. 47 mg/2 ml)^{318}

Abb. 3.27 zeigt im olefinischen Bereich Signale einer Verunreinigung, die möglicherweise von einem Stereoisomeren bezüglich der Doppelbindung oder der Amidbindung herrühren.

2. Das Antibiotikum CP-47, 444[319], das aus *Nocardia argentinensis Huang sp. nov.* isoliert wurde, besitzt nach dem Massenspektrum ein rel. Molekülmasse von 515,2493, was einer Bruttoformel $C_{28}H_{37}NO_8$ in Übereinstimmung mit der Elementaranalyse entspricht. Das ^{13}C-NMR-Spektrum zeigt 28 Signale etwa gleicher Intensität (Tab. 3.86), ein Spektrum ohne ^{1}H-Breitband-Entkopplung ergibt 34 an Kohlenstoff-Atome gebundene Protonen (Tab. 3.86, Spalte 3). Das Protonenspektrum (Abbild. 3.28) zeigt dagegen insgesamt 37 Protonen, wovon drei mit D_2O ausgetauscht werden können. Da das ^{13}C-NMR-Spektrum sich nach der Zugabe von D_2O nicht verändert, müssen die drei austauschbaren Protonen an Heteroelemente (Sauerstoff oder Stickstoff) gebunden sein. Eines dieser 3 Protonen wird nur sehr langsam im Vergleich zu den anderen beiden ausgetauscht, so daß man auf eine NH- und zwei OH-Gruppen schließen kann.

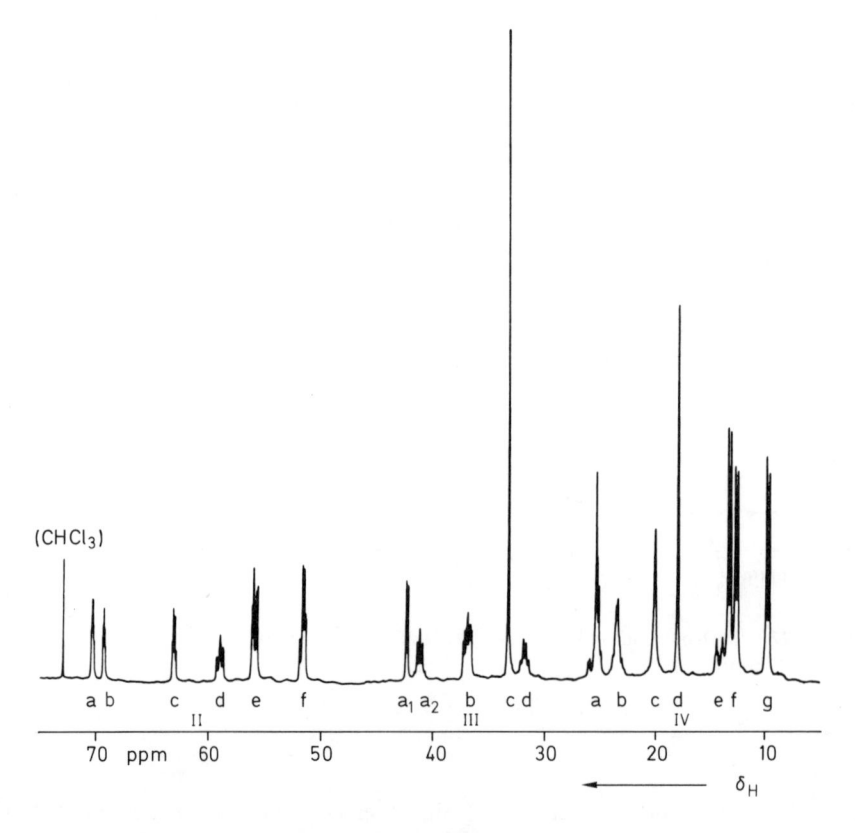

Abb. 3.28 270 MHz-^{1}H-NMR-Spektrum von CP-47,444 in 0,1 M $CDCl_3$-Lösung. (Die römischen Ziffern und Buchstaben beziehen sich auf Tab. 3.87)[319]

Aus dem ^{13}C- und dem ^{1}H-NMR-Spektrum (Abb. 3.28, Tab. 3.86, 3.87) ergeben sich die in Tab. 3.88 zusammengestellten Struktureinheiten, die sich durch sorgfältige Analyse der Feinaufspaltungen im ^{1}H- und ^{13}C-NMR-Spektrum sowie durch Doppelresonanz-Experimente zu den Strukturfragmenten a–f zusammensetzen lassen.

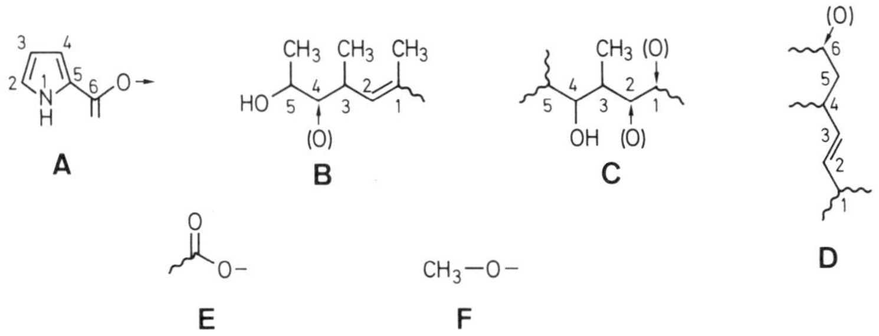

Tab. 3.86 ^{13}C-NMR-Daten des Antibiotikums CP-47, 444[319] (25,2 MHz)

Signal Nr.	δ (ppm)	Anzahl d. Protonen	^1J(C,H)	Zugehörige Signalgruppe im ^{1}H-NMR-Spektrum	Struktureinheit
1	172,4	0			E
2	160,4	0			A6
3	134,1	0			B1
4	132,5	1	160	IIe	
5	131,1	1	156	IIe	
6	127,8	1	165	IId	D2
7	123,5	1	186	IIa	A2
8	121,9	0			A5
9	115,3	1	174	IIb	A4
10	110,0	1	173	IIc	A3
11	88,9	0			
12	83,1	1	148	IIIb	D6
13	81,0	1	156	IIIa	Cl
14	78,8	1	149	IIf	
15	75,7	1	144	IIIb	C4
16	73,6	1	150	IIf	
17	66,1	1	144	IIIa	B5
18	57,4	3	142	IIIc	F
19	49,0	1	139	IVa	
20	42,8	1	126	IVb	
21	38,9	1	139	IVa	
22	34,6	1	127	IVb	
23	34,3	2	131		D5
24	32,6	1	126	IIId	B3
25	20,5	3	125	IVf	
26	16,8	3	128	IVd	B1'
27	15,4	3	122	IVf	
28	12,8	3	123	IVg	C3'

Tab. 3.87 ^{1}H-NMR-Daten des Antibiotikums CP-47,444[319] (vgl. Abb. 3.28)

Signal-gruppe	δ (ppm)	Anzahl H-Atome	Multiplizität[a] (Hz)	Kopplung mit anderen Signalen der Gruppe	Struktur-einheit
I	9,6	1	mu	IIa, IIc, IIb	A1
IIa	7,03	1	td (2,7, 1,5)	I, IIc, IIb	A2
IIb	6,93	1	ddd (3,7, 2,4, 1,5)	IIc, I, IIa	A4
IIc	6,33	1	dt (3,6, 2,6)	IIb, I, IIa	A3
IId	5,91	1	ddd (9,2, 7,0, 1,4)	IIe$_1$, IVa$_2$, IVb$_1$	D2
IIe$_1$	5,62	1	dd (9, 2,7)	IId, IVb$_1$	D3
IIe$_2$	5,6	1	dq (7,3, 0,6)	IIId, IVd	B2
IIf$_1$	5,20	1	t (7)	IIIa$_2$, IIId	B4
IIf$_2$	5,18	1	t (4,6)	IIIa$_1$, IVb$_2$	C2
IIIa$_1$	4,28	1	d (4,9)	IIf$_2$	C1
IIIa$_2$	4,17	1	~q (6,5)	IIf$_1$, IVf$_1$	B5
IIIb$_1$	3,75	1	dd (11,7, 3,7)	IVa$_1$, IVe	D6
IIIb$_2$	3,72	1	→dd (10,8, 2,5)	IVb$_2$, IVa$_3$	C4
IIIc	3,37	3	s		F
IIId	3,22	1	~s (7)	IIe$_2$, IIf$_1$, IVf$_2$	B3
IVa$_1$	2,59	1	ddd (15,1, 11,7, 3,7)	IVe, IIIb$_1$, IVb$_1$	D5$_a$
IVa$_2$	2,57	1	d (7)	IId	D1
IVa$_3$	2,58	1	du (2)	IIIb$_2$	C5
IVb$_1$	2,4	1	mu	IVa$_1$, IVe, IIe$_1$, IId	D4
IVb$_2$	2,4	1	dqd (10,8, 6,8, 5,0)	IIIb$_2$, IVg, IIf$_2$	C3
IVc	2,0	2	s		(OH)
IVd	1,84	3	su	IIe$_2$	B1'
IVe	1,47	1	dt (15,1, 3,4)	IVa$_1$, IVb$_1$, IIIb$_1$	D5b
IVf$_1$	1,38	3	d (6,0)	IIIa$_2$	B5'
IVf$_2$	1,31	3	d (6,8)	IIId	B3'
IVg	1,02	3	d (6,8)	IVb$_2$	C3'

[a] m: Multiplett; s: singulett; d: Dublett; t: Triplett; q: Quartett; u: nicht aufgelöst

Tab. 3.88 Struktureinheiten für CP-47,444, wie sie sich aus ^{1}H- und ^{13}C-NMR-Daten ergeben

| Einheit | Anzahl | Vorkommen im Fragment | | | | | | Rest |
		A	B	C	D	E	F	
−OH−	2		1	1				
−CH$_3$	5		3	1			1	
>C=O	2	1				1		
−CH$_2$	1				1			
−NH−	1	1						
−O−	4	1				1	1	1
>CH−	11		3	5	3			
>C−	1							1
−CH=	6	3	1		2			
>C=	2	1	1					
total	35	7	9	7	6	2	2	2

Die Zuordnungen der einzelnen Signale zu den Strukturfragmenten ergeben sich aus Tab. 3.86 (Spalte 9) und 3.87 (Spalte 7). Durch Kombination dieser Strukturelemente, wobei als weitere Kriterien ^{1}H-NMR-NOE-Effekte und selektive ^{13}C-{^{1}H}-Entkopplungsexperimente benutzt werden, verbleiben die beiden Strukturvorschläge **361** und **362** für das Antibiotikum PC-47,444.

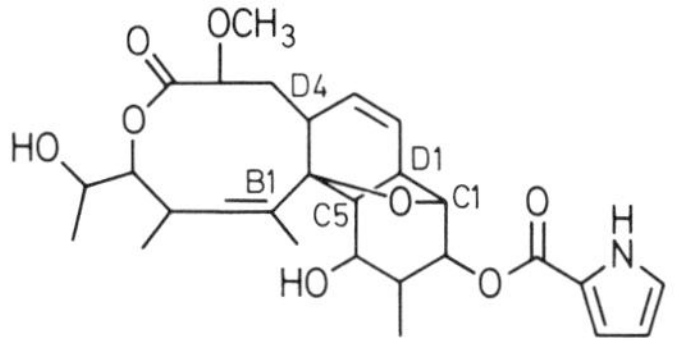

362 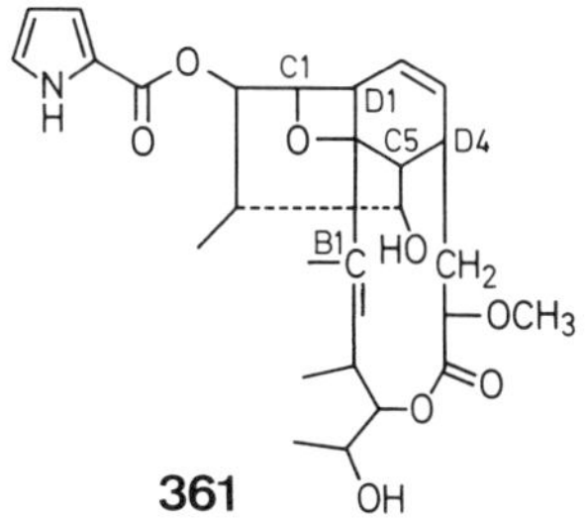   **361**

Dabei wird der Verbindung **362**, dem 3-Hydroxy-15-(1-hydroxy-ethyl)-12-methoxy-4,16,18-trimethyl-5-(2-pyrroloxy-14,19-dioxatetracyclo [8.8.1.0^{1,6}.0^{2,7}]nonadec-8,17-dien-13-on, der Vorzug gegeben[319].

Terpene

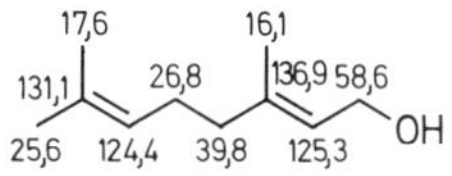

Geraniol

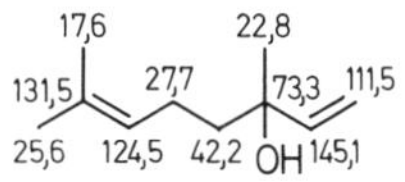

Linalool

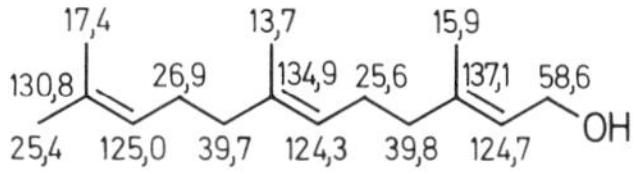

Farnesol

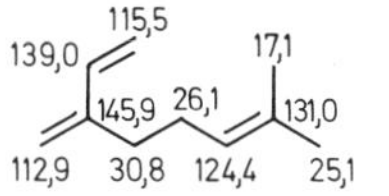

Myrcen

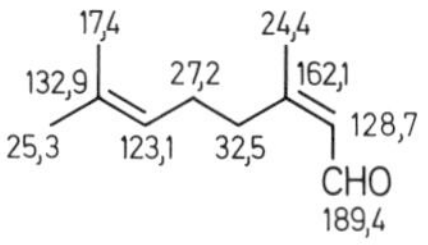

cis-Citral

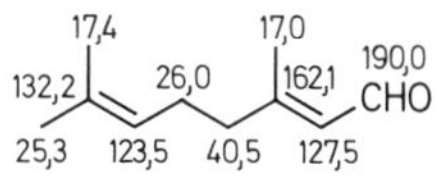

trans-Citral

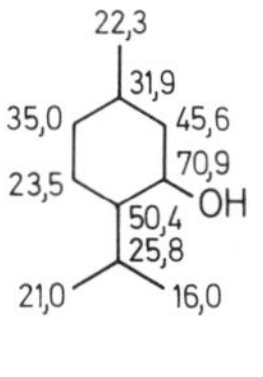

Menthol

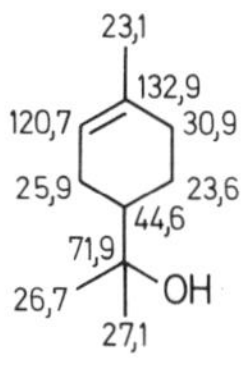

α-Terpinol

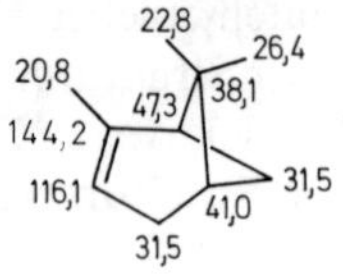

α-Pinen, 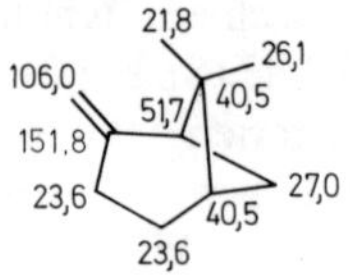 β-Pinen, 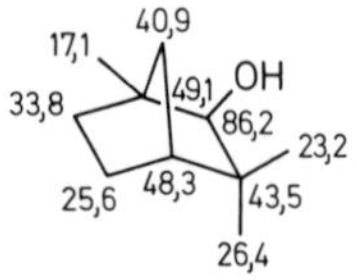 β-Fenchol, 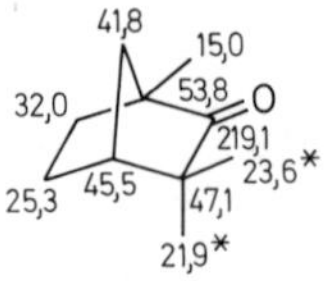 Fenchon, 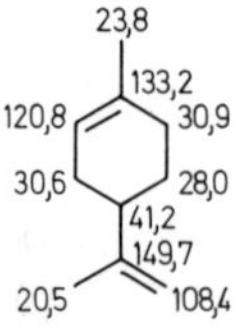 Limonen, 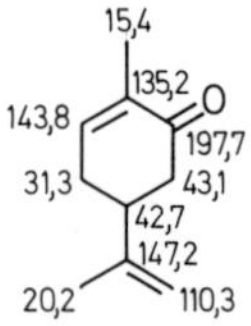 Carvon, 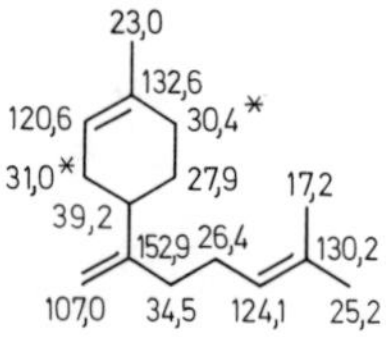 β-Bisabolen, 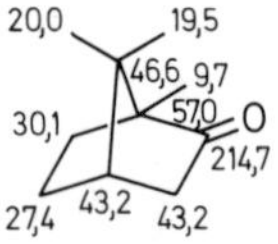 Campher, 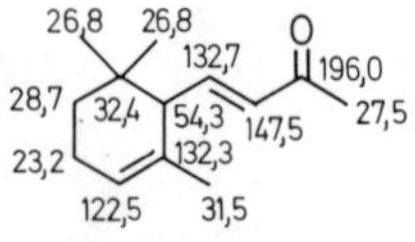 α-Ionon, 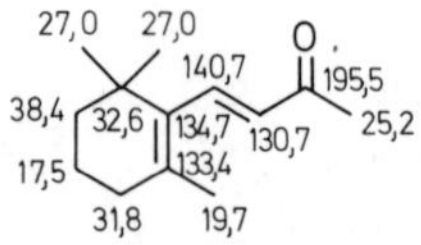 β-Ionon (Aceton-d₆), α-Terpinen, 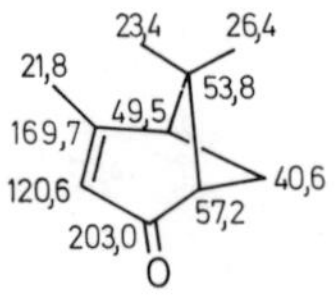 Verbenon, 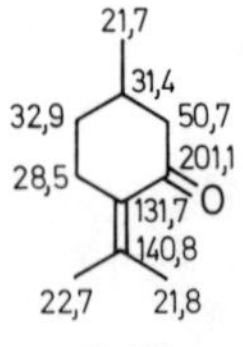 Pulegon, 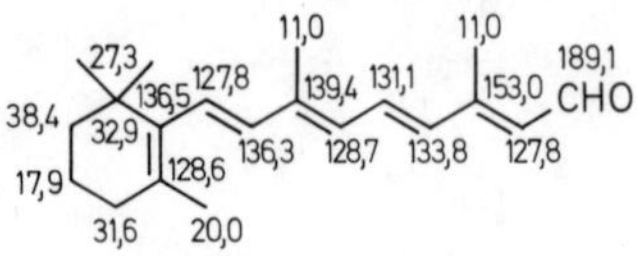 all trans-Retinal, 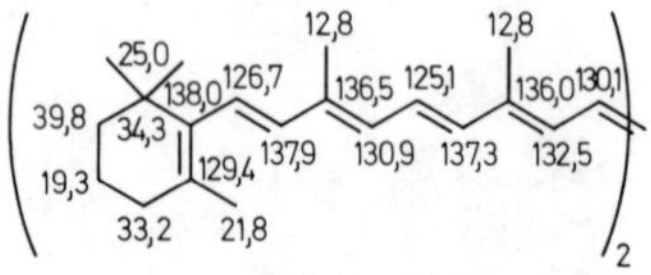 β-Carotin

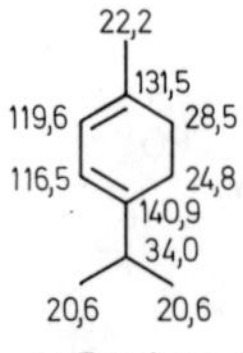

* Zuordnung nicht gesichert

Chemische Verschiebungen einzelner Substanzklassen 393

Steroide

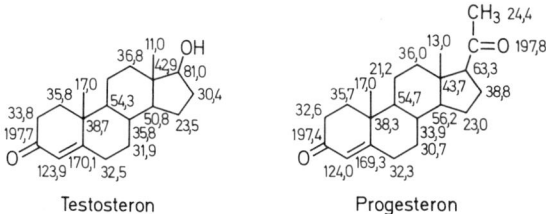

Testosteron: 33,8; 35,8; 36,8; 11,0; OH; 42,9; 81,0; 17,0; 54,3; 30,4; 197,7; 38,7; 50,8; 23,5; 35,8; 31,9; 123,9; 170,1; 32,5

Progesteron: CH₃ 24,4; 36,0; 13,0; C=O 197,8; 21,2; 43,7; 63,3; 32,6; 35,7; 17,0; 54,7; 38,8; 197,4; 38,3; 33,9; 56,2; 23,0; 124,0; 169,3; 30,7; 32,3

5α-Androstan: 40,7; 18,3; 25,4; 20,7; 12,0; 40,7; 37,6; 24,1; 43,6; 54,5; 33,0; 21,2; 27,2; 36,1; 20,4; 26,8; 40,3; 27,4; 26,9 H 26,9

5β-Androstan: 40,3; 17,3; 25,3; 20,7; 12,0; 40,6; 37,6; 22,0; 54,5; 54,9; 38,8; 36,1; 35,7; 20,3; 26,6; 46,9; 32,3; 28,9 H 28,9

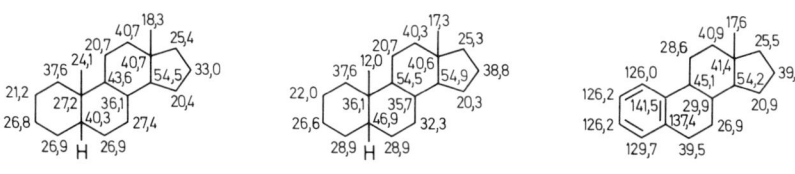

Estran: 40,9; 17,6; 25,5; 28,6; 41,4; 126,0; 45,1; 54,2; 39,2; 126,2; 141,5; 29,9; 20,9; 126,2; 137,4; 26,9; 129,7; 39,5

Cholestan: 19,1; 36,7; 40,0; 23,1; 12,6; 36,3; 24,4; 28,5; 21,3; 40,7; 43,0; 56,8; 23,8; 39,2; 12,5; 55,3; 57,1; 28,7; 22,7; 36,7; 36,0; 24,6; 27,3; 47,6; 32,6; 29,2 H 29,2

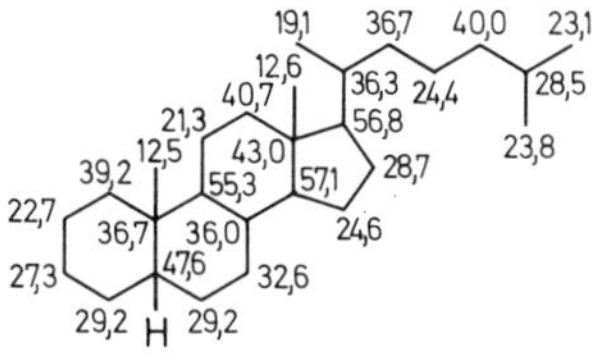

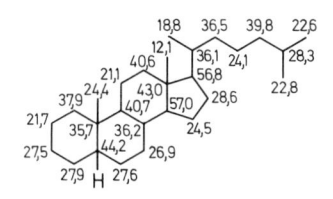

Coprostan: 18,8; 36,5; 39,8; 22,6; 12,1; 36,1; 24,1; 28,3; 21,1; 40,6; 43,0; 56,8; 22,8; 37,9; 24,4; 40,7; 57,0; 28,6; 21,7; 35,7; 36,2; 24,5; 27,5; 44,2; 26,9; 27,9 H 27,6

Estron: 13,9; O; 32,5; 219,9; 26,4; 48,3; 35,9; 126,9; 44,9; 51,1; 113,4; 131,5; 30,2; 22,2; 155,7; 138,2; 27,4; HO; 115,9; 39,3

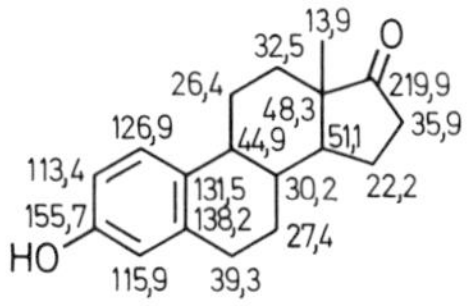

Cholesterin: 18,8; 36,4; 35,4; 24,1; 22,5; 12,0; 28,3; 56,5; 28,0; 21,2; 19,4; 42,4; 39,6; 22,8; 37,5; 50,5; 56,9; 40,0; 31,6; 36,5; 32,3; 24,3; 71,3; 141,2; 32,0; HO; 42,4; 121,3

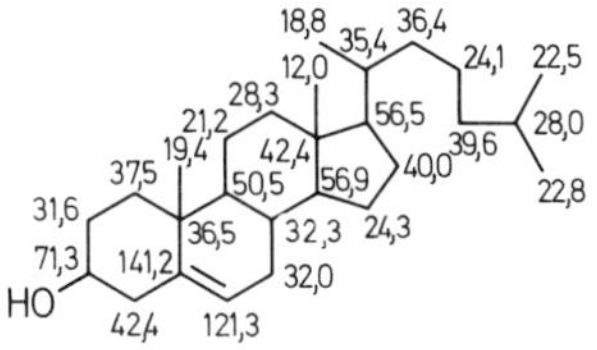

Ergosterol: 19,4; 40,5; 132,2; 11,8; 136,0; 21,0; 28,3; 56,0; 43,0; 19,7; 21,2; 16,0; 43,0; 35,4; 32,2; 38,6; 46,5; 54,6; 33,2; 17,4; 69,7; 37,2; 140,6; 23,1; HO; 140,7; 116,7; 41,1; 119,4

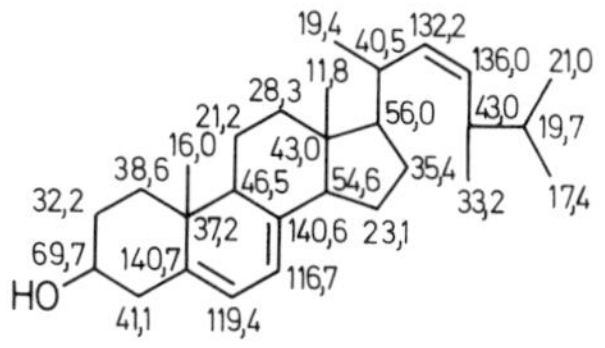

Cholsäure: 17,6; 35,7; 31,3; HO; 12,8; 31,2; 72,5; 47,4; 174,5 COOH; 35,7; 22,8; 28,5; 46,8; 28,0; 30,6; 35,1; 26,7; 39,9; 23,5; 71,6; 42,0; 68,0; HO; 39,6; 35,1; OH

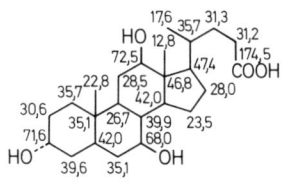

394 Kapitel 3   Die chemische Verschiebung

Alkaloide

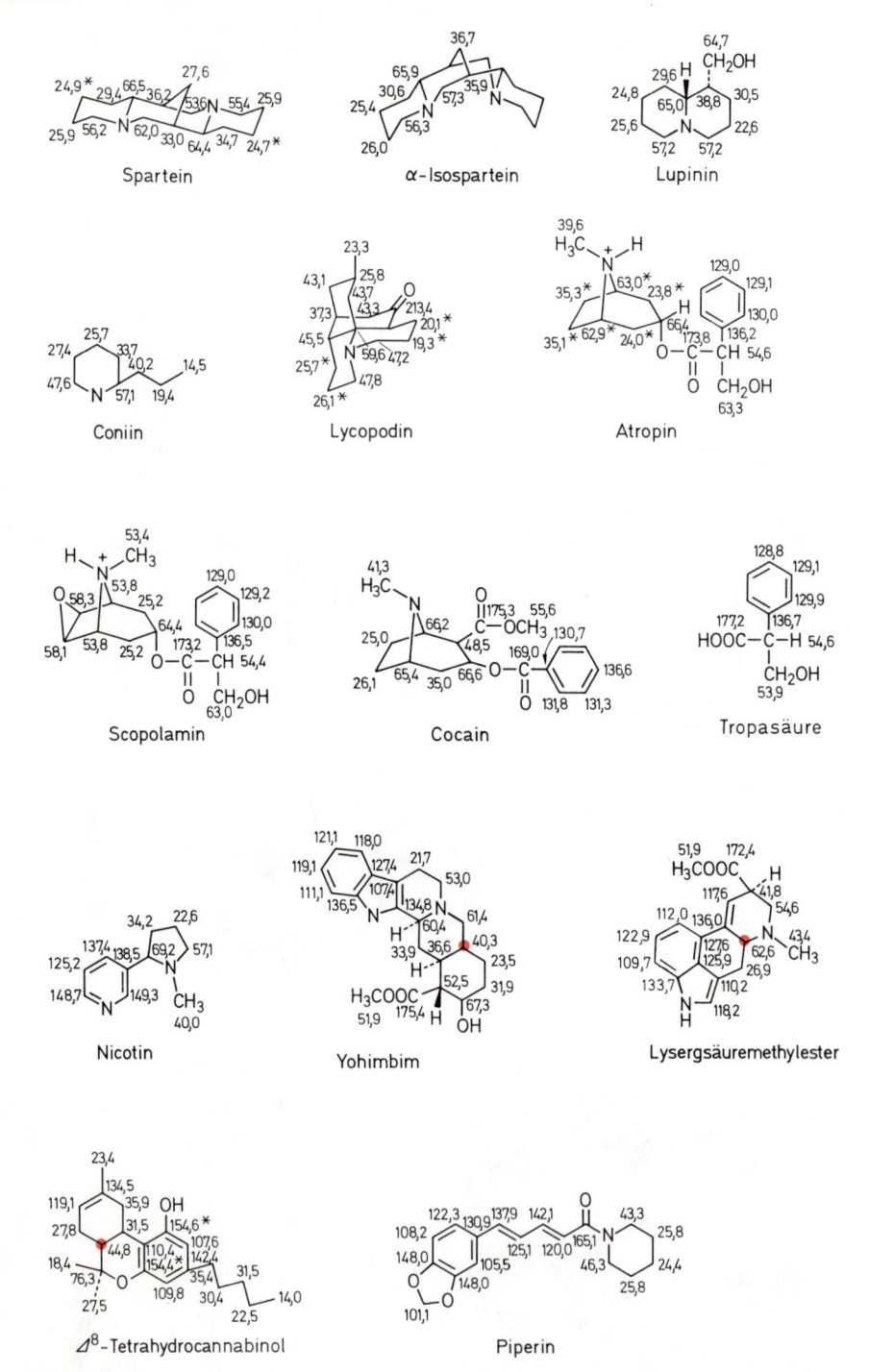

Spartein

α-Isospartein

Lupinin

Coniin

Lycopodin

Atropin

Scopolamin

Cocain

Tropasäure

Nicotin

Yohimbim

Lysergsäuremethylester

Δ^8-Tetrahydrocannabinol

Piperin

* Zuordnung nicht gesichert

Chemische Verschiebungen einzelner Substanzklassen

Chinin

Brucin

Codein

Thebain

Laudonosin

Coffein

Antibiotika (und Pilzmetaboliten)

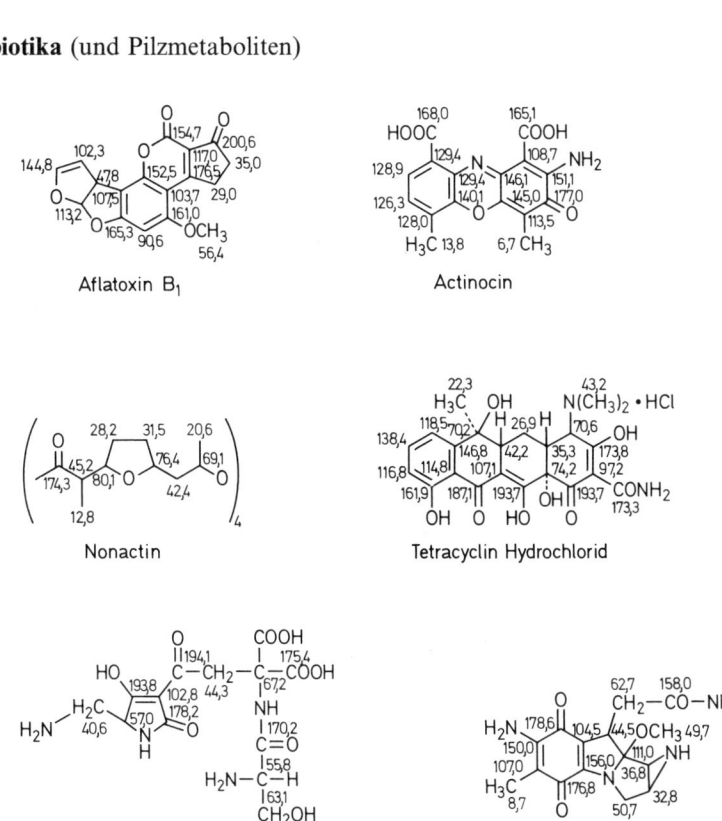

Aflatoxin B$_1$

Actinocin

Nonactin

Tetracyclin Hydrochlorid

Malonomycin (H$_2$O pH 8,5)

Mitomycin C

* Zuordnung nicht gesichert

396 Kapitel 3   Die chemische Verschiebung

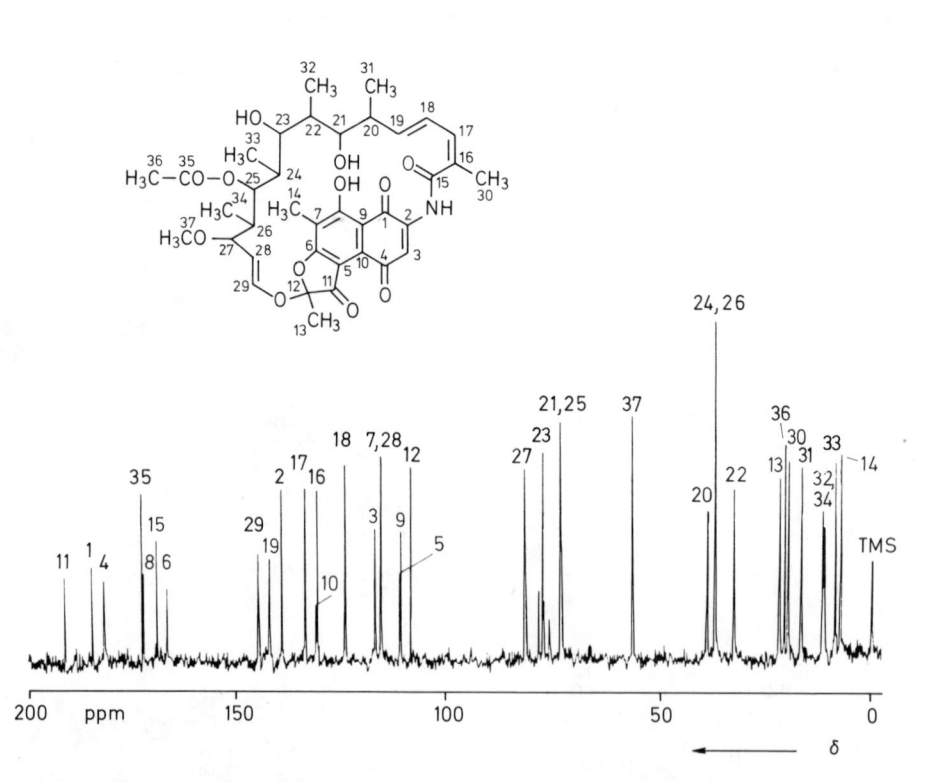

Griseofulvin

Penicillin V (Methylester)

Cephalosporin C

Abb. 3.29 ^{1}H-Breitband-entkoppeltes ^{13}C-NMR-Spektrum von Rifamycin-S (in CDCl$_3$, 5 kHz-Bereich)[320]

Chemische Verschiebungen einzelner Substanzklassen 397

C-Atom	δ	C-Atom	δ	C-Atom	δ	C-Atom	δ
1	184,5	10	131,3	19	142,4	28	115,7
2	139,4	11	191,1	20	39,2	29	145,3
3	117,4	12	108,6	21	73,6	30	20,0
4	181,6	13	22,2	22	33,0	31	16,8
5	111,2	14	7,4	23	77,7	32	11,4
6	166,5	15	169,0	24	37,4	33	8,8
7	115,7	16	131,0	25	73,6	34	11,4
8	172,2	17	133,2	26	37,4	35	172,6
9	111,0	18	124,4	27	81,9	36	20,9
						37	56,8

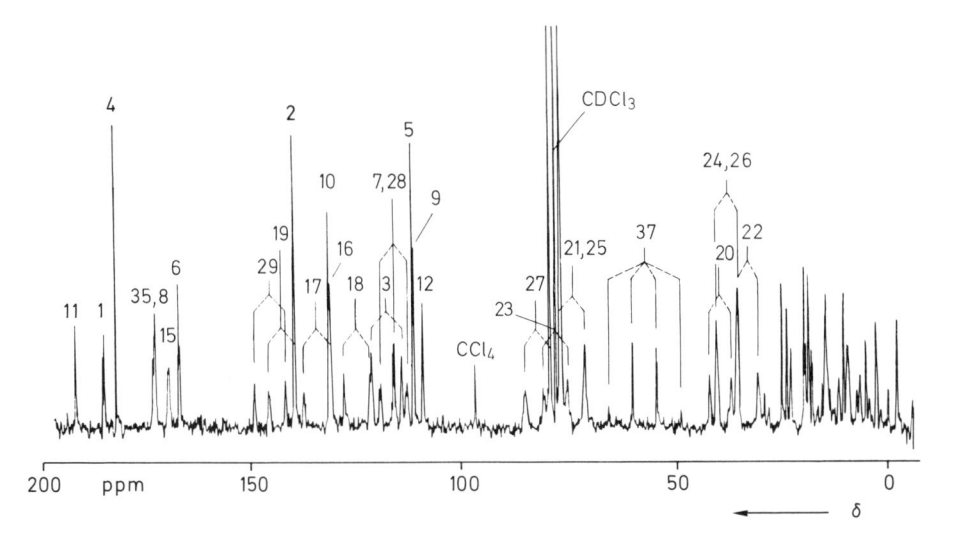

Abb. 3.30 „gated decoupling"-^{13}C-NMR-Spektrum von Rifamycin-S (5 kHz-Bereich)[320]

Vitamine

Vitamin A acetat

Vitamin C (1m in H$_2$O)

Biotin

Tab. 3.89 ^{13}C-chemische Verschiebungen von Substanzen der Vitamin B_6-Gruppe^{321}

Verbindung	pH	C-2	C-3	C-4	C-5	C-6	CH_3	$CH_2(C-4')$	$CH_2(C-5')$	CHO
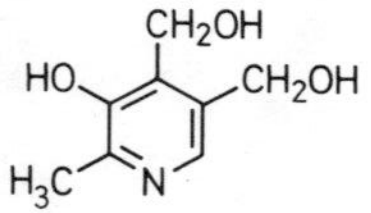 Pyridoxin	2,3	130,95	137,90	141,70	153,80	143,80	15,50	58,05^a	59,20^a	–
	6,8	126,70	136,40	139,45	160,85	145,30	16,70	57,25^a	59,85^a	–
	12,5	133,50	133,50^a	133,85^a	161,60	151,25	19,95	58,55^a	60,85^a	–
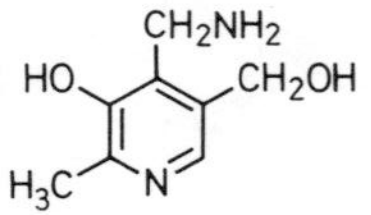 Pyridoxamin	1,5	132,35	139,30	137,35	154,60	144,15	16,35	59,85	35,85	–
	6,5	124,45	137,00	133,50	164,05	146,00	16,35	60,20	37,70	–
	7,0	124,65	137,00	133,50	164,05	146,10	16,50	60,30	37,85	–
	12,7	133,80	133,80	137,75	161,35	151,05	20,35	61,40	37,45	–
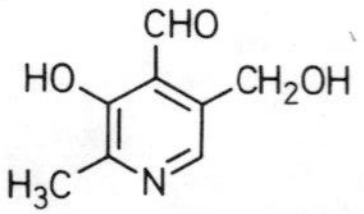 Pyridoxal	1,8	126,70	139,25	141,05	150,15	145,10	15,35	71,00	–	99,60
	6,2	118,75	b	b	b	b	16,30	71,25	–	100,70
	12,5	127,30	134,95	131,80	162,20	153,35	19,70	67,65	–	134,00
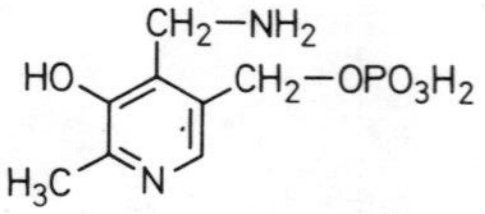 Pyridoxamin 5'-Phosphat	1,6	132,85	136,35	138,20	154,70	144,45	16,30	62,95	36,05	–
	7,0	125,10	135,80	134,00	163,65	145,95	16,35	62,85	37,55	–
	12,5	134,10	132,20	137,45	161,20	151,05	20,25	63,80	37,55	–
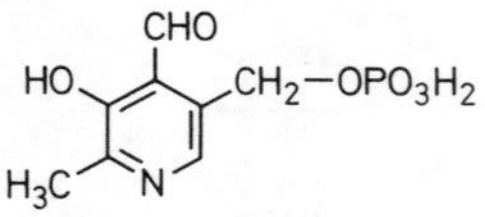 Pyridoxal-5-phosphat	1,7	131,20	b	b	b	b	16,00	62,65	–	88,85
	4,0	129,20	b	b	b	b	15,60	62,45	–	89,00
	6,2	126,50^c	136,00	126,95	163,65	152,80	16,95	63,45	–	197,00
	6,2	125,85	136,65	126,95	164,65	152,35	17,10	63,10	–	197,25
	12,4	129,40	133,80	125,20	168,35	157,50	20,10	63,60	–	197,65

^{a} Zuordnung nicht gesichert
^{b} Wegen der geringen Löslichkeit konnten die Signale der quartären C-Atome nicht beobachtet werden
^{c} Zwei Spezies bei pH 4,0 vorhanden; hydratisierter (δ_{CHO} = 89,0 ppm) und nichthydratisierter Aldehyd

Chemische Verschiebungen einzelner Substanzklassen

Nucleoside, Nucleotide, zugehörige Basen und verwandte Heterocyclen

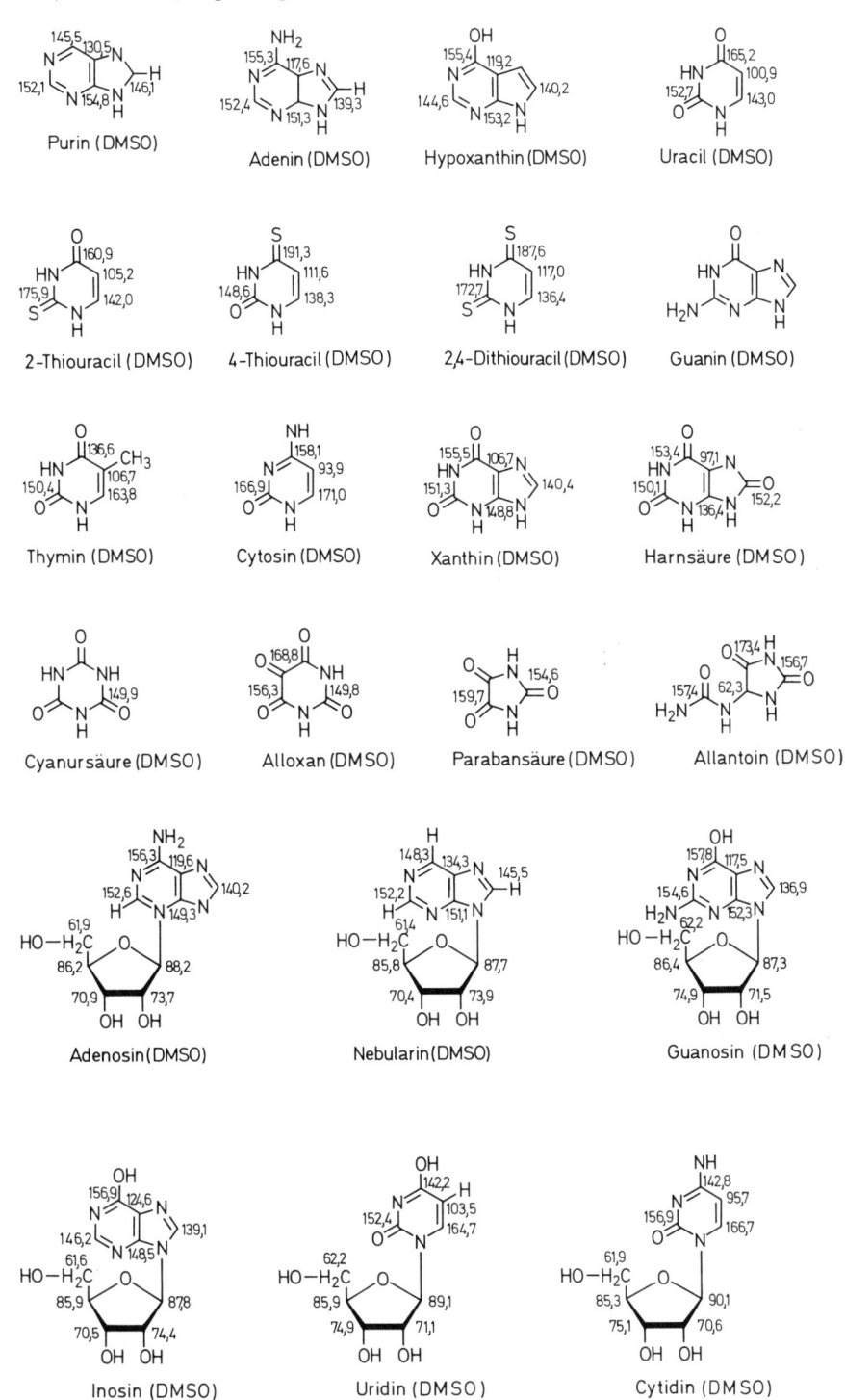

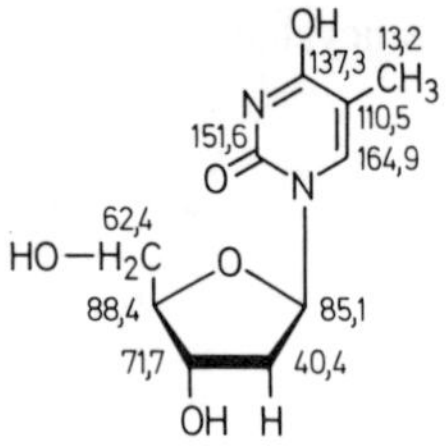

400 Kapitel 3   Die chemische Verschiebung

Thymidin (DMSO) 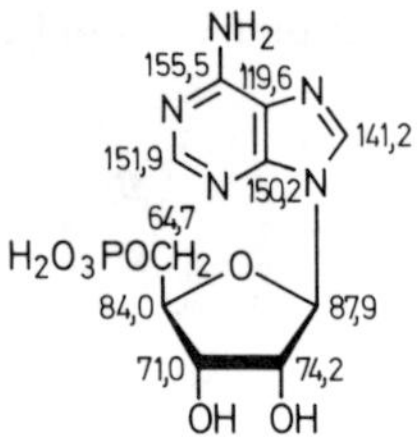   Adenosin monophosphat (DMSO) 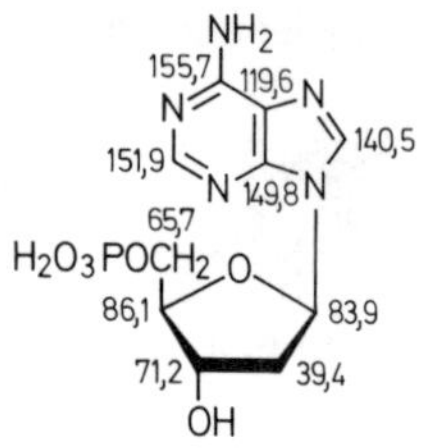   Deoxyadenosin monophosphat (DMSO)

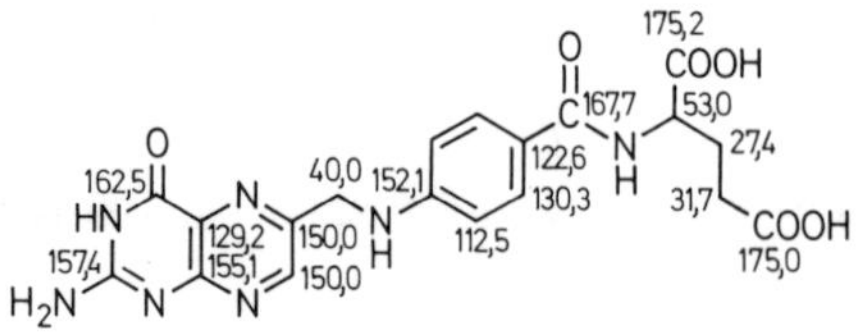

Folsäure (DMSO)

Kohlenhydrate[317], Polyole[321f]

Monosaccharide

Verbindung	δ (ppm)						
	C−1	C−2	C−3	C−4	C−5	C−6	andere
α-D-Ribopyranose [321a]	96,25	72,75	71,95	70,00	65,70		
β-D-Ribopyranose [321a]	96,55	73,75	71,70	69,95	65,70		
α-D-Ribofuranose [321a]	99,00	73,70	72,75	85,75	64,10		
β-D-Ribofuranose [321a]	103,65	78,00	73,15	85,20	65,25		
2-Deoxy-α-D-Ribopyranose [321b]	91,65	35,15	64,65	67,50	62,85		
2-Deoxy-β-D-Ribopyranose [321b]	93,85	33,80	66,50	67,35	66,00		
2-Deoxy-α-D-Ribofuranose [321b]	91,65	41,15	70,95	85,30	61,55		
2-Deoxy-β-D-Ribofuranose [321b]	98,05	41,15	70,95	85,30	61,55		
α-D-Arabinopyranose [321c]	96,85	71,95	72,55	68,55	66,40		
β-D-Arabinopyranose [321c]	92,60	68,70	68,70	68,55	62,55		
α-D-Arabinofuranose [321c]	101,15	70,25	70,25	81,50	61,30		
β-D-Arabinofuranose [321c]	95,20	70,25	70,25	81,50	62,55		
α-D-Xylopyranose [321d]	92,30	71,6	73,0	69,6	61,1		
β-D-Xylopyranose [321d]	96,7	74,1	75,9	69,4	65,3		
α-D-Lyxopyranose	95,0	71,5	71,1	68,5	63,9		
β-D-Lyxopyranose	95,0	70,8	73,7	67,6	64,9		
α-D-Allopyranose	93,7	72,6	73,5	68,5	72,1	62,9	
β-D-Allopyranose	94,4	74,4	72,1	67,8	72,3	62,3	
α-D-Glucopyranose	93,3	73,1	74,4	71,2	72,9	62,4	
β-D-Glucopyranose	97,1	75,6	77,3	71,2	77,3	62,4	

Monosaccharide

Verbindung	δ (ppm)						
	C-1	C-2	C-3	C-4	C-5	C-6	andere
Methyl-α-D-Glucopyranosid	100,5	73,1	74,8	71,4	72,8	62,3	56,8
Methyl-β-D-Glucopyranosid	104,5	74,6	77,3	71,2	77,3	62,4	58,8
α-D-Mannopyranose	94,5	71,2	70,8	67,5	72,9	61,6	
β-D-Mannopyranose	94,1	71,8	73,6	67,1	76,7	61,6	
Methyl-α-D-Mannopyranosid	101,9	71,7	71,0	67,9	73,6	62,1	56,2
Methyl-β-D-Mannopyranosid	102,2	71,5	74,2	68,0	77,5	62,2	57,8
α-L-Rhamnopyranose	94,9	71,9	70,8	73,2	69,2	17,8	
β-L-Rhamnopyranose	94,5	72,3	73,9	72,8	72,8	17,8	
α-D-Galactopyranose	93,2	70,2	69,4	70,2	71,2	62,1	
β-D-Galactopyranose	97,5	73,0	73,8	69,7	75,9	61,9	
α-L-Fucopyranose	93,2	70,4	69,2	72,8	67,0	16,6	
β-L-Fucopyranose	97,3	72,8	74,0	72,4	71,5	16,6	
α-D-Talopyranose [321c]	94,7	70,7	69,7	65,1	71,2	61,5	
β-D-Talopyranose [321c]	94,2	68,7	71,6	68,5	75,7	61,3	
β-D-Talofuranose [321c]	101,0	75,2	81,9	82,5	71,9	62,8	
α-D-Psicopyranose	85,9	98,7	71,2	66,4	66,7	58,8	
β-D-Psicopyranose	64,9	99,5	71,2	64,0	69,9	65,0	
α-D-Psicofuranose	64,1	104,4	71,2	72,6	83,7	62,2	
β-D-Psicofuranose	63,6	106,7	75,6	71,9	83,7	63,3	
α-D-Fructofuranose	62,1	105,3	83,0	77,0	82,2	62,1	
β-D-Fructofuranose	63,9	102,4	76,5	75,5	81,5	63,3	
β-D-Fructopyranose	64,1	99,1	70,5	68,4	70,0	64,7	
α-L-Sorbopyranose	65,4	98,8	74,8	71,3	70,3	62,6	
α-L-Sorbofuranose	64,9	102,8	76,2	76,9	78,6	61,5	
α-D-Tagatopyranose	63,2	99,2	71,6	70,7	67,2	64,8	
β-D-Tagatopyranose	64,4	99,3	70,1	64,6	70,3	61,1	
α-D-Tagatofuranose		103,6	77,6		80,2	62,0	
β-D-Tagatofuranose	64,1	98,7	71,3	74,8	81,0	62,8	

Disaccharide, Polysaccharide

Verbindung	δ (ppm)											
	C−1'	C−2'	C−3'	C−4'	C−5'	C−6'	C−1	C−2	C−3	C−4	C−5	C−6
α-Cellobiose	103,9	74,7	77,2	71,1	77,2	62,4	93,1	72,9	72,9	80,1	71,6	61,8
β-Cellobiose	103,9	74,7	77,2	71,1	77,2	62,4	97,1	75,7	76,1	80,1	75,7	61,8
α-Lactose	104,0	72,2	73,9	69,8	76,3	62,1	93,0	72,6	74,0	79,9	72,5	61,4
β-Lactose	104,0	72,2	73,9	69,8	76,3	62,1	97,0	75,2	75,9	79,9	75,6	61,4
α-Maltose	100,9	73,8	73,8	70,7	73,0	61,9	93,2	72,6	71,1	78,9	74,3	61,9
β-Maltose	101,0	74,3	74,6	71,0	73,4	62,5	97,1	75,7	77,8	78,5	76,1	62,5
α,β-Trehalose	104,0	74,3	77,0	70,9	76,8	62,3	101,3	74,0	74,6	70,9	72,9	62,0
Saccharose (Rohrzucker, Sucrose)	93,1	73,4	73,9	70,5	72,2	61,6	63,4	104,7	82,5	78,0	75,4	62,9
Amylose (lösliche Stärke)	100,7	78,2	74,3	72,5	72,2	61,6						

Polyole [321f]

Verbindung	δδ (ppm)					
	C−1	C−2	C−3	C−4	C−5	C−6
Glycerol	66,9	76,4	66,9			
Erythritol	66,2	75,3	75,3	66,2		
Ribitol	65,5	75,4	75,6	75,4	65,5	
Xylitol	65,9	75,2	73,9	75,2	65,9	
D-Arabitol	66,5	73,6	74,0	74,5	66,2	
D-Mannitol	67,3	75,3	73,6	73,6	75,3	67,3
D-Sorbitol	65,8	74,5	72,9	74,3	76,1	66,1
Galactitol	66,2	73,3	72,6	72,6	73,3	66,2

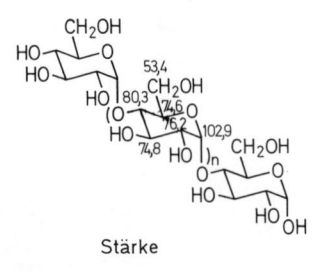

Stärke

Prostaglandine

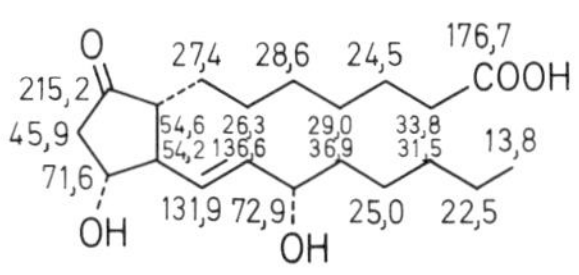

PG E₁: O 215,2; 27,4; 28,6; 24,5; 176,7 COOH; 45,9 54,6/54,2 26,3/13,6 29,0/36,9 33,8/31,5 13,8; 71,6; OH 131,9 72,9; 25,0 22,5; OH

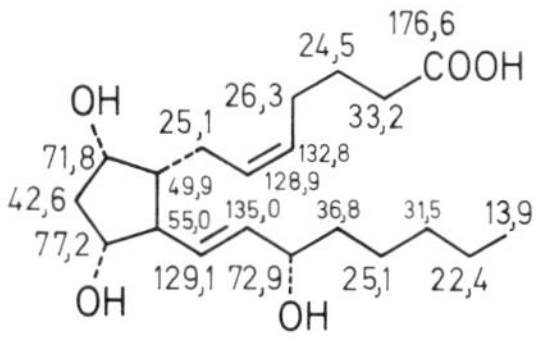

PG F₂α: OH 71,8; 25,1 26,3 24,5 176,6 COOH; 42,6 49,9/55,0 128,9/135,0 33,2/132,8 36,8 31,5 13,9; 77,2; OH 129,1 72,9; 25,1 22,4; OH

PG A₁-Acetat: O 197,1; 28,2 28,6 24,5 173,2 COOH; 132,9 51,8/130,0 26,5/74,1 28,9/34,8 34,0/31,2 13,9; 164,7 51,0/132,3; 23,8 22,2; OCOCH₃

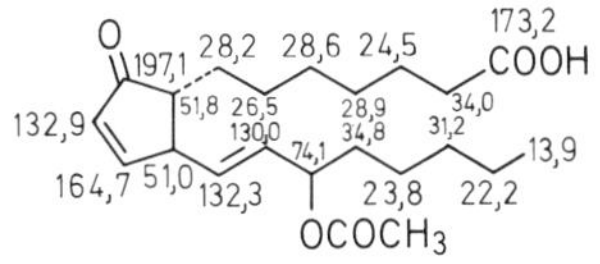

Bibliographie

Terpene:

Holden, C. M., Whittacker, D. (1975), Monoterpene (Bicyclo[3.1.1]heptan-System), Org. Magn. Reson. 7, 125.
Jautelat, M., Grutzner, J. B., Roberts, J. D. (1970), Terpene, Proc. Nat. Acad. Sci. 65, 288.
Bohlmann, F., Zeisberg, R., Klein, E. (1975), Monoterpene, Org. Magn. Reson. 7, 426.
Wenkert, E., Buckwalter, B. L. (1972), Pimaradiene, Pimarol, J. Am. Chem. Soc. 94, 4367.
Becker, R. S., Berger, S., Dalling, D. K., Grant, D. M. (1974), Retinale, J. Am. Chem. Soc. 96, 7008.
Rowan, R., Sykes, B. D. (1974), Retinale, J. Am. Chem. Soc. 96, 7000.
Bremser, W., Paust, J. (1974), Apocarotinale, β-Carotin, Org. Magn. Reson. 6, 433.
Moss, G. P. (1976), Carotinoide, Pure Appl. Chem. 47, 97.
Englert, G. (1975), Carotinoide, Vitamin A (ca. 80 Verbindungen inkl. Vergleichsverbindungen), Helv. Chim. Acta 58, 2367.
Abraham, R. J., Holden, M. C., Loftus, P., Whittacker, D. (1974), α-Thujen, Isothujon, Thujole (Bicyclo[3.1.0]hexanderivate), Org. Magn. Reson. 6, 184.
Van Dommelen, M. E., Van de Ven, L. J. M., Buck, H. M., De Haan, J. W. (1977), Squalenderivate, Recl. Trav. Chim. Pays-Bas 96, 295.
Hanson, J. R., Savona, G., Siverus, M. (1974), Diterpene (Kaurenolide), J. Chem. Soc. Perkin Trans. 1, 2001.
Hanson, J. R., Savona, G., Siverus, M. (1976), Kauren und Derivate, J. Chem. Soc. Perkin Trans. 1, 114.
Buckwalter, B. L. et al (1975), Diterpene, Helv. Chim. Acta 58, 1567.
Wahlberg, J., Ahnquist, S. O., Nishida, T., Enzell, C. R. (1975), Podocarpanderivate, Acta Chem. Scand., Ser. B 29, 1047.
Pelletier, S. W. et al (1979), Can. J. Chem. 57, 1652.
Pelletier, S. W. et al (1980), Diterpen-Alkaloide, Can. J. Chem. 58, 1875.
Yamaguchi, J., Takahashi, N., Fujita, K. (1975), Gibberelline, J. Chem. Soc. Perkin Trans. 1, 992.
Weigand, E. F., Schneider, H. J. (1979), Pinanderivate, Org. Magn. Reson. 12, 637.
Petiaud, R., Taärit, Y. B. (1980), Empirische Methode zur Bestimmung von Terpenisomeren, J. Chem. Soc. Perkin Trans. 2, 1385.
Offermann, W. (1982), Camphen, α-Pinen, Org. Magn. Reson. 20, 203.
Hall, M. C., Kinns, M., Wells, E. J. (1983), α-, β-Pinen, Org. Magn. Reson. 21, 108.

Steroide:

Blunt, J. W., Stothers, J. B. (1977), 13-NMR Spectra of Steroids – A Survey and Commentary, Org. Magn. Reson. 9, 439.
Reich, H. J., Jautelat, M., Messe, M. T., Weigert, F. J., Roberts, J. D. (1969), Steroide, J. Am. Chem. Soc. 91, 7445.
Smith, W. B. (1979), Ann. Rep. NMR Spectrosc. 8, 199.
Baccha, N. S., Gianni, D. D., Jankowski, W. S., Wolff, M. E. (1973), Cortison, Progesterone, J. Am. Chem. Soc. 95, 8421.
Blunt, J. W. (1975), Cholestandiole, Austr. J. Chem. 28, 1017.
Djerassi, C. et al (1977), Dihydroxysteroide, J. Org. Chem. 42, 789.
Chadwick, D. J., Williams, D. H. (1974), 5α-Cholestan-3β-ol, Zuordnung mit Shiftreagenzien, J. Chem. Soc. Perkin Trans. 2, 1903.
Engelhardt, G. et al (1974), Disubst. Östratriene und Androstene, J. Prakt. Chem. 316, 391.
Leibfritz, D., Roberts, J. D. (1973), Cholsäure und verwandte Verbindungen, J. Am. Chem. Soc. 95, 4996.
Giannini, D. D. et al (1974), 9α-subst. Cortisole, J. Am. Chem. Soc. 96, 5462.
Wray, V., Lang, S. (1975), 17β-(2,5 dehydro-5-oxo-2-furyl)steroide, J. Chem. Soc. Perkin Trans. 2, 344.
Abraham, R. J., Monasterios, J. R. (1974), Ergostadiene-, -triene, J. Chem. Soc. Perkin Trans. 2, 622.
Apsimon, J. W., Beierbeck, H., Saunders, J. K. (1973), Steroide in Gegenwart von Shiftreagenzien, Can. J. Chem. 51, 3874.

Alkaloide:

Bohlmann, F., Zeisberg, R. (1975), Lupinen-Alkaloide, Chem. Ber. 108, 1043.
Nakashima, T. T., Singer, P. P., Browne, L. M., Ayer, W. A. (1975), Can. J. Chem. 53, 1936.
Zetta, L., Gatti, G., Fuganti, C. (1973), Amaryllidaceae-Alkaloide, J. Chem. Soc. Perkin Trans. 2, 1180.

Crain, W.O., Wildman, W.C., Roberts, J.D. (1971), Amaryllidaceae-Alkaloide, J. Am. Chem. Soc. 93, 990.
Simeral, L., Maciel, G.E. (1974), Atropin, Scopolomin, Tropasäure, Nicotin, Org. Magn. Reson. 6, 226.
Levin, R.H., Lallemand, J.Y., Roberts, J.D. (1973), Rauwolfia-Alkaloide (Yohimbin, Reserpin), J. Org. Chem. 38, 1983.
Wenkert, E. et al (1974), Mutterkornalkaloide, J. Org. Chem. 39, 1272.
Archer, R.A. et al (1977), Cannabis-Alkaloide, J. Org. Chem. 42, 490.
Wenkert, E. et al (1971), Piperinalkaloide, J. Am. Chem. Soc. 93, 6271.
Wenkert, E. et al (1973), Aspidosperma-Alkaloide, J. Am. Chem. Soc. 95, 4990.
Wenkert, E. et al (1976), Ilboga-Alkaloide, Helv. Chim. Acta 59, 2437.
Moreland, C.G., Philip, A., Carroll, F.I. (1974), Cinchona-Alkaloide (Chinin usw.), J. Org. Chem. 39, 2413.
Pelletier, S.W., Djarmati, Z. (1976), Aconitin-Alkaloide (aus Aconitin und Delphinium), J. Am. Chem. Soc. 98, 2626.
Baker, J.K., Borne, R.F. (1978), Cocain und Derivate, J. Heterocycl. Chem. 15, 165.
Pitner, T.P., Seeman, J.I., Whidley, J.F. (1978), Nicotin, J. Heterocycl. Chem. 15, 585.
Nishida, T., Pilotti, A., Enzell, C.R. (1980), Nicotin und ähnliche Verbindungen, Org. Magn. Reson. 13, 434.
Hufford, C.D., Capraro, H.G., Brossi, A. (1980), Colchicinderivate, Helv. Chim. Acta 63, 50.
Blade-Front, A. et al (1979), Colchicin, Chem. Lett., 233.
Singh, S.P., Parmar, S.S., Sternberg, V.I., Farnum, S.A. (1978), Isochinolin-Alkaloide, J. Heterocycl. Chem. 15, 541.
Joshi, B.S., Viswanathan, N., Gawad, D.H., Philipsborn, W.v. (1975), Piperaceae-Alkaloide Piperstachin, Helv. Chim. Acta 58, 1551.
Verpoorte, R., Hylands, P.J., Nisset, N.G. (1977), Strychnin und 14 Derivate, Org. Magn. Reson. 9, 567.
Elguero, J., et al (1980), Colchicin, Bull. Soc. Chim. Belg. 89, 193.
Carroll, F. Ivy, Coleman, M.L., Levin, A.H. (1982), Cocaine, J. Org. Chem. 47, 13.
Zetta, L., Gatti, G. (1977), Lysergsäure und Derivate, Org. Magn. Reson. 9, 219.
Hufford, C.D. et al (1980), Colchicin, Helv. Chim. Acta, 63, 50.

Antibiotika, Pilzmetaboliten:

Cox, R.H., Cole, R.J. (1977), Aflatoxine, Sterigmatocystine, J. Org. Chem. 42, 112.
Hsieh, D.P. et al (1975), Aflatoxin, Tetrahedron 31, 661.
Fuhrer, H. (1973), Helv. Chim. Acta 56, 2377.
Martinelli, E., White, R.J., Gallo, G.G. (1973), Tetrahedron 29, 3441.
Martinelli, E., White, R.J., Gallo, G.G. (1974), Rifamycin S., Tetrahedron Lett. 1367.
Omura, S. et al (1975), Macrolid-Antibiotika (Leucomycin, Spiramycin, Magnamycin), J. Am. Chem. Soc. 97, 4001.

Pretsch, E., Vasak, M., Simon, W. (1972), Nonactin, Helv. Chim. Acta 55, 1098.
Van der Baan, J.L. et al (1979), Malonomycin, J. Chem. Soc. Perkin Trans. 1, 2017.
Linman, M.W., McMillan, J. (1976), Colletodiol, J. Chem. Soc. Perkin Trans. 1, 184.
Nourse, J.G., Roberts, J.D. (1975), Macrolid-Antibiotika (Erythromycin), J. Am. Chem. Soc. 97, 4584.
Hollstein, U., Breitmaier, E., Jung, G. (1974), Actinomycin, J. Am. Chem. Soc. 96, 8036.
Dorman, D.E., Srinivasan, R.P., Lichter, R.L. (1978), Penicilline und Cephalosporine, J. Org. Chem. 43, 2013.
Archer, R.A., Cooper, R.G.G., Demarco, P.V., Johnson, L.R.F. (1970), Penicilline, J. Chem. Soc. Chem. Commun., 1291.
Wallace, W.A., Sneden, A.T. (1982), Maytansoide, Org. Magn. Reson. 19, 31.
Neuss, N., Nash, C.N., Lemke, P.A., Grutzner, J.B. (1971), Cephalosporine, J. Am. Chem. Soc. 93, 2337.
Levine, S.G., Hicks, R.E., Gottlieb, H.E., Wenkert, E. (1975), Griseofulvin, J. Org. Chem. 40, 2540.
Lown, J.W., Begleiter, A. (1974), Mitomycin C., Can. J. Chem. 52, 2331.
Schanck, A., Coene, B., Van Meersche, M., Dereppe, J.M. (1979), Cephalosporine, Org. Magn. Reson. 12, 337.

Vitamine:

Englert, G. (1975), Vitamin A und verwandte Verbindungen, Helv. Chim. Acta 58, 2367.
Lapper, R.D., Mantsch, H.H., Smith, I.C.P. (1975), Can. J. Chem. 53, 2406.
Hartman, J.S. (1979), Can. J. Chem. 57, 2118.
Witherup, T.H., Abbott, E.H. (1975), Vitamin B_6-Gruppe, J. Org. Chem. 40, 2229.
Berger, S. (1977), Vitamin C, Tetrahedron 33, 1587.
Berman, E. et al (1978), Vitamin D_3, J. Am. Chem. Soc. 100, 5626.
Johnson, L.F., Jankowski, W.C. (1972), Vitamin E, Vitamin B_{12}, in Carbon-13 NMR Spectra J. Wiley Interscience, New York, 496, 500.
Matsuo, M., Urano, S. (1976), Vitamin E, Tetrahedron 32, 229.
Bradbury, J.H., Johnson, N.R. (1979), Biotin, J. Magn. Reson. 35, 217.
Ikura, M., Hikichi, K. (1982), Biotin, Org. Magn. Reson. 20, 266.

Nucleoside, Nucleotide, Basen:

Thorpe, M.C., Coburn, W.C., Montgomery, J.A. (1974), J. Magn. Reson. 15, 98.
Chenon, M.T., Pugmire, R.J., Grant, D.M., Panzica, R.P., Townsend, L.B. (1975), J. Am. Chem. Soc. 97, 4627.
Chenon, M.T., Pugmire, R.J., Grant, D.M., Panzica, R.P., Townsend, L.B. (1975), Subst. Purine, J. Am. Chem. Soc. 97, 4636.
Coxon, B. et al (1977), Harnsäure und verwandte Verbindungen, J. Org. Chem. 42, 3132.
Still, J.W., Plavac, N., McKinnon, D.M., Cauhan, M.S. (1978), Uracil-, Thiouracilderivate, Can. J. Chem. 56, 725.
Ellis, P.D. et al (1973), 5-subst. Uracile, J. Am. Chem. Soc. 95, 4398.

Tarpley, A.R., Goldstein, H. (1971), Uracile, J. Am. Chem. Soc. 93, 3573.
Jones, A.J., Grant, D.M., Winkley, M.W., Robbins, R.K. (1970), Pyrimidin- und Purin-Nucleoside, J. Am. Chem. Soc. 92, 4079.
Chenon, M.T., Pugmire, R.J., Grant, D.M., Panzica, R.P., Townsend, L.B. (1975), Purin-Nucleoside, J. Am. Chem. Soc. 97, 4627.
Uesugi, S., Ikehara, M. (1977), Purin-Nucleoside, J. Am. Chem. Soc. 99, 3250.
Breitmaier, E., Voelter, W. (1973), Adenosinanaloge Verbindungen, Tetrahedron 29, 227.
Ewers, U., Günther, H., Jaenicke, L. (1973), Pteridine, Folsäure, Chem. Ber. 106, 3951.

Kohlenhydrate:

Dorman, D.E., Roberts, J.D. (1970), J. Am. Chem. Soc. 92, 1355.
Dorman, D.E., Roberts, J.D. (1971), J. Am. Chem. Soc. 93, 4463.
Breitmaier, E., Hollstein, U. (1976), Org. Magn. Reson. 8, 573.
Breitmaier, E., Voelter, W. (1973), Tetrahedron 29, 227.
Breitmaier, E., Jung, G., Voelter, W. (1972), Chimia. 26, 136.
Breitmaier, E., Jung, G., Voelter, W. (1971), Chem. Ber. 104, 1147.
Breitmaier, E., Jung, G., Voelter, W. (1971), Angew. Chem. 83, 1011.
Breitmaier, E., Jung, G., Voelter, W. (1972), Angew. Chem. 84, 589.
Breitmaier, E., Voelter, W., Rathbone, E.B., Stephen, E.M. (1973), Tetrahedron 29, 3845.
Walker, T.E. et al (1976), J. Am. Chem. Soc. 98, 5807.
Colson, P., Jennings, H.J., Smith, I.C.P. (1974), J. Am. Chem. Soc. 96, 8081.
Colson, P., Jennings, H.J., Smith, I.C.P. (1975), Oligosaccharide, Can. J. Chem. 53, 1030.
Gorin, A.J.P. et al (1974), Deuterium-Isotope-Effects on Shifts of ^{13}C-NMR Signals in Sugars, Can. J. Chem. 52, 458.
Funcke, W., Kleiner, A. (1975), Amadoriverbindungen, Liebigs Ann. Chem., 1232.
Kieboom, A.P.G. et al (1977), Sorbitol und Glucitol, Komplexe mit multivalenten Kationen, Recl. Trav. Chim. Pays-Bas 96, 35.
Gorin, A.J.P., Mazurek, M. (1975), Signalzuordnung bei Aldosen und Glykosiden, Can. J. Chem. 53, 1212.
Gorin, P.A.J., Mazurek, M. (1973), Borat-Komplexe von Polyhydroxyverbindungen, Can. J. Chem. 51, 3277.

Rosenthal, S.N., Fendler, J.H. (1976), Ausführlicher Übersichtsartikel über Biomoleküle, insbesondere Kohlenhydrate, Adv. Phys. Org. Chem. 13, 280.
Pfeffer, P.E., Parrish, F.W., Unruh, J. (1980), Deuterium Induced, Differential Isotope-Shift: Carbon-13 NMR, Carbohydr. Res. 84, 13.
Pfeffer, P.E., Parrish, F.W., Unruh, J. (1979), Deuterium Induced Differential Isotope-Shift: Carbon-13 NMR, J. Am. Chem. Soc. 101, 1265.

Prostaglandine:

Wenkert, E. et al (1973), Tetrahedron Lett., 515.
Cooper, G.F., Fried, J. (1973), Proc. Nat. Acad. Sci. 70, 1579.

Proteine:

Rosenthal, S.N., Fendler, J.H. (1976), ^{13}C-NMR Spectroscopy in Macromolecular Systems of Biochemical Interest, Adv. Phys. Org. Chem. 13, 280.
Allerhand, A. (1978), Natural-Abundance Carbon-13 Nuclear Magnetic Resonance Spectroscopy of Proteins, Acc. Chem. Res. 11, 469.
Deslauriers, R., Smith, J.C.P. (1976), Conformation and Structure of Peptides, Top. Carbon-13 NMR Spectrosc. 2, 2.
McInnes, A.G., Walter, J.A., Writht, J.L.C., Vinning, L.C. (1976), ^{13}C-NMR Biosynthetic Studies, Top. Carbon-13 NMR Spectrosc. 2, 125.
Komoroski, R.A., Peat, I.R., Levy, G.C. (1976), ^{13}C-NMR of Biopolymers, Top. Carbon-13 NMR Spectrosc. 2, 180.

Porphyrine und verwandte Verbindungen:

Doddrell, D., Caughey, W.S. (1972), J. Am. Chem. Soc. 94, 2510.
Abraham, R.J. et al (1975), J. Chem. Soc. Perkin Trans. 2, 204.
Abraham, R.J. et al (1974), J. Chem. Soc. Perkin Trans. 2, 627.
Smith, K.M., Unsworth, J.F. (1975), Chlorine, Tetrahedron 31, 367.
Lincoln, D.N., Wray, V., Brockmann, H., Trowitzsch, W. (1974), Porphyrine, Chlorophyllderivate, J. Chem. Soc. Perkin Trans. 2, 1920.
Wütherich, K. (1974), ^{13}C-NMR Spectroscopy of Haems and Haemoprotein, Pure Appl. Chem. 40, 127.
Risch, N., Brockmann, H. (1983), Chlorophyll B: Totalzuordnung des ^{13}C-NMR Spektrums, Tetrahedron Lett., 173.

4.15 Polymere

Die NMR-spektroskopische Untersuchung von synthetischen Polymeren oder Biopolymeren in Lösung unterscheidet sich prinzipiell nicht von der der niedermolekularen Stoffe. Jedoch beobachtet man wegen der geringeren Molekülbewegung der hochmolekularen Stoffe eine dipolare Verbreiterung der Resonanzsignale, die in den ^{1}H-NMR-Spektren mehr als 10 Hz betragen kann. In den ^{13}C-NMR-Spektren macht sich diese dipolare Verbreiterung wegen des geringeren gyromagnetischen Verhältnisses $\gamma_{^{13}C}$ gegenüber $\gamma_{^1H}$

weniger bemerkbar. Zusammen mit dem größeren Verschiebungsbereich der ^{13}C-Kerne und der Möglichkeit, ^{1}H-Breitband-entkoppelte ^{13}C-NMR-Spektren aufzunehmen, ist die ^{13}C-NMR-Spektroskopie daher besonders zur Untersuchung der Mikrostruktur von Polymeren, die die physikalischen Eigenschaften bestimmt, geeignet. Die Mikrostruktur von Vinylpolymeren $(-CH_2-CHR)_n$ läßt sich unterteilen in isotaktisch, syndiotaktisch und hetero- oder ataktisch; im ersten Fall befindet sich der Substituent R immer auf der gleichen Seite der Kohlenstoff-Kette, im zweiten Fall abwechselnd auf der einen und der anderen Seite, und im letzteren ist R statistisch über beide Seiten der Alkyl-Kette verteilt. Da es sich bei dem Kohlenstoff-Atom, das den Substituenten R trägt, um ein Chiralitätszentrum handelt, läßt sich die Mikrostruktur des Polymers auch durch die relativen Konfigurationen der C-Atome angeben, wobei *m* für die *meso*-Anordnung (Substituenten auf der gleichen Seite) und *r* für die *racemische* Anordnung (Substituenten auf verschiedenen Seiten) benutzt wird. Isotaktische, syndiotaktische und heterotaktische Anordnung einer Tetrade (Verknüpfung von vier Monomereinheiten $(-CH_2-CHR-)_4$ wird somit durch die Kombination [*mmm*], [*rrr*] und [*mmr*][*mrm*][*rmr*][*rrm*] beschrieben.

Schema 3.4 Drei der zehn möglichen Anordnungen einer Pentade[a]

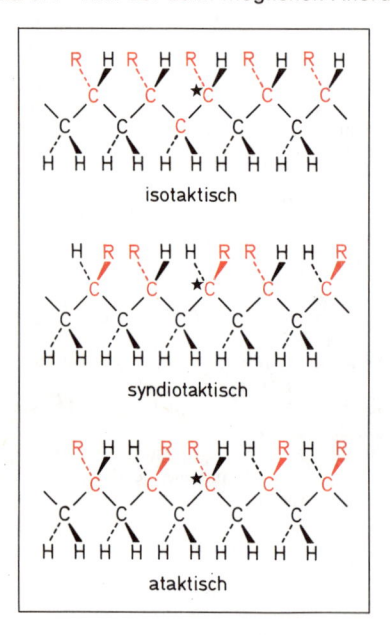

$m = meso;\quad r = racemisch$

R = CH$_3$ Polypropylen
R = C$_6$H$_5$ Polystyrol
R = Cl   Polyvinylchlorid
R = CN   Polyacrylnitril

---

[a] Es werden nur Kopf-Schwanz-Polymere betrachtet.

Abb. 3.31 zeigt die ^{13}C-NMR-Spektren von Polypropylen unterschiedlicher Taktizität bei 140 °C^{321}. Das Spektrum des ataktischen Polypropylens enthält auch die Signale des iso- und syndiotaktischen Materials. Abbildung 3.32 zeigt den Methyl-Bereich des ataktischen Polypropylen-Spektrums. Von den 36 möglichen Anordnungen einer Heptade sind die Signale von 20 zu erkennen. Die ^{13}C-NMR-Spektroskopie ist also in diesem Fall in der Lage, die unterschiedliche Anordnung von Methyl-Gruppen, die sechs Bindungen voneinander entfernt sind, nachzuweisen. Mit Hilfe des für Kohlenwasserstoffe entwickelten empirischen Inkrementensystems (s. S. 100) läßt sich die chemische Verschiebung der Methyl-Gruppe in den einzelnen Anordnungen berechnen und ein Spektrum simulieren, das in ausgezeichneter Übereinstimmung mit den gemessenen steht (s. Abb. 3.32). Für den γ_{gauche}-Effekt wird ein Wert von -5 ppm benutzt.

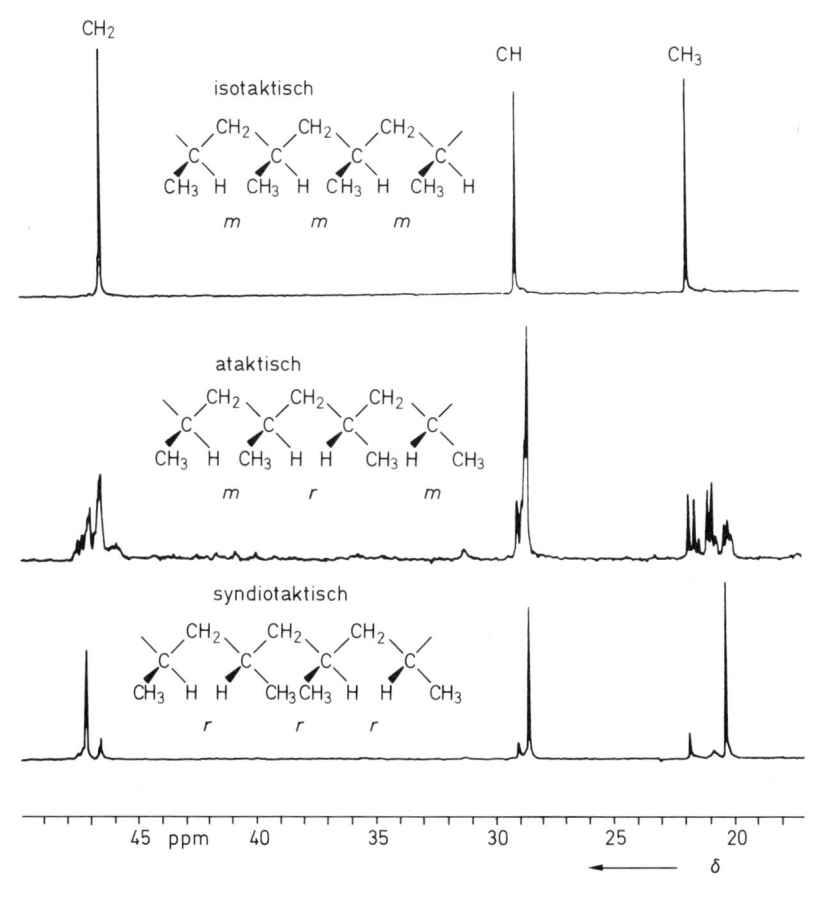

Abb. 3.31 ^{1}H-Breitband-entkoppeltes ^{13}C-NMR-Spektrum (25 MHz) von Polypropylen (20 % in 1,2,4-Trichlorbenzol), 140 °C; *m*: *meso*-Dyade, *r*: *racemische* Dyade^{322} (gegen TMS gemessen)

1. mmmmmm	10. mrmmrm	19. rrmrrm	28. rrrrrm
2. mmmmmr	11. mmmrrm	20. rrrmrr	29. rrrrrr
3. rmmmmr	12. mmmrrr	21. mrmrrm	30. rmrrrm
4. mmmmrr	13. rmmrrm	22. rrrmrm	31. rrrrmr
5. mmmmrm	14. rrrmmr	23. rrmrmr	32. mmrrrm
6. rmmmrr	15. mmmrmr	24. mmrmrr	33. rrrrmm
7. mrmmmr	16. mmmrmm	25. mrmrmr	34. rmrrmr
8. rrmmrr	17. rmrmmr	26. mmrmrm	35. rmrrmm
9. mrmmrr	18. mmrmmr	27. mrrrrm	36. mmrrmm

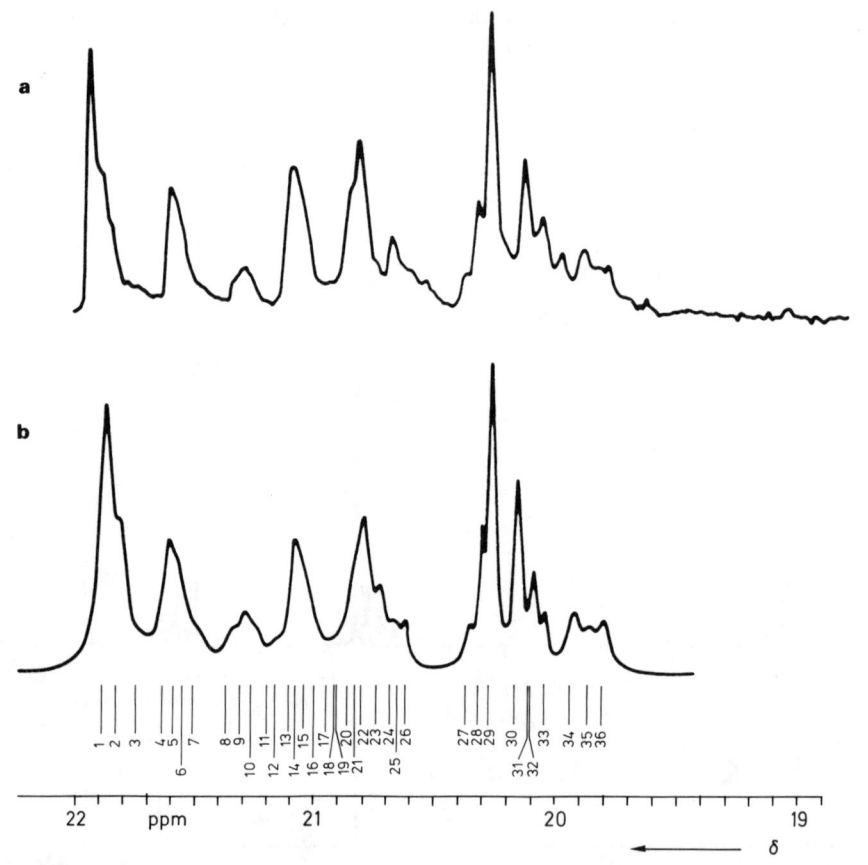

Abb. 3.32 **a** Experimentelles ^{13}C-NMR-Spektrum (90,5 MHz) des Methyl-Bereichs von Polypropylen (^{1}H-Breitband-entkoppelt; 20% in Heptan), 67 °C
b Simuliertes Spektrum mit berechneten chemischen Verschiebungen (Lorentz-Linienform, Halbwertsbreite < 0,1 ppm)[322] (gegen THS gemessen)

Abb. 3.33 zeigt die ^{13}C-NMR-Spektren von Polyacrylnitril unterschiedlicher Herkunft[323]. Für die Signale der Cyano-Gruppen ist die folgende Zuordnung getroffen worden[324]:

Isotaktisches Polyacrylnitril $\qquad \delta_{CN} = 120,1$
Syndiotaktisches Polyacrylnitril $\qquad \delta_{CN} = 119,4$
Heterotaktisches Polyacrylnitril $\qquad \delta_{CN} = 119,8$

Aus der Abb. 3.33 geht somit hervor, daß der Gehalt an isotaktischem Polymer am größten ist, wenn die Polymerisation in Harnstoff-Einschlußverbindungen durchgeführt wird.

Die ^{13}C-NMR-Spektren von Biopolymeren sind wegen ihrer Komplexität nur in wenigen Fällen vollständig interpretierbar. Die Abb. 3.34, 3.35 und 3.36 zeigen stellvertretend Spektren von Biomolekülen (weitere Beispiele s. Literaturzusammenstellung).

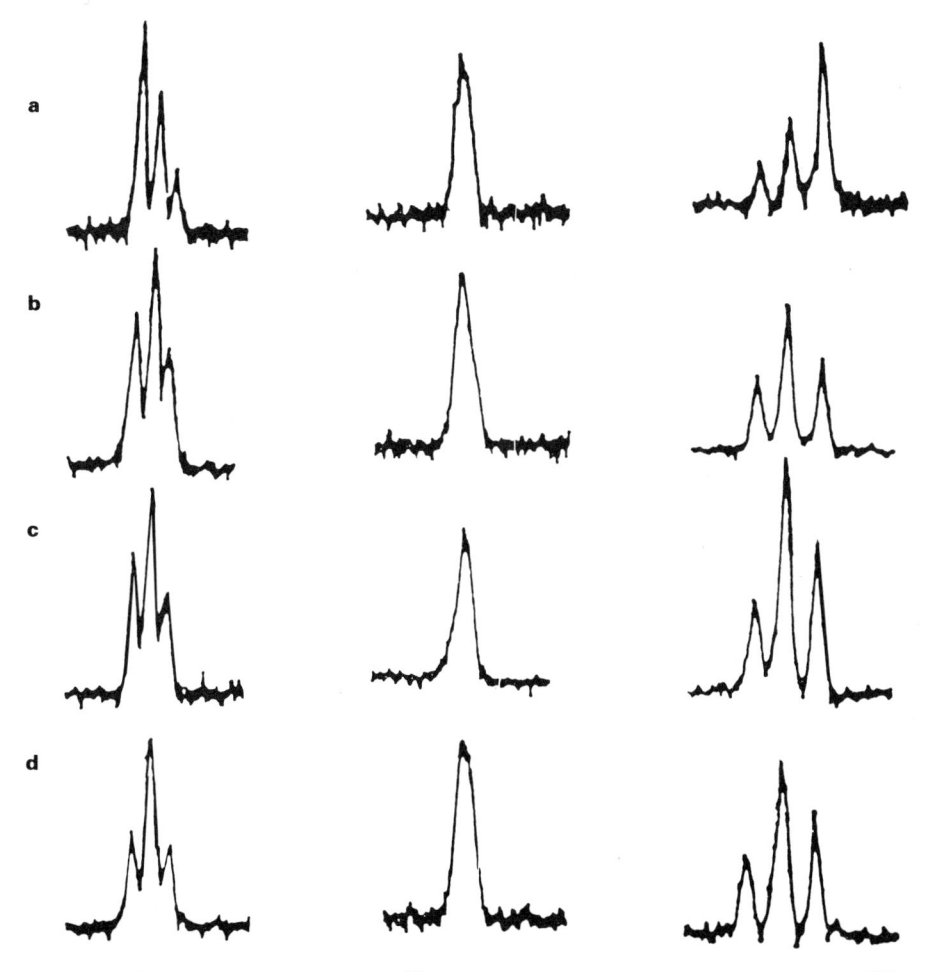

Abb. 3.33 ^{1}H-Breitband-entkoppeltes ^{13}C-NMR-Spektren von Polyacrylnitril in DMSO[323],
links: Signale der CN-Gruppe
mitte: Methylen-C-Atome
rechts: Methin-C-Atome
hergestellt durch:
a γ-Bestrahlung in Harnstoff-Einschlußverbindungen
b Organometall-Katalysator
c Radikalische Polymerisation
d Radikalische Polymerisation in DMF

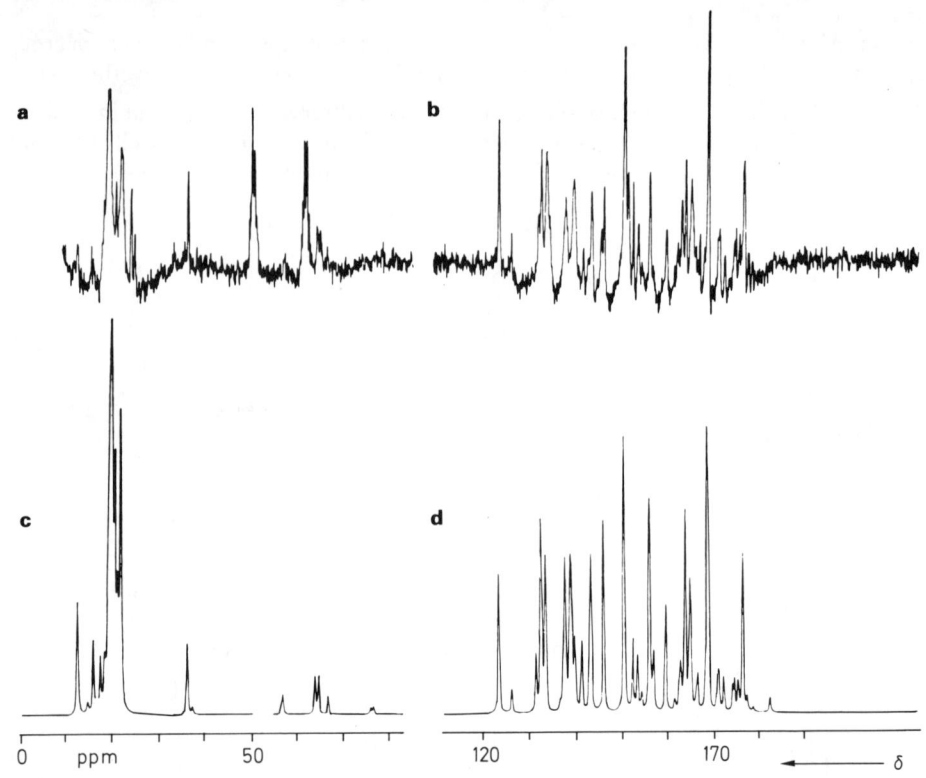

Abb. 3.34 ¹H-Breitband-entkoppeltes ¹³C-NMR-Spektrum (22,6 MHz) von Kalbshaut-Gelatine[325]
a und **b** Experimentelles Spektrum: Gelatine gelöst in 0,2 M KCl und auf pH 7,0 eingestellt
c und **d** Simuliertes Spektrum

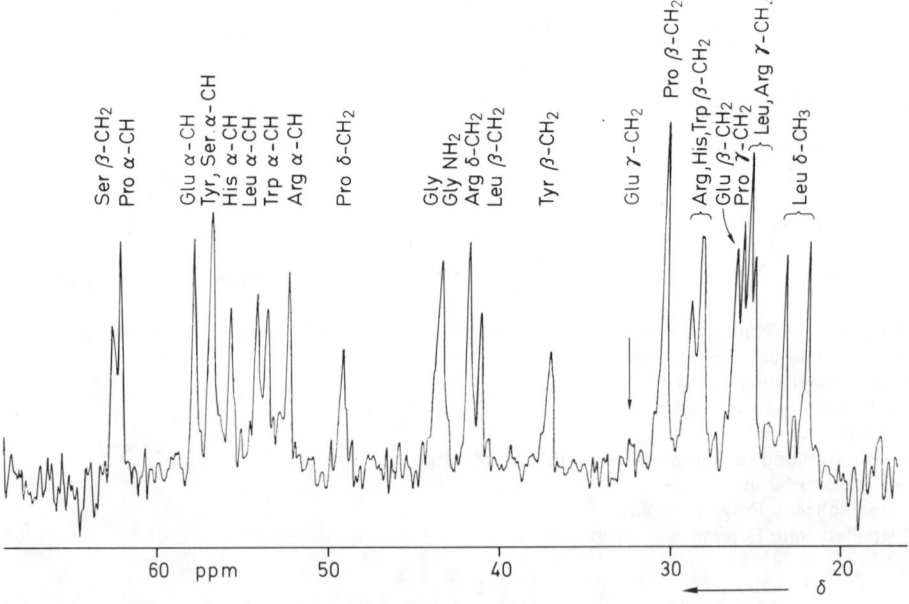

Abb. 3.35 Ausschnitt aus dem ¹³C-NMR-Spektrum (25,2 MHz, ¹H-entkoppelt) von LH-RH-Decapeptid in D$_2$O-Lösung (40 mg in 0,3 ml D$_2$O; pH 5,45;)[326] (gegen TMS gemessen)

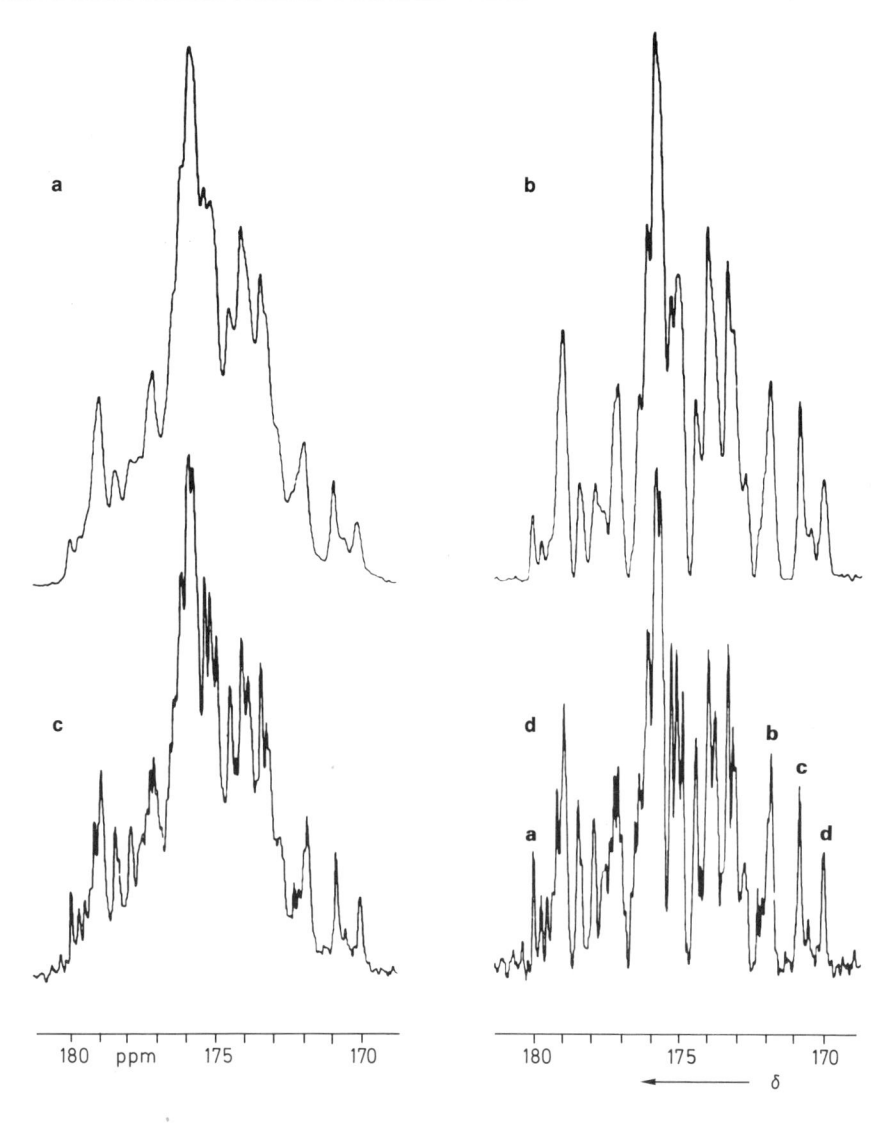

Abb. 3.36 Carbonyl-Bereich des ^{1}H-Breitband-entkoppelten ^{13}C-NMR-Spektrums von Hühnereiweis-Lysozym in H_2O[326]
a 15,2 MHz-Spektrum
b Convolution-Differenz-Spektrum von **a** (siehe Kap. 2, S. 39)
c 67,9 MHz-Spektrum
d Convolution-Differenz-Spektrum von **c**

Häufig ist der Aufnahme von ^{13}C-NMR-Spektren polymerer Substanzen und manchmal auch der niedermolekularen Verbindungen durch die geringe Löslichkeit eine Grenze gesetzt. Hier bietet sich als Ausweg die Aufnahme des NMR-Spektrums unter Hochauflösung im Festkörper an[327]. Als Meßmethode wird die Cross-Polarization-Magic-Angle-Spinning-Technik (CP MAS) verwendet (s. Kap. 2, S. 68)[328].

Die Abbildungen 3.37, 3.38 und 3.39 zeigen Spektren, die mit dieser Technik aufgenommen wurden.

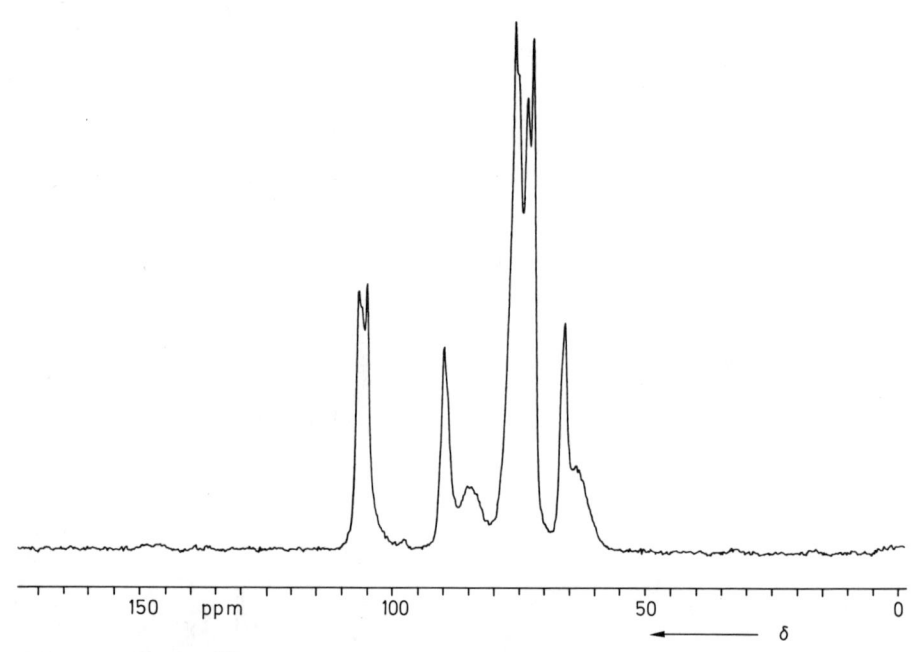

Abb. 3.37 CP MAS-^{13}C-NMR-Spektrum von Polypropylen

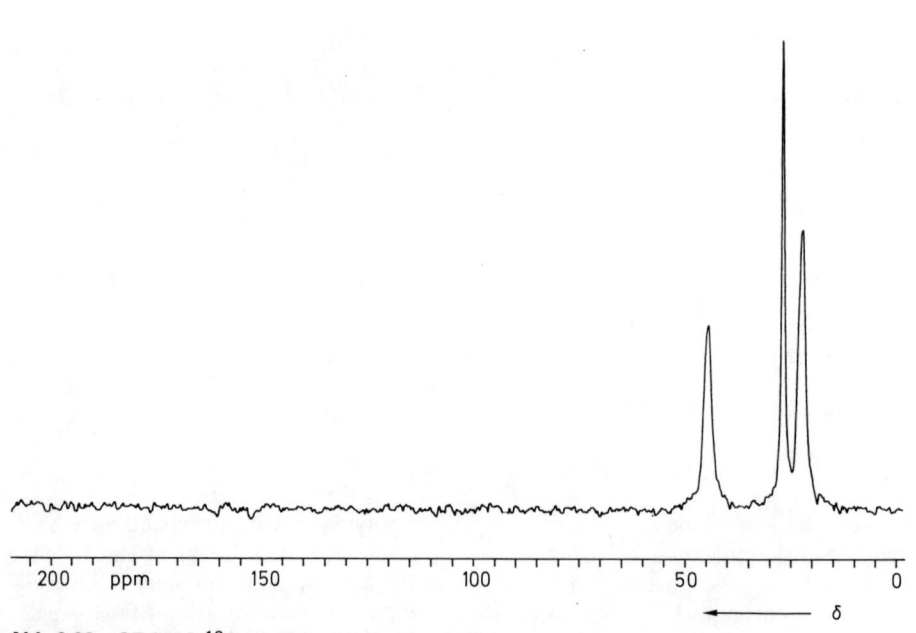

Abb. 3.38 CP MAS-^{13}C-NMR-Spektrum von Cellulose

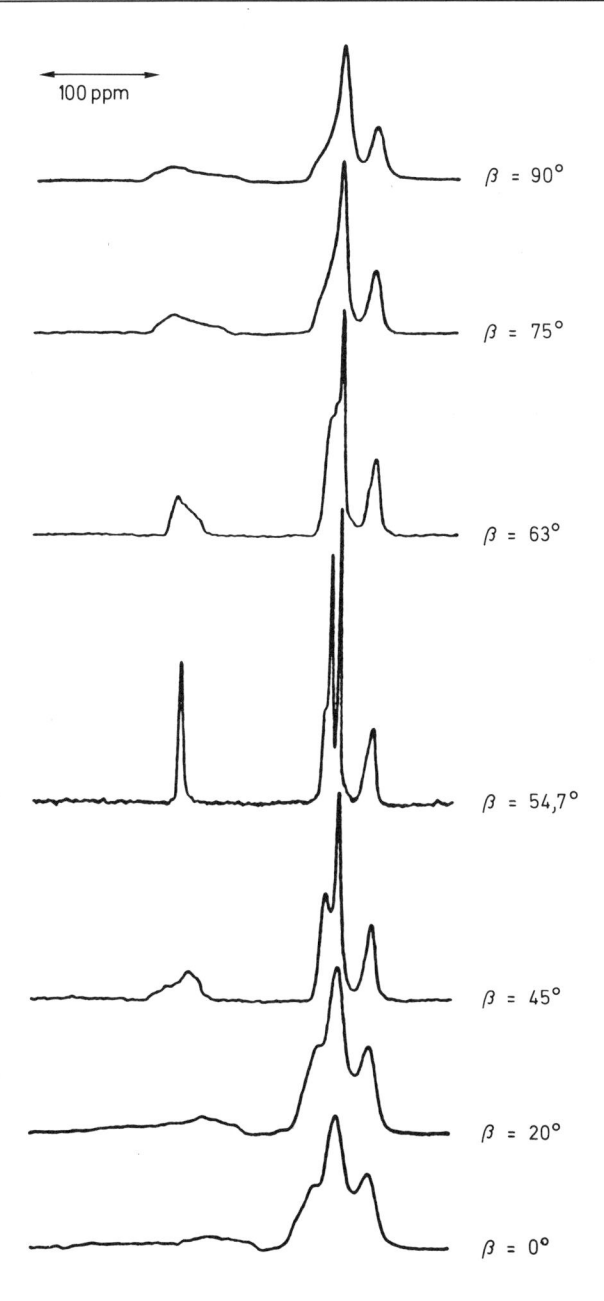

Abb. 3.39 Dipolar-entkoppelte CP-^{13}C-NMR-Spektren von Poly(methyl-methacrylat) bei verschiedenen Winkeleinstellungen[324]

Literatur

Levy, G. C., Lichter, R. L., Nelson, G. L. (1980), Carbon 13-NMR Spectroscopy, Wiley, Interscience, 2. Aufl., Kap. 7, 247.

Schaefer, J. (1974), The Carbon-13 NMR Analysis of Synthetic High Polymers, Top. Carbon-13 NMR Spectrosc. 1, 150.

Komoroski, R. A., Peat, I. R., Levy, G. C. (1975), ^{13}C-NMR Studies of Biopolymers, Top. Carbon-13 NMR Spectrosc. 2, 180.

Schaefer, J., Stejskal, E. O. (1979), High Resolution ^{13}C-NMR of Solid Polymers, Top. Carbon-13 NMR Spectrosc. 3, 284.

Tonelli, A. E., Schilling, F. C. (1981), ^{13}C-NMR Chemical Shifts and the Microstructure of Polymers, Acc. Chem. Res. 14, 233.

Vaughan, R. W. (1978), High Resolution Solid State NMR, Ann. Rev. Phys. Chem. 29, 397.

Randall, J. C. (1977), Polymer Sequence Determination, in Carbon-13 NMR Method, Academic Press, New York und London.

Torchia, D. A., Vanderhart, D. L. (1979), High Power, Double-Resonance Studies of Fibrous Proteins, Proteo-Glycans, and Model Membranes, Top. Carbon-13 NMR Spectrosc. 3, 325.

Literatur Kap. 3

[1] Carrington, A., McLachlan, A. D. (1969), Introduction to Magnetic Resonance, Harper and Row, New York, S. 26.

[2] Saika, A., Slichter, C. P. (1954), J. Chem. Phys. 22, 26.

[3] Ramsay, N. F. (1950), Phys. Rev. 77, 567; (1950), Phys. Rev. 78, 699; (1952), Phys. Rev. 86, 243.

[4] Pople, J. A. (1962), Discuss. Faraday Soc. 34, 7; (1963), Mol. Phys. 7, 301.

[5] Karplus, M., Pople, J. A. (1963), J. Chem. Phys. 38, 2803.

[6] Lamb, W. E. (1941), Phys. Rev. 60, 817.

[7] Demarco, P. V., Doddrell, D., Wenkert, E. (1969), J. Chem. Soc., Chem. Commun., 1418.

[7a] Okazaki, R. (1982), J. Chem. Soc. Chem. Commun. 1187.

[8] Savitsky, G. B., Namikawa, K., Zweifel, G. (1965), J. Phys. Chem. 69, 3150.

[9] Günther, H. (1983), in NMR-Spektroskopie, Georg Thieme Verlag, Stuttgart, Kap. 2, 16.

[10] Pople, J. A. (1957), Proc. Roy. Soc. Ser. A 239, 541; Mc Connell, H. (1957), J. Chem. Phys. 27, 226.

[11] Pople, J. A. (1956), J. Chem. Phys. 24, 1111.

[12] Buckingham, A. D. (1960), Can. J. Chem. 38, 300.

[13] Buckingham, A. D., Schaefer, T., Schneider, W. G. (1960), J. Chem. Phys. 32, 1227.

[14] Huber, W., Müllen, K., Wennerström, O. (1980), Angew. Chem. 92, 636.

[15] Batchelor, J. G. et al (1973), J. Am. Chem. Soc. 95, 6358; (1975), J. Am. Chem. Soc. 97, 3410.

[16] Seidman, K., Maciel, G. E. (1977), J. Am. Chem. Soc. 99, 3254.

[17] Homer, J. (1975), Appl. Spectros. Rev. 9, 1.

[18] Rummens, F. H. Y. (1975), NMR, Basic Principles and Progress 10, 1.

[19] Tiffon, B., Doucet, J. P. (1976), Can. J. Chem. 54, 2045.

[20] Ando, I., Nishioka, A., Kondo, M. (1976), J. Magn. Reson. 21, 429; Freitag, W., Schneider, H. J. (1979), J. Chem. Soc. Perkin Trans. 2, 1337.

[21] Laszlo, P. (1967), Prog. Nucl. Magn. Reson. Spectrosc. 3, 231;

Ronayne, J., Williams, D. H. (1969), Ann. Rev. NMR-Spectrosc. 2, 83.

[22] Ueji, S., Sugiura, M., Takao, N. (1980), Tetrahedron Lett. 475.

[23] Ziessow, D., Carroll, M. (1972), Ber. Bunsenges. Phys. Chem., 76, 61.

[24] Schneider, H. J., Freitag, W. (1976), J. Am. Chem. Soc. 98, 478; (1980), Org. Magn. Reson. 13, 266.

[25] Schneider, H. J., Schommer, M., Freitag, W. (1973), J. Magn. Reson. 18, 393.

[26] Morin, F. G., Solum, M. S., Withers, J. D., Grant, D. M. (1982), J. Magn. Reson. 48, 138.

[27] Martin, M. L., Delpuech, J. J., Martin, G. J. (1980), Practical NMR Spectroscopy, Heyden, London, Kap. 8, 330.

[28] Vidrine, D. W., Petersen, P. E. (1976), Anal. Chem. 48, 1301.

[29] Gierke, T. D., Flygare, W. H. (1972), J. Am. Chem. Soc. 94, 7277.

[30] Malli, G., Fraga, S. (1966), Theor. Chim. Acta, 5, 275.

[31] Mason, J. (1976), J. Chem. Soc. Perkin Trans. 2, 1671.

[32] Mason, J. (1977), Org. Magn. Res. 10, 1888.

[33] Yonezawa, T., Morishima, I., Kato, H. (1966), Bull. Chem. Soc. Jpn., 39, 1398.

[34] Jackowski, K., Raynes, W. T. (1977), Mol. Phys. 34, 465.

[35] Ando, I., Nishioka, A. (1973), Bull. Chem. Soc. Jpn. 46, 706; Takaishi, K., Ando, I., Kondo, M., Chujo, R., Nishioka, A. (1974), Bull. Chem. Soc. Jpn. 47, 1559; Baird, N. C., Teo, K. C. (1976), J. Magn. Reson. 24, 87.

[36] Ditchfield, R., Ellis, P. D. (1974), Top. Carbon-13-NMR Spectrosc., 1, 1 und dort zitierte Literatur.

[37] Martin, G. J., Martin, M. L., Odiot, S. (1975), Org. Magn. Reson. 7, 2.

[38] Farnum, D. G. (1975), Adv. Phys. Org. Chem. 11, 123.

[39] Nelson, G. L., Williams, E. A. (1976), Prog. Phys. Org. Chem. 12, 229.

[40] Sterk, H., Fabian, W. (1975), Org. Magn. Reson. 7, 274.
[41] Fliszar, S., Goursot, A., Dugas, H. (1974), J. Am. Chem. Soc. 96, 4358; (1978), Can. J. Chem. 54, 2839.
[42] Henry, H., Fliszar, S. (1978), J. Am. Chem. Soc. 100, 3312.
[43] Roborge, R., Fliszar, S. (1975), Can. J. Chem. 53, 2400.
[44] Kean, G., Gravel, D., Fliszar, S. (1976), J. Am. Chem. Soc. 98, 4449.
[45] Larsen, J. W., Bouis, P. A. (1975), J. Am. Chem. Soc. 97, 4418.
[46] Olah, G. A., Westerman, P. W., Forsyth, D. A. (1975), J. Am. Chem. Soc. 97, 3419.
[47] Spiesecke, H., Schneider, W. G. (1961), Tetrahedron Lett. 468.
[48] Jones, R. G., Partington, P. (1972), J. Chem. Soc. Faraday Trans. 2, 2087.
[49] Adam, W., Grinnisan, A., Rogriguez, G. (1967), Tetrahedron 23, 2513.
[50] Tokuhiro, T., Fraenkel, G. (1969), J. Am. Chem. Soc. 91, 5005.
[51] Olah, G. A., White, A. M. (1968), J. Am. Chem. Soc. 90, 1884.
[52] Braun, S., Kinkeldei, J. (1977), Tetrahedron 33, 1827.
[53] Marker, A., Canty, A. J., Brownlee, R. T. C. (1978), Aust. J. Chem. 31, 1255.
[54] Lazzeretti, P., Taddei, F. (1971), Org. Magn. Reson. 3, 283.
[55] Olah, G. A., Mateescu, G. D. (1970), J. Am. Chem. Soc. 92, 1430.
[56] Baumann, H., Olsen, H. (1980), Chim. Acta 63, 2202.
[57] Alger, T. D., Grant, D. M., Paul, E. G. (1966), J. Am. Chem. Soc. 88, 5397.
[58] Sardella, D. J. (1976), J. Am. Chem. Soc. 98, 2100.
[59] Cornelis, A., Lambert, S., Lazlo, P. (1977), J. Org. Chem. 42, 381.
[60] Ehrenson, S., Brownlee, R. T. C., Taft, R. W. (1973), Prog. Phys. Org. Chem. 10, 1; Tompson, R. D. (1976), Prog. Phys. Org. Chem. 12, 1.
[61] Bromilow, J., Brownlee, R. T. C., Lopez, V. O., Taft, R. W. (1979), J. Org. Chem. 44, 4766.
[62] Briggs, J. M., Randall, E. W. (1973), J. Chem. Soc. Perkin Trans. 2, 1789.
[63] Pehk, T., Lippmaa, E. (1971), Org. Magn. Reson. 3, 679.
[64] Spiesecke, H., Schneider, W. G. (1961), J. Chem. Phys. 35, 731.
[65] Zetta, L., Gatti, H. (1972), Org. Magn. Reson. 4, 585.
[66] Savitsky, G. B., Namikawa, K. (1963), J. Phys. Chem. 67, 2430.
[67] Ernst, L. (1978), Angew. Chem. 88, 335.
[68] Lambert, J. R., Vagenas, A. R. (1981), Org. Magn. Reson. 17, 265, 270.
[69] Savitsky, G. B., Namikawa, K. (1964), J. Phys. Chem. 68, 1956.
[70] Jezl, B. A., Dalrymple, D. V. (1975), Anal. Chem. 47, 203.
[71] Sjoström, M., Edlund, U. (1977), J. Magn. Reson. 25, 285.
[72] Bremser, W., Klier, M., Meyer, E. (1976), Org. Magn. Reson. 7, 97.
[73] Bremser, W., Franke, B., Wagner, H. (1982), Chemical Shift Ranges in Carbon-13 NMR Spectroscopy, Verlag Chemie, Weinheim.
[74] Gray, N. A. B. (1982), Computer Assisted Analysis of Carbon-13 NMR Spectral Data, Prog. Nucl. Magn. Reson. Spectrosc. 15, 201.
[75] Formacek, V., Desnoyer, L., Kellerhals, H. P., Keller, T., Clerc, J. T. (1976), ^{13}C Data Bank, Vol. 1, Bruker Physik, Karlsruhe.
[76] Surprenant, H. L., Reilley, C. N. (1979), Anal. Chem. 49, 1134.
[77] Woodruff, H. B. et al (1977), Anal. Chem. 49, 2075.
[78] Schwarzenbach, R., Meili, J., Könitzer, H., Clerc, J. T. (1976), Org. Magn. Reson. 8, 11.
[79] Grant, D. M., Paul, E. G. (1964), J. Am. Chem. Soc. 86, 2948.
[80] Lindeman, L. P., Adams, J. Q. (1971), Anal. Chem. 43, 1245.
[81] Seidman, K., Maciel, G. E. (1977), J. Am. Chem. Soc. 99, 659.
[82] Ritter, W., Hull, W., Cantow, H. J. (1978), Tetrahedron Lett. 3093.
[83] Lunazzi, L., Macciantelli, D., Bernardi, B., Ingold, K. U. (1979), J. Am. Chem. Soc. 99, 4573.
[84] Heinrich, F., Lüttke, W. (1977), Chem. Ber. 110, 1246.
[85] Fritz, H., Logemann, E., Schill, G., Winkler (1976), Chem. Ber. 109, 1258.
[86] Schill, G., Zürcher, C., Fritz, H. (1978), Chem. Ber. 111, 2901.
[87] Dalling, D. K., Grant, D. M. (1972), J. Am. Chem. Soc. 94, 5318.
[88] Anet, F. A. L., Bradley, C. H., Buchanan, G. W. (1971), J. Am. Chem. Soc. 93, 257.
[89] Schneider, H. J., Price, R., Keller, T. (1971), Angew. Chem. 83, 759.
[90] Anet, F. A. L., Wagner, J. J. (1971), J. Am. Chem. Soc. 93, 5266.
[91] Anet, F. A. L., Cheng, A. K., Wagner, J. J. (1972), J. Am. Chem. Soc. 94, 9250.
[92] Anet, F. A. L., Cheng, A. K. (1975), J. Am. Chem. Soc. 97, 2420.
[93] Anet, F. A. L., Basus, V. J. (1973), J. Am. Chem. Soc. 94, 4424.
[94] Christl, M. (1975), Chem. Ber. 108, 2781. Christl, M. Herbert, R. (1979), Chem. Ber. 112, 2022.
[95] Stothers, J. B., Tan, C. T., Teo, K. C. (1973), Can. J. Chem. 51, 2893.
[96] Dalling, D. K., Grant, D. M., Paul, E. G. (1973), J. Am. Chem. Soc. 95, 3718.
[97] Dalling, D. K., Grant, D. M. (1974), J. Am. Chem. Soc. 96, 1827.
[98] Maier, G., Pfriem, S., Schäfer, U., Matusch, R. (1978), Angew. Chem. 90, 552.
[99] Majerski, Z., Ulinaric-Majerski, K., Meic, Z. (1980), Tetrahedron Lett. 4117.
[100] Brouwer, H., Stothers, J. B. (1972), Can. J. Chem. 50, 1361.
[101] Dorman, D. E., Jautelat, M., Roberts, J. D. (1971), J. Org. Chem. 36, 2757.
[102] Couperus, P. A., Clague, A. D. H., Van Dongen, J. P. C. M. (1976), Org. Magn. Reson. 8, 426.
[103] Abruscato, G. J., Ellis, P. D., Tidwell, T. T. (1972), J. Chem. Soc. Chem. Commun. 988.
[104] Grover, S. H., Stothers, J. B. (1975), Can. J. Chem. 53, 589.

[105] Hoffmann, R. W., Kurz, H. (1975), Chem. Ber. 108, 119.
[106] Knothe, L., Werp, J., Balsch, H., Prinzbach, H., Fritz, H. (1977), Liebigs Ann. Chem., 709.
[107] Bicker, R., Kessler, H., Zimmermann, G. (1978), Chem. Ber. 111, 3200.
[108] Christl, M., Herbert, R. (1979), Org. Magn. Reson. 12, 150.
[109] Semmelhack, M. F., Foos, J. S., Katz, S. (1973), J. Am. Chem. Soc. 95, 7325.
[110] Dürr, H., Gleiter, H. (1978), Angew. Chem. 90, 591; Dürr, H., Albert, K. H., Kausch, M. (1979), Tetrahedron 35, 1285.
[111] Roberts, J. D. et al (1972), J. Am. Chem. Soc. 92, 7107.
[112] Hollenstein, R., Philipsborn, W. v., Vögeli, R., Neuenschwander, M. (1973), Helv. Chim. Acta 56, 847; Hollenstein, R., Philipsborn, W. v., Vögeli, R., Neuenschwander, M. (1974), Angew. Chem. 86, 595.
[113] Knothe, L., Prinzbach, H., Fritz, H. (1977), Liebigs Ann. Chem. 687.
[114] Bicker, R., Kessler, H., Steigel, A., Stohrer, W. D. (1975), Chem. Ber. 108, 2708.
[115] Cheng, A. K., Anet, F. A. L., Nioduski, J., Weinwald, J. (1974), J. Am. Chem. Soc. 96, 2887.
[116] Oth, J. F. M., Müllen, K., Gilles, J. M., Schröder, G. (1974), Helv. Chim. Acta 57, 1415.
Günther, H., Ulmen, J. (1974), Tetrahedron 30, 3781.
[117] Dürr, H., Kober, H., Kausch, M. (1975), Tetrahedron Lett. 1945.
[118] Höbold, W., Radeglia, R., Klose, D. (1976), J. Prakt. Chem. 318, 519.
[119] Dorman, D. E., Jautelat, M., Roberts, J. D. (1973), J. Org. Chem. 38, 1026.
[120] Dubois, J. E., Doucet, J. P. (1978), Org. Magn. Reson. 11, 87.
[121] Meier, H., Petersen, H., Kolshorn, H. (1980), Chem. Ber. 113, 2398.
[122] Meier, H. et al (1978), Angew. Chem. 90, 997.
[123] Kamienska-Trela, K. (1978), J. Organomet. Chem. 159, 15.
[124] Firl, J., Runge, W. (1974), Z. Naturforsch. Teil B 29, 393.
[125] Günther, H. et al (1973), Angew. Chem. 85, 762.
[126] Günther, H. et al (1975), Pure Appl. Chem. 44, 807.
[127] Braun, S., Kinkeldei, J., Walther, L. (1980), Tetrahedron 36, 1353.
[128] Martin, R. H., Moriau, J., Defay, N. (1974), Tetrahedron 30, 179.
[129] Wilson, N. K., Stothers, J. B. (1974), J. Magn. Reson. 15, 31; siehe auch Grant, D. M. et al (1977), J. Am. Chem. Soc. 99, 7143.
[130] Takemura, T., Sato, T. (1976), Can. J. Chem. 54, 3412.
[131] Thummel, R. P., Nutakul, W. (1978), J. Org. Chem. 43, 3170.
[132] Ernst, L. (1974), Tetrahedron Lett. 3079.
[133] Hearmon, R. A. (1982), Org. Magn. Reson. 19, 54.
[134] Haigh, C. W., Mallion, R. B. (1980), Prog. Nucl. Magn. Reson. Spectrosc. 13, 303.
[135] Vernet, R. D., Bockelheide, V. (1974), Proc. Nat. Acad. Sci. 71, 2961.
[136] Levin, R. H., Roberts, J. D. (1973), Tetrahedron Lett. 135.

[137] Kalinowski, H. O., Lubosch, W., Seebach, D. (1977), Chem. Ber. 110, 3733.
[138] Günther, H., Schmickler, H., Königshofen, H., Recker, K., Vogel, E. (1973), Angew. Chem. 85, 261.
[139] Staab, H. A., Brettschneider, H., Brunner, H. (1970), Chem. Ber. 103, 1101; Staab, H. A., Brettschneider, H., Brunner, H. (1971), Chem. Ber. 104, 2634.
[140] Saunders, M., Kates, M. R. (1977), J. Am. Chem. Soc. 99, 8071; Batiz-Hernandez, H., Bernheim, R. A. (1967), Prog. Nucl. Magn. Reson. Spectrosc. 3, 63; Hansen, P. E. (1983), Prog. Nucl. Magn. Reson. Spectrosc., im Druck.
[141] Mason, J. (1971), J. Chem. Soc. A 1038.
[142] Somayajulli, G. R. et al (1979), J. Magn. Reson. 33, 559.
[143] Ovenall, D. W., Chang, J. J. (1977), J. Magn. Reson. 25, 361.
[144] Llabres, G., Baiwir, M., Christianes, L., Denoel, L., Laitem, L., Piette, J. P. (1978), Can. J. Chem. 56, 2008.
[145] Roberts, J. D., Weigert, F. J., Kroschwitz, J. I., Reich, H. J. (1970), J. Am. Chem. Soc. 92, 1338.
[146] Ejchart, A. (1977), Org. Magn. Reson. 9, 351.
[147a] Hearn, M. T. W. (1977), Org. Magn. Reson. 9, 141.
[147b] Pfeffer, P. E., Valentine, K. M., Parrish, F. W. (1979), J. Am. Chem. Soc. 101, 1265.
[147c] Gagnaire, D., Vincendon, M. (1977), J. Chem. Soc., Chem. Commun. 509.
[147d] Newmark, R. A., Hill, J. R. (1980), Org. Magn. Reson. 13, 40.
[147e] Ladner, H. K., Grant, D. M. (1975), J. Magn. Reson. 20, 530.
[147f] Nakayama, H. et al (1981), Tetrahedron Lett. 5217.
[148] Kroschwitz, J. I., Winokur, M., Reich, H. J., Roberts, J. D. (1969), J. Am. Chem. Soc. 91, 5927.
[149] Konno, C., Hikino, H. (1976), Tetrahedron 32, 325.
[150] Begtrup, M. (1980), J. Chem. Soc. Perkin Trans. 2, 544.
[151] Dorman, D. E., Bauer, D., Roberts, J. D. (1975), J. Org. Chem. 40, 3729.
[152] Barbarella, G., Dembech, P., Garbesi, A., Fava, A. (1976), Org. Magn. Reson. 8, 108.
[153] Olah, G. A., Nakajuna, T., Surya Prakash, G. K. (1980), Angew. Chem. 92, 837.
[153a] Gombler, W. (1981), Z. Naturforsch., Teil B, 36, 1561.
[153b] Cullen, E. R. et al (1982), J. Chem. Soc. Perkin Trans. 2, 473.
[153c] Kalinowski, H. O. (1982), unveröffentlichte Ergebnisse.
[154] Jackmann, L. M., Kelly, D. P. (1970), J. Chem. Soc. B 102.
[155] Billman, J. H., Sojka, S. A., Taylor, R. P. (1972), J. Chem. Soc. Perkin Trans 2, 2034.
[156] Loots, M. J., Weingarten, L. R., Levin, R. H. (1976), J. Am. Chem. Soc. 98, 4571.
[157] Hagen, R., Roberts, J. D. (1969), J. Am. Chem. Soc. 91, 4504.
Rabenstein, D. L., Sayer, T. L. (1976), J. Magn. Reson. 24, 27.
[158] Batchelor, J. G., Cushly, R. J., Prestegard, J. H. (1974), J. Org. Chem. 39, 1698.

[159] Brouwer, H., Stothers, J. B. (1972), Can. J. Chem. 50, 601.
[160] Stothers, J. B. (1972), Carbon-13 NMR Spectroscopy Academic Press, New York, London, S. 299.
[161] Williamson, K. L., Ul Hasan, M., Clutter, D. R. (1978), J. Magn. Reson. 30, 367.
[162] James, D. E., Stille, J. K. (1976), J. Org. Chem. 41, 1504.
[163] Pelletier, S. W., Djarmati, Z., Pape, C. (1976), Tetrahedron 32, 995.
[164] Elliot, W. J., Fried, J. (1978), J. Org. Chem. 43, 2708.
[165] Ashe, A. J., Sharp, R. R., Tolan, J. W. (1976), J. Am. Chem. Soc. 98, 5451.
[166] Schmidbaur, H., Richter, W., Wolf, W., Köhler, F. H. (1975), Chem. Ber. 108, 2649.
[167] Eggert, H., Djerassi, C. (1973), J. Am. Chem. Soc. 95, 3710.
[168] Sarneski, J. E., Surprenant, H. L., Molen, F. K., Reilley, C. N. (1975), Anal. Chem. 47, 2116.
[169] Batchelor, J. G., Feeney, J., Roberts, G. C. K. (1975), J. Magn. Reson. 20, 19.
[170] Morishima, I., Yoshikawa, K., Okada, K. Yonezawa, T., Goto, K. (1973), J. Am. Chem. Soc. 95, 165.
[171] Hart, D. J., Ford, W. T. (1974), J. Org. Chem. 39, 363.
[172] Rabenstein, D. L., Sayer, T. L. (1976), J. Magn. Reson. 24, 27.
[173] Surprenant, H. L., Sarneski, J. W., Key, R. R., Byrd, J. T., Reilley, C. N. (1980), J. Magn. Reson. 40, 231.
[174] London, R. E. (1980), J. Magn. Reson. 38, 173.
[175] Feeney, J., Partington, P., Roberts, G. C. K. (1974), J. Magn. Reson. 13, 268; Batchelor, J. G., Feeney, J., Roberts, G. C. K. (1975), J. Magn. Reson. 20, 19.
[176] Gratwohl, C., Wüthrich, K. (1974), J. Magn. Reson. 13, 217; Keim, P., Vigna, R. A., Morrow, J. S., Marshall, R. C., Hurd, F. R. N. (1973), J. Biol. Chem. 248, 7811.
[177] Ladner, H. K., Led, J. J., Grant, D. M. (1975), J. Magn. Reson. 20, 530.
[178] Balimann, D., Pregosin, R. S. (1978), Helv. Chim. Acta 58, 1913.
[179] Ejchart, A. (1977), Org. Magn. Reson. 10, 263.
[180] Olah, G. A., Fung, A. P., Rawdale, T. N. (1980), J. Org. Chem. 45, 4149.
[181] Farminer, A. R., Webb, G. A. (1975), Tetrahedron 31, 1521.
[182] Pregosin, P. S., Randall, E. W. (1971), J. Chem. Soc., Chem. Commun. 399.
[183] Anet, F. A. L., Yavari, I. (1976), Org. Magn. Reson. 8, 327.
[184] Firl, J. Runge, W., Hartmann, W., Utical, H. (1975), Chem. Lett. 51.
[185] Hawkes, G. E., Herwig, K., Roberts, J. D. (1974), J. Org. Chem. 39, 1017.
[186] Bunnell, C. A., Fuchs, P. L. (1977), J. Org. Chem. 42, 2614.
[187] Rabiller, C., Renou, J. P., Martin, G. J. (1977), J. Chem. Soc. Perkin Trans. 2, 536.
[188] Firl, J., Runge, W., Hartmann, W. (1974), Angew. Chem. 86, 274.
[189] Duthaler, R. O., Förster, H. G., Roberts, J. D. (1978), J. Am. Chem. Soc. 100, 4947.

[190] Nöth, H., Wrackmeyer, B. (1981), Chem. Ber. 114, 1150.
[191] Wrackmeyer, B. (1979), Progr. Nucl. Magn. Reson. Spectrosc. 12, 227.
[192] Leibfritz, D., Wagner, B. O., Roberts, J. D. (1972), Liebigs Ann. Chem. 763, 173.
[193] Schlosser, M., Stähle, M. (1980), Angew. Chem. 92, 497.
[194] Seebach, D., Hässig, R., Gabriel, J. (1983), Helv. Chim. Acta 66, 308; Fraenkel, G. et al (1980), J. Am. Chem. Soc. 102, 3345 und dort zitierte Literatur.
[195] Bywater, S., Lachance, P., Worsfold, D. J. (1975), J. Phys. Chem. 79, 2198.
[196] Thomas, R. D., Oliver, J. P. (1982), Organo-Metallics 1, 571 und dort zitierte Literatur.
[197] Subbotin, O. A., Sergeyev, N. M. (1975), J. Am. Chem. Soc. 97, 1080.
[198] Schneider, H. J., Hoppen, V. (1978), J. Org. Chem. 43, 3866.
[199] Senda, Y., Ishiyama, J., Imaizumi, S. (1975), Tetrahedron 31, 1601.
[200] Hirsch, J. A. (1969), Top. Stereochem. 1, 199.
[201] Weigert, F. J., Roberts, J. D. (1970), J. Am. Chem. Soc. 92, 1374.
[202] Marr, D. H., Stothers, J. B. (1965), Can. J. Chem. 43, 596.
[203] Geneste, P. et al (1978), Can. J. Chem. 56, 1940.
[204] Wilson, N. K., Stothers, J. B. (1976), Top. Stereochem. 8, 1.
[205] Ishihara, T., Ando, T., Muranaka, T., Saito, K. (1977), J. Org. Chem. 42, 666.
[206] Eliel, E. L. et al (1975), J. Am. Chem. Soc. 97, 322.
[207] Stothers, J. B., Tan, C. T. (1977), Can. J. Chem. 55, 841.
[208] Ayer, W. A., Browne, L. M., Fung, S., Stothers, J. B. (1978), Org. Magn. Reson. 11, 73; Ayer, W. A., Browne, L. M., Fung, S., Stothers, J. B. (1976), Can. J. Chem. 54, 3273.
[209] Grutzner, J. B., Jautelat, M., Dence, J. B., Smith, R. A., Roberts, J. D. (1970), J. Am. Chem. Soc. 92, 7107.
[210] Beierbeck, H., Saunders, J. K. (1976), Can. J. Chem. 54, 2985.
[211] Stothers, J. B., Tan, C. T., Teo, K. C. (1976), Can. J. Chem. 54, 1211; Stothers, J. B., Tan, C. T., Teo, K. C. (1975), J. Magn. Reson. 20, 570.
[212] van Antwerp, C. L., Eggert, H., Meakins, G. D., Miners, J. O., Djerassi, C. (1977), J. Org. Chem. 42, 789.
[213] Duddeck, H. (1978), Tetrahedron 34, 247.
[214] Duddeck, H., Wolff, P. (1977), Org. Magn. Reson. 9, 528.
[215] Bicker, R. (1977), Dissertation, Frankfurt.
[216] Kajimoto, O., Fueno, T. (1975), Tetrahedron Lett. 1945.
[217] Pople, J. A., Gordon, M. S. (1967), J. Am. Chem. Soc. 89, 4253.
[218] Ahlbrecht, H. et al (1978), Tetrahedron Lett. 3691.
[219] Friedrich, E., Kalinowski, H. O., Lutz, W. (1980), Tetrahedron 36, 1051.
[220] Rauscher, G., Clark, T., Poppinger, D., Schleyer, P. v. R. (1978), Angew. Chem. 90, 306.
[221] Traficante, D. D., Maciel, G. E. (1965), J. Phys. Chem. 69, 1348.

[222] Rosenberg, D., de Haan, J. W., Drenth, W. (1968), Recl. Trav. Chim. Pay-Bas 87, 1387; Rosenberg, D., de Haan, J. W., Drenth, W. (1971), Tetrahedron 27, 3893.
[223] Wrackmeyer, B. (1978), J. Organometal. Chem. 145, 183.
[224] Kamienska-Trela, K. (1978), J. Organometal. Chem. 159, 15.
[225] Fries, W., Sille, K., Weidlein, J., Haaland, A. (1980), Spectrochim. Acta, Part A, 36, 611.
[226] Janssen, R. H. A. M., Lousberg, R. J. J. Ch., De Bie, M. J. A. (1981), Rec. Trav. 100, 85.
[227] Zens, A. P., Ellis, P. D., Ditchfield, R. (1974), J. Am. Chem. Soc. 96, 1309.
[228] Hoffmann, R. W., persönl. Mitteilung.
[229] Grahn, W. (1981), Liebigs, Ann. Chem. 107.
[230] Hearn, M. T. W., Potts, K. T. (1974), J. Chem. Soc. Perkin Trans. 2, 1918; Dehmlow, E. v., Zeisberg, R., Dehmlow, S. S. (1975), Org. Magn. Reson. 7, 418.
[231] Kalinowski, H. O., Franz, L. H., Maier, G. (1981), Org. Magn. Reson. 17, 6.
[232] Bagli, J. F., Jacques, M. St. (1978), Can. J. Chem. 56, 578.
[233] Städeli, W., Hollenstein, R., Philipsborn, W. v. (1977), Helv. Chem. Acta 60, 948.
[234] Ewing, D. F. (1979), Org. Magn. Reson. 12, 499.
[235] Katritzky, A. R., Topsom, R. D. (1971), J. Chem. Educ. 48, 427 (allgemeine Behandlung von σ- und π-Effekten).
[236] Olah, G. A., Grant, J. L. (1975), J. Am. Chem. Soc. 97, 1546.
[237] Hehre, W. J., Taft, R. W., Topsom, R. D. (1976), Prog. Phys. Org. Chem. 12, 159.
[238] Bloor, J. E., Breen, D. L. (1968), J. Phys. Chem. 72, 716; Lazzeretti, P., Taddei, F. (1971), Org. Magn. Reson. 3, 283.
[239] Nelson, G. L., Levy, G. C., Cargioli, J. D. (1972), J. Am. Chem. Soc. 94, 3089.
[240] Takahashi, K., Kondo, Y., Asami, R. (1978), J. Chem. Soc. Perkin Trans. 2, 577.
[241] Olah, G. A., Westerman, P. W., Forsyth, D. A. (1975), J. Am. Chem. Soc. 97, 3419.
[242] Exner, O. (1978), in Correlation Analysis in Chemistry (Chapman, N. B., Shorter, J., Herausgeb.), Plenum Press, New York, S. 439.
[243] Swain, C. G., Lupton, E. (1968), J. Am. Chem. Soc. 90, 432.
[244] Bromilow, J., Brownlee, R. T. C., Lopez, V. O., Taft, R. W. (1979), J. Org. Chem. 44, 4766.
[245] Ricci, A. et al (1978), Tetrahedron 34, 193.
[246] Shapiro, M. J. (1976), J. Org. Chem. 41, 3197.
[247] Adcock, W., Khor, T.-C. (1978), J. Am. Chem. Soc. 100, 7799.
Adcock, W. et al (1976), J. Org. Chem. 41, 199.
[248] Ewing, D. F., Toyne, K. J. (1979), J. Chem. Soc. Perkin Trans. 2, 243.
[249] Brownlee, R. T. C., Craik, D. J. (1981), J. Chem. Soc. Perkin Trans. 2, 760.
[250] Lynch, B. M. (1977), Can. J. Chem. 55, 541.
[251] Bromilow, J., Brownlee, R. T. C., Craik, D. J., Sadek, M., Taft, R. W. (1980), J. Org. Chem. 45, 2429.
[252] Schaeffer, C. D., Zuckerman, J. J., Yoder, C. H. (1974), J. Org. Chem. 80, 29.
[253] Berger, S. (1976), Tetrahedron 32, 2451.
[254] Jones, R., Wilkins, J. M. (1978), Org. Magn. Reson. 11, 20.
[255] Fong, W. C., Lincoln, S. F., Evans, E. H. (1978), Aust. J. Chem. 31, 2615.
[256] Adcock, W. et al (1977), Org. Magn. Reson. 10, 47.
[257] Bromilow, J. et al (1977), Aust. J. Chem. 30, 351.
[258] Cornelis, A., Lambert, S., Lazlo, P., Schaus, P. (1981), J. Org. Chem. 46, 2130.
[259] Schulman, E. M., Christensen, K. A., Grant, D. M., Walling, C. (1974), J. Org. Chem. 39, 2686.
[260] Bromilow, J. et al (1980), J. Org. Chem. 45, 2429.
[261] Kusuyama, Y., Dyllick-Brentzinger, C., Roberts, J. D. (1980), Org. Magn. Reson. 13, 372.
[262] Bromilow, J. et al (1981), J. Chem. Soc. Perkin Trans. 2, 753.
[263] Leibfritz, D. (1975), Chem. Ber. 108, 3014.
[264] Dhami, D. S., Stothers, J. B. (1964), Tetrahedron Lett. 631; Stothers, J. B. (1972), Carbon-13 NMR Spectroscopy, Academic Press, New York, London, S. 429; Dhami, K. S., Stothers, J. B. (1965), Can. J. Chem. 43, 479, 498.
[265] Solladie, A., Solladie, G. (1977), Org. Magn. Reson. 10, 235.
[266] Buchanan, W. G., Montaudo, G., Finocchiaro, P. (1974), Can. J. Chem. 52, 767.
[267] Hansen, P. E. (1979), Org. Magn. Reson. 12, 109.
[268] Ernst, L. (1975), J. Magn. Reson. 20, 544.
[269] Kitching, W., Bullpitt, M., Doddrell, D., Adcock, W. (1974), Org. Magn. Reson. 6, 289.
[270] Seita, J., Sandström, J., Drakenberg, T. (1978), Org. Magn. Reson. 11, 239.
[271] Kitching, W. et al (1977), J. Org. Chem. 42, 2411.
[272] Eliel, E. L., Pietrusiewicz, K. M. (1979), Top. in Carbon-13 NMR Spectrosc. 3, 172.
[273] Paulson, D. R. et al (1975), J. Org. Chem. 40, 184.
[274] Davies, S. G., Whitham, G. H. (1975), J. Chem. Soc. Perkin Trans. 2, 861.
[275] Lambert, J. B., Netzel, A. D., Sun, H., Lilianstrom, K. K. (1976), J. Am. Chem. Soc. 98, 3778.
[276] Eliel, E. L. et al (1980), J. Am. Chem. Soc. 102, 3698.
[277] Eliel, E. L., Vierhapper, F. W. (1975), J. Am. Chem. Soc. 97, 242.
[278] Fraser, R. R., Grindley, B. T. (1975), Can. J. Chem. 53, 2465.
[279] Eliel, E. L., Rao, V. S., Riddell, F. G. (1976), J. Am. Chem. Soc. 98, 3583.
[280] Block, E. et al (1980), J. Org. Chem. 45, 4807.
[281] Booth, H., Griffith, D. V. (1973), J. Chem. Soc. Perkin Trans. 2, 842.
[282] Vierhapper, F. W., Eliel, E. L. (1977), J. Org. Chem. 42, 51.
[283] Vierhapper, F. W., Willer, R. L. (1977), J. Org. Chem. 42, 4024.
[284] Nair, V. (1974), Org. Magn. Reson. 6, 483.
[285] Isomura, K. et al (1977), Org. Magn. Reson. 9, 559.
[286] Oakes, T. T., Sebastian, J. F. (1980), J. Org. Chem. 45, 4959.
Oakes, T. T., Sebastian, J. F. (1982), J. Org. Chem. 47, 3094.
[287] Günther, H., Jikeli, G. (1973), Chem. Ber. 106, 1863.
[288] Pugmire, R. J., Grant, D. M., Robins, M. J., Robins, R. K. (1969), J. Am. Chem. Soc. 91, 6381.
[289] Sojka, S. A., Dinan, F. J., Kolarczyk, R. (1979), J. Org. Chem. 44, 307.
[290] Anet, F. A. L., Yavari, I. (1976), J. Org. Chem. 41, 3589.

[291] Breitmaier, E., Spohn, K.H. (1973), Tetrahedron 29, 1145.
[292] Katritzki, A.R., Brownlee, R.T.C., Musumarra, G. (1980), Tetrahedron 36, 1643.
[293] Young, R.N. (1979), Prog. Nucl. Magn. Reson. Spectrosc. 12, 261.
[294] Olah, G.A., Liang, G. (1972), J. Am. Chem. Soc. 94, 6434.
[295] Saunders, M., Kates, M.R. (1977), J. Am. Chem. Soc. 99, 8071.
[296] Olah, G.A. et al (1972), J. Am. Chem. Soc. 94, 2034.
Olah, G.A. et al (1978), J. Am. Chem. Soc. 100, 6299.
[297] Takeuchi, K. (1980), Tetrahedron 36, 2939.
[298] Olah, G.A., Liang, G. (1973), J. Am. Chem. Soc. 95, 194.
[299] Saunders, M. et al (1971), J. Am. Chem. Soc. 93, 2558.
Saunders, M. et al (1971), J. Am. Chem. Soc. 93, 2559.
Saunders, M. et al (1980), J. Am. Chem. Soc. 102, 6868.
[300] Saunders, M., Kates, M.R. (1980), J. Am. Chem. Soc. 102, 6867.
[301] Olah, G.A., Liang, G. (1975), J. Am. Chem. Soc. 97, 6803.
[302] Brown, T.L. et al (1965), Adv. Organomet. Chem. 3, 365; Brown, T.L. et al (1966), Am. Soc. 88, 4625; Brown, T.L. et al (1970), Am. Soc. 92, 4664.
[303] Vogt, H.H., Gompper, R. (1981), Chem. Ber. 114, 2884.
[304] O Brien, D.H., Hart, D.J., Russel, C.R. (1975), J. Am. Chem. Soc. 97, 4410; O Brien, D.H., Hart, D.J., Russel, C.R. (1978), J. Am. Chem. Soc. 98, 7427.
[305] Bates, A.B. et al (1973), J. Am. Chem. Soc. 95, 926.
[306] Jolly, P.W., Mynott, R. (1981), Adv. Organomet. Chem. 19, 257.
[307] Todd, L.J., Wilkinson, J.R. (1974), J. Organometal. Chem. 77, 1.
[308] Mann, B.E., Taylor, B.F. (1981), ^{13}C-NMR Data of Organometallic Compounds, Academic Press, London.
[309] Mann, B.E. (1974), Adv. Organomet. Chem. 12, 135.
[310] Gansow, O.A., Vernon, W.D. (1976), Top. in Carbon-13 NMR Spectrosc. 2, 270.
[311] Eaton, D.A., Phillips, W.D. (1965), Adv. Magn. Reson. I, 103.
[312] Köhler, F.H. (1974), Z. Naturforsch. Teil B 29, 708; Köhler, F.H. (1975), J. Organomet. Chem. 91, 57.
[313] Bodner, G.M. et al (1973), Inorg. Chem. 12, 1071; Connor, J.A. et al (1972), J. Chem. Soc. Dalton Trans. 2419; Köhler, F.H., Kalder, H.J., Fischer, E.O. (1975), J. Organomet. Chem. 85, C 19.
[314] Hirota, M. et al (1973), Chem. Lett. 853.
[315] Wenkert, E. et al (1976), Top. Carbon-13 NMR Spectrosc. 2, 81; Wenkert, E. et al (1974), Acc. Chem. Reson. 7, 46.
[316] Wehrli, F.W., Nishida, T. (1979), Fortschr. Chem. Org. Naturst. 36, 1.
[317] Rosenthal, S.N., Fendler, J.H. (1976), Prog. Phys. Org. Chem. 13, 280.
[318] Joshi, B.S., Viswanathan, N., Gawad, D.H., Philipsborn, W.v. (1975), Helv. Chim. Acta 58, 1551.
[319] Celmer, W.D., Chmurny, G.N., Moppett, C.E., Ware, R.S., Watts, P.C., Whipple, E.B. (1980), J. Am. Chem. Soc. 102, 4203.
[320] Fuhrer, H. (1973), Helv. Chim. Acta 56, 2377.
[321] Lapper, R.D., Mantsch, H.H., Smith, I.C.P. (1975), Can. J. Chem. 53, 2406.
[321a] Breitmaier, E., Hollenstein, U. (1976), Org. Magn. Reson. 8, 573.
[321b] Breitmaier, E., Jung, G., Voelter, W. (1972), Chimia 26, 136.
[321c] Breitmaier, E., Voelter, W. (1973), Tetrahedron 29, 227.
[321d] Hughes, D.W., Holland, H.L., McLean, D.B. (1976), Can. J. Chem. 54, 2252.
[321e] Voelter, W., Breitmaier, E. (1973), Org. Magn. Reson. 5, 311.
[321f] Voelter, W. et al (1970), Angew. Chem. 82, 812.
[322] Tonelli, A.E., Schilling, F.C. (1981), Acc. Chem. Res. 14, 223.
[323] Inoe, Y., Nishioka, A. (1972), Polym. J. 3, 149.
[324] Schaefer, J. (1971), Macromolecules, 4, 105.
[325] Komoroski, P.A., Peat, I.R., Levy, G.C. (1976), Top. Carbon-13 NMR Spectrosc. 2, 180.
[326] Wessels, P.L., Feeney, J., Gregory, H., Gormley, J.J. (1973), J. Chem. Soc. Perkin Trans. 2, 1691.
[327] Norton, R.S., Clouse, A.O., Addeman, R.A., Allerhand, K.A. (1977), J. Am. Chem. Soc. 99, 79.
[328] Mehring, M. (1976), NMR, Basic Principles and Progress 11, 1.
[329] Pretsch, E., Clerc, T., Seibl, J., Simon, W. (1976), in Strukturaufklärung organischer Verbindungen, Springer Verlag, Berlin, Heidelberg, New York.

Kapitel 4
^{13}C,X-Spin,Spin-Kopplungen

1. Grundlagen
2. ^{13}C,^{1}H-Kopplungen
3. ^{13}C,^{13}C-Kopplungen
4. ^{13}C,^{15}N-Kopplungen
5. ^{13}C,^{19}F-Kopplungen
6. ^{13}C,^{31}P-Kopplungen
7. Kopplungen von ^{13}C mit weiteren Hauptgruppenelementen
8. Kopplungen von ^{13}C mit Übergangsmetallen ($I = \frac{1}{2}$)

1. Grundlagen[1-3]

Außer der Wechselwirkung des magnetischen Moments eines Atomkerns mit dem äußeren Magnetfeld kann es auch zu einer wechselseitigen Beeinflussung der magnetischen Momente von Atomkernen kommen, die man als Spin,Spin-Kopplung bezeichnet. In Festkörpern dominiert dabei die **direkte** Wechselwirkung der magnetischen Dipole untereinander, die über den Raum erfolgt und im allgemeinen zu breiten Absorptionen (Größenordnung kHz) führt. In flüssiger Phase, in der die direkte Spin,Spin-Kopplung durch die thermische Bewegung der Moleküle herausgemittelt wird, ist die **indirekte** Spin,Spin-Kopplung beobachtbar, die über die Elektronen des Moleküls vermittelt wird. Die Energie dieser Wechselwirkung ist dem Skalarprodukt der Kernspin-Vektoren I der koppelnden Kerne A und B proportional, wie der entsprechende Teil des Hamilton-Operators, Gl. (4.1), deutlich macht:

$$\hat{H}(A, B) = h\,^n\!J(A, B)\,I(A)\,I(B) \tag{4.1}$$

Dabei stellt $J(A, B)$ die indirekte oder **skalare** Spin,Spin-Kopplungskonstante dar, die von der Feldstärke des äußeren Magnetfeldes unabhängig ist und die Dimension einer Frequenz hat; n bezeichnet die Anzahl der Bindungen zwischen A und B.

Gelegentlich wird auch die **reduzierte** Kopplungskonstante $^n\!K(A, B)$ angegeben, die durch Gl. (4.2) definiert ist

$$E_{\text{indir.}} = {}^n\!K(A, B)\,\mu(A)\,\mu(B) \tag{4.2}$$

und in der die Kopplungsenergie durch die Wechselwirkung der magnetischen Momente der Kerne ausgedrückt wird*.

---

* Da für das Bohrsche Magneton das Symbol μ_B vorgesehen ist, wird hier für das magnetische Moment des Kerns B das Symbol $\mu(B)$ verwendet.

Für Kopplungen zwischen verschiedenen Kernsorten sind in Gl. (4.1) nur die z-Komponenten I_z der Kernspin-Vektoren von Bedeutung. Somit ergibt sich mit Gl. (1.7) (s. Kap. 1, Abschn. 2., S. 3) aus den Gln. (4.1) und (4.2) die Relation Gl. (4.3)

$$^{n}K(A, B) = \frac{4\pi^2}{h\gamma_A\gamma_B}\,^{n}J(A, B), \tag{4.3}$$

in der $^{n}K(A, B)$ im SI-System die Dimension $NA^{-2}m^{-3}$ besitzt (s. Aufg. 4.1). Die Angabe von $^{n}K(A, B)$ ist sinnvoll bei Vergleichen von Kopplungen zwischen verschiedenartigen Kernen, da sie nicht mehr von Größe und Vorzeichen der magnetischen Momente der koppelnden Kerne abhängig ist, sondern nur noch den Einfluß des Elektronensystems auf die Kopplung widerspiegelt.

Nach der Theorie von Ramsey und Purcell[4] wird die indirekte Kopplung zwischen den Kernspins eines Moleküls durch die Elektronen vermittelt, wobei nach Gl. (4.4)

$$J = J^{FC} + J^{OD} + J^{DD} \tag{4.4}$$

drei Mechanismen zu J beitragen:

– Die Wechselwirkung zwischen dem Kern- und dem Elektronen-Spin unmittelbar am Kern (Fermi-Kontakt-Term, J^{FC}).
– Die Wechselwirkung zwischen dem magnetischen Kernmoment und dem durch die Orbitalbewegung der Elektronen bedingten Magnetfeld (Orbital-Term, J^{OD}).
– Die Dipol-Dipol-Wechselwirkung zwischen den magnetischen Momenten von Kern und Elektron (Dipol-Term, J^{DD}).

Den größten Beitrag liefert meist der Kontakt-Term, der im Falle der H,H-Kopplungen sogar als allein wirksamer Mechanismus anzusehen ist. Das gilt offenbar auch für die $^{13}C,^{1}H$-Kopplungen, während bei Kopplungen von ^{13}C mit den übrigen Elementen (also z. B. mit ^{13}C, ^{14}N, ^{15}N, ^{19}F, ^{31}P usw.) auch der Dipol- und der Orbital-Term zu berücksichtigen sind.

Die über das Elektronensystem eines Moleküls vermittelte Wechselwirkung zwischen Atomkernen, die für ein $C(sp^3)$-H-Fragment in Abb. 4.1a veranschaulicht ist, führt zu

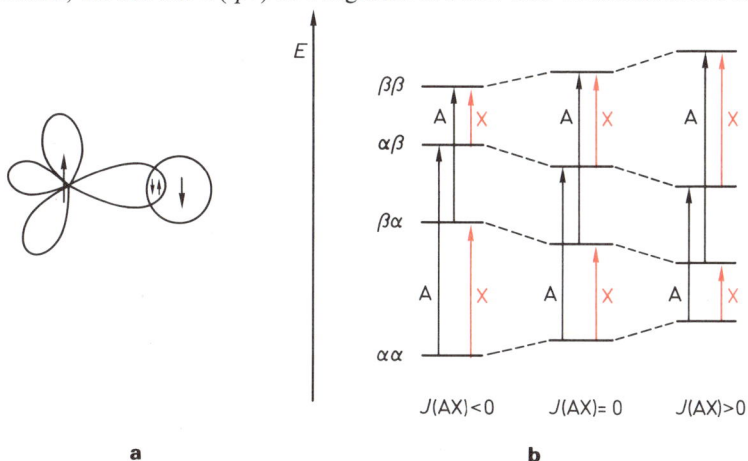

Abb. 4.1 a Schematische Darstellung der Kern-Spin,Spin-Wechselwirkung über die Bindungselektronen in einem $C(sp^3)$-H-Fragment.
b Energieniveauschema für ein AX-Spinsystem ($I = \frac{1}{2}$).

einer wechselseitigen Modifizierung des Magnetfeldes am Ort der Atomkerne und damit zu einer Aufspaltung der Signale zu Multipletts.

Dabei entspricht in einem $A_m X_n$-Spinsystem, das ein Spektrum 1. Ordnung liefert, die Multiplizität der Anzahl der Orientierungsmöglichkeiten der koppelnden Nachbarkerne, und die Intensitäten innerhalb eines Multipletts sind durch die Wahrscheinlichkeiten des Auftretens dieser verschiedenen Spin-Orientierungen gegeben (Regeln 1. Ordnung). Außer durch den Betrag sind Kopplungskonstanten auch durch ihr Vorzeichen charakterisiert. Definitionsgemäß ist es positiv, wenn der Zustand mit parallel orientierten Spins infolge der Spin,Spin-Wechselwirkung destabilisiert wird[1] (Abb. 4.1).

Mit ihrer Theorie konnten Ramsey und Purcell die Kopplungskonstante im HD-Molekül in befriedigender Übereinstimmung mit dem experimentellen Ergebnis berechnen. In der Folgezeit wurden Näherungsverfahren zur Berechnung von Kopplungskonstanten auch in größeren Molekülen entwickelt, wobei man sich zunächst auf den Kontakt-Term beschränkte und sowohl VB- als auch MO-Methoden heranzog. Dazu ist die Kenntnis der Energiedifferenzen zwischen dem elektronischen Grundzustand und sämtlichen angeregten Zuständen notwendig. In der MO-theoretischen Beschreibung von McConnell[5] werden sie, ähnlich wie im Falle des paramagnetischen Beitrags zur chemischen Verschiebung, durch eine mittlere Anregungsenergie ΔE berücksichtigt.

$$J(A, B) = \frac{16\mu_B^2 h}{9} \gamma_A \gamma_B s_A^2(0) s_B^2(0) \frac{1}{\Delta E} P_{s_A s_B}^2 \quad (4.5)$$

γ_A, γ_B bezeichnen die gyromagnetischen Verhältnisse der koppelnden Kerne A und B, μ_B das Bohrsche Magneton ($= he/4\pi m_e$), $s_A^2(0)$ und $s_B^2(0)$ die Elektronendichten der Valenz-s-Orbitale am Kernort und $P_{s_A s_B}$ die Bindungsordnung zwischen den Atom-Orbitalen s_A und s_B der Valenzelektronen. Für sie gilt Gl. (4.6)

$$P_{s_A s_B} = 2 \sum_{i}^{\text{bes.}} c_{is_A} c_{is_B}, \quad (4.6)$$

wobei c_{is_A} den LCAO-Koeffizienten des s-Orbitals des Zentrums A im i-ten Molekülorbital darstellt. Die McConnell-Beziehung verwendet nur Grundzustandswellenfunktionen und führt entgegen den experimentellen Befunden stets zu positiven Kopplungskonstanten $K(A, B)$.

Größere praktische Bedeutung insbesondere für die Berechnung von H,H-Kopplungen hatte Gl. (4.7) von Pople und Santry[6], bei der die Verwendung der mittleren Anregungsenergie vermieden und ein begrenzter Satz von angeregten Zuständen eingeführt wurde.

$$J(A, B) = \frac{16\mu_B^2 h}{9} \gamma_A \gamma_B s_A^2(0) s_B^2(0) \pi_{A,B} \quad (4.7)$$

Die entsprechenden Anregungsenergien sind durch die Differenzen der Orbitalenergien ε_i und ε_j gegeben und in den Atom-Atom-Polarisierbarkeiten $\pi_{A,B}$ enthalten, die innerhalb des LCAO-Modells störungstheoretisch berechnet werden.

$$\pi_{A,B} = -4 \sum_{i}^{\text{bes.}} \sum_{j}^{\text{unbes.}} \frac{c_{is_A} c_{js_A} c_{is_B} c_{js_B}}{\varepsilon_j - \varepsilon_i} \quad (4.8)$$

In dieser Beschreibung des Fermi-Kontakt-Terms kann die reduzierte Kopplung $^1K(A, B)$ im Einklang mit experimentellen Ergebnissen auch negative Vorzeichen haben, denn $\pi_{A,B}$ kann negativ werden, wenn das Überlappungsintegral $\beta_{A,B}$ zwischen den Atomen A und

B sehr klein ist und angeregte Zustände mit z. T. negativen Beiträgen zur Geltung kommen. Das wiederum ist dann der Fall, wenn für die Bindung zwischen A und B von einem der Atome p-Orbitale herangezogen werden, die gegenüber den entsprechenden s-Orbitalen energetisch so hoch liegen, daß keine Hybridisierung erfolgt[6,7] (vgl. $^1J(^{13}C, {}^{19}F)$ in Abschn. 5.1.1 (S. 520) und $^1J(^{13}C, {}^{31}P)$ in Phosphinen in Abschn. 6.1.1 (S. 530).

Das gegenwärtig am häufigsten verwendete Verfahren zur Berechnung des Fermi-Kontakt-Anteils von Kopplungskonstanten ist die FPT-Methode (Finite Perturbation Theory) von Pople, McIver und Ostlund[8], bei der die Wellenfunktionen in Anwesenheit der Störung durch das magnetische Moment $\mu(B)$ des Kerns B aus den Grundzustandswellenfunktionen mit SCF-LCAO-Methoden, z. B. dem CNDO- oder dem INDO-Verfahren, berechnet werden. In dieser Theorie ist die Kopplungskonstante $J(A, B)$ durch die Gl. (4.9) gegeben, wobei h_B die vom magnetischen Moment $\mu(B)$ des Kerns B ausgehende Störung $\left(= \frac{8\pi\mu_B}{3} \mu(B) s_B^2(0)\right)$ und $\varrho_{s_A s_A}$ das Diagonalelement der Spin-Dichte-Matrix für das gestörte Valenz-s-Orbital des Kerns A ist (vgl. Fußnote S. 420).

$$J(A, B) = \frac{16\mu_B^2 h}{9} \gamma_A \gamma_B s_A^2(0) s_B^2(0) \frac{\varrho_{s_A s_A}(h_B)}{h_B} \tag{4.9}$$

Für die praktische Anwendung von Gl. (4.9), bei der für die als konstant betrachteten s-Elektronendichten am Kern $s_A^2(0)$ und $s_B^2(0)$ empirisch angepaßte Werte verwendet werden, steht das Programm CNINDO zur Verfügung[9], welches als Eingabedaten lediglich die kartesischen Koordinaten aller Atome des Moleküls erfordert und gestattet, wahlweise CNDO/2- oder INDO-Rechnungen durchzuführen.

Während das FPT-Verfahren nur den Kontakt-Term berücksichtigt und damit weitgehend auf die Berechnung von X,H-Kopplungen beschränkt ist, werden bei der von Blizzard und Santry[10] eingeführten SCPT-Methode (Self Consistent Perturbation Theory) auch der Orbital- sowie der Dipol-Anteil berechnet. Die Methode, die mit der gleichen LCAO-Näherung wie das FPT-Verfahren arbeitet und ebenfalls INDO-Wellenfunktionen benutzt, aber direktere Rechenmethoden verwendet, ermöglicht die Berechnung auch von ^{13}C,X-Kopplungen (X $\neq$ H) und zeigt, daß bei solchen Kopplungen auch die beiden anderen Terme eine Rolle spielen können. Gelegentlich wird zur Berechnung sämtlicher Beiträge zu J auch die SOS-Methode (Sum Over States) herangezogen[11].

Wie z. B. aus der theoretischen Beziehung Gl. (4.5) für den Kontakt-Anteil der Kopplung hervorgeht, ist $J(A, B)$ dem Produkt aus den gyromagnetischen Quotienten und dem elektronischen Beitrag proportional, und das gilt auch für den Dipol- und den Orbital-Term. Betrachtet man nun bei isotopen Kernen B und B' die Kopplungen $J(A, B)$ und $J(A, B')$ und geht davon aus, daß bei der Isotopensubstitution die elektronischen Verhältnisse, d. h. die Größen $s_A^2(0)$, $s_B^2(0)$, ΔE und $P_{s_A s_B}$ in Gl. (4.5) unverändert bleiben, resultiert die Gl. (4.10), mit deren Hilfe sich z. B. experimentell bestimmte ^{13}C,D-Kopplungen in die gewünschten ^{13}C,^{1}H-Werte umrechnen lassen (s. S. 438 sowie Aufg. 4.2).

$$J(A, B) = \frac{\gamma_B}{\gamma_{B'}} J(A, B') \tag{4.10}$$

Wie von der ^{1}H-NMR-Spektroskopie bekannt[1], liefern gerade die Kopplungen eine Fülle von Informationen, die sich aufgrund von empirischen Korrelationen mit Strukturmerkmalen ergeben, auch wenn sich die Daten theoretisch nicht immer vollständig deuten lassen. Dies trifft auch auf die ^{13}C,X-Kopplungen zu, wobei im Prinzip für X sämtliche

Kerne mit $I \neq 0$ in Frage kommen. Im Bereich der organischen Chemie spielen als Kopplungspartner außer den Reinelementen ^{19}F und ^{31}P sowie den seltenen Isotopen ^{13}C und ^{15}N die Wasserstoff-Atomkerne die größte Rolle, die in nahezu allen Kohlenstoff-Verbindungen auftreten. Weitere Kerne gewinnen auf dem Gebiet der metallorganischen Verbindungen zunehmend an Bedeutung; dabei stehen solche mit $I = \frac{1}{2}$ im Vordergrund, weniger die Kerne mit $I > \frac{1}{2}$, deren Kopplungen aufgrund ihrer Quadrupolrelaxation meist nicht direkt beobachtbar sind.

In den Einführungen zu den verschiedenen ^{13}C,X-Kopplungen wird auf die jeweilige Vorzeichenproblematik eingegangen; im weiteren Text und in den entsprechenden Tabellen werden dann nur für diejenigen Typen von Kopplungen Vorzeichen berücksichtigt, bei denen Besonderheiten oder beide Vorzeichen vorkommen. So werden z. B. bei ^{13}C, ^{1}H-Kopplungen nach der Einführung auf S. 444 nur für $^2J(C, H)$ und die weitreichenden Kopplungen Vorzeichen angegeben, nicht aber für die stets positiven $^1J(C, H)$- und $^3J(C, H)$-Werte, während z. B. bei ^{13}C, ^{31}P-Kopplungen auch die Vorzeichen der $^1J(C, P)$-Werte berücksichtigt sind.

Hierbei sind die Vorzeichen, soweit sie experimentell bestimmt wurden, ohne Klammern angegeben und, soweit sie aufgrund von Analogieschlüssen oder theoretischen Rechnungen als gesichert betrachtet wurden, in Klammern gesetzt; in Zweifelsfällen oder wenn keine Angaben vorliegen, fehlen sie ganz.

Aufgaben

4.1 Im Acetaldehyd beträgt die geminale ^{13}C,^{1}H-Kopplung zwischen dem Methyl-C-Atom und dem Aldehyd-H-Atom $^2J = 22,5$ Hz. Wie groß ist die entsprechende reduzierte Kopplungskonstante $^2K(C, H)$ in SI-Einheiten (γ-Werte vgl. Tab. 1.1, S. 4)?

4.2 Für CDCl$_3$ wurde eine ^{13}C,D-Kopplungskonstante von 31,9 Hz gemessen. Welcher Wert ergibt sich daraus für die $^1J(^{13}C,^{1}H)$-Kopplung?

2. ^{13}C,^{1}H-Kopplungen

2.1 Ermittlung von ^{13}C,^{1}H-Kopplungskonstanten

Da Kopplungen in den Absorptionen der beiden beteiligten Kerne auftreten, lassen sich ^{13}C,^{1}H-Kopplungen sowohl mit Hilfe der Protonenresonanz als auch mit der ^{13}C-NMR-Spektroskopie erfassen. Wegen der höheren Empfindlichkeit der Protonen war es naheliegend, diese Kernsorte zu beobachten[12], zumal bei der Einführung der ^{13}C-Resonanz aus Empfindlichkeitsgründen nur ^{1}H-Breitband- bzw. Off-Resonance-entkoppelte Spektren erhalten werden konnten. Bei dem heutigen Stand der Technik mit Hochfeld-Spektrometern hoher Empfindlichkeit wird in der Regel die ^{13}C-NMR-Spektroskopie herangezogen.

2.1.1 Auswertung von ^{1}H-NMR-Spektren

Betrachtet man zunächst ein einfaches Molekül wie Fumarsäurediethylester **1** mit einem natürlichen ^{13}C-Gehalt von ca. 1%, hat man außer der normalen ^{12}C-Spezies **1a**, die im Protonenspektrum zu einem Singulett führt, nur noch das Mono-^{13}C-Isotopomere **1b** zu berücksichtigen, da die Konzentration von **1c** nochmal um den Faktor 100 niedriger ist (Aufg. 4.3)*.

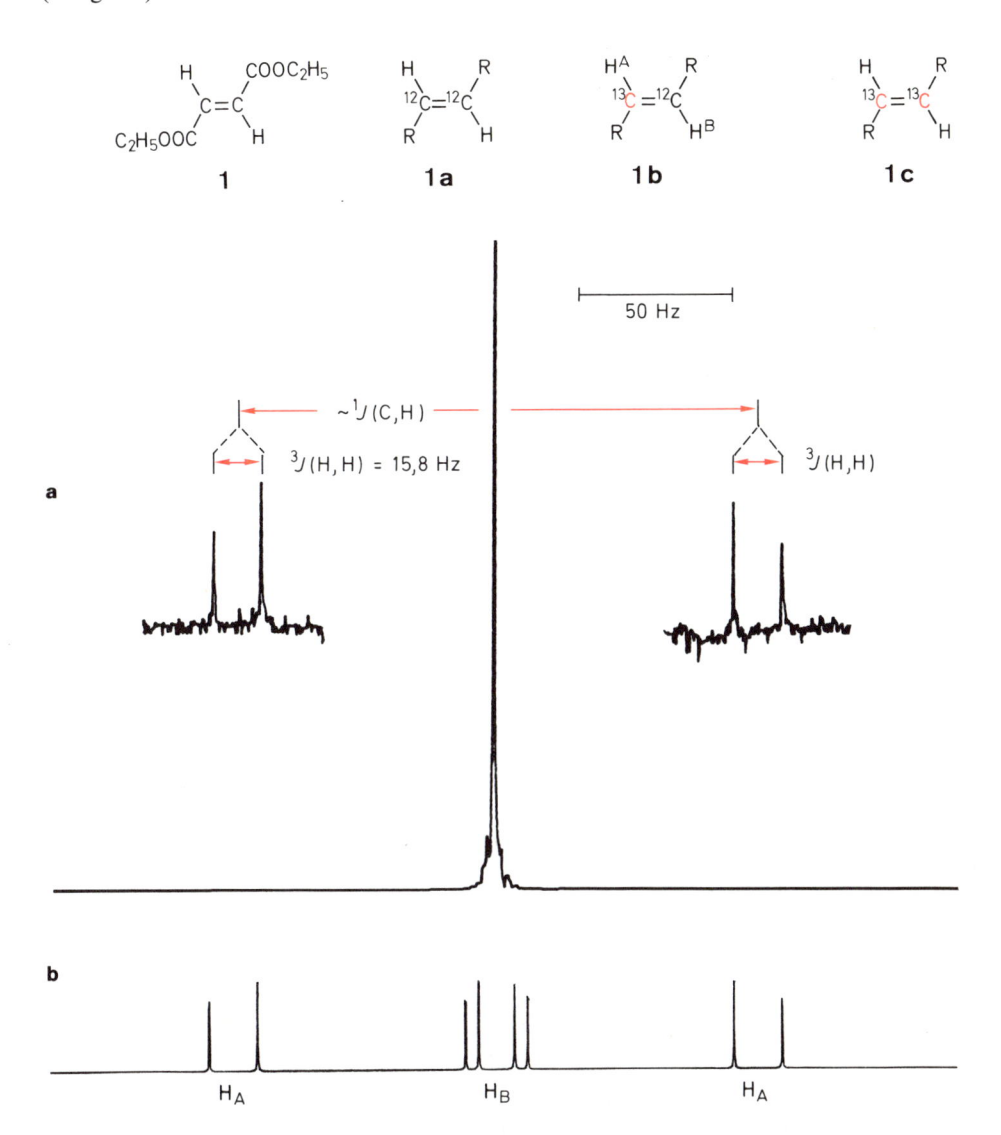

Abb. 4.2 a Experimentelles ^{1}H-NMR-Spektrum des Fumarsäurediethylesters **1**; die äußeren ^{13}C-Satelliten, die Absorptionen von H_A in **1b**, sind verstärkt.
  b Berechnetes Spektrum von **1b**, das auch die Absorption von H_B zeigt.

---

* Als Isotopomere werden Molekülspezies mit Isotopen in bestimmten Positionen bezeichnet. Im folgenden wird zur eindeutigen Charakterisierung von Mono-^{13}C-Isotopomeren das betreffende ^{13}C-Atom durch C bzw. in cyclischen Verbindungen, z. B. in **2a**, durch ● symbolisiert. Diese Symbole dienen auch zur Kennzeichnung von ^{13}C,X-Kopplungen, wobei zusätzlich der Kopplungspartner als H, C, N usw. bzw. als ● hervorgehoben wird (der Punkt hat hier also nicht die sonst in der sterischen Schreibweise übliche Bedeutung).

Für die ^{1}H-NMR-Absorption von H_A in **1b** resultiert infolge Wechselwirkung mit dem direkt benachbarten ^{13}C-Kern eine große Dublett-Aufspaltung sowie ferner durch Kopplung mit H_B insgesamt ein doppeltes Dublett, welches nur bei entsprechender Verstärkung sichtbar ist (Abb. 4.2).

Proton H_B koppelt mit dem ^{13}C-Kern dagegen nur mit kleiner Kopplungskonstante sowie mit H_A, so daß ebenfalls ein doppeltes Dublett auftritt. Im Gegensatz zu den äußeren Satelliten von H_A ist die Absorption von H_B (innere Satelliten) unter den genannten Bedingungen von dem Singulett von **1a** so stark überlagert, daß die Linienlagen nicht direkt, sondern nur durch Doppelresonanzmethoden (Spin-Tickling) ermittelt werden können[1,13]. Direkt läßt sich das doppelte Dublett von H_B beobachten, wenn das Isotopomere **1b** durch gezielte ^{13}C-Markierung angereichert und vermessen wird. **1a** stellt ein AA'X-Spinsystem dar und liefert ein Spektrum, in dem die Linienabstände abgesehen von $^3J(H,H)$ nicht den exakten Kopplungskonstanten entsprechen; diese lassen sich nur durch eine vollständige Analyse ermitteln (Spektrum höherer Ordnung, vgl. Abschn. 2.1.3, S. 431). Linienreiche Multipletts erhält man bei komplizierteren Verbindungen wie dem ^{13}C-Isotopomeren **2a** des Benzols **2**, dessen äußere Hochfeld-Satelliten in Abb. 4.3 wiedergegeben sind.

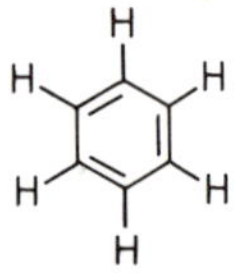

2 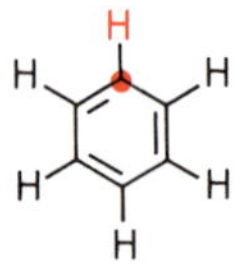   **2a**

Es handelt sich ebenfalls um ein Spektrum höherer Ordnung, das außer von den drei Typen von H,H-Kopplungen und der ^{13}C,^{1}H-Kopplung über eine Bindung auch von den Differenzen zwischen der $^2J(C,H)$-, $^3J(C,H)$- und $^4J(C,H)$-Kopplung bestimmt wird. Während so durch Analyse der äußeren Satelliten erstmals die H,H-Kopplungen des Benzols erhalten wurden[12], ist für die Ermittlung der ^{13}C,^{1}H-Kopplungen mit ^{1}H-NMR eine vollständige Analyse unter Einschluß der inneren Satelliten notwendig, die die Anreicherung des Mono-^{13}C-Isotopomeren erforderlich macht[14].

Auf diese Weise wurden bei einer Vielzahl von Verbindungen von prinzipieller Bedeutung die ^{13}C,^{1}H-Kopplungen ermittelt, z. B. auch beim Ethan, Ethylen und Acetylen[15a]. ^{13}C-Satelliten-Spektren, die nicht durch die ^{1}H-Absorption des ^{12}C-Isotopomeren überlagert sind, lassen sich auch mit Hilfe spezieller Pulssequenzen erhalten, z. B. durch ein umgekehrtes INEPT-Experiment[15b] (vgl. Kap. 2, Abschn. 4.3, S. 63).

2.1.2 Auswertung von ^{13}C-NMR-Spektren 1. Ordnung

Heute werden ^{13}C,^{1}H-Kopplungskonstanten nahezu ausschließlich aus ^{13}C-NMR Spektren bestimmt, indem man die ^{1}H-gekoppelten ^{13}C-NMR-Spektren einer Verbindung mit natürlicher Häufigkeit analysiert und, falls notwendig, Methoden zur Spektrenvereinfachung heranzieht (Abschn. 2.1.4, S. 437).

Bei der Aufnahme von ^{1}H-gekoppelten ^{13}C-NMR-Spektren nutzt man zur Verbesserung des Signal-Rausch-Verhältnisses den Kern-Overhauser-Effekt aus und wendet dazu die Methode des Gated Decoupling an (Kap. 2, Abschn. 3.2.1, S. 46). Trotz dieses Verfahrens, das bei Dominanz des Dipol-Dipol-Relaxationsmechanismus nutzbringend ist, erfordert die Aufnahme von hochaufgelösten ^{1}H-gekoppelten ^{13}C-NMR-Spektren eine

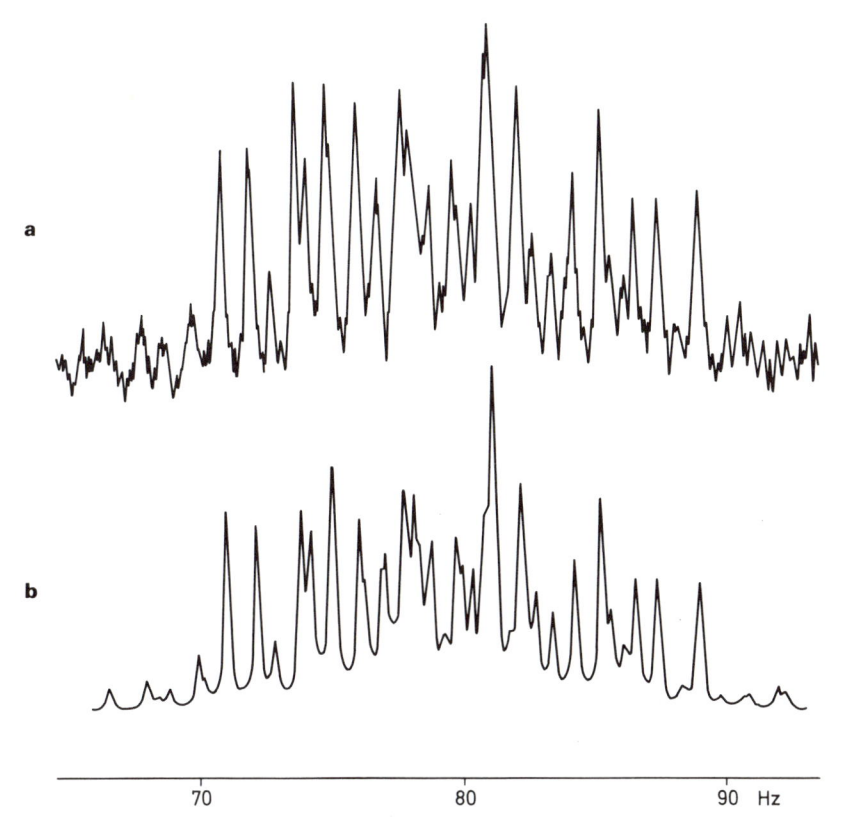

Abb. 4.3 Hochfeld-^{13}C-Satelliten im ^{1}H-NMR-Spektrum von **2a**
a experimentell **b** berechnet[12].

längere Aufnahmedauer gegenüber ^{1}H-Breitband-entkoppelten Spektren. Das ist einerseits dadurch bedingt, daß sich nun die Intensität einer ^{13}C-Absorption auf die verschiedenen Einzellinien eines Multipletts verteilt, und zum anderen wird das Interferogramm zur Erzielung einer guten digitalen Auflösung mit längerer Aquisitionszeit aufgenommen. Mit Hilfe des Verfahrens der Gauß-Multiplikation kann die Auflösung sehr effektiv erhöht werden (s. Kap. 2, Abschn. 2.5, S. 40). Abb. 4.4 zeigt das unter Hochauflösungsbedingungen aufgenommene ^{1}H-gekoppelte ^{13}C-NMR-Spektrum des Ethanols **3** (Isotopomere **3a** und **3b**).

CH$_3$CH$_2$OH   CH$_3$CH$_2$OH   CH$_3$ CH$_2$OH
   3   **3a**   **3b**

^{13}C-NMR-Spektren von Verbindungen mit natürlichem ^{13}C-Gehalt stellen die Überlagerung der Spektren der einzelnen Mono-^{13}C-Isotopomere dar, wobei im Falle von ^{1}H-gekoppelten ^{13}C-NMR-Spektren jeweils die X-Absorption eines ABC...X- oder auch AMP...X-Spinsystems beobachtet wird. Die entsprechenden ^{1}H-NMR-Übergänge, also der ABC ...- bzw. AMP...-Teil, sind die ^{13}C-Satelliten im ^{1}H-NMR-Spektrum, die intensitätsschwach und z. T. von den Signalen der ^{12}C-Spezies verdeckt sind (s. S. 425).

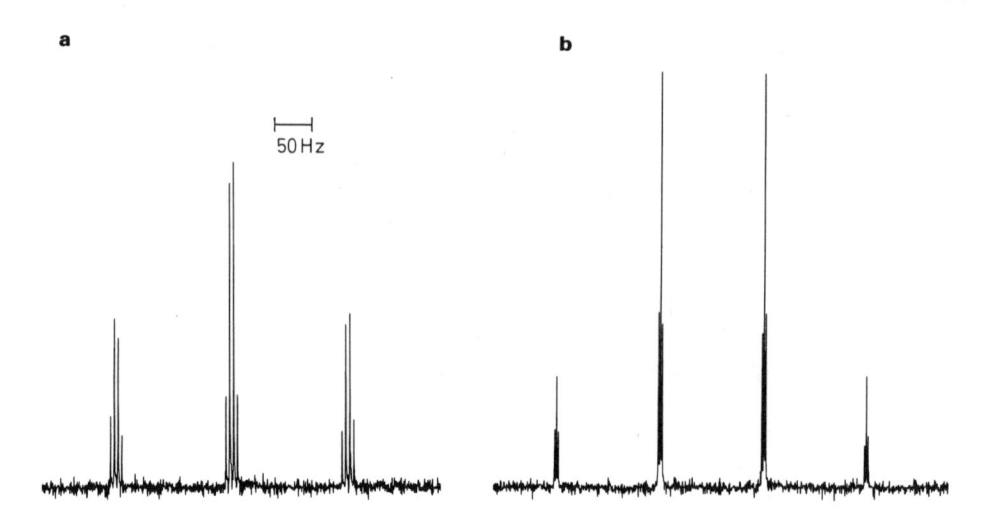

Abb. 4.4 25,2 MHz-^{13}C-NMR-Spektren der Ethanol-Isotopomere
a 3b und **b** 3a

Je nach den Bedingungen (s. den folgenden Abschn. 2.1.3) können die ^{1}H-gekoppelten ^{13}C-NMR-Spektren 1. Ordnung oder aber auch höherer Ordnung sein. Solche 1. Ordnung erkennt man daran, daß sich ihr Aussehen nicht ändert, wenn man zu höheren Magnetfeldstärken übergeht, und aus ihnen lassen sich nach den Regeln 1. Ordnung direkt die ^{13}C,^{1}H-Kopplungskonstanten ermitteln[1].

So sind die 25,2 MHz-^{13}C-NMR-Spektren der beiden Ethanol-Isotopomere **3a** und **3b** nach den Regeln 1. Ordnung analysierbar, da die Absorptionen bei einer Erhöhung der ^{13}C-Meßfrequenz unverändert bleiben. Danach stellt Spektrum von **3a** ein Quartett mit den ungefähren relativen Intensitäten 1 : 3 : 3 : 1 dar, welches durch die drei direkt gebundenen Protonen hervorgerufen und durch die beiden geminalen Methylen-H-Atome weiter zu Tripletts mit einer Intensitätsverteilung von 1 : 2 : 1 aufgespalten wird. Die Kopplungskonstanten lassen sich aus den Linienabständen zu 125,3 bzw. 2,3 Hz ablesen. Aus dem Spektrum des Isotopomeren **3b** mit einer Triplett/Quartett-Struktur ergeben sich Kopplungskonstanten von $^1J(C,H) = 140,9$ und $^2J(C,H) = 4,6$ Hz, deren Vorzeichen wie im Falle von **3a** den Spektren 1. Ordnung nicht zu entnehmen sind. Sie sind allgemein positiv für $^1J(C,H)$ und $^3J(C,H)$, während die geminalen ^{13}C,^{1}H-Kopplungen positive oder, wie hier bei **3a** und **3b** zutreffend, negative Vorzeichen besitzen können (vgl. Abschn. 2.1.5, S. 441).

Spektren 1. Ordnung werden bei 25,2 MHz auch für vier der sechs Isotopomere des Crotonsäureethylesters **4** erhalten, wie die Messung bei höherer Feldstärke ergibt. Die Absorptionen von **4e** und **4f** entsprechen erwartungsgemäß denen des Ethanols, und **4d** weist im Spektrum außer der Quartett-Aufspaltung von 127,4 Hz durch die direkt gebundenen Protonen H-4 noch eine doppelte Dublett-Struktur infolge Wechselwirkung mit H-2 und H-3 auf (s. Abb. 2.27, S. 45). Die Zuordnung dieser Kopplungen, die 6,3 und 4,0 Hz betragen, sowie ihre Vorzeichen sind aus dem 25,2 MHz-Spektrum jedoch nicht direkt zu erhalten.

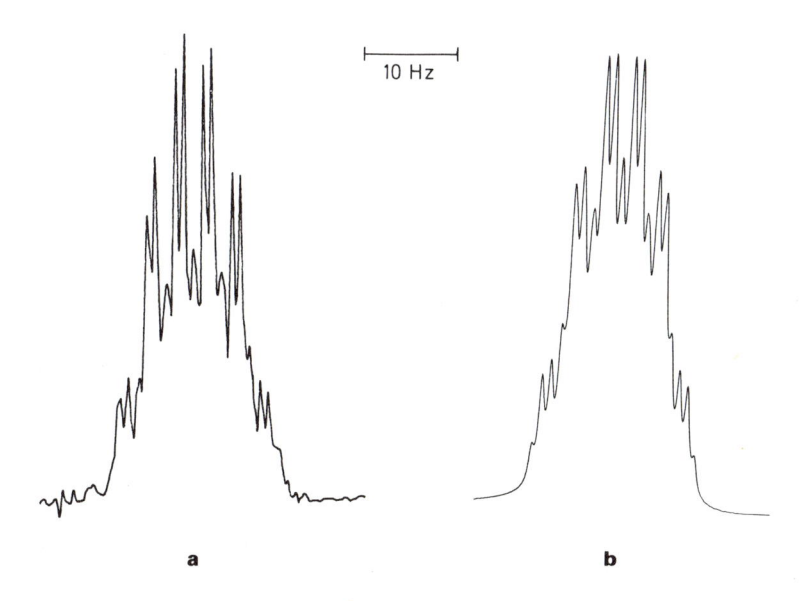

Abb. 4.5 25,2 MHz-^{13}C-NMR-Spektrum des 1-^{13}C-Isotopomeren **4a** des Crotonsäureethylesters
a experimentell **b** berechnet

Das linienreichste Spektrum liefert **4a**, dessen ^{13}C-Atom mit nahezu sämtlichen Protonen des Moleküls gekoppelt ist (Abb. 4.5). Obwohl es sich um ein Spektrum 1. Ordnung handelt, läßt es sich nicht unbedingt auf den ersten Blick vollständig auswerten; die Interpretation gelingt jedoch leicht, wenn man Methoden zur Spektrenvereinfachung heranzieht, wie sie in Abschn. 2.1.4 (s. S. 437) besprochen werden (vgl. die Daten auf S. 436).

Beim Isotopomeren **4b** liegt bei 25.2 MHz ein scheinbar einfaches Spektrum[1] (deceptively simple spectrum[16a]) vor, das zwar wie ein Spektrum 1.Ordnung aussieht (Abb. 4.6a), aber höherer Ordnung ist; das ergibt sich aus der Messung bei höherer Feldstärke (Abb. 4.6c) sowie aus den Spektrensimulationen (s. S. 436) in den Abb. 4.6b und 4.6d. Dagegen sind beim 3-^{13}C-Isotopomeren **4c** die Effekte höherer Ordnung im 25,2 MHz-^{13}C-NMR-Spektrum an der Unsymmetrie der Absorption direkt erkennbar (Abb. 4.7). Aus Spektren dieser Art lassen sich die ^{13}C, ^{1}H-Kopplungen nur durch eine vollständige Spektrenanalyse erhalten.

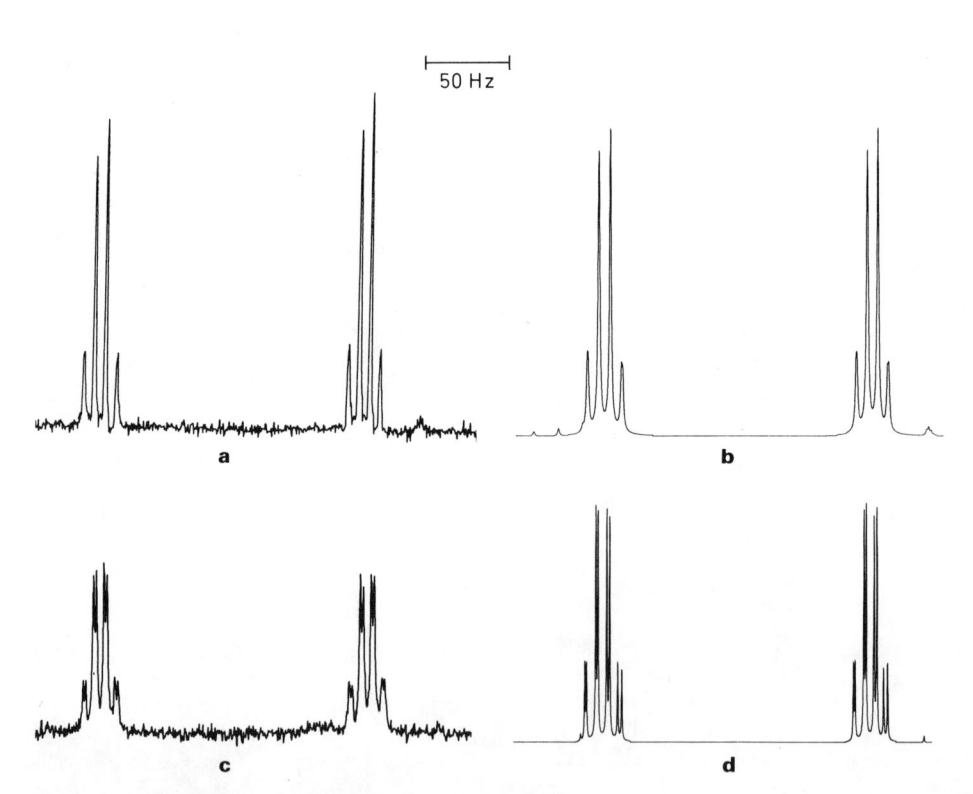

Abb. 4.6 ^{13}C-NMR-Spektren des 2-^{13}C-Isotopomeren **4b** des Crotonsäureethylesters
    a experimentell, 25,2 MHz
    b berechnet mit $^2J(C, H) = 1{,}7$ Hz (25,2 MHz)
    c experimentell, 62,9 MHz
    d berechnet mit $^2J(C, H) = 0$ Hz (25,2 MHz)

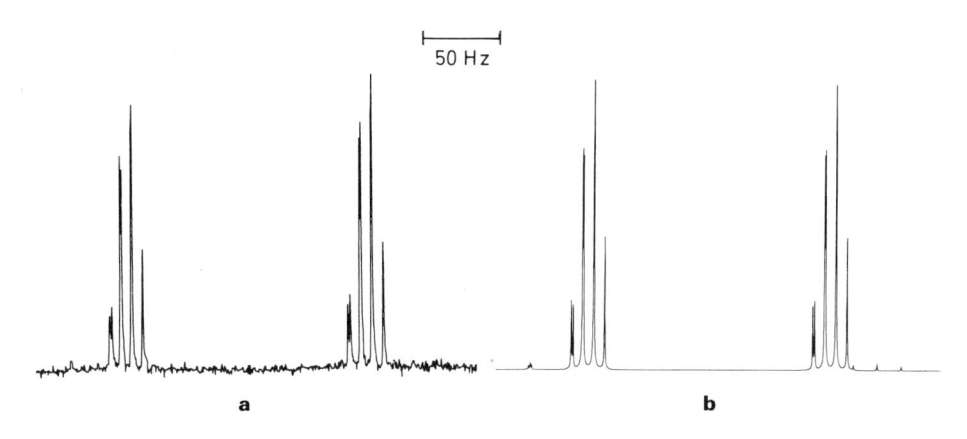

Abb. 4.7 25,2 MHz-^{13}C-NMR-Spektrum des 3-^{13}C-Isotopomeren **4c** des Crotonsäureethylesters
a experimentell **b** berechnet

2.1.3 Vollständige Analyse von ^{13}C-NMR-Spektren höherer Ordnung

Wie von der ^{1}H-NMR-Spektroskopie bekannt[1], treten Spektren höherer Ordnung dann auf, wenn Zustände miteinander koppelnder Kerne gleiche oder ähnliche Energien aufweisen, so daß es zur Mischung dieser Zustände kommt. Das ist der Fall, wenn ein Spinsystem mit chemisch äquivalenten (isochronen), aber magnetisch nichtäquivalenten (anisogamen) Kernen[16b] vorliegt, z. B. ein AA'X- oder ein AA'XX'-System, oder wenn die chemische Verschiebungsdifferenz Δ (in Hz) zwischen zwei Gruppen anisochroner, aber isogamer Kerne, z. B. in einem A_2B-System, nicht sehr viel größer als die Kopplung zwischen ihnen ist, wenn also k in Gl. (4.11) kleiner als ca. 10 ist.

$$k = \frac{\Delta v_{A,B}}{J(A, B)} \qquad (4.11)$$

Spektren solcher Systeme dürfen nicht nach den Regeln 1. Ordnung ausgewertet werden, auch wenn das Spektrum, z. B. die X-Absorption eines ABX-Spinsystems, einfach aussieht.

Auch im Falle von A,B = ^{1}H und X = ^{13}C kann das ^{13}C-NMR-Spektrum eines ABX-Systems erster oder höherer Ordnung sein. Maßgebend dafür, welcher Spektrentyp auftritt, ist entsprechend das ^{1}H-NMR-Spektrum des ^{13}C-Isotopomeren, also die ^{13}C-Satelliten im ^{1}H-NMR-Spektrum bei natürlicher ^{13}C-Häufigkeit, nicht aber das Aussehen des meist allein sichtbaren ^{1}H-NMR-Spektrums der ^{12}C-Spezies. Denn das ^{1}H-NMR-Spektrum des ^{13}C-Isotopomeren wird entscheidend durch die ^{13}C,^{1}H-Kopplungen über eine Bindung geprägt, die sehr groß sind (zwischen 100 und ca. 280 Hz; vgl. Abschn. 2.2.1, S. 445) und damit die **effektive** chemische Verschiebung eines direkt gebundenen Protons bestimmen (Abb. 4.8); so kann in einem ^{13}CH$_A$^{12}CH$_B$-Fragment (ABX-System, z. B. 1,2-disubstituierte Ethylene) die eine Hälfte der Absorption des an ^{13}C-gebundenen Protons H$_A$ eine so geringe effektive Verschiebungsdifferenz Δ zu H$_B$ aufweisen, daß im ^{1}H-NMR-Satelliten-Spektrum Effekte höherer Ordnung auftreten und auch ein nicht nach den Regeln 1. Ordnung auswertbares ^{13}C-NMR-Spektrum resultiert. Exakt ist Δ für ein ABX-System durch $\Delta v_{A,B} \pm \frac{1}{2}[J(A, X) - J(B, X)]$ gegeben, so daß Gl. (4.11) in Gl. (4.12) übergeht[17].

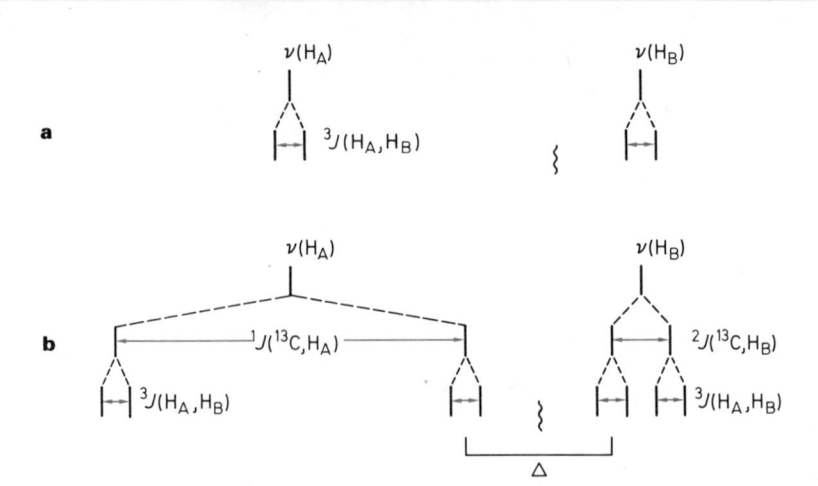

Abb. 4.8 Schematische Aufspaltungsmuster 1. Ordnung der Absorptionen von H_A und H_B
a in einem $^{12}CH_A{}^{12}CH_B$-Fragment
b in einem $^{13}CH_A{}^{12}CH_B$-Fragment $[\Delta \gg J(H_A, H_B)]$

$$k' = \frac{\Delta v_{A,B} \pm \frac{1}{2}|[J(A, X) - J(B, X)]|}{|J(A, B)|} \tag{4.12}$$

Danach verringert sich k', und die Effekte höherer Ordnung nehmen zu, wenn $\Delta v_{A,B}$ kleiner wird und die Größenordnung von $\frac{1}{2}J(A, X)$ erreicht, da dann bei Anwendung des negativen Vorzeichens der Ausdruck im Zähler von Gl. (4.12) klein wird (Aufg. 4.4a).

Als Beispiel für ein Spinsystem mit magnetischer Nichtäquivalenz sei das 2-^{13}C-Isotopomere des Fumarsäurediethylesters **1a** genannt; ein Olefin-C-Atom stellt darin den X-Kern eines AA'X-Systems dar, und das ^{13}C-NMR-Spektrum ist höherer Ordnung (Abb. 4.9).

Die direkt abgelesenen Linienabstände (168,7 bzw. 4,3 Hz) repräsentieren also nicht die Kopplungskonstanten $^1J(C, H)$ bzw. $^2J(C, H)$. Da nur fünf Linien zu beobachten sind –

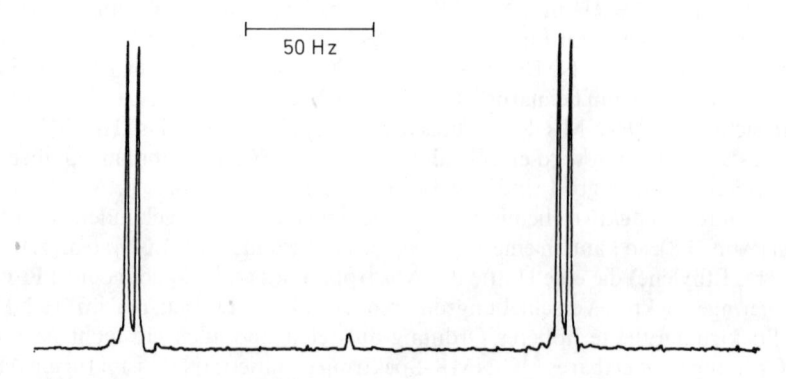

Abb. 4.9 25,2 MHz-^{13}C-NMR-Spektrum des Olefin-C-Atoms von **1a**
($^1J(C,H) = 167{,}0$ Hz; $^2J(C,H) = -2{,}8$ Hz)

auch die intensitätsschwache Linie in der Spektrenmitte gehört dazu – liefert die vollständige Analyse zwei Sätze von $J(C, H)$-Werten, die beide das experimentelle Spektrum richtig wiedergeben. Die richtige Lösung, die in Abb. 4.9 eingetragen ist, läßt sich durch Analyse des ^{1}H-Off-Resonance-entkoppelten ^{13}C-Spektrums ermitteln[18a] (vgl. Aufg. 4.4).

Linienreiche ^{13}C-NMR-Spektren höherer Ordnung liefern C-1/C-4 sowie C-2/C-3 des 6,6-Bis-dimethylaminofulvens **5**[19a]; sie stellen in dieser Verbindung bei Vernachlässigung von ^{13}C-Isotopeneffekten auf die ^{1}H-chemischen Verschiebungen jeweils den X-Kern eines AA'BB'X-Systems dar (s. S. 435, Fußnote).

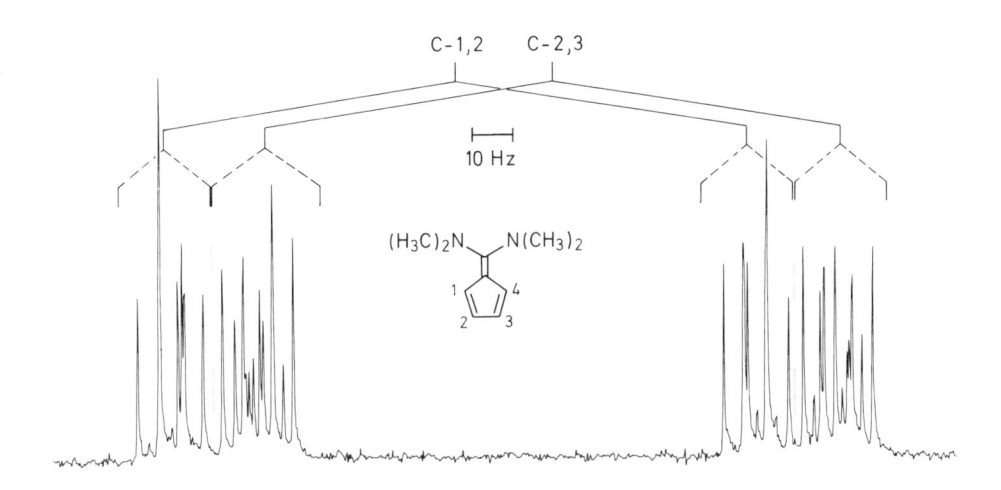

Abb. 4.10 25,2 MHz-^{13}C-NMR-Spektrum von C-1/C-4 und C-2/C-3 des 6,6-Bisdimethylaminofulvens **5**[19a]

Hier ist auch ein weiteres, häufig auftretendes Kennzeichen von Spektren höherer Ordnung zu erkennen, nämlich das unterschiedliche Aussehen des Hoch- und Tieffeldteils der Absorption eines Wasserstoff-tragenden C-Atoms[19b].

Für die beiden Isotopomere des Ethanols erhält man bei einer ^{13}C-Meßfrequenz von 25,2 MHz die in Abb. 4.4 (s. S. 428) gezeigten Spektren 1. Ordnung; würde man die ^{13}C-Meßfrequenz auf 15 MHz ($\hat{=}$ 1,4 Tesla $\hat{=}$ 60 MHz für ^{1}H) verringern, ergibt die Spektrensimulation für das Isotopomere **3b** ein ^{13}C-NMR-Spektrum mit Aufspaltungen höherer Ordnung (Abb. 4.11b).

Die Ursache dafür liegt darin, daß unter diesen Bedingungen der Hochfeldteil der Absorption der CH$_2$-Protonen in die Nähe des Signals der Methylprotonen rückt; noch drastischer sind die Effekte, wenn man für die Simulation eine noch kleinere Feldstärke annimmt (Abb. 4.11d).

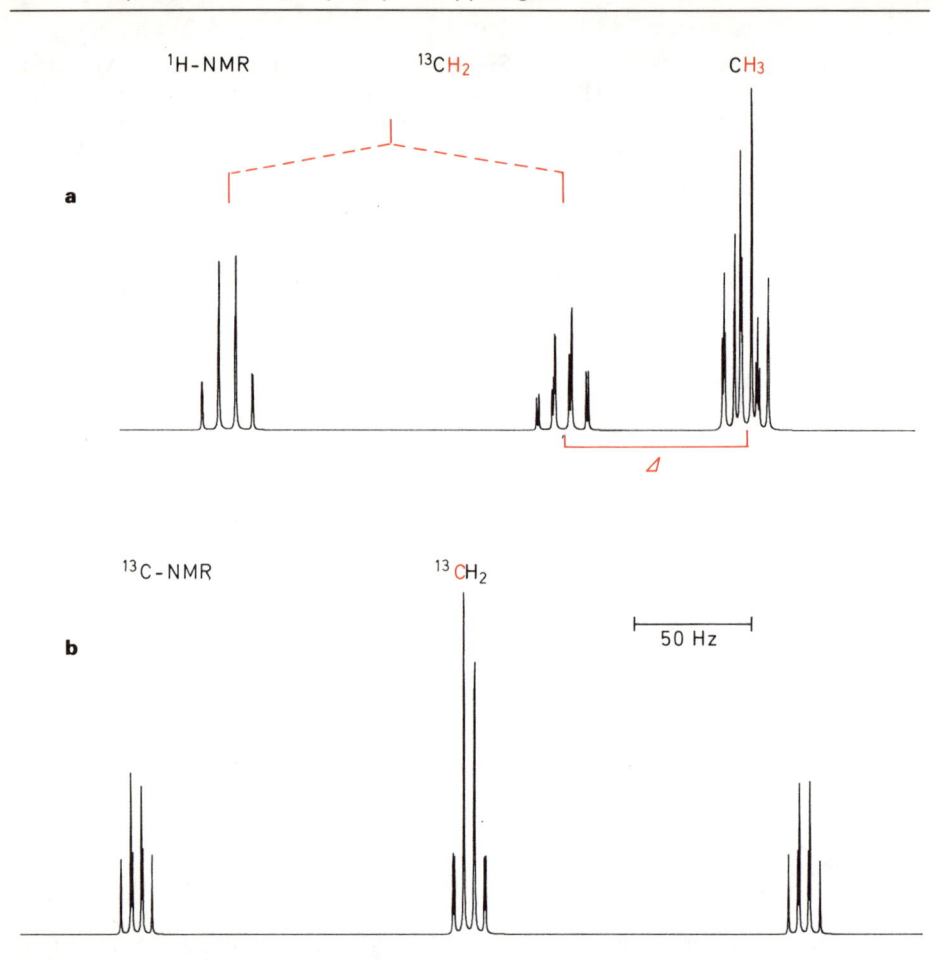

Abb. 4.11 Simulation der ¹H- und ¹³C-NMR-Spektren des Ethanol-Isotopomeren **3b**
  a ¹H-NMR bei $B_0 = 1{,}43$ T ($\cong 60$ MHz)
  b ¹³C-NMR bei $B_0 = 1{,}43$ T ($\cong 15$ MHz)

Wie zahlreiche andere 1,2-disubstituierte Ethylene mit unterschiedlichen Substituenten[17] liefern die Isotopomere **4b** und **4c** des *trans*-Crotonsäureethylesters bei 25,2 MHz ¹³C-NMR-Spektren höherer Ordnung. Auch hier ist das Aussehen des ¹H-NMR-Spektrums der normalen ¹²C-Spezies kein Kriterium dafür, daß sein ¹³C-NMR-Spektrum erster oder höherer Ordnung ist. Maßgebend ist vielmehr, ob die eine, durch die große $^1J(C,H)$-Kopplung hervorgerufene Teilabsorption des einen Protons dem Signal des anderen relativ nahe kommt, so daß eine Störung resultiert. Das ist hier wegen $\Delta v_{A,B} = 130$ Hz und $\frac{1}{2}J(C,H) \approx 80$ Hz zu einem gewissen Grad der Fall; zudem ist die $^3J(H,H)$-Kopplung, die im Nenner von Gl. (4.12) erscheint, mit 17 Hz recht groß, so daß sich k' nur zu ca. 5 ergibt.

Beim Vorliegen von ¹³C-NMR-Spektren höherer Ordnung müssen mit Hilfe eines Rechenprogramms – z. B. des LAOCOON-Programms oder eines im Software-Paket eines kommerziellen Spektrometers enthaltenen – vollständige Spektrenanalysen durchgeführt

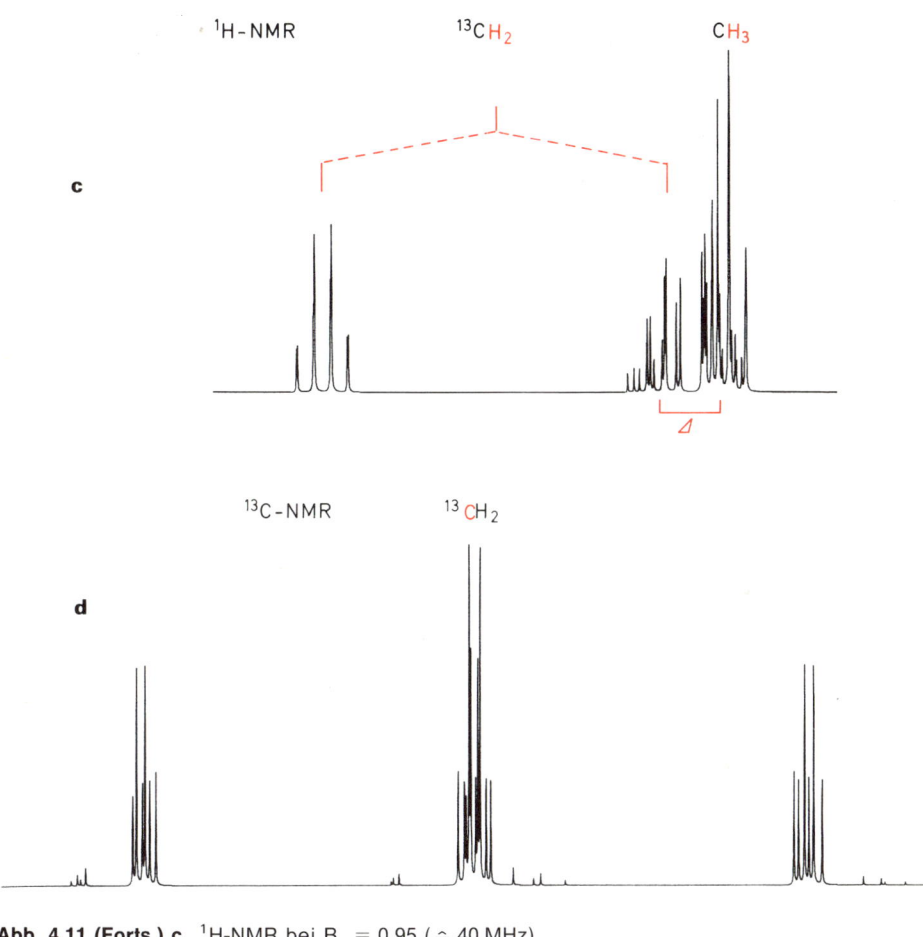

Abb. 4.11 (Forts.) c ^{1}H-NMR bei $B_0 = 0.95$ ($\triangleq$ 40 MHz)
                 d ^{13}C-NMR bei $B_0 = 0.95$ ($\triangleq$ 10 MHz)

werden, um die genauen ^{13}C,^{1}H-Kopplungskonstanten bestimmen zu können. Dazu ist nicht nur das ^{13}C-NMR-Spektrum (X-Teil), sondern im Prinzip auch die Protonenabsorption des betreffenden Isotopomeren heranzuziehen, also die ^{13}C-Satelliten (ABC...-Teil o. ä.). Wegen ihrer geringen Intensität und infolge der Überlagerung zumindest durch die Signale der ^{12}C-Spezies ist diese Vorgehensweise jedoch nur für die äußeren Satelliten und höchstens bei einfacheren Molekülen möglich und wurde z. B. bei den Spektrenanalysen des Biphenylens[21] und Butadieneisentricarbonyls angewendet[22]*. Daher wird meistens nur das ^{13}C-NMR-Spektrum ausgewertet und dazu die genauen ^{1}H-chemischen Verschiebungen und H,H-Kopplungskonstanten des normalen ^{12}C-Isotopomeren herangezogen, die man aus einem ^{1}H-NMR-Spektrum ermittelt, das unter gleichartigen Bedingungen,

---

* Bei solchen genauen Untersuchungen lassen sich auch Isotopeneffekte auf die ^{1}H-chemischen Verschiebungen feststellen, so daß z. B. im Falle des Biphenylens ^{13}C-NMR-Spektren vom Typ ABCDX ausgewertet wurden[21].

insbesondere hinsichtlich des Lösungsmittels, der Konzentration sowie der Temperatur, aufgenommen wird. Für die ^{1}H-NMR-Analyse berechnet man mit dem Computerprogramm ein dem experimentellen möglichst ähnliches theoretisches Spektrum (Spektrensimulation), das dann in einem zweiten Schritt durch ein iteratives Verfahren anhand der Linienfrequenzen dem experimentellen ^{1}H-Spektrum angepaßt wird. Bei der Analyse des ^{13}C-NMR-Spektrums geht man dann ganz analog vor, indem man mit den so bestimmten ^{1}H-NMR-Daten sowie plausiblen ^{13}C,^{1}H-Kopplungen ein mit der experimentellen ^{13}C-Absorption hinreichend gut übereinstimmendes theoretisches Spektrum simuliert. Bei seiner anschließenden iterativen Anpassung an das experimentelle Spektrum, bei der die ^{1}H-NMR-Parameter konstant gelassen werden, ergeben sich schließlich die gewünschten J(C,H)-Werte mit einem Fehler, der im Falle des LAOCOON III-Programms mit dem Fünffachen des wahrscheinlichen Fehlers anzusetzen ist[23].

Auf diese Weise durchgeführte vollständige Analysen der bei 100 MHz (^{1}H-NMR) bzw. 25,2 MHz (^{13}C-NMR) aufgenommenen Spektren der Isotopomere **4b** und **4c** des Crotonsäureesters liefern nicht nur die Größe, sondern auch die relativen Vorzeichen der ^{13}C,^{1}H-Kopplungskonstanten. Diese sind in der folgenden Aufstellung sämtlicher ^{13}C,^{1}H-Kopplungskonstanten des *trans*-Crotonsäureethylesters **4** enthalten (δ_C-Werte s. Tab. 3.56, S. 264), und mit ihnen wurden die theoretischen Spektren von **4b** und **4c** in Abb. **4.7b** bzw. **4.6b** berechnet.

	H-2	H-3	H-4	H-5	H-6
C-1 (**4a**)	+3,3	(+)6,3	1,0	(+)3,3	
C-2 (**4b**)	161,6	-1,7	+6,6		
C-3 (**4c**)	-1,0	155,7	-7,1		
C-4 (**4d**)	(+)4,0	(+)6,3	127,4		
C-5 (**4e**)				146,9	(-)4,4
C-6 (**4f**)				(-)2,5	126,9

Der erste Schritt einer derartigen vollständigen Spektralanalyse, die Spektrensimulation, stellt eine weitere Testmöglichkeit dar, um sicherzustellen, daß ein ^{13}C-NMR-Spektrum 1. Ordnung vorliegt; das ist dann der Fall, wenn sich das simulierte vom experimentellen Spektrum nicht unterscheidet und die Liniendifferenzen im Computerausdruck den eingegebenen ^{13}C,^{1}H-Kopplungskonstanten exakt gleichen. Simuliert man in dieser Weise die ^{13}C-NMR-Absorption des Isotopomeren **4c** des Crotonsäureesters mit der Annahme ^2J(C-3, H-2) = 0 Hz entsprechend einer Interpretation nach den Regeln 1. Ordnung, ergibt sich keine Übereinstimmung mit dem experimentellen Spektrum (vgl. die Abb. 4.6a und d).

Automatisierte Analysen von ^{1}H-NMR-Spektren lassen sich auch mit dem Programm DAVINS durchführen[24], das nicht wie LAOCOON nur die Frequenzen, sondern die gesamte spektrale Information ausnutzt. Wieweit das Verfahren auch für die Auswertung von ^{1}H-gekoppelten ^{13}C-NMR-Spektren angewendet werden kann, ist bislang nicht geklärt.

2.1.4 Methoden zur Spektrenvereinfachung

Wie die Diskussion der Protonen-gekoppelten ^{13}C-NMR-Spektren zeigt, können bei ihrer Auswertung eine Reihe von Problemen auftreten. Diese ergeben sich z.T. aus der Komplexität der Spektren und lassen sich häufig durch Vereinfachung der Spektren bzw. der Spinsysteme lösen, z. B. durch Messung bei höherer Feldstärke, durch Deuterierung, durch selektive ^{1}H-Entkopplung oder durch spezielle Puls-Techniken.

Spektren höherer Ordnung von Spinsystemen mit magnetischer Äquivalenz können im Prinzip dadurch in solche 1. Ordnung überführt werden, daß man die Messung bei genügend hoher Feldstärke vornimmt; durch diese Maßnahme wird die chemische Verschiebungsdifferenz Δ zwischen den koppelnden Protonen erhöht und so der Quotient Δ/J vergrößert (s. Gl. (4.11) bzw. (4.12) für den ABX-Fall). Als Beispiel sind in Abb. 4.6a und 4.6b die Spektren von C-2 des Crotonsäureesters bei 25,2 und 62,9 MHz wiedergegeben. Ferner kann man durch Änderung der Magnetfeldstärke aus dem gleichen Grund eine Überlagerung von Absorptionen verschiedener Isotopomere aufheben und getrennte Signale erhalten.

Dies gelingt auch sehr wirksam durch die in Kap. 2, Abschn. 4.1 und 4.2 (s. S. 57f. u. 59ff.) beschriebenen Methoden der selektiven Anregung bzw. der 2D-NMR-Spektroskopie.

Demgegenüber bleiben die Spektren von Spinsystemen mit magnetischer Nichtäquivalenz auch bei beliebig hohen Feldstärken höherer Ordnung, da die Ursache, die Symmetrie der Verbindung, davon nicht berührt wird; es lassen sich lediglich z. B. AA'BB'X-Systeme in solche vom Typ AA'MM'X umwandeln.

Durch die Einführung von Deuterium in ein Molekül kann man komplizierte Spinsysteme vereinfachen und die gewünschten ^{13}C,^{1}H-Kopplungen erhalten, wobei zwei Verfahrensweisen möglich sind. Sie gehen beide von in bestimmten Positionen deuterierten Spezies mit natürlichem ^{13}C-Gehalt aus und werden am Beispiel des Benzols erläutert.

In einem Fall wurde Monodeuterobenzol **6** verwendet und das ^{1}H-entkoppelte ^{13}C-NMR-Spektrum aufgenommen[25], welches die Überlagerung der Spektren der vier Isotopomere **6a**–**6d** darstellt und in Abb. 4.12 wiedergegeben ist. Entsprechend der Kernspin-Quantenzahl von $I = 1$ des Deuteriums sind Tripletts mit einem Intensitätsverhältnis von 1 : 1 : 1 zu erwarten, die aufgrund von Isotopeneffekten des Deuteriums auf die ^{13}C-Resonanzen etwas gegeneinander verschoben sein können. Am klarsten ist die Absorption des Isotopomeren **6a** zu erkennen, die bei höchster Feldstärke liegt und deren Triplett-Aufspaltung 24,25 Hz beträgt.

Bei niedrigstem Feld tritt ein weiteres Triplett mit $J(C,D) = 1{,}18$ Hz auf, das sich aufgrund der Größe der Aufspaltung dem Isotopomeren **6c** zuordnen läßt. Seine mittlere Linie wird durch das Singulett von C-4 in **6d** verdeckt, da C-4 wegen seines Abstands zum Deuterium den geringsten Isotopeneffekt aufweisen sollte. Auch für C-2/6 resultiert ein Singulett, so daß wie für C-4 keine ^{13}C,D-Kopplung ablesbar ist. Aus der Analyse dieses Spektrums ergeben sich also die auf C-4 bezogenen relativen Isotopeneffekte sowie die

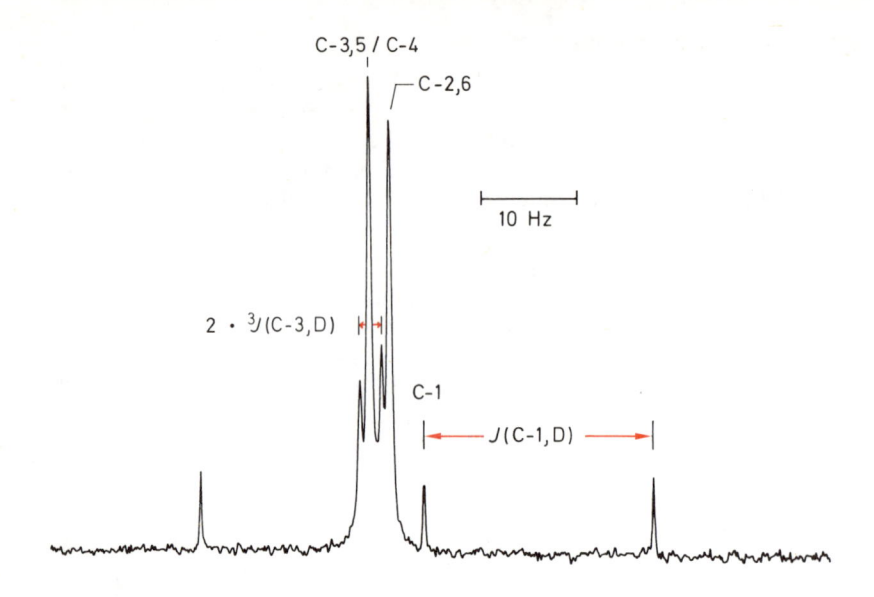

Abb. 4.12 ^{1}H-Breitband-entkoppeltes ^{13}C-NMR-Spektrum des Monodeuterobenzols **6a–d**[25] (s. Text)

genannten ^{13}C,D-Kopplungen, aus denen sich mit Gl. (4.13), vgl. Aufg. 4.2, die entsprechenden ^{13}C,^{1}H-Kopplungskonstanten zu 158,0 und 7,7 Hz berechnen lassen.

$$J(C,H) = 6{,}515 \cdot J(C,D) \qquad (4.13)$$

Mit dieser Methode, die nur größere ^{13}C,^{1}H-Kopplungen ohne Vorzeichen zu ermitteln gestattet, wurden z. B. für Adamantan[26] sowie für die Cycloalkane mit bis zu sieben Ringgliedern[27] ^{n}J(C,H)-Werte erhalten.

^{13}C,D-Kopplungen werden in der Regel nicht separat angegeben, sondern allein die daraus berechneten $J(C,H)$-Werte; als Ausnahme sind in Tab. 2.1 (s. S. 74) die Daten gebräuchlicher Lösungsmittel aufgeführt. Nach theoretischen Überlegungen kann ein primärer H/D-Isotopeneffekt auf $^1J(C,H)$ auftreten, der in der Größenordnung von 1% liegen und ein negatives Vorzeichen aufweisen sollte, d. h. die in der deuterierten Verbindung ermittelte und nach Gl. (4.13) umgerechnete Kopplungskonstante sollte kleiner als die in der H-Verbindung gemessene sein[28]. Da sich die Meßfehler in $J(C,D)$ mit dem Faktor 6,5 fortpflanzen, ist der Effekt nur schwer nachweisbar; er konnte jedoch im Chloroform mit ca. −1 Hz wahrscheinlich gemacht werden[29]. Nicht auf $^1J(C,D)$, jedoch auf die kleineren ^{13}C,D-Kopplungen über zwei oder drei Bindungen kann sich auch die Quadrupol-Relaxation des Deuteriums auswirken, deren Effekt sich nach der Theorie von Pople[30] korrigieren läßt; dazu ist die experimentelle Bestimmung von T_{1Q} (s. Kap. 5, Abschn. 1.3.3, S. 569) des Deuteriumkerns notwendig.

Bei der zweiten Methode wurde Pentadeuterobenzol **7** herangezogen und die Mischung der vier Isotopomere **7a** bis **7d** unter Deuterium-Entkopplung gemessen, die einfache AX-Spinsysteme darstellen und im ^{13}C-NMR-Spektrum Dubletts ergeben (Abb. 4.13)[25].

$^{13}C,^1H$-Kopplungen 439

a

50 Hz

$J(C-1,H-1) = 157,65$ Hz

C-2,6
C-3,5
C-4

b

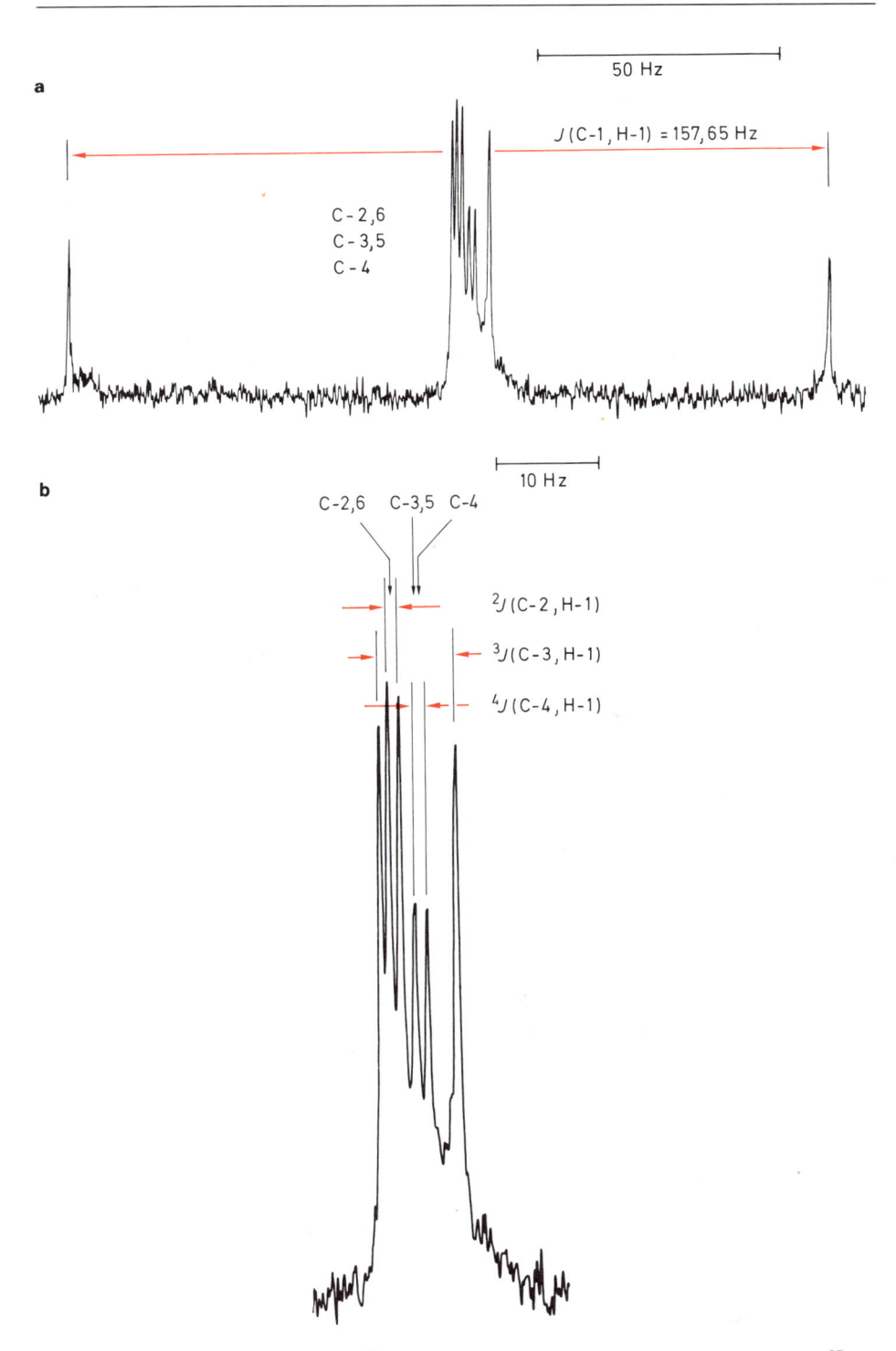

10 Hz

C-2,6   C-3,5   C-4

$^2J(C-2,H-1)$
$^3J(C-3,H-1)$
$^4J(C-4,H-1)$

Abb. 4.13 Deuterium-entkoppeltes ^{13}C-NMR-Spektrum des Pentadeuterobenzols **7a**—**d**^{25}
  a Gesamtspektrum   **b** Ausschnitt

440 Kapitel 4 ^{13}C,X-Spin,Spin-Kopplungen

7 **7a** **7b** **7c** **7d**

Mit Ausnahme des von **7a** hervorgerufenen Signals sind sie stärker überlagert, lassen sich aber aufgrund der für Monodeuterobenzol ermittelten relativen Isotopeneffekte (s. o.) zuordnen, die sich weitgehend additiv verhalten. Diese Methode liefert im Gegensatz zu der zuerst genannten auch die kleinen Kopplungen mit hoher Genauigkeit, wie der Vergleich mit den durch vollständige Analyse erhaltenen Werten zeigt, jedoch ohne Vorzeichen. Sie wurde auch auf andere Moleküle wie Cyclohexan[31] und Naphthalin[32] angewendet, für die eine vollständige Analyse der ^{1}H-gekoppelten ^{13}C-NMR-Spektren der normalen Mono-^{13}C-Isotopomeren bisher überhaupt nicht bzw. nicht mit genügender Präzision möglich war.

Da Deuterierungen aufwendig sein können, begnügt man sich häufig mit substituierten Verbindungen, um zu vereinfachten Spektren zu gelangen und um Kopplungen zuordnen zu können. Bei ungesättigten Verbindungen sind insbesondere Methyl-Derivate geeignet, wobei die Kopplungen der CH$_3$-Protonen durch Doppelresonanz (s. u.) aufgehoben werden können; bei polaren Gruppen ist mit Substituenteneinflüssen auf die Kopplungskonstanten zu rechnen (s. Abschn. 2.2, S. 444).

Eine Spektrenvereinfachung läßt sich gegebenenfalls auch durch chemischen Abbau eines Moleküls in Untereinheiten erreichen. Dadurch kann eine störende Überlagerung von Signalen aufgehoben werden, oder es verringert sich für C-Atome an der Verknüpfungsstelle die Multiplizität des ^{13}C-Signals, da Kopplungen mit Protonen des abgespaltenen Molekülteils wegfallen. So erreicht man beispielsweise beim Isotopomeren **4a** des Croton-Säureesters eine Verringerung der Linienzahl des Carbonyl-^{13}C-Signals (vgl. Abb. 4.5, S. 429), indem man das Spektrum der Crotonsäure **8** aufnimmt, in der die Wechselwirkung mit den OCH$_2$-Protonen nicht besteht (Abb. 4.14a).

8 **8a** **8b**

Ferner kann es statt eines chemischen Abbaus auch nützlich sein, einfachere Moleküle heranzuziehen, die eine vermutete Teilstruktur darstellen, und deren ^{13}C-NMR-Spektren zu analysieren.

Die Anzahl der Kerne eines Spinsystems läßt sich auch meßtechnisch verringern, indem man die Resonanzfrequenz eines Protons bzw. einer Gruppe isochroner Protonen mit so niedriger Energie einstrahlt, daß in den jeweiligen Isotopomeren nur die kleinen Kopplungen $^2J(C, H)$, $^3J(C, H)$ usw. aufgehoben werden (Abb. 4.14b). Auch bei derartigen selektiven Entkopplungsexperimenten mit geringer Leistung liegen für die übrigen, nicht direkt bestrahlten Protonen Off-Resonance-Entkopplungsbedingungen vor, die, wie in Kap. 2, Abschn. 3.4 (s. S. 52) gezeigt, zu einer Verringerung der ^{13}C,^{1}H-Kopplungskonstanten führen. Da die Störungen bei gegebener Entkopplerleistung mit

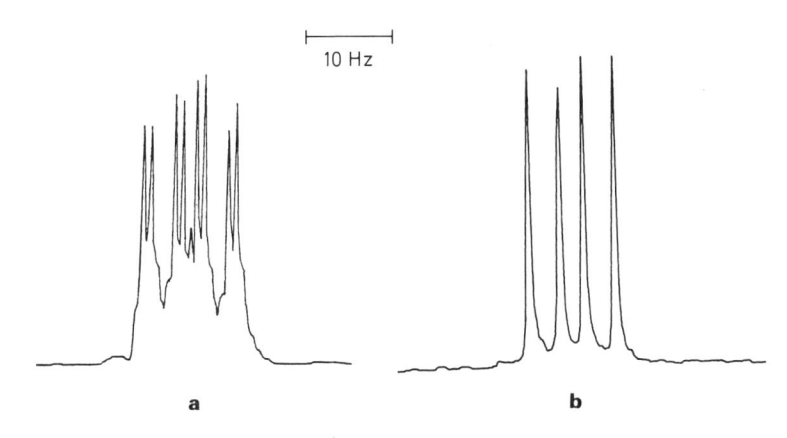

Abb. 4.14 25,2 MHz-^{13}C-NMR-Spektrum des 1-^{13}C-Isotopomeren **8a** der Crotonsäure
  a unentkoppelt   b CH$_3$-entkoppelt

abnehmender Differenz zwischen der Entkopplerfrequenz und der Resonanzfrequenz der jeweiligen Protonen größer werden, ist die Methode nur dann sinnvoll anwendbar, wenn die zu entkoppelnden Protonen genügend weit von den übrigen ^{1}H-Kernen des Spinsystems absorbieren. Daher sind hohe Magnetfeldstärken auch für Entkopplungsexperimente günstig, aber auch bei 2,3 T lassen sich z. B. die Kopplungen aliphatischer Protonen mit sp^2-C-Atomen eliminieren. Führt die Entkopplung einer Protonensorte zu einer nennenswerten Verringerung anderer ^{13}C,^{1}H-Kopplungskonstanten, sind diese mit Hilfe der Gl. (2.48) zu korrigieren (S. 50), die nach J aufgelöst die Form von Gl. (4.14) annimmt[17].

$$J = [J_r^2(4\Delta v^2 + 4(\gamma B_2)^2 - J_r^2)/(4\Delta v^2 - J_r^2)]^{\frac{1}{2}} \qquad (4.14)$$

In ihr stellen J und J_r die ungestörte bzw. die infolge der Off-Resonance Bedingung verringerte Kopplungskonstante, γB_2 die Entkopplerleistung (in Hz) und Δv die Differenz zwischen der Entkopplerfrequenz und der Absorptionsfrequenz der jeweiligen Protonen dar. Gl. (4.14) bzw. (2.48) ist im Gegensatz zu Gl. (2.50) ohne Einschränkung gültig.

2.1.5 Zuordnung und Vorzeichen von ^{13}C,^{1}H-Kopplungen

Wie auf S. 428 ausgeführt, sind für das Isotopomere **4d** des Crotonsäureethylesters Kopplungskonstanten von 6,3 und 4,0 Hz abzulesen, deren Zuordnung zu H-2 bzw. H-3 sich nicht ohne weiteres treffen läßt. Diese Probleme sind typisch für Spektren 1. Ordnung und treten dann auf, wenn die Kopplungspartner in gleicher Anzahl vorliegen und damit die gleichen Multiplizitäten hervorrufen.

Da jede Kopplung in den Absorptionen der beiden beteiligten Kerne in Erscheinung tritt, sollte im Prinzip über das ^{1}H-NMR-Spektrum des entsprechenden Mono-^{13}C-Isotopomeren eine Entscheidung möglich sein. Wegen der genannten Probleme sind andere Methoden vorzuziehen, wobei z. T. die gleichen in Frage kommen, die eine Spektrenvereinfachung bewirken (s. Abschn. 2.1.4, S. 437), z. B. der gezielte Ersatz einer Protonensorte durch Deuterium oder einen Substituenten.

Eine eindeutige Zuordnung von Kopplungen einschließlich ihrer Vorzeichen ergibt sich ferner aus der vollständigen Analyse von Spektren höherer Ordnung, die bei entsprechend niedrigerer Feldstärke erhalten werden.

Neben dieser allerdings nicht immer anwendbaren Methode sind dazu Doppelresonanz-Verfahren geeignet wie die selektive ^{1}H-Entkopplung (s. o.). Wegen der genannten Störung durch das B_2-Feld kann man die verbleibende Kopplung meist erst nach Korrektur mit Hilfe von Gl. (4.14) mit denen des unentkoppelten Spektrums vergleichen und daraus eine Zuordnung treffen (s. Aufg. 4.5).

Eleganter ist die Methode der Off-Resonance-Entkopplung mit geringerer Energie, die ebenfalls auf Gl. (4.14) beruht, aber keine quantitative Auswertung erfordert[33]. Man wählt dabei die Entkopplerfrequenz außerhalb der Resonanzstellen der betreffenden Protonen, so daß für alle die verringerten Kopplungen J_r beobachtet werden können. Die Kopplungen lassen sich dann anhand der Quotienten J_r/J zuordnen, die umso kleiner sind, je näher die jeweilige Protonensorte an der Einstrahlstelle absorbiert. Wählt man im Falle des Crotonsäureesters **4** die Zweitfrequenz höher als die Resonanzfrequenzen der Olefinprotonen, sind im Signal von **4d** statt J-Werten von 6,3 und 4,0 Hz verringerte Aufspaltungen J_r von 5,7 und 3,4 Hz zu beobachten, entsprechend Quotienten von 0,90 und 0,83. Da H-3 näher an der Einstrahlstelle absorbiert, ist die kleinere, stärker reduzierte Kopplung diesem Proton zuzuschreiben (s. Aufg. 4.6).

Große Bedeutung für die Zuordnung von Kopplungen und die Bestimmung ihrer Vorzeichen in Spektren 1. Ordnung hat die SPT-Methode (s. Kap. 2, Abschn. 3.5, S. 54) erlangt, da sie wegen ihrer geringen Anregungsenergien ($\gamma B_2 \approx$ Linienbreite) sehr selektiv ist. So lassen sich für ein AMX-System (A,M = ^{1}H; X = ^{13}C), in dem A und X mit M koppeln, die Zuordnung sowie die relativen Vorzeichen von $J(A,M)$ und $J(M,X)$ dadurch erhalten, daß man durch Einstrahlen eines 180°-Pulses in einen A-Übergang die Populationen invertiert und das NMR-Signal von X beobachtet.

Dies sei am Beispiel der *trans*-Chloracrylsäure **9** gezeigt, in deren Isotopomeren **9a** das Carbonyl-C-Atom den X- und die beiden Protonen den A- bzw. den M-Kern darstellen.

Cl\\C=C/H
H/   \\COOH
9

Cl\\C=C/H$_M$
H$_A$/   \\C$_X$OOH
9a

Aus dem ^{13}C-NMR-Spektrum dieser Spezies lassen sich ^{13}C,^{1}H-Kopplungskonstanten von 4,4 und 1,8 Hz ablesen, jedoch ohne Zuordnung und Vorzeichen, während das 100 MHz-Protonenspektrum des normalen ^{12}C-Isotopomeren die chemischen Verschiebungen ν_A = 791,4 Hz und ν_M = 666,8 Hz sowie $^3J(A,M)$ = 13,5 Hz liefert.

In völliger Analogie zur Durchführung eines INDOR- oder eines Spin-Tickling-Experiments (vgl. Lit.[1], S. 274*) wird für eine plausible Zuordnung und Vorzeichenrelation das Kopplungsschema aufgestellt, wobei hier für $^3J(H,H)$ und $^3J(C,H)$ wie üblich ein positives Vorzeichen, für $^3J(C,H)$ der größere Betrag und für $^2J(C,H)$ ebenfalls ein positives Vorzeichen angenommen wurde. Die verschiedenen Übergänge werden gekennzeichnet (innerhalb eines Multipletts steigende Ziffern mit abnehmender Frequenz) und die Spinorientierungen der anderen, von dem jeweiligen Übergang nicht betroffenen Kerne entsprechend der Vorzeichen-Konvention mit β bzw. α bezeichnet (Abb. 4.15a). Danach sind also z. B. für die Übergänge X$_1$ und X$_2$ für M die Spin-Zustände β bzw. α eingetragen, entsprechend einem positiven Vorzeichen von $J(M,X)$.

---

* Es ist zu beachten, daß die Bezeichnungen α und β gegenüber Lit.[1] hier vertauscht sind.

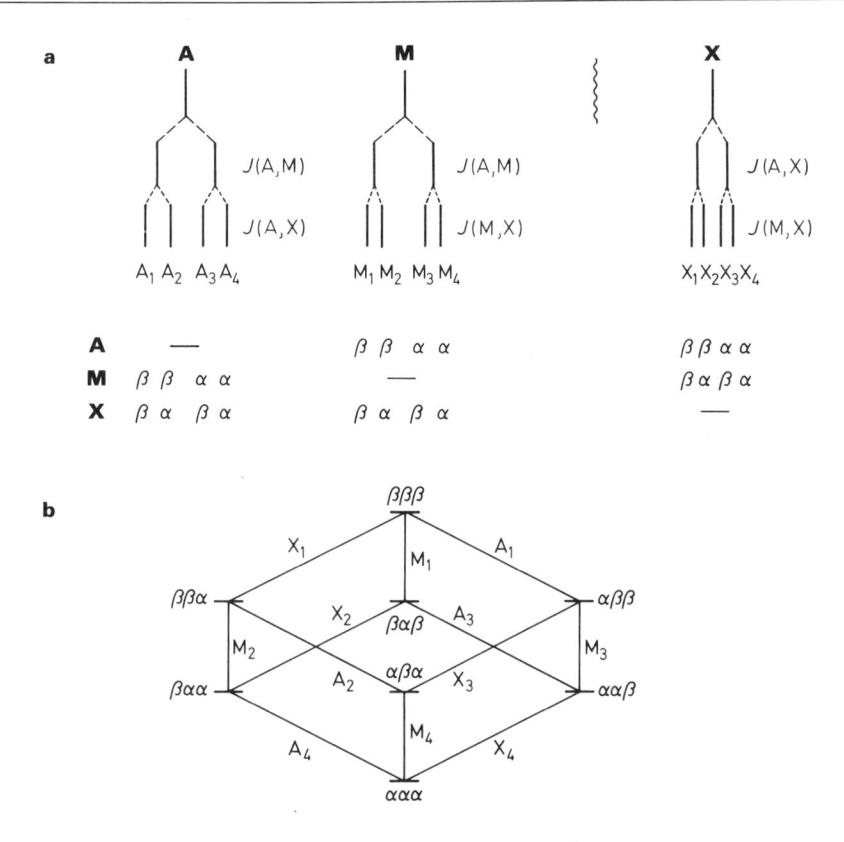

Abb. 4.15 Kopplungs- und Energieniveauschema für **9a** mit $^2J(M, X) > 0$ (s. Text)

Schließlich wird das Energieniveauschema aufgestellt, indem man die verschiedenen Kombinationen der Spin-Orientierungen der drei Kerne notiert sowie an die erlaubten Übergänge die jeweiligen Bezeichnungen anschreibt. So ist der Übergang $\alpha\beta\beta \rightarrow \beta\beta\beta$ mit A_1 zu kennzeichnen, da es sich um einen A-Übergang handelt, bei dem die beiden anderen Kerne nach der obigen Zuordnung die β-Orientierung aufweisen (Abb. 4.15b).

Wirkt nun ein 180°-Puls selektiv auf den A_1-Übergang, werden die Populationen der beiden Zustände $\beta\beta\beta$ und $\alpha\beta\beta$ ausgetauscht. Infolge der Zunahme der Besetzungszahl des obersten Niveaus ($\beta\beta\beta$) wird die Intensität des X_1-Übergangs erniedrigt und wegen $\gamma_C < \gamma_H$ negativ, während durch die gleichzeitige Verringerung der Besetzungszahl des $\alpha\beta\beta$-Zustands der X_3-Übergang eine Intensitätszunahme erfährt[34]. Genau dies wird experimentell beobachtet, so daß die gemachten Annahmen zutreffen und $^2J(CO,H)$ der Chloracrylsäure das gleiche, also positive Vorzeichen aufweist wie $^3J(H,H)$ (Abb. 2.40, S. 55; Aufg. 4.7).

Für die Bestimmung der Vorzeichen von $^{13}C,^1H$-Kopplungen liegt ferner eine 2D-NMR-Methode vor[35a], und auch zur Ermittlung und Zuordnung dieser Kopplungen über mehr als eine Bindung wurde ein 2D-NMR-Verfahren entwickelt[35b], welches eine Variante der in Kap. 2, Abschn. 4.2.1 (s. S. 59) beschriebenen J-aufgelösten 2D-NMR-Spektroskopie darstellt. Man wendet dabei einen frequenzselektiven 180°-Protonen-Puls mit verringerter Energie an ($\sim \pm 25$ Hz), der nur auf die inneren Satelliten eines im Spektrum isoliert liegenden Protons wirkt. Die bei diesem Experiment resultierenden Spektren der verschiedenen ^{13}C-Signale zeigen beim Vorhandensein einer Kopplung mit dem bestrahlten Proton eine entsprechende Dublett-Aufspaltung.

Aufgaben

4.3 a Wie sind die Spinsysteme der Isotopomere **1a–1c** des Fumarsäurediethylesters zu bezeichnen (vgl. Lit.[1])?
  b Schreibe sämtliche Mono-^{13}C-Isotopomere des Ethylmethylketons sowie des Azulens auf.

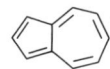

4.4 a Welcher k'-Wert ergibt sich für das Isotopomere **1b** des Fumarsäureesters (Daten vgl. Abb. 4.2 und 4.9), und welcher Spektrentyp ist somit zu erwarten?
  b Simuliere das ^{1}H-gekoppelte ^{13}C-NMR-Spektrum von **1b** mit Hilfe eines Computerprogramms. Welches Spektrum ergibt sich, wenn man für $^2J(C,H)$ statt $-2,8$ Hz einen Wert von $+5,8$ Hz verwendet (vgl. die Ergebnisse für Maleinsäureester in Lit.[18a] und Lit.[18b])?

4.5 Bei der selektiven Entkopplung von H-3 der Crotonsäure beobachtet man im ^{13}C-Signal des Methyl-C-Atoms in **8b** außer $^1J(C,H)$ eine Aufspaltung von 3,0 Hz. Wie lassen sich daraus die Kopplungen von 6,3 und 3,9 Hz, die im unentkoppelten Spektrum gemessen werden, den Protonen H-2 bzw. H-3 zuordnen? (^{1}H-Meßfrequenz 100 MHz; δ(H-2) = 5,86; δ(H-3) = 7,10; δ(H-4) = 1,19; $\gamma B_2 \approx 230$ Hz).

4.6 Bei der selektiven Entkopplung der Methylprotonen der Crotonsäure weist das Signal des Carbonyl-C-Atoms ein doppeltes Dublett mit Aufspaltungen von 3,1 und 6,3 Hz auf (vgl. Abb. 4.14b), während sich aus dem unentkoppelten Spektrum (Abb. 4.14a) Werte von 6,5 und 3,7 Hz ablesen lassen. Ordne damit sowie mit den Protonen-Daten der Aufg. 4.5 die Kopplungen zu.

4.7 a Wie ist das in Abb. 2.40d (S. 55) für 1-^{13}C-Chloracrylsäure **9a** wiedergegebene Resultat eines SPT-Experiments zu deuten (vgl. Abb. 4.15)?
  b Stelle für **9a** das Kopplungs- und Energieniveauschema mit der Annahme $^2J(CO,H) < 0$ in Analogie zu Abb. 4.15 auf. Welche Linien des ^{13}C-Signals müßten sich dann in ihren Intensitäten ändern, wenn man bei einem SPT-Experiment einen selektiven 180°-Puls auf den A_1-Übergang einwirken läßt?

2.2 Strukturabhängigkeit der ^{13}C,^{1}H-Kopplungen

Die $^1J(C,H)$-Werte sind positiv und mit ca. $+100$ bis $+280$ Hz sehr viel größer als die geminalen, vicinalen und weitreichenden ^{13}C,^{1}H-Kopplungen[12,36–38]. Von den zuletzt genannten umfassen die $^2J(C,H)$-Kopplungen den größten Bereich mit Werten von ca. -20 bis $+66$ Hz, können also auch ein negatives Vorzeichen besitzen. Demgegenüber sind die vicinalen ^{13}C,^{1}H-Kopplungen stets positiv und bis 16 Hz groß, während die weitreichenden Wechselwirkungen $^nJ(C,H)$, $n > 3$ nur wenig von Null verschiedene Werte aufweisen. Für die Kopplungen über eine Bindung liegen besonders zahlreiche Daten vor, da dieser Parameter aus den ^{13}C-Satelliten von ^{1}H-NMR-Spektren ermittelt werden konnte und sich schon früh empirische Korrelationen mit Strukturmerkmalen auffinden ließen[12,36].

2.2.1 $^{13}C,^{1}H$-Kopplungen über eine Bindung

Bei **Kohlenwasserstoffen** ist die wichtigste Einflußgröße die **Hybridisierung** des Kohlenstoff-Atoms, wie sich aus den Daten des Ethans (124,9 Hz), Ethylens (156,4 Hz) und Acetylens 249,0[15a] ergibt. Trägt man diese Werte gegen den jeweiligen s-Anteil des Kohlenstoff-Hybrid-Orbitals, das die C–H-Bindung bildet, auf (Abb. 4.16), ergibt sich als empirische Korrelation (Gl. 4.15)

$$^{1}J(C,H) = 500 \cdot s \; [Hz]; \tag{4.15}$$

diese Proportionalität beider Größen läßt sich unter gewissen Annahmen aus Gl. (4.5) ableiten[39]. Auch wenn man für eine Reihe von Kohlenwasserstoffen mit Hilfe der FPT-Methode berechnete s-Werte verwendet, resultiert eine lineare Beziehung (Gl. 4.16), die anhand der Daten von Standardverbindungen geeicht wurde[40].

$$^{1}J(C,H) = 570 \cdot s - 18,4 \; [Hz] \tag{4.16}$$

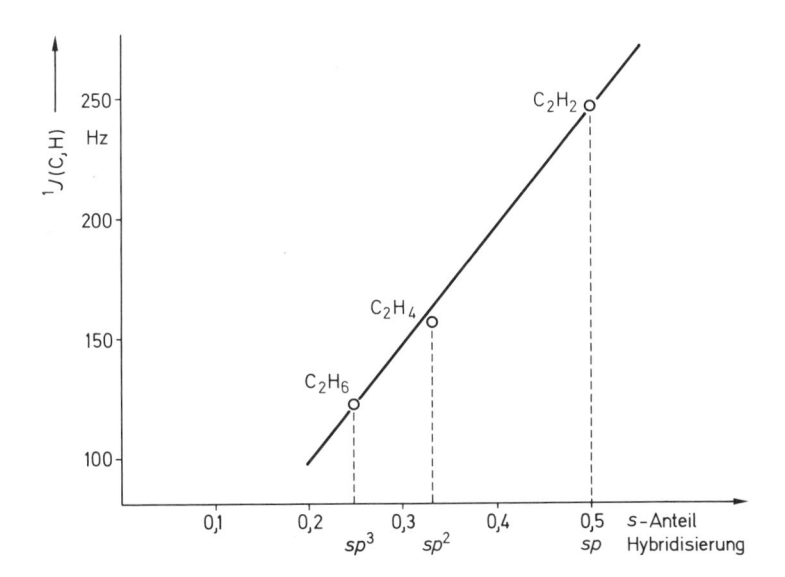

Abb. 4.16 Zusammenhang zwischen $^{1}J(C, H)$ und s-Anteil in Ethan, Ethylen und Acetylen

Während bei acyclischen Alkanen[41] Werte nahe dem des Ethans beobachtet werden, ist bei den Cycloalkanen[27] eine starke Variation festzustellen (Tab. 4.1[27,41–45]).

Sie ist ebenfalls dem Hybridisierungseinfluß zuzuschreiben und dadurch bedingt, daß mit zunehmender Ringspannung eine Hybridisierungsänderung des Kohlenstoffs in dem Sinne erfolgt, daß für die die C–H-Bindungen bildenden exocyclischen Orbitale ein höherer s-Anteil resultiert. Die extremste Situation liegt beim Cyclopropan vor, dessen exocyclische Kohlenstoff-Hybrid-Orbitale nach dem $^{1}J(C,H)$-Wert praktisch die gleiche Hybridisierung wie die des Ethylens aufweisen. Beim Cyclobutan ergibt sich nach Gl. (4.15) der

Tab. 4.1 ^1J(C,H)-Kopplungen in Alkanen und Cycloalkanen sowie in methylierten Kohlenwasserstoffen

CH_4	125	Cyclopropan	160,3
H_3C-CH_3	124,9	Cyclobutan	133,6
$H_3C-CH_2-CH_3$	124,4	Cyclopentan	128,5
$H_2C-(CH_3)_2$	125,4	Cyclohexan	125,1
		Cycloheptan	123,6
$H_3C-\underset{CH_3}{\overset{H}{C}}-CH_3$	124,0	Cyclooctan	124,5
		Cyclononan	124,0
$H_3C-C(CH_3)_3$	123,3	Cyclodecan	124,3

$\underset{H_3C}{\overset{H}{>}}C=C\underset{H}{\overset{H}{<}}$	$H_3C-\text{C}_6H_5$	$H_3C-\triangle$	$H_3C-\triangle$	$H_3C-C\equiv C-H$
125,6	126,0	126,1	129,0	131,6

s-Anteil zu 0,27; das entspricht nun nicht mehr einem idealen Hybrid-Orbital des Typs sp^3, sp^2 oder sp, sondern einem vom Typ $sp^{2,7}$, wie sich aus der Beziehung der Gl. (4.17) errechnen läßt.

$$s = \frac{1}{1+\lambda^2} \quad \text{bzw.} \quad \lambda^2 = \frac{1-s}{s} \tag{4.17}$$

In ihr wird λ^2 als Hybridisierungsindex bezeichnet und charakterisiert in der für Hybridorbitale üblichen Schreibweise sp^{λ^2} als Hochzahl den p-Anteil bezogen auf ein s-Orbital[46]. So wird Gl. (4.15) bzw. (4.16) häufig herangezogen, um bei Kohlenwasserstoffen aus experimentellen ^1J(C,H)-Daten Rückschlüsse auf den Bindungszustand von Molekülen zu ziehen. Besonders hohe Kopplungskonstanten werden für polycyclische Alkane[47-52] mit starker Ringspannung gefunden (Tab. 4.2)[26,47-52], und hier ist es entsprechend dem Gang bei den Monocyclen das Bicyclo[1.1.0]butan-System mit zwei kondensierten Cyclopropan-Ringen, das die größten ^1J(C,H)-Werte aufweist (Aufg. 4.8).

Wie die ^1J(C,H)-Kopplungen von Methyl-Gruppen in den in Tab. 4.1 aufgeführten Kohlenwasserstoffen zeigen, reagieren sie merklich auf den Hybridisierungszustand des Nachbar-C-Atoms. Sehr viel stärker ist jedoch der Einfluß von polaren Substituenten auf die ^1J-Werte, die einen sehr großen Bereich umfassen und häufig additives Verhalten zeigen[53] (Tab. 4.3[8b,36,53]). Insbesondere bei Trisubstitution und beim Vorliegen stark elektronegativer Substituenten ergeben sich jedoch stärkere Abweichungen von der Additivität, so daß weitere Wechselwirkungsparameter eingeführt wurden[54].

Die bei Anwesenheit von polaren Gruppen zu beobachtende Variation von ^1J(C,H) ist überwiegend durch den **induktiven Effekt** der Substituenten bedingt, der sich primär auf die Elektronen um den Kohlenstoff-Atomkern auswirkt, aber nur in untergeordnetem Maße eine Veränderung der Hybridisierung bewirkt[55]. Wenn man die ^1J(C,H)-Kopplungen der **Methyl-Verbindungen** gegen die Feldeffekt-Faktoren F von Swain und Lupton[56] aufträgt, die Maßzahlen für den induktiven Effekt darstellen, resultiert eine lineare Abhängigkeit[57], in die sich jedoch Substituenten nicht einfügen, die wie CN, COR

Tab. 4.2 $^1J(C,H)$-Kopplungen in Polycycloalkanen

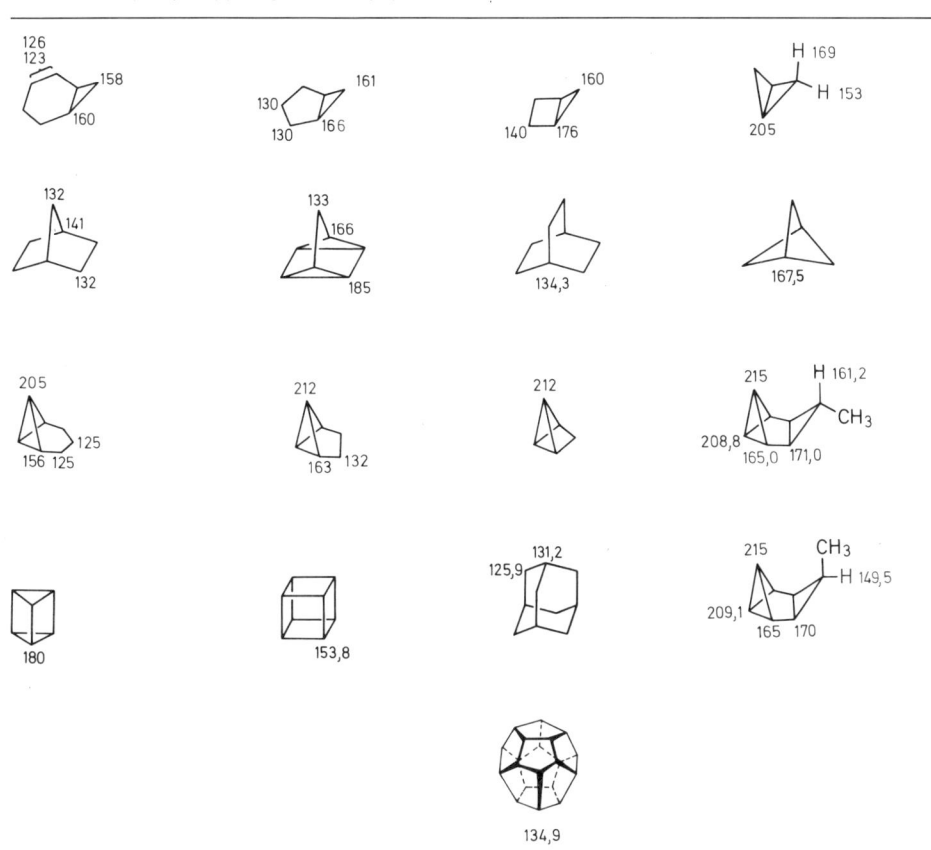

[Structures with coupling constants:]

- Norbornane-type: 126, 123, 158, 160
- Bicyclic: 130, 130, 161, 166
- Bicyclobutane: 140, 176, 160
- Cyclopropane: H 169, H 153, 205
- Cyclobutane: 132, 141, 132
- 133, 166, 185
- Bicyclo[2.2.2]: 134,3
- 167,5
- 205, 125, 156, 125
- 212, 163, 132
- 212
- 215, 208,8, 165,0, 171,0, H 161,2, CH₃
- 180
- 153,8
- 125,9, 131,2
- 215, 209,1, 165, 170, CH₃, H 149,5
- 134,9

Tab. 4.3 $^1J(C,H)$-Kopplungen in substituierten Methanen

CH₃–H	125	(CH₃)₄Si	118,4
Li [a]	98	(CH₃)₃P	127
CHO	127	(CH₃)₂CO	127
COOH	130	(CH₃)₃N	133
CN	136,1	(CH₃)₂S	138
NH₂	133	(CH₃)₂O	140
NH₃⁺	145	CH₂(OCH₃)₂	161,8
NC	145	CH₂(NO₂)₂	169,4
NO₂	146,7	CH₂Cl₂	178
SOCH₃	138	CH₂ClCN	160
O⁻	131	CH(OCH₃)₃	186
OH	141	CH(NO₂)₃	195,8
I	151,1	CHF₃	239,1
Br	151,5	CHCl₃	209
Cl	150	CHBr₃	204,3
F	149,1	CH(C₆H₅)₃	132

[a] tetramer

oder NO_2 Mehrfachbindungen enthalten und in denen das elektronegativste Atom nicht direkt an das CH-Fragment gebunden ist.

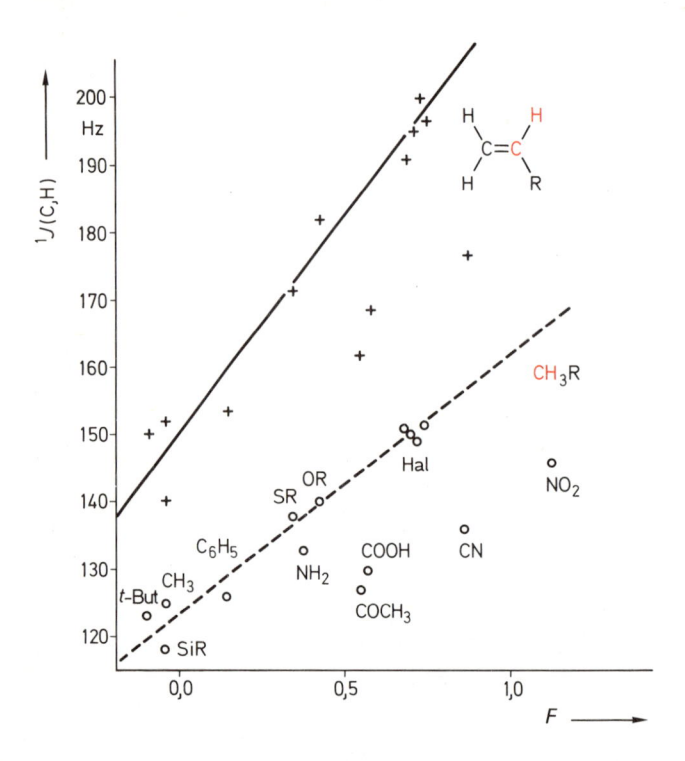

Abb. 4.17 Abhängigkeit der $^1J(C, H)$-Werte in monosubstituierten Methanen (o) und Ethylenen (x) von den Feldeffekt-Faktoren F [57,58]

Eine solche Relation wird auch für andere Systeme gefunden, z. B. für $^1J(C,H)$ des substituierten C-Atoms in **monosubstituierten Ethylenen** (Abb. 4.17)[58], und ist offenbar allgemeinerer Natur. Auch die FPT-INDO-Rechnungen führen gerade für diese Art von Substituenten zu vom Experiment sehr viel stärker abweichenden $^1J(C,H)$-Werten; das wurde darauf zurückgeführt, daß durch die genannten Substituenten auch die sonst als konstant betrachteten Elektronendichten der Valenz-s-Orbitale am Kernort, $s_C^2(0)$ und $s_H^2(0)$, beeinflußt werden[8b]. Nach anderen, neueren Rechnungen treten dagegen solche Unterschiede nicht auf, und es ergeben sich bei Substitution merkliche Änderungen auch des s-Anteils[59].

Danach besteht also eine gewisse Unsicherheit in der theoretischen Deutung des Zusammenhangs zwischen $^1J(C,H)$ und s insbesondere in mit polaren Gruppen substituierten Verbindungen. Entsprechend darf Gl. (4.15) bzw. (4.16) nur auf Kohlenwasserstoffe angewendet werden, und es ist nicht zulässig, mit ihrer Hilfe den s-Anteil in heterosubstituierten Verbindungen zu ermitteln[60].

Bei gesättigten Heterocyclen sind sowohl der durch die Ringspannung verursachte Hybridisierungseinfluß als auch der Elektronegativitätseinfluß wirksam, so daß man bei den in Tab. 4.4 aufgeführten Verbindungen erwartungsgemäß für Oxiran die größte Kopplung

Tab. 4.4 $^1J(C,H)$-Werte der α- und β-C-Atome in gesättigten Heterocyclen

	X = NH		X = S		X = O	
	α-C	β-C	α-C	β-C	α-C	β-C
(3-Ring)	168,0	–	170,6	–	175,7	–
 (4-Ring)	140,0	134,0	146,5	134,6	149,5	137,4
 (5-Ring)	139,1	131,4	142,1	126,3	144,6	133,2
 (6-Ring)	133,7	125,6	135,0	127,7	139,4	128,0

Tab. 4.5 $^1J(C,H)$-Werte in acyclischen Alkenen und Allenen

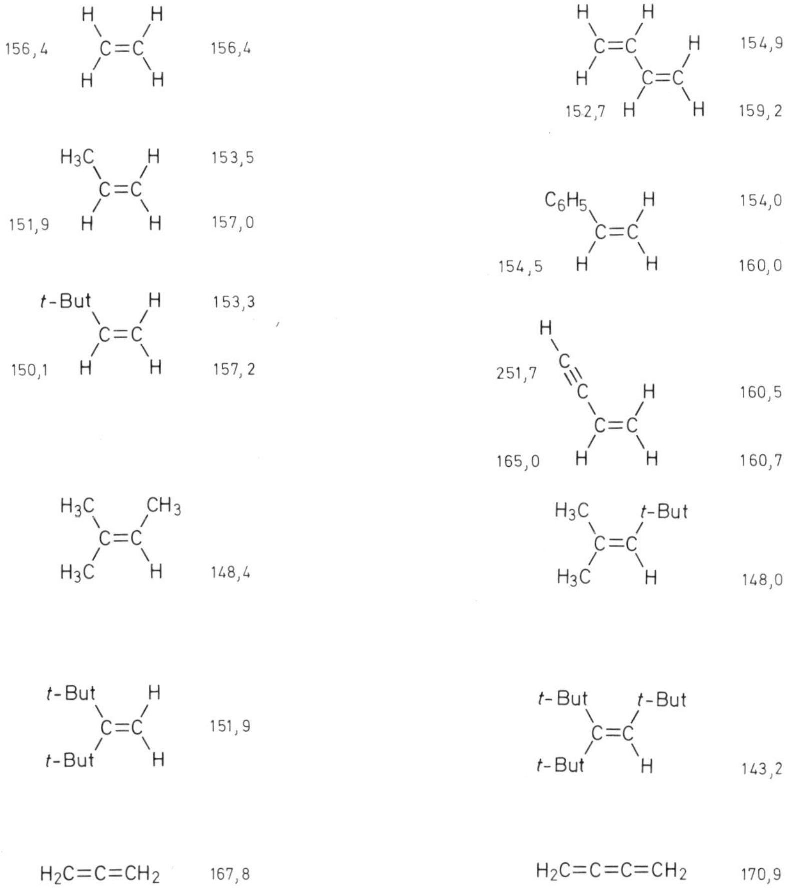

H₂C=CH₂: 156,4 (all H)

CH₃-CH=CH₂: 151,9 / 153,5 / 157,0

t-Bu-CH=CH₂: 150,1 / 153,3 / 157,2

(CH₃)₂C=CH-CH₃ (trans): 148,4

t-Bu-CH=CH-t-Bu: 151,9

H₂C=C=CH₂: 167,8

CH₂=CH-CH=CH₂ (butadien): 152,7 / 154,9 / 159,2

C₆H₅-CH=CH₂: 154,0 / 154,5 / 160,0

HC≡C-CH=CH₂: 251,7 / 160,5 / 165,0 / 160,7

(CH₃)₂C=CH-t-Bu: 148,0

(t-Bu)₂C=CH-t-Bu: 143,2

H₂C=C=C=CH₂: 170,9

beobachtet[3a,61]. Der Wirkungsweise des induktiven Effekts entsprechend, ist für die β-CH-Bindungen kein oder nur ein geringer Substituenteneinfluß festzustellen, wie sich aus dem Vergleich mit den Daten der Cycloalkane ergibt.

Ein ähnliches Bild bietet sich auch bei den Alkenen, für die aber insgesamt etwas stärkere Substituenteneffekte zu beobachten sind (Tab. 4.5[42,62−66]).

Das gilt sowohl für die Kohlenwasserstoffe **I**, deren α-CH-Bindungen Kopplungen von 150 bis 165 Hz aufweisen, als auch für die Vinyl-Verbindungen mit polaren Substituenten **II**, bei denen die Kopplungen des substituierten α-C-Atoms $^1J^{gem}$ den Bereich von 140 bis 200 Hz umfassen und die den Daten der CH_3X-Verbindungen, auch für X = $COCH_3$, CN usw., proportional sind (Tab. 4.6[58]; vgl. Abb. 4.17)[58,67].

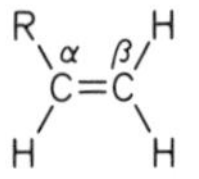

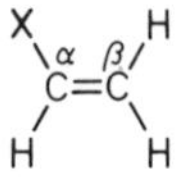

Tab. 4.6 $^1J(C,H)$-Kopplungen in Vinyl-Verbindungen

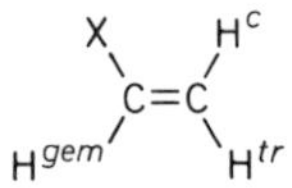

X	$^1J^{gem}$	$^1J^{tr}$	$^1J^c$
$Si(CH=CH_2)_3$	140,3	156,1	156,5
CHO	162,3	162,3	156,6
$COCH_3$	162	161	159
COOH	169		
CN	176,7	165,4	163,2
$S-CH=CH_2$	171	163	159
$O-CH=CH_2$	182	165	159
I	190,9	159,2	164,1
Br	196,6	160,3	163,6
Cl	194,9	160,9	162,6
F	200,2	162,2	159,2

Demgegenüber sind die Auswirkungen auf die β-CH-Bindungen relativ gering, so daß bei 1,1-disubstituierten Ethylenen keine große Variation der $^1J(C,H)$-Kopplungen zu erwarten ist.

In mit Methyl- und *t*-Butyl-Gruppen mehrfach substituierten Ethylenen verhalten sich die Kopplungskonstanten additiv, mit Ausnahme jedoch von Verbindungen mit *cis*-ständigen *t*-Butyl-Gruppen, für die Werte kleiner als erwartet gemessen werden. Diese Beobachtung läßt sich auf eine durch die sterische Wechselwirkung der *t*-Butyl-Gruppen bedingte Hybridisierungsänderung zurückführen, die zu einer der Zunahme der C−C=C-Bindungswinkel entsprechenden Verringerung des *s*-Charakters des CH-Orbitals führt[68].

Der umgekehrte Effekt ist in Analogie zu den Cycloalkanen bei Cycloalkenen mit einer Ringgliederzahl $n < 6$ anzutreffen, unter denen (Tab. 4.7[44,47,49,68−73]) wiederum der Dreiring eine besondere Stellung einnimmt.

Tab. 4.7 $^1J(C,H)$-Werte in cyclischen Alkenen

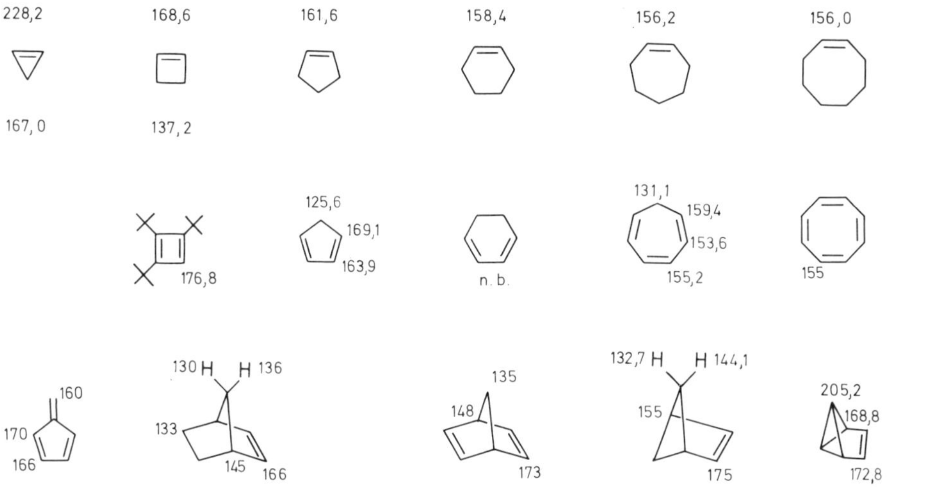

[Cyclopropan] 228,2 [Cyclobutan] 168,6 [Cyclopentan] 161,6 [Cyclohexan] 158,4 [Cycloheptan] 156,2 [Cyclooctan] 156,0

[Cyclopropen] 167,0 (=CH), [Cyclobuten] 137,2

[Tetramethyl-Cyclobuten] 176,8; [Cyclopentadien] 125,6, 169,1, 163,9; [Benzol] n.b.; [Cycloheptatrien] 131,1, 159,4, 153,6, 155,2; [Cyclooctatetraen] 155

[Methylencyclopentadien/Fulven] 160, 170, 166; [Norbornadien] 130 H, H 136, 133, 145, 166; [Bicyclo...] 135, 148, 173; [Norbornen-Derivat] 132,7 H, H 144,1, 155, 175; [Quadricyclan/Prisman] 205,2, 168,8, 172,8

Sie zeigt sich auch in den Daten substituierter Cyclopropene[36]:

H₃C─CH₃ Cyclopropen 221; O=Cyclopropenon 230; NC─CN Cyclopropen 255

Ist ein Heteroatom, z. B. Sauerstoff, über eine Doppelbindung an ein $C(sp^2)$-H-Fragment gebunden wie in der Formyl-Gruppe, gelten qualitativ die gleichen Gesetzmäßigkeiten wie bei den Methyl- und Vinyl-Verbindungen, jedoch treten noch stärkere Substituenteneffekte auf[36].

Tab. 4.8 $^1J(C,H)$-Werte der Formyl-Gruppe

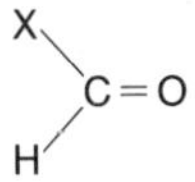

$$\begin{array}{c} X \\ \diagdown \\ C=O \\ \diagup \\ H \end{array}$$

X	$^1J(C,H)$	X	$^1J(C,H)$
H	172	O⁻	194,8
CH₃	172,4	OH	222
t-But	168,6	OCH₃	226,2
C₆H₅	173,7	F	267
N(CH₃)₂	191,2		

Die $^1J(C,H)$-Kopplungskonstanten in **benzoiden Aromaten** zeigen keine große Variationsbreite und weisen weitgehend den gleichen Wert wie im Benzol auf, der sich andererseits nicht von dem des Cyclohexens unterscheidet[32, 74, 75]. Daraus geht hervor, daß die lokale Bindungsgeometrie und die daraus resultierende Hybridisierung des Kohlenstoffs der entscheidende Faktor ist. Entsprechend findet man wiederum eine Ringgrößenabhängigkeit, z. B. in den nichtalternierenden Kohlenwasserstoffen Pyracylen[76] und Azulen[77], und bei den Benzocycloalkenen sind die Auswirkungen von Spannungseffekten auch an den ^1J(C-α, H)-Daten der Benzol-Ringe abzulesen[80] (Tab. 4.9[74−81]).

Tab. 4.9 ^1J(C,H)-Werte in benzoiden und nichtbenzoiden aromatischen Kohlenwasserstoffen sowie in Benzocycloalkenen

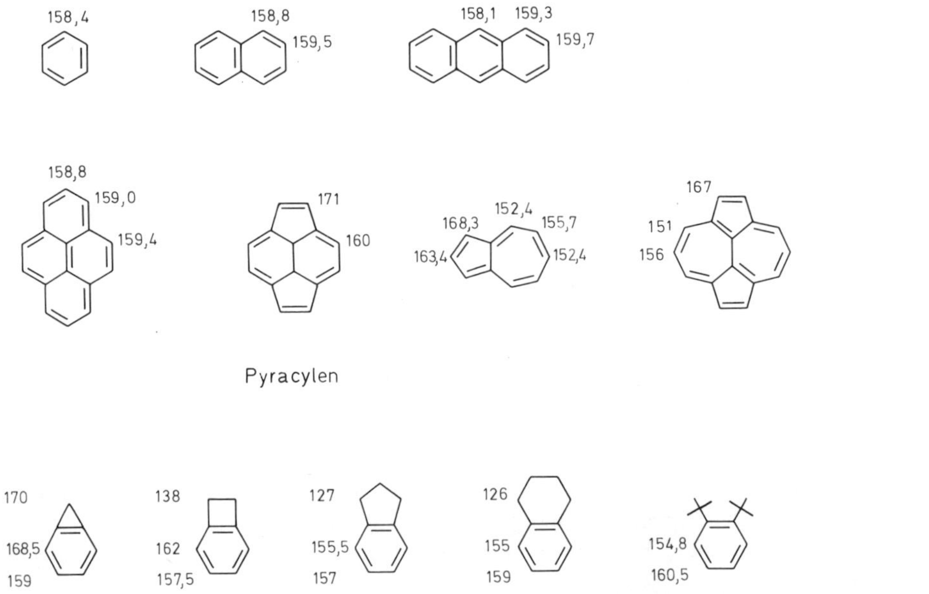

Bei monosubstituierten Benzolen treten erwartungsgemäß nur relativ kleine Substituenteneffekte auf, deren Variationsbereich in der Reihenfolge ^1J(C-2, H-2) > ^1J(C-3, H-3) > ^1J(C-4, H-4) abnimmt und damit zumindest qualitativ auf das Überwiegen des induktiven Effekts gegenüber dem mesomeren Einfluß der Substituenten hinweist (Tab. 4.10[81]). Das ergibt sich auch aus den Zwei-Parameter-Korrelationen mit σ_I- und σ_p-Werten[81].

In substituierten Naphthalinen werden ähnliche Effekte beobachtet, wobei Substituenten in 1-Position auch einen Einfluß auf die peri-ständige CH-Bindung ausüben können, der für X = NO_2, OH, OCH_3, CHO zu einer Erhöhung und für X = NH_2, CH_3 zu einer Verringerung von ^1J(C-8, H-8) führt[82].

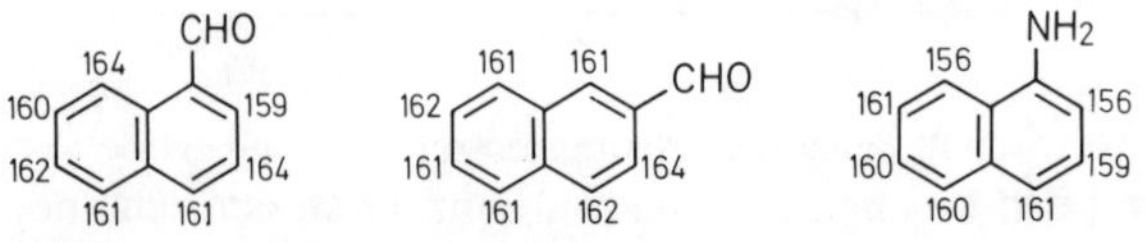

Tab. 4.10 $^1J(C,H)$-Kopplungen in monosubstituierten Benzolen

X = H: $^1J(C,H)$ = 158,4 Hz

X	$^1J(C-2, H-2)$	$^1J(C-3, H-3)$	$^1J(C-4, H-4)$
Si(CH$_3$)$_3$	156,1	157,7	158,1
CH$_3$	155,9	157,6	158,8
CN	165,3	163,7	162,4
CHO	161,0	161,9	160,4
NH$_2$	156,0	156,9	160,5
NO$_2$	168,1	165,1	162,8
OCH$_3$	158,5	158,4	160,4
I	165,6	161,3	161,0
Br	165,7	161,5	161,3
Cl	164,9	161,4	161,4
F	162,6	161,1	161,4

Das Cyclopentadienyl-Anion und Tropylium-Kation weisen eine Erniedrigung von $^1J(C,H)$ gegenüber Cyclopentadien bzw. eine Erhöhung gegenüber Benzol auf; diese Erhöhung bei C$_7$H$_7^+$ kann nicht durch die unterschiedliche Ringgröße bedingt sein, da $^1J(C,H)$ in dieser Verbindung im entgegengesetzten Sinne verändert ist (Tab. 4.11[83, 84, 87-89]).

Tab. 4.11 $^1J(C,H)$-Kopplungen in aromatischen Ionen und Übergangsmetall-Komplexen

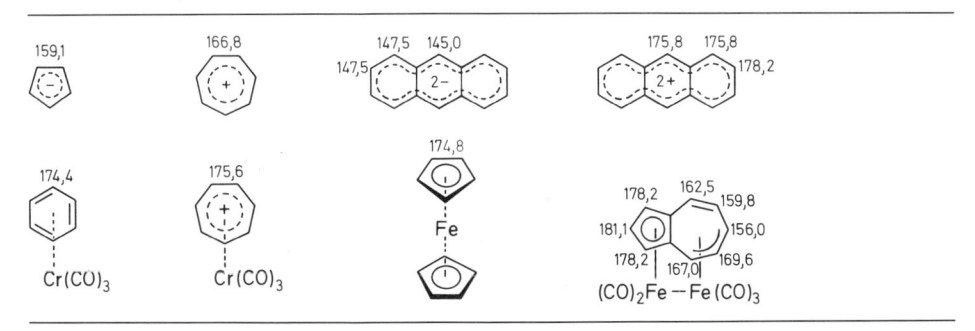

Dieser Effekt wird der partiellen positiven Ladung an den einzelnen C-Atomen zugeschrieben[87], deren Einfluß anhand einer von Grant und Litchman[55] für mit polaren Gruppen substituierte Methane angegebenen Gl. (4.18) diskutiert wird.

$$\frac{^1J(A)}{^1J(B)} \simeq \frac{\Delta E(B)}{\Delta E(A)} \left(\frac{N(A)}{N(B)}\right)^2 \left(\frac{s(A)}{s(B)}\right)^2 \left(\frac{Z^*(A)}{Z^*(B)}\right)^3 \qquad (4.18)$$

In ihr wird das Verhältnis zweier $^1J(C,H)$-Kopplungen in den Verbindungen A und B als Funktion der mittleren Anregungsenergien ΔE, der Bindungsnormalisierungskonstanten N, der s-Anteile s sowie der effektiven Kernladungen Z^* ausgedrückt.

$$Z^* = 3{,}25 - 0{,}35\,(Q_A - 4) \tag{418a}$$

(mit $Q_A = 4 + q_\pi$; $q_\pi = \pi$-Elektronendichte)

Da Z^* in der dritten Potenz auftritt, können sich bereits kleine Änderungen auf $^1J(C,H)$ auswirken. So ergibt sich für das Tropylium-Kation mit $q_\pi = -0{,}14$ aus Gl. (4.18a) für Z^* ein Wert von 3,30, während für das keine Ladung tragende CH-Fragment der Vergleichsverbindung Benzol $Z^* = 3{,}25$ resultiert. Läßt man die übrigen Parameter in Gl. (4.18) konstant, folgt $^1J(C_7H_7^+)/^1J(C_6H_6) = (1{,}015)^3$ und weiter aus $^1J(C_6H_6) = 158{,}4$ Hz ein Erwartungswert für $^1J(C_7H_7^+)$ von 165,7 Hz, in guter Übereinstimmung mit dem Experiment.

Auch im Falle der Ionen des Anthracens ist es das Anion, welches den gegenüber dem ungeladenen Kohlenwasserstoff verringerten $^1J(C,H)$-Wert besitzt, während beim Kation eine Erhöhung festzustellen ist[84].

Bei **Übergangsmetall-π-Komplexen** mit Cyclopentadienyl- und Aren-Liganden ist generell eine starke Erhöhung von $^1J(C,H)$ gegenüber der Kopplung im freien Liganden charakteristisch[85], als deren Ursache sowohl eine Zunahme der effektiven Kernladung[86] als auch ein höherer s-Anteil in den entsprechenden Kohlenstoff-Orbitalen diskutiert werden[87]. In s-cis-Dien-Komplexen wie den Eisentricarbonyl-Komplexen des Butadien-1,3 **10** und des 1,2-Dimethylencyclohexans **11** wird diese Erhöhung jedoch nicht für die terminalen C—H-Bindungen beobachtet (vgl. Butadien in Tab. 4.5, S. 449), so daß auf eine Verdrillung der C=C-Bindung geschlossen wurde, die zu einer besseren p-d-Orbital-Überlappung führt[22].

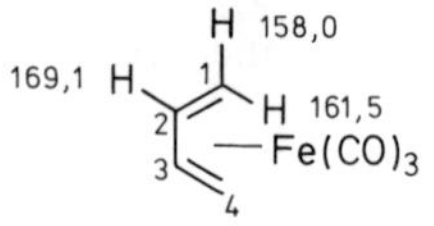

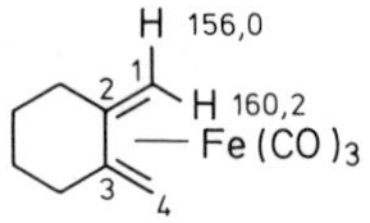

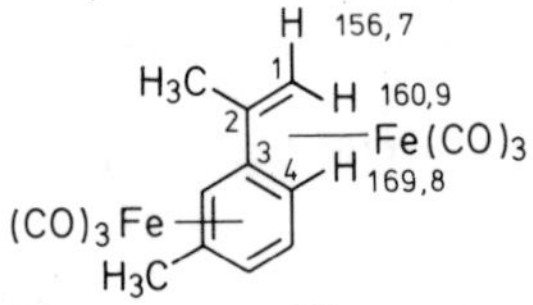

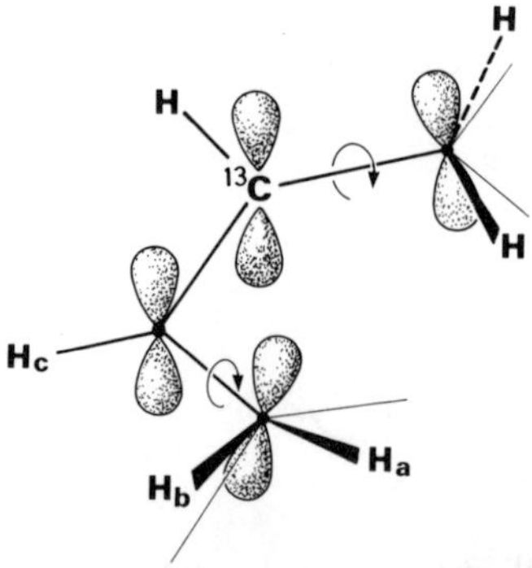

Entsprechend der Hybridisierungsänderung an C-1 liegen die Wasserstoff-Atome nicht mehr in der Ebene des Kohlenstoff-Gerüsts, und die jeweiligen Bindungsorbitale des Kohlenstoffs weisen einen verringerten s-Anteil auf. Ist eine solche Verdrillung nicht möglich wie bei der in einen Phenyl-Ring integrierten Doppelbindung von **12**, wird die gegenüber dem freien Liganden erhöhte Kopplungskonstante beobachtet, während für die verdrillbare C=C-Bindung niedrige Werte wie in **10** und **11** auftreten.

Im **Pyridin** als dem einfachsten Azaanalogen des Benzols findet man als Folge des Elektronegativitätseinflusses insbesondere für die α-CH-Bindung eine höhere Kopplungskonstante, die im N-Oxid und noch stärker in der protonierten Verbindung zunimmt[90-94], so daß sich mit Hilfe dieser Größe die Oxidations- bzw. Protonierungsstelle in Polyaza-Verbindungen ermitteln läßt[94] (Aufg. 4.10; Tab. 4.12[90-110]).

Tab. 4.12 $^1J(C,H)$-Kopplungen in Heteroaromaten

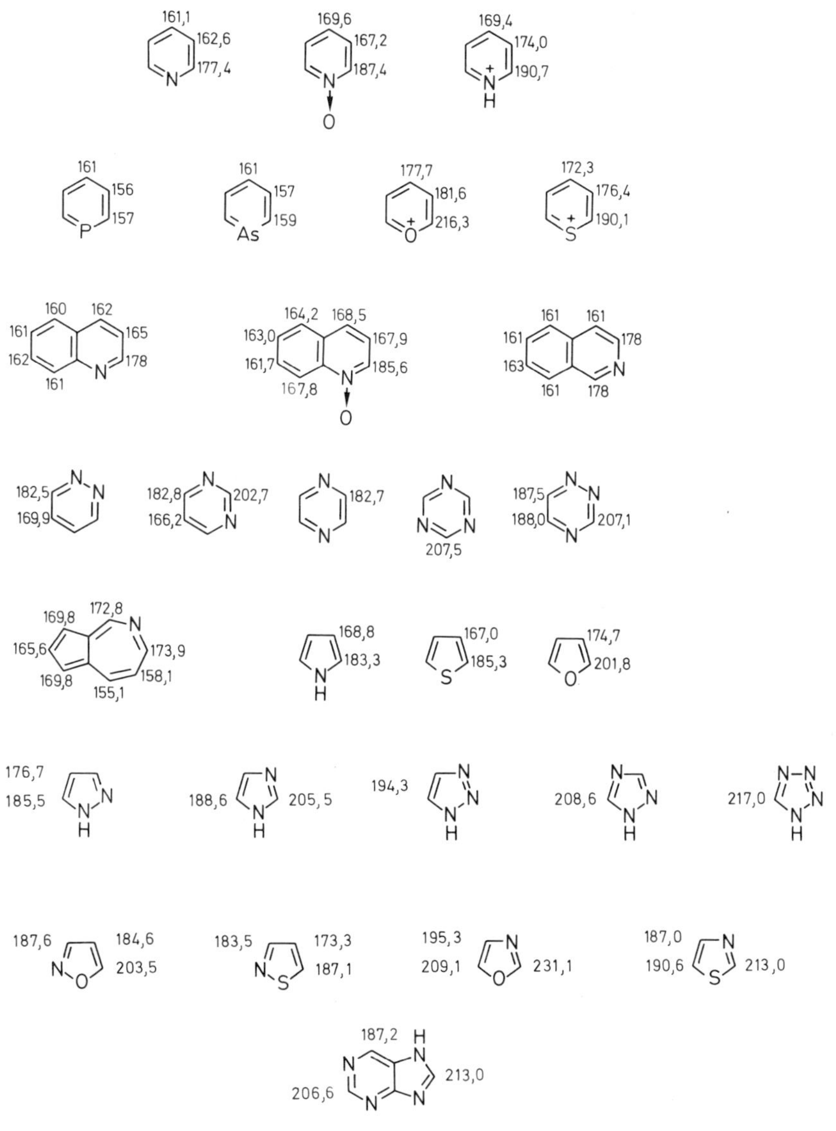

[Strukturen mit Kopplungskonstanten:]

Pyridin: 161,1; 162,6; 177,4
Pyridin-N-Oxid: 169,6; 167,2; 187,4
Pyridinium: 169,4; 174,0; 190,7

Phosphabenzol: 161; 156; 157
Arsabenzol: 161; 157; 159
Pyrylium: 177,7; 181,6; 216,3
Thiopyrylium: 172,3; 176,4; 190,1

Chinolin: 160, 162, 161, 162, 161, 161, 165, 178
Chinolin-N-Oxid: 164,2, 168,5, 163,0, 161,7, 167,8, 167,9, 185,6
Isochinolin: 161, 161, 161, 163, 161, 178, 178

Pyridazin: 182,5; 169,9
Pyrimidin: 182,8; 166,2; 202,7
Pyrazin: 182,7
1,3,5-Triazin: 207,5
1,2,4-Triazin: 187,5; 188,0; 207,1

Azulen: 169,8; 172,8; 165,6; 169,8; 173,9; 158,1; 155,1
Pyrrol: 168,8; 183,3
Thiophen: 167,0; 185,3
Furan: 174,7; 201,8

Pyrazol: 176,7; 185,5
Imidazol: 188,6; 205,5
1,2,3-Triazol: 194,3
1,2,4-Triazol: 208,6
Tetrazol: 217,0

Isoxazol: 187,6; 184,6; 203,5
Isothiazol: 183,5; 173,3; 187,1
Oxazol: 195,3; 209,1; 231,1
Thiazol: 187,0; 190,6; 213,0

Purin: 187,2; 206,6; 213,0

Die gleichen Tendenzen sind auch beim Isochinolin und Chinolin festzustellen[94-96], in dessen N-Oxid für C-8 eine merkliche Erhöhung der Kopplung über eine Bindung auftritt, vergleichbar den Effekten in 1-substituierten Naphthalinen (Aufg. 4.11).

Die im Phospha- und Arsabenzol gemessenen $^1J(C,H)$-Kopplungen unterscheiden sich dagegen kaum von denen des Benzols, während im Pyrylium- und Thiapyrylium-Kation die Wirkung sowohl der positiven Ladung als auch, zumindest im Falle des Pyrylium-Kations, der Elektronegativität des Heteroatoms in Erscheinung tritt[97,98].

In Polyazabenzolen verhalten sich die Einflüsse der weiteren Stickstoff-Atome weitgehend **additiv**, so daß z. B. für Pyrimidin die Reihenfolge $^1J(C-2, H-2) > {}^1J(C-4, H-4) > {}^1J(C-5, H-5)$ resultiert. Eine Abschätzung läßt sich mit Hilfe der in Tab. 4.13 für die verschiedenartigen Nachbarbindungen angegebenen Additivitätskonstanten durchführen, wobei für Sechsring-Verbindungen die Δ'_{XY}-Werte der linken Spalte heranzuziehen sind[111a].

Tab. 4.13 Additivitätskonstanten für die verschiedenartigen Nachbarbindungen zur Berechnung von $^1J(C,H)$ in Aromaten mit mehr als einem Heteroatom[111] (vgl. die Beispiele sowie Aufg. 4.12).

Sechsring-Verbindungen		Fünfring-Verbindungen	
Δ'_{CC}	77,5	Δ''_{XY}	$\Delta'_{XY} + 2,5^a$
Δ'_{CN}	84,5	Δ''_{CO}	95,0
Δ'_{NC}	103,0	Δ''_{OC}	121,5
Δ'_{NN}	103,0	Δ''_{ON}	121,5
Δ'_{NO}	103,0	Δ''_{CS}	82,5
		Δ''_{SC}	101,0

^{a} Δ'_{XY} bedeuten die in der linken Spalte für XY-Bindungen in Sechsringen angegebenen Inkremente.

Ändert sich die Ringgröße, treten die üblichen Effekte auf, wie die Erniedrigung von $^1J(C,H)$ im Siebenring des 5-Azaazulens und die Erhöhung im Pyrrol gegenüber Pyridin deutlich machen. Beim Einführen anderer Elemente in den Fünfring wird ferner deren elektronegativer Einfluß wirksam, der sich bei Mehrfachsubstitution mit den für Fünfringe geltenden Δ''_{XY}-Werten der Tab. 4.13 abschätzen läßt; diese ergeben sich z. T. aus den für Sechsringe aufgeführten Δ'_{XY}-Werten durch Addition von $2,5^{111b}$.

Beispiele (vgl. Aufg. 4.12):

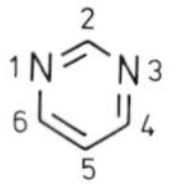

$^1J(C-2, H-2) = 2 \cdot \Delta'_{NC} = 206,0$ Hz
$^1J(C-4, H-4) = \Delta'_{NC} + \Delta'_{CC} = 180,5$ Hz
$^1J(C-5, H-5) = 2 \cdot \Delta'_{CN} = 169,0$ Hz.

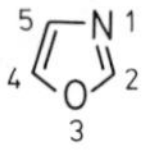

$^1J(C-2, H-2) = \Delta'_{NC} + 2,5 + \Delta''_{OC} = 227,0$ Hz
$^1J(C-4, H-4) = \Delta'_{CN} + 2,5 + \Delta''_{OC} = 208,5$ Hz
$^1J(C-5, H-5) = \Delta'_{NC} + 2,5 + \Delta''_{OC} = 200,5$ Hz

Daten für weitere ungesättigte carbo- und heterocyclische Ringsysteme sind in Tab. 4.14[112-118] zusammengestellt.

Substituierte **Acetylene**, in denen nur Substituenten in β-Stellung zum CH-Fragment wirksam sein können, weisen eine relativ starke Variation von $^1J(C,H)$ auf und erreichen im OC_6H_5-Derivat den Wert der Blausäure, in der der elektronegative Stickstoff direkt an CH gebunden ist (Tab. 4.15[36,45,119]).

$^{13}C,^1H$-Kopplungen

Tab. 4.14 $^1J(C,H)$-Werte in ungesättigten Ringsystemen

Coumarin (2H-chromen-2-one): 162,9; 164,3; 164,3; 164,3; 172,4; 165,3

4H-Pyran-4-on: 168,8; 199,5

2H-Pyran-2-on: 163; 173; 170; 200

Uracil: 176,5; 180,5

1,4-Benzochinon: 168,4

Cyclohex-2-enon: 162,3; 157,5

Cyclopent-2-enon: 170,4; 166,2

Anthrachinon: 165,5; 163,5

Tab. 4.15 $^1J(C,H)$-Kopplungen sp-hybridisierter C-Atome

$$X-C\equiv C-H$$

X	$^1J(C,H)$	X	$^1J(C,H)$
H	249,0	I	255
CH_3	248,1	Br	261
C_6H_5	251,0	Cl	270
CHO	247,4	F	277,5
$N(C_6H_5)_2$	259		
OC_6H_5	269	$HC\equiv N$	267

$^1J(C,H)$-Kopplungen zeigen in verschiedenen Verbindungstypen eine **stereochemische Abhängigkeit**[31,47–50,120–129], die aber, z. B. bei den Mono- und Polycycloalkanen, nicht immer eindeutig geklärte Ursachen hat[31,50]; in den Nornornenen könnte sie durch die Orientierung der π-Orbitale bedingt sein[49] (Tab. 4.16).

Auch theoretisch fundiert ist dagegen der Einfluß von freien Elektronenpaaren auf $^1J(C,H)$, den man bei Oximen, Aziridinen und Oxaziridinen[120], aber auch bei höhergliedrigen Ringsystemen wie 1,3-Dioxanen und insbesondere für $^1J(C-1,H-1)$ von Pyranosen[121–124] beobachtet. Bei den Oximen und Dreiring-Heterocyclen weist allgemein die zum freien Elektronenpaar des Stickstoff-Atoms cis-ständige CH-Bindung die größere ^1J-Kopplung auf, und entsprechend sind in den genannten Sechsringverbindungen die Kopplungen der equatorialen C-1,H-1-Bindung größer, die, verglichen mit der axialen CH-Bindung, den freien Orbitalen des Ring-Sauerstoff-Atoms enger benachbart ist.

Nach der MO-Theorie[125] beruht die stereochemische Abhängigkeit auf einer partiellen Delokalisierung des einsamen Elektronenpaars in die Orbitale des CH-Fragments, die nicht nur zu einer Erhöhung von $^1J^c$, sondern auch zu einer Verringerung von $^1J^{tr}$ führt. Beispiele dafür sind insbesondere die $^1J(C,H)$-Werte des Benzaldimins sowie des Chinolizidins (vgl. Tab. 4.16), bei denen der Elektronegativitätseinfluß durch den Hyperkonjugationseffekt des freien Elektronenpaars kompensiert wird[125,126a].

Tab. 4.16 Stereochemische Abhängigkeit der $^1J(C,H)$-Kopplung

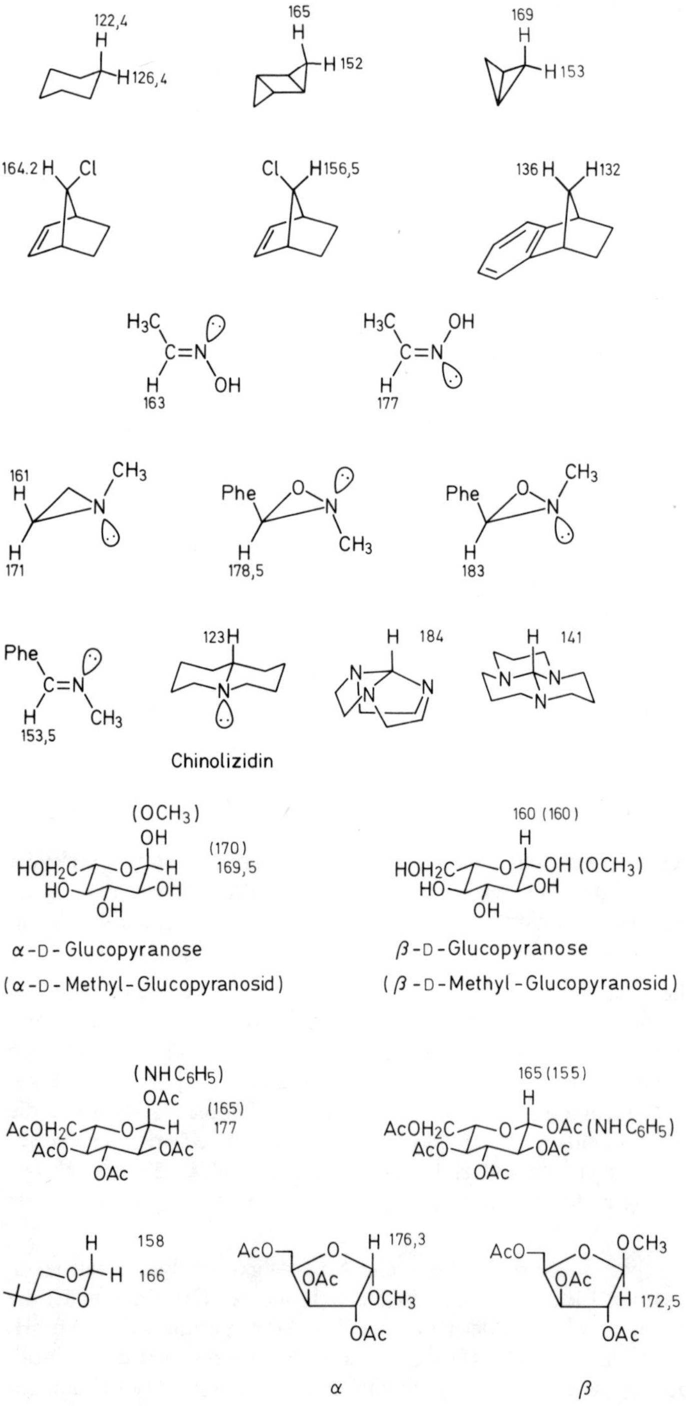

Die genannte Relation $^1J(\text{C-1},\text{H-1}^a) < \,^1J(\text{C-1},\text{H-1}^e)$ gilt bei Hexopyranosen mit ^4C-1-Konformation (vgl. die in Tab. 4.16 für α- und β-D-Glucopyranose angegebene Konformation) allgemein und läßt sich zur Erkennung der Konfiguration an C-1 heranziehen. Wegen des Einflusses von Substituenten an C-1 und Lösungsmitteleffekten (s. Abschn. 2.2.5, S. 491) zeigen die $^1J(\text{C-1},\text{H-1})$-Werte eine beträchtliche Variationsbreite, jedoch bleibt die Differenz von 10 Hz in der Regel erhalten, so daß beim Vorliegen beider Anomere eine eindeutige Zuordnung möglich ist[122,127]. Demgegenüber sind die Unterschiede bei Furanosiden sehr viel kleiner (0 bis 4 Hz), so daß eindeutige Rückschlüsse weniger leicht zu ziehen sind[128].

Die ^{13}C-NMR-Spektroskopie ist für die Beobachtung von **Carbokationen**, wie sie z. B. in $SO_2ClF-SbF_5$ bei tiefen Temperaturen erhalten werden, sehr gut geeignet, wie bereits die Diskussion der ^{13}C-chemischen Verschiebungen ergeben hat, und das gilt gleichermaßen auch für die ^{13}C,^{1}H-Kopplungen über eine Bindung[130-135].

So ist in statischen aliphatischen Carbenium-Ionen wie $(CH_3)_2\overset{+}{C}H$ für die Kopplung des ladungstragenden C-Atoms ein Wert von 171,3 Hz charakteristisch, der sp^2-Hybridisierung anzeigt, während man für die dazu α-ständigen CH-Bindungen eine Kopplungskonstante von 131,7 Hz beobachtet[131] (Tab. 4.17[130-134]).

Tab. 4.17 $^1J(C,H)$-Kopplungen in Carbenium- und Carbonium-Ionen

	$^1J(CH)$ bzw. $\bar{J}$	$^1J(CH_3)$
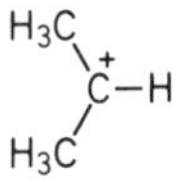 (CH₃)₂C⁺H (Isopropyl)	171,3	131,7
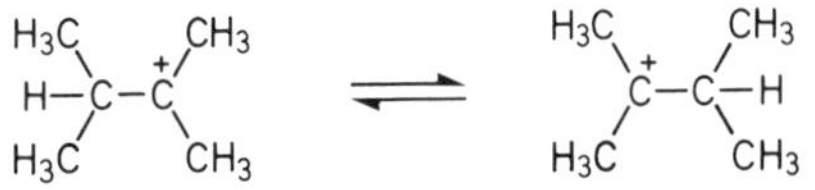 (CH₃)₃C-C⁺(CH₃)₂ ⇌ ...	67,5	132,2
 sec-Butyl-Kation ⇌ ...	66,7	130,7
Cyclopentyl ⇌ ... (5fach entartet)	28,5	—
H₂C—CH₂ mit Br⁺	185	
Cyclohexenyl-Kation	178,4 / 173,5 / 173,8 / 168,3	
Norbornyl-Kation	184,5	
weiteres Kation	220	

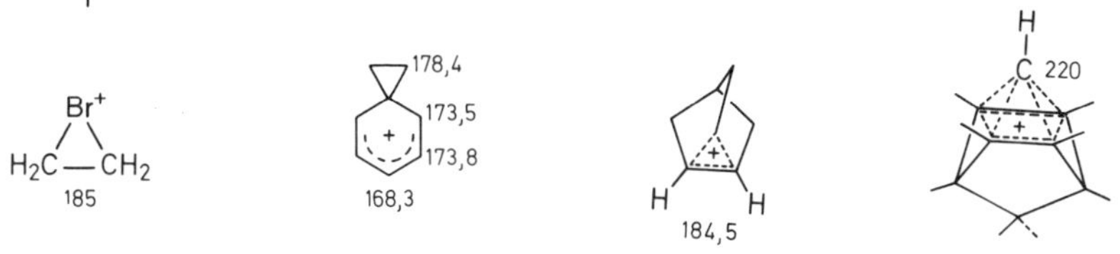

Andere Carbenium-Ionen wie das Dimethylisopropyl- und das Cyclopentyl-Kation weisen rasche entartete Umlagerungen auf, so daß die beobachteten Kopplungen Mittelwerte $\bar{J}$ darstellen, die sich aus den Daten statischer Ionen wie des Isopropyl-Kations unter

Berücksichtigung der Anzahl der Spezies sowie des statistischen Gewichts der Kopplungen abschätzen lassen[132]. Für das Butyl-Ion ergibt die Rechnung, wenn man $^{13}C,^{1}H$-Kopplungen über mehr als eine Bindung vernachlässigt, einen Wert von

$$\bar{J} = \tfrac{1}{2}(\tfrac{1}{3}\cdot 171 + \tfrac{2}{3}\cdot 132) = 72{,}9 \text{ Hz},$$

in Einklang mit dem experimentellen Ergebnis (Aufg. 4.13). Dagegen werden beim Ethylenbromonium- und Ethylenbenzenium-Ion aufgrund der für Dreiringverbindungen typischen großen ^1J-Kopplungen σ-überbrückte nichtklassische Strukturen diskutiert[132,133].

In vielen Fällen läßt sich aber mit Hilfe dieses Parameters die Unterscheidung zwischen in raschem Austausch vorliegenden Carbenium-Ionen und einem nichtklassischen Ion, wie sie für das 2-Norbornyl-Kation in Betracht zu ziehen sind, nicht unbedingt eindeutig treffen[130].

Aufgaben

4.8 Für die Brückenkopf-CH-Bindungen des Bicyclo[1.1.0]butans und die olefinische CH-Bindung des Cyclopropens sind der s-Anteil sowie der Typ des entsprechenden Kohlenstoff-Hybrid-Orbitals ($sp^{\lambda 2}$) anzugeben.

4.9 Welche $^1J(C,H)$-Werte sind für CH_2ClCN und CHF_2NO_2 zu erwarten?

4.10 In welchem Ring des Adenosin-monophosphats erfolgt die Protonierung (in Klammern die $^1J(C,H)$-Werte in saurer Lösung (1 mol $\cdot$ l^{-1} H_2SO_4))?

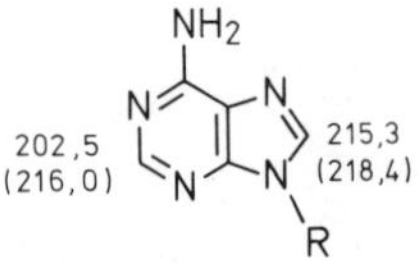

4.11 Inwieweit läßt sich allein aus den ^{13}C-chemischen Verschiebungen und den $^1J(C,H)$-Werten eine Zuordnung der ^{13}C-Signale des Chinoxalin-N-Oxids treffen?

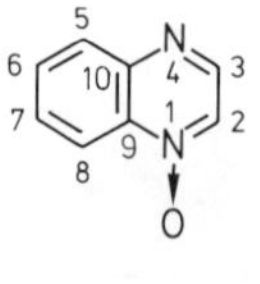

δ_C (ppm)	$^1J(C,H)$ (Hz)
118,9	173,9
130,1	188,6
130,2	166,5
130,2	166,5
131,7	164,5
137,5	–
146,0	–
146,1	185,2

4.12 Mit Hilfe der Additivitätskonstanten in Tab. 4.13 sind die Erwartungswerte für die $^1J(C,H)$-Kopplungen des 1,2,4-Triazins und des Isoxazols zu ermitteln. Läßt sich die Abschätzung auch auf Bicyclen wie z. B. **C** anwenden?

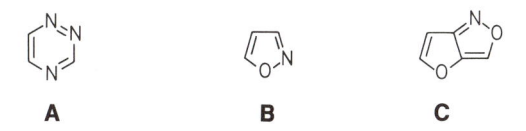

A   **B**   **C**

4.13 Welcher Schätzwert ergibt sich für $^1J(C,H)$ des Cyclopentyl-Kations (ohne Berücksichtigung von $^{13}C,^1H$-Kopplungen über mehr als eine Bindung)?

2.2.2 Geminale $^{13}C,^1H$-Kopplungen

Für die $^2J(C,H)$-Kopplungen werden üblicherweise Werte zwischen -10 und $+66$ Hz beobachtet. Sie können also auch ein negatives Vorzeichen besitzen und weisen einen sehr großen Bereich auf, an dessen unterem Ende man die Kopplungskonstanten von Alkanen, Alkenen sowie von Aromaten einschließlich ihrer Derivate findet (-10 bis $+20$ Hz), während die Kopplungen von Formylprotonen zwischen $+20$ und $+50$ Hz und die von Acetylenprotonen zwischen $+40$ und $+66$ Hz liegen[12, 36-38].

Beschränkt man sich zunächst auf acyclische **Kohlenwasserstoffe**, so beobachtet man in den Grundsystemen Ethan und Ethylen, also über eine C−C-Einfach- bzw. C=C-Doppelbindung hinweg, relativ kleine, sich nur wenig unterscheidende Kopplungskonstanten von $-4,5$ bzw. $-2,4$ Hz, über die C≡C-Dreifachbindung im Acetylen dagegen einen hohen Wert von $+49,6$ Hz (Tab. 4.18[15a, 41, 42, 45, 62, 64]).

Tab. 4.18 $^2J(C,H)$-Kopplungen in acyclischen Kohlenwasserstoffen mit unterschiedlicher Hybridisierung der koppelnden Kohlenstoff-Atome

H_3C-CH_3	$H_3C-CH_2-CH_3$	$H_3C-CH=CH_2$
$-4,5$	$-4,4$	$+5,0$
$H_2C=CH_2$	$H_2C=CH-CH_3$	$H_2C=CH-CH=CH_2$
$-2,4$	$-6,8$	$+4,1$
$HC≡CH$	$HC≡C-CH_3$	$HC≡C-CH=CH_2$
$+49,6$	$-10,4$	$+2,0$

Berücksichtigt man die verschiedenen Kombinationsmöglichkeiten unterschiedlich hybridisierter Kohlenstoff-Atome vom Typ sp^3, sp^2 und sp, ergeben sich die in den Verbindungen der Tab. 4.18 aufgeführten CCH-Fragmente mit einer C−C-Einfachbindung, deren $^2J(C,H)$-Werte einen merklichen Einfluß der **Hybridisierung** der beteiligten C-Atome erkennen lassen. So werden für die geminalen Kopplungen von an sp^3-C-Atome gebundenen H-Atomen Werte mit negativen Vorzeichen (mittlere Spalte) und von mit sp^2-Kohlenstoff-Atomen verknüpften Protonen positive Kopplungskonstanten beobachtet (rechte Spalte). Innerhalb dieser beiden Typen tritt jeweils eine negative Änderung von $^2J(C,H)$ auf, wenn man von einem sp^3-C-Atom als Kopplungspartner zu solchen mit sp^2- und weiter mit sp-Hybridisierung übergeht. In den untersuchten Alkanen und Cycloalkanen (Tab. 4.19[26,27,31,41a,48,136−138]) ist die Variationsbreite von $^2J(C,H)$ nicht sehr groß. Bei den ungesättigten cyclischen Verbindungen fallen die Fünfringe durch ihre hohen, positiven Kopplungskonstanten auf, während Vier-, Sechs- und Siebenringe Werte nahe 0 Hz aufweisen, unabhängig davon, ob ein Olefin, Aromat, Enon oder ungesättigtes Lacton vorliegt (Tab. 4.20[17,25,32,69,71,77,83]).

Tab. 4.19 $^2J(C,H)$-Kopplungen in gesättigten Kohlenwasserstoffen

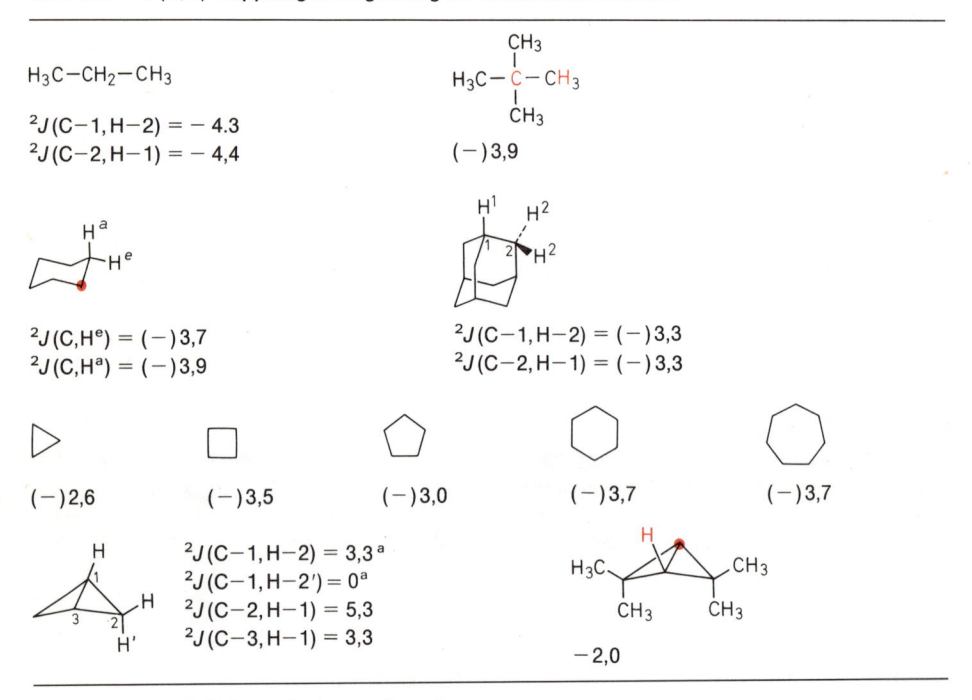

H₃C−CH₂−CH₃

$^2J(C-1,H-2) = -4{,}3$
$^2J(C-2,H-1) = -4{,}4$

H₃C−C(CH₃)(CH₃)−CH₃

$(-)3{,}9$

$^2J(C,H^e) = (-)3{,}7$
$^2J(C,H^a) = (-)3{,}9$

$^2J(C-1,H-2) = (-)3{,}3$
$^2J(C-2,H-1) = (-)3{,}3$

$(-)2{,}6$ $(-)3{,}5$ $(-)3{,}0$ $(-)3{,}7$ $(-)3{,}7$

$^2J(C-1,H-2) = 3{,}3$ [a]
$^2J(C-1,H-2') = 0$ [a]
$^2J(C-2,H-1) = 5{,}3$
$^2J(C-3,H-1) = 3{,}3$

$-2{,}0$

[a] Zuordnung möglicherweise zu vertauschen

Die geminalen ^{13}C,^{1}H-Kopplungen zeigen ferner eine Abhängigkeit von der CC-Bindungslänge, die in ungesättigten Fünfringverbindungen mit ihren großen $^2J(C,H)$-Werten besonders deutlich zu erkennen ist (Tab. 4.21[77]).

Danach sind für Polyolefine mit stark alternierenden Bindungslängen sehr unterschiedliche Werte charakteristisch, wobei sich lange CC-Bindungen durch hohe $^2J(C,H)$-Kopplungskonstanten auszeichnen, während in Verbindungen wie Azulen mit weitgehendem Bindungslängenausgleich mittelgroße Werte auftreten. In diesem Sinne wird auch die $^2J(C,H)$-Kopplung im Benzol gedeutet, die den Mittelwert aus den Daten des Ethylens und Propens darstellt[18].

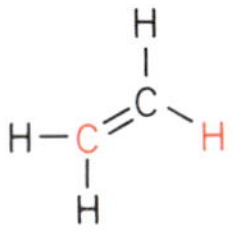

$^{13}C,^{1}H$-Kopplungen

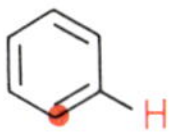

(structures with values: ethylene −2,4; benzene +1,1; propene +5,0)

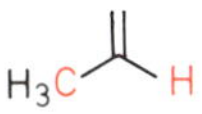

Tab. 4.20 $^2J(C,H)$-Kopplungen in ungesättigten Systemen unterschiedlicher Ringgröße

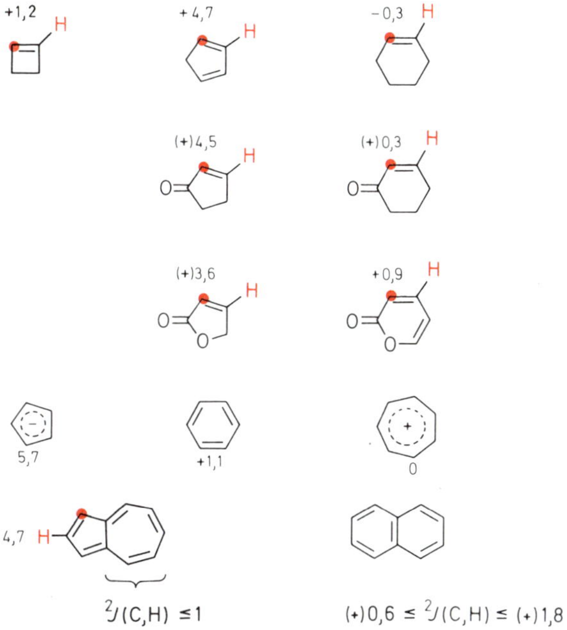

- Cyclobutene: +1,2
- Cyclopentadiene: +4,7
- Cyclohexene: −0,3
- Cyclopentenone: (+)4,5
- Cyclohexenone: (+)0,3
- Butenolide: (+)3,6
- Pyranone: +0,9
- Cycloheptatriene: 5,7
- Benzene: +1,1
- Tropylium: 0
- Azulene: 4,7; $^2J(C,H) \leq 1$
- Naphthalene: $(+)0,6 \leq {}^2J(C,H) \leq (+)1,8$

Tab. 4.21 Bindungslängenabhängigkeit von $^2J(C,H)$ in ungesättigten Fünfringverbindungen

Verbindung	$^2J(C,H)$ (Hz)	r_{CC} (nm)
Fulven (5-Methylen-cyclopenta-1,3-dien)	$^2J(C-1,H-2) = (+)3,8$	0,1340
	$^2J(C-2,H-1) = (+)3,8$	0,1340
	$^2J(C-2,H-3) = (+)5,6$	0,1462
	$^2J(C-5,H-1) = (+)7,1$	0,1476
Azulen	$^2J(C-1,H-2) = (+)4,7$	0,1404
Cyclopentadienyl-Anion	$^2J(C,H) = (+)5,7$	0,142

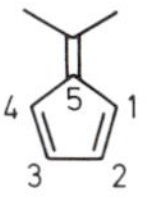

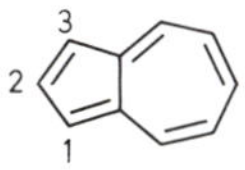

Von Karabatsos wurde schon früh mit Hilfe der VB-Methode eine **Proportionalität** zwischen $^{13}C,^{1}H$- und H,H-Kopplungen in analogen Strukturen abgeleitet (Gl. (4.19))

$$^{n}J(C,H) = a^{n}J(H,H),\qquad(4.19)$$

wobei je nach der Hybridisierung des Kohlenstoffs unterschiedliche Faktoren a gelten ($C(sp^3)$: 0,3; $C(sp^2)$: 0,4; $C(sp)$: 0,6)[139]. Die experimentellen Ergebnisse zeigen jedoch, daß dieser Ansatz höchstens qualitativ anwendbar ist (Tab. 4.22[140-142]).

Tab. 4.22 Proportionalität von $^nJ(C,H)$ und $^nJ(H,H)$ in ausgewählten Systemen (vgl. Gl. 4.19)

		Kopplungstyp	Proportionalitätsfaktor a
H₃C\C=C/H, H/ \H +5,0	H\C=C/H, H/ \H +2,5	^2J	2,0
H₃C–CH₂–CH₃ –4,3	HCH₂–CH₃ –12	^2J	0,35
H₃C\C=C/H, H/ \H +12,7	H\C=C/H, H/ \H +19,0	^3J	0,66
H₃C–CH₂–CH₃ +5,8	HCH₂–CH₃ +8,0	^3J	0,74
H₃C\C=C/H, F/ \H 2,5	H\C=C/H, F/ \H 4,7	^3J	0,53
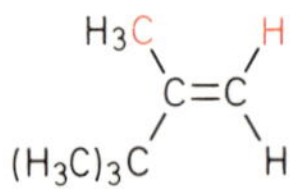 H₃C\C=C/H, (H₃C)₃C/ \H 7,1	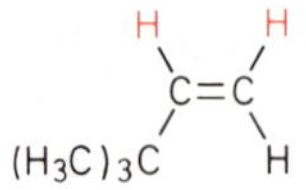 H\C=C/H, (H₃C)₃C/ \H 10,0	^3J	0,71

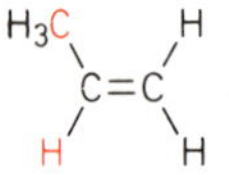

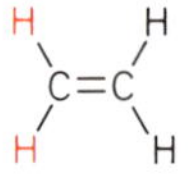

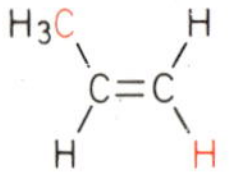

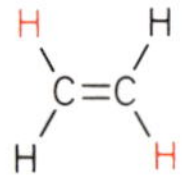

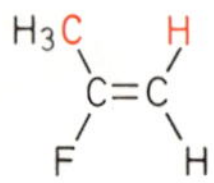

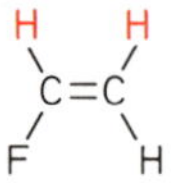

So fügen sich die geminalen $^{13}C,^{1}H$-Kopplungen in dem Olefin-Fragment

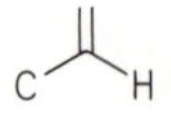

$$C\!\!=\!\!\diagdown H$$

überhaupt nicht in dieses Schema ein, und in den anderen Systemen ist $J(C,H)$ zwar entsprechend Gl. (4.19) in der Regel kleiner als $J(H,H)$, aber die Proportionalitätskonstanten a variieren stark mit der Art des Systems und der Substituenten[140]. Berücksichtigt man diese Einschränkungen, ist die qualitative Anwendung der $J(C,H)/J(H,H)$-Relation jedoch häufig von Nutzen. Das gilt insbesondere für die sich daraus ergebende Folgerung, daß beide Kopplungen sehr weitgehend den gleichen Struktureinflüssen und Kopplungsmechanismen unterliegen, wie auch aus der folgenden Diskussion der geminalen $^{13}C,^1H$-Kopplungen in substituierten Verbindungen sowie aus dem Abschn. 2.2.3 (s. S. 475ff.) über die vicinale Kopplung $^3J(C,H)$ hervorgeht (vgl. auch $J(C,C)/J(H,H)$, S. 504).

In mit **polaren Gruppen** substituierten $C^\beta-C^\alpha-H$-Fragmenten hängen die geminalen $^{13}C,^1H$-Kopplungskonstanten außer von den bei den Kohlenwasserstoffen diskutierten Faktoren von

– der Elektronegativität E_X der Substituenten,
– dem Substitutionsort C^α oder C^β,
– der gegenseitigen Orientierung der CX- und der CH-Bindung

ab.

Bei Alkanen bewirkt die Einführung eines polaren Substituenten an C^α, also an dem das koppelnde H-Atom tragenden Kohlenstoff (vgl. **II**), einen positiven Beitrag zu $^2J(C,H)$, der mit höherer Elektronegativität von X bzw. mit zunehmender Anzahl von X größer wird, wie sich aus den Daten der monosubstituierten bzw. der an C^α mehrfach substituierten Ethane ergibt (Tab. 4.23[38a,138]).

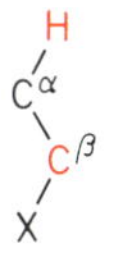

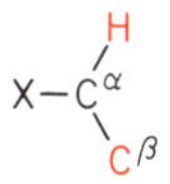

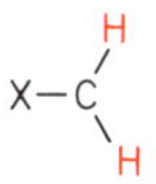

Tab. 4.23 $^2J(C,H)$ in substituierten Ethanen

X	$H_3\underline{C}-CH_2X$	$H_3C-\underline{C}H_2X$		
Li	−5,8	0,9		
CH_3	−4,3	−4,4		
NH_2	−2,9	−4,4		
OH	−2,2	−4,6		
I	−2,8	−4,9		
Br	−2,7	−4,6		
Cl	−2,9	−4,5		
F	−1,9	−4,6		
H_3C-CH_3	−4,5	−		
H_3C-CH_2Cl	−2,9	$ClH_2\underline{C}-CH_3$	−4,5	
$H_3C-CHCl_2$	−0,4	$Cl_2H\underline{C}-CH_3$	(−)5,1	
−		$Cl_3\underline{C}-CH_3$	(−)5,9	

Dagegen ist in den gleichen Ethyl-Verbindungen für ^2J(C-1,H-2), also für ein Fragment mit dem Substituenten am β-C-Atom (**I**), praktisch keine Änderung gegenüber Ethan selbst und auch keine Variation mit E_X der Substituenten festzustellen. Dieser Befund könnte dadurch bedingt sein, daß die in sterisch fixierten Systemen (s. Ethylene, S. 468) beobachteten stereochemischen Einflüsse auf ^2J(C,H), die für die *cis-* und die *trans*-Anordnung von CX- und CH-Bindung entgegengesetztes Vorzeichen haben, sich in den konformativ mobilen substituierten Alkanen weitgehend kompensieren.

Der positiven Änderung von ^2J(C,H) bei Substitution durch elektronegative Gruppen an $C^α$ entspricht der bei der geminalen H,H-Kopplung in **III** beobachteten Tendenz, die sich durch das **MO-Modell** von Pople und Bothner-By qualitativ beschreiben läßt[1,143]. Diese Theorie ist auch auf ein HCC-Fragment vom Typ **II** anwendbar, nicht jedoch auf **I** mit Substituenten an $C^β$.

Danach wirken Substituenten mit −*I*-Effekt auf die symmetrischen Bindungsorbitale von **II** bzw. **III** und verursachen als Folge des Ladungsabzugs eine positive Änderung von ^2J, während hyperkonjugative Effekte auf die antisymmetrischen Orbitale von Einfluß sind und bei Ladungstransfer in das HCH- bzw. HCC-Fragment **III** bzw. **II** ebenfalls einen positiven Beitrag zu ^2J liefern[38a,144].

Tab. 4.24 Abhängigkeit der ^2J(C,H)-Kopplungen in Pyranosen von der Orientierung der Sauerstoff-Atome

Verbindung	Fragment	Kopplung
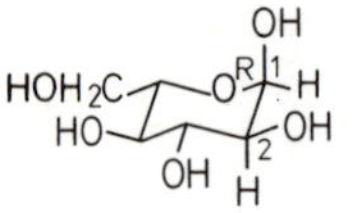 α-D-Glucopyranose	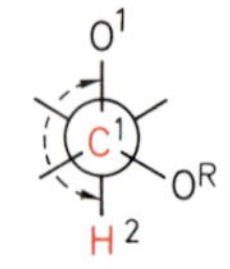	^2J(C−1,H−2) < 1
	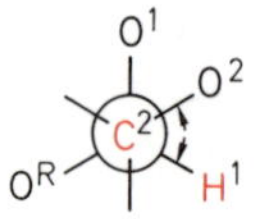	^2J(C−2,H−1) < 1
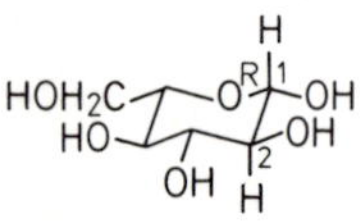 β-D-Glucopyranose	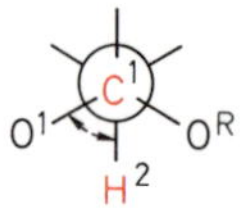	^2J(C−1,H−2) = −5,7
	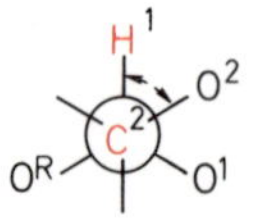	^2J(C−2,H−1) < 1
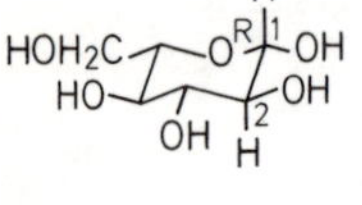 β-D-Mannopyranose	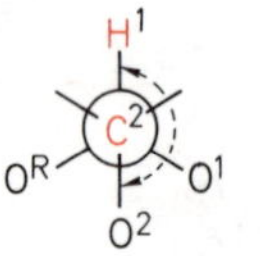	^2J(C−2,H−1) = +8

Ein stereochemischer Einfluß läßt sich bei Kohlenhydraten erkennen, in denen sich, wie die Beispiele der Pyranosen α- und β-D-Glucose sowie β-D-Mannose zeigen, die unterschiedliche Orientierung der Sauerstoff-Atome am $H-C^1-C^2-H$-Fragment auf $^2J(C,H)$ deutlich auswirkt (Tab. 4.24[145]).

So weist ^2J(C-1, H-2) in der β-D-Glucose einen Wert von −5,7 Hz auf, während die gleiche Kopplung im α-Isomeren unter 1 Hz liegt. Wie aus den Newman-Projektionen hervorgeht, liegen die C^1-O^1- und die C^2-H^2-Bindung in der β-D-Glucopyranose in einer *gauche*-Anordnung und in der α-Form in einer *trans*-Orientierung vor, so daß danach bei einem großen Diederwinkel zwischen den genannten Bindungen ein positiver Beitrag zu $^2J(C,H)$ resultiert. Der gleiche Effekt läßt sich auch an den Kopplungen zwischen C-2 und H-1 in α- und β-D-Glucopyranose einerseits (∼ 0 Hz) und β-D-Mannopyranose andererseits (+ 8 Hz) ablesen. ^2J(C-2, H-1)-Werte liegen wegen des Elektronegativitätseinflusses des zweiten Sauerstoff-Atoms an C-1 generell höher als die ^2J(C-1, H-2)-Werte, weisen aber wieder die gleiche Abstufung auf: die stärker positive Kopplung wird in der Verbindung mit *trans*-Orientierung von C^2-O^2- und C^1-H^1-Bindung gefunden.

Die $^{13}C,^1H$-Kopplungen über mehr als eine Bindung in monosubstituierten Cyclopropanen sind in Tab. 4.25 aufgeführt[146]; sie sind nicht eindeutig und lassen sich als $^2J(C,H)$ und als $^3J(C,H)$ klassifizieren, so daß der für $J(C,C)$ in Ringverbindungen diskutierte Mehrwege-Mechanismus in Betracht gezogen werden muß (s. Abschn. 3.1.1, S. 499).

Tab. 4.25 Substituentenabhängigkeit von $^2J(C,H)$ in monosubstituierten Cyclopropanen (s. Text)

X	^2J(C-2, H−1)	^2J(C−1, H^c)	^2J(C−1, H^{tr})	^2J(C−3, H^c)	^2J(C−3, H^{tr})
H	−2,6	−2,6	−2,6	−2,6	−2,6
NH_2	+0,7	−4,0	−1,0	−2,7	−2,9
I	−1,1	−5,5	−2,3	−2,9	−2,8
Br	−0,8	−5,4	−1,6	−2,9	−2,9
Cl	−0,6	−5,1	−1,2	−2,8	−3,1

Koppelt ein an ein sp^3-C-Atom gebundenes Proton mit einem sp^2- oder sp-hybridisierten C-Atom, ist der übliche Substituenteneinfluß, d.h. ein positiver Beitrag durch elektronegative Gruppen an C^α, zu erkennen (Tab. 4.26[38a,42,43,45,147]). Das gilt auch für Carbonyl-Verbindungen, deren Sauerstoff-Atom als β-Substituent nur geringe Auswirkungen auf $^2J(C,H)$ hat, wie der Vergleich von Propen und Acetaldehyd zeigt; das gleiche trifft auch auf Stickstoff als β-Substituent im Acetonitril zu.

Die ^2J(CO,H)-Werte in Aminosäuren hängen vom pH-Wert sowie von Substituenten an C^β ab und betragen (−)4,2 bis (−)7,1 Hz[148].

Tab. 4.26 ^2J(C,H)-Kopplungen von C(sp^3)-Protonen mit sp^2- und sp-hybridisierten C-Atomen

$H_3C-CH=CH_2$	-6,8		$H_3C-C\equiv C-H$	-10,4
$BrH_2C-CH=CH_2$	-6,0		$BrH_2C-C\equiv C-H$	(-)7,9
H_3C-CHO	-6,6		$H_3C-C\equiv N$	(-)9,9
$H_3C-COCl$	-7,1			
$H_3C-COOH$	(-)6,7		Ph-CH_3: -6,0	Pyridinyl-CH_3: (-)6,0
$ClH_2C-COOH$	-4,2			
$Cl_2HC-COOH$	-2,1		^2J(C-5,CH_3)=(-)6,1	^2J(C-2,CH_3)=(-)7,9 (Thiazol: H_3C-5, CH_3-2)

In monosubstituierten Ethylenen weisen die Kopplungen der Protonen in geminaler Position zu X das für α-Substitution typische Verhalten auf (Tab. 4.27[17]), wobei die negativen Beiträge im Falle der C≡N- und der C≡CH-Gruppe (vgl. die ΔJ^{gem}-Werte in Tab. 4.27) dem Einfluß der π-Elektronen der Dreifachbindung zugeschrieben werden[17].

Tab. 4.27 ^2J(C,H)-Werte monosubstituierter Ethylene sowie Substituenteneffekte gegenüber dem unsubstituierten Ethylen (in Klammern).

X	^2J(C-2,H^{gem})	ΔJ^{gem}	^2J(C-1,H^c)	ΔJ^c	^2J(C-1,H^{tr})	ΔJ^{tr}
$SiCl_3$	-6,9	(-4,3)	-0,8	(+1,6)	-2,5	(-0,1)
H	-2,4	(0)	-2,4	(0)	-2,4	(0)
CH_3	+0,4	(+2,8)	-2,6	(-0,2)	-1,1	(+1,2)
C_6H_5	-1,0	(+1,4)	-4,5	(-2,1)	0	(+2,4)
C≡CH	8,8 (?)[a]	(-1,6)[a]	-3,7	(-1,3)	-0,3	(+2,1)
C≡N	-3,7	(-1,3)	-4,4	(-2,0)	+0,3	(+2,7)
CHO	+0,3	(+2,7)	-3,4	(-1,0)	-0,6	(+1,8)
$COCH_3$	-0,3	(+2,1)	-3,2	(-0,8)	-1,1	(+1,3)
COOH	-0,6	(+1,8)	-4,6	(-2,2)	-0,2	(+2,2)
OC_2H_5	(+)9,7	(+12,1)	(-)5,3	(-2,9)	(+)5,3	(+7,7)
$OCOCH_3$	+9,7	(+12,1)	-7,9	(-5,5)	+7,6	(+10,0)
I	+4,0	(+6,4)	-7,8	(-5,4)	+4,2	(+6,5)
Br	+5,8	(+8,2)	-8,5	(-6,1)	+6,8	(+9,1)
Cl	+6,8	(+9,2)	-8,3	(-5,9)	+7,1	(+9,5)
F		(+17)[a]		(-11)[a]		(+10)[a]

[a] vgl. Diskussion in Lit.[17]

```
 X        H^c
  \      /
   C = C
  /      \
           H^tr
```

Ia

Im Fragment **Ia** läßt sich eine stereochemische Abhängigkeit der $^2J(C,H)$-Kopplung klar erkennen; so verursachen elektronegative Gruppen in *trans*-Position zum koppelnden Proton eine positive und solche in *cis*-Anordnung eine negative Änderung von $^2J(C,H)$ gegenüber dem Wert im Ethylen. Die Änderungen ΔJ^c und ΔJ^{tr} gegenüber Ethylen sind dabei umso ausgeprägter, je höher E_X ist, so daß die Differenz zwischen ihnen mit abnehmendem E_X kleiner wird und es bei X = SiCl$_3$ zu einer Vorzeichenumkehr dieser ΔJ-Werte kommt (Tab. 4.28[17]).

Diese in den monosubstituierten Ethylenen beobachteten substituentenbedingten Änderungen ΔJ zeigen in di- und trisubsubstituierten Ethylenen weitgehend **additives Verhalten**.

Tab. 4.28 Additivität von $^2J(C,H)$ in substituierten Ethylenen

	H$_3$C, H \ C^3=C^2 / H, CN		H$_3$C, CN \ C=C / H, H	
	exp.	ber.	exp.	ber.
$^2J(C-2,H-3)$	−1,9	−1,7	+3,3	+3,0
$^2J(C-3,H-2)$	−4,2	−3,9	−2,4	−2,5

	Cl, H \ C=C / H, Cl	Cl, Cl \ C=C / H, H
$^2J(C,H)$	exp. +0,8 ber. +0,9	+16,0 +16,3

```
        O
        ||
H₃C—C—O
         \
          C¹=C²H(OCH₃)
         /
H₃C—C
     ||
     O
```

$^2J(C-1,H-2)$	ber. E +6,3
	ber. Z +18,9
	exp. (+)16,5

Es ist besonders gut bei *trans*-Disubstitution erfüllt, bei der sterische Einflüsse keine Rolle spielen, während bei *cis*- und *geminal*-disubstituierten Ethylenen Abweichungen bis 2,5 Hz vorkommen. Von besonderem Interesse ist die Anwendung auf trisubstituierte Verbindungen, deren Konfiguration mit Hilfe der $^2J(C,H)$-Kopplung ermittelt werden kann, wenn sich die aus den Inkrementen abgeschätzten Werte der beiden möglichen Isomere genügend unterscheiden; allerdings kann auch eine experimentelle Bestimmung des Vorzeichens notwendig sein (Aufg. 4.14).

Die geminalen Kopplungen von Olefinprotonen über eine Einfachbindung hinweg, ^2J(C-β,H) in Fragment **IV**, sind auch in Verbindungen mit polaren Gruppen meist positiv und betragen bei sp^2- und sp^3-Hybridisierung des koppelnden Kohlenstoff-Atoms zwischen 0 und +5 Hz (Tab. 4.29[17,149]).

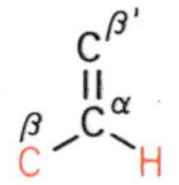

Tab. 4.29 ^2J(C,H)-Kopplungen von Olefinprotonen über eine C—C-Einfachbindung

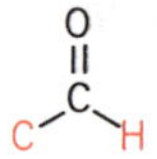

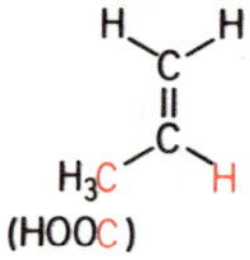

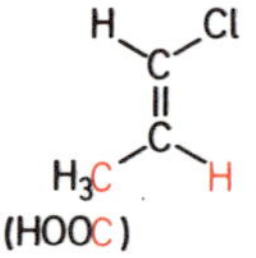

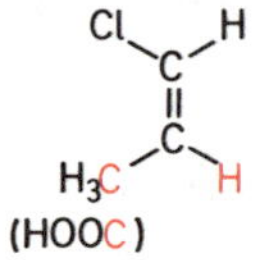

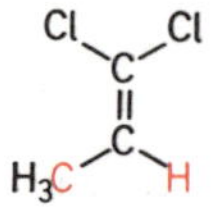

Verbindung	Wert
H₂C=C(CH₃)H (HOOC)	+5,0 (+4,1)
H,Cl / H₃C,H (HOOC)	(+) 2,9 ((+) 1,9)
Cl,H / H₃C,H (HOOC)	(+) 2,8 ((+) 0,9)
Cl,Cl / H₃C,H	+3,2
H,H / OHC,H	+2,2
H₃C,COOH / HOOC,H	(+) 2,0
HOOC,CH₃ / HOOC,H	(+) 2,2
Cyclohexen-2-on	0,6
(H₃C)₂C=CH—C(O)CH₃	(+) 5,3
O=C(CH₃)—CH=CH₂	+2,8
H₃C—CH=CH₂ (Enol)	

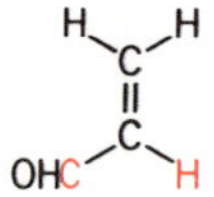

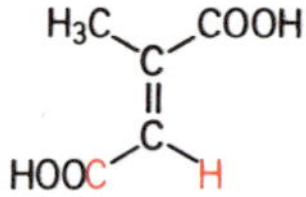

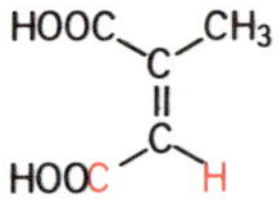

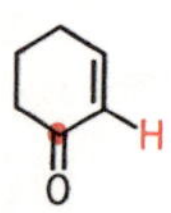

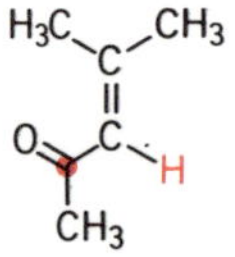

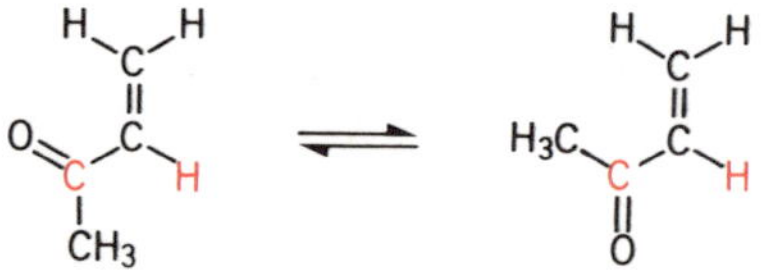

Die Einführung elektronegativer Substituenten am β'-C(sp^2)-Atom bewirkt eine Verringerung von ^2J(C,H) gegenüber dem Propen, während bei Substitution am C$^\beta$ außer dem Hybridisierungs- und Elektronegativitätseinfluß wieder ein konformativer Effekt in Erscheinung tritt. Er läßt sich z.B. bei α,β-ungesättigten Carbonyl-Verbindungen wie dem Cyclohexen-2-on und dem in der *s-cis*-Konformation vorliegenden 2-Methylpent-2-en-4-on erkennen, für die signifikant unterschiedliche ^2J(C,H)-Werte von 0,6 bzw. +5,3 Hz ermittelt wurden. Wie in allen anderen Fällen auch ist die *trans*-Anordnung von C—X- und C—H-Bindung gegenüber der entsprechenden *cis*-Orientierung durch die stärker positive geminale ^{13}C,^{1}H-Kopplungskonstante gekennzeichnet[17] (Aufg. 4.15, 4.16).

Bei substituierten **carbocyclischen und heterocyclischen Aromaten** gelten die genannten Gesetzmäßigkeiten ebenfalls. So beobachtet man in monosubstituierten Benzolen nur für ^2J(C-1,H-2), also für die Kopplung mit dem den Substituenten tragenden C-Atom, gegenüber der Stammverbindung stark veränderte Werte, die zwischen $-4,9$ (X = F) und $+4,2$ Hz (X = Si(CH$_3$)$_3$) liegen, während für die übrigen geminalen Kopplungen, auch für andere als die aufgeführten Substituenten, der enge Bereich von $-0,6$ bis $+1,8$ Hz typisch ist[81]. Auch bei Mehrfachsubstitution ändert sich daran nichts Wesentliches (Tab. 4.30[81,150,151]).

Tab. 4.30 ^2J(C,H)-Kopplungen in substituierten Benzolen

		Si(CH$_3$)$_3$	CH$_3$	Cl	F
	^2J(C-1,H-2)	+4,2	+0,5	−3,4	−4,9
	^2J(C-2,H-3)	+1,4	+1,2	+1,5	+1,1
	^2J(C-3,H-2)	+1,6	+1,1	+0,3	−0,6
X = H	^2J(C-3,H-4)	+1,1	+1,4	+1,6	+1,7
^2J(C,H) = +1,1 Hz	^2J(C-4,H-3)	+1,2	+1,1	+0,9	+0,8

1,2-Dichlorbenzol	1,3-Dichlorbenzol	1,2,4-Trichlorbenzol
^2J(C-2,H-3) = −3,5	^2J(C-1,H-2) = −4,3	
^2J(C-3,H-4) = +1,9	^2J(C-1,H-6) = −3,2	
^2J(C-4,H-3) = 0	^2J(C-4,H-5) = +1,3	^2J(C-3,H-4) = −4,2
^2J(C-4,H-5) = +1,1	^2J(C-5,H-4) = +0,7	^2J(C-5,H-4) = −4,5

Befindet sich das elektronegative Element im Ring wie im Pyridin, sind zwei Typen der ^{13}C,^{1}H-Kopplung über zwei Bindungen dem Substituenteneinfluß des N-Atoms unterworfen, nämlich ^2J(C-3,H-2) mit zum koppelnden H-Atom geminal-ständigem Stickstoff und ^2J(C-2,H-3) mit *trans*-Anordnung von Proton und N-Atom[91,92]. In den Diazinen und im 1,2,4-Triazin können beide Effekte wirksam sein, so daß bei diesen Verbindungen z. T. noch etwas höhere ^2J(C,H) Kopplungen resultieren, während im Pyridinium-Ion und im Pyridin-*N*-Oxid ^2J(C-3,H-2) verringert ist. Aufgrund dieser signifikanten Unterschiede von ^2J(C-3,H-2) im Pyridin und Pyridinium-Ion läßt sich auch erkennen, daß 2-Aminopyridin als solches vorliegt, während 2-Hydroxypyridin die Pyridon-Struktur besitzt[152] (Tab. 4.31[90−93,99,101,152]).

Diese Befunde, nach denen ^2J(C-3,H-2) im Pyridin bei Inanspruchnahme des freien Elektronenpaars deutlich absinkt, lassen sich im Rahmen der genannten MO-Theorie von Pople und Bothner-By (s. S. 466) deuten. Danach ist der hyperkonjugative Einfluß, der zu einer Ladungsverschiebung vom freien Elektronenpaar am N-Atom in das CCH-Fragment führt und einen positiven Beitrag zu ^2J(C,H) liefert, in Verbindungen wie Pyridinium-Ion, Pyridin-*N*-Oxid oder Pyridon nicht mehr wirksam, da hier das freie Elektronenpaar nicht mehr zur Verfügung steht[92,94].

Einen noch stärkeren Einfluß als ein Stickstoff-Atom wie im Pyridin übt der elektronegativere Sauerstoff aus, wie die Daten des γ-Pyrons sowie des Furans zeigen, welches, wie für Fünfring-Systeme typisch, die größeren ^2J(C,H)-Werte aufweist (Tab. 4.32[104−106,110,113,115,116]).

Tab. 4.31 $^2J(\text{C,H})$-Kopplungen in Azabenzolen

	benzene	pyridine (numbered)	
	$^2J(\text{C,H}) = +1{,}1$ Hz	$^2J(\text{C}-2,\text{H}-3) = +3{,}1$ $^2J(\text{C}-3,\text{H}-2) = +8{,}5$ $^2J(\text{C}-3,\text{H}-4) = +0{,}9$ $^2J(\text{C}-4,\text{H}-3) = +0{,}7$	

	pyridine	pyridinium	pyridine-N-oxide
$^2J(\text{C}-2,\text{H}-3)$	+3,1	(+)3,3	+4,3
$^2J(\text{C}-3,\text{H}-2)$	+8,5	(+)5,1	+4,2

	2-aminopyridine	2-methoxypyridine	2-pyridone
$^2J(\text{C}-5,\text{H}-6)$	7	8	2

pyridazine:
$^2J(\text{C}-3,\text{H}-4) = +6{,}5$
$^2J(\text{C}-4,\text{H}-3) = +6{,}7$
$^2J(\text{C}-4,\text{H}-5) = 0$

pyrimidine:
$^2J(\text{C}-4,\text{H}-5) = +1{,}9$
$^2J(\text{C}-5,\text{H}-4) = +9{,}5$

pyrazine:
$^2J(\text{C}-2,\text{H}-3) = +10{,}4$

1,2,4-triazine:
$^2J(\text{C}-5,\text{H}-6) = (+)9{,}0$
$^2J(\text{C}-6,\text{H}-5) = (+)9{,}5$

Tab. 4.32 $^2J(\text{C,H})$ in Heteroaromaten und ungesättigten Ringsystemen

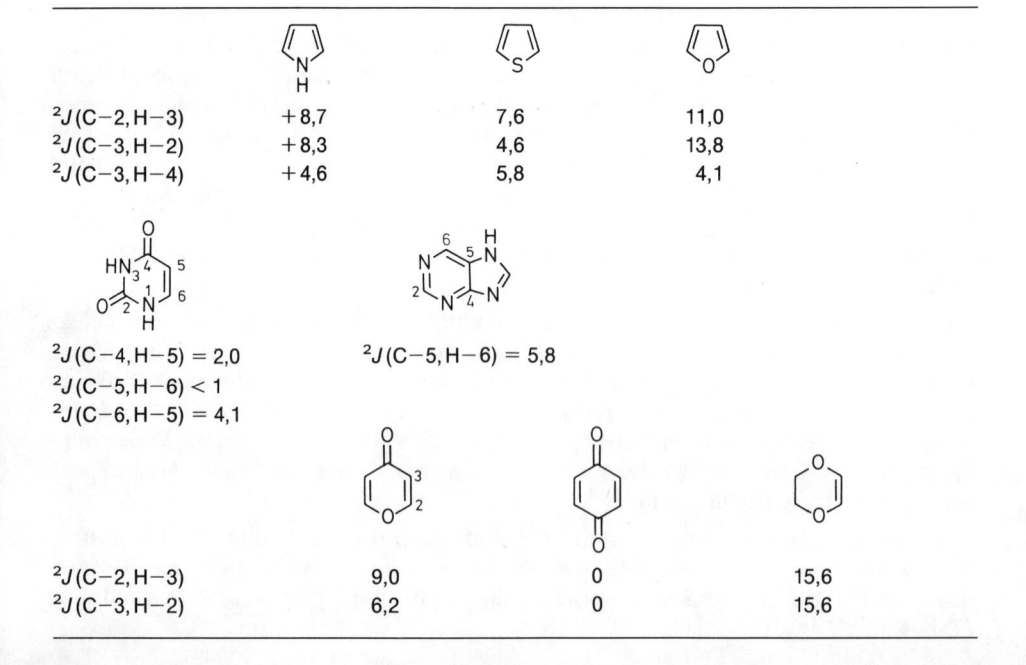

	pyrrole	thiophene	furan
$^2J(\text{C}-2,\text{H}-3)$	+8,7	7,6	11,0
$^2J(\text{C}-3,\text{H}-2)$	+8,3	4,6	13,8
$^2J(\text{C}-3,\text{H}-4)$	+4,6	5,8	4,1

uracil:
$^2J(\text{C}-4,\text{H}-5) = 2{,}0$
$^2J(\text{C}-5,\text{H}-6) < 1$
$^2J(\text{C}-6,\text{H}-5) = 4{,}1$

purine:
$^2J(\text{C}-5,\text{H}-6) = 5{,}8$

	4H-pyran-4-one	p-benzoquinone	1,4-dioxine
$^2J(\text{C}-2,\text{H}-3)$	9,0	0	15,6
$^2J(\text{C}-3,\text{H}-2)$	6,2	0	15,6

Für die Übergangsmetallkomplexe sind gegenüber den freien Liganden praktisch keine Änderungen von $^2J(C,H)$ festzustellen[87,88] (vgl. Tab. 4.20).

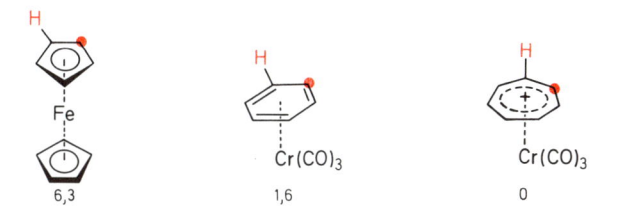

Ferrocen-H 6,3	(Benzol)Cr(CO)₃ 1,6	(Cycloheptatrienyl)Cr(CO)₃ 0

In **Aldehyden V**, die sich formal durch Ersatz des β'-C-Atoms im Fragment **IV** durch ein Sauerstoff-Atom ergeben (S. 470), treten mit +20 bis +50 Hz sehr große geminale Kopplungen des an das sp^2-C-Atom gebundenen Protons auf. Die im Acetaldehyd und Acrolein beobachteten Werte nehmen beim Übergang zum Propargylaldehyd mit einem sp-C-Atom als Kopplungspartner zu; das gleiche gilt auch, wenn man elektronegative Gruppen an C$^\beta$ einführt, während Alkyl-Reste eine geringfügige Erniedrigung von $^2J(C,H)$ zur Folge haben (Tab. 4.33)[38a].

Tab. 4.33 $^2J(C,H)$-Kopplungen von Aldehydprotonen

H₃C—CHO	H₂C=CH—CHO	C₆H₅—CHO	HC≡C—CHO
+26,7	(+)26,6	(+)24,1	(+)33,2
(H₃C)₂HC—CHO	H₂C=C(CH₃)—CHO	o-HO-C₆H₄—CHO	H₃C—C≡C—CHO
(+)23,6	(+)25,2	(+)19,9	32,8
ClH₂C—CHO	(E)-H₃C—CH=CH—CHO	o-O₂N-C₆H₄—CHO	
(+)32,5	+25,4	(+)25,4	
Cl₂HC—CHO			
+35,3			
Cl₃C—CHO	(Z)-H₃C—CCl=CH—CHO	2-Furyl-CHO	
+46,3	(+)40,4	(+)32,1	

Diese großen geminalen $^{13}C,^1H$-Kopplungen der Aldehydprotonen haben ihre Analogie in der $^2J(H,H)$-Kopplung des Formaldehyds und sind sowohl durch den Elektronegativitätseinfluß als auch durch eine Beteiligung der freien Elektronenpaare des Sauerstoffs bedingt, beides Effekte, die nach dem genannten MO-Modell positive Beiträge zur geminalen Kopplung liefern (s. S. 466).

Die $^2J(C,H)$-Kopplungen über die Dreifachbindung hinweg sind aufgrund ihrer Größe sehr charakteristisch und umfassen den Bereich von +40 bis +66 Hz (Tab. 4.34[36,45]).

Tab. 4.34 $^2J(C,H)$-Kopplungen von Acetylenprotonen

$$X-C\equiv C-H$$

X	$^2J(C,H)$	X	$^2J(C,H)$
H	+49,6		
$Si(C_6H_5)_3$	42,5		
CH_3	+50,1	I	51,6
C_6H_5	49,8	Br	56,0
CHO	47,9	Cl	60,5
$N(C_6H_5)_2$	55,5	F	65,5
OC_6H_5	61		

Der Substituenteneinfluß ist somit sehr stark ausgeprägt und zeigt ein Anwachsen von $^2J(C,H)$ mit zunehmender Elektronegativität von X.

Von den geminalen $^{13}C,^1H$-Kopplungen **über ein Heteroatom** $^2J(C-X-H)$ sind die mit X = O in Alkoholen und Phenolen von Bedeutung, da sie beim Schütteln mit D_2O verschwinden und somit als Zuordnungshilfe herangezogen werden können. Diese Kopplungen treten insbesondere beim Vorliegen von intramolekularen Wasserstoff-Brücken auf, da dann kein rascher Protonenaustausch stattfindet; sie sind aber auch bei anderen Verbindungen zu beobachten, wenn man Dimethylsulfoxid als Lösungsmittel verwendet oder zu tieferen Temperaturen übergeht. Die Werte haben ein negatives Vorzeichen und liegen zwischen −2 und −5 Hz, wie an einfachen aliphatischen Alkoholen gezeigt wurde[153−155]. Im Pyrrol beträgt $^2J(CNH) = +3,8$ Hz[104].

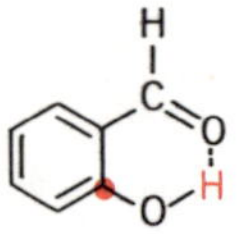

(−)4,8	(−)3,1	+3,8	−2,7

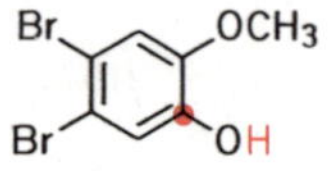

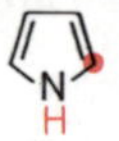

Aufgaben

4.14 Für die beiden Isomere der Dichloracrylsäure

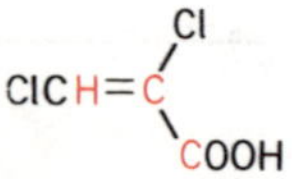

$$ClCH=C\begin{smallmatrix}Cl\\COOH\end{smallmatrix}$$

werden $^2J(C,H)$-Werte von 1,0 und 11,7 Hz gemessen. Triff eine Zuordnung.

4.15 Was läßt sich aus dem Wert der $\begin{smallmatrix}O&C\\\|&\|\\C-C-H\end{smallmatrix}$ -Kopplung von +2,8 Hz über die Lage des Konformeren-Gleichgewichts des Methylvinyl-Ketons aussagen?

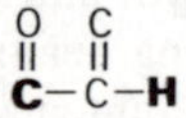

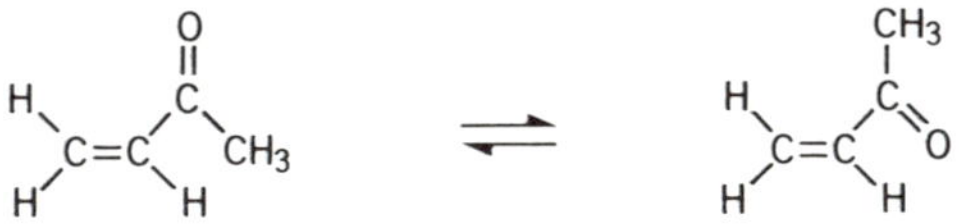

4.16 Wie sind die Unterschiede in den geminalen ^{13}C,^{1}H-Kopplungskonstanten der folgenden Verbindungen zu deuten?

2.2.3 Vicinale ^{13}C,^{1}H-Kopplungen

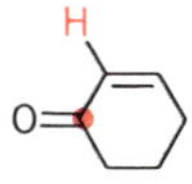

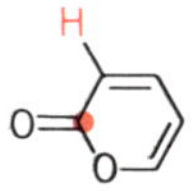

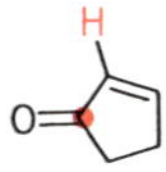

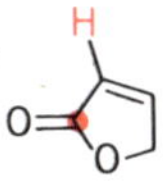

^3J(C,H)-Kopplungskonstanten betragen zwischen 0 und 16 Hz[37, 38b], haben stets ein positives Vorzeichen und unterliegen entsprechend der in Abschn. 2.2.2 (s. S. 464f.) erwähnten Proportionalität von ^{13}C,^{1}H- und H,H-Kopplungen auch weitgehend den gleichen Struktureinflüssen. So sind in einem H—C$^\gamma$—C$^\beta$—C$^\alpha$-Fragment folgende Faktoren zu diskutieren (vgl. Lit.[1]):

– der **Diederwinkel** φ zwischen der C$^\alpha$—C$^\beta$- und der C$^\gamma$—H-Bindung,
– die **Länge** r_{CC} der mittleren Bindung,
– die C$^\alpha$C$^\beta$C$^\gamma$- und HC$^\gamma$C$^\beta$-**Valenzwinkel** ϑ und ϑ',
– die **Elektronegativität** von Substituenten R in den unterschiedlichen Positionen.

Dazu kommt noch ein weiterer Einfluß, der keine direkte Analogie zur H,H-Kopplung aufweist, sondern sich eher zum γ_{gauche}-Effekt auf die ^{13}C-chemische Verschiebung (s. Kap. 3, Abschn. 4, S. 93f.) in Beziehung bringen läßt, nämlich die nichtbindende Wechselwirkung zwischen koppelndem ^{13}C-Kern und einem Rest R an C$^\gamma$ [142, 156].

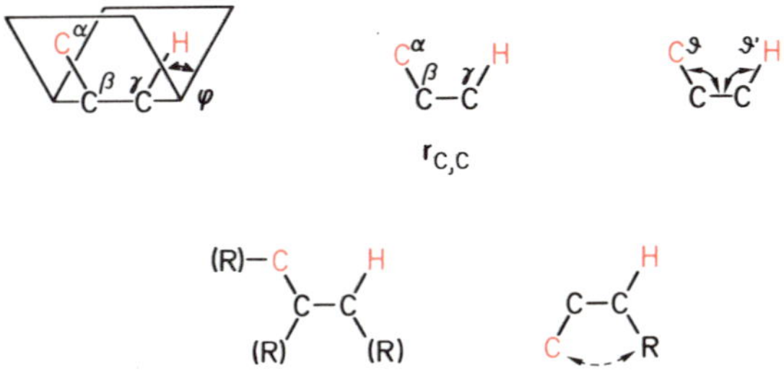

Im Gegensatz zur vicinalen H,H-Kopplung, bei der außer dem HCCH-Fragment in der Praxis nur noch HXCH-Strukturelemente mit einem Heteroatom X zu berücksichtigen sind, müssen bei der ³J(C,H)-Kopplung außer den Typen **VI** und **VII** noch Fragmente vom Typ **VIII** und **IX** in die Betrachtung miteinbezogen werden.

$$\begin{array}{cccc} \mathrm{C^\alpha} \diagdown \; \mathrm{H} & \mathrm{C} \diagdown \; \mathrm{H} & \mathrm{C} \diagdown \; \mathrm{H} & \mathrm{C} \diagdown \; \mathrm{H} \\ \mathrm{C^\beta - C^\gamma} & \mathrm{C - X} & \mathrm{X - C} & \mathrm{X - Y} \\ \mathbf{VI} & \mathbf{VII} & \mathbf{VIII} & \mathbf{IX} \end{array}$$

Eine weitere Variationsmöglichkeit bringt die Tatsache mit sich, daß z. B. in **VI** sowohl die C-Atome C^β und C^γ als auch das koppelnde Kohlenstoff-Atom C^α unterschiedliche Hybridisierung aufweisen können. Daher sind, wie bereits bei der Behandlung der $^{13}C,^1H$-Kopplungen über zwei Bindungen deutlich wurde, zahlreiche verschiedenartige Typen von ³J(C,H)-Kopplungen zu erörtern.

Bei den **aliphatischen Kohlenwasserstoffen** (Tab. 4.35[26,31,41,48,136,159,160]) ist der dominierende Einfluß die Diederwinkelabhängigkeit, die zunächst experimentell an Nukleosiden[157] und Kohlenhydraten[158] beobachtet wurde und auch theoretisch mit Hilfe der INDO-FPT-Methode[159] abgeleitet werden konnte.

Tab. 4.35 ³J(C,H) in aliphatischen Kohlenwasserstoffen

$H_3C-CH_2-CH_3$
5,8

$H_3C-CH_2-CH_2-CH_3$
5,4

$H_3C-CH_2-CH_2-CH_3$
4,0

$(H_3C)_2CH-CH_2-CH_3$
4,7

$H_3C-CH_2-C(CH_3)_2-H$
3,7

$H_3C-CH(CH_3)-CH_3$
5,3

$H_3C-C(CH_3)_2-CH_3$
4,7

Cyclohexan: H 2,1; H 8,1

Adamantan:
³J(C-3,H-1) = 5,6
³J(C-2,H-4) = 7,2

Cyclopropan:
H 5,3; H 16,0

Für Propan resultiert danach eine der vicinalen H,H-Kopplung sehr ähnliche Abhängigkeit (Karplus-Kurve) mit einem Wert nahe 0 Hz für Diederwinkel um 90° und großen $^3J(C,H)$-Kopplungen für $\varphi = 0°$ und 180°, wobei ebenfalls die Relation $^3J(180°) > J(0°)$ gilt.

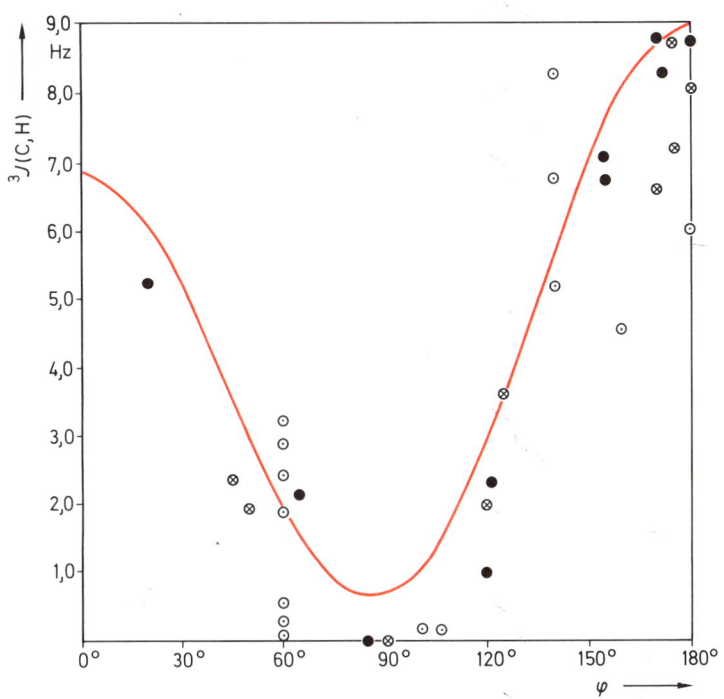

Abb. 4.18 Diederwinkelabhängigkeit von $^3J(C, H)$.
Rote Kurve: theoretische Karplus-Kurve des Propans[159]
● Experimentelle Werte des Norbornans[163]
⊗ Experimentelle Werte des Uridins und verwandter Verbindungen[157] (s. S. 485)
⊙ Experimentelle Werte von Kohlenhydraten[158]

Der in Abb. 4.18 wiedergegebene Zusammenhang wird durch die Gl. (4.20) beschrieben*:

$$^3J(C,H) = 3,6 \cos 2\varphi - 1,0 \cos \varphi + 4,3 \tag{4.20}$$

Für Propan liefert sie als Mittelwert über die Diederwinkel von 60°, 180° und 300° eine

---

* Die Gleichungen

$$^3J = A \cos^2 \varphi + B \cos \varphi + C$$

und

$$^3J = A' \cos 2\varphi + B' \cos \varphi + C'$$

sind mit $A = 2A'$ $A' = A/2$
         $B = B'$ bzw. $B' = B$
         $C = C' - A'$ $C' = C + A/2$

ineinander überführbar.

theoretische Kopplungskonstante von 4,3 Hz, während experimentell 5,8 Hz erhalten wurden.

Geht man für die 60°-Anordnung von einem Wert von 2 bis 3 Hz aus, läßt sich daraus für die $^3J^{tr}$-Kopplung ein Wert von 13 ± 1 Hz abschätzen, der damit wesentlich größer als der berechnete ist.

Wie die Daten der übrigen offenkettigen Alkane zeigen, nehmen die vicinalen $^{13}C,^1H$-Kopplungskonstanten bei Methyl-Substitution gegenüber der im Propan ab, unabhängig davon, ob die Substitution am α-, β- oder γ-C-Atom erfolgt[160] (γ-Substitution s. u.). Direkter erkennbar als in den in einem Konformerengleichgewicht vorliegenden offenkettigen Alkanen sind die Effekte in cyclischen Systemen mit definierter Geometrie wie dem Adamantan oder, besonders deutlich, dem Cyclohexan (Tab. 4.35), dessen $J(C,H)$-Kopplungen mit der in Abschn. 2.1.4 (s. S. 437f.) beschriebenen Methode am $C_6D_{11}H$-Isotopomeren bei einer Temperatur von $-104\,°C$ gemessen wurden, bei der die Ringinversion eingefroren ist. Für Torsionswinkel von ca. 60° und 180° ergaben sich hier Werte von 2,1 bzw. 8,1 Hz, von denen der für $^3J^{tr}$ gemessene gegenüber dem im Propan für $\varphi = 180°$ abgeschätzten Wert merklich kleiner ist[31]. Diese Verringerung, die für $^3J(C-3,H-1)$ des Adamantans noch ausgeprägter ist, wird zum einen auf die bei den offenkettigen Alkanen zu beobachtenden Substituenteneinflüsse zurückgeführt[160]; zum anderen wird, gestützt auch durch FPT-INDO-Rechnungen, ein sterischer Einfluß von γ-ständigen Methyl-, Methylen- oder Methin-Resten R in gauche-Position zum koppelnden C-Atom angenommen[156]. Dieser γ_{gauche}-Effekt auf $^3J(C,H)$ tritt also bei transoider Anordnung der miteinander koppelnden Atomkerne C und H auf und ist im Cyclohexan einmal und im Adamantan bei $^3J(C-2, H-4)$ zweimal wirksam[26] ($^3J(C,H)$ von weiteren Cycloalkanen s. Lit.[27]).

Noch ausgeprägter treten der Diederwinkeleinfluß sowie der γ_{gauche}-Effekt auf die vicinale $^{13}C,^1H$-Kopplung bei den **Alkenen** in Erscheinung[142]. So beträgt $^3J(CH_3,H)$ des Propens 7.6 Hz für $\varphi = 0°$ (cis) und für $\varphi = 180°$ (trans) 12,7 Hz, jedoch wird im (E)-3-Methylpenten-2, in dem eine nichtbindende Wechselwirkung zwischen dem koppelnden

C-Atom und dem dazu cis-ständigen Substituenten besteht, eine trans-Kopplung von nur 8,6 Hz beobachtet. Sie ist damit nur geringfügig größer als die praktisch unveränderte cis-Kopplung von 7,4 Hz in der entsprechenden Verbindung mit Z-Konfiguration. Eine solche Erscheinung tritt bei Ethylenen dann auf, wenn das koppelnde C-Atom mindestens ein H-Atom trägt, z.B. auch in α,β-ungesättigten Aldehyden, nicht aber in den entsprechenden Carbonsäuren einschließlich ihrer Derivate und der Nitrile (s. u.).

Für stereochemische Zuordnungen ist die vicinale $^{13}C,^1H$-Kopplung also nur dann geeignet, wenn entweder keine γ-Effekte wirksam sind oder wenn beide Isomere vorliegen, da trotz der sterisch bedingten Verringerung von $^3J^{tr}$ die Relation $^3J^c < {}^3J^{tr}$ offenbar allgemeine Gültigkeit besitzt; jedoch ist in diesem Fall eine genaue Bestimmung von $^3J(C,H)$

notwendig. Ein Hinweis darauf, daß die gleiche Ursache wie beim γ-Effekt auf die ^{13}C-chemische Verschiebung verantwortlich sein dürfte, ergibt sich daraus, daß z. B. das markierte ^{13}C-Atom in der *E*-Verbindung, das eine verringerte *trans*-vicinale Kopplungskonstante aufweist, auch stärker abgeschirmt ist als das sterisch ungestörte Methyl-C-Atom im *Z*-Isomeren (s. Formelbilder S. 478).

Die Bindungslängenabhängigkeit von ^{3}J(C,H) läßt sich zum einen an den Kopplungen der Methyl-C-Atome mit vicinalen Ringprotonen in **cyclisch konjugierten π-Systemen** ablesen; man erkennt an den Daten der Tab. 4.36, daß sich Aceheptylen und Naphthalin gegenüber Azulen bzw. Benzol durch eine mehr oder minder große Bindungslängenalternanz auszeichnen[142,161] (Tab. 4.36[32,43,77,142,161]).

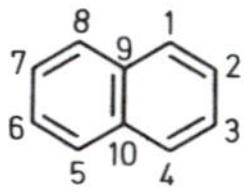

Tab. 4.36 Bindungslängenabhängigkeit von ^{3}J(C,H) in cyclischen π-Systemen

		Hz	nm
	^{3}J(C−10, H−1)	= 5,9	0,1425
	^{3}J(C−1, H−3)	= 6,7	0,1421
	^{3}J(C−9, H−2)	= 8,1	0,1361
	^{3}J(C−2, H−4)	= 8,4	0,1361
	^{3}J(C,H)	= 7,6	0,1397
	^{3}J(C−4, H−1)	= 4,9	0,1476
	^{3}J(C−1, H−3)	= 6,0	0,1462
	^{3}J(C−5, H−2)	= 10,1	0,1340
	^{3}J(C−3, H−1)	= 10,6	0,1340

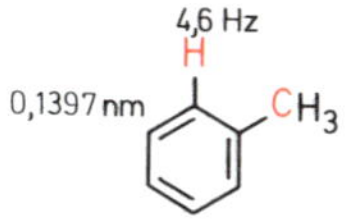

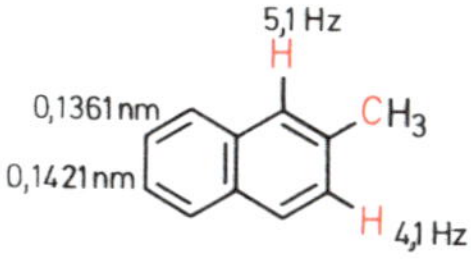

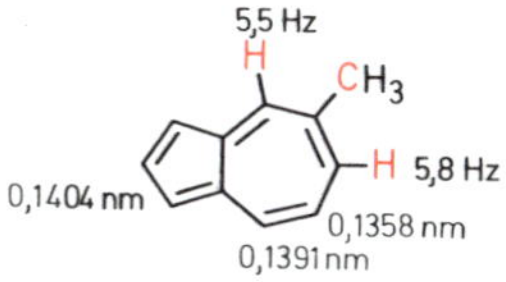

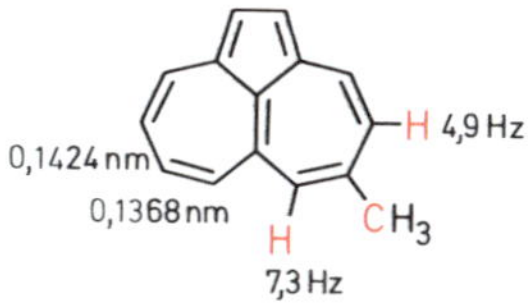

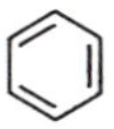

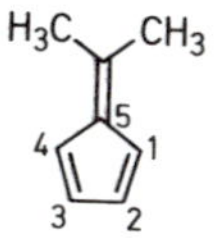

Aber auch bei den Grundkörpern selbst läßt sich diese Abhängigkeit von ^{3}J(C,H) von der Länge der zentralen CC-Bindung in einem transoiden CCCH-Fragment beobachten; dabei spielt die Länge der $C^{\alpha}C^{\beta}$-Bindung (s. Formelbild S. 475), die sich in Systemen mit merklicher Bindungslängenalternanz unterscheiden können, praktisch keine Rolle. Für die Benzoaromaten Benzol, Naphthalin und Anthracen wurde eine lineare Beziehung der Form

$$^{3}J^{tr}(C,H) = -446{,}3 \cdot r_{CC} + 69{,}79 \qquad (4.21)$$

gefunden[32,75], während für nur aus sp^2-C-Atomen bestehende Fünfringverbindungen die Korrelation (4.22)

$$^3J(C,H) = -314{,}3 \cdot r_{CC} + 52{,}33 \qquad (4.22)$$

resultiert[77] (r_{CC} in nm).

Wie die Daten für das Cyclopentadienyl-Anion, Benzol sowie das Tropylium-Kation oder auch der Vergleich der obigen Beziehungen (4.21) und (4.22) zeigen, ist die Ringgrößenabhängigkeit von $^3J(C,H)$ nicht sehr signifikant (Tab. 4.37[25,77,83]).

Tab. 4.37 Bindungswinkelabhängigkeit von $^3J^{tr}(C,H)$ in cyclischen π-Systemen

8,2	7,6	10,0	Hz
0,1419 (MINDO/3)	0,1397 (exp.)	0,1405 (MINDO/3)	nm

8.1		10.8	

ϑ (°)	126,0	120,0	115,7
ϑ' (°)	108,0	120,0	128,6
$(\vartheta + \vartheta')/2$ (°)	117,0	120,0	122,1

Das hat seine Ursache darin, daß jeweils transoide Kopplungswege vorliegen, in denen sich die Einflüsse der in Fünf- und Siebenringsystemen stark unterschiedlichen Bindungswinkel ϑ und ϑ' weitgehend kompensieren und die Mittelwerte $(\vartheta + \vartheta')/2$ sich nicht allzusehr von den Bindungswinkeln im Benzol unterscheiden. Demgegenüber wirkt sich der Bindungswinkeleinfluß bei cisoiden $^3J(C,H)$-Kopplungen sehr viel stärker aus, wie sie in den vicinalen Kopplungen der Methyl-C-Atome mit den Ringprotonen solcher Systeme und ferner in den Interring-Kopplungen bi- und polycyclischer Verbindungen vorliegen (Tab. 4.38[32,43,77,161]). In den zuletzt genannten Systemen ist der Bereich von $^3J(C,H)$ besonders groß. Dabei sind nur Verbindungen mit nicht zu unterschiedlichen Bindungslängen aufgeführt, und es ist zu berücksichtigen, daß wegen der Diederwinkelabhängigkeit von $^3J(C,H)$ cisoide Kopplungen stets kleiner als transoide sind; das läßt sich z. B. am Wert von $^3J(C-8, H-1)$ im Naphthalin gegenüber den übrigen vicinalen Kopplungen dieser Verbindung sowie gegenüber dem Wert des Benzols ablesen.

Die vicinalen $^{13}C,^1H$-Kopplungen über die Dreifachbindung von Alkinen sind ähnlich klein wie in Alkanen und deutlich niedriger als über die Doppelbindung in Alkenen, so daß hier keine Bindungslängenabhängigkeit erkennbar ist (Tab. 4.39[22,42,43,45,64,159,162]). Bei den Alkinen läßt sich jedoch für die Kopplung über die Mehrfachbindung eine Zunah-

Tab. 4.38 Bindungswinkelabhängigkeit von $^3J^c(C,H)$ in cyclischen π-Systemen

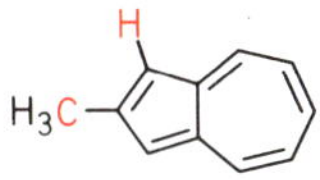

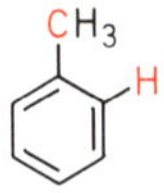

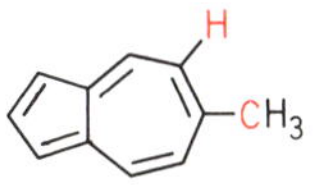

2,2	4,6	5,9

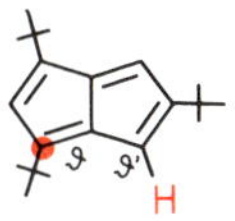

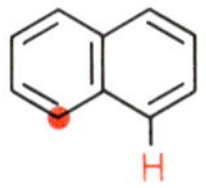

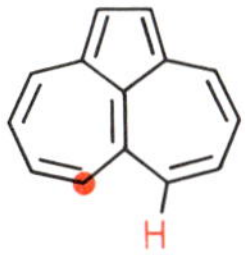

	J (Hz)	ϑ (°)	ϑ' (°)
	≦ 0,5	144	126
	4,9	120	120
	6,5	112	113

Tab. 4.39 Hybridisierungseinfluß auf $^3J(C,H)$ in Kohlenwasserstoffen

H₃C–CH₂–CH₃	5,8	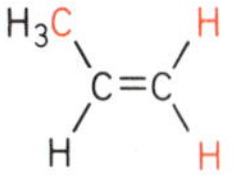 (H₃C,H / H,H) C=C	7,6 / 12,7	H₃C–C≡C–H	3,4
H₂C=CH–CH₃	6,7	(H₂C=CH,H / H,H) C=C	n.b.	H₂C=CH–C≡C–H	4,8
HC≡C–CH₃	4,7	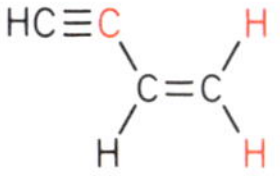 (HC≡C,H / H,H) C=C	9,5 / 16,3	HC≡C–C≡C–H	6,7
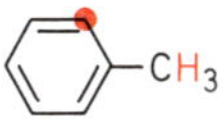 Ph–CH₃	5,0	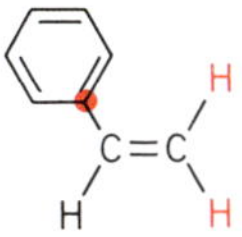 (Ph,H / H,H) C=C	6,4 / 11,2	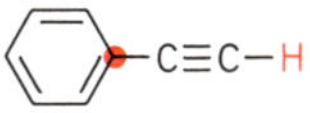 Ph–C≡C–H	n.b.

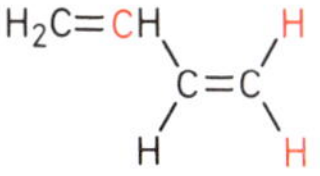

me mit größer werdendem *s*-Anteil im Bindungsorbital des koppelnden C-Atoms feststellen.

Bei Einführung von **polaren Substituenten** an C^β oder C^γ eines gesättigten CCCH-Fragments beobachtet man wie bei der vicinalen H,H-Kopplung in einer HCCH-Teilstruktur eine Verringerung von $^3J(C,H)$ mit zunehmender Elektronegativität von X, wie die Daten der Isopropyl-Verbindungen zeigen (Tab. 4.40[41]), bei denen sich bei freier Rotation der Methyl-Gruppen der Diederwinkeleinfluß herausmittelt.

Tab. 4.40 ^3J(C,H)-Kopplungen in monosubstituierten Propanen

X	H₂C—CH₂—CH₃ | X	H₃C—CH(—CH₃) | X	H₃C—CH₂—CH₂ | X
Li	4,0	7,5	5,3
CH₃	5,4	5,3	4,0
NH₂	5,7	5,0	4
OH	6,0	4,8	4,4
F	6,2	4,6	4,6

Bei Substitution an C$^\gamma$ ist allerdings zu berücksichtigen, daß die drei Rotamere unterschiedliche Populationen aufweisen können, so daß die Variation in den ^3J(C,H)-Werten (Tab. 4.40, rechte Spalte) nicht allein dem Elektronegativitätseinfluß zuzuschreiben ist. Befindet sich dagegen X am koppelnden C-Atom, nimmt die vicinale Kopplungskonstante mit steigendem E_X zu, ebenso wie die ^1J(C,H)-Kopplung. Beide zeigen eine lineare Abhängigkeit voneinander, so daß für beide die gleichen Ursachen diskutiert werden. In polysubstituierten Alkanen verhalten sich die Substituenteneffekte häufig additiv[41,160].

Bei substituierten aliphatischen Systemen gilt das besondere Interesse dem Diederwinkeleinfluß auf ^3J(C,H) zur Lösung stereochemischer Probleme. Wegen der Abhängigkeit der vicinalen ^{13}C,^{1}H-Kopplung von sterischen Einflüssen sowie von der Elektronegativität und Position der Substituenten kann es jedoch keine allgemein gültige Karplus-Kurve geben, vielmehr müssen für das jeweils vorliegende System, eventuell mit Hilfe geeigneter Vergleichsverbindungen, die Koeffizienten der Gl. (4.20) bestimmt werden. So resultiert für die verschiedenen ^3J(C,H)-Kopplungen des Norbornans die Karplus-Beziehung (4.23)

$$^3J(C,H) = 3{,}8 \cos 2\varphi - 0{,}9 \cos \varphi + 3{,}8, \qquad (4.23)$$

die sich praktisch nicht von der theoretisch berechneten Kurve Gl. (4.20) unterscheidet[163] (vgl. Abb. 4.18). Bei offenkettigen Verbindungen sind primär nur die Werte für die *gauche*- und die *trans*-Konformation von Bedeutung, die für einige Systeme in Tab. 4.41[31,148,158,159,164,165]) zusammengestellt sind und erwartungsgemäß einen großen Bereich umfassen.

Die vicinalen CO—C—C—H-Kopplungen in Aminosäuren und Peptiden sind zur Ermittlung der Konformation der Seitenkette gut geeignet[148], während die ^3J(CCCH)-Werte in Kohlenhydraten[158], im Gegensatz zu den ^3J(COCH)-Kopplungskonstanten[168] (S. 484), eine größere Streuung zeigen.

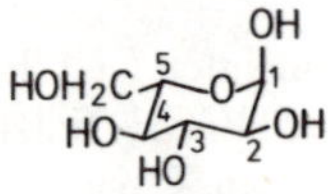

^3J(C-3, H-1) = 5–6 Hz (180°)
^3J(C-6, H-4) = 3,3 Hz (60°)

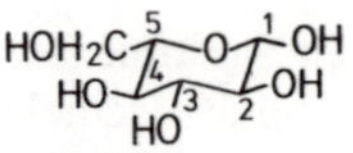

^3J(C-3, H-1) = 0 Hz (60°)

Tab. 4.41 $^3J^g$- und $^3J^{tr}$-Werte in **C**−C(sp³)−C(sp³)−**H**-Fragmenten ausgewählter Systeme

System	$^3J^g$	$^3J^{tr}$
Propan	2,5	13
Cyclohexan	2,1	8,1
H₃C−C(R)(OH)−CH₂R	2	6
Aminosäuren $[^3J(\overset{O}{\overset{\|}{C}}-C^\alpha-C^\beta-H)]$	0,4	11,9
Nitrile $[^3J(CN,H)]$	2,5	9
Kohlenhydrate $[^3J(CCCH)]$	0–3,3	5–6

Auch bei den **CXCH-Kopplungen** über ein Heteroatom wie Sauerstoff oder Stickstoff ist die Diederwinkelabhängigkeit der wichtigste Aspekt. Dabei sind nach FPT-INDO-Rechnungen, die am Dimethylether und Dimethylamin durchgeführt wurden, keine großen Änderungen gegenüber den Verhältnissen in einem CCCH-Fragment wie dem des Pro-

Tab. 4.42 ^3J(COCH)-Kopplungen in Ethern und Estern

H₃**C**−O−C**H**₃	+5,7	H₃**C**−C(=O)−O−C**H**₃	3,8
H₃**C**−O−C**H**₂−CH₂−CH₃	3,2	H₃**C**−C(=O)−O−C**H**₂−CH₃	3,2
H₃**C**−O−C**H**₂−C(CH₃)₃	2,7	H₃**C**−C(=O)−O−C**H**₂−C(CH₃)₃	2,7
H₃C−C**H**₂−O−C**H**₂−CH₃	3,1		
H₃**C**−O−C**H**R₂	5,2 ± 0,2	**H**−C(=O)−O−C**H**R₂	4,2 ± 0,2

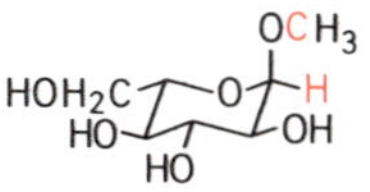

α-Methylglucosid (OCH₃ axial) 3,8	β-Methylglucosid (OCH₃ äquatorial) 4,5	Dioxan-Fragment 4,2

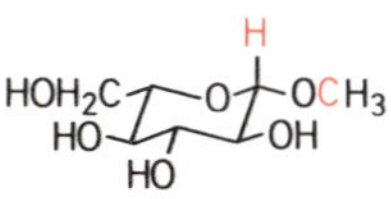

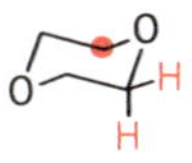

pans zu erwarten[159]. ^3J(COCH)-Kopplungen treten z. B. in Ethern und Estern auf[166], wobei in konformativ beweglichen Systemen Mittelwerte beobachtet werden, die außer durch die ^3J-Werte der einzelnen Konformere auch durch ihre Populationen bestimmt sind (Tab. 4.42[166, 167]).

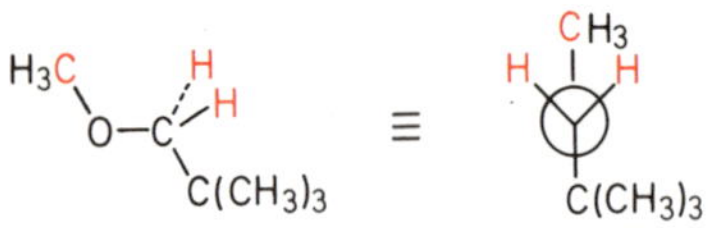

So wird die Abnahme von ^3J(CH$_3$OCH$_2$) im Methyl-neopentylether (2,7 Hz) gegenüber Dimethylether (5,7 Hz) auf das starke Überwiegen der *trans*-Form mit gauche-Kopplungen zurückgeführt, so daß sich mit diesem Wert für $^3J^g$ für die 180°-Kopplung im Dimethylether ein $^3J^{tr}$-Wert von 11,8 Hz ergibt. Die vicinale Kopplung der Metylprotonen in Methylethern (vgl. Tab. 4.42, R = Alkyl) ist wegen der freien Drehbarkeit der Methyl-Gruppe mit ca. 5 Hz weitgehend konstant (vgl. auch die δ_C-Werte in Kap. 3, Abschn. 4.5.2.2, S. 163).

Ähnliche Tendenzen zeigen auch die CO−O−C−H-Kopplungen der einfachen aliphatischen Ester, von denen die aliphatischen Formiate (R = Alkyl) zusätzlich noch eine C−O−CO−H-Kopplung von 4 Hz aufweisen. C−O−C−H-Atomanordnungen liegen ferner in Kohlenhydraten vor, deren ^3J(C,H)-Werte eine deutlich ausgeprägte Diederwinkelabhängigkeit erkennen lassen. Mit Hilfe dieser Daten kann man insbesondere Informationen über die Torsionswinkel ϕ und ψ in Di- und Oligosacchariden in Lösung erhalten[168].

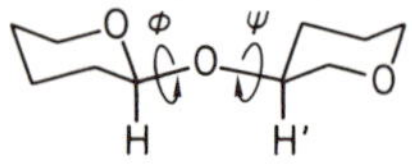

Kopplungen vom Typ CNCH trifft man außer in Aminen und Amiden auch in Peptiden sowie in Nucleosiden bzw. Nucleotiden an. Bei Amiden (Tab. 4.43[169, 170]) findet man für ^3J(CO−N−C−H) eine allerdings nicht sehr starke sterische Abhängigkeit, nach der die Protonen einer zur Carbonyl-Gruppe syn-ständigen Methyl-Gruppe kleinere Kopplungen als die einer anti-Methyl-Gruppe besitzen. Für die nur in Formamiden mögliche C−N−CO−H-Kopplung gilt $J^c < J^{tr}$ [169, 170].

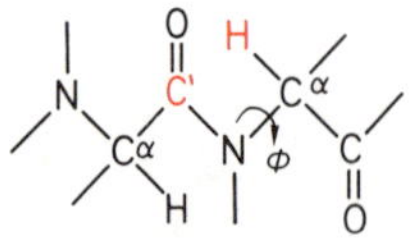

∢ C'NC$^\alpha$H = φ
∢ C'NC$^\alpha$C = ϕ

Für das CO'−NH−C$^\alpha$−H-Fragment von Peptiden läßt sich die Diederwinkelabhängigkeit von ^3J(C,H) durch Gl. (4.24) beschreiben[171]

$$^3J(C,H) = 4{,}5\cos 2\varphi - 4{,}4\cos\varphi + 3{,}7, \qquad (4.24)$$

Tab. 4.43 ^3J(CNCH)-Kopplungen in Amiden und Aminen

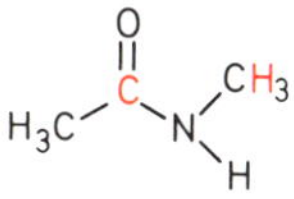

Verbindung	^3J	Verbindung	^3J
H₃C-CO-N(H)-CH₃	3,7		
H-CO-N(H)-CH₃	3,1	H-CO-N(H)-CH₃ (E)	5,1
H-CO-N(CH₃)-H	4,3	H-CO-N(CH₃)-H	nicht aufgelöst
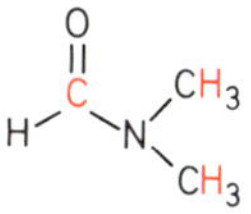 H-CO-N(CH₃)₂	2,7 / 4,3	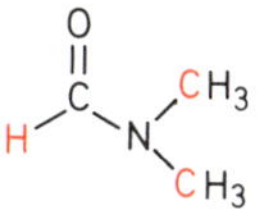 H-CO-N(CH₃)₂	3,4 / 2,0
(H₃C)₂N–C₆H₅ : 4,0		(H₃C)₂N–CHO : 3,4	Enamin : 3,7

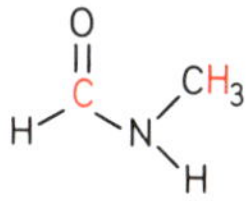

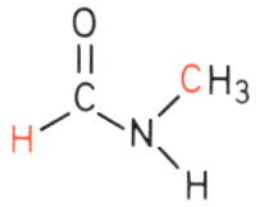

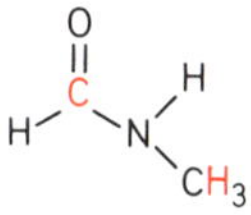

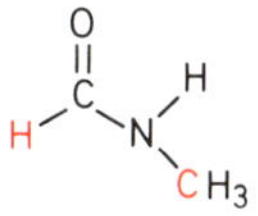

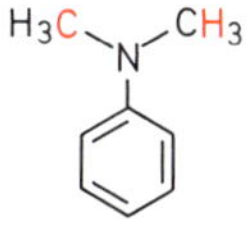

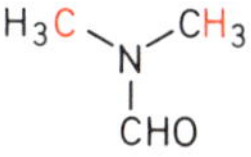

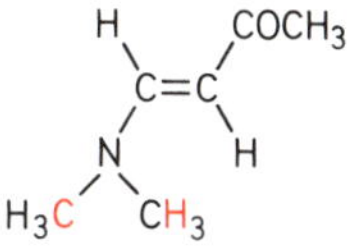

wobei man den interessierenden Winkel ϕ des Peptid-Gerüstes aus $\phi = \varphi - 120°$ erhält. Die erste Karplus-Kurve für ^3J(C,H) überhaupt stammt von Lemieux und wurde anhand der Daten von Nucleosiden mit fixierter Geometrie, u. a. von den beiden folgenden, aus Uridin erhältlichen Verbindungen, sowie des Uracils aufgestellt[157] (vgl. Abb. 4.18, S. 477).

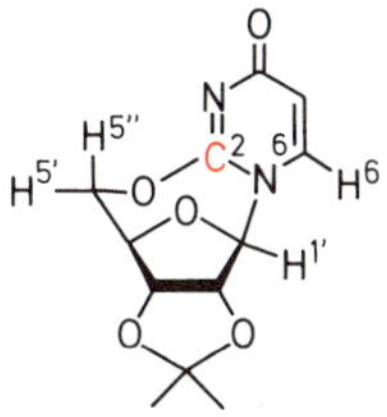

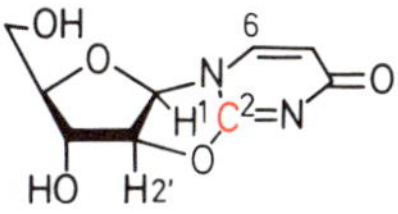

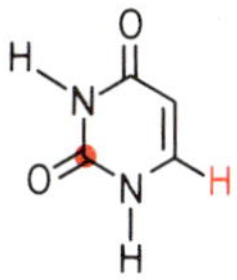

^3J(C-2, H-1′) = 6,6 (170°) ^3J(C-2, H-1′) ≐ 3,6 (125°) ^3J(C-2, H-6) = 8,0 (180°)
^3J(C-2, H-5′) = 8,7 (175°) ^3J(C-2, H-2′) = 2,0 (120°)
^3J(C-2, H-5″) = 2,0 (50°)

Mit ihrer Hilfe kann man den Verdrillungswinkel um die glycosidische Bindung in Nucleosiden in Lösung abschätzen, erhält jedoch im Bereich $\varphi = 0°$ bis $\varphi = 150°$ keine eindeutige Lösung. Zieht man aber außer $^3J(\text{C-2}, \text{H-1}')$ als weiteren Parameter die Kopplung zwischen C-6 und H-1' hinzu, läßt sich eine weitergehende Aussage über φ machen[102] (Aufg. 4.17).

Diese für verschiedenartige Fragmente erhaltenen und z. T. in Abb. 4.18 bzw. Tab. 4.41 angegebenen Daten zeigen, daß die Diederwinkelabhängigkeit von $^3J(\text{C,H})$ qualitativ den gleichen Verlauf wie die der vicinalen H,H-Kopplung besitzt, daß also die *gauche*- und meist auch die *cis*-Kopplung kleiner als die *trans*-Kopplung ist und ^3J im Bereich um 90° ein Minimum aufweist. Wegen der anderen diskutierten Einflüsse, insbesondere auch des genannten sterischen Effekts auf $^3J(\text{C,H})$, sei jedoch die bezüglich der $^3J(\text{H,H})$-Kopplung ausgesprochene Warnung wiederholt, über diese Beziehung Diederwinkel auf ein oder zwei Grad zu bestimmen[172].

An den **CCXH-Kopplungen** sind austauschfähige Protonen beteiligt, so daß sie nur unter solchen Bedingungen zu beobachten sind, unter denen kein rascher Austausch mehr erfolgt, also bei tieferer Temperatur oder in Lösungsmitteln wie Aceton oder Dimethylsulfoxid.

Die Kopplungen von OH-Protonen sind daher auch besonders gut in Verbindungen mit intramolekularen H-Brücken zu ermitteln, in denen die Austauschrate ebenfalls herabgesetzt ist und die Protonen in einer bestimmten Position fixiert sind (Tab. 4.44[104,153–155,169,170,173]). Deutlich tritt die stereochemische Abhängigkeit von $^3J(\text{CCOH})$ im Salicylaldehyd in Erscheinung, wobei die übliche Relation $^3J^{tr} > {}^3J^c$ gilt[155]. Aber auch Verbindungen mit Gruppen, die für die Ausbildung von Wasserstoff-Brücken weniger günstig sind, weisen für $\varphi = 0°$ und $\varphi = 180°$ unterschiedliche Werte auf, während man in aliphatischen Alkoholen Mittelwerte der verschiedenen Konformere erhält[153–155].

Vicinale ^{13}C, ^{1}H-Kopplungen werden im Pyrrol[104], unter gewissen Bedingungen in Anilinen und relativ leicht in Aniliden[153] sowie aliphatischen Amiden beobachtet, da Amidprotonen einen vergleichsweise langsamen Austausch zeigen[169,170].

Tab. 4.44 Vicinale ^{13}C, ^{1}H-Kopplungen von OH- und NH-Protonen

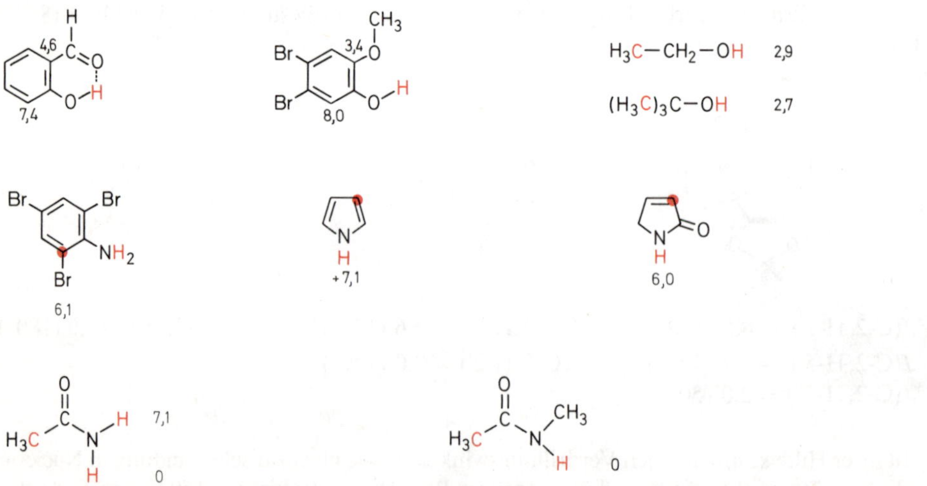

Kopplungen des Typs $^3J(CXYH)$ liegen u. a. in Oximen vor, z. B. im Salicylaldoxim, für das sich eine Kopplungskonstante von 5,3 Hz ermitteln ließ[174].

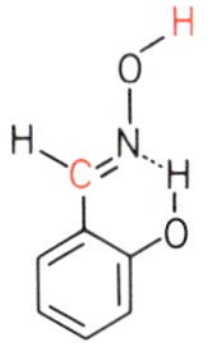

Für mit polaren Gruppen **substituierte Alkene** sind die gleichen Tendenzen wie für Alkyl-Derivate charakteristisch, d. h. eine Abnahme von $^3J(C,H)$ bei Substitution an einem C-Atom der zentralen C—C-Bindung und eine Zunahme, wenn das koppelnde C-Atom einen elektronegativen Substituenten trägt (Tab. 4.45[42,142]).

Tab. 4.45 $^3J(C,H)$-Kopplungen in substituierten Alkenen

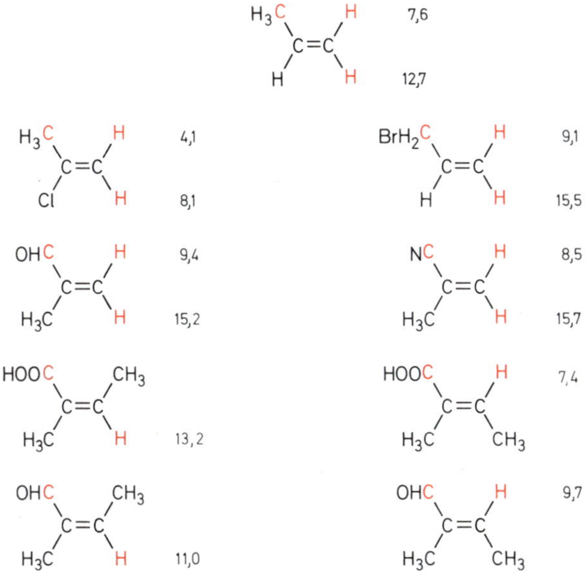

Verbindung	^3J (Hz)	Verbindung	^3J (Hz)
$H_3C-CH=CH_2$ (H cis)	7,6		
$H_3C-CH=CH_2$ (H trans)	12,7		
$H_3C,Cl / C=C / H,H$	4,1 / 8,1	$BrH_2C,H / C=C / H,H$	9,1 / 15,5
$OHC,H_3C / C=C / H,H$	9,4 / 15,2	$NC,H_3C / C=C / H,H$	8,5 / 15,7
$HOOC,H_3C / C=C / CH_3,H$	13,2	$HOOC,H_3C / C=C / H,CH_3$	7,4
$OHC,H_3C / C=C / CH_3,H$	11,0	$OHC,H_3C / C=C / H,CH_3$	9,7

Eine durch sterische Wechselwirkung bedingte Verringerung von $^3J^{tr}$ (s. S. 478) findet man für die Kopplung von Aldehyd-Kohlenstoff-Atomen, nicht jedoch für die sonstigen Carbonyl-Gruppierungen und die Nitril-Gruppe, deren C-Atome keinen Wasserstoff tragen. Damit sind die $^3J(C,H)$-Kopplungen der zuletzt genannten Gruppen für stereochemische Zuordnungen besser geeignet, vor allem dann, wenn nur ein Isomeres vorliegt (Aufg. 4.18 und 4.19).

In **monosubstituierten Benzolen** gelten die aufgeführten Gesetzmäßigkeiten ebenfalls, wie aus der Abnahme von $^3J(C-3, H-6)$ und der Zunahme von $^3J(C-1, H-3)$ mit steigender Elektronegativität hervorgeht[81] (Tab. 4.46[81,150,151]). Auch die übrigen Typen von $^3J(C,H)$-Kopplungen nehmen mit größer werdendem E_X zu, wobei die für die angegebenen Substituenten auftretende Variationsbreite ΔJ in der Reihenfolge ΔJ(C-3, H-5) > ΔJ(C-2, H-4) > ΔJ(C-4, H-2) abnimmt (1,8 bzw. 0,9 bzw. 0,2 Hz). Damit sind die vicinalen ^{13}C,^{1}H-Kopplungen in diesem System in der Regel größer als die geminalen, so daß aufgrund dieser Abstufung der Substitutionstyp benzoider Aromaten gut zu erkennen ist (Aufg. 4.20).

Tab. 4.46 ^3J(C,H)-Kopplungen in substituierten Benzolen

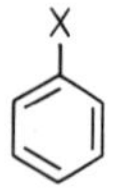

X	^3J(C−1,H−3)	^3J(C−2,H−6)
Si(CH$_3$)$_3$	6,3	8,6
H	7,6	7,6
CH$_3$	7,6	6,6
NH$_2$	8,1	5,4
OH	9,7	4,7
I	10,8	6,1
Br	11,2	5,4
Cl	10,9	5,1
F	11,0	4,1

X	^3J(C−3,H−5)	^3J(C−2,H−4)	^3J(C−4,H−2)
Si(CH$_3$)$_3$	7,2	7,4	7,4
F	9,0	8,3	7,6

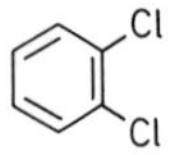

1,2-Dichlorbenzol	1,3-Dichlorbenzol	1,2,3,5-Tetrachlorbenzol
^3J(C−1,H−3) = 7,9	^3J(C−1,H−5) = 12,5	^3J(C−2,H−4) = 8,1
^3J(C−1,H−5) = 11,6	^3J(C−2,H−4) = 5,4	^3J(C−4,H−6) = 5,6
^3J(C−3,H−5) = 8,4	^3J(C−4,H−2) = 5,1	
^3J(C−4,H−6) = 8,6	^3J(C−4,H−6) = 7,7	

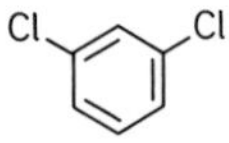

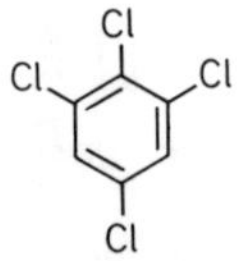

Die auffallendste Erscheinung bei **Azabenzolen** sind die großen Kopplungskonstanten im CNCH-Fragment, also über das Stickstoff-Atom hinweg. So beträgt die ^3J(C-1,H-6)-Kopplung des Pyridins 11,1 Hz, während die übrigen Werte zwischen 6 und 7 Hz und damit etwas niedriger als im Benzol liegen. Im Pyridinium-Ion und noch stärker im N-Oxid ist die CNCH-Kopplung jedoch wieder stark verringert und sogar kleiner als ^3J(C,H) im Benzol, im Einklang mit FPT-INDO-Rechnungen[90−93]. Wie im Falle von ^2J(C-3,H-2) ist also auch der hohe Wert von ^3J(C-2,H-6) auf den Einfluß des freien Elektronenpaars der freien Base zurückzuführen (Tab. 4.47[90−93,99,101,104−106,110,113,115,116]).

Tab. 4.47 $^3J(C,H)$-Kopplungen in Heteroaromaten und ungesättigten Ringsystemen

R				
:	11,1	6,8	6,6	6,4
H⁺	6,4	6,9	7,2	6,1
O	4,1	8,1	8,9	6,8

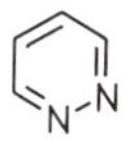

Pyridazin:
$^3J(C-3,H-5) = 2,0$
$^3J(C-4,H-6) = 5,2$

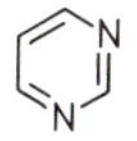

Pyrimidin:
$^3J(C-2,H-6) = 10,3$
$^3J(C-4,H-6) = 5,3$

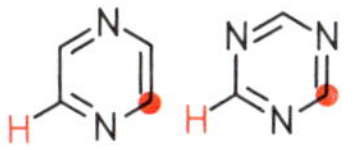

Pyrazin: 9,8

Triazin: 8,0

1,2,4-Triazin:
$^3J(C-3,H-5) = 9,1$
$^3J(C-5,H-3) = 7,5$

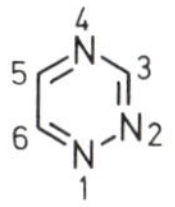

	Pyrrol	Thiophen	Furan
$^3J(C-2,H-4)$	7,5	10,0	7,0
$^3J(C-2,H-5)$	6,6	5,0	6,9
$^3J(C-3,H-5)$	7,4	9,8	6,1

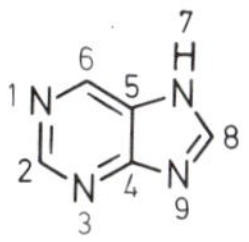

Purin:
$^3J(C-2,H-6) = 10,4$
$^3J(C-4,H-2) = 10,9$
$^3J(C-4,H-6) = 4,8$
$^3J(C-4,H-8) = 9,2$
$^3J(C-5,H-8) = 8,1$
$^3J(C-6,H-2) = 10,3$

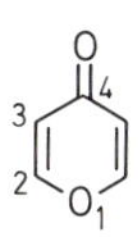

γ-Pyron:
$^3J(C-4,H-2) = 5,1$
$^3J(C-3,H-5) = 5,5$
$^3J(C-2,H-6) = 8$

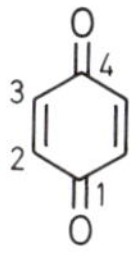

p-Benzochinon:
$^3J(C-1,H-3) = 10,4$
$^3J(C-2,H-6) = 4,4$

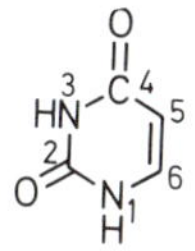

Uracil:
$^3J(C-2,H-6) = 9,2$
$^3J(C-4,H-6) = 10,9$

Wie die Daten der mehrfach substituierten Benzole (Tab. 4.46) sowie der Polyazabenzole erkennen lassen, werden hier die Einflüsse sämtlicher Substituenten wirksam, jedoch verhalten sich die Effekte nicht unbedingt additiv.

FPT-INDO-Rechnungen geben die $^1J(C,H)$- und insbesondere die $^2J(C,H)$-Kopplungen ziemlich schlecht wieder[2], so daß die theoretischen Ergebnisse für praktische Anwendungen, etwa zur Entscheidung zwischen alternativen Strukturen, nicht geeignet erscheinen. Dagegen liefert die Methode befriedigende Resultate für die vicinalen $^{13}C,^1H$-Kopplungen, die zwar zahlenmäßig über den experimentellen liegen, die strukturellen Unterschiede aber recht gut widerspiegeln[19a,31,71] (Tab. 4.48[19a,31]). Das gilt für die

^3J(C,H)-Werte sowohl im ungesättigten System des 6,6-Dimethylfulvens, die primär durch die Bindungslängen bestimmt werden (vgl. auch Tab. 4.36), als auch im Cyclohexan, auf die sich vor allem der Diederwinkeleinfluß auswirkt.

Tab. 4.48 Gegenüberstellung von experimentellen und mit der FPT-INDO-Methode berechneten ^{13}C,^{1}H-Kopplungskonstanten des 6,6-Dimethylfulvens und des Cyclohexans (Ringinversion eingefroren)

^nJ(C,H)	exp.[a]	ber.
^1J(C−1,H−1)	167,9	158,7
^2J(C−1,H−2)	3,8	−6,3
^3J(C−1,H−3)	6,0	8,5
^3J(C−1,H−4)	4,9	7,8
^2J(C−2,H−1)	3,8	−6,3
^1J(C−2,H−2)	164,6	148,3
^2J(C−2,H−3)	5,8	1,2
^3J(C−2,H−4)	10,6	16,0
^2J(C−5,H−1)	7,2	1,3
^3J(C−5,H−2)	10,1	15,7
^3J(C−6,H−1)	[b]	0,9
^4J(C−6,H−2)	[b]	0,3

	H^e		H^a	
	exp.	ber.	exp.	ber.
^1J(C,H)	126,4	118,7	122,4	123,6
^2J(C,H)	(−)3,7	−6,4	(−)3,9	−6,9
^3J(C,H)	8,1	8,3	2,1	1,4
^4J(C,H)	(−)0,5	−0,8	(−)0,3	−0,5

[a] Vorzeichen sämtlich positiv
[b] nicht aufgelöst

2.2.4 Weitreichende ^{13}C,^{1}H-Kopplungen

^{13}C,^{1}H-Kopplungen über mehr als drei Bindungen sind meist sehr klein und daher häufig nicht aufgelöst. Sie treten vorzugsweise in konjugierten π-Elektronensystemen auf und können beiderlei Vorzeichen aufweisen (Tab. 4.49[31,32,43,62,64,110,141,155,175]). So sind bei ^4J(C,H)-Werten von Benzolen negative Vorzeichen die Regel für die Kopplung zwischen einem Ring-C-Atom und einem Ringproton, während für die ^4J(C,H)-Kopplung eines exocyclischen C-Atoms mit einem Ring-H-Atom, also bei einer W-Anordnung, positive Vorzeichen charakteristisch sind[74]. Relativ große Werte werden für die ^5J(C,H)-Kopplungen in 1,4-Dihydrobenzoesäuren beobachtet, die, ebenso wie die ^4J(C,H)-Kopplungen des OH- bzw. des CHO-Protons im Salicylaldehyd, eine signifikante stereochemische Abhängigkeit zeigen[175,156].

Insgesamt spielen weitreichende Kopplungen wegen ihrer geringen Größe und wegen des Fehlens von Strukturkorrelationen bei der Lösung von Strukturproblemen gegenwärtig keine nennenswerte Rolle.

Tab. 4.49 $^4J(C,H)$- und $^5J(C,H)$-Kopplungen

[Structures with coupling constants:]

- Cyclohexane: (-)0,3; (-)0,5
- 1,3-Butadiene (H$_2$C=CH–CH=CH$_2$): -1,2; 0
- H$_2$C=CH–C≡CH: 2,8
- HC≡C–CH=CH$_2$: <1
- Benzene: -1,3
- Naphthalene: $^4J(C-4,H-1) = (-)0,6$; $^4J(C-10,H-2) = (-)1,1$; übrige: 0
- Pyridine: $^4J(C-3,H-6) = -1,7$; $^4J(C-2,H-5) = -0,9$
- Purine: $^4J(C-5,H-2) = 1,4$; $^4J(C-6,H-8) = 0,6$
- Salicylaldehyde: $^4J(C-3,H-7) = 2,1$; $^4J(C-4,H-7) = 0$; $^4J(C-4,H-2) = 1,5$; $^4J(C-6,H-2) = 0$
- m-COOH benzene: +1,4
- m-CH$_3$ benzene: +0,5
- p-CH$_3$ benzene (para H): +0,7
- p-CH$_3$ benzene (ortho C marked): +0,8
- 1,4-cyclohexadiene COOH: 5,8; 4,7
- Dihydronaphthalene COOH: 5,4; 2,9

^5J: +0,7

2.2.5 Lösungsmitteleinflüsse auf $^nJ(C,H)$

Bei den ^{13}C,^{1}H-Kopplungskonstanten über eine Bindung können signifikante Lösungsmitteleffekte auftreten, die sich aber bislang nicht durch ein einfaches Modell beschreiben lassen[176,177]. Für Verbindungen wie z. B. Benzol, Imidazol und Acetylaceton betragen sie maximal nur 1 bis 2 Hz, während für Methanol und α-D-Methylglucopyranosid sowie insbesondere Chloroform eine merklich höhere Variation festzustellen ist; beim CHCl$_3$ wird $^1J(C,H)$ mit zunehmender Donorstärke des Lösungsmittels größer (Tab. 4.50[13b,14,25,100,127,178,179]). Bei den ^{13}C,^{1}H-Kopplungen über mehr als eine Bindung in starren Systemen sind insbesondere für manche $^2J(C,H)$-Kopplungen signifikante Lösungsmitteleinflüsse zu verzeichnen, z. B. im cis-Dichlorethylen und in Aldehyden.

Bei nichtstarren Verbindungen auftretende Effekte, z. B. beim 1,2-Dichlorethan, werden vorwiegend durch eine lösungsmittelbedingte Änderung des Konformeren-Gleichgewichts verursacht und lassen sich für die Konformationsanalyse anwenden[179].

Tab. 4.50 Lösungsmittelabhängigkeit von ^{13}C,^{1}H-Kopplungskonstanten

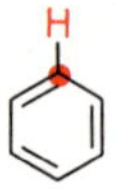

CCl$_4$	158,2	CDCl$_3$	205,1		188,6
Aceton	158,8	DMSO	206,1		187,7

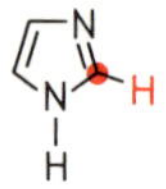

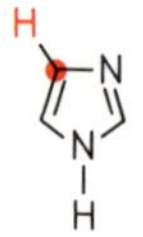

	CHCl$_3$		CH$_3$OH	
C$_6$H$_{12}$	208,1	D$_2$O	142,2	
CHCl$_3$	209,5	DMSO	138,5	
DMF	217,4			

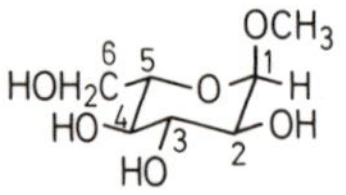

$^1J(\text{C}-n, \text{H}-n)$

n	D$_2$O	DMSO
1	170	167
2	147	145
3	148	144
4	146	143
5	145	142
6	145	141

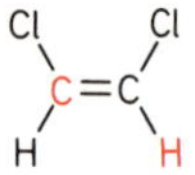

C$_6$H$_{12}$	13,3	CDCl$_3$	23,0	
–	16,0	Aceton	23,6	

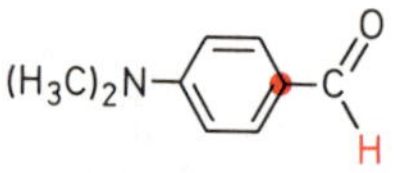

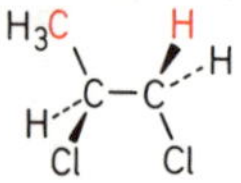

CCl$_4$	5,1	
CD$_3$CN	3,6	

(Konformeren-Gleichgewicht!)

Aufgaben

4.17 Welcher Torsionswinkel läßt sich für Uridin aus den angegebenen vicinalen ^{13}C,^{1}H-Kopplungen ableiten?

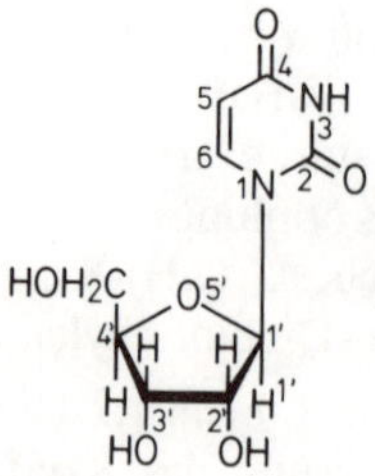

$^3J(\text{C-2, H-1}') = 2,1 \qquad ^3J(\text{C-6, H-1}') = 3,7$

4.18 Für die beiden isomeren Diels-Alder-Produkte ($\phi = C_6H_5$) wurden $^3J(CO,H)$-Kopplungen von 0 bzw. 7,4 Hz (Triplett) gemessen. Ordne zu!

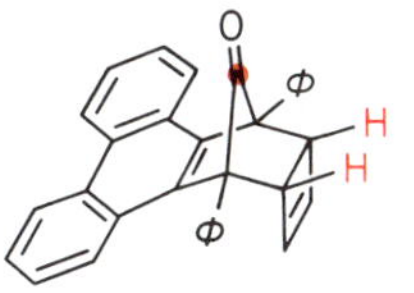

4.19 In der Dicarbonsäure beträgt die $^3J(CH_3,H)$-Kopplung 7,7 Hz und die $^3J(CO,H)$-Kopplung 7,2 Hz. Welches Isomere liegt vor?

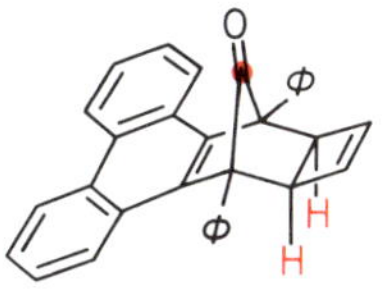

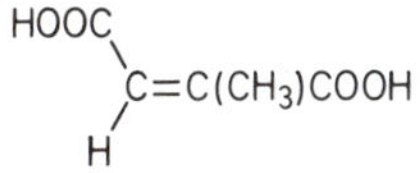

```
HOOC
    \
     C=C(CH₃)COOH
    /
   H
```

4.20 Die ^3J(C-1, H-3)-Kopplung im 1,2-Difluorbenzol wurde zu 7,5 Hz bestimmt. Wie ist dieses Ergebnis zu deuten (vgl. Monofluorbenzol, Tab. 4.46)?

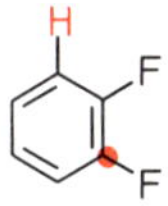

3. $^{13}C,^{13}C$-Kopplungen

$^{13}C,^{13}C$-Kopplungen$^{3b,37,180-230}$ treten nur in Molekülen auf, die mindestens zwei ^{13}C-Kerne enthalten. Da diese Isotopomere in der Natur nur in einem Anteil von ca. $1 \cdot 10^{-4}$ vorkommen, erscheinen bei ^1H-Breitband-Entkopplung die Signale ihrer AX- bzw. AB-Spinsysteme als sehr intensitätsschwache Satelliten der ^{13}C-Signale der Mono-^{13}C-Spezies. Da deren Signale eine 200fach höhere Intensität besitzen und in der Höhe der ^{13}C-Satelliten eine erhebliche Linienbreite (Größenordnung 10 Hz) aufweisen, lassen sich kleinere Kopplungen meist nicht bestimmen. Diese Schwierigkeiten lassen sich dadurch überwinden, daß man spezifisch ^{13}C-markierte Verbindungen synthetisiert, wobei ein Anreicherungsgrad von 80–90% zweckmäßig ist. Unter diesen Bedingungen tritt zwar für das markierte C-Atom ein intensives Signal auf, jedoch lassen sich die kleineren Kopplungsaufspaltungen aus den Absorptionen der koppelnden C-Atome ablesen, deren Dubletts nur noch wenig intensive Zentrallinien enthalten, die von der jeweiligen Mono-^{13}C-Verbindung herrühren (Abb. 4.19, 4.20). Bei Spektren vom AB-Typ mit kleinem k-Wert (vgl. Gl. (4.11), s. S. 431) lassen sich die Kopplungskonstanten häufig nicht ablesen, da die äußeren Linien der Dubletts nicht beobachtbar sind. Hier ist die Messung bei höherer Feldstärke notwendig (Aufg. 4.21).

494   Kapitel 4 ^{13}C,X-Spin,Spin-Kopplungen

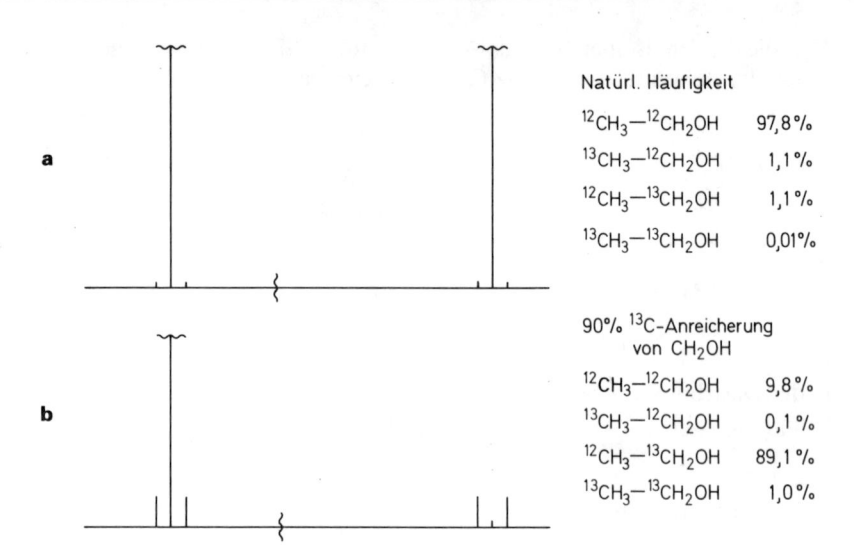

	Natürl. Häufigkeit	
	$^{12}CH_3-^{12}CH_2OH$	97,8 %
a	$^{13}CH_3-^{12}CH_2OH$	1,1 %
	$^{12}CH_3-^{13}CH_2OH$	1,1 %
	$^{13}CH_3-^{13}CH_2OH$	0,01 %

	90 % ^{13}C-Anreicherung von CH_2OH	
	$^{12}CH_3-^{12}CH_2OH$	9,8 %
b	$^{13}CH_3-^{12}CH_2OH$	0,1 %
	$^{12}CH_3-^{13}CH_2OH$	89,1 %
	$^{13}CH_3-^{13}CH_2OH$	1,0 %

Abb. 4.19   Schematische ^{13}C-NMR-Spektren des Ethanols
a Natürliche ^{13}C-Häufigkeit (Hauptsignale 200mal intensiver als ^{13}C-Satelliten)
b 90 % ^{13}C-Anreicherung von C-1 (Signalintensitäten sind gegenüber denen in **a** um den Faktor 10 verringert).

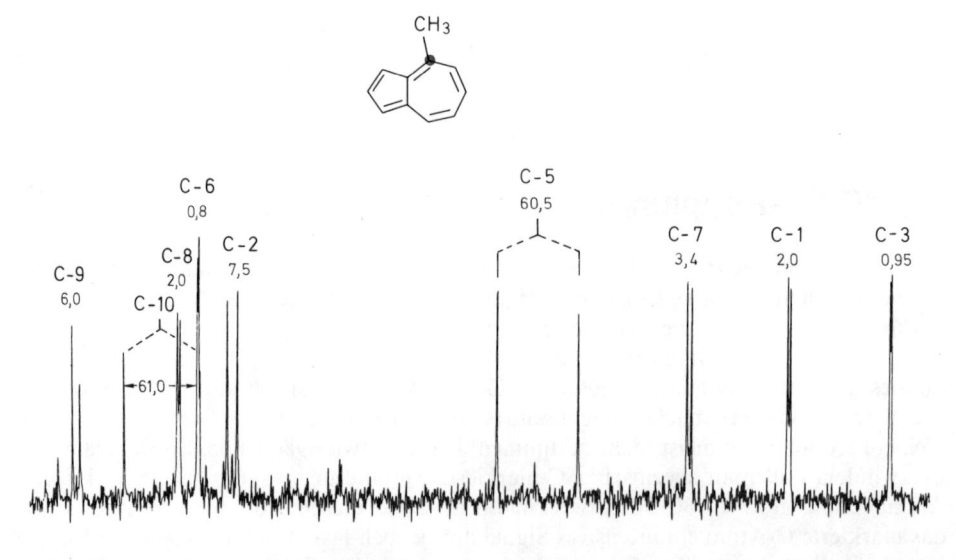

Abb. 4.20   Ausschnitt aus dem experimentellen ^{13}C-NMR-Spektrum (25,2 MHz) des 4-Methyl-4-^{13}C-Azulens (90 % Anreicherung)

Um in symmetrischen Molekülen die Kopplung zwischen isochronen ^{13}C-Kernen zu bestimmen, muß man mindestens einen weiteren magnetisch aktiven Kern miteinbeziehen, um das A_2-Spinsystem z. B. in eines vom Typ AA'X (bzw. – unter Berücksichtigung eines ^{13}C-Isotopeneffekts auf die ^{13}C-chemische Verschiebung – vom Typ ABX) zu überführen. So ließ sich die ^1J(CO,CO)-Kopplung im Benzil aus dem ^{1}H-Breitband-entkoppelten ^{13}C-NMR-Spektrum der doppelt markierten Verbindung bestimmen[183], während die ^{13}C,^{13}C-Kopplungen des Benzols aus den ^{13}C-Satelliten des Deuterium-entkoppelten ^{13}C-NMR-Spektrums des Pentadeuterobenzols mit natürlicher ^{13}C-Häufigkeit ermittelt wurden[184]. Im Falle des 2,2,4,4-Tetramethylbicyclo[1.1.0]butans schließlich resultierte nach Deuterierung der Methylgruppen und ^{13}C-Markierung in den Positionen 1 und 3 ein AA'XX'-Spinsystem, dessen ^{1}H-NMR-Teil unter Entkopplung der Deuteronen analysiert wurde[137]. Das Vorzeichen von J(C-1, C-3) ergibt sich daraus jedoch nicht, da Spektren dieses Typs gegenüber den Vorzeichen von J(AA') und J(XX') invariant sind (Aufg. 4.22).

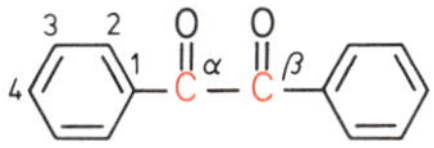

$$
\begin{aligned}
&(\text{Hz}) \\
^1J(\text{C-1, C-}\alpha) &= +54{,}5 \\
^2J(\text{C-1, C-}\beta) &= +14{,}0 \\
^2J(\text{C-2, C-}\alpha) &= (+)3{,}4 \\
^3J(\text{C-2, C-}\beta) &= (+)0{,}4 \\
^3J(\text{C-3, C-}\alpha) &= 4{,}4 \\
^4J(\text{C-4, C-}\alpha) &= 1{,}0
\end{aligned}
$$

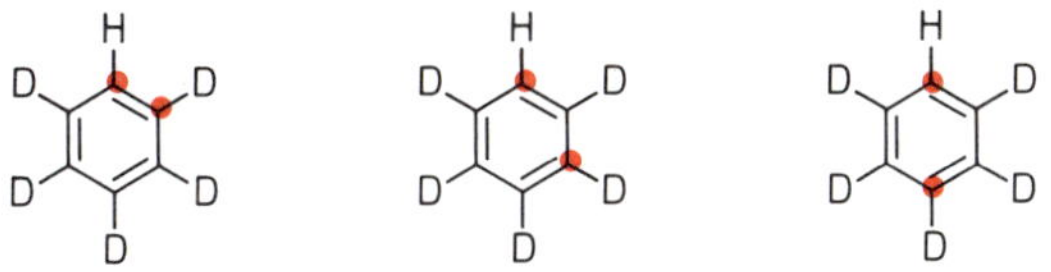

^{13}C{D}   +56,0   2,5   +10,0   (Hz)

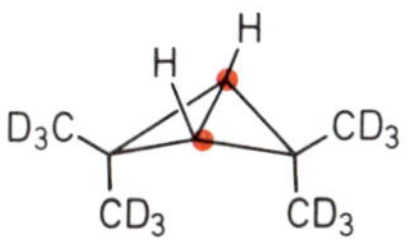

−17,5

Bei nichtspezifischer ^{13}C-Anreicherung, wie sie z. B. unter biosynthetischen Bedingungen vorliegen kann, werden komplexe, nur mit Hilfe statistischer Methoden analysierbare Spektren erhalten[185].

Heute steht die in Kap. 2 (s. S. 66) beschriebene INADEQUATE-Methode zur Unterdrückung der Signale der Mono-^{13}C-Isotopomere zur Verfügung, mit der man auch kleinere ^{13}C,^{13}C-Kopplungen an Proben mit natürlicher ^{13}C-Häufigkeit bestimmen kann. Die Zuordnung von ^{13}C,^{13}C-Kopplungen läßt sich durch den zahlenmäßigen Vergleich der Aufspaltungen beim Vorliegen von AB-Systemen anhand der relativen Intensitäten der Dublett-Komponenten sowie besonders elegant durch die 2D-Variante des INADEQUATE-Verfahrens[186] (S. 68) treffen. Weitere Möglichkeiten bieten Doppelresonanz-Experimente[187], z. B. die SPT-Methode (vgl. Abschn. 2.1.5, S. 442).

Die zuletzt genannten Verfahren dienen im allgemeinen auch dazu, die Vorzeichen der Kopplungskonstanten zu bestimmen, die aus den üblichen AX- bzw. AB-Spektren nicht erhältlich sind. Vielmehr müssen Systeme mit mindestens drei Kernspins vorliegen, wobei als zusätzliche Kernart häufig Protonen herangezogen werden. Da jeweils relative Vorzeichen ermittelt werden, müssen die der übrigen Kopplungen bekannt sein, so daß als Bezugsgrößen meist die stets positiven $^1J(C,H)$- und $^3J(H,H)$-Kopplungen sowie die in den meisten Fällen ebenfalls positiven $^1J(C,C)$-Kopplungen gewählt werden. Durch Doppelresonanz-Experimente wurde z. B. festgestellt, daß die $^1J(C,C)$-Kopplung der in CO markierten Essigsäure das gleiche Vorzeichen wie $^1J(C,H)$ besitzt[188a], und die gleiche Methode lieferte für die doppelt ^{13}C-markierte Bicyclobutan-Verbindung auf S. 495 ein zu $^3J(H,H)$ entgegengesetztes, also negatives Vorzeichen[137]. Mit einem speziellen INADEQUATE-Verfahren, SLAP (**sign labelled polarization transfer**), gelingt die Vorzeichenbestimmung von $^{13}C,^{13}C$-Kopplungen auch bei Verbindungen mit natürlichem ^{13}C-Gehalt[188b].

3.1 Strukturabhängigkeit der $^{13}C,^{13}C$-Kopplungen

Die $^{13}C,^{13}C$-Kopplungen über eine Bindung umfassen einen Bereich von ca. -20 bis $+200$ Hz, während die übrigen nur bis ca. 20 Hz große Beträge aufweisen[3b, 37, 180-230]. Bei den Kopplungen über eine Bindung ist insbesondere der Hybridisierungs- sowie der Substituenteneinfluß und bei den $^3J(C,C)$-Kopplungen ferner die Diederwinkelabhängigkeit von Interesse; über die Strukturabhängigkeit der geminalen Wechselwirkungen $^2J(C,C)$ ist dagegen noch relativ wenig bekannt.

3.1.1 $^{13}C,^{13}C$-Kopplungen über eine Bindung

Die $^1J(C,C)$-Kopplungen besitzen mit Ausnahme der Bicyclobutane, die einen Sonderfall darstellen, ein positives Vorzeichen und hängen primär von der Hybridisierung der beteiligten C-Atome ab, während der Einfluß von Substituenten weniger stark ausgeprägt ist.

Sie sind bis ca. $+200$ Hz groß und werden nach theoretischen Rechnungen weitgehend durch den Fermi-Kontakt-Mechanismus bestimmt. Jedoch ist insbesondere bei Kopplungen über Mehrfachbindungen und in gespannten Ringsystemen auch mit Beiträgen des Orbital- und Dipol-Mechanismus zu rechnen (Tab. 4.51)[10].

Tab. 4.51 Experimentelle $^1J(C,C)$-Kopplungen und mit Hilfe der SCPT-INDO-Methode berechnete Beiträge der verschiedenen Mechanismen zu $^1J^{total}$

Verbindung	$^1J^{exp}$	$^1J^{FC}$	$^1J^{OD}$	$^1J^{DD}$	$^1J^{total}$
H_3C-CH_3	34,6	35,6	$-2,9$	0,7	33,4
$H_2C=CH_2$	67,6	70,6	$-18,6$	3,9	55,9
$HC\equiv CH$	171,5	140,8	23,6	8,3	172,7

Wie die ^1J(C,C)-Werte des Ethans, Ethylens und Acetylens zeigen, nehmen sie wie die ^1J(C,H)-Kopplungen dieser Verbindungen mit dem *s*-Anteil der Kohlenstoff-Orbitale zu[15a]. Für die sechs verschiedenen Typen von Einfachbindungen zwischen C-Atomen unterschiedlicher Hybridisierung wurde gefunden, daß eine lineare Abhängigkeit der entsprechenden ^1J(C,C)-Werte vom Produkt der *s*-Anteile s_A und s_B besteht (Gl. (4.25)).

$$^1J(C,C) = k \cdot s_A \cdot s_B + c \tag{4.25}$$

Diese erstmals von Frei und Bernstein mit $k = 576$ und $c = -3,4$ angegebene Beziehung beruht z. T. auf den Daten von substituierten Verbindungen, für die entsprechend modifizierte *s*-Werte verwendet wurden[189]. Geht man von den ^1J(C,C)-Werten von Kohlenwasserstoffen (vgl. die beiden oberen Reihen der Tab. 4.52[180,190–196]) aus und legt sp^3-, sp^2- sowie *sp*-Orbitale zugrunde, resultiert die Auftragung in Abb. 4.21 mit den Konstanten $k = 637$ und $c = -11$.

Bei einer solchen Korrelation werden jedoch mögliche Konjugationseffekte nicht berücksichtigt, und die Kopplungen über Mehrfachbindungen sind sehr viel größer als sich nach Gl. (4.25) ergibt. Als Ursache dafür sind ein π-Elektronenanteil sowie Beiträge der anderen Kopplungsmechanismen zu ^1J(C,C) in Betracht zu ziehen.

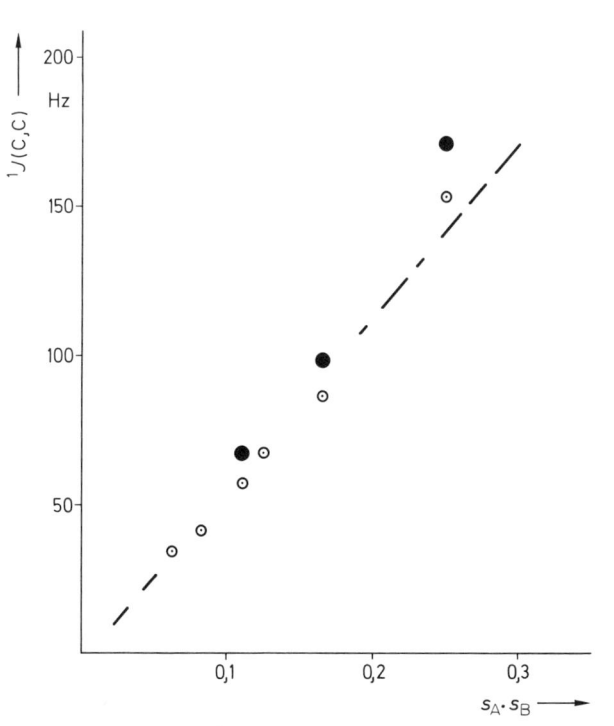

Abb. 4.21 Abhängigkeit der ^1J(C,C)-Kopplung in Kohlenwasserstoffen vom Produkt der *s*-Anteile der C-Orbitale
⊙ über Einfachbindungen (vgl. Tab. 4.52)
● Über Mehrfachbindungen (Ethylen, Allen, Acetylen)

Tab. 4.52 $^1J(C,C)$-Kopplungen in offenkettigen Kohlenwasserstoffen

H₃C—CH₂—CH₃ 34,6	H₂C=CH—CH₃ 70,0 41,9	HC≡C—CH₃ 175,0 67,4
H₂C=CH—CH=CH₂ 68,6 53,7	HC≡C—CH=CH₂ 86,7	HC≡C—C≡CH 190,3 153,4
H₂C=C=CH₂ 98,7	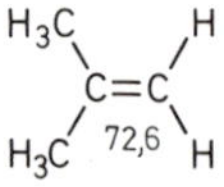 (H₃C)(H)C=C(CH₃)(H) 72,6	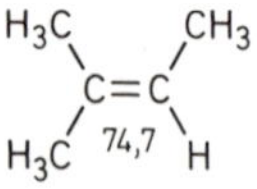 (H₃C)(H₃C)C=C(CH₃)(H) 74,7

Der Hybridisierungseinfluß auf $^1J(C,C)$ sollte sich auch bei Kleinringverbindungen zeigen[52b,196-198], bei denen die Ringspannung zu einer Hybridisierungsänderung in dem Sinne führt, daß die exocyclischen Orbitale der Ringkohlenstoff-Atome auf Kosten der endocyclischen einen höheren s-Anteil aufweisen als einem reinen sp^3- bzw. sp^2-Orbital entspricht. Während die Auswirkungen im Falle von ^1J(C-1, C-2) durch den weiter unten diskutierten Effekt der Mehrwege-Kopplungen überlagert sein dürften, ist die bei kleinen

Tab. 4.53 $^1J(C,C)$-Kopplungen in Cycloaliphaten und Methylencycloalkanen

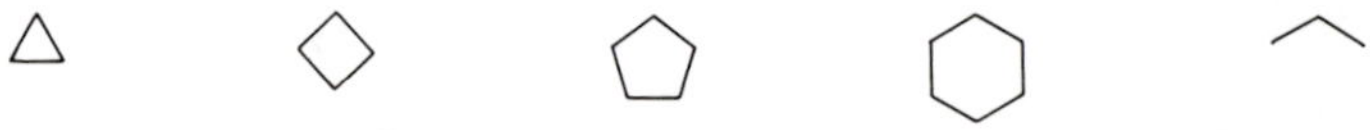

	△	◇	⬠	⬡	∧
	12,4	n.b.	n.b.	32,7	34,6
	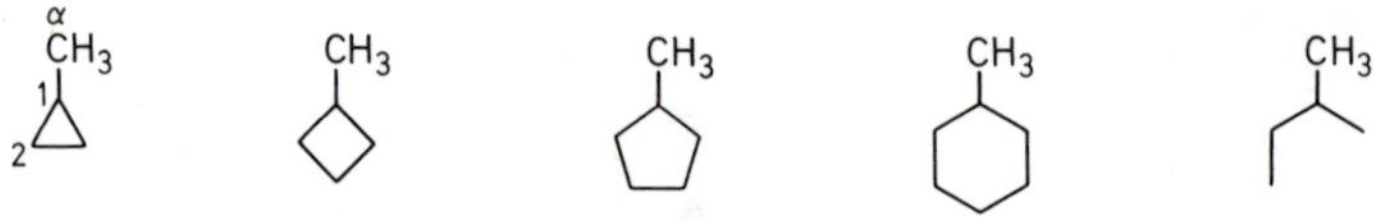 α-CH₃-cyclopropyl	CH₃-cyclobutyl	CH₃-cyclopentyl	CH₃-cyclohexyl	CH₃-isopropyl
^1J(C-1,C-α)	44,0	36,1	36,2	35,7	35,4
^1J(C-1,C-2)	13,4	28,9	n.b.	33,3	34,9
	methylencyclopropyl	methylencyclobutyl	methylencyclopentyl	methylencyclohexyl	isobutylen
^1J(C-1,C-α)	95,2	73,2	73,2	72,0	70,8
^1J(C-1,C-2)	23,2	34,2	39,0	40,3	41,5
	37,9	39,7	37,6	^1J(C-1,C-2) 32,5 ^1J(C-1,C-7) 30,7	

Ringen für ^1J(C-1, C-α) zu erwartende Erhöhung nur beim Methyl- und Methylencyclopropan signifikant, nicht aber bei den entsprechenden Vier- und Fünfring-Verbindungen (Tab. 4.53[52b, 196-199]).

Bei den Bicyclen in Tab. 4.53 wird keine Korrelation mit den entsprechenden ^1J(C,H)-Werten beobachtet, was als Indiz für die Beteiligung des Dipol- bzw. des Orbital-Terms angesehen wird[52b].

Besondere Verhältnisse liegen bei Bicyclo[1.1.0]butanen vor, bei denen die C-1,C-3-Bindung durch negative ^1J(C,C)-Werte charakterisiert ist[137] (s. S. 495). Die Anwendung von Gl. (4.25) würde zu einem negativen s-Anteil führen, also zu einem physikalisch sinnlosen Ergebnis. Als Ursache kommen zum einen Beiträge der Nicht-Kontakt-Mechanismen in Frage, die nach theoretischen Rechnungen bei Dreiring-Verbindungen signifikant sind und ein negatives Vorzeichen haben[200]. Andererseits wird die Möglichkeit diskutiert, daß die Kopplungsinformation auf mehreren Wegen, also außer über die C-1,C-3-Bindung auch über die Kohlenstoff-Atome C-2 bzw. C-4 übertragen wird. Für diese zuletzt genannten, über zwei Bindungen verlaufenden Kopplungen ^2J(C-1,C-2,C-3) bzw. ^2J(C-1,C-4,C-3) wird im Dreiring ein stark negativer Wert von ca. −15 Hz angenommen, so daß insgesamt eine negative Kopplungskonstante J(C-1,C-3) resultiert. Auch der beim Cyclopropan zu beobachtende niedrige ^1J(C,C)-Wert wird dem zusätzlichen Wirken der ^2J(C,C)-Kopplung zugeschrieben[182,201,202]. Entsprechend werden für solche in cyclischen Verbindungen auftretenden Mehrwege-Kopplungen mit annähernd additivem Verhalten die Bezeichnungen $^{1+2+2}J$(C,C) bzw. ^{1+2}J(C,C) vorgeschlagen (vgl. auch die Beispiele in Abschn. 3.1.2, S. 503f. und 3.1.3, S. 505).

Eine signifikante Abhängigkeit der ^1J(C,C)-Kopplung von der π-Bindungsordnung tritt bei benzoiden Aromaten auf, deren Kopplungskonstanten zwischen 53 und 63 Hz betragen[74, 203] (Tab. 4.54, s. auch Lit.[186b]).

Tab. 4.54 ^1J(C,C)-Kopplungen in polycyclischen benzoiden Kohlenwasserstoffen und im Azulen

56,0

^1J(C−1,C−2) = 60,3
^1J(C−1,C−9) = 55,9

^1J(C−9,C−12) = 60,5

56,0 58,5
58,2 61,0 58,8

^1J(C−1,C−2) = 57
^1J(C−1,C−11) = 58,9

^1J(C−9,C−10) = 63,0
^1J(C−9,C−14) = 53,8

Dabei ist jedoch der unterschiedliche Substitutionsgrad der C-Atome von Bedeutung (vgl. Methylethylene in Tab. 4.52); so existiert eine lineare Abhängigkeit für die Kopplung zwischen H-tragenden C-Atomen und eine etwas davon verschiedene für die Kopplung zwischen einem quartären Kohlenstoff-Atom und einem C-Atom mit direkt gebundenem H[74] (Abb. 4.22).

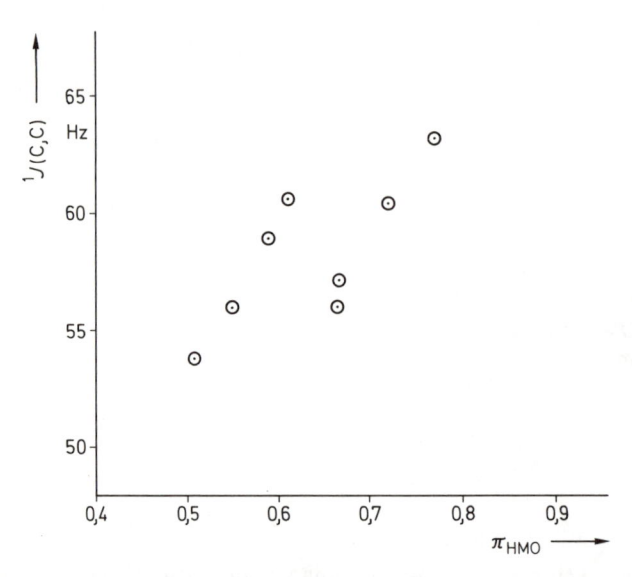

Abb. 4.22 Abhängigkeit der ^1J(C,C)-Kopplung von der π-Bindungsordnung in benzoiden aromatischen Kohlenwasserstoffen[74]

Wenn man von Cyclopropyl-Verbindungen absieht[197b], erhöhen sich bei Substitution eines H-Atoms durch eine elektronegativere Gruppe in der Regel diejenigen ^1J(C,C)-Kopplungen, an denen das substituierte C-Atom beteiligt ist. Wie die Daten der monosubstituierten Verbindungen in Tab. 4.55[190,204,205a] zeigen, findet man die geringsten Änderungen (in Klammern) bei aliphatischen Verbindungen, während die ^1J(C,C)-Kopplungen von substituierten sp^2-C-Atomen sehr viel stärkere Effekte zeigen.

Tab. 4.55 ^1J(C,C)-Kopplungen und (in Klammern) Substituenteneffekte in verschiedenen monosubstituierten Systemen

System	COOH bzw. COOR	Cl	OR
H₃C—CH₂X	34,8 (0,2)	36,1 (1,5)	38,9 (4,3)
H₃C—C(X)=CH₂	45,0 (3,1)	48,5 (6,6)	51,8 (9,9)
H₂C=C(CH₃)X	70,5 (0,5)	80,8 (10,8)	80,9 (10,9)
C₆H₅—X	58,3 (2,3)	65,2 (9,2)	67,0 (11,0)
H₃C—C(=O)—X		56,1 (16,7)	58,8 (19,4)

Sie sind bei beiden Kopplungstypen der Isopropenyl-Verbindungen sowie in Benzolen vergleichbar groß, werden aber noch von den Unterschieden übertroffen, die bei Acetyl-Verbindungen gegenüber Acetaldehyd zu beobachten sind. Damit ergibt sich für die $^1J(C,C)$-Kopplungen von Carbonyl-Verbindungen eine stärkere Differenzierung mit folgenden charakteristischen Bereichen[204] (vgl. Tab. 4.56[182,191,204,205d]):

	aliphatisch	ungesättigt
Aldehyde/Ketone	40	50–55
Carbonsäuren/Derivate	55–60	70–76

Tab. 4.56 $^1J(C,C)$-Kopplungen in Carbonyl-Verbindungen

H₃C–CO–H	39,4	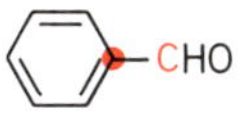 C₆H₅–CHO	53,2
H₃C–CO–CH₃	40,1	H₂C=CH–COCH₃	51,3
H₃C–CO–OH	56,7	H₂C=CH–COOH	70,4
H₃C–CO–OC₂H₅	58,8	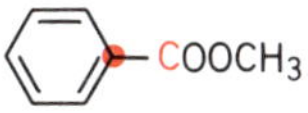 C₆H₅–COOCH₃	74,8

Daß sich die Substituenteneinflüsse primär auf die $^{13}C,^{13}C$-Kopplungen des substituierten C-Atoms auswirken, zeigen die Werte der übrigen Kopplungen in monosubstituierten Benzolen (Tab. 4.57[205a]).

Tab. 4.57 Substituenteneffekte auf die $^1J(C,C)$-Kopplungen in monosubstituierten Benzolen (C_6H_6: 56,0 Hz)

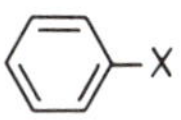 C₆H₅–X	$^1J(C-1,C-2)$	$^1J(C-2,C-3)$	$^1J(C-3,C-4)$
SiH₃	49,5	54,7	55,4
COOCH₃	58,3	56,3	55,4
OCH₃	67,0	57,8	56,2
Cl	65,2	55,8	56,1
F	70,8	56,6	56,2

Die in $C_6H_5–X$-Verbindungen auftretenden Gesetzmäßigkeiten lassen sich auch auf monosubstituierte polycyclische benzoide Aromaten übertragen, jedoch sind die Kopplungskonstanten meist etwas verringert.

Für Heteroaromaten ist charakteristisch, daß die ^1J(C-2, C-3)-Werte der Sechsring-Verbindungen dem des Benzols und die der Fünfring-Heterocyclen dem des Ethylens ähnlich sind (Tab. 4.58[182,191]).

Tab. 4.58 ^1J(C,C)-Kopplungen in Heteroaromaten

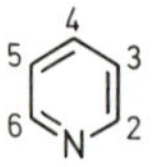

Pyridin		Chinolin	Isochinolin
^1J(C-2, C-3) = 54,3	^1J(C-2, C-3)	50,7	–
^1J(C-3, C-4) = 53,7	^1J(C-3, C-4)	57,9	59,8
	^1J(C-4, C-10)	49,8	54,2
	^1J(C-8, C-9)	64,4	
	^1J(C-9, C-10)	53,1	51,3
	^1J(C-1, C-9)	–	53,7
Thiophen		Pyrrol	Furan
^1J(C-2, C-3) 64,2		65,6	69,1

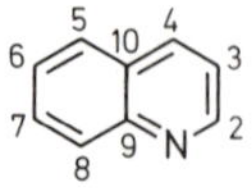

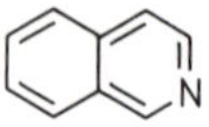

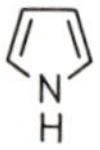

Bei den zuletzt genannten Verbindungen läßt sich eine Zunahme mit steigender Elektronegativität des Heteroatoms feststellen, während beim Pyridin und den Chinolinen auffällt, daß die Kopplungen der Stickstoff tragenden CC-Fragmente gegenüber dem Benzolwert teils verringert, teils erhöht sind und daß auch weiter vom Stickstoff entfernte CC-Bindungen beeinflußt werden.

Stereochemische Einflüsse auf ^1J(C,C) sind bei Oximen[180] sowie z. B. bei der α- und β-D-Mannopyranose, nicht aber bei den entsprechenden Glucopyranosen zu erkennen[206].

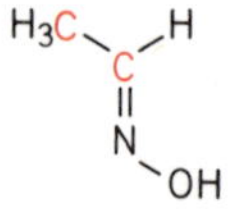

(syn-Oxim) 48,4   (anti-Oxim) 40,5

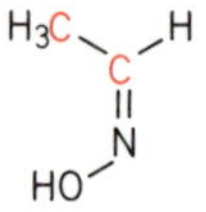

α-D-Mannopyranose 46,8   β-D-Mannopyranose 42,4

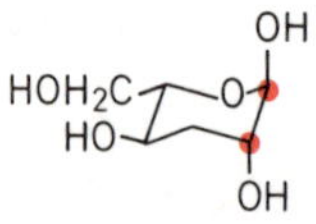

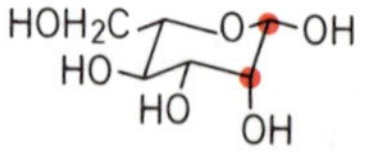

α-D-Glucopyranose 46,0   β-D-Glucopyranose 46,0

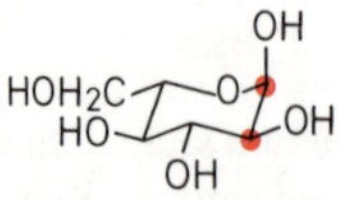

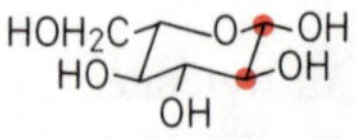

3.1.2 Geminale ¹³C,¹³C-Kopplungen

Die $^{13}C,^{13}C$-Kopplungen über zwei Bindungen weisen Beträge bis ca. 20 Hz auf[37b,180-182]. Sie können wie $^2J(H,H)$ und $^2J(C,H)$ negativ oder positiv sein, jedoch wurden die Vorzeichen bislang nur in wenigen Fällen ermittelt. Die höchsten Werte weisen mit $+12$ bis $+20$ Hz die Kopplungen über eine Dreifachbindung sowie über das Carbonyl-C-Atom von Ketonen auf. Auch für Cyclobutan-Derivate werden relativ große $^2J(C,C)$-Werte von $(-)7$ bis $(-)9,5$ Hz gemessen, jedoch übersteigen die übrigen geminalen Kopplungen meist einen Betrag von 5 Hz nicht. Wegen der überwiegend kleinen Zahlenwerte und der Unkenntnis der Vorzeichen ist über die Strukturabhängigkeit von $^2J(C,C)$ wenig bekannt, und daher sind auch die Anwendungsmöglichkeiten für Strukturprobleme noch ziemlich eingeschränkt[202].

Dies wird deutlich, wenn man die Daten der Kohlenwasserstoffe in den Tab. 4.59[69,156,183,191-193,201,202,207,208] und 4.60[183,205,209] betrachtet, von denen nur die des Cyclobutens und der Alkine in der genannten charakteristischen Weise auffallen. Bei den aufgeführten Alkinen ist auch der Einfluß der Hybridisierung erkennbar, während sich sonst keine signifikanten Unterschiede zwischen Alkanen, Alkenen und Aromaten feststellen lassen.

Bei cyclischen Verbindungen ist zu berücksichtigen, daß, wie bereits beim Bicyclobutan-System erwähnt (Abschn. 3.1.1, S. 499), die Kopplungsinformation über mehrere, gleich- oder verschiedenartige Wege übermittelt werden kann. So gibt es z. B. für die geminale

Tab. 4.59 $^2J(C,C)$-Kopplungskonstanten in Alkanen, Alkenen und Alkinen

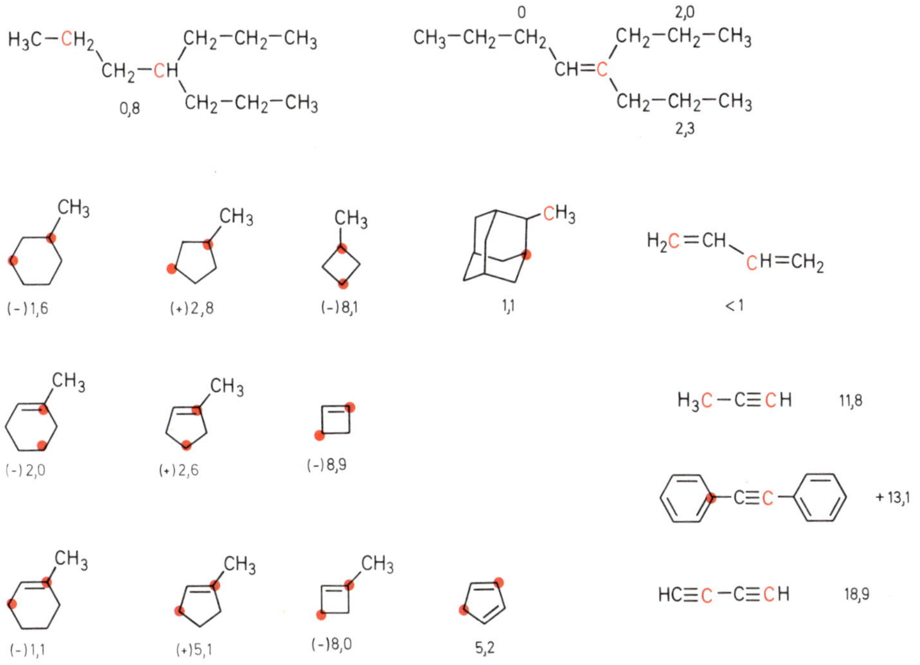

Tab. 4.60 $^2J(C,C)$-Kopplungskonstanten in aromatischen Kohlenwasserstoffen

Verbindung	Kopplung	Verbindung	Kopplung
Benzol	2,5	Anthracen (nummeriert 1,4,5,8,9,10,11,12)	$^2J(C-9,C-1) = +1,80$ $^2J(C-9,C-11) = -0,7$
Naphthalin	$^2J(C-1,C-3) = 2,4$ $^2J(C-1,C-10) = 0,2$ $^2J(C-2,C-9) = 1,7$		
Azulen	5,5	Ph–CH$_2$–CH$_2$–Ph	+2,5
Toluol $^2J(C-2,C-7) = 3,2$ $^2J(C-1,C-3) = 2,1$ $^2J(C-2,C-4) = 2,6$		Ph–CH=CH–Ph (trans-Stilben)	+2,2
		Ph–C≡C–Ph	+2,6

Kopplung in Cyclobutanen zwei äquivalente Wege, und auch in Fünfring-Verbindungen sind die Kopplungen nicht eindeutig, da sie, wie z. B. die zwischen C-1 und C-3 im 1-Methylcyclopenten (Tab. 4.59), sowohl über zwei als auch über drei Bindungen verlaufen können. Die genannten Kopplungen sind also Mehrwege-Kopplungen und als $^{2+2}J(C,C)$ bzw. $^{2+3}J(C,C)$ zu charakterisieren[201,202].

Von den Ketonen abgesehen, treten bei Einführung von Heteroatomen in aliphatische Verbindungen keine stärkeren Veränderungen der geminalen $^{13}C,^{13}C$-Kopplungen auf, auch dann nicht, wenn die Kopplung über ein Heteroatom verläuft. Bei Monosacchariden[206] und z. B. beim Dimethylacetamid[182] ist jedoch eine merkliche stereochemische Abhängigkeit von $^2J(C,C)$ zu beobachten (Tab. 4.61[182,191,202,206,210–215]).

Auch bei substituierten ungesättigten Verbindungen lassen die bislang vorliegenden Daten keine für Anwendungen geeignete Systematik erkennen. Allerdings weisen vereinzelte $^2J(C,C)$-Werte darauf hin, daß ähnliche Einflüsse wie bei $^2J(C,H)$-Kopplungen – nämlich ein positiver Beitrag bei Anwesenheit eines elektronegativeren Substituenten am mittleren C-Atom eines CCC-Fragments – wirksam sein könnten (Tab. 4.62[175,186,205,216–220]).

Zur Deutung von $^{13}C,^{13}C$-Kopplungen lassen sich in manchen Fällen die entsprechenden H,H- und $^{13}C,^1H$-Kopplungen heranziehen, in Analogie zu der von Karabatsos angegebenen Proportionalitäts-Beziehung Gl. (4.19) (s. S. 464). Eine derartige Relation besteht bei den Carbonyl-Verbindungen vom Typ XX'C=O mit X = CH$_3$ und H (Tab. 4.63[45,187,191]) mit Quotienten $^2J(C,C)/^2J(C,H)$ und $^2J(C,H)/^2J(H,H)$ von 0,60 bzw. 0,63, so daß für das Verhältnis $^2J(C,C)/^2J(H,H)$ ein Wert von 0,38 resultiert[191].

Als weitere Beispiele sind die Daten für das System Benzol/Butadien (^3J-Kopplung) sowie für das Acetylen-System (^2J- und ^3J-Kopplung) aufgeführt. Jedoch gibt es für viele C,C-Fragmente keine Modellverbindungen mit den entsprechenden C,H- bzw. H,H-Teilstrukturen, so daß die Aussagemöglichkeiten beschränkt und häufig nur qualitativer

Tab. 4.61 $^2J(C,C)$-Kopplungskonstanten in substituierten aliphatischen Verbindungen

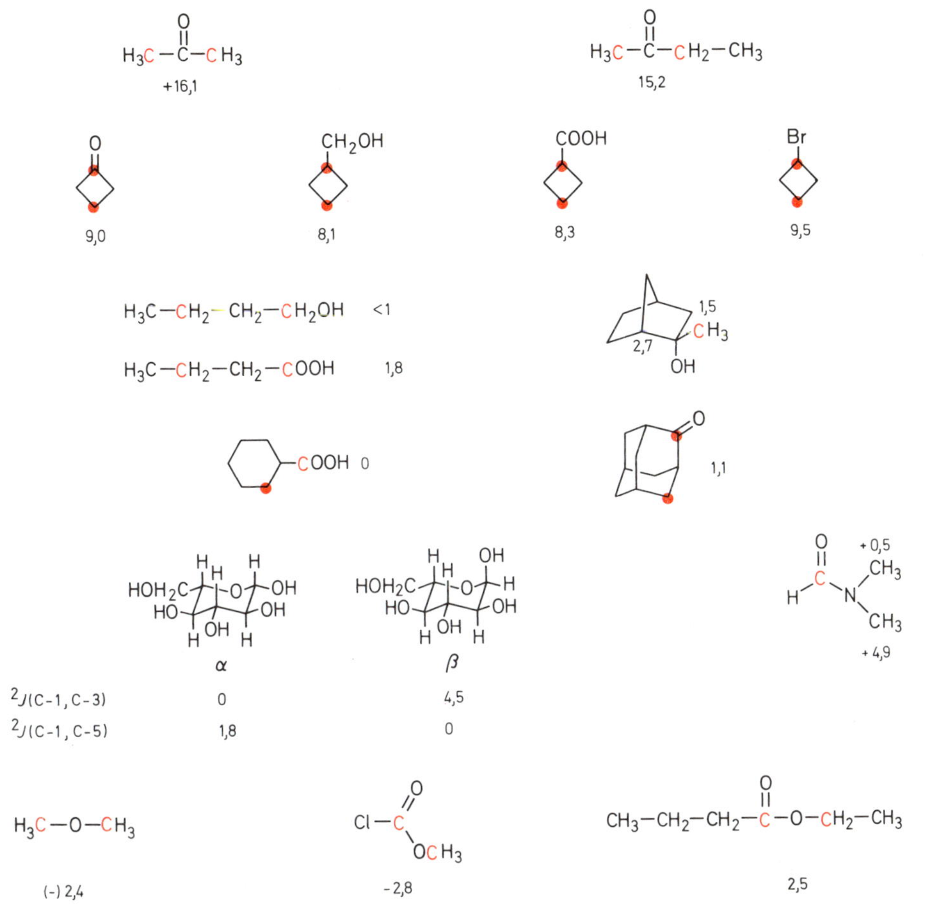

H₃C—C(=O)—CH₃ +16,1	H₃C—C(=O)—CH₂—CH₃ 15,2

Cyclobutanon: 9,0   Cyclobutyl-CH₂OH: 8,1   Cyclobutyl-COOH: 8,3   Cyclobutyl-Br: 9,5

H₃C—CH₂—CH₂—CH₂OH   <1

H₃C—CH₂—CH₂—COOH   1,8

Norbornanol: ^2J = 2,7; 1,5 (CH₃)

Cyclohexyl—COOH   0

Adamantanon: 1,1

α-Glucose: ^2J(C-1, C-3) = 0; ^2J(C-1, C-5) = 1,8

β-Glucose: ^2J(C-1, C-3) = 4,5; ^2J(C-1, C-5) = 0

H—C(=O)—N(CH₃)(CH₃): +0,5 / +4,9

H₃C—O—CH₃   (−)2,4

Cl—C(=O)—OCH₃   −2,8

CH₃—CH₂—CH₂—C(=O)—O—CH₂—CH₃   2,5

Art sind. So wird im Falle der Cyclobutan-Verbindungen im Einklang mit theoretischen Rechnungen angenommen, daß die $^2J(C,C)$-Werte wegen der kleinen CCC-Bindungswinkel ein negatives Vorzeichen aufweisen sollten, da auch geminale H,H-Kopplungen mit abnehmendem HCH-Winkel negativer werden[191,202].

3.1.3 Vicinale $^{13}C,^{13}C$-Kopplungen

$^3J(C,C)$-Kopplungen liegen zwischen 0 und 16 Hz[37b, 180-182], sind positiv und werden nach theoretischen Berechnungen durch den Fermi-Kontakt-Mechanismus übertragen[205b, 205c]. Als Einflußgrößen sind die gleichen Strukturparameter wie bei der vicinalen H,H- und $^{13}C,^1H$-Kopplung zu diskutieren, also Bindungslänge und -winkel, der Diederwinkel sowie die Elektronegativität und Orientierung von Substituenten. Dazu kommen bei der $^3J(C,C)$-Kopplung wie bei $^3J(C,H)$ insbesondere noch nichtbindende Wechselwirkungen sowie in cyclischen Verbindungen das bereits bei der geminalen $^{13}C,^{13}C$-Kopplung behandelte Problem der Mehrwege-Kopplungen.

Tab. 4.62 $^2J(C,C)$-Kopplungskonstanten in substituierten ungesättigten Verbindungen

Cyclohexa-2,4-diencarbonsäure (COOH): 2,8

$H_3COOC-C\equiv C-COOCH_3$ 18,4

$H_3C-C\equiv C-COOCH_3$ +20,3

Fluorbenzol (F): 2,9

1-Nitronaphthalin (NO$_2$): 2,8

Benzonitril (CN): 2,6

Benzoesäure (COOH): 2,5

Phenylacetonitril (CH$_2$CN): 3,5

2-Chlorpropen (H$_3$C, Cl, C=CH$_2$): 4,6

(H$_3$CO-CO)C=C(H)(C$_6$H$_5$) mit HN-C(=O)-C$_6$H$_5$: 5,6

3-Nitrochinolin (NO$_2$): 9

Tab. 4.63 Vergleich von $J(C,C)$-, $J(C,H)$- und $J(H,H)$-Kopplungskonstanten in ausgewählten Systemen

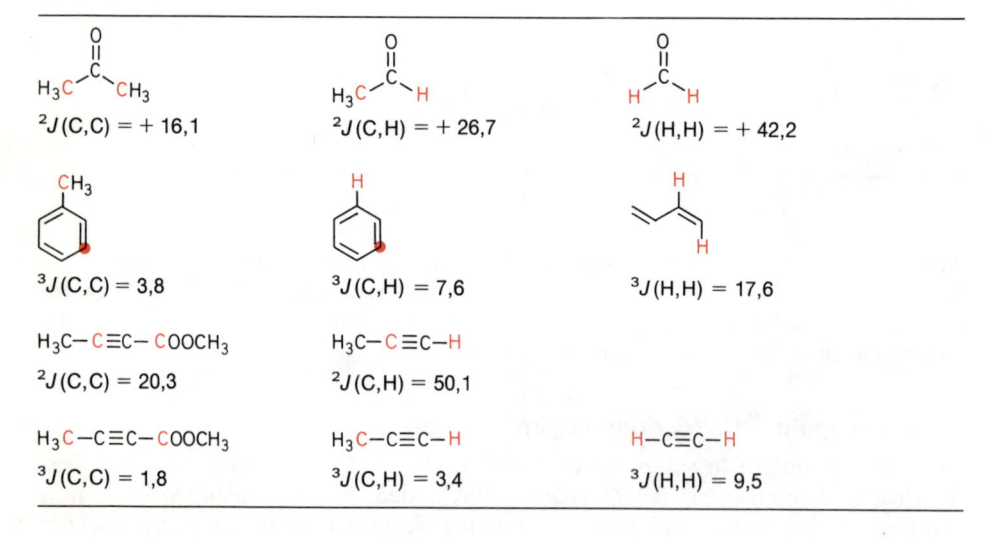

$H_3C-CO-CH_3$
$^2J(C,C) = +16,1$

$H_3C-CO-H$
$^2J(C,H) = +26,7$

$H-CO-H$
$^2J(H,H) = +42,2$

Toluol (CH$_3$)
$^3J(C,C) = 3,8$

Benzol (H)
$^3J(C,H) = 7,6$

cis-Butadien (H,H)
$^3J(H,H) = 17,6$

$H_3C-C\equiv C-COOCH_3$
$^2J(C,C) = 20,3$

$H_3C-C\equiv C-H$
$^2J(C,H) = 50,1$

$H_3C-C\equiv C-COOCH_3$
$^3J(C,C) = 1,8$

$H_3C-C\equiv C-H$
$^3J(C,H) = 3,4$

$H-C\equiv C-H$
$^3J(H,H) = 9,5$

Da die Variationsmöglichkeiten der verschiedenen Parameter in einem CCCC-Fragment gegenüber einem CCCH- und insbesondere einem HCCH-Strukturelement sehr viel zahlreicher sind, lassen sich bei vicinalen $^{13}C,^{13}C$-Kopplungen die Einflüsse der verschiedenen Faktoren häufig nicht separieren, so daß auch die Aussagekraft von $^3J(C,C)$-Kopplungskonstanten eingeschränkt ist.

Das Hauptinteresse gilt wie bei anderen vicinalen Kopplungen der Diederwinkelabhängigkeit von $^3J(C,C)$, die sich sowohl experimentell, vorwiegend an winkelfixierten Systemen, als auch theoretisch belegen läßt (Tab. 4.64[181,211,222–224]).

Tab. 4.64 $^3J(C,C)$-Kopplungen und Diederwinkel in ausgewählten Systemen

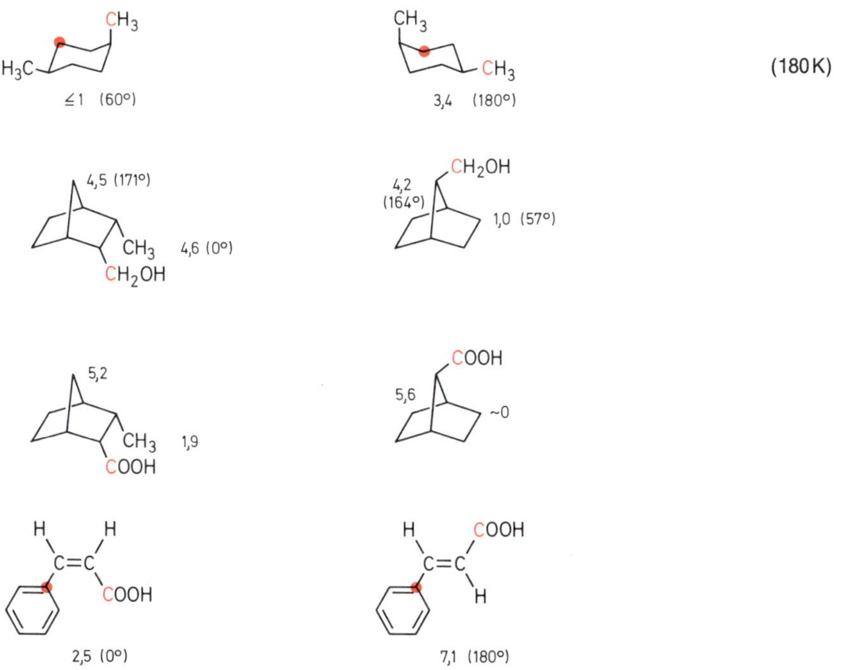

Nach FPT-INDO-Rechnungen ergibt sich für *n*-Butan die in Abb. 4.23a rot gezeichnete Kurve, die mit Maxima bei 0° und 180° und einem Minimum nahe 90° ähnlich wie die entsprechende $^3J(H,H)$- und $^3J(C,H)$-Kurve verläuft, wobei jedoch die *cis*-Kopplung ($\varphi = 0°$) größer als die *trans*-Kopplung ($\varphi = 180°$) ist[215]. Als Ursache für die Umkehrung der üblichen Relation $^3J^{tr} > ^3J^c$ beim Butan-Fragment wird eine Erhöhung der *cis*-Kopplung angesehen. Dafür sowie für die Unterschiede in den $^3J^{tr}$-Werten von z. B. Methylcyclohexan mit equatorialer Methyl-Gruppe (4,3 Hz) und 1-Methyladamantan (3,2 Hz, s. Tab. 4.65) bzw. von *n*-Butylchlorid (4,8 Hz) und 1-Chlormethyladamantan (3,4 Hz) werden nichtbindende Wechselwirkungen (γ-Effekt) verantwortlich gemacht[156,226].

Nach einer anderen theoretischen Untersuchung sollen dagegen diese Besonderheiten von β-Substituenteneffekten auf $^3J(C,C)$ herrühren[221].

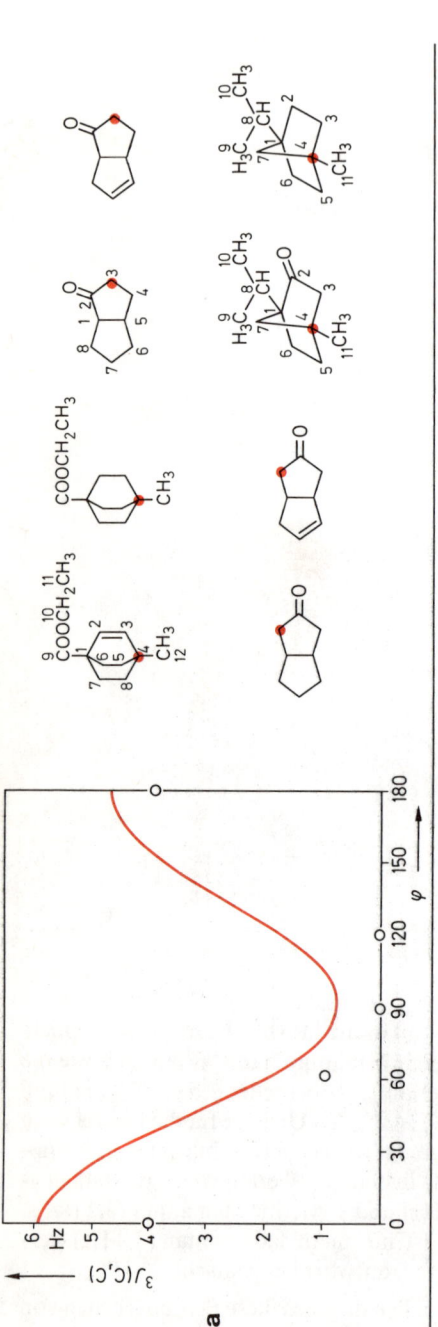

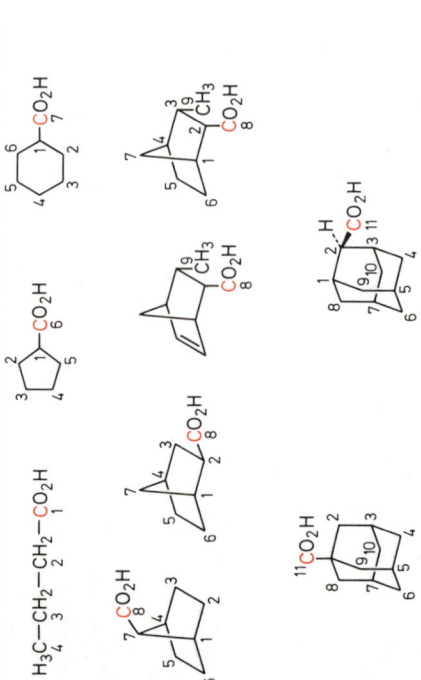

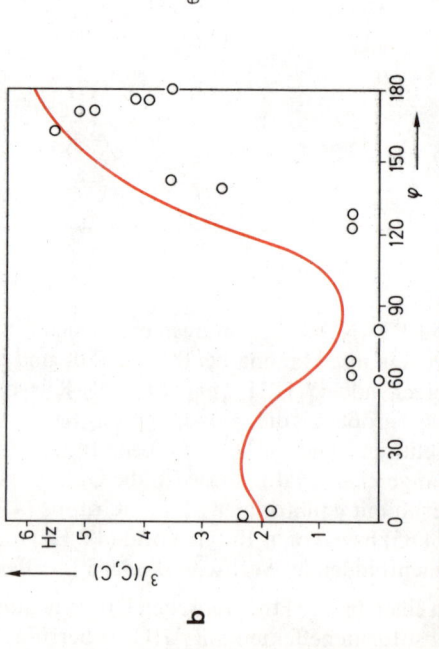

Abb. 4.23 Mit Hilfe der FPT-Methode berechnete Diederwinkelabhängigkeit der $^3J(C,C)$-Kopplungskonstanten[215] (rote Kurven) **a** des *n*-Butans **b** der *n*-Butancarbonsäure sowie experimentelle Daten (Kreise), die an den jeweils angegebenen Modellverbindungen ermittelt wurden[211, 229]

Während sich die theoretisch berechnete Diederwinkelabhängigkeit von $^3J(C,C)$ des *n*-Butans durch die Karplus-Kurve Gl. (4.26)

$$^3J(C,C) = 2,17\cos 2\varphi + 0,58\cos\varphi + 2,73 \tag{4.26}$$

ausdrücken läßt, ist dies bei den für die *n*-Butancarbonsäure theoretisch ermittelten $J(\varphi)$-Werten nicht mehr möglich (Abb. 4.23b), die jedoch die übliche Relation $^3J^{tr} > {^3J^c}$ aufweisen[215]. Die an aliphatischen Carbonsäuren experimentell ermittelten Werte zeigen eine beträchtliche Streuung[211], die sich auf die unterschiedliche Orientierung der Carbonyl-Gruppe (Diederwinkel ψ) in den Modellverbindungen zurückführen läßt[201]. Orientierungseffekte spielen auch bei substituierten Cyclopropanen eine Rolle[227].

Ein solcher Einfluß von exocyclischen Substituenten ist ausgeschaltet, wenn sich beide koppelnden C-Atome innerhalb eines Ringsystems befinden. Bei derartigen Verbindungen sind zwar die Diederwinkel festgelegt, jedoch kann die Kopplung wiederum über mehrere Wege erfolgen (vgl. Abschn. 3.1.1, S. 499 sowie Aufg. 4.23). So wird für die vicinale Kopplung der Bicyclo[2.2.2]octan-Verbindung ein Wert von 12,2 Hz beobachtet, der mehr als zweimal so groß wie der nach Gl. (4.26) für $\varphi = 0°$ berechnete ist. Unter Berücksichtigung der Additivität bei Mehrwege-Kopplungen wurde aus den Daten der angegebenen aliphatischen Verbindungen die Gl. (4.27)

$$^3J(C,C) = 2,24\cos 2\varphi + 0,18\cos\varphi + 1,67 \tag{4.27}$$

erhalten[229]; die entsprechende Kurve liegt somit etwas unterhalb der für Butan berechneten, und nach ihr ist $^3J^c$ etwa gleich $^3J^{tr}$ (vgl. die experimentellen Punkte in Abb. 4.23a). Damit sind bereits für die Systeme *n*-Butan und *n*-Butancarbonsäure signifikante Unterschiede in ihrer Diederwinkelabhängigkeit zu beobachten, die sich auch direkt an den Daten der Norbornan-Derivate in Tab. 4.64 ablesen lassen.

Es besteht also keine allgemein anwendbare Karplus-Kurve, und die $^3J(C,C)$-Kopplung erscheint wegen ihrer Besonderheiten für stereochemische Anwendungen generell weniger gut geeignet zu sein, jedenfalls solange sich die verschiedenen Einflüsse nicht klarer deuten lassen.

In aliphatischen Kohlenwasserstoffen sind die vicinalen $^{13}C,^{13}C$-Kopplungskonstanten zumeist kleiner als 5 Hz, es sei denn, daß in cyclischen Verbindungen mehrfache Kopplungswege mit positiven, sich also addierenden Beiträgen vorhanden sind. Mit zunehmendem s-Anteil der Kohlenstoff-Orbitale treten nur geringfügig höhere Werte auf, wie der Vergleich z. B. von Toluol und Diphenylacetylen zeigt; große $^3J(C,C)$-Werte werden jedoch für die konjugierten Systeme Butadien-1,3, Diacetylen und Benzol beobachtet (Tab. 4.65[52b,183,192,193,202b,205,207,209,217,230]).

Dabei dürfte beim Butadien auch die *trans*-Anordnung der koppelnden C-Atome eine Rolle spielen, während beim Benzol offenbar der doppelt vorhandene Kopplungsweg bzw. ein spezieller, für π-Systeme charakteristischer Mechanismus verantwortlich zu machen ist. In den polycyclischen benzoiden Aromaten wirkt sich ferner der Einfluß der Bindungslänge bzw. π-Bindungsordnung auf $^3J(C,C)$ aus[186b].

Tab. 4.65 $^3J(C,C)$-Kopplungskonstanten in Kohlenwasserstoffen

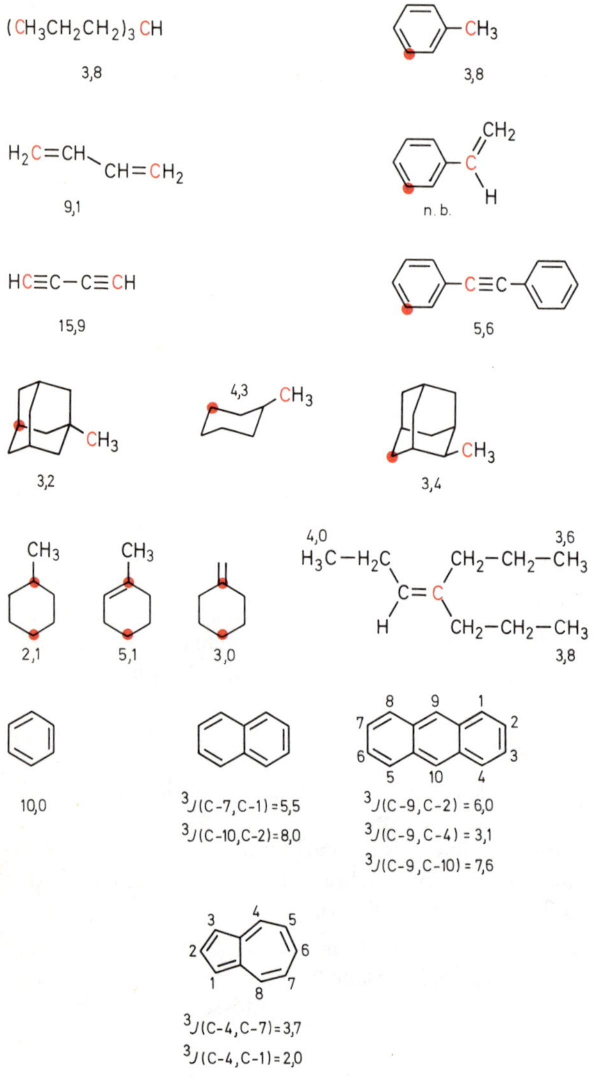

$(CH_3CH_2CH_2)_3CH$ 3,8

Ph–CH_3 3,8

$H_2C=CH-CH=CH_2$ 9,1

Ph–$CH=CH_2$ n.b.

$HC≡C-C≡CH$ 15,9

Ph–$C≡C$–Ph 5,6

Adamantyl-CH$_3$ 3,2

Cyclohexyl-CH$_3$ 4,3

Adamantyl-CH$_3$ 3,4

(Methylcyclohexan) 2,1

(Methylcyclohexen) 5,1

(Methylencyclohexan) 3,0

H_3C-H_2C \ $C=C$ / $CH_2-CH_2-CH_3$ (4,0)
    H /   \ $CH_2-CH_2-CH_3$ (3,6; 3,8)

Benzol 10,0

Naphthalin: $^3J(C-7,C-1)=5,5$; $^3J(C-10,C-2)=8,0$

Anthracen: $^3J(C-9,C-2)=6,0$; $^3J(C-9,C-4)=3,1$; $^3J(C-9,C-10)=7,6$

Azulen: $^3J(C-4,C-7)=3,7$; $^3J(C-4,C-1)=2,0$

Über Substituenteneffekte läßt sich bislang kein vollständiges Bild erhalten, da nur wenige Ergebnisse systematischer Untersuchungen vorliegen. So ist bei den 1-substituierten *n*-Butanen die Variation von $^3J(C,C)$ recht gering[225], und das gleiche trifft auch auf $^3J(C-1,C-4)$ in monosubstituierten Benzolen zu; bei beiden Kopplungen sind keine Regelmäßigkeiten festzustellen. Demgegenüber zeigt die $^3J(C-2,C-5)$-Kopplung der C_6H_5X-Verbindungen eine starke Substituentenabhängigkeit, die sich mit der Elektronegativität des direkt gebundenen Atoms des Substituenten korrelieren läßt[205a] (Tab. 4.66[205a, 225]).

Tab. 4.66 $^3J(C,C)$-Kopplungskonstanten in monosubstituierten n-Butanen und Benzolen

$CH_3CH_2CH_2CH_2X$

X	$^3J(C,C)$
COOH	3,6
CN	4,7
OH	4,6
I	4,9
Br	5,2
Cl	4,8
F	4,3

X	$^3J(C-1,C-4)$	$^3J(C-2,C-5)$
SiH_3	9,6	11,1
CH_3	9,6	9,0
NH_2	9,2	7,9
OH	9,6	7,1
F	10,5	6,7

Tab. 4.67 Weitreichende $^{13}C,^{13}C$-Kopplungen $^nJ(^{13}C,^{13}C)$, $n \geq 4$

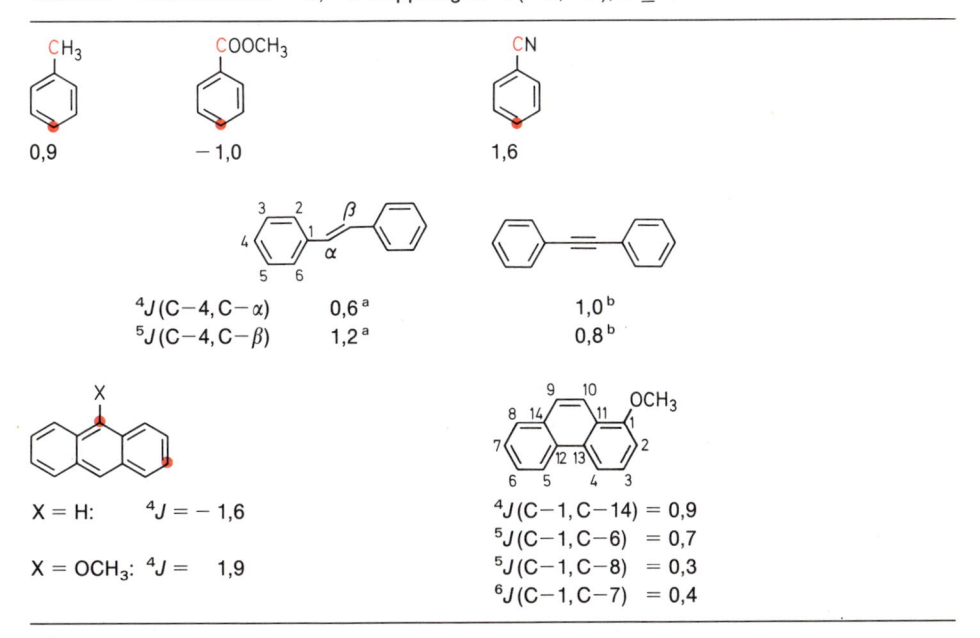

CH$_3$-C$_6$H$_5$: 0,9

COOCH$_3$-C$_6$H$_5$: −1,0

CN-C$_6$H$_5$: 1,6

Stilben:
$^4J(C-4,C-\alpha)$ 0,6 [a]
$^5J(C-4,C-\beta)$ 1,2 [a]

Diphenylacetylen: 1,0 [b]; 0,8 [b]

Anthracen:
X = H: $^4J = -1,6$
X = OCH$_3$: $^4J = 1,9$

Methoxynaphthalin-System:
$^4J(C-1,C-14) = 0,9$
$^5J(C-1,C-6) = 0,7$
$^5J(C-1,C-8) = 0,3$
$^6J(C-1,C-7) = 0,4$

[a,b] Zuordnung eventuell zu vertauschen

Vicinale ^{13}C,^{13}C-Kopplungskonstanten lassen sich für aliphatische Systeme mit der FPT-INDO-Methode, die nur den Fermi-Kontakt-Term berücksichtigt[156,229], recht gut berechnen. Dagegen werden in π-Systemen weniger befriedigende Resultate erhalten, selbst wenn man die SCPT- oder die SOS-INDO-Methode heranzieht, die auch die Berechnung von J^{OD} und J^{DD} einschließen[205]. Die experimentellen Trends werden jedoch häufig richtig wiedergegeben[205b]. Völlig unzulänglich sind die Ergebnisse theoretischer Rechnungen jeder Art im Falle von $^2J(C,C)$-Kopplungen, so daß sie für Anwendungen nicht herangezogen werden können.

3.1.4 Weitreichende ^{13}C,^{13}C-Kopplungen

Kopplungen über vier und mehr Bindungen werden im allgemeinen nur in konjugierten π-Elektronensystemen beobachtet und betragen selten mehr als 2 Hz (Tab. 4.67[181–183,205,217]).

Aufgaben

4.21 Gib unter Berücksichtigung der natürlichen ^{13}C-Häufigkeit die Isotopomeren-Verteilung für Butadien-1,3 an, das auf dem angegebenen Reaktionsweg zu 90% in der 1-Position markiert wurde (nur Isotopomere mit einem Anteil ≥ 0,1%).

$(C_6H_5)_3P=CH-CH=CH_2 + (^{13}CH_2O) \rightarrow H_2^{13}C=CH-CH=CH_2$

4.22 Wie ließe sich die $^1J(C-2,C-3)$-Kopplung des Butadien-1,3 bestimmen?

4.23 Wie ist der Unterschied der angegebenen Kopplungskonstanten in A und B zu deuten?

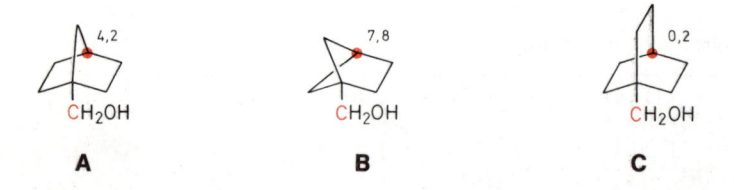

4. ^{13}C,^{15}N-Kopplungen

Die Kopplungen von ^{13}C mit dem häufigen ^{14}N-Isotop (99,6%, $I = 1$) sind im allgemeinen nicht meßbar, da der ^{14}N-Kern ein Quadrupolmoment besitzt und die Quadrupolrelaxation meist so schnell ist, daß die Kopplung aufgehoben wird (vgl. Kap. 5, Abschn. 1.3.3, S. 569). Nur in Sonderfällen wie Tetraalkylammonium-Ionen, Isonitrilen und Diazomethanen, bei denen der elektrische Feldgradient am ^{14}N-Kern Null bzw. genügend klein ist, werden ^{13}C,^{14}N-Aufspaltungen beobachtet. Informationen über die Spin,Spin-Wechselwirkung zwischen Stickstoff und Kohlenstoff lassen sich jedoch generell mit Hilfe des ^{15}N-Isotops ermitteln.

Im Gegensatz zum ^{14}N-Isotop weist der ^{15}N-Kern mit $I = \frac{1}{2}$ kein Quadrupolmoment auf, jedoch tritt er in einer natürlichen Häufigkeit von nur 0,37% auf, so daß ^{13}C,^{15}N-Kopplungen im allgemeinen aus den ^{1}H-Breitband-entkoppelten ^{13}C-NMR-Spektren von mit ^{15}N angereicherten Proben ermittelt werden. Da das gyromagnetische Verhältnis γ des ^{15}N-Isotops negativ ist, haben die $J(^{13}C,^{15}N)$-Werte ein zu den $J(^{13}C,^{14}N)$-Kopplungen entgegengesetztes Vorzeichen, welches auch in der Gl. (4.28) zur Umrechnung beider Kopplungen zu berücksichtigen ist:

$$J(^{13}C,^{15}N) = -1{,}402\, J(^{13}C,^{14}N) \tag{4.28}$$

Für die reduzierte Kopplung K, die (vgl. Gl. (4.3)) vom Vorzeichen und den Größen der gyromagnetischen Quotienten der koppelnden Kerne unabhängig ist, gilt Gl. (4.29) (Aufg. 4.24):

$$K(C,N) = -3{,}267 \cdot 10^{19}\, J(^{13}C,^{15}N) \tag{4.29}$$

$K(C,N)$ in $NA^{-2}m^{-3}$ und J in Hz

Sämtliche Kohlenstoff-Stickstoff-Kopplungen sind im folgenden für ^{15}N angegeben, auch wenn sie für das ^{14}N-Isotop gemessen wurden.

4.1 Strukturabhängigkeit der ^{13}C, ^{15}N-Kopplungen

Wegen des negativen Vorzeichens von γ_{15N} sind auch die vicinalen ^{13}C,^{15}N-Kopplungskonstanten sowie die meisten $^1J(^{13}C,^{15}N)$-Werte negativ, im Gegensatz zu den entsprechenden ^{13}C,^{1}H- und ^{13}C,^{13}C-Kopplungen.

$^1J(^{13}C,^{15}N)$-Werte betragen bis $(-)77$ Hz, können aber auch, mit beiderlei Vorzeichen, nur um 0 Hz liegen. Sie fallen dann in den Bereich der Kopplungskonstanten über zwei und drei Bindungen, die bis zu 14 bzw. 7 Hz große Beträge aufweisen können. Somit gilt die bei $^1J(C,H)$- und $^1J(C,C)$-Kopplungen übliche Relation $^1J \gg {}^2J,{}^3J$ nicht mehr, und daher sind Strukturaussagen mit Hilfe von $J(^{13}C,^{15}N)$-Kopplungskonstanten erschwert[3b,231–240].

4.1.1 ^{13}C, ^{15}N-Kopplungen über eine Bindung

Wie bei den anderen ^1J-Kopplungen ist die Hybridisierungsabhängigkeit von $^1J(^{13}C,^{15}N)$ von Interesse, für die Gl. (4.30) vorgeschlagen wurde:

$$^1J(^{13}C,^{15}N) = -125 \cdot s_{13C} \cdot s_{15N} \tag{4.30}$$

s_{13C} und s_{15N} stellen die s-Anteile der die C—N-Bindungen bewirkenden Orbitale dar[234]. Diese Beziehung besitzt jedoch nur beschränkte Gültigkeit, wie sich aufgrund der experimentellen Daten sowie theoretischer Untersuchungen ergibt[235,236].

So ist der Einfluß der Hybridisierung bei Verbindungen mit C—N-Einfachbindungen (Tab. 4.68) zumindest qualitativ zu erkennen, wie der Vergleich der Daten des Methylamins und des Anilins zeigt; auch im Methylphenylpropinylamin treten mit zunehmendem *s*-Anteil des C-Orbitals stärker negative $^1J(^{13}C,^{15}N)$-Werte auf, wobei allerdings der experimentelle Wert von $(-)36{,}2$ Hz weit über dem nach Gl. (4.30) zu $(-)21$ Hz berechneten liegt.

Demgegenüber fügen sich die Kopplungskonstanten in vielen anderen Verbindungen, z. B. im Acetonitril (Tab. 4.69) sowie im Formaldoxim und Pyridin (Tab. 4.70), nicht einmal qualitativ in das Hybridisierungskonzept ein.

Tab. 4.68 $^1J(^{13}C,^{15}N)$-Kopplungen in Aminen, Amiden und Nitro-Verbindungen

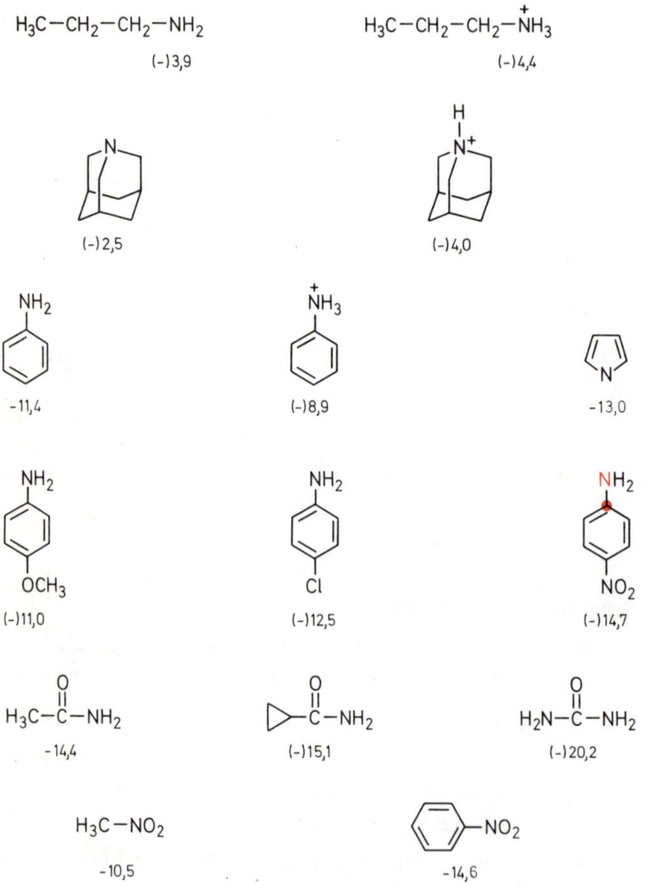

$H_3C-CH_2-CH_2-NH_2$ (-)3,9	$H_3C-CH_2-CH_2-\overset{+}{N}H_3$ (-)4,4	
adamantyl-N (-)2,5	adamantyl-$\overset{+}{N}$H (-)4,0	
$C_6H_5-NH_2$ -11,4	$C_6H_5-\overset{+}{N}H_3$ (-)8,9	Pyrrol -13,0
4-$CH_3O-C_6H_4-NH_2$ (-)11,0	4-$Cl-C_6H_4-NH_2$ (-)12,5	4-$O_2N-C_6H_4-NH_2$ (-)14,7
$H_3C-\overset{O}{\overset{\|\|}{C}}-NH_2$ -14,4	cyclopropyl-$\overset{O}{\overset{\|\|}{C}}-NH_2$ (-)15,1	$H_2N-\overset{O}{\overset{\|\|}{C}}-NH_2$ (-)20,2
H_3C-NO_2 -10,5	$C_6H_5-NO_2$ -14,6	

Tab. 4.69 $^1J(^{13}C,^{15}N)$-Kopplungen in Nitrilen, Isonitrilen und Diazo-Verbindungen

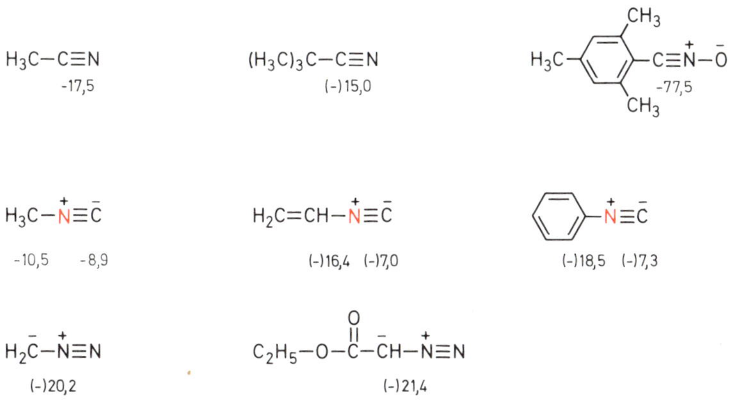

H₃C—C≡N
−17,5

(H₃C)₃C—C≡N
(−)15,0

H₃C—(2,6-(CH₃)₂C₆H₂)—C≡⁺N—⁻O
−77,5

H₃C—⁺N≡⁻C
−10,5   −8,9

H₂C=CH—⁺N≡⁻C
(−)16,4   (−)7,0

C₆H₅—⁺N≡⁻C
(−)18,5   (−)17,3

⁻H₂C—⁺N≡N
(−)20,2

C₂H₅—O—C(=O)—⁻CH—⁺N≡N
(−)21,4

Tab. 4.70 $^1J(^{13}C,^{15}N)$-Kopplungen in Azaaromaten, Azomethinen und Oximen

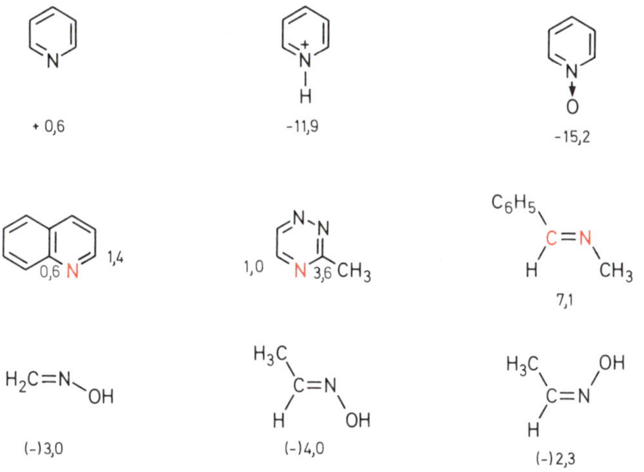

Pyridin
+0,6

Pyridinium (N—H)
−11,9

Pyridin-N-oxid
−15,2

Chinolin
0,6   1,4

1,2,4-Triazin (N / CH₃)
1,0   3,6

C₆H₅(H)C=N—CH₃
7,1

H₂C=N—OH
(−)3,0

(H₃C)(H)C=N—OH
(−)4,0

(H₃C)₂C=N—OH
(−)2,3

Während dafür aufgrund theoretischer Rechnungen beim Acetonitril mit einer Dreifachbindung große Beiträge auch des Dipol- sowie des Orbitalmechanismus verantwortlich zu machen sind (vgl. Abschn. 1, S. 421), ergibt die Rechnung für Verbindungen wie Formaldoxim und Pyridin, daß die Beiträge dieser Mechanismen zwar klein sind, daß aber auch der Fermi-Kontakt-Term nur kleine Werte aufweist (Tab. 4.71[235]).

Als Ursache für den geringen Beitrag von J^{FC} wird der Einfluß des freien Elektronenpaars am sp^2-N-Atom angesehen, welches einen positiven Beitrag zum Fermi-Kontakt-Term bewirkt und damit den sonst großen negativen Beitrag des CN-Orbitals kompensiert (Tab. 4.72[235]).

Tab. 4.71 Theoretisch berechnete Beiträge der verschiedenen Kopplungsmechanismen zu $^1J(^{13}C,^{15}N)$

Verbindung	J^{FC}	J^{OD}	J^{DD}	J^{total}	$J^{exp.}$
H₃C—NH₂	− 2,7	+ 0,2	− 0,1	− 2,6	− 4,5
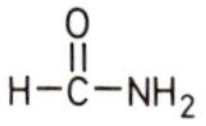 H–C(=O)–NH₂	−11,4	+ 0,7	0,0	−10,7	(−) 14,8
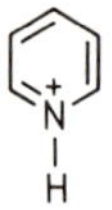 Pyridinium (N-H)	−13,5	+ 1,2	− 0,2	−12,5	−11,9
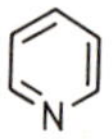 Pyridin	− 0,7	+ 1,6	− 0,3	+ 0,6	+ 0,6
H₂C=N–OH	+ 0,5	+ 1,9	− 0,9	+ 1,5	(−) 3,0
H₃C–C≡N	+ 3,7	− 7,9	−12,7	−16,8	−17,5
H₃C–⁺N≡C⁻	+19,3	− 8,2	−13,9	− 2,8	− 8,9
H₃C–⁺N≡C⁻	−11,9	+ 0,2	− 0,1	−11,8	−10,5

Tab. 4.72 Theoretisch berechnete Beiträge lokalisierter Orbitale zum Fermi-Kontakt-Term der $^1J(^{13}C,^{15}N)$-Kopplung im Pyridin

Lokalisiertes Orbital	Beitrag zu J^{FC}
CN	−24,3
 N(:)	+15,5
übrige	+ 7,8

Dies gilt entsprechend auch für Azomethine, Azobenzole und andere Verbindungstypen mit einem freien Elektronenpaar (Tab. 4.70; Aufg. 4.25). Im Einklang mit dieser Interpretation nehmen die $^{13}C,^{15}N$-Kopplungen über eine Bindung im Pyridinium-Ion sowie im Pyridin-N-Oxid, in denen das freie Elektronenpaar nicht mehr vorhanden ist, negative Werte von −11,9 bzw. −15,2 Hz an, wie sie nach Gl. (4.30) für zwei sp^2-Hybridorbitale mit s-Anteilen von 0,33 berechnet werden (−13,9 Hz). Kopplungskonstanten dieser Größe werden auch für Amide gefunden, während für die C−N-Einfachbindung in Isonitrilen je nach der Hybridisierung des Kohlenstoffs Werte zwischen −5 und −10 Hz (sp^3-C) bzw. zwischen −16 und −20 Hz (sp^2-C) charakteristisch sind (Tab. 4.68 bzw. Tab. 4.69).

Nach diesem Modell kann also die Hybridisierungsabhängigkeit der $^1J(^{13}C,^{15}N)$-Kopplung durch zwei Effekte überlagert sein, nämlich durch die Beiträge des Orbital- und des Dipol-Terms im Falle von CN-Mehrfachbindungen sowie ferner durch den Einfluß des freien Elektronenpaares am sp^2-N-Atom, der kleine $^1J(^{13}C,^{15}N)$-Beträge bedingt; Abweichungen von Gl. (4.30) dürfen also nicht ohne weiteres den Nicht-Kontakt-Termen J^{OD} und J^{DD} zugeschrieben werden.

4.1.2 Geminale $^{13}C,^{15}N$-Kopplungen

Die $^2J(^{13}C,^{15}N)$-Kopplungen liegen betragsmäßig zwischen 0 und 14 Hz, können beiderlei Vorzeichen aufweisen und lassen sich mit den vorhandenen theoretischen Methoden nicht genügend zuverlässig berechnen. In vielen Verbindungsklassen wie Aminen, Ammonium-Ionen, Nitrilen und Azabenzolen – z. B. dem Pyridin einschließlich seinem Ion und N-Oxid – treten im allgemeinen kleine und damit unspezifische Kopplungskonstanten auf (Tab. 4.73).

Tab. 4.73 $^2J(^{13}C,^{15}N)$-Kopplungen

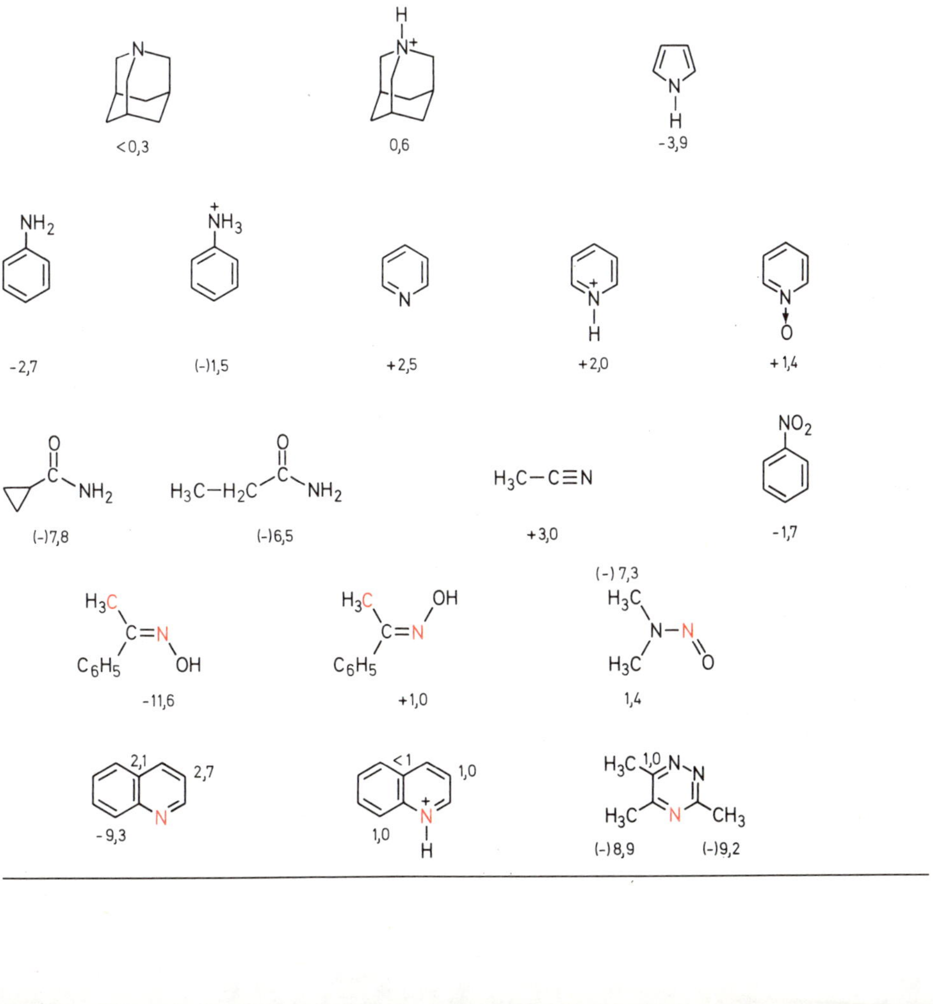

Demgegenüber sind für Amide große $^2J(^{13}C,^{15}N)$-Beträge charakteristisch, die in den angegebenen Verbindungen $(-)12,0$ bzw. $(-)13,4$ Hz erreichen. Sie lassen sich zu den ebenfalls großen und positiven $^2J(C,C)$-Kopplungen in Ketonen (vgl. Abschn. 3.1.2, S. 504) in Beziehung setzen, so daß entsprechend für $^2J(^{13}C,^{15}N)$ in Amiden ein negatives Vorzeichen angenommen wird.

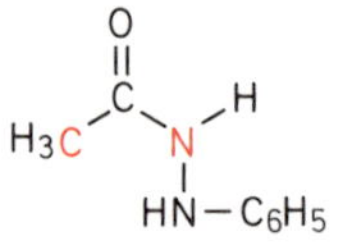

Besonders ausgeprägt und daher von Nutzen bei Strukturproblemen ist die stereochemische Abhängigkeit von $^2J(^{13}C,^{15}N)$ in Verbindungen mit einem sp^2-hybridisierten N-Atom mit einem freien Elektronenpaar. Wie aus den Daten des Chinolins, des 3,5,6-Trimethyl-1,2,4-triazins, der Acetophenonoxime sowie des Dimethylnitrosamins hervorgeht, liefert ein freies Elektronenpaar in cis-Position zum koppelnden C-Atom (Anordnung **a**) einen großen, negativen Beitrag zur geminalen $^{13}C,^{15}N$-Kopplung, während für ein vom N-Orbital räumlich entferntes Kohlenstoff-Atom in trans-Position (Anordnung **b**) kleine und meist positive Werte typisch sind (Aufg. 4.26 und 4.27).

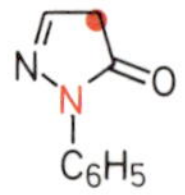

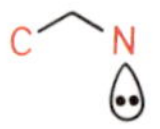

4.1.3 Vicinale $^{13}C,^{15}N$-Kopplungen

$^3J(^{13}C,^{15}N)$-Kopplungen, für die allgemein negative Vorzeichen angenommen werden, weisen Werte zwischen 0 und $(-)7$ Hz auf.

Theoretische Rechnungen für die Amid-Gruppierung ergeben eine Diederwinkelabhängigkeit der vicinalen $^{13}C,^{15}N$-Kopplung vom Karplus-Typ mit Werten von $-3,2$; 0 und $-2,0$ Hz für $\varphi = 0$; 60 und $180°$ [237]. Die experimentell bei Amiden, Aminen, Aminosäuren und Ammonium-Verbindungen ermittelten Kopplungskonstanten sind meist noch kleiner als die berechneten Werte, so daß dieser Parameter für die Lösung stereochemischer Fragen, z.B. in Peptiden, wenig geeignet erscheint [238-240]. Die relativ großen $^3J(^{13}C,^{15}N)$-Werte im Chinuclidin und seinem Ammonium-Salz werden auf Mehrwege-Kopplungen zurückgeführt [238].

Auch in ungesättigten Systemen können größere $^3J(^{13}C,^{15}N)$-Werte auftreten, die sowohl von der Geometrie des Kopplungsweges als auch von der Orientierung des freien Elektronenpaares des Stickstoffs abhängen. Für die vier verschiedenen Wege **c** bis **f** beobachtet man im Falle **c** jeweils kleinere Werte als bei **d** und **e**, wie die Daten des Chinolins sowie der beiden Cyclohexenonoxime zeigen.

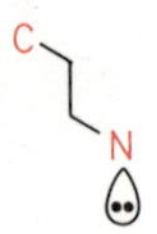

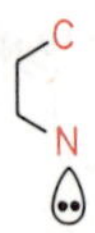

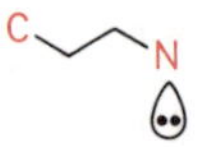

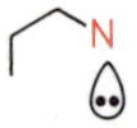

Tab. 4.74 $^3J(^{13}C, ^{15}N)$-Kopplungen

$H_3C-CH_2-CH_2-NH_2$ (−) 1,4

$H_3C-CH_2-CH_2-\overset{+}{N}H_3$ (−) 1,3

Adamantan-N: < 0,3

Adamantan-NH⁺: 0,6

Chinuclidin: 2,8

Chinuclidin-H⁺: 6,7

Cyclohexyl-N⁺(CH₃)₃: 1,7

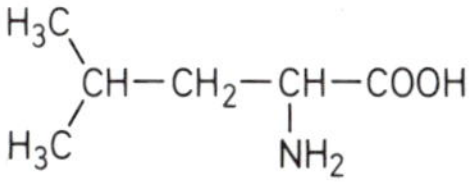

$(H_3C)_2CH-CH_2-CH(NH_2)-COOH$

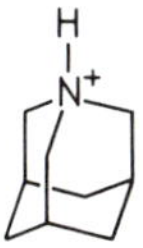

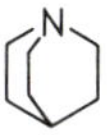

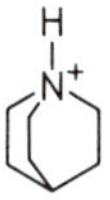

pD	Hz
1,1	0,8
5,9	0,7
13,2	1,0

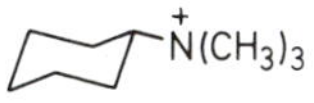

Cyclopropan-C(O)NH₂: 0

$(H_3C)_3C-C(O)-N(H)-CH(CH_3)_2$: 0

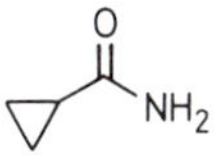

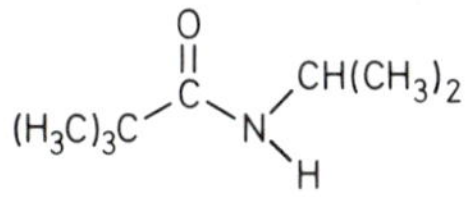

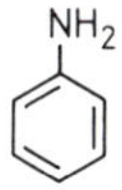

Anilin (NH₂): −1,3

Anilinium ($\overset{+}{N}H_3$): 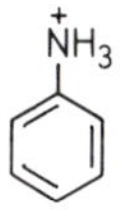 2,1

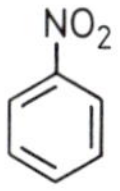

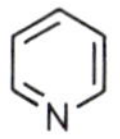

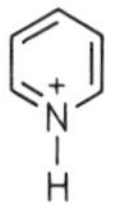

Nitrobenzol (NO₂): −2,3

Pyridin: −3,9

Pyridinium-H: −5,3

Pyridin-N-oxid: −5,2

Chinolin: 0 / (−)3,5 ; (−)13,9

H_3C-Triazin-CH_3: 0,5

Cyclohexanon-N-OH: (−)3,1

Cyclohexanon-N-OH (isomer): (−)6,1

Tetralon-N-OH: 3,8 ; 2,9

Indanon-N-OH: 0,7 ; 2,4

H_3C-Triazin mit $(H_3C)_2N$-Vinyl-CH_3: 0

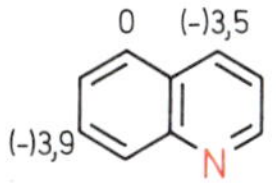

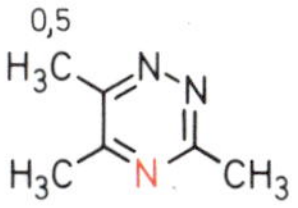

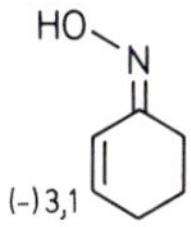

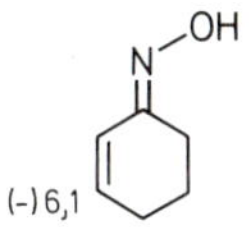

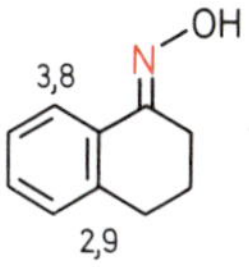

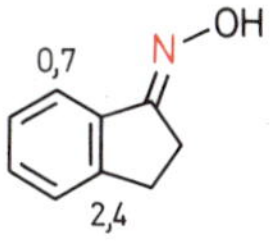

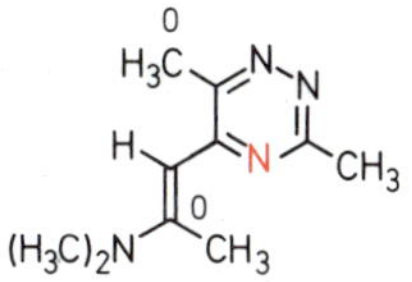

Weitreichende $^{13}C, ^{15}N$-Kopplungen werden in der Regel nur in π-Elektronensystemen über nicht mehr als vier Bindungen aufgelöst und betragen meist um 1 Hz.

Aufgaben

4.24 In der Literatur (J. Chem. Soc. *A 1967*, 1660) ist für die $^{13}CH_3,^{15}N$-Kopplung des Methylisonitrils ein $^1K(C,N)$-Wert von $+34{,}7 \cdot 10^{20}$ cm^{-3} angegeben.
Wie groß ist die entsprechende $^1J(^{13}C,^{15}N)$-Kopplungskonstante (10 cm^{-3} ≙ 1 NA^{-2}m^{-3})?

4.25 Worauf ist der Unterschied der angegebenen $^1J(^{13}C,^{15}N)$-Kopplungen im *trans*-Azoxybenzol zurückzuführen?

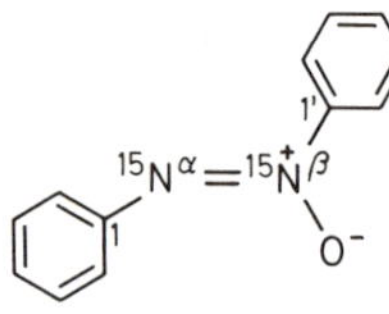

$^1J(C\text{-}1, N\text{-}\alpha) = 3{,}7$ Hz
$^1J(C\text{-}1', N\text{-}\beta) = 18{,}2$ Hz

4.26 Wie ist der Unterschied der $^2J(^{13}C\text{-}8,^{15}N)$-Kopplungskonstante des protonierten Chinolins gegenüber der im Chinolin zu interpretieren?

4.27 Für die beiden Isomeren des angegebenen Imins wurden $^2J(^{13}CH_3,^{15}N)$-Werte von 2,5 und 10,3 Hz gemessen. Triff eine stereochemische Zuordnung.

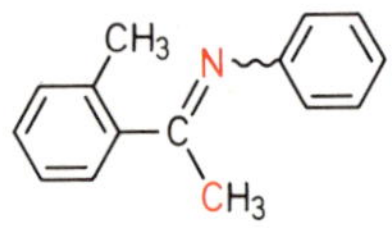

5. $^{13}C, ^{19}F$-Kopplungen

Da der ^{19}F-Kern ($I = \frac{1}{2}$) ein Reinelement darstellt, lassen sich $^{13}C,^{19}F$-Kopplungen aus den ^1H-Breitband-entkoppelten ^{13}C-NMR-Spektren von Monofluor-Verbindungen mit natürlicher ^{13}C-Häufigkeit direkt ermitteln (Abb. 4.24); Polyfluor-Verbindungen können Spektren höherer Ordnung liefern, die sich analog den in Abschn. 2.1.3 (s. S. 431ff.) beschriebenen Methoden analysieren lassen.

5.1 Strukturabhängigkeit der $^{13}C, ^{19}F$-Kopplungen

$^{13}C,^{19}F$-Kopplungen sind zahlenmäßig relativ groß; sie betragen im Falle von $^1J(C,F)$ zwischen -158 und -408 Hz und erreichen für die geminale Kopplung Werte bis $+103$ Hz, während für $^3J(C,F)$ nur Werte bis $+43$ Hz beobachtet wurden. Weitreichende Kopplungen über mehr als drei Bindungen können noch bis 24 Hz groß sein, und sie ließen sich noch über acht Bindungen auflösen[3b,36,74,241–255].

5.1.1 $^{13}C, ^{19}F$-Kopplungen über eine Bindung

$^1J(C,F)$-Kopplungskonstanten haben Beträge zwischen 158 und ca. 400 Hz und weisen im Gegensatz zu $^1J(C,H)$ und $^1J(C,C)$ ein **negatives** Vorzeichen auf, obwohl γ_F **positiv** ist.

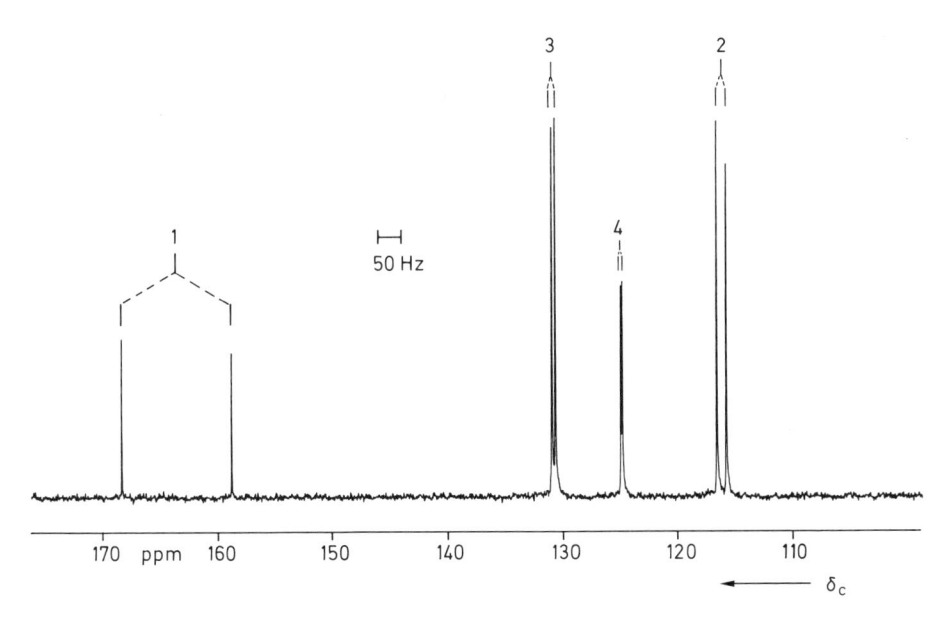

Abb. 4.24 ¹H-Breitband-entkoppeltes ¹³C-NMR-Spektrum (25,2 MHz) des Fluorbenzols

Das wird darauf zurückgeführt, daß Fluor zu den Elementen gehört, die zur Bindungsbildung vorwiegend *p*-Orbitale heranziehen[6,7] (s. Abschn. 1, S. 422f.). Sämtliche $^1J(C,F)$-Werte sind im folgenden mit negativem Vorzeichen versehen, auch wenn sie nur in Einzelfällen experimentell bestimmt wurden.

Nach SCPT-Rechnungen von Blizzard und Santry trägt neben dem Fermi-Kontakt-Mechanismus auch der Orbital-Term in erheblichem Maße zu $^1J(C,F)$ bei, so daß strukturelle Einflüsse auf die Kopplung über eine Bindung nicht so deutlich in Erscheinung treten und sich die Daten somit weniger leicht interpretieren lassen (Tab. 4.75)[10].

Tab. 4.75 Theoretisch berechnete Beiträge der verschiedenen Kopplungsmechanismen zu $^1J(C,F)$

	J^{FC}	J^{OD}	J^{DD}	J^{total}	$J^{exp.}$
CH_3F	−169	−65	+31	−203	−161,9
CH_2F_2	−164,5	−118,2	+23	−259,6	−234,8
CHF_3	−152,6	−149,7	+17,1	−285,2	−274,3
CF_4	−106,8	−164,6	+4,3	−267,0	(−)259,2

So ist der Hybridisierungseinfluß aus dem Vergleich der Werte von $(CH_3)_3CF$ und C_6H_5F erkennbar und tritt auch bei Cycloaliphaten auf[243−245,253], bei denen mit zunehmender Ringspannung der *s*-Anteil der exocyclischen C-Orbitale größer wird und zu zahlenmäßig größeren $^1J(C,F)$-Kopplungskonstanten führt (Tab. 4.76[36,243,253]).

(H₃C)₃CF
−167

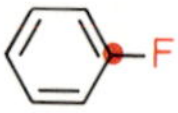

[C₆H₅−F]
−245,3

Tab. 4.76 $^1J(C,F)$-Kopplungen in Cycloaliphaten

Cyclohexyl-F	Cyclopentyl-F	Cyclobutyl-F	Perfluorcyclobutan	Perfluorcyclopentan
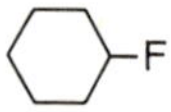 (−)170	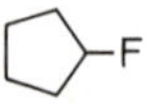 (−)173,5	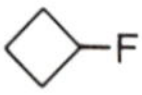 (−)214,6	 (−)298	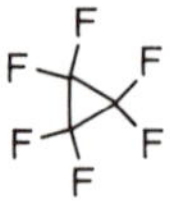 (−)329

Adamantyl-F	Bicyclo[2.2.2]-F	Norbornyl-F	Bicyclobutyl-F
(−)185,9	(−)185,3	(−)208,1	(−)332,5

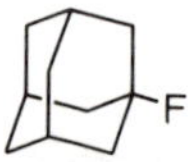

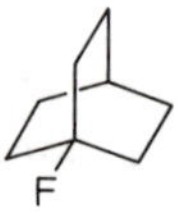

Demgegenüber ist der Substituenteneinfluß sehr viel stärker ausgeprägt und dafür verantwortlich, daß die Kopplungen zwischen einem sp^3-hybridisierten C-Atom und einem direkt gebundenen Fluor-Atom den gesamten Bereich der bislang vorliegenden $^1J(C,F)$-Werte überstreichen (Tab. 4.77[10,36,41a,241]).

Tab. 4.77 $^1J(C,F)$-Kopplungen in $C(sp^3)$-F_n-Gruppen

CH_3F	$CH_3CH_2CH_2F$	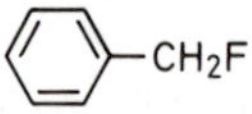 C₆H₅−CH_2F	$HOOC-CH_2F$
−161,9	(−)163,3	(−)165	(−)181
$Cl_2FC-CCl_2F$	$CHCl_2F$	CCl_3F	CBr_3F
−307,3	−293,8	(−)337	(−)372
CH_2F_2	HOH_2C-CHF_2	$C_2H_5OOC-CHF_2$	$NC-CHF_2$
−234,8	(−)241	(−)245	(−)244
CCl_2F_2	CBr_2F_2		
(−)325	(−)352		
CHF_3	H_3C-CF_3	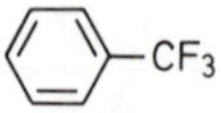 C₆H₅−CF_3	CF_3COOH
−274,3	(−)271	(−)272	(−)283,2
CF_4	CF_3Cl	CF_3Br	CF_3I
(−)259,2	(−)299	(−)324	(−)345

Zunehmende Anzahl von F-Atomen am sp^3-C-Atom bewirkt zunächst höhere $^1J(C,F)$-Werte, nicht mehr jedoch beim Übergang von CHF_3 zu CF_4. Bei Einführung anderer Halogen-Atome ist auffallend, daß die Kopplungskonstanten vom Fluor zum Iod hin, also mit abnehmender Elektronegativität, zahlenmäßig zunehmen.

Die gleiche Tendenz ist auch bei Olefinen erkennbar[246a,b]; deren $^1J(C,F)$-Werte liegen deutlich unter denen von Carbonyl-Verbindungen, in denen das sp^2-C-Atom mit dem elektronegativen Sauerstoff-Atom verknüpft ist[246c] (Tab. 4.78[10,36,241,246c]).

Tab. 4.78 $^1J(C,F)$-Kopplungen in $C(sp^2)$-F-Fragmenten

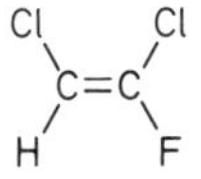

$Cl_2C=CHF$	(−)300,0
$ClHC=CClF$	(−)306,2
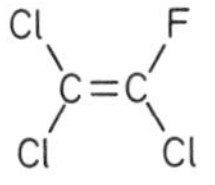 $Cl_2C=CClF$	(−)303,1
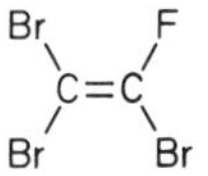 $Br_2C=CBrF$	(−)323,6
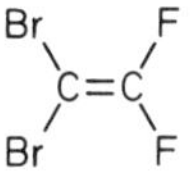 $Br_2C=CF_2$	(−)289,9
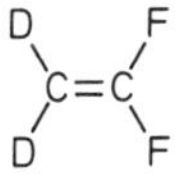 $D_2C=CF_2$	(−)287
$HC(=O)F$	(−)369
$F_2C=Se$	(−)408
$Cl-C(=O)-C(=O)-F$	(−)376,5

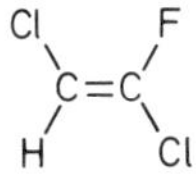

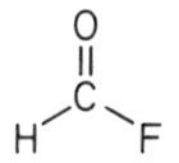

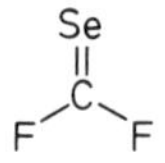

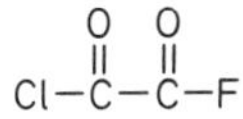

In benzoiden Fluoraromaten hängen die $^{13}C,^{19}F$-Kopplungen über eine Bindung von dem Vorhandensein, der Art und der Position von Substituenten ab und weisen Beträge um 250 Hz auf[74,247−252] (Tab. 4.79[74,241,247,250−252]).

Ein wichtiger Faktor ist der mesomere Effekt der Substituenten, der z. B. im *ortho*- und *para*-Nitrofluorbenzol zu einer Erhöhung und in den entsprechenden Aminofluorbenzolen zu einer Erniedrigung der Kopplungsbeträge gegenüber dem des Fluorbenzols führt, während *meta*-ständige Substituenten nur geringfügige Veränderungen bewirken. Daneben spielen offenbar auch sterische Effekte eine Rolle, denn in polycyclischen Monofluoraromaten beobachtet man für C−F-Bindungen in *peri*-Stellung jeweils merklich höhere $^{13}C,^{19}F$-Kopplungskonstanten. Im 4-Fluorpyridin ist $^1J(C,F)$ erwartungsgemäß größer als im Fluorbenzol und im 3-Fluor-Derivat, jedoch entspricht der relativ kleine Betrag in der 2-Fluor-Verbindung nicht der Erwartung. Als Ursache dafür wird der Einfluß des freien Elektronenpaares angesehen, welches einen positiven Beitrag liefert, also im Falle der negativen $^1J(C,F)$-Kopplung einen weniger negativen Wert bedingt. Entsprechend erhöht sich bei Protonierung von 2-Fluorpyridin der Betrag der $^1J(C,F)$-Kopplung[250] (vgl. Aufg. 4.28).

Tab. 4.79 $^1J(C,F)$-Kopplungen in Aromaten

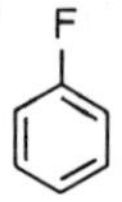

Verbindung	Wert
Fluorbenzol	(−)245,1
2-Fluornitrobenzol	(−)264,4
3-Fluornitrobenzol	(−)250,9
4-Fluornitrobenzol	(−)256,6
Hexafluorbenzol	(−)260
2-Fluoranilin	(−)236,7
3-Fluoranilin	(−)241,4
4-Fluoranilin	(−)233,2
2-Fluorpyridin	(−)236,3 (H$^+$: (−)263,4)
3-Fluorpyridin	(−)255,1 / (−)255,3
4-Fluorpyridin	(−)261,8 / (−)280,2
2-Fluorpurin	(−)207,5
1-Fluornaphthalin	(−)251,2
2-Fluornaphthalin	(−)246,0
1-Fluorpyren	(−)253,0
2-Fluorpyren	(−)251,1

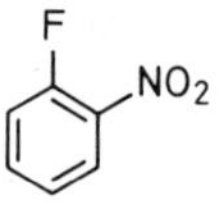

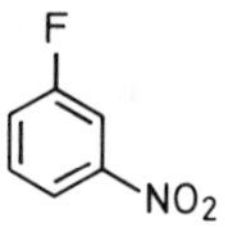

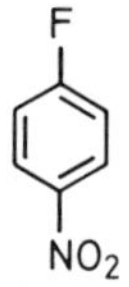

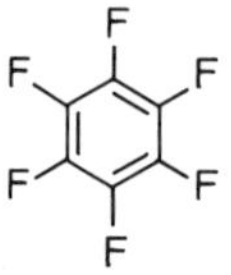

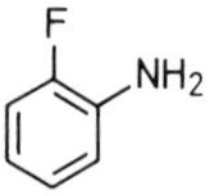

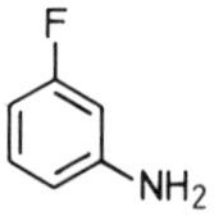

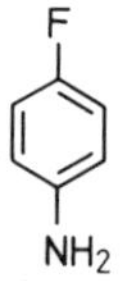

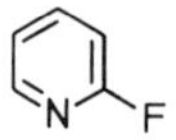

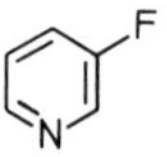

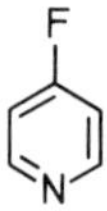

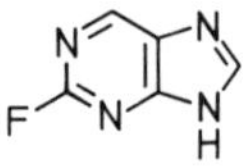

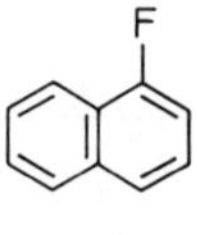

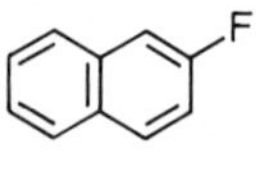

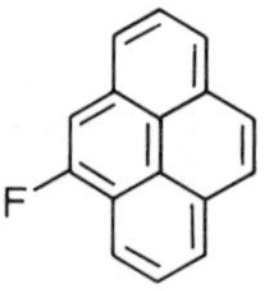

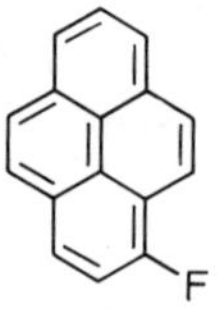

5.1.2 Geminale $^{13}C,^{19}F$-Kopplungen

$^2J(C,F)$-Kopplungskonstanten haben in der Regel ein positives Vorzeichen und können bis ca. 100 Hz groß sein (Tab. 480[36,41a,241,246a,246b,250,251]).

Für aliphatische Monofluor-Verbindungen sind Werte um 20 Hz typisch[41,242,253], die bei weiterer Substitution von H durch elektronegativere Gruppen zunehmen und im 2,2,2-Trichlorfluorethan 43,1 Hz und im Perfluorethan 46,0 Hz erreichen. Noch etwas größere $^2J(C,F)$-Kopplungen über CC-Einfachbindungen werden beobachtet, wenn das koppelnde Kohlenstoff-Atom sp-hybridisiert ist oder die Wechselwirkung über ein Carbonyl-C-Atom hinweg erfolgt. Auch in Olefinen variieren die $^2J(C,F)$-Werte stark und hängen von der Orientierung der Substituenten in einer Weise ab, die an die entsprechende $^2J(C,H)$-Kopplung erinnert und sich in besonders großen Kopplungskonstanten ausdrückt, wenn der elektronegative Substituent gegenüber dem Fluor-Atom die *trans*-Position einnimmt.

Tab. 4.80 $^2J(C,F)$-Kopplungen

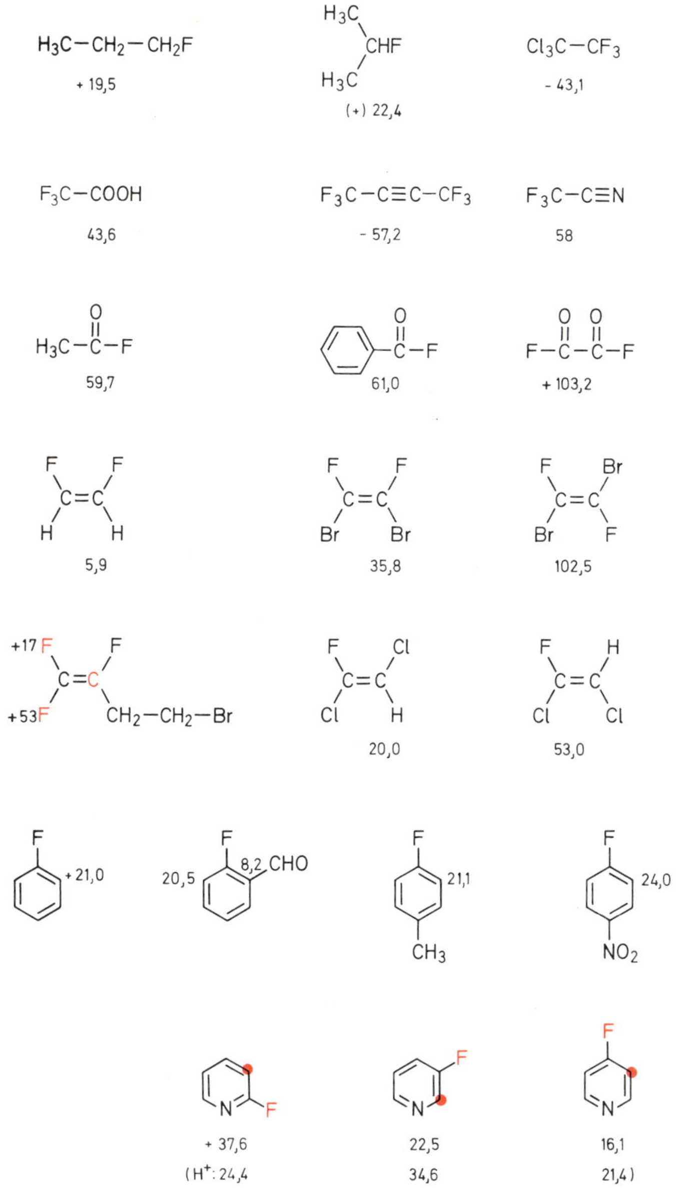

H₃C—CH₂—CH₂F	(H₃C)₂CHF	Cl₃C—CF₃
+19,5	(+)22,4	−43,1
F₃C—COOH	F₃C—C≡C—CF₃	F₃C—C≡N
43,6	−57,2	58
H₃C—C(=O)—F	C₆H₅—C(=O)—F	F—C(=O)—C(=O)—F
59,7	61,0	+103,2
(F,H)C=C(F,H) cis	(F,Br)C=C(F,Br)	(F,Br)C=C(Br,F)
5,9	35,8	102,5
+17 F, +53 F / C=C / CH₂—CH₂—Br	(F,Cl)C=C(Cl,H)	(F,Cl)C=C(H,Cl)
	20,0	53,0
C₆H₅—F: +21,0	2-F-C₆H₄-CHO: 20,5 ; 8,2 (CHO)	4-F-C₆H₄-CH₃: 21,1
		4-F-C₆H₄-NO₂: 24,0
2-Fluorpyridin: +37,6 (H⁺: 24,4)	3-Fluorpyridin: 22,5 ; 34,6	4-Fluorpyridin: 16,1 ; 21,4

Die $^2J(C,F)$-Kopplungen in benzoiden Monofluoraromaten betragen zwischen 15 und 25 Hz, und im gleichen Bereich liegen auch die meisten Werte der entsprechenden substituierten Verbindungen[74, 247–249]. Eine Ausnahme bilden jedoch die Kopplungen mit C-2 in 2-substituierten Fluoraromaten; für Kopplungen dieses Typs können auch sehr viel kleinere Werte auftreten.

Korrelationen von $^2J(C,F)$ in Fluoraromaten mit Strukturparametern sind nicht direkt erkennbar und auch deswegen nicht unbedingt zu erwarten, da nach theoretischen Rechnungen auch der Orbital-Term an der geminalen $^{13}C,^{19}F$-Kopplung dieser Verbindungsklasse beteiligt ist.

In Fluorpyridinen verhalten sich die $^2J(C,F)$-Kopplungen in mancher Hinsicht ähnlich wie die entsprechenden $^{13}C,^1H$-Wechselwirkungen[250a]. So ist $^2J(C-3,F-2)$, bedingt durch das freie Elektronenpaar am benachbarten N-Atom, mit 37,6 Hz größer als die geminale C-2,F-3-Kopplung von 22,5 Hz und nimmt entsprechend bei Protonierung stark ab.

In SCPT-INDO-Rechnungen werden die $^2J(C,F)$-Werte besonders schlecht wiedergegeben[250b].

5.1.3 Vicinale $^{13}C, ^{19}F$-Kopplungen

Vicinale $^{13}C,^{19}F$-Kopplungskonstanten sind bis $(+)42$ Hz groß, können in Sonderfällen aber auch kleine, negative Werte annehmen und werden vornehmlich durch den Fermi-Kontakt-Term bestimmt.

Der bei aliphatischen Verbindungen besonders interessierende Diederwinkeleinfluß läßt sich deutlich an den $^3J(C,F)$-Werten des exo-2-Fluornorbornans sowie des Fluorcyclohexans ablesen, dessen ^{13}C-NMR-Spektrum bei einer Temperatur aufgenommen wurde, bei der die Ringinversion eingefroren ist (Tab. 4.81[41, 243, 244, 253]).

Tab. 4.81 $^3J(C,F)$-Kopplungen in Alkylfluoriden

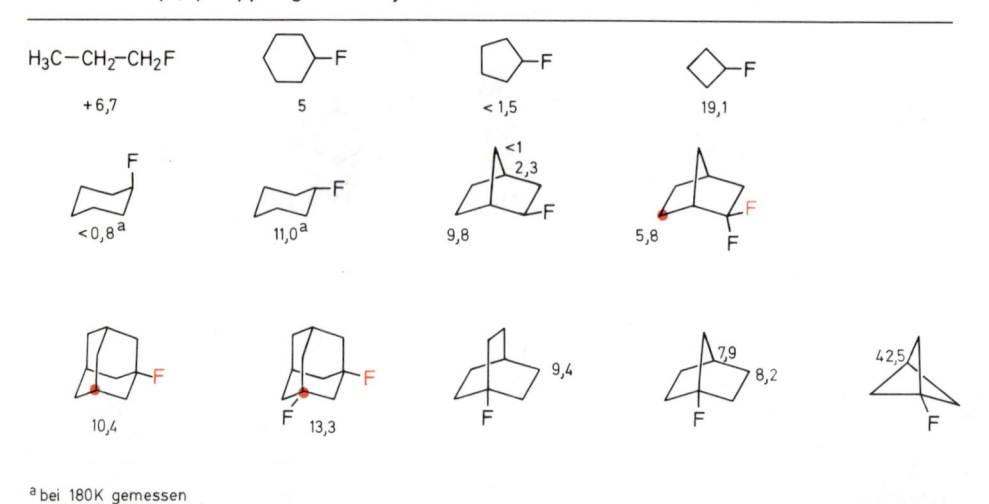

[a] bei 180K gemessen

Danach beträgt die Kopplung für $\varphi \approx 60°$ ca. 0 Hz und für die *trans*-Kopplung 9,8 bzw. 11,0 Hz; unter Berücksichtigung weiterer Daten wurde als Näherung die Gl. (4.31) angegeben[253] (Aufg. 4.29).

$$^3J(C,F) = 5{,}5\cos 2\varphi + 5{,}5 \qquad (4.31)$$

Eine Diederwinkelabhängigkeit der vicinalen $^{13}C,^{19}F$-Kopplung liefert auch die FPT-INDO-Methode, jedoch zeigen die experimentellen Werte einer Vielzahl von Verbindungen eine beträchtliche Streuung[254] (Abb 4.25).

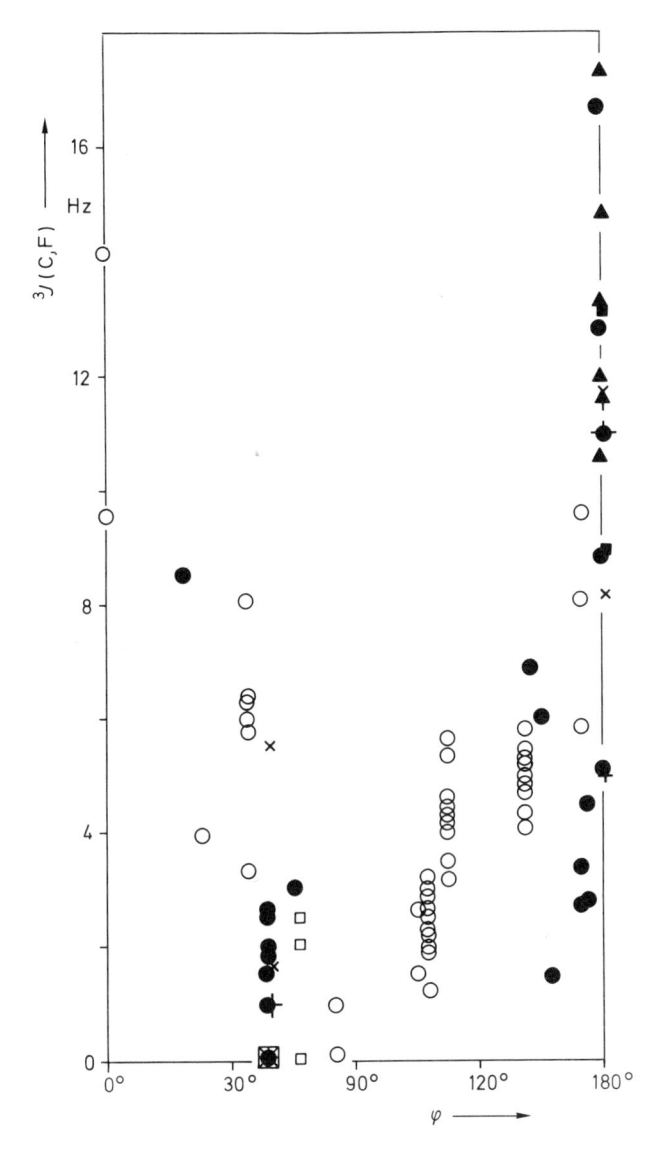

Abb. 4.25 Diederwinkelabhängigkeit experimenteller $^3J(C,F)$-Werte[254]

Das deutet im Einklang mit den Rechnungen darauf hin, daß sich auch die anderen Faktoren wie Bindungslänge und -winkel sowie insbesondere Art, Position und Orientierung von Substituenten am CCCF-Fragment auswirken. So wird $^3J^{tr}$ erhöht, wenn das koppelnde C-Atom elektronegativere Gruppen trägt (vgl. 1-Monofluor- und 1,3-Difluoradamantan),und erniedrigt, wenn der elektronegativere Substituent am Fluor tragenden Kohlenstoff eingeführt wird (vgl. 2-exo-Fluor- und 2,2-Difluornorbornan, Tab. 4.81). Auch Substitution am mittleren C-Atom oder Einführung eines sp^2-Zentrums bzw. eines Heteroatoms verursachen eine Erniedrigung von $^3J^{tr}$. Damit kann auch die Anwendung von $^3J(C,F)$ auf Konfigurations- und Konformationsprobleme nicht in jedem Falle erfolgreich sein[254].

Benzoide aromatische Monofluor-Verbindungen weisen nicht immer die Relation $^3J^{tr} > {}^3J^c$ auf, da auch der Substitutionsgrad der C-Atome eine Rolle spielt; so ist die vicinale *trans*-Kopplung zwischen C-10 und F-1 im 1-Fluornaphthalin gegenüber der zwischen C-4 und F-1 sehr stark verringert (Tab. 4.82[247−252]). Für die kleine negative Kopplung im 1,8-Difluornaphthalin wird die Aufweitung der Bindungswinkel infolge sterischer Wechselwirkung verantwortlich gemacht[249]. In substituierten Fluorbenzolen einschließlich der systematisch untersuchten Polyfluorbenzole beträgt die Variationsbreite ca. 0 bis 15 Hz. Besonders kleine Werte sind für Fragmente **A** mit einem stark elektronegativen Substituenten am mittleren C-Atom typisch, während etwas größere Kopplungskonstanten als im C_6H_5F in Fragmenten **B** mit dem elektronegativen X am koppelnden C-Atom auftreten[74, 247−249].

A   **B**

Tab. 4.82 $^3J(C,F)$-Kopplungen in Fluoraromaten

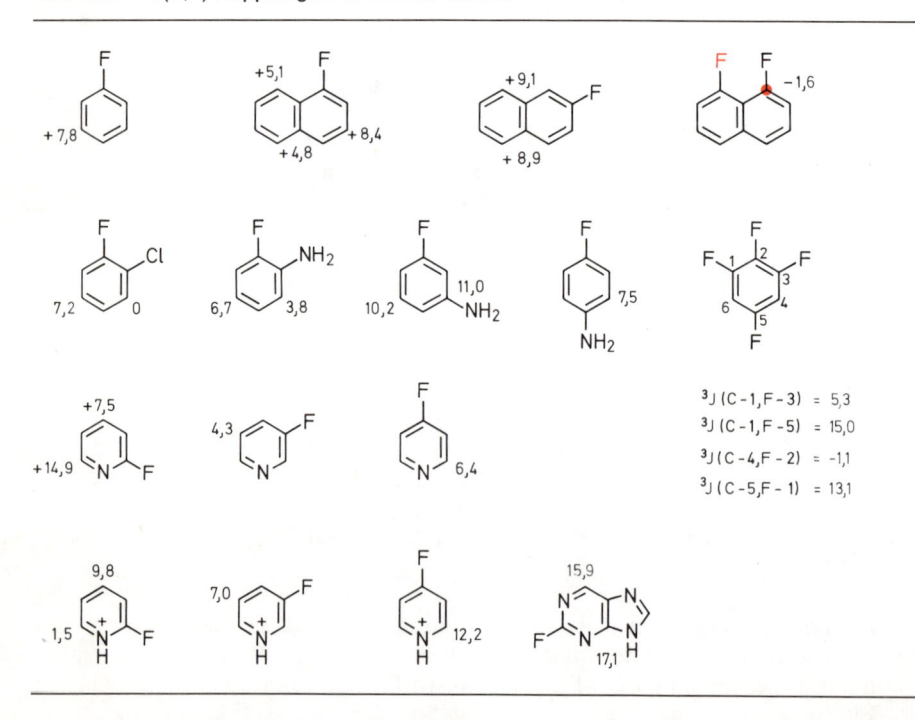

$^3J(C-1, F-3) = 5,3$
$^3J(C-1, F-5) = 15,0$
$^3J(C-4, F-2) = -1,1$
$^3J(C-5, F-1) = 13,1$

Fluorpyridine zeigen auch für die vicinalen ^{13}C,^{19}F-Kopplungen Parallelen zu den entsprechenden ^{13}C,^{1}H-Kopplungen des Pyridins, wie sich aus dem besonders hohen Wert von ^3J(C-6,F-2) ergibt (14,9 Hz), der bei Protonierung, also bei Blockierung des freien Elektronenpaares, auf 1,5 Hz absinkt[250a].

5.1.4 Weitreichende ^{13}C,^{19}F-Kopplungen

In aliphatischen Verbindungen klingen die ^{13}C,^{19}F-Kopplungen mit zunehmender Anzahl der Bindungen ab und sind auch über vier Bindungen nur dann zu beobachten, wenn sich das Fluor-Atom in räumlicher Nähe zum koppelnden C-Atom befindet[36,245] (Tab. 4.83[241,243,245,247,250–252,255]).

Dagegen treten in konjugierten π-Elektronensystemen Kopplungen über bis zu acht Bindungen auf (vgl. Pyren), wobei auch in diesen Systemen große Werte für eng benachbarte Kopplungspartner charakteristisch sind (vgl. Phenanthren-Derivat)[74,255].

Tab. 4.83 Weitreichende ^{13}C,^{19}F-Kopplungen

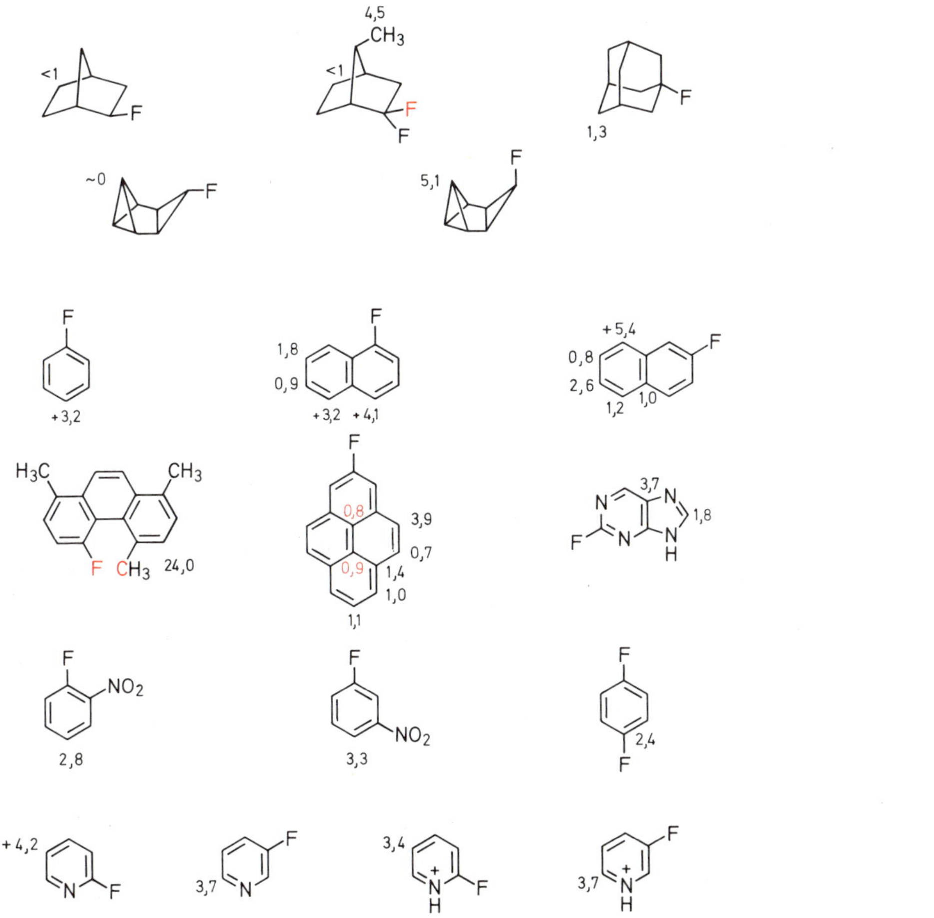

Aufgaben

4.28 Wie könnte man die für die beiden Glycosylfluoride gemessenen $^1J(^{13}C,^{19}F)$-Werte in Analogie zu den ^1J(C-1,H-1)-Kopplungen in α- und β-D-Glucose (s. Abschn. 2.2.1, S. 457ff.) interpretieren?

α
−222,2

β
−211,3

4.29 Wodurch dürfte der besonders hohe ^3J(C,F)-Wert von 42,5 Hz in

bedingt sein (vgl. Abschn. 3.1.1 (s. S. 499) und Aufg. 4.23)?

6. ^{13}C, ^{31}P-Kopplungen

Phosphor ($I = \frac{1}{2}$) liegt als Reinelement der Masse 31 vor, so daß sich ^{13}C,^{31}P-Kopplungen von Monophosphor-Verbindungen direkt aus den Dublett-Aufspaltungen in den ^{1}H-Breitband-entkoppelten ^{13}C-NMR-Spektren bestimmen lassen (Abb. 4.26; s. aber Aufg. 4.30).

6.1 Strukturabhängigkeit der ^{13}C, ^{31}P-Kopplungen

Entsprechend den unterschiedlichen Bindungszuständen, in denen ein Phosphor-Atom vorliegen kann, beobachtet man eine sehr starke Variation der J(C,P)-Werte. Sie ist für Kopplungen über eine Bindung besonders groß, die zwischen (−)53 und (+)476 Hz liegen. Da auch Werte um 0 Hz auftreten, können sie auch in den Bereich der geminalen und vicinalen Kopplungen fallen; für diese wurden Werte zwischen −14 und ca. (+)86 Hz bzw. bis +47 Hz gemessen[36,97,123,256−276]. Wie für die Kopplungen anderer schwerer Elemente mit ^{13}C typisch, ist aufgrund von theoretischen Rechnungen und experimentellen Befunden auch mit Beiträgen der Nicht-Kontakt-Mechanismen zu rechnen, insbesondere in Systemen mit Mehrfachbindungen[258−260].

6.1.1 ^{13}C, ^{31}P-Kopplungen über eine Bindung

Bei den ^1J(C,P)-Kopplungen ist bemerkenswert, daß bei positiven gyromagnetischen Quotienten γ_P und γ_C z. B. für Phosphine negative und für die entsprechenden Phosphonium-Salze positive Werte beobachtet werden. Als Ursache dafür wird in Analogie zur

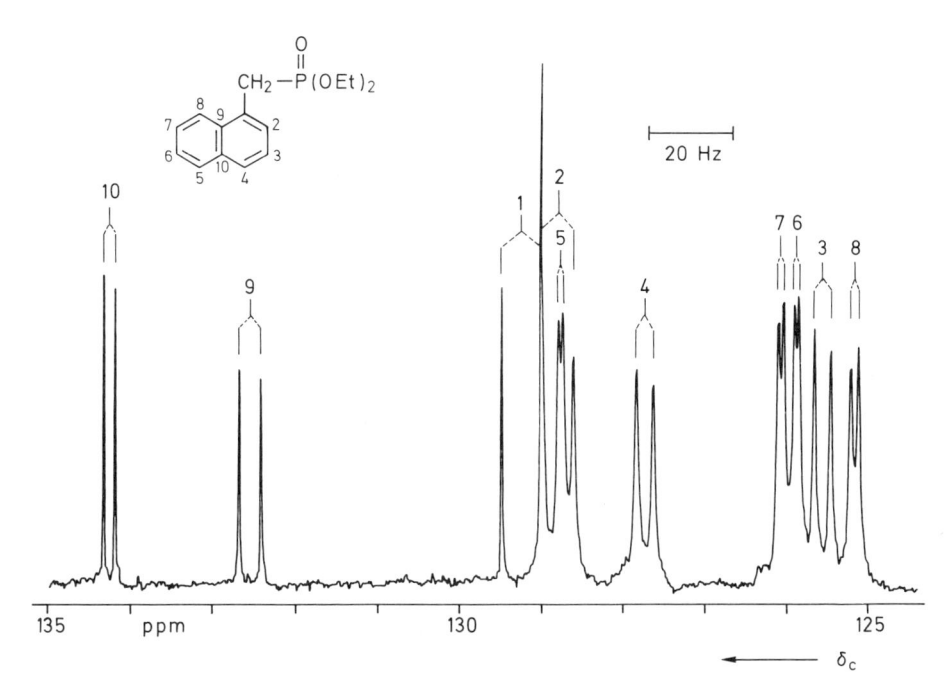

Abb. 4.26 Ausschnitt (Aromatenbereich) aus dem ^{1}H-Breitband-entkoppelten ^{13}C-NMR-Spektrum des Diethyl(1-naphthylmethyl)-phosphonats[256]

^1J(C,F)-Kopplung die Tatsache angesehen[6,7], daß bei den Phosphinen p-Orbitale die Bindungen bilden, was aufgrund der Diskussion in Abschn. 1 (s. S. 422f.) negative ^1J(C,P)-Werte zur Folge haben kann. Demgegenüber liegen in den Phosphonium-Verbindungen sp^3-Hybridorbitale vor, und es resultiert das auch bei ^1J(C,H) und ^1J(C,C) übliche positive Vorzeichen; dies tritt auch bei Phosphinoxiden und Phosphonaten auf (Tab 4.84).

Bei allen genannten Verbindungsklassen läßt sich anhand der Beispiele in Tab. 4.84 der Einfluß der Hybridisierung des koppelnden C-Atoms auf ^1J(C,P) erkennen, und der gleiche Einfluß dürfte auch für die Unterschiede der Kopplung mit C-1 des Phenyl-Rings in den cyclischen Phosphetanen[268] verantwortlich sein, bei denen Hybridisierungsänderungen an C und P durch Variation der Ringgröße bedingt sind; für die ^1J(CH$_2$,P)-Werte können ferner Mehrwege-Kopplungen verantwortlich sein (Tab. 4.85[123,260,268,270,271]).

Elektronegative Substituenten am Kohlenstoff oder Phosphor führen erwartungsgemäß zu einer Erhöhung des Betrags von ^1J(C,P), wobei sich zusätzlich Unterschiede in der Stereochemie auf diesen Parameter auswirken können[123,271] (Aufg. 4.31).

Bei offenkettigen Alkylidenphosphoranen, also nichtstabilisierten Yliden, fällt auf, daß die ^{13}C,^{31}P-Kopplungen über die C—P-Einfachbindungen ähnlich groß wie bei den entsprechenden Phosphonium-Salzen sind, während die ^1J(C=P)-Kopplungen 90–120 Hz betragen; sie werden im Sinne des Dominierens der Resonanzstruktur **A** mit einem sp^2-C-Atom interpretiert[264–266] (vgl. aber Aufg. 4.32).

$$R_3P=CH_2 \leftrightarrow R_3\overset{+}{P}-\overset{-}{C}H_2$$
$$\textbf{A} \qquad\quad \textbf{B}$$

Tab. 4.84 Über Kohlenstoff-Atome verlaufende ^{13}C, ^{31}P-Kopplungen

Verbindung		^1J	^2J	^3J	^4J
Phosphine [257, 260, 261]:					
$(H_3C)_3P$		−13,6	−	−	−
$(H_3C-CH_2-CH_2-CH_2)_3P$		(−)10,9	+11,7	(+)12,5	0
$(C_6H_5)_3P$		−12,5	+19,7	+6,8	0,3
$(H_3C-C\equiv C)_3P$		+8,8	+10,9	−1,2	−
Phosphonium-Salze [257, 264]:					
$(C_2H_5)_4P^+Br^-$		+48,5	−4,3	−	−
$(H_3C-CH_2-CH_2-CH_2)_4P^+Br^-$		(+)47,6	(−)4,3	(+)15,4	0
$(C_6H_5)_3\overset{+}{P}-CH_3I^-$	Phe	88,6	10,7	12,9	3,0
	Me	(+)57,1			
Phosphorine [97, 259, 262]:					
λ^3-Phosphorin		(−)53	(−)14	(+)22	−
λ^5-Phosphorin		94	0	22	−
	Me	57			
Phosphorane [264–266, 269]:					
$(H_3C)_3P=CH_2$		+90,5	−	−	−
	Me	+56			
$(C_6H_5)_3P=CH_2$		100[a]	−	−	−
	Phe	83,6	9,8	11,6	2,4
$(C_6H_5)_3P=C\begin{smallmatrix}CH_2\\|\\CH_2\end{smallmatrix}$		3,9	7,8		
	Phe	83	7,8	10,7	2,9
$(C_6H_5)_3P=C(CH_3)_2$		121,5	13,4		
	Phe	81,2	8,5	11,6	2,4
$(C_6H_5)_3P=CH-COOCH_3$		126,7	12,7	2,6	
	Phe	91,9	10,1	12,2	3,0

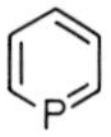

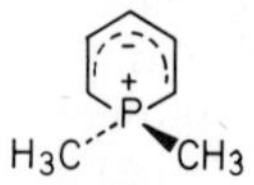

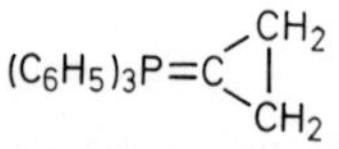

[a] Lit. [266b]

$^{13}C,^{31}P$-Kopplungen 533

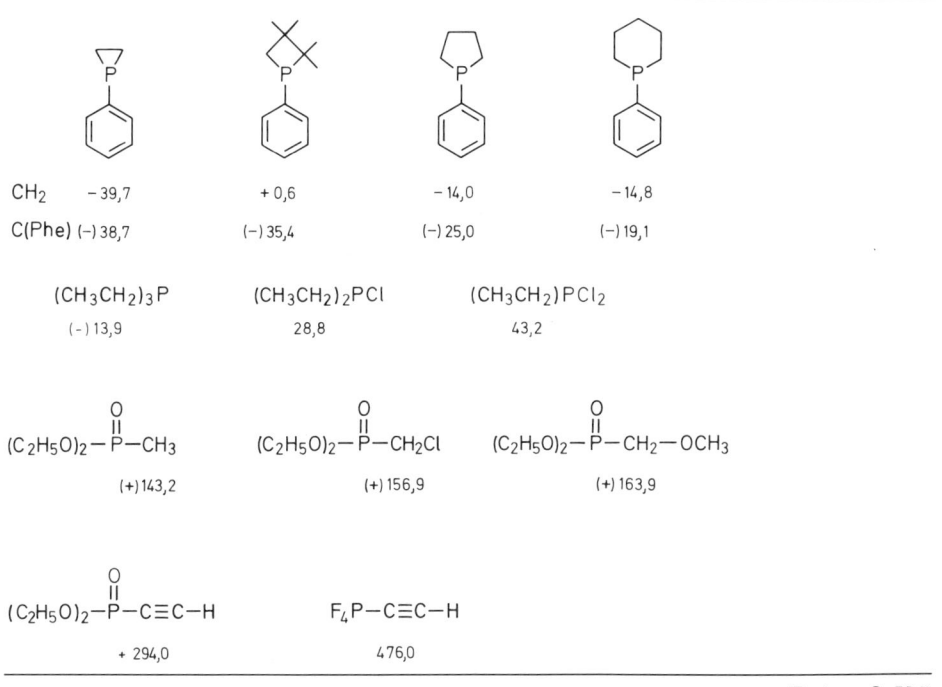

Tab. 4.84 Fortsetzung

Verbindung		^1J	^2J	^3J	^4J
Phosphinoxide [260, 265, 269]:					
$(H_3C)_3P=O$		(+) 68,3	–	–	–
$(C_6H_5)_3P=O$		(+) 104,4	9,8	(+) 12,1	2,8
$(C_6H_5)_2\overset{O}{\overset{\|}{P}}-C\equiv C-CH_3$	Phe	(+) 174,4 (+) 121,6	+ 31,4 + 11,3	+ 3,2 + 13,4	– 2,9
Phosphonate [256, 257, 260]:					
$H_3C-\overset{O}{\overset{\|}{P}}(OCH_3)_2$		+ 142,2	–	–	–
$n\text{-}C_4H_9-\overset{O}{\overset{\|}{P}}(OC_2H_5)_2$		(+) 140,9	5,1	(+) 16,3	1,2
$H_3C-C\equiv C-\overset{O}{\overset{\|}{P}}(OC_2H_5)_2$		+ 299,8	+ 53,4	+ 4,8	–

Tab. 4.85 Abhängigkeit der $^1J(C,P)$-Kopplung von der Ringgröße, von der Elektronegativität der Substituenten am Phosphor bzw. Kohlenstoff sowie von der Stereochemie

CH₂ – 39,7	+ 0,6	– 14,0	– 14,8
C(Phe) (–) 38,7	(–) 35,4	(–) 25,0	(–) 19,1

$(CH_3CH_2)_3P$	$(CH_3CH_2)_2PCl$	$(CH_3CH_2)PCl_2$
(–) 13,9	28,8	43,2

$(C_2H_5O)_2-\overset{O}{\overset{\|}{P}}-CH_3$	$(C_2H_5O)_2-\overset{O}{\overset{\|}{P}}-CH_2Cl$	$(C_2H_5O)_2-\overset{O}{\overset{\|}{P}}-CH_2-OCH_3$
(+) 143,2	(+) 156,9	(+) 163,9

$(C_2H_5O)_2-\overset{O}{\overset{\|}{P}}-C\equiv C-H$	$F_4P-C\equiv C-H$
+ 294,0	476,0

(Forts. s. S. 534)

Tab. 4.85 Fortsetzung

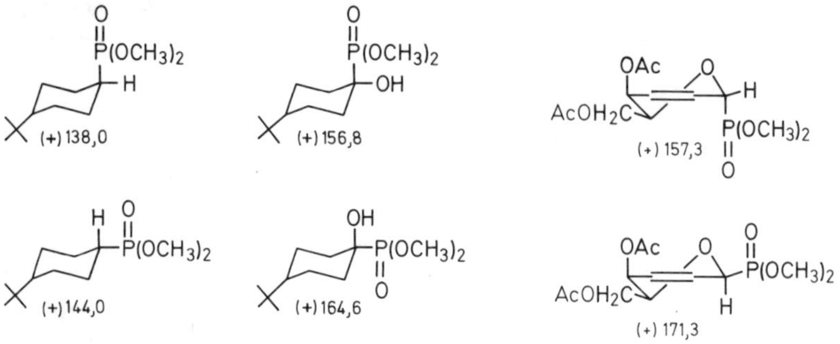

[Structures showing cyclohexane derivatives with phosphonate groups and coupling constants:
- tBu-cyclohexyl-P(O)(OCH$_3$)$_2$ with H, (+)138,0
- tBu-cyclohexyl-P(O)(OCH$_3$)$_2$ with OH, (+)156,8
- AcOH$_2$C-CH=CH(OAc)-epoxide-P(O)(OCH$_3$)$_2$, (+)157,3
- tBu-cyclohexyl with H axial, P(O)(OCH$_3$)$_2$, (+)144,0
- tBu-cyclohexyl with OH, P(O)(OCH$_3$)$_2$, (+)164,6
- AcOH$_2$C-CH=CH(OAc)-epoxide-P(O)(OCH$_3$)$_2$ with H, (+)171,3]

6.1.2 Geminale ^{13}C,^{31}P-Kopplungen

^2J(C,P)-Kopplungen sind bis (+)86 Hz groß und können in einigen Verbindungstypen auch negative Vorzeichen besitzen, wobei allerdings nur Beträge kleiner als 15 Hz auftreten (Tab. 4.84, 4.86, 4.87).

Tab. 4.86 Über Sauerstoff verlaufende ^{13}C, ^{31}P-Kopplungen

Verbindung	^2J(COP)		^3J(CCOP)		^4J(CCCOP)
Phosphite [36, 257, 267]:					
(H$_3$CO)$_3$P	+10,1		–		–
(C$_6$H$_5$O)$_3$P	3,0		4,9		0
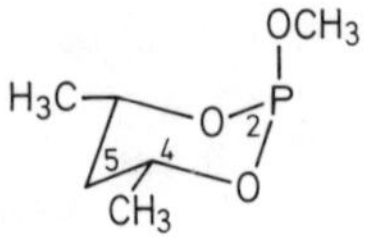 [dioxaphosphorinane with OCH$_3$ axial]	OCH$_3$ C-4	18,2 2,7	CH$_3$ C-5	3,2 4,2	– –
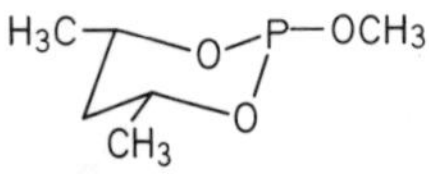 [dioxaphosphorinane with OCH$_3$ equatorial]	OCH$_3$ C-4	10,7 1,8	CH$_3$ C-5	1,6 13,5	– –
Phosphonate [256]:					
H$_3$C–P(O)(OCH$_2$CH$_3$)$_2$	–5,9		+5,9		–
Phosphate [257]:					
(H$_3$C–CH$_2$O)$_3$P=O	–5,8		+6,8		–

$^{13}C,^{31}P$-Kopplungen

Die großen Werte sind für Verbindungen mit fünfbindigem Phosphor über eine CC-Dreifachbindung typisch, ähnlich also der $^2J(C,H)$-Kopplung in einem $C\equiv C-H$-Fragment. Das hervorstechendste Kennzeichen von $^2J(C,P)$ ist in sterisch fixierten Verbindungen mit trivalentem Phosphor eine Abhängigkeit von der sterischen Anordnung. Sie hat wie im Falle der entsprechenden $^{13}C,^{15}N$-Kopplung (vgl. Abschn. 4.1.2, S. 518) ihre Ursache im Einfluß des freien Elektronenpaares, das einen großen positiven Betrag zu $^2J(C,P)$ liefert, wenn das koppelnde C-Atom *cis*-ständig ist. Als Beispiele sind in Tab. 4.87 die Daten des 2-Methylphosphabenzols, des 1,6-Diphosphatrypticens sowie zweier isomerer Phosphetane aufgeführt (Tab. 4.87 [259,263,272]). Geht man von den zuletzt genannten Verbindungen zu den entsprechenden Phosphinoxiden über, ergeben sich für beide Sorten von Methyl-C-Atomen normale, kleine Kopplungskonstanten (Aufg. 4.33).

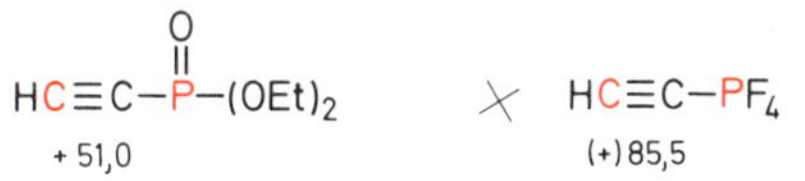

$$HC\equiv C-\overset{\overset{O}{\|}}{P}-(OEt)_2 \qquad HC\equiv C-PF_4$$
$$\quad +51{,}0 \qquad\qquad\qquad\quad (+)85{,}5$$

Tab. 4.87 Stereochemische Abhängigkeit von $^2J(C,P)$ in P(III)-Verbindungen (Die bei den Phosphetanen in Klammern angegebenen Werte wurden für die entsprechenden Oxide gemessen)

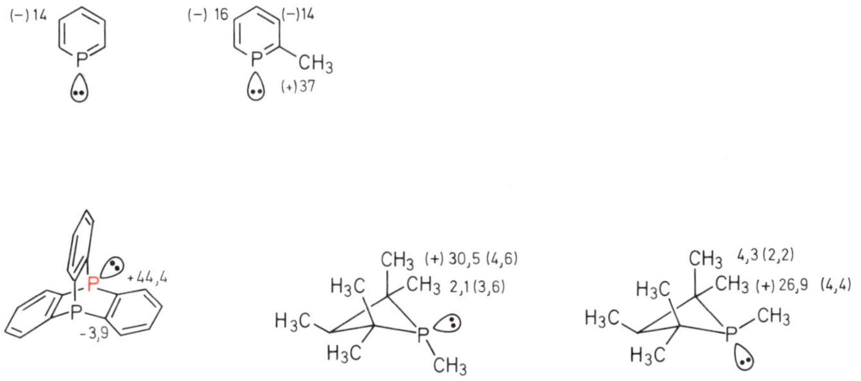

6.1.3 Vicinale $^{13}C,^{31}P$-Kopplungen

Die vicinalen $^{13}C,^{31}P$-Kopplungen werden allgemein als positiv angenommen und wurden bis $(+)47$ Hz beobachtet (Tab. 4.88 [263, 271–274]). Die im Vordergrund des Interesses stehende Diederwinkelabhängigkeit tritt bei verschiedenen Verbindungstypen klar in Erscheinung, z. B. bei den Phosphonaten mit definierter Geometrie wie den 2-Norbornan- und 4-*t*-Butylcyclohexan-Derivaten.

Aus den Daten der beiden 2-Norbornyl-Verbindungen wurde als Karplus-Beziehung die Gl. (4.32)

$$^3J(C,P) = 8{,}6\cos 2\varphi - 4{,}7\cos\varphi + 7{,}7 \qquad (4.32)$$

Tab. 4.88 $^3J(C,P)$-Werte in ausgewählten Verbindungen mit fixierter Geometrie

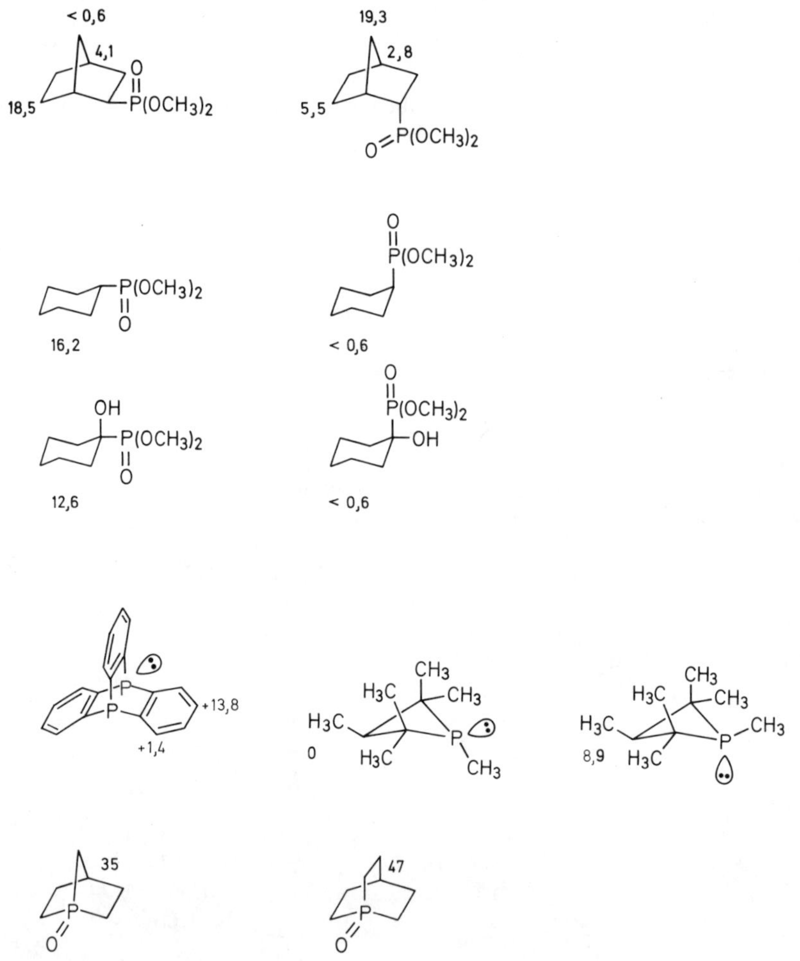

abgeleitet, die für Diederwinkel von 0; 90 und 180° Werte von 11,7; −0,9 und 21,1 Hz ergibt; danach ist allerdings die für 180° berechnete Kopplungskonstante sehr viel höher als die für die *trans*-4-*t*-Butylcyclohexyl-Verbindung experimentell zu 16,2 Hz bestimmte. Ähnliche Kurven ergeben sich auch für andere Substituenten mit vier- und fünfbindigem Phosphor, z. B. für Phosphonium-Salze und Phosphinoxide[273].

Demgegenüber zeigen Verbindungen mit dreibindigem Phosphor wie das exo- und endo-2-Norbornyl-dimethylphosphin ein ganz anderes Verhalten, wie die Werte der ^3J(C-6,P)-Kopplung von 22,7 Hz (endo, $\varphi \approx 40°$) und 6,6 Hz (exo, $\varphi \approx 170°$) zeigen, aus denen sich $^3J(0°) \gg {}^3J(180°)$ extrapolieren läßt[273]. Als Ursache läßt sich der Einfluß des freien Elektronenpaares anführen, der z. B. im 1,6-Diphosphatrypticen und in den methylierten Phosphetanen bei gleichen Diederwinkeln des CCCP-Fragments zu sehr unterschiedlichen $^3J(^{13}C,^{31}P)$-Werten führt (vgl. auch die cyclischen Phosphite in Tab. 4.86).

Ferner ist zu beachten, daß auch die anderen Faktoren, nämlich Bindungslänge und -winkel sowie die Elektronegativität von Substituenten, von Einfluß auf $^3J(C,P)$ sind. So verringert sich die Kopplung bei Einführung einer OH-Gruppe in die 1-Position des 4-*t*-Butylcyclohexylphosphonats von 16,2 auf 12,6 Hz[275]. Besonders große $^3J(C,P)$-Werte werden im 1-Phosphabicyclo[2.2.1]heptan-1-oxid und insbesondere in der analogen Bicyclooctan-Verbindung gefunden, in denen die *cis*-Kopplung ($\varphi = 0°$) auf zwei bzw. drei äquivalenten Wegen übertragen wird[274] (Mehrwege-Kopplung, vgl. Abschn. 3.1.1, S. 499). Somit ist auch bei vicinalen $^{13}C,^{31}P$-Kopplungen Vorsicht geboten, wenn man aus ihnen Diederwinkel ermitteln will.

6.1.4 Weitreichende $^{13}C,^{31}P$-Kopplungen

Weitreichende Kopplungen werden in gesättigten Systemen meist nur über vier Bindungen übertragen; dagegen vermitteln π-Elektronen die Kopplungsinformation sehr viel besser, so daß sich in π-Elektronensystemen $^{13}C,^{31}P$-Kopplungen noch über sieben Bindungen auflösen ließen[256,276] (vgl. Tab. 4.84 und 4.86).

Aufgaben

4.30 Um die $^{13}C,^{31}P$-Kopplungen im 1,6-Diphosphatrypticen zu ermitteln, wurde das ^{1}H-Breitband-entkoppelte ^{13}C-NMR-Spektrum aufgenommen. Ist zu erwarten, daß man die Kopplungskonstanten direkt aus den Multiplett-Aufspaltungen ablesen kann?

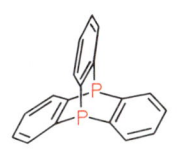

4.31 Für das Cyclohexylphosphonat wurden unter Normalbedingungen die angegebenen $^{13}C,^{31}P$-Kopplungskonstanten erhalten. Welche von ihnen ermöglichen eine Aussage über die bevorzugte Konformation?

4.32 Die $^1J(C,P)$-Kopplung im Triphenylphosphonium-cyclopropylid beträgt 3,9 Hz. Was läßt sich daraus über die Struktur der Verbindung folgern?

$(C_6H_5)_3P=C{\triangleleft}$

4.33 Für die beiden isomeren Phospholene wurden $^2J(CH_3,P)$-Werte von 0 bzw. 30 Hz und für die entsprechenden Oxide 5,0 bzw. 4,0 Hz gemessen.
Wie sind diese Daten zu interpretieren?

$H_3C\!-\!\overset{\overset{\displaystyle}{\frown}}{\underset{\underset{C_6H_5}{|}}{P}}\!-\!CH_3$

7. Kopplungen von ^{13}C mit weiteren Hauptgruppenelementen

Nahezu alle Elemente des Periodensystems weisen ein Isotop auf, das eine von Null verschiedene Kernspin-Quantenzahl besitzt und damit NMR-aktiv ist. Viele dieses Isotope sind jedoch instabil, haben ein Quadrupolmoment (s. S. 569ff.) oder treten in Kohlenstoff-Verbindungen nicht oder selten auf, so daß ihre Kopplungen mit ^{13}C in der Praxis keine Rolle spielen und sich die Zahl der als Kopplungspartner von ^{13}C in Frage kommenden Elemente stark verringert[277, 278].

Von den Hauptgruppenelementen haben Lithium und Bor trotz ihres Quadrupolmoments eine gewisse Bedeutung sowie die Spin-$\frac{1}{2}$-Kerne Thallium (3. Gruppe), Silicium, Zinn, Blei (4. Gruppe) und Selen, Tellur (6. Gruppe).

7.1 $^{13}C, ^6Li$-Kopplungen

Da beide Li-Isotope (^6Li: 7,4%, $I = 1$; ^7Li: 92,6%, $I = \frac{3}{2}$) ein Quadrupolmoment besitzen, kann der damit verbundene Relaxationsmechanismus (s. Kap. 5, Abschn. 1.3.3, S. 571) eine solche Verbreiterung der ^{13}C-Linien bewirken, daß keine Kohlenstoff-Lithium-Kopplungen aufgelöst sind; zudem treten bei Raumtemperatur infolge von Austauschprozessen sowohl zwischen den oligomeren Aggregaten als auch innerhalb der Aggregate meist keine Linienaufspaltungen auf.

Wegen dieser Kerneigenschaften und der besonderen Problematik der Lithium-organischen Verbindungen ist die Beobachtung und Interpretation von Kohlenstoff-Lithium-Kopplungen[279–283] erschwert, so daß häufig Isotopomere mit ^{13}C-Markierung in der α-Position sowie mit ^6Li herangezogen werden, dessen Quadrupolmoment wesentlich geringer als das von ^7Li ist. Die Kopplungskonstanten der beiden Isotope sind entsprechend ihren γ-Werten durch Gl. (4.33) miteinander verknüpft:

$$J(^{13}C,^7Li) = \frac{\gamma_{^7Li}}{\gamma_{^6Li}} J(^{13}C,^6Li) = 2,641\, J(^{13}C,^6Li) \tag{4.33}$$

Meist erfordert die Untersuchung tiefe Temperaturen, bei denen zunächst die interaggregaten Prozesse eingefroren werden; erst bei noch tieferen Temperaturen sind dann statische Aggregate zu erwarten, die jedoch bislang nicht beobachtet werden konnten. Aussagen über den Aggregationsgrad sowie über das Vorliegen von dynamischen oder statischen Aggregaten lassen sich insbesondere aufgrund der Multiplizitäten der ^{13}C-Absorptionen machen, aus denen nach $Z = 2n + 1$ für ^{6}Li bzw. nach $Z = 3n + 1$ für ^{7}Li die Anzahl n der koppelnden Li-Atome ermittelt werden kann.

So wurde für *t*-Butyllithium mit ^{7}Li aus der Anzahl der Multiplett-Komponenten und unter Berücksichtigung der Intensitäten gefolgert (Abb. 4.27a), daß jedes α-C-Atom im zeitlichen Mittel von vier Li-Atomen umgeben ist, daß also ein tetrameres Aggregat (R = CH$_3$) mit fluktuierenden Li-C-Bindungen vorliegt. Somit stellt die beobachtete ^{13}C,^{7}Li-Kopplungskonstante von 10,7 Hz, entsprechend einem $J(^{13}C,^6Li)$-Wert von 4,1 Hz, einen Mittelwert dar[279] (Tab. 4.89[279-282]).

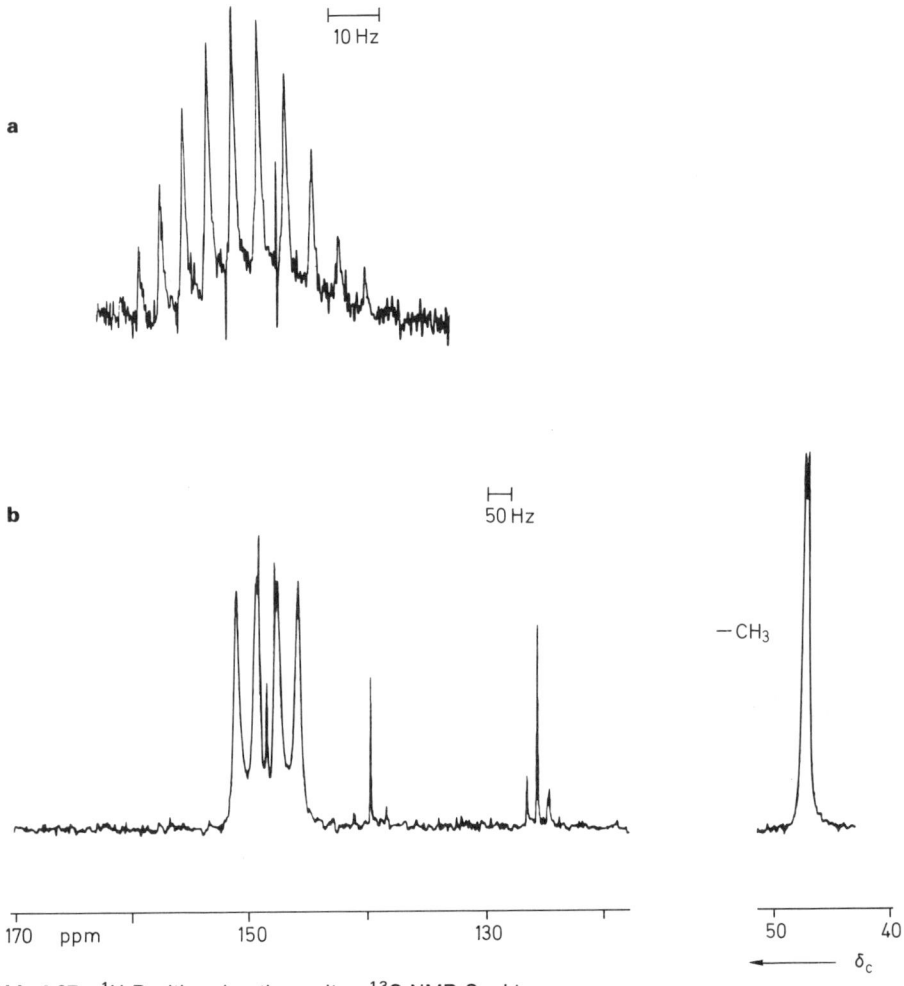

Abb. 4.27 ^{1}H-Breitband-entkoppeltes ^{13}C-NMR-Spektrum
 a von C-1 des *t*-Butyllithium (RT, in C$_6$D$_6$)[279]
 b des 1,1-Dibrommethyllithium (—100°, in THF)[282a]

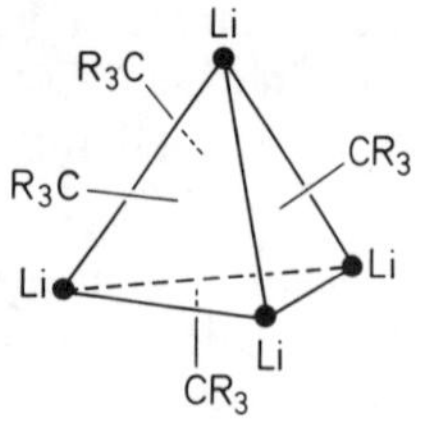

Tab. 4.89 ^{13}C, ^{6}Li-Kopplungskonstanten in Lithium-organischen Verbindungen

Verbindung	LM	T [°C]	Multiplizität des ^{13}C-Signals der ^{6}Li-Verbindung	$J(^{13}C, ^6Li)$	Aggregat
CH$_3$CH$_2$CH$_2$Li	Pentan	−48°	>9	3,4	hexamer
(CH$_3$)$_3$CLi	Benzol	RT	a	4,1[a]	tetramer
CH$_3$CH$_2$CH$_2$CH$_2$Li	THF	−90°	5	7,8	dimer
 (norcaranyl-Li, H)	THF	−100°	5	9,7	dimer
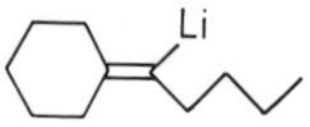 (cyclohexylidene-butyl-Li)	THF	−112°	5	9,0	dimer
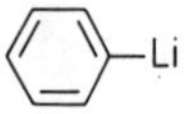 (phenyl-Li)	THF	−118°	5	8,0	dimer
CH$_3$CBr$_2$Li	THF	−100°	b	17,0[b]	
CHBr$_2$Li	THF	−100°	3	16,6	
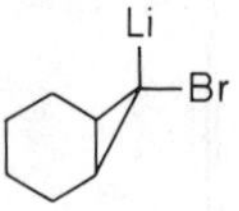 (cyclohexyl-Li-Br)	THF	−110°	3	17,0	
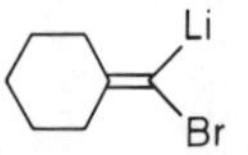 (cyclohexylidene-Li-Br)	Me-THF	−123°	3	16,8	

[a] Es wurde das ^{7}Li-Isotopomere vermessen: $J(^{13}C, ^7Li) = 10{,}4$ Hz (vgl. Abb. 427a).
[b] Das Spektrum der ^{7}Li-Verbindung (vgl. Abb. 4.27b) zeigt vier Linien mit einer Aufspaltung von 45 Hz.

Im Falle des doppelt markierten *n*-Propyllithiums CH$_3$CH$_2$^{13}CH$_2$^{6}Li in Pentan bei −48 °C ist wegen des Auftretens von mehr als sieben Linien, die für ein statisches Hexameres zu erwarten sind, ebenfalls eine dynamische Struktur mit in der NMR-Zeitskala raschen interaggregaten Austauschprozessen abzuleiten[280].

Der Lösungsmitteleinfluß auf den Aggregationsgrad zeigt sich z. B. beim ebenfalls ^{13}C- und ^{6}Li-markierten *n*-Butyllithium, dessen bei −90 °C in THF gemessenes ^{13}C-NMR-Spektrum ein Signal mit der Multiplizität fünf aufweist, so daß es von Dimeren herrühren muß; eine weitere Absorption ohne Feinstruktur wird dem im Gleichgewicht vorliegenden Tetrameren zugeordnet. Ebenfalls fünf Linien zeigen die Signale der α-^{13}C,^{6}Li-Isotopomere von Cyclopropyl-, Vinyl- sowie Phenyl-Lithium-Verbindungen[281].

Ungewöhnliche ^{13}C-NMR-Daten weisen schließlich α-Halogenlithium-Carbenoide wie LiCBr$_2$H und LiCBr$_2$CH$_3$ sowie Cyclopropyl- und Vinyl-Derivate auf[281,282]. Ihre ^{13}C-NMR-Spektren wurden teils von ^{7}Li- und teils von ^{6}Li-Spezies erhalten und zeigen in allen Fällen vier (^{7}Li) bzw. drei Linien (^{6}Li) gleicher Intensität (vgl. Abb. 4.27b sowie Aufg. 4.34). Danach muß für eine zumindest in der NMR-Zeitskala längere Zeit eine Bindungsbeziehung zwischen beiden Kernen bestehen, wie sie in einer monomeren Struktur A oder aber auch in einer über Hetero-Atome verbrückten Struktur B vorliegt[282b] (O = Sauerstoff-Atom eines Lösungsmittelmoleküls)[282b].

Es fällt auf, daß weder die Art noch die Anzahl der Halogen-Substituenten von Einfluß auf die Größe der ^{13}C,^{6}Li-Kopplungskonstante von 17 Hz sind.

Theoretische Rechnungen ergaben für monomeres Methyllithium in der Gasphase $^{1}J(^{13}C,^{6}Li) = 44$ Hz sowie eine Abnahme dieses Wertes mit zunehmendem Aggregationsgrad[283].

Damit ist aufgrund der Multiplizitäten und der Größe der ^{13}C,Li-Kopplungen eine Systematisierung der verschiedenen Typen von Lithiumorganylen möglich[281].

7.2 ^{13}C,^{11}B- und ^{13}C,^{205}Tl-Kopplungen

Beide Bor-Isotope (^{10}B: 18,8%, $I = 3$; ^{11}B: 81,2%, $I = \frac{3}{2}$) können eine Aufspaltung der ^{13}C-Signale bewirken, wobei primär die Kopplungen des häufigeren ^{11}B-Isotops beobachtet und angegeben werden[284–289] (Aufg. 4.35); für die Umrechnung gilt Gl. (4.34).

$$J(^{13}C,^{11}B) = 2,985 \, J(^{13}C,^{10}B) \tag{4.34}$$

Wegen des Quadrupolmoments lassen sich häufig keine Kopplungsinformationen erhalten; Kopplungen über mehr als eine Bindung sind klein und wurden nur in Verbindungen mit hochsymmetrischer elektronischer Umgebung des Bor-Atoms beobachtet.

Die experimentellen $^{1}J(^{13}C,^{11}B)$-Daten (Tab. 4.90) werden in vielen Fällen durch FPT-INDO-Rechnungen richtig wiedergegeben, so daß auf ein Dominieren des Fermi-Kontakt-Terms geschlossen wurde; es besteht jedoch kein direkter Zusammenhang mit dem s-Charakter der entsprechenden Bindungsorbitale[287].

Von den übrigen Elementen der 3. Hauptgruppe besitzen Aluminium, Gallium und Indium lediglich Isotope mit $I > 1$, so daß nur von Molekülen mit symmetrischer Ladungsverteilung ^{13}C,X-Kopplungen erhalten werden können[278]; dagegen lassen sich in Thallium-Verbindungen Kopplungen mit ^{13}C messen (^{205}Tl: 70,5%, $I = \frac{1}{2}$; ^{203}Tl: 29,5%, $I = \frac{1}{2}$)[290–292]. Sie werden für ^{205}Tl angegeben oder stellen Mittelwerte dar; denn die von den beiden Isotopen herrührenden Aufspaltungen werden wegen des nur wenig von eins

Tab. 4.90 $J(^{13}C, ^{11}B)$ in ausgewählten Bor-Verbindungen

$(H_3C)_3B$	$(H_2C=CH)_3B$
(+) 46,7	< (+) 65

$LiB(CH_3)_4$	$NaB(C_6H_5)_4$ (1,5 ; 2,7)
+ 39,4	(+) 49,4 ; 0,5

Carboran-artig (CH$_3$ am B): (+) 73,1

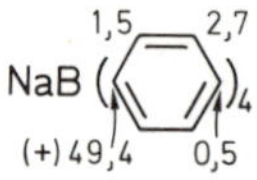

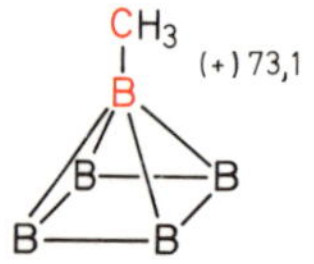

$(HC\equiv C)_2B-N(C_2H_5)_2$
+132

$(H_3C)_2B-N(CH_3)_2$	$(H_3C)_2B-OCH_3$
(+) 54	(+) 64

$H_3B \cdot CO$	$(H_3C)_3B \cdot N(CH_3)_3$
(+) 30,2	(+) 35

verschiedenen Quotienten der gyromagnetischen Verhältnisse ($\gamma_{205Tl}/\gamma_{203Tl} = 1{,}0096$) häufig nicht aufgelöst.

Die $^{13}C, ^{205}Tl$-Kopplungen sind sämtlich sehr groß; $^1J(^{13}C, ^{205}Tl)$ übersteigt z.B. im Phenylthallium(III)bis-trifluoracetat 10000 Hz, und im 4-(n-C$_3$H$_7$)-Derivat wird eine Kopplung von 47 Hz über sechs Bindungen beobachtet. In starren Systemen wie dem Norbornan läßt sich die Diederwinkelabhängigkeit von $^3J(^{13}C, ^{205}Tl)$ klar erkennen.

Tab. 4.91 $^{13}C, ^{205}Tl$-Kopplungen

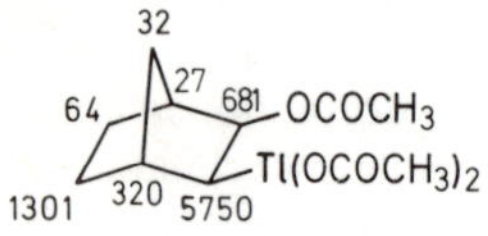

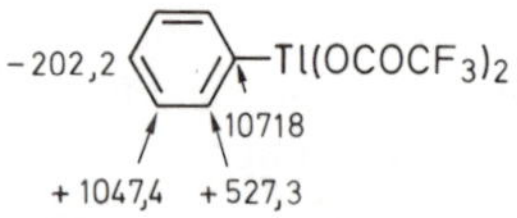

Norbornyl-Tl(OCOCH$_3$)$_2$: 32, 27, 681 (OCOCH$_3$), 64, 1301, 320, 5750

Phenyl-Tl(OCOCF$_3$)$_2$: −202,2 ; +1047,4 ; +527,3 ; 10718

$(H_3C)_3Tl$: +1930

$H_3C-CH_2-CH_2-C_6H_4-Tl(OCOCF_3)_2$: +1075 ; +562 ; −204 ; a ; < 1 ; 47 ; 94

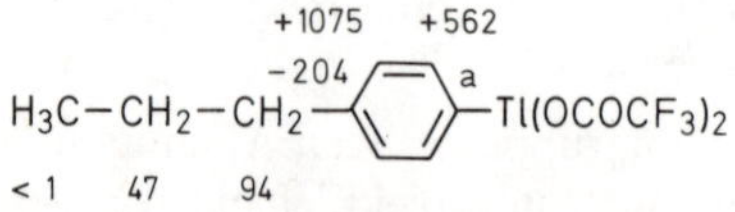

a nicht bestimmt

7.3 $^{13}C,^{29}Si$-, $^{13}C,^{73}Ge$-, $^{13}C,^{119}Sn$- und $^{13}C, ^{207}Pb$-Kopplungen

Die NMR-aktiven Isotope der Elemente der 4. Hauptgruppe (Tab. 1.1, s. S. 4) besitzen mit Ausnahme von ^{73}Ge den Kernspin $\frac{1}{2}$ und eine solche Häufigkeit, daß sich die ^{13}C,X-Kopplungen aus den X-Satelliten der ^1H-Breitband-entkoppelten ^{13}C-NMR-Spektren bestimmen lassen. Schwierigkeiten können sich jedoch bei der Ermittlung der $^{13}C, ^{29}Si$-Kopplungen ergeben[293−296], da ^{29}Si nur eine Häufigkeit von 4,7% besitzt und die Kopplungen über mehr als eine Bindung so klein sein können, daß die intensitätsschwachen ^{29}Si-Satelliten im Fuß des Hauptsignals verborgen sind (vgl. z.B. $^2J(^{13}C,^{29}Si)$ in der Silacyclopentan-Verbindung in Tab. 4.92[293−296]).

Tab. 4.92 $^{13}C, ^{29}Si$-Kopplungen (vgl. auch Tab. 4.94 und 4.96)

[Strukturen:

Silacyclopropan mit H,H-Substitution: 17 (Ring-C), 42 (Si-C)

Silacyclobutan mit CH₃,CH₃-Substitution: 16,4 (Ring), 42,3 (Si-Ring-C), 44,6 (Si-CH₃)

Silacyclopentan mit CH₃,CH₃-Substitution: <7, 51, 50

$C(Si(CH_3)_3)_4$: 30,9 51,5

$Cl_3Si-CH=CH_2$: −113

$(H_3C)_3Si-C\equiv C-C_6H_5$: 83,6 16,1]

Wegen des Quadrupolmoments von ^{73}Ge werden nur für Moleküle mit symmetrischer Ladungsverteilung Kopplungen erhalten ($Ge(CH_3)_4$: $^1J(^{13}C,^{73}Ge) = -18,7$ Hz). Für Sn-Verbindungen werden die Kopplungen in der Regel für das schwerere und etwas häufigere Isotop ^{119}Sn angegeben[297−303], wobei entsprechend ihren γ-Werten Gl. (4.35) gilt:

$$J(^{13}C,^{119}Sn) = 1{,}047\, J(^{13}C,^{117}Sn) \tag{4.35}$$

Berechnungen der $^1J(^{13}C,^{29}Si)$-Kopplungen in Silicium-organischen Verbindungen mit Si−C-Einfachbindungen zeigen, daß gute Übereinstimmung mit den experimentellen Daten besteht und daß nahezu ausschließlich der Fermi-Kontakt-Mechanismus für diese Kopplung bestimmend ist[258]. Dagegen sprechen die bei Sn- und Pb-Verbindungen erhaltenen experimentellen Ergebnisse für eine Beteiligung auch der anderen Terme.

Wegen des negativen Vorzeichens von γ im Falle der Isotope ^{29}Si, ^{73}Ge und ^{119}Sn sind deren $^1J(C,X)$-Kopplungen im allgemeinen negativ*.

Beim ^{207}Pb[300a,304−307] mit positivem γ werden für die ^1J-Kopplungen mit sp^3- und sp^2-hybridisierten C-Atomen zwar ebenfalls positive, für die Kopplung mit C-Atomen vom Typ sp aber positive und negative Vorzeichen beobachtet (vgl. Tab. 4.93[300a,306], Mitte).

---

* Eine Ausnahme stellt z.B. die Verbindung $(CH_3)_3Sn^-Li^+$ dar, für die $^1J(^{13}C,^{119}Sn)$ zu +155 Hz bestimmt wurde; das negative Vorzeichen der entsprechenden reduzierten Kopplung $^1K(C,Sn)$ wird auf den hohen p-Charakter des die Sn−C-Bindung bildenden Sn-Orbitals zurückgeführt[301].

Tab. 4.93 ^nJ(C,Pb)-Kopplungen ausgewählter Verbindungen (Lösungsmittel: CDCl$_3$)

Verbindung		^1J	^2J	^3J	^4J
(H$_3$C—CH$_2$—CH$_2$—CH$_2$)$_4$Pb		(+) 189,2	26,9	74,5	0
(H$_2$C=CH)$_4$Pb	a	(+) 454,1	0	–	–
(C$_6$H$_5$)$_4$Pb		(+) 480,9	68,1	80,6	19,5
(H$_3$C—CH$_2$)$_3$Pb—C≡C—H		−361,5	−75,5	–	–
	C$_2$H$_5$	(+) 315,4	44,8		
(H$_3$C)$_3$Pb—C≡C—CH$_3$		(−) 110,0	8,6	7,0	–
	CH$_3$	+371,5			
Pb(C≡C—CH$_3$)$_4$		(+) 1625,0	347,2	30,5	–
(H$_3$C)$_3$PbCl		(−) 293,0	–	–	–
(H$_3$C—CH$_2$—CH$_2$—CH$_2$)$_3$PbCl		(−) 155,0	33,0	96,4	0
(C$_6$H$_5$)$_3$PbCl		(−) 548,1	90,3	103,8	24,4
C$_6$H$_5$—Pb(OCOCH$_3$)$_3$		(−) 2131,6	199,9	351,0	30,5

a in THF

Diese unterschiedlichen Vorzeichen sowie die z. T. geringen Beträge der ^1J-Kopplungen mit sp-C-Atomen machen deutlich, daß zumindest in Alkinyl-Verbindungen des Bleis (und Zinns, s. u.) keine Korrelation zwischen $^1J(^{13}C,X)$ und dem s-Anteil des Bindungsorbitals des Kohlenstoffs besteht, sondern daß auch andere Faktoren, eventuell eine Beteiligung der Nicht-Kontakt-Mechanismen, eine Rolle spielen. Dafür sprechen auch weitere Beobachtungen, die sich aus den Tab. 4.94[293, 298–300, 304–306] und 4.95[297b, 298, 300a, 303] ablesen lassen.

So werden, ausgehend z. B. von Sn(CH$_3$)$_4$ oder Pb(CH$_3$)$_4$, bei zunehmender Substitution von CH$_3$ durch Alkinyl- bzw. Aryl-Reste die $^1J(^{13}C,X)$-Kopplungen mit den sp- bzw. sp^2-C-Atomen sehr viel größer, und das gleiche trifft auch für die ^1J-Kopplung mit den verbleibenden Methyl-C-Atomen zu. Ferner bewirken elektronegative Gruppen zwar ebenfalls größere ^1J-Beträge (Tab. 4.96[294, 302, 306, 307]), sie erreichen aber z. B. beim CH$_3$SnCl$_3$ nicht die Höhe, die bei Trialkinylstannanen zu beobachten ist.

Es ist ein weiteres Charakteristikum der $^1J(^{13}C,X)$-Kopplungen, daß sie in mit Alkinyl-Resten oder polaren Gruppen substituierten Sn- und Pb-Verbindungen mit der Donorstärke des Lösungsmittels stark zunehmen (Tab. 4.97[306]).

Dieser Effekt wird ebenso wie die große Variation von $^1J(^{13}C,^{207}Pb)$ in den in Tab. 4.98[306] aufgeführten Pb-Verbindungen auf eine Erhöhung der Koordinationszahl des Metallatoms zurückgeführt.

Tab. 4.94 $^1J(^{13}C,X)$-Werte in Alkenyl-, Aryl- und Alkinyl-Verbindungen des ^{29}Si, ^{119}Sn und ^{207}Pb

$Si(CH_3)_4$	$Sn(CH_3)_4$	$Pb(CH_3)_4$
−50,3	−337,2	+250,2
$(H_3C)_3Si-CH=CH_2$	$(H_3C)_3Sn-CH=CHCH_3$	$(H_3C)_3Pb-CH=CH_2$
(−)64	(−)478,4	(+) 279
$(H_3C)_3Si-C_6H_5$	$(H_3C)_3Sn-C_6H_5$	$(H_3C)_3Pb-C_6H_5$
(−)66,5	(−)474,4	(+)348
$(H_3C)_3Si-C\equiv C-C_6H_5$	$(H_3C)_3Sn-C\equiv CCH_3$	$(H_3C)_3Pb-C\equiv C-CH_3$
83,6	(−)476,5	110,0
$(H_3C)_3Si-CH=CH_2$	$(H_3C)_3Sn-C\equiv C-C_4H_9$	$(H_3C)_3Pb-C_6H_5$
(−)64	(−) 404,3 (−) 506,6	(+)274 (+)348
$(H_3C)_2Si(CH=CH_2)_2$	$(H_3C)_2Sn(C\equiv C-C_4H_9)_2$	$(CH_3)_2Pb(C_6H_5)_2$
(−)66	(−) 495,5 (−) 661,5	(+)295 (+)395
	$H_3C-Sn(C\equiv C-C_4H_9)_3$	$CH_3Pb(C_6H_5)_3$
	(−) 613,2 (−) 877,8	(+)321 (+)439
$Si(CH=CH_2)_4$	$Sn(C\equiv C-C_4H_9)_4$	$Pb(C_6H_5)_4$
(−)70	(−) 1160,4	(+) 480,9

Tab. 4.95 ^{13}C, ^{119}Sn-Kopplungen

Verbindung	^1J	^2J	^3J	^4J
$Sn(CH_2-CH_2-CH_2-CH_3)_4$	(−) 313,7	19,6	52,0	0
$Sn(CH=CH_2)_4$	(−) 519,3	<6	−	−
$Sn(C\equiv C-CH_3)_4$	(−)1168,0	241,3	19,5	−
$(H_3C)_3Sn-C_6H_5$	(−) 474,4	36,6	47,4	10,8
	CH_3 (−) 347,5			

Norbornyl-Sn(CH₃)₃: 67,5; 11,9

Adamantyl-Sn(CH₃)₃: 60,0 (C-8/C-1); 8,5 (C-4)

Tab. 4.96 $^1J(C,X)$-Werte in Methylchlor-Verbindungen des ^{29}Si, ^{119}Sn und ^{207}Pb

Verbindung X=	Si	Sn	Pb
$(CH_3)_4X$	−50,3	−337,2	+250,2
$(CH_3)_3XCl$	(−)57,4	(−)379,7	(+)293,0
$(CH_3)_2XCl_2$	(−)68,3	(−)468,4	
CH_3XCl_3	(−)86,6	(−)693,2	

Tab. 4.97 Lösungsmittelabhängigkeit von $^1J(^{13}C, ^{207}Pb)$ in $(n\text{-}C_3H_7)_3PbOCOCH_3$

Lösungsmittel	$^1J(^{13}C, ^{207}Pb)$
$CDCl_3$	181,9
CH_3OH	239,2
DMSO	273,4
HMPT	306,4

Tab. 4.98 $^1J(^{13}C, ^{207}Pb)$-Werte und Koordinationszahl KZ in ausgewählten Pb-Verbindungen

Verbindung	$^1J(^{13}C, ^{207}Pb)$	KZ
$(C_6H_5)_4Pb$	480,9 [a]	4
$(C_6H_5)_3PbOH$	1125,5 [a]	∼5
$(C_6H_5)_2PbCl_2$	1527,4 [b]	∼6
$(C_6H_5)Pb(OCOCH_3)_3$	2131,6 [a]	∼7

[a] in $CDCl_3$ [b] in DMSO

Über mehr als eine Bindung verlaufende ^{13}C,X-Kopplungen wurden für X = ^{29}Si nur selten beobachtet und sind meist klein. Dagegen können sie für X = Sn bzw. Pb beträchtliche Beträge aufweisen, wobei in Alkyl- und Aryl-Verbindungen beider Elemente meist die Relation $^1J > ^3J > ^2J > ^4J$ gilt (s. Tab. 4.93 u. 4.95). Im Falle sterisch fixierter Sn-Verbindungen besteht eine Diederwinkelabhängigkeit vom Karplus-Typ[303], die durch Gl. (4.36)

$$^3J(^{13}C, ^{119}Sn) = 25{,}2\cos 2\varphi - 7{,}6\cos\varphi + 30{,}4 \tag{4.36}$$

beschrieben wird (Abb. 4.28).

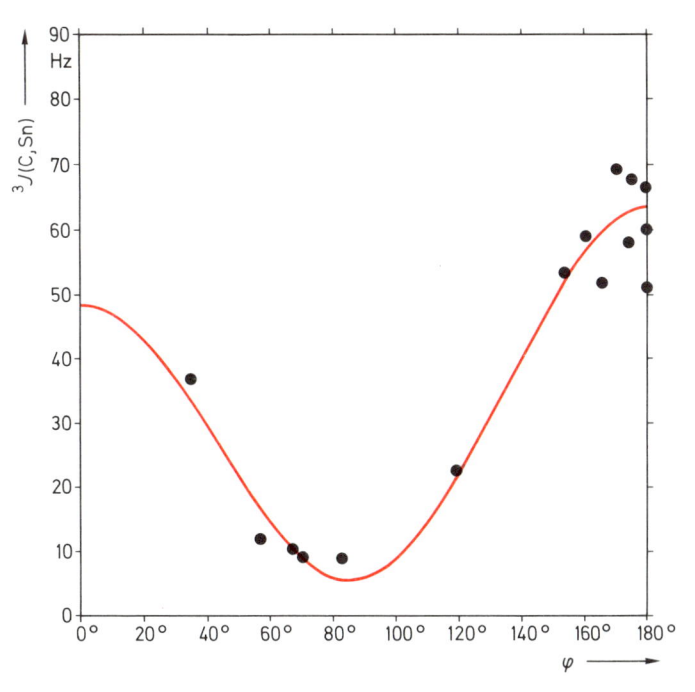

Abb. 4.28 Diederwinkelabhängigkeit von $^3J(^{13}C, ^{119}Sn)^{303}$

7.4 $^{13}C,^{77}Se$- und $^{13}C,^{125}Te$-Kopplungen

Die beiden ersten Elemente der 6. Hauptgruppe sind wegen der geringen Häufigkeit von ^{17}O (0,04%, $I = \frac{5}{2}$) und ^{33}S (0,76%, $I = \frac{3}{2}$) als Kopplungspartner von ^{13}C ohne Bedeutung; dagegen finden Selen[98,308–311] (^{77}Se: 7,6%, $I = \frac{1}{2}$, γ positiv) und Tellur[312–314] (^{125}Te: 7,0%, $I = \frac{1}{2}$, γ negativ) zunehmendes Interesse.

Die $^{13}C,^{77}Se$-Kopplungen haben in mancher Hinsicht Ähnlichkeiten mit den entsprechenden $^{13}C,^{31}P$-Daten; ebenso wie $^1J(^{13}C,^{31}P)$ wird $^1J(^{13}C,^{77}Se)$ positiver bei Blockierung des freien Elektronenpaars, wenn auch das Vorzeichen negativ bleibt, und $^2J(^{13}C,^{77}Se)$ zeigt eine signifikante stereochemische Abhängigkeit. Diese tritt auch bei $^2J(^{13}C,^{125}Te)$ auf (Tab. 4.99).

Tab. 4.99 $^{13}C,^{77}Se$- und $^{13}C,^{125}Te$-Kopplungen

H_3CSeH −46

$(H_3C)_2Se$ −62

$(H_3C)_3Se^+\ I^-$ −50

$H_3C{-}CH_2{-}Se{-}CH_2{-}CH_3$ −61,2 8,5

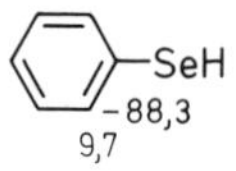
SeH
−88,3
9,7

Se=C=O 286,9

$H_3CSe^-\ K^+$ −58,2

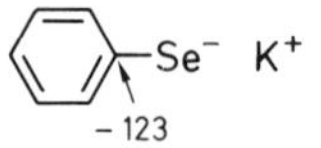
Se⁻ K⁺
−123

Se=C=S 226,6

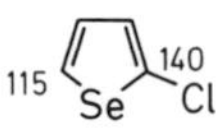
115
140
Se
Cl

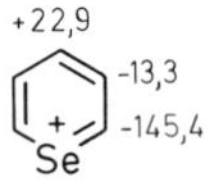
+22,9
-13,3
-145,4
Se

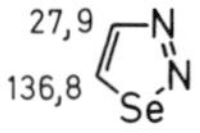
27,9
N
N
136,8
Se

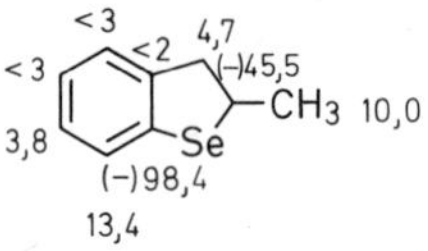
<3
<3
<2
4,7
(−)45,5
CH3 10,0
3,8
Se
(−)98,4
13,4

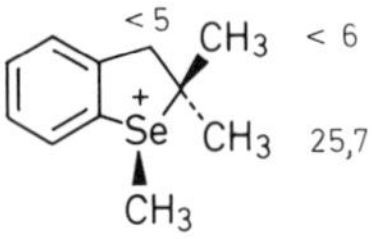
<5
CH3 < 6
Se
CH3 25,7
CH3

$(H_3C)_2Te$ +157,5

$(H_3C{-}CH_2)_2Te$ 12,0 (+)150,1

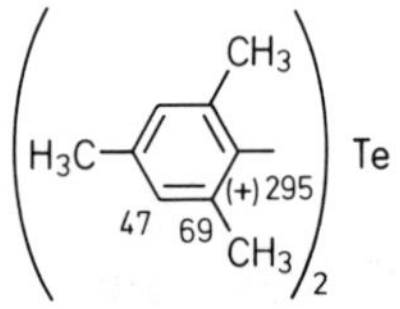
CH3
H3C
Te
(+) 295
47 69
CH3
2

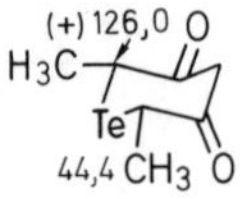
(+) 126,0 O
H3C
Te
44,4 CH3 O

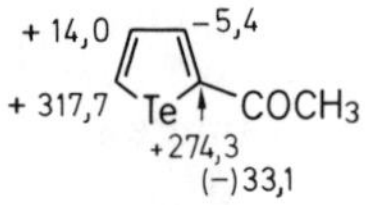
+ 14,0
−5,4
+ 317,7
Te
COCH3
+274,3
(−)33,1

Aufgaben

4.34 Deute das ^{1}H-Breitband-entkoppelte ^{13}C-NMR-Spektrum des doppelt markierten Dibrommethyllithiums ^{6}Li^{13}CHBr$_2$ (Linienabstand 16,6 Hz; vgl. Abb. 4.27 und Tab. 4.89).

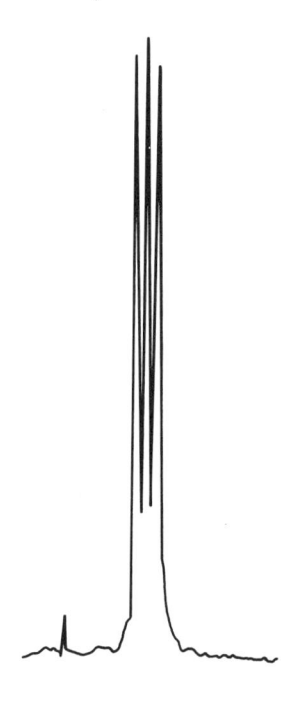

4.35 Wie ist das ^{1}H-Breitband-entkoppelte ^{13}C-NMR-Spektrum des 1-^{13}C-Methylpentaboran-9 zu interpretieren?

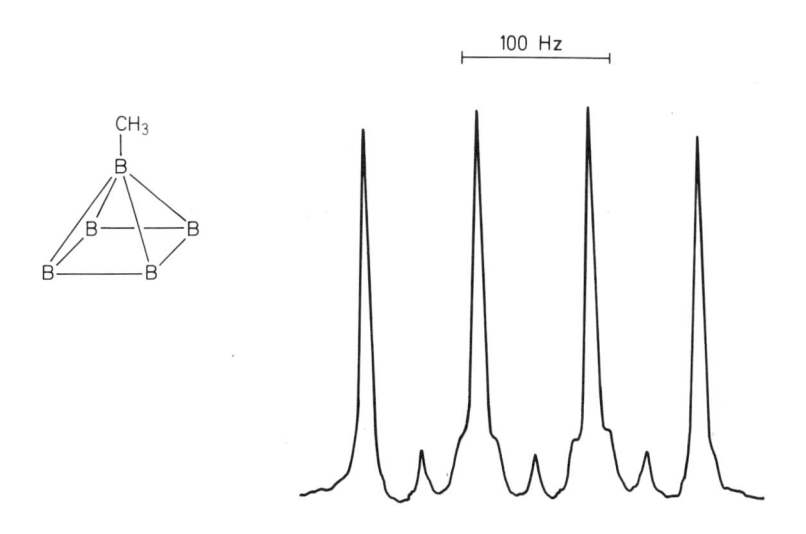

8. Kopplungen von ^{13}C mit Übergangsmetallen ($I = \frac{1}{2}$)

Von den Übergangsmetallen mit Spin-$\frac{1}{2}$-Isotopen (vgl. Tab. 1.1, S. 4: ^{57}Fe, ^{89}Y, ^{103}Rh, $^{107/109}$Ag, $^{111/113}$Cd, ^{169}Tm, ^{171}Yb, ^{183}W, ^{187}Os, ^{195}Pt und ^{199}Hg) spielen einige wegen ihrer geringen natürlichen Häufigkeit (^{57}Fe, ^{187}Os) oder wegen ihrer Seltenheit (^{169}Tm, ^{171}Yb) keine größere Rolle als Kopplungspartner von ^{13}C; andere treten dagegen häufig in Komplexen (^{103}Rh, ^{183}W, ^{195}Pt) bzw. in typischen metallorganischen Verbindungen auf (^{199}Hg)[277, 278, 315, 316]. Einige Daten sind in Tab. 4.100[277, 278, 315-336] zusammengestellt.

Tab. 4.100 ^{13}C,X-Kopplungen (X = Spin-$\frac{1}{2}$-Isotope von Übergangsmetallen)

Isotop	Häufigkeit	Lit.	Beispiele
^{57}Fe	2,2%	317–319	Fe(CO)$_5$ 23,4; 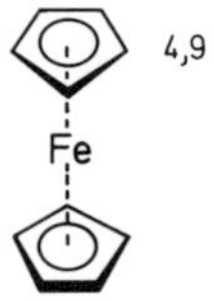 (C$_5$H$_5$)$_2$Fe 4,9; Fe(CO)$_3$ 27,7; [C$_6$H$_7$Fe(CO)$_3$]$^+$BF$_4^-$ 2,7; 2,8; 2,7; 25,7
^{89}Y	100%	320	(C$_5$H$_5$)$_2$Y(CH$_3$)$_2$Y(C$_5$H$_5$)$_2$ 25,0
^{103}Rh	100%	321–323	π-C$_5$H$_5$(CO)Rh—Rh(CO)(π-C$_5$H$_5$) mit CO 45, 83 (−80°); (H$_3$C-acac)Rh(CO)$_2$ 73; (C$_5$H$_5$)Rh(CO)$_2$ 3,5; 83

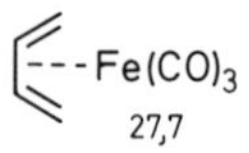

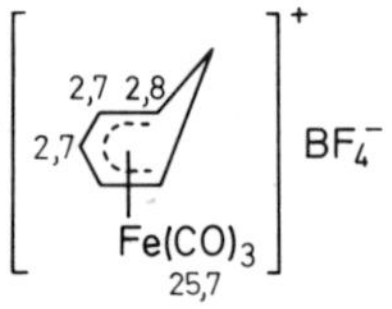

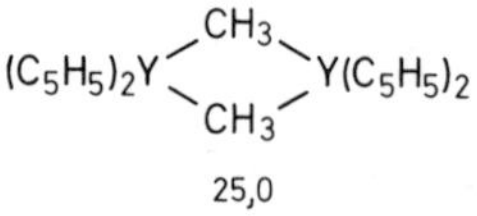

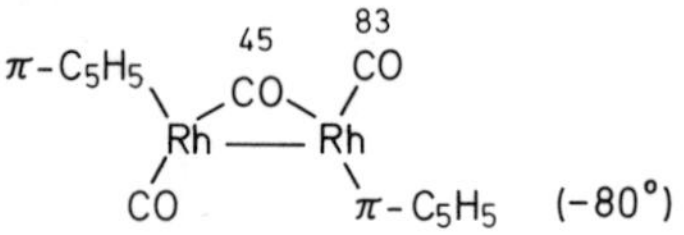

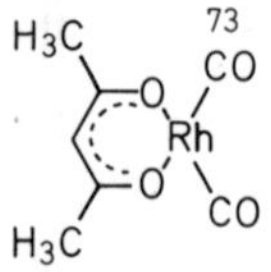

Kopplungen von ^{13}C mit Übergangsmetallen ($I = \frac{1}{2}$) 551

Tab. 4.100 Fortsetzung

---

^{109}Ag

48,2%

$\begin{pmatrix} ^{107}\text{Ag} \\ 51,8 \end{pmatrix}$

$((C_6H_5)_2AgLi \cdot Et_2O)_2$
132

Lit. 324

---

^{113}Cd

12,3%

$\begin{pmatrix} ^{111}\text{Cd} \\ 12,8\% \end{pmatrix}$

Lit. 325

$Cd(CH_3)_2$
−537,3

$Cd(CH_2-CH_2-CH_3)_2$
(−) 509,2   19,0   44,8

---

^{183}W

14,4%

Lit. 326–327

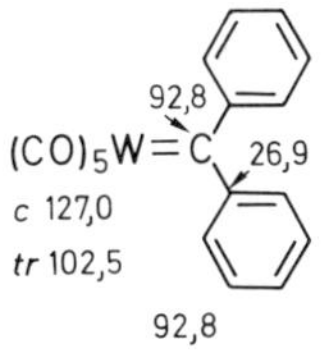

$(CO)_5W=C$ mit Phenylgruppen: 92,8; 26,9; 92,8
c 127,0
tr 102,5

$W(CO)_6$ 124,5

$(H_3C)_3P$–W mit Substituenten: 80 H_2C, 210 C, 120 CH, $(H_3C)_3P$

---

^{195}Pt

33,8%

Lit. 328–331

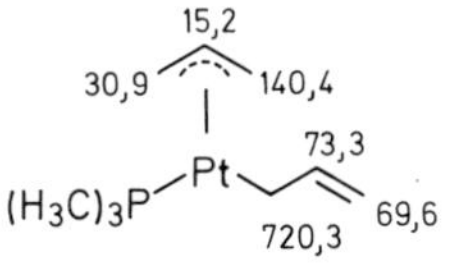

$(H_3C)_3P$–Pt mit Allyl: 15,2; 30,9; 140,4; 73,3; 720,3; 69,6   (−60°)

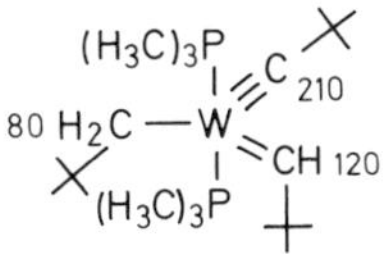

61,1 / 225,2
Pt

54,5 / 226,0
Pt   (9°)

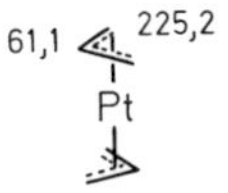

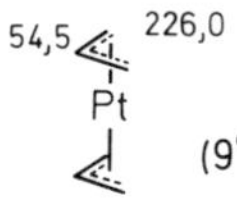

Tab. 4.100 Fortsetzung

^{195}Pt

$[(CH_3CH_2CH_2)_4N]^+$ $[PtCl_2(CH_2CH_2CH_2CH_3)(CO)]^-$
576 12 79 0 2144

$C_5H_5N\underset{C_5H_5N}{\overset{Cl}{\underset{Cl}{|}}}Pt\underset{CH_2}{\overset{CH_2}{<}}\underset{101}{C}\underset{H}{<}C_6H_5$ 359

^{199}Hg $(CH_3CH_2)_2Hg$ $(CH_2=CH)_2Hg$
24 648   36,6 1161

16,8 % $(C_6H_5-C\equiv C)_2Hg$ $\left(\underset{104,1\ 84,5}{\overset{20,5\ \ \ \ 1275}{\bigcirc}}\right)_2 Hg$
2584

Lit. $^{332-335}$ CH_3HgCl $C(HgCl)_4$ $\underset{209,0\ 118,6}{\overset{37,1\ \ \ \ 2634}{\bigcirc}}HgCl$
1678 1797

(Norbornyl-HgOAc structures with coupling values 9, 93, 43, 276, 41, 1660 and 244, 93, 53, 159, 41, 1745)

Literatur

[1] Günther, H. (1983), NMR-Spektroskopie, Georg Thieme Verlag, Stuttgart.
[2] Kowalewski, J. (1977), Progr. Nucl. Magn. Reson. Spectrosc. 11, 1.
Kowalewski, J. (1982), Ann. Rep. NMR Spectrosc. 12, 81.
[3a] Ellis, P.D., Ditchfield, R. (1976), Top. Carbon-13 Spectrosc. 2, 433.
[3b] Wasylishen, R. E. (1977), Ann. Rep. NMR Spectrosc. 7, 245.
[4] Ramsey, N. F., Purcell, E. M. (1952), Phys. Rev. 85, 143.
[5] McConnell, H. M. (1956), J. Chem. Phys. 24, 460.
[6] Pople, J. A., Santry, D. P. (1964), Mol. Phys. 8, 1.
Pople, J. A., Santry, D. P. (1965), ibid. 9, 311.
[7] Weigert, F. J., Roberts, J. D. (1969), J. Am. Chem. Soc. 91, 4940.
Jameson, C. J., Gutowski, H. S. (1969), J. Chem. Phys. 51, 2790.
[8a] Pople, J. A., McIver, J. W., Ostlund, N. S. (1967), Chem. Phys. Lett. 1, 465.
Pople, J. A., McIver, J. W., Ostlund, N. S. (1968), J. Chem. Phys. 49, 2965.
[8b] Maciel, G. E., McIver, J. W., Ostlund, N. S. Pople, J. A. (1970), J. Am. Chem. Soc. 92, 1.
[9] Dobosh, P. A., Ostlund, N. S. (1974), QCPE 13, 281.
[10] Blizzard, A. C., Santry, D. P. (1970), J. Chem. Soc., Chem. Commun. 87.
[11] Towl, A. D. C., Schaumburg, K. (1971), Mol. Phys. 22, 49.
[12] Goldstein, J. H., Watts, V. S., Rattet, L. S. (1972), Progr. Nucl. Magn. Reson. Spectrosc. 8, 103.
[13a] Philipsborn, W. v. (1971), Angew. Chem. 83, 470.
[13b] Govil, G. (1967), J. Chem. Soc. A, 1420.

[14] Englert, G., Diel, P., Niederberger, W. (1971), Z. Naturforsch., Teil A, 26, 1829.
[15a] Lynden-Bell, R.M., Sheppard, N. (1962), Proc. Roy. Soc. A 269, 385.
Mohanty, S. (1973), Chem. Phys. Lett. 18, 581.
[15b] Freeman, R., Mareci, T.H., Morris, G.A. (1981), J. Magn. Reson. 42, 341.
Bendall, M.R., Pegg, D.T., Doddrell, D.M., Field, J. (1981), J. Am. Chem. Soc. 103, 934.
[16a] Becker, E.D. (1969), High Resolution NMR, Academic Press, New York und London.
[16b] Binsch, G., Eliel, E.L., Kessler, H. (1971), Angew. Chem. 83, 618.
[17] Vögeli, V., Herz, D., Philipsborn, W.v. (1980), Org. Magn. Reson. 13, 200.
[18a] Fritz, H., Sauter, H. (1975), J. Magn. Reson. 18, 527.
[18b] Crecely, K.M., Crecely, R.W., Goldstein, J.H. (1971), J. Mol. Spec. 37, 252.
[19a] Braun, S., Eichenauer, U. (1980), Z. Naturforsch., Teil B, 35, 1572.
Eichenauer, U. (1979), Diplomarbeit, Darmstadt.
[19b] London, R.E., Walker, T.E. (1981), Org. Magn. Reson. 15, 333.
[20] Castellano, S., Bothner-By, A.A. (1964), J. Chem. Phys. 41, 3863.
Castellano, S., Bothner-By, A.A. (1967), QCPE 13, 111.
[21] Runsink, J., Günther, H. (1980), Org. Magn. Reson. 13, 249.
[22] Bachmann, K., Philipsborn, W.v. (1976), Org. Magn. Reson. 8, 648.
Zobl-Ruh, S., Philipsborn, W.v. (1980), Helv. Chim. Acta 63, 773.
[23] Castellano, S., Sun, C., Kostelnik, R. (1967), Tetrahedron Lett. 5205.
Laatikainen, R. (1977), J. Magn. Reson. 27, 169.
[24] Stephenson, D.S., Binsch, G. (1980), ibid. 37, 395, 409.
Binsch, G. (1980), Nachr. Chem. Techn. Lab.(1980), 28, 152
Stephenson, D.S., Binsch, G. (1979), QCPE 13, 378.
[25] Günther, H., Seel, H., Günther, M.-E. (1978), Org. Magn. Reson. 11, 97.
[26] Aydin, R., Günther, H. (1979), Z. Naturforsch., Teil B, 34, 528.
Aydin, R., Günther, H. (1981), Z. Naturforsch., Teil B, 36, 398.
[27] Aydin, R., Günther, H. (1981), J. Am. Chem. Soc. 103, 1301.
Kozina, M.P., Mastryukov, V.S., Milvitskaya (1982), Russ. Chem. Rev. 51, 765.
[28] Sergeyev, N.M., Solkan, V.N. (1975), J. Chem. Soc., Chem. Commun. 12.
[29] Everett R.J. (1982), Org. Magn. Reson. 19, 169.
[30] Pople, J.A. (1958), Mol. Phys. 1, 168.
[31] Chertkov, V.A., Sergeyev, N.M. (1977), J. Am. Chem. Soc. 99, 6750.
[32] Seel, H., Aydin, R., Günther, H. (1978), Z. Naturforsch., Teil B, 33, 353.
[33] Philipsborn, W.v. (1974), Pure Appl. Chem. 40, 159.
[34] Pachler, K.G.R., Wessels, P.L. (1973), J. Magn. Reson. 12, 337.
Pachler, K.G.R., Wessels, P.L. (1974), Org. Magn. Reson. 6, 445.

[35a] Bax, A., Freeman, R. (1981), J. Magn. Reson. 45, 177.
[35b] Bax, A., Freeman, R. (1982), J. Am. Chem. Soc. 104, 1099.
[36] Stothers, J.B. (1972), Carbon-13 NMR Spectroscopy, Academic Press, New York.
[37a] Marshall, J.L., Müller, D.E., Conn, S.A., Seiwell, R. Ihrig, A.M (1974), Acc. Chem. Res. 7, 33.
[37b] Marshall, J.L. (1983), in Methods of Stereochemical Analysis (Marchand, A.P., Herausgeb.) Verlag Chemie International, Deerfield Beach.
[38a] Ewing, D.F. (1975), Ann. Rep. NMR Spectrosc. 6A, 389.
[38b] Hansen, P.E. (1981), Progr. Nucl. Magn. Reson. Spectrosc. 14, 175.
[39] Muller, N., Pritchard, D.E. (1959), J. Chem. Phys. 31, 768.
[40] Newton, M.D., Schulman, J.M., Manus, M.M. (1974), J. Am. Chem. Soc. 96, 17.
[41] Spormaker, T., De Bie, M.J.A. (1978), Recl. Trav. Chim. Pays-Bas 97, 135.
Spormaker, T., De Bie, M.J.A. (1979), Recl. Trav. Chim. Pays-Bas 98, 380.
[42] Dubs, R.V., Philipsborn, W.v. (1979), Org. Magn. Reson. 12, 326.
[43] Hansen, M., Jakobsen, H.J. (1975), J. Magn. Reson. 20, 520.
[44] Günther, H., Seel, H. (1976), Org. Magn. Reson. 8, 299.
[45] Hayamizu, K., Yamamoto, O. (1980), Org. Magn. Reson. 13, 460.
[46] Mislow, K. (1972), Einführung in die Stereochemie, Verlag Chemie, Weinheim.
Bingel, W.A., Lüttke, W. (1981), Angew. Chem. 93, 944.
[47] Christl, M. (1975), Chem. Ber. 108, 2781.
Christl, M. Herbert, R. (1979), Org. Magn. Reson. 12, 150.
Christl, M., Leininger, H., Brunn, E. (1982), J. Org. Chem. 47, 661.
[48] Wüthrich, K., Meiboom, S., Snyder, L.C. (1970), J. Chem. Phys. 52, 230.
[49] Tori, K., Tsushima, T., Tanida, H., Kushida, K., Satoh, S. (1974), Org. Magn. Reson. 6, 324.
[50] Figeys, H.P., Geerlings, P., Raeymaekers, P., V. Lommen, G., Defay, N. (1975), Tetrahedron 31, 1731.
[51] Katz, T.J., Acton, N. (1973), J. Am. Chem. Soc. 95, 2738.
Ternansky, R.J., Balogh, D.W., Paquette, L.A. (1982), ibid. 104, 4503.
[52a] Della, E.W., Hine, P.T., Patney, H.K. (1977), J. Org. Chem. 42, 2940.
[52b] Della, E.W., Pigou, P.E. (1982), J. Am. Chem. Soc. 104, 862.
[53] Hoboken, N.J., Malinowski, E.R. (1961), J. Am. Chem. Soc. 83, 4479.
[54] Douglas, A.W. (1964), J. Chem. Phys. 40, 2413.
[55] Grant, D.M., Litchman, W.M. (1965), J. Am. Chem. Soc. 87, 3994.
[56] Swain, C.G., Lupton, E.C. (1968), J. Am. Chem. Soc. 90, 4328.
[57] Werstiuk, N.H., Taillefer, R., Bell, R.A., Sayer, B.A. (1973), Can. J. Chem. 51, 3010.

[58] Ewing, D. F. (1973), Org. Magn. Reson. 5, 567.
[59] Van Alsenoy, C., Figeys, H. P., Geerlings, P. (1980), Theor. Chim. Acta 55, 87.
[60] Gil, V. M. S., Geraldes, C. F. G. C. (1974), in NMR Spectroscopy of Nuclei other than Protons (Axenrod, T., Webb, G. A., Herausgeb.), Wiley Interscience, New York, S. 219.
[61] Jokisaari, J., Kuonanoja, J., Häkkinen, A.-M. (1978), Z. Naturforsch., Teil A, 33, 7.
[62] Schrumpf, G., Becher, G., Lüttke, W. (1973), J. Magn. Reson. 10, 90.
Becher, G. (1974), Dissertation Göttingen.
[63] Cyr, N., Ritchie, R. G. S., Spotswood, T. M., Perlin, A. S. (1974), Can. J. Spectrosc. 19, 190.
[64] Kowalewski, J., Granberg, M., Karlsson, F., Vestin, R. (1976), J. Magn. Reson. 21, 331.
[65] Koole, N. J., De Bie, M. J. A. (1976), J. Magn. Reson. 23, 9.
[66] Abruscato, G. J., Ellis, P. D., Tidwell, T. T. (1972), J. Chem. Soc., Chem. Commun., 988.
[67] Miyajima, G., Takahashi, K., Nishimoto, K. (1974), Org. Magn. Reson. 6, 413.
[68] Manatt, S. L., Cooper, M. A., Mallory, C. W., Mallory, F. B. (1973), J. Am. Chem. Soc. 95, 975.
[69] Hansen, P. E., Led, J. J. (1981), Org. Magn. Reson. 15, 288.
[70] Sauer, W. (1977), Dissertation Marburg.
[71] Chertkov, V. A., Grishin, Y. K., Sergeyev, N. M. (1976), J. Magn. Reson. 24, 275.
[72] Günther, H., persönl. Mitteilung.
[73] Hollenstein, R., Philipsborn, W. v., Vögeli, R., Neuenschwander, M. (1973), Helv. Chim. Acta 56, 847.
[74] Hansen, P. E. (1979), Org. Magn. Reson. 12, 109.
[75] Günther, H., persönl. Mitteilung.
[76] Trost, B. M., Herdel, W. B. (1976), J. Am. Chem. Soc. 98, 4080.
[77] Braun, S., Kinkeldei, J., Walther, L. (1980), Org. Magn. Reson. 14, 466.
[78] Günther, H., Schmickler, H., Günther. M.-E., Cremer, D. (1977), Org. Magn. Reson. 9, 420.
[79] Adcock, W., Gupta, B. D., Khor, T. C., Doddrell, D., Kitching, W. (1976), J. Org. Chem. 41, 751.
[80] Günther, H., Jikeli, G., Schmickler, H., Prestien, J. (1973), Angew. Chem. 85, 826.
[81] Ernst, L., Wray, V., Chertkov, V. A., Sergeyev, N. M. (1977), J. Magn. Reson. 25, 123.
[82] Seita, J., Sandström, J., Drakenberg, T. (1978), Org. Magn. Reson. 11, 239.
[83] Fischer, P., Stadelhofer, J., Weidlein, J. (1976), J. Organomet. Chem. 116, 65.
[84] Mamatyuk, V. I., Koptyug, V. A. (1977), J. Org. Chem. USSR 13, 747.
[85] Mann, B. E. (1974), Adv. Organomet. Chem. 12, 135.
[86] Bodner, G. M., Todd, L. J. (1974), Inorg. Chem. 13, 360.
[87] Aydin, R., Günther, H., Runsink, J., Schmickler, H., Seel, H. (1980), Org. Magn. Reson. 13, 210.
[88] Crecely, R. W., Crecely, K. M., Goldstein, J. H. (1969), Inorg. Chem. 8, 252.
[89] Leppard, D. G., Hansen, H.-J., Bachmann, K., Philipsborn, W. v. (1976), J. Organomet. Chem. 110, 359.
[90] Günther, H., Seel, H., Schmickler, H. (1977), J. Magn. Reson. 28, 145.
[91] Sandor, P., Radics, L. (1980), Org. Magn. Reson. 14, 98.
[92] Seel, H., Günther, H. (1980), J. Am. Chem. Soc. 102, 7051.
[93] Wamsler, T., Nielsen, J. T., Pedersen, E. J., Schaumburg, K. (1978), J. Magn. Reson. 31, 177.
Wamsler, T., Nielsen, J. T., Pedersen, E. J., Schaumburg, K. (1981), ibid. 43, 387.
[94] Günther, H., Gronenborn, A., Ewers, U., Seel, H. (1978), in NMR Spectroscopy in Molecular Biology (Pullmann, B., Herausgeb.), D. Reidel Publ. Comp., Dordrecht, S. 193.
[95] Johns, S. R., Willing, R. I., Claret, P. A., Osborne, A. G. (1979), Aust. J. Chem. 32, 761.
[96] Günther, H., Gronenborn, A. (1978), Heterocycles 11, 337.
[97] Ashe, A. J., Sharp, R. R., Tolan, J. W. (1976), J. Am. Chem. Soc. 98, 5451.
[98] Sandor, P., Radics, L. (1981), Org. Magn. Reson. 16, 148.
[99] Weigert, F. J., Husar, J., Roberts, J. D. (1973), J. Org. Chem. 38, 1313.
[100] Thorpe, M. C., Coburn, W. C. (1973), J. Magn. Reson. 12, 225.
[101] Braun, S., Frey, G. (1975), Org. Magn. Reson. 7, 194.
[102] Uzawa, J., Uramoto, M. (1979), Org. Magn. Reson. 12, 612.
[103] Riand, J., Chenon, M.-T. (1981), Org. Magn. Reson. 15, 18.
[104] Bundgaard, T., Jakobsen, H. J., Rahkamaa, E. J. (1975), J. Magn. Reson. 19, 345.
[105] Chertkov, V. A., Grishin, Y. K. (1977), Z. Struk. Khim. 18, 776.
[106] Hansen, M., Hansen, R. S., Jakobsen, H. J. (1974), J. Magn. Reson. 13, 386.
[107] Begtrup, M. (1976), J. Chem. Soc., Perkin Trans. 2, 736.
[108] Wasylishen, R. E., Hutton, H. M. (1977), Can. J. Chem. 55, 619.
[109] Hiemstra, H., Houwing, H. A., Possel, O., Van Leusen, A. M. (1979), Can. J. Chem. 57, 3168.
[110] Schumacher, M., Günther, H. (1982), J. Am. Chem. Soc. 104, 4167.
[111a] Malinowski, E. R., Pollara, L. Z., Larmann, J. P. (1962), J. Am. Chem. Soc. 84, 2649.
[111b] Tori, K., Nakagawa, T. (1964), J. Phys. Chem. 68, 3163.
[112] Günther, H., Prestien, J., Joseph-Nathan, P. (1975), Org. Magn. Reson. 7, 339.
[113] Mayo, R. E., Goldstein, J. H. (1967), Spectrochim. Acta, Part A, 23, 55.
[114] Imagawa, T., Haneda, A., Kawanisi, M. (1980), Org. Magn. Reson. 13, 244.
[115] Tarpley, A. R., Goldstein, J. H. (1971), J. Am. Chem. Soc. 93, 3573.
[116] Dabrowski, J., Griebel, D., Zimmermann, H. (1979), Spectrosc. Lett. 12, 661.
[117] Schreurs, J., van Noorden-Mudde, C. A. H., van de Ven, L. J. M., de Haan, J. W. (1980), Org. Magn. Reson. 13, 354.
[118] Arnone, A., Fronza, G., Mondelli, R., Pyrek, J. S. (1977), J. Magn. Reson. 28, 69.
[119] Friesen, K. J., Wasylishen, R. E. (1980), J. Magn. Reson. 41, 189.

[120] Jennings, W.B., Boyd, D.R., Watson, C.G., Bekker, E.D., Bradley, R.B., Jerina, D.M. (1972), J. Am. Chem. Soc. 94, 8501.
[121] Bock, K., Wiebe, L. (1973), Acta Chem. Scand. 27, 2676.
[122] Bock, K., Pedersen, C. (1974), J. Chem. Soc., Perkin Trans. 2, 293.
[123] Adiwidjaja, G., Meyer, B., Paulsen, H., Thiem, J. (1979), Tetrahedron 35, 373.
[124] Friebolin, H., Keilich, G., Frank, N., Dabrowski, U., Siefert, E. (1979), Org. Magn. Reson. 12, 216.
[125] Gil, V.M.S., Teixeira-Dias, J.J.C. (1968), Mol. Phys. 15, 47.
Gil, V.M.S., Alves, A.C.P. (1969), Mol. Phys. 16, 527.
[126a] Van Binst, G., Tourwe, D. (1974), Heterocycles 1, 257.
[126b] Weisman, G.R., Johnson, V., Fiala, R.E. (1980), Tetrahedron Lett. 21, 3635.
[127] Bock, K., Pedersen, C. (1979), Carbohydr. Res. 71, 319.
[128] Cyr, N., Perlin, A.S. (1979), Can. J. Chem. 57, 2504.
[129] Taravel, F.R., Vottero, P.J.A. (1975), Tetrahedron Lett. 2341.
[130] Olah, G.A. (1976), Acc. Chem. Res. 9, 41.
[131] Olah, G.A., Donovan, D.J. (1977), J. Am. Chem. Soc. 99, 5026.
[132] Olah, G.A., White, A.M. (1969), J. Am. Chem. Soc., 91, 5801.
[133] Olah, G.A., Spear, R.J., Forsyth, D.A. (1976), J. Am. Chem. Soc. 98, 6284.
[134] Hart, H., Willer, R. (1978), Tetrahedron Lett. 4189.
[135] Cheremisin, A.A., Schastner, P.V. (1980), Org. Magn. Reson. 14, 327.
[136] Wasylishen, R.E., Schaefer, T. (1974), Can. J. Chem. 52, 3247.
[137] Finkelmeier, H., Lüttke, W. (1978), J. Am. Chem. Soc. 100, 6261.
[138] Spoormaker, T., De Bie, M.J.A. (1980), Recl. Trav. Chim. Pays-Bas. 99, 194.
[139] Karabatsos, G.J., Graham, J.D., Vane, F.M. (1962), J. Am. Chem. Soc. 84, 37.
[140] Douglas, A.W. (1977), Org. Magn. Reson. 9, 69.
[141] Marshall, J.L., Seiwell, R. (1976), Org. Magn. Reson. 8, 419.
[142] Vögeli, U., Philipsborn, W.v. (1975), Org. Magn. Reson. 7, 617.
[143] Pople, J.A., Bothner-By, A.A. (1965), J. Chem. Phys. 42, 1339.
[144] Jameson, C.J., Damasco, M.C. (1970), Mol. Phys. 18, 491.
[145] Cyr, N., Hamer, G.K., Perlin, A.S. (1978), Can. J. Chem. 56, 297.
[146] Crecely, K.M., Crecely, R.W., Goldstein, J.H. (1970), J. Phys. Chem. 74, 2680.
[147] Takeuchi, Y. (1975), Org. Magn. Reson. 7, 181.
[148] Hansen, P.E., Feeney, J., Roberts, G.C.K. (1975), J. Magn. Reson. 17, 249.
[149] Braun, S. (1978), Org. Magn. Reson. 11, 197.
[150] Tarpley, A.R., Goldstein, J.H. (1971), J. Mol. Spectrosc. 37, 432.
Tarpley, A.R., Goldstein, J.H. (1971), ibid. 39, 275.

[151] Dombi, G., Amrein, J., Diehl, P. (1980), Org. Magn. Reson. 13, 224.
[152a] Takeuchi, Y., Dennis, N. (1975), Org. Magn. Reson. 7, 244.
[152b] Cavagna, F., Pietsch, H. (1978), Org. Magn. Reson. 11, 204.
[153] Sopchik, A.E., Kingsbury, C.A. (1979), J. Chem. Soc., Perkin Trans. 2, 1058.
[154] Laatikainen, R., Lötjönen, S., Äyräs, P. (1980), Acta Chem. Scand., Part A, 34, 240.
[155] Äyräs, P., Laatikainen, R., Lötjönen, S. (1980), Org. Magn. Reson. 13, 387.
[156] Barfield, M., Marshall, J.L., Canada, E.D. (1980), J. Am. Chem. Soc. 102, 7.
[157] Lemieux, R.U., Nagabhushan, T.L., Paul, B. (1972), Can. J. Chem. 50, 773.
[158] Schwarcz, J.A., Perlin, A.S. (1972), Can. J. Chem. 50, 3667.
[159] Wasylishen, R., Schaefer, T. (1973), Can. J. Chem. 51, 961.
[160] Spoormaker, T., De Bie, M.J.A. (1979), Recl. Trav. Chim. Pays-Bas 98, 59.
[161] Braun, S., Kinkeldei, J. (1977), Tetrahedron 33, 3127.
[162] Hölzl, F., Wrackmeyer, B. (1979), J. Organomet. Chem. 179, 397.
[163] Aydin, R., Loux, J.-P., Günther, H. (1982), Angew. Chem. 94, 451.
[164] Spoormaker, T., De Bie, M.J.A. (1978), Recl. Trav. Chim. Pays-Bas 97, 85.
[165] Kingsbury, C.A., Jordan, M.E. (1977), J. Chem. Soc., Perkin Trans. 2, 364.
[166] Dorman, D.E., Bauer, D., Roberts, J.D. (1975), J. Org. Chem. 40, 3729.
[167] Lemieux, R.U. (1973), Ann. N.Y. Acad. Sci. 915.
[168] Hamer, G.K., Balza, F., Cyr, N., Perlin, A.S. (1978), Can. J. Chem. 56, 3109.
[169] De Marco, A., Llinás, M. (1979), Org. Magn. Reson. 12, 454.
[170] Dorman, D.E., Bovey, F.A. (1973), J. Org. Chem. 38, 1719.
[171] Bystrov, V.F., Gavrilov, Y.D., Solkan, V.N. (1975), J. Magn. Reson. 19, 123.
[172] Karplus, M. (1963), J. Am. Chem. Soc. 85, 2870.
[173] Fronza, G., Mondelli, R., Randall, E.W., Gardini, G.-P. (1977), J. Chem. Soc., Perkin Trans. 2, 1746.
[174] Chang, C.-J., Shieh, T.-L., Floss, H.G. (1977), J. Med. Chem. 20, 176.
[175] Marshall, J.L., Faehl, L.G., McDaniel, C.R., Ledford, N.D. (1977), J. Am. Chem. Soc. 99, 321.
[176] Ando, I., Webb, G.A. (1981), Org. Magn. Reson. 15, 111.
[177] Taft, R.W., Kamlet, M.J. (1980), Org. Magn. Reson. 14, 485.
[178] Inamoto, N., Masuda, S., Terui, A., Tori, K. (1972), Chem. Lett. 107.
[179] Spoormaker, T., De Bie, M.J.A. (1980), Recl. Chim. Pays-Bas 99, 154.
[180] Wray, V. (1979), Progr. Nucl. Magn. Reson. Spectrosc. 13, 177.
[181] Hansen, P.E. (1978), Org. Magn. Reson. 11, 215.
[182] Hansen, P.E. (1981), Ann. Rep. NMR Spectrosc. 11A, 65.
Wray, V., Hansen, P.E. (1981), Ann. Rep. NMR Spectrosc. 11A, 99.

[183] Hansen, P.E., Poulsen, O.K., Berg, A. (1975), Org. Magn. Reson. 7, 405.
[184] Jakobsen, H.J., Lund, T., persönl. Mitteilung.
[185] London, R.E., Kollman, V.H., Matwiyoff, N.A. (1975), J. Am. Chem. Soc. 97, 3565.
[186a] Mareci, T.H., Freeman, R. (1982), J. Magn. Reson. 48, 158.
[186b] Berger, S. (1984), Org. Magn. Reson. 22, 47.
[187] Marshall, J.L., Müller, D.E., Dorn, H.C., Maciel, G.E. (1975), J. Am. Chem. Soc. 97, 460.
Linde, S.A., Jakobsen, H.J. (1976), J. Am. Chem. Soc. 98, 1041.
[188a] Grant, D.M. (1967), J. Am. Chem. Soc. 89, 2228.
[188b] Sørensen, O.W., Ernst, R.R. (1983), J. Magn. Reson. 54, 122.
[189] Frei, K., Bernstein, H.J. (1963), J. Chem. Phys. 38, 1216.
[190] Bartuska, V.J., Maciel, G.E. (1971), J. Magn. Reson. 5, 211.
Bartuska, V.J., Maciel, G.E. (1972), J. Magn. Reson. 7, 36.
[191] Weigert, F.J., Roberts, J.D. (1972), J. Am. Chem. Soc. 94, 6021.
[192] Becher, G., Lüttke, W., Schrumpf, G. (1973), Angew. Chem. 85, 357.
[193] Kamienska-Trela, K. (1980), Org. Magn. Reson. 14, 398.
Kamienska-Trela, K. (1982), J. Mol. Struct. 78, 121.
[194] Finkelmeier, H. (1979), Dissertation Göttingen.
[195] Bertrand, R.D., Grant, D.M., Allred, E.L., Hinshaw, J.C., Strong, A.B. (1972), J. Am. Chem. Soc. 94, 997.
[196] Wardeiner, J., Lüttke, W., Bergholz, R., Machinek, R. (1982), Angew. Chem. 94, 873.
Lüttke, W., Becher, G., Machinek, R., Wardeiner, J., Bergholz, R., zit. in Egli, H., Philipsborn, W.v. (1979), Tetrahedron Lett. 4265.
[197a] Stöcker, M., Klessinger, M. (1979), Org. Magn. Reson. 12, 107.
[197b] Stöcker, M. (1982), Org. Magn. Reson. 20, 175.
[198] Günther, H., Herrig, W. (1973), Chem. Ber. 106, 3938.
[199] Pommerantz, M., Bittner, S. (1983), Tetrahedron Lett. 24, 7.
[200] Schulman, J.M., Newton, M.D. (1974), J. Am. Chem. Soc. 96, 6295.
[201] Marshall, J.L., Faehl, L.G., Kattner, R. (1979), Org. Magn. Reson. 12, 163.
[202] Klessinger, M., Stöcker, M. (1981), Org. Magn. Reson. 17, 97.
Klessinger, M., v. Megen, H., Wilhelm, K. (1982), Chem. Ber. 115, 50.
[203] Berger, S., unveröffentlicht.
[204] Gray, G.A., Ellis, P.D., Traficante, D.D., Maciel, G.E. (1969), J. Magn. Reson. 1, 41.
[205a] Wray, V., Ernst, L., Lund, T., Jakobsen, H.J. (1980), J. Magn. Reson. 40, 55.
[205b] Hansen, P.E., Poulsen, O.K., Berg, A. (1979), Org. Magn. Reson. 12, 43.
[205c] Hansen, P.E., Berg, A. (1979), Org. Magn. Reson. 12, 50.
[205d] Hansen, P.E., Poulsen, O.K., Berg, A. (1977), Org. Magn. Reson. 9, 649.
[206] Walker, T.E., London, R.E., Whaley, T.W., Baker, R., Matwiyoff, N.A. (1976), J. Am. Chem. Soc. 98, 5807.
[207] Marshall, J.L., Miller, D.E. (1974), Org. Magn. Reson. 6, 395.
[208] Andrews, G.D., Baldwin, J.E. (1977), J. Am. Chem. Soc. 99, 4851.
[209] Berger, S., Zeller, K.-P. (1980), Tetrahedron 36, 1891.
[210] Dreeskamp, H., Hildenbrand, K., Pfisterer, G. (1969), Mol. Phys. 17, 429.
[211] Marshall, J.L., Miller, D.E. (1973), J. Am. Chem. Soc. 95, 8305.
[212] Berger, S., Zeller, K.-P. (1976), J.C.S. Chem. Comm. 649.
[213] Gagnaire, D.Y., Nardin, R., Taravel, F.R., Vignon, M.R. (1977), Nouv. J. Chim. 1, 423.
[214] Ziessow, D. (1971), J. Chem. Phys. 55, 984.
[215] Barfield, M., Burfitt, I., Doddrell, D. (1975), J. Am. Chem. Soc. 97, 2631.
[216] Hansen, P.E., Albrand, J.-P. (1981), Org. Magn. Reson. 17, 66.
[217] Ihrig, A.M., Marshall, J.L. (1972), J. Am. Chem. Soc. 94, 1756.
[218] Wasylishen, R.E., Pettit, B.A. (1979), Can. J. Chem. 57, 1274.
[219] Chaloner, P.A. (1980), J. Chem. Soc., Perkin Trans. 2, 1028.
[220] Leete, E. (1977), Bioorg. Chem. 6, 273.
[221] Wray, V. (1978), J. Am. Chem. Soc. 100, 768.
[222] Booth, H., Everett, J.R. (1980), Can. J. Chem. 58, 2709.
[223] Marshall, J.L., Conn, S.A., Barfield, M. (1977), Org. Magn. Reson. 9, 404.
[224] Marshall, J.L., persönl. Mitteilung.
[225] Barfield, M., Conn, S.A., Marshall, J.L., Müller, D.E. (1976), J. Am. Chem. Soc. 98, 6253.
[226] Barfield, M., Marshall, J.L., Canada, E.D., Willcott, M.R. (1978), J. Am. Chem. Soc. 100, 7075.
[227] Barfield, M., Canada, E.D., McDaniel, C.R., Marshall, J.L., Walter, S.R. (1983), J. Am. Chem. Soc. 105, 3411.
[228] Barfield, M., Brown, S.E., Canada, E.D., Ledford, N.D., Marshall, J.L., Walter, S.R., Yakali, E. (1980), J. Am. Chem. Soc. 102, 3355.
[229] Berger, S. (1980), Org. Magn. Reson. 14, 65.
[230] Booth, H., Everett, J.R. (1976), J. Chem. Soc., Chem. Commun. 278.
[231] Levy, G.C., Lichter, R.L. (1979), Nitrogen-15 Nuclear Magnetic Resonance Spectroscopy, John Wiley & Sons, New York.
[232] Martin, G.J., Martin, M.L., Gouesnard, J.-P. (1981), NMR, Basic Principles and Progress 18, 1.
[233] Witanowski, W., Stefaniak, L., Webb, G.A. (1981), Ann. Rep. NMR Spectrosc. 11B, 1.
[234] Binsch, G., Lambert, J.B., Roberts, B.W., Roberts, J.D. (1964), J. Am. Chem. Soc. 86, 5564.
[235] Schulman, J.M., Venanzi, T. (1976), J. Am. Chem. Soc. 98, 4701, 6739.
[236] Khin, T., Webb, G.A. (1977), Org. Magn. Reson. 10, 175.
Khin, T., Webb, G.A. (1978), Org. Magn. Reson. 11, 487.
[237] Solkan, V.N., Bystrov, V.F. (1975), Bull. Acad. Sci. USSR, Div. of Chem. Sci. 23, 95.
[238] Berger, S. (1978), Tetrahedron 34, 3193.

[239] Valckx, L.A., Borremans, F.A.M., Becu, C.E., De Waele, R.H.K., Anteunis, M.J.O. (1979), Org. Magn. Reson. 12, 302.
[240] Kainosho, M., Tsuji, T. (1981), Org. Magn. Reson. 17, 46.
[241] Emsley, J.W., Phillips, L., Wray, V. (1976), Progr. Nucl. Magn. Reson. Spectrosc. 10, 83.
[242] Wray, V. (1980), Ann. Rep. NMR Spectrosc. 10 B, 1.
Wray, V. (1983), ibid. 14, 1.
[243] Della, E.W., Cotsaris, E., Hine, P.T. (1981), J. Am. Chem. Soc. 103, 4131.
Barfield, M., Della, E.W., Pigou, P.E., Walter, S.R. (1982), J. Am. Chem. Soc. 104, 3549.
[244] Maciel, G.E., Dorn, H.C., Greene, R.L., Kleschick, W.A., Peterson, M.R., Wahl, G.H. (1974), Org. Magn. Reson. 6, 178.
Duddeck, H., Islam, M.R. (1981), Tetrahedron 37, 1193.
[245] Christl, M., Buchner, W. (1978), Org. Magn. Reson. 11, 461.
[246a] Hinton, J.F., Jaques, L.W. (1973), J. Magn. Reson. 11, 229.
[246b] Den Otter, G.J., MacLean, C. (1975), J. Magn. Reson. 20, 11.
[246c] Gombler, W. (1981), Spectrochim. Acta, Part A, 37, 57.
[247] Ernst, L. (1975), Z. Naturforsch., Teil B, 30, 788.
[248] Wray, V., Ernst, L., Lustig, E. (1977), J. Magn. Reson. 27, 1.
Wray, V., Ernst, L., Lustig, E. (1977), J. Magn. Reson. 28, 373.
[249] Manatt, S.L., Cooper, M.A. (1977), J. Am. Chem. Soc. 99, 4561.
[250a] Lichter, R.L., Wasylishen, R.E. (1975), J. Am. Chem. Soc. 97, 1808.
[250b] Galasso, V. (1979), Org. Magn. Reson. 12, 318.
[251] Brey, W.S., Jaques, L.W., Jakobsen, H.J. (1979), Org. Magn. Reson. 12, 243.
[252] Thorpe, M.C., Coburn, W.C., Montgomery, J.A. (1974), J. Magn. Reson. 15, 98.
[253] Schneider, H.J., Gschwendtner, W., Heiske, D., Hoppen, V., Thomas, F. (1977), Tetrahedron 33, 1769.
[254] Wray, V. (1981), J. Am. Chem. Soc. 103, 2503.
Wray, V. (1976), J. Chem. Soc., Perkin Trans. 2, 1598.
[255] Jerome, F.R., Servis, K.L. (1972), J. Am. Chem. Soc. 94, 5896.
[256] Ernst, L. (1977), Org. Magn. Reson. 9, 35.
[257a] McFarlane, W. (1968), Proc. Roy. Soc. A 306, 185.
[257b] Mavel, G. (1973), Ann. Rep. NMR Spectrosc. 5B, 1.
[257c] Gorenstein, D.G. (1983), Progr. Nucl. Magn. Reson. 16, 1.
[258] Beer, M.D., Grinter, R. (1978), J. Magn. Reson. 31, 187.
[259] Galasso, V. (1979), J. Magn. Reson. 34, 199.
[260] Lequan, R.-M., Pouet, M.-J., Simonnin, M.-P. (1975), Org. Magn. Reson. 7, 392.
[261] Bundgaard, T., Jakobsen, H.J. (1972), Acta Chem. Scand. 26, 2548.
[262] Dimroth, K., Berger, S., Kaletsch, H. (1981), Phosphorus and Sulfur 10, 305.
Dimroth, K. (1982), Acc. Chem. Res. 15, 58.

[263] Gray, G.A., Cremer, S.E. (1972), J. Org. Chem. 37, 3458, 3470.
[264] Albright, T.A. Gordon, M.D., Freeman, W.J., Schweizer, E.E. (1976), J. Am. Chem. Soc. 98, 6249.
Albright, T.A. (1976), Org. Magn. Res. 8, 489.
[265] Schmidbaur, H., Buchner, W., Scheutzow, D. (1973), Chem. Ber. 106, 1251.
[266a] Schmidbaur, H., Schier, A., Milewski-Mahrla, B., Schubert, U. (1982), Chem. Ber. 115, 722.
[266b] Schmidbaur, H., persönl. Mitteilung.
[267] Haemers, M., Ottinger, R., Zimmermann, D., Reisse, J. (1973), Tetrahedron Lett. 2241.
[268] Gray, G.A., Cremer, S.E., Marsi, K.L. (1976), J. Am. Chem. Soc. 98, 2109.
[269] Gray, G.A. (1973), J. Am. Chem. Soc. 95, 7736.
[270a] Van Linthoudt, J.P., van den Berghe, E.V., van der Kelen, G.P. (1979), Spectrochim. Acta, Part A, 35, 1307.
[270b] Althoff, W., Fild, M., Rieck, H.-P., Schmutzler, R. (1978), Chem. Ber. 111, 1845.
[271] Buchanan, G.W., Bowen, J.H. (1977), Can. J. Chem. 55, 604.
Buchanan, G.W., Benezra, C. (1976), Can. J. Chem. 54, 231.
[272] Sørensen, S., Jakobsen, H.J. (1977), Org. Magn. Reson. 9, 101.
[273] Quin, L.D., Gallagher, M.J., Cunkle, G.T., Chesnut, D.B. (1980), J. Am. Chem. Soc. 102, 3136.
[274] Wetzel, R.B., Kenyon, G.L. (1974), J. Am. Chem. Soc. 96, 5189.
[275] Meyer, B., Thiem, J., Adiwidjaja, G. (1979), Z. Naturforsch., Teil B, 34, 1547.
[276] Bundgaard, T., Jakobsen, H.J., Dimroth, K., Pohl, H.H. (1974), Tetrahedron Lett. 3179.
[277] Harris, R.K., Mann, B.E. (1978), NMR and The Periodic Table, Academic Press, London.
[278] Mann, B.E., Taylor, B.F. (1981), ^{13}C NMR Data for Organometallic Compounds, Academic Press, London.
[279] Bywater, S., Lachance, P., Worsfold, D.J. (1975), J. Phys. Chem. 79, 2148.
[280] Fraenkel, G., Henrichs, M., Hewitt, J.M., Su, B.M., Geckle, M.J. (1980), J. Am. Chem. Soc. 102, 3345.
[281] Seebach, D., Hässig, R., Gabriel, J. (1983), Helv. Chim. Acta 66, 308.
[282a] Siegel, H., Hiltbrunner, K., Seebach, D. (1979), Angew. Chem. 91, 845.
[282b] Seebach, D., Siegel, H., Gabriel, J., Hässig, R. (1980), Helv. Chim. Acta 63, 2046.
[283] Clark, T., Chandrasekhar, J., Schleyer, P.v.R. (1980), J. Chem. Soc., Chem. Commun. 672.
[284] Nöth, H., Wrackmeyer, B. (1978), NMR, Basic Principles and Progress 14, 1.
Wrackmeyer, B. (1979), Progr. Nucl. Magn. Reson. Spectrosc. 12, 227.
[285] McFarlane, W., Wrackmeyer, B., Nöth, H. (1975), Chem. Ber. 108, 3831.
[286] Wrackmeyer, B., Nöth, H. (1977), Chem. Ber. 110, 1086.
[287] Hall, L.W., Lowman, D.W., Ellis, P.D., Odom, J.D. (1975), Inorg. Chem. 14, 580.

[288] Zozulin, A. J., Jakobsen, H. J., Moore, T. F., Gerber, A. R., Odom, J. D. (1980), J. Magn. Reson. 41, 458.
[289] Yanagisawa, M., Yamamoto, O. (1980), Org. Magn. Reson. 14, 76.
[290] Ernst, L. (1974), J. Organomet. Chem. 82, 319.
[291] Lallemand, J. Y., Duteil, M. (1976), Org. Magn. Reson. 8, 328.
[292] Uemura, S., Miyoshi, H., Okano, M. (1979), J. Organomet. Chem. 165, 9.
[293] Williams, E. A., Cargioli, J. D. (1979), Ann. Rep. NMR Spectrosc. 9, 221.
[294] Dreeskamp, H., Hildenbrand, K. (1975), Liebigs Ann. Chem. 712.
[295] Wrackmeyer, B., Biffar, W. (1979), Z. Naturforsch., Teil B, 34, 1270.
[296] Krapivin, A. M., Mägi, M., Svergun, V. I., Zaharjan, R. Z., Babich, E. D., Ushakov, N. V. (1980), J. Organomet. Chem. 190, 9.
[297a] Petrosyan, V. S. (1977), Progr. Nucl. Magn. Reson. Spectrosc. 11, 115.
[297b] Kuivila, H. G., Considine, J. L., Mynott, R. J., Sarma, R. H. (1973), J. Organomet. Chem. 55, C 11.
[298] Schaeffer, C. D., Zuckerman, J. J. (1973), J. Organomet. Chem. 55, 97.
[299] Mitchell, T. (1977), J. Organomet. Chem. 141, 289.
[300a] Wrackmeyer, B. (1981), J. Magn. Reson. 42, 287.
[300b] Wrackmeyer, B. (1978), J. Organomet. Chem. 145, 183.
[300c] Wrackmeyer, B. (1979), ibid. 166, 353.
[301] Kennedy, J. D., McFarlane, W. (1974), J. Chem. Soc., Chem. Commun. 983.
[302] Petrosyan, V. S., Permin, A. B., Reutov, O. A., Roberts, J. D. (1980), J. Magn. Reson. 40, 511.
[303] Doddrell, D., Burfitt, I., Kitching, W., Bullpit, M., Lee, C. H., Mynott, R. J., Considine, J. L., Kuivila, H. G., Sarma, R. H. (1974), J. Am. Chem. Soc. 96, 1640.
Kitching, W. (1982), Org. Magn. Reson. 20, 123.
[304] De Vos, D. (1976), J. Organomet. Chem. 104, 193.
[305] Singh, G. (1975), J. Organomet. Chem. 99, 251.
[306] Cox, R. H. (1979), J. Magn. Reson. 33, 61.
[307] Mitchell, T. N., Gmehling, J., Huber, F. (1978), J. Chem. Soc., Dalton Trans. 960.
[308] Garreau, M., Martin, G. J., Martin, M. L., Morel, J., Paulmier, C. (1974), Org. Magn. Reson. 6, 648.
[309] Reich, H. J., Trend, J. E. (1976), J. Chem. Soc., Chem. Commun. 310.
[310] McFarlane, W., Rycroft, D. S., Turner, C. J. (1977), Bull. Soc. Chim. Belg. 86, 457.
Gombler, W. (1981), Z. Naturforsch., Teil B, 36, 1561.
[311] Meier, H., Zountsas, J., Zimmer, O. (1981), Z. Naturforsch., Teil B, 36, 1017.
[312] Dewan, J. C., Jennings, W. B., Silver, J., Tolley, M. S. (1978), Org. Magn. Reson. 11, 449.
[313] Fazakerly, G. V., Celotti, M. (1979), J. Magn. Reson. 33, 219.
[314] Martin, M. L., Trierweiler, M., Galasso, V., Fringuelli, F., Taticchi, A. (1982), J. Magn. Reson. 47, 504.
[315] Jolly, P. W., Mynott, R. (1981), Adv. Organomet. Chem. 19, 257.
[316] Chrisholm, M. H., Godleski, S. (1976), Progr. Inorg. Chem. 20, 299.
[317] Jenny, T., Philipsborn, W. v. Kronenbitter, J., Schwenk, A. (1981), J. Organomet. 205, 211.
[318] Koridze, A. A., Petrovskii, P. V., Gubin, S. P., Fedin, E. I. (1975), J. Organomet. Chem. 93, C 26.
[319] Koridze, A. A., Petrovskii, P. V., Astakhova, N. M., Volkenau, N. A., Petrakova, V. A., Nesmeyanov, A. N. (1980), Proc. Acad. Sci. USSR 255, 500.
[320] Holton, J., Lappert, M. F., Ballard, D. G. H., Pearce, R., Atwood, J. L., Hunter, W. E. (1979), J. Chem. Soc., Dalton Trans. 54.
[321] Evans, J., Johnson, B. F. G., Lewis, J., Norton, J. R. (1973), J. Chem.Soc., Chem. Commun. 79.
[322] Arthurs, M., Nelson, S. M., Drew, M. G. B. (1972), J. Chem. Soc., Dalton Trans. 779.
[323] Bresler, L. S., Buzina, N. A., Varshavsky, Y. S., Kiseleva, N. V., Cherkasova, T. G. (1979), J. Organomet. Chem. 171, 229.
[324] Blenkers, J., Hofstee, H. K., Boersma, J., Van der Kerk, G. J. M. (1979), J. Organomet. Chem. 168, 251.
[325] Cardin, A. D., Ellis, P. D., Odom, J. D., Howard, J. W. (1975), J. Am. Chem. Soc. 97, 1672.
[326] Köhler, F. H., Kalder, H. J., Fischer, E. O. (1976), J. Organomet. Chem. 113, 11.
[327] Clark, D. N., Schrock, R. R. (1978), J. Am. Chem. Soc. 100, 6774.
[328] Henc, B., Jolly, P. W., Salz, R., Stobbe, S., Wilke, G., Benn, R., Mynott, R., Seevogel, K., Goddard, R., Krüger, C. (1980), J. Organomet. Chem. 191, 449.
[329] Henc, B., Jolly, P. W., Salz, R., Wilke, G., Benn, R., Hoffmann, E. G., Mynott, R., Schroth, G., Seevogel, K., Sekutowski, J. C., Krüger, C. (1980), J. Organomet. Chem. 191, 425.
[330] Browning, J., Goggin, P. L., Goodfellow, R. J., Hurst, N. W., Mallinson, L. G., Murray, M. (1978), J. Chem. Soc., Dalton Trans. 872.
[331] Al-Essa, R. J., Puddephatt, R. J., Quyser, M. A., Tipper, C. F. H. (1979), J. Am. Chem. Soc. 101, 364.
[332] Wilson, N. K., Zehr, R. D., Ellis, P. D. (1976), J. Magn. Reson. 21, 437.
[333] Breitinger, D. K., Geibel, K., Kress, W., Sendelbeck, R. (1980), J. Organomet. Chem. 191, 7.
[334] Kitching, W., Praeger, D., Doddrell, D., Anet, F. A. L., Krane, J. (1975), Tetrahedron Lett. 759.
[335] Barron, P. F., Doddrell, D., Kitching, W. (1977), J. Organomet. Chem. 139, 361.

Kapitel 5
^{13}C-Spin-Gitter-Relaxation und Kern-Overhauser-Effekt

1. Grundlagen
2. Messung der Spin-Gitter-Relaxationszeiten
3. Anwendungen von Spin-Gitter-Relaxationszeiten

1. Grundlagen

Neben der bisher diskutierten chemischen Verschiebung δ (Kap. 3, S. 77) und der Spin,Spin-Kopplung J (Kap. 4, S. 420) wird durch ^{13}-C-NMR-Messungen noch eine weitere Kernspin-Eigenschaft zugänglich, die Spin-Gitter-Relaxationszeit T_1[1-5] (vgl. Kap. 1, S. 11).

Von der eingestrahlten Radiofrequenz angeregte ^{13}C-Kerne, deren Magnetisierungsvektor in die xy-Ebene des rotierenden Koordinatensystems ausgelenkt wurde, werden nach einer bestimmten Zeit ihre Energie an die Umgebung, das sogenannte Gitter, abgeben und wieder in der Gleichgewichtslage um das äußere Magnetfeld B_0 präzedieren. Diesem Vorgang, Relaxation genannt, können verschiedene Mechanismen zugrunde liegen. Die Zeitkonstante, welche die **Spin-Gitter-Relaxation** bestimmt, heißt **longitudinale Relaxationszeit** T_1 und ist zu unterscheiden von einer zweiten, der **transversalen Relaxationszeit** T_2 (vgl. Kap. 1, S. 11), welche die **Spin-Spin-Relaxation** bestimmt und in diesem Abschnitt nicht näher besprochen wird.

Im Frequenzbereich der Kernresonanz ist spontane Emission eines Energiequants unwahrscheinlich[6]. Wie schon bei der Anregung können Kernspins nur durch Wechselwirkung mit oszillierenden Magnetfeldern, also durch stimulierte Emission, ihre Energie wieder abgeben. Es muß daher im folgenden gezeigt werden, daß in einer NMR-Meßprobe oszillierende Magnetfelder mit Komponenten der Larmor-Frequenz des ^{13}C-Kerns auftreten.

1.1 Dipolare Relaxation $T_{1\text{-DD}}$

Der bei weitem wichtigste Relaxationsmechanismus für die ^{13}C-Spektroskopie ist die Dipol-Dipol-Relaxation. Sie läßt sich anhand von Abb. 5.1 anschaulich darstellen. In Abb. 5.1a ist ein Molekül in einer bestimmten Lage zum äußeren Magnetfeld orientiert, so daß das ^{13}C-Atom an einen ausgezeichneten Ort des durch das magnetische Moment des Wasserstoff-Atoms hervorgerufenen Zusatzfeldes gelangt. In Abb. 5.1b nimmt das Molekül eine andere Lage ein; die Ausrichtung der magnetischen Spins zur Lage des B_0-Feldes bleibt erhalten, aber das am ^{13}C-Kern wirkende Zusatzfeld hat sich geändert.

Der ^{13}C-Kern ist also infolge der Molekülbewegung statistisch schwankenden Zusatzfeldern durch die benachbarten Wasserstoff-Atome ausgesetzt.

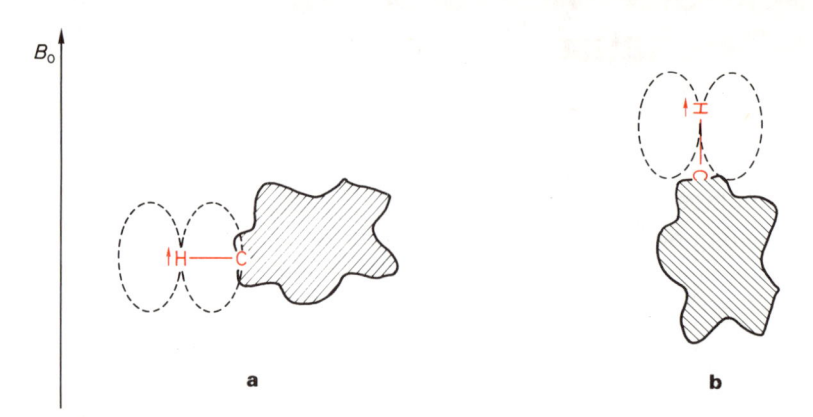

Abb. 5.1 Zum Verständnis der Dipol-Dipol-Relaxation

Wenn die Reorientierungszeiten der Moleküle, auch Korrelationszeiten[5b] genannt, in die Größenordnung der reziproken Larmor-Frequenz der ^{13}C-Kerne fallen, können diese in Resonanz mit den durch die Molekülbewegung hervorgerufenen lokalen Magnetfeldern B_{loc} treten und ihre Energie an das Gitter abgeben. Diese Betrachtung macht es verständlich, warum im Festkörper extrem lange Relaxationszeiten auftreten und somit die ^{13}C-Messung besonders erschweren (vgl. Kap. 2, Abschn. 4.5, S. 68).

1.1.1 Autokorrelationsfunktion und spektrale Dichte

Um das statistische Verhalten dieser lokalen Zusatzfelder mathematisch zu beschreiben und um ihre Frequenzkomponenten im Bereich der Larmor-Frequenz des zu relaxierenden Kernspins zu erhalten (vgl. Abb. 5.2), muß eine sogenannte Autokorrelationsfunktion erstellt werden. Diese Funktion soll den Zusammenhang zwischen dem lokalen Magnetfeld B_{loc} zum Zeitpunkt t und dem Feld zum Zeitpunkt $t + \tau$ beschreiben.

Da im Zeitmittel $B_{loc} = 0$ ist, B_{loc}^2 jedoch $\neq 0$, wird die Autokorrelationsfunktion üblicherweise in der Form der Gl. (5.1) angesetzt.

$$G(\tau) = \overline{B_{loc}(t) B_{loc}(t + \tau)} \tag{5.1}$$

Der Strich über der Gl. (5.1) soll Mittelung über die makroskopische Probe andeuten (**ensemble average**).

Es ist zu fordern, daß die gesuchte Funktion $G(\tau)$ für kleine Werte von τ einen endlichen Betrag, für große Werte von τ aber gegen 0 geht. Dies gewährleistet der Exponentialterm in Gl. (5.2). Die Korrelationszeit τ_c ist definiert als die Zeit, die ein Molekül benötigt, um sich um einen Radian zu drehen. Nach der Debyeschen Theorie kann τ_c auch über die Stokes-Einstein-Beziehung nach Gl. (5.3) abgeschätzt werden.

$$G(\tau) = B_{loc}^2 \, e^{-\frac{\tau}{\tau_c}} \tag{5.2}$$

$$\tau_c = \frac{4\pi\eta a^3}{3kT} \tag{5.3}$$

a = Radius des Moleküls η = Viskosität des Mediums

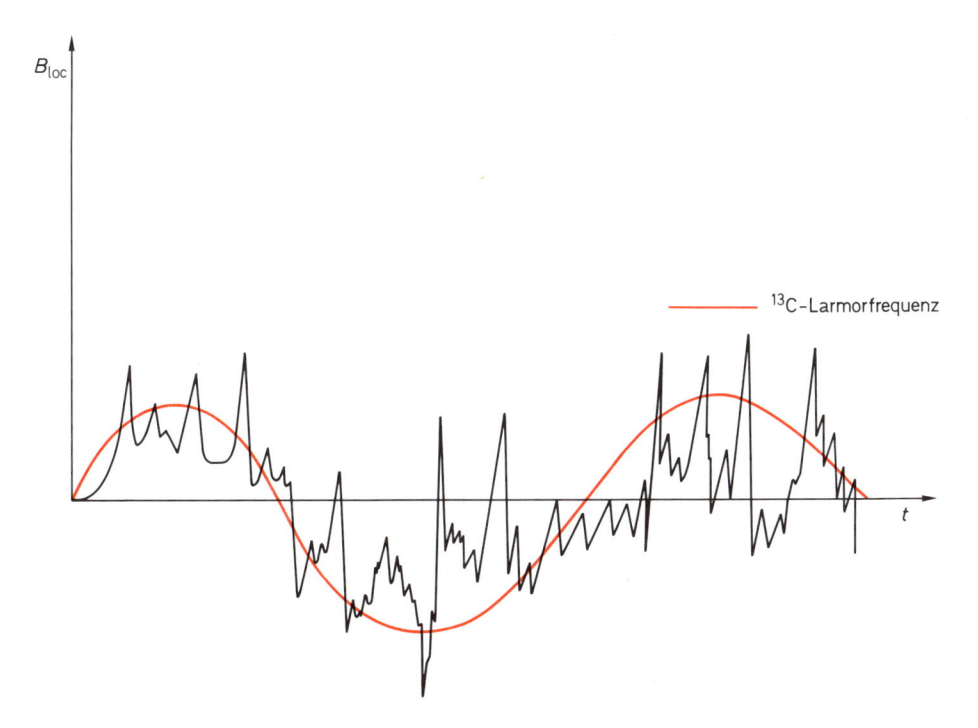

Abb. 5.2 Zeitliches Verhalten von lokalen Magnetfeldern infolge der Molekülbewegung

Die Fourier-Transformation von Gl. (5.2) liefert die benötigte Frequenzabhängigkeit (s. Gl. (5.4)) in Form der **Funktion der spektralen Dichte** $J(\omega)$.

$$J(\omega) = \int_{-\infty}^{\infty} G(\tau) e^{+i\omega\tau} d\tau \tag{5.4}$$

Nach Berechnung des Fourier-Integrals läßt sich Gl. (5.4) in der Form der Gl. (5.5) schreiben.

$$J(\omega) = B_{\text{loc}}^2 \frac{2\tau_c}{1 + \omega^2 \tau_c^2} \tag{5.5}$$

Die Beziehung in Gl. (5.5) hat grundlegende Bedeutung für alle Relaxationsvorgänge in der magnetischen Resonanz-Spektroskopie und sagt zwei Grenzfälle voraus. Ist das Produkt $\omega^2 \tau_c^2$ sehr klein gegen 1, so wird $J(\omega)$ frequenzunabhängig und direkt proportional zu τ_c. Dies ist für die meisten kleineren organischen Moleküle der Fall, die bei einer rel. Molekülmasse < 1000 typische Korrelationszeiten von ca. 10^{-11} s aufweisen. Für den ^{13}C-Kern ergibt sich somit bei den üblichen Meßfrequenzen $\omega^2 \tau_c^2 \approx 10^{-6}$. In Abb. 5.3 ist $J(\omega)$ gegen τ_c aufgetragen. Der schraffierte Bereich der Abb. 5.3, in der $J(\omega)$ proportional zu τ_c ist, heißt auch **extreme narrowing limit**.

Werden die Moleküle jedoch größer, so wachsen auch die Korrelationszeiten. Verwendet man zur Messung solcher Verbindungen supraleitende Spektrometer, so wird $\omega^2 \tau_c^2 > 1$, $J(\omega)$ frequenzabhängig und umgekehrt proportional zu τ_c. Dies hat Konsequenzen bei der Auswertung und Interpretation von Relaxationsdaten.

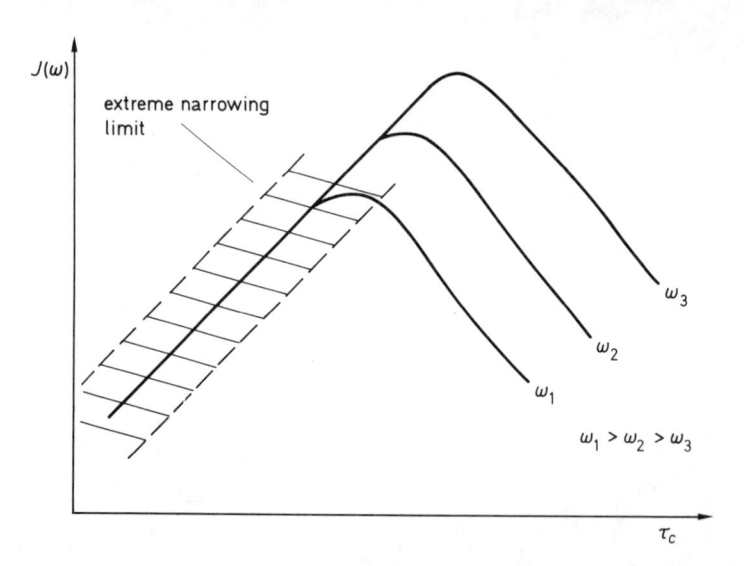

Abb. 5.3 Schematische Darstellung der Funktion der spektralen Dichte in Abhängigkeit von τ_c und ω nach Gl. (5.5)

1.1.2 Zusammenhang zwischen quantenmechanischer Übergangswahrscheinlichkeit und Molekülbewegung

Im vorangegangenen Abschnitt wurde geschildert, wie durch die Molekülbewegung am Ort des ^{13}C-Atoms fluktuierende Lokalfelder entstehen, deren spektrale Dichte $J(\omega)$ berechnet werden kann. Es ist also zu zeigen, wie diese Lokalfelder die Übergangswahrscheinlichkeiten in $CH_{x(x=1-3)}$-Spinsystemen beeinflussen.

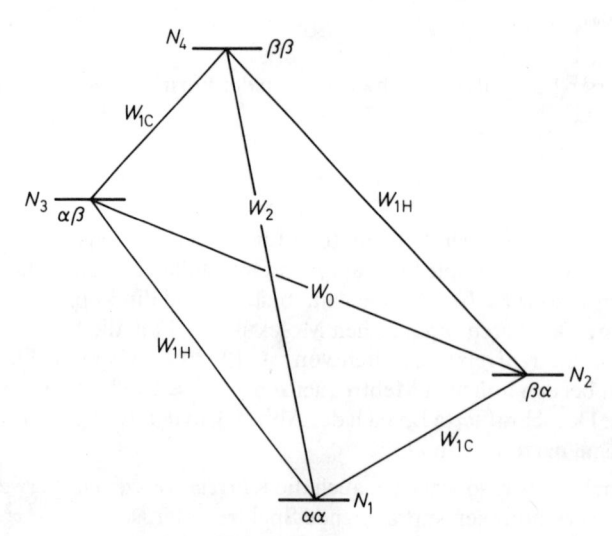

Abb. 5.4 Energieniveauschema eines CH-Spin-Systems mit eingezeichneten Übergangswahrscheinlichkeiten und Besetzungszahlen

25. Woche	22. 6. 90	173–192
SA 5.05 SU 21.42	●	MA 4.04 MU 21.59

Hochwasser			Niedrigwasser	
04.28	16.57	Hamburg	11.52	—.—
00.44	13.15	Cuxhaven	07.38	20.11
02.50	15.20	Bremen	10.05	22.41
01.06	13.37	Bremerhaven	07.31	20.05

Eberhard

Der Küchenzettel: Bratfischgrillette in Senfsoße, Salzkartoffeln, Wachsbrechbohnen-Salat.

*

Man erinnert sich: Der italienische Staatsrechtsphilosoph Niccolo Machiavelli starb 1527. 1767 war der Geburtstag von Wilhelm von Humboldt. 1898 wurde der Schriftsteller Erich Maria Remarque geboren.

r hier wegen seiner Einfachheit als Beispiel für die
sen sich nach Abb. 5.4 die Übergangswahrscheinlich-
ren, wobei der erste Index die Änderung des Totalspins

ie Dipol-Dipol-Relaxation die Übergangswahrschein-
ständen mit der Störungstheorie beschreiben, die hier
9 wiedergegeben wird. In Gl. (5.6) bedeutet $\hat{H}_d$ den
elwirkung der beiden Kernspins (s. Gl. (5.7)).

$$\overline{\langle n | \hat{H}_d(t+\tau) m \rangle}\, e^{i\omega_{nm}t} d\tau \qquad (5.6)$$

$$\frac{r)(\boldsymbol{I}_C \boldsymbol{r})}{{}^5} \qquad (5.7)$$

Gl. (5.1) bzw. Gl. (5.4) ergibt sich in Gl. (5.8) der we-
quantenmechanischer Übergangswahrscheinlichkeit
der makroskopischen Probe.

$$(5.8)$$

t Hilfe der Gln. (5. … 5.8) lassen sich durch umfangreiche Rechnung[7–9] für die in Abb. 5.4 angegebenen Übergangswahrscheinlichkeiten W_0, W_{1C}, W_{1H} und W_2 die Gln. (5.9) angeben.

$$\begin{aligned}
W_0 &= \frac{1}{10} K^2 \frac{\tau_c}{1 + (\omega_H - \omega_C)^2 \tau_c^2} \\
W_{1C} &= \frac{3}{20} K^2 \frac{\tau_c}{1 + \omega_C^2 \tau_c^2} \\
W_{1H} &= \frac{3}{20} K^2 \frac{\tau_c}{1 + \omega_H^2 \tau_c^2} \\
W_2 &= \frac{3}{5} K^2 \frac{\tau_c}{1 + (\omega_H + \omega_C)^2 \tau_c^2}
\end{aligned} \qquad (5.9)$$

$$K = \frac{\gamma_H \gamma_C \hbar}{r^3} \qquad (5.10)$$

Das Gleichungssystem (5.9) verknüpft die Übergangswahrscheinlichkeiten im CH-Spinsystem mit der molekularen Korrelationszeit τ_c. Analoge Rechnungen lassen sich auch für CH_2- und CH_3-Spinsysteme durchführen[8,9].

1.2 Der Kern-Overhauser-Effekt

Eng verknüpft mit der Theorie der dipolaren Relaxation ist der Kern-Overhauser-Effekt, **nuclear Overhauser effekt (NOE)**[10], phänomenologisch die Intensitätszunahme der ^{13}C-Resonanzen bei Protonen-Entkopplung. Dieser Effekt hat historisch gesehen die rasche Einführung der ^{13}C-Spektroskopie erst möglich gemacht. Im folgenden soll daher eine etwas weitergehende Ableitung des NOE-Effektes für das CH-Spinsystem gegeben werden.

1.2.1 Spin-Dynamik im CH-System

Gemäß dem Termschema der Abb. 5.4 (s. S. 562) kann die zeitliche Änderung der Besetzungszahlen N_i formal durch ein System aus vier Differentialgleichungen wiedergegeben werden (s. Gln. (5.11)):

$$\frac{dN_1}{dt} = -(W_{1H} + W_{1C} + W_2)N_1 + W_{1C}N_2 + W_{1H}N_3 + W_2N_4$$

$$\frac{dN_2}{dt} = W_{1C}N_1 - (W_0 + W_{1C} + W_{1H})N_2 + W_0N_3 + W_{1H}N_4$$

$$\frac{dN_3}{dt} = W_{1H}N_1 + W_0N_2 - (W_0 + W_{1C} + W_{1H})N_3 + W_{1C}N_4$$

$$\frac{dN_4}{dt} = W_2N_1 + W_{1H}N_2 + W_{1C}N_3 - (W_2 + W_{1C} + W_{1H})N_4$$

(5.11)

In Matrix-Form lassen sich die Gl. (5.11) auch vereinfacht durch die Gl. (5.12) darstellen, wobei die Matrix $\tilde{W}$ durch die Gl. (5.13) gegeben ist und N einen Spaltenvektor (s. Gl. (5.14)) darstellt.

$$\dot{N} = \tilde{W}N \qquad (5.12)$$

$$\tilde{W} = \begin{pmatrix} -(W_{1H} + W_{1C} + W_2) & W_{1C} & W_{1H} & W_2 \\ W_{1C} & -(W_0 + W_{1C} + W_{1H}) & W_0 & W_{1H} \\ W_{1H} & W_0 & -(W_0 + W_{1C} + W_{1H}) & W_{1C} \\ W_2 & W_{1H} & W_{1C} & -(W_2 + W_{1C} + W_{1H}) \end{pmatrix} \quad (5.13)$$

$$N = \begin{pmatrix} N_1 \\ N_2 \\ N_3 \\ N_4 \end{pmatrix} \qquad (5.14)$$

Betrachtet man das mit der Abb. 5.4 (s. S. 562) korrespondierende Kernresonanz-Spektrum in Abb. 5.5, so zeigt sich, daß die ^{13}C-Frequenzen den Übergängen $1 \to 2$ und $3 \to 4$ und die Protonenfrequenzen den Übergängen $1 \to 3$ und $2 \to 4$ zuzuordnen sind.

Man definiert nun mit n_+ die Summe der Besetzungszahlen aller Terme, mit n_C und n_H die Besetzungszahlen der ^{13}C- und der Protonenterme und führt schließlich noch einen Differenzterm n_D ein (s. Gl. (5.15)).

$$\begin{aligned} n_+ &= N_1 + N_2 + N_3 + N_4 & \text{(a)} \\ n_D &= N_1 - N_2 - N_3 + N_4 & \text{(b)} \\ n_H &= N_1 + N_2 - N_3 - N_4 = kM_H & \text{(c)} \\ n_C &= N_1 - N_2 + N_3 - N_4 = kM_C & \text{(d)} \end{aligned} \qquad (5.15)$$

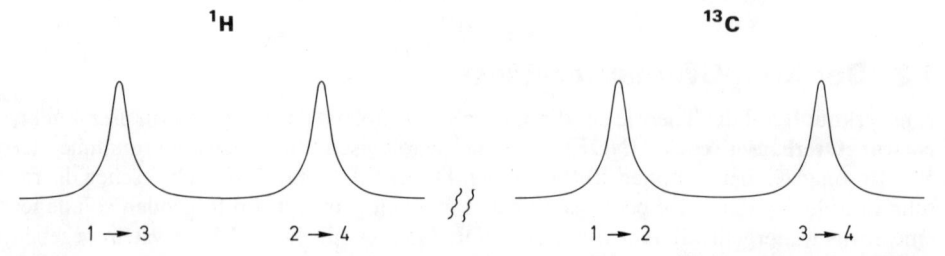

Abb. 5.5 Schematische Darstellung des Spektrums eines CH-Spin-Systems gemäß Abb. 5.4

Die so gewonnenen Definitionsgleichungen (5.15) lassen sich wiederum einfacher in Matrix-Form (s. Gl. (5.16)) schreiben, wobei die Matrix $\tilde{T}$ durch Gl. (5.17) gegeben ist und n einen Spaltenvektor (s. Gl. (5.18)) darstellt.

$$n = \tilde{T}N \tag{5.16}$$

$$\tilde{T} = \begin{pmatrix} 1 & 1 & 1 & 1 \\ 1 & -1 & -1 & 1 \\ 1 & 1 & -1 & -1 \\ 1 & -1 & 1 & -1 \end{pmatrix} \tag{5.17}$$

$$n = \begin{pmatrix} n_+ \\ n_D \\ n_H \\ n_C \end{pmatrix} \tag{5.18}$$

Die Gln. (5.15c) und (5.15d) drücken aus, daß n_H und n_C proportional zur z-Magnetisierung, also zur Intensität der ^{1}H- und ^{13}C-Signale, sind.

Multiplikation von Gl. (5.12) mit $\tilde{T}$ ergibt die zeitliche Änderung der Besetzungszahlen n in Gl. (5.19) und Gl. (5.20), die mit Gl. (5.16) nach den Regeln der Matrizenrechnung zu Gl. (5.21) erweitert und zu Gl. (5.22) umgeformt werden kann.

$$\tilde{T}\dot{N} = \tilde{T}\tilde{W}N \tag{5.19}$$

$$\dot{n} = \tilde{T}\tilde{W}N \tag{5.20}$$

$$\dot{n} = \tilde{T}\tilde{W}\tilde{T}^{-1}\tilde{T}N \tag{5.21}$$

$$\dot{n} = \tilde{W}_T n \tag{5.22}$$

Die Matrix $\tilde{W}_T$ in Gl. (5.22) ist gegeben durch Gl. (5.23) mit den Abkürzungen Gl. (5.24).

$$\tilde{W}_T = \begin{pmatrix} 0 & 0 & 0 & 0 \\ 0 & \mu & 0 & 0 \\ 0 & 0 & -\varrho_H & -\sigma \\ 0 & 0 & -\sigma & -\varrho_C \end{pmatrix} \tag{5.23}$$

$$\begin{aligned} \mu &= 2(W_{1C} + W_{1H}) & \text{(a)} \\ \varrho_H &= W_2 + 2W_{1H} + W_0 & \text{(b)} \\ \varrho_C &= W_2 + 2W_{1C} + W_0 & \text{(c)} \\ \sigma &= W_2 - W_0 & \text{(d)} \end{aligned} \tag{5.24}$$

Nimmt man eine Kinetik erster Ordnung an, so läßt sich Gl. (5.22) auch zu Gl. (5.25) umschreiben, wobei der Vektor n^0 die Besetzungszahlen im thermischen Gleichgewicht darstellt.

$$\dot{n} = W_T(n - n^0) \tag{5.25}$$

Die Betrachtung von Gl. (5.25) zeigt, daß $\dfrac{dn_+}{dt} = 0$ ist. Dieses Ergebnis muß notwendigerweise folgen, da die Gesamtzahl der Spins sich nicht ändern kann. Für die hier interessierenden ^{13}C- und ^{1}H-Übergänge folgen aus Gl. (5.25), direkt oder unter Bezug auf Gl. (5.15c) und Gl. (5.15d) (s. S. 564), in Intensitäten ausgedrückt die für die ^{13}C-Spektroskopie wesentlichen Gln. (5.26) und (5.27)[11,12].

$$\begin{aligned} \frac{dn_H}{dt} &= -\varrho_H(n_H - n_H^0) - \sigma(n_C - n_C^0) & \text{(a)} \\ \frac{dn_C}{dt} &= -\varrho_C(n_C - n_C^0) - \sigma(n_H - n_H^0) & \text{(b)} \end{aligned} \tag{5.26}$$

$$-\frac{\mathrm{d}M_\mathrm{H}}{\mathrm{d}t} = \varrho_\mathrm{H}(M_\mathrm{H} - M_\mathrm{H}^0) + \sigma(M_\mathrm{C} - M_\mathrm{C}^0) \quad \text{(a)}$$
$$-\frac{\mathrm{d}M_\mathrm{C}}{\mathrm{d}t} = \varrho_\mathrm{C}(M_\mathrm{C} - M_\mathrm{C}^0) + \sigma(M_\mathrm{H} - M_\mathrm{H}^0) \quad \text{(b)}$$
(5.27)

Von den Gl. (5.26) und (5.27) lassen sich wichtige Schlußfolgerungen ableiten:

- Im gekoppelten ^{13}C-Spektrum ist das Relaxationsverhalten des ^{13}C-Atoms von **zwei Größen**, ϱ_C und σ, bestimmt.
- Unter Protonen-Entkopplung wird n_H bzw. M_H zu 0, so daß dann die zeitliche Änderung der Besetzungszahlen der ^{13}C-Spins nur noch von einem Term, ϱ_C, bestimmt wird. Der reziproke Wert von ϱ_C ist als Spin-Gitter-Relaxationszeit T_1 definiert (s. Gl. 5.28)).

$$\frac{1}{\varrho_\mathrm{C}} = T_1 \qquad (5.28)$$

Integration der Gleichungen liefert eine exponentielle Abhängigkeit. Der Ausdruck $\frac{1}{\sigma}$, der nur im gekoppelten ^{13}C-Spektrum Bedeutung besitzt, wird auch **cross relaxation** genannt.

1.2.2 Definition des NOE-Effekts

Unter Protonen-Entkopplung mit hoher Leistung ($M_\mathrm{H} = 0$) und im thermischen Gleichgewicht $\left(-\frac{\mathrm{d}M_\mathrm{C}}{\mathrm{d}t} = 0\right)$ reduziert sich die Gl. (5.27b) zu Gl. (5.29).

$$\varrho_\mathrm{C}(M_\mathrm{C} - M_\mathrm{C}^0) - \sigma M_\mathrm{H}^0 = 0 \qquad (5.29)$$

Da sich nach Gl. (5.30) die Gleichgewichtsmagnetisierungen von ^{1}H und ^{13}C wie die gyromagnetischen Verhältnisse γ verhalten, führt Einsetzen von Gl. (5.30) in Gl. (5.29)

$$\frac{M_\mathrm{C}^0}{M_\mathrm{H}^0} = \frac{\gamma_\mathrm{C}}{\gamma_\mathrm{H}} \qquad (5.30)$$

zu der bekannten Formel für den NOE-Effekt (s. Gl. (5.31)), welche die Änderung der ^{13}C-Intensitäten beim Bestrahlen der Protonen voraussagt.

$$\frac{M_\mathrm{C}\{\mathrm{H}\}}{M_\mathrm{C}^0} = 1 + \frac{\sigma \gamma_\mathrm{H}}{\varrho_\mathrm{C} \gamma_\mathrm{C}} = 1 + \eta = 1 + \frac{W_2 - W_0}{W_2 + 2W_{1\mathrm{C}} + W_0} \frac{\gamma_\mathrm{H}}{\gamma_\mathrm{C}} \qquad (5.31)$$

Der Ausdruck $\frac{\sigma \gamma_\mathrm{H}}{\varrho_\mathrm{C} \gamma_\mathrm{C}}$ wird auch oft mit η abgekürzt. Die NOE-Werte werden in der Literatur meist in der Form $\eta + 1$ angegeben.

Von den in Gl. 5.24c s. S. 565 vorkommenden Übergangswahrscheinlichkeiten wird im allgemeinen nur $W_{1\mathrm{C}}$ auch durch andere als dipolare Mechanismen beeinflußt, während W_2 und W_0 rein dipolaren Ursprungs sind. Um den dipolaren Anteil der Spin-Gitter-Relaxation zu beschreiben, lassen sich die hier dargestellten Gleichungen noch weiter umformen.

Aus den Gln. (5.9) (s. S. 563) geht hervor, daß im „extreme narrowing limit" sich die Übergangswahrscheinlichkeiten $W_2 : W_{1\mathrm{C}} : W_0$ wie $1 : \frac{1}{4} : \frac{1}{6}$ verhalten. Man kann daher die Gl. (5.24c) und (5.24d) auch in der Form der Gl. (5.32) schreiben, wobei jetzt $\varrho_{\mathrm{C\text{-}DD}}$ nur für die dipolaren Anteile der Spin-Gitter-Relaxation steht. Somit folgt aus Gl. (5.32) die Gl. (5.33).

$$\varrho_{\text{C-DD}} = \left(1 + \frac{1}{2} + \frac{1}{6}\right) W_2 \tag{5.32}$$

$$\sigma = \left(1 - \frac{1}{6}\right) W_2$$

$$\sigma = \frac{\varrho_{\text{C-DD}}}{2} = \frac{1}{2T_{1\text{-DD}}} \tag{5.33}$$

Ist die Spin-Gitter-Relaxation jedoch nicht rein dipolar, so schreibt man unter Berücksichtigung von Gl. (5.33) die Gl. (5.31) in der Form der Gl. (5.34).

$$\frac{M_{\text{C}}\{\text{H}\}}{M_{\text{C}}^0} = 1 + \frac{\gamma_{\text{H}}}{\gamma_{\text{C}}} \frac{T_1}{2T_{1\text{-DD}}} \tag{5.34}$$

Da sich γ_{H} und γ_{C} etwa wie 4 : 1 (genau 3,98 : 1) verhalten, vereinfacht sich Gl. (5.34) zu Gl. (5.35). Für rein dipolare Relaxation folgt aus Gl. (5.35) der maximale NOE-Effekt, d.h. eine Intensitätszunahme der ^{13}C-Resonanzen bei Protonen-Entkopplung um den Faktor 3.

$$\text{NOE} = 1 + 2 \frac{T_1}{T_{1\text{-DD}}} \tag{5.35}$$

Sind andere Relaxationsmechanismen wirksam, so reduziert sich dieser Faktor entsprechend. Der NOE-Effekt wird nach der Methode des inversen Gated-Decoupling (s. S. 46) gemessen.

1.2.3 Qualitative Abschätzung der dipolaren Relaxationszeit

Unter Entkopplungsbedingungen und für rein dipolare Relaxation folgt aus den Gl. (5.32) und (5.9) (s. S. 563) im „extreme narrowing limit" die Gl. (5.36):

$$\frac{1}{T_{1\text{-DD}}} = \varrho_{\text{C-DD}} = \frac{\gamma_{\text{H}}^2 \gamma_{\text{C}}^2 \hbar^2}{r^6} \tau_c \tag{5.36}$$

Trägt ein Kohlenstoff-Atom n Wasserstoff-Atome, so gilt in erster Näherung statt Gl. (5.36) die Gl. (5.36a), wobei besondere Effekte des Mehrspinsystems[9] vernachlässigt sind.

$$\frac{1}{T_{1\text{-DD}}} = \frac{n \gamma_{\text{H}}^2 \gamma_{\text{C}}^2 \hbar^2}{r^6} \tau_c \tag{5.36a}$$

Die Gl. (5.36) ist die Grundlage aller raschen Abschätzungen für ^{13}C-T_1-Zeiten. Einsetzen der Konstanten führt bei Annahme eines effektiven CH-Abstandes von 108 pm und einer Korrelationszeit von ca. 10^{-11} s zu einer dipolaren Relaxationszeit von ca. 4 s für ein Methinkohlenstoff-Atom. Nach Gl. (5.36a) sollten Methylen- oder Methyl-Gruppen im gleichen Molekül dann Relaxationszeiten von 2 bzw. 1,5 s aufweisen. Ein quartäres C-Atom, wie etwa das Carbonylkohlenstoff-Atom eines aliphatischen Esters, sollte mit $n = 2$ und $r_{\text{CH}} = $ ca. 210 pm eine Relaxationszeit von ca. 120 s besitzen.

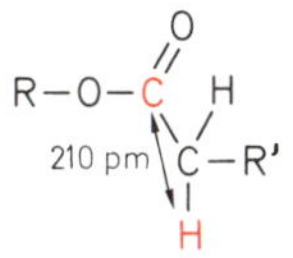

Abschätzungen dieser Art treffen häufig nicht zu, vor allem ist der Übergang von der Relaxationszeit eines CH-Fragments auf eine Methyl-Gruppe meist unzulässig. Wie in Abschn. 3.4 (s. S. 578) gezeigt wird, gilt für die Methyl-Gruppen oft eine andere effektive Korrelationszeit.

Ein weiteres Hindernis für eine Anwendung von Gl. (5.36) ist der Umstand, daß Moleküle häufig nicht isotrop reorientieren, wie in Gl. (5.36) implizit vorausgesetzt ist. Vorzugsachsen der molekularen Beweglichkeit sind dafür verantwortlich, daß auch Methinkohlenstoff-Atome im gleichen Molekül unterschiedlich schnell relaxieren. Hierauf wird in Abschn. 3.3 (s. S. 576) eingegangen.

Aus Gl. (5.36) läßt sich jedoch abschätzen, wie sich die Substitution eines Wasserstoff-Atoms durch einen anderen magnetischen Kern auf die ^{13}C-Relaxation auswirkt. So ist für Fluor das gyromagnetische Verhältnis annähernd gleich groß wie das des Protons, jedoch ist der durchschnittliche C−F-Abstand mit 140 pm wesentlich größer als der CH-Abstand. Wegen der r^{-6} Abhängigkeit in Gl. (5.36) beträgt die Relaxationsrate $1/T_1$ eines CF-Fragments nur noch etwa 15% der eines entsprechenden CH-Fragments, für ^{15}N wegen des wesentlich kleineren gyromagnetischen Verhältnisses nur noch ca. 1%.

Das Deuterium-Atom, dessen gyromagnetisches Verhältnis etwa ein Sechstel von γ_H des Protons beträgt, kann daher nur noch 3% der Relaxationsrate eines CH-Fragments bewirken. Dieser Umstand ist von zentraler Bedeutung für die ^{13}C-NMR-Spektroskopie, denn ohne die lange Relaxationszeit der C-Atome der deuterierten Lösungsmittel würden enorme „dynamic range"-Probleme (vgl. S. 22) auftreten.

1.3 Andere Relaxationsmechanismen

Neben den fluktuierenden dipolaren Zusatzfeldern werden noch eine Reihe anderer lokaler Magnetfelder diskutiert, die in ihrer Bedeutung aber weit hinter den dipolaren zurückstehen und daher hier nur kurz skizziert werden sollen.

1.3.1 Spin-Rotations-Relaxation

Neben der dipolaren Relaxation ist der Spin-Rotations-Mechanismus (SR) der wichtigste. Bei der schnellen Rotation z. B. einer Methyl-Gruppe wird durch die in Drehung befindlichen Bindungselektronen (vgl. Abb. 5.6) am Ort des Methyl-C-Atoms ein lokales Magnetfeld aufgebaut. Bei allen effektiven Stößen ändert sich der Rotationszustand der Methyl-Gruppe und somit die Größe des lokalen Zusatzfeldes. Liegen die Stoßfrequenzen

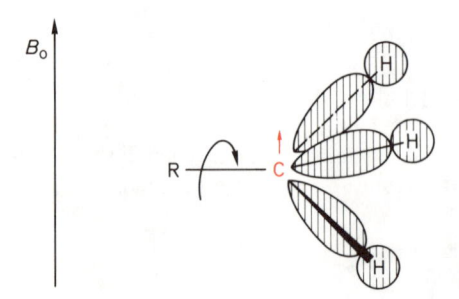

Abb. 5.6 Zum Verständnis der Spin-Rotations-Relaxation, schematische Darstellung anhand einer Methyl-Gruppe

in der Größenordnung der Larmor-Frequenz des ^{13}C-Atoms, so kann dieser Mechanismus für die ^{13}C-Relaxation Bedeutung erlangen.

1.3.2 Relaxation durch Anisotropie der Abschirmung

Wie auf S. 78 geschildert, ist die Abschirmungskonstante δ ein Tensor. Von verschiedenen Raumrichtungen aus betrachtet, besitzen die Kohlenstoff-Atome unterschiedliche δ-Werte. Bedingt durch die Anisotropie dieses Tensors (**shielding anisotropy, SA**) ist daher mit der Molekülbewegung wieder eine lokale Feldänderung gekoppelt, über die das ^{13}C-Atom relaxiert werden kann. Dieser Mechanismus kann vor allem bei Kohlenstoff-Atomen in Carbonyl- oder Acetylen-Gruppen, die eine relative hohe Anisotropie von δ besitzen, auftreten und wegen seiner quadratischen Feldstärke-Abhängigkeit bei sehr hohen Feldstärken nachgewiesen werden.

1.3.3 Relaxation durch skalare Kopplung

Ist ein ^{13}C-Kern direkt an einen anderen magnetischen Kern gebunden, dessen Spinzustand sich rasch ändert, sei es durch dynamischen Austausch oder durch schnelle Relaxation infolge eines Quadrupolmomentes, so können durch diese Spinzustandsänderung wiederum oszillierende lokale Zusatzfelder am Ort des ^{13}C-Kernes erzeugt werden und zu dessen Relaxation beitragen. Dies kann auch für ^{13}C-Atome zutreffen, die an Schweratome mit $I = \frac{1}{2}$, wie Hg, Pt oder Tl gebunden sind[13].

Während die Spin-Gitter-Relaxation durch dynamischen Austausch für ^{13}C-NMR noch nicht nachgewiesen ist, treten besondere Effekte für direkt an Quadrupolkerne gebundene ^{13}C-Atome auf, die an dieser Stelle zusammenhängend besprochen werden sollen. Hierbei ist es notwendig, zwischen der **Quadrupolrelaxation des Quadrupolkernes selbst** und den sich daraus ergebenden **Konsequenzen für den direkt gebundenen ^{13}C-Kern** zu unterscheiden, nämlich

– der Beeinflussung der Spin-Gitter-Relaxationszeit des ^{13}C-Kerns durch den Mechanismus der skalaren Kopplung (**scalar coupling, SC**),

– der Beobachtbarkeit der indirekten Spin,Spin-Kopplungskonstanten zwischen ^{13}C und dem Quadrupolkern, und damit

– der Auswirkung auf die Linienbreite oder Spin-Spin-Relaxation eines ^{13}C-Atoms, das direkt an einen Quadrupolkern gebunden ist.

Quadrupolrelaxation

In Tab. 5.1 sind die Eigenschaften der häufig an ^{13}C direkt gebundenen Quadrupolkerne zusammengestellt. Diese Kerne können aufgrund der Wechselwirkung ihres elektrischen Kern-Quadrupols mit dem elektrischen Feldgradienten ihrer Elektronenhülle auch magnetisch besonders effektiv relaxieren. Mißt man die Resonanzlinien dieser Kerne in organischen Verbindungen, so ergeben sich die angegebenen typischen Linienbreiten, aus denen sich ihre Quadrupolrelaxationszeiten T_{1Q} nach Gl. (5.37) ermitteln lassen.

$$T_{1Q} = T_{2Q} = \frac{1}{\pi \Delta r_{\frac{1}{2}}} \tag{5.37}$$

Aus der Relaxationstheorie[14] ergibt sich für die Quadrupolrelaxation, bei der $T_1 = T_2$ ist, der Ausdruck in Gl. (5.38). Hierbei stellt I die Spinquantenzahl, χ die Kernquadrupol-

Konstante (s. Gl. (5.39)) und η den Asymmetrieparameter des Feldgradienten dar (s. Gl. (5.40)). τ_c ist wieder die molekulare Korrelationszeit.

$$\frac{1}{T_{2Q}} = \frac{1}{T_{1Q}} = \frac{3\pi^2(2I+3)}{10I^2(2I-1)}\left(1 - \frac{\eta^2}{3}\right)\chi^2\tau_c \tag{5.38}$$

$$\chi = \frac{e^2 q_{zz} Q}{k} \tag{5.39}$$

$$\eta = \frac{q_{yy} - q_{xx}}{q_{zz}} \tag{5.40}$$

Nach Gl. 5.38 wird die Quadrupolrelaxation im gleichen Maße von der Molekülbewegung beeinflußt wie die Dipol-Dipol-Relaxation. Neben dem Quadrupolmoment Q und der Spinquantenzahl I bestimmen vor allem die Gradienten des elektrischen Feldes q der Elektronenhülle des Kernes die Quadrupolrelaxation.

Auswirkungen eines Quadrupolkerns auf den direkt gebundenen ^{13}C-Kern
Einfluß auf die Spin-Gitter-Relaxationszeit des ^{13}C-Kernes

Weist ein ^{13}C-Kern eine skalare Kopplung zu einem schnell relaxierenden Quadrupolkern auf, so können durch die Quadrupolrelaxation oszillierende lokale Magnetfelder am Ort des ^{13}C-Atoms erzeugt werden, die zur ^{13}C-Spin-Gitter-Relaxation beitragen.

Für den Mechanismus der Relaxation durch skalare Kopplung $T_{1\text{-SC}}$ ist die Gl. 5.41 entwickelt worden.

$$\frac{1}{T_{1\text{-SC}}} = \frac{8\pi^2 J^2}{3} I(I+1) \frac{T_{1Q}}{1 + (\omega_C - \omega_I)^2 T_{1Q}^2} \tag{5.41}$$

J = Spin,Spin-Kopplungskonstante

Einsetzen typischer Werte aus Tab. 5.1 zeigt sofort, daß bedingt durch den Term $(\omega_C - \omega_I)^2$ dieser Mechanismus in der überwiegenden Mehrzahl der Fälle keine Bedeu-

Tab. 5.1 Kernspindaten einiger Quadrupolkerne

Symbol	Spin I	Quadrupol-moment Q (10^{-28} m^2)	natürl. Häufigkeit	Resonanz-frequenz[b] (MHz)	Typische Halb-wertsbreiten in org. Verbindungen $\Delta v_{\frac{1}{2}}$ (Hz)	Größenordnung der Spin,Spin-Kopplung von $^1J\,^{13}$C, $^1J\,^{13}$C,X (Hz)
^{2}H	1	$2{,}73 \cdot 10^{-3}$	0,015[a]	15,35	5	25
^{7}Li	$\frac{3}{2}$	$-3 \cdot 10^{-2}$	92,58	38,86	1–5	14
^{11}B	$\frac{3}{2}$	$3{,}55 \cdot 10^{-2}$	80,42	32,08	200	50
^{14}N	1	$1{,}60 \cdot 10^{-2}$	99,63	7,22	100–1000	10
^{35}Cl	$\frac{3}{2}$	$-7{,}89 \cdot 10^{-2}$	75,53	9,80	10^4	
^{37}Cl	$\frac{3}{2}$	$-6{,}21 \cdot 10^{-2}$	24,47	8,16	10^4	
^{79}Br	$\frac{3}{2}$	0,33	50,54	25,05	10^4	
^{81}Br	$\frac{3}{2}$	0,28	49,46	27,01	10^4	
^{127}I	$\frac{5}{2}$	$-0{,}69$	100,00	20,01	10^4	

[a] ca. 100% in deuterierten Lösungsmitteln
[b] für ein Magnetfeld von 2,3 Tesla

tung hat. Eine Ausnahme stellen bromierte Verbindungen dar, da die Resonanzfrequenz von ^{79}Br nahe bei der von ^{13}C liegt.

Einfluß auf die Beobachtbarkeit der Spin,Spin-Kopplungskonstanten

Skalare Spin,Spin-Kopplungen zwischen zwei magnetischen Spins können nur dann beobachtet werden, wenn die Relaxationsraten $\frac{1}{T_1}$ beider an der Spin,Spin-Kopplung beteiligten Kerne klein gegenüber der mit 2π multiplizierten Kopplungskonstanten J sind. Kommen die Relaxationsraten in die Größenordnung von $2\pi J$, so verbreitern sich die Multiplettlinien, und man erhält ein einziges scharfes Signal, wenn die Relaxationsrate groß gegenüber $2\pi J$ ist[15].

Berechnet man mit Gl. (5.37) (s. S. 569) aus den Halbwertsbreiten der Tab. 5.1 die Relaxationsraten und vergleicht sie mit den Spin,Spin-Kopplungskonstanten, so zeigt sich, daß für ^{2}H und ^{7}Li die Kopplungen mit ^{13}C ohne Schwierigkeiten zu messen sind, während Kopplungen zu Bor meist nicht mehr gemessen werden können. ^{13}C, ^{14}N-Kopplungen sind nur in Ausnahmefällen beobachtbar, nämlich dann, wenn die elektronische Umgebung des Stickstoff-Atoms völlig oder nahezu symmetrisch ist (Ammonium-Salze, Isonitrile etc.) (vgl. Gl. 5.38, S. 570). Kopplungen zu den Halogen-Atomen sind nach diesen Abschätzungen mit Hilfe der ^{13}C-NMR Spektroskopie nicht meßbar.

Einfluß auf die Spin-Spin-Relaxation (Linienbreite) des ^{13}C-Kerns

Die Resonanzlinien von ^{13}C-Atomen, die direkt mit Quadrupolkernen verbunden sind, können deutlich gegenüber den Linienbreiten anderer ^{13}C-Signale im gleichen Molekül verbreitert sein. Im Falle an Bor gebundener ^{13}C-Atome kann dies sogar soweit führen, daß die ^{13}C-Signale im Rauschen untergehen. Dieser Effekt rührt von einer gerade ausgemittelten Spin,Spin-Kopplungskonstanten $\left(\frac{1}{T_1} \approx 2\pi J\right)$ her und wird durch den Mechanismus der Spin-Spin-Relaxation $T_{2\text{-sc}}$ des ^{13}C-Kerns infolge skalarer Kopplung hervorgerufen. Hierfür gilt die Gl. (5.42).

$$\frac{1}{T_{2\text{-sc}}} = \frac{1}{2 T_{1\text{-sc}}} + \frac{4\pi^2 J^2}{3} I(I+1) T_{1Q} \tag{5.42}$$

Wie oben gezeigt wurde, ist der erste Term in Gl. 5.42 unerheblich infolge der großen Resonanzfrequenz-Differenz in Gl. 5.41. Einsetzen typischer Werte für ^{14}N in den zweiten Term der Gleichung zeigt jedoch, daß ein Quadrupolkern eine Linienverbreiterung für ^{13}C hervorrufen kann.

Aus den hier diskutierten Zusammenhängen ergibt sich, daß Entkopplungsexperimente zur Verschärfung von verbreiterten Signalen von ^{13}C-Kernen, die an Quadrupolkerne gebunden sind, zum Erfolg führen können, wenn diese Verbreiterung durch eine gerade ausgemittelte Spin,Spin-Kopplungskonstante hervorgerufen wird. Variation der Temperatur und damit Veränderung der Quadrupolrelaxation kann zu einer Verschärfung der ^{13}C-Signale führen. Das Quadrupolmoment selbst läßt sich prinzipiell nicht entkoppeln.

1.3.4 Relaxation durch paramagnetische Spezies

Bedingt durch das große gyromagnetische Verhältnis des ungepaarten Elektrons können ^{13}C-Atome über die Dipol-Dipol-Wechselwirkung mit dem ungepaarten Elektron relaxieren, selbst wenn der Abstand zwischen ^{13}C-Kern und dem Aufenthaltsbereich des freien Elektrons unter Umständen recht groß ist.

In den Anfängen der ^{13}C-Spektroskopie wurden zur Verbesserung des Signal-Rausch-Verhältnisses sogenannte Relaxationsreagenzien wie Cr(III)-(acetonylacetonat)$_3$ der Meßprobe hinzugefügt, um schnellere Pulsrepetitionsraten zu ermöglichen. Auch gelöster Sauerstoff verkürzt infolge seines Paramagnetismus die Relaxationszeiten. Quantitative Aussagen aus Relaxationsdaten, bei denen der paramagnetische Relaxationsmechanismus dominiert, oder Strukturanalysen, wie sie etwa bei Lanthaniden-Shift-Untersuchungen durchgeführt werden (vgl. Kap. 7, S. 603), sind jedoch sehr schwierig[16].

1.3.5 Unterscheidung zwischen den Relaxationsmechanismen

Die Relaxationsraten aus allen möglichen Relaxationsmechanismen addieren sich zur experimentell gemessenen Relaxationsrate nach Gl. (5.43), wobei die Abkürzungen DD, SR, SA, SC und E für **dipole dipole, spin rotation, shielding anisotropy, scalar coupling und electron relaxation** stehen.

$$\frac{1}{T_{1\text{-exp.}}} = \frac{1}{T_{1\text{-DD}}} + \frac{1}{T_{1\text{-SR}}} + \frac{1}{T_{1\text{-SA}}} + \frac{1}{T_{1\text{-SC}}} + \frac{1}{T_{1\text{-E}}} \tag{5.43}$$

Eine NOE-Messung sollte sich an jede Relaxationszeit-Messung anschließen, da mit Hilfe der Gl. (5.35) dann sofort die für die Diskussion der chemischen Struktur einzig wichtige dipolare Relaxationszeit berechnet werden kann. Für die weitere Differenzierung der restlichen Relaxationsraten wird auf die angegebene Literatur verwiesen.

2. Messung der Spin-Gitter-Relaxationszeit

Für die Messung von ^{13}C-Spin-Gitter-Relaxationszeiten sind eine Reihe von Verfahren mit zahlreichen Varianten entwickelt worden[1–5]. Es soll hier lediglich das grundlegende Verfahren der „Inversion-Recovery"-Methode[17], von der letztlich alle anderen Methoden abgeleitet worden sind, besprochen werden.

Hierbei wird die Magnetisierung (vgl. Abb. 5.7) eines im Gleichgewicht befindlichen Spinsystems durch einen 180°-Puls in die negative z-Achse invertiert. Die nach einer Wartezeit τ vorhandene Magnetisierung wird durch einen 90°-Puls in die xy-Ebene gedreht, wonach der resultierende FID aufgenommen wird. Die Pulsfolge läßt sich demnach in der Form (5.44) schreiben. Vor jedem 180°-Puls müssen ca. fünf T_1-Zeiten des am langsamsten relaxierenden C-Atoms in der Probe abgewartet werden, einer der Hauptnachteile dieser Methode. Die Aufnahmesequenz (5.44) wird für eine Reihe von τ-Werten, meist etwa zehn, wiederholt. In der Praxis fügt man zur Kontrolle der Spektrometer-Stabilität am Anfang, in der Mitte und am Ende der Gesamtzeit eine Messung mit $\tau_\infty = 5T_1$ ein, weil vor allem die Genauigkeit dieses Wertes das Meßergebnis bestimmt.

$$(5T_1, 180_x, \tau, 90_x, \text{AT}) \tag{5.44}$$

Die Auswertung dieser Meßreihe entsprechend Abb. 5.7 erfolgt mit Hilfe von Gl. 5.45, die sich durch Integration der Definitionsgleichung für T_1 (s. Gl. (1.40), S. 11) ergibt.

$$\ln(-M_0 + M_z) = -\frac{t}{T_1} + C \tag{5.45}$$

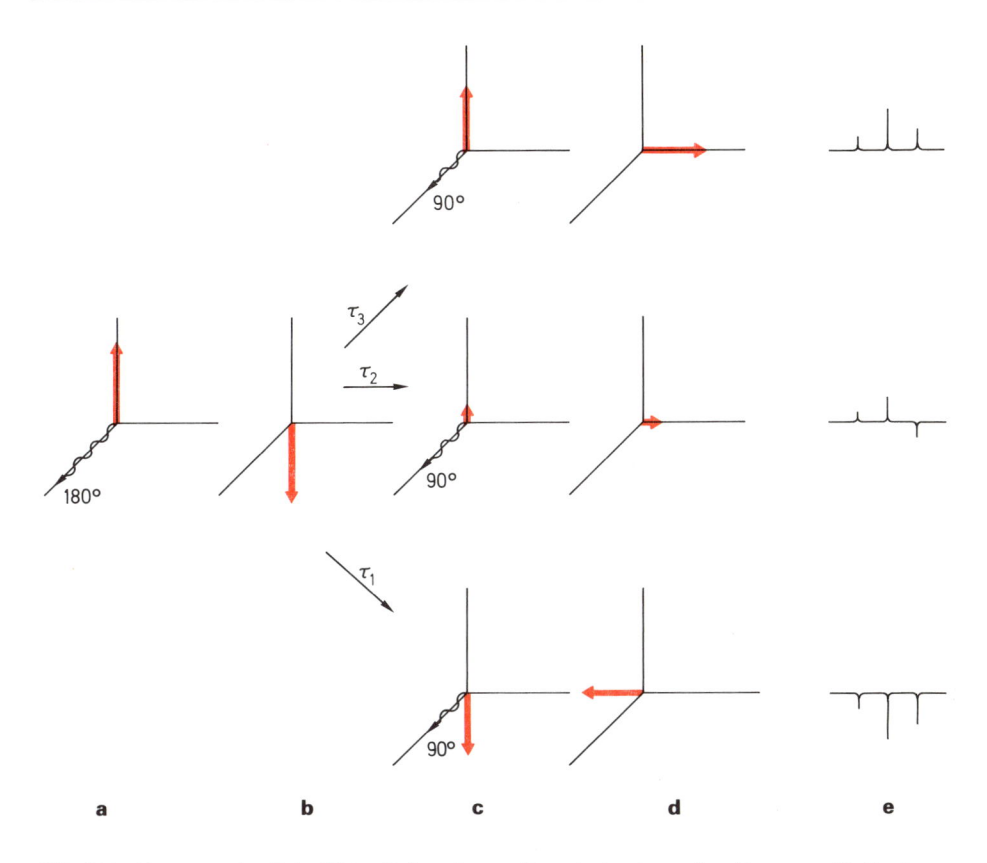

Abb. 5.7 Messung der Spin-Gitter-Relaxationszeit nach der Inversion-Recovery-Methode

Aus Gl. (5.45) folgt mit der Randbedingung, daß bei $t = 0$ $M_z(t = 0) = -M_0$ ist,

$$\ln(-2M_0) = C,$$

und es resultiert daher

$$\ln(-M_0 + M_z) = -\frac{t}{T_1} + \ln(-2M_0). \tag{5.46}$$

Der Gleichgewichtsmagnetisierung M_0 entspricht die Intensität der jeweiligen Linie I_∞ für $\tau_\infty = 5T_1$, so daß aus Gl. (5.46) die Gl. (5.47) folgt.

$$\ln(I_\infty - I_\tau) = \ln(2I_\infty) - \frac{\tau}{T_1}. \tag{5.47}$$

Trägt man daher die Differenz zwischen I_∞ und der Intensität einer Linie bei einem bestimmten Wert τ logarithmisch gegen τ auf, so erhält man aus der Steigung der Geraden den T_1-Wert.

In den Abb. 5.8 und 5.9 ist eine T_1-Messung für die Methyl-Gruppen von Crotonsäureethylester und die halblogarithmische Auftragung der Meßwerte gezeigt.

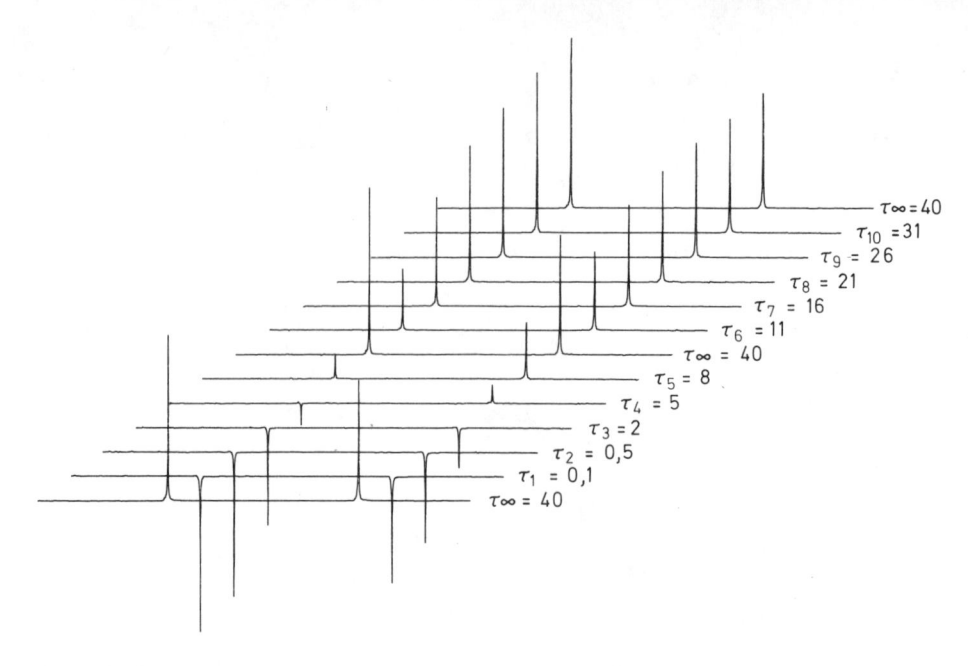

Abb. 5.8 Relaxationszeit-Messung nach der Inversion-Recovery-Methode an den Methyl-Gruppen von Crotonsäureethylester (in s)

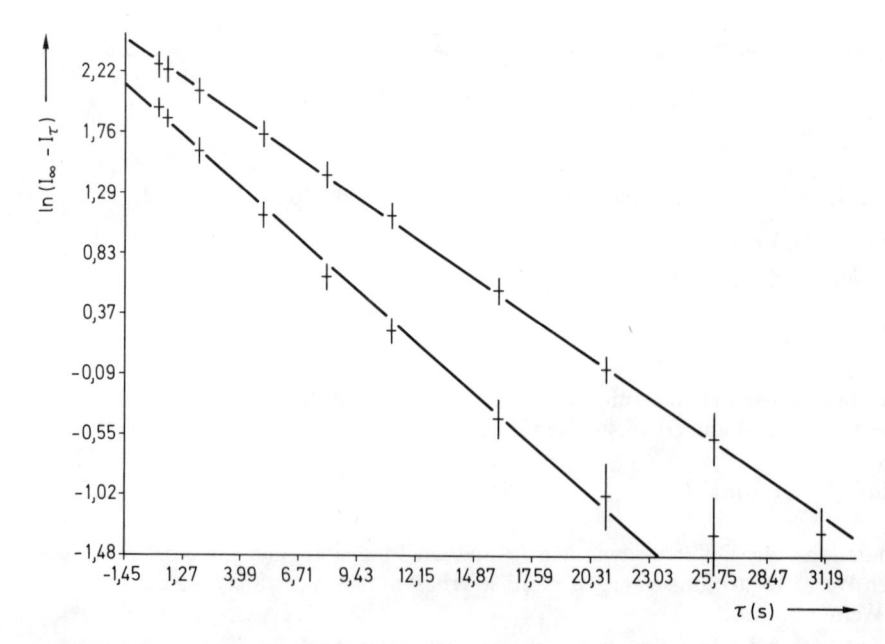

Abb. 5.9 Semilogarithmische Auswertung der Relaxationszeit-Messung nach Abb. 5.8; T_1-Werte 6,9 und 8,9 s

Zur Durchführung dieser Messungen muß die Probe sorgfältig entgast sein, da gelöster Sauerstoff als paramagnetische Verbindung die Relaxationszeit beeinflußt (vgl. Abschn. 1.3.4, S. 571). Meßtemperatur und Konzentration sollten ermittelt und angegeben werden, da beide Größen Einfluß auf die molekulare Beweglichkeit haben. Neben vielen anderen Detailproblemen bei T_1-Messungen muß vor allem auf die Kalibrierung der 90° und 180° Pulse, auf die Homogenität des RF-Feldes über das Probenvolumen und die Gültigkeit der 90°- und 180°-Pulse auch für von der Frequenz des HF-Pulses weiter entfernte ^{13}C-Resonanzen geachtet werden.

Im Prinzip sind Relaxationszeit-Messungen vergleichende Intensitätsmessungen über einen recht großen Frequenzbereich. Trotz aller Bemühungen der Gerätehersteller ist die Reproduzierbarkeit solcher Messungen weitaus schlechter als etwa die Messung der Resonanzfrequenz eines Kernspins. Allzu genauen Angaben der Literatur über T_1-Werte ist daher mit Skepsis zu begegnen.

3. Anwendungen von Spin-Gitter-Relaxationszeiten

Zwischen T_1-Werten und chemischer Struktur gibt es keinen direkten Zusammenhang in dem Maße, wie er für die chemische Verschiebung und die Spin,Spin-Kopplung erarbeitet wurde. In erster Linie spiegeln T_1-Werte molekulare Beweglichkeiten wieder, wie in Abschn. 1 (s. S. 559) gezeigt wurde. Strukturelle Informationen sind meist nur aus Betrachtungen über die Gesamt- oder Segmentbeweglichkeit von Molekülen zugänglich.

3.1 T_1-Werte als Zuordnungskriterien in der ^{13}C-Spektroskopie

Obwohl im Prinzip innerhalb eines Moleküls die Unterscheidung zwischen quartären, tertiären und sekundären C-Atomen aufgrund von T_1-Messungen zugänglich ist, wäre eine solche Analyse verglichen mit anderen Methoden, etwa der Off-Resonance-Aufnahme oder dem „Refocused-INEPT"-Verfahren, viel zu aufwendig. Die praktische Anwendung von T_1 als Zuordnungshilfe beschränkt sich daher auf die Zuordnung von quartären C-Atomen, falls aufgrund der Molekülstruktur Unterschiede im Abstand zu den nächsten Wasserstoff-Atomen vorhanden sind. Zur Analyse darf man jedoch nur die dipolaren $T_{1\text{-DD}}$-Zeiten verwenden. Für Codein **1**[18] wurden die Relaxationszeiten der quartären C-Atome C-3, C-11, C-12, C-13, und C-14 gemessen.

	T_1 (s)	δ (ppm)
C-3	1,8	127,0
C-11	1,5	42,9
C-12	5,1	130,9
C-13	8,9	146,6
C-14	5,2	141,7

Die Unterscheidung zwischen C-13 und C-14 erfolgte aufgrund der T_1-Werte, da C-13 kein Wasserstoff-Atom in β-Position besitzt. Ebenso konnte die Unterscheidung zwischen C-3 und C-12 getroffen werden.

Werden T_1-Zeiten nur für solche Zuordnungen benötigt, erübrigen sich meist ihre absoluten Messungen, und es genügt, ihre relative Größe innerhalb des betrachteten Moleküls festzulegen[19] (**partially relaxed spectrum**).

3.2 Spin-Gitter-Relaxation und Molekülbewegung

Den Zusammenhang zwischen T_1-Zeiten und molekularer Beweglichkeit verdeutlicht am besten eine Meßreihe an Cycloalkanen, die in Tab. 5.2 wiedergegeben ist[20].

Tab. 5.2 T_1-Werte von Cycloalkanen (s)

n	$T_{1-exp.}$	NOE$_{(n+1)}$	T_{1-DD}
3	36,7	2,0	72,2
4	35,7	2,4	50,7
5	29,2	2,5	38,2
6	19,6	2,9	20,5
7	16,2	3,0	16,2
8	10,3	3,0	10,3
10	6,8		
15	3,2		
20	1,9		
30	1,3		
40	1,2		

$(CH_2)_n$

Die Tabelle zeigt anschaulich, wie die dipolare Relaxationszeit von sehr hohen Werten bei den kleinen, schnell drehenden Molekülen Cyclopropan und Cyclobutan zu den höheren Cycloalkanen hin abnimmt. Je größer die Moleküle, desto langsamer ihre Reorientierung und um so kürzer die Relaxationszeit. Wie der Vergleich mit den experimentellen T_1-Werten und den NOE-Faktoren zeigt, werden die kleinen Ringe noch über andere Mechanismen, wahrscheinlich den Spin-Rotations-Mechanismus, relaxiert. Die Tatsache, daß die T_1-Werte bei sehr großen Ringen sich asymptotisch einem Grenzwert von ca. 1,2 s nähern, legt den Schluß nahe, daß in diesen Molekülen die die Relaxation bestimmende Korrelationszeit nicht mehr durch die Gesamtreorientierung des Cycloalkans, sondern durch die Einzelreorientierung eines CH_2-Segmentes bestimmt wird.

3.3 Anisotropie der molekularen Beweglichkeit

Bei Gültigkeit der in Abschn. 1 (s. S. 559) abgeleiteten Gleichungen sollten alle C-Atome mit gleicher Anzahl von Wasserstoff-Atomen in einem Molekül die gleiche Relaxationszeit besitzen. Wie Tab. 5.3[21] zeigt, ist dies jedoch schon für monosubstituierte Aromaten keineswegs der Fall.

Anwendung der Spin-Gitter-Relaxationszeiten

Tab. 5.3 T_1-Zeiten in monosubstituierten Aromaten (s)

	C−1	C−2/6	C−3/5	C−4	andere
Benzol	29,3				
Phenol	21,5	4,4	3,9	2,4	
Toluol	58	20	21	15	CH_3: 16,3
Styrol	75	14,8	13,5	11,9	α-C: 17 β-C: 7,8
Phenylacetylen	107	14,2	14	9	α-C: 132 β-C: 9,3

Der Grund hierfür ist eine Vorzugsrichtung der Bewegung (Rotationsdiffusion) um die Längsachse dieser Moleküle. Von dieser relativ schnellen Molekülbewegung (vgl. Abb. 5.10) werden jedoch nur C-2/6 und C-3/5 relaxiert, während C-4 durch diese Bewegung keine Änderung des lokalen Zusatzfeldes durch sein Wasserstoff-Atom erfährt.

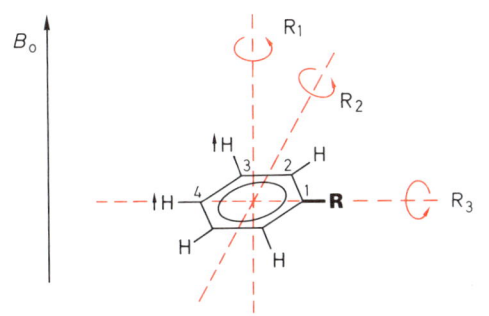

Abb. 5.10 Darstellung der anisotropen Rotationsdiffusion von monosubstituierten Benzolen

Die Molekülbewegungen senkrecht zur Vorzugsrichtung sind ungünstiger und somit langsamer, weil hierbei mehr Lösungsmittelmoleküle verdrängt werden müssen. Diese Molekülbewegungen relaxieren aber vorzugsweise C-4, welches daher in allen Beispielen der Tab. 5.3 die kürzeste Relaxationszeit zeigt.

Effekte der Anisotropie molekularer Beweglichkeit zeigen sich an der Mehrzahl der T_1-Zeiten organischer Verbindungen mit mittlerer rel. Molekülmasse. Da die in diesen Werten verborgene Information potentiell große Bedeutung erhalten kann im Hinblick auf das Reaktionsverhalten dieser Verbindungen, wurde schon frühzeitig versucht, aufgrund von ^{13}C-Relaxationszeit-Messungen quantitative Aussagen zur Anisotropie der Rotationsdiffusion zu erhalten. Die hierzu ausgearbeitete Theorie[22] ersetzt in Gl. (5.36) (s. S. 567) die isotrope Korrelationszeit τ_c durch drei Rotationsdiffusionskonstanten R_i um die drei Hauptachsen des Rotationsdiffusionstensors.

Die Hauptschwierigkeit aller quantitativen Arbeiten[23,24] besteht darin, die Lage des Rotationsdiffusionstensors relativ zum Molekül festzulegen. Die Relaxationszeiten sind eine Funktion der drei Rotationsdiffusionskonstanten $R_{1,2,3}$ und der Richtungscosinus-Funktionen der Winkel λ, μ, ν, die die einzelnen CH-Vektoren zu den Hauptachsen des Rotationsdiffusionstensors bilden (s. Gl. (5.48)).

$$\frac{1}{T_1} = f(R_1, R_2, R_3, \mu, \nu, \lambda) \tag{5.48}$$

Bei Molekülen mit stark ausgeprägter Anisotropie der molekularen Beweglichkeit, etwa dem Retinal 2^{25}, kann man versuchen, eine beste Molekülkonformation in Lösung zu berechnen, welche nach Gl. (5.48) die beste Übereinstimmung zwischen gemessenen und experimentellen T_1-Werten liefert.

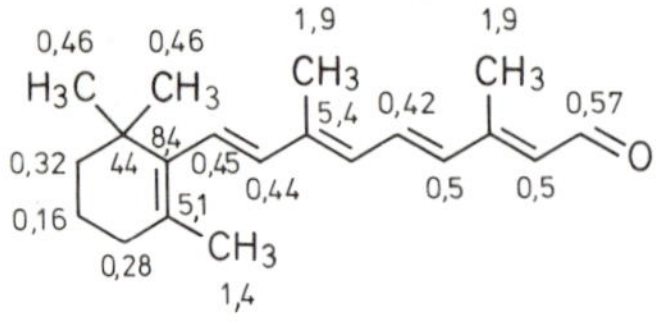

3.4 Segmentbeweglichkeit und Methyl-Gruppen-Rotation

Zahlreiche organische Moleküle bestehen aus einem mehr oder weniger starren Skelett und beweglichen Seitenketten, im einfachsten Fall einer Methyl-Gruppe. Der Nachweis solcher innermolekularen dynamischen Phänomene ist durch ^{13}C-T_1-Messungen möglich.

Für eine Methyl-Gruppe sind zwei Extremfälle denkbar. Die Methyl-Gruppe kann entweder „frei" und unbeeinflußt von der Gesamtbewegung des Moleküls rotieren, wie etwa im Toluol, oder aber sterisch so gehindert sein, daß sie nicht über die Eigenrotation, sondern über die Gesamtbewegung des Moleküls relaxiert wird.

Nach der Theorie[26] besitzt die frei drehende Methyl-Gruppe die dreifache dipolare Relaxationszeit eines Methinkohlenstoff-Atoms im gleichen Molekül, während die T_1-Zeit der nur von der Gesamtbewegung des Moleküls relaxierten Methyl-Gruppe ein Drittel der Relaxationszeit eines Methinkohlenstoff-Atoms nach Gl. (5.36) (s. S. 567) beträgt.

Man kann daher aus der Temperaturabhängigkeit der dipolaren Relaxationszeit einer Methyl-Gruppe Rotationsbarrieren bestimmen, die in einem Bereich liegen, der mit der klassischen dynamischen NMR-Spektroskopie nicht mehr zugänglich ist (vgl. Kap. 6, S. 584).

Befinden sich mehrere Methyl-Gruppen am selben Grundkörper in Positionen unterschiedlicher sterischer Hinderung, so können mit Hilfe von Relaxationszeit-Messungen Zuordnungen bestätigt oder sterische Hinderung experimentell belegt werden. Bei der Interpretation der Daten ist immer der Bezug auf die Gesamtbewegung des Moleküls, also die T_1-Zeit eines Methinkohlenstoff-Atoms des Gerüsts, wichtig. In den Molekülen 3^{5a}, 4^{27} und 5^{28} wird die unterschiedliche sterische Hinderung für die Methyl-Gruppen-Rotation sofort aus den T_1-Zeiten ersichtlich.

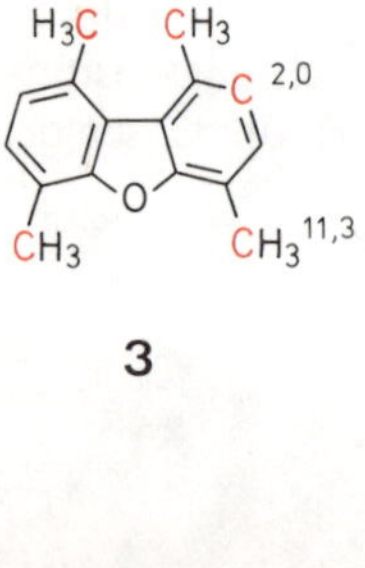

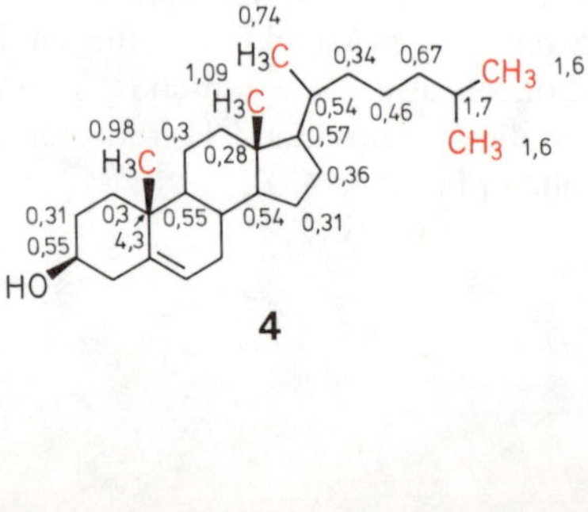

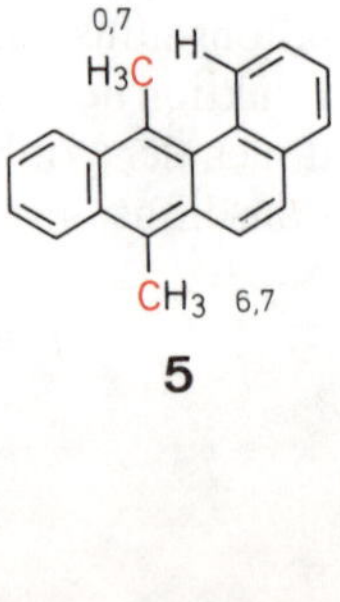

Der Vergleich zwischen 1-Methylnaphthalin **6** und 9-Methylanthracen **7**[29] zeigt, daß die Methyl-Gruppe im Anthracen „freier" rotiert, da hier das Rotationspotential nicht durch eine bevorzugte Konformation ausgezeichnet ist.

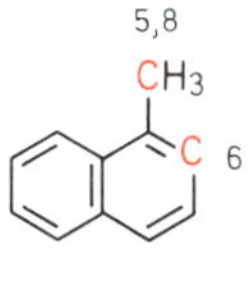

6 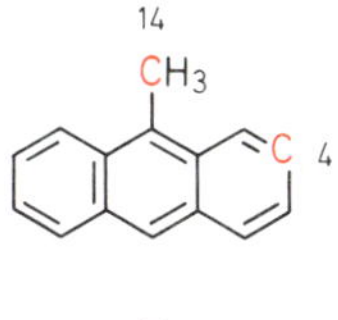   **7**

Bei kettenförmigen Molekülen **8** mit zwei endständigen Methyl-Gruppen an einem doppelt gebundenen C-Atom scheint infolge der Anisotropie der Beweglichkeit dieser Moleküle die *cis*-ständige Methyl-Gruppe immer die größere Relaxationszeit zu besitzen[30].

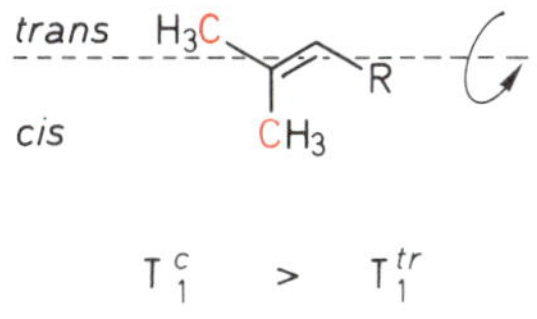

$T_1^c > T_1^{tr}$

8

$R = -CH_3,$
$ -CH_2CH_3,$
$ -COCH_3,$
$ -CH_2CH_2COCH_3,$
$ -CH_2CH_2C(OH)(CH_3)CH=CH_2$
u.a.

3.5 Relaxationszeit-Messungen an kettenförmigen Verbindungen, Polymeren und Biopolymeren

Relaxationszeit-Messungen an kettenförmigen Molekülen erlauben Aussagen, wie Gesamtmolekülbewegung und Einzelbewegung einzelner Kettensegmente sich zueinander verhalten. Häufig untersucht wird in diesem Zusammenhang, ob einzelne Segmente sich als relativ starre Untereinheiten bewegen oder ob die Reorientierung eines jeden Kettengliedes relativ unabhängig von dem der benachbarten C-Atome stattfindet. Des weiteren kann mit Relaxationszeit-Messungen der Einfluß von Substitution oder Kettenverzweigung auf das Bewegungsverhalten der Kette studiert werden. Aussagen dieser Art sind von besonderer Wichtigkeit zum Verständnis von Membranstrukturen.

Im 10-Methylnonadecan **9**[31] sieht man zunächst, wie die Relaxationszeiten zum Kettenende hin zunehmen. Dies wird qualitativ verständlich durch eine freiere Bewegung der C-Atome zum Kettenende. Eingehende Analyse der Daten und ihre Temperaturabhängigkeit zeigen, daß etwa sechs C-Atome als Einheit reorientieren.

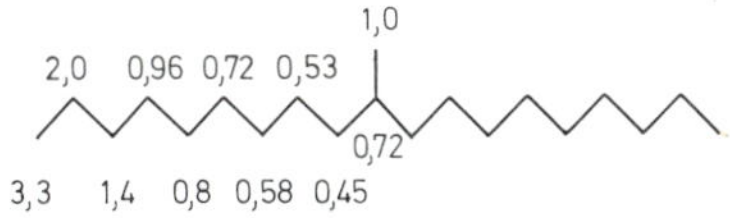

9

Nicht ganz so einheitlich verhalten sich die Relaxationszeiten im Prostaglandin $F_{2\alpha}$ **10**[32], das zwar für die Kette B auch ein Anwachsen der Relaxationszeiten zum Kettenende hin zeigt, während in der Kette A die Relaxationszeiten des Fünf-Rings gemessen werden. Offensichtlich kann nur die weniger polare Seitenkette relativ frei reorientieren.

OH 0,36 0,35 0,8 1,75
0,3 0,3 0,4 0,4 0,43 COOH **A**
0,2   0,4 0,33 0,75
0,37 0,3 0,36   CH₃   **B**
OH   0,35 OH 0,36 1,1 2,1

10

Synthetische Polymere bilden ebenfalls kettenförmige Moleküle mit unterschiedlichem Vernetzungsgrad und unterschiedlicher Taktizität (vgl. Kap. 3, S. 405). Die Bewegung solcher langen Ketten hat einen stark anisotropen Charakter, und die Beschreibung der dynamischen Vorgänge mit einer einzigen effektiven Korrelationszeit ist sicher nicht gerechtfertigt. Genauere Analyse setzt jedoch zunächst eine möglichst weitgehende Auflösung individueller ^{13}C-Resonanzen mit Hochfeld-Geräten voraus. Bei der Interpretation der T_1-Werte und NOE-Faktoren ist zudem zu berücksichtigen, daß Polymere oft nicht mehr die theoretisch maximalen NOE-Faktoren erreichen, da ihre Korrelationszeit eventuell nicht mehr im Bereich des „extreme narrowing limit" liegen.

In Tab. 5.3 sind charakteristische Daten einiger Polymere zusammengestellt[33].

Tab. 5.4 Spin-Gitter-Relaxationszeiten einiger Polymere (ms)

Polyethylenoxid	CH	115
	CH_2	60
Polystyrol (isotaktisch)	C_q	550
	CH	65
	CH_2	32
Polystyrol (ataktisch)	C_q	550
	CH	60
	CH_2	30
Polyacrylnitril	CN	850
	CH	148
	CH_2	83
Polyvinylchlorid	CH	120
	CH_2	70

Peptide und Proteine bilden nicht nur Kettenstrukturen, sondern Tertiärstrukturen relativ fixierter Anordnung. T_1-Zeiten können daher auch in diesen Molekülen wieder zwischen Signalen unterscheiden, die vom Gerüst des Peptids oder von den Seitenketten herrühren. Beispielhaft für viele andere seien hier die T_1-Werte für den LH-Releasing-Faktor **11**, eine vom Kleinhirn an die Hypophyse abgegebene Kontrollsubstanz, diskutiert[34].

Innerhalb der Peptid-Kette sind die NT_1-Zeiten, also die auf gleiche Anzahl Wasserstoff-Atome normierten Werte, weitgehend in der gleichen Größenordnung, was insgesamt als

Anzeichen für isotrope Gesamtbewegung des Peptids mit einer Korrelationszeit von $3 \cdot 10^{-10}$ s gedeutet wird. Zum Kettenende nehmen die T_1-Zeiten deutlich zu, das gleiche gilt für die T_1-Zeiten der Seitenketten. Bemerkenswert sind hier die hohen T_1-Werte der Methyl-Gruppen von Leucin, während der aromatische Ring von Tyrosin etwa mit der Korrelationszeit des Peptid-Gerüsts relaxiert.

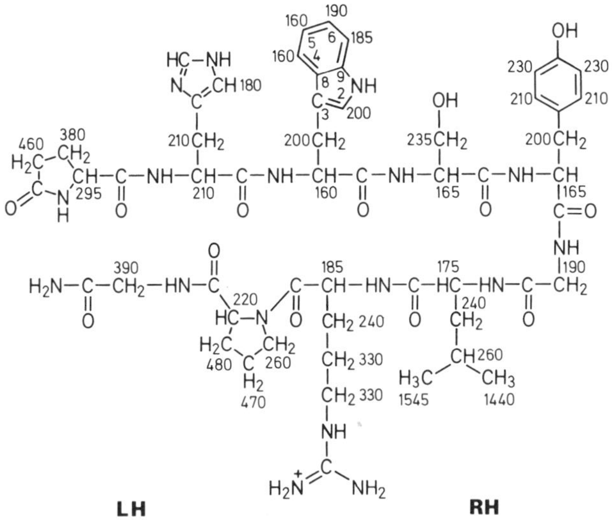

11 (T_1-Zeiten in ms)

Obwohl die Auflösung auch der modernen Hochfeld-Spektrometer noch nicht ausreicht, die Resonanzen einzelner Kohlenstoff-Atome von kettenförmigen Biopolymeren wie DNA oder RNA darzustellen, kann man hier dennoch die T_1-Werte von Gruppen-Signalen messen. Aufgrund dieser Werte ist es dann möglich, in RNA-Molekülen wiederum Aussagen über die Beweglichkeit der Untereinheiten (Basenpaare, Phosphat-Reste über ^{31}P-Relaxation, Zucker-Reste) zu treffen[35].

Das Verständnis der Relaxationszeiten in Molekülen dieser Größenordnung setzt jedoch komplexe Theorien zur molekularen Beweglichkeit voraus, die sich zur Zeit noch in Entwicklung befinden[36,37,38].

Aufgaben

5.1 Berechne die Relaxationsrate für eine CP-Gruppierung in % der Relaxationsrate einer CH-Gruppierung desselben Moleküls.

5.2 Berechne für eine effektive Korrelationszeit von $8 \cdot 10^{-12}$ s die dipolaren Relaxationszeiten aller C-Atome im 5-Methylbenzofuran.

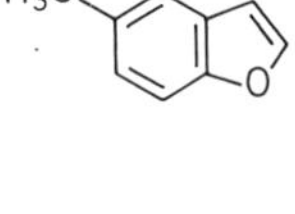

5.3 Mit der Inversion-Recovery-Methode wurde eine Relaxationszeit von etwa 1 s gemessen mit folgenden τ-Werten und Linienintensitäten:

τ	Intensität
0,1	−165
0,2	−103
0,4	− 59
0,6	− 21
0,8	0
1,0	29
2,0	140
5,0	240
25,0	245

Ist die Wahl der Parameter richtig?

5.4 Man kann für in organischen Lösungsmitteln gelösten Sauerstoff eine „T_1-Zeit" von etwa 30 s annehmen. Würde man Proben mit Relaxationszeiten in der Größenordnung von 5 s vor der Messung entgasen?

5.5 Schätze die Spin-Gitter-Relaxationszeiten der mit einem Stern versehenen Kohlenstoff-Atome in den folgenden Molekülen ab.

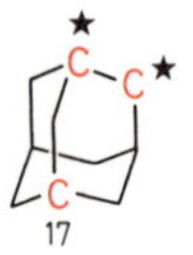

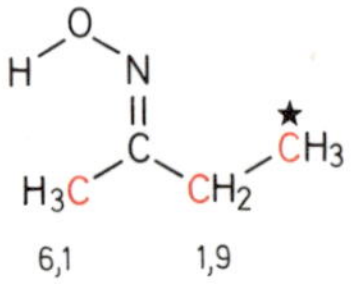

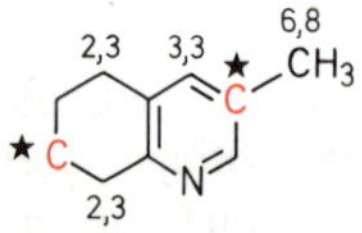

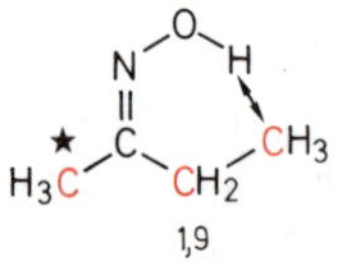

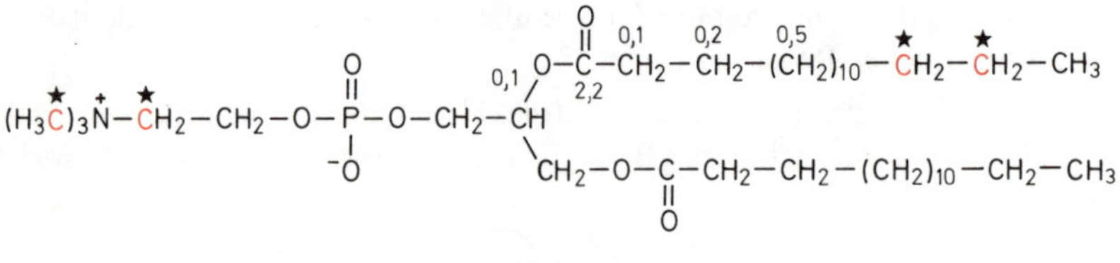

5.6 Berechne mit Hilfe der Stokes-Einstein-Beziehung (s. Gl. (5.3), S. 560) die Korrelationszeit von Phenanthren in stark verdünnter Chloroform-Lösung bei Raumtemperatur.

Literatur

Für die Darstellung in Kapitel 5 wurden die im Anhang zitierten Werke [1,5,10] und [11] verwendet.

[1] Lyerla, J.R., Grant, D.M. (1972), Int. Rev. Sci. Phys. Chem. Ser. 1, 4, 155.
[2] Lyerla, J.R., Levy, G.C. (1974), Top. Carbon-13 NMR Spectrosc. 1, 79.
[3] Breitmaier, E., Spohn, K.H., Berger, S. (1975), Angew. Chem. 87, 152.
[4] Wehrli, F.W. (1976), Top. Carbon-13 NMR Spectrosc. 2, 343.
[5a] Berger, S. (1978), Adv. Phys. Org. Chem., 16, 239.
[5b] Boeré, R.T., Kidd, R.G. (1982), Ann. Rep. NMR Spectrosc. 13, 319.
[6] Abragam, A. (1961), The Principles of Nuclear Magnetism, Clarendon Press, Oxford, S. 264.
[7] Kuhlmann, K.F., Grant, D.M., Harris, R.K. (1970), J. Chem. Phys. 52, 3439.
[8] Werbelow, L.G., Grant, D.M. (1977), Adv. Magn. Reson. 9, 189.
[9] Vold, R.L., Vold, R.R. (1978), Prog. Nucl. Magn. Reson. Spectrosc. 12, 79.
[10] Overhauser, A. (1953), Phys. Rev. 89, 689.
[11] Solomon, I. (1955), Phys. Rev. 99, 559.
[12] Mayne, C.L., Alderman, D.W., Grant, D.M. (1975), J. Chem. Phys. 63, 2514.
[13] Brady, F., Matthews, R.W., Forster, M.J., Gillies, D.G. (1981), J. Chem. Soc. Chem. Comm. 911.
[14] Abragam, A. (1961), The Principles of Nuclear Magnetism, Clarendon Press, Oxford, S. 232.
[15] Pople, J.A. (1958), Mol. Phys. 1, 168.
[16] Led, J.J., Grant, D.M. (1977), J. Am. Chem. Soc. 99, 5845.
[17] Vold, R.L., Waugh, J.S., Klein, M.P., Phelps, D.E. (1968), J. Chem. Phys. 48, 3831.
[18] Wehrli, F.W. (1973), J. Chem. Soc. Chem. Comm. 379.
[19] Doddrell, D., Allerhand, A. (1971), J. Am. Chem. Soc. 93, 1558.
[20] Berger, S., Kreissl, F.R., Roberts, J.D. (1974), J. Am. Chem. Soc. 96, 4348.
Fritz, H., Hug, P., Sauter, H., Logemann, E. (1976), J. Magn. Reson. 21, 373.
[21] Levy, G.C. (1972), J. Chem. Soc. Chem. Comm. 47.
[22] Woessner, D.E. (1962), J. Chem. Phys. 37, 647.
[23] Berger, S., Kreissl, F.R., Grant, D.M., Roberts, J.D. (1975), J. Am. Chem. Soc. 97, 1805.
[24] Somorjai, R.L., Deslauriers, R. (1976), J. Am. Chem. Soc. 98, 6460.
[25] Becker, R.S., Berger, S., Dalling, D.K., Grant, D.M., Pugmire, R.J. (1974), J. Am. Chem. Soc. 96, 7008.
[26] Kuhlmann, K.F., Grant, D.M. (1971), J. Chem. Phys. 55, 2998.
[27] ApSimon, J.W., Beierbeck, H., Saunders, J.K. (1975), Can. J. Chem. 53, 338.
[28] Ladner, K.H., Dalling, D.K., Grant, D.M. (1976), J. Phys. Chem. 80, 1783.
[29] Levy, G.C. (1973), Acc. Chem. Res. 6, 161.
[30] Okubo, A., Kawai, H., Matsunaga, T., Chuman, T., Yamazaki, S., Toda, S. (1980), Tetrahedron Lett. 4095.
[31] Lyerla, J.R., Horikawa, T.T., Johnson, D.E. (1977), J. Am. Chem. Soc. 99, 2463.
[32] Chachaty, C., Wolkowski, Z., Piriou, F., Lukacs, G. (1973), J. Chem. Soc., Chem. Comm. 951.
[33] Schaefer, J. (1974), Top. Carbon-13 NMR Spectrosc. 1, 149.
[34] Deslauriers, R., Smith, I.C.P. (1976), Top. Carbon-13 NMR Spectrosc. 2, 1.
[35] Bolton, P.H., James, T.L. (1979), J. Phys. Chem. 83, 3359.
Hogan, M.E., Jardetzky, O. (1980), Biochemistry, 3460.
[36] Levy, R.M., Karplus, M., McCammon, J.A. (1981), J. Am. Chem. Soc. 103, 994.
[37] Levy, R.M., Karplus, M., Wolynes, P.G. (1981), J. Am. Chem. Soc. 103, 5998.
[38] Jardetzky, O. (1981), Acc. Chem. Res. 14, 291.
Lipari, G., Szabo, A. (1982), J. Am. Chem. Soc. 104, 4546.
Lipari, G., Szabo, A. (1982), J. Am. Chem. Soc. 104, 4559.

Kapitel 6
Dynamische ^{13}C-NMR-Spektroskopie

1. Die NMR-Zeitskala
2. Theoretische Grundlagen
3. Anwendungen der dynamischen ^{13}C-Spektroskopie
4. Isotopenstörung von Gleichgewichten

1. Die NMR-Zeitskala

Mit Hilfe der NMR-Spektroskopie können nicht nur statische Molekülstrukturen analysiert, sondern auch die Aktivierungsenergien für dynamische intra- und intermolekulare Prozesse gemessen werden, wie zum Beispiel gehinderte Rotationen um partielle Doppelbindungen, Ringinversionen oder Valenzisomerisierungen.

Die Fähigkeit der magnetischen Resonanz-Spektroskopie, Aktivierungsbarrieren $\Delta G^{\#}$ zwischen etwa 20 und 100 kJ/Mol zu bestimmen, beruht auf der sogenannten NMR-Zeitskala, die aus der Heisenbergschen Unschärferelation Gl. (6.1) abgeleitet werden kann. Ersetzt man in dieser ΔE durch $h\Delta v$ sowie die mittlere Lebensdauer $\Delta \tau$ durch $\frac{1}{k}$, die Reaktionsgeschwindigkeitskonstante des zu untersuchenden Prozesses, so gelangt man zu der Gl. (6.2), die auch in der Form der Gl. (6.3) geschrieben werden kann.

$$\Delta E \Delta \tau \geq \hbar \tag{6.1}$$

$$h\Delta v \frac{1}{k} \geq \hbar$$

$$\frac{1}{k} \geq \frac{1}{\Delta \omega} \tag{6.2}$$

$$k \leq \Delta \omega \tag{6.3}$$

Gl. (6.3) besagt, daß die Geschwindigkeitskonstante k einer Reaktion, die einen Kernspin aus einer bestimmten magnetischen Umgebung A in eine magnetische Umgebung B überführt, kleiner sein muß als die Differenz $\Delta \omega$ der Resonanzfrequenzen der Kerne in diesen beiden magnetischen Umgebungen, um noch getrennte Signale der Kerne in den jeweiligen Umgebungen A und B zu erhalten. Betrachtet man zum Beispiel die Methyl-Gruppen im Dimethylformamid **1**, so muß die Geschwindigkeit der Rotation um die CN-Bindung

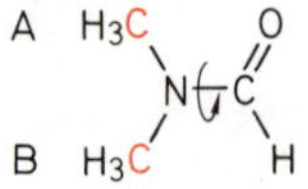

1

kleiner als der Resonanzfrequenz-Unterschied der beiden Methyl-Gruppen sein, damit noch scharfe Signale für diese Methyl-Gruppen beobachtet werden können.

Berücksichtigt man die in der ^{13}C-Spektroskopie erreichbaren Temperaturen von ca. $-180\,°C$ bis $+200\,°C$ sowie die typischen Resonanzfrequenz-Differenzen austauschender Kernspins bis zu einigen kHz je nach Magnetfeldstärke, so ergeben sich nach Einsetzen dieser Daten in die Eyring-Beziehung Gl. (6.4) die oben erwähnten Grenzwerte für die mit ^{13}C-NMR bestimmbaren Aktivierungsenergien $\Delta G^{\#}$.

$$k = \frac{k_B T}{h} e^{-\frac{\Delta G^{\#}}{RT}} \tag{6.4}$$

2. Theoretische Grundlagen

Die für die dynamische Kernresonanz-Spektroskopie gültige Theorie ist in Lehrbüchern der Protonenresonanz sowie ausführlich in Übersichtsartikeln[1-4] beschrieben. Da die Theorie von der gewählten Kernspinsorte unabhängig ist, werden im Rahmen dieses Buches nur die notwendigsten Grundlagen wiedergegeben.

Kernresonanz-Signale sind, wie die Lösung der Blochschen Gleichungssysteme aus Kap. 1 (s. S. 11) ergibt, Lorentz-Linien. Treten dynamische Phänomene auf, so werden drei Grenzfälle unterschieden, nämlich das Gebiet des **langsamen Austauschs**, in dem für die Reaktionsgeschwindigkeitskonstante $k \ll \Delta\omega$ gilt, das **Koaleszenzgebiet** mit $k \approx \Delta\omega$ und schließlich das Gebiet des **schnellen Austauschs** mit $k \gg \Delta\omega$. Typische Linienformen sind in Abb. 6.1 für zwei austauschende ^{13}C-Signale wiedergegeben. Die scharfen Linien im Gebiet des langsamen Austauschs verbreitern sich bei Erhöhung der Temperatur, bis schließlich der Koaleszenzpunkt erreicht ist. Bei noch weiterer Temperaturerhöhung erhält man eine einzige scharfe Linie.

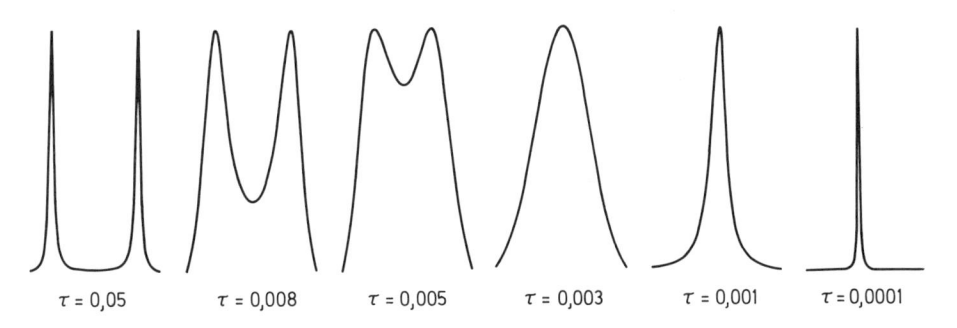

$\tau = 0{,}05 \qquad \tau = 0{,}008 \qquad \tau = 0{,}005 \qquad \tau = 0{,}003 \qquad \tau = 0{,}001 \qquad \tau = 0{,}0001$

Abb. 6.1 Linienformen für den Austausch zwischen zwei Seiten ohne Spin,Spin-Kopplung nach Gl. (6.10)

2.1 Experimentelle Besonderheiten der ^{13}C-NMR Spektroskopie

Für die Durchführung dynamischer ^{13}C-NMR-Experimente ist auf einige experimentelle Besonderheiten zu achten[5,6]. Während es in der Protonenresonanz weitgehend üblich ist, zumindest für eine schnelle Abschätzung der Aktivierungsenergie die Geschwindigkeitskonstante k aus der Koaleszenztemperatur zu bestimmen, muß vor dieser Methode für die Auswertung temperaturabhängiger ^{13}C-Spektren aus mehreren Gründen gewarnt werden. Die Beobachtbarkeit des genauen Koaleszenzpunktes ist wegen des wesentlich schlechteren Signal-Rausch-Verhältnisses der ^{13}C-Spektroskopie schwierig. Da die ^{13}C-Resonanzlinien oft weit voneinander entfernt sind, wird die auszufüllende Fläche im Koaleszenzgebiet meist so groß, daß die ^{13}C-Signale völlig im Rauschen verschwinden. Es ist daher sinnvoller, unabhängig von der Lage des Koaleszenzpunktes in konstanten Temperaturschritten ^{13}C-Spektren aufzunehmen und eine exakte Linienform-Analyse anzuschließen.

Die Auswertung einer einzigen Messung am Koaleszenzpunkt ist für die ^{13}C-Spektroskopie weiterhin mit besonderer Unsicherheit behaftet, da die exakte Temperaturmessung im rotierenden Röhrchen unter Breitband-Entkopplungsbedingungen instrumentell noch nicht befriedigend gelöst ist. Alle bisher beschriebenen Meß- und Kalibrierungsverfahren erscheinen unsicher. Besonders problematisch ist neben der Wärmekonvektion in den meist dickeren ^{13}C-Meßröhrchen das dielektrische Aufheizen der Meßröhrchen durch die Radiofrequenz des Entkopplers. Desweiteren stellen die oft länger andauernden ^{13}C-Messungen besondere Anforderungen an die Temperaturkonstanz während der Meßdauer. Allzu genauen Temperaturangaben der Literatur ist daher mit Vorsicht zu begegnen.

2.2 Linienform-Analyse

Die Linienform-Analyse ist für die ^{13}C-Resonanz besonders einfach, da unter ^{1}H-Breitband-Entkopplung in der überwiegenden Anzahl der Fälle ein einfacher, ungekoppelter A/B-Austausch vorliegt, der mit der klassischen Theorie beschrieben werden kann[1]. Dies ist jedoch nur scheinbar immer ein Vorteil, da Fehlauswertungen für diese einfache Linienform besonders leicht vorkommen können[4], zumal für ^{13}C-Kerne der Koaleszenzbereich selbst infolge des schlechten Signal-Rausch-Verhältnisses oft nicht für die Auswertung zur Verfügung steht. Im Gegensatz zum Protonenspektrum finden sich im ^{13}C-Spektrum andererseits häufig mehrere austauschende Kernspin-Paare, so daß die Ergebnisse der Auswertung im gleichen Molekül mehrfach überprüft werden können. Für eine Linienform-Analyse wird mit dem Computer ein Satz von theoretischen Spektren mit verschiedenen k-Werten berechnet. Durch Vergleich mit den experimentellen Spektren, die bei verschiedenen Temperaturen aufgenommen wurden, wird jeder experimentellen Temperatur ein k-Wert zugeordnet. Neuere Computerprogramme erlauben auch eine direkte digitale Eingabe des experimentellen Spektrums[7] und die iterative Lösung. Mit der aus der Linienform-Analyse gewonnenen k/T-Korrelation und der Arrhenius- bzw. der Eyring-Gleichung (s. Gl. (6.4), S. 585) lassen sich die thermodynamischen Größen $\log A$ und E_a bzw. $\Delta H^{\neq}$, $\Delta S^{\neq}$ und $\Delta G^{\neq}$ berechnen. Im Gegensatz zur Koaleszenzpunkt-Methode, die nur den für die Koaleszenztemperatur gültigen k-Wert liefert, ist daher auch die Temperaturabhängigkeit der $\Delta G^{\neq}$-Werte bekannt, und diese lassen sich normiert auf Standardbedingungen angeben. Hierdurch wird der Vergleich der Aktivierungsenergien verschiedener Verbindungen mit unterschiedlichen Koaleszenztemperaturen zulässig.

Den verschiedenen Computerprogrammen für den einfachen A/B-Austausch liegt die Annahme zugrunde, daß die Überführung der Kernspins von der Umgebung A nach B einem Zeitgesetz 1. Ordnung unterliegt.

Man definiert mit

$$k_{A \to B} = \frac{1}{\tau_A}$$

und $\quad k_{B \to A} = \dfrac{1}{\tau_B}$

die Aufenthaltsdauer τ in den Umgebungen A und B. Im Gleichgewicht verhalten sich dann die Verweilzeiten wie die Populationen (s. Gl. (6.5)).

$$\frac{\tau_A}{\tau_B} = \frac{p_A}{p_B} \tag{6.5}$$

Man definiert zweckmäßigerweise noch τ nach Gl. (6.6).

$$\tau = \tau_A p_B = \tau_B p_A \tag{6.6}$$

Werden die Blochschen Gleichungen für die x- und y-Magnetisierung (s. Gl. (1.41), S. 11) in der Linienform-Funktion G (s. Gl. (6.7)) zusammengefaßt, so ergibt sich aus Gl. (1.45) (s. S. 13) die Gl. (6.8).

$$G = M_x + iM_y \tag{6.7}$$

$$\frac{dG}{dt} = -i(\omega_0 - \omega)G + i\gamma B_1 M_z - \frac{1}{T_2}G \tag{6.8}$$

Berücksichtigt man nun für die Kernspins A und B noch die Zu- und Abnahme der xy-Magnetisierung durch den Transfer von A nach B und umgekehrt, so folgt das Gleichungssystem (6.9), welches sich für den Gleichgewichtsfall $dG/dt = 0$ nach Gl. (6.10) lösen läßt, wobei die Abkürzungen α_A, α_B in den Gln. (6.11) wiedergegeben sind.

$$\frac{dG_A}{dt} = -\left[i(\omega_A - \omega) + \frac{1}{T_{2A}}\right]G_A + i\gamma B_1 M_Z^A - \frac{1}{\tau_A}G_A + \frac{1}{\tau_B}G_B \tag{6.9}$$

$$\frac{dG_B}{dt} = -\left[i(\omega_B - \omega) + \frac{1}{T_{2B}}\right]G_B + i\gamma B_1 M_Z^B - \frac{1}{\tau_B}G_B + \frac{1}{\tau_A}G_A$$

$$G = -\frac{C\tau[2p_A p_B - \tau(p_A \alpha_B + p_B \alpha_A)]}{p_A p_B - \tau^2 \alpha_A \alpha_B} \tag{6.10}$$

$$\alpha_A = -2i\pi(\nu_A - \nu) + \frac{1}{T_{2A}} + \frac{p_B}{\tau}$$

$$\alpha_B = -2i\pi(\nu_B - \nu) + \frac{1}{T_{2B}} + \frac{p_A}{\tau} \tag{6.11}$$

$$C = \gamma B_1 M_0$$

Gl. (6.10) läßt sich einfach programmieren. Eingabedaten für die Linienform sind daher neben den Resonanzfrequenzen ν_A und ν_B der beiden Kerne im Bereich des langsamen Austauschs nur noch die Populationen p_A und p_B sowie die transversalen Relaxationszeiten, die man zweckmäßigerweise aus den Linienbreiten anderer, nicht am Austausch beteiligter ^{13}C-Kerne bestimmt, welche die gleiche Anzahl von Protonen besitzen.

Neben der temperaturabhängigen Aufnahme der Kernresonanz-Linienform hat sich für die Bestimmung der Aktivierungsbarrieren am oberen Ende der NMR-Zeitskala in der Protonenresonanz noch die Methode der Sättigungsübertragung nach Forsèn und Hofmann bewährt[8]. Diese ist trotz experimenteller Schwierigkeiten inzwischen auch für die Puls-Fourier-Transform-^{13}C-Spektroskopie realisiert[9-11] und daher zum wichtigen methodischen Bestandteil der dynamischen ^{13}C-Spektroskopie geworden. Da die Methode jedoch meist zusätzliche elektronische Ausrüstung des Spektrometers erfordert, wird hier auf die Spezialliteratur verwiesen.

3. Anwendungen der dynamischen ^{13}C-Spektroskopie

Die ersten Aktivierungsbarrieren aufgrund temperaturabhängiger ^{13}C-Messungen wurden 1970 von Roberts und Mitarbeitern am 1,1,3,3-Tetramethylcyclohexan publiziert[12].

Seitdem ist eine Fülle von Arbeiten erschienen, von denen hier nur wenige als charakteristische Beispiele vorgestellt werden können. Wegen der oben diskutierten Schwierigkeiten eines dynamischen ^{13}C-Experiments wird man sinnvollerweise nur solche Aktivierungsenergien mit ^{13}C-NMR bestimmen, bei denen die Linienformanalyse von Protonenresonanzen wegen komplexer Spinsysteme zu schwierig oder aber infolge zu tief liegender Barrieren nicht zugänglich ist.

3.1 Valenzisomerisierungen

Als charakteristisches Beispiel soll hier zunächst die Cope-Umlagerung im Barbaralon **2** besprochen werden[13]. Wie aus den Formelbildern hervorgeht, tauschen bei diesem Prozeß die C-Atome 1/2 mit den C-Atomen 6/4 sowie das C-Atom 5 mit dem C-Atom 8 aus, während die C-Atome 7/3 und das Carbonyl-Atom 9 am Austauschprozeß nicht beteiligt sind.

2

Die experimentellen und theoretischen Spektren sind in Abb. 6.2 wiedergegeben. Der Carbonyl-Bereich ist nicht abgebildet. Man sieht daher bei hoher Temperatur nur drei scharfe Linien für das Mittelwert-Spektrum im schnellen Austausch, während bei −90 °C fünf Signale beobachtet werden können. Man beachte, daß in Abb. 6.2 eine Koaleszenz für die austauschenden C-Atome nicht mehr beobachtbar ist! Die Auswertung der Linienform-Analyse ergab einen $\Delta G^{\neq}$-Wert von 42,3 kJ/mol. In der Tab. 6.3 (s. S. 597) sind die thermodynamischen Daten einiger anderer Valenzisomerisierungen, die mit ^{13}C-NMR-Spektroskopie untersucht wurden, aufgeführt.

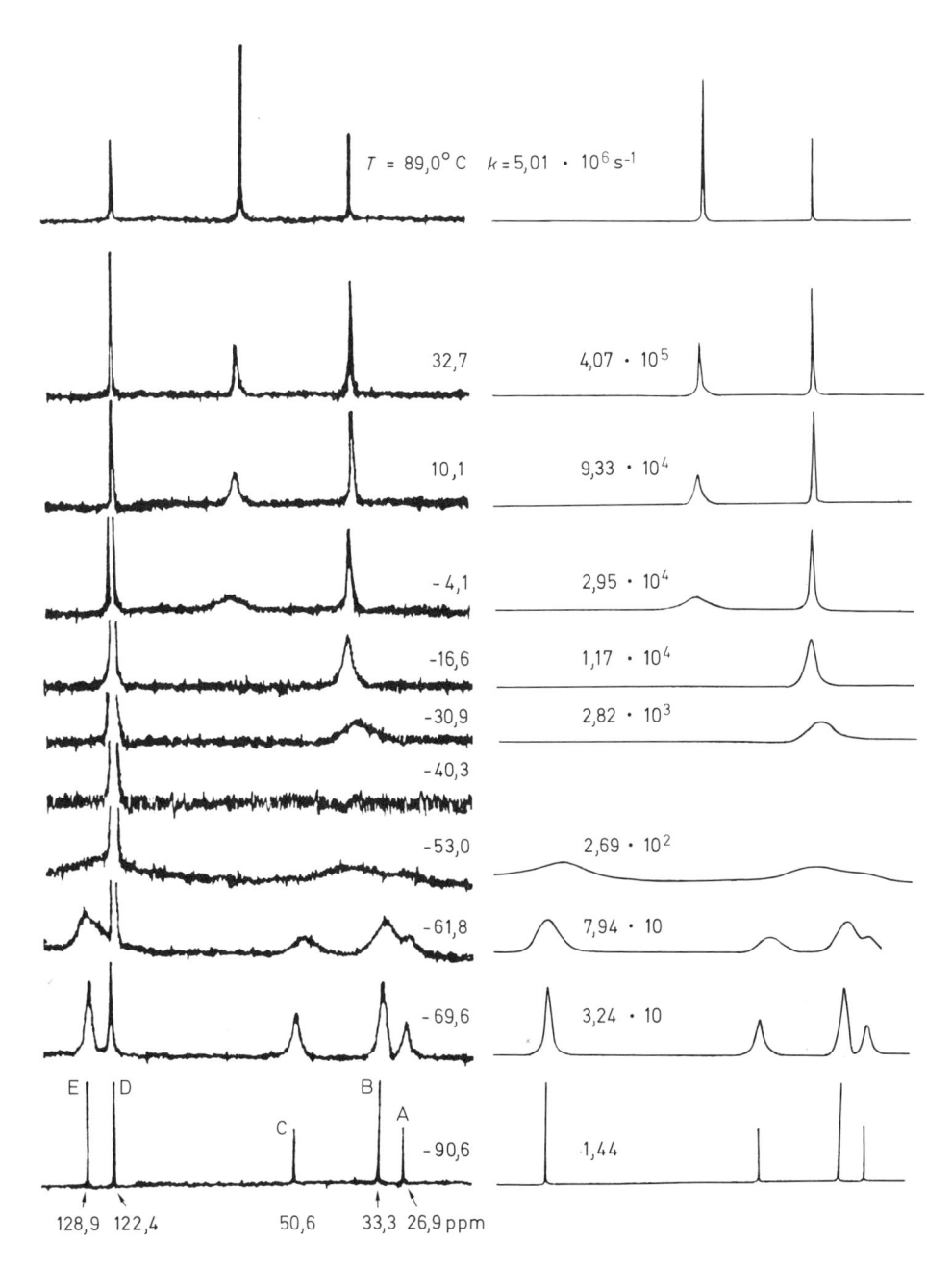

Abb. 6.2 Temperaturabhängige Linienformen im Barbaralon **2** nach Lit.[13]

Zu welch unterschiedlichen Ergebnissen die dynamische ^{13}C-NMR-Spektroskopie gelangen kann, soll noch am Beispiel des Bullvalens **3** erörtert werden, das unabhängig von drei verschiedenen Arbeitsgruppen untersucht wurde. Bullvalen ist einer der weniger Fälle, in denen für die ^{13}C-Spektroskopie nicht mehr der einfache A/B-Austausch vorliegt.

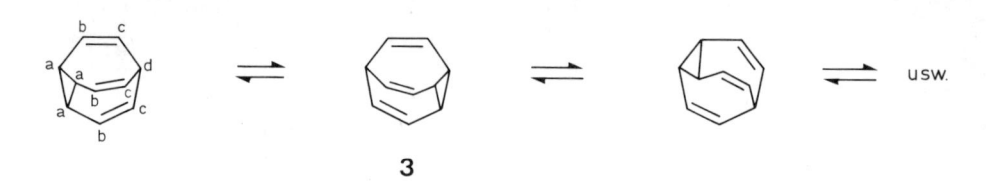

Der Austauschprozeß kann mit den Gln. (6.12) wiedergegeben werden.

$$C_a \rightleftharpoons C_d$$
$$2C_a \rightleftharpoons 2C_c$$
$$C_b \rightleftharpoons C_c \quad (6.12)$$
$$(2C_b \rightleftharpoons 2C_b)$$

Im Tieftemperatur-Spektrum werden daher vier scharfe Linien beobachtet, die sich oberhalb von 100 °C zu einer einzigen Absorption mitteln. Aus der Tab. 6.1 lassen sich die Ergebnisse der drei Arbeitsgruppen entnehmen.

Tab. 6.1 Aktivierungsparameter für Bullvalen

	E_a	log a	$\Delta H^{\#}$	$\Delta S^{\#}$	$\Delta G^{\#}_{298}$
Günther[14]	58,2 ± 0,4	14,0	55,7 ± 0,4	14,2 ± 1,7	51,5 ± 0,4
Oth[15]	55,09 ± 0,2	13,4	52,7 ± 0,2	3,3 ± 0,54	51,7 ± 0,04
Yamamoto[16]	60,7 ± 2,9	–	58,2 ± 2,9	18,4 ± 9,6	52,7 ± 0,4

Am auffallendsten ist der große Unterschied in den $\Delta S^{\#}$-Werten; diese Ergebnisse raten zur Vorsicht bei zu weit gehenden Interpretationen der Aktivierungsentropien, anhand derer Aussagen zur Struktur des Übergangszustandes einer Umlagerung gemacht werden. Die genaue Bestimmung von $\Delta S^{\#}$ verlangt Messungen über einen großen Temperaturbereich und hohe Genauigkeit in der Bestimmung von T und k. Berechnet man jedoch aus den Literaturdaten den $\Delta G^{\#}_{298}$-Wert in der letzten Spalte von Tab. 6.1, so zeigen sich weniger große Diskrepanzen.

3.2 Ringinversionen

Konformative Prozesse in carbocyclischen und heterocyclischen Ringen wurden vor allem von Anet[17] untersucht.

Ein anschauliches Beispiel für solche Prozesse stellt die Untersuchung von 1,3-*cis,cis*-Cyclooctadien **4** dar[18]; das experimentelle Spektrum ist in Abb. 6.3 wiedergegeben.

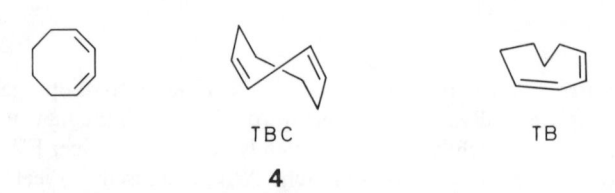

TBC   TB

4

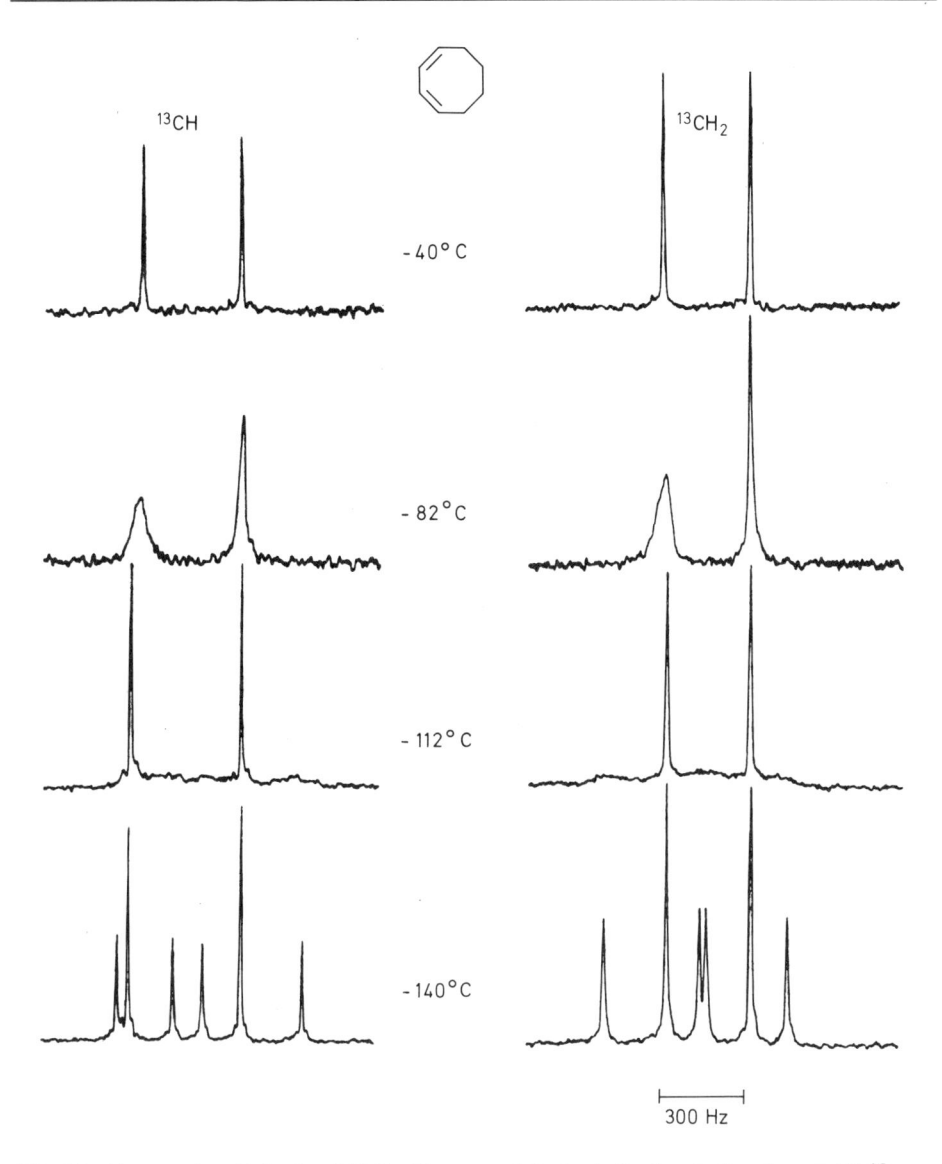

Abb. 6.3 Temperaturabhängige ^{13}C-Spektren von 1,3-*cis,cis*-Cyclooctadien **4** nach Lit.[18]

Oberhalb von $-40\,°$C finden sich vier Signale, je zwei für die aliphatischen und die olefinischen C-Atome. Bei Abkühlung verbreitern sich diese, bis bei $-112\,°$C vier scharfe Linien auf einem sehr breiten und kaum mehr sichtbaren Untergrund zu sehen sind. Kühlt man noch weiter ab, so treten neben den bereits erwähnten vier scharfen Linien acht weitere mit geringerer Intensität auf. Offenbar liegt das Molekül bei $-140\,°$C in zwei stabilen Konformeren vor, von denen eines C_2-Symmetrie, das andere jedoch keine Symmetrie-Elemente besitzt. Diese Spezies ist bereits zwischen $-140\,°$C und $-112\,°$C einem eigenen konformativen Austauschprozeß unterworfen, während die symmetrische Verbindung bei diesen

Temperaturen scharfe Signale liefert. Erst oberhalb von $-112\,°C$ beginnen sich die beiden Formen ineinander umzuwandeln. Mit Hilfe von Kraftfeld-Rechnungen konnten die Autoren für die erste Spezies eine twist-boat-chair-Form und für die zweite eine twist-boat-Form wahrscheinlich machen.

Ringbewegungen können zusätzlich durch Inversionen an Heteroatomen kompliziert werden. Ein Beispiel liefert das dynamische Verhalten des α-Tripiperidins **5**[19]. Durch Analyse der temperaturabhängigen ^{13}C-Spektren konnte gezeigt werden, daß von der Vielzahl der möglichen Konformeren die Konformation B die günstigste darstellt.

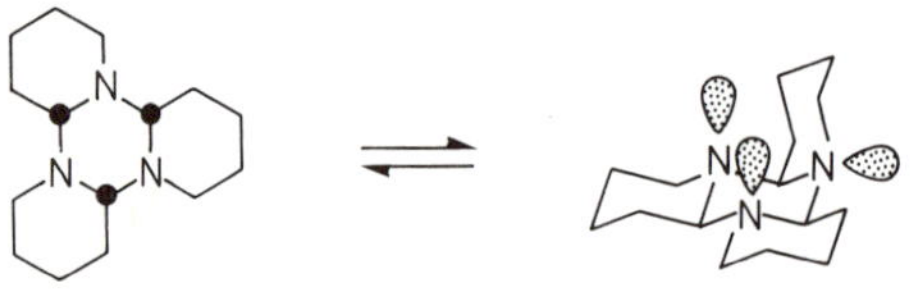

A   **5**   **B**

Die Aktivierungsenergie des Prozesses, der die gleichzeitige Inversion eines Cyclohexan-Ringes und eines Stickstoff-Atoms erfordert, wurde zu $\Delta G^{\#}_{298} = 46{,}8\ kJ/mol$ bestimmt.

3.3 Metallcarbonyle

Die Analyse dynamischer Prozesse von Metallcarbonyl-Komplexen ist naturgemäß eine Domäne der ^{13}C-Spektroskopie[20]. Eine Carbonyl-Gruppe kann im Prinzip auf vier verschiedene Weisen an Metallatome gebunden sein[21], nämlich linear in einer M−CO-Gruppierung, ketonartig verbrückt, symmetrisch in einer Mehrzentrenbindung und schließlich auch asymmetrisch zwischen Metallatomen. Zwischen allen diesen Formen ist ein Austausch möglich.

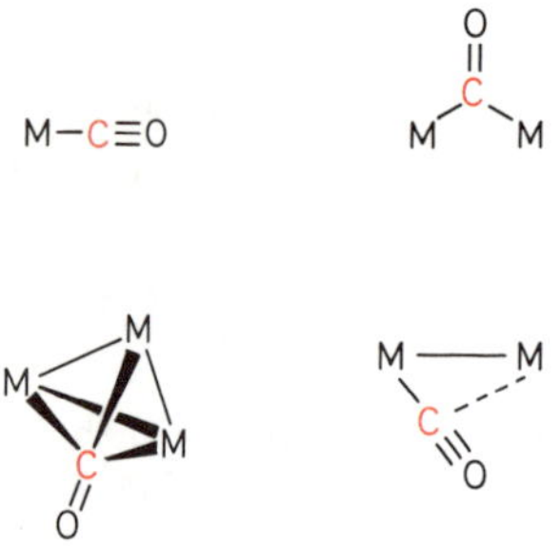

Ein charakteristisches Beispiel für die Untersuchung von Austauschprozessen in Metallcarbonyl-Komplexen liefert die Untersuchung von Dicyclopentadienyl-dieisendicarbonyl $(\eta^5\text{-}C_5H_5)_2Fe_2(CO)_4$ **6**[22,23], dessen temperaturabhängiges Spektrum in Abb. 6.4 wiedergegeben ist.

Bei hoher Temperatur wird nur ein CO-Signal gefunden. Diese Linie verbreitert sich und spaltet bei $-25\,°C$ in zwei Signale auf. Nach weiterem Abkühlen erscheint der zentrale Peak wieder, wird zunächst schärfer, um sich unterhalb $-70\,°C$ erneut zu verbreitern, so daß bei $-85\,°C$ nur die beiden äußeren scharfen Resonanzen zu sehen sind. Dieses Verhal-

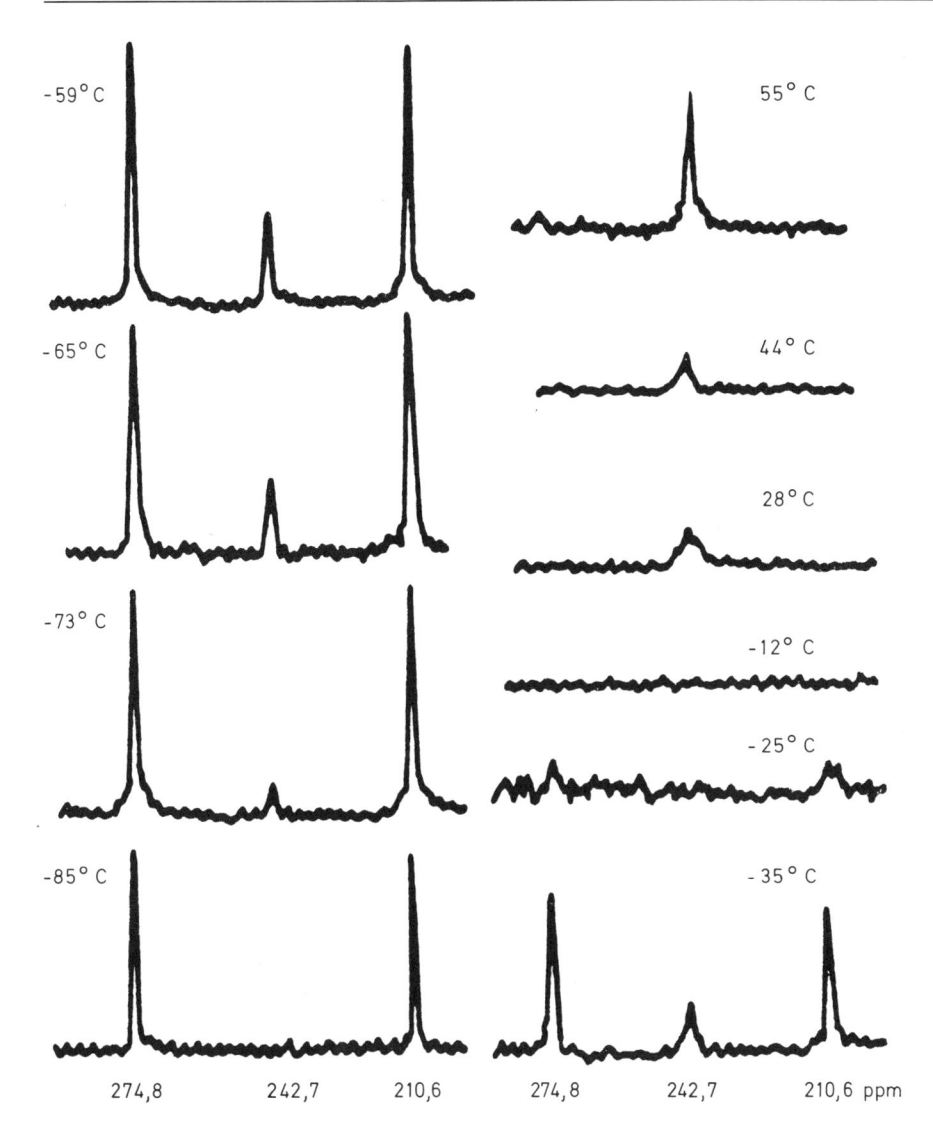

Abb. 6.4 Temperaturabhängige ^{13}C-Spektren von $(\eta^5\text{-}C_5H_5)_2Fe_2(CO)_4$ **6** nach Lit.[22, 23]

ten wird mit einem paarweisen Öffnen der CO-Brücken erklärt, wobei die Rotation um die Fe—Fe-Bindung langsamer als die Brückenöffnung verläuft.

Bei $-85\,°C$ ist das Gleichgewicht zwischen der geschlossenen *cis*-Form **6a** und der offenen Form **6b** sowie der geschlossenen *trans*-Form **6c** und der offenen Form **6d** noch relativ schnell. Man sieht nur die scharfen Linien des Paares **6a/6b**. Hier sind die CO-Liganden in der offenen Form **6b** magnetisch nicht äquivalent, da die Rotation um die Fe—Fe-Bindung langsam ist. Die beiden scharfen Linien stellen daher das Mittelwert-Spektrum des Paares **6a/6b** dar. Für das Paar **6c/6d** führt das Öffnen der CO-Brücken zu magnetisch

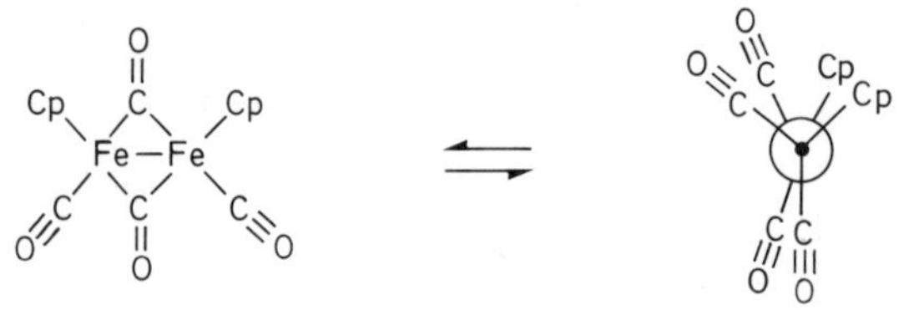

[Structures 6a, 6b, 6c, 6d showing Fe-Fe carbonyl complexes with Cp ligands]

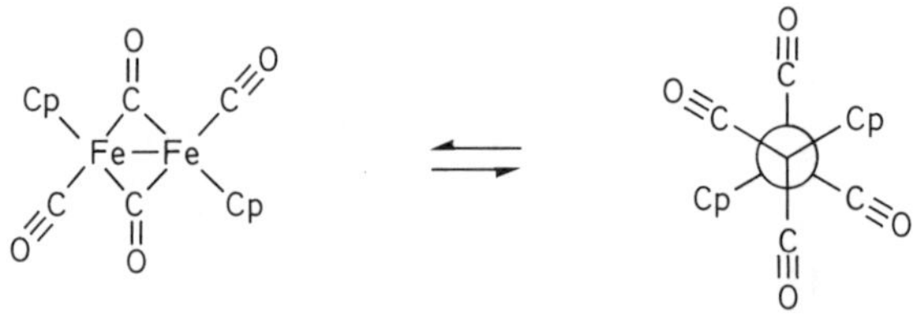

äquivalenten Carbonyl-Liganden, die daher beim Ringschluß miteinander ausgetauscht werden können.

Bei $-85\,°C$ sind ihre Resonanzlinien noch so verbreitert, daß sie nicht beobachtet werden können. Bei Erhöhung der Temperatur erscheint das Mittelwert-Spektrum für das Paar **6c/6d** als zentraler Peak im Spektrum. Nach weiterer Temperaturerhöhung tauschen schließlich die Paare **6a/6b** und **6c/6d** durch Rotation um die Fe−Fe-Bindung miteinander aus.

3.4 Gehinderte Rotationen

Das Gebiet der gehinderten Rotationen ist das klassische Arbeitsgebiet der dynamischen Kernresonanz-Spektroskopie. Die heute bereits unübersehbare Fülle von Arbeiten teilt man zweckmäßigerweise nach Art der Bindung ein, um welche die gehinderte Rotation stattfindet. Somit unterscheidet man zwischen gehinderten Rotationen um die sp^3-sp^3-, sp^3-sp^2- und die sp^2-sp^2-C−C-Einfachbindungen bzw. partiellen Doppelbindungen sowie gehinderten Rotationen um C−N-, C−S- und die S−N-Bindungen. Bei letzteren ist neben dem Austausch der Liganden durch gehinderte Rotation auch noch der Austausch durch Inversion des Heteroatoms möglich.

Für das Studium der Mehrzahl dieser Prozesse ist der Einsatz der dynamischen ^{13}C-Spektroskopie nicht notwendig; er empfiehlt sich wieder nur dann, wenn die Barrieren besonders niedrig oder die Protonen-Spinsysteme der Substituenten besonders kompliziert sind.

3.4.1 Rotation um die C(sp^3)-C(sp^3)-Einfachbindung

Die Bedeutung der extremen Tieftemperatur-Hochfeld-^{13}C-NMR-Spektroskopie zeigte sich am Nachweis der gauche-Konformation im 2,3-Dimethylbutan **7** und verwandten Verbindungen[24,25]. In Abb. 6.5 wird das Spektrum des 2,3-Dimethylbutan für Normaltemperatur und bei $-184\,°C$ gezeigt. Das Auftreten von fünf Linien beweist das Vorliegen der beiden magnetisch äquivalenten gauche-Formen neben der anti-Form im statistischen Verhältnis von ca. 2:1. Die Aktivierungsbarriere wurde zu 17,6 kJ/mol bestimmt.

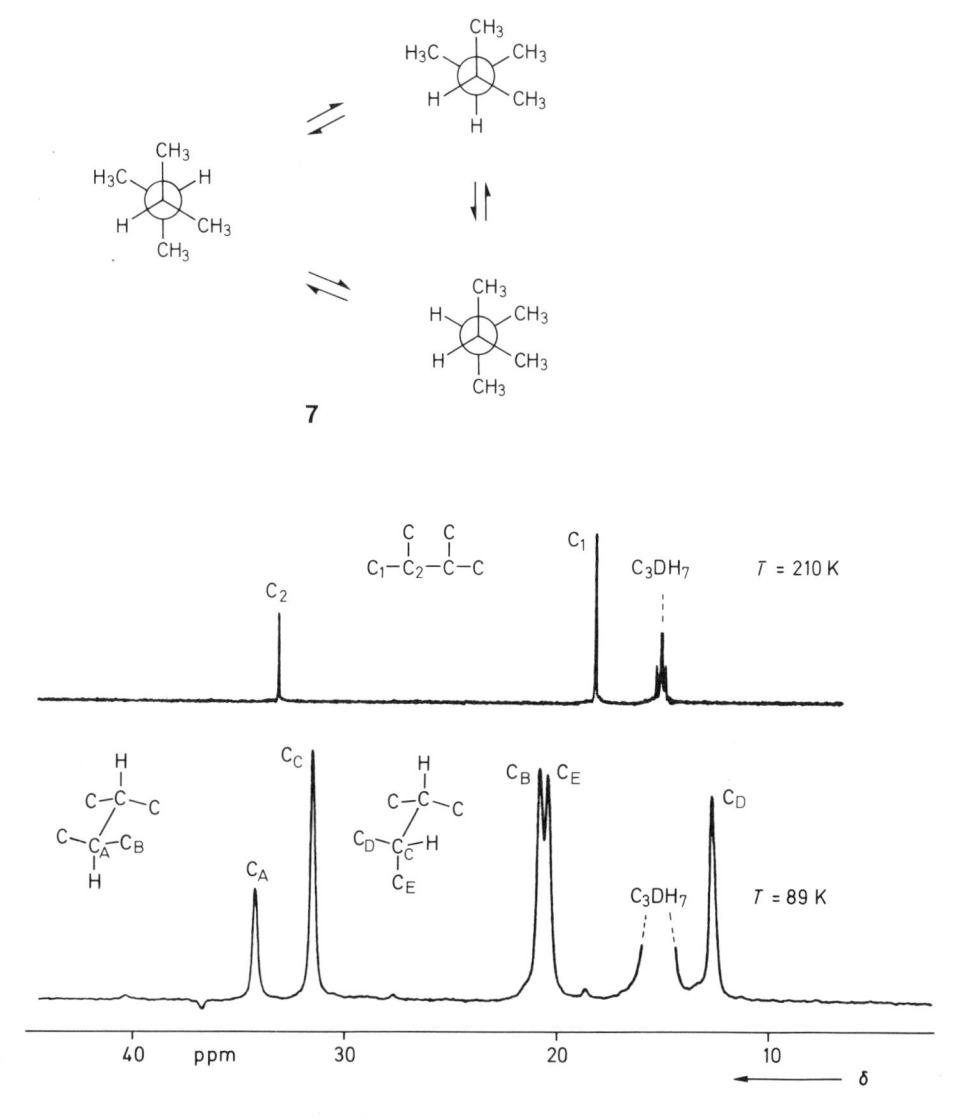

Abb. 6.5 Temperaturabhängiges ^{13}C-Spektrum von 2,3-Dimethylbutan **7** nach Lit. [25]

3.4.2 Rotation um die C(sp^3)-C(sp^3)-Einfachbindung

Eine besonders intensiv bearbeitete Verbindungsklasse für die gehinderte Rotation um die sp^3-sp^2-C—C-Einfachbindung stellen die Verbindungen vom Fluorentyp **8** dar, an denen der Einfluß der Substituenten $R'_{2/6}$, R'_4 und X auf die Rotationsbarriere untersucht worden ist[26]. An diesem System läßt sich der Einfluß des van der Waals-Volumens der Substituenten auf die Aktivierungsenergien bestimmen, wobei festgestellt wurde, daß die Rotationsbarrieren abnehmen, je größer die Substituenten $R_{2/6}$ werden. Dieser Umstand wird mit einer energetischen Anhebung des Grundzustandes (Verdrillung in Richtung des Übergangszustandes) erklärt.

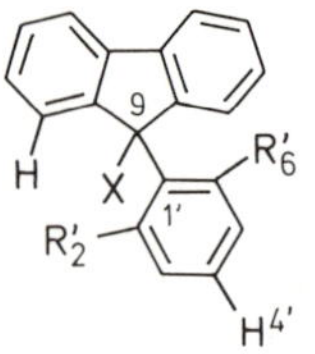

Tab. 6.2 Aktivierungsbarrieren im Fluoren-System **8**[26]

$R'_{2/6}$	X	$\Delta G^{\#}$ (kJ/mol)
OCH_3	H	86,8
OCH_3	OH	61,3
OCH_3	CH_3	47,5
OCH_3	Cl	39,6
CH_3	H	105,0
CH_3	OH	88,4
CH_3	OCH_3	88,5
CH_3	Cl	68,4

In der Tab. 6.2 sind einige charakteristische freie Aktivierungsenergien zusammengestellt. Besonders auffällig sind die relativ niedrigen Rotationsbarrieren, wenn X ein Halogen-Atom ist. Während ein echter Dissoziations-Rekombination-Mechanismus ausgeschlossen werden kann[27], wird eine Aufweitung der C-9−Cl-Bindung in Richtung auf ein enges Ionenpaar für möglich gehalten. Zusätzlich zur Drehung um die C-9, C-1-Achse kann bei sehr tiefen Temperaturen auch eine verzahnte Rotation der Substituenten R'_2 und X in einigen Fällen beobachtet werden.

Einige weitere gehinderte Rotationen um die $C(sp^3)$-$C(sp^2)$-Bindung sind in Tab. 6.3 angegeben.

3.4.3 Rotation um die $C(sp^2)$-$C(sp^2)$-Einfachbindung

Zu dieser Klasse von Rotationsbehinderungen gehören vor allem die Verbindungen des C_6H_5−CO−X-Typs **9**, wobei X in weiten Bereichen variieren kann. Die einfachste Verbindung dieser Art, der Benzaldehyd, bietet sich wegen seines komplizierten Protonen-Spektrums für eine ^{13}C-Analyse an. Aus dem Temperaturverhalten der Resonanzen der *meta*- und *ortho*-C-Atome wurde eine freie Aktivierungsenergie von 32,2 kJ/mol bestimmt[28].

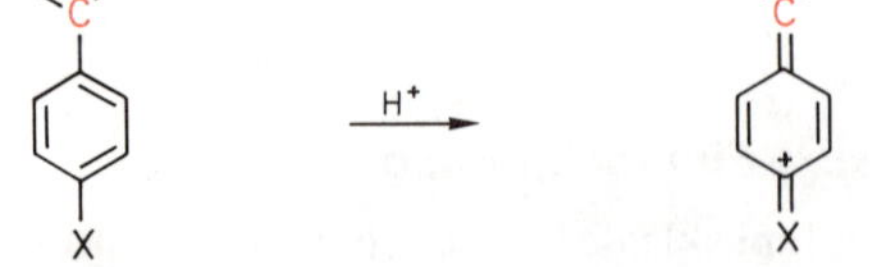

Tab. 6.3 Ausgewählte dynamische Prozesse, die mittels ^{13}C-NMR-Spektroskopie untersucht wurden

Prozeß	Aktivierungs-parameter (kJ/mol)	Literatur
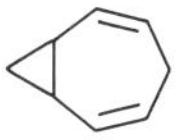 (Bicyclononatrien)	$\Delta G^{\#}_{298} = 59{,}0$	Bicker, R., Kessler, H., Ott, W. (1975), Chem. Ber. 108, 3151.
 (Barrelen-Derivat)	$\Delta G^{\#}_{133} = 23{,}0$	Cheng, A. K., Anet, F. A. L., Mioduski, J., Meinwald, J. (1974), J. Am. Chem. Soc. 96, 2887.
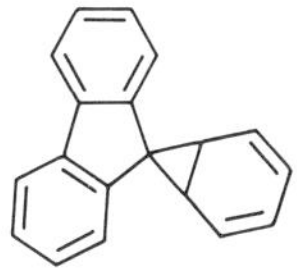 (Spirofluoren)	$\Delta G^{\#} = 36{,}1$	Kausch, M., Dürr, H. (1978), Chem. Ber. 111, 1.
Cycloheptatrien-CHO; Oxepin		Balci, M., Fischer, H., Günther, H. (1980), Angew. Chem. 92, 316. Wehner, R., Günther, H. (1974), Chem. Ber. 107, 3149. Berger, S., Rieker, A. (1979), Org. Magn. Reson. 6, 78.
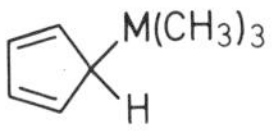 Cyclopentadien-M(CH$_3$)$_3$, H; M = Si, Ge, Sn	$\Delta G^{\#} = 29\text{–}53$	Grishin, Y. K., Sergeyev, N. M., Ustynyuk, Y. A. (1972), Org. Magn. Reson. 4, 377.
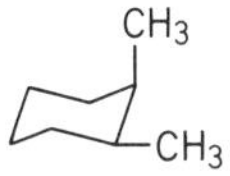 1,1-Dimethylcyclohexan	$\Delta G^{\#}_{220} = 41{,}5$	Schneider, H. J., Price, R., Keller, T. (1971), Angew. Chem., 83, 759.

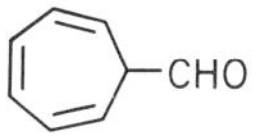

Weitere Alkylcyclohexane:

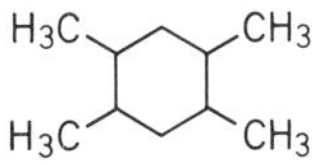 1,1,3,3-Tetramethylcyclohexan	$\Delta G^{\#} = 52$	Booth, H., Everett, J. R. (1980), J. Chem. Soc., Perkin Trans. 2, 255.
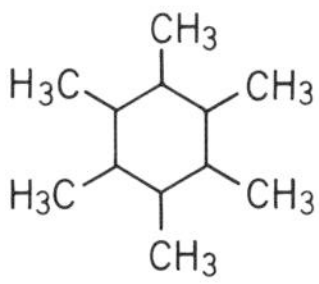 1,1,3,3,5-Pentamethylcyclohexan	$\Delta G^{\#} = 73{,}3$	Werner, H., Mann, G., Jancke, H., Engelhardt, G. (1975), Tetrahedron Lett. 1917.
 cis-Decalin	$\Delta G^{\#} = 52{,}7$	Dalling, D. K., Grant, D. M., Johnson, L. F. (1971), J. Am. Chem. Soc. 93, 3678. Mann, B. E. (1976), J. Magn. Reson. 21, 17.

Tab. 6.3 Fortsetzung

Prozeß	Aktivierungs-parameter (kJ/mol)	Literatur
Substituierte cis-Dekaline:		Browne, L.M., Klinck, R.E., Stothers, J.B. (1979), Can. J. Chem. 57, 803.
substituierte Ethane:		Freitag, W., Schneider, H.J. (1980), Isr. J. Chem. 20, 153.
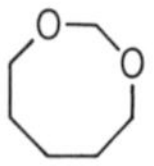 (O-O 7-Ring)	$\Delta G^{\#} = 23{,}8$ und $30{,}5$	Anet, F.A.L., Degen, P.J., Krane, J. (1976), J. Am. Chem. Soc. 98, 2059.
 (Cycloocten)	$\Delta G^{\#} = 54{,}7$	Anet, F.A.L., Yavari, I. (1977), J. Am. Chem. Soc. 99, 7640.
 (Cyclooctatetraen)	$\Delta G^{\#}_{98} = 18{,}0$	Anet, F.A.L., Yavari, I. (1975), Tetrahedron Lett. 4221.
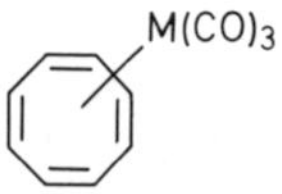 M(CO)$_3$-Komplex		Cotton, F.A., Hunter, D.L. (1976), J. Am. Chem. Soc. 98, 1413.
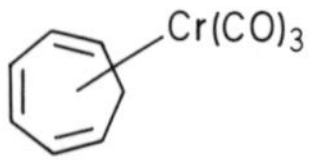 Cr(CO)$_3$-Komplex	$\Delta G^{\#}_{240} = 47{,}3$	Kreiter, C.G., Lang, M., Strack, H. (1975), Chem. Ber. 108, 1502.
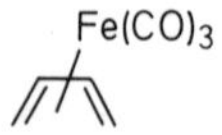 Fe(CO)$_3$	$E_a = 39{,}7$	Kruczynski, L., Takats, J. (1974), J. Am. Chem. Soc. 96, 932.
$(\varphi-CH_2)_3SnCo(CO)_4$	$\Delta G^{\#} = 29{,}7$	Lichtenberger, D.L., Kidd, D.R., Loeffler, P.A., Brown, T.L. (1976), J. Am. Chem. Soc. 98, 629.
$H_2FeRu_3(CO)_3$		Geoffroy, G.L., Gladfelter, W.L. (1977), J. Am. Chem. Soc. 99, 6775.
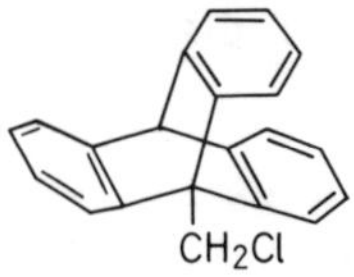 (Triptycen-CH$_2$Cl)	$\Delta G^{\#}_{298} = 58{,}6$	Grishin, Y.K., Sergeyev, W.M., Subbotin, O.A., Ustynyuk, Y.A. (1973), Mol. Phys. 25, 297. Übersicht siehe Oki, M. (1976), Angew. Chem. 88, 67.
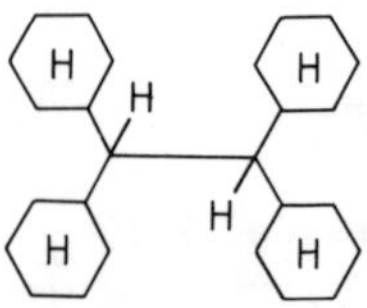 (Diphenylethan-Derivat)		Baxter, S.G., Fritz, H., Hellmann, G., Kitschke, B., Lindner, H.J., Mislow, K., Rüchardt, C., Weiner, S. (1979), J. Am. Chem. Soc. 101, 4493.
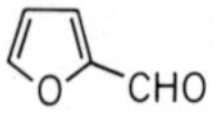 (Furfural)	$\Delta G^{\#}_{158} = 29$	Roques, B.P., Combrisson, S., Wehrli, F. (1975), Tetrahedron Lett. 1047.

Tab. 6.3 Fortsetzung

Prozeß	Aktivierungs-parameter (kJ/mol)	Literatur
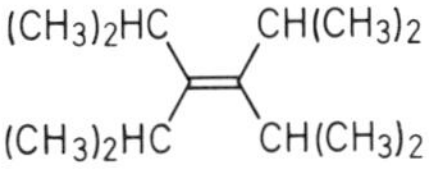 (CH₃)₂HC, CH(CH₃)₂ / C=C / (CH₃)₂HC, CH(CH₃)₂	$\Delta G^{\#} = 70$	Bomse, D. S., Morton, T. H. (1975), Tetrahedron Lett. 781.
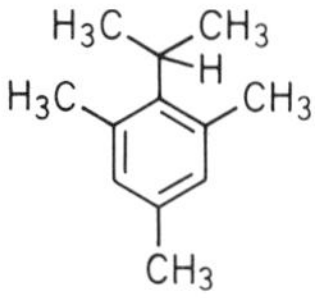 Durylmethine (H₃C-CH(H)(CH₃) on mesitylene-type ring with CH₃ groups)	$\Delta G^{\#} = 54{,}8$	
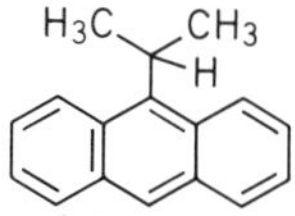 9-(1-methylethyl)anthracene type (H₃C-CH(H)-CH₃ on anthracene)	$\Delta G^{\#} = 56{,}9$	Ernst, L., Mannschreck, A. (1977), Chem. Ber. 110, 3258.
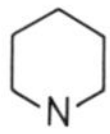 Piperidine (N–H)	$\Delta G^{\#}_{131} = 25{,}5$	Anet, F. A. L., Yavari, I. (1977), J. Am. Chem. Soc. 99, 2794.
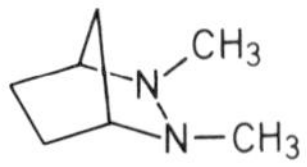 2,3-Diazabicyclic N-CH₃, N-CH₃		Nomura, Y., Masai, N., Takeuchi, Y. (1974), J. Chem. Soc. Chem. Comm. 288.
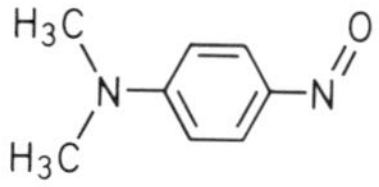 (H₃C)₂N–C₆H₄–N=O	$\Delta G^{\#} = 55{,}7$	Grishin, Y. K., Sergeyev, W. M., Subbotin, O. A., Ustynyuk, Y. A. (1973), Mol. Phys. 25, 297.
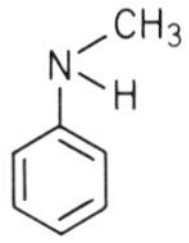 N-methylaniline (Ph–N(CH₃)H)	$\Delta G^{\#}_{153} = 30{,}3$	Lunazzi, L., Magagnoli, L., Guerra, M., Macciantelli, D. (1979), Tetrahedron Lett. 3031.
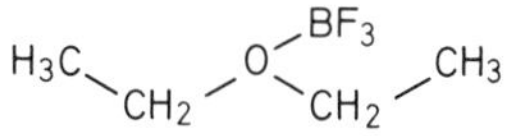 H₃C–CH₂–O(BF₃)–CH₂–CH₃	$\Delta G^{\#} = 34{,}7$	Hartmann, J. S., Stilbs, P., Forsén, S. (1975), Tetrahedron Lett. 3497.
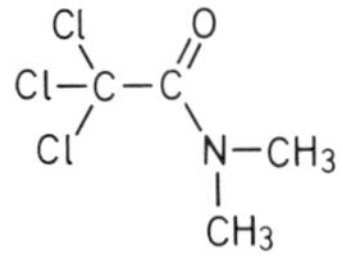 Cl₃C–C(=O)–N(CH₃)₂	$\Delta G^{\#}_{288} = 73{,}6$	Gansow, O. A., Killough, J., Burke, A. R. (1971), J. Am. Chem. Soc. 93, 4297.

Wie der Vergleich der Aktivierungsenergien zeigt, besteht für *p*-substituierte Aldehyde eine Hammett-Korrelation zwischen der Aktivierungsbarriere und σ_p[29]. Protoniert man die Aldehyd-Funktion, so steigen die Barrieren auf etwa das Doppelte der Werte der neutralen Verbindungen.

3.4.4 Rotationen um Kohlenstoff-Heteroatom-Bindungen

Die überwiegende Anzahl der Arbeiten auf diesem Gebiet befaßt sich mit der gehinderten Rotation von Carbonsäuredimethylamid-Derivaten. Hier besitzt jedoch die ^{13}C-Spektroskopie keine erkennbaren wesentlichen Vorteile gegenüber der Protonenresonanz. In Tab. 6.3 sind einige Barrieren, die mittels ^{13}C-NMR an diesen Verbindungen bestimmt wurden, aufgeführt.

4. Isotopenstörung von Gleichgewichten

Wenn die Energiebarriere eines Austauschprozesses sehr klein ist, so daß keine kinetischen Linienverbreiterungen mehr beobachtbar sind, blieb bislang unklar, ob ein dynamisches Gleichgewicht zweier äquivalenter Strukturen (Doppelminimum-Potential) oder nur eine einzige symmetrische Struktur (Einzelminimum-Potential) vorliegt. Eine von Saunders entwickelte Methode[30] erlaubt es hier dennoch, durch Messung der NMR-Spektren spezifisch deuterierter Derivate eine Entscheidung zu treffen. Diese Methode erlaubt aber nicht, Aktivierungsbarrieren $\Delta G^{\#}$ zu bestimmen.

Im 1,2-Dimethylcyclopentyl-Kation **10** werden durch rasche 1,2-Hydrid-Verschiebung die Formen **10a** und **10b** ineinander überführt. Statt eines Resonanzsignals des kationischen C-1-Atoms in **10a** und des Methinkohlenstoffs 2 in **10b** beobachtet man bei allen Temperaturen ein Mittelwert-Spektrum.

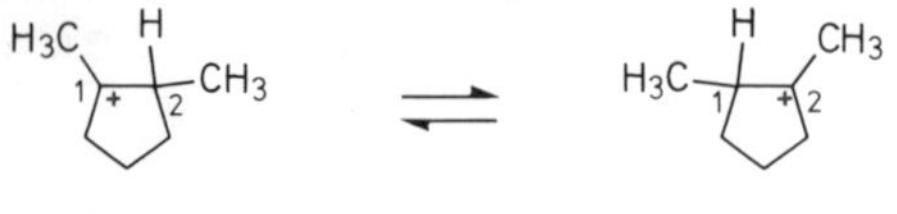

Wird nun z. B. eine Methyl-Gruppe deuteriert, so ist, falls das Deuterium die relative Stabilität der beiden Formen **11a/11b** beeinflußt, das Gleichgewicht nicht mehr entartet. Im Mittelwert-Spektrum finden sich nun aufgrund der unterschiedlichen Population von **11a/11b** symmetrisch zum Signal (C–1, C–2) für das Paar **10a/10b** zwei Resonanzen mit der Aufspaltung δ_{IS} (IS steht für Isotopenstörung, dieser Aufspaltung ist der eigentliche Isotopeneffekt, **intrinsic isotope effect**, s. S. 149, noch überlagert). Die Größe der Aufspaltung δ_{IS} hängt nach Gl. (6.12) von den Konzentrationen A und B der Spezies **11a** und **11b** sowie von den chemischen Verschiebungen der Kohlenstoff-Atome $C-1$ und $C-2$ im **nicht** gemittelten Spektrum ab.

$$\delta_{IS} = \frac{[\delta_1 A + \delta_2 B) - (\delta_2 A + \delta_1 B)]}{(A + B)} \quad (6.12)$$

Mit $K = \dfrac{B}{A}$ und $\Delta = \delta_2 - \delta_1$ vereinfacht sich Gl. (6.12) zu Gl. (6.13).

$$K = \frac{\Delta + \delta_{IS}}{\Delta - \delta_{IS}} \quad (6.13)$$

Für auf der NMR-Zeitskala auch bei tiefen Temperaturen schnelle Reaktionen kann Δ nicht direkt gemessen werden, sondern muß mit Hilfe von Vergleichverbindungen abgeschätzt werden. Für Carbenium-Ionen des Typs **10** beträgt $\Delta \approx 260$ ppm.

Aus dem experimentellen Wert für δ_{IS} (82 ppm bei $-142\,°C$) kann somit K ermittelt werden. Durch temperaturabhängige Messung von δ und somit K lassen sich die thermodynamischen Größen ΔH und ΔS ermitteln.

Mit dieser Methode wurde auch das über viele Jahre umstrittene Norbornyl-Kation[31] untersucht sowie bei einigen Cyclopentadienyl-Metallkomplexen zwischen η^5-Struktur und schnellen 1,2-Metallverschiebungen unterschieden[32].

Aufgaben

6.1 Berechne die Zeitskala der Infrarot-Spektroskopie.

6.2 Welchen Fehler in $\Delta G^{\#}$ macht man bei einer Messung bei $0\,°C$, wenn die Meßtemperatur um $5\,°C$ von der Solltemperatur abweicht und die Geschwindigkeitskonstante der Reaktion 8 Hz beträgt?

6.3 Die Geschwindigkeitskonstante einer Reaktion bei der Temperatur der Koaleszenz läßt sich nach

$$k_c = \frac{\pi \Delta \nu}{\sqrt{2}}$$

berechnen. Zwei austauschende Methyl-Gruppen, deren ^{1}H-NMR-Signale an einem 100 MHz-Spektrometer im Gebiet des langsamen Austauschs um 0,5 ppm separiert sind, koaleszieren bei $10\,°C$. Berechne den Koaleszenzpunkt für das ^{13}C-Spektrum, wenn die Methyl-Gruppen an einem Gerät gleicher Feldstärke im Gebiet des langsamen Austauschs um 4 ppm separiert sind.

6.4 Vergleiche die drei zitierten dynamischen NMR-Untersuchungen zum Bullvalen-Problem anhand der Originalliteratur.

6.5 Im 2,6-Di-t-butyl-4-cyano-6-brom-cyclohexa-3,5-dien ist das Brom-Atom beweglich (Rieker, A., Zeller, N., Kessler, H. (1968), J. Am. Chem. Soc. 90, 6566).

Welche Paare von ^{13}C-Signalen zeigen Austauschverhalten und welche bleiben scharf? Schätze die Reihenfolge der Koaleszenztemperaturen für die verschiedenen ^{13}C-Signalpaare ab.

Literatur

[1] Reeves, L.W. (1965), Adv. Phys. Org. Chem. 3, 187.
Sutherland, I.O. (1971), Annu. Rep. NMR Spectrosc. 4, 71.

[2] Lynden-Bell, R.M. (1967), Prog. Nucl. Magn. Reson. Spectrosc. 2, 163.
Johnson, C.S., Moreland, C.G. (1973), J. Chem. Educ. 50, 477.

[3] Binsch, G. (1968), Top. Stereochem. 3, 97.
Binsch, G. (1975), in Dynamic NMR Spectroscopy (Jackman, L.M., Cotton, F.A.), Academic Press, New York und London, S. 45.

[4] Kessler, H. (1970), Angew. Chem. 82, 237.
Binsch, G., Kessler, H. (1980), Angew. Chem. 92, 445.

[5] Mann, B.E. (1977), Prog. Nucl. Magn. Reson. Spectrosc. 11, 95.

[6] Anet, F.A.L. (1979), Top. Carbon-13 NMR Spectrosc. 3, 79.

[7] Stephenson, D.S., Binsch, G. (1978), QCPE 13, 365, DNMR5.

[8] Hofmann, R.A., Forsèn, S. (1966), Prog. Nucl. Magn. Reson. Spectrosc. 1, 15.

[9] Mann, B.E. (1976), J. Magn. Reson. 21, 17.

[10] Ahlberg, P. (1976), Chem. Scri. 9, 47.

[11] Mann, B.E. (1977), J. Magn. Reson. 25, 91.

[12] Doddrell, D., Charrier, C., Hawkins, B.L., Crain, W.O., Harris, L., Roberts, J.D. (1970), Proc. Natl. Acad. Sci. USA 67, 1588.

[13] Nakanishi, H., Yamamoto, O. (1975), Chem. Lett. 513.

[14] Günther, H., Ulmen, J. (1974), Tetrahedron 30, 3781.

[15] Oth, J.F.M., Müllen, K., Gilles, J.M., Schröder, G. (1974), Helv. Chim. Acta 57, 1415.

[16] Nakanishi, H., Yamamoto, O. (1974), Tetrahedron Lett. 1803.

[17] Anet, F.A.L., Anet, R. (1975), in Dynamic NMR Spectroscopy (Jackman, L.M., Cotton, F.A.), Academic Press, New York und London, S. 543.

[18] Anet, F.A.L., Yavari, I. (1978), J. Am. Chem. Soc. 100, 7814.

[19] Kessler, H., Möhrle, H., Zimmermann, G. (1977), J. Org. Chem. 42, 66.
Kessler, H., Zimmermann, G. (1977), Chem. Ber. 110, 2306.

[20] Aime, S., Milone, L. (1977), Prog. Nucl. Magn. Reson. Spectrosc. 11, 183.
Albright, T.A. (1982), Acc. Chem. Res. 15, 149.

[21] Adams, R.D., Cotton, F.A. (1975), in Dynamic NMR Spectroscopy (Jackman, L.M., Cotton, F.A.), Academic Press, New York und London, S. 489.

[22] Gansow, O.A., Burke, A.R., Vernon, W.D. (1972), J. Am. Chem. Soc. 94, 2550.

[23] Adams, R.D., Cotton, F.A. (1973), J. Am. Chem. Soc. 95, 6589.

[24] Lunazzi, L., Macciantelli, D., Bernardi, F., Ingold, K.U. (1977), J. Am. Chem. Soc. 99, 4573.

[25] Ritter, W., Hull, W., Cantow, H.J. (1978), Tetrahedron Lett. 3093.

[26] Albert, K., Rieker, A. (1977), Chem. Ber. 110, 1804.

[27] Ford, W.T., Thompson, T.B., Snoble, K.A.J., Timko, J.M. (1975), J. Am. Chem. Soc. 97, 95.

[28] Lunazzi, L., Macciantelli, D., Boicelli, A.C. (1975), Tetrahedron Lett. 1205.

[29] Drakenberg, T., Sommer, J., Jost, R. (1980), J. Chem. Soc. Perkin Trans. 2, 363.

[30] Saunders, M., Telkowski, L., Kates, M.R. (1977), J. Am. Chem. Soc. 99, 8070.

[31] Saunders, M., Kates, M.R. (1980), J. Am. Chem. Soc. 102, 6867.

[32] Faller, J.W., Murray, H.H., Saunders, M. (1980), J. Am. Chem. Soc. 102, 2306.

Kapitel 7
Anwendung von Lanthaniden-Shift-Reagenzien in der ^{13}C-NMR-Spektroskopie

1. Einleitung
2. Theoretische Grundlagen
3. Auswahl des LSR
4. Auswertungsverfahren
5. Computerprogramme zur Auswertung der McConnell-Gleichung
6. Anwendungen

1. Einleitung

Durch Zugabe von Lanthaniden-Shift-Reagenzien (LSR) zu einer NMR-Probe können die Kernresonanz-Spektren aufgefächert werden, das heißt, eng aneinander liegende oder zufällig zusammenfallende Signale erscheinen getrennt im Spektrum. Nach der ersten Veröffentlichung von Hinckley 1969[1] hat diese Methode weitgehende Beachtung gefunden. Nachdem die methodische Ausarbeitung im wesentlichen in den Jahren 1970 bis 1974 erfolgte, ist der Gebrauch von LSR zur Routine in den meisten Laboratorien geworden. Zahlreiche Übersichten[2-7] dokumentieren die breite Anwendbarkeit dieser Reagenzien.

Während die zusätzliche chemische Verschiebung durch die LSR in der Protonenresonanz zu einer Vereinfachung der Spinsysteme führen kann und damit ihre Interpretation ermöglicht, ist die Aufnahme von ^{13}C-Spektren mit LSR meist nur dann sinnvoll, wenn sich eine quantitative Auswertung anschließt.

Eine solche Auswertung kann zur eindeutigen Lösung von Zuordnungsproblemen oder aber zur Strukturaufklärung führen, wobei vor allem stereochemische Fragestellungen, etwa die Unterscheidung zwischen *cis/trans*-, *E/Z*-, *endo/exo*- oder *syn/anti*-Strukturen im Vordergrund stehen. Weiterhin ist auch eine Konformationsanalyse mit LSR möglich. Zur Bestimmung der Enantiomeren-Reinheit mit chiralen LSR verwendet man zweckmäßigerweise die Protonenresonanz.

2. Theoretische Grundlagen

Die durch die Zugabe von LSR hervorgerufene chemische Verschiebung kann in drei Anteile aufgegliedert werden (s. Gl. (7.1)), wobei Δ_{dia} den diamagnetischen Beitrag durch die Komplexierung mit dem LSR darstellt.

$$\Delta = \Delta_{\text{dia}} + \Delta_{\text{con}} + \Delta_{\text{dip}} \tag{7.1}$$

Δ_{dia} ist gegenüber den anderen Beiträgen meistens vernachlässigbar, durch Verwendung des diamagnetischen Lanthan-Ions kann Δ_{dia} überprüft werden[8].

Der zweite Term der Gl. (7.1), Kontakt-Verschiebung (**contact shift**) genannt, läßt sich verstehen als eine Delokalisierung der Elektronenspins des paramagnetischen LSR-Ions in die s-Orbitale der Substratatome. Die chemische Verschiebung erfolgt aufgrund der Population der Zeemann-Terme im Kern-Elektron-Spin-System. Für Δ_{con} ist die Gl. (7.2) angegeben worden.

$$\Delta_{\text{con}} = \frac{a g_e^2 \mu_B^2 S(S+1)}{\gamma_N 3kT} \tag{7.2}$$

Hier bedeutet a die Elektron-Kern-Spin-Kopplungskonstante, g den Landé-g-Faktor der Elektronenspins und S die Gesamtspin-Quantenzahl des LSR-Ions. Die Betrachtung von Gl. (7.2) zeigt, daß aus der Messung von Δ_{con} keine Strukturinformationen über die Geometrie des LSR-Substrat-Komplexes (LS) abzuleiten sind.

Der dritte Term in Gl. (7.1), der dipolare Anteil, auch Pseudokontakt-Verschiebung (**pseudocontact shift**) genannt, wird durch die Wechselwirkung der Kerne mit dem magnetischen Dipolfeld des LSR-Ions hervorgerufen. Unter Annahme einer effektiven Axialsymmetrie des LS-Komplexes in Lösung gilt für den dipolaren Verschiebungsanteil die McConnell-Robertson-Gleichung[9] (7.3).

$$\Delta_{\text{dip}} = K \frac{3\cos^2 \vartheta - 1}{r^3} \tag{7.3}$$

Hierbei bedeutet r den Abstand des LSR-Ions (vgl. Abb. 7.1) vom betrachteten Kernspin und ϑ den Winkel zwischen der magnetischen Achse des Komplexes und dem Vektor zwischen LSR-Ion und betrachtetem Kernspin. Man nimmt an, daß die magnetische Hauptachse mit der durch die Komplexierung hervorgerufenen Bindung zusammenfällt.

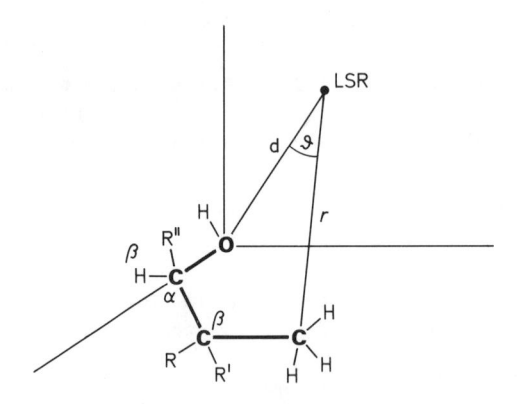

Abb. 7.1 Schematische Darstellung der Geometrie eines LSR-Substratkomplexes

3. Auswahl des LSR

Während in der Protonenresonanz der Kontaktanteil der durch LSR hervorgerufenen Verschiebung meist vernachlässigt werden kann, ist dies für ^{13}C-NMR nicht der Fall. Dies ist vor allem für zum Komplexierungszentrum α- und β-ständige C-Atome wichtig. Es hat sich gezeigt, daß verschiedene Lanthanid-Ionen unterschiedliche Kontaktverschiebungen verursachen. So induziert das in der Protonenresonanz wegen seiner geringen Linienverbreiterung häufig benutzte Europium relativ hohe Kontaktverschiebungen. Für ^{13}C-Studien hat sich am besten Ytterbium bewährt; bei quantitativen Auswertungen wird man jedoch auch hier das zum Komplexierungszentrum α-ständige C-Atom nicht berücksichtigen.

Die für LSR verwendeten Chelatbildner haben im wesentlichen die Aufgabe, das Lanthanid-Ion in der organischen Phase zu lösen und zum anderen die Komplexbildungskonstante mit organischen Substraten zu erhöhen. Als besonders häufig benutzte Chelatbildner haben sich Dipivaloylmethan **1** (dmp) und 1,1,1,2,2,3,3-heptafluor-7,7-dimethyl-4,6-octandion (fod) durchgesetzt **2**.

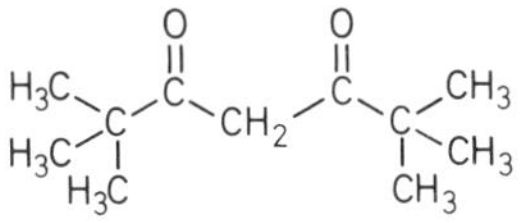

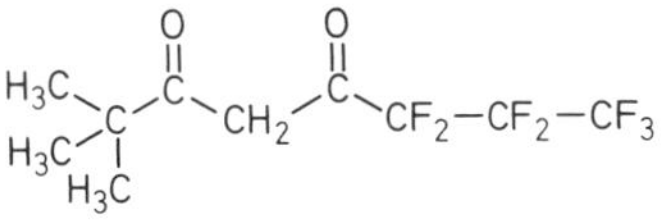

Üblicherweise werden die voll deuterierten Reagenzien benutzt. Zur Bestimmung der Enantiomeren-Reinheit von Substraten sind chirale Komplexbildner erhältlich.

LSR können nur dann erfolgreich angewendet werden, wenn die organischen Substrate als Lewis-Basen wirken, mit denen die LSR komplexieren. Entsprechend der Lewis-Basizität gilt folgende Abstufung der Komplexbildung mit LSR:

$$R-NH_2 > R-OH > R-C(=O)R > R-COOR' > R-C\equiv N$$

Neuerdings gelingt aber auch die Komplexierung ungesättigter Kohlenwasserstoffe mit binuklearen LSR[10].

4. Auswertungsverfahren

Die quantitative Auswertung der McConnell-Robertson-Gleichung erfordert die Kenntnis der chemischen Verschiebungen Δ_{dip} des LS-Komplexes. Diese sind aber experimentell nicht direkt erhältlich, da in Lösung nur ein im Sinne der NMR-Zeitskala (vgl. Kap. 6; s. S. 584) schnelles Gleichgewicht (s. Gl. (7.4)) zwischen freiem und gebundenem Substrat vorliegt. Experimentell wird daher nur das Mittelwertspektrum (s. Gl. (7.5)) gemessen.

$$L + S \rightleftharpoons LS \tag{7.4}$$

$$\delta_{exp} = x\delta_{LS} + (1-x)\delta_S \tag{7.5}$$

(x = Molenbruch)

Um dennoch zu Werten zu gelangen, mit denen die McConnell-Robertson-Gleichung ausgewertet werden kann, sind eine Reihe von Verfahren vorgeschlagen worden. Bei diesen wird der sogenannte **„bound shift"**, also die chemischen Verschiebungen des 1 : 1-LS-Komplexes, ermittelt. Allen diesen Verfahren ist gemeinsam, daß aus Messungen unterschiedlicher Konzentrationen über eine Ausgleichsrechnung der „bound shift" oder ihm proportionale Größen ermittelt werden. Solche Messungen können bei konstanter Substrat- oder konstanter LSR-Konzentration durchgeführt werden. Nachteile dieser Verfahren sind die Notwendigkeit genauer Einwaagen der sehr hygroskopischen LSR, die notwendige Verwendung gut getrockneter Lösungsmittel und die Frage der Standardisierung, d.h. die Wahl eines von den LSR nicht beeinflußten Verschiebungsstandards.

Für die Zwecke der organischen Strukturanalyse völlig ausreichend ist jedoch das sogenannte relative Verfahren[7], das diese Probleme umgeht, dafür aber nicht die für manche physikalisch-chemischen Fragestellungen wichtige Komplexbildungskonstante der Reaktion (s. Gl. (7.4), S. 605) liefert.

Beim relativen Verfahren wird mit beliebigen und unbekannten Konzentrationen an LSR sowie mit unbekannter, aber konstanter Substratkonzentration gearbeitet. In der Praxis bedeutet dies einfach die wiederholte Zugabe von einer Spatelspitze LSR zur fertigen Substratlösung im NMR-Röhrchen.

Eine beliebige, vom LSR beeinflußte Resonanzlinie wird als Standardlinie ausgewählt. Die Verschiebungen der anderen, mehr oder weniger vom LSR beeinflußten Resonanzsignale werden gegen die Verschiebung der ausgewählten Referenzlinie aufgetragen. Man erhält wie in Abb. 7.2 gezeigt eine Schar von Geraden, deren Steigungen durch Ausgleichsrechnung festgelegt werden. Wie die Theorie[7] zeigt, stehen die Steigungen dieser Geraden im Verhältnis der gesuchten „bound shift"-Werte. Absolute Werte werden zur Berechnung von Gl. (7.3) (s. S. 604) nicht benötigt, da die Konstante K als Anpassungsgröße der Computerprogramme verwendet wird.

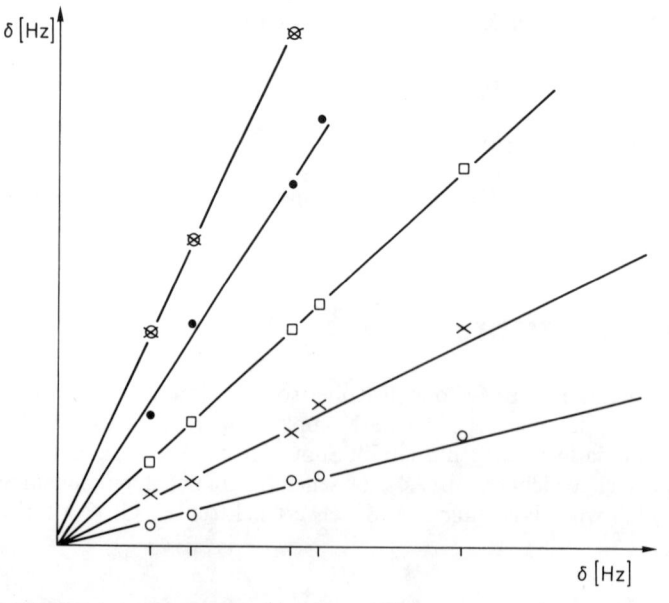

Abb. 7.2 Auswertung von Lanthaniden-Verschiebungen nach dem relativen Verfahren; die Gerade mit der Steigung 1 ist die Referenzlinie

5. Computerprogramme zur Auswertung der McConnell-Gleichung

Liegt nach Durchführung eines LSR-Experimentes ein Satz von „bound shift"-Werten vor, so kann mit diesen Daten die Struktur eines LS-Komplexes ermittelt werden. Ziel der Rechnung ist es, die Gültigkeit der ^{13}C-Zuordnungen bei bekannter Molekülstruktur zu überprüfen und gegebenenfalls zu korrigieren. Andererseits kann bei relativ sicherer Zuordnung die angegebene Molekül-Konformation überprüft werden und eine Entscheidung über die korrekte stereochemische Anordnung getroffen werden.

Computerprogramme dieser Art[11] berechnen für eine bestimmte Position des LSR-Ions (vgl. Abb. 7.1, s. S. 604) aus den Werten für r und ϑ für alle Kernspins den „bound shift" und vergleichen diesen Satz von theoretischen „bound shift"-Werten mit dem experimentellen Datensatz. Anschließend wird die Position des LSR-Ions so lange verändert, bis eine möglichst gute Übereinstimmung zwischen berechneten und gemessenen Werten gefunden ist. Das Ergebnis muß noch physikalisch sinnvoll sein; so sollte z. B. d, der Abstand zwischen dem LSR und dem komplexierten Atom 200 bis 400 pm betragen. Fehlzuordnungen zeigen sich, wenn zwei oder mehrere Signale sehr weit von den berechneten Werten abweichen. Nachdem eine beste Lösung gefunden worden ist, kann zusätzlich berechnet werden, ob die Rotation bestimmter Gruppen im Molekül eine Verbesserung der Übereinstimmung erbringt. Solche weiterführenden Computerrechnungen im Sinne einer Konformationsanalyse sind jedoch nur dann sinnvoll, wenn möglichst viele unabhängige (mindestens fünf) „bound shift"-Werte vorhanden sind.

6. Anwendungen in der ^{13}C-NMR-Spektroskopie

Die Anwendung von LSR in der ^{13}C-Spektroskopie soll exemplarisch an drei Beispielen für die Signalzuordnung, Strukturuntersuchung und Konformationsanalyse geschildert werden.

6.1 Signalzuordnungen mit Hilfe von LSR

Die Zuordnung von ^{13}C-Resonanzen ist für Steroide wegen der Vielzahl ähnlicher C-Atome besonders schwierig, so daß sich hier LSR-Experimente zur Lösung von Zuordnungsfragen besonders anbieten. So findet man im 5α-Cholestan-3β-ol **3** alle Resonanzen der 27 unterscheidbaren C-Atome aufgelöst[12]. In Tab. 7.1 sind die ^{13}C-Signale beginnend bei tiefstem Feld numeriert und mit den experimentellen „bound shifts" versehen.

Aus diesen Daten ist die Zuordnung von Signal Nr. 1 zu C-3 sofort ersichtlich, ebenso stammen die Signale 9 und 16 von den Atomen C-2 und C-4, wobei hier die Einzelzuordnung aus den Absolutbeträgen der chemischen Verschiebungen erfolgen kann. Aus dem Off-Resonance-Spektrum war bekannt, daß die Signale Nr. 6 und 14 von den beiden quartären C-Atomen herrühren. Somit ist aus den LSR-Daten sofort die Zuordnung von Signal Nr. 14 zu C-10 und Nr. 6 zu C-13 klar. Ebenso folgt aus dem Off-Resonance-Spektrum die Zuordnung von Nr. 26 zu C-19. Das Paar der Signale Nr. 5 und Nr. 10 gehört gemäß den LSR-Daten zu den Atomen C-5 und C-1, wobei hier die weitere Zuordnung aus dem Off-Resonance-Spektrum erfolgt. Diese schon durch eine qualitative Betrachtung gesicherten Zuordnungen sind in Zeile 3 der Tab. 7.1 angegeben. Mit diesen und einigen Protonendaten wurde mit einem Computerprogramm die optimale Position des Lanthanid-Ions bestimmt und die vom Programm berechneten Verschiebungen der übrigen C-Atome mit den experimentellen Werten verglichen. In einem iterativen Prozeß konnten so die Angaben in Zeile 4 der Tab. 7.1 festgelegt werden, so daß schließlich nur zwischen den Signalen für die Paare C-23/24 und C-26/27 nicht mit genügender Sicherheit unterschieden werden konnte, da diese zu weit vom Komplexierungszentrum entfernt sind.

Tab. 7.1 LSR „bound shifts" für 5α-Cholestan-3β-ol **3**[12]

Signalfolge	1	2	3	4	5	6	7	8	9
„bound shifts"	100	3,7	2,0	8,5	21,6	3,1	3,6	0,7	51,5
Zuordnung 1	C−3				C−5	C−13			C−4
Weitere Zuordnungen		C−14	C−17	C−9			C−12	C−23 oder C−24	

Signalfolge	10	11	12	13	14	15	16	17	18
„bound shifts"	21,8	1,0	1,5	6,0	17,5	5,8	56,5	11,1	1,9
Zuordnung 1	C−1				C−10		C−2		
Weitere Zuordnungen			C−22	C−20	C−8		C−7		C−6	C−16

Signalfolge	19	20	21	22	23	24	25	26	27
„bound shifts"	0,6	2,7	0,7	0,5	0,5	6,4	1,6	16,2	3,3
Zuordnung 1								C−19	
Weitere Zuordnungen	C−25	C−15	C−23 oder C−24	C−26 oder C−27	C−26 oder C−27	C−11	C−20		C−18

6.2 LSR-Daten für Strukturuntersuchungen

Wie empfindlich LSR-Werte auf geringe Strukturunterschiede ansprechen, zeigt anschaulich ein Vergleich der drei isomeren Retinal-Moleküle **4**, **5** und **6**. Für diesen Vergleich wurden die Werte der Literatur[13] auf $\Delta_{CO} = 100$ umgerechnet.

All-*trans*-Retinal **4** und das 9-*cis*-Isomere **6** sind zwischen C-10 und C-15 *trans* angeordnet. Ihre LSR-Daten sind daher für die Atome C-10 bis C-15 nahezu identisch. Wird diese *trans*-Anordnung im 13-*cis*-Retinal **5** aufgehoben, so zeigen sich erwartungsgemäß besonders Unterschiede in den LSR-Daten für C-12 und die Methyl-Gruppe an C-13, aber auch an weiter vom Komplexierungszentrum entfernten C-Atomen. Auch der strukturelle Unterschied zwischen **4** und **6** zeigt sich in den LSR-Daten noch sichtbar, wenn man zum Beispiel die Verschiebungen von C-8 oder die der Methyl-Gruppen an C-5 vergleicht.

Diese rein qualitative Betrachtung ließe sich in Kombination mit den Protonendaten und einer Computerrechnung für eine Strukturzuordnung ausnutzen.

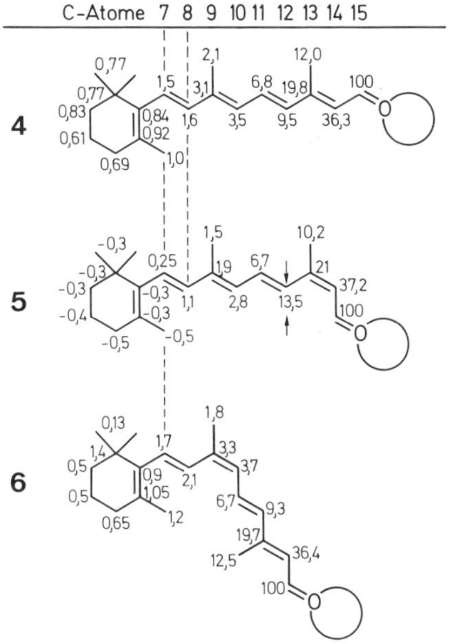

6.3 Konformationsanalysen mit LSR-Daten

Bei der Analyse von NMR-Spektren erhebt sich generell die Frage, inwieweit Molekülkonformationen, die mittels der Röntgenstrukturanalyse für den kristallinen Zustand bestimmt worden sind, auf das Molekül in Lösung übertragen werden dürfen. Mit Hilfe von ^{1}H- und ^{13}C-LSR-Experimenten wurde diese Frage an Di-*n*-propylacetamid **7** überprüft[14]. Während die Röntgenstruktur eine all-*trans*-Form der Alkylkette in **7** ergibt, zeigen die LSR-Werte, daß diese Konformation allein nicht die gemessenen „bound shifts" erklären kann.

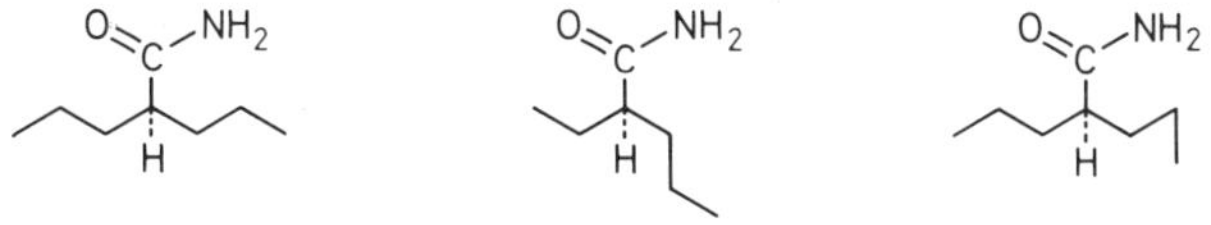

Neben der durch die Röntgenstruktur bestimmten Konformation A nehmen die Autoren noch das Vorliegen der Konformeren B und C zu je 25% an. Bei Untersuchungen dieser

Art empfiehlt es sich, die Position des Lanthanid-Ions an einem relativ feststehenden „Molekülanker" festzulegen, bevor der konformativ bewegliche Molekülteil in die Analyse miteinbezogen wird.

Aufgaben

7.1 Kann ein Lanthanid-Ion im gleichen Molekül Hoch- und Tieffeldverschiebungen hervorrufen?

7.2 Kann man aus der Stereochemie eines LS-Komplexes ableiten, wieso zum Komplexierungszentrum β-ständige C-Atome eher Kontaktanteile aufweisen können als β-Protonen?

7.3 Wieso gibt Gd^{3+} keine LS-Verschiebungen?

7.4 Warum werden die paramagnetischen Übergangsmetallionen des Nickels, Kobalts und Eisens nicht als Shift-Reagenzien benutzt?

7.5 Vergleiche die Ansichten zur Geometrie der LS-Komplexe in Ketonen von Abraham, R.J., Chadwick, D.J., Griffith, L., Sancassan, F. (1979), Tetrahedron Lett. 4691 mit denen von Raber, D.J., Janks, C.M., Johnston, M.D., Raber, N.K. (1980), J. Am. Chem. Soc. 102, 6591. Welche Auffassung erscheint eher begründet?

7.6 Zur Bestimmung der Enantiomeren-Reinheit werden üblicherweise in einer Vorprobe die optimalen Bedingungen zur Signalaufspaltung festgelegt. Hierzu benutzt man racemisches Substrat und optisch reines Shift-Reagenz. Gelingt dieses Experiment auch mit optisch reinem Substrat und racemischem Shift-Reagenz?

Literatur

[1] Hinckley, C.C. (1969), J. Am. Chem. Soc. 91, 5160.
[2] Ammon, R.v., Fischer, R.D. (1972), Angew. Chem. 84, 737.
[3] Cockerill, A.F., Davies, G.L.O., Harden, R.C., Rackham, D.M. (1973), Chem. Rev. 73, 553.
[4] Reuben, J. (1975), Prog. Nucl. Magn. Reson. Spectrosc. 9, 1.
[5] Hofer, O. (1976), Top. Stereochem. 9, 111.
[6] Sullivan, G.R. (1978), Top. Stereochem. 10, 287.
[7] Roth, K., Rewicki, D., Merck Kontakte 2/78, S. 9.
[8] Abraham, J.R., Bergen, H.A., Chadwick, D.J., Sancassan, F. (1982), J. Chem. Soc. Chem. Comun., 998.
[9] McConnell, H.M., Robertson, R.E. (1958), J. Chem. Phys. 29, 1361.
[10] Wenzel, T.J., Sievers, R.E. (1982), Anal. Chem. 54, 1602.
[11] In der umfangreichen Literatur über LSR-Untersuchungen gibt es eine Reihe von Lanthaniden-Shift-Programmen. Bedauerlicherweise ist noch keines über QCPE erhältlich. Das Programm LANTAN ist von einem der Autoren (S.B.) erhältlich.
[12] Chadwick, D.J., Williams, D.H. (1974), J. Chem. Soc. Perkin Trans. 2, 1903.
[13] Englert, G. (1975), Helv. Chim. Acta 58, 2367.
[14] Cohen-Addad, C., Cohen-Addad, J.P. (1977), Spectrochim. Acta, Part A, 33, 821.

Kapitel 8
^{13}C-NMR-Spektroskopie zur Aufklärung von Reaktionsabläufen

1. Einführung
2. Nachweis von Reaktionszwischenprodukten
3. ^{13}C-CIDNP
4. ^{13}C-Untersuchungen zur Biosynthese

1. Einführung

Schon frühzeitig wurde erkannt, daß die ^{13}C-NMR-Spektroskopie wegen ihrer hohen spektralen Dispersion sich hervorragend eignet, chemische Reaktionsmechanismen aufzuklären[1a]. Da durch die relativ hohe Empfindlichkeit moderner Spektrometer der Zwang zur Isotopenmarkierung weitgehend entfallen ist, wird die Untersuchung von Reaktionsabläufen mittels ^{13}C-NMR besonders einfach.

Als wesentlicher Nachteil dieser Untersuchungsmethode ergibt sich jedoch der Fehler bei der quantitativen Auswertung, mit dem ^{13}C-NMR-Aussagen infolge der unterschiedlichen NOE-Effekte und Spin-Gitter-Relaxationszeiten behaftet sind. Ein zweiter Nachteil ist die im Vergleich zu üblichen kinetischen Untersuchungen höhere Ungenauigkeit der Temperaturmessung (vgl. Kap. 6, S. 586). Dennoch ist die qualitative Aussagekraft der ^{13}C-Untersuchung von Reaktionsabläufen in vielen Fällen so detailliert, daß der Nachteil in der quantitativen Aussage in Kauf genommen wird. Gegebenenfalls ist es möglich, nach Identifizierung eines Zwischenproduktes durch ^{13}C-NMR dessen genauen quantitativen Anstieg und Abbau mit anderen spektroskopischen Methoden kinetisch zu verfolgen. In jüngster Zeit gelingt es sogar, ^{13}C-NMR Spektren von lebendem Material, z. B. einem menschlichen Unterarm, aufzunehmen und Stoffwechselprodukte zu identifizieren[1b] (**topical magnetic resonance**, TMR).

Neben der Untersuchung relativ langsam verlaufender chemischer Reaktionen ist mit ^{13}C-NMR auch die Beobachtung extrem schneller Radikalpaar-Reaktionen zugänglich, da der in der Protonenresonanz entdeckte CIDNP-Effekt[2] (CIDNP = **chemical induced dynamic nuclear polarisation**) sich ohne weiteres auch am ^{13}C-Kern beobachten läßt.

Ein drittes Teilgebiet der Aufklärung von Reaktionsabläufen, bei dem man trotz empfindlicher Spektrometer mit markiertem Material arbeiten muß, ist das Studium der Biosynthese von Naturstoffen. Hierbei werden vor allem durch das Auftreten von ^{13}C,^{13}C-Spin,Spin-Kopplungen Nachbarschaftsbeziehungen festgelegt, aus denen sich dann Rückschlüsse auf den Verlauf der Biosynthese ziehen lassen.

Die Literatur bis 1974 zu diesen Arbeitsgebieten ist in einer Übersicht zusammengefaßt[3]. Im folgenden sollen mit wenigen Beispielen wichtige Prinzipien dieser Arbeitsweisen aufgezeigt werden.

2. Nachweis von Reaktionszwischenprodukten

Die ^{13}C-spektroskopische Verfolgung von Reaktionen eignet sich besonders zum Nachweis von Zwischenprodukten, deren Isolierung sich als zu schwierig erweist. So wird z. B. für die Indol-Synthese nach Fischer aus Phenylhydrazinen **1** und Ketonen **2** nach Bildung eines Hydrazons **3** die Umlagerung zum Imin **4** vorgeschlagen, das schließlich unter Eliminierung von NH_3 das Indol **5** bildet.

Für die Substituenten $R_1 = OCH_3$, $R_2 = CO-C_6H_4Cl$, $R_3 = CH_2COOH$ und $R_4 = CH_3$ läßt sich die Reaktion über einen längeren Zeitraum mit ^{13}C-NMR verfolgen[4]. Hierzu wurde das ^{13}C-Spektrum in bestimmten Abständen mit der gleichen Anzahl von Pulsen aufgenommen. Zur kinetischen Auswertung werden generell gut separierte Signale der verschiedenen Produkte ausgewählt. Ferner ist darauf zu achten, daß diese Kohlenstoff-Atome in etwa die gleiche Relaxationszeit und dieselbe Anzahl von direkt gebundenen

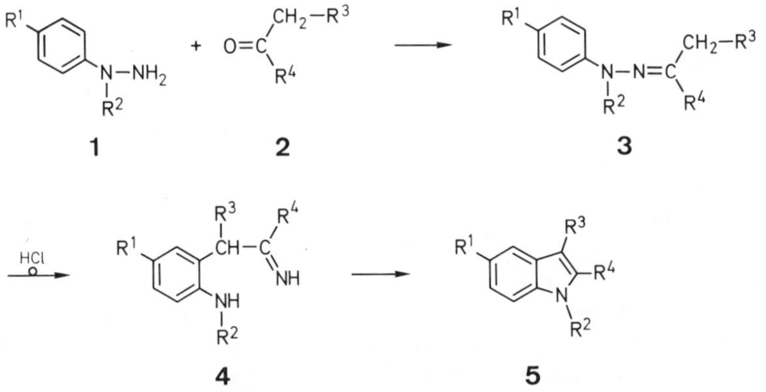

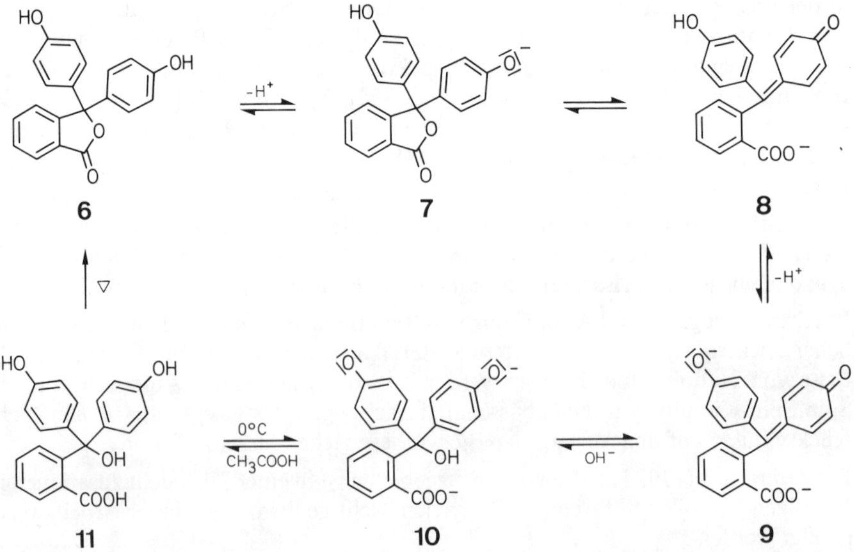

Protonen besitzen. Durch verschiedene Verfahren wie etwa Differenz-Spektroskopie kann es gelingen, alle Signale der jeweiligen Zwischenprodukte zu erhalten und somit ihre Struktur aufzuklären. Für die oben beschriebene Indol-Synthese konnte, die Existenz des Imins **4** für die angegebenen Reste R bestätigt werden.

Besonders einfach sind chemische Reaktionen dann zu verfolgen, wenn sie durch Änderung des pH-Wertes verursacht werden. Ein instruktives Beispiel sind die strukturellen Veränderungen des Phenolphthaleins **6**[5], die durch verschiedenen Säuregehalt in Lösung hervorgerufen werden. Mittels pH-abhängiger ^{13}C-Spektroskopie ließen sich die Formen **9** und **10** nachweisen. Auch das instabile Carbinol **11**, das beim Abfangen von **10** bei tiefer Temperatur auftritt und sich thermisch in **6** umwandelt, konnte mit ^{13}C-Spektroskopie erfaßt werden.

3. ^{13}C-CIDNP[6]

Der Effekt der chemisch induzierten dynamischen Kernpolarisation (CIDNP) wurde 1967 von Bargon, Fischer und Johnson[7] entdeckt und hat sich seitdem zum wichtigsten Hilfsmittel für den Nachweis von Radikalpaar-Reaktionen entwickelt. Der Effekt beruht auf einer durch Orientierung von Elektronenspins gesteuerten Selektivität chemischer Reaktionen von Radikalpaaren. Danach reagieren Radikalpaare, deren Elektronenspin-Zustand sich als Singulett beschreiben läßt, im wesentlichen durch Rekombination (vgl. Gl. (8.1)), während Triplett-Radikalpaare sogenannte „escape"-Produkte bilden, d.h. meist mit dem Lösungsmittel oder aber anderen Reaktanden abreagieren (s. Gl. (8.2)).

$$[R\cdot\cdot R']^S \rightarrow R-R' \tag{8.1}$$

$$[R\cdot\cdot R']^T \xrightarrow{L} \begin{matrix} RL \\ R'L \end{matrix} \tag{8.2}$$

Der Elektronenspin-Zustand eines Radikalpaares wird von der Kopplung der Elektronen zu den Kernspins beeinflußt, so daß bestimmte Kernspin-Einstellungen darüber entscheiden, ob ein Radikalpaar sich im Singulett- oder Triplett-Zustand befindet. Erfolgt die chemische Reaktion des Radikalpaares schneller als die Kernspin-Relaxation, so findet man in den diamagnetischen Endprodukten Kernspin-Einstellungen, die nicht der Boltzmann-Verteilung entsprechen. Im Kernresonanz-Spektrum äußert sich dies in einer kurzzeitigen Polarisation der Signale, d.h. sie können in verstärkter Absorption ($\Gamma = +$) oder verstärkter Emission ($\Gamma = -$) auftreten.

Hierzu gelten einfache Regeln, die von Kaptein[8] entwickelt wurden. Das Vorzeichen Γ der polarisierten NMR-Linien wird durch die Gl. (8.3) beschrieben, in welche nur die Vorzeichen der verschiedenen Multiplikatoren gemäß Tab. 8.1 eingesetzt werden.

$$\Gamma = \mu \cdot \varepsilon \cdot \Delta g \cdot a \tag{8.3}$$

Tab. 8.1 Vorzeichen der Faktoren aus Gl. (8.3)

	+	−
μ	Triplett oder freie Diffusion	Singulett
ε	Rekombination	Escape
Δg	Vorzeichen der Differenz der g-Faktoren der Radikale	
a	Vorzeichen der Elektron,Kern-Spin,Spin-Kopplungskonstante	

So ergibt sich zum Beispiel für ein Benzol-Molekül, das durch „**escape**" eines Phenyl-Radikals **12** aus dem Radikalpaar-Käfig und anschließende Reaktion mit dem Lösungsmittel gebildet wurde, Emission der ^{13}C-Resonanz mit

$$\Gamma = - - - + = -\,.$$

Hierbei wird ein Singulett-Radikalpaar vorausgesetzt. Δg ist negativ, da Phenyl-Radikale kleinere g-Faktoren als Phenylcarboxy-Radikale **13** besitzen, und die Kopplung des Elektrons mit dem α-^{13}C-Atom im Phenyl-Radikal ist positiv.

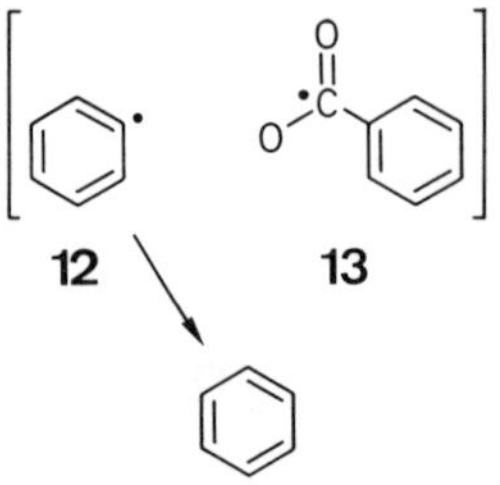

Die oben erwähnten Nachteile der ^{13}C-Spektroskopie infolge der unterschiedlichen Relaxationszeiten wirken sich für ^{13}C-CIDNP Studien besonders ungünstig aus, da die Signalpolarisationen von den Relaxationszeiten abhängen. Darauf ist vor allem bei der Durchführung von ^{13}C-FT-CIDNP Versuchen zu achten[9]. Während in den ersten ^{13}C-CIDNP-Arbeiten im wesentlichen Systeme untersucht wurden, die aus der Protonenresonanz relativ gut bekannt waren, wie etwa die Zersetzung von Benzoylperoxiden[10,11], Phenyldiazonium-Salzen[12] und verwandte Reaktionen[13], ist heute vor allem die photochemische CIDNP-Methodik bereits soweit entwickelt, daß der CIDNP-Effekt sogar zur Zuordnung von ^{13}C-Signalen verwendet werden kann[14].

Ein besonders anschauliches Beispiel stellt die Photoreaktion von Arylketonen **14** in Gegenwart von Phenolen **15** dar. Hierbei vermag ein angeregtes Phenylketon ein Wasserstoff-Atom vom Phenol zu abstrahieren. In Methanol als Lösungsmittel ist diese Reaktion reversibel, so daß der CIDNP-Effekt am eingesetzten Arylketon beobachtet werden kann.

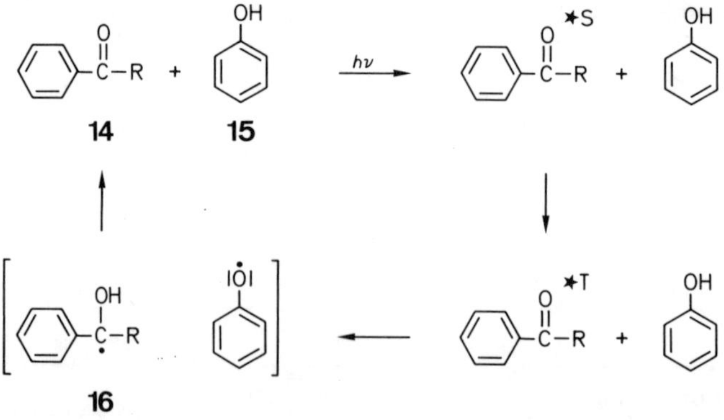

Von Ketyl-Radikalen des Typs **16** ist bekannt, daß das Vorzeichen der Kopplung zwischen dem Elektron und den ^{13}C-Kernen im aromatischen Ring alterniert. Da die anderen

Parameter in Gl. (8.3) konstant bleiben, erwartet man für das Carbonyl-C-Atom verstärkte Emission, für C-1 Absorption, für C-2/6 Emission und so fort. Diese Verhältnisse sind experimentell bestätigt worden, wie in Abb. 8.1 für das Paar Diphenylketon/1,3,5-Trihydroxybenzol veranschaulicht. In weniger trivialen Fällen läßt sich diese Alternanz des Vorzeichens der CIDNP-Signale dazu ausnutzen, eindeutig zwischen C-3/5 und C-2/6 zu unterscheiden.

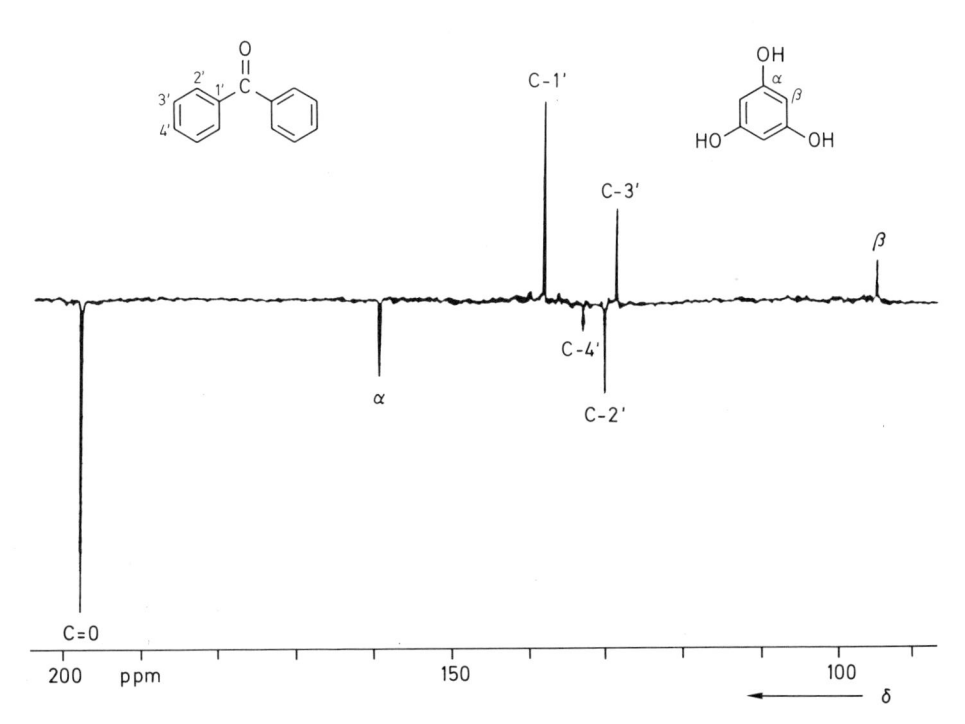

Abb. 8.1 ^{13}C-CIDNP-Effekt am Diphenylketon[14]

^{13}C-CIDNP eignet sich auch besonders gut zur Identifizierung kurzlebiger, instabiler Zwischenprodukte, wie zum Beispiel von Enolen **17**, die bei der Photolyse von Peroxiden in Gegenwart von Alkoholen[15] auftreten.

Ein Beispiel für den Einsatz von ^{13}C-NMR zur Untersuchung schneller Umlagerungen ist die Reaktion zwischen *t*-Butylsulfinylchlorid **18** und N-Hydroxybenzolsulfonamiden **19**, bei welcher der CIDNP-Effekt für Signale des Rekombinationsprodukts **20** sowie des „**escape**"-Produkts **21** beobachtet wird[16].

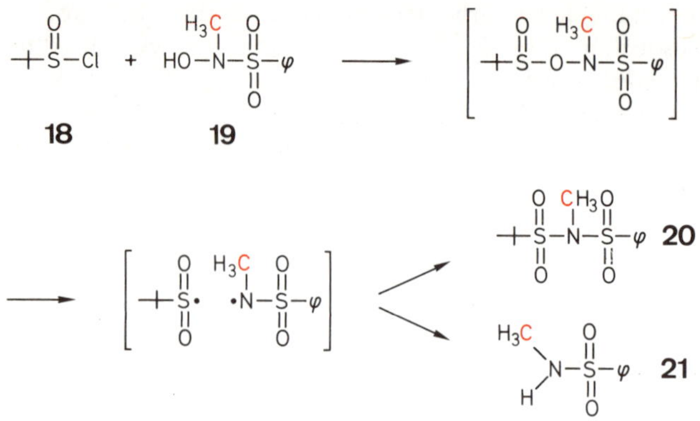

Aufgrund der höheren Dispersion der chemischen Verschiebung ist für solche Untersuchungen die Anwendung der ^{13}C-Resonanz der Protonenresonanz überlegen, obwohl man mit dieser zunächst immer die optimalen experimentellen Bedingungen zur Durchführung des ^{13}C-Experiments festlegen wird.

4. ^{13}C-Untersuchungen zur Biosynthese

Der wesentlichste Vorteil von ^{13}C-Isotopenmarkierungen gegenüber den bisher üblichen ^{14}C- oder auch ^{3}H-Studien ist, daß ein chemischer Abbau der erhaltenen Bioprodukte zum Nachweis desjenigen Molekülteils, in welchem das radioaktiv markierte Atom eingebaut wurde, nicht mehr notwendig ist. Der schwerwiegendste Nachteil der ^{13}C-Markierung für solche Studien, nämlich die relativ geringe Empfindlichkeit und damit die im Vergleich zu radioaktiv markiertem Material nur eingeschränkte Möglichkeit zur Verdünnung mit nicht angereicherten Verbindungen, scheint infolge der hohen Empfindlichkeit moderner Hochfeldspektrometer gemildert. Daher wird sich die ^{13}C-Markierung als Standardarbeitstechnik für biosynthetische Studien etablieren[17,18].

Während man zunächst nur mit einfach markiertem Material, etwa 1-^{13}C-Na-Acetat, den Verbleib des Carboxylkohlenstoff-Atoms in den Bioprodukten verfolgte, erwies sich zunehmend der Einsatz von doppelt markierten Vorläufern als besonders aussagekräftig, denn hiermit können zum Beispiel auch Gerüstumlagerungen während der Biosynthese nachgewiesen werden, da der große Unterschied zwischen $^1J(C,C)$ und weiterreichenden $^{13}C,^{13}C$-Kopplungen direkt Nachbarschaftsbeziehungen festlegt. Ein besonders instruktives Beispiel aus der Porphyrin-Chemie soll das Geschilderte veranschaulichen[19].

Zentrales Zwischenprodukt für die Synthese von Chlorophyll und Hämin in lebendem Material ist das Uroporphyrinogen III **22**, das mittels zweier Enzyme, der PBG-Deaminase und der Urogen-III-Cosynthetase, aus vier Molekülen eines Monopyrrols, dem Porphobilinogen **23** (PBG), erzeugt wird.

Es fällt sofort auf, daß die Natur offensichtlich den Ring D in **22** „umgedreht" hat. Der Mechanismus dieser Umlagerung und ihr Zeitpunkt während der Biosynthese war lange Zeit offen. Zur näheren Untersuchung wurde ein 2,11-di-^{13}C-markiertes PBG dargestellt, das mit unmarkiertem PBG im Verhältnis 1:4 verdünnt und dann der Biosynthese unterworfen wurde.

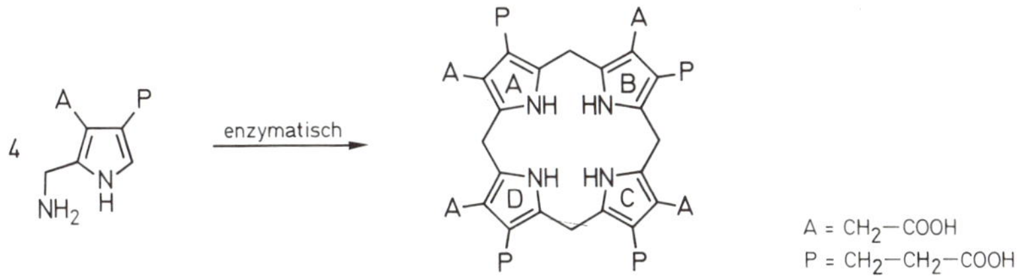

23 **22**

In Abb. 8.2 ist das Spektrum für die Brückenkopfatome des Uroporphyrinogens **22** wiedergegeben. Die auftretenden Kopplungen können nur durch das Schema 8.1 erklärt werden. Offensichtlich wurden drei PBG-Einheiten intakt eingebaut, während die vierte eine Umlagerung erlitten hat.

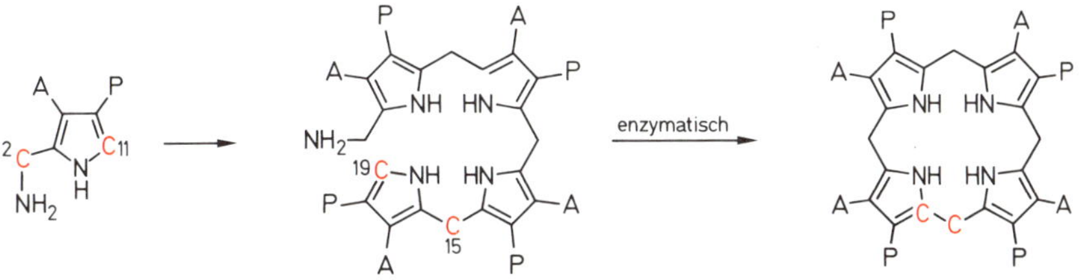

23 **24** **22**

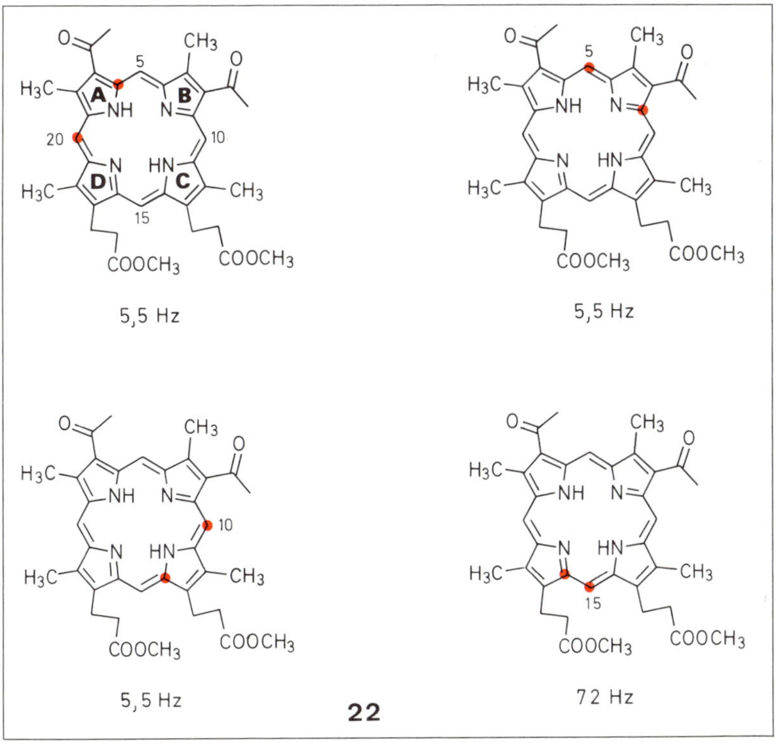

Schema 8.1 ^{13}C-Markierungsmuster zur Erklärung des ^{13}C-Spektrums von Uroporphyrinogen **22**

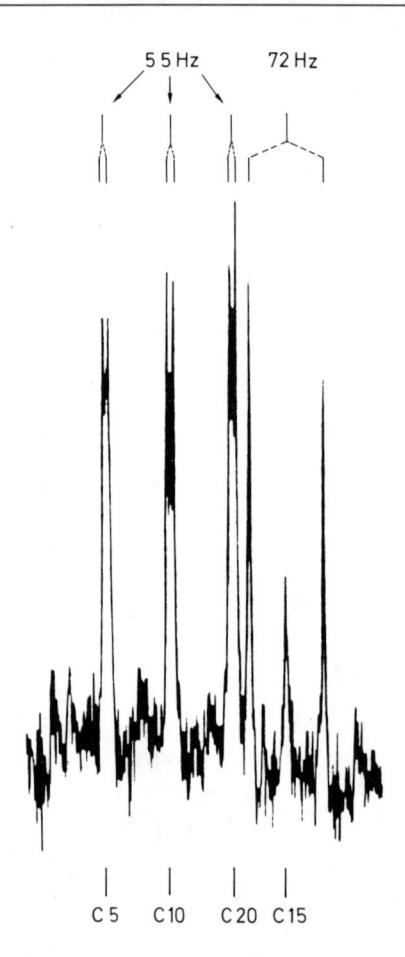

Abb. 8.2 Ausschnitt aus dem ¹³C-Spektrum von Uroporphyrinogen **22** nach Lit.[19]

Weiterführende Studien zeigten, daß diese Umlagerung erst stattfindet, nachdem vier PBG-Einheiten intakt zum Bilan **24** kondensiert sind. Daher wurde schließlich u. a. ein 15,19-di-¹³C-markiertes Molekül **24** chemisch dargestellt, das sich biosynthetisch zu **22** umwandeln läßt, in dem die beiden C-Atome wieder mit $J = 72$ Hz koppeln, also einander direkt benachbart sind.

Obwohl die stereochemischen Details der hier stattfindenden Umlagerung noch nicht vollständig bekannt sind, hat doch die ¹³C-Markierung eindeutig den Zeitpunkt im Verlauf der Biosynthese bewiesen, ohne daß ein chemischer Abbau der komplizierten Moleküle notwendig gewesen wäre.

Aufgaben

8.1 Die korrekte Struktur des Dimeren des Triphenylmethyl-Radikals **25** ist entweder **26** oder **27**. Schlage eine synthetisch zugängliche ¹³C-Markierung vor, um eine eindeutige Unterscheidung zu treffen.

8.2 Benutze Gl. (8.3) (s. S. 613), um das Vorzeichen der Polarisation des Signals der N-Methyl-Gruppen in **20** und **21** (s. S. 616) festzulegen, ($g_{RSO_2NMe} = 2{,}0045$; $g_{t\text{-butyl}SO_2} = 2{,}0054$).

8.3 Bei der thermischen Zersetzung von Dibenzoylperoxid erscheint das CO_2-Signal in Emission. Schlage einen Mechanismus vor.

8.4 Wie könnte man überprüfen, daß die Isopropyl-Gruppe des Valins **28** stereospezifisch unter Erhalt der Konfiguration biosynthetisch in das Penicillin **29** eingebaut wird?

Literatur

[1a] Lauterbur, P. C. (1962), in Determination of Organic Structures by Physical Methods (Nachod, F. C., Phillips, W. D., Herausgeb.), Bd. 2, Academic Press, New York und London, S. 465.
[1b] Shaw, D. (1983), Org. Magn. Reson. 21, 225.
[2] Lepley, A. R., Closs, G. L. (1974), Chemically Induced Dynamic Nuclear Polarisation, Wiley, London.
[3] Stothers, J. B. (1974), Top. Carbon-13 NMR Spectrosc. 1, 229.
[4] Douglas, A. W. (1978), J. Am. Chem. Soc. 100, 6463.
[5] Berger, S. (1981), Tetrahedron 37, 1607.
[6] Monitz, W. B., Poranski, C. F., Sojka, A. J. (1979), Top. Carbon-13 NMR Spectrosc. 3, 361.
[7] Bargon, J., Fischer, H., Johnson, U. (1967), Z. Naturforsch. 22a, 1551.
[8] Kaptein, R. (1971), J. Chem. Soc., Chem. Commun. 732.
[9] Lawler, R. G., Barbara, P. F. (1980), J. Magn. Reson. 135, 40.
[10] Lippmaa, E., Pehk, T., Buchachenko, A. L., Rykov, S. V. (1970), Chem. Phys. Lett. 5, 521.
[11] Schulman, E. M., Bertrand, R. D., Grant, D. M., Lepley, A.-R., Walling, C. (1972), J. Am. Chem. Soc. 94, 5972.
[12] Berger, S., Hauff, S., Niederer, P., Rieker, A. (1972), Tetrahedron Lett. 2581.
[13] Evanochko, W. T., Shevlin, P. B. (1978), J. Am. Chem. Soc. 100, 6429.
[14] Maurer, H. M., Bargon, J. (1980), J. Am. Chem. Soc. 101, 6865.
Maurer, H. M., Bargon, J. (1979), Org. Magn. Reson. 13, 430.
[15] Monitz, W. B., Sojka, S. A., Poranski, C. D., Birkle, D. L. (1978), J. Am. Chem. Soc. 100, 7940.
[16] Bleeker, I. P., Engberts, J. B. F. N. (1981), J. Org. Chem. 46, 1012.
[17] McInnes, A. G., Wright, J. L. C. (1975), Acc. Chem. Res. 8, 313.
[18] Hurley, L. H. (1980), Acc. Chem. Res. 13, 263.
[19] Battersby, A. R., McDonald, E. (1979), Acc. Chem. Res. 12, 14.

Anhang A
Lösungen der Aufgaben

1.1 Einsetzen von $-100\,°C$ in Gl. (1.32) ergibt für N_+^0/N_-^0 den Faktor 1,000007; es wäre daher eine Empfindlichkeitssteigerung um 75% zu erwarten.

1.2

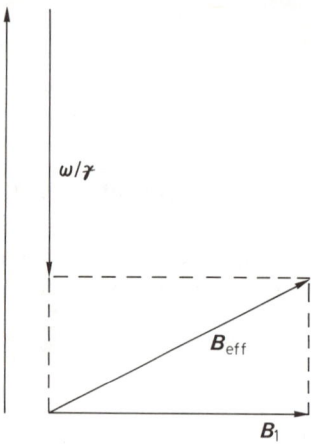

(Diagramm: B_0 vertikal, B_1 horizontal, ω/γ vertikal nach unten, B_{eff} als Resultierende)

1.3 Die makroskopische Magnetisierung wird wieder in die Ausgangslage gedreht. Es ist kein FID zu beobachten.
1.4 S. Lit. (Anhang B)[1]: Abragam, Kap. V, S. 134.
1.5 Nur in der Phasenlage. Fourier-Transformation ergäbe ein negatives Signal (vgl. Abb. 5.7).
2.1 Elektromagnet ca. 26000 DM; Kryomagnet ca. 5000 DM (1983).
2.2 Gemessen an den Anforderungen für Hochauflösung gibt es keine direkte Korrelation der Magnetfeldhomogenität zwischen zwei verschiedenen Meßröhrchen.
2.3 ^{19}F
2.4 Ca. 20000 : 1
2.5 Eine genaue Analyse findet sich bei Ernst, R. R. (1971), J. Magn. Reson. 4, 280, Appendix.
2.6 1,36 s, da in der Praxis beide Kanäle simultan aufgenommen werden.
2.7 Speicherüberlauf nur an der Stelle des starken Signals.
2.8   +0,5 V   000001
     −6,8 V   110101
     −7,0 V   110101
     −1,1 V   100011
     +1,5 V   000100
     −0,7 V   100010
2.9 S. Lit. (Anhang B)[30]: Zachmann, S. 408.
2.10 Anleitung:
Zur Lösung des Integrals

$$F_c = \sqrt{\frac{2}{\pi}} \int_0^\infty \cos at \cdot e^{-\frac{t}{T_2}} \cos \omega t \, dt$$

benutze die Beziehung

$\cos x \cdot \cos y = \cos(x+y) + \cos(x-y)$.

2.11 S. Lit. (Anhang B)[30]: Zachmann, S. 431.
2.12 S. Lit. Kap. 2^{12}.
2.13 Abb. 2.32a: Hochfeldseite, 2.32b: Tieffeldseite
2.14 Die ^{2}H-Locksignale sind um 5,2 ppm separiert, somit muß der ^{1}H-Entkoppler ebenfalls um 5,2 ppm oder um 2080 Hz verstellt werden.
2.15 Triplett B zur Methylen-Gruppe 3, Triplett A und C zu den benachbarten Methylen-Gruppen 1 und 2. Die Zuordnung von A zur Methylen-Gruppe 2 und C zur Methylen-Gruppe 1 erfolgt aufgrund der Inkrementsysteme (vgl. Kap. 3, S. 95).
2.16 Anleitung: Entwickle die Gleichung in eine Taylor-Reihe in b!
2.17 S. Lit. (Anhang B)[27]: Martin, S. 215.
2.18 Direkt auf dem selektiv anzuregenden Signal.
2.19 Nur wenn alle Spins eines Spinsystems vom 180°-Puls getroffen werden, entsteht J-Modulation. Ein ^{13}C-180°-Puls beeinflußt die Protonen nicht direkt.
2.20 Die Anisotropie der chemischen Verschiebung wird so groß, daß die derzeit erreichbaren Proben-Rotationsgeschwindigkeiten nicht ausreichen.
2.21 200 ppm entsprechen bei der angegebenen Feldstärke ca. 10 kHz. Für die verlangte digitale Auflösung empfiehlt sich daher ein 16 k-FT-Spektrum in der f_2-Dimension, wovon für die verlangte Auflösung in der f_1-Dimension mindestens 64 Spektren aufgenommen werden müssen. Der benötigte Datenspeicher beträgt daher 1 Million Computerworte.
2.22 S. Lit. Kap. 2^{40} und Pegg, D. T., Bendall, M. R., Doddrell, D. M. (1981), J. Magn. Reson. 44, 238.
2.23 $\chi_{\text{Ref.}} = -0,543 \cdot 10^{-6}$

$\chi_{\text{Lösung}} = \chi \text{D}_2\text{O} + (1-\text{x}) \chi_{\text{Glycin}}$
$= -0,705 \cdot 10^{-6}$

(für verdünnte Lösungen ist $\chi_{\text{Lösung}} = \chi_{\text{Lösungsmittel}}$)

$$\delta_{\text{korr.}} = \delta_{\text{exp.}} + \frac{2\pi}{3}(-0,543 + 0,705) = \delta_{\text{exp.}} + 0,34$$

2.24 Einkondensieren von Schutzgas oder Luft.
2.25 Aufgrund der unterschiedlichen Temperaturkoeffizienten von Glas und Teflon würde der Teflonstopfen beim Abkühlen auf den Boden sinken.
2.26 Im FT-Verfahren beherrscht das Signal des Lösungsmittels den gesamten FID, und es resultiert ein „dynamic range"-Problem. Im CW-Verfahren wird der unerwünschte Teil des Spektrums nicht angeregt.
3.1 Chemische Verschiebungen von Protonen werden im wesentlichen durch folgende Faktoren bestimmt:
   – Elektronendichte (diamagnetischer Abschirmungsterm, Lamb-Formel)
   – Anisotropie-Effekte (z. B. Ringstrom-Effekte (Aromaten), Tieffeldverschiebung des Aldehyd-Protons)
   – Wasserstoff-Brücken-Bindungen (großer Verschiebungsbereich für OH-, NH-Protonen)
   In der ^{13}C-NMR-Spektroskopie ist wegen der nicht kugelsymmetrischen Ladungsverteilung der Elektronen um das Kohlenstoff-Atom (insbesondere bei ungesättigten Verbindungen) neben dem diamagnetischem der paramagnetische Abschirmungsterm dominierend. Anisotropie- und andere Nachbargruppen-Effekte machen insgesamt nur etwa 1% des Verschiebungswertes aus.

3.2 σ^{dia}-Berechnung nach Flygare:

$$\sigma^{dia} = \sigma_{\text{freies Atom}} + \frac{\mu_0 e^2}{4\pi 3m} \Sigma \frac{Z}{r}$$

$\sigma_{\text{freies Atom}} = 260{,}74$ ppm
$\mu_0 = 1{,}2566 \cdot 10^{-6}$ H/m $\triangleq$ Vs/Am
$e = 1{,}60202 \cdot 10^{-19}$ As
$m = 9{,}1082 \cdot 10^{-31}$ kg
$r = 113$ pm $= 113 \cdot 10^{-12}$ m (für C=O-Bindungen)
$ = 110$ pm $= 110 \cdot 10^{-2}$ m (für C–H-Bindungen)

$$\sigma_{CO}^{dia} = 260{,}74 + \frac{1{,}2566 \cdot 10^{-6} (1{,}6020)^2 \cdot 10^{-38} \cdot 8}{4 \cdot 3{,}1415 \cdot 3 \cdot 9{,}1082 \cdot 10^{-31} \cdot 113{,}10^{-12}}$$

$$\frac{\text{Vs A}^2 \text{s}^2 = \text{kgm}^2 \text{s}^2}{\text{Am kg m} = \text{s}^2 \text{kgm}^2}$$

$$\text{A Vs} = \text{kg m}^2/\text{s}^2$$

$$\sigma_{CO}^{dia} = 260{,}74 + \frac{1{,}2566 \cdot (1{,}6020)^2 \cdot 8 \cdot 10^{-44}}{12 \cdot 9{,}1082 \cdot 113 \cdot 10^{-43}}$$

$$= 260{,}74 + \frac{1{,}2566 \cdot (1{,}6020)^2 \cdot 8 \cdot 10^{-44}}{12 \cdot 9{,}1082 \cdot 1130 \cdot 10^{-44}}$$

$$= 260{,}74 + 66{,}5$$

$$= 327{,}24$$

$$\sigma_{CH_4}^{dia} = 260{,}74 + \frac{\mu_0 e^2}{4\pi 3m} \frac{4 \cdot 1}{110 \cdot 10^{-12}}$$

$$= 260{,}74 + 34{,}2$$

$$= 294{,}94$$

3.3 σ^+ für die Mesylat-Gruppe:

$\delta = 83{,}1$ (in Aceton-d_6)

Für Aceton-d_6-Lösungen gilt:
$\sigma^+ = 0{,}18 \delta_C - 14{,}81$
$\sigma^+ = 0{,}15$

Für CDCl$_3$-Lösungen gilt:
$\sigma^+ = 0{,}16 \delta_C - 13{,}4$

(Cornelis, A., Lambert, S., Laszlo, P. (1977), J. Org. Chem. 42, 381).

3.4 Rechnung vgl. Aufg. 3.2:

$\sigma_H^{dia} = 260{,}74 + 8{,}5$ $r_{C-H} = 110$ pm

$\sigma_C^{dia} = 260{,}74 + 36{,}8$ $r_{C-C} = 154$ pm

Die Differenz beträgt somit 28,3 ppm, d.h. der Ersatz eines H-Atomes durch ein Kohlenstoff-Atom bewirkt eine diamagnetische Verschiebung (Hochfeldverschiebung) von 28,3 ppm. Der A_α-Wert (Tab. 3.12) beträgt 9,1 ppm. Somit erhält man für den paramagnetischen Verschiebungsanteil $\sigma^{para} + \delta$ (Nachbargruppen) ca. 37,4 ppm, wenn man ein H-Atom durch ein C-Atom ersetzt (Mason. J. (1971), J. Chem. Soc. A 1038. (1976), J. Chem. Soc. Perkin Trans. 2, 1671).

3.5 Empirische Berechnung der δ-Werte von

a)

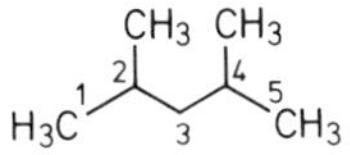

$\delta_{C-1} = B + A_\alpha + 2A_\beta + A_\gamma + 2A_\delta + S_{1^o(3^o)}$
$= -2{,}3 + 9{,}1 + 2 \cdot 9{,}4 - 2{,}5 + 2 \cdot 0{,}3 - 1{,}1 = 22{,}6$ exp.: 22,7

$\delta_{C-2} = B + 3A_\alpha + A_\beta + 2A_\gamma + S_{3^o(2^o)}$
$= -2{,}3 + 3 \cdot 9{,}1 + 9{,}4 - 5{,}0 - 3{,}7 = 25{,}7$ exp.: 25,7

$\delta_{C-3} = B + 2A_\alpha + 4A_\beta + 2S_{2^o(3^o)}$
$= -2{,}3 + 2 \cdot 9{,}1 + 4 \cdot 9{,}4 - 2 \cdot 2{,}5 = 48{,}5$ exp.: 49,0

b)

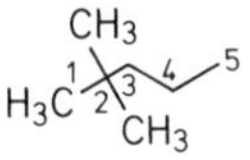

$\delta_{C-1} = B + A_\alpha + 3A_\beta + A_\gamma + A_\delta + S_{1^o(4^o)}$
$\delta_{C-1} = 29{,}4$ exp.: 29,5

$\delta_{C-2} = B + 4A_\alpha + A_\beta + A_\gamma + S_{4^o(2^o)} + 2S_{4^o(1^o)}$
$\delta_{C-2} = 29{,}6$ exp.: 30,6

$\delta_{C-3} = B + 2A_\alpha + 4A_\beta + S_{2^o(4^o)}$
$\delta_{C-3} = 46{,}0$ exp.: 47,3

$\delta_{C-4} = B + 2A_\alpha + A_\beta + 3A_\gamma$
$\delta_{C-4} = 17{,}8$ exp.: 18,1

$\delta_{C-5} = B + A_\alpha + A_\beta + A_\gamma + 3A_\delta$
$\delta_{C-5} = 14{,}6$ exp.: 15,1

3.6 Empirische Berechnung der δ-Werte von 9-Methyl-*trans*-decalin:

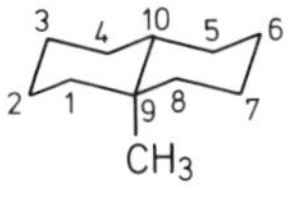

$\delta_{\text{C-1/8}} = B + 2A_\alpha + 3A_\beta$
$\delta_{\text{C-1/8}} = 42{,}3$ exp.: 42,4

$\delta_{\text{C-2/7}} = B + 2A_\alpha + 2A_\beta + 2Vg + \gamma_{\text{H-H}}$
$\delta_{\text{C-2/7}} = 22{,}2$ exp.: 22,2

$\delta_{\text{C-3/6}} = B + 2A_\alpha + 2A_\beta + 2Vg$
$\delta_{\text{C-3/6}} = 26{,}8$ exp.: 27,4

$\delta_{\text{C-4/5}} = B + 2A_\alpha + 3A_\beta + 2Vg + \gamma_{\text{H-H}}$
$\delta_{\text{C-4/5}} = 30{,}7$ exp.: 29,4

$\delta_{\text{C-9}} = B + 4A_\alpha + 4A_\beta + Q + 8Vg$
$\delta_{\text{C-9}} = 33{,}6$ exp.: 34,8

$\delta_{\text{C-10}} = B + 3A_\alpha + 5A_\beta + T + 6Vg$
$\delta_{\text{C-10}} = 45{,}3$ exp.: 46,2

3.7 Empirische Berechnung der δ-Werte für Tetra-*tert*-butylethylen.

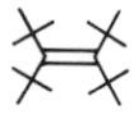

Aus der Reihe Ethylen, *tert*-Butylethylen, 1,1-Di-*tert*-butylethylen, Z- und E-1,2-Di-*tert*-butylethylen und 1,1,2-Tri-*tert*-butylethylen lassen sich durch Differenzbildung folgende Parameter berechnen:

$\alpha_+ = 26{,}0$ ppm

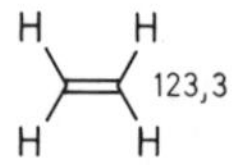

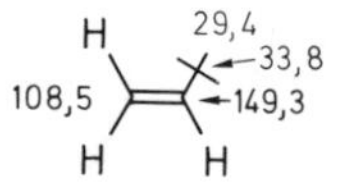

$\beta_+^\pi = -14{,}8$ ppm
$S^{\text{gem}} = -11{,}5$ ppm

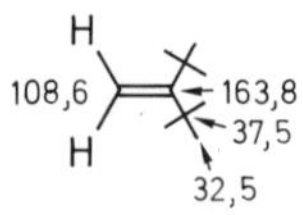

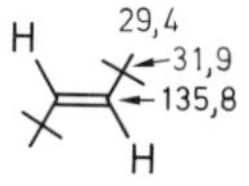

$S^c = +3{,}5$ ppm
$S^{tr} = 0$

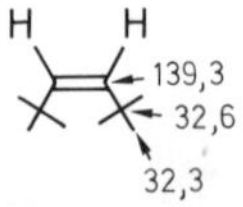

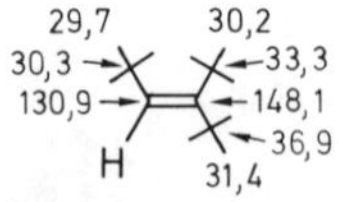

(Garratt, D.G., Tidwell, T.T. (1974), Org. Magn. Reson. 6, 87)
Somit ergibt sich für die olefinischen C-Atome:

$\delta_{\text{C=C}} = 2\alpha_+ + 2\beta_+^\pi + S^{\text{gem}} + 2S^c + 123{,}3$
$\delta_{\text{C=C}} = 148{,}9$ ppm (ausgehend vom Tri-*tert*-butylethylen)
$\delta_{\text{C=C}} = 131{,}2$ ppm (ausgehend vom Ethylen)

Man kann auch die Parameter der Tab. 3.19 verwenden.

3.8 δ-Werte von:

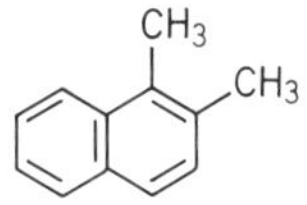

I 1,2-Dimethylnaphthalin

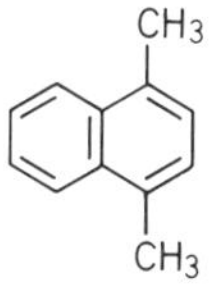

II 1,4-Dimethylnaphthalin

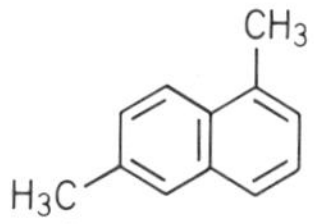

III 1,6-Dimethylnaphthalin

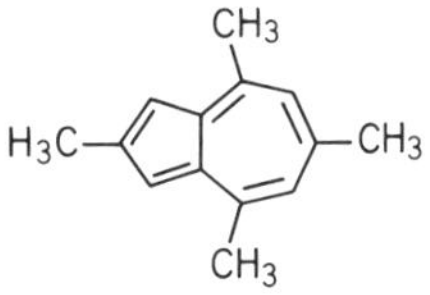

IV 2,4,6,8-Tetramethylazulen

	δ-Wert der Verbindung			
	I	II	III	IV
Berechnete Werte				
C-1	132,9	132,3	133,6	116,9
C-2	135,5	126,1	126,1	145,4
C-3	127,6	126,1	125,6	116,9
C-4	125,5	132,3	125,8	143,3
C-5	128,1	124,5	127,3	126,9
C-6	124,5	125,1	134,4	145,1
C-7	125,5	125,1	127,7	126,9
C-8	123,6	124,5	123,3	143,3
C-9	132,7	132,7	132,7	135,4
C-10	131,7	132,7	133,7	135,4
Experimentelle Werte				
C-1	130,8	132,1	133,6	116,5
C-2	132,8	126,0	125,5	145,1
C-3	128,8	126,0	125,3	116,5
C-4	125,6	132,1	125,6	142,9
C-5	128,3	124,4	127,3	127,2
C-6	124,3	125,5	134,7	143,9
C-7	125,5	125,1	127,6	127,2
C-8	123,5	125,4	123,7	142,9
C-9	132,7	132,5	130,6	136,8
C-10	132,2	132,5	133,7	136,8
CH_3	14,4 (1)	19,3 (1,4)	19,1 (1)	16,4 (2)
	20,6 (2)		21,4 (6)	24,7 (4,8)
				28,4 (6)

3.9 Diamagnetische Abschirmungsterme der Halogene:

$r_{C-F} = 0{,}1381$ nm; $r_{C-Cl} = 0{,}1767$ nm; $r_{C-Br} = 0{,}1937$ nm;
$r_{C-I} = 0{,}2135$ nm

Berechnung siehe Aufg. 3.1.

$\sigma^{dia}_{C-F} = -61{,}2$ ppm

$\sigma^{dia}_{C-Cl} = -90{,}4$ ppm

$\sigma^{dia}_{C-Br} = -169{,}7$ ppm

$\sigma^{dia}_{C-I} = -233{,}7$ ppm

Die α-Effekte der Halogene betragen 70,1; 31,2; 20,0; −6,0 ppm. Der paramagnetische Abschirmungsanteil nimmt also wie σ^{dia} in der Reihe F, Cl, Br, I zu.

3.10 Lineare Beziehungen dieser Art zeigen an, daß der α-Effekt von Substituenten mit der Elektronegativität des Substituenten direkt korreliert. Für den β-Effekt wird eine solche Korrelation nicht gefunden. Der α-Effekt kann also aufgrund der Elektronendichte interpretiert werden.

3.11 Berechnung des Elektronendefizits in Acrolein nach Levin, R.H. (1976), J. Am. Chem. Soc. 98, 4571:

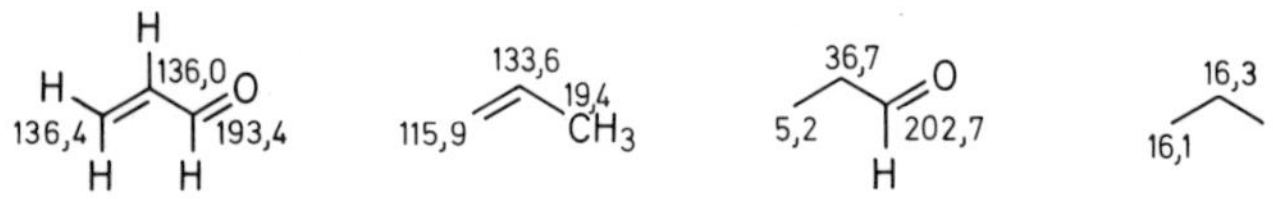

$$Z^t_\beta = \frac{136{,}4 - 115{,}9}{240 \text{ ppm/e}^-} = 85 \text{ me (Millielektronen)}$$

$$Z^\pi_\beta = \frac{(136{,}4 - 115{,}9) - (5{,}2 - 16{,}1)}{240} = 131 \text{ me}$$

$$Z^t_\alpha = \frac{136{,}0 - 133{,}6}{240 \text{ ppm/e}^-} = 10 \text{ me}$$

$$Z^\pi_\alpha = \frac{(136{,}0 - 133{,}6) - (36{,}7 - 16{,}3)}{240} = -75 \text{ me (Elektronenüberschuß)}$$

3.12 Berechnung der δ-Werte von n-Octyl-bernsteinsäure-dimethylester:

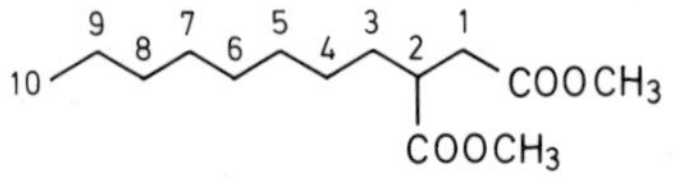

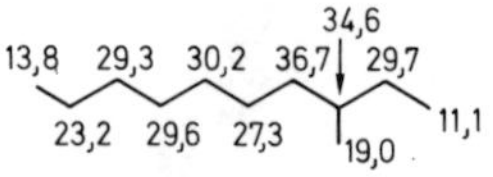

ber.		exp.
$\delta_{C-1} = 29{,}7 + \alpha\beta = 36{,}6$		35,9
$\delta_{C-2} = 34{,}6 + \alpha\beta = 41{,}5$		41,3
$\delta_{C-3} = 36{,}7 + \beta\gamma = 31{,}3$		29,4
$\delta_{C-4} = 27{,}3 + \gamma\gamma = 27{,}7$		27,0
$\delta_{C-5} = 30{,}2 + \delta\varepsilon = 29{,}9$		29,5
$\delta_{C-6} = 29{,}6 + 0 = 29{,}6$		29,5
$\delta_{C-7} = 29{,}3 + 0 = 29{,}3$		29,4
$\delta_{C-8} = 32{,}7 + 0 = 32{,}7$		32,0

$\delta_{C-9} = 23,2 + 0 = 23,2$ 22,8
$\delta_{C-10} = 13,8 + 0 = 13,8$ 14,2

(Nach: James, D.E., Stille, J.K. (1976), J. Org. Chem. 41, 1504.)

3.13 δ-Werte von Ornithin nach Tab. 3.42:

$$H_3N^+-CH_2-CH_2-CH_2-CH-COOH \qquad H_3N^+-CH_2-CH_2-CH_2-CH-COO^-$$
$$\qquad\qquad\qquad\qquad |\qquad\qquad\qquad\qquad\qquad\qquad\qquad\qquad |$$
$$\qquad\qquad\qquad\qquad ^+NH_3\qquad\qquad\qquad\qquad\qquad\qquad\qquad ^+NH_3$$

$\delta_{C-1} = \delta_0 + \delta_7 + \delta_6 + \delta_{14}$ $\qquad\qquad = 173,3$ $\qquad\qquad \delta_{C-1} = 175,6$
$\qquad\qquad\qquad\qquad\qquad\qquad$ exp.: 172,8 $\qquad\qquad$ exp.: 175,3

$\delta_{C-2} = \delta_{3^0} + \delta_{13} + \delta_{21} + \delta_4 + \delta_5 + \delta_{16} = 53,4$ $\qquad \delta_{C-2} = 55,1$
$\qquad\qquad\qquad\qquad\qquad\qquad$ exp.: 53,7 $\qquad\qquad$ exp.: 55,5

$\delta_{C-3} = \delta_{2^0} + \delta_6 + \delta_4 + \delta_5 + \delta_{15} + \delta_{22} = 27,1$ $\qquad \delta_{C-3} = 28,2$
$\qquad\qquad\qquad\qquad\qquad\qquad$ exp.: 28,1 $\qquad\qquad$ exp.: 28,7

$\delta_{C-4} = \delta_{2^0} + 2\delta_4 + \delta_7 + 2\delta_{14} +$ $\qquad = 24,8$ $\qquad\qquad \delta_{C-4} = 25,0$
$\qquad\qquad\qquad\qquad\qquad\qquad$ exp.: 24,0 $\qquad\qquad$ exp.: 24,0

$\delta_{C-5} = \delta_{2^0} + \delta_{13} + \delta_4 + \delta_{16}$ $\qquad = 40,4$ $\qquad\qquad *\delta_{C-5} = 40,4$
$\qquad\qquad\qquad\qquad\qquad\qquad$ exp.: 40,2 $\qquad\qquad$ exp.: 40,3

$$NH_2-CH_2-CH_2-CH_2-CH-COO^-$$
$$\qquad\qquad\qquad\qquad\qquad |$$
$$\qquad\qquad\qquad\qquad\qquad NH_2$$

$\delta_{C-1} = 184,8$
exp.: 184,6

$\delta_{C-2} = 57,3$
exp.: 57,2

$\delta_{C-3} = 33,2$
exp.: 33,3

$\delta_{C-4} = 28,9$
exp.: 29,4

$\delta_{C-5} = 41,9$
exp.: 41,9

3.14 Diskussion der δ-Werte:

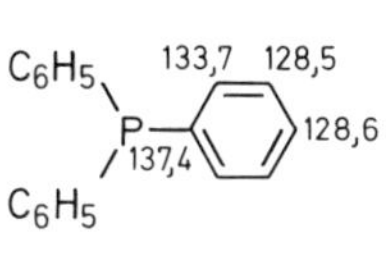

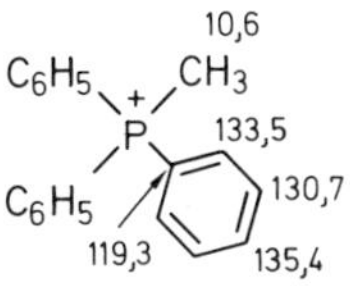

[Strukturen: Triphenylphosphin mit Verschiebungen 133,7; 128,5; 128,6; 137,4 und Methyltriphenylphosphonium-iodid mit 10,6 (CH$_3$); 133,5; 130,7; 135,4; 119,3]

$\Delta\delta_{C-1} = -18,1$ (β-Effekt der CH$_3$-Gruppe über P-Atom)

$\Delta\delta_{C-2} = -0,2$ (γ-Effekt)

$\Delta\delta_{C-3} = 2,2$

$\Delta\delta_{C-4} = 6,8$

Die durch eine Methyl-Gruppe induzierten Verschiebungen betragen üblicherweise 7–10 ppm (Tieffeld) für den β-Effekt, der γ-Effekt ist meistens −2 ppm groß. Im vorliegenden Fall könnte man den negativen β-Effekt auf die positive Ladung zurückführen, die zu einer Polarisation des π-Systems führt, wobei die Elektronendichte an C-1 und C-2,6 erhöht, an C-3,5 und C-4 erniedrigt wird.

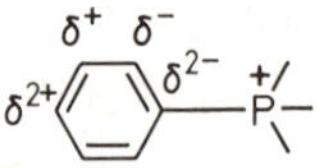

3.15 s. Kap. 5, S. 569.
3.16 Diskussion der δ-Werte von

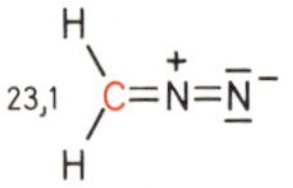

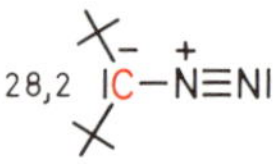

Die Verschiebungen der sp^2-hybridisierten C-Atome in den Diazomethan-Derivaten **152–154** können durch die starke Beteiligung der folgenden mesomeren Form erklärt werden:

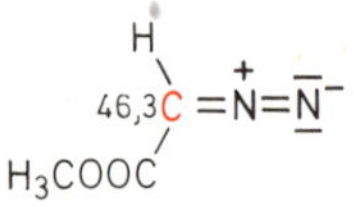

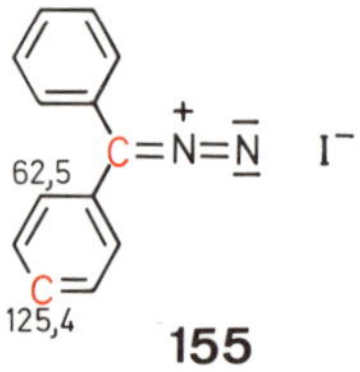

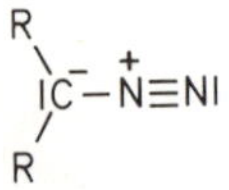

Im Falle des Diphenyldiazomethans wird die negative Ladung in den Phenyl-Kern delokalisiert, was sich in der Hochfeldverschiebung des *para*-C-Atoms bemerkbar macht.

3.17 Abschätzung der δ-Werte von

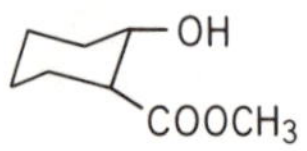

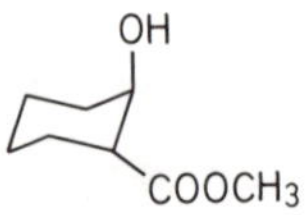

ber. (nach Tab. 3.49)	exp. (nach Tab. 3.51)	ber.	exp.
$\delta_{C\text{-}1} = 73{,}4$	70,9	68,0	67,1
$\delta_{C\text{-}2} = 51{,}9$	52,1	49,5	47,5
$\delta_{C\text{-}3} = 27{,}7$	28,9	23,0	23,4
$\delta_{C\text{-}4} = 25{,}0$	25,1	25,9	25,3
$\delta_{C\text{-}5} = 24{,}5$	24,8	19,8	20,4
$\delta_{C\text{-}6} = 34{,}5$	34,7	32,1	32,9

Abweichungen bis zu 2 ppm für die C-Atome, die die Substituenten tragen. Insgesamt ist die Abschätzung aber zufriedenstellend. Die Zuordnung der Isomeren ist eindeutig.

3.18 Abschätzung der δ-Werte von

NC_C(CN)=C(CN)_CN   H3CO_C(OCH3)=C(OCH3)_OCH3   Cl_C(Cl)=C(Cl)_Cl

ber. nach Tab. 3.57:   exp.:

$\delta_C = 123{,}5 + 2A_\alpha^{CN} + 2A_\beta^{CN} = 121{,}7;$ 107,8

$\delta_C = 123{,}5 + 2A_\alpha^{OCH_3} + 2A_\beta^{OCH_3} = 104{,}5;$ 141,9

$\delta_C = 123{,}5 + 2A_\alpha^{Cl} + 2A_\beta^{Cl} = 116{,}5;$ 121,4

Ohne Berücksichtigung von sterischen Korrekturfaktoren (S^c, S^{gem}) ist diese empirische Abschätzung unbefriedigend.

3.19 Abschätzung der δ-Werte von

245	**246**	**247**
F₂C=C=CF₂	(H₃CO)₂C=C=C(OCH₃)₂	((H₃C)₂N)₂C=C=C(N(CH₃)₂)₂

ber. nach Tab. 3.61:

$\delta_{C\text{-}1/3} = 219{,}3$	$\delta_{C\text{-}1/3} = 190{,}5$	$\delta_{C\text{-}1/3} = 152{,}5$
$\delta_{C\text{-}2} = 162{,}7$	$\delta_{C\text{-}2} = 165{,}1$	$\delta_{C\text{-}2} = 175{,}9$

exp.:

$\delta_{C\text{-}1/3} = 140{,}6$	$\delta_{C\text{-}1/3} = 152{,}1$	$\delta_{C\text{-}1/3} = 161{,}6$
$\delta_{C\text{-}2} = 118{,}1$	$\delta_{C\text{-}2} = 114{,}2$	$\delta_{C\text{-}2} = 136{,}1$

Die Abschätzung für die persubstituierten Allene anhand von Tab. 3.61 ist unbefriedigend. Zahlenmäßig treten große Abweichungen auf. Die richtige Reihenfolge wird nur für die ersten beiden Verbindungen wiedergegeben.

3.20 Abschätzung der δ-Werte nach Tab. 3.63 von:

2,3-Dichlorphenol, 2,4-Dinitrophenol, 2,6-Dimethylphenol, Pentachlorphenol

$\delta_{C\text{-}1}$ ber.	157,2	156,6	148,6	156,7
exp.	152,9	159,2	153,8	148,3
$\delta_{C\text{-}2}$ ber.	122,4	136,5	137,4	123,3
exp.	119,2	132,8	135,8	119,9
$\delta_{C\text{-}3}$ ber.	136,6	120,1	123,4	136,5
exp.	132,8	122,0	124,8	131,6

δ_{C-4} ber.	122,9	141,9	120,3	131,0
exp.	122,3	140,4	119,6	125,2
δ_{C-5} ber.	129,4	131,1	123,4	136,5
exp.	128,2	131,8	124,8	131,6
δ_{C-6} ber.	115,2	117,5	137,4	123,3
exp.	114,6	121,4	135,8	119,9

Die empirische Berechnung nach Tab. 3.63 zeigt zahlenmäßig größere Abweichungen (bis zu 8 ppm) für die substituierten C-Atome. Die Reihenfolge wird jedoch in allen Fällen (auch beim Pentachlorphenol) richtig wiedergegeben.

3.21 Empirische Berechnungen der Verschiebungen von Naphthalin-Derivaten nach Tab. 3.71 (s. Tabellen S. 631–633).

3.22 Diskussion der δ-Werte von Thietandioxid:

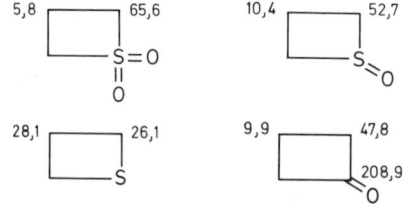

```
5,8 ┌──── 65,6         10,4 ┌──── 52,7
    │    │                  │    │
    └─S=O                   └─S
       ‖                       ≈O
       O

28,1 ┌──── 26,1        9,9 ┌──── 47,8
     │    │                │    │
     └─S                   └────208,9
                                ≈O
```

Das Thietandioxid zeigt eine überraschende Hochfeldverschiebung des β-C-Atoms im Vergleich zum Thietan. Die Ursache dafür liegt einmal im induktiven Effekt der SO_2-Gruppe, der zu einer alternierenden Polarisierung der Ring-C-Atome führt, zum anderen dürfte auch der Feldeffekt des partiell positiv geladenen Schwefel-Atoms eine Rolle spielen. Ähnliche Verschiebungen wurden auch im Cyclobutanon beobachtet. Andere Thiacycloalkandioxide oder Cycloalkanone zeigen solche extremen Verschiebungen nicht. Wegen der Geometrie des Vierringes ist das β-C-Atom der SO_2- bzw. C=O-Gruppe besonders nahe (siehe auch Lambert, J.B. et al (1983) J. org. Chem. 48, 3982).

3.23 Empirische Berechnung der δ-Werte von 2,2,6,6-Tetramethylpiperidin nach Tab. 3.76:

$\delta_{C-2/6} = B + \alpha_e + \alpha_a + \gamma_e + \gamma_a$
$\delta_{C-2/6} = 47,6 + 5,04 - 1,11 - 0,15 - 6,92 = 44,5$
$\qquad\qquad\qquad\qquad\qquad$ exp.: 49,7

$\delta_{C-3/5} = B + \beta_e + \beta_a + \delta_e + \delta_a$
$\delta_{C-3/5} = 27,4 + 7,72 + 4,61 - 0,92 - 0,17 = 38,6$
$\qquad\qquad\qquad\qquad\qquad$ exp.: 38,7

$\delta_{C-4} = B + 2\gamma_e + 2\gamma_a$
$\delta_{C-4} = 25,3 + 2(-0,11) + 2(-5,64) = 13,8$
$\qquad\qquad\qquad\qquad\qquad$ exp.: 31,7

Für hochsubstituierte Piperidine ist dieses System nicht brauchbar.

Lösung zu Aufgabe 3.21

Substituenteninkremente für C-1-substituierte Naphthalin-Derivate:

	1-F	1-Cl	1-Br	1-CN	1-CHO	1-OCH$_3$	1-NO$_2$	1-COCH$_3$	1-OH
$\Delta\delta$C-1	31,7	4,4	4,8	−17,6	4,5	27,6	18,8	8,4	23,8
$\Delta\delta$C-2	−15,4	1,3	5,1	7,0	11,8	−22,0	−1,8	4,0	−16,9
$\Delta\delta$C-3	1,0	1,0	1,5	−0,5	0,3	0,1	−1,7	−0,3	0,2
$\Delta\delta$C-4	−3,0	0,5	1,2	5,6	8,1	−7,6	6,8	5,8	−7,0
$\Delta\delta$C-5	0,8	1,4	1,5	1,1	1,6	−0,4	0,8	1,5	−0,1
$\Delta\delta$C-6	2,2	2,0	1,9	1,8	2,0	0,6	1,6	1,4	−0,8
$\Delta\delta$C-7	1,6	2,4	2,6	3,0	4,0	−0,6	3,7	2,8	−0,4
$\Delta\delta$C-8	−6,9	−3,1	−0,4	−3,2	−2,4	−5,8	−4,8	−1,0	−6,3
$\Delta\delta$C-9	−9,0	−1,9	−0,7	−1,5	−2,3	−7,8	−8,4	−2,4	−9,0
$\Delta\delta$C-10	2,6	2,2	2,2	−0,5	1,2	1,1	0,9	1,5	1,3

Substituenteninkremente für C-2-substituierte Naphthalin-Derivate:

	2-CH$_3$	2-NH$_2$	2-F	2-COOH	2-COCH$_3$	2-OH	2-Br
$\Delta\delta$C-1	−1,0	−19,3	−16,3	4,1	3,2	−18,3	2,9
$\Delta\delta$C-2	9,1	18,4	35,8	3,2	9,8	27,6	−5,5
$\Delta\delta$C-3	2,3	−7,5	−8,9	0,6	−1,2	−8,0	4,2
$\Delta\delta$C-4	−0,6	1,3	3,7	1,3	1,2	2,1	3,0
$\Delta\delta$C-5	−0,2	−0,1	1,0	0,9	0,7	0,0	0,9
$\Delta\delta$C-6	−0,8	−3,3	0,4	3,5	3,5	−2,1	1,6
$\Delta\delta$C-7	0,1	0,6	2,2	2,0	1,9	0,8	2,2
$\Delta\delta$C-8	−0,3	−2,1	0,4	2,4	2,6	−1,4	0,1
$\Delta\delta$C-9	0,2	1,4	1,8	0,2	0,1	1,2	2,1
$\Delta\delta$C-10	−1,8	−5,6	−1,8	3,1	3,0	−4,4	−0,5

Lösung zu Aufgabe 3.21

Chemische Verschiebungen der Naphthalin-Derivate:

Substituent		δ_{C-1}	δ_{C-2}	δ_{C-3}	δ_{C-4}	δ_{C-5}	δ_{C-6}	δ_{C-7}	δ_{C-8}	δ_{C-9}	δ_{C-10}
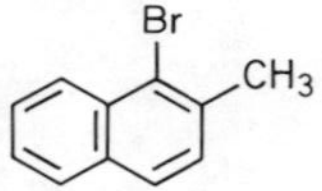 1-Br, 2-CH₃	ber.	121,9	139,8	129,4	128,3	129,0	126,7	128,3	127,0	132,8	133,7
	exp.	123,8	135,6	128,4	127,0	127,8	125,4	127,0	126,6	132,8	132,3
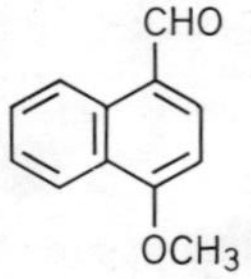 1-CHO, 4-OCH₃	ber.	124,6	137,5	103,9	163,4	123,5	127,0	130,2	124,9	132,1	126,7
	exp.	124,6	139,6	102,8	160,5	122,2	126,0	129,2	129,6	131,2	125,2
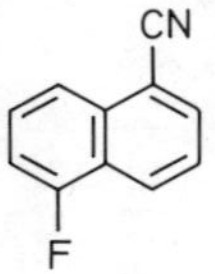 1-CN, 5-F	ber.	110,9	134,8	126,7	126,4	160,5	112,0	129,2	121,5	134,4	123,8
	exp.	110,1	133,4	125,3	125,7	158,7	111,0	128,6	120,9	133,4	123,3
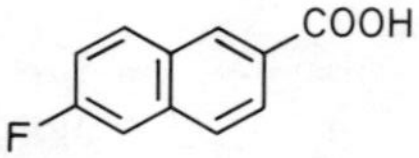 2-COOH, 6-F	ber.	132,8	129,2	128,4	129,4	112,3	164,9	118,7	133,8	131,7	138,2
	exp.	130,2	126,4	125,6	126,4	110,1	160,8	116,2	131,0	135,6	138,6
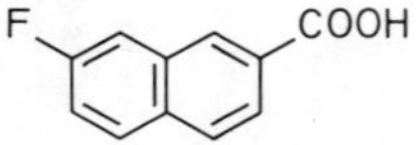 2-COOH, 6-F	ber.	132,2	131,0	126,6	130,0	132,3	120,2	163,4	113,8	135,3	134,6
	exp.	129,5	127,9	123,9	127,1	129,2	117,6	159,7	111,3	132,4	131,6
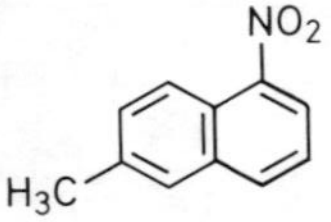 1-NO₂, 6-CH₃	ber.	146,3	123,0	124,0	134,2	127,5	136,3	131,6	122,3	132,1	133,6
	exp.	146,9	122,1	124,2	134,2	127,7	137,6	131,9	122,1	135,1	123,6

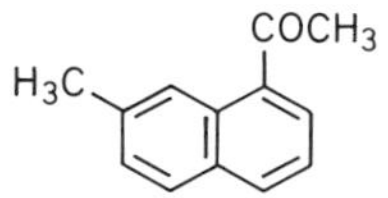

Anhang A 633

		C1	C2	C3	C4	C4a	C5	C6	C7	C8	C8a
![structure 1] H3C-/COCH3 naphthalene	ber. exp.	134,3 134,9	129,7 129,2	124,5 125,7	133,3 132,8	128,6 128,6	129,3 128,6	137,5 137,8	125,7 123,6	131,1 132,8	133,0 131,0
![structure 2] Cl/OH naphthalene	ber. exp.	148,4 152,8	111,1 113,1	127,8 127,6	122,1 120,9	128,1 128,6	127,4 125,4	126,5 127,5	125,8 127,2	122,4 119,0	136,8 137,0
![structure 3] COCH3/F naphthalene	ber. exp.	134,6 131,1	126,5 124,5	160,2 157,0	112,7 111,2	128,8 125,5	131,3 127,7	127,9 124,7	131,3 128,2	131,6 134,7	138,1 128,2
![structure 4] F/COOH naphthalene	ber. exp.	124,9 122,9	130,4 127,3	128,4 125,5	129,8 126,8	125,6 122,6	130,1 127,2	112,2 109,3	161,8 158,2	124,5 122,0	139,0 135,2
![structure 5] Br/OH/Br naphthalene	ber. exp.	115,1 106,0	159,9 150,8	121,3 118,1	131,7 128,2	132,1 129,9	123,6 117,9	134,6 130,8	132,9 127,0	133,3 130,5	138,8 130,8
![structure 6] Br/NH2/Br naphthalene	ber. exp.	106,6 103,8	153,3 139,6	114,1 110,9	133,1 130,8	129,2 127,0	126,4 123,4	130,4 127,7	126,1 125,0	133,5 128,2	132,0 132,0

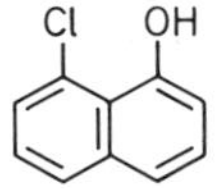

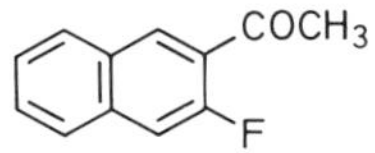

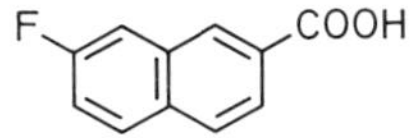

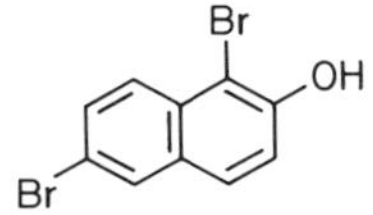

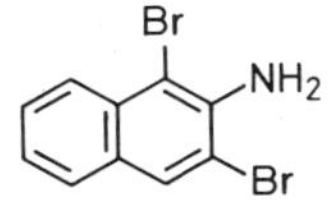

3.24

Sechs C-Atome im sp^2-Absorptionsbereich.

$\delta_{C-2} = 149{,}8 - 15{,}9 - 0{,}4 = 133{,}5$
exp.: 133,0

$\delta_{C-3} = 123{,}6 + 5{,}0 - 3{,}0 = 125{,}6$
exp.: 125,9

$\delta_{C-4} = 135{,}7 + 1{,}6 + 0{,}2 = 137{,}5$
exp.: 137,5

$\delta_{C-5} = 123{,}6 + 3{,}6 - 0{,}6 = 126{,}6$
exp.: 127,2

$\delta_{C-6} = 149{,}8 + 8{,}8 + 1{,}4 = 160{,}0$
exp.: 160,7

$\delta_{CH_3} = 24{,}3$ ppm;
$\delta_{CN} = 117{,}6$ ppm

C-4 des Pyridin-Ringes bei ca. 136 ppm fehlt.

$\delta_{C-2} = 149{,}8 + 2{,}3 + 0{,}5 = 152{,}6$
exp.: 151,4

$\delta_{C-3} = 123{,}6 + 0{,}8 + 0{,}7 = 125{,}1$
exp.: 124,8

$\delta_{C-4} = 135{,}7 + 10{,}8 + 3{,}3 = 149{,}4$
exp.: 150,6

$\delta_{C-5} = 123{,}6 + 0{,}8 - 1{,}2 = 123{,}2$
exp.: 123,6

$\delta_{C-6} = 149{,}8 + 0{,}5 + 0{,}6 = 150{,}9$
exp.: 150,6

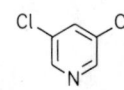

$\delta_{CH_3} = 20{,}6$

Symmetrische Verbindung.

$\delta_{C-2/6} = 149{,}8 - 0{,}3 - 1{,}4 = 148{,}1$
exp.: 146,7

$\delta_{C-3/4} = 123{,}6 + 8{,}2 + 0{,}7 = 132{,}5$
exp.: 132,1

$\delta_{C-4} = 135{,}7 - 0{,}2 - 0{,}2 = 135{,}3$
exp.: 135,4

Beide Tieffeldsignale gehören zu quartären C-Atomen (Intensität).

$\delta_{C-2} = 149,8 + 8,8 + 0,6 = 159,2$
exp.: 159,3

$\delta_{C-3} = 123,6 - 0,6 - 1,2 = 121,8$
exp.: 121,8

$\delta_{C-4} = 135,7 + 3,3 + 0,2 = 139,2$
exp.: 138,9

$\delta_{C-5} = 123,6 + 0,7 - 3,0 = 121,3$
exp.: 121,1

$\delta_{C-6} = 149,8 + 2,3 - 0,4 = 151,7$
exp.: 150,4

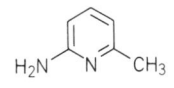

$\delta_{CH_3} = 24,0$

Zwei quartäre C-Atome über 155 ppm,
Zwei sp^2-C-Atome unter 115 ppm.

$\delta_{C-2} = 149,8 + 8,8 - 0,9 = 156,6$
exp.: 157,7

$\delta_{C-3} = 123,6 - 0,6 - 10,6 = 112,5$
exp.: 112,5

$\delta_{C-4} = 135,7 + 2,3 + 0,2 = 138,2$
exp.: 137,9

$\delta_{C-5} = 123,6 - 14,7 - 3,0 = 105,9$
exp.: 105,5

$\delta_{C-6} = 149,8 + 11,3 - 0,4 = 160,7$
exp.: 158,8

$\delta_{CH_3} = 23,8$

Drei Signale im sp^3-Bereich.

$\delta_{C-2} = 149,8 + 8,8 - 2,7 = 155,9$
exp.: 155,6

$\delta_{C-3} = 123,6 - 0,6 - 0,4 = 122,6$
exp.: 122,7

$\delta_{C-4} = 135,7 + 0,2 - 0,6 = 135,3$
exp.: 135,4

$\delta_{C-5} = 123,6 - 3,0 + 15,5 = 136,1$
exp.: 135,9

$\delta_{C-6} = 149{,}8 - 0{,}4 - 0{,}4 = 149{,}0$
$\quad\quad\quad\quad\quad\quad$ exp.: $\quad 148{,}8$

$\delta CH_2-CH_3 = 25{,}8$
$\delta CH_3 = 23{,}9$
$\delta CH_2-CH_3 = 15{,}4$

3.25 Diskussion der δ-Werte von:

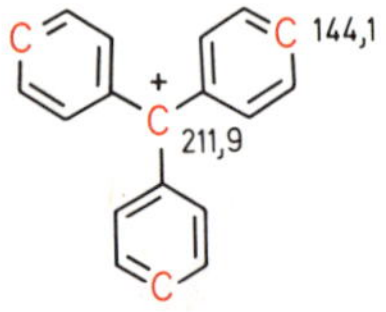

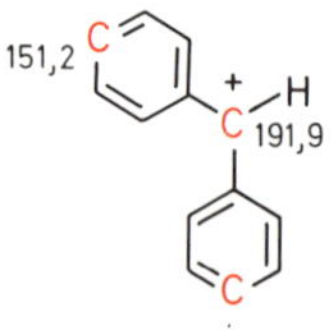

Die Tieffeldverschiebung des zentralen C-Atoms im Trityl-Kation gegenüber dem Diphenyl-Kation ist auf die Nichtplanarität des Trityl-Kations zurückzuführen. Dadurch ist die Delokalisierung der positiven Ladung in den Ring zu ungünstig. Dies zeigt sich auch beim Vergleich der δ-Werte der *p*-C-Atome, deren Verschiebung ein Maß für die Delokalisation von Ladungen ist.

4.1 Nach Gl. (4.3) gilt:

$$K(C,H) = \frac{4\pi^2}{h\gamma_C\gamma_H} J(C,H)$$

Mit $\quad \gamma_H = 26{,}75 \cdot 10^7 \dfrac{\text{rad}}{\text{T s}}$

$\quad\quad\quad \gamma_C = 6{,}726 \cdot 10^7 \dfrac{\text{rad}}{\text{T s}}$

$\quad\quad\quad h = 6{,}626 \cdot 10^{-34}\,\text{J s}$

ergibt sich

$$K(C,H) = 0{,}3311 \cdot 10^{19} \cdot J(C,H),$$

wobei $K(C,H)$ in $\text{NA}^{-2}\text{m}^{-3}$ und $J(C,H)$ in Hz einzusetzen sind.

Daraus resultiert für die genannte Kopplung des Acetaldehyds:

$$^2K(C,H) = 7{,}44 \cdot 10^{19}\,\text{NA}^{-2}\text{m}^{-3}$$

4.2 Nach Gl. (4.10) gilt

$$^1J(C,H) = \frac{\gamma_H}{\gamma_D} J(C,D) = 6{,}515 \cdot J(C,D),$$

so daß sich ein $^1J(C,H)$-Wert von 207,8 Hz ergibt.

4.3 a) **1a**: A_2; **1b**: AA'X bzw. ABX; **1c**: AA'XX'

b)

$H_3\underset{\bullet}{C}-CH_2-\overset{O}{\underset{\|}{C}}-CH_3$ $H_3C-C\underset{\bullet}{H}_2-\overset{O}{\underset{\|}{C}}-CH_3$

$H_3C-CH_2-\overset{O}{\underset{\underset{\bullet}{\|}}{C}}-CH_3$ $H_3C-CH_2-\overset{O}{\underset{\|}{C}}-\underset{\bullet}{C}H_3$

4.4 a) Nach Gl. (4.12) resultiert für das AA′X-System

$$k' \approx \frac{0 \pm 84}{15{,}8} \approx 5,$$

so daß für die Absorption des Olefin-C-Atoms mit Effekten höherer Ordnung zu rechnen ist und die exakte Auswertung des ^{13}C-Spektrums (Abb. 4.9) nicht nach den Regeln 1. Ordnung erfolgen darf.

b) Beide Werte von $^2J(C,H)$ führen zu Spektren, die hinsichtlich der Lage der Linien identisch sind und mit dem experimentellen Spektrum übereinstimmen:

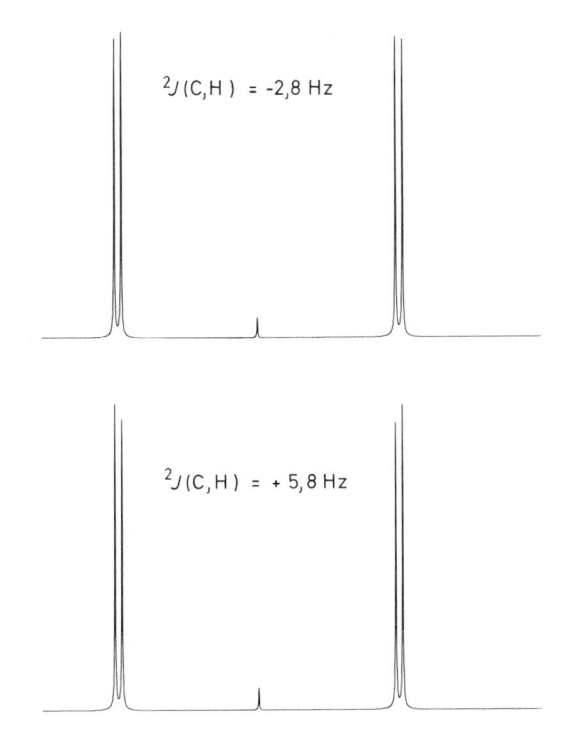

$^2J(C,H) = -2{,}8$ Hz

$^2J(C,H) = +5{,}8$ Hz

4.5 Mit $J_r = 3{,}0$ Hz, $\Delta v = 124$ Hz und $\gamma B_2 = 230$ Hz ergibt sich nach Gl. (4.14) für J ein Wert von 6,3 Hz:

$$J = \left[\frac{(9{,}0(61504 + 211600) - 9)}{(61504 - 9)}\right]^{\frac{1}{2}}$$

$$= \left(\frac{2457927}{61495}\right)^{\frac{1}{2}} = 40^{\frac{1}{2}} = 6{,}3$$

Danach ist es die Kopplung von 6,3 Hz, die bei dem Entkopplungsexperiment auf 3,0 Hz verringert wird. Es wird also die Kopplung von 3,9 Hz aufgehoben, die von H-2 herrühren muß.

4.6 Da H-2 den geringeren Frequenzabstand zu den Methylprotonen aufweist, muß die Kopplung mit dem niedrigeren Quotienten, also die von 3,7 Hz, von diesem Proton und die Konstante von 6,5 Hz von dem im Spektrum weiter entfernten H-3 herrühren.

4.7 a) In Abb. 2.40d (S. 55) zeigt die X_1-Linie verstärkte Absorption, und der X_3-Übergang tritt in Emission auf. Nach dem Termschema in Abb. 4.15 sind also die Populationen des A_2-Übergangs invertiert worden.

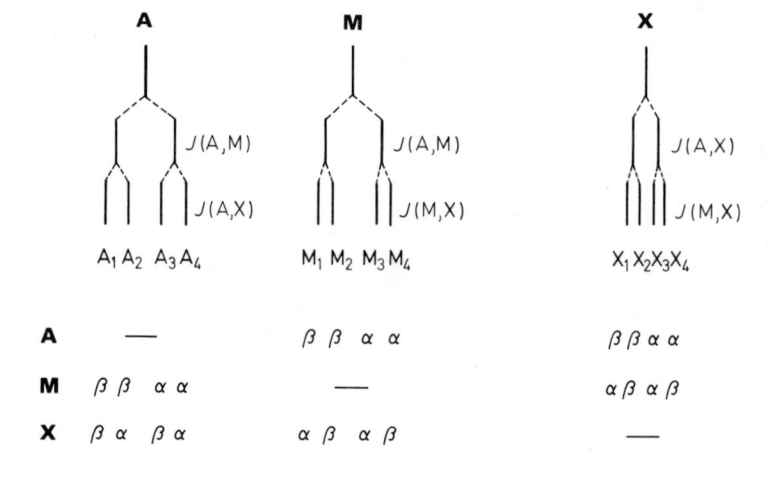

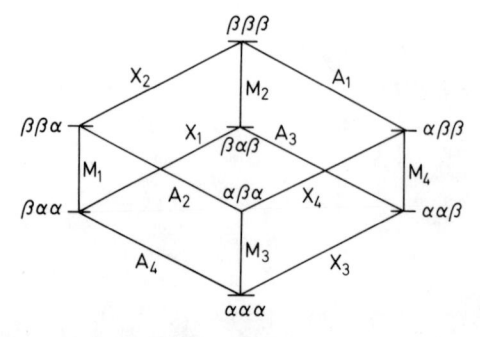

b) Bei Annahme eines negativen Vorzeichens für $^2J(CO,H)$ des Chloracrylsäure-Isotopomeren **9a** ergibt sich das in der Abbildung angegebene Kopplungs- und Energieniveauschema einschließlich der entsprechenden Spinorientierungen. In diesem Falle müßten bei der A_1-Invertierung die Linie X_2 eine negative und die Linie X_4 eine verstärkte positive Absorption zeigen, im Widerspruch zum Experiment.

4.8 Aus den experimentellen Werten von 205 bzw. 228,2 Hz ergeben sich nach Gl. (4.15) s-Anteile von 0,41 bzw. 0,43. Der daraus nach Gl. (4.17) berechnete Hybridisierungsindex λ^2 beträgt 1,44 bzw. 1,17, so daß die Kohlenstoff-Hybrid-Orbitale als $sp^{1,4}$ bzw. $sp^{1,2}$ zu charakterisieren sind.

4.9 Die $^1J(C,H)$-Daten der entsprechenden monosubstituierten Methane und des Kohlenwasserstoffs selbst (Tab. 4.3) liefern für Cl, CN, F und NO_2 Substituenteneffekte von $+26,5$; $+11,1$; $+24,1$ und $+21,7$ Hz, aus denen man Erwartungswerte von 162,6 Hz (125,0 + 26,5 + 11,1) für CH_2ClCN und 194,9 Hz (125,0 + 2 · 24,1 + 21,7) für CHF_2NO_2 berechnet (experimentelle Werte 160 bzw. 205,5 Hz).

4.10 Nach den $^1J(C,H)$-Daten von Pyridin und Pyridinium-Kation ist bei Protonierung eine Erhöhung von $^1J(C-2,H-2)$ typisch, so daß danach die Protonierung des Adenosin-monophosphats im Sechsring erfolgt (vgl. Lit. Kap. 4[94]).

4.11 Während aufgrund des hohen $^1J(C,H)$- und niedrigen δ_C-Wertes (vgl. Kap. 3, Abschn. 4.11.3, S. 347) das Signal bei 130,1 ppm dem zur N-Oxid-Gruppierung α-ständigen C-2 zuzuordnen ist, sprechen die starke Tieffeldverschiebung von 146,0 ppm sowie die große $^1J(C,H)$-Kopplungskonstante für C-3; entsprechend dürften die Signale bei 137,5 und 146,0 ppm von C-9 bzw. C-10 herrühren. Von den verbleibenden C-Atomen des carbocyclischen Rings ist die Absorption von C-8 an seiner Lage bei hohem Feld, verbunden mit einem relativ hohen $^1J(C,H)$-Wert, zu erkennen (118,9 ppm bzw. 173,9 Hz).

δ_C (ppm)	$^1J(C,H)$ (Hz)	
118,9	173,9	C-8
130,1	188,6	C-2
130,2	166,5 ⎫	
130,2	166,5 ⎬	C-5; C-6; C-7
131,7	164,5 ⎭	
137,5	–	C-9
146,0	–	C-10
146,1	185,2	C-3

(vgl. Lit. Kap. 4[96]).

4.12 Mit den in Tab. 4.13 angegebenen Inkrementen für Sechs- bzw. Fünfring-Verbindungen erhält man die folgenden Erwartungswerte für **A** und **B** (experimentelle Werte in Klammern):

187,5 H N∼N
(187,8)
187,5 H N H 206,0
(188,0)   (207,1)
A

203,5 H H 182,0 (184,6)
(201,5)
O∼N H 185,5 (187,6)
B

Auch für Furo[3,2-c]isoxazol läßt sich eine befriedigende Abschätzung vornehmen, wenn man die zwei Nachbarbindungen mit den stärker elektronegativen Elementen berücksichtigt.

```
   95,0
   84,5
    2,5
  ─────
  182,0
 (184,0)
```

```
 121,5                      121,5   (Δ''_ON)
  77,5                       95,0   (Δ''_CO)
   2,5                      ─────
 ─────                      216,5
 201,5                      (211)
 (203)
```

(Experimentelle Werte: Gronowitz, S., Westerland, C., Hörnfeldt, A.-B. (1976), Chem. Scri. 10, 165.)

4.13 Geht man von den im Cyclopentan bzw. im statischen Isopropyl-Kation beobachteten $^1J(C,H)$-Werten von 128,5 bzw. 171,3 Hz aus und berücksichtigt sowohl die fünffache Entartung als auch das Vorliegen von acht $C(sp^3)$−H- und einer $C(sp^2)$−H-Bindung, ergibt sich für die beobachtbare gemittelte Kopplungskonstante

$$\overline{^1J} = \tfrac{1}{5}(\tfrac{8}{9}\cdot 128{,}5 + \tfrac{1}{9}\cdot 171{,}3) = 26{,}7 \text{ Hz}$$

in guter Übereinstimmung mit dem Experiment (vgl. Lit. Kap. 4[132]).

4.14 Mit den Inkrementen der Tab. 4.27 werden für die beiden Isomere $^2J(C,H)$-Werte von +3,1 bzw. +14,1 Hz berechnet, so daß der Verbindung mit der kleineren Kopplungskonstanten die E-Konfiguration und der mit dem größeren Wert die Z-Konfiguration zuzuschreiben ist (vgl. Lit. Kap. 4[17]).

```
    − 2,4                     − 2,4
    + 9,2                     + 9,2
    + 2,2                     − 2,2
    − 5,9                     + 9,5
   ──────                    ──────
ber.  + 3,1 Hz            ber.  + 14,1 Hz
exp. (+)1,0 Hz            exp. (+)11,7 Hz
```

4.15 Die beobachtete Kopplungskonstante von 2,8 Hz stellt nahezu den Mittelwert zwischen den für die Modellverbindungen 2-Methylpent-2-en-4-on (s-cis: + 5,3 Hz) und Cyclohexen-2-on (s-trans: ± 0,6 Hz) dar, so daß danach beide Konformere größenordnungsmäßig in gleichen Anteilen vorliegen (vgl. Lit. Kap. 4[17]).

4.16 Die Zunahme von $^2J(C,H)$ beim Übergang von **A** nach **B** entspricht der allgemeinen Beobachtung, daß ein stark elektronegatives Heteroatom in trans-Position zum koppelnden H-Atom einen positiven Beitrag liefert (vgl. substituierte Ethylene). Die für fünfgliedrige Ringe typischen relativ großen und positiven geminalen $^{13}C,^1H$-Kopplungen werden dem Bindungswinkel-Einfluß zugeschrieben (vgl. **A** mit **C** und

B mit **D**), wobei der besonders hohe Wert in **D** durch den kombinierten Einfluß beider Effekte bedingt ist (vgl. Lit. Kap. 4[18]).

4.17 Aufgrund der angegebenen $^3J(C,H)$-Werte wird in Lit. Kap. 4[102] auf das Vorliegen einer anti-Konformation mit einem Diederwinkel zwischen C-2 und H-1' von + oder $-45°$ geschlossen.

4.18 Nach Abschätzung an einem Molekülmodell betragen die Diederwinkel im Falle der Kopplung des Carbonyl-C-Atoms mit einem exo- bzw. endo-ständigen Proton nahezu 90° bzw. 180°, so daß nach dem allgemeinen Verlauf der Karplus-Kurve die Verbindung mit $J(C,H) = 0$ Hz dem endo-Addukt und die mit $J(C,H) = 7,5$ Hz dem exo-Addukt mit endo-H's zuzuschreiben ist (vgl. Tan, R. Y. S., Russel, R. A., Warrener, R. N. (1979), Tetrahedron Lett. 5031.).

4.19 Da die $^3J(CO,H)$-Kopplung im Gegensatz zur $^3J(CH_3,H)$-Kopplung in geringerem Maße durch sterische Effekte beeinflußt wird, sind, insbesondere beim Vorliegen nur eines Isomeren, die Kopplungen von Carbonyl-Kohlenstoffatomen eher zur Konfigurationsbestimmung geeignet. Der niedrige Wert von 7,2 Hz spricht für eine *cis*-Kopplung und somit für das Vorliegen der Mesaconsäure (vgl. Lit. Kap. 4[149]).

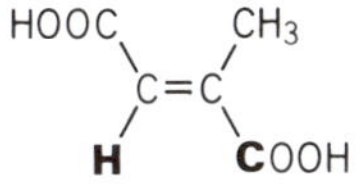

```
HOOC        CH3
     \     /
      C = C
     /     \
    H        COOH
```

4.20 Im 1,2-Difluorbenzol ist die $^3J(C-1,H-3)$-Kopplung gegenüber dem Wert im Monofluorbenzol um 3,5 Hz kleiner. Diese Verringerung ist durch das F-Atom an C-2 bedingt und genau so groß wie die Erniedrigung von $^3J(C-2,H-6)$ im Monofluorbenzol gegenüber Benzol, so daß also zumindest in diesem Fall weitgehende Additivität der Substituenteneffekte festzustellen ist.

4.21 Ausgehend von den Isotopomeren der Ausgangsverbindung und ihrem Anteil bei natürlichem ^{13}C-Gehalt (1,1%), ergeben sich bei ^{13}C-Markierung (90%) in der angegebenen Position die folgenden Isotopomere und ihre Anteile (in %):

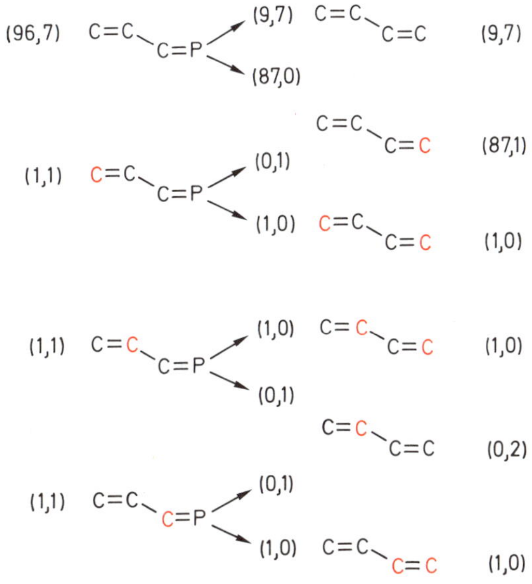

(vgl. Lit. Kap. 4[62,192]).

4.22 $^1J(C\text{-}2,C\text{-}3)$ läßt sich nicht aus dem ^{1}H-Breitband-entkoppelten ^{13}C-NMR-Spektrum des in 2- und 3-Position markierten Isotopomeren **I** erhalten, da aus Symmetriegründen ein A_2-Spinsystem vorliegt. Jedoch erhält man entweder durch Einführen eines weiteren ^{13}C-Atoms (vgl. **II**) oder aber durch Hinzunahme der Protonen, also ohne ^{1}H-Entkopplung von **I**, Spinsysteme vom Typ AA'X bzw. AA'BB'CC'XX' (X = ^{13}C), aus deren Spektren sich durch vollständige Analyse $^1J(C\text{-}2,C\text{-}3)$ ermitteln ließe. Das Acht-Spin-System läßt sich durch Einführen von Deuterium an C-1 und C-4 sowie Deuterium-Entkopplung zu einem AA'XX'-System vereinfachen (vgl. **III**), aus dessen ^{1}H-NMR-Spektrum durch vollständige Analyse die gewünschte Kopplung ermittelt wurde (vgl. Lit. Kap. 4[62,192]).

I	**II**	**III**
ohne {H}: AA'BB'CC'XX'	mit {H}: ABX	mit {D}: AA'XX'
mit {H}: A_2		

4.23 Da die $^4J(C,C)$-Kopplung nach dem Ergebnis für **C** sehr klein ist, stellt der in **A** beobachtete Wert weitgehend die $^3J(C,C)$-Kopplung dar; diese fällt in **B** wegen des zweifach vorhandenen Kopplungsweges nahezu doppelt so hoch aus (vgl. Lit. Kap. 4[228] sowie [52b]).

4.24 Umrechnung von K in SI-Einheiten und Einsetzen in Gl. (4.29) (vgl. Gl. (4.3) sowie Aufg. 4.1) führt zu

$$^1J(^{13}C,^{15}N) = \frac{+3{,}47 \cdot 10^{20}}{-3{,}27 \cdot 10^{19}} = -10{,}6 \text{ Hz}$$

4.25 Ursache für die stark unterschiedlichen $^1J(^{13}C,^{15}N)$-Werte ist der Einfluß des nicht am Azooxy-N-Atom, aber am Azo-N-Atom vorhandenen freien Elektronenpaars, welches einen positiven Beitrag zur sonst negativen Kopplungskonstante liefert, wie sie für das Azooxy-N-Atom beobachtet wird (vgl. Lit. Kap. 4[235,236] sowie Schwotzer, W., Leuenberger, C., Hoesch, L., Dreiding, A. S., Philipsborn, W. v. (1977), Org. Magn. Reson. 9, 382).

4.26/27 In Verbindungen mit einem sp^2-N-Atom ist die geminale $^{13}C,^{15}N$-Kopplung von der Anwesenheit und der Orientierung des freien Elektronenpaars abhängig und weist bei *cis*-Anordnung zum koppelnden C-Atom große Beträge mit negativem Vorzeichen auf. Entsprechend findet man einen solchen Wert für $^2J(C\text{-}8,^{15}N)$ im Chinolin, nicht aber in der protonierten Verbindung, und das Imin mit $^2J(^{13}CH_3,^{15}N) = (-)10{,}3$ Hz muß die syn-Konfiguration besitzen (vgl. Pregosin, P.S., Randall, E. W., White, A.I. (1972), J. Chem. Soc. Perkin Trans. 2, 1; Buchanan, G.W., Dawson, B.A. (1980), Org. Magn. Reson. 13, 293).

4.28 Entsprechend der stereochemischen Abhängigkeit von $^1J(C,H)$ in Pyranosen wird auch im Falle der $^1J(C,F)$-Kopplung (vgl. auch die $^1J(C,P)$-Kopplung in Kap. 4, Abschn. 6.1.1, S. 530) für die axiale C,F-Bindung ein kleinerer, nämlich stärker negativer Wert als für die equatoriale beobachtet (vgl. Bock, K., Pederson, C. (1975), Acta Chem. Scand., Ser. B 29, 682.).

4.29 Vgl. Aufg. 4.23 sowie Lit. Kap. 4[243].

4.30 In den sechs verschiedenen Mono-^{13}C-Isotopomeren des 1,6-Diphosphatrypticens stellen die ^{13}C-Kerne wegen der Symmetrie des Moleküls jeweils den X-Teil von AA'- bzw. ABX-Spinsystemen dar, so daß Spektren höherer Ordnung auftreten, die vollständige Analysen erfordern (vgl. Lit. [272]).

4.31 Den klarsten Beweis für das Vorliegen des Anomeren mit der Phosphonat-Gruppe in equatorialer Position liefert die große vicinale ^{13}C,^{31}P-Kopplung, die für $\varphi = 180°$ typisch ist ($\varphi = 60°$: $^3J(C,P) \approx 0$ Hz). Da für das entsprechende 4-t-Butyl-Derivat die $^1J(C,P)$-Daten vorliegen, läßt sich in diesem Fall auch mit Hilfe dieses Parameters auf die Konfiguration schließen; im allgemeinen, insbesondere bei den in 1-Position substituierten Verbindungen, müssen zur eindeutigen Entscheidung mit Hilfe von $^1J(C,P)$ beide Anomere vorliegen (vgl. Lit. Kap. 4[271]).

4.32 Im Vergleich mit den Daten von Phosphoranen **I** mit trigonalem C-Atom ist der $^1J(C,P)$-Wert in **II** (und auch **III**) extrem niedrig; daher wird, auch aufgrund von Röntgenstruktur-Daten, eine pyramidale Carbanion-Geometrie diskutiert (vgl. Lit. Kap. 4[266]).

$(C_6H_5)_3-P=C\begin{smallmatrix}CH_3\\CH_3\end{smallmatrix}$ $(C_6H_5)_3P=C\triangleleft$ $(\triangleright-)_3P=C\triangleleft$
     121,5   3,9   18,3
      I   **II**   **III**

4.33 Wie im Falle der $^2J(C,N)$-Kopplung reagiert $^2J(C,P)$ sehr empfindlich auf die Anwesenheit eines freien Elektronenpaars in *cis*- bzw. gauche-Position. So muß bei den Phospholenen dem Isomeren mit dem großen Kopplungsbetrag die Konfiguration I zugeschrieben werden, während in den Phospholenoxiden keine signifikanten Unterschiede auftreten. (vgl. Breen, J.J., Featherman, S.I., Quin, L.D., Stocks, R.C. (1972), J. Chem. Soc., Chem. Commun. 657).

I   **II**

$^2J(C,P) = 30$ Hz $^2J(C,P) = 0$ Hz

4.34 Aufgrund der Multiplizität ist der ^{13}C-Kern mit einem ^{6}Li gekoppelt (vgl. Lit. Kap. 4[282b]).

4.35 Die vier gleich intensiven Hauptlinien der ^{13}C-Absorption müssen von der Kopplung mit einem ^{11}B-Kern mit $I = \frac{3}{2}$ und einer natürlichen Häufigkeit von 81,2% herrühren ($^1J(^{13}C,^{11}B) \approx 70$ Hz). Daneben sind weitere, weniger intensive Signale zu erkennen, die der Kopplung mit ^{10}B (natürliches Vorkommen 18,2%) zuzuschreiben sind. Wegen $I = 3$ sind sieben Linien gleicher Intensität zu erwarten, aus deren Abstand $^1J(^{13}C,^{10}B) \approx 25$ Hz erhalten wird; dieser Wert ist entsprechend Gl. (4.34) um etwa den Faktor 3 kleiner als $^1J(^{13}C,^{11}B)$ (vgl. Lit. Kap. 4[288]).

5.1 Bei einem C–P-Abstand von 0,187 nm nur ca. 0,6%.
5.2 Vergleiche die Angaben bei Platzer, N. (1978), Org. Magn. Reson. 11, 350.
5.3 Der Abstand der τ-Werte ist schlecht gewählt bei zu starker Betonung des Bereichs der kleinen τ-Werte. Es fehlt außerdem die wiederholte Überprüfung des τ_∞-Wertes.
5.4 Die Relaxationszeit wird auf etwa 4,3 s verkürzt; für qualitative Untersuchungen unerheblich, da nur knapp außerhalb der experimentellen Fehlergrenze.
5.5 Adamantan 17 und 8,5 s, alle anderen Daten s. Lit. Kap. 5[3].
5.6 Bei einer Moleküllänge von ca. 0,7 nm und $\eta_{CHCl_3} = 0,542$ cp errechnet sich τ_c zu etwa $2,3 \cdot 10^{-11}$ s.

6.1 Nimmt man eine Wellenzahl-Differenz von 20 cm^{-1} an, so würde dies bei Raumtemperatur einer Aktivierungsenergie von ca. 1,2 kJ/mol entsprechen.
6.2 Etwa 1 kJ/mol.
6.3 Da die Eyring-Gleichung implizit in T ist, kann die Lösung nur iterativ numerisch erfolgen; ca. 17 °C beträgt die Koaleszenztemperatur für ^{13}C in diesem Beispiel.
6.4 S. Lit. Kap. 6[14,15,16].
6.5 Austausch: C-2/6, C-3/5, C-7/8 und C-9/10, kein Austausch: C-1/4 und C-11. Für die austauschenden Signalpaare wurde im Gebiet des langsamen Austauschs ein Verschiebungsunterschied von 77,5, 19,4, 5,0 und 2,8 ppm gemessen. Bei einem $\Delta G^\#$-Wert von 68,5 kJ/mol würden sich für ein 90 MHz-Gerät (^{13}C: 22,5 MHz) folgende Koaleszenztemperaturen ergeben: C-2/6 : 114 °C; C-3/5 : 91 °C; C-7/8 : 72 °C und C-9/10 : 64 °C.

7.1 Ja, wenn im gleichen Molekül ϑ für einige Kernspins größer und für andere kleiner als 54,73° ist.
7.2 Normalerweise werden sich – nicht wie aus Darstellungsgründen in Abb. 7.1 gezeichnet – die größeren Reste *trans* zur O-LSR-Bindung einstellen, wobei dann die C_α–H_β-Bindung eine gauche-Position einnimmt. Die Kontaktverschiebung in *trans*-ständige β-Zentren erscheint günstiger.
7.3 Isotroper g-Tensor.
7.4 Im Gegensatz zu den relativ abgeschirmten 4f-Elektronen der Lanthaniden überlappen die 3d-Elektronen der Übergangsmetalle stärker mit den Ligandenorbitalen. Dies führt im wesentlichen zu einer Kontaktverschiebung mit Linienverbreiterung.
7.5 Vgl. die weiteren Arbeiten der beiden Gruppen:
Raber, D.J., Janks, C.M., Johnston, M.D., Raber, N.K. (1981), Org. Magn. Reson. 15, 57.
Raber, D.J., Janks, C.M., Johnston, M.D., Schwalke, M.A., Shapiro, B.L., Behelfer, G.L. (1981), J. Org. Chem. 46, 2528.
Abraham, R.J., Chadwick, D.J., Sancassan, F. (1981), Tetrahedron Lett. 2139.
Abraham, R.J., Bergen, H.A., Chadwick, D.J. (1981), Tetrahedron Lett. 2807.
Abraham, R.J., Chadwick, D.J., Sancassan, F. (1982), Tetrahedron 38, 3245.
Raber, D.J., Hardee, L.E. (1982), Org. Magn. Reson. 20, 125.
7.6 S. Lit. Kap. 7[6].

8.1 Staab, H.A., Brettschneider, H., Brunner, H. (1970), Chem. Ber. 103, 1101.
8.2 20: $- + - + = +$; 21: $- - - + = -$
8.3 Fischer, H. (1971), Top. Curr. Chem. 24, 1.
8.4 Kluender, H., Bradley, C.H., Sih, C.J., Fawcett, P., Abraham, E.P. (1973), J. Am. Chem. Soc. 95, 6149.

Anhang B
Literaturangaben zur NMR-Spektroskopie

Allgemeine Darstellungen

[1] Abragam, A. (1961), The Principles of Nuclear Magnetism, Clarendon Press, Oxford.
[2] Bax, A. (1982), Two-Dimensional Nuclear Magnetic Resonance In Liquids, Kluwer Academic Publishers Group, Dordrecht.
[3] Becker, E.D. (1969), High Resolution Nuclear Magnetic Resonance, Academic Press, New York, London.
[4] Bovey, F.A. (1969), Nuclear Magnetic Resonance, Academic Press, New York, London.
[5] Emsley, J.W., Feeney, J., Sutcliffe, J.H. (1965), High Resolution NMR Spectroscopy, Pergamon Press, Oxford.
[6] Finkelnburg, W. (1967), Einführung in die Atomphysik, Springer Verlag, Berlin, Heidelberg, New York.
[7] Günther, H. (1983), NMR-Spektroskopie, Georg Thieme Verlag, Stuttgart, New York.
[8] Jackman, L.M., Sternhell, S. (1969), Applications of NMR Spectroscopy in Organic Chemistry, Pergamon Press, Oxford.
[9] Lynden-Bell, R.M., Harris, R.K. (1969), Nuclear Magnetic Resonance Spectroscopy, Nelson, London.
[10] Noggle, J.H., Schirmer, R.E. (1971), The Nuclear Overhauser Effect, Academic Press, New York, London.
[11] Poole, C.P., Farach, H.A. (1971), Relaxation in Magnetic Resonance, Academic Press, New York, London.
[12] Pople, J.A., Schneider, W.G., Bernstein, H.J. (1959), High Resolution Nuclear Magnetic Resonance, Academic Press, New York, London.
[13] Slichter, C.P. (1963), Principles of Magnetic Resonance, Harper and Row, New York.
[14] Suhr, H. (1965), Anwendungen der kernmagnetischen Resonanz in der organischen Chemie, Springer Verlag, Berlin, Heidelberg, New York.

^{13}C-NMR-Spektroskopie

[15] Abraham, R.J., Loftus, P. (1978), Proton and Carbon-13 NMR Spectroscopy, Heyden, London.
[16] Breitmaier, E., Voelter, W. (1978), ^{13}C-NMR-Spectroscopy, Monographs in Modern Chemistry, Bd. 5, Verlag Chemie, Weinheim, Deerfield Beach, Florida, Basel.
[17] Clerc, J.T., Pretsch, E., Sternhell, S. (1973), ^{13}C-NMR-Spektroskopie, Akademische Verlagsgesellschaft, Frankfurt/Main.
[18] Ernst, L. (1980), ^{13}C-NMR-Spektroskopie, UTB-Taschenbuch, Dr. D. Steinkopff Verlag, Darmstadt.
[19] Kleinpeter, E., Borsdorf, R. (1981), ^{13}C-NMR-Spektroskopie in der organischen Chemie, Akademie Verlag, Berlin.
[20] Levy, G.C., Lichter, R.L., Nelson, G.L. (1980), Carbon-13 Nuclear Magnetic Resonance Spectroscopy, Willey Interscience, New York
[21] Stothers, J.B. (1972), Carbon-13 NMR Spectroscopy, Academic Press, New York, London.
[22] Wehrli, F.W., Wirthlin, T. (1976), Interpretation of Carbon-13 NMR Spectra, Heyden, London.

Gerätetechnik, Pulsspektroskopie und mathematische Grundlagen

[23] Bell, R.J. (1972), Introductory Fourier Transform, Academic Press, New York, London.
[24] Champaney, D.C. (1973), Fourier Transform and Their Physical Applications, Academic Press, New York, London.
[25] Farrar, T.C., Becker, E.D. (1971), Pulse and Fourier Transform NMR, Introduction and Methods, Academic Press, New York, London.
[26] Fukushima, E., Roeder, S.B.W. (1981), Experimental Pulse NMR, Addison-Wesley Publishing Company, Reading, Mass.
[27] Martin, M.L., Delpuech, J.J., Martin, G.J. (1980), Practical NMR Spectroscopy, Heyden, London.
[28] Müllen, K., Pregosin, P.S. (1976), Fourier Transform NMR Techniques: A Practical Approach, Academic Press, New York, London.
[29] Shaw, D. (1976), Fourier Transform NMR Spectroscopy, Elsevier, London.
[30] Zachmann, H.G. (1981), Mathematik für Chemiker, Verlag Chemie, Weinheim, Deerfield Beach, Florida, Basel.
[31] Ziessow, D. (1973), On line Rechner in der Chemie, De Gruyter, Berlin.

Daten-, Spektren- und Aufgabensammlungen sowie Tabellenwerke

[32] Bates, R. B., Beavers, W. A. (1981), Carbon-13 NMR Spectral Problems, Humana Press, Clifton, N.J.
[33] Breitmaier, E., Bauer, G. (1977), ^{13}C-NMR-Spektroskopie, Eine Arbeitsanleitung mit Übungen, Georg Thieme Verlag, Stuttgart, New York.
[34] Breitmaier, E., Haas, G., Voelter, W. (1979), Atlas of Carbon-13 NMR Data, Bd. 1–3, Heyden, London.
[35] Bremser, W., Franke, B., Wagner, H. (1982), Chemical Shift Ranges in ^{13}C-NMR-Spectroscopy, Verlag Chemie, Weinheim, Deerfield Beach, Florida, Basel.
[36] Bremser, W., Ernst, L., Franke, B., Gerhards, R., Hardt, A. (1981), Carbon-13 Spectral Data, Verlag Chemie, Weinheim, Deerfield Beach, Florida, Basel.
[37] Fuchs, P. L., Bunell, C. A. (1979), Carbon-13 Based Organic Spectral Problems, John Wiley and Sons, New York.
[38] Johnson, L. F., Jankowski, W. C. (1972), Carbon-13-NMR Spectra, Wiley Interscience, New York.
[39] Mann, B., Taylor, B. E. (1981), ^{13}C-NMR Data for Organometallic Compounds, Academic Press, New York, London.
[40] Pretsch, E., Clerc, T., Seibl, J., Simon, W. (1981), Tabellen zur Strukturaufklärung organischer Verbindungen, Springer Verlag, Berlin, Heidelberg, New York.

Zeitschriften, Fortschrittsberichte und Literaturdienste

[41] Advances in Magnetic Resonance, Waugh, J. S. (Herausgeb.), Academic Press, New York, London, 1965ff.
[42] Annual Reports on NMR Spectroscopy, Webb, G. A., (Herausgeb.), Academic Press, New York, London, 1968ff.
[43] Bulletin of Magnetic Resonance, Franklin Institute, Philadelphia, 1979ff.
[44] Chemical Abstracts Selects: Carbon and Heteroatom NMR, Columbus, Ohio, 1979ff.
[45] Journal of Magnetic Resonance, Academic Press, New York, London, 1971ff.
[46] Nuclear Magnetic Resonance Abstracts and Index, Preston Technical Abstracts Company, Evanston, Illinois, 1968ff.
[47] NMR, Basic Principles and Progress, Diehl, P., Fluck, E., Kosfeld, R. (Herausgeb.), Springer Verlag, Berlin, Heidelberg, New York, 1969ff.
[48] Nuclear Magnetic Resonance, Specialist Periodical Report, Harris, R. K. (Herausgeb.), The Chemical Society, London, 1972ff.
[49] Organic Magnetic Resonance, Heyden, London, 1969ff.
[50] Progress in NMR Spectroscopy, Emsley, J. W., Feeney, J., Sutcliffe, L. H. (Herausgeb.), Pergamon Press, Oxford, 1966ff.
[51] Topics in Carbon-13 NMR Spectroscopy, Levy, G. C. (Herausgeb.), Wiley Interscience, New York, 1974ff.

Computerprogramme

[52] Loomes, D. J., Harris, R. K., Anstey, P. (1979), ff, The NMR Program Library, Science Research Council, Daresbury Laboratory, Daresbury Warrington, Cheshire, WA 4 4AD, England.
[53] Quantum Chemistry Program Exchange, Catalog XIII, (1981), ff, Indiana University, Chemistry Department, Bloomington Indiana, 47405, USA.

Neben zahlreichen anderen sind bei [52] und [53] insbesondere folgende NMR-Programme erhältlich:
– Bothner-By, A. A., Castellanc, S. (1967), QCPE 13, 111, LAOCN3.
– Binsch, G., Kleier, D. A. (1969), QCPE 13, 140, DNMR.
– Dobosh, P. A., Ostlund, N. S. (1974), QCPE 13, 281 CNINDO/74.
– Kleier, D. A., Binsch, G. (1970), QCPE 13, 165, DNMR3.
– Musso, J. A., Isala, A. (1973), QCPE 13, 232, LAOCN-4A.
– Stephenson, D. S., Binsch, G. (1978), QCPE 13, 365, DNMR5.
– Stephenson, D. S., Binsch, G. (1979), QCPE 13, 378, DAVINS.
– Cassidei, L., Sciacovelli, C. (1982), QCPE 2, 440, LAOCOR.
– Vauthier, E. C. (1982), QCPE 2, 441, NMRCINDO-80.

Anhang C
Abkürzungsverzeichnis

ber.	berechnet	M	Metall
exp.	experimentell	Me	Methyl
gem.	gemessen	Phe	Phenyl
korr.	korrigiert	Ac	Acetyl
bes.	besetzt	e	equatorial
unbes.	unbesetzt	a	axial
n. b.	nicht bestimmt	gem	geminal
		g	gauche
		c	cis
		tr	trans

Substanzregister

Seitenangaben im Normaldruck beziehen sich auf chemische Verschiebungswerte, in **halbfettem Druck** auf Kopplungskonstanten und in *kursivem Druck* auf sonstige Werte bzw. Untersuchungen.

A

Aceheptylen 137, **481**
Acenaphthen 137
Acenaphthylen 137
Acepleiadien 137
Acepleiadylen 138
Acetaldehyd 86, 171, 172, 173, **447, 451, 468, 473, 501, 506**
Acetaldehyddimethylacetal 168
(E)-Acetaldoxim 222, **458, 502, 515**
(Z)-Acetaldoxim 222, **458, 502, 515**
Acetamid 171, **486, 514**
Acetamidiniumchlorid 224
1-Acetamino-bicyclo[2.2.1]-heptan 249
Acetanhydrid 171, 182
Acetanilid 286
Acetessigsäureethylester 188, 195
Acetessigsäure-*t*-butylester 188
Acetoin 175
Acetoisonitril s. Methylisocyanid
Aceton 81, 171, 172, 174, **447, 501, 505**
– -d$_6$ *74*
Acetondicarbonsäurediethylester 188
Aceton-*N,N*-dimethylhydrazon 221
Acetonimonium-hexachloroantimonat 226
Acetonitril 81, 228, **447, 468, 513**
– -d$_3$ *74*
Acetonoxim 221
Acetonyl-dimethyl-phenyl-phosphoniumbromid 214
Acetonyl-triphenyl-phosphoniumbromid 214
Acetophenon 171, 285
(E)-Acetophenonoxim **517**
(Z)-Acetophenonoxim **517**
3-Acetoxy-2-bicyclo[2.2.1]heptyl-thalliumdiacetat **542**
(E)-2-Acetoxy-2-buten 270
(Z)-2-Acetoxy-2-buten 270
Acetoxycyclohexan 237
1-Acetoxy-1-cyclohexen 264
Acetoxyethylen s. Vinylacetat
2-Acetoxy-1-methoxy-buten-3-on **469**
1-Acetoxy-2-methyl-1-propen 270
(E)-1-Acetoxypropen 264
(Z)-1-Acetoxypropen 264
2-Acetoxy-1-propen 270
Acetylaceton 176, **491**
1-Acetylamino-bicyclo[2.2.1]-heptan 249
Acetylbromid 171
Acetylchlorid 171, 192, **468, 500**
Acetylcholin 204
1-Acetylcyclohexen 264
Acetyl-(π-cyclopentadienyl)dicarbonyleisen 382
Acetylen 85, 86, 87, 130, **445, 461, 474, 496**
Acetylendicarbonsäure-dimethylester 187
Acetylfluorid 525
2-Acetyl-3-fluornaphthalin 313, *633*
N-Acetylglycin 210
Acetyliodid 171
Acetyl-kation 373
1-Acetyl-7-methylnaphthalin 313, *633*
1-Acetylnaphthalin 310
2-Acetylnaphthalin 310
2-Acetylpyridin 364
3-Acetylpyridin 364
4-Acetylpyridin 365
2-Acetyltellurophen **548**
N-Acetylvalin 210
Acridan 341
Acrolein 173, 265, 268, **450, 468, 470, 473**
Acroyl-Kation 373
Acrylnitril 228, 265, 268, **450, 468**
Acrylsäure 178, 193, 268, **450, 468, 470, 501**
– -ethylester 264, 268
– -methylester 184
Actinocin 395
Adamantan 108, **447, 462, 476,** *582*
– -1-carbonsäure 250
– -2-carbonsäure 250
2-Adamantanon 258, **505**
2-Adamantanonoxim 259
2-Adamantanthion 258
1-Adamantyl-Kation 373
Adenin 399
Adenosin 399
– -monophosphat 400, **460**
Adipinsäure 180
– -dichlorid 192
– -dinitril 228
Äpfelsäure 181
Aflatoxin B$_1$ 395
α-Alanin 207
β-Alanin 207
Allantoin 399
Allen 86, 133, 274, **449, 498**
Allen, s. auch Propadien
Allyl-ammonium-methylsulfat 203
α-D-Allopyranose 401
β-D-Allopyranose 401

Alloxan 399
Allylalkohol 157, 265, 268
π-Allyl-σ-allyl-trimethyl-
 phosphin-Platin(II) **551**
Allylamin 203
Allylbenzol 143, 284
Allylbromid 152, 265, 268
Allylchlorid 265, 268
Allyl-cyclopentadienylpalladium 383
Allyldimethylamin 203
Allyliodid 268
Allylisocyanid 229
Allylkalium 377
Allyllithium 234, 377
Allylmagnesiumbromid 234
Allylmethylamin 203
Allylmethylether 165
Allylpalladiumbromid, dimer 383
Allylpalladiumchlorid 383
Allyltrimethylammonium-ion 203
Ameisensäure 178, **451**
– -ethylester 183
– -methylester 183, **451**
– -*i*-propylester 183
– -*n*-propylester 183
Ameisensäuretrimethylester 168
1-Aminoadamantan 250
2-Aminoadamantan 250
2-Aminoadipinsäure 209
endo-2-Aminobicyclo[2.2.1]heptan 250
exo-2-Aminobicyclo[2.2.1]heptan 250
2-Aminobutanol 204
2-Aminobuttersäure 208
4-Aminobuttersäure 209
6-Aminocapronsäure 210
Aminocyclohexan 237
Aminocyclopentan 239
Aminocyclopropan 239
2-Amino-1,3-dibromnaphthalin 633
1-Amino-3,3-dimethyl-
 bicyclo[2.2.1]heptan-2-on 251
1-Amino-3,3-dimethyl-2-methylen-
 bicyclo[2.2.1]heptan 251
Aminoethanol 204
1-Amino-3-methoxypropan 204
2-Amino-2-methyl-1-propanol 203
2-Amino-6-methylpyridin 365, 635
1-Aminonaphthalin 309, 310, **452**
2-Aminonaphthalin 309, 310, **452**
4-Amino-2-pentanol 204
1-Amino-4-phenylbicyclo[2.2.2]octan 295
3-Amino-1-propanol 204
2-Aminopyridin 364, **471**
3-Aminopyridin 364
4-Aminopyridin 365
2-Amino-2,4,4-trimethylpentan 202
4-Amino-1,7,7-trimethyl-tricyclo[2.2.1.0^{2,6}]-
 heptan 250
2-Aminovaleriansäure 208
i-Amylnitrit 218
Amylose 402

5α-Androstan 112, 393
5β-Androstan 112, 393
2,2'-Anhydro-1-β-D-arabino-furanosyluracil
 485
Anilin 285, 309, **453, 488, 511, 513**
Anilinium-Ion 286, **514**
Anilinium-trifluoracetat 286
Anisol 155, 286, **453, 500**
Anthracen 136, **452, 499, 504, 510**
Anthracen-Dikation **453**
Anthracen-Dianion **453**
9,10-Anthrachinon 281, **457**
Antibiotikum CP-47, 444, 388
α-D-Arabinofuranose 401
β-D-Arabinofuranose 401
α-D-Arabinopyranose 401
β-D-Arabinopyranose 401
D-Arabitol 402
Arginin 208
Arsabenzol 200, **455**
Arsentrichlorid *74*
Asparagin 208
– -säure 208
Atropin 394
1-Azaadamantan 329, **514, 517, 519**
2-Azaadamantan 329
1-Azaadamantanium-Ion, **514, 517, 519**
5-Azaazulen 361
1-Aza-bicyclo[2.2.2]octan 327
2-Aza-bicyclo[2.2.2]octan 329
8-Aza-bicyclo[3.2.1]octan 328
1-Aza-bicyclo[2.2.2]oct-2-en 334
2-Aza-bicyclo[4.1.0]heptan 327
1-Aza-bicyclo[4.3.0]nonan 327
1-Aza-bicyclo[4.4.0]decan 327
7-Aza-indol 355
1-Aza-3-oxa-bicyclo-[4.3.0]nonan 327
Azepan 319
Azetidin 315, **449**
Azidocyclohexan 237
Aziridin 315, **449**
Azobenzol 286
Azoxybenzol 286, **520**
Azulen 136, **452, 463, 480, 499, 504, 510**
– -pentacarbonyldieisen **453**

B
Barbaralon *588*
Barbital 342
Benzalanilin *306*
Benzaldehyd 285, **451, 453, 473, 501**
Benzamid 285
Benzenium-Kation 333
Benzil **495**
Benzimidazol 354
1,2-Benzochinon 281
1,4-Benzochinon 281, **452, 472, 489**
Benzocyclobuten s. Cyclobutabenzol
3H-Benzocyclohepten 139
Benzocyclopenten s. *1H*-Inden
Benzocyclopropen s. Cyclopropabenzol

Benzo[1,2:4,5]dicyclobuten 146
Benzo[1,2:4,5]dicylohexen 146
Benzo[1,2:4,5]dicylopenten 146
1,3-Benzodioxol 340
Benzoesäure 285, **491, 506**
– -cyclohexylester 237
– -ethylester 285
– -methylester 285, **500, 511**
Benzo[g,h,i]fluoranthen 138
Benzo[b]furan 353
Benzoisonitril s. Phenylisocyanid
Benzo[c]isothiazol 359
Benzo[d]isoxazol 355
Benzol 85, 134, 136, **426, 437, 451, 463, 471, 479, 488, 491, 495, 499, 504, 506, 509,** *577*
– -d$_1$ **437**
– -d$_5$ **438**
– -d$_6$ 74
– -sulfochlorid 286, 290
– -sulfonsäure 168, 286
– -tricarbonylchrom **453, 473**
Benzonitril 285, 309, **453, 506, 511**
Benzophenon 285, *611*
2,1,3-Benzoselenadiazol 355
2,1,3-Benzothiadiazol 355
Benzo[b]thiophen 353
2,1,3-Benzoxadiazol 355
Benzoxazol 358
2-(N-Benzoyl)amino-zimtsäuremethylester **506**
Benzoylchlorid 285, 305, **525**
Benzoylfluorid 285
Benzoyl-Kation 373
Benzselenazol 354
Benzthiazol 354
Benzvalen 125, **451**
Benzylalkohol 158, 284
Benzylamin 202, 284
Benzylbromid 152, 285
Benzylchlorid 152
Benzylcyanid 284, **506**
Benzyldimethylamin 203, 284
Benzyldiphenylphosphin 284
Benzylfluorid 152, 284, **522**
Benzylidenmalonitril 96
Benzyliodid 152, 285
Benzylkalium 230, 287, 377
Benzyllithium 230, 377
Benzylmercaptan 158
Benzylmethylamin 203
Benzylmethylether 165, 284
Benzylmethylsulfid 167, 284
Benzylmethylsulfon 284
Benzylmethylsulfoxid 284
Benzylphenylketon 175
Benzyl-i-propylamin 202
Benzylthiomethylether 284
Benzyltrimethylplumban 284
Benzyltrimethylsilan 284
Benzyltrimethylstannan 284
Benzylvinylether 268
Bernsteinsäure 180

– -anhydrid 182
– -dichlorid 192
– -diethylester 187
– -dimethylester 186
– -dinitril 228
– -imid s. Succinimid
Biacetyl 171
Bi(Bicyclo[2.2.1]hepta-2,5-dien-7-yliden) 121
Bi(bicyclo[2.2.1]heptan-7-yliden) 120
Bicyclobutyliden 121
Bicyclo[1.1.0]butan 108, **447, 458, 462, 476**
Bicyclo[4.4.0]decan 108 s. auch Decalin
Bicyclo[2.2.1]heptadien 122 s. auch Norbornadien
Bicyclo[2.2.1]hepta-2,5-dien 122
Bicyclo[2.2.1]heptan 108, **447, 477, 498** s. auch Norbornan
Bicyclo[3.1.1]heptan 108
Bicyclo[4.1.0]heptan 108, **447**
Bicyclo[2.2.1]heptan-1-carbonsäure 249
endo-Bicyclo[2.2.1]heptan-2-carbonsäure 250
exo-Bicyclo[2.2.1]heptan-2-carbonsäure 250
Bicyclo[2.2.1]heptan-7-carbonsäure 249, **507**
anti-Bicyclo[4.1.0]heptan-7-carbonsäuremethylester 251
syn-Bicyclo[4.1.0]heptan-7-carbonsäuremethylester 251
Bicyclo[2.2.1]heptan-2,5-dion 257
Bicyclo[2.2.1]heptan-2-on 257
Bicyclo[2.2.1]heptan-7-on 257
(E)-Bicyclo[2.2.1]heptan-2-on-oxim 258
(Z)-Bicyclo[2.2.1]heptan-2-on-oxim 258
Bicyclo[2.2.1]hept-2-en 109
Bicyclo[2.2.1]hept-2-en-Kupfertrifluoromethylsulfonat 382
Bicyclo[2.2.1]hept-2-en-5-on 257
Bicyclo[2.2.1]hept-2-en-7-on 256, 257
2-Bicyclo[2.2.1]heptyl-dimethylphosphin **536**
2-Bicyclo[2.2.1]heptyl-phosphonsäuredimethylester **535**
endo-2-Bicyclo[2.2.1]heptyl-quecksilberacetat **552**
exo-2-Bicyclo[2.2.1]heptyl-quecksilberacetat **552**
Bicyclo[2.1.1]hexan 108
Bicyclo[3.1.0]hexan 108, **447**
Bicyclo[3.1.0]hexan-3-on 258
Bicyclo[2.1.1]hex-2-en 125, **451**
Bicyclo[3.2.2]nonan 108
Bicyclo[3.3.1]nonan 108
Bicyclo[4.3.0]nonan 108
Bicyclo[3.3.1]nonan-1-carbonsäure 250
Bicyclo[3.3.1]nonan-3-on 258
Bicyclo[3.3.1]nonan-9-on 257
Bicyclo[3.3.1]nonan-9-on-oxim 259
Bicyclo[2.2.2]octan 108, **447**
Bicyclo[3.2.1]octan 108
Bicyclo[3.3.0]octan 108
Bicyclo[4.2.0]octan 108
Bicyclo[2.2.2]octan-2-on 257
Bicyclo[2.2.2]octan-2-en 124

Bicyclo[1.1.1]pentan 447
Bicyclo[2.1.0]pentan 108, **447**
Bicyclo[4.4.1]undecan 108
Biotin 397
Biphenyl 140
Biphenylen 137, **453**
Biphenylmethylphosphonsäure-diethylester **537**
2,2-Bipyridyl 352
4,4-Bipyridyl 352
Bisabolen 392
Bis-π-allylplatin **552**
Bis-(2-butyl)-ethinylphosphin 273
1,1-bis-(n-butylthio)-ethan 169
Bis-(t-butylthio)-methan 169
Bis-(π-cyclopentadienyl)-methylyttrium **550**
Bis-(π-cyclopentadienyl)-tricarbonyl-dirhodium **550**
Bis-(π-cylopentadienyl)-diphenyltitan 381
4,6-Bis-(dimethylamino)-1,2-benzochinon 282
2,5-Bis-(dimethylamino)-1,4-benzochinon 282
1,1-Bis-(dimethylamino)-2,2-dicyanoethylen 266
1,1-Bis-(dimethylamino)-ethylen 266
6,6-Bis-(dimethylamino)-fulven **433**
Bis-(dimethylamino)-methylboran 233
1,8-Bis-(dimethylamino)-naphthalin 312
1,2-Bis-(2-(1,3-dithianyl)-ethan 326
2,2-Bis-(ethylthio)-propan 169
Bis-(1-hexin-1-yl)-dimethylstannan **544**
1,2-Bis-methylencyclohexan-tricarbonyleisen **454**
1,2-Bis-(methylen)-norbornan 121
1,2-Bis-(methylen)-norbornen 121
1,1-Bis-(methylthio)-2,2-dicyanoethylen 271
2,2-Bis-(methylthio)-propan 169
Bis-(4-penten-1-yl)-zink 382
Bis-(phenylethinyl)-quecksilber **552**
Bis-(propen)-silbertetrafluoroborat 383
Bi-tricyclo[2.2.1.0^{2,6}]heptan-7-yliden 121
Bis-(tri-n-butylstannyl)-acetylen 132
Bis-(trifluormethyl)-acetylen s. Hexafluor-2-butin
Bis-(2,4,6-trimethylphenyl)-tellur **548**
Bis-(trimethylphosphin)-neopentyliden-wolfram **551**
Bis-(trimethylsilyl)-acetylen 132
Bis-(trimethylstannyl)-acetylen 273
Bis-(triphenylphosphin)-2-butin-platin 383
Blausäure s. Cyanwasserstoff
Bornan 113
Bortrifluoridetherat *599*
Brenzcatechin 299
Bromaceton 175
4-bromacetophenon 297
Bromacetylen **457, 474**
(*E*)-Brom-acrylsäure 179
(*Z*)-Brom-acrylsäure 179
1-Bromadamantan 250
2-Bromadamantan 250
Bromallen 274

Brombenzol 287, **453, 488**
1-Brombicylo[2.2.1]heptan 249
(*endo*)-2-Brombicyclo[2.2.1]heptan 249
(*exo*)-2-Brombicyclo[2.2.1]heptan 250
7-Brombicyclo[2.2.1]heptan 250
(*anti*)-7-Brombicyclo[4.1.0]heptan 250
(*syn*)-7-Brombicyclo[4.1.0]heptan 250
1-Brombicyclo[3.3.1]nonan 250
1-Brombicyclo[2.2.2]octan 250
1-Brombutan **511**
3-Brom-2-butanon 176
2 Brom-buttersäure 179
4-Brombutyl-*t*-butylether 165
Bromchlormethan 150
Bromcyclobutan 239, **505**
Bromcycloheptan 239
cis-2-Bromcycloheptanol 243
trans-2-Bromcycloheptanol 243
Bromcyclohexan 237, 239
trans-2-Bromcyclohexanol 243
Bromcyclooctan 239
trans-2-Bromcyclooctanol 243
Bromcyclopentan 239
trans-2-Bromcyclopentanol 240
Bromcyclopropan 239, **467**
Bromdichlormethan 150
4-Brom-*N*,*N*-dimethylbenzamid 298
1-Brom-3,3-dimethylbicyclo[2.2.1]heptan-2-on 251
Bromdimethyl-carbeniumion 371
Bromessigsäuremethylester 185
Bromethan 85, 150
2-Bromethanol 157
Bromethylen s. Vinylbromid
1-Brom-1-hexin 273
2-Brom-2-lithium-bicyclo[4.1.0]heptan **540**
7-Brom-7-lithium-methylencyclohexan **540**
Brommalonsäurediethylester 188
Brommethan 150, **447**
2-Brom-6-methoxynaphthalin 312
3-Brom-2-methyl-2-butanol 157
1-Brom-5-methylhexan 153
1-Brom-2-methylnaphthalin 312, 313, 632
2-Brom-2-methylpropan s. *t*-Butylbromid
3-Brom-2-methylpropen **487**
1-Bromnaphthalin 310
2-Bromnaphthalin 310
Bromoform 150
– -d$_1$ 74
1-Brompropan 151
2-Brompropan 151
(*E*)-1-Brom-1-propen 263
(*Z*)-1-Brom-1-propen 263
1-Brom-2-propen s. Allylbromid
3-Brompropin **468**
3-Brom-propin-2-ol 158
2-Brompropionsäuremethylester 186
2-Brompyridin 364
3-Brompyridin 364
4-Brompyridin 365
Bromtrichlormethan 150

1-Brom-2,3,3-trichlorpropan 152
1-Brom-3,3,3-trichlorpropan 152
Bromtrifluormethan **522**
1-Bromtwistan 251
Brucin 395
Bullvalen 128, *589, 590*
1,2-Butadien 133, 274
1,3-Butadien 117, 268, **449, 461, 481, 491, 498, 503, 509, 512**
2,3-Butadiensäure 274
2,3-Butadiensäuremethylester 274
1,3-Butadien-tricarbonyleisen **435, 450, 454,** *598*
Butadiin **481, 498, 503, 509**
Butan 97, **476, 507**
1,3-Butandiol 161
1,4-Butandiol 161
2,3-Butandion 171
2,3-Butandion-monooxim 221
1-Butanol 156, 160, **505, 511**
2-Butanol 156
t-Butanol 156, **486**
3-Butanol-2-on 175
4-Butanol-2-on 175
2-Butanon 172, 174, **505**
(*E*)-2-Butanonoxim 221, *582*
(*Z*)-2-Butanonoxim 222
2-Butanonsemicarbazon 225
Butansäure s. Buttersäure
1-Butansulfonsäure 168
t-Butanthiol 156
1-Butanthiol 156
2-Butanthiol 156
Butatrien **449**
1-Buten 115, 268
(*E*)-2-Buten 115
(*Z*)-2-Buten 115
(*Z*)-2-Buten-1,4-diol 158
(*Z*)-2-Buten-1,4-diol-diacetat 184
Butenin 131, **449, 461, 468, 481, 491, 498**
(*E*)-2-Buten-1-ol 265
(*Z*)-2-Buten-1-ol 265
3-Buten-1-ol 158
3-Buten-1-ol-acetat 195
1-Buten-3-on s. Methylvinylketon
2-Buten-1-yl-nickeliodid, dimer 382
2-Butinal **457, 473**
2-Butindiol 158
2-Butindiol-diacetat 184
2-Butin-1-ol 158
1-Butin-3-ol 158
2-Butinsäuremethylester **506**
Buttersäure 178, **505, 508, 511**
i-Buttersäure 178
Buttersäureanhydrid 182
Buttersäureethylester 183
Buttersäuremethylester 183
i-Buttersäuremethylester 183
(*E*)-*N*-*t*-Butyl-acetaldimin 223
N-*t*-Butyl-acetonimin 223
i-Butylamin 201

n-Butylamin 201
t-Butylamin 201, 206
t-Butylamino-dimethylboran 232
n-Butylbenzol 142
s-Butylbenzol 142
t-Butylbenzol 142, 284, **511**
4-*t*-Butyl-bromcyclohexan 238
Butylbromid s. Brombutan
t-Butylbromid 151, **511**
4-*t*-Butyl-chlorcyclohexan 238
Butylchlorid s. Chlorbutan
t-Butylchlorid 151, **507, 511**
t-Butyl-5-chlor-*n*-pentylether 165
t-Butylcyclohexan 104, 237
cis-4-*t*-Butylcyclohexanol 242
trans-4-*t*-Butylcyclohexanol 242
4-*t*-Butylcyclohexanon 246
4-*t*-Butylcyclohexyl-phosphonsäure-dimethylester
t-Butyl-5-decin-1-ylether 165
t-Butyl-dimethylamin 202, 206
n-Butyl-dimethyl-sulfoniumiodid 166
5-*t*-Butyl-1,3-dioxan
2-*n*-Butyl-1,3-dithian 326
2-*t*-Butyl-1,3-dithian 326
t-Butylethylen 116
Butylfluorid s. Fluorbutan
t-Butylfluorid 151, **511, 521**
4-*t*-Butyl-1-hydroxycyclohexyl-phosphonsäure-dimethylester **534**
2-*t*-Butyliodbenzol 298
3-*t*-Butyliodbenzol 298
4-*t*-Butyliodbenzol 298
4-*t*-Butyliodcyclohexan 238
Butyliodid s. Iodbutan
t-Butyliodid 151, **511**
t-Butylisocyanid 229
2-Butyl-Kation **459**
n-Butyllithium 230, **540**
sec-Butyllithium 234
t-Butyllithium 234, **539**
n-Butylmagnesiumbromid 230
n-Butylmethylamin 202
n-Butylmethylether 164
t-Butylmethylether 163, 164, 230
t-Butylmethylketon 174
n-Butylmethylsulfon 166
n-Butylmethylsulfoxid 166
n-Butylmethylsulfid 164
t-Butylnitril 228, **515**
n-Butylphosphonsäure-diethylester **533**
n-Butyl-*n*-propylether 164
t-Butyl-*i*-propylketon 174, 176
4-*t*-Butylpyridin 365
3-*t*-Butyl-2,2,4,4-tetramethylpentan 99
4-*t*-Butyltoluol 143
t-Butyl-trimethylstannan 232
N-*n*-Butyl-2,4,6-triphenylpyridinium-tetrafluoroborat 365
Butyraldehyd 173
i-Butyraldehyd 173, **451, 473**

(E)-Butyraldehydoxim 222
(Z)-Butyraldehydoxim 222
(E)-i-Butyraldehydoxim 222
(Z)-i-Butyraldehydoxim 222
i-Butyramid 191
i-Butyrochlorid 192
γ-Butyrolacton 336
Butyronitril 228, **511**
i-Butyronitril 228

C

Cäsium-5,5-dimethyl-2-hexen-1-id 377
Campher 79, 257, 392
ε-Caprolactam 338
Capronsäure 178
Carbazol 359
Carbonylboran **542**
Carotin 392
Carvon 392
α-Cellobiose 402
β-Cellobiose 402
Cellulose 412
Cephalosporin C 396
Chinazolin 356
Chinin 395
Chinolin 356, **455, 502, 515**
Chinolinium-Salz **517**
Chinolin-N-oxid **455**
Chinoxalin 356
Chinoxalin-N-oxid **460**
Chinolizidin **458**
Chinuclidin 327, **518**
Chinuclidinium-Salz **518**
Chloracetaldehyd **473**
Chloraceton 175
Chloracetonitril **447**
Chloracetylen **457, 474**
(Z)-Chloracrylsäure 179, **470**
(E)-Chloracrylsäure 179, **442, 470**
1-Chloradamantan 250
2-Chloradamantan 250
Chlorallen 274
(E)-1-Chlorallylalkohol 267
(Z)-1-Chlorallylalkohol 267
2-Chloranilin 297
4-Chloranilin **514**
Chlorbenzol 287, **453, 471, 488, 500**
7-Chlorbicyclo[2.2.1]heptan 249
1-Chlorbicyclo[2.2.1]heptan 249
endo-2-Chlorbicyclo[2.2.1]heptan 250
exo-2-Chlorbicyclo[2.2.1]heptan 250
anti-7-Chlorbicyclo[4.1.0]heptan 251
syn-7-Chlorbicyclo[4.1.0]heptan 251
anti-7-Chlor-bicyclo[2.2.1]hept-2-en **458**
syn-7-Chlor-bicyclo[2.2.1]hept-2-en **458**
1-Chlorbicyclo[3.3.1]nonan 250
1-Chlorbicyclo[2.2.2]octan 250
1-Chlorbutan **507, 511**
1-Chlor-4-butanol 157
3-Chlor-2-butanon 176
(E)-1-Chlor-2-buten 265

(Z)-1-Chlor-2-buten 265
2-Chlorbuttersäuremethylester 185
3-Chlorbuttersäuremethylester 185
4-Chlorbuttersäuremethylester 185
2-Chlorcrotonaldehyd **473**
Chlorcyclobutan 239
Chlorcyclohexan 237, 239
1-Chlorcyclohexen 263
Chlorcyclopentan 239
Chlorcyclopropan 239, **467**
Chlordibrommethan 150
Chlordiethylphosphin **533**
1-Chlor-3,3-dimethylbicyclo[2.2.1]heptan-2-on 251
Chlordimethyl-carbenium-Ion 371
1-Chlor-2,2-dimethylcyclohexan 242
2-Chlor-1,3-dimethyl-imidazoliniumchlorid 338
Chloressigsäure 178, **468**
– -ethylester 185
– -methylester 185, **505**
Chlorethan 150, **465, 500**
2-Chlorethanol 157
Chlorethylen s. Vinylchlorid
1-Chlor-1-hexin 273
Chlormethan 150, **447**
1-Chlormethyladamantan **507**
Chlormethylcyclohexan 237
1-Chlor-2-methylen-3.3-dimethylbicyclo[2.2.1]-heptan 251
Chlormethyl-phosphonsäure-diethylester **533**
2-Chlor-2-methylpropan s. t Butylchlorid
2-Chlor-4-methylpyridin 365, **634**
2-Chlor-6-methylpyridin 365, **635**
1-Chlormethyltriptycen 598
1-Chlornaphthalin 310
2-Chlornaphthalin 310
8-Chlor-1-naphthol 313, **633**
Chloroform 150
– -d$_1$ 74, **447, 491**
2-Chlorphenol 296
3-Chlorphenol 296
4-Chlorphenol 296
1-Chlorpropan 151
2-Chlorpropan 151
(E)-1-Chlor-1-propen 263, **470**
(Z)-1-Chlor-1-propen 263, **470**
2-Chlorpropen **487, 500, 506**
3-Chlorpropionaldehyddiethylacetal 169
2-Chlorpropionsäuremethylester 185
3-Chlorpropionsäuremethylester 185
2-Chlorpyridin 364
3-Chlorpyridin 364
4-Chlorpyridin 365
2-Chlorselenophen **548**
Chlorthiolessigsäure-t-butylester 189
Chlortrifluormethan **522**
Chlortrimethylplumban 230, **546**
4-Chlor-1,7,7-trimethyl-tricyclo[2.2.1.0^{2,6}]-heptan 250
Chlortriphenylplumban **544**

1-Chlortwistan 251
Cholestan 113, 393
5α-Cholestan-3β-ol *608*
Cholesterin 393, *578*
Cholin 204
Cholsäure 393
Chromanon 340
Chromocen 381
Chromon 342
Cinnolin 356
Citraconsäure 181, **470**
– -anhydrid 182
cis-Citral 391
trans-Citral 391
Citronensäure 182
Cobaltocen 382
Cocain 394
Codein 395, *575*
Coffein 395
Coniin 394
Coprostan 113, 393
Creatin 210
Creatinin 210
Croconsäure 279
Crotonaldehyd 173, 265, **473**
(*E*)-Crotonitril 265, **469**
(*Z*)-Crotonitril 265, **469**
(*E*)-Crotonsäure 178, **440**
(*Z*)-Crotonsäure s. Isocrotonsäure
Crotonsäureethylester 264, **428**, **436**
(*E*)-Crotonsäuremethylester 184
(*Z*)-Crotonsäuremethylester 184
(*E*)-Crotylalkohol 157
(*Z*)-Crotylalkohol 157
(*E*)-Crotylchlorid 265
(*Z*)-Crotylchlorid 265
Cuban 109, **447**
Cumarin 340, **457**
Cumol 142, 284
Cyanoallen 274
Cyanocyclohexan 237, 239
1-Cyanocyclohexan 265
Cyanocyclopentan 239
Cyanocyclopropan 239
Cyanoessigsäure 228
Cyanoethylen s. Acrylnitril
1-Cyano-5-fluornaphthalin 313, 632
Cyano-hydroxy-phenylcarbenium-Ion 371
2-Cyano-6-methylpyridin 365, 634
1-Cyanonaphthalin 309, 310
2-Cyanonaphthalin 309, 310
2-Cyanopyridin 364
3-Cyanopyridin 364
4-Cyanopyridin 364
Cyanursäure 399
Cyanwasserstoff 85, 228, **456**
Cyclobutabenzol 136, **452**
Cyclobutadien-tricarbonyleisen 382
Cyclobutan 102, 331, **446**, **462**
Cyclobutancarbonsäure 239, **505**
– -methylester 239

1,1-Cyclobutandicarbonsäurediethylester 240
(*E*)-1,2-Cyclobutandicarbonsäurediethylester 240
(*E*)-1,3-Cyclobutandicarbonsäurediethylester 240
(*Z*)-1,2-Cyclobutandicarbonsäurediethylester 240
(*Z*)-1,3-Cyclobutandicarbonsäurediethylester 240
Cyclobutanol 239
Cyclobutanon 244, 245, **505**, *576*
Cyclobutanonoxim 242, 245
Cyclobuten 122, **451**, **463**, **503**
Cyclocosan 102
Cyclodecan 102, **446**, *576*
1,2,6,7-Cyclodecatetraen 133
Cyclododecan 102, 103
1,5,9-Cyclododecatrien 124
Cycloeicosan *576*
Cycloheptacontan 102
Cycloheptadienyllithium 378
Cycloheptan 82, 244, **446**, *576*
Cycloheptanol 239
Cycloheptanon 244, 245
Cycloheptanonoxim 245
Cycloheptatrien 123, **451**
Cycloheptatrien-7-carbaldehyd 597
Cycloheptatrien-tricarbonylchrom 381, *597*
Cyclohepten 123, 124, **451**
2-Cyclohepten-1-on 244
Cyclohexadecan 102, 103
1,3-Cyclohexadien 123
1,4-Cyclohexadien 123
Cyclohexa-2,5-dien-carbonsäure **490**, **506**
Cyclohexadienylium-Kation 372
Cyclohexadienyllithium 377
Cyclohexan 82, 102, **446**, **458**, **476**, **490**, **498**, *576*
Cyclohexan-d$_{12}$ 74
Cyclohexancarbonsäure **505**
– -methylester 237
cis-1,2-Cyclohexandicarbonsäure 242
trans-1,2-Cyclohexandicarbonsäure 242
Cyclohexandicarbonsäureanhydrid 242
Cyclohexanisonitril 237
Cyclohexanol 237
Cyclohexanon 245
– -dimethylketal 241
– -oxim 245
Cyclohexanthiol 237
Cyclohexen 123, 134, **451**, **463**
2-Cyclohexen-1-on 247, **457**, **463**, **470**
(*E*)-2-Cyclohexen-1-onoxim **518**
(*Z*)-2-Cyclohexen-1-onoxim **518**
Cyclohexensilbernitrat 383
1-Cyclohexenylbenzol 140
Cyclohexenylium-Kation 372
N-1-Cyclohexenylmorpholin 264
Cyclohexylaldehyd 237
(*E*)-Cyclohexylaldoxim 222, 237
(*Z*)-Cyclohexylaldoxim 222

Cyclohexylamin 237
Cyclohexylammoniumchlorid 237
Cyclohexylbenzol 140
Cyclohexylcarbonsäurechlorid 237
Cyclohexyldimethylamin 237
Cyclohexylmethanol 237
Cyclohexylmethylamin 237
Cyclohexylmethylketon 237
1-Cyclohexyl-1-pentin 130
Cyclohexyl-phosphonsäure-dimethylester **536**
Cyclohexyl-trimethyl-ammoniumsalz **519**
1,2-Cyclononadien 133
Cyclononan 102, 103, **446**
Cyclononatetraen-anion 136
1,2,5-Cyclononatrien *597*
1,2,6-Cyclononatrien 133
Cyclooctadecan 102
1,3-Cyclooctadien 123, *590*
1,5-Cyclooctadien 123
1,5-Cyclooctadien-3-in 132
1,5-Cyclooctadiin 150
Cyclooctan 82, 102, **446**, *576*
Cyclooctanol 239
Cyclooctanon 245
Cyclooctatetraen 124, **451**
– -dianion 136
– -diyl-dikalium 377
1,3,5-Cyclooctatrien *597*
(*E*)-Cycloocten 123
(*Z*)-Cycloocten 123, **451**
1-Cycloocten-3-in 130
1-Cycloocten-4-in 130
1-Cycloocten-5-in 130
Cyclooctin 130
Cyclopentadecan 102, *576*
Cyclopentadien 123, **451**, **463**, **503**
Cyclopentadienon 278
Cyclopentadienyl-Anion 136, **453**, **463**, **480**
Cyclopentadienyl-bis-ethylen-rhodium 383
Cyclopentadienyl-dicarbonyl-methyleisen 382
Cyclopentadienyl-dicarbonyl-rhodium **550**
Cyclopentadienyl-Lithium 377
Cyclopentadienyl-methyl-tricarbonyl-
   wolfram 383
Cyclopentadienyl-tricarbonylmangan 381
Cyclopentadienyl-tricarbonylmolybdän-
   chlorid 383
Cyclopentadienyl-tropylium-chrom 381
Cyclopentadienyl-tropylium-zirkon 382
Cyclopentan 102, **446**, **462**, *576*
Cyclopentancarbonsäure 239
Cyclopentanol 239
Cyclopentanon 245
Cyclopentanonoxim 245
Cyclopenten 122
2-Cyclopenten-1-on 246
Cyclopentenylium-Kation 372
Cyclopentyl-Kation 374, **459**
[2,2]-*m*-Cyclophan 139
[2,2]-*p*-Cyclophan 139
1H-Cyclopropabenzol 139

Cyclopropan 102, **446, 462, 467, 498**, *576*
Cyclopropancarbonsäure 239
– -amid **514**
– -methylester 239
Cyclopropanol 239
Cyclopropen 122, **451**
Cyclopropenon 277, **451**
Cyclopropenylium-Kation 136, 373
Cyclopropylamin 239, **467**
Cyclopropylbenzol 144, 284
Cyclopropylbromid 239, **467**
Cyclopropylcarbenium-Ion 374
Cyclopropylchlorid 239, **467**
Cyclopropyliodid 239
Cyclopropylmethylcarbenium-Ion 374
Cyclopropylmethylketon 174
Cyclopropyl-methyl-phenylmethylkation 371
Cyclotetracontan 102
Cyclotetracosan 102
1,8-Cyclotetradecadien 124
Cyclotetradecan 102, 103, *576*
Cyclotriacontan 102
Cyclotridecan 102, *576*
1,5-Cycloundecadiin 131
Cycloundecan 102
Cystein 207
Cysteinmethylester-hydrochlorid 207
Cytidin 400
Cytosin 399

D

Decacarbonyldimangan 381
Decacarbonyldirhenium 383
Decachlor-*n*-butan 151
Decafluor-*n*-butan 151
cis-Decahydrochinolin 330
trans-Decahydrochinolin 330
Decalin 82 s. auch Bicyclo[4.4.0]-
   decan
Decalonoxim
Decalyl-Kation 374
Decan 99
Desoxyadenosin-monophosphat 400
Desoxybenzoin s. Benzylmethylketon
2-Desoxy-α-D-ribofuranose 400
2-Desoxy-β-D-ribofuranose 400
2-Desoxy-α-D-ribopyranose 400
2-Desoxy-β-D-ribopyranose 400
Deuteriochloroform s. Chloroform-d$_1$
Deuteriumoxid 74
Diacetyl s. 2,3-Butandion
4,6-diacetyl-2,3-didesoxy-hex-2-enopyranosyl-
   phosphonsäure-dimethylester **534**
Diacetylen s. Butadiin
Diacetylmonooxim s. 2,3-Butandionmonoxim
Diadamantan 109
Diallylether 165
Di-π-Allylplatin **552**
Diallylsulfid 165
Diallylsulfon 167
Diallylsulfoxid 166

Diallylthioether 165
1,4-Diaminobutan 203
2,4-Diaminobuttersäure 210
1,8-Diaminonaphthalin 312
1,5-Diaminopentan 203
1,3-Diaminopropan 203
2,3-Diaminopropionsäure 210
1,3-Diazaazulen 361
1,6-Diaza-bicyclo[4.3.0]nonan 327
1,6-Diaza-bicyclo[4.4.0]decan 327
Diazepam 343
Diazoessigsäureethylester **515**
Diazoessigsäuremethylester 226
Diazomethan 226, **515**
Dibenzo-*p*-dioxin 359
Dibenzofuran 359
Dibenzothiophen 359
Dibenzyl 284, **504**
Dibenzylbarium 230
Dibenzylcalcium 230
Dibenzyldiselenid 167
Dibenzyldisulfid 167
Dibenzylditellurid 167
Dibenzylether 165
Dibenzylmagnesium 230
Dibenzylmethylamin 202
Dibenzylquecksilber 384
Dibenzylstrontium 230
1,3-Dibrom-2-aminonaphthalin 313
Dibrombernsteinsäure 181
meso-Dibrombernsteinsäure 181
1,1-Dibrombutan 152
1,4-Dibrombutan 153
3,3-Dibrom-2-butanon 176
1,1-Dibromdifluorethylen **523**
(*E*)1,2-Dibromdifluorethylen **525**
(*Z*)1,2-Dibromdifluorethylen **525**
Dibromdifluormethan **522**
1,2-Dibromethan 150
3,4-Dibrom-6-methoxypenol **474, 486**
(*E*)-1,2-Dibromethylen 267
(*Z*)-1,2-Dibromethylen 267
Dibrommethyllithium **540**
1,1-Dibrommethyllithium **539, 549**
Dibrommaleinsäureanhydrid 182
Dibrommethan 150
1,4-Dibromnaphthalin 310
1,5-Dibromnaphthalin 310
1,5-Dibrom-2-naphthol 313, 633
1,5-Dibrompentan 152
1,3-Dibrompropan 153
2,2-Dibrompropan 152
2,3-Dibrom-propionsäure 179
Di-*t*-butylacetylen 130
Di-*i*-butylamin 201
Di-*n*-butylamin 201
2,6-Di-*t*-butyl-1,4-benzochinon 281
4,6-Di-*t*-butyl-1,2-benzochinon 281
1,2-Di-*t*-butylbenzol 142, **452**
1,3-Di-*t*-butylbenzol 142
1,4-Di-*t*-butylbenzol 142

2,6-Di-*t*-butyl-6-brom-4-cyano-cyclohexa-2,4-dienon *602*
trans-1,4-Di-*t*-butylcyclohexan 104
cis-1,4-Di-*t*-butylcyclohexan 104
Di-*t*-butylcyclopropenon 277
1,10-Di-*t*-butyl-deca-1,3,5,7,9-pentain 130
Di-*t*-butyldiazomethan 226
Di-*t*-butyldisulfid 166
Di-*n*-butylether 164
Di-*t*-butylether 164
1,1-Di-*t*-butylethylen 119, **449, 498**, 624
(*E*)-1,2-Di-*t*-butylethylen 624
(*Z*)-1,2-Di-*t*-butylethylen 624
N,N-Di-*n*-butylformamid 190
Di-*n*-butyl-*n*-hexylamin 206
N,N-Di-*n*-butyl-2-hydroxy-2,2-diphenyl-thioacetamid 147
Di-*t*-butylketon 170, 172, 173, 174
Di-*t*-butylketon-hydrazon 221
2,6-Di-*t*-butyl-4-methyl-phenol 300
1,8-Di-*t*-butyl-octa-1,3,5,7-tetrain 130
2,6-Di-*t*-butylphenol 300, 629
Di-*t*-butylselenoketon 170
Di-*n*-butylsulfid 164
Di-*t*-butylthioether 164
N,N-Di-*n*-butylthioformamid 190
Di-*t*-butylthioketon 170
Dicarbonyl-di (π-cyclopentadienyl)di-eisen *592*
Dicarbonyl-1,3-pentan-dion-rhodium 550
Dicarbonyl-triethylphosphin-ruthenium-dichlorid 383
Dichloracetaldehyd **473**
Dichloracrylsäure **474**
2,5-Dichlor-1,4-benzochinon 282
2,6-Dichlor-1,4-benzochinon 282
2,6-Dichlorbenzoesäuremethylester 299
1,2-Dichlorbenzol 297, **471, 488**
1,3-Dichlorbenzol **471, 488**
1,4-Dichlorbenzol 297
1,4-Dichlorbutan 153
3,3-Dichlor-2-butanon 176
2,3-Dichlorbuttersäuremethylester 185
Dichlordifluormethan **522**
Dichlordimethylsilan **546**
Dichlordimethylstannan **546**
Dichlordiphenylplumban **546**
1,1-Dichlor-1,1-di-*N*-pyridyl-3-phenylplatina-cyclobutan **552**
Dichloressigsäure 178, **468**
– -ethylester 185
– -methylester 185
1,1-Dichlorethan **461**
1,2-Dichlorethan 150, **491**
1,1-Dichlorethylen 266
(*E*)-1,2-Dichlorethylen 266, **469**
(*Z*)-1,2-Dichlorethylen 266, **469, 491**
Dichlorethylphosphin **533**
(*E*)-1,2-Dichlorfluorethylen **523, 525**
(*Z*)-1,2-Dichlorfluorethylen **523, 525**
Dichlorfluormethan **522**

Dichlormaleinsäure 181
Dichlormethan 150, **447**
– -d₂ 74
Dichlor-methylphosphin 213
Dichlor-methylphosphinoxid 213
Dichlor-methylthiophosphin 213
1,8-Dichlornaphthalin 312
2,4-Dichlornitrobenzol 301
2,3-Dichlorphenol 300, 629
2,4-Dichlorphenol 300
2,5-Dichlorphenol 300
2,6-Dichlorphenol 300
N(2,6-Dichlorphenyl)N'-methyl-acetamidin 224
1,2-Dichlorpropan 153
1,3-Dichlorpropan 153
2,2-Dichlorpropan 152
1,1-Dichlorpropen **470**
3,5-Dichlorpyridin 365, 634
3,3-Dicyanocyclopropen **451**
(E)-1,2-Dicyanoethylen 228, 267
(Z)-1,2-Dicyanoethylen 267
Dicyanomethyl-dianion 378
1,1-Dicyano-2-phenylethylen 96
Dicyclohexylcarbodiimid 220, 223
Di(π-cyclopentadienyl)diphenyltitan 381
Dicyclopenta[e,f,k,l]heptalen **452**
Dicyclopropa[b,g]naphthalin 140
Dicyclopropylcarbenium-Ion 371
Dicyclopropylketon 171
N,N-Diethylacetamid 190
Diethylamin 201
Diethylamino-diethinylbor **542**
N,N-Diethylanilin 286, 290
1,2-Diethylbenzol 142
N,N-Diethylbutyramid 191
1,2-Diethyl-dimethyldiphosphin 213
1,2-Diethyl-dimethyldithiodiphosphin 213
Diethyldisulfid 166
Diethylenglykoldimethylether 165
Diethylether 164, **483, 500**
– -d₁₀ 74
N,N-Diethylformamid 190
3,3-Diethylpentan 230
N,N-Diethylpropionamid 191
Diethylquecksilber **552**
Diethylselenid **548**
Diethylsulfat 168
Diethylsulfid 164
Diethylsulfit 168
Diethyltellurid **548**
N,N-Diethylthioacetamid 190
N,N-Diethylthiobutyramid 191
Diethylthioether s. Diethylsulfid
N,N-Diethylthioformamid 190
Diethylthiolsulfinat 166
Diethylthiolsulfonat 166
N,N-Diethylthiopivalamid 191
1,3-Difluoradamantan **526**
Difluoracetonitril **522**
1,4-Difluorbenzol **523**

2,2-Difluorbicyclo[2.2.1]heptan **526**
Difluordimethyltelluran 167
Difluoressigsäureethylester **522**
2,2-Difluorethanol **522**
(Z)-$1,2$-Difluorethylen **525**
1,1-Difluorethylen-d₂ **523**
Difluormethan 84, 85, 150, **521**
syn-2,2-Difluor-7-methyl-bicyclo-[2.2.1]heptan **529**
Difluormethylphosphinoxid 213
1,8-Difluornaphthalin **528**
Difluornitromethan **460**
Difluortetrachlorethan **522**
9,10-Dihydroanthracen 139
1,2-Dihydrocyclobutabenzol 139, **452**
1,4-Dihydrodicyclopropa[b,g]-naphthalin 140
2,3-Dihydro-1,4-dioxin **472**
2,3-Dihydrofuran 335
1,3-Dihydroisobenzofuran 340
1,4-Dihydronaphthalin-1-carbonsäure **491**
4,5-Dihydrooxepin 334, 335
Dihydrophenanthren 140
3,4-Dihydro-$2H$-pyran 335
2,5-Dihydrothiophen 335
Dihydroxycarbenium-Ion 371
6,7-Dihydroxycumarin 344
1,4-Diiodbutan 153
Diiodmethan 83, 150
1,3-Diiodpropan 153
Dikaliumcyclooctatetraendiid 377
Dilithiumacetylen 269
Dimedon 176
Dimesityltellurid **548**
3,4-Dimethoxybenzaldehyd 299
2,3-Dimethoxybernsteinsäure-diethylester 186
1,1-Dimethoxycyclohexan 242
1,1-Dimethoxyethylen 266
(Z)-1,2-Dimethoxyethylen 266, 268
(E)-1,2-Dimethoxyethylen 266
9-(2,6'-Dimethoxyphenyl)-9-chlor-fluoren 596
9-(2,6'-Dimethoxyphenyl)-fluoren 596
9-(2,6'-Dimethoxyphenyl)-9-hydroxy-fluoren 596
9-(2,6'-Dimethoxyphenyl)-9-methyl-fluoren 596
2,2-Dimethoxypropan 169
1,1-Dimethoxy-2,4,6-triphenyl-λ^5-phosphorin 338
N,N-Dimethylacetamid 189
N,N-Dimethyl-acetonimmonium-tetrafluoroborat 226
2,6-Dimethylacetophenon 299
(E)-2,3-Dimethylacrolein **487**
(Z)-2,3-Dimethylacrolein **487**
(E)-2,3-Dimethylacrylsäure **487**
(Z)-2,3-Dimethylacrylsäure **487**
N,N-Dimethyl-ameisensäuremethylester-imidchlorid 224
Dimethylamin 201

Dimethylaminoallen 274
4-Dimethylaminobenzaldehyd 297, **492**
Dimethylamino-dimethylbor 233, **542**
1-Dimethylaminonaphthalin 310
2-Dimethylaminonaphthalin 310
1-Dimethylamino-2-nitroethylen 266
4-Dimethylamino-3-penten-2-on **485**
2-Dimethylamino-2-phospha-1,3-diazolidin 316
5-(2-Dimethylamino-1-propenyl)-3,6-dimethyl-1,2,4-triazin **519**
4-Dimethylaminopyridin 365
N,N-Dimethylanilin 286
9,10-Dimethylanthracen 145
3,4-Dimethyl-3-aza-thiomorpholin 319
N,N-Dimethylbenzamid
1,12-Dimethylbenz[a]anthracen 578
1,3-Dimethylbenzimidazol-2-on 342
2,3-Dimethylbernsteinsäuredimethylester 187
$meso$-2,3-Dimethylbernsteinsäuredimethylester 187
2,3-Dimethyl-bicyclo[2.2.1]heptan s. 2,3-dimethylnorbornan
3,3-Dimethyl-bicyclo[2.2.1]heptan-2-on 258
3,3-Dimethyl-bicyclo[2.2.1]heptan-2-on-1-carbonsäure 251
Dimethylborbromid 230
Dimethyldiboran 230
2,3-Dimethylbutadien 117
2,3-Dimethylbutan 98
2,3-Dimethylbutan, $anti,gauche$ 98, 101, 594
3,3-Dimethyl-2-butanon 174
3,3-Dimethyl-1-buten 116, 268
2,3-Dimethyl-2-buten 117
2,3-Dimethylbutylium-Kation 373, **459**
N,N-Dimethyl-i-butyrthioamid 191
Dimethylcadmium 383, **550**
Dimethylcarbenium-Ion 371
Dimethylcarbonat 189
2,2-Dimethyl-1-chlor-cyclohexan 243
1,3-Dimethyl-2-chlor-imidazoliniumchlorid 338
1,1-Dimethylcyclobutan 104
cis-1,2-Dimethylcyclobutan 104
cis-1,3-Dimethylcyclobutan 104
$trans$-1,2-Dimethylcyclobutan 104
$trans$-1,3-Dimethylcyclobutan 104
1,1-Dimethylcycloheptan 104
cis-1,2-Dimethylcycloheptan 104
cis-1,3-Dimethylcycloheptan 104
cis-1,4-Dimethylcycloheptan 104
$trans$-1,2-Dimethylcycloheptan 104
$trans$-1,3-Dimethylcycloheptan 104
$trans$-1,4-Dimethylcycloheptan 104
4,4-Dimethyl-2,5-cyclohexadien-1-on 247
1,1-Dimethylcyclohexan 104
cis-1,2-Dimethylcyclohexan 104
cis-1,3-Dimethylcyclohexan 104, 322
cis-1,4-Dimethylcyclohexan 104
$trans$-1,2-Dimethylcyclohexan 103, 104, 597

$trans$-1,3-Dimethylcyclohexan 104
$trans$-1,4-Dimethylcyclohexan 82, 103, 104, **507**
5,5-Dimethyl-1,3-cyclohexandion s. Dimedon
2,2-Dimethyl-cyclohexanol 242
1,1-Dimethylcyclopentan 104
cis-1,2-Dimethylcyclopentan 104
cis-1,3-Dimethylcyclopentan 104
$trans$-1,2-Dimethylcyclopentan 104
$trans$-1,3-Dimethylcyclopentan 104
3,4-Dimethyl-2-cyclopenten-1-on 246
3,5-Dimethyl-2-cyclopenten-1-on 246
1,2-Dimethyl-1-cyclopentyl-Kation 600
1,1-Dimethylcyclopropan 104
cis-1,2-Dimethylcyclopropan 104
$trans$-1,2-Dimethylcyclopropan 104
3,3-Dimethylcyclopropen **451**
Dimethyl-cyclooctadien-platin 383
N,N-Dimethyl-1,3-diaminopropan 203
2,3-Dimethyl-2,3-diaza-bicyclo[2.2.2]octan 328, 599
1,2-Dimethyl-1,2-diazacyclohexan 318
1,3-Dimethyl-1,3-diazacyclohexan 317
1,2-Dimethyl-1,2-diaza-cyclohex-4-en 337
1,3-Dimethyl-1,3-diaza-5-oxa-cyclohexan 318
3,4-Dimethyl-3,4,-diaza-tetrathiopyran 319
N,N-Dimethyldiaziridin 315
3,5-Dimethyl-3,5,1-diazoxan 318
1,3-Dimethyl-2-dimethylamino-2,1,3-phospha-imidazolidin 316
Dimethyldiphenylplumban **545**
Dimethyldisulfid 164
N,N-Dimethyl-dithiokohlensäuredimethylester-immoniumiodid 226
Dimethyldivinylsilan **545**
2,3-Dimethylenbicyclo[2.2.1]heptan-5-on 256
2,3-Dimethylennorcampher 256, 258
Dimethylether 85, 164, **447**, **483**, **505**
– -d$_6$ 74
N,N-Dimethylethylendiamin 203
Dimethylethylmethyl-Kation 371
2,4-Dimethyl-3-ethyl-pentan 99
Dimethylfluor-carbenium-Ion 371
N,N-Dimethyl-formaldimmoniumchlorid 225
N,N-Dimethylformamid 226, **451**, **485**, **505**, 584
– -d$_7$ 74
6,6-Dimethylfulven 126, **463**, **479**, **490**
Dimethyl-2-furyl-methyl-Kation 371
1,1-Dimethylgermacyclohexan 317
N,N-Dimethylglycin 209
N,N-Dimethylharnstoff 192
N,N-Dimethyl-hexahydropyrimidin 317
3,4-Dimethylhexan 98
$meso$-3,4-Dimethylhexan 98
(E)-2,5-Dimethyl-3-hexen 116
(Z)-2,5-Dimethyl-3-hexen 116
Dimethyl-1-hexin-1-yl-stannan **545**
Dimethyl-n-hexylamin 201
Dimethylhydroxymethyl-Kation 371
1,3-Dimethyl-2-imidazolidon 339

Dimethylmaleinsäure 181
– -anhydrid 182
Dimethylmalonsäuredichlorid 192
Dimethylmethoxybor 230, **542**
3,3-Dimethyl-2-methylen-bicyclo[2.2.1]heptan-1-carbonsäure 251
1,3-Dimethyl-2-methylen-imidazolidin-6,6-dicarbonitril 121
N,N-Dimethyl-O-methyl-formimid-fluorosulfonat 226
N,N-Dimethyl-S-methyl-thioformimid-fluorosulfonat 226
1,2-Dimethylnaphthalin 625
1,4-Dimethylnaphthalin 625
1,6-Dimethylnaphthalin 625
1,8-Dimethylnaphthalin 146
2,3-Dimethylnaphthalin 313
Dimethylnitrosamin s. Nitrosodimethylamin
7,7-Dimethylnorbornan 113
2,3-Dimethylnorbornan, *endo,endo* 110
2,3-Dimethylnorbornan, *endo,exo* 110
2,3-Dimethylnorbornan, *exo,exo* 110
3,7-Dimethyl-2,6-octadien-1-ol 158
2,2-Dimethyl-1,3-oxazolidin 316
2,7-Dimethyloxepin 334
2,4-Dimethyl-2,3-pentadien 132
2,2-Dimethylpentan 98, 623
2,3-Dimethylpentan 98
2,4-Dimethylpentan 98, 623
3,3-Dimethylpentan 98
2,4-Dimethyl-3-pentanol 156
2,4-Dimethyl-3-pentanon 174
3,3-Dimethyl-1-penten 116
(E)-3,4-Dimethyl-2-penten 117
(Z)-3,4-Dimethyl-2-penten 117
4,4-Dimethyl-1-penten 116
2,2-Dimethyl-3-pentin 131
4,4-Dimethyl-1-pentin 131
3,5-Dimethyl-2-n-pentyl-2-cyclopenten-1-on 247
9-(2,6′-Dimethylphenyl)-9-chlor-fluoren *596*
9-(2,6′-Dimethylphenyl)-fluoren *596*
9-(2,6′-Dimethylphenyl)-9-hydroxy-fluoren *596*
9-(2,6′-Dimethylphenyl)-9-methoxy-fluoren *596*
Dimethyl-phenylmethyl-Kation 371
Dimethylphenylphosphin 280
2,5-Dimethyl-1-phenyl-2-phospholen **538**
Dimethylphenylphosphoranyliden-2-propanon 214
Dimethylphenylsulfonium-Ion 286
N,N-Dimethyl-phosgenimmoniumchlorid 225
Dimethylphosphin 213
1,1-Dimethyl-λ^5-phosphorin **532**
1,4-Dimethylpiperazin 317
1,2-Dimethylpiperidin 324
1,3-Dimethylpiperidin 324
1,4-Dimethylpiperidin 324
2,4-Dimethylpiperidin 323
2,5-Dimethylpiperidin 323
2,6-Dimethylpiperidin 323
3,4-Dimethylpiperidin 323
3,5-Dimethylpiperidin 323
N,N-Dimethylpiperidinium-Ion 320, 323
2,2-Dimethylpropan 97, **446, 462, 476**
2,2-Dimethylpropanol s. Neopentylalkohol
2,2-Dimethylpropanthiol s. Neopentylthiol
Dimethyl-propinylcarbenium-Ion 373
2,2-Dimethylpropylamin s. Neopentylamin
2,4-Dimethyl-3-N-pyrrolidino-2-penten 271
Dimethylquecksilber 383
Dimethylselenid **548**
1,1-Dimethylsilacyclobutan **543**
1,1-Dimethylsilacyclohexan 317
1,1-Dimethylsilacyclopentan **543**
2,2-Dimethyl-2-sila-tetrahydropyran 318
1,1-Dimethylstannacyclohexan 317
α,3-Dimethylstyrol-bis-(tricarbonyleisen) **454**
Dimethylsulfat 168
Dimethylsulfid 164, **447**
Dimethylsulfon 166
Dimethylsulfoxid 166, **447**
– -d_6 74
2,6-Dimethyl-1-tellura-cyclohexan-3,5-dion **548**
Dimethyltellurdifluorid 167
Dimethyltellurid **548**
3,5-Dimethyltetrahydropyran 322
1,3-Dimethyl-tetrahydropyrimidin-2-on 338
3,5-Dimethyltetrahydrothiapyran 322
Dimethylthalliumnitrat 230
Dimethylthalliumphenolat 230
2,5-Dimethyl-1,3-thiazol **468**
N,N-Dimethylthioacetamid 189
Dimethylthioether s. Dimethylsulfid
N,N-Dimethylthioformamid 189
N,N-Dimethylthioharnstoff 192
Dimethylthiolsulfinat 166
Dimethylthiolsulfonat 166
N,N-Dimethylthiopivalamid 191
1,2-Dimethyltriafulven-4,4-dicarbonitril 271
1-(3,6-Dimethyl-1,2-4-triazinyl)-2-dimethyl-amino-2-methylethylen **518**
N,N-Dimethyltrichloracetamid *599*
Dimethyltrisulfid 166
Dimethylvinylgallium 230
Dimethylvinylindium 230
Dimethylzink 382
Dineopentyldisulfid 166
Dineopentylquecksilber 384
Dineopentylsulfid 164
N,N-Dinitrodiaminomethan 219
N,N-Dinitroethylendiamin 219
Dinitromethan **447**
N,N-Dinitromethylamin 219
2,4-Dinitrophenol 300, 629
1,3-Dioxa-5-cyclohepten 335
1,3-Dioxan 317
1,4-Dioxan 317
1,4-Dioxan-d_8 74
1,6-Dioxaspiro[4.4]nonan 329
1,6-Dioxaspiro[4.5]decan 329

1,7-Dioxaspiro[5.5]undecan 330
1,3-Dioxa-2-thia-cyclohexan-*S*-oxid 325
1,3-Dioxa-2-thia-cyclopentan-*S*-oxid 336
1,3-Dioxecan 319, *598*
1,3-Dioxepan 319
1,3-Dioxolan 316
1,3-Dioxolan-2-on s. Ethylencarbonat
Di-(4-penten-1-yl)-zink 382
Diphenyl 285
Diphenylacetylen 144, **503, 509**
– -hexacarbonyldicobalt 382
Diphenylamin 286
N,*N*-Diphenylaminoacetylen **457, 474**
9,9'-Diphenyl-9,9'-bifluorenyl 147
Diphenylbutadiin 144
Diphenylcarbenium-Ion 371
Diphenylcyclopropan 140
1,2-Diphenylcyclopropenon 278
1,2-Diphenylcyclopropenthion 278
Diphenyldiazomethan 226
Diphenyldiselenid 286
Diphenyldisulfid 286
Diphenylether 286
Diphenylhydroxycarbenium-Ion 371
Diphenylmethan 143, 284
Diphenylmethylkalium 378
Diphenylmethyllithium 378
1,2-Diphenyloxiran 320
Diphenyl-1-propin-1-yl-phosphinoxid **533**
Diphenylquecksilber 384, **552**
Diphenylsulfid 286
Diphenylthioether s. Diphenylsulfid
1,6-Diphosphatriptycen **535**
Di-*n*-propylamin 201
Di-*i*-propylamin 201
Di-*n*-propylcadmium **551**
Di-*i*-propylcarbodiimid 220, 223
Di-*n*-propylether 164
Di-*i*-propylether 164
Di-*i*-propylethylamin 202
1,2-Di-*i*-propylethylen s. 2,5-Dimethyl-3-hexen
N,*N*-Di-*n*-propylformamid 190
Di-*i*-propylketon 174
Di-*i*-propylketoxim 222
Di-*n*-propylphenylmethyl-Kation 371
N,*N*-Di-*n*-propylpropionamid 191
Di-*n*-propylthioether 164
Di-*i*-propylthioether 164
N,*N*-Di-*n*-propylthioformamid 190
1,3-Dithian 317, 323
1,4-Dithian 317
1,3-Dithian-2-aldehyd 326
1,3-Dithian-2-carbonsäure-*N*,*N*-dimethylamid 326
1,3-Dithian-2-carbonsäuremethylester 326
1,3-Dithian-*S*-oxid 325
1,3-Dithianyl-2-lithium 378
1,7-Dithiaspiro[5.5]undecan 330
1,3-Dithietan 315
Dithioessigsäuremethylester 188
1,3-Dithiolan 316

1,3-Dithiolen-2-on 335
1,3-Dithiolen-2-thion 335
1,2-Dithiolen-3-thion 335
2,4-Dithiouracil 399
Divinylbenzol 144
Divinylether **450**
Divinyl-1-propin-1-yl-gallium 273
Divinyl-1-propin-1-yl-indium 273
Divinylquecksilber **552**
Divinylsulfid 268, **450**
Divinylsulfon 268
Divinylsulfoxid 268
DMF s. *N*,*N*-Dimethylformamid
DMSO s. Dimethylsulfoxid
Dodecacarbonyl-tetrarhodium 383
Dodecacarbonyl-triruthenium 383
Dodecafluor-*n*-pentan 151
Dodecahedran 109, **447**
1,2,3,4,5,6,7,8,9,10,11,12-Dodecahydrotriphenylen 140
1,5,9-Dodecatrien-kupfertrifluoromethylsulfonat 382
Dreiecksäurediethylester 279

E
Elaidinsäure 193
Ergosterol 393
Erythritol 402
Essigsäure 171, 178, **447, 468, 496, 501**
– -anhydrid 182
– -3-butenylester 195
– -*n*-butylester 183
– -*t*-butylester 183
– -cyclohexylester 237
– -ethylester 183, **483, 500**
– -3-methoxy-1-propylester 184
– -1-methyl-3-buten-1-yl-ester 195
– -methylester 183, **483**
– -neopentylester **483**
– -phenylester 286
– -*n*-propylester 183
– -*i*-propylester 183
– -vinylester 184
Estran 393
Estron 393
Ethan 84, 85, 86, 97, **445, 461, 465, 496**
Ethanal s. Acetaldehyd
1,6',8,13-Ethandiyliden[14]annulen 135
Ethanol 156, **427, 433, 465, 474, 486, 494**
Ethanolamin 204
Ethansulfonsäure 168
Ethansulfonylchlorid 167
Ethanthiol 156
Ethen s. Ethylen
Ethin s. Acetylen
Ethinylcyclohexan 237
1-Ethinyl-1-cyclohexanol 241
1-Ethinyl-cyclohexen 131
Ethinylphenylether **457**
Ethyinylphosphonsäure-diethylester **533, 535**
Ethinyl-tetrafluorphosphan **533, 535**

Ethinyl-tri-*s*-butylphosphin 273
Ethinyl-tri-*n*-butylstannan 273
Ethinyltrietylsilan 273
Ethinyltriethylplumban 273, **544**
Ethinyl-tri-*n*-propylgerman 273
Ethoxyacetylen 273
1-Ethoxycarbonyl-4-phenylbicyclo[2.2.2]-
  octan 295
Ethoxyethanol *51*
2-Ethoxypropen **500**
Ethylamin 201
N-Ethylanilin 286, **461**
Ethylbenzol 142, 284
Ethylbromid s. Bromethan
2-Ethyl-1-buten 116
Ethylchlorid s. Chlorethan
Ethylcyclohexan 237
2-Ethyl-1,3-dithian 326
Ethylen 84, 85, 86, 87, 115, 266, **445, 449,
  461, 468, 496**
Ethylenbenzenium-Kation **459**
Ethylenbromonium-Kation **459**
Ethylencarbonat 336
Ethylendiamin 203
 – -tetraessigsäure 210
Ethylendithioglykol 161
Ethylenglykol 161
 – -diacetat 184
 – -dimethylether 164
Ethylenmonothioglykol 161
Ethylfluorid s. Fluorethan
Ethyliodid s. Iodethan
Ethylisocyanid s. Isocyanoethan
Ethyllithium **465**
Ethylmagnesiumbromid 230
Ethylmethylether 163, 164
Ethylmethylketon s. 2-Butanon
1-Ethyl-2-methyloxiran 320
5-Ethyl-2-methylpyridin 365, 635
1-Ethyloxycarbonyl-4-phenyl-bicyclo-
  [2.2.2]octan 295
3-Ethylpentan 98
2-Ethyl-1-penten 118
Ethylphosphonsäure-diethylester 213
2-Ethylpydridin 364
3-Ethylpyridin 364
4-Ethylpyridin 364
Ethylselenoallen 274
Ethylsulfochlorid 167
Ethylthioacetylen 273
Ethylthiocyanid 228
Ethylvinylether **468**

F
Farnesol 391
Fenchol 392
Fenchon 392
Ferriciniumhexafluorophosphat 382
Ferrocen 382, **453, 473, 500**
Flavanon 344
Flavon 344

Fluoraceton 175
Fluoracetylen **457, 474**
1-Fluoradamantan 250, **522, 526, 529**
2-Fluoradamantan 250
Fluorallen 274
2-Fluoranilin **524, 528**
3-Fluoranilin **524, 528**
4-Fluoranilin **524, 528**
Fluoranthen 138
2-Fluorbenzaldehyd **525**
Fluorbenzol 287, 292, **453, 471, 488, 501, 506,
  511, 521**
1-Fluorbicyclo[2.2.1]heptan **522, 526**
endo-2-Fluorbicyclo[2.2.1]heptan 250
exo-2-Fluorbicyclo[2.2.1]heptan 250, **526, 529**
7-Fluorbicyclo[2.2.1]heptan 249
anti-7-Fluorbicyclo[4.1.0]heptan 251
syn-7-Fluorbicyclo[4.1.0]heptan 251
1-Fluorbicyclo[3.3.1]nonan 250
1-Fluorbicyclo[2.2.2]octan 205, **522, 526**
1-Fluorbicyclo[1.1.1]pentan **522, 526**
1-Fluorbutan **511**
3-Fluor-2-butanon 176
2-Fluorchlorbenzol **528**
Fluorcyclobutan **522, 526**
Fluorcyclohexan 237, **522, 526**
Fluorcyclopentan **522, 526**
Fluoren 139
Fluorenon 277
9-Fluorenyl-Kation 372
Fluoressigsäure
Fluorethan 150, **465**
Fluorethylen s. Vinylfluorid
Fluormethan 84, 85, 86, 150, **447, 521**
2-Fluor-2-methylpropan s. *t*-Butylfluorid
1-Fluornaphthalin 310, **524, 528**
2-Fluornaphthalin 310, **524, 528**
6-Fluor-2-naphthoesäure 313, 632
7-Fluor-2-naphthoesäure 313, 633
8-Fluor-2-naphthoesäure 313, 632
4-Fluor-2-nitrobenzaldehyd 299
2-Fluornitrobenzol **524, 529**
3-Fluornitrobenzol **524, 529**
4-Fluornitrobenzol **524, 529**
2-Fluor-6-nitro-phenol 299
1-Fluor-4-phenylbicyclo[2.2.2]octan 295
1-Fluorpropan 151, **482, 522, 525**
2-Fluorpropan 151, **482**
2-Fluorpropen **464**
2-Fluorpurin **524, 528**
1-Fluorpyren **524**
2-Fluorpyren **529**
4-Fluorpyren **524**
2-Fluorpyridin 364
3-Fluorpyridin 364, **523**
4-Fluorpyridin 365, **523**
2-Fluorpyridinium-Ion **524**
3-Fluorpyridinium-Ion **524**
4-Fluorpyridinium-Ion **524**
endo-3-Fluortetracyclo[3.1.1.0^{2,4}.0^{6,7}]heptan
  529

exo-3-Fluortetracyclo[3.1.1.0^{2,4}.0^{6,7}]heptan **529**
2-Fluortoluol 296
4-Fluortoluol 296
1-Fluor-4,5,7-trimethylphenanthren **529**
Folsäure 400
Formaldehyd 85, 86, 173, **451**
– -dimethylacetal 168, **447**
Formaldimmonium-hexachloroantimonat 225
Formaldoxim **513**
Formamid 189, **516**
Formiat-Anion **451**
2-Formyl-1,3-dithian 326
Formylfluorid **451**, **523**
2-Formylpyridin 364
3-Formylpyridin 364
4-Formylpyridin 365
Freon-12 74
α-D-Fructofuranose 401
β-D-Fructofuranose 401
β-D-Fructopyranose 401
α-L-Fucopyranose 401
β-L-Fucopyranose 401
Fulven 124, **451**
Fumarsäure 181
– -diethylester 188, **424**, **432**
Furan 348, **455**, **471**, **489**, **502**
Furfurol **473**, 598
Furo[3,2-*c*]isoxazol **461**

G

Galactitol 402
α-D-Galactopyranose 401
β-D-Galactopyranose 401
Gelatine, Kalbshaut 410
Geraniol 392
Germylbenzol 285
α-D-Glucopyranose 401, **457**, **466**, **482**, **502**, **505**
β-D-Glucopyranose 401, **457**, **466**, **482**, **502**, **505**
α-D-Glucopyranosylfluorid **530**
Glutamin 209
– -säure 208
Glutarsäure 180
– -anhydrid 336
– -dimethylester 186
– -imid 339
Glycerin 161, 402
– -triacetat s. Triacetin
Glycin 207
Glycylglycin 210
Glykolsäure 179
– -methylester 184
Griseofulvin 396
Guanin 399
Guanosin 399

H

Harnsäure 399
Harnstoff 191, **514**

Heptafluoro-7,7-dimetyl-octan-4,6-dion *605*
Heptafulven 124
Heptalen 136
Heptamethyltropylium-Kation 373
Heptan 98
1-Heptin 130
Hexabromethan 151
Hexa-*n*-butyldistannan 232
Hexacarbonylchrom 381
Hexacarbonylmolybdän 382
Hexacarbonylwolfram 383, **551**
Hexachloraceton 175
1,2,3,4,5,6-Hexachlorbicyclo[2.2.1]hepta-2,5-dien 270
Hexachlorbutadien 267
Hexachlorcyclopentadien 267
Hexachlorethan 150
1,1,1,5,5,5-Hexachlor-3-brompentan 152
(*Z*)-9-Hexadecensäuremethylester 81
2,4-Hexadien 117
1,2-Hexadien-4-on 274
2,4-Hexadiin 130
Hexafluoraceton 74
Hexafluorbenzol **524**
Hexafluor-2-butin **525**
Hexafluorcyclopropan **522**
Hexafluorethan 150
Hexahydroazepin s. Azepan
1,2,3,4,5,6-Hexahydrobenzocycloocten 139
Hexamethylbenzol 141
1,2,3,4,5,6-Hexamethylcyclohexan *597*
Hexamethyldistannan 232
Hexamethyl-3-hexen 116
Hexamethylphosphetan **535**
Hexamethylphosphorigsäuretriamid 214
Hexamethylphosphorsäuretriamid 214
– -d$_{18}$ 74
Hexamethyl-1,3,5-trisila-cyclohexan 318
Hexan 97
2,5-Hexandion 175
1-Hexanol 157
2-Hexanol 157
3-Hexanol 157
2-Hexanon 174
Hexaphenylethan 147
1-Hexen 116
(*E*)-3-Hexen 116
(*Z*)-3-Hexen 116
(*E*)-4-Hexencarbonsäure 180
1-Hexin 130
2-Hexin 130
3-Hexin 130
3-Hexin-2,5-diol 158
1-Hexin-1-yl-trimethylstannan **545**
Hexyl-tri-*n*-butylammonium-bromid 206
Histidin 209
HMPT s. Hexamethylphosphorsäuretriamid
Homoadamantan 109
Homocuban 109
Homotropiliden 128, *597*
Hühnereiweiß-Lysozym 411

Hydrochinon 299
1-Hydroxyadamantan 250
2-Hydroxyadamantan 250
2-Hydroxybenzaldehyd s. Salicylaldehyd
1-Hydroxybicyclo[2.2.1]heptan 249
7-Hydroxybicyclo[2.2.1]heptan 249
endo-2-Hydroxybicyclo[2.2.1]heptan 250
exo-2-Hydroxybicyclo[2.2.1]heptan 250
1-Hydroxybicyclo[3.3.1]nonan 250
1-Hydroxybicyclo[2.2.2]octan 250
4-Hydroxy-2-butanon 175
4-Hydroxy-3-butensäure-γ-lacton **463**
Hydroxycarbenium-Ion 371
6-Hydroxycumarin 344
7-Hydroxycumarin 343
1-Hydroxy-2-cyclohexancarbonsäure-methylester 242, 259, 628
1-Hydroxy-cyclohexylphosphonsäure-dimethylester **536**
1-Hydroxy-3,3-dimethylbicyclo[2.2.1]heptan-2-on 251
1-Hydroxymethyl-bicyclo[2.2.1]heptan **512**
7-Hydroxymethyl-bicyclo[2.2.1]heptan **507**
2-Hydroxy-2-methyl-bicyclo[2.2.1]heptan **505**
2-Hydroxy-3-methyl-bicyclo[2.2.1]heptan (endo, exo) 252
2-Hydroxy-3-methyl-bicyclo[2.2.1]heptan (endo, endo) 252
1-Hydroxymethyl-bicyclo[2.1.1]hexan **512**
1-Hydroxymethyl-bicyclo[2.2.2]octan **512**
Hydroxymethylcyclobutan **505**
Hydroxymethylcyclohexan 237
1-Hydroxy-2-methylen-3,3-dimethylbicyclo-[2.2.1]heptan 251
2-Hydroxymethyl-3-methyl-bicyclo[2.2.1]heptan **507**
Hydroxymethyl-Kation 371
2-Hydroxy-6-methylnorbornan (exo, exo) 253
syn-2-Hydroxy-7-methylnorbornan 253
1-Hydroxy-4-phenyl-bicyclo[2.2.2]octan 295
Hydroxyprolin 209
2-Hydroxypyridin 364, **471**
3-Hydroxypyridin 364
4-Hydroxy-1,7,7-trimethyl-tricyclo[2.2.1.0^{2,6}]-heptan 250
Hydroxytriphenylplumban **546**
1-Hydroxytwistan 251
Hypoxanthin 399

I
Imidazol 349, 362, **455, 491**
Indan 139, **452**
1,3-Indandion 247
Indanonoxim **519**
Indazol 353
1H-Inden 143
Indenyllithium 377
Indol 353
Indolizin 354
Inosin 400
Iodacetylen **457, 474**

1-Iodadamantan 250
2-Iodadamantan 250
(E)-3-Iod-acrylsäure 179
(Z)-3-Iod-acrylsäure 179
Iodallen 274
Iodbenzol 287, **453, 488**
1-Iodbicyclo[2.2.1]heptan 249
7-Iodbicyclo[2.2.1]heptan 249
exo-2-Iodbicyclo[2.2.1]heptan 250
1-Iodbicyclo[3.3.1]nonan 250
1-Iodbicyclo[2.2.2]octan 250
1-Iodbutan **511**
3-Iod-2-butanon 176
2-Iod-t-butylbenzol 298
3-Iod-t-butylbenzol 298
4-Iod-t-butylbenzol 298
Iodcyclobutan 239
Iodcyclohexan 237, 239
Iodcyclopentan 239
Iodcyclopropan 239
Iodethan 150
2-Iodethanol 157
Iodethylen s. Vinyliodid
1-Iod-1-hexan 273
Iodmethan 82, 83, 150, **447**
2-Iod-2-methylpropan s. t-Butyliodid
1-Iodnaphthalin 310
2-Iodnaphthalin 310
Iodoform 150
1-Iodpropan 151
2-Iodpropan 151
3-Iodpyridin 364
Iodtrifluormethan **522**
α-Ionon 392
β-Ionon 392
Isoamylinitrit 218
Isochinolin 356, 363, **455, 502**
Isochroman 338
3-Isochromanon 341
Isocrotonsäure 178
Isocyanat-Anion 227
Isocyanatomethan 228
Isocyanoallen 274
Isocyanocyclohexan 237
Isocyanoethan 228
Isocyanoethylen 265, **515**
Isocyanomethan 228, **447, 515**
1-Isocyanopropan 228
2-Isocyanopropan 229
(Z)-1-Isocyano-1-propen 265
Isoindolin 338
Isoleucin 208
2,3-O-Isopropyliden-2,5'-anhydro-1-β-D-ribofuranosyluracil **485**
Isopropylpropadien s. 4-Methyl-1,2-pentadien
Isospartein 394
Isothiazol 349, **455**
Isothiocyanatomethan 228
Isothiocyanocyclohexan 237
Isoxazol 348, **455**

K

Kalbshaut-Gelantine 410
Kaliumcyclooctatetraendiid 377
Kalium-5,5-dimethyl-2-hexen-1-id 377
Kaliumdiphenylmethanid 378
Kalium(π-ethylen)trichloroplatinat 383
Kaliummethylselenolat **548**
Kalium-2,4-pentadien-1-id 377
Kaliumselenophenolat **548**
Kaliumtriphenylmethanid 378
Keten 137
Kohlendioxid 84, 171
Kohlendiselenid 171, **548**
Kohlendisulfid s. Schwefelkohlenstoff
Kohlenmonoxid 84, 172, 381
Kohlenoxyselenid **548**
Kohlensäuredimethylester 189
– -di-n-butylester 189
o-Kohlensäuretetramethylester 168
m-Kresol 296
o-Kresol 296
p-Kresol 296

L

α-Lactose 402
β-Lactose 402
Lävulinsäurechlorid 197
Laudanosin 395
Leucin 207, **519**
Limonen 392
Linalool 391
Lithiumanilid 285
Lithium-2-aza-3-penten-2-id 265
2-Lithium-bicyclo[4.1.0]heptan **540**
1-Lithium-1-n-butyl-methylencyclohexan **540**
Lithium-1,4-cycloheptadien-3-id 378
Lithiumcyclohexadienid 377
Lithium-cyclohexanon 271
Lithium-cyclopentadienid 377
Lithiumcyclopropan 239
2-Lithium-4,5-dihydrofuran 334
2-Lithium-3,4-dihydro-$2H$-pyran 334
Lithiumdimethylacetamid 266
Lithium-5,5-dimethyl-2-hexen-2-id 377
Lithium-4,4-dimethyl-2-phenyl-2-pentanid 377
Lithiumdiphenylargentat **551**
Lithiumdiphenylmethanid 378
2-Lithium-1,3-dithian 378
Lithiumindenid 377
Lithium-natrium-dicyanomethandiid 378
Lithium-2,4-pentadien-1-id 377
Lithiumtetramethylborat 233, **542**
Lithiumtrimethylstannan **543**
Lithiumtriphenylmethanid 378
Lithiumtrivinylmethanid 379
Lupinin 394
Luteinizing-Hormon-Relaesing-Hormon 410, *581*
Lycopodin 394
Lysergsäuremethylester 394
Lysin 208
Lysozym, Hühnereiweiß 411
α-D-Lyxopyranose 401
β-D-Lyxopyranose 401

M

Maleinimid 337
Maleinsäure 181
– -anhydrid 182
– -dimethylester 187
Malodinitril 228
Malonomycin 395
Malonsäure 180
– -diethylester 187
– -dimethylester 186
α-Maltose 401
β-Maltose 401
D-Mannitol 402
α-D-Mannopyranose 401, **466, 502**
β-D-Mannopyranose 401
Menthan 113
Menthol 391
3-Mercapto-propionsäure 179
Mesaconsäure s. Methylfumarsäure
Mesitylen 141
– -tricarbonylmolybdän 382
– -tricarbonylwolfram 383
Mesityloxid 177
Methacrylsäure 178
Methan 84, 85, 86, 97
Methanal s. Formaldehyd
2,4-Methanoadamantan 112
1,6-Methano[10]annulen 134
1,7-Methano[12]annulen 137
2,4-Methano-2,4-dehydroadamantan 112
Methanol 85, 156
– -d_4 74
Methanolat-Anion **447**
1,4-Methano-1,2,3,4-tetrahydronaphtalin **458**
Methantetracarbonsäure-tetraethylester 188
Methanthiol 156
Methantricarbonsäure-triethylester 188
Methionin 207
Methoxyallen 274
4-Methoxyanilin **514**
9-Methoxyanthracen **511**
anti-7-Methoxybicyclo[4.1.0]heptan 251
syn-7-Methoxybicyclo[4.1.0]heptan 251
Methoxycyclohexan 237
1-Methoxy-1-cyclohexen 263
Methoxyessigsäure 179
Methoxyethylen s. Methylvinylether
7-Methoxyflavon 345
7-Methoxyisoflavon 345
erytro-3-Methoxy-2-methyl-buttersäuremethylester 185
threo-3-Methoxy-2-methyl-buttersäuremethylester 185
Methoxymethylphosphonsäure-diethylester **553**
2-Methoxy-2-methylpropan s. t-Butylmethylether

4-Methoxy-1-naphthaldehyd 313, 632
1-Methoxynaphthalin 310
2-Methoxynaphthalin 310
1-Methoxyphenanthren **511**
2-(4-Methoxy-phenyl)-1,3-dithian 326
(*E*)-1-Methoxypropen 263
(*Z*)-1-Methoxypropen 263
2-Methoxy-1-propen 270
1-Methoxy-1-propin 273
3-Methoxy-*n*-propylamin 204
2-Methoxypyridin 364, **472**
4-Methoxypyridin 365
Methoxytri-*n*-butylstannan 232
5-Methylaceheptylen **479**
N-Methylacetamid **485**
N-Methylacetonketimin 225
2-Methylacrolein **473, 487**
2-Methylacrylnitril **487**
1-Methyladamantan **503, 507, 510**
2-Methyladamantan **510**
Methylamin 85, 201, **447, 513, 516**
Methylaminodimethylboran 233
N-Methylamino-ethanol 204
Methylammonium-Salz 205, **477**
N-Methylanilin 285, *599*
9-Methylanthracen *579*
1-Methyl-1-arsa-cyclohexan s. Methylarsenan
1-Methylarsenan 317
2-Methyl-2-aza-adamantan 329
9-Methyl-9-aza-bicyclo[3.3.1]nonan 328
9-Methyl-9-aza-bicyclo[4.2.1]nonan 328
2-Methyl-2-aza-bicyclo[2.2.2]octan 329
8-Methyl-8-aza-bicyclo[3.2.1]octan 328
5-Methyl-5-aza-1,3-dioxan 318
2-Methyl-2-aza-1,4-dioxan 319
N-Methylazetidin 315
N-Methylaziridin 315, **458**
1-Methylazulen 145
2-Methylazulen 145, **481**
4-Methylazulen 145, **494**
5-Methylazulen 145, **479**
6-Methylazulen 145, **481**
(*E*)-*N*-Methylbenzaldimin 224, **458, 515**
N-Methylbenzaldimminium-fluorosulfat 224
2-Methyl-1,4-benzochinon 281
4-Methyl-1,2-benzochinon 282
2-Methylbenzoesäure s. *o*-Toluylsäure
4-Methylbenzoesäure s. *p*-Toluylsäure
5-Methyl-benzofuran *581*
N-Methylbenzotriazol 358
1-Methyl-bicyclo[3.1.1]heptan **498**
3-Methyl-bicyclo[2.2.1]heptan-2-carbonsäure **507**
1-Methyl-bicyclo[2.1.1]hexan **498**
1-Methyl-bicyclo[1.1.1]pentan **498**
Methylbromid s. Brommethan
2-Methyl-1,2-butadien 133
2-Methyl-1,3-butadien 117
2-Methylbutan 97, **476**
3-Methyl-2-butanon 174
(*E*)-*N*-Methyl-2-butanon-imin 224

(*Z*)-*N*-Methyl-2-butanon-imin 224
3-Methyl-2-butanol 160
2-Methyl-1-buten 116
3-Methyl-1-buten 116, 268
2-Methyl-2-buten 115, **449, 498,** *579*
(*E*)-2-Methyl-2-butenal **487**
(*Z*)-2-Methyl-2-butenal **487**
3-Methyl-2-buten-1-ol 158
2-Methyl-3-butin-2-ol 157
(*E*)-2-Methyl-2-butensäure **487**
(*Z*)-2-Methyl-2-butensäure **487**
N-Methyl-*N*-*t*-butylthioformamid 190
(*E*)-*N*-Methyl-*i*-butyraldimin 225
N-Methylcarbazol 359
Methylchlorid s. Chlormethan
Methylcyclobutan 104, **498, 503**
1-Methylcyclobutanol 240
1-Methylcyclobuten **503**
Methylcycloheptan 104
1-Methylcycloheptanol 243
cis-2-Methylcycloheptanol 243
trans-2-Methylcycloheptanol 243
1-Methylcyclohepten 123
Methylcyclohexadienylium-Kation 372
Methylcyclohexan 103, 104, 237, **498, 503, 507, 510**
1-Methylcyclohexanol 240
cis-2-Methylcyclohexanol 241
cis-3-Methylcyclohexanol 241
cis-4-Methylcyclohexanol 241
trans-2-Methylcyclohexanol 241
trans-3-Methylcyclohexanol 241
trans-4-Methylcyclohexanol 241
2-Methylcyclohexanon 246
3-Methylcyclohexanon 246
4-Methylcyclohexanon 246
1-Methylcyclohexen 123, **503, 510**
3-Methylcyclohexen 123
1-Methyl-2-cyclohexen-1-ol 241
3-Methyl-2-cyclohexen-1-on 247
trans-2-Methylcyclohexylamin 243
trans-4-Methylcyclohexylamin 243
Methylcyclopentan 104, **498, 503**
1-Methylcyclopentanol 240
cis-2-Methylcyclopentanol 240
trans-2-Methylcyclopentanol 240
3-Methylcyclopentanon 245
1-Methylcyclopenten 122, **503**
2-Methyl-2-cyclopenten-1-on 246
3-Methyl-2-cyclopenten-1-on 246
Methylcyclopentenylium-Kation 372
Methylcyclopentyl-Kation 372
Methylcyclopropan 104, **446, 498**
1-Methylcyclopropen 122, **446**
3-Methylcyclopropen 122
N-Methyldecahydrochinolin 327
9-Methyl-*cis*-decalin 112
2-Methyl-*trans*-decalin 112
9-Methyl-*trans*-decalin 112, 624
3-Methyldecan 626
1-Methyldibenzophosphol 361

2-Methyl-2,3-dihydro-benzoselenophen **548**
Methyl-1,3-dioxan 321
2-Methyl-1,3-dioxolanyliumperchlorat 337
2-Methyl-1,3-dithian 326
7-Methylen-bicyclo[2.2.1]-hepta-2,5-dien-8,8-dicarbonitril 272
Methylenchlorid s. Dichlormethan
Methylencyclobutan 120, **498**
Methylencyclobutan-5,5-dicarbonitril 271
Methylencycloheptan 120
Methylencycloheptatrien s. Sesquifulvalen
Methylencyclohexan 120, **498, 510**
Methylencyclooctan 120
Methylencyclopentadien s. Fulven
Methylencyclopentan 120, **498**
Methylencyclopropan 120, **498**
1,2-Methylendioxybenzol 340
9(3,4-Methylendioxyphenyl)nona-6,8-*trans,trans*-diensäure 385
7-Methylennorbornadien 120
7-Methylennorbornan 120
7-Methylennorbornen 120
Methylenquadricyclan 120
1-Methylentetralin 139
Methylfluorid s. Fluormethan
N-Methylformamid 189, **485**
Methylfumarsäure 181, **470, 493**
Methyl-α-D-glucopyranosid 401, **458, 483, 491**
Methyl-β-D-glucopyranosid 401
6-Methyl-2-hepten-6-on 579
2-Methylhexan 98
3-Methylhexan 98
N-Methylimidazol 349
Methyliodid s. Iodmethan
Methylisocyanid s. Isocyanomethan
Methylisothiocyanat s. Isothiocyanatomethan
Methyllithium 230, 377
Methylmagnesiumiodid 230
Methylmaleinsäure 181, **470**
Methylmalonsäure 195
Methyl-α-D-mannopyranosid 401
Methyl-β-D-mannopyranosid 401
N-Methylmorpholin 318
1-Methylnaphthalin 145
2-Methylnaphthalin 145, **479**
7-Methyl-1-naphthoesäure *633*
Methyl-neopentylether **483**
3-Methyl-nitrobutan 218
2-Methyl-2-nitropropan 218
2-Methyl-*N*-nitrosopiperidin 325
2-Methyl-5-nitronaphthalin 313, 632
10-Methylnonadecan 579
1-Methylnorbornan 126
endo-2-Methylnorbornan 126
exo-2-Methylnorbornan 126
7-Methylnorbornan 126
6-Methylnorbornan-2-ol 253
7-Methylnorbornan-2-ol 253
1-Methylnorbornen 126
endo-2-Methylnorbornen 126
exo-2-Methylnorbornen 126

anti-7-Methylnorbornen 126
syn-7-Methylnorbornen 126
2-Methylnorbornyl-Kation 374
1-Methylpentaboran-9 **542, 549**
Methylpentacarbonylmangan 381
Methylpentacarbonylrhenium 382
4-Methyl-1,2-pentadien 133
2-Methyl-1,3-pentadien 117
3-Methyl-1,3-pentadien 117
2-Methylpentan 177
3-Methylpentan 98
4-Methyl-2-pentanon 177
3-Methyl-1-penten 116
2-Methyl-2-penten 117, *579*
(*E*)-3-Methyl-2-penten 116, **478**
4-Methyl-3-penten-2-on 175
2-Methyl-2-penten-4-on 175, **470**, *579*
2-Methyl-3-pentin-2-ol 158
2-Metyl-3-pentin-2-ylium-Kation 373
2-Methylphenol s. *o*-Kresol
3-Methylphenol s. *m*-Kresol
4-Methylphenol s. *p*-Kresol
1-Methyl-4-phenyl-bicyclo[2.2.2]-octan 295
cis-*N*-Methyl-phenyloxaziridin **458**
trans-*N*-Methyl-phenyloxaziridin **458**
Methylphenyl-1-propin-1-yl-amin **513**
Methylphenylsulfon 286
Methylphenylsulfoxid 286
2-Methylphosphabenzol **534**
1-Methyl-1-phospha-cyclohexan s. 1-Methylphosphorinan
Methylphosphin 213
Methylphosphonsäurediethylester 213, **533**
Methylphosphonsäuredimethylester **533**
1-Methylphosphorinan 317
N-Methylpiperidin 316, 322, 323
2-Methylpiperidin 323
3-Methylpiperidin 324
4-Methylpiperidin 323
N-Methylpiperidin-Ion 323
N-Methyl-4-piperidon 339
2-Methylpropan 97, 195, 230, **446, 476, 498**
2-Methyl-1-propanol 156
2-Methyl-2-propanol s. *t*-Butanol
2-Methyl-2-propanthiol s. *t*-Butanthiol
2-Methylpropen 115, **498**
2-Methyl-2-propen-1-ol 157
Methyl-*i*-propylamin 202
Methyl-*n*-propylether 164, **483**
Methyl-*i*-propylether 164
N-Methylpyrazol 349
2-Methylpyridin 364, **468**
3-Methylpyridin 364
4-Methylpyridin 364
N-Methylpyridinium-Ion 347
N-Methylpyrrol 348
N-Methylpyrrolidin 315
Methylquecksilberchlorid **552**
Methylselenol **548**
α-Methylstyrol 285

N-Methylsydnon 361
endo-Methyl-tetracyclo-
 [3.1.1.0^{2,4}.0^{6,7}]heptan **447**
exo-Methyl-tetracyclo-
 [3.1.1.0^{2,4}.0^{6,7}]heptan **447**
Methyltetrahydropyran 321
Methyltetrahydrothiapyran 321
N-Methyltetrazol 350
Methyl-1,3-thiaoxan 321
Methylthiapyranium-Ion 321
Methylthioacetaldehyddimethylacetal 169
Methylthioacetaldehyddimethylacetal-
 S-oxid 169
Methylthioacetaldehyddimethylacetal-
 S,S-dioxid 169
S-Methylthioacetat 171
Methylthioallen 274
Methylthiocyanat s. Thiocyanatomethan
Methylthiomethylsulfon 166
Methylthiomethylsulfoxid 166
(E)-1-Methylthiopropen 263
(Z)-1-Methylthiopropen 263
3-Methyl-1,2,4-triazin **515**
1-Methyl-1,2,3-triazol 350
1-Methyl-1,2,4-triazol 350
1-Methyl-2,4,6-tri-t-butylpyridinium-
 fluorosulfat 365
Methyltrichlorsilan **546**
Methyltrichlorstannan **544, 546**
1-(N-Methyl-N-trimethylsilylamino)-1-
 propen 265
Methyltrimethylsilylether 230
Methyltrimethylsilylketon 171
Methyltriphenylphosphoniumiodid 627
Methyltriphenylplumban **545**
Methyl-tris-(1-hexin-1-yl)-stannan **545**
3-Methylundecan 197
Methylvinylether 268
Methylvinylketon 171, 174, 264, 268, **450, 470, 474, 501**
Milchsäure 179
Mitomycin 395
Morpholin 318
1-N-Morpholino-2-methyl-1-propen 271
Myrcen 391

N
Naphthalin 136, **452**, 463, 479, 481, 491, 499, **504, 510**
1-Naphthaldehyd 310, **452**
2-Naphthaldehyd 310, **452**
1,4-Naphthochinon 281
1-Naphthoesäure 310
2-Naphthoesäure 310
1-Naphthol 310
2-Naphthol 310
1,5-Naphthyridin 357
1,6-Naphthyridin 357
1,7-Naphthyridin 358
1,8-Naphthyridin 357
2,6-Naphthyridin 357
2,7-Naphthyridin 357
Natriumacetat 171
Natriumacetylaceton 378
Natriumbenzoat 285
Natriumbenzolsulfonat 168
Natriumcyanid 384
Natriumdimedon 271
Natrium-5,5-dimethyl-2-hexen-1-id 377
Natriumdiphenylmethan 376
Natriumhexacarbonylvanadat 381
Natriummalodinitril 378
Natriummalondialdehyd 271, 378
Natrium-malonsäurediethylester 271
Natrium-malonsäuredimethylester 378
Natriummethanolat 447
Natriummethansulfonat 168
Natriumphenolat 286
Natriumphenylaceton 378
Natrium-phenylessigsäuremethyl-
 ester 378
Natrium-phenylessigsäurenitril 378
Natriumphenylgerman 285
Natriumpropiophenon 378
Natriumtetraphenylborat 284, **542**
Natriumtricyanomethanid 378, 379
Natriumtriformylmethanid 378
Nebularin 399
Neopentan 97, 230
– -sulfinsäure 168
– -sulfonsäure 168
– -thiol 156
Neopentylalkohol 156
Neopentylamin 202
Neopentylbenzol 284
Neopentylquecksilberchlorid 384
Nickelocen 382
Nicotin 394
– -säureamid 364
2-Nitroanilin 297
3-Nitroanilin 297
4-Nitroanilin 298, **514**
2-Nitrobenzaldehyd 297, **473**
4-Nitrobenzaldehyd 297
Nitrobenzol 286, 290, **453, 514**
– -d$_5$ 74
1-Nitrobutan 218
2-Nitrobutan 218
3-Nitrochinolin **506**
Nitrocyclohexan 239
1-Nitrocyclohexan 264
Nitrocyclopropan 239
Nitroethan 218
Nitroethylen 264, 268
Nitromethan 85, 218, **447, 514**
– -d$_3$ 74
1-Nitronaphthalin 310, **506**
2-Nitronaphthalin 310
1-Nitropentan 218
2-Nitrophenol 296
4-Nitrophenol 296
1-Nitro-4-phenyl-bicyclo[2.2.2]octan 295

1-Nitropropan 218
2-Nitropropan 218
(E)-1-Nitropropen 264
2-Nitropyridin 364
4-Nitropyridin 365
N-Nitroso-di-N-butylamin 219
N-Nitrosodiethylamin 218
N-Nitrosodimethylamin 219
4-Nitroso-N,N-dimethylanilin 599
N-Nitroso-di-i-propylamin 219
N-Nitroso-di-n-propylamin 218
N-Nitrosomethylamin 219
N-Nitroso-N-methylanilin 286
N-Nitrosopiperidin 324
4-Nitrotoluol 298
Nonactin 395
Nonafluor-1-iod-butan 151
Nonan 99
Norbornadien 125, **451** s. auch Bicyclo[2.2.1]-hepta-2,5-dien
Norbornan 107, 109, **447, 477, 482** s. auch Bicyclo[2.2.1]heptan
Norbornen 107, **451** s. auch Bicyclo[2.2.1]-hept-2-en
7-Norbornen-2-yl-Kation 374
Norbornyl-Kation 374, **459**
Norpinan 113
Norsnoutan 109
Nortricyclan 108

O

Octacarbonyldicobalt 382
1,7-Octadiin 130
3,5-Octadiin-2,7-diol 158
Octafluorcyclobutan **522**
1,2,3,4,5,6,7,8-Octahydro-anthracen 139
1,2,3,4,5,6,7,8-Octahydro-chinolin 340
1,2,3,4,5,6,7,8-Octahydro-phenanthren 140
Octamethylcyclobutan 104
Octamethyl-tetracyclo[3.3.0.0^{2,8}.0^{3,6}]octan-4-ylium-Ion **459**
Octan 98
2,4,6-Octatriin 130
4-Octin 130
3-Octin-2-on 273
n-Octylamin 202
n-Octylbernsteinsäuredimethyl-ester 197, 626
n-Octylnitrit 218
Ölsäure 193
Ornithin 209, 212, 216, 627
2-Oxa-adamantan 328
2-Oxa-bicyclo[4.4.0]decan-3-on 341
2-Oxa-bicyclo[4.1.0]heptan 327
2-Oxa-bicyclo[3.1.0]hexan 327
9-Oxa-bicyclo[3.3.1]nonan 328
9-Oxa-bicyclo[4.2.1]nonan 328
Oxalsäure 180
– -diethylester 187
– -dimethylester 186
– -fluoridchlorid **523**
Oxalylchlorid 192
Oxalyldifluorid **525**
Oxan s. Tetrahydropyran
1-Oxa-spiro[2.4]heptan 329
1-Oxa-spiro[2.5]octan 329
1,3-Oxathian 317
1,4-Oxathian 318
1,2-Oxathian-S-oxid 325
endo-3-Oxa-tricyclo[3.2.1.0^{2,4}]octan 329
exo-3-Oxa-tricyclo[3.2.1.0^{2,4}]octan 329
1,2-Oxazol s. Isoxazol
1,3-Oxazol 349, **455**
Oxepan 319
Oxepin 597
Oxetan 315, **449**
Oxiran 315, **449**
2,2′-Oxydiessigsäure 180

P

Parabansäure 399
[12]-Paracyclophan 147
[24]-Paracyclophantetraen 80
[24]-Paracyclophantetraen-dianion 80
[24]-Paracyclophantetraen-tetraanion 80
Penicillin-V-methylester 396
Pentaacetyl-α-D-glucopyranosid **458**
Pentaacetyl-β-D-glucopyranosid **458**
Pentacarbonyl-diphenylcarbenwolfram **551**
Pentacarbonyleisen 381, **550**
Pentacarbonyl-methylmethoxycarbenchrom 381
Pentacarbonyl-methylmethoxycarbenwolfram 381
Pentacarbonyl-triphenylphosphinmolybdän 382
Pentachlorphenol 301, 629
Pentacyclo[3.3.1.0^{2,4}.0^{3,7}.0^{6,8}]nonan s. Norsnoutan
Pentacyclo[5.2.0.0^{2,6}.0^{3,9}.0^{5,8}]nonan s. Homocuban
Pentacyclo[4.2.0.0^{2,5}.0^{3,8}.0^{4,7}]octan s. Cuban
Pentacyclo[7.3.1.1^{4,12}.0^{2,7}.0^{6,11}]tetradecan s. Diadamantan
Pentacyclo[3.3.3.0^{2,4}.0^{6,8}.0^{9,11}]undecan 109
Pentadienylkalium 377
Pentadienyllithium 377
2,3-Pentadien 133
(Z)-1,3-Pentadien 117
1,3-Pentadiin 130
2,4-Pentadiin-1-ol 158
Pentaerythrit 161
Pentafluorbenzol 92
Pentafulven s. Fulven
Pentamethylbenzol 141
1,1-Pentamethylenallen 275
N,N,N,N,O-Pentamethyluroniumchlorid 224
Pentan 97
Pentanal s. Valeraldehyd

2,4-Pentandion s. Acetylaceton
1-Pentanol 156
2-Pentanon 174
3-Pentanon 174
(E)-2-Pentanon-N,N-dimethylhydrazon 221
(Z)-2-Pentanon-N,N-dimethylhydrazon 221
1-Penten 115, 268
(Z)-2-Penten 115
(E)-2-Pentencarbonsäure 178
(Z)-2-Pentencarbonsäure 178
(E)-3-Penten-1-in 131
(Z)-3-Penten-1-in 131
(E)-3-Penten-2-on 264
1-Penten-4-yl-acetat 195
2-Penten-1-ylium-Kation 372
1-Pentin 130
2-n-Pentyl-2-cyclopenten-1-on 246
Perbromethan 151
Perchlorbutan 151
Perchlorethan 150
Perfluorbutan 151
Perfluorethan 150
Perfluorpentan 151
Phenanthren 137, **499, 511**
1,10-Phenanthrolin 360
Phenazin 360
Phenol 286, **488, 511,** *577*
Phenolphthalein *609*
Phenothiazin 360
Phenoxathiin 360, **477**
Phenoxazin 360
Phenoxyacetylen **457**
N'-Phenylacetohydrazid **518**
Phenylaceton 175, 284
N-Phenylacetophenonimin 306
Phenylacetylen 144, 285, **457, 474,** *577*
Phenylalanin 208
Phenylallen 144
Phenylarsan 286
Phenylazid 286
2-Phenyl-$2H$-azirin 334
3-Phenyl-$2H$-azirin 334
1-Phenyl-bicyclo[2.2.2]octan 295
Phenylbleitriacetat **544, 546**
3-Phenyl-1,2-butadien 144
1-Phenyl-2-butanon 175
Phenylbutazon 343
(E,E)-4-Phenyl-3-buten-2-on-oxim 221
(E,Z)-4-Phenyl-3-buten-2-on-oxim 221
N-Phenyl-i-butyrophenonimin 306
Phenylcyclopropan 144, 284
Phenyldiazonium-Ion 286, 288
2-Phenyl-4,4-dimethyl-pentyl-2-lithium 377
2-Phenyl-1,3-dithian 326
Phenylessigsäure 179, 284
– -ethylester 284
Phenylfulminat 286
Phenylhydrazin 286
Phenylisocyanat 286
Phenylisocyanid 286, **515**

Phenylisothiocyanat 286
N-Phenylketenimin 220
Phenyllithium 269, 284, 287, **540**
Phenylmagnesiumbromid 284
Phenylnitromethan 284
1-Phenyl-1-phospha-cyclohexan s. 1-Phenylphosphorinan
1-Phenyl-1-phospha-2-cyclopenten s. 1-Phenyl-Δ^2-phospholen
1-Phenylphosphepan 319
1-Phenylphosphol 350
1-Phenylphospholan 315, **533**
1-Phenyl-Δ^2-phospholen 342
1-Phenylphosphorinan 315, **533**
(E)-1-Phenylpropen 143
2-Phenylpyrazol-2-on **518**
Phenylquecksilberchlorid **552**
Phenylselenocyanat 286
Phenylsilan 285
1-Phenyltetrahydrophosphol s. 1-Phenylphospholan
1-Phenyl-2,2,3,3,-tetramethylphosphetan **533**
Phenylthalliumtrifluoroacetat **542**
Phenyltrichlorsilan 285
Phenyltrimethylgerman 285
Phenyltrimethylplumban 285, **545**
Phenyltrimethylsilan 285, **545**
Phenyltrimethylstannan 285, **545**
Phloroglucin *610*
Phosphabenzol s. Phosphorin
1-Phospha-bicyclo[2.2.1]heptan-1-oxid **536**
1-Phospha-bicyclo[2.2.2]octan-1-oxid 328, **536**
2,1,3-Phospha-dioxa-2-methoxy-4,6-dimethylcyclohexan **534**
1-Phospha-2,6,7-trioxa-adamantan 329
Phosphorigsäuretriethylester 213
Phosphorigsäuretrimethylester 213, **534**
λ^3-Phosphorin 200, **455, 532, 535**
Phosphorsäuretriethylester 213, **534**
Phosphorsäuretrimethylester 213
Phthalazin 356
Phthalid 340
Phthalsäuredichlorid 197
Picolin s. Methylpyridin
Pikrinsäure 300
Pimelinsäure 180
– -dimethylester 186
cis-Pinan 113
trans-Pinan 113
α-Pinen 392
β-Pinen 392
Piperazin 317
Piperidin 316, 322, 323, **449,** *599*
Piperidinium-Ion 323
2-piperidinon 337
Piperin 394
Piperstachin 385
Pivalaldehyd 173
Pivalinsäure 178
– -t-butylester 184

- -ethylester 183
- -methylester 183
- -i-propylamid **519**
- -i-propylester 183
Pivaloisonitril 229
Pivalonitril 228, **515**
Pivaloylchlorid 182
Pleiadien 137
Polyacrylnitril 409, *580*
Polyethylenoxid *580*
Polymethylacrylat 413
Polypropylen 407, 408, 412
Polystyrol *580*
Polyvinylchlorid *580*
Prisman 108, **447**
Progesteron 393
Prolin 209
Propadien s. Allen
Propadienyllithium 274
Propan 82, 84, 97, **446, 461, 464, 476, 498**
1,2-Propandiol 161
1,3-Propandiol 161
1,2-Propandithiol 161
1,3-Propandithiol 161
1-Propanol 156, **482**
2-Propanol 156, **482**
2-Propanon s. Aceton
Propansulfonsäure 168
1-Propanthiol 156
2-Propanthiol 156
1,6,8,13-Propanyliden[14]annulen 135
Propargylalkohol 157, **457, 473**
Propargylbromid **468**
[1.1.1]Propellan 109
[3.1.1]Propellan 109
Propen 115, 268, **446, 449, 461, 463, 468, 470, 478, 481, 487, 498**
- -silbernitrat 383
(E)-N-1-Propenylmorpholin 264
(Z)-N-1-Propenylmorpholin 264
1-Propenyltrimethylstannan 545
Propin 86, **446, 457, 461, 468, 481, 498, 503, 506**
Propinal 157, **457, 473**
1-Propin-1-yl-phosphonsäurediethylester **533**
1-Propin-1-yl-trimethylplumban 545
1-Propin-1-yl-trimethylstannan 545
1-Propin-3-ol s. Propargylalkohol
Propiolacton 336
Propiolsäuremethylester 273, **506**
Propiolyl-Kation 373
Propionaldehyd 173
Propionitril 228
Propionsäure 178, **500**
- -amid **517**
- -anhydrid 182
- -ethylester 183, **505**
- -methylester 183
- -vinylester **468**
Propiophenon 285
N-i-Propylacetonimin 223

i-Propylamin 201, **482**
n-Propylamin 201, **482, 514, 519**
Propylammonium-Salz **514, 519**
9-*i*-Propylanthracen *599*
i-Propylbenzol s. Cumol
n-Propylbenzol 142
n-Propylbernsteinsäuredimethylester 187
Propylbromid s. Brompropan
n-Propylchlorid s. Chlorpropan
i-Propylcyclohexan 237
N-i-Propylcyclohexanonimin 247
N-i-Propylcyclopentanonimin 247
2-*i*-Propyl-1,3-dithian 326
Propylfluorid s. 1-Fluorpropan
i-Propylfluorid s. 2-Fluorpropan
4-Propylheptan **503, 510**
4-Propyl-4-hepten **503, 510**
i-Propylisocyanid s. 2-Isocyanopropan
n-Propylisocyanid s. 1-Isocyanopropan
2-Propyl-Kation 371, **459**
i-Propyllithium **482**
n-Propyllithium **482, 540**
i-Propylmalonsäuredimethylester 187
4-Propyl-4-octen **510**
4-*N*-Propylphenylthalliumtrifluoroacetat **542**
N-i-Propylpivalinsäureamid **519**
4-*i*-Propylpyridin 364
1-*i*-Propyl-2,4,6-trimethylbenzol
2-*n*-Propylvaleriansäureamid
Prostaglandin *A1*-acetat 403
Prostaglandin *E1* 403
Prostaglandin *F2*-α 403, *580*
α-D-Psicofuranose 401
β-D-Psicofuranose 401
α-D-Psicopyranose 401
β-D-Psicopyranose 401
Pteridin 358
Pulegon 392, 399
Purin 354, 399, **455, 472, 489, 491**
Pyracen 138
Pyracylen **452**
2-pyranthion 339
Pyrazin 351, 363, **455, 472, 489**
Pyrazol 349, 362, **455**
Pyren 138, **452, 499**
Pyridazin 351, **451, 472, 489**
Pyridin 200, 347, 351, 363, **454, 471, 488, 491, 502, 513**
- -d$_5$ 74
- -2-aldehyd 364
- -3-aldehyd 364
- -4-aldehyd 365
- -*N*-oxid 347, **455, 471, 489, 515**
Pyridinium-Ion 347, **455, 471, 489, 515**
2-Pyridon 337, **471**
Pyridoxal 398
- -phosphat 398
Pyridoxamin 398
- -5-phosphat 398
Pyridoxin 398
Pyrido[3.4-b]pyrazin 358

Pyrimidin 351, **455, 472, 489**
3-Pyrolin-2-on 337
2-Pyron 336
4-Pyron **457, 471, 489**
Pyrrol 348, **455, 472, 474, 486, 489, 502, 514, 517**
Pyrrolidin 315, **449**
2-Pyrrolidon 337
Δ^3-Pyrrolin-2-on **486**
Pyryliumtetrafluoroborat 352, **455**

Q
Quadratsäure 279
Quadricyclan 108, **447**

R
Resorcin 299
Retinal 392, *578, 609*
α-L-Rhamnopyranose 401
β-L-Rhamnopyranose 401
Rhodizonsäure 279, 280
Ribitol 402
α-D-Ribofuranose 400
β-D-Ribofuranose 400
α-D-Ribopyranose 400
β-D-Ribopyranose 400
Rifamycin-S 396, 397
Rohrzucker 402
Rubidium-5,5-dimethyl-2-hexen-1-id 377

S
Saccharose 402
Salicylaldehyd 297, **474, 486, 490**
Salicylaldoxim **487**
Sarcosin 209
Schwefeldioxid *74*
Schwefelkohlenstoff 74, 77, 171
Schwefelsäure-d$_2$ *74*
Scopolamin 394
1,2,3-Selenadiazol **548**
Selenan 316
Selenapyryliumtetrafluoroborat 353, **548**
Selenoanisol 155
Selenokohlensäuredifluorid **523**
Selenophen 348
Selenophenol **548**
Semibullvalen 128, *597*
Serin 207
Sesquifulvalen 126
Silacyclobutan **543**
Silylbenzol **501, 511**
D-Sorbitol 402
α-L-Sorbofuranose 401
β-L-Sorbopyranose 401
Spartein 394
Spiro[bicyclo[2.2.1]hepta-2,5-dien-[7,1′]cyclopropan] 129
Spiro[cyclopropan[1,9′]fluoren] 140
Spiro[4.5]decan 109
Spiro[4.4]nona-1,3,6,8-tetraen 125

Spiro[4.4]nona-1,3,7-trien 125
Spironorcaradien[7,9′]fluoren *597*
Spiro[5.5]undecan 109
Spiro[4.6]undeca-1,3,6,8,10-pentaen 127
Spiro[4.4]undeca-1,3,7-trien 125
Squalen 117
Stärke 402
Stearinsäure 193
Stibabenzol 200
(E)-Stilben 143, **504, 511**
(Z)-Stilben 144
Styrol 143, 268, 285, **449, 468, 481,** *577*
Succinimid 337
Sucrose s. Rohrzucker

T
α-D-Tagatofuranose 401
β-D-Tagatofuranose 401
α-D-Tagatopyranose 401
β-D-Tagatopyranose 401
β-D-Talofuranose 401
α-D-Talopyranose 401
β-D-Talopyranose 401
Telluran 316
Telluroanisol 155
Tellurophen 348
α-Terpinen 392
Terpinol 391
Testosteron 393
3,4,5,6-Tetraacetyl-2-phenylamino-α-D-glucopyranosid **458**
3,4,5,6-Tetraacetyl-2-phenylamino-β-D-glucopyranosid **458**
Tetraallylstannan 234
1,3,5,7-Tetraazaadamantan 329
Tetrabenzyltitan 381
Tetrabenzylzirkon 382
Tetrabrommethan 82, 150
1,1,1,3-Tetrabrompropan 152
1,1,2,3-Tetrabrompropan 152
Tetra-n-Butylammoniumbromid 201
Tetra-t-Butylcyclopentadienon 277
Tetra-t-Butylketazin 221
Tetra-n-Butylphosphoniumbromid **532**
Tetra-n-Butylphosphoniumiodid 213, 215
Tetra-n-Butylplumban 230, **544**
Tetra-n-Butylstannan 230, **545**
Tetra-t-Butyltetrahedran 113
Tetracarbonylnickel 382
1,2,3,5-Tetrachlorbenzol **471, 488**
Tetrachlorcyclobutenon 270
Tetrachlorcyclopropen 270
1,1,2,2-Tetrachlorethan-d$_2$ 74
Tetrachlorethylen 267
Tetrachlorkohlenstoff s. Tetrachlormethan
Tetrachlormethan 150
Tetrachlor-1,1-benzochinon 282
Tetrachlor-1,4-benzochinon 281
1,2,3,4-Tetrachlor-5,5-dimethoxycyclopentadien 270
Tetra-(chloromercuri)-methan **552**

1,1,2,2-Tetrachlor-tetrafluorcyclobutan 240
Tetracyanoethylen 267
Tetracyclinhydrochlorid 395
Tetracyclo[3.3.1.1^{3,7}.0^{1,5}]decan 109
Tetracyclo[3.3.1.1^{3,7}.0^{2,4}]decan 109
Tetracyclo[3.3.2.0^{2,4}.0^{6,8}]decan 109
Tetracyclo[6.1.1.0^{2,7}.0^{9,10}]decan 110
Tetracyclo[2.2.1.0^{2,6}.0^{3,5}]heptan s. Quadricyclan
Tetracyclo[3.1.1.0^{2,4}.0^{6,7}]heptan 106
Tetracyclo[3.3.1.0^{2,4}.0^{6,8}]heptan 256
Tetracyclo[2.2.0.0^{2,6}.0^{3,5}]hexan s. Prisman
Tetracyclohexylethan 598
Tetracyclo[3.3.1.0^{2,4}.0^{6,8}]nonan (endo, exo) 106, 107
Tetracyclo[3.3.1.0^{2,4}.0^{6,8}]nonan (exo, exo) 106, 107
Tetracyclo[5.1.1.0^{2,6}.0^{8,9}]nonan 110
Tetracyclo[4.1.1.0^{2,5}.0^{7,8}]octan 110
Tetraethylammoniumiodid 201
Tetraethyldiphosphin 213
Tetraethylphosphoniumbromid 213, **532**
Tetraethylplumban 230
Tetraethylsilan 230
Tetraethylstannan 230
Tetrafluorallen 276, 629
1,2,3,5-Tetrafluorbenzol **528**
Tetrafluormethan 84, 85, 150, **521**
Tetra-(1-hexin-1-yl)-stannan **545**
1,2,3,4-Tetrahydro-5H-benzocyclohepten 139
Δ^8-Tetrahydrocannabinol 394
Tetrahydrofuran 315, **449**
– -d$_8$ 74
1,2,3,4-Tetrahydroisochinolin 338
2H-Tetrahydropyran 316, **449**
2H-Tetrahydroselenapyran 316
2H-Tetrahydrotellurapyran 316
2H-Tetrahydrothiapyran 316, 325, **449**
Tetrahydrothiapyran-S-oxid 325
Tetrahydrothiapyran-S,S-dioxid 325
a-Tetrahydrothiapyran-S-oxid 320
e-Tetrahydrothiapyran-S-oxid 320
Tetrahydrothiapyran-4-on 336
Tetrahydrothiophen 315, 325, **449**
Tetrahydrothiophen-S-oxid 325
Tetrahydrothiophen-S,S-dioxid 325
Tetraiodmethan 150
Tetrakis-(dimethylamino)-allen 276, 629
Tetrakis-(trimethylsilyl)-methan **543**
Tetralin 139, **452**
Tetralonoxim 259, **519**
Tetramethoxyallen 276, 629
Tetramethoxyethylen 267
2,3,4,6-Tetramethylacetophenon 301
Tetramethylallen s. 2,4-Dimethyl-2,3-hexadien
Tetramethylammoniumiodid 201
2,4,6,8-Tetramethylazulen 144, 625
2,3,5,6-Tetramethyl-1,4-benzochinon 281
1,2,3,4-Tetramethylbenzol 141
1,2,3,5-Tetramethylbenzol 141

1,2,4,5-Tetramethylbenzol 141
2,2,4,4-Tetramethyl-bicyclo[1.1.0]-butan **462, 495**
2,2,4,4-Tetramethylbutan 98
Tetramethyl-o-carbonat 168
N,N,N',N'-Tetramethylchlorformamidiniumchlorid 371
2,2,4,4-Tetramethylcyclobutan-3-ol-1-on 245
Tetramethylcyclobuten-1,2-ylen-Dikation 373
1,2,4,5-Tetramethylcyclohexan 597
2,2,6,6-Tetramethylcyclohexanol 242
1,4,5,8-Tetramethyldibenzofuran 578
Tetramethyldiphosphin 213
1,1,4,4-Tetramethyl-1,4-disilacyclobutan 315
N,N,N',N'-Tetramethylethylendiamin 203
N,N,N',N'-Tetramethylformamidiniumchlorid 224
Tetramethylgerman 230, **543**
N,N,N',N'-Tetramethylguanidin 223
N,N,N',N'-Tetramethylharnstoff 192
2,2,6,6-Tetramethyl-heptan-3,5-dion 605
2,2,5,5-Tetramethyl-3-hexen 116
2,2,5,5-Tetramethyl-3-hexin 130
Tetramethylmethan s. Neopentan
2,2,4,4-Tetramethyl-3-(2-methyl-propyl)-pentan 99
2,2,4,4-Tetramethylpentan 99, 100
2,2,4,4-Tetramethyl-3-pentanol 156
3,3,4,4-Tetramethyl-2-pentanon 174
2,2,4,4-Tetramethyl-3-pentanon 170, 172, 173, 174
N,N,N',N'-Tetramethyl-N-phenylguanidin 223
N,N,N',N'-Tetramethyl-N-phenylguanidiniumiodid 223
Tetramethylphosphoniumiodid 213
2,2,6,6-Tetramethylpiperidin 316, 331, 630
1,2,4,6-Tetramethylpiperidin (cis, cis) 323
1,2,4,6-Tetramethylpiperidin (cis, trans) 323
1,2,4,6-Tetramethylpiperidin (trans, cis) 323
Tetramethylplumban 230, **544**
Tetramethylsilan 77, 81, 83, 230, **447, 545**
Tetramethylstannan 230, **544**
2,2,13,13-Tetramethyltetradeca-3,5,7,9,11-pentain 130
N,N,N',N'-Tetramethylthioharnstoff 192
Tetra-(neopentyl)-ethylen 116
1,1,3,3-Tetraphenylallyllithium 377
Tetraphenylborat-Anion 284
Tetraphenylcyclopentadienon 277
1,2,3,4-Tetraphenyl-5,6-dimethylcalicen 127
Tetraphenylethylen 144
1,2,3,4-Tetraphenylfulven 127
Tetraphenylmethan 143, 284
Tetraphenylplumban 287, **544**
Tetra-(1-propin-1-yl)-plumban **544**
Tetra-(1-propin-1-yl)-stannan 273, **545**
Tetra-n-propylammoniumbromid 201

Substanzregister

Tetra-*n*-propylammonium-*n*-butyl-
 carbonyl-dichloroplatinat(II) **552**
Tetra-*i*-propylethylen *599*
1,5,8,12-Tetrathia-tetradecan 319
Tetravinylplumban 268, **544**
Tetravinylsilan 450, **545**
Tetravinylstannan 268, **545**
s-Tetrazin 352
Tetrazol 350, **455**
Thebain 395
2-Thia-adamantan 328
2-Thia-bicyclo[4.1.0]heptan 328
9-Thia-bicyclo[3.3.1]nonan 327
1-Thiadecalin 327, 331
1,2,3-Thiadiazol 350
2-Thia-1,3-dioxan-*S*-oxid 325
2,1,3-Thiadioxolan-*S*-oxid 336
Thian s. 2*H*-Tetrahydrothiopyran
Thian-*S*-oxid s. 2*H*-Tetrahydrothiopy-
 ran-*S*-oxid
1,2-Thiaoxan-*S*-oxid 325
1-Thia-7-oxa-spiro[5.5]undecan 330
2-Thiapyranon 339
2-Thiapyranthion 339
1-Thia-spiro[4.5]decan 330
1,3-Thiazol 349
1,3-Thiazolidin 316
1,2-Thiazolidin-*S*,*S*-dioxid 316
Thiepan 319
Thietan 315, 325, **449**, 630
– -*S*-oxid 325, 630
– -*S*,*S*-dioxid 325, 630
Thiiran 315, 325, **449**
– -*S*-oxid 325
– -*S*,*S*-dioxid 325
Thioäpfelsäure 181
Thioanisol 155, 286
Thiobenzophenon 285
Thiocampher 79
Thiochromanon 340
Thiocyanat-Anion 227
Thiocyanatoethan 228
Thiolameisensäuremethylester 188
Thiolan s. Tetrahydrothiophen
Thiolessigsäure 171
– -*t*-butylester 188
– -ethylester 188
– -methylester 188
Thiomorpholin 318
Thiophen 348, **455, 472, 489, 502**
Thiophenol 286
Thiopyryliumtetrafluoroborat 353, **455**
2-Thiouracil 399
4-Thiouracil 399
Thioxanthen 341
Threonin 207
Thymidin 400
Thymin 499
Tolan s. Diphenylacetylen
Toluol 141, 284, **446, 453, 471, 479, 481, 488,
 491, 504, 506, 509**, *577*

– -d$_8$ 74
p-Toluolsulfochlorid 298
p-Toluolsulfonsäure 298
o-Tolylsäure 298
p-Tolylsäure 298
α,β-Trehalose 402
Triacetin 184
2,3,5-(Tri-*O*-acetyl)-α-D-methylxylofuranosid
 458
2,3,5-(Tri-*O*-acetyl)-β-D-methylxylofuranosid
 458
Triallylbor 234
1,2,3-Triazaindolizin 355
1,4,6-Triaza-tricyclo[5.3.1.0^{4,10}]decan **458**
s-Triazin 352
1,2,3-Triazol 350, **455**
1,2,4-Triazol 350, **455**
Tribenzylaluminium 230
Tribenzylbor 230
2,4,6-Tribromacetophenon 300
2,4,6-Tribromanilin **486**
1,1,2-Tribromfluorethylen **523**
Tribromfluormethan **522**
1,1,1-Tribromheptan 152
Tribrommethan s. Bromoform
1,2,3-Tribrompropan 152
Tri-*n*-butylamin 201
2,4,6-Tri-*t*-butylbenzaldehyd 80
1,3,5-Tri-*t*-butylbenzol 142
2,4,6-Tri-*t*-butylbenzoylchlorid 305
Tri-*n*-butylbor 230
Tri-*n*-butyl-bromstannan 232
Tri-*n*-butyl-chlorplumban 232, **544**
Tri-*n*-butyl-chlorstannan 232
1,2,3-Tri-*t*-butylcyclobutadien **451**
1,1,2-Tri-*t*-butylethylen 119, **449**, 624
Tri-*t*-butylmethan 99
Tri-*t*-butylmethanol 157
1,3,5-Tri-*t*-butylpentalen **481**
Tri-*n*-butylphosphin 213, 215, **532**
Tri-*n*-butylstannan 232
2,4,6-Tri-*t*-butylthiobenzaldehyd 80
Tricarbonylcyclohexadienyliumeisen **550**
Tricarbonyl-(1,1-dimethoxy-2,4,6-triphenyl-λ^5-
 phosphorin)-chrom 381
Tricarbonyl-(2,4,6-triphenyl-λ^3-
 phosphorin)-chrom 381
Trichloracetaldehyd 173, **473**
Trichloracetonitril 228
Trichloressigsäure 179
– -ethylester 185
– -methylester 185
1,1,1-Trichlorethan 150, **465**
Trichlorethylen 270
1,1,2-Trichlorfluorethylen **532**
Trichlorfluormethan **522**
Trichlormethan s. Chloroform
Trichlormethylbenzol 285
2,4,5-Trichlornitrobenzol 301
2,4,5-Trichlorphenol 300
2,4,6-Trichlorphenol 300

Trichlorsilylbenzol 285
Trichlorsilylcyclohexan 237
Trichlorsilylethylen 268, **468, 543**
1-Trichlorsilyl-1-penten 268
1,1,1-Trichlortrifluorethan 151
Trichlorvinylsilan 268
Tricyanomethylnatrium s. Natriumtricyanomethanid
Tricyclo[3.3.1.1^{3,7}]decan s. Adamantan
Tricyclo[4.4.0.0^{3,8}]decan s. Twistan
Tricyclo[6.1.1.0^{2,7}]decan 110
Tricyclo[5.4.1.0^{4,12}]dodeca-2,5,7,9,11(1)-pentaen 134
Tricyclo[2.2.1.0^{2,6}]heptan s. Nortricyclan
Tricyclo[3.1.1.0^{6,7}]heptan 106, **447**
Tricyclo[3.1.1.0^{2,4}]heptan 106
Tricyclo[2.1.1.0^{5,6}]hexan 108, **447**
Tricyclo[3.1.0.0^{2,4}]hexan 108, **447, 458**
Tricyclo[2.1.1.0^{5,6}]hexen 125
Tricyclo[3.2.2.0^{2,4}]nonan 108
Tricyclo[5.1.1.0^{2,6}]nonan 110
Tricyclo[5.1.0.0^{2,8}]octa-3,5-dien 124
Tricyclo[2.2.2.0^{2,6}]octan 108
endo-Tricyclo[3.2.1.0^{2,4}]octan 106, 107
exo-Tricyclo[3.2.1.0^{2,4}]octan 106, 107
Tricyclo[4.1.1.0^{2,5}]octan 110
endo-Tricyclo[3.2.1.0^{2,4}]octan-8-on 256
exo-Tricyclo[3.2.1.0^{2,4}]octan-8-on 256
endo-Tricyclo[3.2.1.0^{2,4}]oct-6-en 106, 107
exo-Tricyclo[3.2.1.0^{2,4}]oct-6-en 106, 107
endo-Tricyclo[3.2.1.0^{2,4}]oct-6-en-8-on 256
exo-Tricyclo[3.2.1.0^{2,4}]oct-6-en-8-on 256
Tricyclo[1.1.1.0^{4,5}]pentan **447**
Tricyclo[5.4.1.1^{4,12}]trideca-2,5,7,9,11(1)-pentaen 134
Tricyclo[4.3.1.1^{4,8}]undecan s. Homoadamantan
Tricyclopropylcarbenium-Ion 370, 371
Triethanolamin 204
Triethylaluminium 230
Triethylamin 201
Triethylbor 230
Triethylmethylenphosphoran 215
Triethylmethyl-Kation 371
Triethyloxoniumfluoroborat 164
Triethylphosphat 213
Triethylphosphin 213, **533**
Triethylphosphit 213
Triethylphosphoranylidenmethan s. Triethylmethylenphosphoran
1,1,1-Trifluoraceton 175
Trifluoracetonitril **525**
1,1,2-Trifluor-5-brom-penten **525**
Trifluoressigsäure 179, **522, 525**
– -d$_1$ 74
– -ethylester 185
1,1,1-Trifluorethan **522**
Trifluormethan 84, 85, 150, **447, 521**
α,α,α-Trifluormethylbenzol 284, **522**
Trihydroxycarbenium-Ion 370, 371
Triiodmethan s. Iodoform

3,5,8-Trimethylaceheptylen 145
Trimethylaluminium 230
Trimethylamin 199, 201, **447**
– -boran-Komplex 233
– -trimethylbor-Komplex 233, **542**
N,N,N-Trimethylanilinium-Ion 286
Trimethylarsin 199
Trimethylbenzonitriloxid **515**
1,2,3-Trimethylbenzol 141
1,2,4-Trimethylbenzol 141
2,4,6-Trimethylbenzoylchlorid 305
Trimethylbenzylgerman 230
Trimethylbenzylplumban 230
Trimethylbenzylsilan 230
Trimethylbenzylstannan 230
1,7,7-Trimethyl-bicyclo[2.2.1]heptan s. Bornan
2,7,7-Trimethyl-bicyclo[3.1.1]hept-2-en-4-on 258
Trimethyl-bicyclo[2.1.1]hexan 113
Trimethylbor 230, 233, **542**
– -trimethylamin-Komplex 233
2,2,3-Trimethylbutan 98
2,3,3-Trimethyl-1-buten 116
Trimethylcarbenium-Ion 371
Trimethylchlorgerman 230
Trimethylchlorplumban 230, **546**
Trimethylchlorsilan 230, **546**
Trimethylchlorstannan 230, **546**
1,1,2-Trimethylcycloheptan 105
1,1,3-Trimethylcycloheptan 105
1,1,4-Trimethylcycloheptan 105
2,6,6-Trimethyl-2,4-cyclohexadien-1-on 247
1,1,3-Trimethylcyclohexan 104
1,1,4-Trimethylcyclohexan 104
1,2,4-Trimethylcyclohexan 104
1,1,2-Trimethylcyclopropan 104
1,3,3-Trimethylcyclopropen 122
1,2,2-Trimethyl-2,3-dihydrobenzoselenophenium-Ion **548**
Trimethylenmethantricarbonyleisen 382
N,N,O-Trimethylformamidiniumfluorosulfat 226
Trimethylgerman 230
Trimethylgermylbenzol 285
Trimethylgermylcyclopentadien *597*
2-Trimethylgermyl-1,3-dithian 326
2-Trimethylgermylpyridin 364
3-Trimethylgermylpyridin 364
4-Trimethylgermylpyridin 365
Trimethylgermyltrimethylstannan 232
Trimethylmethoxygerman 230
Trimethylmethoxysilan 230
Trimethylmethoxystannan 230
Trimethylmethylenarsenan 200
Trimethylmethylenphosphoran 200, **532**
2,2,4-Trimethylpentan 99
2,4,4-Trimethyl-3-pentanol 157
2,2,4-Trimethyl-3-pentanon 173, 174
2,4,4-Trimethyl-2-pentylamin 202
2,4,6-Trimethylphenol 300
3,4,5-Trimethylphenol 300

Trimethylphosphat 213
Trimethylphosphin 199, 213, **447, 532**
Trimethylphosphinoxid **533**
Trimethylphosphinsulfid 213
Trimethylphosphit 213, **534**
2,4,6-Trimethylpiperidin 323
1,2,3-Trimethylpiperidin (cis) 324
1,2,4-Trimethylpiperidin (cis) 324
1,2,5-Trimethylpiperidin (cis) 324
1,2,6-Trimethylpiperidin (cis) 324
1,3,4-Trimethylpiperidin (cis) 324
1,3,5-Trimethylpiperidin (cis) 324
1,2,3-Trimethylpiperidin (trans) 324
1,2,4-Trimethylpiperidin (trans) 324
1,2,5-Trimethylpiperidin (trans) 324
1,2,6-Trimethylpiperidin (trans) 324
1,3,4-Trimethylpiperidin (trans) 324
1,3,5-Trimethylpiperidin (trans) 324
Trimethylplumbylbenzol 285
2-Trimethylplumbyl-1,3-dithian 326
Trimethylseleniumiodid **548**
Trimethylsilan 230
4-Trimethylsilylanisol 299
Trimethylsilylbenzol 285, **453, 471, 488, 545**
Trimethylsilylcyclopentadien **597**
2-Trimethylsilyl-1,3-dithian 326
1-Trimethylsilylnaphthalin 310
2-Trimethylsilylnaphthalin 310
Trimethylsilyloxybenzol 286
(E)-Trimethylsilyloxycyclodecen 269
(Z)-Trimethylsilyloxycyclodecen 269
Trimethylsilyloxycyclohexan 237
1-Trimethylsilyloxycyclohexen 264
(E)-1-Trimethylsilyloxypropen 264
(Z)-1-Trimethylsilyloxypropen 264
Trimethylsilylphenylacetylen **543, 545**
2-Trimethylsilylpyridin 364
3-Trimethylsilylpyridin 364
4-Trimethylsilylpyridin 365
Trimethylsilyl-propionsäure-
  Natriumsalz-d_4 73
Trimethylsilyltrimethylstannan 232
Trimethylstannan 230
2-Trimethylstannyladamantan **545**
Trimethylstannylbenzol 285
2-Trimethylstannyl-bicyclo[2.2.1]heptan **545**
Trimethylstannylcyclobutan 239
Trimethylstannylcyclohexan 239
Trimethylstannylcyclopentadien *597*
Trimethylstannylcyclopentan 239
Trimethylstannylcyclopropan 239
2-Trimethylstannyl-1,3-dithian 326
2-Trimethylstannylpyridin 364
3-Trimethylstannylpyridin 364
4-Trimethylstannylpyridin 365
Trimethylsulfoniumiodid 166
Trimethylthallium **542**
N,N,S-Trimethylthioformamidiniumfluoro-
  sulfat 226
1,2,4-Trimethyl-1,2,4-triaza-cyclohexan 319
1,3,5-Trimethyl-1,3,5-triaza-cyclohexan 318

3,5,6-Trimethyl-1,2-4,triazin 318
1,7,7-Trimethyl-tricyclo[2.2.1.0^{2,6}]-
  heptan-4-carbonsäure 250
4,7,7-Trimethyltricyclo[2.2.1.0^{2,6}]-
  heptan-3-on 257
2,4,6-Trimethyl-1,3,5-trithian 318
Trimethylvinylammonium-Salz 268
Trimethylvinylplumban **545**
Trimethylvinylsilan 268, **545**
2,4,6-Trinitrobenzoesäuremethyl-
  ester 299
Trinitromethan **447**
1,3,5-Trioxan 318
Triphenylamin 199
Triphenylarsin 199
Triphenylbismutin 199
Triphenylbor 284
Triphenylcarbenium-Ion s. Trityl-Kation
Triphenylcarboethoxymethylenphos-
  phoran 214
Triphenylcarbomethoxymethylenphos-
  phoran 214
Triphenyldimethylmethylenphosphoran **532**
Triphenylen 138
Triphenylmethan 143, 284, **447**
Triphenylmethyl, dimer 147
Triphenylmethylenphosphoran 214, **532**
Triphenylmethylkalium 378
Triphenylmethyl-Kation s. Trityl-Kation
Triphenylmethyllithium 378
Triphenylmethylphosphoniumiodid **532**, 627
Triphenylphosphat 286
Triphenylphosphin 199, 213, **532**
Triphenylphosphinoxid **533**
Triphenylphosphit 286, **534**
Triphenylphosphonio-essigsäureethyl-
  esterbromid 214
Triphenylphosphoranyliden-cyclopropan **532, 538**
Triphenylphosphoranyliden-essigsäure-
  ethylester 214
Triphenylphosphoranyliden-essigsäuremethyl-
  ester 214
Triphenylphosphoranyliden-2-propanon 214
2,4,6-Triphenyl-λ^3-phosphorin 353
2,4,6-Trimphenylpyryliumtetrafluoro-
  borat 365
Triphenylsilylacetylen **474**
Triphenylstibin 199
Tripiperidid **458**, *592*
Tri-n-propylamin 201
2,4,6-Tri-i-propylbenzoylchlorid 305
Tri-n-propyl-bleiacetat **546**
Tri-i-propylthio-methan 169
Trithiokohlensäuredimethylester 189
Trityl-Kation 370, 371, 379, 636
Trivinylbor 268, **542**
Trivinylmethylnatrium s. Natriumtrivinyl-
  methanid
Tropasäure 394
Tropolon 272

Tropon 277, 278
Tropylium-Kation 136, 278, 373, **453, 463, 480**
π-Tropyliumtricarbonylchrom **453, 473**
Tryptophan 209
Twistan 108
4-Twistanon 259
Tyrosin 208

U

Undecacyclo[9.9.0.0^{2,9}.0^{3,7}.0^{4,20}.0^{5,18}.0^{6,16}.
0^{8,15}.0^{10,14}.0^{12,19}.0^{13,17}]eicosan s. Dodecahedran
Uracil 399, **457, 472, 485, 489**
Uridin 400, **492**
Urotropin 329

V

Valeraldehyd 173
Valeriansäure 178
– -methylester 184
δ-Valerolacton 336
Valin 207
Vanadocen 381
Verbenon 392
Veronal 342
Vinylacetat 268, **468**
Vinylacetylen s. Butenin
Vinylbenzol s. Styrol
Vinylbromid 263, 268, **450, 468**
Vinylchlorid 263, 268, **450, 468**
Vinylcyanid s. Acrylnitril
Vinylcyclohexan 237
4-Vinyl-1-cyclohexen 123

Vinylfluorid 263, 268, **450, 468**
Vinyliodid 263, 268, **450, 468**
Vinylisocyanid 229, 265, 268
Vinyllithium 269
4-Vinylpyridin 364
N-Vinylpyrrolidin 268
Vitamin A acetat 397
Vitamin B 6 398
Vitamin C 397

W

meso-Weinsäure 181
Weinsäure 181
– -diethylester 186

X

Xanthen 341
Xanthin 399
Xanthon 341
Xylitol 402
m-Xylol 141
o-Xylol 141
p-Xylol 141
α-D-Xylopyranose 401
β-D-Xylopyranose 401

Y

Yohimbin 394

Z

Zimtaldehyd 173
(E)-Zimtsäure **507**
(Z)-Zimtsäure **507**

Sachverzeichnis

A

AB-Spinsystem, s. Spinsystem, AB-
Abschirmungskonstante 78
– diamagnetische 84 f
Abschirmungsskala, absolute 84
Abschirmungstensor 78, 569
Abschirmungsterm, diamagnetischer 78, 84 f
– paramagnetischer 78, 86
Abschmelzen 71
Absolute Value Spectrum 41
Absorption 10
– verstärkte 613
Abtastverfahren 29
Acetale 162 ff
Acetylierungsshift 195
ADC 18, 21 ff
Additivität, von Kopplungskonstanten 446, 456, 469 ff, 482
– von Substituenteninkrementen 92 f, 251 ff, 301 f
Äquivalenz, chemische 431
– magnetische 431
Akkumulation 26
Aktivierungsenergie 128, 584 f
Aktivierungsenthalpie 128
Aktivierungsentropie 590
Aldehyde 172 ff, 451, 473
Alkaloide 394 ff
Alkane 94 ff, 445 f, 462, 476 ff, 496 ff, 503
– substituierte 149 ff, 446 f, 465 f, 481 ff, 510, 522 ff
Alkene 114 ff, 449, 461, 478 ff, 496 ff, 503
– substituierte 262 ff, 448 f, 468 f, 487, 500 f, 523 ff
Alkine 129 ff, 461, 480 f, 496 ff, 503
– substituierte 273 ff, 456 f, 474
Alkohole 155 ff
Alkylcycloalkane 104 ff
Allene 129 ff, 273 ff, 449
Amide 189 ff, 484 f, 513 ff
Amine 200 ff, 484 f, 513 ff
Aminosäuren 206 ff, 482 f
Ammonium-Salze 201 ff
Analog digital converter 21
Analog-Digital-Wandler 18, 21
Analyse, s. Spektrenanalyse
– harmonische 30
Anisochronie 80, 431
Anisotropie der molekularen Beweglichkeit 526 f
Anisotropieanteil 80, 81
Anistropieeffekte, in Alkinen 129 f, 149
– in Aromaten 146 f, 283
Annulene 135 f
Annulenone 277 ff
Anregung, selektive 57
Anregungsenergie, mittlere 79, 86
Anregungsverfahren 57
Antibiotika 395 f
Apodisation 40 f
Approximation, sukzessive 21
Aquisitionszeit 24, 38 ff, 45, 59
Aromaten, benzoide 134 ff, 451 f, 479 ff, 499 f, 504, 510 f
– nichtbenzoide 134 ff, 452, 479, 494, 499
– substituierte 134 ff, 283 ff, 452 f, 471 f, 487 f, 500 f, 506, 510 f, 513 ff
Array-Prozessoren 36
ASIS 82
Assembler-Sprache 27
Atom-Atom-Polarisierbarkeiten, Zusammenhang mit chemischer Verschiebung 90, 135
Aufheizen, dielektrisches 586
Auflösung 29
– ADC 21
– digitale 26 f, 70
Austausch, A/B 586
– langsamer 474, 486, 585
– schneller 460, 585
Auswertung, kinetische 612
– quantitative 45, 611
Autokorrelationsfunktion 560
Autoshim-Einheit 19
AX-Spinsystem, s. Spinsystem, AX-

B

Bandenfuß 66
Benzocycloalkene 139 ff, 452
Benzole, s. Aromaten
Berechnung, empirische, von chemischen Verschiebungen 88
– theoretische, von chemischen Verschiebungen 84 ff
– – von Kopplungskonstanten 422 f, s. auch Spin,Spin-Kopplung
Bereich, dynamischer 22 f, 26
Besetzungszahl 9 f, 44, 46, 55, 65, 562, 564
Bewegungsgleichung 8
Bicycloalkane 106 ff, 446 f, 498 f, 507 ff, 512, 522, 526
– substituierte 248 ff
Bindungslänge, Einfluß auf die Kopplungskonstante 462 f, 479 ff, 500 f
Bindungsordnung, Einfluß auf die Kopplungskonstante 499
– Zusammenhang mit chemischer Verschiebung 90
Biopolymere 68, 385 ff, 408 f, 579
Biosynthese, Untersuchungen zur 611, 616
Bit 21, 22
Blochsche Gleichungen 11
– für chemischen Austausch 586
Blockakkumulation 27 f
Block Averaging 27
Bohrsche Frequenzbedingung 5
Boltzmann-Verteilung 10
Bound shift 606, 607
Breitbandentkopplung, s. Entkopplung
Breite, spektrale 24

C

Carbanionen 375 ff, 453 ff
Carbodiimide 220
Carbokationen 370 ff, 453 f, 459 f
Carbonsäure
-anhydride 178 ff
-chloride 177 ff
-derivate, aliphatische 177 ff

-ester 177ff, 483f
-ortho-ester- 162ff
Carbonsäuren, aliphatische 177ff
Carbonyl-Verbindungen 170ff, 451, 457, 467ff, 500f, 505
- α,β-ungesättigte 172, 244, 457, 470ff, 487, 500f
Chelatbildner 605
Chemical induced dynamic nuclear polarisation 611
Chemische Verschiebung 1, 77f
- Anisotropie 68, 80
- Beitrag benachbarter Atome 80f
- Berechnung 84f
- Definition 73
- Einfluß von Monopol und Dipol 87
- einzelner Substanzklassen 97ff
- Lösungsmittelabhängigkeit 81
- Standard 73, 77
- Temperaturabhängigkeit 82f
- Ursachen 78ff
- Zusammenhang mit Elektronendichte 88ff, 126f, 135, 229, 288ff, 376
Chemischer Austausch, s. NMR-Spektroskopie, dynamische
Chinone 277ff
Chiralitätsbestimmung 68
Chloracetylierungsshift 195
CIDNP 611, 613
CIDNP-Effekt, Kaptein-Regeln 613
Computer 26, 36
- Lanthaniden-Shift-Programme 607
- Spektrenanalyse 434ff
Contact shift 604
Continous wave 29
Contour plot 62
Convolution 38
Convolution difference 39, 43
Cope-System 127f
Cope-Umlagerung 128, 588
Cosinus-Transformation 34, 41
CPMAS-Technik 68, 70
Cross polarisation 68
Cross relaxation 566
CW 29

CW-Spektrometer 29, 75
Cyanide, Komplexe 384
Cycloalkane 102ff, 445ff, 462, 478, 498, 503, 510
- substituierte 104f, 236ff, 467, 522, 526
Cycloalkanone 245ff
Cycloalkene 122ff, 450f, 503
- substituierte 262ff, 451
Cyclopropanring, Elektronenakzeptorwirkung 107f

D
2D-NMR-Spektroskopie, s. NMR-Spektroskopie, zweidimensionale
DAC 18, 21, 26
DANTE 57f, 70
Datenakkumulation 1, 18, 23
Datenaufnahme 41
Datenpunkte 24, 36
Datenvektor 36
Datenverarbeitung 21
Deceptively simple spectrum 430
Delayed alternation with nutation for tailored excitation s. DANTE
Delta-Skala 73
-Werte 73, 77ff
Demodulationsstufe 18
DEPT 63, 66
Detektor, phasenempfindlicher 67
Deuterierung 72, 135, 423, 437ff
Deuterium, Kopplung mit ^{13}C, s. Spin,Spin-Kopplung
Deuterium-Isotopeneffekt, auf das Gleichgewicht 374, 600
- auf die chemische Verschiebung 149, 211, 234
- auf die Kopplungskonstante $^1J(C,H)$ 438
Deuterium-Lock 19
Diazo-Verbindungen 226, 515
Dicarbosäureester 178ff
Dicarbonsäuren 178ff
Dichte, spektrale 560f
Diederwinkel, Einfluß auf die chemische Verschiebung 93
- Einfluß auf die Kopplungskonstante 475ff, 507ff, 518f, 526f, 535f, 546f
Differenz-Spektroskopie 56, 513
Digitalisierung 23

Digitalisierungsfrequenz 24
Digital analog converter 18
Digital-Analog-Wandler 18, 21, 27
Digital phase detection 26
Digital quadrature detection 26
Diphosphine 200ff
Dipol, magnetischer 5
Dipol-Dipol-Relaxation 563
Dipol-Dipol-Wechselwirkung 68, 563, s. auch Dipol-Term
Dipolmoment, magnetisches 3
Dipol-Term 421, 496, 515f, 521
Disaccharide 402
Diselenide 162ff
Dispersion, spektrale 611, 616
Distortionless enhancement by polarization transfer s. DEPT
Disulfide 162ff
Ditelluride 162ff
Dithiane, substituierte 326
DNMR-Messung 584ff
Doppelminimum-Potential 600
Doppelquantenkohärenz 67
Doppelquantenübergang 66
Doppelresonanz 43, s. auch Entkopplung
- Methoden 43ff
Double precision software 27
Down scaling 26
Drehimpuls 2f
- Quantelung 2
-Quantenzahl 2f
Drehmoment 5
Dreieckfunktion 30ff, 38
Drift 16
DSP-Analyse 90
Dualsonden 71
Dwell time 23
Dynamic range 22, 72, 568

E
Effekt, α- 93, 100
- β- 93, 100
- γ- 93, 100f
- δ- 93
- ε- 93
- induktiver 90, 283 s. auch Elektronegativität
- mesomerer 90, 283

Sachverzeichnis

– sterischer 93, 283 s. auch Stereochemie
Effekte, dynamische 584
– polare 283
Einphasendetektion 25
Einzelminimum-Potential 600
Eisenmagnet 73
Elektrische Feldeffekte 80, 86f, 193, 283
Elektromagnet 14, 16
Elektron-Kern-Spin,Spin-Kopplungskonstante 604
Elektronegativität, Einfluß auf die chemische Verschiebung 92, 265, 314
– Einfluß auf die Kopplung 446, 465ff, 481, 487, 500f, 510f
Elektronendichte 88f
Elektronenpaar, freies, Einfluß auf die Kopplungskonstante 457f, 488, 515f, 529
Emission 10
– spontane 559
– stimulierte 559
– verstärkte 613
Empfänger 18
Empfindlichkeit 1
– relative 56, 562
Enantiomeren-Reinheit 603, 605, 610
Energie im Magnetfeld 5
Energieniveau 5, 9
-schema 56, 562
Ensemble average 560
Entgasen 71
Entkopplerleistung 20, 44, 52, 57
Entkopplung 43, s. auch Spin-Entkopplung
– heteronukleare 60
– homonukleare 56, 60
– ^{1}H-Breitband- 43f, 46, 586
– ^{1}H-Noise-Off-Resonance- 52
– ^{1}H-Off-Resonance- 47, 63, 66
– ^{1}H-Off-Resonance-, schrittweise 50, 51, 61
– ^{1}H-selektive 52ff, 440
Entkopplungsfeld 43, 46
Entkopplungsfrequenz 20, 57
Entkopplungskanal 20
Entschirmung 73
Ernst-Winkel 42
Erregerspulen 14
Escape-Produkt 614
Ether 162ff, 483f

Europium-Komplexe 603
Exponential weighting 38
Extreme narrowing limit 561, 567, 580
Eyring-Gleichung 585f

F
Faltung 37f, 40
Fast-Fourier-Transformation 36
Feldeffekt 86f
– elektrischer 80, 82, 86, 294f
– elektrischer, Berechnung 86f
-Faktoren 448
Feld-Frequenz-Stabilisierung 1
Feld-Frequenz-Verhältnis 18, 20
Feldgradienten 14
– elektrische 569
Feldkorrektur 19
Feldlinien 14
Felgett-Prinzip 28f
Fermi-Kontakt-Term 421, 423, 496, 515f, 521
Fernkopplungen, s. Spin,Spin-Kopplungen, weitreichende
Festkörper-NMR 68, 412, 560
FID 9, 12, 24, 36, 40, 572
Filterung, digitale 36
– exponentielle 38
Finite perturbation theory, s. FPT-Methode
Floating point-Methode 36
Fluor-Verbindungen 149ff, 154, 522ff
Flux stabilizer 19f
Fourier-Analyse 29ff, 43
Fourier-Integral 31
Fourier-Paar 28
Fourier-Reihe 30, 31
Fourier-Transformation 23, 26, 28, 31, 43
– digitale 36
– doppelte 59, 62
– inverse 33
– komplexe 26
FPT-Methode 29, 75, 423, 476, 488f, 507, 512
Free induction decay, s. FID
Freeze thaw cycle 71
Frequency domain 28
Frequenzdomäne 28f, 36
Frequenzfunktion 28
Frequenzgenerator 20

Frequenzsweep 28
Frequenzvorschub, kontinuierlicher 28
Füllhöhe, NMR-Röhrchen 16

G
Gated-Decoupling 45f, 53, 426
– inverses 46f, 567
Gauss-Linienform 40
Gauss-Multiplikation 40, 427
Gleichgewicht, Schlencksches 233
– thermisches 9
Gleichgewichtsmagnetisierung 11
Gleichgewichtspopulation 10
Gleitpunktzahlen 36

H
Halbwertsbreite 12
Halogenalkane 149ff, 447, 465, 520ff
Hammett-Konstanten 90f, 284ff, 291f
Hammett-Korrelation 91f, 293, 600
Hartmann-Hahn-Bedingung 69
Häufigkeit, natürliche, von Isotopen 4
Hauptachsen, magnetische 604
Heisenbergsche Unschärferelation 584
Heizelement 21
Helium, Abdampfrate 16, 27
– flüssiges 16
Heterocyclen, aromatische 347ff, 454ff, 470ff, 488ff, 502, 515ff
– gesättigte 314ff, 448f, 457f
– ungesättigte 334ff
Hochfrequenzpuls 9, 33ff
Hochvakuum-Apparatur 71
Höhenlinien-Diagramm 62
Homoentkopplung 56
Homogenität 14
– RF-Feld 575
Homogenitätsspulen 14
Hybridisierung, Einfluß auf die Kopplungskonstante 445, 461, 481, 496ff
Hybridisierungsindex 446
Hydrazone 220ff
Hyperkonjugation, Einfluß auf die chemische Verschiebung 248, 256

– Einfluß auf die Kopplungskonstante 457f, 466

I
Images 26
Imine 220ff
Impuls, s. Puls
INADEQUATE-Methode 59, 66, 495f
– zweidimensionale 59, 68
Incredible natural abundance double quantum transfer experiment, s. INADEQUATE
Indol-Synthese 612
Induktionsabfall, freier 9
Induktiver Effekt, s. Elektronegativität und Effekt, induktiver
INEPT-Methode 63
– refocussed 63, 426
– umgekehrte 426
Inkrementensystem 92f
– Alkane 94, 100
– Alkene 94, 118, 268
– Alkine 94, 131
– Alkohole 159
– Allene 94, 275
– Amine 205
– Aminosäuren 212
– Aromaten 94
– Carbonsäuren 205
– Dicarbonsäuredimethylester 194
– Halogenmethane 153
– Methylcyclohexane 105
– Methyldecaline 111
– Methylperhydroanthracene 111
– Methylperhydronaphthacene 111
– Methylperhydrophenanthren 111
– Methylperhydropyren 111
– Methylpiperidine 324
– monosubstituierte Benzole 284ff
– Oxirane 320
– substituierte Alkane 95
– substituierte Cyclohexane 105
Insensitive nuclei enhanced by polarization transfer, s. INEPT
Insert 19
Integer mathematics 36
Integration 45, s. auch Intensitätsmessungen

Intensitätsmessungen 46, 575
Interferogramm 9
Intrinsic isotope effect 149, 601
Inversion-Recovery-Methode 572, 582
Ionen, nichtklassische 370, 460
Ionenpaare, solvensgetrennte 376
Isochronie 431
Isonitrile 272ff
Isotopeneffekt, eigentlicher 149, 601
– auf die chemische Verschiebung 149
– auf die Kopplungskonstante 438
– durch Störung des Gleichgewichts 374, 600
– intrinsic 149, 601
Isotopenhäufigkeit, natürliche 4
Isotopenmarkierung, ^{2}H 423, 437ff
– ^{6}Li 538
– ^{13}C 493ff, 538, 611, 616, 618
– ^{15}N 512f
Isotopenstörung 600
Isotopomere 66, 425, 427

J
J-Modulation 60, 70

K
Kapillare 72
Kaptein-Regeln 613
Karplus-Kurve, $^3J(C,H)$ 476f, 482ff
– $^3J(C,C)$ 507ff
– $^3J(C,F)$ 527
– $^3J(C,P)$ 535f
– $^3J(C,Sn)$ 546f
Kern-Overhauser-Effekt 563
Kern-Spin,Spin-Kopplung, s. Spin,Spin-Kopplung
Kerndrehimpuls-Quantenzahl 2, 3
Kerne, anisochrone 431, 494
– anisogame 431
– chemisch (nicht) äquivalente 431
– isochrone 431
– isogame 431
– magnetisch (nicht) äquivalente 431
Kerneigenschaften 4

Kernladung, effektive 85, 453f
Kernladungszahl 3
Kernpolarisation, chemisch induzierte, dynamische 613
Kernpräzession 5
Kernquadrupol-Konstante 570
Kernspin 3
-Vektoren 420f
-Relaxation 559
Ketazine 220ff
Keto-Enol-Tautomerie 176, 195
Ketocarbonsäureester 195
Ketone 172ff
Koaleszenzpunkt 586
Koaleszenztemperatur 585, 588, 601f
Kohlenhydrate 400f, 457ff, 466f, 477, 482f, 502
Kohlenstoff-Atome, invertierte 112
Komparator 21
Komplexierung 603
Komplexbildungskonstante 605
Konfigurationszuordnung E/Z-Isomere 119, 219, 267f, 325, 469f, 603
Konformationsabhängigkeit von $^3J(C,X)$ s. Karplus-Kurve
– der γ-Effekte 93, 101
Konformationsanalyse 102f, 112, 322f
Kontaktanteil, s. Fermi-Kontakt-Term
Kontaktionenpaare 376
Kontaktverschiebung 604f
Kontaktwechselwirkung 605
Konzentration 71
Koordinatensystem, rotierendes 6f, 43, 48, 59, 61, 63
Kopplung, s. Spin,Spin-Kopplung
Korrelation, chemische Verschiebung, n-π*-Übergang 79f
Korrelationen, chemische Verschiebung, Elektronendichte 88ff, 288f
– empirische, zur Berechnung der chemischen Verschiebung 88f
– halbempirische 88ff, 304f
Korrelationsspektroskopie 59, 61

Sachverzeichnis

Korrelationszeit 560f, 570
Kraftfeldrechnungen 592
Kryomagnet 16f

L

Ladungsdichte 88f
Ladungsdichteverteilung, Abschätzung 177, 244
Lamb-Formel 78
Landé-Faktor 604
Lanthaniden-Shift-Reagenzien 603
LAOCOON-Programm 434f
Larmor-Frequenz 5
-Präzession 5
Laufzeit 59
Lebensdauer 585f
Lenzsche Regel 78f
Linienbreite 571, 588
– Einfluß von Quadrupol-Kernen 232, 290, 380
– natürliche 12
Linienform, Berechnung 586
-Analyse 586f
Local oscillator 17
Lock 16, 18
– externer 19, 27
– interner 19, 27
– ^{1}H-TMS- 19
-detektor 15, 19
-einheit 16
-frequenz 19
-kanal 16, 18f
-sender 19
-signal 19
-vorverstärker 19
Lösungsmittel 73, 74
– deuterierte 72, 74, 568
-Matrix 68
-Effekte auf die chemische Verschiebung 80, 81f, 193, 376
-Einfluß auf die Kopplungskonstante 491f, 544
Lorentz-Funktion 34
Lorentz-Linie 36, 38
Lorentz-Resonanzkurve 12
LS 604
LSR 603
– binukleare 605
-Substrat-Komplex (LS) 604

M

Magic angle spinning 68, 413
Magische Säure 370f
Magnet, Elektro- 14
– Permanent- 14
– supraleitender 2, 14, 16
Magnetfeld, effektives 7f
– homogenes 14
– lokales 560
– oszillierendes 559
– statisches 7
Magnetfluß 15
Magnetisierung 8, 11
– longitudinale 11, 14, 559
– transversale 11, 12
Magnetisierungsvektor 13
Magnetjoch 14
Magnitude spectrum 41
Markierung, s. Isotopenmarkierung
Massenspeicher 26
Massenzahl 3
Matched filter 36
McConnell-Beziehung 423
McConnell-Robertson-Gleichung 604ff
Mehrwege-Kopplung 499, 503, 509, 537
Meßkanal 16f
Meßkopf 14, 16, 20
Metall carbonyle 592
Methylencycloalkane 120
Methyl-Gruppen-Effekte, in Azulen 145
– in Bicyclo[2.2.1]heptan 126
– in Bicyclo[2.2.1]hepten 126
– in Naphthalin 145
– in Sechsring-Heterocyclen 321
Mikrostruktur, Polymere 406
Mischstufe 17
Mittelwertspektrum 459, 593, 594, 600, 605
Mixer 17ff
Modulation 20, 60
Molekülbewegung 560, 561, 563, 570
– anisotrope 576, 577
Moleküldynamik s. NMR-Spektroskopie, dynamische
Moment, magnetisches 8
Monosaccharide 400
Most significant bit 21
MO-Berechnungen von Kopplungskonstanten 422ff, s. auch Spin,Spin-Kopplung
MO-Modelle, Kopplungskonstanten 457, 466
MSB 21
Multiplikation, exponentielle 38
Mutterquarz 16ff, 20

N

Nachbargruppeneffekte 80
Naphthaline, substituierte 308ff, 452
Naturstoffe 385ff
– Strukturaufklärung 385ff
Nichtäquivalenz, magnetische 431
Nitramine 219
Nitrile 227ff, 515ff
Nitrosamine 218
Nitro-Verbindungen 217
NMR-Lock 16, 18
NMR-Röhrchen, entgasen 71, 575
– Füllhöhe 16
NMR-Spektrometer 16
-Spektroskopie, CPMAS 68, 70
– dynamische 584
– zweidimensionale 59ff
NMR-Thermometer 83
-Zeitskala 196, 584f
NOE-Effekt 45ff, 60, 566
– Definition 566
Noise 29
Noise-Off-Resonance 52
Noise-Generator 20
NORD 52
Nuclear-Overhauser-Effekt 45, 566
Nucleoside 397, 399f, 485f
Nucleotide 397, 399f
Nyquist-Frequenz 22f

O

Off-Resonance 48
Orbital-Term 421, 423, 496, 515f, 521
Organometall-Verbindungen 229ff, 538ff, 592
Oszillator 17ff
Oszilloskop 18, 19, 41
Oxime 220ff, 244, 258, 457f, 515ff

P

Partially relaxed spectrum 576
Pascalsche Konstanten 73
Pentade 406
Peptide 210, 211, 484
Perfluoralkane 154
PFT-Spektrometer 29, 75
Phasenbeziehung 12
Phasendetektion 18f, 25, 67
Phasenfehler 68
Phasenkohärenz 59

Phasenkorrektur 41
Phasenschieber 24, 25
Phasenvergleich 18
Phosphonium-Salze 213 ff
Phosphor-Verbindungen 199 ff, 530 ff
Phosphorylide 199 f, 214
Photolyse 615
pH-Wert-Abhängigkeit 362, 613
Pilzmetabolite 395 f
pK_A-Wert-Ermittlung 362
Polarisation 619
Polarisationseffekt 283, 294
Polköpfe 14
Polschuhe 14
Polycycloalkane 106 ff, 446
– substituierte 106 ff, 236 ff, 257 ff
Polymere 68, 405, 579
Polyole 402
Polysaccharide 402
Pople-Gleichung 79
Population 587, 604
Populationsdifferenz 10
Populationsunterschied 9
Porphyrine 405, 616
Power supply 15
Präzessionsfrequenz 5 f
Preaquisition delay 41
Probe 16
Probenbereitung 71
Probenrotation 69, 71
Proportionalität, von $J(H,H)$, $J(C,H)$ sowie $J(C,C)$ 464 f, 504
Prostaglandine 403
Proteine 405
Protonenentkopplung 1
Protonenentkoppelte ^{13}C-NMR-Spektren 43
-gekoppelte ^{13}C-NMR-Spektren 46, 426
Protonierung, von Aminen 205
– von Pyridin 347, 363
Protonierungsshift, bei Alkoholen 160 f
– bei Aminen 205, 322, 362 f, 323
– bei Aminosäuren 211
– bei Carbonsäuren 193, 211
Protonierungsstufen 362 f
Pseude contact shift 604
Pseudo-Indor-Methode 56
Pseudokontakt-Verschiebung 604

Pseudokontakt-Wechselwirkung 604
Pseudosäurechloride 197
90°-Puls 9, 42, 59, 61, 66, 572
180°-Puls 55, 59, 572
Puls-Fourier-Transform-Technik 2
Puls-Repetitionszeit 42
Pulsverstärker 17
Pulswinkel 9
– exakter 68, 575
– optimaler 42
Pulse delay 45
Pulse width 45
Pulser 18, 19, 20
Punkt-Dipol-Näherung 132
Push-Pull-Ethylen 121
Pyridine, substituierte 364 f

Q

Quadratur-Phasendetektion 24
Quadratur phase detection 24
Quadrupolmoment 569
Quadrupolrelaxation 569
Quadrupolrelaxationszeit 569
Quantenzahl, magnetische 3
Quermagnetisierung 11, 12

R

Radikalpaar-Reaktion 613
Radikalpaar-Theorie 613
Radiofrequenz 7
-feld 8, 43
Raumtemperatur-Shims 16
Rauschen 20
– weißes 29
Rauschentkopplung 44
Rauschmodulation 20
RC-Filter 36
Reaktionsmechanismus 611
Rechenwerk 21
Rechteckfunktion 33 f, 40
Rechteckpuls 33
Referenzsubstanz 73
Refokussierungspuls 65
Regeln 1. Ordnung 422, 428
Register 21
Relaxation 9 f
– dipolare 559
– durch Anisotropie der chemischen Verschiebung 569
– durch paramagnetische Spezies 571
– durch Quadrupolkerne 569
– durch skalare Kopplung 569 f

– durch Spin-Rotation 568
– longitudinale 559
– transversale 11, 571
Relaxationsmechanismus, Unterscheidung 572
Relaxationsreagenzien 572
Relaxationszeit, longitudinale 11, 42, 559
– Messung 572
– Spin-Gitter- 11, 559
– Spin-Spin- 11, 559
– transversale 11, 38 f, 42, 559, 587
Relayed coherence transfer 62
Reorientierungszeit 560
Repetitionszeit 42
Resonanzbedingung 5
Resonanzfrequenz 5
Richtungsquantelung
Ringgröße, Einfluß auf die chemische Verschiebung 102, 122, 129
– Einfluß auf die Kopplung 445 ff, 462 f, 480
Ringinversion 128, 236, 320
– in Cyclohexan 102, 236 ff
– in Decahydrochinolin 330
– in Piperidin 320
– in Thiadecalin 331
Ringspannung, Einfluß auf die chemische Verschiebung 129 f
– Einfluß auf die Kopplungskonstante 445 ff, 462 f, 498 f, 521 f
Ringstromeffekt 80, 146
Rotation, gehinderte 196, 584, 594 f, 600
– innere 578
– verzahnte 596
Rotationsbarriere 196
– Methyl-Gruppe 378
Rotationsdiffusion 577
Rotationsdiffusionskonstante 577
Rotationsdiffusionstensor 577
Rotationspotential 579
Routinespektren 45, 71
Rückfaltung 23

S

s-Anteil, s. Hybridisierung
Sägezahnspannung 16
Sägezahn-Sweep 15
Sättigung 42
Sättigungstransfer 56, 588

Säure, magische 370f
Sample and hold modul 21
Satelliten, ^{13}C-, im ^{1}H-NMR-Spektrum 425f, 431f
– im ^{13}C-NMR-Spektrum 66, 493ff
Sauerstoff, gelöster 572
-Verbindungen, aliphatische 155ff
Scalar coupling 569
Scaled decoupling 52
Schlencksches Gleichgewicht 233
Schwefel-Verbindungen, aliphatische 155ff
Schweratomeffekt 150, 155, 170, 199, 229, 283, 569
SCPT-Methode 423, 496, 521
Segmentbeweglichkeit 578
Selective population inversion 54
Selective population transfer 54, 442ff
Sendeanpassung 20, 21
Sender 16
SFORD 47
Shielding anisotropy 569
Shift-Reagenzien 605
Shim 14
Sicherheitsvorkehrungen 16
Signal-Rausch-Verhältnis 23, 29, 38f, 42, 44
Signalverbreiterung 217, 571
Single frequency off resonance decoupling 47
Singulett-Radikalpaar 613
Sinus-Transformation 34
SLAP-Methode 496
Solvenseffekte, s. Lösungsmittel-Effekte
SOS-Methode 423
Spectrum, deceptively simple 430
Spektrenanalyse, s. auch Spinsystem
– AA′X-System 495
– ABX-System 431f
– AB-System 493f
– AX-System 493f
– Computeranalyse 434ff
– Regeln 1. Ordnung 426ff
– Simulation 436
– Spektren höherer Ordnung 431ff
Spektrensimulation 436
Spektrentyp, s. Spinsystem
Spektrenvereinfachung, Methoden zur 437ff

Spektrometer 14, 16
Spektroskopie, s. NMR-Spektroskopie
Spektrum, scheinbar einfaches 430
Spektrum 1. Ordnung, Auswertung 422, 426ff
– Beispiele 428f
– Kennzeichen 429
– Vorzeichen von Kopplungskonstanten 441
– Zuordnung von Kopplungskonstanten 441
Spektrum höherer Ordnung 431f
– Analyse 431f
– Beispiele 427, 430ff
– Simulation 436
SPI 54
Spiegelungen 26
Spiesecke-Schneider-Beziehung 89, 288f, 376
Spin 2
Spin-Dynamik 564
Spin-Echo 59
– J-moduliertes 66
-Experiment 59
-Methode 63, 66
Spin-Entkopplung, s. Entkopplung
Spin-Gitter-Relaxation 45, 46, 68, 72, 559, 574
– Einfluß von paramagnetischen Stoffen 571
– Einfluß von Sauerstoff 572
Spin-Gitter-Relaxationszeit, Definition 11, 566
– Messung 46, 572
Spin-Lock 69
Spin-Rotation 572
Spin-Rotationsrelaxation 568
Spin,Spin-Kopplung, dipolare 68
– direkte 68, 420
– geminale, s. Spin,Spin-Kopplung einzelner Kerne
– gemittelte 372, 459f, 571
– heteronukleare 48
– homonukleare, s. Spin,Spin-Kopplung, ^{13}C,^{13}C
– indirekte 43, 420
– Mechanismen 421
– reduzierte 420f, 513
– skalare 569
– theoretische Berechnung 422ff, 489f, 496, 507f, 512, 515ff, 521

– Theorie 420f
– unmittelbare, s. Spin,Spin-Kopplung über eine Bindung
– vicinale, s. Spin,Spin-Kopplung einzelner Kerne
– Vorzeichen 422, 424, 441ff, 513f, 520f, 530f
– ^{13}C,^{1}H 424ff, 444ff
– ^{13}C,^{1}H, Ermittlung 424ff
– ^{13}C,^{1}H, geminale 461ff
– ^{13}C,^{1}H, über eine Bindung 445ff
– ^{13}C,^{1}H, vicinale 475ff
– ^{13}C,^{1}H, Vorzeichen 441ff
– ^{13}C,^{1}H, weitreichende 490f
– ^{13}C,^{1}H, Zuordnung 441f
– ^{13}C,^{2}H 437f
– ^{13}C,D 437f
– ^{13}C,^{6}Li 538ff
– ^{13}C,^{7}Li 538ff
– ^{13}C,^{10}B 541f
– ^{13}C,^{11}B 541f
– ^{13}C,^{13}C 493ff
– ^{13}C,^{13}C, geminale 503ff
– ^{13}C,^{13}C, über eine Bindung 496ff
– ^{13}C,^{13}C, vicinale 505ff
– ^{13}C,^{13}C, weitreichende 511ff
– ^{13}C,^{14}N 512f
– ^{13}C,^{15}N 512ff
– ^{13}C,^{15}N, geminale 517f
– ^{13}C,^{15}N, über eine Bindung 513ff
– ^{13}C,^{15}N, vicinale 518f
– ^{13}C,^{19}F 520ff
– ^{13}C,^{19}F, geminale 524ff
– ^{13}C,^{19}F, über eine Bindung 520ff
– ^{13}C,^{19}F, vicinale 526ff
– ^{13}C,^{19}F, weitreichende 529ff
– ^{13}C,^{29}Si 543ff
– ^{13}C,^{31}P 530ff
– ^{13}C,^{31}P, geminale 532ff
– ^{13}C,^{31}P, über eine Bindung 530ff
– ^{13}C,^{31}P, vicinale 532ff
– ^{13}C,^{31}P, weitreichende 537ff
– ^{13}C,^{53}Fe 550
– ^{13}C,^{73}Ge 543ff
– ^{13}C,^{77}Se 547ff
– ^{13}C,^{89}Y 550
– ^{13}C,^{103}Rh 550
– ^{13}C,^{109}Ag 551
– ^{13}C,^{113}Cd 551

- $^{13}C, ^{117}Sn$ 543 ff
- $^{13}C, ^{119}Sn$ 543 ff
- $^{13}C, ^{125}Te$ 547 f
- $^{13}C, ^{183}W$ 550
- $^{13}C, ^{195}Pt$ 551 f
- $^{13}C, ^{199}Hg$ 552
- $^{13}C, ^{203}Tl$ 541 f
- $^{13}C, ^{205}Tl$ 541 f
- $^{13}C, ^{207}Pb$ 543 ff
- $^{13}C, X; X =$ Übergangsmetall mit $I = 1/2$ 550 ff

Spin,Spin-Kopplungskonstante, Beiträge 420 f
- Beobachtbarkeit 571
- Berechnung 422 ff, 489 f, 496, 507 f, 512, 515 ff, 521
- direkte 68, 420
- Einheit 420
- gemittelte 372, 459 f, 571
- indirekte 43, 420
- reduzierte 420 f, 513
- skalare 420, 569
- unmittelbare, s. Spin,Spin-Kopplung über eine Bindung
- verringerte 48, 440 ff
- Vorzeichen 51, 56, 422, 424, 441 ff, 496, 515 f, 520 f, 530 f
- Zuordnung 441 f

Spin,Spin-Relaxation 11, 571
Spinnergehäuse 21
Spinsystem, AA'BB'X- 51, 443
- AA'X- 495
- AA'XX'- 495
- ABCDX- 435
- ABX- 431, 495
- AB- 493 f
- AB-, Energieniveauschema 56
- AMX- 442 ff
- AMX-, Energieniveauschema 443
- AX- 421, 493 f
- AX-, Energieniveauschema 56, 421, 562
- $A_m X_n$- 422

Spirokonjugation 125
Spiroverbindungen 329 f
SPT-Methode 54 f, 63, 442
Standard 77
- äußerer 72
- innerer 44
- sekundärer 73

Standardisierung 73, 586, 606
Stereochemie, Einfluß auf die Kopplungskonstante 457 f,
465 ff, 478 f, 487, 502, 518, 535
Stern-Gerlach-Versuch 1
Steroide 112, 393
Stickstoff-Verbindungen 199 ff, 513 ff
- aromatische 347 ff, 513 ff
Stoffwechselprodukte 611
Stokes-Einstein-Beziehung 582
Stromversorgungsgerät, geregeltes 15
Strukturuntersuchungen mit LSR 608
Substituenteneffekte der Hydroxy-Gruppe in Cycloalkanen 254
Substituenteninkremente, für aliphatische Verbindungen 95
- für Alkane 95
- für Alkene 263 ff
- für aromatische Verbindungen 284
- für Cyclohexane 237
- für Heteroaromaten 364
Substituentenkonstanten 291 f
Sulfone 166 ff
Sulfonsäuren 166 ff
Sulfoxide 166 ff
Suszeptibilität 72
Suszeptibilitätskorrektur 72, 75
Swain-Lupton-Konstanten 291 f
SW, s. Sweepbreite
Sweepbreite 23
Sweepwidth 23
Sweep 16
Synthesizer 20

T

Taft-Konstanten 90, 92, 291 f
Taktizität 580
Teflonstopfen 71
Temperaturabhängigkeit der chemischen Verschiebung 82 f
Temperaturfühler 21
Temperaturkonstanz 586
Temperaturmessung 83, 586, 611
Terpene 391 f
Tetrade 401
Thioacetale 162 ff
Thioamide 189 ff
Thiocarbonyl-Verbindungen 170 ff

Thiole 155 ff
Timer 21
Time domain 28
Titrationskurven, Heteroaromaten 362
TMR 611
Topical magnetic resonance, s. TMR
Torsionswinkel 305 f, s. auch Diederwinkel
TOSS 69
Total suppression of sidebands s. TOSS
Trägerfrequenz 33
Tripelresonanz 20, 27, 56, 232
Triplett-Radikalpaar 613
T_1-Messung 572

U

Übergangsmetall-Ionen 610
Übergangsmetall-Verbindungen 381 ff, 453 f, 473, 550 ff
Übergangswahrscheinlichkeit 10, 562
Umlagerung 615

V

Valenzisomerisierung 128, 588
Valenztautomerie 128, 588
Van-der-Waals-Wechselwirkung 81
Verdrillungswinkel, s. Torsionswinkel
Verhältnis, gyromagnetisches 1, 3
Vernetzungsgrad 580
Verschiebung, s. chemische Verschiebung
- deuterium-induzierte 149, 601
Verschiebungsanteil, diamagnetischer 84 f
- paramagnetischer 84 f
Verschiebungsreagenzien 603
Vierphasenzyklus 26
Vinyl-Verbindungen 268, 448 ff, 468 ff
Vitamine 397 f
Volumensuszeptibilität 73, 81
Vortexstopfen 72, 75
Vorverstärker 18, 21
Vorzeichenbestimmung von Kopplungskonstanten 51, 56, 431, 442

W

Walsh-Orbitale 107 f, 256

Wartezeit 45, 46, 59, 60
Wasserstoff-Brückenbindung 81, 193 f, 278 f, 477, 486
Wechselwirkung, homokonjugative 119, 256
- hyperkonjugative 248, 256, s. auch Hyperkonjugation
- magnetische 12, 43
- sterische, Einfluß auf die chemische Verschiebung 92
- sterische, Einfluß auf die Kopplungskonstante 457 f, 467 ff, 478 f, 487, 502, 518 535

Winkel, magischer 69
Wortlänge 27

Y
Y-Stabilisierung 370, 379

Z
Zeeman-Terme 604
ZF-Verstärker 18, 19, 24
Zeitdomäne 28, 36
Zuordnung E/Z-Isomere 119, 219, 267 f, 325, 603
Zuordnungstechnik, mit LSR 607

Zweidimensionale NMR-Spektroskopie, s. NMR-Spektroskopie, zweidimensionale
Zwei-Parameter-Analyse 90 f, 293 f
Zwei-Parameter-Korrelation 90 f, 293 f, 312
Zwischenfrequenz 17
Zwischenprodukte 612, 615